Third Edition

Finite Element Analysis

Theory and Application with ANSYS®

ANSYS®를 이용한 유한요소해석 제3판

Saeed Moaveni 지음 / 박정선 옮김

PEARSON Prentice Hall

ITC INFO-TECH COREA

Finite Element Analysis
Theory and Application with ANSYS, 3/e

머리말

3판에서의 변화

이번 제3판은 모두 15장으로 구성되어 있다. 2판을 사용한 교수, 학생, 전문가들의 제안과 요청으로 다수의 내용을 수정하고 추가하였다. 이번 책의 주된 수정내용은 다음과 같다.

- Excel을 이용하여 매트릭스를 다루는 새로운 절 추가
- MATLAB에 대한 포괄적인 내용의 부록 추가
- 더욱 상세히 설명된 이론과 유도과정
- 배치 파일의 예제를 포함한 15장의 새로운 편성
- 추가적인 문제들

구성

학부 고학년생이나 대학원생을 대상으로 한 유한요소법을 다룬 좋은 교재가 많이 발간되어 있다. 하지만 학부생들이나 초보자를 위한 교재로 ANSYS와 같은 상용 프로그램을 유한요소이론과 조화시켜 설명한 책은 흔하지 않다. 최근에는 설계의 실용적인 도구로 유한요소법을 사용하는 것이 급속히 일반화되어가는 추세이다. 다시 말하면, ANSYS와 같은 사용하기 쉬운 범용 유한요소 프로그램이 설계업무에 종사하는 엔지니어가 반드시 사용해야 할 도구가 되고 있다. 그러나 불행하게도 이를 사용하는 엔지니어 중에는 적절한 훈련을 받지 못하여 유한요소법의 기본적인 개념에 대한 이해가 부족한 사람들이 있는 것이 사실이다. 이

교재는 유한요소법을 처음 대하는 공대생이나 현장의 실무자가 기본 개념을 확실하게 이해할 수 있도록 구성하였다. 유한요소해석의 깊이 있는 이론뿐 아니라 실제 문제를 모델링하는 기법도 다루었다. 유한요소법을 처음 대하는 학생들에게 지나치게 이론만을 강조하여 가르치는 것은 바람직하지 않다는 것이 저자의 오랜 생각이다. 물론 ANSYS와 같은 범용 프로그램을 정확하고 효과적으로 사용하는 데 필요한 이론적인 배경도 충분히 전달될 수 있도록 하였다. ANSYS는 이 책에서 없어서는 안 되는 중요한 부분을 차지하고 있다. 이 책의 구성을 보면, 각 장마다 먼저 관련된 기본적인 이론을 설명하고 나서 수계산이 가능한 간단한 문제를 소개한다. 그 다음으로 ANSYS를 이용하는 예제를 설명한다. 연습문제 또한 같은 방식으로 제시되어 있다. 문제에 따라서는 수계산만으로 해결이 가능한 것도 있고, 문제가 복잡하여 ANSYS를 사용해야 하는 것도 있다. 간단한 문제를 손으로 해석해 봄으로써 유한요소해석에 필요한 절차를 확실히 이해할 수 있도록 하였다. 또한 3, 4, 6, 9, 14장에서는 현장에서 부딪칠 수 있는 실제적 문제를 다룬 설계과제를 제시하였다.

그릇된 해석 결과를 가져올 수 있는 여러 가지 오차 요인에 대하여 상세히 기술하였다. 엔지니어는 자신이 해석한 결과를 검증할 수 있는 방법을 알고 있어야 한다. 실험적으로 검증하는 것이 가장 좋은 방법이지만 시간이 많이 걸리고 비용이 많이 든다는 단점이 있다. 따라서 자신이 수행한 유한요소해석 결과를 검증할 수 있는 합리적인 방법을 책 전반에 걸쳐서 중점적으로 설명하였다. 이를 위하여 각 장의 끝에 ANSYS를 사용하여 구한 해석 결과를 검증하는 방법을 기술하였다. 이 책의 또 다른 특징은 마지막 두 장에 설계과정의 소개와 재료 선택, 최적화 설계이론과 ANSYS의 매개변수 프로그래밍을 다루었다는 점을 들 수 있다.

이 책은 총 15개의 장으로 이루어져 있다. 1장에서는 직접 정식화, 포텐셜 에너지 정식화, 가중잔여법과 같은 유한요소해석의 기본 개념을 다루었다. 2장에서는 행렬 대수의 포괄적인 내용을 설명하였다. 3장에서는 다양한 구조문제를 쉽고 빠르게 해석할 수 있는 트러스의 해석기법에 대해 다루고 있다. 또한 학생들이 바로 ANSYS를 시작할 수 있도록 ANSYS 프로그램을 개괄적으로 설명하였다. 4장에서는 축 하중을 받는 부재와 보, 프레임의 유한요소 정식화를 소개하였다. 5장에서는 1차원 해석의 근간을 이루는 1차원 선형, 2차, 3차 요소를 다루며, 전체, 국부, 자연 좌표계에 대해 상세히 논의하였다. 또한 등매개변수 정식화와 가우스-르장드르 수치적분법을 설명하였다. 6장에서는 1차원 열전달 문제와 유체문제의 갤러킨 정식화를 고찰하였다. 7장에서는 2차원 선형 및 고차 요소와 가우스-르장드르 공식의 2차원 적분을 설명하였다. 8장에서는 ANSYS 프로그램의 주요한 기능과 구성을 다루었으며, ANSYS를 사용하여 모델을 생성하고 해석하는 절차를 기술하였다. 9장에서는 2차원 열전달 문제를 다루었으며, 10장에서는 비원형 단면 봉의 비틀림, 평면문제에 대해 논의하였다. 11장에서는 동적 문제를 다루었으며, 동역학과 구조, 기계적 시스템의 진동에 대해 복습하였다. 12장에서는 2차원 이상유체역학 문제를 다루었다. 그리고 파이프망 문제와 지하수 침투 문제의 직접 정식화 등이 논의되었다. 13장에서는 3차원 유한요소 정식화에 대해 논의하였으며, 특히 하향식 및 상향식 솔리드 모델링 기법의 기본 개념을 설명하였다. 책의 마지막 두 장은 설계과정과 최적화 이론에 대해 소개하고 있다. 설계과정과 재료 선택은 14장에서 논의되었고, 15장에서는 최적화 설계이론과 매개변수 프로그래밍에 대해 논의하였다. ANSYS 배치 파일 예제 또한 15장에 들어 있다. 각 장은 장의 목적을 서술하는 것으로 시작하고, 그

장의 학습을 통해 얻을 수 있는 바를 요약하는 식으로 마무리 짓는다.

ANSYS를 이용한 예제들을 사용하여 해석하는 방법을 자세히 설명하여, 실제 문제를 어떻게 모델링하고 해석하는지에 대한 방법을 습득하도록 하였다. 특히 8장은 독립적인 내용이기 때문에 교수가 학기 초반부터 ANSYS 실습을 병행하고자 한다면 먼저 다루는 것이 좋을 것이다.

책 전반에 걸쳐 고체역학, 열전달, 동역학, 유체역학에 대한 기본 개념을 간략히 고찰하였다. 학생들은 유한요소해석이 만능이 아니며, 먼저 간단한 해석적인 해가 있는가를 찾아서 이를 사용해야 함을 반드시 기억하고 있어야 한다. 몇몇 자주 사용되는 재료의 기계적 물성과 열역학적 물성을 부록 A와 B에 수록하였으며, 부록 C와 D에는 구조강의 일반적인 면적의 성질과 기하학적 물성을 각각 수록하였다. MATLAB에 대한 포괄적인 소개내용은 부록 F에 수록되어 있다.

마지막으로, 웹사이트 http://www.prenhall.com/Moaveni는 다음의 목적을 위해 계속해서 유지될 것이다: (1) ANSYS의 새로운 버전에서의 변화된 내용을 공유하고, (2) 앞으로 출판될 개정판에 대한 정보를 소개하며, (3) 추가적인 과제와 설계문제를 제공하고, (4) 그리고 책을 서술함에 있어 오류나 실수를 범하지 않고자 최선을 다했으나 오류가 존재할 수 있으므로 위의 사이트를 통해 수정내용을 공지하고자 한다. 위의 웹사이트는 모든 학생과 교수들이 접속할 수 있다.

본 책을 사용해 주심에 감사드리며 3판을 유용하게 사용하기를 바란다.

Saeed Moaveni

역자 머리말

1950년 초, 영국의 한 항공기 제조사에서 Turner의 삼각형 요소를 항공기 구조설계해석에 응용하기 위하여 시작된 유한요소해석이 1960년대 구소련과의 우주개발경쟁을 따라 잡기 위해 활발히 사용되기 시작하였다. 항공우주, 토목, 자동차, 기계부품, 전자기기, 조선 등 다양한 분야의 설계의 해석에 사용되어 현재는 필수적인 설계해석 도구가 되었다. 현재 범용 유한요소 프로그램으로는 ANSYS, NASTRAN, ABAQUS, MARC 등이 산업현장에서 널리 사용되고 있다. 이 중에서도 ANSYS는 다양한 분야의 설계해석 프로그램으로서 우리나라 산업설계 분야에서 폭넓게 활용되고 있으며, 이를 이용하여 설계한 다양한 제품이 출시되고 있다.

초기 유한요소해석 분야는 대학원 수준의 교육을 받은 인력들의 활용분야였으나 현재는 학부 교육에 포함되어 설계 엔지니어를 교육하는 단계에 이르렀다. 유한요소해석 프로그램에 대해 수치계산기(number cruncher)에 의한 결과를 맹신하는 현실에서 Moaveni의 이 교재는 유한요소해석 이론의 기본 사항, ANSYS 사용법, 그리고 유한요소해석 결과에 대한 결과검증 방법 등을 충실히 제공하고 있다. 이러한 이유로 유한요소해석을 이용한 유능한 설계 엔지니어를 양성하고자 하는 국내 대학에 꼭 필요한 서적이라고 판단되어 번역하게 되었다. 이 교재의 1판을 1999년 구남서, 권영두, 김위대, 박훈철, 박정선 교수 등이 번역하였고, 이번에 개정증보판인 3판의 번역을 하게 되었다. 1판은 주로 트러스, 1차원 요소, 2차원 요소, 3차원 요소, 열전달 해석, 고체역학, 유체역학, 최적화 설계 등의 내용으로 구성된 반면에, 3판에서는 위의 내용에 덧붙여 행렬 연산, 구조부재 해석, 동역학문제 해석, 설계와 재료 선택, MATLAB 사용법 등이 추가되어 유한요소해석의 다양한 설명과 ANSYS의 활용에 대한 사항을 제공하고 있다.

본 유한요소해석을 수학하기 위해서는 학부의 기초적인 공학수학, 재료역학, 유체역학, 열역학 등의 지식을 지니고 있으면 충분하고, CAD 소프트웨어를 사용할 수 있어야 한다. 피로수명 평가, 비선형 해석, 소음 해석, 경계요소 해석, 유체-구조연결 해석, 신뢰성 해석, 최적설계 등 좀더 전문적인 깊은 지식을 습득하려면 대학원 과정에 진학해야 하지만, 현장의 기본설계해석 엔지니어와 고학년 학부학생들에게는 이 책만으로도 기본적 유한요소해석 지식을 효율적으로 습득할 수 있으리라고 본다.

역자, 편집진 그리고 교정진의 노력에도 불구하고 본 번역본에 오류에 있으리라 판단되며, 독자들께서 오류를 지적하여 연락해 주시면 참고하여 재인쇄시 수정할 것을 약속드린다.

번역을 도와준 한국항공대학교의 구조 및 시스템 최적화 연구실의 이오영, 박용오, 정미경, 김현덕, 장병욱, 박영철, 김동수 등 대학원 학생들에게도 감사드린다. 마지막으로 본 3판 교재의 번역의 기회를 준 ITC 최규학 사장님과 편집진, 꼼꼼한 교정을 맡아준 홍희정 씨에게도 감사를 드리고, ANSYS 교육용 CD의 사용을 허락해준 (주)태성에스엔이에도 감사를 드린다.

박정선

차례

제1장 서론 1

제2장 행렬 연산 61

제5장 1차원 요소 233

제6장 1차원 문제의 해석 257

제7장 2차원 요소 295

제8장 ANSYS의 구성 및 기능 331

제9장 2차원 열전달 문제의 해석 381

제10장 2차원 고체역학 문제의 해석 477

Chapter 1

서론

유한요소법은 응력해석, 열전달, 전자기, 유체 유동 등의 공학적 문제에 대한 해를 구하기 위해서 사용되는 수치적 방법이다. 이 책은 유한요소 모델링의 기본 개념에 대해서 명확히 이해할 수 있도록 쓰여졌다. 기본 개념에 대한 명확한 이해를 통해서, ANSYS 같은 일반적인 유한요소 소프트웨어를 효과적으로 사용할 수 있게 된다. ANSYS는 이 책에서 중요한 부분을 차지한다. 각 장에서는 그와 관련된 기본적 이론이 먼저 논의되고 ANSYS를 사용한 예제가 주어진다. 이 책의 전 범위에서 유한요소해석(finite element analysis: FEA)을 통하여 습득된 지식을 확인하는 데 주안점을 두었다. 또한, 각 장의 마지막에는 ANSYS를 사용하여 얻은 결과를 검증하기 위해서 고려해야 하는 사항들에 대하여 기술하였다.

이 책의 연습문제 중 일부는 수(hand)계산으로 해를 구하도록 되어 있다. 이런 연습을 통해서 유한요소해석에 필요한 단계를 밟아봄으로써 기본 개념을 이해하는 데 많은 도움이 되리라 생각한다. 그리고 이 책은 이미 유한요소 모델링을 하고 있거나 유한요소해석(FEA)의 기본 개념을 알아야 하는 설계 엔지니어에게 참고가 되도록 하였다.

이 장의 목적은 유한요소 정식화, 직접 정식화, 최소 총 포텐셜 에너지 정식화, 가중잔여법 등과 같은 유한요소 정식화에 관한 기본적인 개념을 설명하는 것이다. 이 장에서 다루는 주요 내용은 다음과 같다.

1.1 공학 문제
1.2 수치적 방법
1.3 유한요소법의 간략한 역사와 ANSYS
1.4 유한요소법의 기본 단계

1.1 공학 문제

일반적으로 공학 문제는 물리적인 현상에 대한 수학적인 모델이다. 수학적인 모델은 관련된 경계조건과 초기조건을 가지는 미분 방정식으로 주어진다. 미분 방정식은 시스템이나 검사체적(control volume)에 대해서 기본적인 법칙과 원리를 적용하여 유도될 수 있다. 이 지배 방정식은 질량, 힘, 또는 에너지의 평형을 나타낸다. 이런 방정식의 엄밀해는 주어진 조건에서 시스템의 상세한 거동을 나타낸다. 해석해는 두 부분으로 구성된다. 즉, 동차해 부분

표 1.1 공학 문제에서의 지배 미분 방정식, 경계조건, 초기조건과 엄밀해

문제유형	지배 방정식 경계조건 초기조건	해
보: 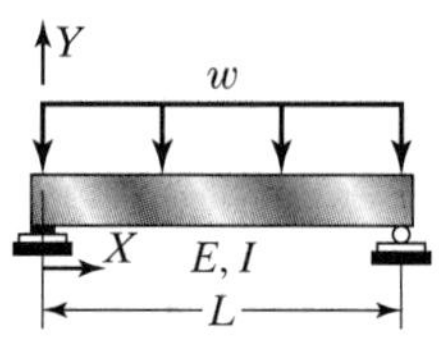	$EI\frac{d^2Y}{dX^2} = \frac{wX(L-X)}{2}$ 경계조건: $X = 0$ 에서 $Y = 0$ 이고, $X = L$ 에서 $Y = 0$ 이다.	거리 X의 함수에 의한 보(beam)의 처짐 Y $Y = \frac{w}{24EI}(-X^4 + 2LX^3 - L^3X)$
탄성 시스템: 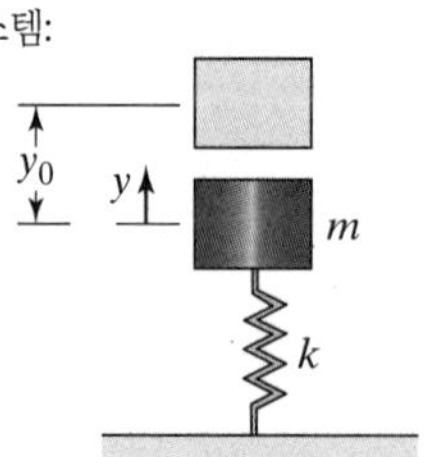	$\frac{d^2y}{dt^2} + \omega_n^2 y = 0$ 여기서 $\omega_n^2 = \frac{k}{m}$ 초기조건: $t = 0$ 에서 $y = y_0$ 이고, $t = 0$ 에서 $\frac{dy}{dt} = 0$ 이다.	시간의 함수에 의한 질량 m의 위치 $y(t) = y_0 \cos \omega_n t$
핀: 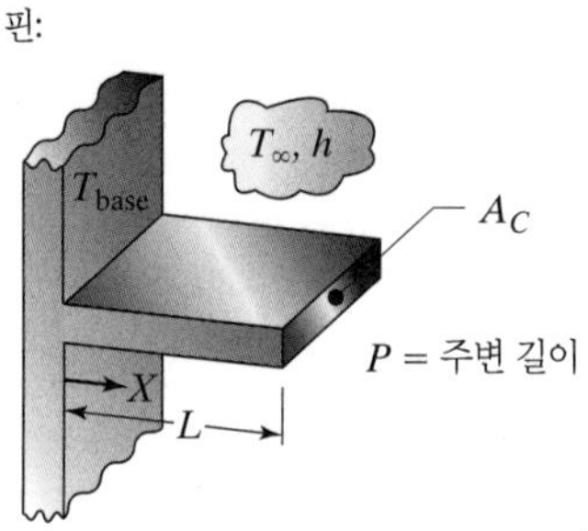	$\frac{d^2T}{dX^2} - \frac{hp}{kA_c}(T - T_\infty) = 0$ 경계조건: $X = 0$ 에서 $T = T_{base}$ $L \rightarrow \infty$ 일 때 $T = T_\infty$	함수 X에 의한 핀(fin)에 따른 온도 분포 $T = T_\infty + (T_{base} - T_\infty)e^{-\sqrt{\frac{hp}{kA_c}}X}$

(homogenous part)과 특수해 부분(particular part)으로 구성된다. 주어진 공학 문제에서, 시스템 운동에 영향을 미치는 2개의 변수들이 있다. 첫째, 주어진 시스템의 **본질적 거동**(natural behavior)과 관련된 정보를 제공하는 변수이다. 이 변수는 탄성계수, 열전도도, 점성을 포함한다. 아래의 표 1.2는 다양한 문제의 본질적 거동을 특징짓는 물리적 성질을 요약하고 있다.

반면에, 시스템을 **교란**(disturbances)시키는 변수가 있다. 이런 변수들은 표 1.3에 요약되어 있다. 이런 변수들의 예로는 외력, 모멘트, 매개체를 지나면서 생기는 온도차, 유체에서의 압력차 등이 있다.

표 1.2 다양한 공학 시스템을 특징짓는 물리적 성질

문제유형	시스템 변수의 예
고체역학 예제	
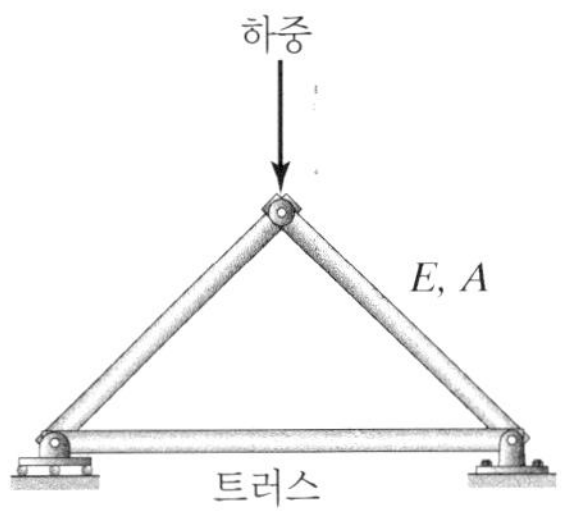	탄성계수 E; 단면적 A
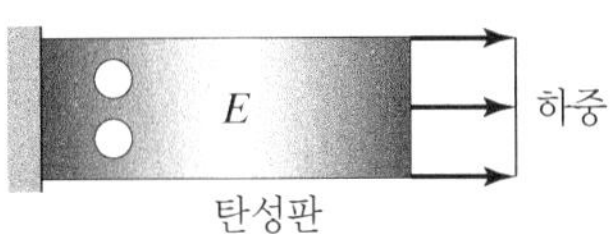	탄성계수 E
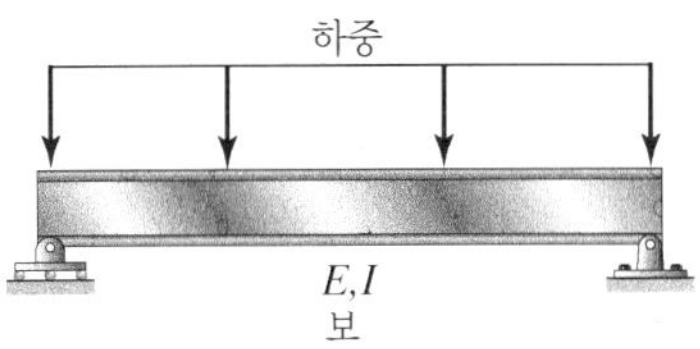	탄성계수 E; 면적의 2차 모멘트 I
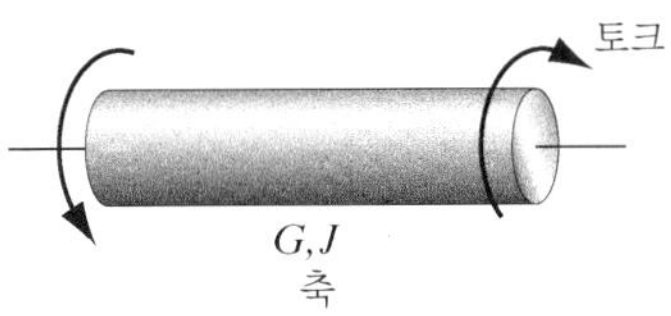	강성계수 G; 극관성 모멘트 J
열전달 예제	
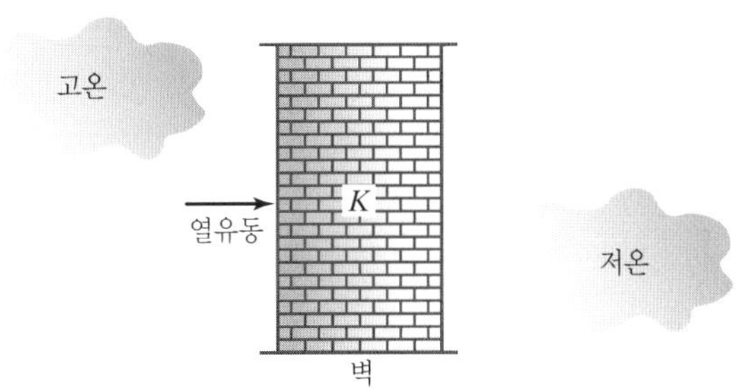	열전도도 K; 두께 L; 면적 A

계속

표 1.2 계속

문제유형	시스템 변수의 예
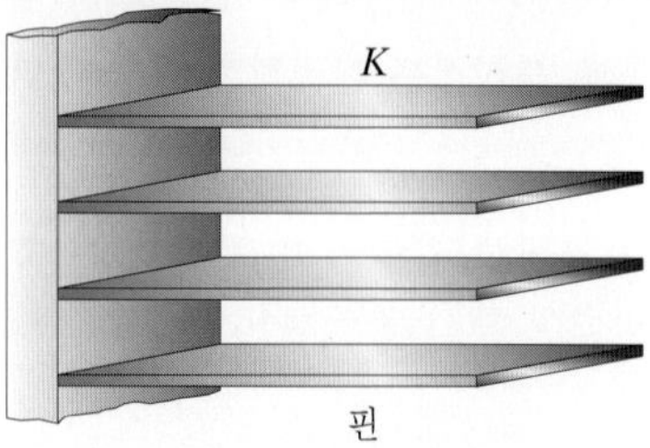 핀	열전도도 K; 단면적 A
열유동 예제	
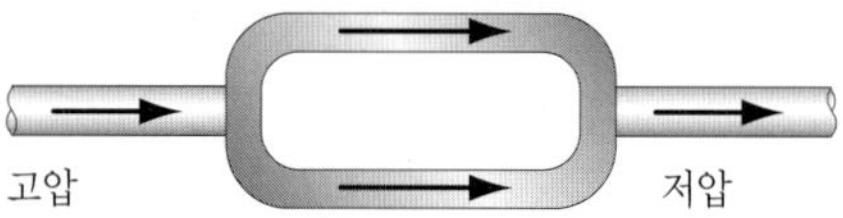 파이프망	점도 μ; 파이프 조도 e; 파이프 직경 D
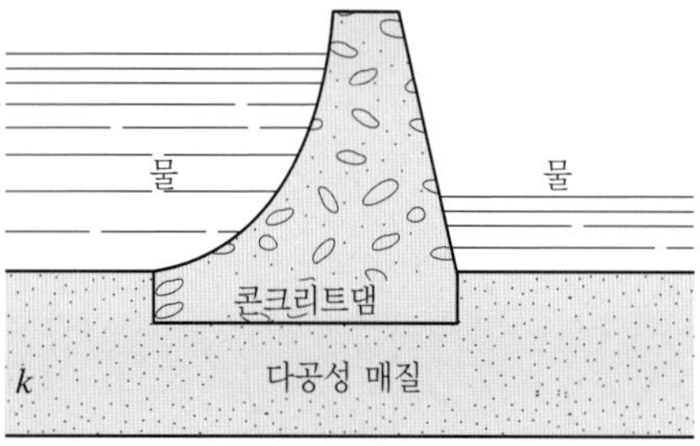 콘크리트댐	토양 투과율 k
전기와 자기 문제	
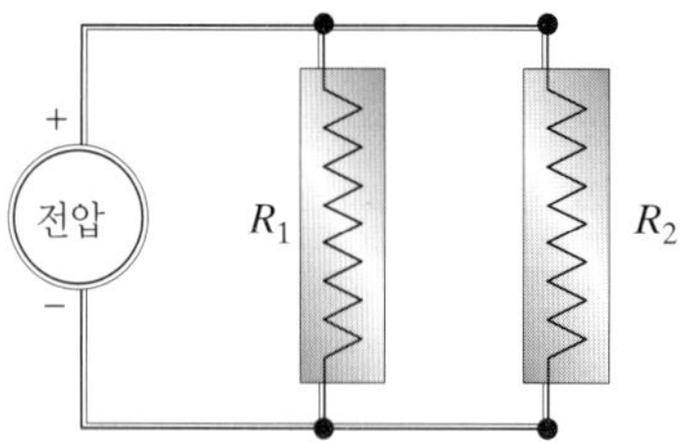 전기망	저항 R
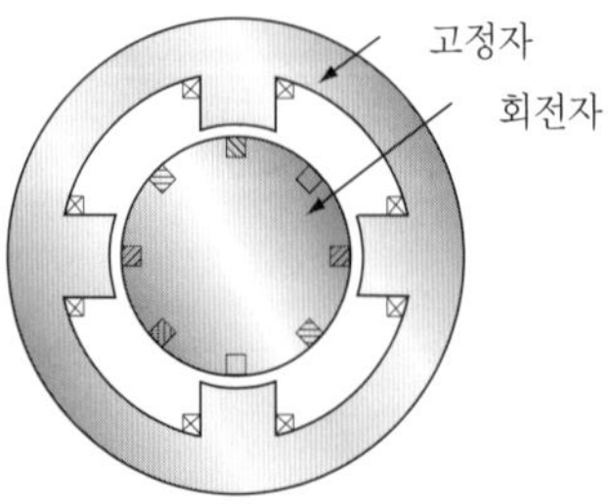 전기모터의 자기장	투과율 μ

표 1.2에서 나타난 시스템의 특성은 시스템의 본질적 거동(natural behavior)을 가리키며, 항상 지배 미분 방정식 해의 **동차해**(homogenous) 부분에 나타나게 된다. 반면에, 교란과 관련된 변수는 **특수해**(particular)로 나타나게 된다. 유한요소 모델링에서 강성행렬 또는 열전도행렬, 하중행렬 속에 이런 변수들이 나타나게 되므로 이 변수들의 역할을 이해하는 것

표 1.3 여러 공학 시스템에서의 교란 요소

문제유형	시스템을 교란시키는 변수들의 예들
고체역학	외력과 모멘트: 지지 자극
열전달	온도차: 열유입
유체 유동과 파이프 연결망	압력차: 유량
전기 연결망	전압차

이 중요하다. 시스템의 특성은 항상 강성행렬, 열전도행렬, 저항행렬을 통해서 나타나게 되지만 교란변수는 항상 하중행렬에 나타나게 된다. 강성, 전도, 하중 행렬에 대해서는 1.5절에서 설명하겠다.

1.2 수치적 방법

공학 문제 중에는 엄밀해를 얻을 수 없는 실제적인 문제들이 많이 있다. 엄밀해를 얻을 수 없는 것은 지배 미분 방정식의 복잡성 또는 경계조건이나 초기조건을 다룰 때 생기는 어려움 때문이라고 할 수 있다. 이런 문제를 다루기 위해서, 수치적인 근사가 필요하다. 시스템 내 특정 지점에서의 엄밀한 거동을 나타내는 해석적인 해와는 대조적으로 수치적인 해는 '절점'이라고 불리는 이산화된 점에서 엄밀해를 근사한다. 수치적 절차의 첫 번째 단계는 이산화(discretization)이다. 이 과정을 통해서 관심대상을 부영역과 절점으로 분할한다. 이러한 수치적 방법으로 **유한차분법**(finite difference methods)과 **유한요소법**(finite element methods)의 두 가지 방법이 있다. 유한차분법에서는 미분 방정식이 각 절점에서 표현되고, 도함수는 **차분 방정식**(difference equation)으로 바꾸어진다. 이 과정을 통해서 연립 선형 방정식이 유도된다. 유한차분법은 이해하기 쉽고, 간단한 문제에 적용하기 쉽지만, 복잡한 형상이나 복잡한 경계조건을 갖고 있는 문제에는 적용하기 어렵다는 단점이 있다.

반대로, 유한요소법은 대수 방정식을 만들기 위해서 차분 방정식을 사용하는 것이 아니라 **적분과정**(integral formulations)을 사용한다. 또한, 근사 연속 함수는 각 요소의 해를 나타내는 것으로 가정한다. 그리고 완전한 해는 각각의 해를 조합해서 얻어지게 되는데, 이 때 각 요소 경계에서 연속성이 보장되어야 한다.

1.3 유한요소법의 간략한 역사*와 ANSYS

유한요소법은 다양한 공학 문제들의 해를 얻기 위해서 적용시킬 수 있다. 정상상태, 과도상태, 선형 또는 비선형 응력해석 문제 및 열전달, 유체 유동, 전자기장 문제들은 유한요소법

* 더 자세한 사항은 Cook et al. (1989)을 참조하라.

을 통해서 해석될 수 있다. 현대 유한요소법의 기원은 이산화된 등가 탄성봉을 이용하여 탄성 연속체들을 모델링하고 근사화한 1900년대 초로 거슬러 올라간다. 그러나 Courant (1943)이 유한요소법을 최초로 개발한 사람으로 간주되고 있다. 1940년대 초에 발간된 논문에 의하면, Courant은 비틀림 문제를 연구하기 위해서 삼각형 부영역에 대한 다항식 보간법을 사용하였다.

다음의 중요 단계는 비행기 날개를 모델링하기 위하여 삼각 응력 요소를 사용했던 보잉사가 행하였다. 그러나 1960년대에야 비로소 **유한요소**(finite element)라는 용어가 Clough에 의하여 대중화되었다. 1960년대 동안, 연구자들은 열전달이나 침투유동 문제 같은 공학의 다른 영역에도 유한요소법을 적용하기 시작했다. Zienkiewicz와 Cheung(1967)은 1967년에 전체적으로 유한요소법에 중점을 둔 첫 번째 책을 썼다. 그리고 1971년에 ANSYS가 처음으로 배포되었다.

ANSYS는 100,000 라인 이상의 코드를 포함하는 범용 유한요소 컴퓨터 프로그램이다. ANSYS는 정적, 동적, 열전달, 유체 유동, 전자기장 해석을 수행할 수 있다. ANSYS는 30년 동안 FEA 프로그램을 이끌고 있다. ANSYS의 현재 버전은 그래픽 사용자 인터페이스(graphical user interface: GUI)를 갖춘 다중 창, 풀다운 메뉴, 대화상자, 그리고 툴바를 갖춘 완전히 새로운 모습이다. 요즘 ANSYS는 항공, 자동차, 전자공학, 핵공학 등의 여러 공학 문제에서 폭넓게 사용되고 있다. ANSYS나 다른 상용 FEA 컴퓨터 프로그램을 제대로 사용하기 위해서는, 유한요소법에 내재되어 있는 기본 개념과 한계를 완벽하게 이해하는 것이 선행되어야 한다.

ANSYS는 다양한 문제를 풀기 위해 사용될 수 있는 강력한 공학 도구이다. 그러나 유한요소법에 대한 기본 개념이 없는 사용자는, 많은 장비와 도구를 이용할 수는 있지만 컴퓨터 내부 작동의 원리를 이해하지 못하기 때문에 컴퓨터를 고칠 수 없는 기술자와 같은 곤경에 처해지게 된다.

1.4 유한요소법의 기본 단계

유한요소해석의 기본 단계는 다음과 같이 구성된다.

전처리 단계

1. 해의 영역을 유한요소로 생성하고 이산화한다. 즉, 절점과 요소로 문제를 분할한다.

2. 형상함수가 요소의 물리적 운동을 표현한다고 가정한다. 즉, 근사 연속 함수는 요소의 해를 표현한다고 가정한다.

3. 요소에 대한 방정식을 만든다.

4. 전체 문제를 풀기 위해 요소를 조합하여 전체 강성행렬을 만든다.

5. 경계조건, 초기조건, 하중을 부과한다.

표 1.4 ANSYS의 성능을 나타내는 예들*

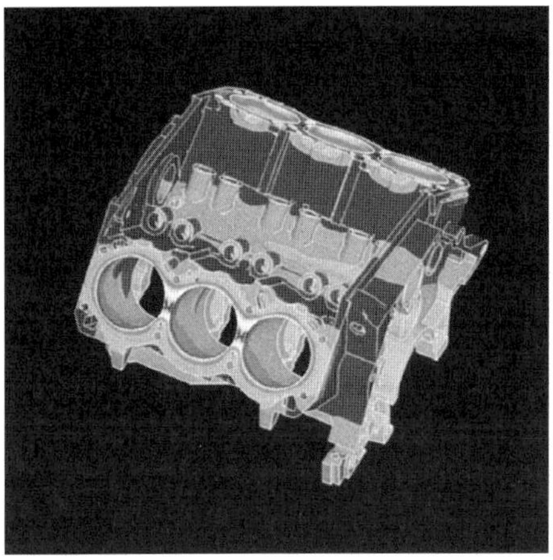

전륜 구동 자동차의 V6 엔진이 ANSYS 열전달 기능으로 해석되어졌다. 그 해석은 제품 성능 개선을 위하여 미국 자동차 제조사 대신 Analysis & Design Appl. Co. Ltd. (ADAPCO)사에 의해 수행되었다. 엔진 블록의 열응력 분포가 그림에 나타나 있다.

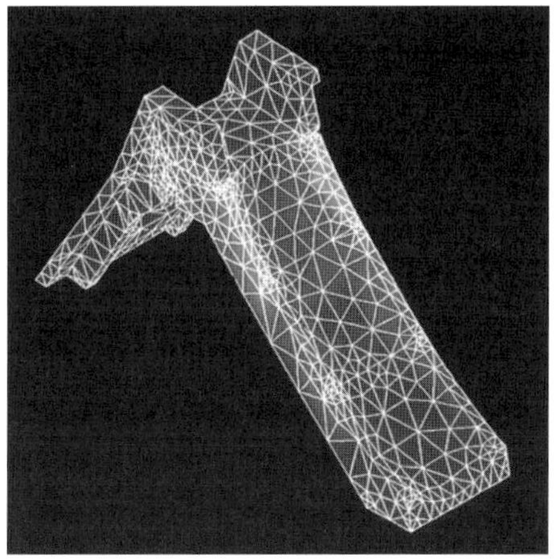

Today's Kid사의 과하중을 받는 미끄럼틀의 파괴지점을 확인하기 위해 ANSYS의 대변형 기능이 사용되었다. 이런 비선형 해석기능이 제품의 구조 거동에 의한 응력을 파악하기 위해 필요하다.

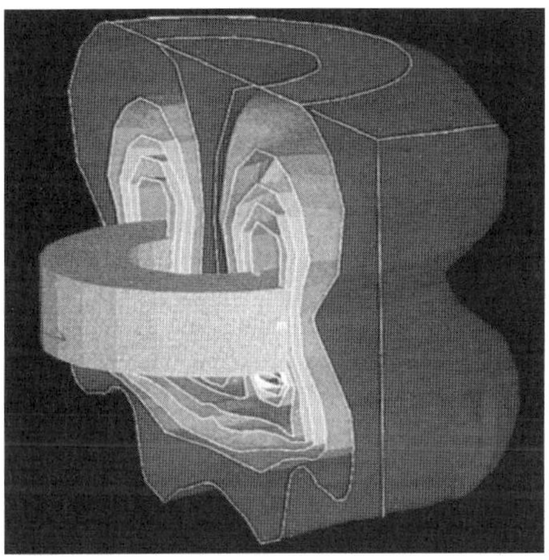

특수 요소를 통해 연결된 벡터와 스칼라 포텐셜과, 무한 경계 요소의 사용에 의한 멀리 떨어진 장(field)의 감소에 대한 3차원 그래픽 표현을 포함하는 ANSYS 전자기 기능이 위의 그림과 같이 전해판 해석에 나타나 있다. 등고선이 H장의 세기를 나타내기 위해 사용되어졌다.

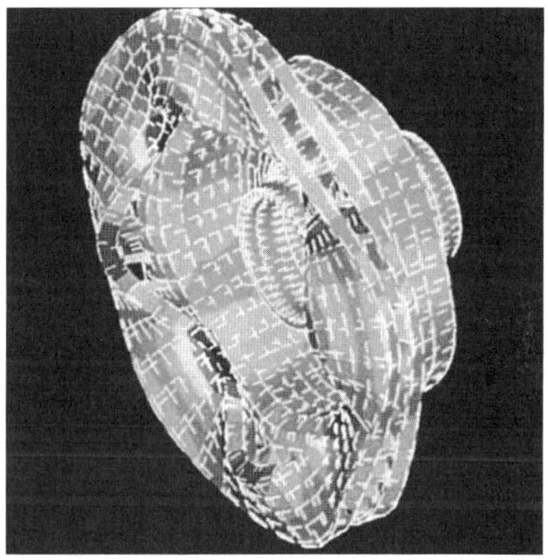

디스크 브레이크 로터의 고유 진동수를 구하기 위해서 Structural Analysis Engineering Corporation사에 의해 ANSYS가 사용되었다. 이 해석에서 브레이크의 소음 발생 원인인 50개의 진동 모드가 경트럭 브레이크 로터에 존재함이 발견되었다.

* ANSYS, Inc., Canonsburg, PA 제공.

해석 단계

6. 절점에서 변위값이나, 열전도 문제의 절점온도값처럼 절점에서의 결과를 얻기 위하여 선형 또는 비선형 연립 대수 방정식을 푼다.

후처리 단계

7. 다른 중요 정보를 얻는다. 주응력, 열유속 등의 값을 얻을 수 있다.

일반적으로, 유한요소 정식화에는 (1) 직접 정식화, (2) 최소 총 포텐셜 에너지 정식화, (3) 가중 잔여법이 있다. 다시 말하면, 어떻게 유한요소 모델을 생성하든 관계 없이 유한요소해석의 기본 단계는 위에 열거한 것과 같다는 것에 주의하도록 한다.

1.5 직접 정식화

다음 문제는 직접 정식화의 절차와 단계를 설명한다.

예제 1.1

그림 1.1에서 보듯이, 하중 P가 작용하는 단면적이 변하는 인장봉(bar)을 생각하자. 이 봉은 한쪽이 고정되어 있고, 반대편에는 하중 P가 작용하고 있으며 맨 위쪽의 폭은 w_1이고, 아래쪽의 폭은 w_2, 두께는 t, 길이는 L이라 하자. 봉의 탄성계수는 E이다. 하중 P가 작용할 때 길이방향을 따라 각 지점에서 봉이 얼마나 변형되는지를 결정하고자 한다. 여기서는 작용하중이 봉의 무게에 비해서 매우 크다는 가정하에 봉의 무게는 무시하도록 한다.

전처리 단계

1. 해 영역을 유한요소로 이산화하라.

문제를 절점과 요소로 분할한다. 유한요소해석의 기본 단계를 쉽게 설명하기 위해서, 이 문제를 그림 1.2처럼 5개의 절점과 4개의 요소로 이루어진 간단한 모델을 나타낸다. 절점 수와 요소 수를 증가시키면 더욱 정확한 결과를 얻을 수 있으며 이것은 연습문제로 남기고자 한다(연습문제 1 참조). 이 봉은 각 부분이 균일한 단면적을 가지는 4개의 부분으로 모델링되어 있다. 각 요소의 단면적은 요소를 구성하는 절점에서 단면의 평균 면적으로 표현된다. 이 모델은 그림 1.2에 나타나 있다.

2. 요소의 거동을 근사하는 해를 가정하라.

전형적인 요소의 거동을 알아보기 위해서 그림 1.3처럼 힘 F가 가해졌을 때, 길이 ℓ과 균일한 단면적 A를 가진 고체 요소의 변위를 생각해 보자.

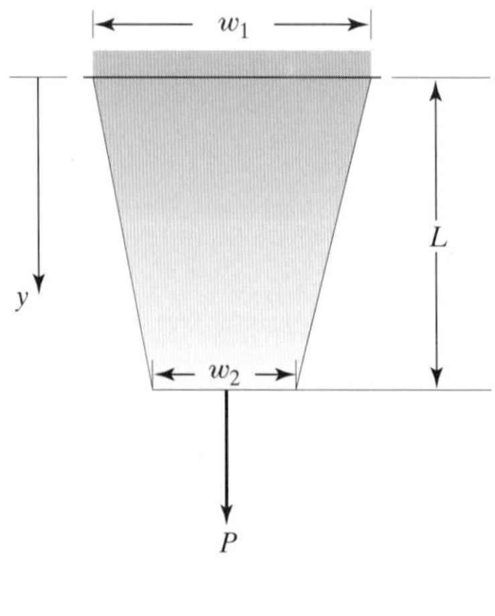

그림 1.1 축방향 하중이 작용하는 봉

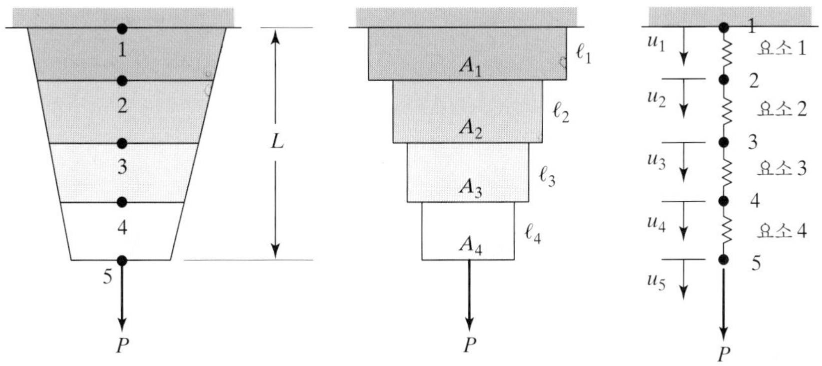

그림 1.2 절점과 요소로 나누어진 봉

각 요소의 평균 응력 σ는 다음과 같이 주어진다.

$$\sigma = \frac{F}{A} \tag{1.1}$$

각 요소의 평균 수직변형률 ε은 요소의 단위길이 $\Delta\ell$당 변화되는 길이로 정의된다.

$$\varepsilon = \frac{\Delta\ell}{\ell} \tag{1.2}$$

탄성 영역에 대해서, 응력과 변형률 사이의 관계는 후크(Hooke)의 법칙에 의해 다음과 같이 주어진다.

$$\sigma = E\varepsilon \tag{1.3}$$

E는 재료의 탄성계수이다. 식 (1.1)과 (1.2), (1.3)을 조합하여 다음과 같이 단순화시킬 수 있다.

$$F = \left(\frac{AE}{\ell}\right)\Delta\ell \tag{1.4}$$

식 (1.4)는 선형 스프링 $F = kx$와 유사하다는 것에 주의하도록 한다. 그러므로 중앙에 하중이 가해지는 균일한 단면의 요소는 다음과 같은 등가 강성을 가지는 스프링으로 모델링될 수 있다.

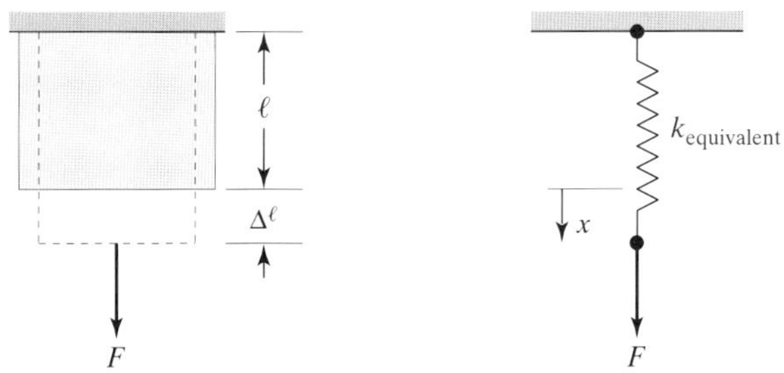

그림 1.3 힘 F가 가해지는 균일한 단면적의 고체 요소

$$k_{\text{eq}} = \frac{AE}{\ell} \tag{1.5}$$

이제 예제 1.1을 살펴보도록 하자. 봉의 단면적이 y방향으로 변하고 있다는 점에 주의한다. 첫 번째 가정으로 그림 1.2에서처럼, 다른 단면적을 갖고 있으면서 중앙에 하중이 가해지고 있는 요소가 연속적으로 있는 것으로 모델링한다. 이렇게 봉은 4개의 스프링이 직렬로 연결된 것으로 표현될 수 있다. 그리고 요소의 탄성 거동은 다음과 같이 등가 선형 스프링에 의해서 모델링된다.

$$f = k_{\text{eq}}(u_{i+1} - u_i) = \frac{A_{\text{avg}}E}{\ell}(u_{i+1} - u_i) = \frac{(A_{i+1} + A_i)E}{2\ell}(u_{i+1} - u_i) \tag{1.6}$$

요소의 등가 강성계수는 다음과 같다.

$$k_{\text{eq}} = \frac{(A_{i+1} + A_i)E}{2\ell} \tag{1.7}$$

A_i와 A_{i+1}은 절점 i와 $i + 1$에서의 단면적을 나타내고, ℓ은 요소의 길이이다. 각 절점에 작용하는 힘을 생각해 보도록 하자. 절점의 자유물체도가 그림 1.4에 설명되어 있다.

정적 평형조건으로부터 각 절점에 작용하는 힘의 합이 0이 되어야 한다. 이 조건으로부터 다음과 같은 5개의 방정식이 만들어진다.

$$\begin{aligned}
&\text{절점 1:} \quad R_1 - k_1(u_2 - u_1) = 0 \\
&\text{절점 2:} \quad k_1(u_2 - u_1) - k_2(u_3 - u_2) = 0 \\
&\text{절점 3:} \quad k_2(u_3 - u_2) - k_3(u_4 - u_3) = 0 \\
&\text{절점 4:} \quad k_3(u_4 - u_3) - k_4(u_5 - u_4) = 0 \\
&\text{절점 5:} \quad k_4(u_5 - u_4) - P = 0
\end{aligned} \tag{1.8}$$

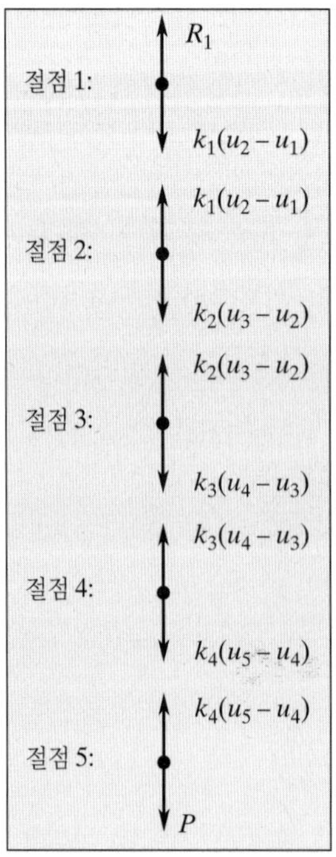

그림 1.4 예제 1.1의 절점에서의 자유물체도

식 (1.8)에서 내력을 반력 R_1과 외력 P로 분리하여 다시 정리하면, 다음의 식을 얻을 수 있다.

$$
\begin{aligned}
k_1u_1 \quad -k_1u_2 \qquad\qquad\qquad\qquad\qquad\qquad\qquad\qquad\qquad\qquad &= -R_1 \\
-k_1u_1 \quad +k_1u_2 \quad +k_2u_2 \quad -k_2u_3 \qquad\qquad\qquad\qquad\qquad &= 0 \\
-k_2u_2 \quad +k_2u_3 + k_3u_3 \quad -k_3u_4 \qquad\qquad\qquad &= 0 \\
-k_3u_3 \quad +k_3u_4 \quad +k_4u_4 \quad -k_4u_5 &= 0 \\
-k_4u_4 \quad +k_4u_5 &= P
\end{aligned}
\tag{1.9}
$$

평형 방정식 (1.9)를 행렬 형태로 나타내면, 다음과 같다.

$$
\begin{bmatrix}
k_1 & -k_1 & 0 & 0 & 0 \\
-k_1 & k_1+k_2 & -k_2 & 0 & 0 \\
0 & -k_2 & k_2+k_3 & -k_3 & 0 \\
0 & 0 & -k_3 & k_3+k_4 & -k_4 \\
0 & 0 & 0 & -k_4 & k_4
\end{bmatrix}
\begin{Bmatrix} u_1 \\ u_2 \\ u_3 \\ u_4 \\ u_5 \end{Bmatrix}
=
\begin{Bmatrix} -R_1 \\ 0 \\ 0 \\ 0 \\ P \end{Bmatrix}
\tag{1.10}
$$

하중행렬에서 작용하중과 반력을 구분하는 것이 중요하다. 그러므로 식 (1.10)은 다음과 같이 쓸 수 있다.

$$
\begin{Bmatrix} -R_1 \\ 0 \\ 0 \\ 0 \\ 0 \end{Bmatrix}
=
\begin{bmatrix}
k_1 & -k_1 & 0 & 0 & 0 \\
-k_1 & k_1+k_2 & -k_2 & 0 & 0 \\
0 & -k_2 & k_2+k_3 & -k_3 & 0 \\
0 & 0 & -k_3 & k_3+k_4 & -k_4 \\
0 & 0 & 0 & -k_4 & k_4
\end{bmatrix}
\begin{Bmatrix} u_1 \\ u_2 \\ u_3 \\ u_4 \\ u_5 \end{Bmatrix}
-
\begin{Bmatrix} 0 \\ 0 \\ 0 \\ 0 \\ P \end{Bmatrix}
\tag{1.11}
$$

위의 식 (1.11)로 나타낸 관계는, 추가적인 절점하중과 다른 경계조건이 있는 경우에도, 일반적인 형태로 다음과 같이 쓸 수 있다.

$$\{\mathbf{R}\} = [\mathbf{K}]\,\{\mathbf{u}\} - \{\mathbf{F}\} \tag{1.12}$$

이들이 의미하는 바는 다음과 같다.

{반력행렬} = [강성행렬]{변위행렬} − {하중행렬}

하중행렬 **{F}**와 반력행렬 **{R}** 사이의 차이에 대해 주목하라.

다시 예제 1.1을 생각해 보자. 봉이 윗부분에서 고정되어 있기 때문에, 절점 1의 변위는 0이 된다. 여기서는 4개의 미지 절점변수 u_2, u_3, u_4와 u_5가 있다. 이를 합치면 5개의 미지수가 존재한다. 식 (1.11)처럼 5개의 평형 방정식이 존재하기 때문에 모든 미지수의 해를 구할 수 있다. 그러나 여기서 주의할 점은 미지수와 방정식의 수가 같더라도 방정식 안에 다른 형태의 미지수(변위, 반력)를 포함할 수도 있다. 동시에 미지 반력과 미지 변위를 소개하기 위해서 기지의 경계조건을 사용해야 한다. 따라서 식 (1.10)에 주어진 시스템 방정식의 첫 번째 행은 $u_1 = 0$이 되어야 한다. 이렇게 경계조건의 적용의 결과는 다음의 행렬 방정식과 같다.

$$\begin{bmatrix} 1 & 0 & 0 & 0 & 0 \\ -k_1 & k_1+k_2 & -k_2 & 0 & 0 \\ 0 & -k_2 & k_2+k_3 & -k_3 & 0 \\ 0 & 0 & -k_3 & k_3+k_4 & -k_4 \\ 0 & 0 & 0 & -k_4 & k_4 \end{bmatrix} \begin{Bmatrix} u_1 \\ u_2 \\ u_3 \\ u_4 \\ u_5 \end{Bmatrix} = \begin{Bmatrix} 0 \\ 0 \\ 0 \\ 0 \\ P \end{Bmatrix} \quad (1.13)$$

위 식의 해는 절점변위이다. 위의 설명과 식 (1.13)을 살펴보면 분명해지듯이, 고체역학 문제에 대하여 유한요소식에 경계조건을 적용하면 식 (1.11)을 강성행렬, 변위행렬, 하중행렬로 구성된 새로운 일반적인 형태로 변환시킨다.

[강성행렬]{변위행렬} = {하중행렬}

위의 관계식으로부터 절점변위값의 해를 구한 후 식 (1.12)를 이용하여 반력을 구하게 된다. 다음에서, 일반적인 요소 강성행렬을 만들고, 전체 강성행렬의 조합에 대하여 논의하고자 한다.

3. 요소에 대한 방정식을 만들어라.

예제 1.1에서 각각의 요소는 2개의 절점을 가지고 있고, 각 절점에는 1개의 변위가 관계 있으므로, 각 요소마다 2개의 식이 필요하게 된다. 이 식 안에는 절점변위와 요소의 강성을 포함하고 있어야 한다. 그림 1.5에서 보여주듯이 내부적으로 전달된 힘 f_i와 f_{i+1} 그리고 끝 부분의 변위 u_i와 u_{i+1}을 생각해 보자.

정적 평형조건으로부터 f_i와 f_{i+1}의 합이 0이 되어야 한다. 그림 1.5에서 (a), (b) 모두 이 조건을 만족하지만 다음 절에서 설명하게 될 다른 정식화와의 부호 통일을 취하여 여기서는 그림 1.5(b)의 방법을 사용한다. 우리는 절점 i와 $i+1$에서 전달된 힘의 방정식을 다음과 같이 쓸 수 있다.

$$\begin{aligned} f_i &= k_{eq}(u_i - u_{i+1}) \\ f_{i+1} &= k_{eq}(u_{i+1} - u_i) \end{aligned} \quad (1.14)$$

식 (1.14)는 행렬 형태로 아래와 같이 표현된다.

$$\begin{Bmatrix} f_i \\ f_{i+1} \end{Bmatrix} = \begin{bmatrix} k_{eq} & -k_{eq} \\ -k_{eq} & k_{eq} \end{bmatrix} \begin{Bmatrix} u_i \\ u_{i+1} \end{Bmatrix} \quad (1.15)$$

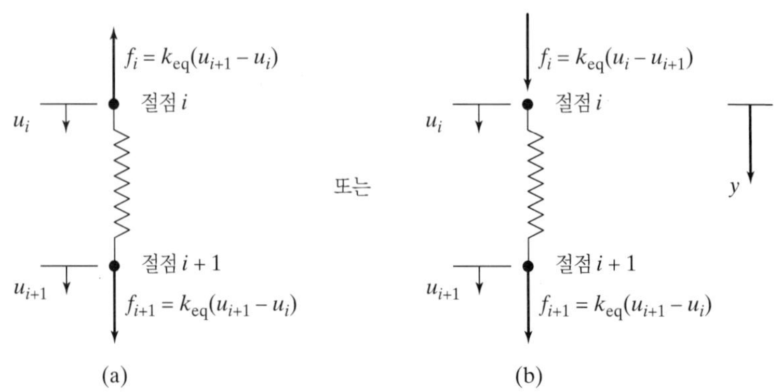

그림 1.5 임의 요소를 통한 내부적으로 전달된 힘

4. 전체 문제를 나타내기 위해서 요소를 조합하라.

요소 하나에 대한 식 (1.15)를 모든 요소에 적용할 경우 전체 강성행렬을 조합하게 된다. 요소 (1)의 강성행렬은 다음과 같이 주어진다.

$$[\mathbf{K}]^{(1)} = \begin{bmatrix} k_1 & -k_1 \\ -k_1 & k_1 \end{bmatrix}$$

그리고 전체 강성행렬에 조합되는 위치는 다음과 같이 주어진다.

$$[\mathbf{K}]^{(1G)} = \begin{bmatrix} k_1 & -k_1 & 0 & 0 & 0 \\ -k_1 & k_1 & 0 & 0 & 0 \\ 0 & 0 & 0 & 0 & 0 \\ 0 & 0 & 0 & 0 & 0 \\ 0 & 0 & 0 & 0 & 0 \end{bmatrix} \begin{matrix} u_1 \\ u_2 \\ u_3 \\ u_4 \\ u_5 \end{matrix}$$

절점변위행렬은 전체 강성행렬 안에서 요소 (1)의 위치에 따라 위치시켰다. 이것은 절점이 이웃하고 있는 요소에 어떻게 연관되어 있는지를 살펴볼 수 있도록 하기 위한 것이다. 동일한 방법을 적용하면, 요소 (2), (3), (4)의 강성행렬과 각각의 요소 강성행렬이 전체 강성행렬에 조합되는 위치는 다음과 같다.

$$[\mathbf{K}]^{(2)} = \begin{bmatrix} k_2 & -k_2 \\ -k_2 & k_2 \end{bmatrix}$$

$$[\mathbf{K}]^{(2G)} = \begin{bmatrix} 0 & 0 & 0 & 0 & 0 \\ 0 & k_2 & -k_2 & 0 & 0 \\ 0 & -k_2 & k_2 & 0 & 0 \\ 0 & 0 & 0 & 0 & 0 \\ 0 & 0 & 0 & 0 & 0 \end{bmatrix} \begin{matrix} u_1 \\ u_2 \\ u_3 \\ u_4 \\ u_5 \end{matrix}$$

$$[\mathbf{K}]^{(3)} = \begin{bmatrix} k_3 & -k_3 \\ -k_3 & k_3 \end{bmatrix}$$

$$[\mathbf{K}]^{(3G)} = \begin{bmatrix} 0 & 0 & 0 & 0 & 0 \\ 0 & 0 & 0 & 0 & 0 \\ 0 & 0 & k_3 & -k_3 & 0 \\ 0 & 0 & -k_3 & k_3 & 0 \\ 0 & 0 & 0 & 0 & 0 \end{bmatrix} \begin{matrix} u_1 \\ u_2 \\ u_3 \\ u_4 \\ u_5 \end{matrix}$$

$$[\mathbf{K}]^{(4)} = \begin{bmatrix} k_4 & -k_4 \\ -k_4 & k_4 \end{bmatrix}$$

$$[\mathbf{K}]^{(4G)} = \begin{bmatrix} 0 & 0 & 0 & 0 & 0 \\ 0 & 0 & 0 & 0 & 0 \\ 0 & 0 & 0 & 0 & 0 \\ 0 & 0 & 0 & k_4 & -k_4 \\ 0 & 0 & 0 & -k_4 & k_4 \end{bmatrix} \begin{matrix} u_1 \\ u_2 \\ u_3 \\ u_4 \\ u_5 \end{matrix}$$

최종 전체 강성행렬은 각각의 요소 행렬을 단순히 조합함으로써 다음과 같이 얻어진다.

$$[\mathbf{K}]^{(G)} = [\mathbf{K}]^{(1G)} + [\mathbf{K}]^{(2G)} + [\mathbf{K}]^{(3G)} + [\mathbf{K}]^{(4G)}$$

$$[\mathbf{K}]^{(G)} = \begin{bmatrix} k_1 & -k_1 & 0 & 0 & 0 \\ -k_1 & k_1 + k_2 & -k_2 & 0 & 0 \\ 0 & -k_2 & k_2 + k_3 & -k_3 & 0 \\ 0 & 0 & -k_3 & k_3 + k_4 & -k_4 \\ 0 & 0 & 0 & -k_4 & k_4 \end{bmatrix} \tag{1.16}$$

식 (1.16)에서 주어진 것처럼 요소 강성행렬을 조합하여 구한 절점에서의 자유물체도로부터 구한 전체 강성행렬인 식 (1.10)의 좌변과 동일하다.

5. 경계조건과 하중을 부과하라.

봉의 윗부분이 고정되어 있기 때문에 $u_1 = 0$이다. 외력 P는 절점 5에 작용한다. 이 조건을 부과한 후의 결과는 다음과 같은 선형 방정식으로 나타나게 된다.

$$\begin{bmatrix} 1 & 0 & 0 & 0 & 0 \\ -k_1 & k_1 + k_2 & -k_2 & 0 & 0 \\ 0 & -k_2 & k_2 + k_3 & -k_3 & 0 \\ 0 & 0 & -k_3 & k_3 + k_4 & -k_4 \\ 0 & 0 & 0 & -k_4 & k_4 \end{bmatrix} \begin{Bmatrix} u_1 \\ u_2 \\ u_3 \\ u_4 \\ u_5 \end{Bmatrix} = \begin{Bmatrix} 0 \\ 0 \\ 0 \\ 0 \\ P \end{Bmatrix} \tag{1.17}$$

$u_1 = 0$이라는 조건을 나타내기 위해 식 (1.17) 행렬의 첫 번째 행이 한 개의 1, 네 개의 0으로 이루어져야 함을 유념한다. 또한, 고체역학 문제에서 유한요소 정식화는 다음과 같은 일반적인 형태를 가지고 있다.

[강성행렬]{변위행렬} = {하중행렬}

해석 단계

6. 연립 대수 방정식을 풀어라.

절점변위의 수학적 값을 구하기 위해서 $E = 10.4 \times 10^6\ \text{lb/in}^2$(알루미늄), $w_1 = 2$ in, $w_2 = 1$ in, $t = 0.125$ in, $L = 10$ in, $P = 1000$ lb로 가정한다. 풀이과정은 표 1.5를 참조한다.

봉 단면적의 y방향 변화는 다음과 같이 표현될 수 있다.

$$A(y) = \left(w_1 + \left(\frac{w_2 - w_1}{L}\right)y\right)t = \left(2 + \frac{(1-2)}{10}y\right)(0.125) = 0.25 - 0.0125y \tag{1.18}$$

표 1.5 예제 1.1에서의 요소의 물성치와 치수

요소	절점	평균 단면적 (in^2)	길이(in)	탄성계수 (lb/in^2)	요소의 강성계수 (lb/in)
1	1 2	0.234375	2.5	10.4×10^6	975×10^3
2	2 3	0.203125	2.5	10.4×10^6	845×10^3
3	3 4	0.171875	2.5	10.4×10^6	715×10^3
4	4 5	0.140625	2.5	10.4×10^6	585×10^3

식 (1.18)을 사용하여 각 절점에서의 단면적을 계산하면 다음과 같다.

$$A_1 = 0.25 \text{ in}^2 \qquad A_2 = 0.25 - 0.0125(2.5) = 0.21875 \text{ in}^2$$

$$A_3 = 0.25 - 0.0125(5.0) = 0.1875 \text{ in}^2 \qquad A_4 = 0.25 - 0.0125(7.5) = 0.15625 \text{ in}^2$$

$$A_5 = 0.125 \text{ in}^2$$

다음으로, 등가 강성계수는 다음의 식으로 계산된다.

$$k_{eq} = \frac{(A_{i+1} + A_i)E}{2\ell}$$

$$k_1 = \frac{(0.21875 + 0.25)(10.4 \times 10^6)}{2(2.5)} = 975 \times 10^3 \frac{\text{lb}}{\text{in}}$$

$$k_2 = \frac{(0.1875 + 0.21875)(10.4 \times 10^6)}{2(2.5)} = 845 \times 10^3 \frac{\text{lb}}{\text{in}}$$

$$k_3 = \frac{(0.15625 + 0.1875)(10.4 \times 10^6)}{2(2.5)} = 715 \times 10^3 \frac{\text{lb}}{\text{in}}$$

$$k_4 = \frac{(0.125 + 0.15625)(10.4 \times 10^6)}{2(2.5)} = 585 \times 10^3 \frac{\text{lb}}{\text{in}}$$

그리고 요소 강성행렬은 다음과 같다.

$$[\mathbf{K}]^{(1)} = \begin{bmatrix} k_1 & -k_1 \\ -k_1 & k_1 \end{bmatrix} = 10^3 \begin{bmatrix} 975 & -975 \\ -975 & 975 \end{bmatrix}$$

$$[\mathbf{K}]^{(2)} = \begin{bmatrix} k_2 & -k_2 \\ -k_2 & k_2 \end{bmatrix} = 10^3 \begin{bmatrix} 845 & -845 \\ -845 & 845 \end{bmatrix}$$

$$[\mathbf{K}]^{(3)} = \begin{bmatrix} k_3 & -k_3 \\ -k_3 & k_3 \end{bmatrix} = 10^3 \begin{bmatrix} 715 & -715 \\ -715 & 715 \end{bmatrix}$$

$$[\mathbf{K}]^{(4)} = \begin{bmatrix} k_4 & -k_4 \\ -k_4 & k_4 \end{bmatrix} = 10^3 \begin{bmatrix} 585 & -585 \\ -585 & 585 \end{bmatrix}$$

요소 강성행렬을 조합하면 다음과 같은 전체 강성행렬을 얻게 된다.

$$
[\mathbf{K}]^{(G)} = 10^3 \begin{bmatrix} 975 & -975 & 0 & 0 & 0 \\ -975 & 975+845 & -845 & 0 & 0 \\ 0 & -845 & 845+715 & -715 & 0 \\ 0 & 0 & -715 & 715+585 & -585 \\ 0 & 0 & 0 & -585 & 585 \end{bmatrix}
$$

경계조건 $u_1 = 0$과 $P = 1000$ lb를 적용하면 다음의 결과를 얻는다.

$$
10^3 \begin{bmatrix} 1 & 0 & 0 & 0 & 0 \\ -975 & 1820 & -845 & 0 & 0 \\ 0 & -845 & 1560 & -715 & 0 \\ 0 & 0 & -715 & 1300 & -585 \\ 0 & 0 & 0 & -585 & 585 \end{bmatrix} \begin{Bmatrix} u_1 \\ u_2 \\ u_3 \\ u_4 \\ u_5 \end{Bmatrix} = \begin{Bmatrix} 0 \\ 0 \\ 0 \\ 0 \\ 10^3 \end{Bmatrix}
$$

두 번째 행에서 계수 -975가 $u_1 = 0$과 곱하여지기 때문에, 결과적으로 4×4 행렬을 풀면 된다.

$$
10^3 \begin{bmatrix} 1820 & -845 & 0 & 0 \\ -845 & 1560 & -715 & 0 \\ 0 & -715 & 1300 & -585 \\ 0 & 0 & -585 & 585 \end{bmatrix} \begin{Bmatrix} u_2 \\ u_3 \\ u_4 \\ u_5 \end{Bmatrix} = \begin{Bmatrix} 0 \\ 0 \\ 0 \\ 10^3 \end{Bmatrix}
$$

해를 구하면 변위는 $u_1 = 0$, $u_2 = 0.001026$ in, $u_3 = 0.002210$ in, $u_4 = 0.003608$ in, $u_5 = 0.005317$ in이다.

후처리 단계

7. 다른 정보를 얻어라.

예제 1.1에서, 각 요소의 평균 응력과 같은 다른 정보를 얻고자 한다. 이 값은 다음의 식과 같이 얻어진다.

$$
\sigma = \frac{f}{A_{\text{avg}}} = \frac{k_{\text{eq}}(u_{i+1} - u_i)}{A_{\text{avg}}} = \frac{\dfrac{A_{\text{avg}}E}{\ell}(u_{i+1} - u_i)}{A_{\text{avg}}} = E\left(\frac{u_{i+1} - u_i}{\ell}\right) \tag{1.19}
$$

모든 절점들의 변위를 알고 있기 때문에 식 (1.19)를 응력과 변형률 관계로부터 직접 유도할 수도 있다.

$$
\sigma = E\varepsilon = E\left(\frac{u_{i+1} - u_i}{\ell}\right) \tag{1.20}
$$

식 (1.20)을 사용하며 각 요소의 평균 수직응력을 계산하면 다음과 같다.

$$
\sigma^{(1)} = E\left(\frac{u_2 - u_1}{\ell}\right) = \frac{(10.4 \times 10^6)(0.001026 - 0)}{2.5} = 4268 \ \frac{\text{lb}}{\text{in}^2}
$$

$$\sigma^{(2)} = E\left(\frac{u_3 - u_2}{\ell}\right) = \frac{(10.4 \times 10^6)(0.002210 - 0.001026)}{2.5} = 4925 \frac{\text{lb}}{\text{in}^2}$$

$$\sigma^{(3)} = E\left(\frac{u_4 - u_3}{\ell}\right) = \frac{(10.4 \times 10^6)(0.003608 - 0.002210)}{2.5} = 5816 \frac{\text{lb}}{\text{in}^2}$$

$$\sigma^{(4)} = E\left(\frac{u_5 - u_4}{\ell}\right) = \frac{(10.4 \times 10^6)(0.005317 - 0.003608)}{2.5} = 7109 \frac{\text{lb}}{\text{in}^2}$$

그림 1.6에서 나타낸 것처럼, 주어진 문제에 대해서 봉의 단면과는 무관하게 모든 단면에서의 내력은 1000 lb이다. 이를 이용하여 평균 수직응력을 계산하면 다음과 같다.

$$\sigma^{(1)} = \frac{f}{A_{avg}} = \frac{1000}{0.234375} = 4267 \frac{\text{lb}}{\text{in}^2}$$

$$\sigma^{(2)} = \frac{f}{A_{avg}} = \frac{1000}{0.203125} = 4923 \frac{\text{lb}}{\text{in}^2}$$

$$\sigma^{(3)} = \frac{f}{A_{avg}} = \frac{1000}{0.171875} = 5818 \frac{\text{lb}}{\text{in}^2}$$

$$\sigma^{(4)} = \frac{f}{A_{avg}} = \frac{1000}{0.140625} = 7111 \frac{\text{lb}}{\text{in}^2}$$

오차를 무시하면 이 결과는 변위로부터 계산된 요소응력과 일치함을 알 수 있다. 이런 비교로부터 변위 계산이 타당함을 알 수 있다.

반력 예제 1.1에서 반력은 여러 가지 방법으로 계산될 수 있다. 먼저 그림 1.4의 절점 1에 대한 정적 평형으로부터 다음 식을 얻을 수 있다.

$$R_1 = k_1(u_2 - u_1) = 975 \times 10^3(0.001026 - 0) = 1000 \text{ lb}$$

전체 봉의 정적 평형을 고려하면 다음과 같다.

$$R_1 = P = 1000 \text{ lb}$$

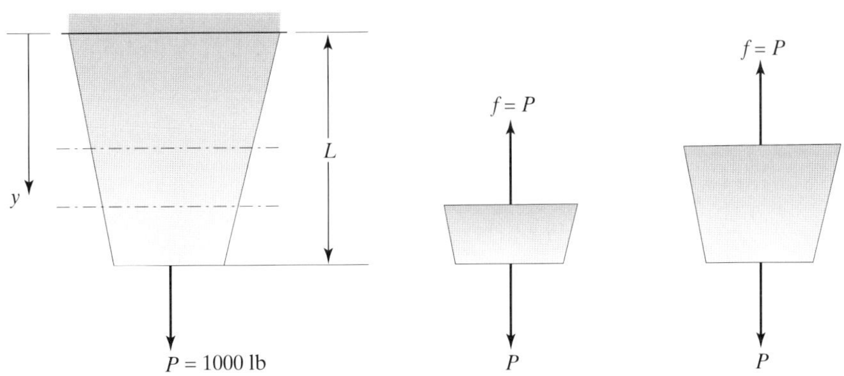

그림 1.6 예제 1.1의 내력

앞에서 나타낸 일반적인 반력 방정식 (1.12)로부터 반력을 계산할 수 있다.

$$\{\mathbf{R}\} = [\mathbf{K}]\{\mathbf{u}\} - \{\mathbf{F}\}$$

$$\{\text{반력행렬}\} = [\text{강성행렬}]\{\text{변위행렬}\} - \{\text{하중행렬}\}$$

예제 1.1은 간단한 문제이기 때문에 반력을 계산하기 위해 식 (1.12)를 사용할 필요가 없다. 그러나 설명하기 위해서 그 절차를 보였으며, 위의 식으로부터 아래와 같이 반력행렬을 얻게 된다.

$$\begin{Bmatrix} R_1 \\ R_2 \\ R_3 \\ R_4 \\ R_5 \end{Bmatrix} = 10^3 \begin{bmatrix} 975 & -975 & 0 & 0 & 0 \\ -975 & 1820 & -845 & 0 & 0 \\ 0 & -845 & 1560 & -715 & 0 \\ 0 & 0 & -715 & 1300 & -585 \\ 0 & 0 & 0 & -585 & 585 \end{bmatrix} \begin{Bmatrix} 0 \\ 0.001026 \\ 0.002210 \\ 0.003608 \\ 0.005317 \end{Bmatrix} - \begin{Bmatrix} 0 \\ 0 \\ 0 \\ 0 \\ 10^3 \end{Bmatrix}$$

여기서 R_1, R_2, R_3, R_4, R_5는 절점 1에서 5까지의 반력을 나타낸다. 행렬을 계산하면 다음을 얻게 된다.

$$\begin{Bmatrix} R_1 \\ R_2 \\ R_3 \\ R_4 \\ R_5 \end{Bmatrix} = \begin{Bmatrix} -1000 \\ 0 \\ 0 \\ 0 \\ 0 \end{Bmatrix}$$

R_1의 음의 값은 단순히 반력이 위쪽 방향이라는 것을 의미한다(왜냐하면 양의 y방향을 아래쪽으로 잡았기 때문이다). 물론, 위의 행렬의 행이 절점에서 정적 평형상태를 나타내기 때문에 이전에 계산했던 것과 같다. 반력을 구할 때 경계조건이 고려되지 않은 전체 강성행렬 식 (1.12)를 사용해야 한다. 다음에는 열전달 문제의 유한요소 정식화를 고려할 것이다.

예제 1.2

집의 전형적인 외부 프레임 벽[2 × 4 스터드(stud)로 구성]은 아래의 표에서 나열한 재료로 구성된다. 방의 온도가 70°F, 외부 공기 온도는 20°F라고 가정하자. 면적은 150 ft²이다. 여기서는 벽을 통한 온도 분포를 결정하는 데 관심이 있다.

항목	저항 hr·ft²·°F/Btu	U계수 Btu/hr·ft²·°F
1. 외부 필름 저항(겨울, 15 mph 바람)	0.17	5.88
2. 측면, 목재(1/2 × 8 겹침)	0.81	1.23
3. 외장(1/2 in 통상)	1.32	0.76
4. 절연솜(3 − 3½ in)	11.0	0.091
5. 석고벽 보드(1/2 in)	0.45	2.22
6. 내부 필름 저항(겨울)	0.68	1.47

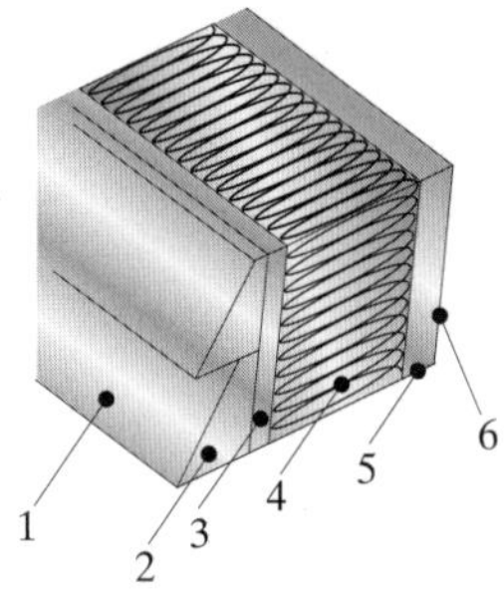

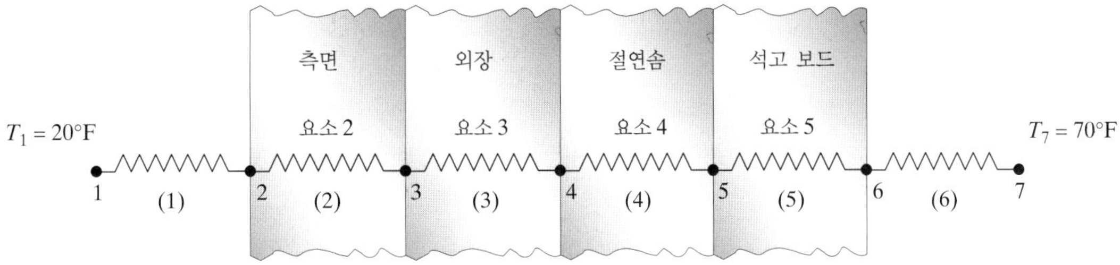

그림 1.7 예제 1.2의 유한요소 모델

전처리 단계

1. 해 영역을 유한요소로 이산화하라.

이 문제를 그림 1.7에 도시한 것처럼 7개의 절점과 6개의 요소를 가진 모델로 나타낼 것이다.

2. 요소의 거동을 근사하는 해를 가정하라.

열전도행렬과 열하중행렬을 정식화하기 전에, 먼저 전도와 대류라는 두 가지 열전달 형태를 이해해야 한다. 요소 (2), (3), (4), (5)의 정상상태 열거동은 푸리에 법칙(Fourier's law)을 사용함으로써 모델링될 수 있다. 매질에 온도 구배가 존재할 때 그림 1.8에 도시한 것처럼 전도 열전달이 발생한다. 에너지는 분자활동에 의해 고온에서 저온으로 이동된다. 열전달률은 푸리에 법칙에 의해서 다음과 같이 주어진다.

$$q_X = -kA\frac{\partial T}{\partial X} \tag{1.21}$$

q_X는 열전달률의 X방향 성분이다. k는 매질의 열전도도이다. A는 단면적이고, $\frac{\partial T}{\partial X}$는 온도 구배이다. 식 (1.21)에서 음의 부호는 열이 온도가 감소하는 방향으로 흐른다는 사실에 기인된다. 식 (1.21)은 절점 사이의 길이 ℓ과 절점 i와 $i+1$의 온도인 T_i와 T_{i+1}에 의해서 다음과 같은 차분 형태로 쓰일 수 있다.

$$q = \frac{kA(T_{i+1} - T_i)}{\ell} \tag{1.22}$$

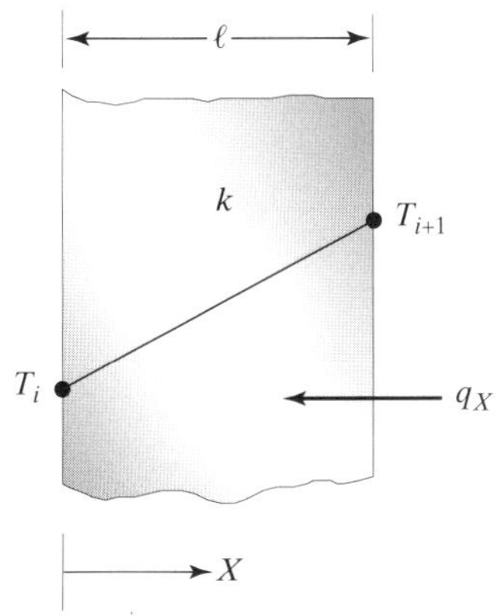

그림 1.8 전도에 의한 물질에서의 열전달

열전달 분야에서 식 (1.22)는 흔히 U계수(U factor, $U = \frac{k}{\ell}$)라 불리는 열전달계수 U를 사용하여 나타내는 것이 일반적이다. U계수는 단위면적당 열전달을 나타내고 단위는 $\text{Btu/hr} \cdot \text{ft}^2 \cdot {}^\circ\text{F}$이다. 이것은 열저항의 역수이다. 그러므로 식 (1.22)는 다음과 같이 쓸 수 있다.

$$q = UA(T_{i+1} - T_i) \tag{1.23}$$

요소 (1)과 (6)의 정상상태 열거동은 뉴턴의 냉각법칙에 의해서 모델링될 수 있다. 대류 열전달은 움직이는 유체와 온도가 다른 표면과 접촉했을 때 발생한다. 표면과 유체 사이의 전체적인 열전달률은 뉴턴의 냉각법칙에 의해서 다음과 같이 주어진다.

$$q = hA(T_s - T_f) \tag{1.24}$$

h는 대류 열전달계수이고 T_s는 표면의 온도, T_f는 움직이는 유체의 온도를 나타낸다. 뉴턴의 냉각법칙은 U계수에 의해 쓰일 수 있고 다음과 같다.

$$q = UA(T_s - T_f) \tag{1.25}$$

여기서 $U = h$로 대류 경계조건에 기인된 열저항의 역수를 나타낸다. 정상상태하에서 표면에 에너지 평형을 적용하면 전도에 의해 이 표면에 전달된 에너지와 대류에 의한 에너지 전달이 같아야 한다. 이 원리는 다음과 같고 그림 1.9에 설명되어 있다.

$$-kA\frac{\partial T}{\partial X} = hA[T_s - T_f] \tag{1.26}$$

이제 이 문제와 관련된 열전달의 두 가지 형태를 이해하였으므로 여러 가지 벽의 표면에 에너지 평형을 적용하도록 한다. 절점 2가 위치한 벽의 외부 표면에서 시작하면, 전도에 의한 벽을 통한 열손실은 대류에 의해서 주위의 차가운 공기로의 열손실과 같아야만 한다. 즉,

$$U_2A(T_3 - T_2) = U_1A(T_2 - T_1)$$

에너지 평형을 적용하면 절점 3, 4, 5에서 다음과 같은 식이 유도된다.

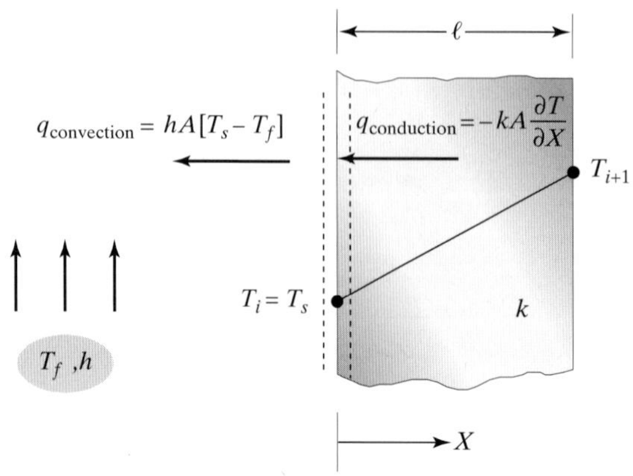

그림 1.9 대류 열전달을 가진 표면에서의 에너지 평형

$$
\begin{aligned}
U_3A(T_4 - T_3) &= U_2A(T_3 - T_2) \\
U_4A(T_5 - T_4) &= U_3A(T_4 - T_3) \\
U_5A(T_6 - T_5) &= U_4A(T_5 - T_4)
\end{aligned}
$$

절점 6이 위치한 벽의 내부 표면에서 따뜻한 공기의 대류에 의한 열손실은 석고 보드를 통하는 전도에 의한 열전달과 같다. 즉,

$$U_6A(T_7 - T_6) = U_5A(T_6 - T_5)$$

알고 있는 온도와 미지의 온도를 구별하여 정리하면 다음과 같다.

$$
\begin{array}{cccccl}
+(U_1+U_2)AT_2 & -U_2AT_3 & & & & = U_1AT_1 \\
-U_2AT_2 & +(U_2+U_3)AT_3 & -U_3AT_4 & & & = 0 \\
 & -U_3AT_3 & +(U_3+U_4)AT_4 & -U_4AT_5 & & = 0 \\
 & & -U_4AT_4 & +(U_4+U_5)AT_5 & -U_5AT_6 & = 0 \\
 & & & -U_5AT_5 & +(U_5+U_6)AT_6 & = U_6AT_7
\end{array}
$$

위의 관계를 행렬 형태로 표현하면 다음과 같다.

$$
A\begin{bmatrix}
U_1+U_2 & -U_2 & 0 & 0 & 0 \\
-U_2 & U_2+U_3 & -U_3 & 0 & 0 \\
0 & -U_3 & U_3+U_4 & -U_4 & 0 \\
0 & 0 & -U_4 & U_4+U_5 & -U_5 \\
0 & 0 & 0 & -U_5 & U_5+U_6
\end{bmatrix}
\begin{Bmatrix} T_2 \\ T_3 \\ T_4 \\ T_5 \\ T_6 \end{Bmatrix}
=
\begin{Bmatrix} U_1AT_1 \\ 0 \\ 0 \\ 0 \\ U_6AT_7 \end{Bmatrix}
\tag{1.27}
$$

식 (1.27)에 주어진 관계는 절점 2, 3, 4, 5, 6이 위치한 표면에 에너지 보존법칙을 적용함으로써 유도될 수 있다. 다음으로 이 문제의 요소를 사용한 정식화에 대하여 설명한다. 결국 동일한 결과가 유도될 것이다.

3. 요소에 대한 방정식을 만들어라.

일반적으로 전도문제에서 열전달률 q_i, q_{i+1}과 절점온도 T_i, T_{i+1}은 요소에서 다음 식과 같이 연관된다.

$$
\begin{aligned}
q_i &= \frac{kA}{\ell}(T_i - T_{i+1}) \\
q_{i+1} &= \frac{kA}{\ell}(T_{i+1} - T_i)
\end{aligned}
\tag{1.28}
$$

절점 i와 $i+1$을 통한 열유동은 그림 1.10에 표현되어 있다.

예제 1.2에서 각각의 요소는 2개의 절점을 가지고, 각 절점에서 1개의 온도변수를 가졌기 때문에 각 요소에서 2개의 식이 필요하다. 이 식은 절점온도와 요소의 열전도도 또는 푸리에 법칙에 기초를 둔 U계수 사이의 관계이다. 정상상태하에서 에너지 보존법칙을 적용하면 요소에서 q_i와 q_{i+1}의 합이 0이 되어야 한다. 즉, 절점 $i+1$ 안으로 들어가는 에너지는 절점 i로부터 나가는 에너지와 같아야 한다. 그림 1.10의 두 가지 부호규약에 관계 없이 q_i와 q_{i+1}의 합이 0이라는 점에 주의하라. 그러나 유도과정의 일관

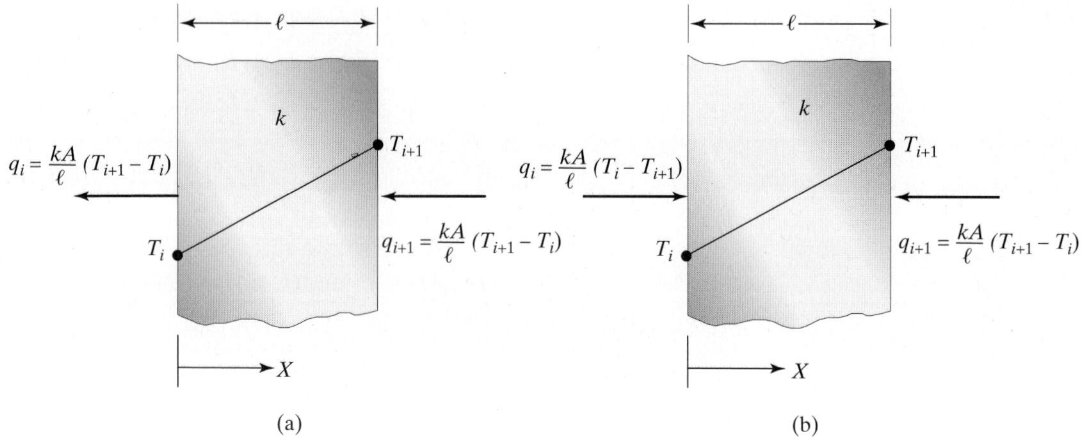

그림 1.10 절점 i와 $i + 1$을 통한 열유동

성을 위하여 여기서는 그림 1.10(b)에 주어진 표현을 사용할 것이다. 식 (1.28)에 의해 주어진 요소에서의 에너지 보존은 다음과 같은 행렬 형태로 표현될 수 있다.

$$\begin{Bmatrix} q_i \\ q_{i+1} \end{Bmatrix} = \frac{kA}{\ell}\begin{bmatrix} 1 & -1 \\ -1 & 1 \end{bmatrix}\begin{Bmatrix} T_i \\ T_{i+1} \end{Bmatrix} \tag{1.29}$$

요소에서의 열전도행렬은 다음과 같다.

$$[\mathbf{K}]^{(e)} = \frac{kA}{\ell}\begin{bmatrix} 1 & -1 \\ -1 & 1 \end{bmatrix} \tag{1.30}$$

열전도행렬은 U계수$(U = \frac{k}{\ell})$를 사용하면 다음과 같이 표현된다.

$$[\mathbf{K}]^{(e)} = UA\begin{bmatrix} 1 & -1 \\ -1 & 1 \end{bmatrix} \tag{1.31}$$

동일한 방법으로, 정상상태하에서 대류가 일어나는 요소의 절점에 에너지 보존법칙을 적용하면 다음과 같다.

$$\begin{aligned} q_i &= hA(T_i - T_{i+1}) \\ q_{i+1} &= hA(T_{i+1} - T_i) \end{aligned} \tag{1.32}$$

식 (1.32)를 행렬 형태로 표현하면 다음과 같다.

$$\begin{Bmatrix} q_i \\ q_{i+1} \end{Bmatrix} = hA\begin{bmatrix} 1 & -1 \\ -1 & 1 \end{bmatrix}\begin{Bmatrix} T_i \\ T_{i+1} \end{Bmatrix}$$

대류가 일어나는 요소에서 열전도행렬은 다음과 같다.

$$[\mathbf{K}]^{(e)} = hA\begin{bmatrix} 1 & -1 \\ -1 & 1 \end{bmatrix} \tag{1.33}$$

식 (1.33)은 U계수($U = h$)를 사용하면 다음과 같이 쓸 수 있다.

$$[\mathbf{K}]^{(e)} = UA\begin{bmatrix} 1 & -1 \\ -1 & 1 \end{bmatrix} \tag{1.34}$$

4. 전체적인 문제를 나타내기 위해서 요소를 조합하라.

식 (1.31)과 (1.34)에 의해서 주어진 식을 모든 요소에 적용하고 전체 열전도행렬의 형태로 만들어라. 요소 (1)에 대해서 다음과 같이 된다.

$$[\mathbf{K}]^{(1)} = A\begin{bmatrix} U_1 & -U_1 \\ -U_1 & U_1 \end{bmatrix}$$

그리고 전체 행렬에서 요소 행렬의 위치는 다음과 같다.

$$[\mathbf{K}]^{(1G)} = A\begin{bmatrix} U_1 & -U_1 & 0 & 0 & 0 & 0 & 0 \\ -U_1 & U_1 & 0 & 0 & 0 & 0 & 0 \\ 0 & 0 & 0 & 0 & 0 & 0 & 0 \\ 0 & 0 & 0 & 0 & 0 & 0 & 0 \\ 0 & 0 & 0 & 0 & 0 & 0 & 0 \\ 0 & 0 & 0 & 0 & 0 & 0 & 0 \\ 0 & 0 & 0 & 0 & 0 & 0 & 0 \end{bmatrix} \begin{matrix} T_1 \\ T_2 \\ T_3 \\ T_4 \\ T_5 \\ T_6 \\ T_7 \end{matrix}$$

전체 행렬의 우측에 절점온도행렬을 기입한 것은 절점이 이웃하고 있는 요소에 어떻게 연관되는지를 살펴볼 수 있도록 하기 위한 것이다. 요소 (2), (3), (4), (5), (6)에 대한 요소 열전도행렬과 전체 열전도행렬에 조합되는 위치는 다음과 같다.

$$[\mathbf{K}]^{(2)} = A\begin{bmatrix} U_2 & -U_2 \\ -U_2 & U_2 \end{bmatrix} \text{ 그리고 } [\mathbf{K}]^{(2G)} = A\begin{bmatrix} 0 & 0 & 0 & 0 & 0 & 0 & 0 \\ 0 & U_2 & -U_2 & 0 & 0 & 0 & 0 \\ 0 & -U_2 & U_2 & 0 & 0 & 0 & 0 \\ 0 & 0 & 0 & 0 & 0 & 0 & 0 \\ 0 & 0 & 0 & 0 & 0 & 0 & 0 \\ 0 & 0 & 0 & 0 & 0 & 0 & 0 \\ 0 & 0 & 0 & 0 & 0 & 0 & 0 \end{bmatrix} \begin{matrix} T_1 \\ T_2 \\ T_3 \\ T_4 \\ T_5 \\ T_6 \\ T_7 \end{matrix}$$

$$[\mathbf{K}]^{(3)} = A\begin{bmatrix} U_3 & -U_3 \\ -U_3 & U_3 \end{bmatrix} \text{ 그리고 } [\mathbf{K}]^{(3G)} = A\begin{bmatrix} 0 & 0 & 0 & 0 & 0 & 0 & 0 \\ 0 & 0 & 0 & 0 & 0 & 0 & 0 \\ 0 & 0 & U_3 & -U_3 & 0 & 0 & 0 \\ 0 & 0 & -U_3 & U_3 & 0 & 0 & 0 \\ 0 & 0 & 0 & 0 & 0 & 0 & 0 \\ 0 & 0 & 0 & 0 & 0 & 0 & 0 \\ 0 & 0 & 0 & 0 & 0 & 0 & 0 \end{bmatrix} \begin{matrix} T_1 \\ T_2 \\ T_3 \\ T_4 \\ T_5 \\ T_6 \\ T_7 \end{matrix}$$

$$[\mathbf{K}]^{(4)} = A\begin{bmatrix} U_4 & -U_4 \\ -U_4 & U_4 \end{bmatrix} \text{그리고 } [\mathbf{K}]^{(4G)} = A\begin{bmatrix} 0&0&0&0&0&0&0 \\ 0&0&0&0&0&0&0 \\ 0&0&0&0&0&0&0 \\ 0&0&0&U_4&-U_4&0&0 \\ 0&0&0&-U_4&U_4&0&0 \\ 0&0&0&0&0&0&0 \\ 0&0&0&0&0&0&0 \end{bmatrix}\begin{matrix} T_1\\T_2\\T_3\\T_4\\T_5\\T_6\\T_7 \end{matrix}$$

$$[\mathbf{K}]^{(5)} = A\begin{bmatrix} U_5 & -U_5 \\ -U_5 & U_5 \end{bmatrix} \text{그리고 } [\mathbf{K}]^{(5G)} = A\begin{bmatrix} 0&0&0&0&0&0&0 \\ 0&0&0&0&0&0&0 \\ 0&0&0&0&0&0&0 \\ 0&0&0&0&0&0&0 \\ 0&0&0&0&U_5&-U_5&0 \\ 0&0&0&0&-U_5&U_5&0 \\ 0&0&0&0&0&0&0 \end{bmatrix}\begin{matrix} T_1\\T_2\\T_3\\T_4\\T_5\\T_6\\T_7 \end{matrix}$$

$$[\mathbf{K}]^{(6)} = A\begin{bmatrix} U_6 & -U_6 \\ -U_6 & U_6 \end{bmatrix} \text{그리고 } [\mathbf{K}]^{(6G)} = A\begin{bmatrix} 0&0&0&0&0&0&0 \\ 0&0&0&0&0&0&0 \\ 0&0&0&0&0&0&0 \\ 0&0&0&0&0&0&0 \\ 0&0&0&0&0&0&0 \\ 0&0&0&0&0&U_6&-U_6 \\ 0&0&0&0&0&-U_6&U_6 \end{bmatrix}\begin{matrix} T_1\\T_2\\T_3\\T_4\\T_5\\T_6\\T_7 \end{matrix}$$

전체 열전도행렬은 다음과 같다.

$$[\mathbf{K}]^{(G)} = [\mathbf{K}]^{(1G)} + [\mathbf{K}]^{(2G)} + [\mathbf{K}]^{(3G)} + [\mathbf{K}]^{(4G)} + [\mathbf{K}]^{(5G)} + [\mathbf{K}]^{(6G)}$$

$$[\mathbf{K}]^{(G)} = A\begin{bmatrix} U_1 & -U_1 & 0 & 0 & 0 & 0 & 0 \\ -U_1 & U_1+U_2 & -U_2 & 0 & 0 & 0 & 0 \\ 0 & -U_2 & U_2+U_3 & -U_3 & 0 & 0 & 0 \\ 0 & 0 & -U_3 & U_3+U_4 & -U_4 & 0 & 0 \\ 0 & 0 & 0 & -U_4 & U_4+U_5 & -U_5 & 0 \\ 0 & 0 & 0 & 0 & -U_5 & U_5+U_6 & -U_6 \\ 0 & 0 & 0 & 0 & 0 & -U_6 & U_6 \end{bmatrix} \tag{1.35}$$

5. 경계조건과 열하중을 부과하라.

주어진 문제에서 벽의 외부는 알고 있는 공기 온도 T_1과 방 온도 T_7에 노출되어 있다. 그 결과 처음 행이 $T_1 = 20°\text{F}$이고 마지막 행이 $T_7 = 70°\text{F}$라는 조건으로부터 다음과 같은 식을 얻을 수 있다.

$$A\begin{bmatrix} 1/A & 0 & 0 & 0 & 0 & 0 & 0 \\ -U_1 & U_1+U_2 & -U_2 & 0 & 0 & 0 & 0 \\ 0 & -U_2 & U_2+U_3 & -U_3 & 0 & 0 & 0 \\ 0 & 0 & -U_3 & U_3+U_4 & -U_4 & 0 & 0 \\ 0 & 0 & 0 & -U_4 & U_4+U_5 & -U_5 & 0 \\ 0 & 0 & 0 & 0 & -U_5 & U_5+U_6 & -U_6 \\ 0 & 0 & 0 & 0 & 0 & 0 & 1/A \end{bmatrix}\begin{Bmatrix} T_1 \\ T_2 \\ T_3 \\ T_4 \\ T_5 \\ T_6 \\ T_7 \end{Bmatrix} = \begin{Bmatrix} 20°\mathrm{F} \\ 0 \\ 0 \\ 0 \\ 0 \\ 0 \\ 70°\mathrm{F} \end{Bmatrix} \quad (1.36)$$

열전달 문제를 유한요소 정식화하면 항상 다음과 같은 식이 유도된다는 점에 주의하라.

$$[\mathbf{K}]\{\mathbf{T}\} = \{\mathbf{q}\}$$

[전도행렬]{온도행렬} = {열유동행렬}

또한 예제 1.2에서 각 요소를 통하는 열전달률은 주어진 요소의 절점들 사이의 온도차에 의해 발생된다. 그 결과 열유동행렬의 외부 절점 열유동값은 0이다. 외부 절점 열유동값이 0이 아닌 상황의 한 예는 고체 표면에 붙어 있는 열원(예를 들어, 압연강의 기저)에서 보여지는데, 이 상황에서 외부 절점 열유동값은 표면 위에 있는 열조각에 의해서 발생하는 열의 양과 같다. 여기서 관심을 식 (1.36)에서 주어진 행렬로 돌려보자. 열전도 행렬의 2행과 6행을 알려진 경계조건으로 나타내면 식 (1.36)을 다음의 식으로 간단히 나타낼 수 있다.

$$A\begin{bmatrix} U_1+U_2 & -U_2 & 0 & 0 & 0 \\ -U_2 & U_2+U_3 & -U_3 & 0 & 0 \\ 0 & -U_3 & U_3+U_4 & -U_4 & 0 \\ 0 & 0 & -U_4 & U_4+U_5 & -U_5 \\ 0 & 0 & 0 & -U_5 & U_5+U_6 \end{bmatrix}\begin{Bmatrix} T_2 \\ T_3 \\ T_4 \\ T_5 \\ T_6 \end{Bmatrix} = \begin{Bmatrix} U_1AT_1 \\ 0 \\ 0 \\ 0 \\ U_6AT_7 \end{Bmatrix}$$

위의 행렬은 요소 행렬을 조합하고 경계조건을 부과함으로써 얻어진다는 점을 명심하라. 게다가 이 결과는 절점에서 열유동을 평형화함으로써 얻어진 식 (1.27)과 동일하다. 두 식이 동일한 이유는 요소를 사용한 정식화 또한 에너지 평형의 원리에 기초를 두었기 때문이다.

전체 행렬에 U값을 대입하고 주어진 경계조건을 사용하면, 다음과 같은 식을 얻는다.

$$150\begin{bmatrix} \frac{1}{150} & 0 & 0 & 0 & 0 & 0 & 0 \\ -5.88 & 5.88+1.23 & -1.23 & 0 & 0 & 0 & 0 \\ 0 & -1.23 & 1.23+0.76 & -0.76 & 0 & 0 & 0 \\ 0 & 0 & -0.76 & 0.76+0.091 & -0.091 & 0 & 0 \\ 0 & 0 & 0 & -0.091 & 0.091+2.22 & -2.22 & 0 \\ 0 & 0 & 0 & 0 & -2.22 & 2.22+1.47 & -1.47 \\ 0 & 0 & 0 & 0 & 0 & 0 & \frac{1}{150} \end{bmatrix}\begin{Bmatrix} T_1 \\ T_2 \\ T_3 \\ T_4 \\ T_5 \\ T_6 \\ T_7 \end{Bmatrix} = \begin{Bmatrix} 20°\mathrm{F} \\ 0 \\ 0 \\ 0 \\ 0 \\ 0 \\ 70°\mathrm{F} \end{Bmatrix}$$

간단히 하면, 다음과 같은 식을 얻는다.

$$\begin{bmatrix} 7.11 & -1.23 & 0 & 0 & 0 \\ -1.23 & 1.99 & -0.76 & 0 & 0 \\ 0 & -0.76 & 0.851 & -0.091 & 0 \\ 0 & 0 & -0.091 & 2.311 & -2.22 \\ 0 & 0 & 0 & -2.22 & 3.69 \end{bmatrix} \begin{Bmatrix} T_2 \\ T_3 \\ T_4 \\ T_5 \\ T_6 \end{Bmatrix} = \begin{Bmatrix} (5.88)(20) \\ 0 \\ 0 \\ 0 \\ (1.47)(70) \end{Bmatrix}$$

해석 단계

6. 연립 대수 방정식을 풀어라.

위의 연립 방정식을 풀면 벽을 통한 온도 분포를 다음과 같이 구할 수 있다.

$$\begin{Bmatrix} T_1 \\ T_2 \\ T_3 \\ T_4 \\ T_5 \\ T_6 \\ T_7 \end{Bmatrix} = \begin{Bmatrix} 20.00 \\ 20.59 \\ 23.41 \\ 27.97 \\ 66.08 \\ 67.64 \\ 70.00 \end{Bmatrix} {}^\circ\mathrm{C}$$

여기서 논의한 형태와 유사한 문제의 경우에 벽 내의 온도 분포는, 응축이 벽의 어느 부분에 생길지를 파악하여 수증기 응축을 피하기 위한 증기 차단벽을 어디에 설치해야 하는지를 결정하는 데 있어서 중요하다. 이 개념을 보여주기 위해 수증기가 석고 보드를 통하여 확산될 수 있고, 내부 공기가 40% 의 상대습도를 가진다고 가정하자. 건습구 표를 참고로 하여, 70°F 의 건구온도와 $\phi = 40\%$ 값을 사용한다. 여기서 응축온도가 44°F 라는 것을 확인할 수 있다. 그 결과 온도가 44°F 이거나 그 이하인 표면의 공기중의 수증기는 응축할 것이다. 증기 차단벽이 없을 때, 이 문제에서 가정된 상황의 경우 공기중의 수증기는 표면 4와 5 사이에서 응축할 것이다.

후처리 단계

7. 다른 정보를 얻어라.

이 예제에서 벽을 통한 열손실과 같은 다른 정보를 얻는 데에 관심을 가질 수도 있다. 이러한 정보는 빌딩의 전체 열손실을 계산하는 데 중요하다. 정상상태라고 가정했기 때문에 벽을 통한 열손실은 각 요소를 통한 열전달량과 같아야만 한다. 따라서 이 값은 다음 식으로부터 얻을 수 있다.

$$q = UA(T_{i+1} - T_i) \tag{1.37}$$

각 요소를 통한 열전달은 다음과 같다.

$$q = UA(T_{i+1} - T_i) = (1.47)(150)(70 - 67.64) = (2.22)(150)(67.64 - 66.08) = \cdots$$
$$= (5.88)(150)(20.59 - 20) = 520\frac{\text{Btu}}{\text{hr}}$$

또한 통합 U 계수를 사용하여 벽을 통한 열손실을 계산할 수 있다.

$$q = U_{\text{overall}} A(T_{\text{inside}} - T_{\text{outside}}) = \frac{1}{\Sigma \text{ 저항}} A(T_{\text{inside}} - T_{\text{outside}})$$
$$= (0.0693)(150)(70 - 20) = 520 \frac{\text{Btu}}{\text{hr}}$$

이 문제는 직접 정식화를 사용하여 어떻게 유한요소 모델을 만드는지를 설명하는 또 다른 예이다.

비틀림 문제: 직접 정식화

예제 1.3

그림 1.11에 도시한 것처럼 원형축의 비틀림을 고려해 보자. 재료역학에서 배운 바와 같이 단면적이 균일하고 극관성 모멘트가 J이고 길이가 ℓ이며, 전단계수 G를 가지고 비틀림 모멘트 T를 받고 있는, 균일한 재료로 구성된 축의 비틀림각 θ는 다음과 같이 주어진다.

$$\theta = \frac{T\ell}{JG}$$

직접 정식화와 평형 방정식을 이용해 보자.

$$\theta = \frac{T\ell}{JG}$$

예제 1.1과 1.2의 직접 정식화 과정과 마찬가지로, 평형조건과 위 식을 사용하면 2개의 절점으로 구성된 요소에 대하여 강성행렬, 비틀림각, 토크(torque) 사이의 관계가 다음 식과 같이 표현된다는 것을 알 수 있다.

$$\frac{JG}{\ell}\begin{bmatrix} 1 & -1 \\ -1 & 1 \end{bmatrix}\begin{Bmatrix} \theta_1 \\ \theta_2 \end{Bmatrix} = \begin{Bmatrix} T_1 \\ T_2 \end{Bmatrix} \tag{1.38}$$

10장에서 비틀림 문제를 더욱 자세하게 논의할 것이며, 여기서는 다음 그림 1.12에 도시한 것처럼 2개의 부분으로 구성된 축을 고려할 것이다. AB부분은 전단 탄성계수 $G_{AB} = 3.9 \times 10^6$ lb/in², 그리고 직경이 1.5 in인 재료로 구성되어 있다. BC부분은 $G_{BC} = 4.0 \times 10^6$ lb/in², 그리고 직경은 1 in인 재료로 구성되어 있다. 축의 양 끝은 고정되어 있다.

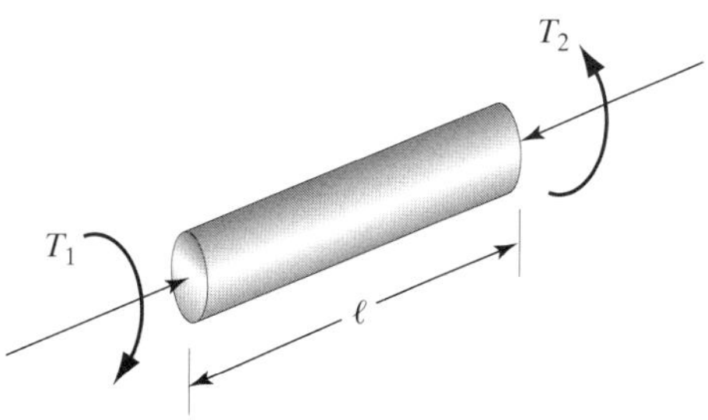

그림 1.11 원형축의 비틀림

D에 비틀림 모멘트 200 lb · ft가 작용한다. 3개의 요소를 사용하여 D와 B에서의 비틀림각과 경계에서의 반모멘트(reaction moment)를 결정하라.

여기서는 4개의 절점(A, B, C, D)과 3개의 요소(AD, DB, BC)를 가진 모델로 이 문제를 나타낼 것이다.

각 요소의 극관성 모멘트는 다음과 같이 주어진다.

$$J_1 = J_2 = \frac{1}{2}\pi r^4 = \frac{1}{2}\pi\left(\frac{1.5}{2}\text{ in}\right)^4 = 0.497\text{ in}^4$$

$$J_3 = \frac{1}{2}\pi r^4 = \frac{1}{2}\pi\left(\frac{1.0}{2}\text{ in}\right)^4 = 0.0982\text{ in}^4$$

각 요소의 강성행렬은 식 (1.38)에 의하여 계산되어진다.

$$[\mathbf{K}]^{(e)} = \frac{JG}{\ell}\begin{bmatrix} 1 & -1 \\ -1 & 1 \end{bmatrix}$$

요소 (1)의 강성행렬은 다음과 같다.

$$[\mathbf{K}]^{(1)} = \frac{(0.497\text{ in}^4)(3.9\times 10^6\text{ lb/in}^2)}{(12\times 2.5)\text{ in}}\begin{bmatrix} 1 & -1 \\ -1 & 1 \end{bmatrix} = \begin{bmatrix} 64610 & -64610 \\ -64610 & 64610 \end{bmatrix}\text{lb}\cdot\text{in}$$

그리고 전체 강성행렬에 조합되는 이 요소 강성행렬의 위치는 다음과 같다.

$$[\mathbf{K}]^{(1G)} = \begin{bmatrix} 64610 & -64610 & 0 & 0 \\ -64610 & 64610 & 0 & 0 \\ 0 & 0 & 0 & 0 \\ 0 & 0 & 0 & 0 \end{bmatrix}\begin{matrix} \theta_1 \\ \theta_2 \\ \theta_3 \\ \theta_4 \end{matrix}$$

동일한 방법을 적용하면, 요소 (2), (3)의 강성행렬과 각각의 요소 강성행렬이 전체 강성행렬에 조합되는 위치는 다음과 같다.

$$[\mathbf{K}]^{(2)} = \frac{(3.9\times 10^6\text{ lb/in}^2)(0.497\text{ in}^4)}{(12\times 1.0)\text{ in}}\begin{bmatrix} 1 & -1 \\ -1 & 1 \end{bmatrix} = \begin{bmatrix} 161525 & -161525 \\ -161525 & 161525 \end{bmatrix}\text{lb}\cdot\text{in}$$

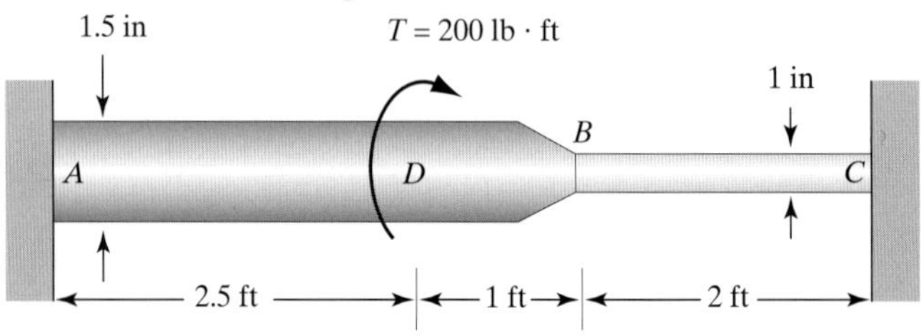

그림 1.12 예제 1.3에서의 축의 개략도

$$[\mathbf{K}]^{(2G)} = \begin{bmatrix} 0 & 0 & 0 & 0 \\ 0 & 161525 & -161525 & 0 \\ 0 & -161525 & 161525 & 0 \\ 0 & 0 & 0 & 0 \end{bmatrix} \begin{matrix} \theta_1 \\ \theta_2 \\ \theta_3 \\ \theta_4 \end{matrix}$$

$$[\mathbf{K}]^{(3)} = \frac{(4.0 \times 10^6 \text{ lb/in}^2)(0.0982 \text{ in}^4)}{(12 \times 2.0) \text{ in}} \begin{bmatrix} 1 & -1 \\ -1 & 1 \end{bmatrix} = \begin{bmatrix} 16367 & -16367 \\ -16367 & 16367 \end{bmatrix} \text{lb} \cdot \text{in}$$

$$[\mathbf{K}]^{(3G)} = \begin{bmatrix} 0 & 0 & 0 & 0 \\ 0 & 0 & 0 & 0 \\ 0 & 0 & 16367 & -16367 \\ 0 & 0 & -16367 & 16367 \end{bmatrix} \begin{matrix} \theta_1 \\ \theta_2 \\ \theta_3 \\ \theta_4 \end{matrix}$$

최종 전체 행렬은 각각의 요소 행렬을 단순히 조합함으로써 다음과 같이 얻어진다.

$$[\mathbf{K}]^{(G)} = [\mathbf{K}]^{(1G)} + [\mathbf{K}]^{(2G)} + [\mathbf{K}]^{(3G)}$$

$$[\mathbf{K}]^{(G)} = \begin{bmatrix} 64610 & -64610 & 0 & 0 \\ -64610 & 64610 + 161525 & -161525 & 0 \\ 0 & -161525 & 161525 + 16367 & -16367 \\ 0 & 0 & -16367 & 16367 \end{bmatrix}$$

점 A와 C에서의 고정 경계조건을 부과하고 외부 비틀림 모멘트를 부과하면 다음을 얻는다.

$$\begin{bmatrix} 1 & 0 & 0 & 0 \\ -64610 & 226135 & -161525 & 0 \\ 0 & -161525 & 177892 & -16367 \\ 0 & 0 & 0 & 1 \end{bmatrix} \begin{Bmatrix} \theta_1 \\ \theta_2 \\ \theta_3 \\ \theta_4 \end{Bmatrix} = \begin{Bmatrix} 0 \\ -(200 \times 12) \text{ lb} \cdot \text{in} \\ 0 \\ 0 \end{Bmatrix}$$

위 식을 풀면 아래와 같다.

$$\begin{Bmatrix} \theta_1 \\ \theta_2 \\ \theta_3 \\ \theta_4 \end{Bmatrix} = \begin{Bmatrix} 0 \\ -0.03020 \text{ rad} \\ -0.02742 \text{ rad} \\ 0 \end{Bmatrix}$$

경계 A와 C에서의 반모멘트는 다음과 같이 계산된다.

$$\{\mathbf{R}\} = [\mathbf{K}]\{\boldsymbol{\theta}\} - \{\mathbf{T}\}$$

$$\begin{Bmatrix} R_A \\ R_D \\ R_B \\ R_C \end{Bmatrix} = \begin{bmatrix} 64610 & -64610 & 0 & 0 \\ -64610 & 226135 & -161525 & 0 \\ 0 & -161525 & 177892 & -16367 \\ 0 & 0 & -16367 & 16367 \end{bmatrix} \begin{Bmatrix} 0 \\ -0.03020 \text{ rad} \\ -0.02742 \text{ rad} \\ 0 \end{Bmatrix} - \begin{Bmatrix} 0 \\ -(200 \times 12) \text{ lb} \cdot \text{in} \\ 0 \\ 0 \end{Bmatrix}$$

$$\begin{Bmatrix} R_A \\ R_D \\ R_B \\ R_C \end{Bmatrix} = \begin{Bmatrix} 1951 \text{ lb} \cdot \text{in} \\ 0 \\ 0 \\ 449 \text{ lb} \cdot \text{in} \end{Bmatrix}$$

R_A, R_C의 합은 외부 비틀림 모멘트 2400 lb · in와 같다는 것에 주목하라. 또한 축의 직경이 변하므로 여기서 사용한 모델에 의해서는 설명할 수 없는 응력집중 현상이 일어날 것이라는 점에도 주목하라.

예제 1.4

강철판에 그림 1.13과 같은 축하중이 걸려 있다. 판에서의 변형량과 평균 응력을 근사적으로 구하라. 판의 두께는 1/16 in이고, 탄성계수 $E = 29 \times 10^6$ lb/in^{2}이다.

그림 1.13에서 보여진 것처럼 4개의 절점과 4개의 요소를 사용하여 이 문제를 모델링하면 각 요소의 등가 강성은 다음과 같다.

$$k_1 = \frac{A_1 E}{\ell_1} = \frac{(5)(0.0625)(29 \times 10^6)}{1} = 9{,}062{,}500 \text{ lb/in}$$

$$k_2 = k_3 = \frac{A_2 E}{\ell_2} = \frac{(2)(0.0625)(29 \times 10^6)}{4} = 906{,}250 \text{ lb/in}$$

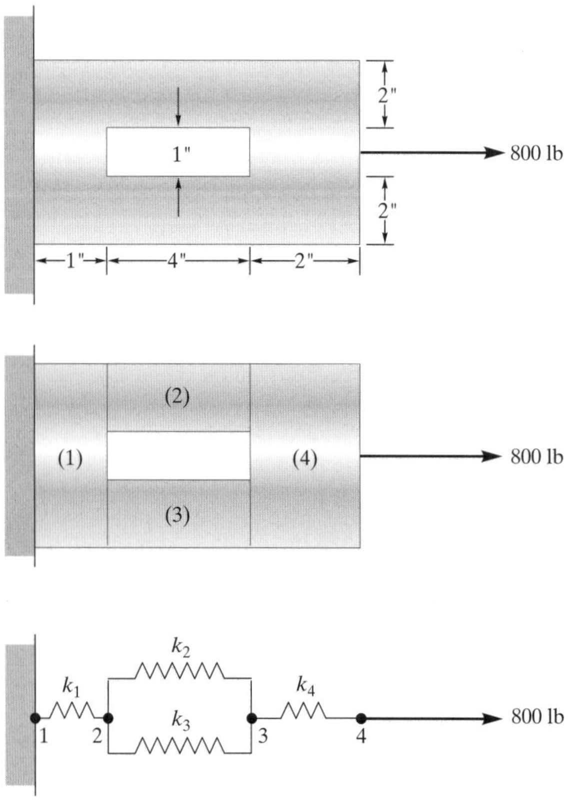

그림 1.13 예제 1.4에서의 강철판의 개략도

$$k_4 = \frac{A_4 E}{\ell_4} = \frac{(5)(0.0625)(29 \times 10^6)}{2} = 4{,}531{,}250 \text{ lb/in}$$

요소 (1)의 강성행렬은 다음과 같다.

$$[\mathbf{K}]^{(1)} = \begin{bmatrix} k_1 & -k_1 \\ -k_1 & k_1 \end{bmatrix}$$

그리고 전체 강성행렬에 조합되는 이 요소 강성행렬의 위치는 다음과 같다.

$$[\mathbf{K}]^{(1G)} = \begin{bmatrix} k_1 & -k_1 & 0 & 0 \\ -k_1 & k_1 & 0 & 0 \\ 0 & 0 & 0 & 0 \\ 0 & 0 & 0 & 0 \end{bmatrix} \begin{matrix} u_1 \\ u_2 \\ u_3 \\ u_4 \end{matrix}$$

동일한 방법을 적용하면, 요소 (2), (3), (4)의 강성행렬과 각각의 요소 강성행렬이 전체 강성행렬에 조합되는 위치는 다음과 같다.

$$[\mathbf{K}]^{(2)} = \begin{bmatrix} k_2 & -k_2 \\ -k_2 & k_2 \end{bmatrix} \qquad [\mathbf{K}]^{(2G)} = \begin{bmatrix} 0 & 0 & 0 & 0 \\ 0 & k_2 & -k_2 & 0 \\ 0 & -k_2 & k_2 & 0 \\ 0 & 0 & 0 & 0 \end{bmatrix} \begin{matrix} u_1 \\ u_2 \\ u_3 \\ u_4 \end{matrix}$$

$$[\mathbf{K}]^{(3)} = \begin{bmatrix} k_3 & -k_3 \\ -k_3 & k_3 \end{bmatrix} \qquad [\mathbf{K}]^{(3G)} = \begin{bmatrix} 0 & 0 & 0 & 0 \\ 0 & k_3 & -k_3 & 0 \\ 0 & -k_3 & k_3 & 0 \\ 0 & 0 & 0 & 0 \end{bmatrix} \begin{matrix} u_1 \\ u_2 \\ u_3 \\ u_4 \end{matrix}$$

$$[\mathbf{K}]^{(4)} = \begin{bmatrix} k_4 & -k_4 \\ -k_4 & k_4 \end{bmatrix} \qquad [\mathbf{K}]^{(4G)} = \begin{bmatrix} 0 & 0 & 0 & 0 \\ 0 & 0 & 0 & 0 \\ 0 & 0 & k_4 & -k_4 \\ 0 & 0 & -k_4 & k_4 \end{bmatrix} \begin{matrix} u_1 \\ u_2 \\ u_3 \\ u_4 \end{matrix}$$

최종 전체 행렬은 각각의 요소 행렬을 단순히 조합함으로써 다음과 같이 얻어진다.

$$[\mathbf{K}]^{(G)} = [\mathbf{K}]^{(1G)} + [\mathbf{K}]^{(2G)} + [\mathbf{K}]^{(3G)} + [\mathbf{K}]^{(4G)}$$

$$[\mathbf{K}]^{(G)} = \begin{bmatrix} k_1 & -k_1 & 0 & 0 \\ -k_1 & k_1 + k_2 + k_3 & -k_2 - k_3 & 0 \\ 0 & -k_2 - k_3 & k_2 + k_3 + k_4 & -k_4 \\ 0 & 0 & -k_4 & k_4 \end{bmatrix}$$

요소 강성계수를 대입하면 전체 강성행렬은 다음과 같이 된다.

$$[\mathbf{K}]^{(G)} = \begin{bmatrix} 9{,}062{,}500 & -9{,}062{,}500 & 0 & 0 \\ -9{,}062{,}500 & 10{,}875{,}000 & -1{,}812{,}500 & 0 \\ 0 & -1{,}812{,}500 & 6{,}343{,}750 & -4{,}531{,}250 \\ 0 & 0 & -4{,}531{,}250 & 4{,}531{,}250 \end{bmatrix}$$

경계조건 $u_1 = 0$과 절점 4에 하중을 부과하면 다음을 얻는다.

$$\begin{bmatrix} 1 & 0 & 0 & 0 \\ -9{,}062{,}500 & 10{,}875{,}000 & -1{,}812{,}500 & 0 \\ 0 & -1{,}812{,}500 & 6{,}343{,}750 & -4{,}531{,}250 \\ 0 & 0 & -4{,}531{,}250 & 4{,}531{,}250 \end{bmatrix} \begin{Bmatrix} u_1 \\ u_2 \\ u_3 \\ u_4 \end{Bmatrix} = \begin{Bmatrix} 0 \\ 0 \\ 0 \\ 800 \end{Bmatrix}$$

위 식을 풀면 다음과 같이 절점변위가 구해진다.

$$\begin{Bmatrix} u_1 \\ u_2 \\ u_3 \\ u_4 \end{Bmatrix} = \begin{Bmatrix} 0 \\ 8.827 \times 10^{-5} \\ 5.296 \times 10^{-4} \\ 7.062 \times 10^{-4} \end{Bmatrix} \text{in}$$

그리고 각 요소에서의 응력은 다음과 같다.

$$\sigma^{(1)} = E\left(\frac{u_2 - u_1}{\ell}\right) = \frac{(29 \times 10^6)(8.827 \times 10^{-5} - 0)}{1} = 2560\ \frac{\text{lb}}{\text{in}^2}$$

$$\sigma^{(2)} = \sigma^{(3)} = E\left(\frac{u_3 - u_2}{\ell}\right) = \frac{(29 \times 10^6)(5.296 \times 10^{-4} - 8{,}827 \times 10^{-5})}{4} = 3200\ \frac{\text{lb}}{\text{in}^2}$$

$$\sigma^{(4)} = E\left(\frac{u_4 - u_3}{\ell}\right) = \frac{(29 \times 10^6)(7.062 \times 10^{-4} - 5.296 \times 10^{-4})}{2} = 2560\ \frac{\text{lb}}{\text{in}^2}$$

직렬로 연결된 스프링과 병렬로 연결된 스프링으로 이루어진 문제를 해석하는 데 이 모델을 사용할 수 있다. 병렬로 연결된 스프링은 강성이 $k_2 + k_3$인 하나의 스프링과 같다(연습문

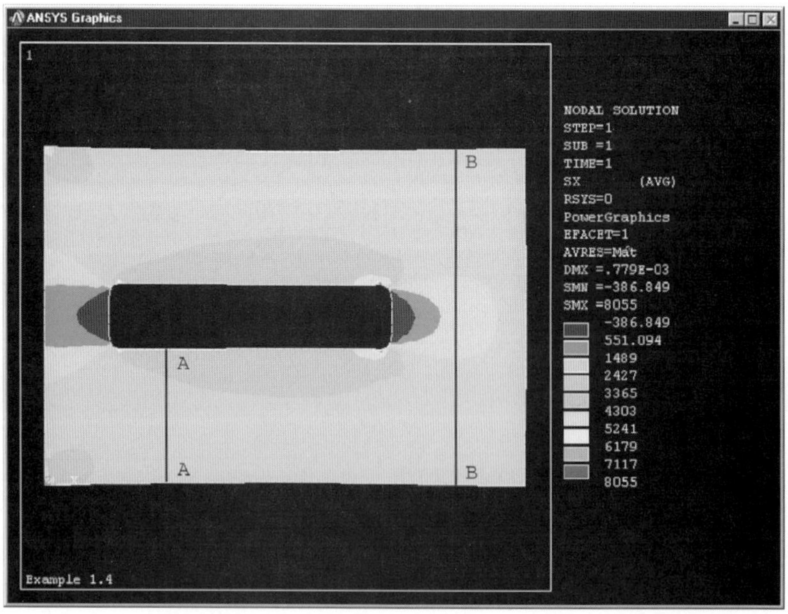

그림 1.14 ANSYS에서 계산된 예제 1.4에서의 응력 분포의 x방향 성분

제 25 참조). 또한 구멍이 있기 때문에 생기는 단면의 갑작스런 변화는 여기서 계산한 평균 응력을 초과하는 값을 가지는 응력집중을 일으키게 된다. 2차원 평면문제의 유한요소 정식화(10장에서 논의)를 공부한 후에 이 문제에 대해서 다시 접할 것이다(연습문제 10.13 참조). ANSYS를 사용하여 그 문제를 풀도록 요구할 것이며 판에서의 응력 분포를 그려보면 최대 응력의 크기와 위치를 확인할 수 있다.

10장의 내용을 보여주고 또한 응력집중에 대하여 간단히 논의하기 위해서 예제 1.4를 ANSYS를 사용하여 풀었다. 그리고 응력의 x방향 성분을 계산하여 그림 1.14에 나타내었다. 그림 1.14에 나타난 바와 같이 하중은 봉의 우측 전체 표면에 걸쳐 압력처럼 작용되었다. 단면 A–A에서 응력이 대략 3000 psi에서 3500 psi로 변하고, 단면 B–B에서는 응력의 x 방향 성분이 대략 2300 psi에서 2600 psi로 변한다는 점에 주목하라. 이 값은 직접 정식화를 사용하여 얻어진 평균 응력에서 크게 벗어나는 값은 아니다. 또한 ANSYS에 의해 주어진 최대, 최소 응력값은 어떻게 봉에 하중을 가하느냐에 따라 변할 수 있다는 점에도 주의하라. 특히 하중이 가하는 점 근처와 구멍 근처 영역의 응력 변화에 주목하라. 예제 1.4와 그림 1.13을 마음에 새겨두고, 실제 상황에서는 하중이 하나의 점에 작용하는 것이 아니고, 유한한 크기를 가지는 면에 작용한다는 점을 기억하라. 그 결과 유한요소 모델에 외부 하중을 어떻게 부과하느냐에 따라 응력 분포 결과에 영향을 미칠 것이다. 특히, 하중이 작용하는 곳 근처에서 응력 분포에 영향을 미친다는 점을 기억하라. 이 원리는 특히 예제 1.4에서와 같이 구멍을 가진 짧은 판을 해석하는 경우 잘 드러난다.

편의상 1.5절의 결과가 표 1.6에 요약되어진다. 그 표에서 요소의 구성, 자유도, 물리적 평형조건 등을 주의깊게 살펴보라.

1.6 최소 총 포텐셜 에너지 정식화

최소 총 포텐셜 에너지 정식화는 고체역학의 유한요소 모델을 생성하는 일반적인 접근방법이다. 외부에서 가해진 힘은 물체에 변형을 일으킬 것이다. 변형과정중 외력에 의한 일은 변형 에너지(strain energy)라 불리는 탄성 에너지의 형태로 그 물체에 저장된다. 그림 1.15에서 보여주듯이 힘 F를 받는 고체 부재에 저장되는 변형 에너지를 고려해 보자.

또한 그림 1.15에는 미소 입방체의 형태로 나타내어진 그 부재의 일부분과 이 체적의 표면에 작용하는 수직응력들이 그려져 있다. 앞에서 고체 요소의 탄성 거동은 선형 스프링으로 모델링될 수 있다는 것을 보였다. 그림 1.15에서 y'은 부재의 변형을 나타내는 변수이고 0에서 $\Delta\ell$까지 변화함을 유의하라. 이 부재가 미소량 dy'만큼 당겨질 때 저장되는 에너지는 다음과 같다.

$$\Lambda = \int_0^{y'} F\,dy' = \int_0^{y'} ky'\,dy' = \frac{1}{2}ky'^2 = \left(\frac{1}{2}ky'\right)y' \tag{1.39}$$

식 (1.39)를 수직응력(σ)과 수직변형률(ε)의 형태로 나타내면 다음과 같다.

표 1.6 요소와 절점의 예

요소		자유도	물리적 평형조건
선형 탄성 요소(선형 스프링)			
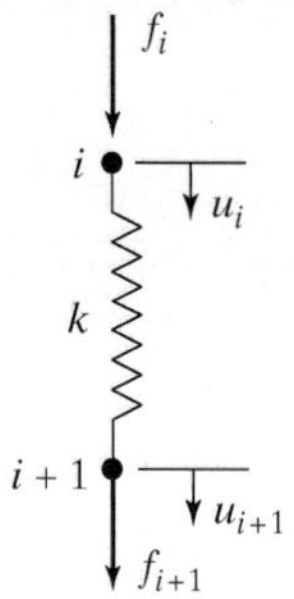	$f_i = k(u_i - u_{i+1})$ $f_{i+1} = k(u_{i+1} - u_i)$	절점 변위 u_i, u_{i+1}	힘 평형 $f_i + f_{i+1} = 0$
비틀림 탄성 요소(비틀림 스프링)			
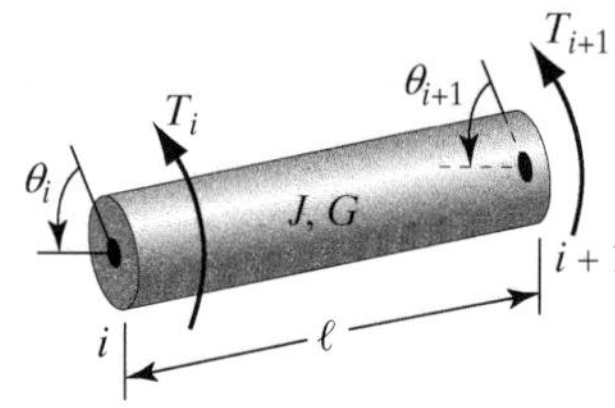	$T_i = \frac{JG}{\ell}(\theta_i - \theta_{i+1})$ $T_{i+1} = \frac{JG}{\ell}(\theta_{i+1} - \theta_i)$	절점 비틀림 θ_i, θ_{i+1}	토크 평형 $T_i + T_{i+1} = 0$
열전도 요소			
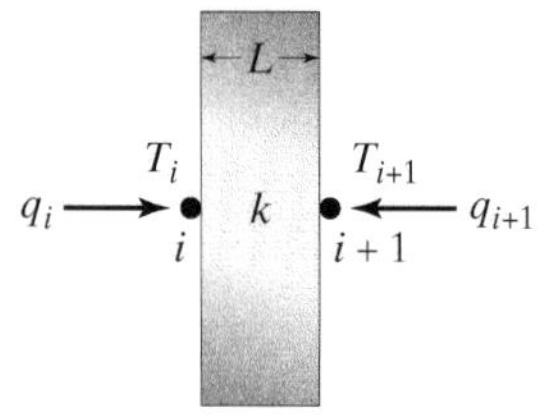	$q_i = \frac{kA}{L}(T_i - T_{i+1})$ $q_{i+1} = \frac{kA}{L}(T_{i+1} - T_i)$	절점 온도 T_i, T_{i+1}	에너지 평형 $q_i + q_{i+1} = 0$
층류 파이프 유동 요소(12.1 절 참조)			
	$Q_i = C(P_i - P_{i+1})$ $Q_{i+1} = C(P_{i+1} - P_i)$	절점 압력 P_i, P_{i+1}	유동 평형 $Q_i + Q_{i+1} = 0$
전기 저항 요소			
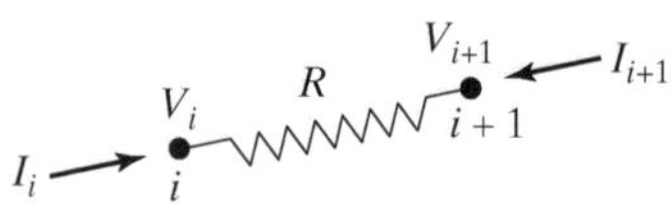	$I_i = \frac{1}{R}(V_i - V_{i+1})$ $I_{i+1} = \frac{1}{R}(V_{i+1} - V_i)$	절점 전압 V_i, V_{i+1}	전류 평형 $I_i + I_{i+1} = 0$

$$d\Lambda = \frac{1}{2}\overbrace{(ky')}^{\text{탄성력}}\,dy' = \frac{1}{2}\overbrace{(\sigma_y dxdz)}^{\text{탄성력}}\overbrace{\varepsilon dy}^{dy'} = \frac{1}{2}\sigma\varepsilon\, dV$$

따라서 축방향 힘을 받는 부재나 요소의 경우에 변형 에너지 $\Lambda^{(e)}$는

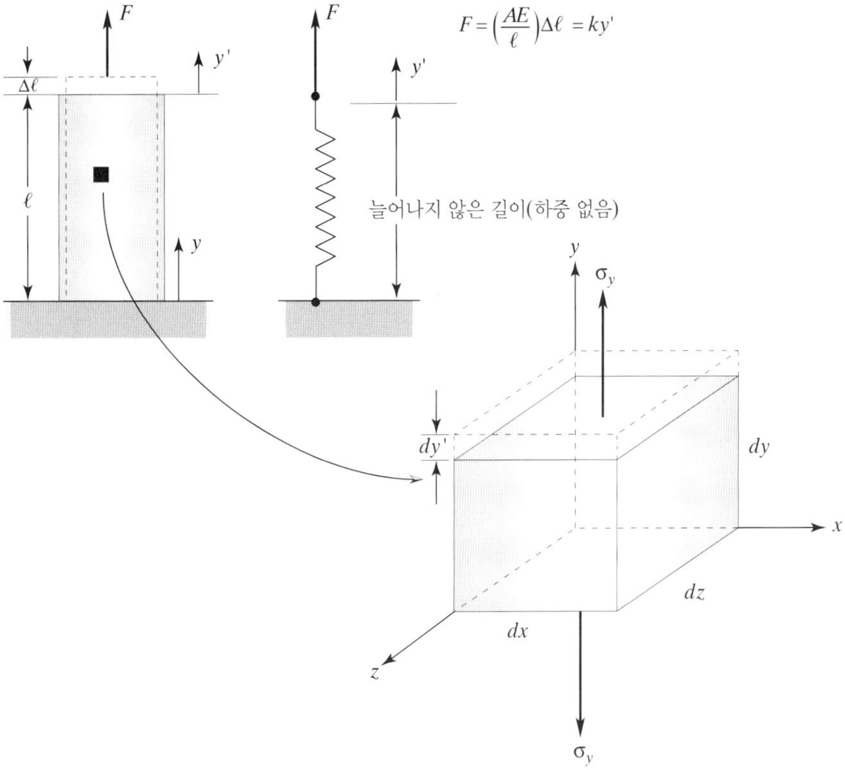

그림 1.15 물체 중심으로부터 힘을 받는 부재의 탄성 거동

$$\Lambda^{(e)} = \int d\Lambda = \int_V \frac{\sigma\varepsilon}{2} dV = \int_V \frac{E\varepsilon^2}{2} dV \tag{1.40}$$

로 표현된다. 여기서 V는 부재의 체적이다. n개의 요소와 m개의 절점으로 이루어진 물체에 대한 총 포텐셜 에너지 Π는 총 변형 에너지와 외부 힘이 한 일의 차이이다.

$$\Pi = \sum_{e=1}^{n} \Lambda^{(e)} - \sum_{i=1}^{m} F_i u_i \tag{1.41}$$

최소 총 포텐셜 에너지 원리에 의하면, 안정된 시스템에서 평형인 경우의 변위는 시스템의 총 포텐셜 에너지가 최소인 경우에 생긴다.

$$\frac{\partial \Pi}{\partial u_i} = \frac{\partial}{\partial u_i} \sum_{e=1}^{n} \Lambda^{(e)} - \frac{\partial}{\partial u_i} \sum_{i=1}^{m} F_i u_i = 0 \qquad i = 1, 2, 3, \ldots, n \tag{1.42}$$

예제 1.5

다음의 상황을 고려해 보자: (a) 그림 1.16에 나타낸 바와 같이 힘 F가 선형 스프링에 작용하고 있다. 스프링의 강성에 좌우되어 스프링은 x만큼 늘어난다. 작용하는 힘 F와 스프링 내력 kx는 정적 평형을 이룬다.

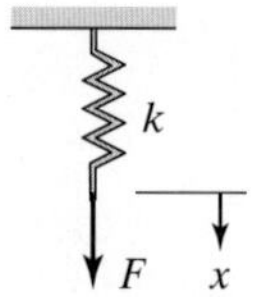

그림 1.16 힘 F가 작용하는 선형 스프링

$$F = kx \quad \text{또는} \quad x = \frac{F}{k}$$

여기서 시스템의 총 포텐셜 에너지는 식 (1.41)로 정의된다. 스프링에 저장된 탄성 에너지는 $\Lambda = \frac{1}{2}kx^2$이고 외력 F에 의한 일은 Fx이다. 그러므로 시스템의 총 포텐셜 에너지는 다음과 같다.

$$\Pi = \frac{1}{2}kx^2 - Fx$$

x에 대해서 Π를 최소화시키면 다음과 같다.

$$\frac{d\Pi}{dx} = \frac{d}{dx}\left(\frac{1}{2}kx^2 - Fx\right) = kx - F = 0$$

여기서 $x = \frac{F}{k}$이다.

(b) 그림 1.17에 도시한 보의 무게는 8 N이고 스프링 계수가 $k = 20$ N/cm인 스프링에 의해서 지지되고 있다. 보의 끝 쪽에 힘 $P = 12$ N이 작용하고 있다. 스프링의 변형량을 구하라.

첫째로, 정적 평형조건과 최소 총 포텐셜 에너지 개념을 적용하여 문제를 풀도록 하겠다. 점 A에 작용하는 모멘트는 0이라는 정적 평형식을 세울 수 있다. 보의 자유도는 그림 1.18에 나타나 있다.

$$\circlearrowleft^{+} \sum M_A = 0 \qquad -(8\,\text{N})(5\,\text{cm}) + F_s(8\,\text{cm}) - (12\,\text{N})(10\,\text{cm}) = 0$$

$$F_s = 20\,\text{N} \quad \text{그리고} \quad kx = (20\,\text{N/cm})(x) = 20\,\text{N}$$

$$x = 1\,\text{cm}$$

이제 문제를 풀기 위하여 최소 총 포텐셜 에너지 방법을 적용하겠다. 시스템에 저장된 탄성 에너지는 스프링의 탄성 에너지에 의한 것임을 유념해야 한다.

$$\Lambda = \frac{1}{2}kx^2 = \frac{1}{2}(20\,\text{N/cm})(x^2) = 10x^2$$

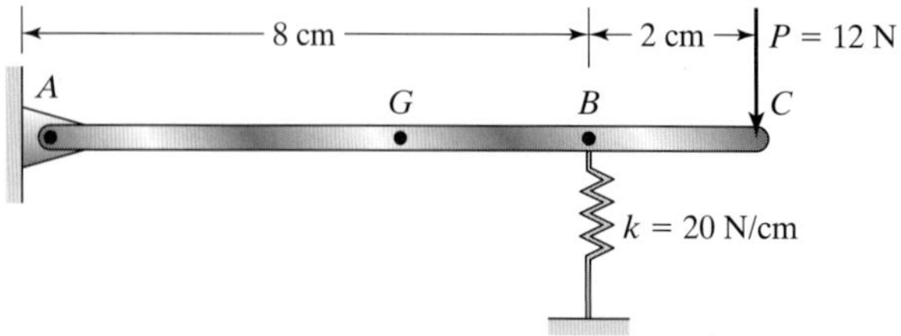

그림 1.17 예제 1.5의 보

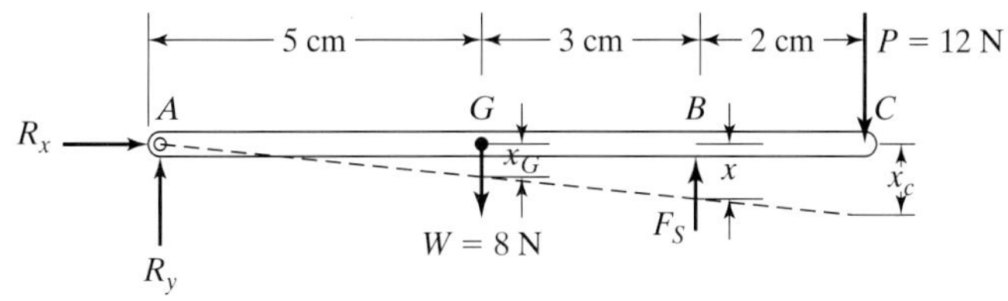

그림 1.18 예제 1.5에서 보의 자유도

외력에 의한 일은 봉의 무게와 점 G의 변위의 곱과 힘 P와 점 C의 곱에 의해서 계산된다. 삼각형을 통하여 점 G와 C의 변위를 스프링(점 B)과 관련시킬 수 있다.

$$\frac{x}{8} = \frac{x_G}{5} \quad \text{또는} \quad x_G = \frac{5}{8}x$$
$$\frac{x}{8} = \frac{x_C}{10} \quad \text{또는} \quad x_C = \frac{5}{4}x$$

그러므로 외력에 의한 일은 다음과 같다.

$$\sum F_i u_i = (8\text{N})\left(\frac{5}{8}x\right) + (12\text{N})\left(\frac{5}{4}x\right) = 5x + 15x = 20x$$

시스템의 총 포텐셜 에너지는 다음과 같다.

$$\Pi = \sum \Lambda - \sum F_i u_i = 10x^2 - 20x$$

그리고

$$\frac{d\Pi}{dx} = \frac{d}{dx}\left(10x^2 - 20x\right) = 20x - 20 = 0$$

위의 식을 풀면 $x = 1$ cm인 것을 알 수 있다. 왜냐하면 오로지 하나의 미지 변위가 있기 때문이다. 식 (1.41)과 (1.42)의 u_i 대신에 x를 대입하고 편미분 기호를 상미분 기호로 바꿀 수 있다. 총 포텐셜 에너지 $\Pi = 10x^2 - 20x$를 변위 x에 따라 그래프로 그림 1.19에 도시하였다. 그림 1.19에서 보여주듯이 최소 총 포텐셜 에너지는 $x = 1$ cm인 지점에서 발생한다.

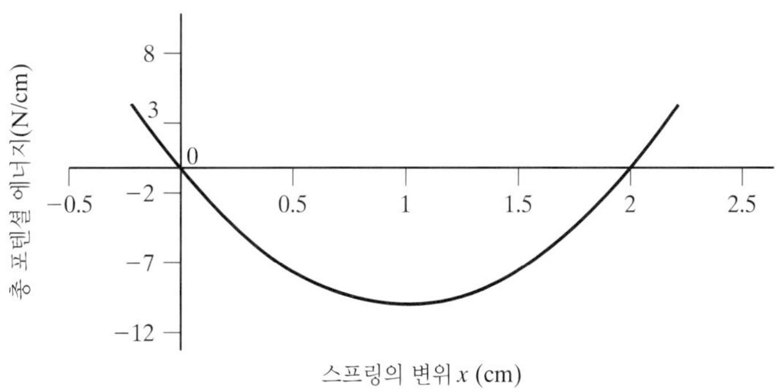

그림 1.19 총 포텐셜 에너지 대 변위 x

다시 예제 1.1의 경우를 생각해 보자. 임의의 요소(e)에 대한 변형 에너지는 다음과 같이 식 (1.40)으로부터 구해질 수 있다.

$$\Lambda^{(e)} = \int_V \frac{E\varepsilon^2}{2} dV = \frac{A_{\text{avg}}E}{2\ell}(u_{i+1}^2 + u_i^2 - 2u_{i+1}u_i) \tag{1.43}$$

여기서 축방향 변형률 ε은 $u_{i+1} - u_i/\ell$로 대치되었다. 변형 에너지를 u_i와 u_{i+1}에 대해서 최소화시키면 다음을 얻을 수 있다.

$$\frac{\partial \Lambda^{(e)}}{\partial u_i} = \frac{A_{\text{avg}}E}{\ell}(u_i - u_{i+1}) \tag{1.44}$$

$$\frac{\partial \Lambda^{(e)}}{\partial u_{i+1}} = \frac{A_{\text{avg}}E}{\ell}(u_{i+1} - u_i)$$

이를 행렬 형태로 나타내면 다음과 같다.

$$\begin{Bmatrix} \dfrac{\partial \Lambda^{(e)}}{\partial u_i} \\ \dfrac{\partial \Lambda^{(e)}}{\partial u_{i+1}} \end{Bmatrix} = \begin{bmatrix} k_{\text{eq}} & -k_{\text{eq}} \\ -k_{\text{eq}} & k_{\text{eq}} \end{bmatrix} \begin{Bmatrix} u_i \\ u_{i+1} \end{Bmatrix} \tag{1.45}$$

여기서 $k_{\text{eq}} = (A_{\text{avg}}E)/\ell$이다. 임의의 요소$(e)$의 절점 i와 $i+1$에 가해진 외부 힘에 의한 일을 최소화시키면

$$\begin{aligned} \frac{\partial}{\partial u_i}(F_i u_i) &= F_i \\ \frac{\partial}{\partial u_{i+1}}(F_{i+1}u_{i+1}) &= F_{i+1} \end{aligned} \tag{1.46}$$

을 얻을 수 있다. 예제 1.1의 경우, 최소 총 포텐셜 에너지 정식화를 사용하면 직접 정식화로부터 구한 것과 동일한 전체 강성행렬을 얻을 수 있다.

$$[\mathbf{K}]^{(G)} = \begin{bmatrix} k_1 & -k_1 & 0 & 0 & 0 \\ -k_1 & k_1 + k_2 & -k_2 & 0 & 0 \\ 0 & -k_2 & k_2 + k_3 & -k_3 & 0 \\ 0 & 0 & -k_3 & k_3 + k_4 & -k_4 \\ 0 & 0 & 0 & -k_4 & k_4 \end{bmatrix}$$

더 나아가 경계조건과 하중조건을 적용해 보자.

$$\begin{bmatrix} 1 & 0 & 0 & 0 & 0 \\ -k_1 & k_1 + k_2 & -k_2 & 0 & 0 \\ 0 & -k_2 & k_2 + k_3 & -k_3 & 0 \\ 0 & 0 & -k_3 & k_3 + k_4 & -k_4 \\ 0 & 0 & 0 & -k_4 & k_4 \end{bmatrix} \begin{Bmatrix} u_1 \\ u_2 \\ u_3 \\ u_4 \\ u_5 \end{Bmatrix} = \begin{Bmatrix} 0 \\ 0 \\ 0 \\ 0 \\ P \end{Bmatrix} \tag{1.47}$$

결과적으로 구해지는 변위들은 앞에서 직접 정식화로부터 구한 것[식 (1.17)]과 일치할 것이다. 변형 에너지와 최소 총 포텐셜 에너지의 개념들은, 4장, 10장, 그리고 12장에서 고체역학 문제들을 정식화하는 데에 사용될 것이다. 따라서 지금 그 기본 개념들을 이해하는 데에 시간을 투자한다면 나중에 상당히 도움이 될 것이다.

예제 1.1 재론: 엄밀해 *

여기서는 예제 1.1에 대한 엄밀해를 유도하고, 그 정확한 변위를 유한요소법으로 구한 변위와 비교할 것이다. 그림 1.20에서 정적 평형상태가 되려면 y방향의 힘들의 합이 0이 되어야 한다. 이 조건으로 다음 관계식이 얻어진다.

$$P - (\sigma_{avg})A(y) = 0 \tag{1.48}$$

후크의 법칙($\sigma = E\varepsilon$)을 사용하여 평균 응력을 변형률로 대치하면,

$$P - E\varepsilon A(y) = 0 \tag{1.49}$$

을 얻는다. 평균 수직변형률은 미분 요소 dy의 변형하기 전의 단위길이당 길이 변화 du이다. 이는 다음과 같이 표현한다.

$$\varepsilon = \frac{du}{dy}$$

이 관계식을 식 (1.49)에 대입하면,

$$P - EA(y)\frac{du}{dy} = 0 \tag{1.50}$$

을 얻을 수 있다. 식 (1.50)을 다시 정리하면 다음과 같다.

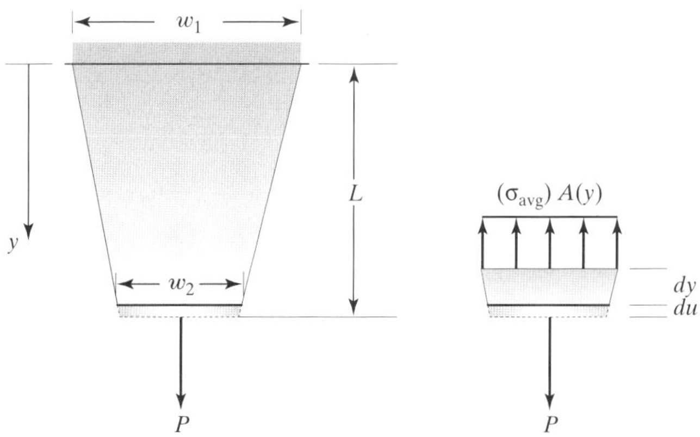

그림 1.20 예제 1.1의 봉에 대한 외부 힘 P와 평균 응력의 관계

* 전단응력의 부과는 배제한다.

표 1.7 변위 결과들의 비교

위치(in)	엄밀해(in) [식 (1.53)]	직접 정식화의 결과(in)	에너지 방법의 결과(in)
$y = 0$	0	0	0
$y = 2.5$	0.001027	0.001026	0.001026
$y = 5.0$	0.002213	0.002210	0.002210
$y = 7.5$	0.003615	0.003608	0.003608
$y = 10$	0.005333	0.005317	0.005317

$$du = \frac{Pdy}{EA(y)} \tag{1.51}$$

엄밀해는 식 (1.51)을 봉의 길이를 따라서 적분하면 얻어진다.

$$\int_0^u du = \int_0^L \frac{Pdy}{EA(y)}$$

$$u(y) = \int_0^y \frac{Pdy}{EA(y)} = \int_0^y \frac{Pdy}{E\left(w_1 + \left(\frac{w_2 - w_1}{L}\right)y\right)t} \tag{1.52}$$

여기서,

$$A(y) = \left(w_1 + \left(\frac{w_2 - w_1}{L}\right)y\right)t$$

봉의 변형량은 식 (1.52)를 적분함으로써 얻어진다.

$$u(y) = \frac{PL}{Et(w_2 - w_1)}\left[\ln\left(w_1 + \left(\frac{w_2 - w_1}{L}\right)y\right) - \ln w_1\right] \tag{1.53}$$

식 (1.53)은 봉의 각 지점에서의 변위값을 구하는 데에 사용될 수 있다. 이제 직접 정식화 방법과 최소 총 포텐셜 에너지 방법으로 구한 변위 결과를 엄밀해와 비교함으로써 그 정확도를 조사해 보자. 표 1.7은 그 세 가지 방법들을 이용하여 계산된 절점변위들을 보여주고 있다.

표 1.7을 보면 모든 결과들이 서로 잘 맞는다는 것을 알 수 있다.

1.7 가중잔여법 정식화

가중잔여법(weighted residual method)은 지배 미분 방정식에 대한 근사해를 가정하는 것에 기초한다. 가정되는 해는 반드시 주어진 문제의 초기조건과 경계조건을 만족시켜야 한다. 가정된 해는 정확하지 않기 때문에, 그 해를 미분 방정식에 대입하면 **잔여(오차)**가 남게 된다. 간단히 말하면, 각 잔여법들은 그 잔여가 일부 선택된 구간 또는 점에서는 0이 되어야 한다는 조건을 사용한다. 이 개념을 설명하기 위해서 예제 1.1을 고려해 보자. 이 문제에 대한 지배 미분방정식과 경계조건은 다음과 같다.

$$A(y)E\frac{du}{dy} - P = 0 \text{ [경계조건 } u(0) = 0\text{을 받는]} \tag{1.54}$$

다음으로 경계조건을 만족시키는 근사해를 가정해야 한다. 여기서는 다음을 선택한다.

$$u(y) = c_1 y + c_2 y^2 + c_3 y^3 \tag{1.55}$$

여기서 c_1, c_2, c_3는 미지수들이다. 식 (1.55)는 '$u(0) = 0$'으로 표시되는 고정된 경계조건을 만족시킨다. 가정된 해[식 (1.55)]를 지배 미분 방정식 (1.54)에 대입하면 다음과 같이 잔여함수 $\mathcal{R}$을 얻을 수 있다.

$$\overbrace{\left(w_1 + \left(\frac{w_2 - w_1}{L}\right)y\right)}^{A(y)} tE\overbrace{(c_1 + 2c_2 y + 3c_3 y^2)}^{\frac{du}{dy}} - P = \mathcal{R} \tag{1.56}$$

예제 1.1에서 주어진 w_1, w_2, L, t, E를 대입하고 간단히 정리하면,

$$\mathcal{R}/E = (0.25 - 0.0125y)(c_1 + 2c_2 y + 3c_3\, y^2) - 96.154 \times 10^{-6}$$

를 얻을 수 있다.

배열법

배열법(collocation method)에서 잔여함수 $\mathcal{R}$은 미지수 개수만큼의 점에서 0이 되어야 한다. 이 예제에서 가정된 해는 3개의 미지수를 갖고 있기 때문에, 잔여함수가 세 점에서 0이 되어야 한다. 여기서는 잔여함수가 $y = L/3$, $y = 2L/3$, $y = L$에서 0이 되도록 선택한다.

$$\mathcal{R}(c, y)\Big|_{y=\frac{L}{3}} = 0$$

$$\mathcal{R} = \left(0.25 - 0.0125\left(\frac{10}{3}\right)\right)\left(c_1 + 2c_2\left(\frac{10}{3}\right) + 3c_3\left(\frac{10}{3}\right)^2\right) - 96.154 \times 10^{-6} = 0$$

$$\mathcal{R}(c, y)\Big|_{y=\frac{2L}{3}} = 0$$

$$\mathcal{R} = \left(0.25 - 0.0125\left(\frac{20}{3}\right)\right)\left(c_1 + 2c_2\left(\frac{20}{3}\right) + 3c_3\left(\frac{20}{3}\right)^2\right) - 96.154 \times 10^{-6} = 0$$

$$\mathcal{R}(c, y)\Big|_{y=L} = 0$$

$$\mathcal{R} = (0.25 - 0.0125(10))(c_1 + 2c_2(10) + 3c_3(10)^2) - 96.154 \times 10^{-6} = 0$$

이렇게 해서 미지수 c_1, c_2, c_3를 얻기 위한 3개의 선형 방정식을 얻게 된다.

$$c_1 + \frac{20}{3}c_2 + \frac{100}{3}c_3 = 461.539 \times 10^{-6}$$

$$c_1 + \frac{40}{3}c_2 + \frac{400}{3}c_3 = 576.924 \times 10^{-6}$$
$$c_1 + 20c_2 + 300c_3 = 769.232 \times 10^{-6}$$

위의 방정식을 풀면, $c_1 = 423.0776 \times 10^{-6}$, $c_2 = 21.65 \times 10^{-15}$, $c_3 = 1.153848 \times 10^{-6}$가 유도된다. 이 미지수들을 식 (1.55)에 대입하면 근사적인 변위함수가 구해진다.

$$u(y) = 423.0776 \times 10^{-6}y + 21.65 \times 10^{-15}y^2 + 1.153848 \times 10^{-6}y^3 \tag{1.57}$$

배열법에 의하여 구해진 근사적인 결과가 얼마나 정확한지 알기 위해, 이 절의 끝 부분에서 그 결과들을 엄밀해와 비교할 것이다.

부영역법

부영역법(subdomain method)에서는 잔여함수가 선택된 부영역에서의 적분이 0이 되도록 한다. 부영역의 개수는 미지수의 개수와 같아야 한다. 따라서 앞에서 가정한 해에 대해, 다음의 3개의 적분이 필요하게 된다.

$$\int_0^{\frac{L}{3}} \mathcal{R}\, dy = 0 \tag{1.58}$$
$$\int_0^{\frac{L}{3}} [(0.25 - 0.0125y)(c_1 + 2c_2y + 3c_3y^2) - 96.154 \times 10^{-6}]dy = 0$$
$$\int_{\frac{L}{3}}^{\frac{2L}{3}} \mathcal{R}\, dy = 0$$
$$\int_{\frac{L}{3}}^{\frac{2L}{3}} [(0.25 - 0.0125y)(c_1 + 2c_2y + 3c_3y^2) - 96.154 \times 10^{-6}]dy = 0$$
$$\int_{\frac{2L}{3}}^{L} \mathcal{R}\, dy = 0$$
$$\int_{\frac{2L}{3}}^{L} [(0.25 - 0.0125y)(c_1 + 2c_2y + 3c_3y^2) - 96.154 \times 10^{-6}]dy = 0$$

식 (1.58)을 적분하면 미지수 c_1, c_2, c_3를 얻기 위한 3개의 선형 방정식을 얻게 된다.

$$763.88889 \times 10^{-3}c_1 + 2.4691358c_2 + 8.1018519c_3 = 320.513333 \times 10^{-6}$$
$$0.625c_1 + 6.1728395c_2 + 47.4537041c_3 = 3.2051333 \times 10^{-4}$$
$$0.4861111c_1 + 8.0246917c_2 + 100.694444c_3 = 3.2051333 \times 10^{-4}$$

위의 방정식을 풀면, $c_1 = 391.35088 \times 10^{-6}$, $c_2 = 6.075 \times 10^{-6}$, $c_3 = 809.61092 \times 10^{-9}$를 얻을 수 있다. 이 미지수들을 식 (1.55)에 대입하면 근사적인 변위함수가 구해진다.

$$u(y) = 391.35088 \times 10^{-6}y + 6.075 \times 10^{-6}y^2 + 809.61092 \times 10^{-9}y^3 \tag{1.59}$$

부영역법으로 구해진 변위 결과들도 이 절의 뒷부분에서 엄밀해와 비교될 것이다.

갤러킨 방법

갤러킨 방법(Galerkin method)에서는 잔여함수가 아래의 적분에 의해서 가중함수 Φ_i에 직교해야 한다.

$$\int_a^b \Phi_i \mathcal{R}\, dy = 0 \qquad i = 1, 2, \ldots, N \tag{1.60}$$

가중함수는 근사해와 같은 종류의 함수 중에서 선택된다. 예제 1.1에서 가정된 근사해에는 3개의 미지수가 있기 때문에 3개의 방정식을 만들어야 한다. 가정된 함수가 $u(y) = c_1 y + c_2 y^2 + c_3 y^3$이므로, 가중함수들로서 $\Phi_1 = y$, $\Phi_2 = y^2$, $\Phi_3 = y^3$을 선택한다. 이렇게 선택하면 다음의 방정식들이 얻어진다.

$$\int_0^L y[(0.25 - 0.0125y)(c_1 + 2c_2 y + 3c_3 y^2) - 96.154 \times 10^{-6}]dy = 0 \tag{1.61}$$
$$\int_0^L y^2[(0.25 - 0.0125y)(c_1 + 2c_2 y + 3c_3 y^2) - 96.154 \times 10^{-6}]dy = 0$$
$$\int_0^L y^3[0.25 - 0.0125y)(c_1 + 2c_2 y + 3c_3 y^2) - 96.154 \times 10^{-6}]dy = 0$$

식 (1.61)을 적분하면 미지수 c_1, c_2, c_3를 얻기 위한 3개의 선형 방정식을 얻게 된다.

$$8.333333c_1 + 104.1666667c_2 + 1125c_3 = 0.0048077$$
$$52.083333c_1 + 750c_2 + 8750c_3 = 0.0320513333$$
$$375c_1 + 5833.3333c_2 + 71428.57143c_3 = 0.240385$$

위의 방정식을 풀면, $c_1 = 400.642 \times 10^{-6}$, $c_2 = 4.006 \times 10^{-6}$, $c_3 = 0.935 \times 10^{-6}$를 얻을 수 있다. 이 미지수들을 식 (1.55)에 대입하면 근사적인 변위함수가 구해진다.

$$u(y) = 400.642 \times 10^{-6} y + 4.006 \times 10^{-6} y^2 + 0.935 \times 10^{-6} y^3 \tag{1.62}$$

갤러킨 방법으로 구해진 변위 결과들도 마찬가지로 이 절의 끝 부분에서 엄밀해와 비교될 것이다.

최소 자승법

최소 자승법(least-squares method)에서는 잔여함수의 제곱이 가정되는 해의 미지수에 대하여 최소가 되게끔 해야 한다. 이는 다음과 같이 표현할 수 있다.

$$\text{최소화}\left(\int_a^b \mathcal{R}^2 dy\right)$$

위 조건으로부터 다음과 같은 식이 유도된다.

$$\int_a^b \mathcal{R} \frac{\partial \mathcal{R}}{\partial c_i} dy = 0 \qquad i = 1, 2, \ldots, N \tag{1.63}$$

예제 1.1에서 가정된 근사해에는 3개의 미지수가 있기 때문에 식 (1.63)에 의해서 3개의 방정식이 유도된다. 잔여함수는 앞에서 구한 것처럼 다음과 같다.

$$\mathcal{R}/E = (0.25 - 0.0125y)(c_1 + 2c_2y + 3c_3y^2) - 96.154 \times 10^{-6}$$

잔여함수를 c_1, c_2, c_3에 대해 미분하여 식 (1.63)에 대입하면 다음과 같다.

$$\int_0^{10} \overbrace{[(0.25 - 0.0125y)(c_1 + 2c_2y + 3c_3y^2) - 96.154 \times 10^{-6}]}^{\mathcal{R}} \overbrace{(0.25 - 0.0125y)}^{\frac{\partial \mathcal{R}}{\partial c_1}} dy = 0$$

$$\int_0^{10} \overbrace{[(0.25 - 0.0125y)(c_1 + 2c_2y + 3c_3 y^2) - 96.154 \times 10^{-6}]}^{\mathcal{R}} \overbrace{(0.25 - 0.0125y)2y}^{\frac{\partial \mathcal{R}}{\partial c_2}} dy = 0$$

$$\int_0^{10} \overbrace{[(0.25 - 0.0125y)(c_1 + 2c_2y + 3c_3y^2) - 96.154 \times 10^{-6}]}^{\mathcal{R}} \overbrace{(0.25 - 0.0125y)3y^2}^{\frac{\partial \mathcal{R}}{\partial c_3}} dy = 0$$

식 (1.63)을 적분하면 미지수 c_1, c_2, c_3를 얻기 위한 3개의 선형 방정식을 얻게 된다.

$$0.364583333c_1 + 2.864583333c_2 + 25c_3 = 0.000180289$$
$$2.864583333c_1 + 33.333333c_2 + 343.75c_3 = 0.001602567$$
$$25c_1 + 343.75c_2 + 3883.928571c_3 = 0.015024063$$

위의 방정식을 풀면, $c_1 = 389.773 \times 10^{-6}$, $c_2 = 6.442 \times 10^{-6}$, $c_3 = 0.789 \times 10^{-6}$를 얻을 수 있다. 이 미지수들을 식 (1.55)에 대입하면 근사적인 변위함수가 구해진다.

$$u(y) = 389.733 \times 10^{-6}y + 6.442 \times 10^{-6}y^2 + 0.789 \times 10^{-6}y^3 \tag{1.64}$$

최소 자승법으로 구해진 변위 결과들도 또한 이 절의 끝 부분에서 엄밀해와 비교될 것이다.

각각의 가중잔여법에 의한 해들의 비교

이제 앞에서 구한 결과들을 엄밀해와 비교함으로써 가중잔여법이 얼마나 정확한지 조사할 것이다. 표 1.8은 배열법, 부영역법, 갤러킨 방법, 최소 자승법을 이용하여 구한 절점에서의 변위들을 엄밀해와 비교한 것이다.

표 1.8을 살펴보면, 결과들이 서로 잘 일치한다는 것을 알 수 있다. 여기서 1.7절의 주된 목적이 가중잔여법의 일반적인 개념과 그 기본적인 과정들을 가능한 한 간단한 방식으로 소개하는 것이었다는 점을 기억하라. 갤러킨 방법은 유한요소법에서 가장 일반적으로 쓰이는 방식 중 하나이기 때문에 6장과 9장에서 좀더 상세하고 깊이있게 다루어질 것이다. 1차원과

표 1.8 가중잔여법의 결과 비교

봉의 점의 위치 (in)	엄밀해 식 (1.53)에 의한 변위 (in)	배열법 식 (1.57)에 의한 변위 (in)	부영역법 식 (1.59)에 의한 변위 (in)	갤러킨 방법 식 (1.62)에 의한 변위 (in)	최소 자승법 식 (1.64)에 의한 변위 (in)
$y=0$	0	0	0	0	0
$y=2.5$	0.001027	0.001076	0.001029	0.001041	0.001027
$y=5.0$	0.002213	0.002259	0.002209	0.002220	0.002208
$y=7.5$	0.003615	0.003660	0.003618	0.003624	0.003618
$y=10$	0.005333	0.005384	0.005330	0.005342	0.005331

2차원 요소들에 어느 정도 익숙해진 다음, 그 문제들을 정식화할 때 갤러킨 방법을 사용할 것이다. 또한 앞에서 가중잔여법들을 사용할 때, 주어진 문제의 전체 영역에서 근사적인 해를 제공할 수 있도록 해를 가정했다는 점을 기억해 두길 바란다. 나중에 알게 되겠지만 갤러킨 방법에서 가정되는 해는 부분적으로 성립하면 된다. 즉, 다시 말해서 단지 각각의 요소에서만 유효한 선형 또는 비선형 해들을 가정하고 나서, 그 해들을 전체 영역에서 성립할 수 있도록 조합시킬 것이다.

1.8 결과 검증

최근 들어 설계도구로서 유한요소법을 사용하는 경우가 많아지고 있다. ANSYS와 같이 사용하기 쉽고 포괄적인 패키지들이 설계 엔지니어들에게 일반적으로 쓰이는 도구가 되어 왔다. 그러나 불행하게도 많은 엔지니어들이 적절한 훈련이나 기본적인 개념에 대한 명확한 이해가 없이 유한요소법을 사용하고 있다. 유한요소법을 사용하는 엔지니어들은 유한요소해석의 한계를 이해해야 한다. 다양한 오류의 원인들로 인해서 잘못된 결과가 나타날 수 있다. 그 원인으로는 다음과 같은 것들이 있다.

1. 물성치, 치수와 같은 입력 데이터의 입력 오류

이러한 실수는 해석을 좀더 진행시키기 전에, 단순히 물리적 성질과 절점 또는 주요점(물체의 꼭지점을 정의하는 점들; 8장과 13장에서 좀더 자세히 다루어진다)의 좌표를 정리하여 확인함으로써 고쳐질 수 있다.

2. 부적절한 요소 종류의 선택

이 점에 관해서는 기본적인 이론을 이해하는 것이 가장 도움이 될 것이다. 주어진 요소의 한계와 어떤 문제에 그 요소가 적용될 수 있는지를 완전히 이해할 필요가 있다.

3. 생성된 요소의 부적절한 형상과 크기

이 문제는 유한요소해석에서 상당히 중요한 부분이다. 요소의 부적절한 형상과 크기는 결과의 정확도에 영향을 미칠 것이다. 사용자는 자유요소 생성과 규격요소 생성 사이의 차이와 한계를 이해하는 것이 중요하다. 이러한 개념들은 8장과 13장에서 좀더 자세히

다루어질 것이다.

4. 잘못된 경계조건과 하중조건의 부과
이 단계는 대부분 유한요소해석에 있어서 가장 어려운 부분이다. 이는 실제 문제의 하중조건과 경계조건을 유한요소 모델에 대해 적용하는 것을 말한다. 이 단계는 적절한 판단과 어느 정도의 경험을 필요로 한다.

항상 결과를 검증하는 방법을 찾아야 한다. 그 모델에 대해 실험을 하는 것이 가장 좋은 방법일 수 있겠지만, 그것은 상당한 시간과 비용이 든다. 물리적 법칙이 만족되는 것을 보이기 위해서는 항상 모델의 여러 부분들에 평형조건과 에너지 평형을 적용함으로써 시작해야 한다. 예를 들어 정적 모델의 경우, 모델의 자유물체도에 작용하는 모든 힘들의 합은 0이 되어야 한다. 이런 개념은 계산된 반력들의 정확성을 점검할 수 있게 해줄 것이다. 임의의 단면을 따른 응력들을 정의하고 변환시키고 적분하여 내력을 구한다. 이러한 방식으로 계산된 내력들의 합은 외력들과 평형을 이루어야 한다. 정상상태의 열전달 문제에서는 임의의 절점을 둘러싸는 검사체적에 에너지 보존법칙을 적용해야 한다. 절점의 안쪽과 바깥쪽으로 흐르는 에너지들이 평형을 이루고 있는가? 이 책의 각 장의 끝 부분에서 모델에 대한 결과를 검증하는 방법에 관하여 설명된다. 그리고 ANSYS를 이용하여 문제를 풀고 그 결과를 검증하는 절차를 보여줄 것이다.

1.9 문제의 이해

해석하고자 하는 문제를 이해하는 데에 종이와 연필을 가지고서 약간의 시간을 우선 투자한다면 많은 시간과 비용을 절약할 수 있다. 컴퓨터로 수치적인 유한요소 모델을 생성하기 전에 그 문제를 전반적이고 직관적으로 이해하는 것이 반드시 필요하다. 우수한 엔지니어라면 모델 작성과정 전에 생각하는 많은 질문들이 있다. 예를 들어 재료가 축력을 받고 있는가, 물체가 굽힘 모멘트를 받고 있는가, 비틀림 모멘트를 받고 있는가, 또는 두 가지 모멘트를 동시에 받고 있는가, 좌굴에 대해서 신경을 써야 하는가, 2차원 모델을 가지고서 그 재료의 거동을 근사시킬 수 있는가, 문제에서 열전달이 중요한 부분을 차지하는가, 열전달의 어떤 모드가 지배적인가 등이다. 유한요소해석에서 사전 계산은 문제의 이해에 상당히 도움이 될 것이며 따라서 합당한 유한요소 모델을 만드는 데에, 특히 요소를 선택함에 있어서 도움이 될 것이다. 재료역학과 열전달 분야에서 엄밀해가 존재하는 문제들을 현장 엔지니어들은 유한요소해석을 이용하여 풀고 있는 경우도 있다. 이 점을 명확히 하기 위해서 다음의 예제를 고려해 보겠다.

예제 1.6

실수로 빈 커피 주전자에 열 요소가 남아 있다고 생각해 보자. 히터는 약 20와트(Watts)를 주전자 바닥으로 전달한다고 가정하자. 25°C의 공기가 유리를 둘러싸고 있다고 할 때 온도 분포를 구하라. 이 때, 열전달계수 $h = 15\ \mathrm{W/m^2 \cdot K}$이다. 주전자는 직경 14 cm, 높이

14 cm, 유리의 두께 3 mm인 실린더 모양이다.

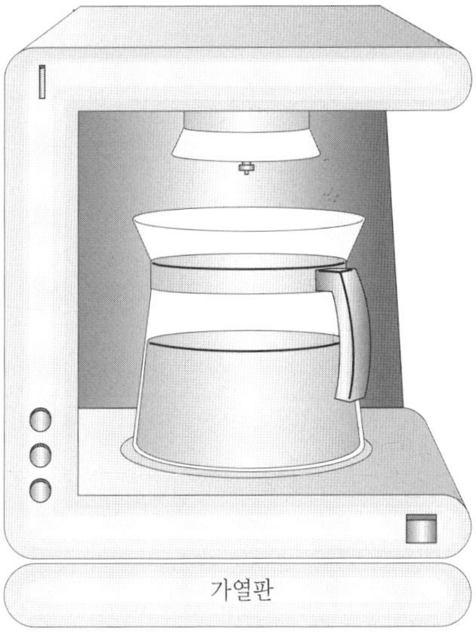

이 문제는 우선 유한요소 모델을 이용하여 해석한다. 3차원 열적 고체 요소(13장에서 다룸)를 공부한 후에 이 문제를 다시 다루도록 하겠다(연습문제 13.11 참조). 그리고 ANSYS를 사용하여 해석하겠다. 이를 학습한 후에 고체 주전자 모델을 만들어서 요소를 생성하고 적합한 경계조건을 적용하면 온도해답을 얻을 수 있다. 해석의 결과는 그림 1.21에 도시하였다.

그림 1.21에서 보여주듯이 유한요소해석의 결과로부터 주전자 바닥 중앙이 113.18°C의 최고 온도를 가지는 것을 확인할 수 있다. 이 문제는 열전달 문제의 기본 개념을 이해할 수

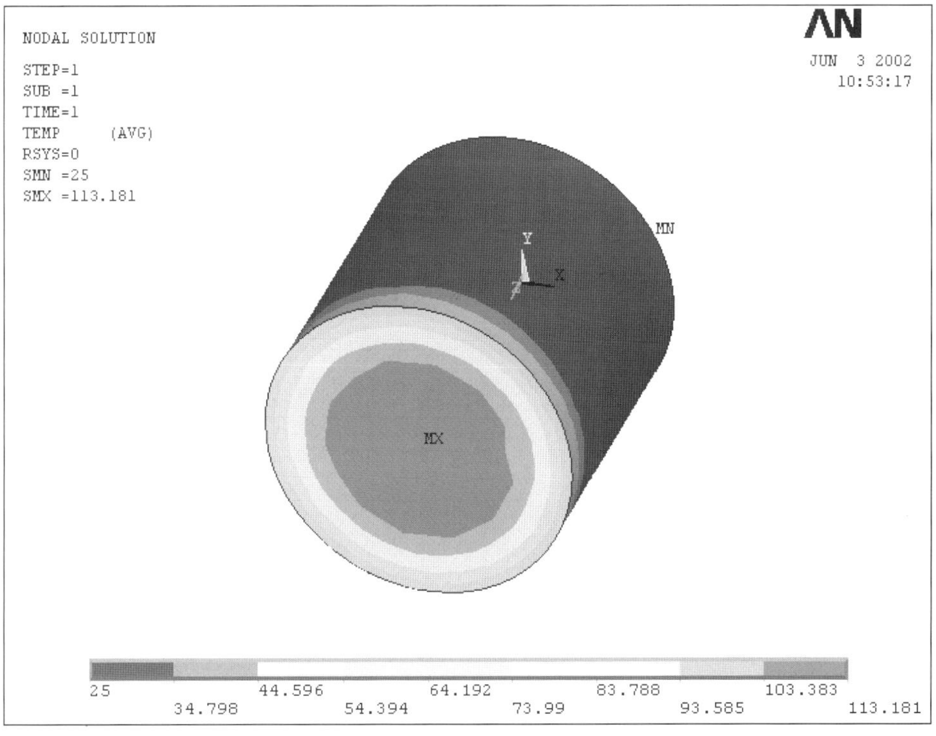

그림 1.21 예제 1.6의 주전자의 온도 분포

있는 좋은 예제이다. 여기서 주전자 바닥에 에너지 균형을 적용하고 1차원 요소로 가정함으로써 유리의 온도를 근사화할 수 있다. 주전자는 얇은 유리로 만들어졌기 때문에 유리 두께의 온도 분포를 무시할 수 있다. 정적 평형조건하에서 유리 바닥에 가해지는 열유속(heat flux)은 공기에 의한 대류 에너지 비율과 거의 같다. 그러므로 뉴턴의 냉각법칙(Newton's law of cooling)을 적용한다.

$$q'' = h(T_s - T_f) \tag{1.65}$$

여기서

q'' = 열유속, W/m^2
h = 열전달계수, $W/m^2 \cdot °C(W/m^2 \cdot K)$
T_s = 커피 주전자 표면의 온도, °C
T_f = 주위 공기 온도, °C

주전자 바닥의 열유속은 다음과 같이 계산할 수 있다.

$$q'' = \frac{20\ \text{W}}{\frac{\pi}{4}(0.14\ \text{m})^2} = 1299\ \text{W/m}^2$$

그리고 열유속, h, T_f를 식 (1.65)에 대입하면 T_s를 구할 수 있다.

$$1299\ \text{W/m}^2 = (15\ \text{W/m}\cdot°\text{C})(T_s - 25) \quad \rightarrow \quad T_s = 111.6°\text{C}$$

수계산한 온도 결과($T_s = 111.6°C$)가 유한요소 모델의 결과($T_{max} = 113.18°C$)와 매우 유사함을 알 수 있다. 그러므로 위의 문제는 유한요소 정식화를 사용하지 않아도 된다.

예제 1.7

그림에 도시된 사각 단면을 가진 강철봉의 비틀림($G = 11 \times 10^3$ ksi)을 고려해 보자. 보이는 바와 같이, 하중이 작용할 때 비틀림각 $\theta = 0.0005$ rad/in로 측정되었다. 최대 전단응력의 위치와 크기를 구하라.

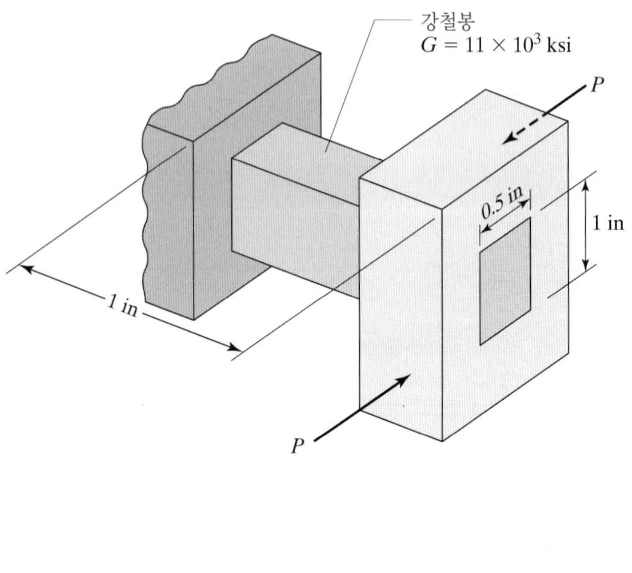

마찬가지로 유한요소 모델을 이용하여 이 문제를 해석하였다. 모든 과정은 예제 10.1에 따라서 하도록 한다. 해석 결과는 그림 1.22에 도시하였다.

유한요소해석의 결과는 사각형의 중간 면에서 최대 전단응력 2558 lb/in^{2}가 발생한다. 재료의 거동에 대한 기본 개념을 이해했을 때 수계산으로 쉽게 풀 수 있는 또 다른 예제이다. 사각 단면을 가진 부재의 비틀림 문제는 10장의 10.1절에서 배울 것이다. 사각 단면을 가진 직선의 봉에 재료의 탄성 영역 내에서 토크가 작용할 때, 최대 전단응력과 비틀림각이 다음과 같이 주어진다.

$$\tau_{max} = \frac{T}{c_1 w h^2}$$

여기서

τ_{max} = 최대 전단응력, lb/in^2
T = 작용 토크, lb · in
w = 사각 단면의 폭, in
h = 사각 단면의 높이, in
c_1 = 가로세로비에 의한 상수, 0.246; 표 10.1 참조

그리고

$$\theta = \frac{TL}{c^2 G w h^3}$$

L = 봉의 길이, in
G = 재료의 전단계수, lb/in^2
c_2 = 가로세로비에 의한 상수, 0.229; 표 10.1 참조

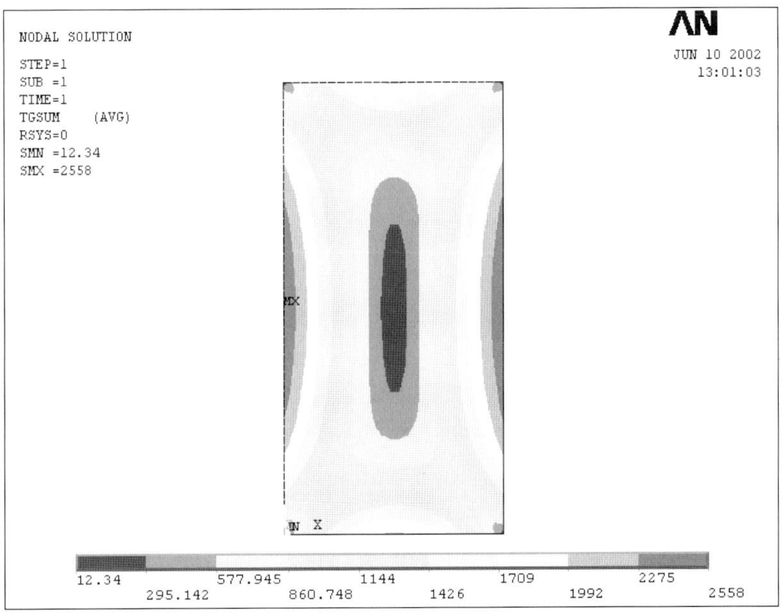

그림 1.22 예제 1.7의 강철봉의 전단응력 분포

위의 식에 주어진 조건을 대입하여 구하면 다음과 같다.

$$\theta = \frac{TL}{c_2 Gwh^3} = 0.0005\ \text{rad/in} = \frac{T(1\ \text{in})}{0.229(11 \times 10^6\ \text{lb/in}^2)\,(1\ \text{in})\,(0.5\ \text{in})^3} \Rightarrow T = 157.5\ \text{lb}\cdot\text{in}$$

$$\tau_{\max} = \frac{T}{c_1\, wh^2} = \frac{157.5\ \text{lb}\cdot\text{in}}{0.246(1\ \text{in})\,(0.5\ \text{in})^2} = 2560\ \text{lb/in}^2$$

2560 lb/in^{2}와 유한요소 결과 2558 lb/in^{2}를 비교해 볼 때 수계산을 이용한 최대 전단응력 계산이 많은 시간을 절약할 수 있음을 확인할 수 있었고 유한요소 모델 생성을 피할 수 있다.

요약

1. 공학 시스템의 거동을 특징짓는 물리적 성질들과 매개변수들을 잘 이해해야 한다. 이런 성질과 변수의 예가 표 1.2와 1.3에 주어져 있다.

2. 유한요소법의 기본적인 개념을 잘 이해하고 있으면 ANSYS를 좀더 효율적으로 사용하는 데에 도움이 될 것이다.

3. 1.4 절에서 논의된 유한요소해석에서의 7개의 기본 단계들을 알아야 한다.

4. 직접 정식화, 최소 총 포텐셜 에너지 정식화, 그리고 가중잔여법(특히 갤러킨 방법) 사이의 차이점을 이해해야 한다.

5. 유한요소 모델을 작성하기 전에 문제를 완전히 이해하는 데에 시간을 투자하는 것이 도움이 될 것이다. 심지어 완전해(closed-form solution)의 해가 존재한다면 많은 시간과 비용을 절약할 수 있다.

6. 항상 유한요소해석의 결과를 검증하는 방법을 찾아야 한다.

참고문헌

ASHRAE Handbook, *Fundamental Volume*, American Society of Heating, Refrigerating, and Air-Conditioning Engineers, Atlanta, 1993.

Bickford, B. W., *A First Course in the Finite Element Method*, Richard D. Irwin, Burr Ridge, 1989.

Clough, R. W., "The Finite Element Method in Plane Stress Analysis, Proceedings of American Society of Civil Engineers, 2nd Conference on Electronic Computations," Vol. 23, 1960, pp. 345–378.

Cook, R. D., Malkus, D. S., and Plesha, M. E., *Concepts and Applications of Finite Element Analysis*, 3rd ed., New York, John Wiley and Sons, 1989.

Courant, R., "Variational Methods for the Solution of Problems of Equilibrium and Vibrations," Bulletin of the American Mathematical Society, Vol. 49, 1943, pp. 1–23.

Hrennikoff, A., "Solution of Problems in Elasticity by the Framework Method," *J. Appl. Mech.*, Vol. 8, No. 4, 1941, pp. A169–A175.

Levy, S., "Structural Analysis and Influence Coefficients for Delta Wings," *Journal of the Aeronautical Sciences*, Vol. 20, No. 7, 1953, pp. 449–454.

Patankar, S. V., *Numerical Heat Transfer and Fluid Flow*, New York, McGraw-Hill, 1991.

Zienkiewicz, O. C., and Cheung, Y. K. K., *The Finite Element Method in Structural and Continuum Mechanics*, London, McGraw-Hill, 1967.

Zienkiewicz, O. C., *The Finite Element Method*, 3rd ed, London, McGraw-Hill, 1979.

연습문제

1. 예제 1.1을 (1) 2개의 요소, (2) 8개의 요소를 이용해서 각각 풀고 결과를 엄밀해와 비교하라.

2. 그림과 같이 콘크리트 기둥 지지대가 약 500 lb의 하중을 받고 있다. 1.5절에서 설명된 직접 정식화를 이용하여 기둥의 변형량과 평균 수직응력을 계산하라. 기둥을 5개의 요소로 나누어라. ($E = 3.27 \times 10^3$ ksi)

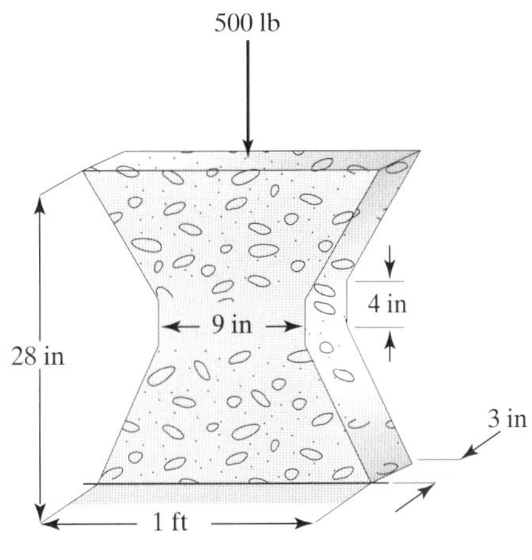

3. 그림과 같이 6 mm 두께의 알루미늄 띠가 1800 N의 하중을 받고 있다. 1.5절에서 설명된 직접 정식화를 이용하여 이 띠의 변형량과 평균 수직응력을 계산하라. 띠를 3개의 요소로 나누어라. 이 문제는 10장에서 다시 주어질 것이고, 거기에서 보다 심도 있게 분석될 것이다. ($E = 68.9$ GPa)

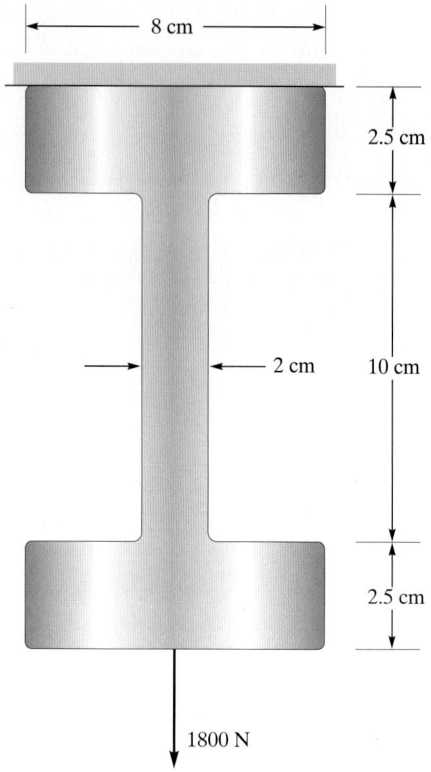

4. 그림에서 도시된 것과 같이 얇은 강철판이 축방향 하중을 받고 있다. 그림에서 보여진 모델을 사용하여 근사적인 변형량과 평균 수직응력을 계산하라. 판의 두께 0.125 in이고 탄성계수 $E = 28 \times 10^3$ ksi이다. 10장에서는 이 문제를 ANSYS를 이용하여 풀게 될 것이다.

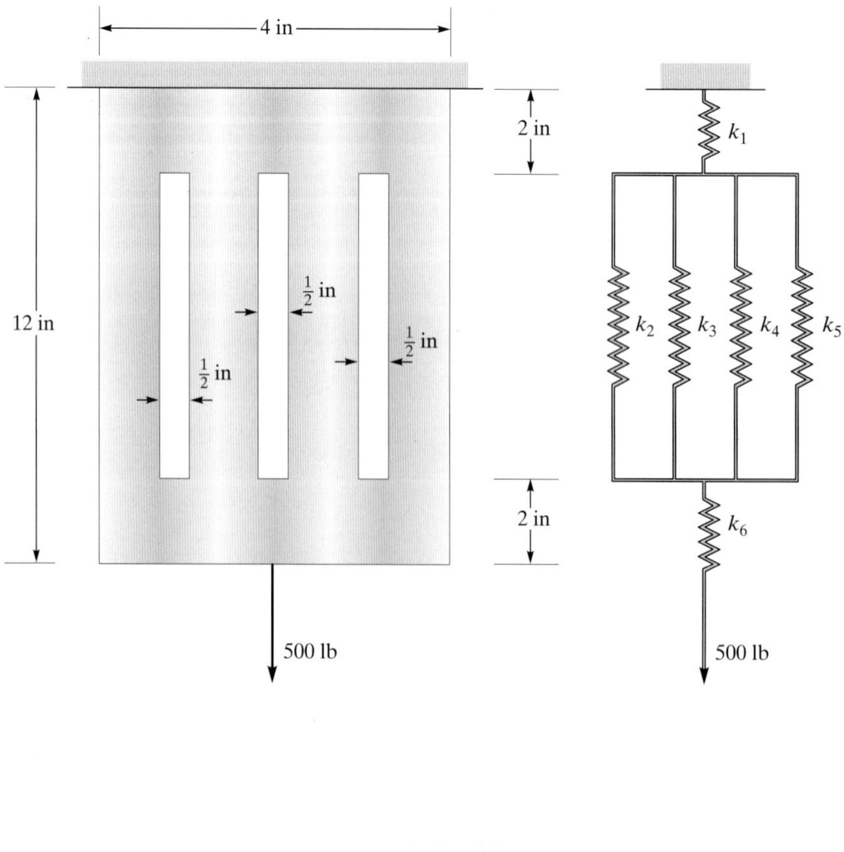

5. 문제 4에 주어진 얇은 강철판의 유한요소 모델의 각 절점에 정적 평형조건을 직접 적용하라.

6. 그림에 보여진 스프링 시스템에 대해 각 절점의 변위를 구하라. 먼저 전체 행렬의 크기를 계산하라. 요소 강성행렬을 구하고, 전체 행렬에서의 각 요소 행렬의 위치를 나타내어라. 경계조건과 하중조건을 부과하고, 선형 연립 방정식을 풀어라. 또한 반력도 계산하라.

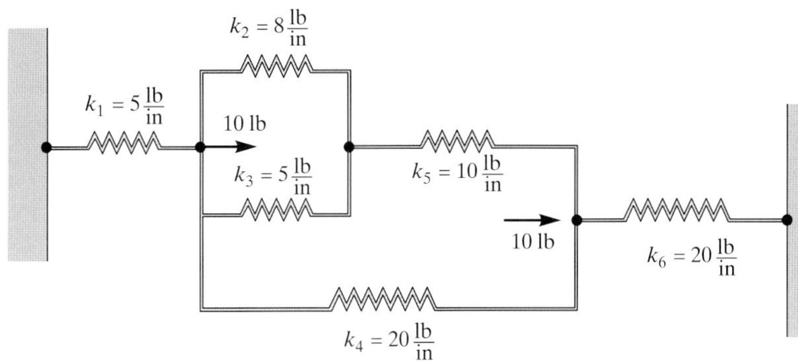

7. 집의 전형적인 외벽이 그림에 나타나 있다. 아래의 표에는 외벽을 이루는 재료들이 제시되어 있다. 방의 온도가 68°F, 외부 공기 온도가 10°F, 노출된 면적이 150 ft² 라고 가정하고, 벽 두께 방향의 온도 분포를 결정하라. 또한 벽을 통한 열손실을 계산하라.

항목	저항 hr · ft² · °F/Btu	*U* 계수 Btu/hr · ft² · °F
1. 외부 필름 저항 (겨울, 15 mph 바람)	0.17	5.88
2. 면 브릭(4 in)	0.44	2.27
3. 시멘트 모르타르(1/2 in)	0.1	10.0
4. 탄재 블록(8 in)	1.72	0.581
5. 공기 공간(3/4 in)	1.28	0.781
6. 석고 보드(1/2 in)	0.45	2.22
7. 내부 필름 저항(겨울)	0.68	1.47

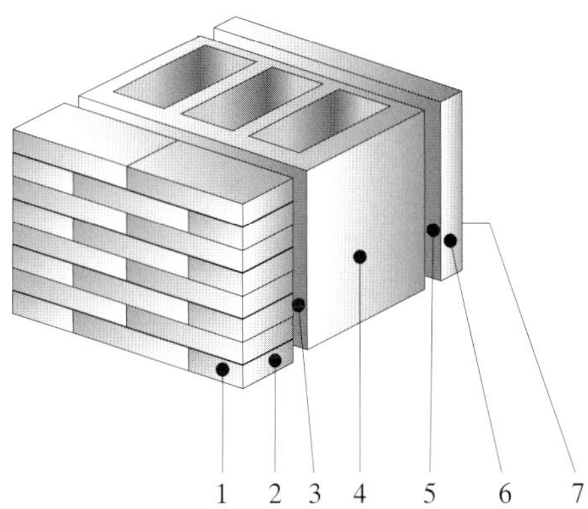

8. 예제 1.2에 나타난 전형적인 외부 프레임 벽의 열적 저항을 높이기 위하여 벽의 공동 내부에 좀더 큰 단열성을 가질 수 있도록 2 × 4 스터드 대신 2 × 6 스터드를 사용하는 것이 보통이다. 전형적인 외부 프레임 벽은 표에서 나열한 재료로 구성되어 있다. 방의 온도가 68°F, 외부 공기 온도가 20°F, 노출된 면적이 150 ft² 라고 가정하고, 벽 두께 방향의 온도 분포를 결정하라.

항목	저항 hr · ft² · °F/Btu	U 계수 Btu/hr · ft² · °F
1. 외부 필름 저항 (겨울, 15 mph 바람)	0.17	5.88
2. 측면, 목재(1/2 × 8 겹침)	0.81	1.23
3. 외장(1/2 in 통상)	1.32	0.76
4. 절연솜($5\,^1/_2$ in)	19.0	0.053
5. 석고벽 보드(1/2 in)	0.45	2.22
6. 내부 필름 저항(겨울)	0.68	1.47

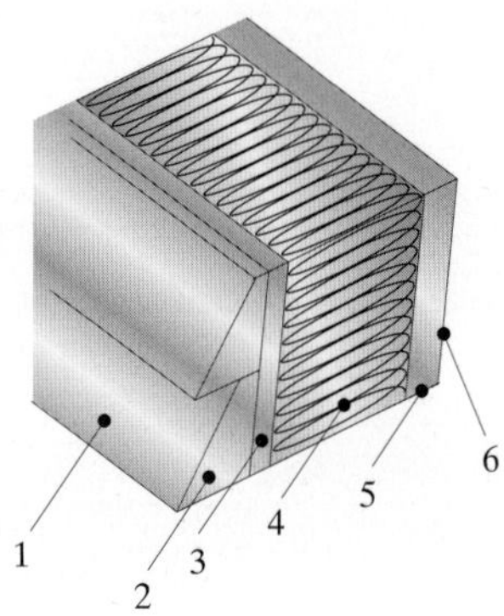

9. 문제 8에서 습기가 석고 보드를 통해서 방출될 수 있다고 가정하자. 습기가 응축되는 것을 막기 위해서 어느 위치에 증기 차단벽을 설치해야 하는가? 상대습도 40%, 내부 공기 온도 68°F로 가정한다.

10. 집 천장이 표에서 나열한 재료로 구성되어 있다. 방의 온도는 70°F, 다락방의 공기 온도는 15°F, 노출된 면적은 1000 ft²로 가정한다. 벽 두께 방향의 온도 분포를 결정하라. 그리고 천장에서의 열손실을 계산하라.

항목	저항 hr · ft² · °F/Btu	U 계수 Btu/hr · ft² · °F
1. 내부 천장 필름 저항	0.68	1.47
2. 절연솜(6 in)	19.0	0.053
3. 석고 보드(1/2 in)	0.45	2.22
4. 내부 필름 저항(겨울)	0.68	1.47

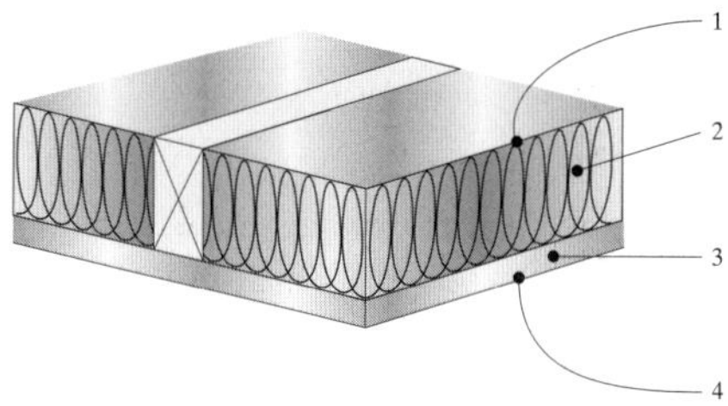

11. 겨울날씨 조건에 노출되어 있는 두께 $1\frac{3}{8}$ in의 목심문(solid wood core door)이 아래의 표에 제시되어 있는 물성을 가진다. 방의 온도 70°F, 외부 공기 온도 20°F, 노출된 면적 22.5 ft²라고 하자. (a) 문 표면의 내부와 외부의 온도를 계산하라. (b) 문을 통한 열손실을 계산하라.

항목	저항 hr · ft² · °F/Btu	U 계수 Btu/hr · ft² · °F
1. 외부 필름 저항 (겨울, 15 mph 바람)	0.17	5.88
2. $1\,^3/_8$ 고체 목재 코어	0.39	2.56
3. 내부 필름 저항(겨울)	0.68	1.47

12. 문제 2에서의 콘크리트 기둥 지지대를 3개의 $\frac{1}{2}$ in 강철봉으로 보강하였다(그림 참조). 1000 lb가 작용할 때 기둥을 따라 생기는 평균 수직응력과 변형량을 결정하라. 기둥을 5개 요소로 분리하라. ($E_C = 3.27 \times 10^3$ ksi; $E_s = 29 \times 10^3$ ksi)

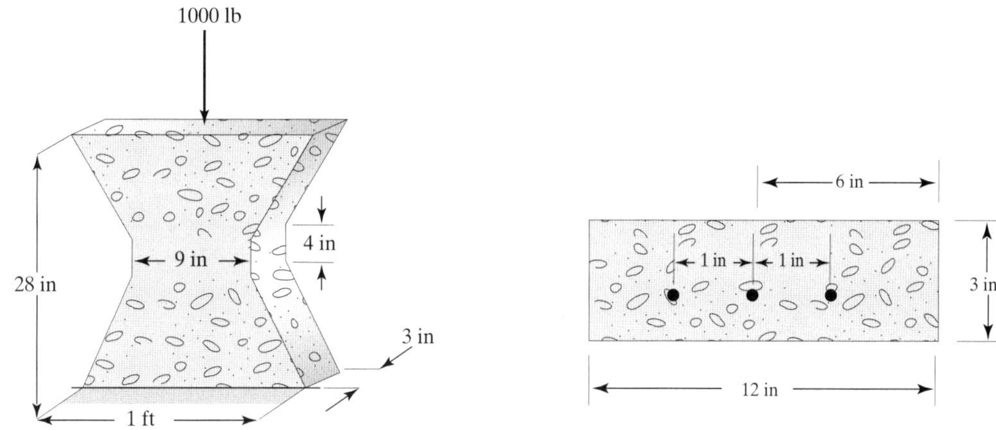

13. 문제 12에서 콘크리트 기둥 지지대에 대한 총 변형 에너지를 계산하라.

14. 무게가 6 lb인 10 in 길이의 막대가 강성 $k = 60$ lb/in인 스프링으로 지지되고 있다. 그림에서 나타난 지점에 $P = 35$ lb의 하중이 가해진다. (a) 막대의 자유물체도와 정적 평형조건에 의해 스프링의 변형량을 결정하라. (b) 최소 총 포텐셜 에너지 개념을 사용하여 스프링의 변형량을 결정하라.

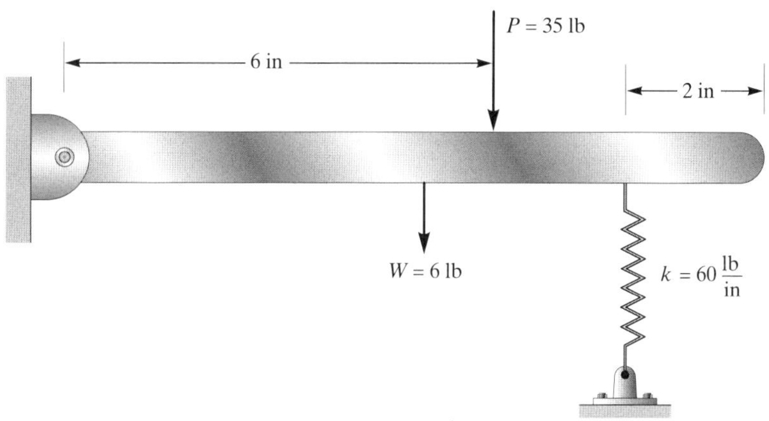

15. DC 전기회로에서 저항전류 I가 저항 R인 저항기를 흐를 때에 발생하는 전압강하 $V_2 - V_1$은 옴의 법칙에 의해서 $V_2 - V_1 = RI$로 주어진다.

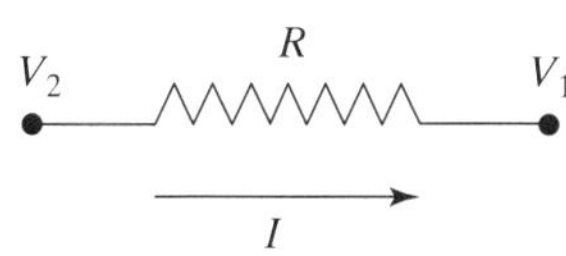

직접 정식화를 사용하여, 2절점 요소로 구성되는 저항 요소에 대해서 전도행렬, 전압강하, 전류 사이의 관계가 다음 식과 같이 주어짐을 보여라.

$$\frac{1}{R}\begin{bmatrix} 1 & -1 \\ -1 & 1 \end{bmatrix}\begin{Bmatrix} V_1 \\ V_2 \end{Bmatrix} = \begin{Bmatrix} I_1 \\ I_2 \end{Bmatrix}$$

16. 그림에서 보여주는 회로의 각 가지에서 문제 15의 결과를 사용하여 전압에 대한 식을

세우고 풀어라.

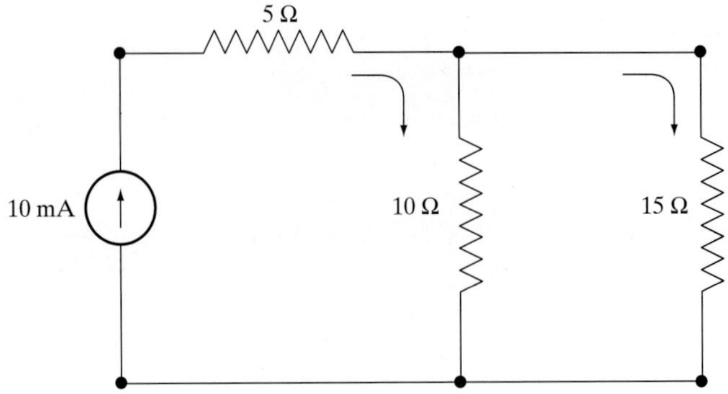

17. 아래 그림과 같이 주어진 분포하중을 받는 단순지지 보의 처짐은 다음 식과 같이 주어진다.

$$\frac{d^2Y}{dX^2} = \frac{M(X)}{EI}$$

여기서 $M(X)$는 내부 굽힘 모멘트이고, 다음과 같이 주어진다.

$$M(X) = \frac{wX(L - X)}{2}$$

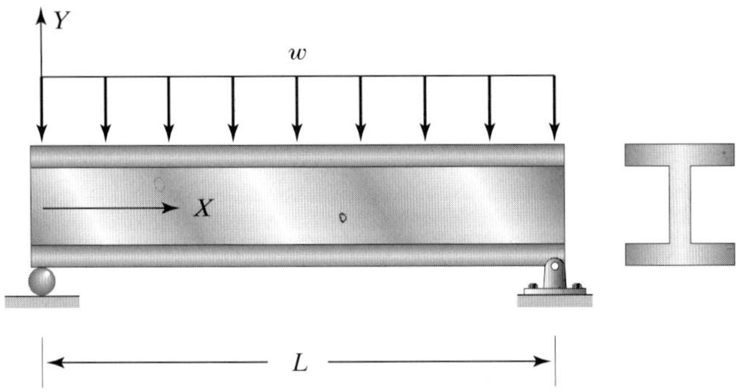

정확한 처짐량을 나타내는 식을 유도하라. 또한 처짐량 근사해를 다음과 같은 형태로 가정하라.

$$Y(X) = c_1\left[\left(\frac{X}{L}\right)^2 - \left(\frac{X}{L}\right)\right]$$

c_1을 구하기 위해 (a) 배열법, (b) 부영역법을 사용하라. 근사해를 사용하여 보의 최대 처짐량을 계산하라. 여기서 W24 × 104(광폭 플랜지 형상)이고, 길이 $L = 20$ ft, 분포하중 $w = 5$ kips/ft로 주어진다.

18. 1.7절에서 사용된 예제에서 근사해를 $u(y) = c_1y + c_2y^2 + c_3y^3 + c_4y^4$로 가정하라. 그리고 배열법, 부영역법, 갤러킨 방법, 최소 자승법을 사용하여 미지수 c_1, c_2, c_3, c_4를 결정하라. 또한 1.7절에서 얻어진 결과와 계산 결과를 비교하라.

19. 피스톤과 실린더 사이의 틈새를 통하여 수압유체의 누설 유동은 그림에서 보여지듯이 무한 평판 사이의 박판 유체 유동으로 모델링될 수 있다. 이 모델은 상대적으로 작은 틈새에서는 타당한 결과를 제공한다. 이 유동은 다음과 같은 지배 방정식을 가진다.

$$\mu\frac{d^2u}{dy^2} = \frac{dp}{dx}$$

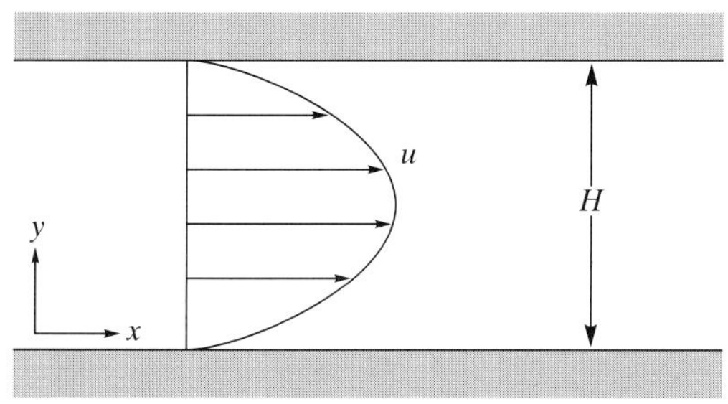

여기서 μ는 수압유체의 동점성계수, u는 유체속도, 그리고 $\frac{dp}{dx}$는 압력강하로 일정하다. 정확한 유체속도에 대한 식을 유도하라. 근사적인 유체속도는 $u(y) = c_1\left[\sin\left(\frac{\pi y}{H}\right)\right]$이다. c_1을 구하기 위하여 (a) 배열법, (b) 부영역법을 사용하라. 근사해의 결과와 엄밀해의 결과를 비교하라.

20. 갤러킨 방법과 최소 자승법을 이용하여 문제 19를 풀어라. 그 결과를 엄밀해와 비교하라.

21. 다음 그림은 외팔보를 나타낸다. 하중 P가 작용할 때 보의 처짐을 지배하는 방정식은 다음과 같다.

$$\frac{d^2Y}{dX^2} = \frac{M(X)}{EI}$$

여기서 $M(X)$는 내부 굽힘 모멘트이다.

$$M(X) = -PX$$

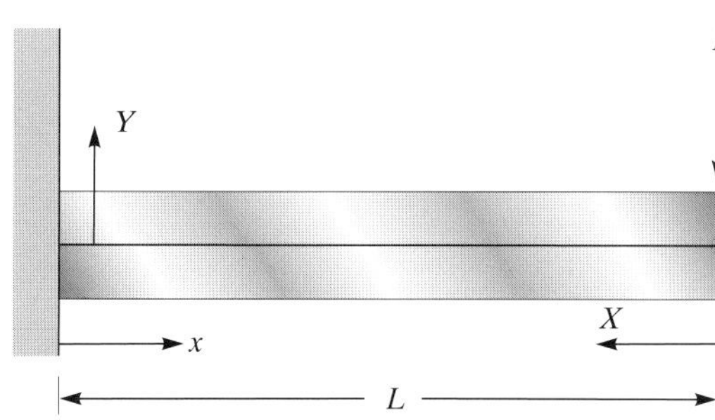

정확한 처짐량을 나타내는 식을 유도하라. 또한 적당한 형태의 다항식을 가정하라. 가정된 해는 주어진 경계조건을 만족해야 된다는 점을 기억하라. 부영역법과 갤러킨 방법을 사용하여 가정된 해의 미지수를 계산하라.

22. 다음 그림과 같이 3개의 부분으로 된 축이 있다. AB, CD 부분은 전단계수 $G =$

9.8×10^3 ksi를 가지는 같은 재료로 이루어져 있고 직경은 1.5 in이다. BC부분은 전단계수 $G = 11.2 \times 10^3$ ksi인 재료이고 직경은 1 in이다. 축은 양 끝점에서 고정되어 있다. 점 C에 2400 lb · in의 토크가 작용한다. 3개의 요소를 사용하여 점 B와 C에서의 비틀림각을 결정하고, 경계에서의 반모멘트를 구하라.

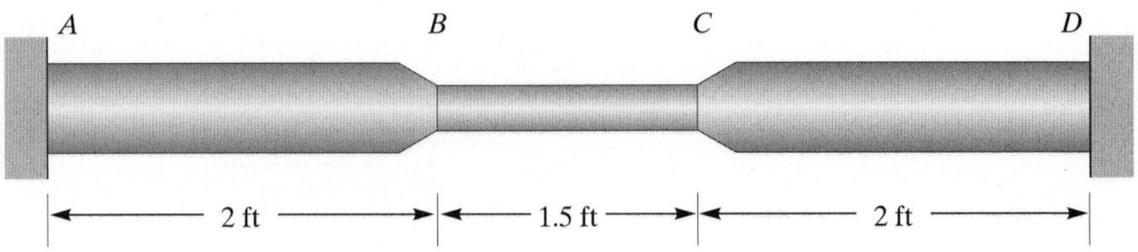

23. 문제 22의 축에서, 점 C에서의 토크를 점 B와 C에서의 2개의 등가 토크 1200 lb · in로 대체하라. 점 B와 C에서의 비틀림각과 경계에서의 반모멘트를 계산하라.

24. 다음 그림처럼 하중 1500 lb가 가해지고, 단면적이 변하는 판을 고려하라. 직접 정식화를 사용하여 $y = 2.5$ in, $y = 7.5$ in, $y = 10$ in인 위치에서 봉의 변형량을 결정하라. 판은 탄성계수 $E = 10.6 \times 10^3$ ksi를 가지는 재료로 구성되어 있다.

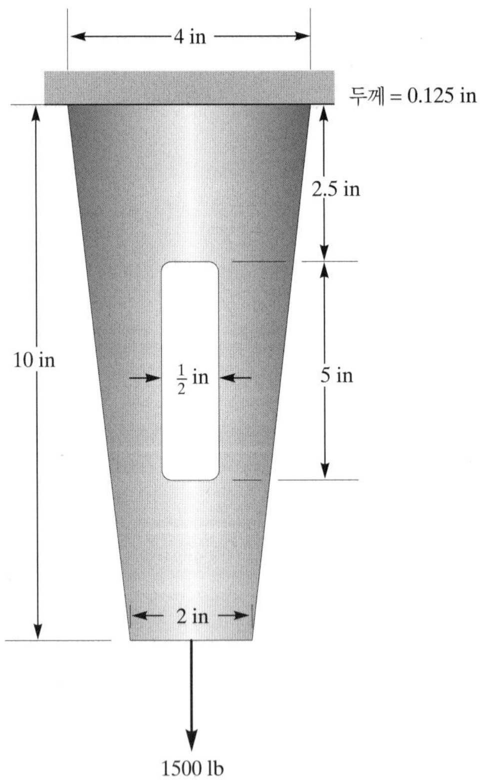

25. 그림과 같이 병렬과 직렬로 연결된 스프링을 고려해 보자. 병렬로 연결된 스프링 각각의 변형량은 같고 작용된 힘은 각각의 스프링에 작용하는 힘의 합과 같음에 유의하라. 병렬로 연결된 스프링의 스프링 상수 k_e는 다음과 같음을 보여라.

$$k_e = k_1 + k_2 + k_3$$

직렬로 연결된 스프링의 총 변형량은 스프링 각각의 변형의 합과 같고, 스프링 각각의 힘은 작용하는 힘과 같음에 유의하라. 이 때 스프링 상수는 다음과 같음을 보여라.

$$k_e = \frac{1}{\dfrac{1}{k_1} + \dfrac{1}{k_2} + \dfrac{1}{k_3}}$$

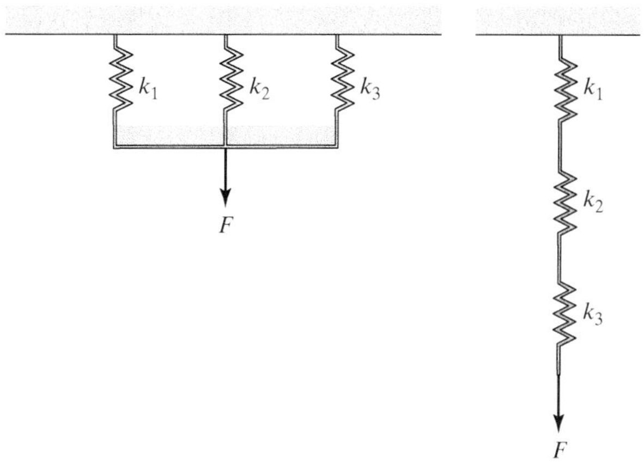

26. 문제 25의 결과를 이용하여 그림에서 도시된 시스템의 등가 스프링 상수를 구하라.

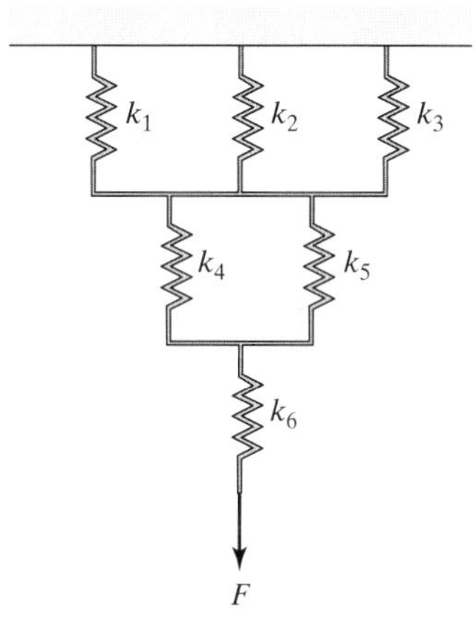

27. 그림에서 도시된 외팔보의 등가 스프링 상수를 구하라.

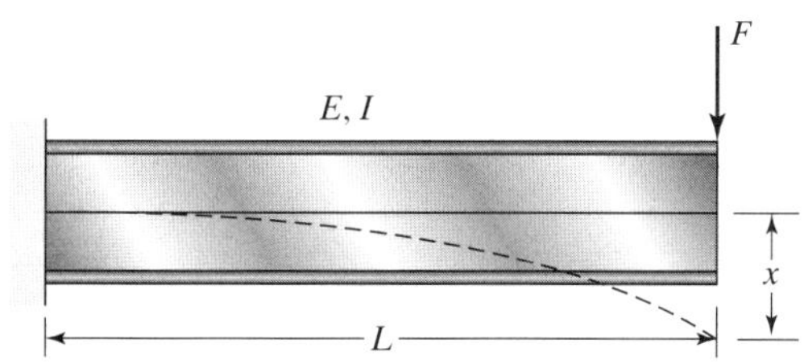

28. 문제 27의 결과와 식 (1.5)를 이용하여 그림에서 도시된 시스템의 등가 스프링 상수를 구하라.

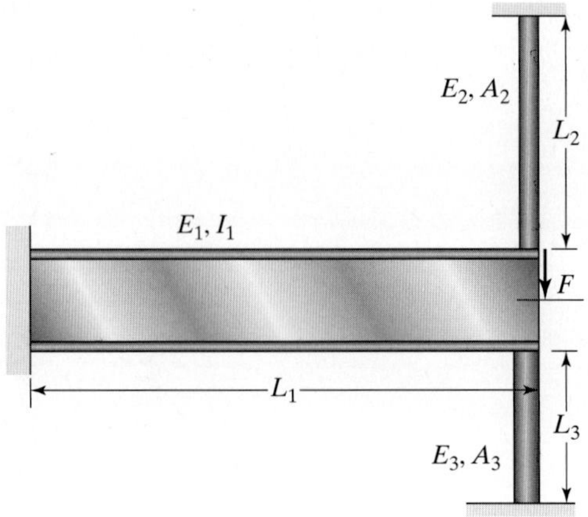

29. 그림에서 도시된 시스템의 등가 스프링 상수를 구하라. 최소 총 포텐셜 에너지 방법을 이용하여 점 A 에서의 변형량을 구하라.

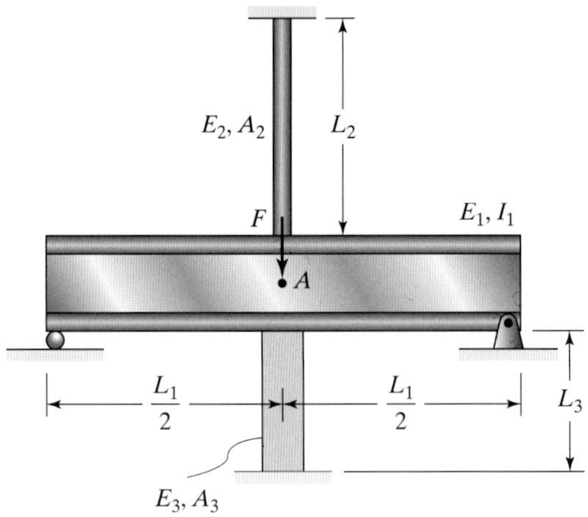

30. 연결봉(connecting rod)의 질량을 무시하여 그림에서 보여지는 스프링 시스템의 각각의 변형량을 (a) 정적 평형조건을 적용하여, 그리고 (b) 최소 총 포텐셜 에너지 방법을 이용하여 구하라.

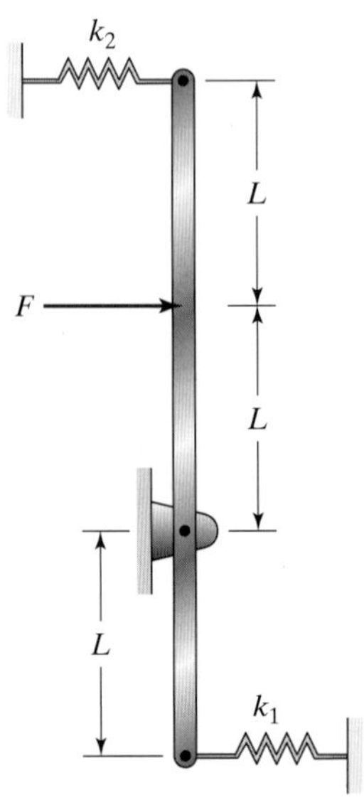

Chapter 2

행렬 연산

1장에서는 유한요소해석(FEA)과 관련된 기본 단계에 대해서 논하였다. 이러한 유한요소해석의 단계는 문제를 요소와 절점으로 이산화하고, 요소의 거동을 표현하는 함수를 가정하고, 요소에 대한 방정식을 전개하고, 전체 문제를 표현하기 위한 요소식을 결합하고, 경계조건과 하중조건을 부과하는 것으로 구성되어 있다. 이러한 단계는 선형 연립 대수 방정식(경우에 따라서는 비선형 방정식)의 해를 구해야 한다. 행렬 대수에 대한 이해는 유한요소 모델링의 정식화와 해를 구하는 데에 필수적이다. 다른 경우와 마찬가지로 행렬 대수는 고유의 용어와 따라야할 규칙이 있다. 2장에서는 행렬 용어와 행렬 대수에 관해 개괄적으로 설명하겠다.

이 장에서 다루는 주요 내용은 다음과 같다.

2.1 기본 정의

행렬은 숫자와 수학적인 항의 배열이다. 행렬을 구성하는 숫자 혹은 수학적인 항은 **행렬 요소**(elements of matrix)라고 부른다. 행렬의 크기는 행렬이 가지고 있는 행과 열의 수로 정의된다. 행렬은 m 행과 n 열을 가지고 있을 것이다. 예를 들면 다음과 같다.

$$[\boldsymbol{N}] = \begin{bmatrix} 6 & 5 & 9 \\ 1 & 26 & 14 \\ -5 & 8 & 0 \end{bmatrix} \quad [\boldsymbol{T}] = \begin{bmatrix} \cos\theta & -\sin\theta & 0 & 0 \\ \sin\theta & \cos\theta & 0 & 0 \\ 0 & 0 & \cos\theta & -\sin\theta \\ 0 & 0 & \sin\theta & \cos\theta \end{bmatrix}$$

$$\{\boldsymbol{L}\} = \begin{Bmatrix} \dfrac{\partial f(x,y,z)}{\partial x} \\ \dfrac{\partial f(x,y,z)}{\partial y} \\ \dfrac{\partial f(x,y,z)}{\partial z} \end{Bmatrix} \quad [\boldsymbol{I}] = \begin{bmatrix} \displaystyle\int_0^L x\,dx & \displaystyle\int_0^W y\,dy \\ \displaystyle\int_0^L \frac{x^2}{L}\,dx & \displaystyle\int_0^W \frac{y^2}{L}\,dy \end{bmatrix}$$

행렬 $[\boldsymbol{N}]$은 숫자를 요소로 가지는 3×3 행렬이다. 행렬 $[\boldsymbol{T}]$는 사인(sine)과 코사인(cosine)을 요소로 가지는 4×4 행렬이다. 행렬 $\{\boldsymbol{L}\}$은 편미분으로 표현된 요소를 가지는 3×1 행렬이다. 그리고 행렬 $[\boldsymbol{I}]$는 적분항을 요소로 가지는 2×2 행렬이다. $[\boldsymbol{N}]$, $[\boldsymbol{T}]$, $[\boldsymbol{I}]$는 정사각행렬이다. 정사각행렬은 행과 열의 수가 같은 행렬이다. 행렬의 요소는 위치에 따라 표기되기도 한다. 예를 들어, 행렬 $[B]$의 첫 번째 행과 세 번째 열의 요소는 b_{13}으로 표현되고, 행렬 $[\boldsymbol{A}]$의 두 번째 행과 세 번째 열의 요소는 a_{23}으로 표현된다. 이 책에서는 행렬을 괄호 [ ], { } 안의 **굵은 글씨체**(bold-face letter)로 표현한다. 예를 들면 [**K**], [**T**], {**F**}, 그리고 행렬의 요소들은 소문자로 표현하였다. { }는 열행렬을 구분하기 위해서 사용된다.

행과 열행렬

열행렬(column matrix)은 여러 행을 가지지만 하나의 열로 구성된 행렬로 정의한다. 반면에, 행행렬(row matrix)은 여러 열을 가지지만 하나의 행으로 구성된 행렬로 정의한다. 행행렬과 열행렬의 예는 다음과 같다.

$$\{\boldsymbol{A}\} = \begin{Bmatrix} 1 \\ 5 \\ -2 \\ 3 \end{Bmatrix},\ \{\boldsymbol{X}\} = \begin{Bmatrix} x_1 \\ x_2 \\ x_3 \end{Bmatrix},\ \text{그리고}\ \{\boldsymbol{L}\} = \begin{Bmatrix} \dfrac{\partial f(x,y,z)}{\partial x} \\ \dfrac{\partial f(x,y,z)}{\partial y} \\ \dfrac{\partial f(x,y,z)}{\partial z} \end{Bmatrix} \text{은 열행렬의 예이다.}$$

반면에 $[\boldsymbol{C}] = [5 \;\; 0 \;\; 2 \;\; -3]$, $[\boldsymbol{Y}] = [y_1 \;\; y_2 \;\; y_3]$는 행행렬의 예이다.

대각행렬, 단위행렬, 띠행렬

대각행렬(diagonal matrix)은 주대각 요소를 가지고 다른 곳의 요소는 0인 행렬이다($i \neq j$ 일 때 $a_{ij} = 0$). 4×4 행렬의 예는 다음과 같다.

$$[\boldsymbol{A}] = \begin{bmatrix} a_1 & 0 & 0 & 0 \\ 0 & a_2 & 0 & 0 \\ 0 & 0 & a_3 & 0 \\ 0 & 0 & 0 & a_4 \end{bmatrix}$$

a_1, a_2, a_3, a_4가 놓여 있는 대각을 **주대각**(principal diagonal)이라고 부른다. **항등행렬**(identity matrix) 혹은 **단위행렬**(unit matrix)은 요소의 값이 1로 된 대각행렬이다. 단위행렬의 예는 다음과 같다.

$$[\boldsymbol{I}] = \begin{bmatrix} 1 & 0 & 0 & . & . & 0 & 0 \\ 0 & 1 & 0 & . & . & 0 & 0 \\ 0 & 0 & 1 & . & . & 0 & 0 \\ . & . & . & . & . & . & . \\ . & . & . & . & . & . & . \\ 0 & 0 & 0 & . & . & 1 & 0 \\ 0 & 0 & 0 & . & . & 0 & 1 \end{bmatrix}$$

띠행렬(banded matrix)은 주대각에 평행하게 0이 아닌 요소들이 띠(band)를 이루고 있는 행렬이다. 예는 다음과 같으며 띠 바깥의 행렬의 요소는 0이다.

$$[\boldsymbol{B}] = \begin{bmatrix} b_{11} & b_{12} & 0 & 0 & 0 & 0 & 0 \\ b_{21} & b_{22} & b_{23} & 0 & 0 & 0 & 0 \\ 0 & b_{32} & b_{33} & b_{34} & 0 & 0 & 0 \\ 0 & 0 & b_{43} & b_{44} & b_{45} & 0 & 0 \\ 0 & 0 & 0 & b_{54} & b_{55} & b_{56} & 0 \\ 0 & 0 & 0 & 0 & b_{65} & b_{66} & b_{67} \\ 0 & 0 & 0 & 0 & 0 & b_{76} & b_{77} \end{bmatrix}$$

상부와 하부 삼각행렬

상부 삼각행렬(upper triangular matrix)은 주대각행렬 아래의 요소가 0인 행렬이다($i > j$ 일 때 $u_{ij} = 0$). 그리고 **하부 삼각행렬**(lower triangular matrix)은 주대각행렬 위의 요소가 0인 행렬이다($i < j$일 때 $l_{ij} = 0$). 상부 삼각행렬과 하부 삼각행렬은 다음과 같다.

$$[\boldsymbol{U}] = \begin{bmatrix} u_{11} & u_{12} & u_{13} & u_{14} \\ 0 & u_{22} & u_{23} & u_{24} \\ 0 & 0 & u_{33} & u_{34} \\ 0 & 0 & 0 & u_{44} \end{bmatrix} \qquad [\boldsymbol{L}] = \begin{bmatrix} l_{11} & 0 & 0 & 0 \\ l_{21} & l_{22} & 0 & 0 \\ l_{31} & l_{32} & l_{33} & 0 \\ l_{41} & l_{42} & l_{43} & l_{44} \end{bmatrix}$$

2.2 행렬의 합과 차

2개의 행렬이 같은 크기로 주어졌을 때 두 행렬의 행과 열의 수는 같아야만 한다. 서로 더하거나 뺄 수 있다. m행 n열 차원의 $[\boldsymbol{A}]_{m\times n}$은 같은 차원의 $[\boldsymbol{B}]_{m\times n}$과 같은 위치의 요소를 합함으로써 더할 수 있다. 행렬의 뺄셈도 비슷한 규칙을 따른다. 다음을 보자.

$$[\boldsymbol{A}] \pm [\boldsymbol{B}] = \begin{bmatrix} a_{11} & a_{12} & . & . & a_{1n} \\ a_{21} & a_{22} & . & . & a_{2n} \\ . & . & . & . & . \\ . & . & . & . & . \\ a_{m1} & a_{m2} & . & . & a_{mn} \end{bmatrix} \pm \begin{bmatrix} b_{11} & b_{12} & . & . & b_{1n} \\ b_{21} & b_{22} & . & . & b_{2n} \\ . & . & . & . & . \\ . & . & . & . & . \\ b_{m1} & b_{m2} & . & . & b_{mn} \end{bmatrix}$$

$$= \begin{bmatrix} (a_{11} \pm b_{11}) & (a_{12} \pm b_{12}) & . & . & (a_{1n} \pm b_{1n}) \\ (a_{21} \pm b_{21}) & (a_{22} \pm b_{22}) & . & . & (a_{2n} \pm b_{2n}) \\ . & . & . & . & . \\ . & . & . & . & . \\ (a_{m1} \pm b_{m1}) & (a_{m2} \pm b_{m2}) & . & . & (a_{mn} \pm b_{mn}) \end{bmatrix}$$

행렬의 합과 차의 규칙은 다음과 같은 방법으로 정의될 수 있다. 행렬 $[\boldsymbol{A}]$의 요소를 a_{ij}로 표시하고 행렬 $[\boldsymbol{B}]$의 요소를 b_{ij}로 표현한다, 여기서 행의 수 i는 1부터 m까지이고 열의 수 j는 1부터 n까지이다. 만약 행렬 $[\boldsymbol{A}]$와 $[\boldsymbol{B}]$를 더하여 얻은 행렬을 $[\boldsymbol{C}]$라고 표현한다면 다음과 같다.

$$[\boldsymbol{A}] + [\boldsymbol{B}] = [\boldsymbol{C}]$$

그리고

$$c_{ij} = a_{ij} + b_{ij} \qquad i = 1, 2, \ldots, m \text{ 그리고 } j = 1, 2, \ldots, n \tag{2.1}$$

2.3 행렬의 곱

여기서 행렬과 스칼라 양과의 곱과, 행렬과 행렬과의 곱의 규칙에 대해서 알아보겠다.

행렬과 스칼라 양과의 곱

$m \times n$ 크기의 행렬 $[\boldsymbol{A}]$에 β와 같은 스칼라 양을 곱하면 연산 결과는 원래의 행렬에 스칼라 양을 각 요소에 곱한 것을 요소로 가지는 $m \times n$ 행렬이 된다. 예를 들어, $m \times n$ 크기의 행렬 $[\boldsymbol{A}]$에 스칼라 양 β를 곱하면 연산 결과는 행렬 $[\boldsymbol{A}]$의 각 요소에 β를 곱한 것으로 계산된 요소를 가지는 $m \times n$ 크기의 다른 행렬이 된다.

$$\beta[\boldsymbol{A}] = \beta\begin{bmatrix} a_{11} & a_{12} & . & . & a_{1n} \\ a_{21} & a_{22} & . & . & a_{2n} \\ . & . & . & . & . \\ . & . & . & . & . \\ a_{m1} & a_{m2} & . & . & a_{mn} \end{bmatrix} = \begin{bmatrix} \beta a_{11} & \beta a_{12} & . & . & \beta a_{1n} \\ \beta a_{21} & \beta a_{22} & . & . & \beta a_{2n} \\ . & . & . & . & . \\ . & . & . & . & . \\ \beta a_{m1} & \beta a_{m2} & . & . & \beta a_{mn} \end{bmatrix} \tag{2.2}$$

행렬과 행렬과의 곱

어떤 크기의 행렬도 스칼라 양을 곱할 수 있지만 행렬의 곱은 앞의 행렬의 열의 수와 뒤의 행렬의 행의 수가 같을 때만 가능하다. 예를 들어, $m \times n$ 크기의 행렬 $[\boldsymbol{A}]$는 $n \times p$ 크기의 행렬 $[\boldsymbol{B}]$와 곱해질 수 있는데 행렬 $[\boldsymbol{A}]$의 열의 수 n과 행렬 $[\boldsymbol{B}]$의 행의 수 n이 같기 때문이다. 또한 곱셈은 $m \times p$ 크기의 다른 행렬 $[\boldsymbol{C}]$가 된다. 행렬 곱은 아래의 규칙을 따른다.

$$[\boldsymbol{A}]_{m\times n}[\boldsymbol{B}]_{n\times p} = [\boldsymbol{C}]_{m\times p}$$

대등해야 함

$$[\boldsymbol{A}][\boldsymbol{B}] = \begin{bmatrix} a_{11} & a_{12} & . & . & a_{1n} \\ a_{21} & a_{22} & . & . & a_{2n} \\ . & . & . & . & . \\ . & . & . & . & . \\ a_{m1} & a_{m2} & . & . & a_{mn} \end{bmatrix}\begin{bmatrix} b_{11} & b_{12} & . & . & b_{1p} \\ b_{21} & b_{22} & . & . & b_{2p} \\ . & . & . & . & . \\ . & . & . & . & . \\ b_{n1} & b_{n2} & . & . & b_{np} \end{bmatrix} = \begin{bmatrix} c_{11} & c_{12} & . & . & c_{1p} \\ c_{21} & c_{22} & . & . & c_{2p} \\ . & . & . & . & . \\ . & . & . & . & . \\ c_{m1} & c_{m2} & . & . & c_{mp} \end{bmatrix}$$

여기서 행렬 $[\boldsymbol{C}]$의 첫 번째 열 요소들은 다음과 같이 계산되어진다.

$$\begin{aligned} c_{11} &= a_{11}b_{11} + a_{12}b_{21} + \cdots + a_{1n}b_{n1} \\ c_{21} &= a_{21}b_{11} + a_{22}b_{21} + \cdots + a_{2n}b_{n1} \\ &\cdots\cdots\cdots\cdots\cdots\cdots \\ c_{m1} &= a_{m1}b_{11} + a_{m2}b_{21} + \cdots + a_{mn}b_{n1} \end{aligned}$$

그리고 행렬 $[\boldsymbol{C}]$의 두 번째 열 요소들은 다음과 같다.

$$\begin{aligned} c_{12} &= a_{11}b_{12} + a_{12}b_{22} + \cdots + a_{1n}b_{n2} \\ c_{22} &= a_{21}b_{12} + a_{22}b_{22} + \cdots + a_{2n}b_{n2} \\ &\cdots\cdots\cdots\cdots\cdots\cdots \\ c_{m2} &= a_{m1}b_{12} + a_{m2}b_{22} + \cdots + a_{mn}b_{n2} \end{aligned}$$

그리고 동일한 방법을 적용하여 다른 열의 요소들도 계산되어져서 행렬 $[\boldsymbol{C}]$의 마지막 열에 다음과 같이 이르게 된다.

$$\begin{aligned} c_{1p} &= a_{11}b_{1p} + a_{12}b_{2p} + \cdots + a_{1n}b_{np} \\ c_{2p} &= a_{21}b_{1p} + a_{22}b_{2p} + \cdots + a_{2n}b_{np} \\ &\cdots\cdots\cdots\cdots\cdots\cdots \\ c_{mp} &= a_{m1}b_{1p} + a_{m2}b_{2p} + \cdots + a_{mn}b_{np} \end{aligned}$$

행렬 $[\boldsymbol{C}]$의 요소의 값을 정하는 곱셈과정은 다음의 간단한 형태로 표현될 수 있다.

$$c_{mp} = \sum_{k=1}^{n} a_{mk}b_{kp} \tag{2.3}$$

행렬을 곱할 때 다음의 규칙을 명심하도록 한다. 행렬의 곱셈은 아주 특별한 경우를 제외하면 교환법칙이 성립하지 않는다.

$$[\boldsymbol{A}][\boldsymbol{B}] \neq [\boldsymbol{B}][\boldsymbol{A}] \tag{2.4}$$

행렬의 곱셈은 다음과 같이 결합법칙이 성립한다.

$$[\boldsymbol{A}]([\boldsymbol{B}][\boldsymbol{C}]) = ([\boldsymbol{A}][\boldsymbol{B}])[\boldsymbol{C}] \tag{2.5}$$

분배법칙은 행렬의 곱셈에서도 다음과 같이 성립한다.

$$([\boldsymbol{A}] + [\boldsymbol{B}])[\boldsymbol{C}] = [\boldsymbol{A}][\boldsymbol{C}] + [\boldsymbol{B}][\boldsymbol{C}] \tag{2.6}$$

또는

$$[\boldsymbol{A}]([\boldsymbol{B}] + [\boldsymbol{C}]) = [\boldsymbol{A}][\boldsymbol{B}] + [\boldsymbol{A}][\boldsymbol{C}] \tag{2.7}$$

정사각행렬에서, 행렬은 다음의 규칙을 따라 정수차수 n만큼 제곱될 수 있다.

$$[\boldsymbol{A}]^n = \overbrace{[\boldsymbol{A}][\boldsymbol{A}]\ldots[\boldsymbol{A}]}^{n\text{회}} \tag{2.8}$$

만일 $[\boldsymbol{I}]$가 단위행렬이고 $[\boldsymbol{A}]$가 동일한 크기의 정사각행렬이라면 $[\boldsymbol{I}][\boldsymbol{A}] = [\boldsymbol{A}][\boldsymbol{I}] = [\boldsymbol{A}]$의 결과임을 보여준다. 예제 2.1은 증명과정을 보여주고 있다.

예제 2.1

다음과 같이 행렬이 주어져 있다.

$$[\boldsymbol{A}] = \begin{bmatrix} 0 & 5 & 0 \\ 8 & 3 & 7 \\ 9 & -2 & 9 \end{bmatrix}, \quad [\boldsymbol{B}] = \begin{bmatrix} 4 & 6 & -2 \\ 7 & 2 & 3 \\ 1 & 3 & -4 \end{bmatrix}, \quad \text{그리고 } \{\boldsymbol{C}\} = \begin{Bmatrix} -1 \\ 2 \\ 5 \end{Bmatrix}$$

다음의 연산을 수행하라.

a. $[\boldsymbol{A}] + [\boldsymbol{B}] = ?$
b. $[\boldsymbol{A}] - [\boldsymbol{B}] = ?$
c. $3[\boldsymbol{A}] = ?$
d. $[\boldsymbol{A}][\boldsymbol{B}] = ?$
e. $[\boldsymbol{A}]\{\boldsymbol{C}\} = ?$
f. $[\boldsymbol{A}]^2 = ?$
g. $[\boldsymbol{I}][\boldsymbol{A}] = [\boldsymbol{A}][\boldsymbol{I}] = [\boldsymbol{A}]$ 임을 보여라.

앞에서 논한 연산의 법칙을 이용하여 예제 문제에 답한다.

a. $[\boldsymbol{A}] + [\boldsymbol{B}] = ?$

$$[\boldsymbol{A}] + [\boldsymbol{B}] = \begin{bmatrix} 0 & 5 & 0 \\ 8 & 3 & 7 \\ 9 & -2 & 9 \end{bmatrix} + \begin{bmatrix} 4 & 6 & -2 \\ 7 & 2 & 3 \\ 1 & 3 & -4 \end{bmatrix}$$

$$= \begin{bmatrix} (0+4) & (5+6) & (0+(-2)) \\ (8+7) & (3+2) & (7+3) \\ (9+1) & (-2+3) & (9+(-4)) \end{bmatrix} = \begin{bmatrix} 4 & 11 & -2 \\ 15 & 5 & 10 \\ 10 & 1 & 5 \end{bmatrix}$$

b. $[\boldsymbol{A}] - [\boldsymbol{B}] = ?$

$$[\boldsymbol{A}] - [\boldsymbol{B}] = \begin{bmatrix} 0 & 5 & 0 \\ 8 & 3 & 7 \\ 9 & -2 & 9 \end{bmatrix} - \begin{bmatrix} 4 & 6 & -2 \\ 7 & 2 & 3 \\ 1 & 3 & -4 \end{bmatrix}$$

$$= \begin{bmatrix} (0-4) & (5-6) & (0-(-2)) \\ (8-7) & (3-2) & (7-3) \\ (9-1) & (-2-3) & (9-(-4)) \end{bmatrix} = \begin{bmatrix} -4 & -1 & 2 \\ 1 & 1 & 4 \\ 8 & -5 & 13 \end{bmatrix}$$

c. $3[\boldsymbol{A}] = ?$

$$3[\boldsymbol{A}] = 3\begin{bmatrix} 0 & 5 & 0 \\ 8 & 3 & 7 \\ 9 & -2 & 9 \end{bmatrix} = \begin{bmatrix} 0 & (3)(5) & 0 \\ (3)(8) & (3)(3) & (3)(7) \\ (3)(9) & (3)(-2) & (3)(9) \end{bmatrix} = \begin{bmatrix} 0 & 15 & 0 \\ 24 & 9 & 21 \\ 27 & -6 & 27 \end{bmatrix}$$

d. $[\boldsymbol{A}][\boldsymbol{B}] = ?$

$$[\boldsymbol{A}][\boldsymbol{B}] = \begin{bmatrix} 0 & 5 & 0 \\ 8 & 3 & 7 \\ 9 & -2 & 9 \end{bmatrix}\begin{bmatrix} 4 & 6 & -2 \\ 7 & 2 & 3 \\ 1 & 3 & -4 \end{bmatrix} =$$

$$\begin{bmatrix} (0)(4)+(5)(7)+(0)(1) & (0)(6)+(5)(2)+(0)(3) & (0)(-2)+(5)(3)+(0)(-4) \\ (8)(4)+(3)(7)+(7)(1) & (8)(6)+(3)(2)+(7)(3) & (8)(-2)+(3)(3)+(7)(-4) \\ (9)(4)+(-2)(7)+(9)(1) & (9)(6)+(-2)(2)+(9)(3) & (9)(-2)+(-2)(3)+(9)(-4) \end{bmatrix}$$

$$= \begin{bmatrix} 35 & 10 & 15 \\ 60 & 75 & -35 \\ 31 & 77 & -60 \end{bmatrix}$$

e. $[\boldsymbol{A}]\{\boldsymbol{C}\} = ?$

$$[\boldsymbol{A}]\{\boldsymbol{C}\} = \begin{bmatrix} 0 & 5 & 0 \\ 8 & 3 & 7 \\ 9 & -2 & 9 \end{bmatrix}\begin{Bmatrix} -1 \\ 2 \\ 5 \end{Bmatrix} = \begin{Bmatrix} (0)(-1)+(5)(2)+(0)(5) \\ (8)(-1)+(3)(2)+(7)(5) \\ (9)(-1)+(-2)(2)+(9)(5) \end{Bmatrix} = \begin{Bmatrix} 10 \\ 33 \\ 32 \end{Bmatrix}$$

f. $[\boldsymbol{A}]^2 = ?$

$$[\boldsymbol{A}]^2 = [\boldsymbol{A}][\boldsymbol{A}] = \begin{bmatrix} 0 & 5 & 0 \\ 8 & 3 & 7 \\ 9 & -2 & 9 \end{bmatrix}\begin{bmatrix} 0 & 5 & 0 \\ 8 & 3 & 7 \\ 9 & -2 & 9 \end{bmatrix} = \begin{bmatrix} 40 & 15 & 35 \\ 87 & 35 & 84 \\ 65 & 21 & 67 \end{bmatrix}$$

g. $[I][A] = [A][I] = [A]$임을 보여라.

$$[I][A] = \begin{bmatrix} 1 & 0 & 0 \\ 0 & 1 & 0 \\ 0 & 0 & 1 \end{bmatrix} \begin{bmatrix} 0 & 5 & 0 \\ 8 & 3 & 7 \\ 9 & -2 & 9 \end{bmatrix} = \begin{bmatrix} 0 & 5 & 0 \\ 8 & 3 & 7 \\ 9 & -2 & 9 \end{bmatrix} \text{ 그리고}$$

$$[A][I] = \begin{bmatrix} 0 & 5 & 0 \\ 8 & 3 & 7 \\ 9 & -2 & 9 \end{bmatrix} \begin{bmatrix} 1 & 0 & 0 \\ 0 & 1 & 0 \\ 0 & 0 & 1 \end{bmatrix} = \begin{bmatrix} 0 & 5 & 0 \\ 8 & 3 & 7 \\ 9 & -2 & 9 \end{bmatrix}$$

2.4 행렬의 분할

복잡한 문제의 유한요소 정식화는 비교적 큰 크기의 행렬을 포함하고 있다. 이러한 상황에서, 행렬 연산을 다루는 수치 해석을 수행하려고 할 때, 행렬을 분할하여 부분집합의 요소를 다루는 것이 더 나을 수 있다. 분할된 행렬은 연산을 수행하기 위한 더 적은 컴퓨터 기억용량을 필요로 한다. 전통적으로, 파선의 수평과 수직선을 이용하여 행렬이 어떻게 분할되었는지를 보여주고는 한다. 예를 들어, 행렬 $[A]$를 다음의 규칙에 따라서 4개의 작은 행렬로 분할할 수 있다.

$$[A] = \left[\begin{array}{ccc:ccc} a_{11} & a_{12} & a_{13} & a_{14} & a_{15} & a_{16} \\ a_{21} & a_{22} & a_{23} & a_{24} & a_{25} & a_{26} \\ \hdashline a_{31} & a_{32} & a_{33} & a_{34} & a_{35} & a_{36} \\ a_{41} & a_{42} & a_{43} & a_{44} & a_{45} & a_{46} \\ a_{51} & a_{52} & a_{53} & a_{54} & a_{55} & a_{56} \end{array}\right]$$

그리고 하부행렬 $[A] = \begin{bmatrix} A_{11} & A_{12} \\ A_{21} & A_{22} \end{bmatrix}$에 의하여 표현될 수 있다.

여기서

$$[A_{11}] = \begin{bmatrix} a_{11} & a_{12} & a_{13} \\ a_{21} & a_{22} & a_{23} \end{bmatrix} \qquad [A_{12}] = \begin{bmatrix} a_{14} & a_{15} & a_{16} \\ a_{24} & a_{25} & a_{26} \end{bmatrix}$$

$$[A_{21}] = \begin{bmatrix} a_{31} & a_{32} & a_{33} \\ a_{41} & a_{42} & a_{43} \\ a_{51} & a_{52} & a_{53} \end{bmatrix} \qquad [A_{22}] = \begin{bmatrix} a_{34} & a_{35} & a_{36} \\ a_{44} & a_{45} & a_{46} \\ a_{54} & a_{55} & a_{56} \end{bmatrix}$$

행렬 $[A]$는 여러 가지 다른 방법으로 분할될 수 있기 때문에 이것을 기록하는 일은 중요하다. 행렬을 분할하는 방법은 하부행렬의 크기를 정의할 수 있다.

행렬 분할을 이용한 행렬의 합과 차

이제 관심을 분할된 두 행렬의 합, 차, 그리고 곱 등의 행렬 연산에 두겠다. 여기서 행렬 $[B]$는 같은 크기(5×6)의 행렬 $[A]$를 고려한다. 만일 우리가 행렬 $[B]$를 행렬 $[A]$와 정확히 동일한 방법으로 분할한다면, 이 때 다음의 규칙을 따라 하부행렬을 더할 수 있다.

$$[\boldsymbol{B}] = \left[\begin{array}{ccc:ccc} b_{11} & b_{12} & b_{13} & b_{14} & b_{15} & b_{16} \\ b_{21} & b_{22} & b_{23} & b_{24} & b_{25} & b_{26} \\ \hdashline b_{31} & b_{32} & b_{33} & b_{34} & b_{35} & b_{36} \\ b_{41} & b_{42} & b_{43} & b_{44} & b_{45} & b_{46} \\ b_{51} & b_{52} & b_{53} & b_{54} & b_{55} & b_{56} \end{array}\right]$$

여기서

$$[\boldsymbol{B}_{11}] = \begin{bmatrix} b_{11} & b_{12} & b_{13} \\ b_{21} & b_{22} & b_{23} \end{bmatrix} \qquad [\boldsymbol{B}_{12}] = \begin{bmatrix} b_{14} & b_{15} & b_{16} \\ b_{24} & b_{25} & b_{26} \end{bmatrix}$$

$$[\boldsymbol{B}_{21}] = \begin{bmatrix} b_{31} & b_{32} & b_{33} \\ b_{41} & b_{42} & b_{43} \\ b_{51} & b_{52} & b_{53} \end{bmatrix} \qquad [\boldsymbol{B}_{22}] = \begin{bmatrix} b_{34} & b_{35} & b_{36} \\ b_{44} & b_{45} & b_{46} \\ b_{54} & b_{55} & b_{56} \end{bmatrix}$$

이 때, 하부행렬을 이용하여 표현하면 다음과 같다.

$$[\boldsymbol{A}] + [\boldsymbol{B}] = \begin{bmatrix} \boldsymbol{A}_{11} + \boldsymbol{B}_{11} & \boldsymbol{A}_{12} + \boldsymbol{B}_{12} \\ \boldsymbol{A}_{21} + \boldsymbol{B}_{21} & \boldsymbol{A}_{22} + \boldsymbol{B}_{22} \end{bmatrix}$$

행렬 분할을 이용한 행렬의 곱

행렬의 곱은 **전곱수**(premultiplier)행렬의 열의 수와 **후곱수**(postmultiplier)행렬의 행의 수가 같을 때만 수행할 수 있다. 앞 절에서 $[\boldsymbol{A}]$와 $[\boldsymbol{B}]$를 참조하면, 행렬 $[\boldsymbol{A}]$의 열의 수가 행렬 $[\boldsymbol{B}]$의 행의 수와 일치하지 않기 때문에 행렬 $[\boldsymbol{B}]$는 행렬 $[\boldsymbol{A}]$에 의해서 전곱셈될 수 없다. 하부행렬을 이용한 행렬 곱을 설명하기 위해 다음과 같은 방법대로 분할되어진(partitioned) 6×3 크기의 행렬 $[\boldsymbol{C}]$를 고려하자.

$$[\boldsymbol{C}] = \left[\begin{array}{cc:c} c_{11} & c_{12} & c_{13} \\ c_{21} & c_{22} & c_{23} \\ c_{31} & c_{32} & c_{33} \\ \hdashline c_{41} & c_{42} & c_{43} \\ c_{51} & c_{52} & c_{53} \\ c_{61} & c_{62} & c_{63} \end{array}\right]$$

$$[\boldsymbol{C}] = \begin{bmatrix} \boldsymbol{C}_{11} & \boldsymbol{C}_{12} \\ \boldsymbol{C}_{21} & \boldsymbol{C}_{22} \end{bmatrix}$$

여기서

$$[\boldsymbol{C}_{11}] = \begin{bmatrix} c_{11} & c_{12} \\ c_{21} & c_{22} \\ c_{31} & c_{32} \end{bmatrix} \quad \text{그리고} \quad \{\boldsymbol{C}_{12}\} = \begin{Bmatrix} c_{13} \\ c_{23} \\ c_{33} \end{Bmatrix}$$

$$[\boldsymbol{C}_{21}] = \begin{bmatrix} c_{41} & c_{42} \\ c_{51} & c_{52} \\ c_{61} & c_{62} \end{bmatrix} \quad \text{그리고} \quad \{\boldsymbol{C}_{22}\} = \begin{Bmatrix} c_{43} \\ c_{53} \\ c_{63} \end{Bmatrix}$$

다음으로, 행렬 [***A***]가 행렬 [***C***]에 우선 전곱셈(premultiplication)되어진다고 하자. 5 × 3 크기의 행렬 [***D***]를 곱의 결과라고 하자. 추가적으로 분할된 행렬을 이용한 곱셈을 수행하기 위한 생성된 행렬의 크기에 대해서 살펴보면 전곱셈과 후곱셈(postmultiplication) 행렬은 반드시 곱셈의 규칙을 따르는 하부행렬의 결과와 분할되어져야만 한다. 이것은 만일 행렬 [***A***]를 세 번째 열과 네 번째 열 사이가 분할되었다면 행렬 [***C***]도 세 번째 행과 네 번째 행 사이를 분할해야만 한다. 그러나 행렬 [***C***]의 열의 분할은 임의적일 수 있다. 왜냐하면 열을 어떻게 분할했는가와 관계 없이 하부행렬(submatrices)의 결과는 곱셈의 규칙을 따르기 때문이다. 다르게 설명하면, 두 번째 열과 세 번째 열 사이로 분할된 행렬 [***C***] 대신에 행렬의 첫 번째 열과 두 번째 열 사이를 분할할 수 있을 것이다. 그리고 하부행렬의 결과를 이용하여 곱셈을 수행할 수 있다.

$$
\begin{aligned}
[\boldsymbol{A}][\boldsymbol{C}] = [\boldsymbol{D}] &= \begin{bmatrix} \boldsymbol{A}_{11} & \boldsymbol{A}_{12} \\ \boldsymbol{A}_{21} & \boldsymbol{A}_{22} \end{bmatrix} \begin{bmatrix} \boldsymbol{C}_{11} & \boldsymbol{C}_{12} \\ \boldsymbol{C}_{21} & \boldsymbol{C}_{22} \end{bmatrix} = \begin{bmatrix} \boldsymbol{A}_{11}\boldsymbol{C}_{11} + \boldsymbol{A}_{12}\boldsymbol{C}_{21} & \boldsymbol{A}_{11}\boldsymbol{C}_{12} + \boldsymbol{A}_{12}\boldsymbol{C}_{22} \\ \boldsymbol{A}_{21}\boldsymbol{C}_{11} + \boldsymbol{A}_{22}\boldsymbol{C}_{21} & \boldsymbol{A}_{21}\boldsymbol{C}_{12} + \boldsymbol{A}_{22}\boldsymbol{C}_{22} \end{bmatrix} \\
&= \begin{bmatrix} \boldsymbol{D}_{11} & \boldsymbol{D}_{12} \\ \boldsymbol{D}_{21} & \boldsymbol{D}_{22} \end{bmatrix}
\end{aligned}
$$

여기서

$$
\begin{aligned}
&[\boldsymbol{D}_{11}] = [\boldsymbol{A}_{11}][\boldsymbol{C}_{11}] + [\boldsymbol{A}_{12}][\boldsymbol{C}_{21}] \quad \text{그리고} \quad [\boldsymbol{D}_{12}] = [\boldsymbol{A}_{11}]\{\boldsymbol{C}_{12}\} + [\boldsymbol{A}_{12}]\{\boldsymbol{C}_{22}\} \\
&[\boldsymbol{D}_{21}] = [\boldsymbol{A}_{21}][\boldsymbol{C}_{11}] + [\boldsymbol{A}_{22}][\boldsymbol{C}_{21}] \qquad\qquad\quad [\boldsymbol{D}_{22}] = [\boldsymbol{A}_{21}]\{\boldsymbol{C}_{12}\} + [\boldsymbol{A}_{22}]\{\boldsymbol{C}_{22}\}
\end{aligned}
$$

예제 2.2

다음과 같이 주어진 분할된 행렬에서 하부행렬(submatrices)을 이용하여 행렬 곱 [***A***][***B***] = [***C***]를 계산하라.

$$
[\boldsymbol{A}] = \left[\begin{array}{ccc:ccc} 5 & 7 & 2 & 0 & 3 & 5 \\ 3 & 8 & -3 & -5 & 0 & 8 \\ \hdashline 1 & 4 & 0 & 7 & 15 & 9 \\ 0 & 10 & 5 & 12 & 3 & -1 \\ 2 & -5 & 9 & 2 & 18 & -10 \end{array}\right] \quad \text{그리고} \quad [\boldsymbol{B}] = \left[\begin{array}{cc:c} 2 & 10 & 0 \\ 8 & 7 & 5 \\ -5 & 2 & -4 \\ \hdashline 4 & 8 & 13 \\ 3 & 12 & 0 \\ 1 & 5 & 7 \end{array}\right]
$$

$$
[\boldsymbol{A}] = \begin{bmatrix} \boldsymbol{A}_{11} & \boldsymbol{A}_{12} \\ \boldsymbol{A}_{21} & \boldsymbol{A}_{22} \end{bmatrix}
$$

여기서

$$
[\boldsymbol{A}_{11}] = \begin{bmatrix} 5 & 7 & 2 \\ 3 & 8 & -3 \end{bmatrix} \quad [\boldsymbol{A}_{12}] = \begin{bmatrix} 0 & 3 & 5 \\ -5 & 0 & 8 \end{bmatrix}
$$

$$
[\boldsymbol{A}_{21}] = \begin{bmatrix} 1 & 4 & 0 \\ 0 & 10 & 5 \\ 2 & -5 & 9 \end{bmatrix} \quad [\boldsymbol{A}_{22}] = \begin{bmatrix} 7 & 15 & 9 \\ 12 & 3 & -1 \\ 2 & 18 & -10 \end{bmatrix}
$$

그리고

$$[\boldsymbol{B}] = \begin{bmatrix} \boldsymbol{B}_{11} & \boldsymbol{B}_{12} \\ \boldsymbol{B}_{21} & \boldsymbol{B}_{22} \end{bmatrix}$$

여기서

$$[\boldsymbol{B}_{11}] = \begin{bmatrix} 2 & 10 \\ 8 & 7 \\ -5 & 2 \end{bmatrix} \text{ 그리고 } \{\boldsymbol{B}_{12}\} = \begin{Bmatrix} 0 \\ 5 \\ -4 \end{Bmatrix}$$

$$[\boldsymbol{B}_{21}] = \begin{bmatrix} 4 & 8 \\ 3 & 12 \\ 1 & 5 \end{bmatrix} \text{ 그리고 } \{\boldsymbol{B}_{22}\} = \begin{Bmatrix} 13 \\ 0 \\ 7 \end{Bmatrix}$$

$$[\boldsymbol{A}][\boldsymbol{B}] = [\boldsymbol{C}] = \begin{bmatrix} \boldsymbol{A}_{11} & \boldsymbol{A}_{12} \\ \boldsymbol{A}_{21} & \boldsymbol{A}_{22} \end{bmatrix}\begin{bmatrix} \boldsymbol{B}_{11} & \boldsymbol{B}_{12} \\ \boldsymbol{B}_{21} & \boldsymbol{B}_{22} \end{bmatrix} = \begin{bmatrix} \boldsymbol{A}_{11}\boldsymbol{B}_{11} + \boldsymbol{A}_{12}\boldsymbol{B}_{21} & \boldsymbol{A}_{11}\boldsymbol{B}_{12} + \boldsymbol{A}_{12}\boldsymbol{B}_{22} \\ \boldsymbol{A}_{21}\boldsymbol{B}_{11} + \boldsymbol{A}_{22}\boldsymbol{B}_{21} & \boldsymbol{A}_{21}\boldsymbol{B}_{12} + \boldsymbol{A}_{22}\boldsymbol{B}_{22} \end{bmatrix} = \begin{bmatrix} \boldsymbol{C}_{11} & \boldsymbol{C}_{12} \\ \boldsymbol{C}_{21} & \boldsymbol{C}_{22} \end{bmatrix}$$

여기서

$$[\boldsymbol{C}_{11}] = [\boldsymbol{A}_{11}][\boldsymbol{B}_{11}] + [\boldsymbol{A}_{12}][\boldsymbol{B}_{21}] = \begin{bmatrix} 5 & 7 & 2 \\ 3 & 8 & -3 \end{bmatrix}\begin{bmatrix} 2 & 10 \\ 8 & 7 \\ -5 & 2 \end{bmatrix} + \begin{bmatrix} 0 & 3 & 5 \\ -5 & 0 & 8 \end{bmatrix}\begin{bmatrix} 4 & 8 \\ 3 & 12 \\ 1 & 5 \end{bmatrix} = \begin{bmatrix} 70 & 164 \\ 73 & 80 \end{bmatrix}$$

$$[\boldsymbol{C}_{12}] = [\boldsymbol{A}_{11}]\{\boldsymbol{B}_{12}\} + [\boldsymbol{A}_{12}]\{\boldsymbol{B}_{22}\} = \begin{bmatrix} 5 & 7 & 2 \\ 3 & 8 & -3 \end{bmatrix}\begin{Bmatrix} 0 \\ 5 \\ -4 \end{Bmatrix} + \begin{bmatrix} 0 & 3 & 5 \\ -5 & 0 & 8 \end{bmatrix}\begin{Bmatrix} 13 \\ 0 \\ 7 \end{Bmatrix} = \begin{Bmatrix} 62 \\ 43 \end{Bmatrix}$$

$$[\boldsymbol{C}_{21}] = [\boldsymbol{A}_{21}][\boldsymbol{B}_{11}] + [\boldsymbol{A}_{22}][\boldsymbol{B}_{21}] = \begin{bmatrix} 1 & 4 & 0 \\ 0 & 10 & 5 \\ 2 & -5 & 9 \end{bmatrix}\begin{bmatrix} 2 & 10 \\ 8 & 7 \\ -5 & 2 \end{bmatrix} + \begin{bmatrix} 7 & 15 & 9 \\ 12 & 3 & -1 \\ 2 & 18 & -10 \end{bmatrix}\begin{bmatrix} 4 & 8 \\ 3 & 12 \\ 1 & 5 \end{bmatrix} = \begin{bmatrix} 116 & 319 \\ 111 & 207 \\ -29 & 185 \end{bmatrix}$$

$$[\boldsymbol{C}_{22}] = [\boldsymbol{A}_{21}]\{\boldsymbol{B}_{12}\} + [\boldsymbol{A}_{22}]\{\boldsymbol{B}_{22}\} = \begin{bmatrix} 1 & 4 & 0 \\ 0 & 10 & 5 \\ 2 & -5 & 9 \end{bmatrix}\begin{Bmatrix} 0 \\ 5 \\ -4 \end{Bmatrix} + \begin{bmatrix} 7 & 15 & 9 \\ 12 & 3 & -1 \\ 2 & 18 & -10 \end{bmatrix}\begin{Bmatrix} 13 \\ 0 \\ 7 \end{Bmatrix} = \begin{Bmatrix} 174 \\ 179 \\ -105 \end{Bmatrix}$$

최종적인 결과는 다음과 같이 주어진다.

$$[\boldsymbol{A}][\boldsymbol{B}] = [\boldsymbol{C}] = \begin{bmatrix} \boldsymbol{A}_{11} & \boldsymbol{A}_{12} \\ \boldsymbol{A}_{21} & \boldsymbol{A}_{22} \end{bmatrix} \begin{bmatrix} \boldsymbol{B}_{11} & \boldsymbol{B}_{12} \\ \boldsymbol{B}_{21} & \boldsymbol{B}_{22} \end{bmatrix} = \begin{bmatrix} \boldsymbol{C}_{11} & \boldsymbol{C}_{12} \\ \boldsymbol{C}_{21} & \boldsymbol{C}_{22} \end{bmatrix} = \left[\begin{array}{cc:c} 70 & 164 & 62 \\ 73 & 80 & 43 \\ \hdashline 116 & 319 & 174 \\ 111 & 207 & 179 \\ -29 & 185 & -105 \end{array}\right]$$

이전과 같이 행렬 $[\boldsymbol{B}]$의 열의 분할은 임의적일 수 있다. 왜냐하면 하부행렬은 여전히 곱셈 법칙을 따르기 때문이다. 행렬 $[\boldsymbol{B}]$를 첫 번째 열과 두 번째 열 사이를 분할하고 하부행렬 결과를 이용하여 $[\boldsymbol{A}][\boldsymbol{B}] = [\boldsymbol{C}]$와 같음을 보이는 것은 연습문제로 남겨 놓는다(이 장 끝 부분의 연습문제 3 참조).

2.5 행렬의 전치

다음 장에서 유한요소 정식화는 어떤 행렬의 행을 다른 행렬의 열로 재배열하는 상황이 생기게 된다. 이 개념을 설명하기 위해서, 예제 1.1의 4단계를 다시 고려해 보도록 한다. 단계 4에서 요소 강성행렬을 전체 강성행렬을 얻기 위하여 결합하였다. 각각의 요소 강성행렬을 전체 강성행렬에서의 요소들의 적절한 위치에 구성하였다는 것을 알 수 있다. 연속성과 편리성을 위하여 보여준 요소 (1)의 강성행렬을 상기하면 다음과 같다.

$$[\boldsymbol{K}]^{(1)} = \begin{bmatrix} k_1 & -k_1 \\ -k_1 & k_1 \end{bmatrix}$$

그리고 전체 강성행렬에서의 요소의 위치는 다음과 같다.

$$[\boldsymbol{K}]^{(1G)} = \begin{bmatrix} k_1 & -k_1 & 0 & 0 & 0 \\ -k_1 & k_1 & 0 & 0 & 0 \\ 0 & 0 & 0 & 0 & 0 \\ 0 & 0 & 0 & 0 & 0 \\ 0 & 0 & 0 & 0 & 0 \end{bmatrix}$$

위의 $[\boldsymbol{K}]^{(1G)}$를 대신하여 다음 과정을 이용하여 $[\boldsymbol{K}]^{(1G)}$를 구할 수 있다.

$$[\boldsymbol{K}]^{(1G)} = [\boldsymbol{A}_1]^T[\boldsymbol{K}]^{(1)}[\boldsymbol{A}_1] \tag{2.9}$$

여기서

$$[\boldsymbol{A}_1] = \begin{bmatrix} 1 & 0 & 0 & 0 & 0 \\ 0 & 1 & 0 & 0 & 0 \end{bmatrix}$$

그리고

$$[\boldsymbol{A}_1]^T = \begin{bmatrix} 1 & 0 \\ 0 & 1 \\ 0 & 0 \\ 0 & 0 \\ 0 & 0 \end{bmatrix}$$

$[\boldsymbol{A}_1]$의 전치행렬인 $[\boldsymbol{A}_1]^T$는 $[\boldsymbol{A}_1]$의 첫 번째 행과 두 번째 행을 포함하고 있으며 이는 전치행렬의 첫 번째 열과 두 번째 열에 의해서 주어진다. 주어진 식 (2.9)의 곱셈은 쉽게 검증할 수 있다. 검산에 의해서도 같은 결과에 도달할 것이다.

$$[\boldsymbol{K}]^{(1G)} = \begin{bmatrix} 1 & 0 \\ 0 & 1 \\ 0 & 0 \\ 0 & 0 \\ 0 & 0 \end{bmatrix} \begin{bmatrix} k_1 & -k_1 \\ -k_1 & k_1 \end{bmatrix} \begin{bmatrix} 1 & 0 & 0 & 0 & 0 \\ 0 & 1 & 0 & 0 & 0 \end{bmatrix} = \begin{bmatrix} k_1 & -k_1 & 0 & 0 & 0 \\ -k_1 & k_1 & 0 & 0 & 0 \\ 0 & 0 & 0 & 0 & 0 \\ 0 & 0 & 0 & 0 & 0 \\ 0 & 0 & 0 & 0 & 0 \end{bmatrix}$$

동일한 방법으로, $[\boldsymbol{K}]^{(2G)}$를 구하기 위해서 다음 연산을 수행할 수 있다.

$$[\boldsymbol{K}]^{(2G)} = [\boldsymbol{A}_2]^T[\boldsymbol{K}]^{(2)}[\boldsymbol{A}_2]$$

여기서

$$[\boldsymbol{A}_2] = \begin{bmatrix} 0 & 1 & 0 & 0 & 0 \\ 0 & 0 & 1 & 0 & 0 \end{bmatrix}$$

그리고

$$[\boldsymbol{A}_2]^T = \begin{bmatrix} 0 & 0 \\ 1 & 0 \\ 0 & 1 \\ 0 & 0 \\ 0 & 0 \end{bmatrix}$$

그리고

$$[\boldsymbol{K}]^{(2G)} = \begin{bmatrix} 0 & 0 \\ 1 & 0 \\ 0 & 1 \\ 0 & 0 \\ 0 & 0 \end{bmatrix} \begin{bmatrix} k_2 & -k_2 \\ -k_2 & k_2 \end{bmatrix} \begin{bmatrix} 0 & 1 & 0 & 0 & 0 \\ 0 & 0 & 1 & 0 & 0 \end{bmatrix} = \begin{bmatrix} 0 & 0 & 0 & 0 & 0 \\ 0 & k_2 & -k_2 & 0 & 0 \\ 0 & -k_2 & k_2 & 0 & 0 \\ 0 & 0 & 0 & 0 & 0 \\ 0 & 0 & 0 & 0 & 0 \end{bmatrix}$$

이전의 예제에서와 같이 $[\boldsymbol{A}]$와 같은 위치행렬과 이것의 전치행렬을 이용하여 유한요소 모델의 전체 강성행렬을 만들 수 있다.

일반적으로, $m \times n$ 크기의 행렬 $[\boldsymbol{B}]$를 전치하면 주어진 행렬의 첫 번째 행은 행렬 $[\boldsymbol{B}]^T$의 첫 번째 열로 바뀌고, $[\boldsymbol{B}]$의 두 번째 행은 $[\boldsymbol{B}]^T$의 두 번째 열로 바뀐다. 결과적으로 $[\boldsymbol{B}]$의 m번째 행은 $[\boldsymbol{B}]^T$의 m번째 열이 되어 $n \times m$ 크기의 행렬이 된다. 명백하게, 만약 $[\boldsymbol{B}]^T$를 전치한다면 $[\boldsymbol{B}]$를 얻을 것이다. 이것은

$$([\boldsymbol{B}]^T)^T = [\boldsymbol{B}] \tag{2.10}$$

다음 장에서 보게 되듯이, 열행렬(column matrices)인 해행렬(solution matrices)을 해를 전치하여 행행렬(row matrices)로(행렬 전치의 또 다른 이용) 표현할 수 있다. 예를 들어,

변위해를 다음과 같이 표현할 수 있다.

$$\{\boldsymbol{U}\} = \begin{Bmatrix} U_1 \\ U_2 \\ U_3 \\ \cdot \\ U_n \end{Bmatrix} \text{을 } [\boldsymbol{U}]^T = [U_1 \quad U_2 \quad U_3 \quad \cdot \quad U_n] \text{ 으로 나타낸다.}$$

행렬의 전치를 이용한 행렬 연산을 수행할 때, 다음과 같은 항등관계가 성립한다.

$$([\boldsymbol{A}] + [\boldsymbol{B}] + \cdots + [\boldsymbol{N}])^T = [\boldsymbol{A}]^T + [\boldsymbol{B}]^T + \cdots + [\boldsymbol{N}]^T \tag{2.11}$$

$$([\boldsymbol{A}][\boldsymbol{B}]\ldots[\boldsymbol{N}])^T = [\boldsymbol{N}]^T\ldots[\boldsymbol{B}]^T[\boldsymbol{A}]^T \tag{2.12}$$

식 (2.12)에서, 곱셈의 순서를 바꿀 수 있음을 유념하라.

여기서 대칭행렬을 정의하도록 한다. **대칭행렬**(symmetric matrix)은 주대각에 대하여 요소가 대칭인 정사각행렬이다. 대칭행렬의 예를 들면 다음과 같다.

$$[\boldsymbol{A}] = \begin{bmatrix} 1 & 4 & 2 & -5 \\ 4 & 5 & 15 & 20 \\ 2 & 15 & -3 & 8 \\ -5 & 20 & 8 & 0 \end{bmatrix}$$

대칭행렬에선 요소 a_{mn}과 a_{nm}이 같음을 유념하라. 여기서 모든 값 n과 m에서 $a_{mn} = a_{nm}$이다. 그러므로 대칭행렬에서 $[\boldsymbol{A}] = [\boldsymbol{A}]^T$이 된다.

예제 2.3

다음과 같이 행렬이 주어져 있다.

$$[\boldsymbol{A}] = \begin{bmatrix} 0 & 5 & 0 \\ 8 & 3 & 7 \\ 9 & -2 & 9 \end{bmatrix} \quad \text{그리고} \quad [\boldsymbol{B}] = \begin{bmatrix} 4 & 6 & -2 \\ 7 & 2 & 3 \\ 1 & 3 & -4 \end{bmatrix}$$

다음의 연산을 수행하라.

a. $[\boldsymbol{A}]^T = ?$과 $[\boldsymbol{B}]^T = ?$

b. $([\boldsymbol{A}] + [\boldsymbol{B}])^T = [\boldsymbol{A}]^T + [\boldsymbol{B}]^T$임을 검증하라.

c. $([\boldsymbol{A}][\boldsymbol{B}])^T = [\boldsymbol{B}]^T[\boldsymbol{A}]^T$임을 검증하라.

a. $[\boldsymbol{A}]^T = ?$과 $[\boldsymbol{B}]^T = ?$

앞에서 설명하였듯이 행렬의 첫 번째, 두 번째, 세 번째, . . . , 그리고 m번째 행이 각각 전치행렬의 첫 번째, 두 번째, 세 번째, . . . , 그리고 m번째 열이 된다.

$$[\boldsymbol{A}]^T = \begin{bmatrix} 0 & 8 & 9 \\ 5 & 3 & -2 \\ 0 & 7 & 9 \end{bmatrix}$$

동일한 방법으로

$$[\boldsymbol{B}]^T = \begin{bmatrix} 4 & 7 & 1 \\ 6 & 2 & 3 \\ -2 & 3 & -4 \end{bmatrix}$$

b. $([\boldsymbol{A}] + [\boldsymbol{B}])^T = [\boldsymbol{A}]^T + [\boldsymbol{B}]^T$ 임을 검증하라.

$$[\boldsymbol{A}] + [\boldsymbol{B}] = \begin{bmatrix} 4 & 11 & -2 \\ 15 & 5 & 10 \\ 10 & 1 & 5 \end{bmatrix} \text{그리고 } ([\boldsymbol{A}] + [\boldsymbol{B}])^T = \begin{bmatrix} 4 & 15 & 10 \\ 11 & 5 & 1 \\ -2 & 10 & 5 \end{bmatrix}$$

$$[\boldsymbol{A}]^T + [\boldsymbol{B}]^T = \begin{bmatrix} 0 & 8 & 9 \\ 5 & 3 & -2 \\ 0 & 7 & 9 \end{bmatrix} + \begin{bmatrix} 4 & 7 & 1 \\ 6 & 2 & 3 \\ -2 & 3 & -4 \end{bmatrix} = \begin{bmatrix} 4 & 15 & 10 \\ 11 & 5 & 1 \\ -2 & 10 & 5 \end{bmatrix}$$

결과를 비교하면, 주어진 등호관계가 성립함이 명백하다.

c. $([\boldsymbol{A}][\boldsymbol{B}])^T = [\boldsymbol{B}]^T[\boldsymbol{A}]^T$ 임을 검증하라.

예제 2.2에서 $[\boldsymbol{A}][\boldsymbol{B}]$ 곱을 계산하였다.

$$[\boldsymbol{A}][\boldsymbol{B}] = \begin{bmatrix} 0 & 5 & 0 \\ 8 & 3 & 7 \\ 9 & -2 & 9 \end{bmatrix}\begin{bmatrix} 4 & 6 & -2 \\ 7 & 2 & 3 \\ 1 & 3 & -4 \end{bmatrix} = \begin{bmatrix} 35 & 10 & 15 \\ 60 & 75 & -35 \\ 31 & 77 & -60 \end{bmatrix}$$

위 결과를 이용하여 다음을 구할 수 있다.

$$([\boldsymbol{A}][\boldsymbol{B}])^T = \begin{bmatrix} 35 & 60 & 31 \\ 10 & 75 & 77 \\ 15 & -35 & -60 \end{bmatrix}$$

또 다른 방법으로 하면 다음과 같다.

$$[\boldsymbol{B}]^T[\boldsymbol{A}]^T = \begin{bmatrix} 4 & 7 & 1 \\ 6 & 2 & 3 \\ -2 & 3 & -4 \end{bmatrix}\begin{bmatrix} 0 & 8 & 9 \\ 5 & 3 & -2 \\ 0 & 7 & 9 \end{bmatrix} = \begin{bmatrix} 35 & 60 & 31 \\ 10 & 75 & 77 \\ 15 & -35 & -60 \end{bmatrix}$$

다시 한 번 결과를 비교함으로써 위의 등호관계가 사실임을 알 수 있다.

2.6 행렬식

여기까지 필수적인 행렬 용어를 정의하였고 기본적인 행렬 연산에 대해 정의하였다. 여기서부터는 **행렬식**(determinant of a matrix)이 무엇인지 정의한다. 다음 절에서는 행렬식이 연립 방정식, 역행렬과 동역학 문제의 특성 방정식(고유치 문제)의 해를 구하는 데에 사용된다.

다음 연립 방정식의 해를 구해 보고자 한다.

$$a_{11}x_1 + a_{12}x_2 = b_1 \tag{2.13a}$$

$$a_{21}x_1 + a_{22}x_2 = b_2 \tag{2.13b}$$

식 (2.13a)와 (2.13b)를 다음의 행렬 형태로 표현할 수 있다.

$$\begin{bmatrix} a_{11} & a_{12} \\ a_{21} & a_{22} \end{bmatrix} \begin{Bmatrix} x_1 \\ x_2 \end{Bmatrix} = \begin{Bmatrix} b_1 \\ b_2 \end{Bmatrix} \tag{2.14}$$

또는 간단한 형태로 표현하면 다음과 같다.

$$[\boldsymbol{A}]\{\boldsymbol{X}\} = \{\boldsymbol{B}\}$$

미지 변수 x_1과 x_2의 해를 구하기 위하여, 우선 식 (2.13b)를 이용하고, 식 (2.13a)에 대입하여 x_2를 x_1에 의하여 해를 구한다. 이 단계는 다음과 같이 보여진다.

$$x_2 = \frac{b_2 - a_{21}x_1}{a_{22}} \quad \Rightarrow \quad a_{11}x_1 + a_{12}\left(\frac{b_2 - a_{21}x_1}{a_{22}}\right) = b_1$$

x_1을 풀면

$$x_1 = \frac{b_1a_{22} - a_{12}b_2}{a_{11}a_{22} - a_{12}a_{21}} \tag{2.15a}$$

다음으로 x_1을 식 (2.13a) 또는 (2.13b)에 대입하여 구하면 다음과 같다.

$$x_2 = \frac{a_{11}b_2 - b_1a_{21}}{a_{11}a_{22} - a_{12}a_{21}} \tag{2.15b}$$

식 (2.15a)와 (2.15b)의 해를 참조하면, 이 방정식의 분모가 행렬 [**A**]의 주대각행렬 계수의 곱에서 다른 대각행렬 계수의 곱을 뺀 것으로 표현됨을 알 수 있다.

$a_{11}a_{22} - a_{12}a_{21}$은 2×2 [**A**]행렬의 **행렬식**이고 다음 방법 중 하나로 표현된다.

$$\mathbf{Det}[A] \text{ 또는 } \mathbf{det}[A] \text{ 또는 } \begin{vmatrix} a_{11} & a_{12} \\ a_{21} & a_{22} \end{vmatrix} = a_{11}a_{22} - a_{12}a_{21} \tag{2.16}$$

정사각행렬의 행렬식은 하나의 숫자로 정의된다. 게다가, 행렬 [**A**]의 행렬식은 단일 숫자이다. 말하자면, a_{11}, a_{22}, a_{12}와 a_{21}을 $a_{11}a_{22} - a_{12}a_{21}$으로 대입하면, 단일 숫자를 얻게 된다. 일반적으로, 행렬식은 하나의 값이다. 그러나 다음에서 보듯이, 동적인 문제에서 운동 방정식의 결과로부터 나온 행렬식은 다항식으로 표현된다.

크래머 법칙(Cramer's rule)은 이전의 문제와 같은 관련된 작은 방정식의 해를 구하는 데 이용하는 수치적 기법이다. 크래머 법칙을 이용하여 주어진 식 (2.13a)와 (2.13b) 연립 방정식의 해를 다음의 행렬식으로 해를 구할 수 있다.

$$x_1 = \frac{\begin{vmatrix} b_1 & a_{12} \\ b_2 & a_{22} \end{vmatrix}}{\begin{vmatrix} a_{11} & a_{12} \\ a_{21} & a_{22} \end{vmatrix}} \quad \text{그리고} \quad x_2 = \frac{\begin{vmatrix} a_{11} & b_1 \\ a_{21} & b_2 \end{vmatrix}}{\begin{vmatrix} a_{11} & a_{12} \\ a_{21} & a_{22} \end{vmatrix}} \tag{2.17}$$

여기서 3×3 행렬을 고려하도록 한다.

$$[\boldsymbol{C}] = \begin{bmatrix} c_{11} & c_{12} & c_{13} \\ c_{21} & c_{22} & c_{23} \\ c_{31} & c_{32} & c_{33} \end{bmatrix}$$

이것은 다음의 방법으로 계산된다.

$$\begin{vmatrix} c_{11} & c_{12} & c_{13} \\ c_{21} & c_{22} & c_{23} \\ c_{31} & c_{32} & c_{33} \end{vmatrix} = \begin{matrix} c_{11}c_{22}c_{33} + c_{12}c_{23}c_{31} + c_{13}c_{21}c_{32} - c_{13}c_{22}c_{31} \\ - c_{11}c_{23}c_{32} - c_{12}c_{21}c_{33} \end{matrix} \tag{2.18}$$

식 (2.18)과 같은 **직접 전개**(direct expansion)라 불리는 간단한 과정에 의해서 해를 구할 수 있다. 직접 전개는 다음의 방법을 따르는 과정이다. 첫째로, 그림 2.1에서 보여지는 바와 같이 행렬 $[\boldsymbol{C}]$의 첫 번째 열과 두 번째 열 옆에 세 번째 열을 위치시키고 반복 수행한다. 실선 화살표 방향으로 놓여진 대각 요소의 곱을 점선 화살표 방향으로 놓여진 대각 요소의 곱에서 뺀다. 이 과정은 그림 2.1에 보여지고 식 (2.18)의 행렬식 결과가 된다.

직접 전개과정은 아주 큰 차수의 행렬식의 경우에는 사용할 수가 없다. 그 대신, 행렬식의 차수를 한 차수 줄이는 방법을 이용한다. 이는 **부행렬식**(minor)이라고 불린다. 그리고 낮은 차수의 행렬식을 계산한다. 이 방법을 설명하자면, 식 (2.18)의 우변만을 고려하고 이로부터 c_{11}, $-c_{12}$와 c_{13}을 분해한다. 이 연산은 아래에 보여지는 바와 같다.

$$\begin{aligned} &c_{11}c_{22}c_{33} + c_{12}c_{23}c_{31} + c_{13}c_{21}c_{32} - c_{13}c_{22}c_{31} - c_{11}c_{23}c_{32} - c_{12}c_{21}c_{33} \\ &\quad = c_{11}(c_{22}c_{33} - c_{23}c_{32}) - c_{12}(c_{21}c_{33} - c_{23}c_{31}) + c_{13}(c_{21}c_{32} - c_{22}c_{31}) \end{aligned}$$

위 식에서 보는 바와 같이 괄호 안의 표현은 축약된 2×2 행렬의 행렬식으로 표현된다. 그러므로, 주어진 3×3 행렬의 행렬식을 축약된 2×2 행렬의 **부행렬식**으로 표현할 수 있다.

$$\begin{vmatrix} c_{11} & c_{12} & c_{13} \\ c_{21} & c_{22} & c_{23} \\ c_{31} & c_{32} & c_{33} \end{vmatrix} = c_{11}\begin{vmatrix} c_{22} & c_{23} \\ c_{32} & c_{33} \end{vmatrix} - c_{12}\begin{vmatrix} c_{21} & c_{23} \\ c_{31} & c_{33} \end{vmatrix} + c_{13}\begin{vmatrix} c_{21} & c_{22} \\ c_{31} & c_{32} \end{vmatrix}$$

3차의 행렬식을 3개의 2차 부행렬식으로 축약을 가시화하는 단순한 방법은 첫 번째 행과 열, 두 번째 열과 세 번째 열을 지나는 선을 그리는 것이다. 박스 안에 보여지는 요소(제거되는 행과 열에 포함된 공통된 요소)는 낮은 차수의 부행렬식에 의하여 곱해지는 요소이다. 요소 앞의 양과 음의 기호는 다음 과정에 기초하여 정해진다. 행과 열의 요소의 수를 더하여, 만일 합이 짝수라면 양의 기호를, 만일 합이 홀수라면 음의 기호를 요소에 붙인다. 예를 들어, 첫

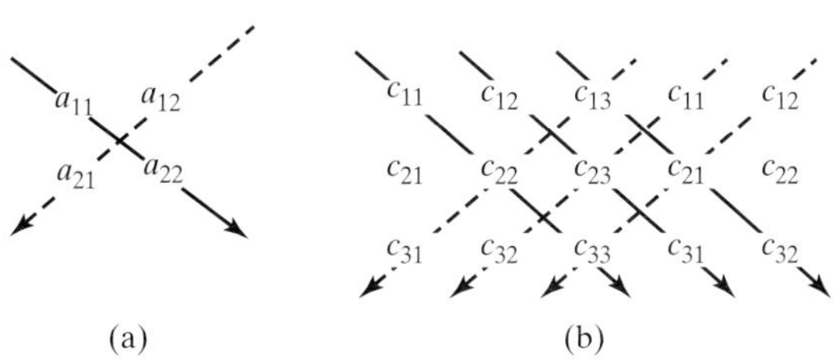

그림 2.1 (a) 2×2 행렬, (b) 3×3 행렬의 행렬식을 계산하기 위한 직접 전개 과정

번째 행과 두 번째 열 (1 + 2)를 제거할 때, 요소 앞에 음수 기호를 표시해야만 한다.

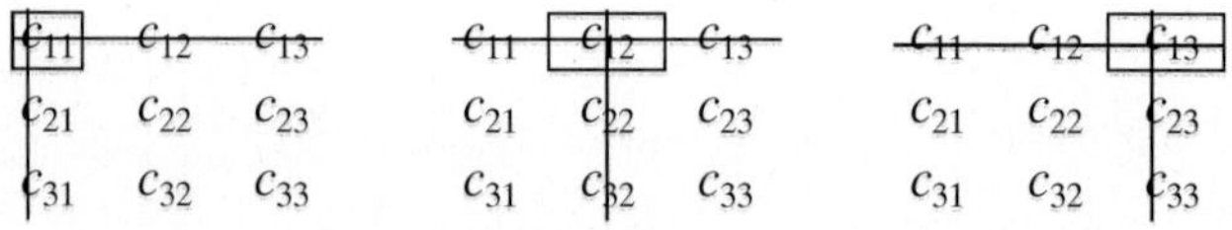

다른 방법으로 두 번째 행 또는 세 번째 행(대신 첫 번째 행)을 제거함으로써 3개의 2차 부행렬식으로 줄이는 것으로 [**A**]의 행렬식을 계산하는 것이 있다. 이것은 예제 2.4에 설명되었다.

이전의 논의는 행렬식 차수는 다른 낮은 차수의 부행렬식으로 축소될 수 있고 낮은 차수의 행렬식은 높은 차수의 행렬식의 값 계산에 사용되는 것을 설명하였다.

여기에 2개의 유용한 행렬식 성질이 있다: (1) 행렬 [**A**]의 행렬식은 이 행렬 [**A**]의 전치 행렬 $[\mathbf{A}]^T$의 행렬식과 같다. 이는 이미 검증되었다(예제 2.4 참조). (2) 만약 스칼라 양을 행렬의 행 또는 열 요소에 곱한다면, 그것의 행렬식은 또한 행렬식에 그 스칼라 양을 곱한 것과 같다.

예제 2.4

다음과 같이 행렬이 주어져 있다.

$$[\mathbf{A}] = \begin{bmatrix} 1 & 5 & 0 \\ 8 & 3 & 7 \\ 6 & -2 & 9 \end{bmatrix}$$

다음의 행렬식을 계산하라.

a. [**A**]의 행렬식

b. $[\mathbf{A}]^T$의 행렬식

a. 이 예제에서는 직접 전개와 부행렬 방법을 모두 사용하여 [**A**]의 행렬식을 계산하겠다. 이전의 설명과 같이 직접 전개방법을 이용하면, 행렬의 첫 번째 열과 두 번째 열을 세 번째 열 옆에 놓고 보이는 바와 같이 반복한다. 그리고 실선 화살표 방향을 따른 요소의 곱을 계산하고 이 값을 점선 화살표 방향을 따른 요소의 곱으로부터 뺀다.

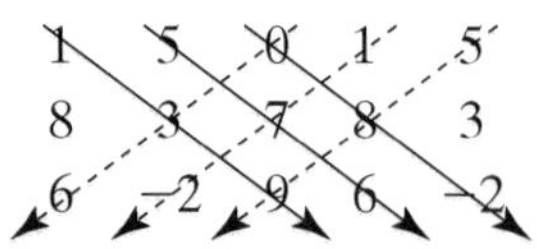

$$\begin{vmatrix} 1 & 5 & 0 \\ 8 & 3 & 7 \\ 6 & -2 & 9 \end{vmatrix} = \begin{matrix} (1)(3)(9) + (5)(7)(6) + (0)(8)(-2) - (5)(8)(9) \\ -\,(1)(7)(-2) - (0)(3)(6) = -109 \end{matrix}$$

다음으로, [**A**]의 행렬식 계산을 위해서 부행렬 방법을 이용한다. 이 예제에서는 첫 번째 행과 첫 번째, 두 번째, 그리고 세 번째 열 요소를 보이는 바와 같이 제거한다.

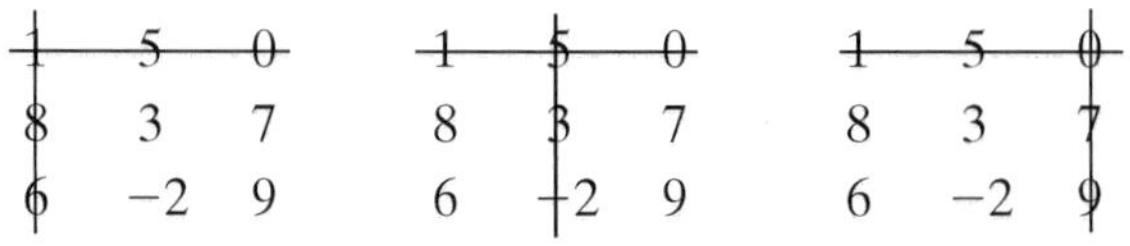

$$\begin{vmatrix} 1 & 5 & 0 \\ 8 & 3 & 7 \\ 6 & -2 & 9 \end{vmatrix} = 1\begin{vmatrix} 3 & 7 \\ -2 & 9 \end{vmatrix} - 5\begin{vmatrix} 8 & 7 \\ 6 & 9 \end{vmatrix} + 0\begin{vmatrix} 8 & 3 \\ 6 & -2 \end{vmatrix}$$
$$= (1)[(3)(9)-(7)(-2)]-(5)[(8)(9)-(7)(6)] = -109$$

다른 방법으로, 행렬 $[\mathbf{A}]$의 행렬식을 계산하기 위하여, 두 번째 행과 첫 번째, 두 번째, 그리고 세 번째 열 요소를 보이는 바와 같이 제거한다.

$$\begin{matrix} 1 & 5 & 0 \\ 8 & 3 & 7 \\ 6 & -2 & 9 \end{matrix} \qquad \begin{matrix} 1 & 5 & 0 \\ 8 & 3 & 7 \\ 6 & -2 & 9 \end{matrix} \qquad \begin{matrix} 1 & 5 & 0 \\ 8 & 3 & 7 \\ 6 & -2 & 9 \end{matrix}$$

$$\begin{vmatrix} 1 & 5 & 0 \\ 8 & 3 & 7 \\ 6 & -2 & 9 \end{vmatrix} = -8\begin{vmatrix} 5 & 0 \\ -2 & 9 \end{vmatrix} + 3\begin{vmatrix} 1 & 0 \\ 6 & 9 \end{vmatrix} - 7\begin{vmatrix} 1 & 5 \\ 6 & -2 \end{vmatrix}$$
$$= -(8)[(5)(9)-(0)(-2)]+(3)[(1)(9)-(0)(6)]-(7)[(1)(-2)-(5)(6)] = -109$$

b. 이미 언급했듯이, $[\mathbf{A}]^T$의 행렬식은 $[\mathbf{A}]$의 행렬식과 같다. 그러므로 추가적인 계산을 수행할 필요가 없다. 그러나 이 정의를 검증하는 방법으로, $[\mathbf{A}]^T$의 행렬식과 $[\mathbf{A}]$의 행렬식을 계산하고 비교할 것이다. $[\mathbf{A}]^T$는 $[\mathbf{A}]$의 첫 번째, 두 번째, 그리고 세 번째 행을 $[\mathbf{A}]^T$의 첫 번째, 두 번째, 그리고 세 번째 열로 교환한 것이다. 따라서 $[\mathbf{A}]^T$는 다음과 같다.

$[\mathbf{A}]^T = \begin{bmatrix} 1 & 8 & 6 \\ 5 & 3 & -2 \\ 0 & 7 & 9 \end{bmatrix}$. 부행렬식을 사용하면 다음과 같다.

$$\begin{matrix} 1 & 8 & 6 \\ 5 & 3 & -2 \\ 0 & 7 & 9 \end{matrix} \qquad \begin{matrix} 1 & 8 & 6 \\ 5 & 3 & -2 \\ 0 & 7 & 9 \end{matrix} \qquad \begin{matrix} 1 & 8 & 6 \\ 5 & 3 & -2 \\ 0 & 7 & 9 \end{matrix}$$

$$\begin{vmatrix} 1 & 8 & 6 \\ 5 & 3 & -2 \\ 0 & 7 & 9 \end{vmatrix} = 1\begin{vmatrix} 3 & -2 \\ 7 & 9 \end{vmatrix} - 8\begin{vmatrix} 5 & -2 \\ 0 & 9 \end{vmatrix} + 6\begin{vmatrix} 5 & 3 \\ 0 & 7 \end{vmatrix}$$
$$= (1)[(3)(9)-(-2)(7)]-(8)[(5)(9)-(-2)(0)] + (6)[(5)(7)-(3)(0)] = -109$$

행렬의 행렬식이 0일 경우에 행렬은 **특이행렬**(singular matrix)이라고 부른다. 특이행렬은 주어진 행렬의 2개 또는 그 이상의 행의 요소들이 같을 때 생긴다. 예를 들어, 다음과 같은 행렬을 고려하라.

$$[\mathbf{A}] = \begin{bmatrix} 2 & 1 & 4 \\ 2 & 1 & 4 \\ 1 & 3 & 5 \end{bmatrix}$$

이 행렬의 행에 1개 또는 2개의 행이 동일하다. 다음과 같이 $[\mathbf{A}]$ 행렬식은 0이다.

$$\begin{vmatrix} 2 & 1 & 4 \\ 2 & 1 & 4 \\ 1 & 3 & 5 \end{vmatrix} = \begin{matrix} (2)(1)(5) + (1)(4)(1) + (4)(2)(3) - (1)(2)(5) \\ - (2)(4)(3) - (4)(1)(1) = 0 \end{matrix}$$

행렬 특이성은 주어진 행렬의 2개 또는 그 이상의 행의 요소들이 선형 종속적일 때도 발생할 수 있다. 예를 들어, 만약 행렬 $[\mathbf{A}]$의 두 번째 행 요소에 스칼라 계수 7을 곱한다면 결과행렬은,

$$[\mathbf{A}] = \begin{bmatrix} 2 & 1 & 4 \\ 14 & 7 & 28 \\ 1 & 3 & 5 \end{bmatrix}$$

특이(singular)이다. 왜냐하면 주어진 행렬의 2개 또는 그 이상의 행의 요소들이 선형 종속적이기 때문이다. 아래에 보여지는 바와 같이 새로운 $[\mathbf{A}]$의 행렬식은 0이다.

$$\begin{vmatrix} 2 & 1 & 4 \\ 14 & 7 & 28 \\ 1 & 3 & 5 \end{vmatrix} = \begin{matrix} (2)(7)(5) + (1)(28)(1) + (4)(14)(3) - (1)(14)(5) \\ - (2)(28)(3) - (4)(7)(1) = 0 \end{matrix}$$

2.7 연립 선형 방정식의 해

1장에서 살펴보았듯이 유한요소 정식화는 대수 방정식이 된다. 예제 1.1에서 하중을 지지하는 여러 단면형상을 가진 봉을 유한요소 근사화하고 경계조건과 하중을 부과하면 4개의 선형 방정식으로 나타난다.

$$10^3 \begin{bmatrix} 1820 & -845 & 0 & 0 \\ -845 & 1560 & -715 & 0 \\ 0 & -715 & 1300 & -585 \\ 0 & 0 & -585 & 585 \end{bmatrix} \begin{Bmatrix} u_2 \\ u_3 \\ u_4 \\ u_5 \end{Bmatrix} = \begin{Bmatrix} 0 \\ 0 \\ 0 \\ 10^3 \end{Bmatrix}$$

여기서 선형 방정식의 해를 구할 수 있는 방법을 논의한다.

가우스 소거법

가우스 소거법(Gauss elimination method)을 이용한 예제를 설명함으로써 논의를 시작하도록 하겠다. 3개의 미지수 x_1, x_2, x_3를 가지고 있는 3개의 선형 방정식들을 고려해 보자.

$$2x_1 + x_2 + x_3 = 13 \tag{2.19a}$$

$$3x_1 + 2x_2 + 4x_3 = 32 \tag{2.19b}$$

$$5x_1 - x_2 + 3x_3 = 17 \tag{2.19c}$$

1. 첫 번째 방정식 (2.19a)를 x_1의 계수 2로 나누는 것을 시작하면 이 연산은 다음과 같이 된다.

$$x_1 + \frac{1}{2}x_2 + \frac{1}{2}x_3 = \frac{13}{2} \tag{2.20}$$

2. 식 (2.19b)의 x_1의 계수 3을 식 (2.20)에 곱한다.

$$3x_1 + \frac{3}{2}x_2 + \frac{3}{2}x_3 = \frac{39}{2} \tag{2.21}$$

식 (2.19b)에서 식 (2.21)을 뺀다. 이 단계에서 식 (2.19b)로부터 x_1을 제거한다. 이 연산은 다음과 같다.

$$\begin{array}{r} 3x_1 + 2x_2 + 4x_3 = 32 \\ -\left(3x_1 + \frac{3}{2}x_2 + \frac{3}{2}x_3 = \frac{39}{2}\right) \\ \hline \frac{1}{2}x_2 + \frac{5}{2}x_3 = \frac{25}{2} \end{array} \tag{2.22}$$

3. 동일한 방법으로, 식 (2.19c)로부터 x_1을 제거한다. 식 (2.19c)의 x_1의 계수 5를 식 (2.20)에 곱한다.

$$5x_1 + \frac{5}{2}x_2 + \frac{5}{2}x_3 = \frac{65}{2} \tag{2.23}$$

식 (2.19c)에서 식 (2.23)을 뺀다. 이 단계에서 식 (2.19c)로부터 x_1을 제거하게 된다. 이 연산은 다음과 같다.

$$\begin{array}{r} 5x_1 - x_2 + 3x_3 = 17 \\ -\left(5x_1 + \frac{5}{2}x_2 + \frac{5}{2}x_3 = \frac{65}{2}\right) \\ \hline -\frac{7}{2}x_2 + \frac{1}{2}x_3 = -\frac{31}{2} \end{array} \tag{2.24}$$

여기서 단계 1부터 단계 3까지 수행한 연산의 결과를 종합한다. 이 연산은 식 (2.19b)와 (2.19c)로부터 x_1을 제거하는 연산을 수행한다.

$$x_1 + \frac{1}{2}x_2 + \frac{1}{2}x_3 = \frac{13}{2} \tag{2.25a}$$
$$\frac{1}{2}x_2 + \frac{5}{2}x_3 = \frac{25}{2} \tag{2.25b}$$
$$-\frac{7}{2}x_2 + \frac{1}{2}x_3 = -\frac{31}{2} \tag{2.25c}$$

4. 식 (2.25c)로부터 x_2를 제거하기 위하여, 우선 식 (2.25b)를 x_2의 계수인 1/2로 나눈다.

$$x_2 + 5x_3 = 25 \tag{2.26}$$

식 (2.26)에 식 (2.25c)의 x_2의 계수인 $-7/2$을 곱한다. 그리고 식 (2.25c)로부터 뺀다. 이 연산은 다음과 같다.

$$\begin{array}{r} -\frac{7}{2}x_2 + \frac{1}{2}x_3 = -\frac{31}{2} \\ -\left(-\frac{7}{2}x_2 - \frac{35}{2}x_3 = -\frac{175}{2}\right) \\ \hline 18x_3 = 72 \end{array} \tag{2.27}$$

식 (2.27)의 양변을 18로 나누면 다음을 얻게 된다.

$$x_3 = 4$$

이전 단계의 결과를 종합하면 다음과 같다.

$$x_1 + \frac{1}{2}x_2 + \frac{1}{2}x_3 = \frac{13}{2} \tag{2.28}$$

$$x_2 + 5x_3 = 25 \tag{2.29}$$

$$x_3 = 4 \tag{2.30}$$

식 (2.28), (2.29)가 식 (2.25a), (2.26)과 같음에 유념하라. 이제 x_2와 x_1의 값을 계산하기 위하여 후진 대입(back substitution)을 이용할 수 있다. 식 (2.29)에 x_3를 대입하여 x_2를 푼다.

$$x_2 + 5(4) = 25 \quad \rightarrow \quad x_2 = 5$$

다음으로, 식 (2.28)에 x_3와 x_2를 대입하여 x_1을 푼다.

$$x_1 + \frac{1}{2}(5) + \frac{1}{2}(4) = \frac{13}{2} \quad \rightarrow \quad x_1 = 2$$

하부 삼각행렬, 상부 삼각행렬(LU) 분해법

구조물 설계시, 하중의 변화와 그에 의한 하중행렬은 변위와 응력 결과에 영향을 미친다. 어떤 열전달 해석은 물질 이내의 온도 분포를 포함하는 열하중을 가하는 시험을 필요로 한다. 가우스 소거법은 미지의 변위(또는 온도)를 구하기 위하여 계수행렬의 실행(강성 또는 전도 행렬)과 우변의 행렬(하중행렬) 전체를 사용할 필요가 있다.

가우스 소거법을 사용할 때, 전체 과정은 하중행렬을 바꿀 때마다 각각 반복되어야만 한다. 반면에 가우스 소거법은 다음과 같은 상황에 적합하지 않은데, LU 방법은 하중행렬을 변화시킬 때 효과적으로 다룰 수 있다. LU 방법은 2개의 주요한 부분으로 구성되어 있다: 분해 부분과 해를 구하는 부분이다. 다음의 세 방정식을 이용하여 LU 방법을 설명하겠다.

$$a_{11}x_1 + a_{12}x_2 + a_{13}x_3 = b_1 \tag{2.31}$$

$$a_{21}x_1 + a_{22}x_2 + a_{23}x_3 = b_2 \tag{2.32}$$

$$a_{31}x_1 + a_{32}x_2 + a_{33}x_3 = b_3 \tag{2.33}$$

행렬 형태로 쓰면 다음과 같다.

$$\begin{bmatrix} a_{11} & a_{12} & a_{13} \\ a_{21} & a_{22} & a_{23} \\ a_{31} & a_{32} & a_{33} \end{bmatrix} \begin{Bmatrix} x_1 \\ x_2 \\ x_3 \end{Bmatrix} = \begin{Bmatrix} b_1 \\ b_2 \\ b_3 \end{Bmatrix} \quad \text{또는} \quad [\boldsymbol{A}]\{\boldsymbol{x}\} = \{\boldsymbol{b}\} \tag{2.34}$$

분해 부분 LU 방법에서의 주요한 개념은 첫 번째로 행렬 $[\boldsymbol{A}]$의 계수를 하부의 $[\boldsymbol{L}] = \begin{bmatrix} 1 & 0 & 0 \\ l_{21} & 1 & 0 \\ l_{31} & l_{32} & 1 \end{bmatrix}$과 상부의 삼각행렬 $[\boldsymbol{U}] = \begin{bmatrix} u_{11} & u_{12} & u_{13} \\ 0 & u_{22} & u_{23} \\ 0 & 0 & u_{33} \end{bmatrix}$로 분해하는 것이다.

$$\begin{bmatrix} a_{11} & a_{12} & a_{13} \\ a_{21} & a_{22} & a_{23} \\ a_{31} & a_{32} & a_{33} \end{bmatrix} = \begin{bmatrix} 1 & 0 & 0 \\ l_{21} & 1 & 0 \\ l_{31} & l_{32} & 1 \end{bmatrix} \begin{bmatrix} u_{11} & u_{12} & u_{13} \\ 0 & u_{22} & u_{23} \\ 0 & 0 & u_{33} \end{bmatrix} \tag{2.35}$$

곱셈 연산을 시행하면 다음과 같다.

$$\begin{aligned} \begin{bmatrix} a_{11} & a_{12} & a_{13} \\ a_{21} & a_{22} & a_{23} \\ a_{31} & a_{32} & a_{33} \end{bmatrix} &= \begin{bmatrix} 1 & 0 & 0 \\ l_{21} & 1 & 0 \\ l_{31} & l_{32} & 1 \end{bmatrix} \begin{bmatrix} u_{11} & u_{12} & u_{13} \\ 0 & u_{22} & u_{23} \\ 0 & 0 & u_{33} \end{bmatrix} \\ &= \begin{bmatrix} u_{11} & u_{12} & u_{13} \\ l_{21}u_{11} & l_{21}u_{12} + u_{22} & l_{21}u_{13} + u_{23} \\ l_{31}u_{11} & l_{31}u_{12} + l_{32}u_{22} & l_{31}u_{13} + l_{32}u_{23} + u_{33} \end{bmatrix} \end{aligned} \tag{2.36}$$

이제 식 (2.36)의 행렬 $[\boldsymbol{A}]$의 첫 번째 행 요소와 $[\boldsymbol{L}][\boldsymbol{U}]$의 곱셈의 첫 번째 행 요소를 비교해 보겠다.

$$u_{11} = a_{11} \quad \text{그리고} \quad u_{12} = a_{12} \quad \text{그리고} \quad u_{13} = a_{13}$$

이제 식 (2.36)의 행렬 $[\boldsymbol{A}]$의 첫 번째 열 요소와 $[\boldsymbol{L}][\boldsymbol{U}]$의 곱셈의 첫 번째 열 요소를 비교해 봄으로써, l_{21}과 l_{31}의 값을 구할 수 있다.

$$l_{21}u_{11} = a_{21} \quad \rightarrow \quad l_{21} = \frac{a_{21}}{u_{11}} = \frac{a_{21}}{a_{11}} \tag{2.37}$$

$$l_{31}u_{11} = a_{31} \quad \rightarrow \quad l_{31} = \frac{a_{31}}{u_{11}} = \frac{a_{31}}{a_{11}} \tag{2.38}$$

u_{11}의 값은 이전 단계에서 정해졌다. 즉, $u_{11} = a_{11}$이다. 식 (2.36)의 **두 번째 행 요소**를 비교함으로써 u_{22}와 u_{23}의 값을 얻을 수 있다.

$$l_{21}u_{12} + u_{22} = a_{22} \quad \rightarrow \quad u_{22} = a_{22} - l_{21}u_{12} \tag{2.39}$$

$$l_{21}u_{13} + u_{23} = a_{23} \quad \rightarrow \quad u_{23} = a_{23} - l_{21}u_{13} \tag{2.40}$$

식 (2.39)와 (2.40)을 검토해 보면 l_{21}, u_{12}와 u_{13}은 이전 단계에서 구해졌음을 기억하라.

식 (2.36)의 **두 번째 열 요소**를 비교하였다. 이 비교를 통해서 l_{32}의 값을 얻을 수 있었다. 이미 u_{12}, l_{21}, u_{22}와 l_{31}의 값을 알고 있다.

$$l_{31}u_{12} + l_{32}u_{22} = a_{32} \quad \rightarrow \quad l_{32} = \frac{a_{32} - l_{31}u_{12}}{u_{22}} \tag{2.41}$$

마지막으로, **세 번째 행 요소**의 비교를 통해서 u_{33}의 값을 알 수 있다.

$$l_{31}u_{13} + l_{32}u_{23} + u_{33} = a_{33} \quad \rightarrow \quad u_{33} = a_{33} - l_{31}u_{13} - l_{32}u_{23} \tag{2.42}$$

LU 분해법이 어떻게 수행되는지를 보여주기 위해 간단한 3×3 행렬을 사용하였다. 어떠한 크기 n의 정사각행렬 장법도 일반화할 수 있다.

단계 1. 행렬 $[\boldsymbol{U}]$의 첫 번째 행 요소의 값을 얻는다.

$$u_{1j} = a_{1j} \qquad j = 1, \ldots, n \tag{2.43}$$

단계 2. 행렬 $[\boldsymbol{L}]$의 첫 번째 열 요소의 미지값을 얻는다.

$$l_{i1} = \frac{a_{i1}}{u_{11}} \qquad i = 2, \ldots, n \tag{2.44}$$

단계 3. 행렬 $[\boldsymbol{U}]$의 두 번째 행 요소의 미지값을 계산한다.

$$u_{2j} = a_{2j} - l_{21}u_{1j} \qquad j = 2, \ldots, n \tag{2.45}$$

단계 4. 행렬 $[\boldsymbol{L}]$의 두 번째 열 요소의 값을 계산한다.

$$l_{i2} = \frac{a_{i2} - l_{i1}u_{12}}{u_{22}} \qquad i = 3, \ldots, n \tag{2.46}$$

다음으로, 행렬 $[\boldsymbol{U}]$의 세 번째 행 요소와 행렬 $[\boldsymbol{L}]$의 세 번째 열 요소의 미지값을 결정한다. 이제부터 명확한 형식을 알 수 있다. 첫 번째 행 요소의 값과 열을 바꿈으로써 계산할 수 있다. 일반적으로 위의 단계를 따른다. 행렬 $[\boldsymbol{U}]$의 k번째 행 요소의 값을 얻기 위해서는 다음을 이용한다.

$$u_{kj} = a_{kj} - \sum_{p=1}^{k-1} l_{kp}u_{pj} \qquad j = k, \ldots, n \tag{2.47}$$

행렬 $[\boldsymbol{L}]$의 k번째 열을 바꿈으로써 미지값을 결정할 것이다.

$$l_{ik} = \frac{a_{ik} - \sum_{p=1}^{k-1} l_{ip}u_{pk}}{u_{kk}} \qquad i = k+1, \ldots, n \tag{2.48}$$

해 부분 앞에서는 행렬 $[\boldsymbol{A}]$를 하부 및 상부 삼각행렬 $[\boldsymbol{L}]$과 $[\boldsymbol{U}]$로 분해하는 방법을 알아보았다. 다음으로, 선형 방정식을 풀기 위해서 행렬 $[\boldsymbol{L}]$과 $[\boldsymbol{U}]$를 이용한다. 3개의 미지수를 가진 3개의 방정식으로 돌아가서 행렬 $[\boldsymbol{L}]$과 $[\boldsymbol{U}]$로 행렬 $[\boldsymbol{A}]$를 바꾼다.

$$[\boldsymbol{A}]\{\boldsymbol{x}\} = \{\boldsymbol{b}\} \tag{2.49}$$

$$[\boldsymbol{L}][\boldsymbol{U}]\{\boldsymbol{x}\} = \{\boldsymbol{b}\} \tag{2.50}$$

$[\boldsymbol{U}]\{\boldsymbol{x}\}$의 곱을 행렬 $\{\boldsymbol{z}\}$로 바꾼다.

$$[\boldsymbol{U}]\{\boldsymbol{x}\} = \{\boldsymbol{z}\} \tag{2.51}$$

$$[\boldsymbol{L}]\overbrace{[\boldsymbol{U}]\{\boldsymbol{x}\}}^{\{z\}} = \{\boldsymbol{b}\} \rightarrow [\boldsymbol{L}]\{\boldsymbol{z}\} = \{\boldsymbol{b}\} \tag{2.52}$$

$[\boldsymbol{L}]$은 하부 삼각행렬이기 때문에 행렬 $\{\boldsymbol{z}\}$의 요소값들을 쉽게 구할 수 있다. 그리고 $[\boldsymbol{U}]\{\boldsymbol{x}\} = \{\boldsymbol{z}\}$의 관계로부터 $\{\boldsymbol{x}\}$의 미지수를 풀기 위해 행렬 $\{\boldsymbol{z}\}$의 알려진 값들을 사용한다.

$$\begin{bmatrix} 1 & 0 & 0 \\ l_{21} & 1 & 0 \\ l_{31} & l_{32} & 1 \end{bmatrix} \begin{Bmatrix} z_1 \\ z_2 \\ z_3 \end{Bmatrix} = \begin{Bmatrix} b_1 \\ b_2 \\ b_3 \end{Bmatrix} \tag{2.53}$$

식 (2.53)으로부터 다음과 같이 자명하게 된다.

$$z_1 = b_1 \tag{2.54}$$

$$z_2 = b_2 - l_{21}z_1 \tag{2.55}$$

$$z_3 = b_3 - l_{31}z_1 - l_{32}z_2 \tag{2.56}$$

행렬 $\{\boldsymbol{z}\}$의 요소값들은 알고 있기 때문에 다음을 사용하여 미지의 행렬 $\{\boldsymbol{x}\}$를 풀 수 있다.

$$\begin{bmatrix} u_{11} & u_{12} & u_{13} \\ 0 & u_{22} & u_{23} \\ 0 & 0 & u_{33} \end{bmatrix} \begin{Bmatrix} x_1 \\ x_2 \\ x_3 \end{Bmatrix} = \begin{Bmatrix} z_1 \\ z_2 \\ z_3 \end{Bmatrix} \tag{2.57}$$

$$x_3 = \frac{z_3}{u_{33}} \tag{2.58}$$

$$x_2 = \frac{z_2 - u_{23}x_3}{u_{22}} \tag{2.59}$$

$$x_1 = \frac{z_1 - u_{12}x_2 - u_{13}x_3}{u_{11}} \tag{2.60}$$

여기서 해답을 구하기 위한 과정을 설명하기 위하여 간단한 3개의 방정식과 3개의 미지수를 사용하였다. 일반적으로 n개의 방정식과 n개의 미지수의 해답을 얻을 수 있다.

$$z_1 = b_1 \text{ 그리고 } z_i = b_i - \sum_{j=1}^{i-1} l_{ij}z_j \qquad i = 2, 3, 4, \ldots, n \tag{2.61}$$

$$x_n = \frac{z_n}{u_{nn}} \text{ 그리고 } x_i = \frac{z_i - \sum_{j=i+1}^{n} u_{ij}x_j}{u_{ii}} \qquad i = n-1, n-2, n-3, \ldots, 3, 2, 1 \tag{2.62}$$

다음으로, 가우스 소거법을 보여준 방정식에 LU 방법을 적용하겠다.

예제 2.5

다음의 3개의 미지수를 가지는 3개의 방정식에 LU 분해법을 적용한다.

$$2x_1 + x_2 + x_3 = 13$$
$$3x_1 + 2x_2 + 4x_3 = 32$$
$$5x_1 - x_2 + 3x_3 = 17$$

$$[\boldsymbol{A}] = \begin{bmatrix} 2 & 1 & 1 \\ 3 & 2 & 4 \\ 5 & -1 & 3 \end{bmatrix} \text{ 그리고 } \{\boldsymbol{b}\} = \begin{Bmatrix} 13 \\ 32 \\ 17 \end{Bmatrix}$$

여기서 $n = 3$으로 한다.

분해 부분

단계 1. 행렬 $[\boldsymbol{U}]$의 첫 번째 행 요소의 값을 구한다.

$$u_{1j} = a_{1j} \qquad j = 1, \ldots, n$$
$$u_{11} = a_{11} = 2 \qquad u_{12} = a_{12} = 1 \qquad u_{13} = a_{13} = 1$$

단계 2. 행렬 $[\boldsymbol{L}]$의 첫 번째 열 요소의 미지값을 얻는다.

$$l_{i1} = \frac{a_{i1}}{u_{11}} \qquad i = 2, \ldots, n$$
$$l_{21} = \frac{a_{21}}{u_{11}} = \frac{3}{2} \qquad l_{31} = \frac{a_{31}}{u_{11}} = \frac{5}{2}$$

단계 3. 행렬 $[\boldsymbol{U}]$의 두 번째 행 요소의 미지값을 계산한다.

$$u_{2j} = a_{2j} - l_{21}u_{1j} \qquad j = 2, \ldots, n$$
$$u_{22} = a_{22} - l_{21}u_{12} = 2 - \left(\frac{3}{2}\right)(1) = \frac{1}{2}$$
$$u_{23} = a_{23} - l_{21}u_{13} = 4 - \left(\frac{3}{2}\right)(1) = \frac{5}{2}$$

단계 4. 행렬 $[\boldsymbol{L}]$의 두 번째 열 요소의 값을 계산한다.

$$l_{i2} = \frac{a_{i2} - l_{i1}u_{12}}{u_{22}} \qquad i = 3, \ldots, n$$
$$l_{32} = \frac{a_{32} - l_{31}u_{12}}{u_{22}} = \frac{-1-\left(\frac{5}{2}\right)(1)}{\frac{1}{2}} = -7$$

단계 5. 행렬 $[\boldsymbol{U}]$와 $[\boldsymbol{L}]$의 남은 미지수를 계산한다.

$$u_{kj} = a_{kj} - \sum_{p=1}^{k-1} l_{kp} u_{pj} \qquad j = k, \ldots, n$$

$$u_{33} = a_{33} - (l_{31}u_{13} + l_{32}u_{23}) = 3 - \left(\left(\frac{5}{2}\right)(1) + (-7)\left(\frac{5}{2}\right)\right) = 18$$

이 문제의 크기($n = 3$)이고 행렬 [$\boldsymbol{L}$]은 주대각행렬이 1의 값, 즉 $l_{33} = 1$을 가지기 때문에 더 말할 필요가 없다. 그러므로, 마지막 단계의

$$l_{ik} = \frac{a_{ik} - \sum_{p=1}^{k-1} l_{ip} u_{pk}}{u_{kk}} \qquad i = k + 1, \ldots, n$$

적용은 생략한다. 계수행렬 [$\boldsymbol{A}$]를 하부와 상부 삼각행렬 [$\boldsymbol{L}$]과 [$\boldsymbol{U}$]로 분해하였다.

$$\begin{bmatrix} 2 & 1 & 1 \\ 3 & 2 & 4 \\ 5 & -1 & 3 \end{bmatrix} = \begin{bmatrix} 1 & 0 & 0 \\ \frac{3}{2} & 1 & 0 \\ \frac{5}{2} & -7 & 1 \end{bmatrix} \begin{bmatrix} 2 & 1 & 1 \\ 0 & \frac{1}{2} & \frac{5}{2} \\ 0 & 0 & 18 \end{bmatrix}$$

이 방법을 수행할 때, 행렬 [$\boldsymbol{A}$]가 다시 구해질 수 있는지를 행렬 [$\boldsymbol{L}$]과 [$\boldsymbol{U}$]를 곱하여 확인해 볼 수 있다.

식 (2.61)에서 LU 방법의 해를 구하는 단계를 수행해 본다.

해 부분

$$z_1 = b_1 \text{ 그리고 } z_i = b_i - \sum_{j=1}^{i-1} l_{ij} z_j \qquad i = 2, \ldots, n$$

$$z_1 = 13 \qquad z_2 = b_2 - l_{21}z_1 = 32 - \left(\frac{3}{2}\right)(13) = \frac{25}{2}$$

$$z_3 = b_3 - (l_{31}z_1 + l_{32}z_2) = 17 - \left(\left(\frac{5}{2}\right)(13) + (-7)\left(\frac{25}{2}\right)\right) = 72$$

식 (2.62)로부터 해를 얻을 수 있다.

$$x_n = \frac{z_n}{u_{nn}} \text{ 그리고 } x_i = \frac{z_i - \sum_{j=i+1}^{n} u_{ij} x_j}{u_{ii}} \qquad i = n-1, n-2, n-3, \ldots, 3, 2, 1$$

$n = 3$인 문제이다. 그러므로 $i = 2, 1$이다.

$$x_3 = \frac{z_3}{u_{33}} = \frac{72}{18} = 4$$

$$x_2 = \frac{z_2 - u_{23}x_3}{u_{22}} = \frac{\frac{25}{2} - \left(\frac{5}{2}\right)(4)}{\frac{1}{2}} = 5$$

$$x_1 = \frac{z_1 - u_{12}x_2 - u_{13}x_3}{u_{11}} = \frac{13 - ((1)(5) + (1)(4))}{2} = 2$$

2.8 역행렬

앞에서 행렬의 합, 차, 곱셈을 다루었다. 그러나 행렬의 나눗셈에 대해서는 언급하지 않았다. 왜냐하면 이 연산은 정의되지 않았기 때문이다. 대신에, 역행렬을 정의하여 원래 행렬에 곱하면 다음과 같이 단위행렬을 얻을 수 있다.

$$[\boldsymbol{A}]^{-1}[\boldsymbol{A}] = [\boldsymbol{A}][\boldsymbol{A}]^{-1} = [\boldsymbol{I}] \tag{2.63}$$

식 (2.63)에서 $[\boldsymbol{A}]^{-1}$은 $[\boldsymbol{A}]$의 역행렬이라고 불린다. 오직 정사각행렬과 특이행렬이 아닌 경우에만 역행렬을 가진다. 2.7절에서 선형 방정식의 해를 얻기 위해서 가우스 소거법과 LU 방법을 소개하였다. 역행렬은 선형 방정식을 풀 수 있는 또 다른 방법이다. 다시 한 번 말하면, 1장의 선형 방정식을 가지고 절점값의 해를 가지는 공학 문제의 유한요소 정식화를 생각해 보자. 예를 들어, 예제 1.1에서의 문제의 정식화는 다음의 선형 방정식으로 주어진다.

$$[\boldsymbol{K}]\{\boldsymbol{u}\} = \{\boldsymbol{F}\} \tag{2.64}$$

절점의 변위값 $\{\boldsymbol{u}\}$를 얻기 위해서 식 (2.64)에 $[\boldsymbol{K}]^{-1}$을 곱한다.

$$\overbrace{[\boldsymbol{K}]^{-1}[\boldsymbol{K}]}^{[\boldsymbol{I}]}\{\boldsymbol{u}\} = [\boldsymbol{K}]^{-1}\{\boldsymbol{F}\} \tag{2.65}$$

$$[\boldsymbol{I}]\{\boldsymbol{u}\} = [\boldsymbol{K}]^{-1}\{\boldsymbol{F}\} \tag{2.66}$$

$[\boldsymbol{I}]\{\boldsymbol{u}\} = \{\boldsymbol{u}\}$로 간단히 나타내면 다음과 같다.

$$\{\boldsymbol{u}\} = [\boldsymbol{K}]^{-1}\{\boldsymbol{F}\} \tag{2.67}$$

식 (2.67)의 행렬 관계식으로부터, $[\boldsymbol{K}]^{-1}$의 값을 알고 있다면 절점의 해를 쉽게 얻을 수 있다. 이 예제는 선형 방정식의 해를 얻기 위해 역행렬이 얼마나 중요한지를 보여주고 있다. 역행렬이 왜 중요한지를 알았기 때문에 다음의 질문은 정사각행렬과 특이행렬이 아닌 행렬의 역행렬을 어떻게 계산하는가 하는 것이다. 역행렬을 정하는 방법은 다양하다. 여기서 LU 분해법을 기초로 이 과정에 대해서 논의하겠다. 주어진 식 (2.63)을 다시 고려해 보겠다. 행렬 $[\boldsymbol{A}]$를 상부와 하부 삼각행렬 $[\boldsymbol{L}]$과 $[\boldsymbol{U}]$로 분해한다.

$$\overbrace{[\boldsymbol{L}][\boldsymbol{U}]}^{[\boldsymbol{A}]} \quad [\boldsymbol{A}]^{-1} = [\boldsymbol{I}] \tag{2.68}$$

다음으로 $[\boldsymbol{U}][\boldsymbol{A}]^{-1}$의 곱을 행렬 $[\boldsymbol{Y}]$로 표현한다.

$$[\boldsymbol{U}][\boldsymbol{A}]^{-1} = [\boldsymbol{Y}] \tag{2.69}$$

그리고 $[\boldsymbol{U}][\boldsymbol{A}]^{-1}$을 $[\boldsymbol{Y}]$로 대입하면 식 (2.68)은 다음과 같이 된다.

$$[\boldsymbol{L}][\boldsymbol{Y}] = [\boldsymbol{I}] \tag{2.70}$$

식 (2.70)의 관계식을 통해 행렬 $[\boldsymbol{Y}]$의 미지 요소값을 구할 수 있다. 그리고 식 (2.69)를 이용하여 행렬 $[\boldsymbol{A}]^{-1}$의 요소값을 구할 수 있다. 이 과정은 예제 2.6을 이용하여 설명하겠다.

예제 2.6

$[\boldsymbol{A}] = \begin{bmatrix} 2 & 1 & 1 \\ 3 & 2 & 4 \\ 5 & -1 & 3 \end{bmatrix}$이 주어져 있다. $[\boldsymbol{A}]^{-1}$을 계산하라.

단계 1. 주어진 행렬을 상부와 하부 삼각행렬로 분해한다. 예제 2.5에서 행렬 $[\boldsymbol{A}]$를 상부와 하부 삼각행렬 $[\boldsymbol{L}]$과 $[\boldsymbol{U}]$로 나누는 과정을 보았다.

$$[\boldsymbol{L}] = \begin{bmatrix} 1 & 0 & 0 \\ \frac{3}{2} & 1 & 0 \\ \frac{5}{2} & -7 & 1 \end{bmatrix} \quad \text{그리고} \quad [\boldsymbol{U}] = \begin{bmatrix} 2 & 1 & 1 \\ 0 & \frac{1}{2} & \frac{5}{2} \\ 0 & 0 & 18 \end{bmatrix}$$

단계 2. 행렬 $[\boldsymbol{Y}]$의 미지 요소값을 결정하기 위하여 식 (2.70)을 이용한다.

$$\overbrace{\begin{bmatrix} 1 & 0 & 0 \\ \frac{3}{2} & 1 & 0 \\ \frac{5}{2} & -7 & 1 \end{bmatrix}}^{[\boldsymbol{L}]} \overbrace{\begin{bmatrix} y_{11} & y_{12} & y_{13} \\ y_{21} & y_{22} & y_{23} \\ y_{31} & y_{32} & y_{33} \end{bmatrix}}^{[\boldsymbol{Y}]} = \begin{bmatrix} 1 & 0 & 0 \\ 0 & 1 & 0 \\ 0 & 0 & 1 \end{bmatrix}$$

우선, 행렬 $[\boldsymbol{Y}]$의 첫 번째 열에 해당하는 곱의 결과를 살펴보도록 한다.

$$\begin{bmatrix} 1 & 0 & 0 \\ \frac{3}{2} & 1 & 0 \\ \frac{5}{2} & -7 & 1 \end{bmatrix} \begin{Bmatrix} y_{11} \\ y_{21} \\ y_{31} \end{Bmatrix} = \begin{Bmatrix} 1 \\ 0 \\ 0 \end{Bmatrix}$$

이 방정식의 해는 다음과 같다.

$$y_{11} = 1 \qquad y_{21} = -\frac{3}{2} \qquad y_{31} = -13$$

행렬 [***Y***]의 두 번째 열이 해당하는 곱의 결과는 다음과 같다.

$$\begin{bmatrix} 1 & 0 & 0 \\ \frac{3}{2} & 1 & 0 \\ \frac{5}{2} & -7 & 1 \end{bmatrix} \begin{Bmatrix} y_{12} \\ y_{22} \\ y_{32} \end{Bmatrix} = \begin{Bmatrix} 0 \\ 1 \\ 0 \end{Bmatrix}$$

이 방정식의 해는 다음과 같다.

$$y_{12} = 0 \qquad y_{22} = 1 \qquad y_{32} = 7$$

동일한 방법으로, 행렬 [***Y***]의 나머지 열의 미지 요소 부분을 구한다.

$$\begin{bmatrix} 1 & 0 & 0 \\ \frac{3}{2} & 1 & 0 \\ \frac{5}{2} & -7 & 1 \end{bmatrix} \begin{Bmatrix} y_{13} \\ y_{23} \\ y_{33} \end{Bmatrix} = \begin{Bmatrix} 0 \\ 0 \\ 1 \end{Bmatrix}$$

$$y_{13} = 0 \qquad y_{23} = 0 \qquad y_{33} = 1$$

이제 행렬 [***Y***]의 요소값들을 알게 되었다. $[\mathbf{A}]^{-1}$을 구성하는 요소의 값들을 계산하는 과정을 진행할 수 있다. 식 (2.69)를 이용하면 다음과 같다.

$$[\mathbf{U}][\mathbf{A}]^{-1} = [\mathbf{Y}]$$

$$\begin{bmatrix} 2 & 1 & 1 \\ 0 & \frac{1}{2} & \frac{5}{2} \\ 0 & 0 & 18 \end{bmatrix} \begin{bmatrix} x_{11} & x_{12} & x_{13} \\ x_{21} & x_{22} & x_{23} \\ x_{31} & x_{32} & x_{33} \end{bmatrix} = \begin{bmatrix} 1 & 0 & 0 \\ -\frac{3}{2} & 1 & 0 \\ -13 & 7 & 1 \end{bmatrix}$$

다시 하면, 한 번에 한 열과 관련된 곱의 결과를 고려할 수 있다. 행렬 [***x***]의 첫 번째 열을 고려해 보면 다음과 같다.

$$\begin{bmatrix} 2 & 1 & 1 \\ 0 & \frac{1}{2} & \frac{5}{2} \\ 0 & 0 & 18 \end{bmatrix} \begin{Bmatrix} x_{11} \\ x_{21} \\ x_{31} \end{Bmatrix} = \begin{Bmatrix} 1 \\ -\frac{3}{2} \\ -13 \end{Bmatrix}$$

$$x_{31} = -\frac{13}{18} \qquad x_{21} = \frac{11}{18} \qquad x_{11} = \frac{10}{18}$$

두 번째 열의 곱의 결과는 다음과 같이 된다.

$$\begin{bmatrix} 2 & 1 & 1 \\ 0 & \dfrac{1}{2} & \dfrac{5}{2} \\ 0 & 0 & 18 \end{bmatrix} \begin{Bmatrix} x_{12} \\ x_{22} \\ x_{32} \end{Bmatrix} = \begin{Bmatrix} 0 \\ 1 \\ 7 \end{Bmatrix}$$

$$x_{32} = \frac{7}{18} \qquad x_{22} = \frac{1}{18} \qquad x_{12} = -\frac{4}{18}$$

세 번째 열의 곱의 결과는 다음과 같이 된다.

$$\begin{bmatrix} 2 & 1 & 1 \\ 0 & \dfrac{1}{2} & \dfrac{5}{2} \\ 0 & 0 & 18 \end{bmatrix} \begin{Bmatrix} x_{13} \\ x_{23} \\ x_{33} \end{Bmatrix} = \begin{Bmatrix} 0 \\ 0 \\ 1 \end{Bmatrix}$$

$$x_{33} = \frac{1}{18} \qquad x_{23} = -\frac{5}{18} \qquad x_{13} = \frac{2}{18}$$

그러므로, 행렬 $[\mathbf{A}]$의 역행렬은 다음과 같이 된다.

$$[\mathbf{A}]^{-1} = \frac{1}{18}\begin{bmatrix} 10 & -4 & 2 \\ 11 & 1 & -5 \\ -13 & 7 & 1 \end{bmatrix}$$

$[\mathbf{A}][\mathbf{A}]^{-1} = [\mathbf{I}]$임을 계산하여 검증할 수 있다.

$$\frac{1}{18}\begin{bmatrix} 2 & 1 & 1 \\ 3 & 2 & 4 \\ 5 & -1 & 3 \end{bmatrix}\begin{bmatrix} 10 & -4 & 2 \\ 11 & 1 & -5 \\ -13 & 7 & 1 \end{bmatrix} = \begin{bmatrix} 1 & 0 & 0 \\ 0 & 1 & 0 \\ 0 & 0 & 1 \end{bmatrix} \text{Q.E.D.}$$

마지막으로, 대각행렬의 역행렬을 계산하는 것은 무의미한 일이다. 대각행렬의 역행렬은 원래 행렬의 역수를 대각 요소로 가진 행렬이다. 예를 들어, 4×4 행렬의 역행렬은

$$[\mathbf{A}] = \begin{bmatrix} a_1 & 0 & 0 & 0 \\ 0 & a_2 & 0 & 0 \\ 0 & 0 & a_3 & 0 \\ 0 & 0 & 0 & a_4 \end{bmatrix} \text{은} \quad [\mathbf{A}]^{-1} = \begin{bmatrix} \dfrac{1}{a_1} & 0 & 0 & 0 \\ 0 & \dfrac{1}{a_2} & 0 & 0 \\ 0 & 0 & \dfrac{1}{a_3} & 0 \\ 0 & 0 & 0 & \dfrac{1}{a_4} \end{bmatrix} \text{이다.}$$

대각행렬의 성질은 명확하기 때문에 $[\mathbf{A}]^{-1}[\mathbf{A}] = [\mathbf{I}]$이다.

$$[A]^{-1}[A] = \begin{bmatrix} \frac{1}{a_1} & 0 & 0 & 0 \\ 0 & \frac{1}{a_2} & 0 & 0 \\ 0 & 0 & \frac{1}{a_3} & 0 \\ 0 & 0 & 0 & \frac{1}{a_4} \end{bmatrix} \begin{bmatrix} a_1 & 0 & 0 & 0 \\ 0 & a_2 & 0 & 0 \\ 0 & 0 & a_3 & 0 \\ 0 & 0 & 0 & a_4 \end{bmatrix} = \begin{bmatrix} 1 & 0 & 0 & 0 \\ 0 & 1 & 0 & 0 \\ 0 & 0 & 1 & 0 \\ 0 & 0 & 0 & 1 \end{bmatrix}$$

2.9 고유치와 고유벡터

지금까지 다음과 같은 선형 방정식의 해를 구하는 여러 방법에 대하여 논의해 보았다.

$$[\boldsymbol{A}]\{\boldsymbol{x}\} = \{\boldsymbol{b}\} \tag{2.71}$$

지금까지 살펴보았던 선형 방정식은 일반적으로 행렬 $\{\boldsymbol{b}\}$의 값은 0이 아니다. 이 선형 방정식 시스템의 형태는 일반적으로 **비동차**(nonhomogenous)로 간주된다. 비동차 시스템에서, 유일해는 행렬 $[\boldsymbol{A}]$의 행렬식이 0이 아닌 한 존재한다. 선형 방정식의 형태를 다음과 같은 형식이 되는 문제에 대해서 논의하겠다.

$$[\boldsymbol{A}]\{\boldsymbol{X}\} - \lambda\{\boldsymbol{X}\} = 0 \tag{2.72}$$

이러한 형태의 문제는, 고유치 문제라고 불리며, 좌굴문제, 탄성 구조물의 진동, 전자 시스템의 문제 등에서 발생한다. 일반적으로, 이러한 종류의 문제는 유일해를 가지지 않는다. 말하자면, 미지항 간의 관계가 세워질 수 있는 이 관계를 만족시키는 많은 값이 있다. 일반적으로 식 (2.72)는 다음과 같이 표현된다.

$$[[\boldsymbol{A}] - \lambda[\boldsymbol{I}]]\{\boldsymbol{X}\} = 0 \tag{2.73}$$

여기서 $[\boldsymbol{I}]$는 단위행렬로 행렬 $[\boldsymbol{A}]$와 같은 차원을 갖는다. 식 (2.73)에서 미지의 행렬 $\{\boldsymbol{X}\}$를 고유벡터라고 부른다. 진동문제를 이용하여 고유벡터를 어떻게 구하는지 설명하겠다.

예제 2.7

그림 2.2와 같은 2자유도를 갖는 시스템을 고려해 보자. 이 시스템의 고유 진동수를 결정하는 것에 관심이 있다. 다자유도 물체의 정식화와 해석은 11장에서 다루도록 하겠다. 계속해서 이야기하면, 선형 방정식의 미분은 다음과 같다.

자유물체도를 이용하면 운동 방정식은 다음과 같다.

$$m_1\ddot{x_1} + 2kx_1 - kx_2 = 0 \tag{2.74}$$

$$m_2\ddot{x_2} - kx_1 + 2kx_2 = 0 \tag{2.75}$$

또는 행렬 형태로 표현하면 다음과 같다.

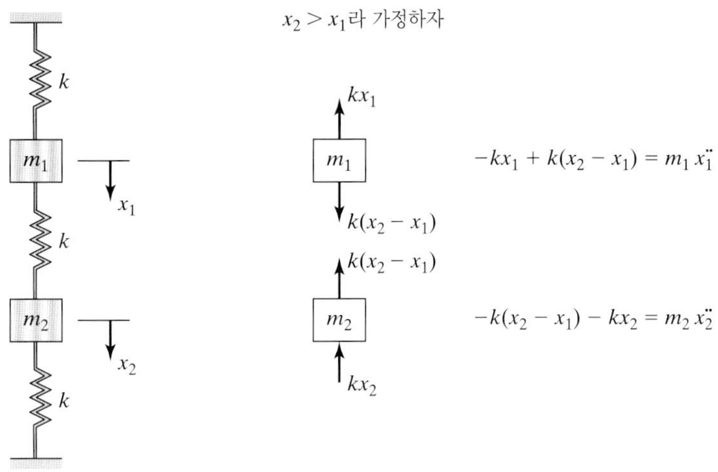

그림 2.2 2자유도를 가지는 탄성 시스템의 개략도

$$\begin{bmatrix} m_1 & 0 \\ 0 & m_2 \end{bmatrix} \begin{Bmatrix} \ddot{x}_1 \\ \ddot{x}_2 \end{Bmatrix} + \begin{bmatrix} 2k & -k \\ -k & 2k \end{bmatrix} \begin{Bmatrix} x_1 \\ x_2 \end{Bmatrix} = \begin{Bmatrix} 0 \\ 0 \end{Bmatrix}$$

식 (2.74)와 (2.75)는 2차 동차 미분 방정식이다. 이러한 방정식들은 연관(coupled)되어져 있는데 x_1과 x_2 모두 각각의 방정식에 나타나기 때문이다. 이러한 시스템 형태를 **탄성 연관**(elastically coupled)되었다고 하며, 다음과 같은 행렬 형태로 표현될 수 있다.

$$[\boldsymbol{M}]\{\ddot{\boldsymbol{x}}\} + [\boldsymbol{K}]\{\boldsymbol{x}\} = 0 \tag{2.76}$$

여기서 $[\boldsymbol{M}]$과 $[\boldsymbol{K}]$는 질량과 강성 행렬이다. 식 (2.74)와 (2.75)를 간단하게 질량으로 나누어 다음과 같이 나타낼 수 있다.

$$\ddot{x}_1 + \frac{2k}{m_1}x_1 - \frac{k}{m_1}x_2 = 0 \tag{2.77}$$

$$\ddot{x}_2 - \frac{k}{m_2}x_1 + \frac{2k}{m_2}x_2 = 0 \tag{2.78}$$

행렬 표현을 이용하여 행렬 형태의 운동 방정식에 질량행렬의 역행렬 $[\boldsymbol{M}]^{-1}$을 곱하면 다음과 같다.

$$\{\ddot{\boldsymbol{x}}\} + [\boldsymbol{M}]^{-1}[\boldsymbol{K}]\{\boldsymbol{x}\} = 0$$

다음 단계로, $x_1(t) = X_1 \sin(\omega t + \phi)$와 $x_2(t) = X_2 \sin(\omega t + \phi)$[또는 행렬 형태로 $\{\boldsymbol{x}\} = \{\boldsymbol{X}\}\sin(\omega t + \phi)$]의 조화해를 가정할 수 있고 선형 대수 방정식을 생성하기 위해 식 (2.77)과 (2.78)의 미분 운동 방정식에 대입한다. 이 과정을 따르면 다음과 같이 된다.

$$-\omega^2 X_1 \sin(\omega t + \phi) + \frac{2k}{m_1}X_1 \sin(\omega t + \phi) - \frac{k}{m_1}X_2 \sin(\omega t + \phi) = 0$$

$$-\omega^2 X_2 \sin(\omega t + \phi) - \frac{k}{m_2}X_1 \sin(\omega t + \phi) + \frac{2k}{m_2}X_2 \sin(\omega t + \phi) = 0$$

$\sin(\omega t + \phi)$를 단순하게 표현하면 다음과 같이 된다.

$$-\omega^2\begin{Bmatrix} X_1 \\ X_2 \end{Bmatrix} + \begin{bmatrix} \dfrac{2k}{m_1} & -\dfrac{k}{m_1} \\ -\dfrac{k}{m_2} & \dfrac{2k}{m_2} \end{bmatrix}\begin{Bmatrix} X_1 \\ X_2 \end{Bmatrix} = \begin{Bmatrix} 0 \\ 0 \end{Bmatrix} \tag{2.79}$$

또는 일반적인 행렬 형태로는 다음과 같이 된다.

$$-\omega^2\{\boldsymbol{X}\} + [\boldsymbol{M}]^{-1}[\boldsymbol{K}]\{\boldsymbol{X}\} = 0 \tag{2.80}$$

$\{\boldsymbol{x}\} = \begin{Bmatrix} x_1(t) \\ x_2(t) \end{Bmatrix}$는 시간의 함수로 각 질량의 위치를 나타내고 $\{\boldsymbol{X}\} = \begin{Bmatrix} X_1 \\ X_2 \end{Bmatrix}$는 각각의 진동 질량의 진폭을 나타낸다. 그리고 ϕ는 위상각이다. 식 (2.79)는 다음과 같이 표현할 수 있다.

$$-\omega^2\begin{bmatrix} 1 & 0 \\ 0 & 1 \end{bmatrix}\begin{Bmatrix} X_1 \\ X_2 \end{Bmatrix} + \begin{bmatrix} \dfrac{1}{m_1} & 0 \\ 0 & \dfrac{1}{m_2} \end{bmatrix}\begin{bmatrix} 2k & -k \\ -k & 2k \end{bmatrix}\begin{Bmatrix} X_1 \\ X_2 \end{Bmatrix} = 0 \tag{2.81}$$

즉, 다음과 같이 표현할 수 있다.

$$\left[\begin{bmatrix} \dfrac{2k}{m_1} & -\dfrac{k}{m_1} \\ -\dfrac{k}{m_2} & \dfrac{2k}{m_2} \end{bmatrix} - \omega^2\begin{bmatrix} 1 & 0 \\ 0 & 1 \end{bmatrix}\right]\begin{Bmatrix} X_1 \\ X_2 \end{Bmatrix} = \begin{Bmatrix} 0 \\ 0 \end{Bmatrix} \tag{2.82}$$

식 (2.82)를 식 (2.73)과 비교하면 $\omega^2 = \lambda$로서 $[[\boldsymbol{A}] - \lambda[\boldsymbol{I}]]\{\boldsymbol{X}\} = 0$이라고 쓸 수 있다. 식 (2.82)를 간단히 하면 다음과 같다.

$$\begin{bmatrix} -\omega^2 + \dfrac{2k}{m_1} & -\dfrac{k}{m_1} \\ -\dfrac{k}{m_2} & -\omega^2 + \dfrac{2k}{m_2} \end{bmatrix}\begin{Bmatrix} X_1 \\ X_2 \end{Bmatrix} = 0 \tag{2.83}$$

식 (2.73) 또는 (2.83)과 같은 지배 방정식 문제는 계수행렬의 행렬식이 0이 아닐 때에만 유일해를 가진다. 위의 예제에서 수치값을 넣고 해를 구해 본다. $m_1 = m_2 = 0.1$ kg과 $k = 100$ N/m를 대입해 보자. 행렬식을 생성하여 0으로 놓으면 다음과 같다.

$$\begin{vmatrix} -\omega^2 + 2000 & -1000 \\ -1000 & -\omega^2 + 2000 \end{vmatrix} = 0 \tag{2.84}$$

$$(-\omega^2 + 2000)(-\omega^2 + 2000) - (-1000)(-1000) = 0 \tag{2.85}$$

식 (2.85)를 간단히 하면 다음과 같이 된다.

$$\omega^4 - 4000\omega^2 + 3{,}000{,}000 = 0 \tag{2.86}$$

식 (2.86)은 **특성 방정식**(characteristic equation)이라 하고 이것의 근은 시스템의 고유 진동수이다.

$$\omega_1^2 = \lambda_1 = 1000(\text{rad/s})^2 \quad \text{그리고} \quad \omega_1 = 31.62 \text{ rad/s}$$
$$\omega_2^2 = \lambda_2 = 3000(\text{rad/s})^2 \quad \text{그리고} \quad \omega_2 = 54.77 \text{ rad/s}$$

ω^2의 값이 알려져 있는데 X_1과 X_2의 관계식을 구하기 위해서 식 (2.83)에 다시 대입할 수 있다. 고유 진동수에서 질량의 진폭 사이의 관계를 **고유 모드**(natural modes)라고 한다. 이 관계를 식 (2.83)에 사용하였다.

$$(-\omega^2 + 2000)\boldsymbol{X}_1 - 1000\boldsymbol{X}_2 = 0 \quad \text{그리고 } \omega_1^2 = 1000\text{을 대입하면 다음과 같다.}$$
$$(-1000 + 2000)\boldsymbol{X}_1 - 1000\boldsymbol{X}_2 = 0 \quad \rightarrow \quad \frac{\boldsymbol{X}_2}{\boldsymbol{X}_1} = 1$$

두 번째 행을 이용하면 다음과 같다.

$$-1000\boldsymbol{X}_1 + (-\omega^2 + 2000)\boldsymbol{X}_2 = 0 \quad \text{그리고 } \omega_1^2 = 1000\text{을 대입하면 다음과 같다.}$$
$$-1000\boldsymbol{X}_1 + (-1000 + 2000)\boldsymbol{X}_2 = 0 \quad \rightarrow \quad \frac{\boldsymbol{X}_2}{\boldsymbol{X}_1} = 1$$

예상대로 결과는 같다. 2차 모드는 식 (2.83)에 $\omega_1^2 = 3000$을 대입하여 비슷한 방법으로 구할 수 있다.

$$(-\omega^2 + 2000)\boldsymbol{X}_1 - 1000\boldsymbol{X}_2 = 0 \quad \text{그리고 } \omega_1^2 = 3000\text{을 대입하면 다음과 같다.}$$
$$(-3000 + 2000)\boldsymbol{X}_1 - 1000\boldsymbol{X}_2 = 0 \quad \rightarrow \quad \frac{\boldsymbol{X}_2}{\boldsymbol{X}_1} = -1$$

고유치 문제의 해를 구하는 것은 미지항 간의 관계(특정한 값이 아닌)를 구하는 것이 된다.

2.10 MATLAB을 이용한 행렬 처리

MATLAB은 최근 광범위한 대학교의 계산연구실에서 사용할 수 있는 수학 소프트웨어이다. MATLAB은 행렬을 계산하기 위한 강력한 도구이다. 사실, 이러한 목적을 위해 설계되었다. 모든 범위의 문제를 풀기 위한 MATLAB의 능력을 다룬 좋은 책들이 많이 있다. 여기서는 필수적인 행렬 연산을 수행할 수 있는 기본적인 개념에 대해서 소개하겠다. 더 많은 세부 사항에 대해서는 부록 F에서 다루었다.

MATLAB 환경에서 변수의 값을 부여할 수도 있고 행렬의 요소도 정리할 수 있다. 예를 들어, 변수 x의 값이 5이고 이를 단순한 형태로 나타내면 다음과 같다.

$$x = 5$$

행렬 요소의 $[\boldsymbol{A}] = \begin{bmatrix} 1 & 5 & 0 \\ 8 & 3 & 7 \\ 6 & -2 & 9 \end{bmatrix}$를 정의하여 쓰면 다음과 같다.

표 2.1 MATLAB의 기본 스칼라 연산

연산	기호	예: $x = 5$ 그리고 $y = 3$	결과
덧셈	+	$x + y$	8
뺄셈	−	$x - y$	2
곱셈	*	$x * y$	15
나눗셈	/	$(x + y)/2$	4
지수	^	x^2	25

표 2.2 MATLAB의 행렬 연산 예

연산	기호 또는 명령어	예: A와 B는 정의된 행렬임
덧셈	+	$A + B$
뺄셈	−	$A - B$
곱셈	*	$A * B$
전치	*matrix name'*	A'
역	inv(*matrix name*)	inv(A)
행렬식	det(*matrix name*)	det(A)
고유치	eig(*matrix name*)	eig(A)
행렬 좌측 나눗셈(선형 방정식의 해를 구하기 위한 가우스 소거법)	\	예제 2.8 참조

$$A = [1\ \ 5\ \ 0;\ 8\ \ 3\ \ 7;\ 6\ \ -2\ \ 9]$$

행렬의 요소는 중괄호로 닫는다는 것과 빈 칸으로 분리한다는 것을 명심하라. 그리고 각각의 열의 분할은 세미콜론을 이용하여 구분한다. 기본적인 스칼라 연산은 표 2.1에 보여진다.

MATLAB은 행렬 연산과 처리에 관한 많은 도구를 제공한다. 표 2.2는 이러한 능력의 예를 보여주고 있다. 다음으로 예를 이용하여 몇몇의 MATLAB 명령어를 설명하겠다.

예제 2.1 재론

다음과 같이 행렬이 주어진다.

$$[\boldsymbol{A}] = \begin{bmatrix} 0 & 5 & 0 \\ 8 & 3 & 7 \\ 9 & -2 & 9 \end{bmatrix}, \quad [\boldsymbol{B}] = \begin{bmatrix} 4 & 6 & -2 \\ 7 & 2 & 3 \\ 1 & 3 & -4 \end{bmatrix}, \quad \text{그리고} \quad [\boldsymbol{C}] = \begin{Bmatrix} -1 \\ 2 \\ 5 \end{Bmatrix}$$

MATLAB을 이용하여 다음의 연산을 수행하라.

a. $[\boldsymbol{A}] + [\boldsymbol{B}] = ?$, **b.** $[\boldsymbol{A}] - [\boldsymbol{B}] = ?$, **c.** $3[\boldsymbol{A}] = ?$, **d.** $[\boldsymbol{A}][\boldsymbol{B}] = ?$, **e.** $[\boldsymbol{A}]\{\boldsymbol{C}\} = ?$
f. $[\boldsymbol{A}]^2 = ?$

또한 $[\boldsymbol{A}]^T$과 $[\boldsymbol{A}]$의 역행렬을 계산하라.

그림 2.3에서 MATLAB 과정의 스크린 캡쳐를 보여주고 있다. MATLAB 예제를 공부

To get started, select "MATLAB Help" from the Help menu.

```
>> A = [0 5 0;8 3 7;9 -2 9]
A =

  0   5   0
  8   3   7
  9  -2   9

>> B = [4 6 -2;7 2 3;1 3 -4]
B =

  4   6  -2
  7   2   3
  1   3  -4

>> C = [-1;2;5]
C =

  -1
   2
   5

>> A + B
ans =
    4  11  -2
   15   5  10
   10   1   5

>> A-B
ans =
-4  -1  °2
 1   1  °4
 8   5  13

>> 3*A
ans =
    0  15  °0
   24  °9  21
   27  °6  27

>> A*B
ans =
   35  10  15
   60  75 -35
   31  77 -60

>> A*C
ans =
   10
   33
   32

>> A^2
ans =
   40  15  35
   87  35  84
   65  21  67
```

그림 2.3 MATLAB 과정의 예제

```
>> A'
ans =
  0  8  9
  5  3  -2
  0  7  9
>> det(A)
ans =
-45
>>
```

그림 2.3 계속

할 때(그림 2.3), MATLAB에서 주어진 응답은 굵은 글씨체로 나타남을 기억하라. 사용자가 입력하는 정보는 보통 글자로 나타난다. 데이터의 입력이 끝난 후에는 Enter 키를 친다. MATLAB의 입력 프롬프트는 ≫이다.

예제 2.8

다음에 주어진 방정식을 가우스 소거법과 행렬 **[*A*]**의 역행렬을 구하고 행렬 **{*b*}**를 곱하여 다음 방정식의 해를 구하라.

$$2x_1 + x_2 + x_3 = 13$$
$$3x_1 + 2x_2 + 4x_3 = 32$$
$$5x_1 - x_2 + 3x_3 = 17$$

$$[\boldsymbol{A}] = \begin{bmatrix} 2 & 1 & 1 \\ 3 & 2 & 4 \\ 5 & -1 & 3 \end{bmatrix} \text{ 그리고 } \{\boldsymbol{b}\} = \begin{Bmatrix} 13 \\ 32 \\ 17 \end{Bmatrix}$$

우선적으로 이 문제를 풀기 위해 MATLAB 행렬의 좌측 나눗셈 연산자 \를 사용한다. 이 연산자 \는 가우스 소거법을 사용하여 문제를 푸는 것이다. **inv** 명령어를 이용하여 문제를 풀 수 있다.

```
To get started, select "MATLAB Help" from the Help menu.
>>A=[2 1 1;3 2 4;5 -1 3]
A =
  2  1  1
  3  2  4
  5  -1  3
>>b=[13;32;17]
b =
  13
  32
  17
```

```
>>x=A\b
x =
  2.0000
  5.0000
  4.0000
>>x=inv(A)*b
x =
  2.0000
  5.0000
  4.0000
```

2.11 Excel을 이용한 행렬 처리

다음의 두 가지 예제(예제 2.1과 2.8)를 이용하여 행렬 연산의 수행을 위한 Excel의 사용을 보여주겠다.

예제 2.1 재론

다음과 같이 행렬이 주어진다.

$$[A] = \begin{bmatrix} 0 & 5 & 0 \\ 8 & 3 & 7 \\ 9 & -2 & 9 \end{bmatrix}, \quad [B] = \begin{bmatrix} 4 & 6 & -2 \\ 7 & 2 & 3 \\ 1 & 3 & -4 \end{bmatrix}, \quad \text{그리고} \quad \{C\} = \begin{Bmatrix} -1 \\ 2 \\ 5 \end{Bmatrix}$$

다음의 연산을 Excel로 수행하라.

a. $[A]+[B]=?$ **b.** $[A]-[B]=?$ **c.** $[A][B]=?$ **d.** $[A]\{C\}=?$

1. 그림 2.4에서 보여진 셀에 적절한 문자와 값을 입력한다. **문자셀**(Format Cell)과 **글씨체**(Font)를 선택하여 굵은 형태의 변수로 나타낸다. 여기서 문자를 만들어낼 필요가 없고(**[A]=**, **[B]=**, 등등) 행렬 연산을 수행하기 위해 나누고 형식은 나타낼 필요가 없다. 이는 단지 보여주기 위한 목적이다.

2. A10셀을 보면 **[A]+[B]=**를 입력하고 그림 2.5에서 보는 바와 같이 좌측 마우스 버튼을 사용하여 B9셀부터 D11셀까지 드래그한다.

3. 다음으로, 공식 입력 형식에 **=B3:D5+G3:I5**라고 입력하고 **Ctrl** 키와 **Shift** 키를 누른 채로 **Enter** 키를 누른다. 독자들은 영역을 입력하는 대신 B3:D5 또는 G3:I5의 범위를 선택하는 것을 주의해야 한다. 이 연산과정은 그림 2.6과 같은 결과를 만들 것이다. 독자들은 공식 입력 형식에 **=B3:D5−G3:I5**라고 입력하는 것을 제외하면 Step 2와 유사한 과정을 따라 **[A]−[B]**를 계산할 수 있다.

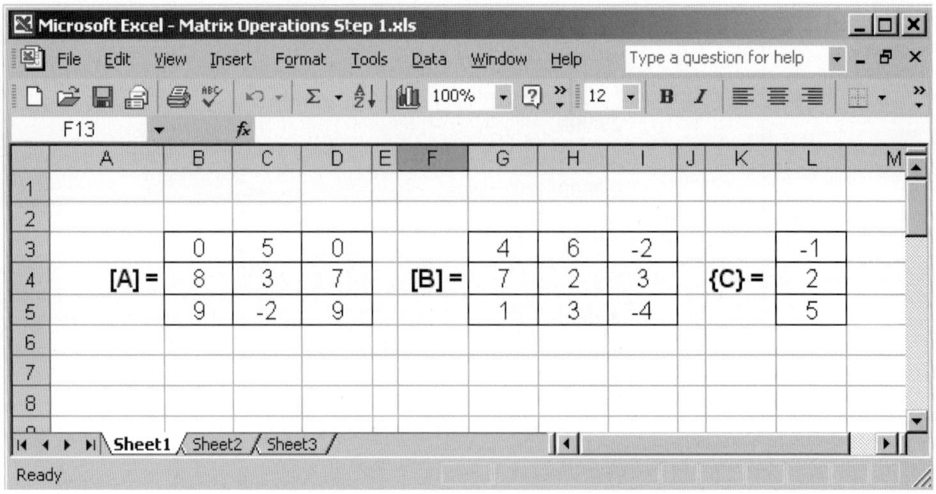

그림 2.4 예제 2.1 Excel에 의한 재론**(Step 1)**

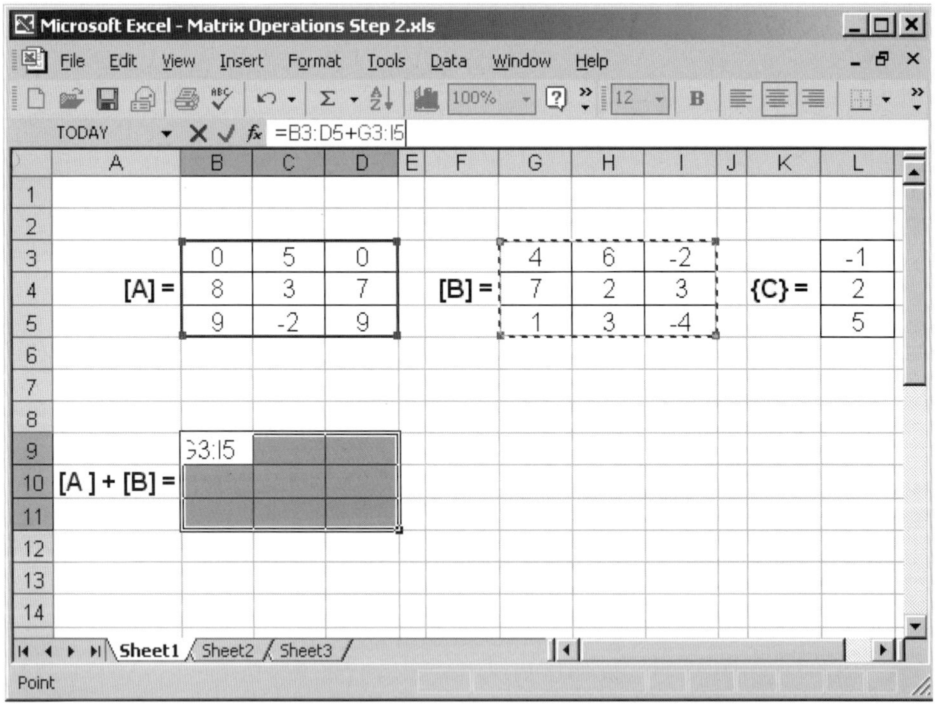

그림 2.5 예제 2.1 Excel에 의한 재론**(Step 2)**

4. 그림 2.7에 보여지는 바와 같이 행렬의 곱을 실행하기 위하여, 우선 **[A][B]=** 이라고 A18셀에 입력한다. B17셀부터 D19셀을 선택한다.

5. 공식 입력창에 **=MMULT(B3:D5,G3:I5)**, 그리고 **Ctrl** 키와 **Shift** 키를 누른 채로 **Enter** 키를 누른다. 유사하게 행렬 연산 [*A*] {*C*}를 수행할 수 있다. 우선 B21셀부터 B23셀을 선택하고 공식 입력창에 **=MMULT(B3:D5, L3:L5)**, 그리고 **Ctrl** 키와 **Shift** 키를 누른 채로 **Enter** 키를 누른다. 이 연산과정은 그림 2.8의 결과 생성을 보여

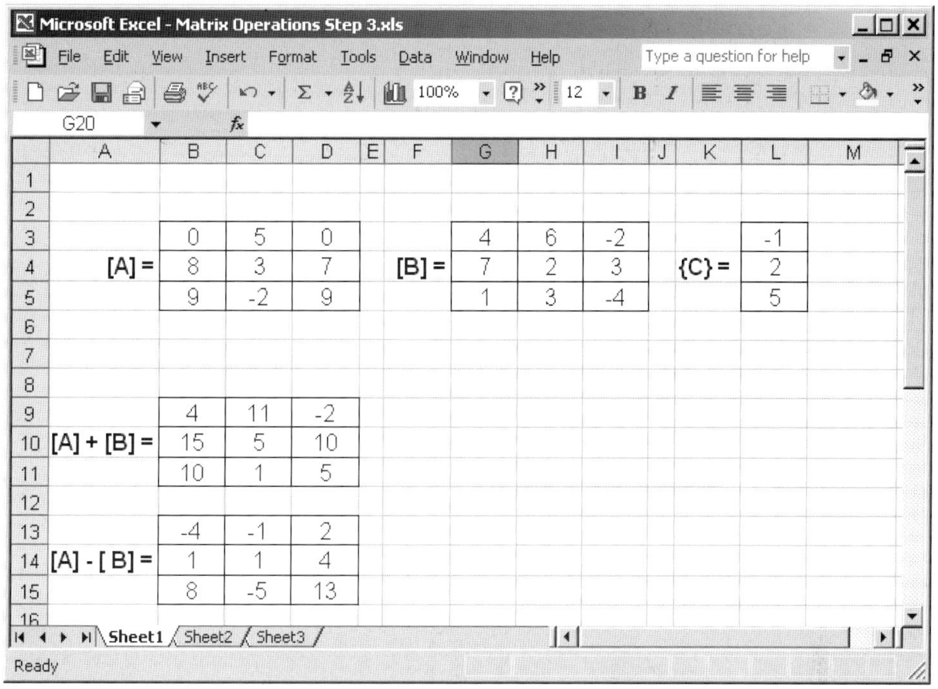

그림 2.6 예제 2.1 Excel에 의한 재론(**Step 3**)

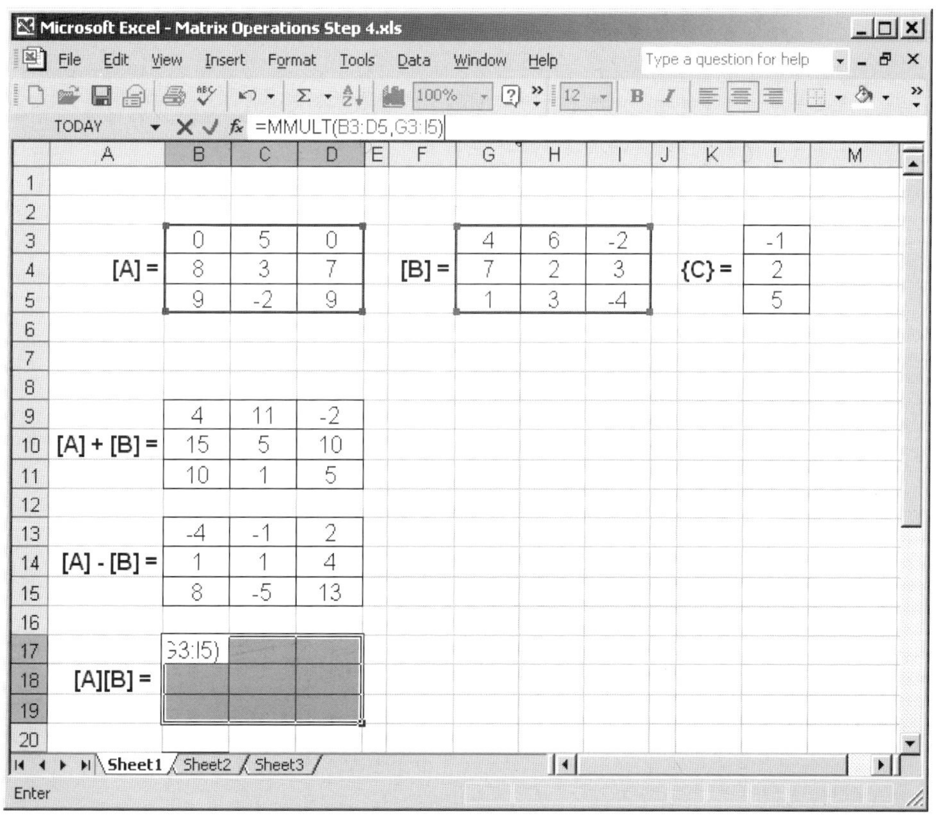

그림 2.7 예제 2.1 Excel에 의한 재론(**Step 4**)

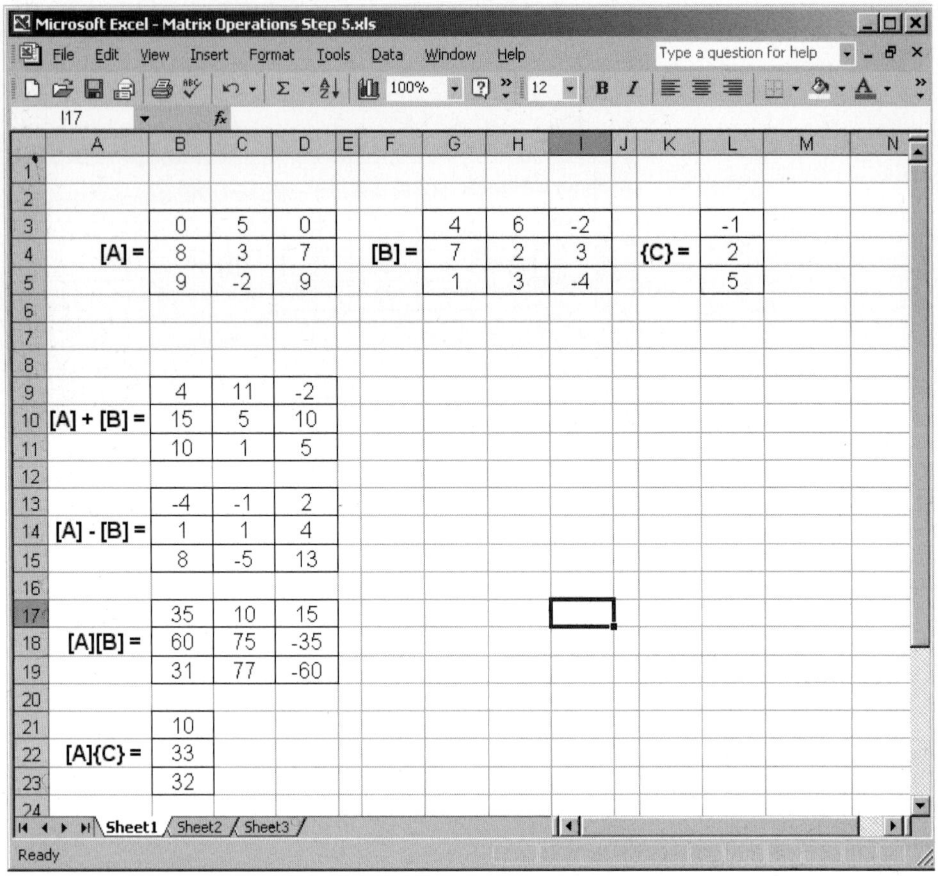

그림 2.8 예제 2.1 Excel에 의한 재론**(Step 5)**

준다.

예제 2.8 재론

3개의 미지수 x_1, x_2, x_3를 포함한 3개의 선형 방정식을 고려해 보자. 선형 방정식의 풀이를 Excel을 사용하여 보여주고자 한다.

$$2x_1 + x_2 + x_3 = 13$$
$$3x_1 + 2x_2 + 4x_3 = 32$$
$$5x_1 - x_2 + 3x_3 = 17$$

1. 그림 2.9에서 보여진 셀에 적절한 문자와 값을 입력한다. **문자셀**과 **글씨체**를 선택하여 굵은 하첨자의 변수로 나타낸다.

2. A10셀에 **[A]**$^{-1}$=를 입력하고 그림 2.10처럼 좌측 마우스 버튼을 이용하여 B19셀부터 D11셀까지 드래그한다.

3. 다음으로 공식 입력창에 =**MINVERSE(B3:D5)**라고 입력하고 **Ctrl** 키와 **Shift** 키를 누른 채로 **Enter** 키를 누른다. 이 연산과정의 결과는 그림 2.11에 보여진다. 행렬 **[A]**의 역행렬이 계산되어진다.

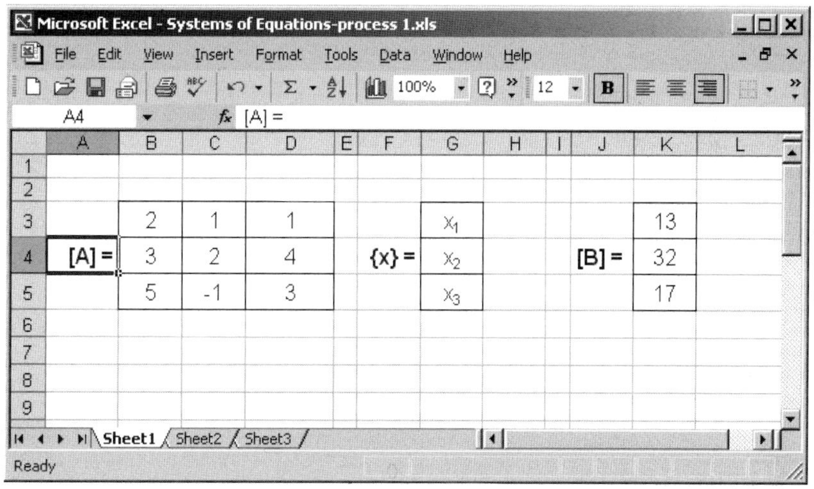

그림 2.9 예제 2.8 Excel에 의한 재론**(Step 1)**

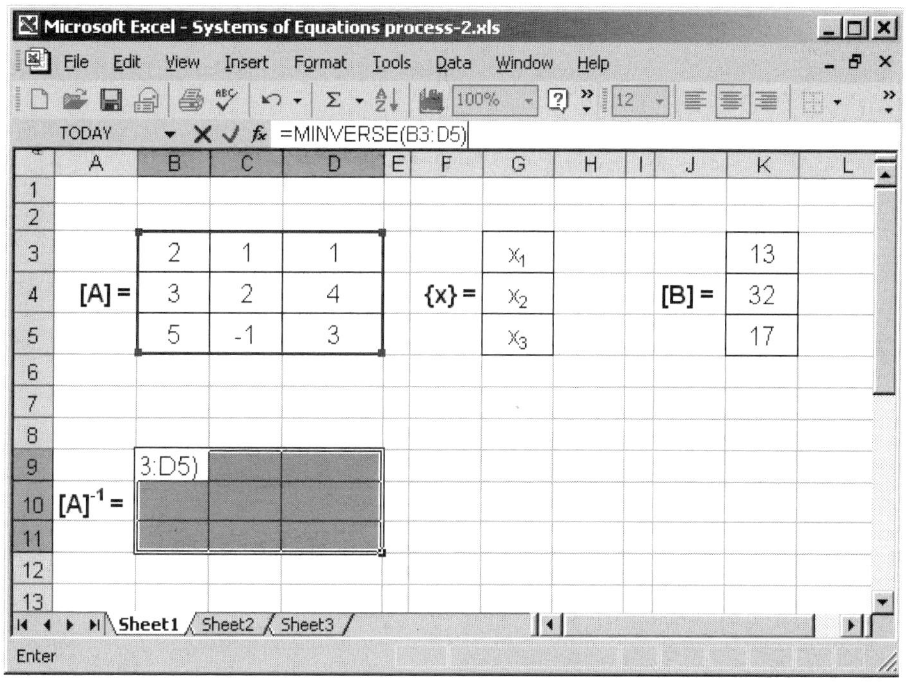

그림 2.10 예제 2.8 Excel에 의한 재론**(Step 2)**

4. A14셀, B13부터 B15까지의 셀, C14셀, D14부터 E14까지 셀의 정보는 그림 2.12에 보여지는 바와 같다.

5. F13셀부터 F15셀까지 선택하고 공식 입력창에 **=MMULT(B9:D11,K3:K5)**라고 입력하고 **Ctrl** 키와 **Shift** 키를 누른 채로 **Enter** 키를 누른다. 이 연산과정의 결과는 그림 2.13에 보여진다. x_1, x_2, 그리고 x_3의 값이 계산되어진다.

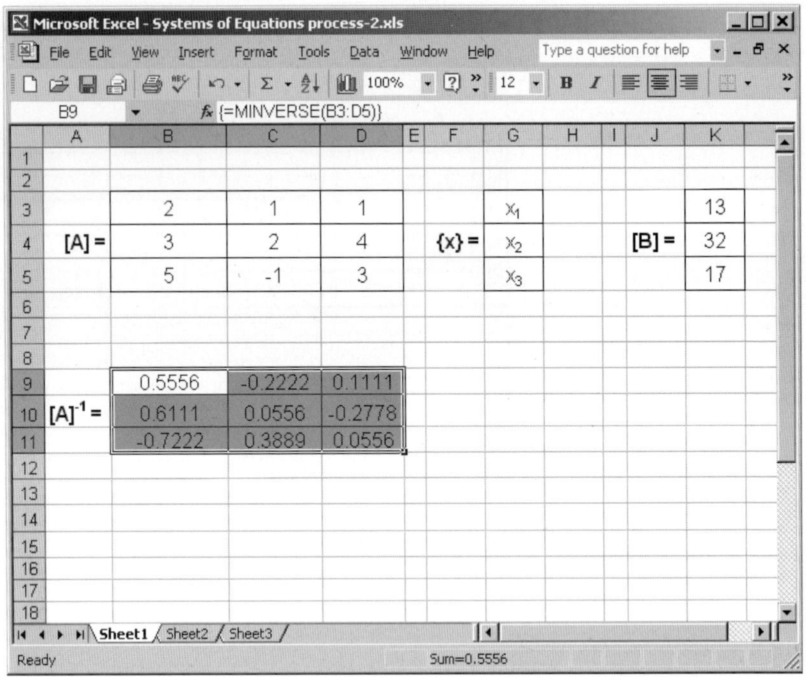

그림 2.11 예제 2.8 Excel에 의한 재론(Step 3)

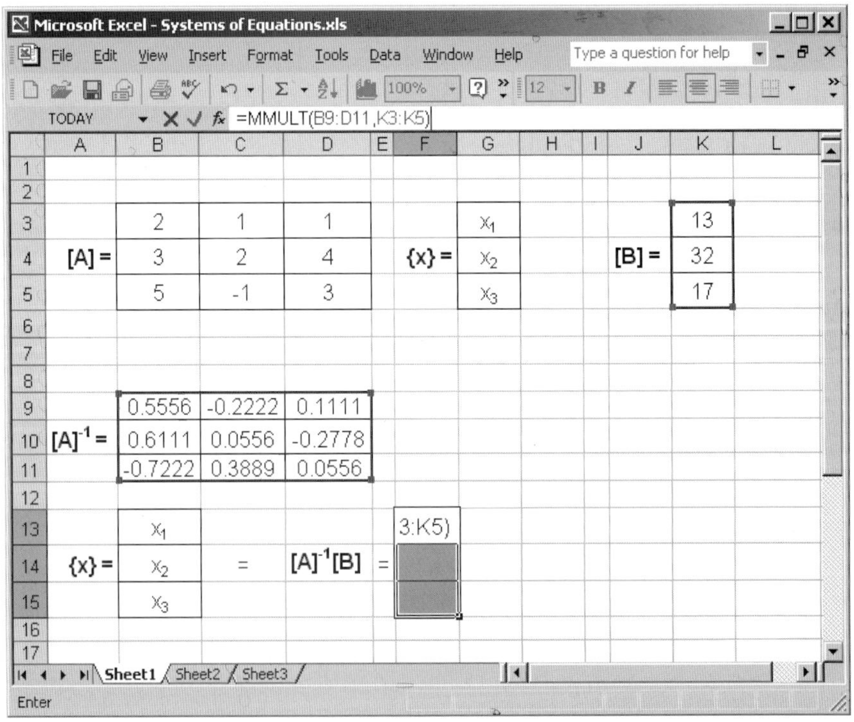

그림 2.12 예제 2.8 Excel에 의한 재론(Step 4)

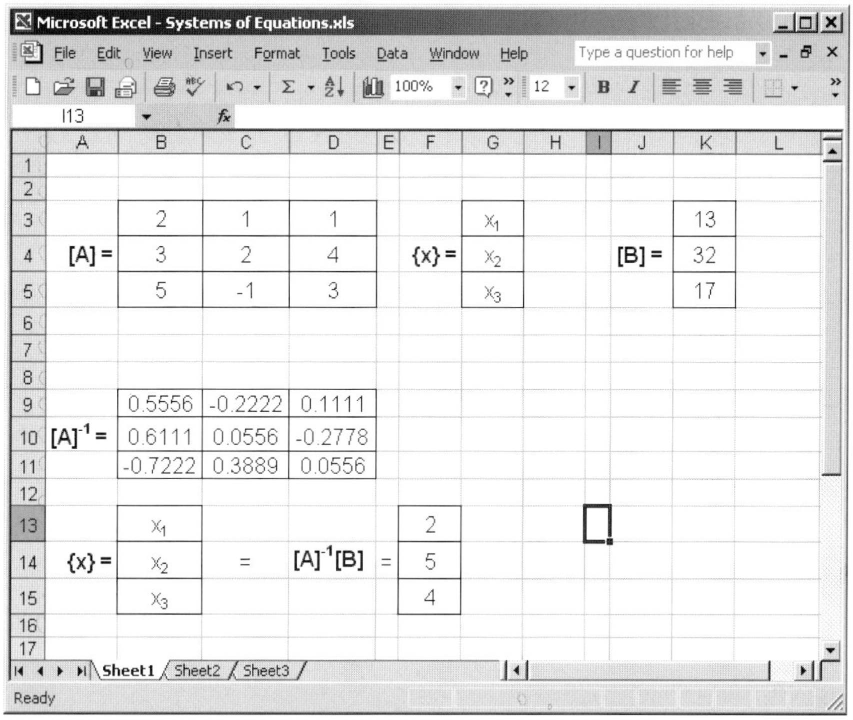

그림 2.13 예제 2.8 Excel에 의한 재론**(Step 5)**

요약

1. 필수적인 행렬 용어와 기본적인 행렬 연산을 이해한다.

2. 행렬의 전치를 어떻게 하는지 이해한다.

3. 행렬식의 계산을 어떻게 하는지 이해한다.

4. 크래머 법칙, 가우스 소거법, LU 분해법을 이용하여 선형 방정식의 풀이를 이해한다.

5. 역행렬의 계산을 이해한다.

6. 고유치 문제의 풀이와 익숙해진다.

참고문헌

Gere, James M., and Weaver, William, *Matrix Algebra for Engineers*, New York, Van Nostrand, 1965.

James, M. L., Smith, G. M., and Wolford, J. C., *Applied Numerical Methods for Digital Computation*, 4th ed., New York, HarperCollins, 1993.

MATLAB Manual, *Learning MATLAB 6*, Release 12.

Nakamura, Shoichiro, *Applied Numerical Methods with Software*, Upper Saddle River, NJ, Prentice Hall, 1991.

■ 연습문제 ■

1. 다음에 주어진 행렬의 크기와 형태를 확인하라. 행렬이 정사각행렬, 행행렬, 대각행렬, 열행렬, 단위행렬, 삼각행렬, 띠행렬, 또는 대칭행렬인지 표시하라.

a. $\begin{bmatrix} 3 & 2 & 0 \\ 2 & 4 & 5 \\ 0 & 5 & 6 \end{bmatrix}$ **b.** $\begin{Bmatrix} x \\ x^2 \\ x^3 \\ x^4 \end{Bmatrix}$ **c.** $\begin{bmatrix} 4 & 0 \\ 0 & 8 \end{bmatrix}$ **d.** $[1 \quad y \quad y^2 \quad y^3]$

e. $\begin{bmatrix} 1 & 0 & 0 \\ 0 & 1 & 0 \\ 0 & 0 & 1 \end{bmatrix}$ **f.** $\begin{bmatrix} 3 & -1 & 0 & 0 & 0 \\ 2 & 0 & 6 & 0 & 0 \\ 0 & 4 & 1 & 4 & 0 \\ 0 & 0 & 5 & 4 & 2 \\ 0 & 0 & 0 & 7 & 8 \end{bmatrix}$ **g.** $\begin{bmatrix} 1 & 2 & 2 & 2 \\ 0 & 1 & 3 & 3 \\ 0 & 0 & 1 & 4 \\ 0 & 0 & 0 & 1 \end{bmatrix}$

h. $\begin{bmatrix} c_1 & 0 & 0 & 0 \\ 0 & c_2 & 0 & 0 \\ 0 & 0 & c_3 & 0 \\ 0 & 0 & 0 & c_4 \end{bmatrix}$

2. 다음과 같이 행렬이 주어진다.

$$[\boldsymbol{A}] = \begin{bmatrix} 4 & 2 & 1 \\ 7 & 0 & -7 \\ 1 & -5 & 3 \end{bmatrix}, \quad [\boldsymbol{B}] = \begin{bmatrix} 1 & 2 & -1 \\ 5 & 3 & 3 \\ 4 & 5 & -7 \end{bmatrix}, \text{ 그리고 } \{\boldsymbol{C}\} = \begin{Bmatrix} 1 \\ -2 \\ 4 \end{Bmatrix}$$

다음의 연산을 수행하라.

a. $[\boldsymbol{A}] + [\boldsymbol{B}] = ?$

b. $[\boldsymbol{A}] - [\boldsymbol{B}] = ?$

c. $3[\boldsymbol{A}] = ?$

d. $[\boldsymbol{A}][\boldsymbol{B}] = ?$

e. $[\boldsymbol{A}][\boldsymbol{C}] = ?$

f. $[\boldsymbol{A}]^2 = ?$

g. $[\boldsymbol{I}][\boldsymbol{A}] = [\boldsymbol{A}][\boldsymbol{I}] = [\boldsymbol{A}]$임을 보여라.

3. 주어진 분할된 행렬에 대해 하부행렬을 이용하여 $[\boldsymbol{A}][\boldsymbol{B}] = [\boldsymbol{C}]$의 곱을 계산하라.

$$[\boldsymbol{A}] = \left[\begin{array}{ccc|ccc} 5 & 7 & 2 & 0 & 3 & 5 \\ 3 & 8 & -3 & -5 & 0 & 8 \\ \hline 1 & 4 & 0 & 7 & 15 & 9 \\ 0 & 10 & 5 & 12 & 3 & -1 \\ 2 & -5 & 9 & 2 & 18 & -10 \end{array}\right] \text{ 그리고 } [\boldsymbol{B}] = \left[\begin{array}{c|cc} 2 & 10 & 0 \\ 8 & 7 & 5 \\ -5 & 2 & -4 \\ \hline 4 & 8 & 13 \\ 3 & 12 & 0 \\ 1 & 5 & 7 \end{array}\right]$$

4. 다음과 같이 행렬이 주어진다.

$$[A] = \begin{bmatrix} 1 & 4 & 2 \\ 8 & 3 & 6 \\ 7 & 1 & -2 \end{bmatrix} \text{ 그리고 } [B] = \begin{bmatrix} 0 & 5 & -1 \\ -3 & 1 & 7 \\ 2 & 4 & -4 \end{bmatrix}$$

다음의 연산을 수행하라.

a. $[A]^T = ?$와 $[B]^T = ?$

b. $([A] + [B])^T = [A]^T + [B]^T$임을 검증하라.

c. $([A][B])^T = [B]^T[A]^T$임을 검증하라.

5. 다음과 같이 행렬이 주어진다.

$$[A] = \begin{bmatrix} 2 & 10 & 0 \\ 16 & 6 & 14 \\ 12 & -4 & 18 \end{bmatrix} \quad [B] = \begin{bmatrix} 2 & 10 & 0 \\ 4 & 20 & 0 \\ 12 & -4 & 18 \end{bmatrix}$$

다음을 계산하라.

a. $[A]$와 $[B]$의 행렬식 계산을 직접 전개와 부행렬(minor) 법칙을 이용하여 구하라.

b. $[A]^T$의 행렬식을 구하라.

c. $5[A]$의 행렬식을 구하라.

어떤 행렬이 특이행렬인가?

6. 다음과 같이 행렬이 주어진다.

$$[A] = \begin{bmatrix} 0 & 5 & 0 \\ 8 & 3 & 7 \\ 9 & -2 & 9 \end{bmatrix}$$

$[A]$의 행렬식과 $[A]^T$의 행렬식을 계산하라.

7. 다음에 주어진 방정식을 가우스 소거법을 이용하여 풀고, 예제 1.4의 결과와 비교하라.

$$\begin{bmatrix} 10875000 & -1812500 & 0 \\ -1812500 & 6343750 & -4531250 \\ 0 & -4531250 & 4531250 \end{bmatrix} \begin{Bmatrix} u_2 \\ u_3 \\ u_4 \end{Bmatrix} = \begin{Bmatrix} 0 \\ 0 \\ 800 \end{Bmatrix}$$

8. 문제 6의 계수행렬을 상부와 하부 삼각행렬로 분리하라.

9. 다음에 주어진 방정식을 LU 방법을 이용하여 풀고, 예제 1.4의 결과와 비교하라.

$$\begin{bmatrix} 10875000 & -1812500 & 0 \\ -1812500 & 6343750 & -4531250 \\ 0 & -4531250 & 4531250 \end{bmatrix} \begin{Bmatrix} u_2 \\ u_3 \\ u_4 \end{Bmatrix} = \begin{Bmatrix} 0 \\ 0 \\ 800 \end{Bmatrix}$$

10. 다음에 주어진 방정식을 계수행렬의 역행렬을 구해 풀고, 예제 1.4의 결과와 비교하라.

$$\begin{bmatrix} 10875000 & -1812500 & 0 \\ -1812500 & 6343750 & -4531250 \\ 0 & -4531250 & 4531250 \end{bmatrix} \begin{Bmatrix} u_2 \\ u_3 \\ u_4 \end{Bmatrix} = \begin{Bmatrix} 0 \\ 0 \\ 800 \end{Bmatrix}$$

11. (a) 가우스 소거법을 이용하고, (b) LU 분해법을 이용하고, (c) 역행렬을 이용하여 다음의 방정식을 풀어라.

$$\begin{bmatrix} 1 & 1 & 1 \\ 2 & 5 & 1 \\ -3 & 1 & 5 \end{bmatrix} \begin{Bmatrix} x_1 \\ x_2 \\ x_3 \end{Bmatrix} = \begin{Bmatrix} 6 \\ 15 \\ 14 \end{Bmatrix}$$

12. 다음에 주어진 행렬의 역행렬을 구하라.

$$[\boldsymbol{A}] = \begin{bmatrix} 5 & 0 & 0 & 0 \\ 0 & 2 & 0 & 0 \\ 0 & 0 & 8 & 0 \\ 0 & 0 & 0 & 4 \end{bmatrix} \quad [\boldsymbol{B}] = \begin{bmatrix} 1 & 1 & 1 \\ 2 & 5 & 1 \\ -3 & 1 & 5 \end{bmatrix} \quad [\boldsymbol{C}] = \begin{bmatrix} k_{11} & k_{12} \\ k_{21} & k_{22} \end{bmatrix}$$

13. 4×4 행렬의 요소에 스칼라 양 α를 곱한다면, 행렬식은 원래의 행렬식의 값의 α^4배가 됨을 보여라.

$$\det\left(\alpha \begin{bmatrix} a_{11} & a_{12} & a_{13} & a_{14} \\ a_{21} & a_{22} & a_{23} & a_{24} \\ a_{31} & a_{32} & a_{33} & a_{34} \\ a_{41} & a_{42} & a_{43} & a_{44} \end{bmatrix}\right) = \alpha^4 \begin{vmatrix} a_{11} & a_{12} & a_{13} & a_{14} \\ a_{21} & a_{22} & a_{23} & a_{24} \\ a_{31} & a_{32} & a_{33} & a_{34} \\ a_{41} & a_{42} & a_{43} & a_{44} \end{vmatrix}$$

또한 만일 3×3 행렬에 같은 스칼라 양 α를 곱한다면 행렬식은 원래의 행렬식의 값의 α^3배가 되는가? 이 예제의 결과를 일반적으로 어떻게 표현하겠는가?

14. 2.9절의 예제 문제에서 $m_1 = 0.1$ kg, $m_2 = 0.2$ kg, $k = 100$ N/m일 때 고유 진동수와 고유 모드를 구하라.

15. 문제 2를 MATLAB과 Excel을 이용하여 구하라.

16. 문제 4를 MATLAB과 Excel을 이용하여 구하라.

17. 문제 5를 MATLAB을 이용하여 구하라.

18. 문제 6을 MATLAB을 이용하여 구하라.

19. 문제 7을 MATLAB을 이용하여 구하라.

20. 문제 8을 MATLAB을 이용하여 구하라.

21. 문제 9를 MATLAB을 이용하여 구하라.

22. 문제 10을 MATLAB과 Excel을 이용하여 구하라.

23. 문제 11을 MATLAB을 이용하여 구하라.

24. 문제 13을 MATLAB을 이용하여 구하라.

25. 복합재료 벽의 모델로부터 나온 방정식의 해를 구하라. 행렬 좌측 나눗셈 명령어로 MATLAB을 사용하라.

$$\begin{bmatrix} 7.11 & -1.23 & 0 & 0 & 0 \\ -1.23 & 1.99 & -0.76 & 0 & 0 \\ 0 & -0.76 & 0.851 & -0.091 & 0 \\ 0 & 0 & -0.091 & 2.31 & -2.22 \\ 0 & 0 & 0 & -2.22 & 3.69 \end{bmatrix} \begin{Bmatrix} T_2 \\ T_3 \\ T_4 \\ T_5 \\ T_6 \end{Bmatrix} = \begin{Bmatrix} (5.88)(20) \\ 0 \\ 0 \\ 0 \\ (1.47)(70) \end{Bmatrix}$$

예제 1.2의 결과와 비교하라.

26. MATLAB을 이용하여 문제 25를 풀고, 우선적으로 행렬의 역행렬을 구한 후 필요한 연산을 수행하라.

27. MATLAB을 이용하여 문제 25를 풀고, 행렬의 상부와 하부 삼각행렬로 분할한 후 필요한 연산을 수행하라.

28. 핀(fin) 모델로부터 나온 다음의 방정식을 MATLAB을 이용하여 해를 구하라.

$$\begin{bmatrix} 1 & 0 & 0 & 0 & 0 \\ -0.0408 & 0.0888 & -0.0408 & 0 & 0 \\ 0 & -0.0408 & 0.0888 & -0.0408 & 0 \\ 0 & 0 & -0.0408 & 0.0888 & -0.0408 \\ 0 & 0 & 0 & -0.0408 & 0.04455 \end{bmatrix} \begin{Bmatrix} T_1 \\ T_2 \\ T_3 \\ T_4 \\ T_5 \end{Bmatrix} = \begin{Bmatrix} 100 \\ 0.144 \\ 0.144 \\ 0.144 \\ 0.075 \end{Bmatrix}$$

29. 트러스 모델로부터 나온 다음의 방정식을 MATLAB을 이용하여 구하고, 예제 3.1의 결과와 비교하라.

$$10^5 \begin{bmatrix} 7.2 & 0 & 0 & 0 & -1.49 & -1.49 \\ 0 & 7.2 & 0 & -4.22 & -1.49 & -1.49 \\ 0 & 0 & 8.44 & 0 & -4.22 & 0 \\ 0 & -4.22 & 0 & 4.22 & 0 & 0 \\ -1.49 & -1.49 & -4.22 & 0 & 5.71 & 1.49 \\ -1.49 & -1.49 & 0 & 0 & 1.49 & 1.49 \end{bmatrix} \begin{Bmatrix} U_{2X} \\ U_{2Y} \\ U_{4X} \\ U_{4Y} \\ U_{5X} \\ U_{5Y} \end{Bmatrix} = \begin{Bmatrix} 0 \\ 0 \\ 0 \\ -500 \\ 0 \\ -500 \end{Bmatrix}$$

30. 문제 14를 MATLAB을 이용하여 구하라.

31. 문제 25를 Excel을 이용하여 구하라.

32. 문제 28을 Excel을 이용하여 구하라.

33. 문제 29를 Excel을 이용하여 구하라.

Chapter 3

트러스

이 장에서는 트러스(truss)에 대한 유한요소 정식화의 기본 개념을 소개하고 ANSYS 프로그램에 대해서 개괄적으로 살펴보겠다. 이 장에서 주로 다룰 내용은 ANSYS 시작메뉴(Launcher), 그래픽 사용자 인터페이스(graphical user interface: GUI), ANSYS 프로그램의 구성 등이며, 그 구체적인 내용은 다음과 같다.

3.1 트러스의 정의
3.2 유한요소 정식화
3.3 공간 트러스
3.4 ANSYS 프로그램의 개요
3.5 ANSYS를 이용한 예제
3.6 결과 검증

3.1 트러스의 정의

트러스(truss)는 끝단이 볼트, 리벳, 핀(pin), 또는 용접 등으로 연결된 직선 부재로 만들어진 구조물이다. 트러스 부재로는 보통 강이나 알루미늄 튜브, 목재 지지대, 금속봉, 앵글, 채널 등이 쓰인다. 송전탑, 교량, 빌딩의 지붕과 같이 많은 실제 구조문제들은 트러스 구조로 모델링하여 해석할 수 있다. 평면 트러스(plane truss)는 부재가 한 평면에 놓인 것이다. 이러한 트러스에 작용하는 힘 역시 같은 평면에 놓여야 한다. **이력 부재**(two-force member)는

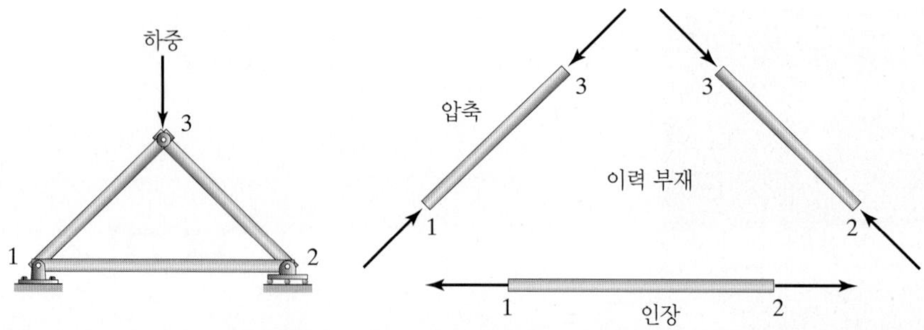

그림 3.1 하중을 받고 있는 단순 트러스

그림 3.1과 같이 부재방향에 따라 작용하는 내력의 크기는 같고 방향은 반대인 것을 의미한다.

부재는 마찰이 없는 핀(3차원 트러스는 볼과 소켓)으로 연결되었다고 가정하고 해석한다. 볼트나 용접으로 체결된 트러스도 각 부재의 중심축을 연장한 선이 한 점에서 만난다면 마찰이 없는 핀인 것처럼 해석할 수 있다(굽힘이 없음). 다른 중요한 가정은 힘이 가해지는 방법과 관련이 있다. 모든 하중은 조인트(joint)에 가해져야 한다. 이 가정은 하중이 조인트에 가해지는 방식으로 트러스가 고안되었기 때문에 대부분의 경우에 타당하다. 일반적으로 가해지는 하중과 비교하여 부재의 무게는 무시될 수 있다. 그러나 만약 부재의 무게를 고려한다면 연결 조인트에는 각 부재 무게의 절반을 가한다. **정정**(statically determinate) 트러스 문제는 많은 기초역학책에서 이미 다루었다. 이런 종류의 문제는 조인트법이나 단면법(methods of joints or sections)에 의해 해석된다. 그러나 트러스 부재를 강체로 취급하기 때문에 이러한 방법들로는 조인트의 변위를 알 수 없다. 또한 트러스 부재가 강체라는 가정 때문에 **부정정**(statically indeterminate) 트러스 문제의 해석은 불가능하다. 유한요소법에서는 트러스가 강체라는 가정을 제거하여 이런 종류의 문제를 풀 수 있도록 한다. 그림 3.2는 정정 문제와 부정정 문제의 예를 나타내고 있다.

3.2 유한요소 정식화

그림 3.3과 같이 힘 F가 가해진 단일 부재의 변형을 고려하자. 강성계수를 유도하는 방법은 1.5절에 설명된 축하중을 받는 부재의 해석방법과 같다. 복습을 위해서 다시 요소의 등가 강성을 유도한다. 임의의 이력 부재에서 평균 응력은 다음과 같다.

$$\sigma = \frac{F}{A} \tag{3.1}$$

부재의 평균 변형률은 다음과 같이 표현된다.

$$\varepsilon = \frac{\Delta L}{L} \tag{3.2}$$

탄성 영역에서 응력과 변형률은 후크의 법칙(Hooke's law)을 따른다.

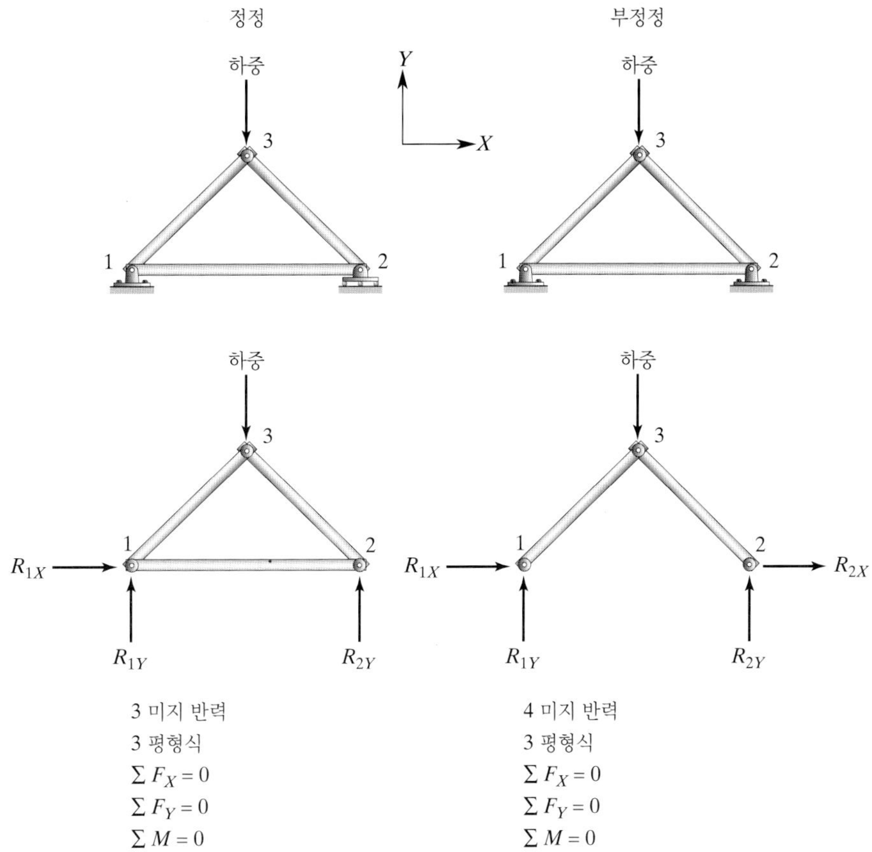

그림 3.2 정정 문제와 부정정 문제의 예

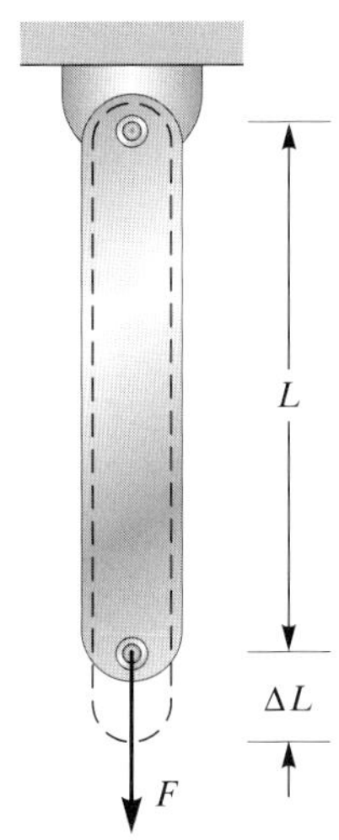

그림 3.3 힘 F를 받고 있는 이력 부재

$$\sigma = E\varepsilon \tag{3.3}$$

식 (3.1), (3.2), (3.3)을 조합하면 다음과 같다.

$$F = \left(\frac{AE}{L}\right)\Delta L \tag{3.4}$$

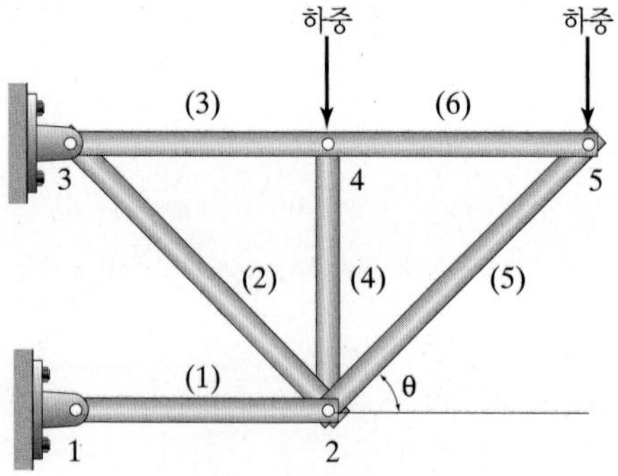

그림 3.4 발코니 트러스

식 (3.4)는 선형 스프링 식 $F = kx$와 유사함을 알 수 있다. 축하중을 받는 단면이 일정한 부재는 등가 강성이 다음과 같은 스프링으로 간주될 수 있다.

$$k_{\text{eq}} = \frac{AE}{L} \tag{3.5}$$

5개의 절점과 6개의 요소로 이루어진 발코니 트러스가 그림 3.4에 도시되어 있다. 이 트러스에서 임의의 방향으로 놓인 하나의 요소를 분리하여 고려하자. 여기서는 요소 (5)를 선택하였다.

일반적으로 트러스 문제를 기술할 때, **전체 좌표계**(global coordinate system)와 **국부 좌표계**(local coordinate system)의 두 가지 좌표계가 필요하다. 고정된 전체 좌표계(X, Y)는 (1) 각 조인트(절점)의 위치를 나타내고, 각 θ를 사용하여 각 부재(요소)의 방위(orientation)를 나타내며, (2) 하중과 구속조건을 전체 좌표값으로 부과하고, (3) 트러스 문제의 해, 즉 각 절점에서의 변위를 전체 좌표계의 성분으로 나타내는 데 사용된다. 국부 좌표계(x, y)는 요소의 이력 부재의 거동을 표현하기 위해서 필요하다. 국부 좌표계와 전체 좌표계의 관계를 그림 3.5에 나타내었다.

전체 변위(global displacement, 절점 i에서 U_{iX}, U_{iY}, 절점 j에서 U_{jX}, U_{jY})와 국부 변위(local displacement, 절점 i에서 u_{ix}, u_{iy}, 절점 j에서 u_{jx}, u_{jy}) 사이의 관계는 다음과 같다.

$$\begin{aligned} U_{iX} &= u_{ix}\cos\theta - u_{iy}\sin\theta \\ U_{iY} &= u_{ix}\sin\theta + u_{iy}\cos\theta \\ U_{jX} &= u_{jx}\cos\theta - u_{jy}\sin\theta \\ U_{jY} &= u_{jx}\sin\theta + u_{jy}\cos\theta \end{aligned} \tag{3.6}$$

식 (3.6)을 행렬 형태로 나타내면 다음과 같다.

$$\{\mathbf{U}\} = [\mathbf{T}]\{\mathbf{u}\} \tag{3.7}$$

여기서

$$\{\mathbf{U}\} = \begin{Bmatrix} U_{iX} \\ U_{iY} \\ U_{jX} \\ U_{jY} \end{Bmatrix}, \ [\mathbf{T}] = \begin{bmatrix} \cos\theta & -\sin\theta & 0 & 0 \\ \sin\theta & \cos\theta & 0 & 0 \\ 0 & 0 & \cos\theta & -\sin\theta \\ 0 & 0 & \sin\theta & \cos\theta \end{bmatrix}, \ \text{그리고} \ \{\mathbf{u}\} = \begin{Bmatrix} u_{ix} \\ u_{iy} \\ u_{jx} \\ u_{jy} \end{Bmatrix}$$

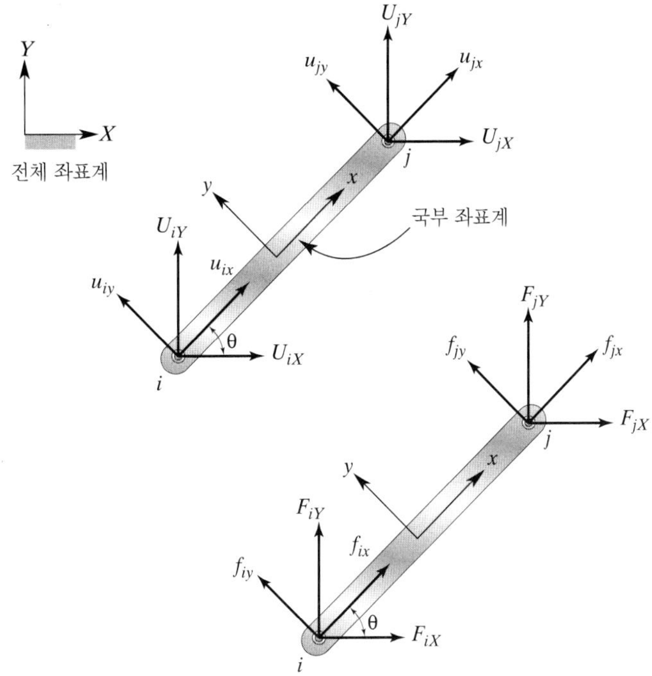

그림 3.5 국부 좌표와 전체 좌표의 관계

{**U**}는 전체 좌표계 XY에 대한 절점 i와 j의 변위이고, {**u**}는 국부 좌표계 xy에 대한 절점 i와 j의 변위이다. [**T**]는 국부 좌표계의 변위를 전체 좌표계의 변위로 변환시키는 변환행렬(transformation matrix)이다. 유사한 방법으로 전체 좌표계와 국부 좌표계 사이의 힘의 관계는 다음과 같다.

$$\begin{aligned} F_{iX} &= f_{ix}\cos\theta - f_{iy}\sin\theta \\ F_{iY} &= f_{ix}\sin\theta + f_{iy}\cos\theta \\ F_{jX} &= f_{jx}\cos\theta - f_{jy}\sin\theta \\ F_{jY} &= f_{jx}\sin\theta + f_{jy}\cos\theta \end{aligned} \tag{3.8}$$

행렬 형태로 나타내면 다음과 같다.

$$\{\mathbf{F}\} = [\mathbf{T}]\{\mathbf{f}\} \tag{3.9}$$

여기서

$$\{\mathbf{F}\} = \begin{Bmatrix} F_{iX} \\ F_{iY} \\ F_{jX} \\ F_{jY} \end{Bmatrix}$$

위 식은 절점 i와 j에 가해지는 전체 좌표계에 대한 하중벡터이고,

$$\{\mathbf{f}\} = \begin{Bmatrix} f_{ix} \\ f_{iy} \\ f_{jx} \\ f_{jy} \end{Bmatrix}$$

위 식은 국부 좌표계에서 절점 i와 j의 하중벡터이다.

전체 좌표계 성분과 국부 좌표계 성분 사이의 일반적인 관계는 앞에서 유도했다. 그러나 이력 부재라는 가정하에서 부재는 단지 길이방향으로만 변위가 발생하므로 국부 좌표에 대한 y방향 변위와 힘은 0이다. 이는 부재가 길이방향축(국부 좌표계의 x축)으로만 늘어나거나 줄어든다는 이력 부재의 가정만 보더라도 자명하다. 물론 그림 3.6에서처럼 내력이 국부 좌표계의 x방향으로만 힘이 가해진다는 것을 보더라도 알 수 있다. 그러나 이 항들을 0이라 놓지 않고 요소 강성행렬을 유도해야 일반적인 행렬 표기를 유지할 수 있다. 이 과정은 변위의 y방향 성분과 힘을 0으로 놓을 때 명백해질 것이다. 국부 좌표계에 대한 내력과 변위는 강성행렬을 통해서 다음과 같은 관계가 성립된다.

$$\begin{Bmatrix} f_{ix} \\ f_{iy} \\ f_{jx} \\ f_{jy} \end{Bmatrix} = \begin{bmatrix} k & 0 & -k & 0 \\ 0 & 0 & 0 & 0 \\ -k & 0 & k & 0 \\ 0 & 0 & 0 & 0 \end{bmatrix} \begin{Bmatrix} u_{ix} \\ u_{iy} \\ u_{jx} \\ u_{jy} \end{Bmatrix} \tag{3.10}$$

여기서 $k = k_{\text{eq}} = \dfrac{AE}{L}$이고, 행렬 형태로 나타내면 다음과 같으며,

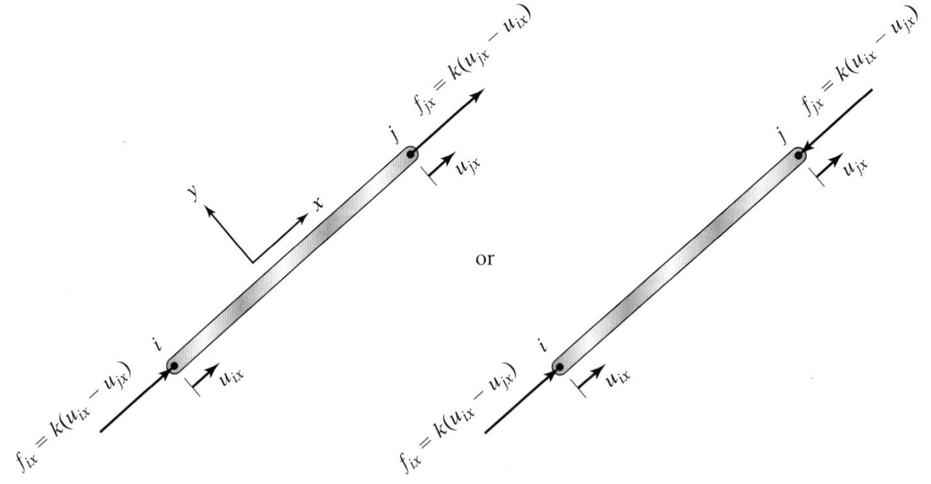

$f_{ix} = k(u_{ix} - u_{jx})$
$f_{iy} = 0$
$f_{jx} = k(u_{jx} - u_{ix}) = -k(u_{ix} - u_{jx})$ 또는 행렬 형태
$f_{jy} = 0$

$$\begin{Bmatrix} f_{ix} \\ f_{iy} \\ f_{jx} \\ f_{jy} \end{Bmatrix} = \begin{bmatrix} k & 0 & -k & 0 \\ 0 & 0 & 0 & 0 \\ -k & 0 & k & 0 \\ 0 & 0 & 0 & 0 \end{bmatrix} \begin{Bmatrix} u_{ix} \\ u_{iy} \\ u_{jx} \\ u_{jy} \end{Bmatrix}$$

그림 3.6 임의의 트러스 요소에 대한 내력

$$\{\mathbf{f}\} = [\mathbf{K}]\{\mathbf{u}\} \tag{3.11}$$

{**f**}와 {**u**}를 {**F**}와 {**U**}로 치환하면 다음과 같다.

$$\overbrace{[\mathbf{T}]^{-1}\{\mathbf{F}\}}^{\{\mathbf{f}\}} = [\mathbf{K}]\overbrace{[\mathbf{T}]^{-1}\{\mathbf{U}\}}^{\{\mathbf{u}\}} \tag{3.12}$$

여기서 $[\mathbf{T}]^{-1}$은 변환행렬 [**T**]의 역행렬이다.

$$[\mathbf{T}]^{-1} = \begin{bmatrix} \cos\theta & \sin\theta & 0 & 0 \\ -\sin\theta & \cos\theta & 0 & 0 \\ 0 & 0 & \cos\theta & \sin\theta \\ 0 & 0 & -\sin\theta & \cos\theta \end{bmatrix} \tag{3.13}$$

식 (3.12)의 양변에 [**T**]를 곱하고, 간단히 하면 다음과 같다.

$$\{\mathbf{F}\} = [\mathbf{T}][\mathbf{K}][\mathbf{T}]^{-1}\{\mathbf{U}\} \tag{3.14}$$

식 (3.14)에 [**T**], [**K**], $[\mathbf{T}]^{-1}$, {**U**}의 값을 넣고 계산해 보자.

$$\begin{Bmatrix} F_{iX} \\ F_{iY} \\ F_{jX} \\ F_{jY} \end{Bmatrix} = k\begin{bmatrix} \cos^2\theta & \sin\theta\cos\theta & -\cos^2\theta & -\sin\theta\cos\theta \\ \sin\theta\cos\theta & \sin^2\theta & -\sin\theta\cos\theta & -\sin^2\theta \\ -\cos^2\theta & -\sin\theta\cos\theta & \cos^2\theta & \sin\theta\cos\theta \\ -\sin\theta\cos\theta & -\sin^2\theta & \sin\theta\cos\theta & \sin^2\theta \end{bmatrix}\begin{Bmatrix} U_{iX} \\ U_{iY} \\ U_{jX} \\ U_{jY} \end{Bmatrix} \tag{3.15}$$

식 (3.15)는 가해지는 힘과 요소 강성행렬 $[\mathbf{K}]^{(e)}$, 변위 사이의 관계를 나타낸다. 임의의 트러스의 요소 강성행렬 $[\mathbf{K}]^{(e)}$는 다음과 같다.

$$[\mathbf{K}]^{(e)} = k\begin{bmatrix} \cos^2\theta & \sin\theta\cos\theta & -\cos^2\theta & -\sin\theta\cos\theta \\ \sin\theta\cos\theta & \sin^2\theta & -\sin\theta\cos\theta & -\sin^2\theta \\ -\cos^2\theta & -\sin\theta\cos\theta & \cos^2\theta & \sin\theta\cos\theta \\ -\sin\theta\cos\theta & -\sin^2\theta & \sin\theta\cos\theta & \sin^2\theta \end{bmatrix} \tag{3.16}$$

다음 단계는 요소 강성행렬을 조합하고, 경계조건과 힘을 부과하여 변위를 구한 후 수직 응력 등을 계산하면 된다. 이 과정은 예제를 통하여 설명하겠다.

예제 3.1

그림 3.4에서 보여진 발코니 트러스를 고려하자. 여기서 그림에서와 같이 하중이 가해질 때 각 조인트의 변위를 구하는 데 관심이 있다. 모든 부재는 탄성계수 $E = 1.90 \times 10^6$ lb/in^{2}이고 단면적이 8 in^{2}인 미송나무 목재로 만들어졌다. 먼저 수계산으로 해를 구한 후, ANSYS 사용법을 배우고 이 문제를 ANSYS를 이용하여 풀어보겠다.

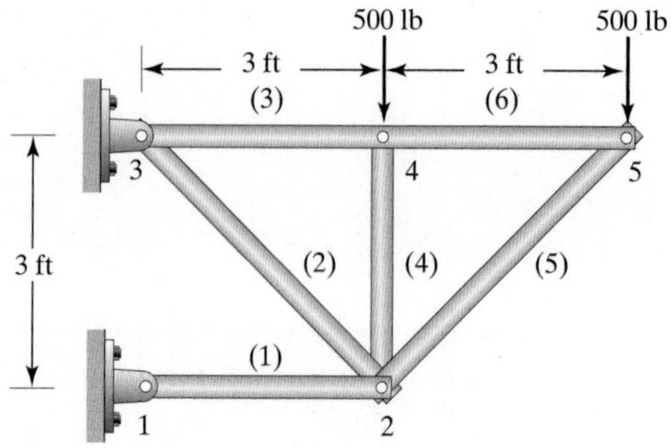

1.4절에서 설명했듯이 유한요소해석은 7단계로 나뉜다. 여기서는 트러스 문제의 해석과 관련하여 이 과정을 3단계(전처리, 해석, 후처리)로 다시 나누어 설명하겠다.

전처리 단계

1. 문제를 요소와 절점으로 분리한다.

각 트러스 부재는 요소로, 각 부재를 연결하는 조인트는 절점으로 생각할 수 있다. 따라서 주어진 트러스는 5개의 절점과 6개의 요소로 모델링할 수 있다. 표 3.1을 참고하기 바란다.

2. 요소의 거동을 근사하는 해를 가정하라.

3.2절에서 언급했듯이 식 (3.5)에 의하여 각 요소는 등가 강성 k를 가지는 스프링으로 모델링될 수 있다. 요소 (1), (3), (4), (6)은 동일한 길이, 단면적, 탄성계수를 가지며, 이들 부재의 등가 강성은 다음과 같다.

$$k = \frac{AE}{L} = \frac{(8\ \text{in}^2)\left(1.90 \times 10^6 \dfrac{\text{lb}}{\text{in}^2}\right)}{36\ \text{in}} = 4.22 \times 10^5\ \text{lb/in}$$

요소 (2), (5)의 등가 강성은 다음과 같다.

$$k = \frac{AE}{L} = \frac{(8\ \text{in}^2)\left(1.90 \times 10^6 \dfrac{\text{lb}}{\text{in}^2}\right)}{50.9\ \text{in}} = 2.98 \times 10^5\ \text{lb/in}$$

표 3.1 요소와 절점과의 관계

요소	절점 i	절점 j	θ 그림 3.7–3.10 참조
(1)	1	2	0
(2)	2	3	135
(3)	3	4	0
(4)	2	4	90
(5)	2	5	45
(6)	4	5	0

3. 요소에 대한 방정식을 만들어라.

요소 (1), (3), (6)은 국부 좌표계와 전체 좌표계가 일치한다(즉 $\theta = 0$). 이 관계를 그림 3.7에 도시하였다. 식 (3.16)으로부터 강성행렬은 다음과 같다.

$$[\mathbf{K}]^{(e)} = k\begin{bmatrix} \cos^2\theta & \sin\theta\cos\theta & -\cos^2\theta & -\sin\theta\cos\theta \\ \sin\theta\cos\theta & \sin^2\theta & -\sin\theta\cos\theta & -\sin^2\theta \\ -\cos^2\theta & -\sin\theta\cos\theta & \cos^2\theta & \sin\theta\cos\theta \\ -\sin\theta\cos\theta & -\sin^2\theta & \sin\theta\cos\theta & \sin^2\theta \end{bmatrix}$$

$$[\mathbf{K}]^{(1)} = 4.22\times10^5\begin{bmatrix} \cos^2(0) & \sin(0)\cos(0) & -\cos^2(0) & -\sin(0)\cos(0) \\ \sin(0)\cos(0) & \sin^2(0) & -\sin(0)\cos(0) & -\sin^2(0) \\ -\cos^2(0) & -\sin(0)\cos(0) & \cos^2(0) & \sin(0)\cos(0) \\ -\sin(0)\cos(0) & -\sin^2(0) & \sin(0)\cos(0) & \sin^2(0) \end{bmatrix}$$

$$[\mathbf{K}]^{(1)} = 4.22\times10^5\begin{bmatrix} 1 & 0 & -1 & 0 \\ 0 & 0 & 0 & 0 \\ -1 & 0 & 1 & 0 \\ 0 & 0 & 0 & 0 \end{bmatrix}\begin{matrix} U_{1X} \\ U_{1Y} \\ U_{2X} \\ U_{2Y} \end{matrix}$$

그리고 전체 행렬에서 요소 (1)에 대한 강성행렬 위치는 다음과 같다.

$$[\mathbf{K}]^{(1G)} = 10^5\begin{bmatrix} 4.22 & 0 & -4.22 & 0 & 0 & 0 & 0 & 0 & 0 & 0 \\ 0 & 0 & 0 & 0 & 0 & 0 & 0 & 0 & 0 & 0 \\ -4.22 & 0 & 4.22 & 0 & 0 & 0 & 0 & 0 & 0 & 0 \\ 0 & 0 & 0 & 0 & 0 & 0 & 0 & 0 & 0 & 0 \\ 0 & 0 & 0 & 0 & 0 & 0 & 0 & 0 & 0 & 0 \\ 0 & 0 & 0 & 0 & 0 & 0 & 0 & 0 & 0 & 0 \\ 0 & 0 & 0 & 0 & 0 & 0 & 0 & 0 & 0 & 0 \\ 0 & 0 & 0 & 0 & 0 & 0 & 0 & 0 & 0 & 0 \\ 0 & 0 & 0 & 0 & 0 & 0 & 0 & 0 & 0 & 0 \\ 0 & 0 & 0 & 0 & 0 & 0 & 0 & 0 & 0 & 0 \end{bmatrix}\begin{matrix} U_{1X} \\ U_{1Y} \\ U_{2X} \\ U_{2Y} \\ U_{3X} \\ U_{3Y} \\ U_{4X} \\ U_{4Y} \\ U_{5X} \\ U_{5Y} \end{matrix}$$

전체 행렬에서 요소 (1)에 대한 강성행렬의 위치를 찾는 것을 돕기 위해, 절점변위행렬을 전체 행렬 옆에 나타낸 것에 유의하라. 동일한 방법으로 요소 (3)의 강성행렬은 다음과 같고,

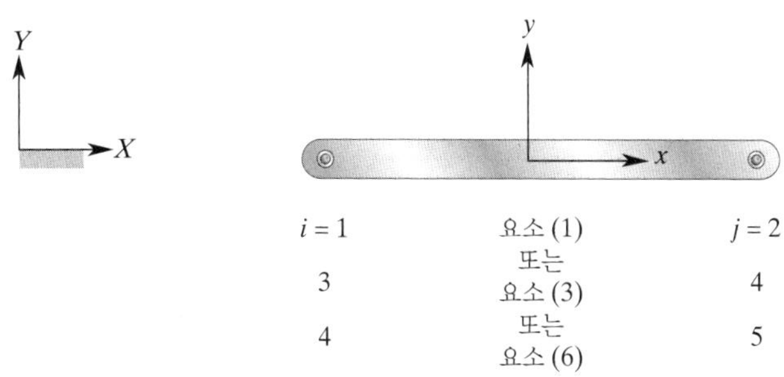

그림 3.7 요소 (1), (3), (6)의 전체 좌표계에 대한 국부 좌표계의 방위

$$[\mathbf{K}]^{(3)} = 4.22 \times 10^5 \begin{bmatrix} 1 & 0 & -1 & 0 \\ 0 & 0 & 0 & 0 \\ -1 & 0 & 1 & 0 \\ 0 & 0 & 0 & 0 \end{bmatrix} \begin{matrix} U_{3X} \\ U_{3Y} \\ U_{4X} \\ U_{4Y} \end{matrix}$$

전체 강성행렬에서의 위치는 다음과 같다.

$$[\mathbf{K}]^{(3G)} = 10^5 \begin{bmatrix} 0 & 0 & 0 & 0 & 0 & 0 & 0 & 0 & 0 & 0 \\ 0 & 0 & 0 & 0 & 0 & 0 & 0 & 0 & 0 & 0 \\ 0 & 0 & 0 & 0 & 0 & 0 & 0 & 0 & 0 & 0 \\ 0 & 0 & 0 & 0 & 0 & 0 & 0 & 0 & 0 & 0 \\ 0 & 0 & 0 & 0 & 4.22 & 0 & -4.22 & 0 & 0 & 0 \\ 0 & 0 & 0 & 0 & 0 & 0 & 0 & 0 & 0 & 0 \\ 0 & 0 & 0 & 0 & -4.22 & 0 & 4.22 & 0 & 0 & 0 \\ 0 & 0 & 0 & 0 & 0 & 0 & 0 & 0 & 0 & 0 \\ 0 & 0 & 0 & 0 & 0 & 0 & 0 & 0 & 0 & 0 \\ 0 & 0 & 0 & 0 & 0 & 0 & 0 & 0 & 0 & 0 \end{bmatrix} \begin{matrix} U_{1X} \\ U_{1Y} \\ U_{2X} \\ U_{2Y} \\ U_{3X} \\ U_{3Y} \\ U_{4X} \\ U_{4Y} \\ U_{5X} \\ U_{5Y} \end{matrix}$$

요소 (6)의 강성행렬은 다음과 같고,

$$[\mathbf{K}]^{(6)} = 4.22 \times 10^5 \begin{bmatrix} 1 & 0 & -1 & 0 \\ 0 & 0 & 0 & 0 \\ -1 & 0 & 1 & 0 \\ 0 & 0 & 0 & 0 \end{bmatrix} \begin{matrix} U_{4X} \\ U_{4Y} \\ U_{5X} \\ U_{5Y} \end{matrix}$$

전체 강성행렬에서의 위치는 다음과 같다.

$$[\mathbf{K}]^{(6G)} = 10^5 \begin{bmatrix} 0 & 0 & 0 & 0 & 0 & 0 & 0 & 0 & 0 & 0 \\ 0 & 0 & 0 & 0 & 0 & 0 & 0 & 0 & 0 & 0 \\ 0 & 0 & 0 & 0 & 0 & 0 & 0 & 0 & 0 & 0 \\ 0 & 0 & 0 & 0 & 0 & 0 & 0 & 0 & 0 & 0 \\ 0 & 0 & 0 & 0 & 0 & 0 & 0 & 0 & 0 & 0 \\ 0 & 0 & 0 & 0 & 0 & 0 & 0 & 0 & 0 & 0 \\ 0 & 0 & 0 & 0 & 0 & 0 & 4.22 & 0 & -4.22 & 0 \\ 0 & 0 & 0 & 0 & 0 & 0 & 0 & 0 & 0 & 0 \\ 0 & 0 & 0 & 0 & 0 & 0 & -4.22 & 0 & 4.22 & 0 \\ 0 & 0 & 0 & 0 & 0 & 0 & 0 & 0 & 0 & 0 \end{bmatrix} \begin{matrix} U_{1X} \\ U_{1Y} \\ U_{2X} \\ U_{2Y} \\ U_{3X} \\ U_{3Y} \\ U_{4X} \\ U_{4Y} \\ U_{5X} \\ U_{5Y} \end{matrix}$$

그림 3.8에 전체 좌표계에 대한 요소 (4)의 국부 좌표계의 방위를 나타내었다. $\theta = 90$인 요소 (4)의 강성행렬은 다음과 같고,

$$[\mathbf{K}]^{(4)} = 4.22 \times 10^5 \begin{bmatrix} \cos^2(90) & \sin(90)\cos(90) & -\cos^2(90) & -\sin(90)\cos(90) \\ \sin(90)\cos(90) & \sin^2(90) & -\sin(90)\cos(90) & -\sin^2(90) \\ -\cos^2(90) & -\sin(90)\cos(90) & \cos^2(90) & \sin(90)\cos(90) \\ -\sin(90)\cos(90) & -\sin^2(90) & \sin(90)\cos(90) & \sin^2(90) \end{bmatrix}$$

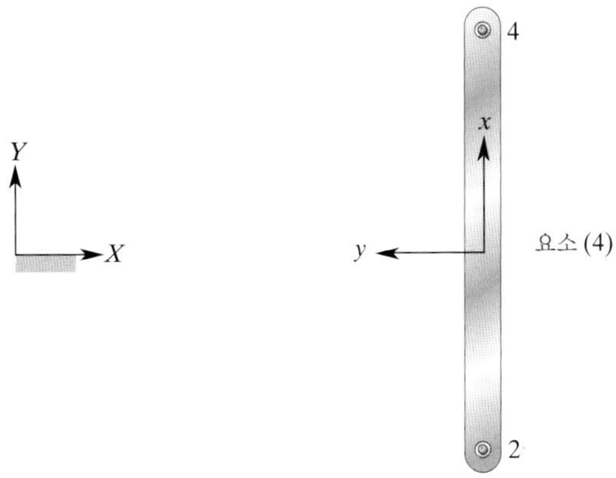

그림 3.8 요소 (4)의 전체 좌표계에 대한 국부 좌표계의 방위

$$[\mathbf{K}]^{(4)} = 4.22 \times 10^5 \begin{bmatrix} 0 & 0 & 0 & 0 \\ 0 & 1 & 0 & -1 \\ 0 & 0 & 0 & 0 \\ 0 & -1 & 0 & 1 \end{bmatrix} \begin{matrix} U_{2X} \\ U_{2Y} \\ U_{4X} \\ U_{4Y} \end{matrix}$$

전체 강성행렬에서의 위치는 다음과 같다.

$$[\mathbf{K}]^{(4G)} = 10^5 \begin{bmatrix} 0 & 0 & 0 & 0 & 0 & 0 & 0 & 0 & 0 & 0 \\ 0 & 0 & 0 & 0 & 0 & 0 & 0 & 0 & 0 & 0 \\ 0 & 0 & 0 & 0 & 0 & 0 & 0 & 0 & 0 & 0 \\ 0 & 0 & 0 & 4.22 & 0 & 0 & 0 & -4.22 & 0 & 0 \\ 0 & 0 & 0 & 0 & 0 & 0 & 0 & 0 & 0 & 0 \\ 0 & 0 & 0 & 0 & 0 & 0 & 0 & 0 & 0 & 0 \\ 0 & 0 & 0 & 0 & 0 & 0 & 0 & 0 & 0 & 0 \\ 0 & 0 & 0 & -4.22 & 0 & 0 & 0 & 4.22 & 0 & 0 \\ 0 & 0 & 0 & 0 & 0 & 0 & 0 & 0 & 0 & 0 \\ 0 & 0 & 0 & 0 & 0 & 0 & 0 & 0 & 0 & 0 \end{bmatrix} \begin{matrix} U_{1X} \\ U_{1Y} \\ U_{2X} \\ U_{2Y} \\ U_{3X} \\ U_{3Y} \\ U_{4X} \\ U_{4Y} \\ U_{5X} \\ U_{5Y} \end{matrix}$$

그림 3.9에 전체 좌표계에 대한 요소 (2)의 국부 좌표계의 방위를 나타내었다. 요소 (2)의 강성행렬은 다음과 같고,

$$[\mathbf{K}]^{(2)} = 2.98 \times 10^5 \begin{bmatrix} \cos^2(135) & \sin(135)\cos(135) & -\cos^2(135) & -\sin(135)\cos(135) \\ \sin(135)\cos(135) & \sin^2(135) & -\sin(135)\cos(135) & -\sin^2(135) \\ -\cos^2(135) & -\sin(135)\cos(135) & \cos^2(135) & \sin(135)\cos(135) \\ -\sin(135)\cos(135) & -\sin^2(135) & \sin(135)\cos(135) & \sin^2(135) \end{bmatrix}$$

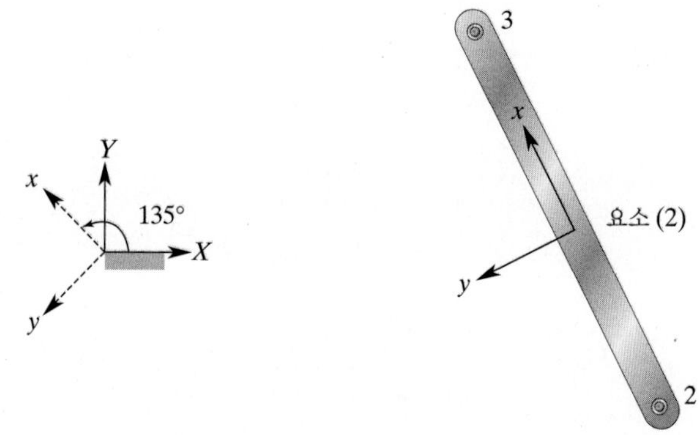

그림 3.9 요소 (2)의 전체 좌표계에 대한 국부 좌표계의 방위

$$[\mathbf{K}]^{(2)} = 2.98 \times 10^5 \begin{bmatrix} .5 & -.5 & -.5 & .5 \\ -.5 & .5 & .5 & -.5 \\ -.5 & .5 & .5 & -.5 \\ .5 & -.5 & -.5 & .5 \end{bmatrix} \begin{matrix} U_{2X} \\ U_{2Y} \\ U_{3X} \\ U_{3Y} \end{matrix}$$

이를 간단히 하면 다음과 같고,

$$[\mathbf{K}]^{(2)} = 1.49 \times 10^5 \begin{bmatrix} 1 & -1 & -1 & 1 \\ -1 & 1 & 1 & -1 \\ -1 & 1 & 1 & -1 \\ 1 & -1 & -1 & 1 \end{bmatrix} \begin{matrix} U_{2X} \\ U_{2Y} \\ U_{3X} \\ U_{3Y} \end{matrix}$$

전체 강성행렬에서의 위치는 다음과 같다.

$$[\mathbf{K}]^{(2G)} = 10^5 \begin{bmatrix} 0 & 0 & 0 & 0 & 0 & 0 & 0 & 0 & 0 & 0 \\ 0 & 0 & 0 & 0 & 0 & 0 & 0 & 0 & 0 & 0 \\ 0 & 0 & 1.49 & -1.49 & -1.49 & 1.49 & 0 & 0 & 0 & 0 \\ 0 & 0 & -1.49 & 1.49 & 1.49 & -1.49 & 0 & 0 & 0 & 0 \\ 0 & 0 & -1.49 & 1.49 & 1.49 & -1.49 & 0 & 0 & 0 & 0 \\ 0 & 0 & 1.49 & -1.49 & -1.49 & 1.49 & 0 & 0 & 0 & 0 \\ 0 & 0 & 0 & 0 & 0 & 0 & 0 & 0 & 0 & 0 \\ 0 & 0 & 0 & 0 & 0 & 0 & 0 & 0 & 0 & 0 \\ 0 & 0 & 0 & 0 & 0 & 0 & 0 & 0 & 0 & 0 \\ 0 & 0 & 0 & 0 & 0 & 0 & 0 & 0 & 0 & 0 \end{bmatrix} \begin{matrix} U_{1X} \\ U_{1Y} \\ U_{2X} \\ U_{2Y} \\ U_{3X} \\ U_{3Y} \\ U_{4X} \\ U_{4Y} \\ U_{5X} \\ U_{5Y} \end{matrix}$$

그림 3.10에 요소 (5)의 전체 좌표계에 대한 국부 좌표계의 방위를 나타내었다. $\theta = 45$인 요소 (5)의 강성행렬은 다음과 같고,

$$[\mathbf{K}]^{(5)} = 2.98 \times 10^5 \begin{bmatrix} \cos^2(45) & \sin(45)\cos(45) & -\cos^2(45) & -\sin(45)\cos(45) \\ \sin(45)\cos(45) & \sin^2(45) & -\sin(45)\cos(45) & -\sin^2(45) \\ -\cos^2(45) & -\sin(45)\cos(45) & \cos^2(45) & \sin(45)\cos(45) \\ -\sin(45)\cos(45) & -\sin^2(45) & \sin(45)\cos(45) & \sin^2(45) \end{bmatrix}$$

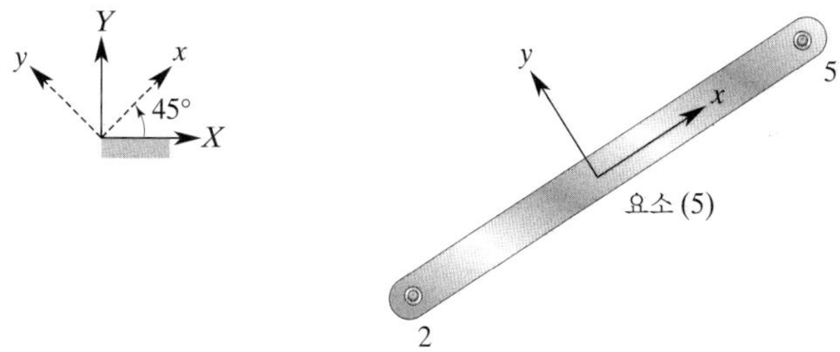

그림 3.10 요소 (5)의 전체 좌표계에 대한 국부 좌표계의 방위

$$[\mathbf{K}]^{(5)} = 2.98 \times 10^5 \begin{bmatrix} .5 & .5 & -.5 & -.5 \\ .5 & .5 & -.5 & -.5 \\ -.5 & -.5 & .5 & .5 \\ -.5 & -.5 & .5 & .5 \end{bmatrix} \begin{matrix} U_{2X} \\ U_{2Y} \\ U_{5X} \\ U_{5Y} \end{matrix}$$

전체 강성행렬에서의 위치는 다음과 같다.

$$[\mathbf{K}]^{(5G)} = 10^5 \begin{bmatrix} 0 & 0 & 0 & 0 & 0 & 0 & 0 & 0 & 0 & 0 \\ 0 & 0 & 0 & 0 & 0 & 0 & 0 & 0 & 0 & 0 \\ 0 & 0 & 1.49 & 1.49 & 0 & 0 & 0 & 0 & -1.49 & -1.49 \\ 0 & 0 & 1.49 & 1.49 & 0 & 0 & 0 & 0 & -1.49 & -1.49 \\ 0 & 0 & 0 & 0 & 0 & 0 & 0 & 0 & 0 & 0 \\ 0 & 0 & 0 & 0 & 0 & 0 & 0 & 0 & 0 & 0 \\ 0 & 0 & 0 & 0 & 0 & 0 & 0 & 0 & 0 & 0 \\ 0 & 0 & 0 & 0 & 0 & 0 & 0 & 0 & 0 & 0 \\ 0 & 0 & -1.49 & -1.49 & 0 & 0 & 0 & 0 & 1.49 & 1.49 \\ 0 & 0 & -1.49 & -1.49 & 0 & 0 & 0 & 0 & 1.49 & 1.49 \end{bmatrix} \begin{matrix} U_{1X} \\ U_{1Y} \\ U_{2X} \\ U_{2Y} \\ U_{3X} \\ U_{3Y} \\ U_{4X} \\ U_{4Y} \\ U_{5X} \\ U_{5Y} \end{matrix}$$

각 요소와 연관된 절점변위들을 각 요소의 강성행렬 옆에 나타내었다. 이렇게 하면 각각의 요소 강성행렬을 트러스의 전체 강성행렬로 조합하는 것을 쉽게 이해할 수 있다.

4. 요소를 조합하라.

전체 강성행렬은 각 요소의 강성행렬을 조합하거나 더해서 얻을 수 있다.

$$[\mathbf{K}]^{(G)} = [\mathbf{K}]^{(1G)} + [\mathbf{K}]^{(2G)} + [\mathbf{K}]^{(3G)} + [\mathbf{K}]^{(4G)} + [\mathbf{K}]^{(5G)} + [\mathbf{K}]^{(6G)}$$

$$[\mathbf{K}]^{(G)} = 10^5 \begin{bmatrix} 4.22 & 0 & -4.22 & 0 & 0 \\ 0 & 0 & 0 & 0 & 0 \\ -4.22 & 0 & 4.22 + 1.49 + 1.49 & -1.49 + 1.49 & -1.49 \\ 0 & 0 & 1.49 - 1.49 & 4.22 + 1.49 + 1.49 & 1.49 \\ 0 & 0 & -1.49 & 1.49 & 4.22 + 1.49 \\ 0 & 0 & 1.49 & -1.49 & -1.49 \\ 0 & 0 & 0 & 0 & -4.22 \\ 0 & 0 & 0 & -4.22 & 0 \\ 0 & 0 & -1.49 & -1.49 & 0 \\ 0 & 0 & -1.49 & -1.49 & 0 \end{matrix}$$

$$
\begin{array}{ccccc|l}
0 & 0 & 0 & 0 & 0 & U_{1X} \\
0 & 0 & 0 & 0 & 0 & U_{1Y} \\
1.49 & 0 & 0 & -1.49 & -1.49 & U_{2X} \\
-1.49 & 0 & -4.22 & -1.49 & -1.49 & U_{2Y} \\
-1.49 & -4.22 & 0 & 0 & 0 & U_{3X} \\
1.49 & 0 & 0 & 0 & 0 & U_{3Y} \\
0 & 4.22+4.22 & 0 & -4.22 & 0 & U_{4X} \\
0 & 0 & 4.22 & 0 & 0 & U_{4Y} \\
0 & -4.22 & 0 & 4.22+1.49 & 1.49 & U_{5X} \\
0 & 0 & 0 & 1.49 & 1.49 & U_{5Y}
\end{array}
$$

이를 간단히 하면 다음과 같다.

$$
[\mathbf{K}]^{(G)} = 10^5 \begin{bmatrix}
4.22 & 0 & -4.22 & 0 & 0 & 0 & 0 & 0 & 0 & 0 \\
0 & 0 & 0 & 0 & 0 & 0 & 0 & 0 & 0 & 0 \\
-4.22 & 0 & 7.2 & 0 & -1.49 & 1.49 & 0 & 0 & -1.49 & -1.49 \\
0 & 0 & 0 & 7.2 & 1.49 & -1.49 & 0 & -4.22 & -1.49 & -1.49 \\
0 & 0 & -1.49 & 1.49 & 5.71 & -1.49 & -4.22 & 0 & 0 & 0 \\
0 & 0 & 1.49 & -1.49 & -1.49 & 1.49 & 0 & 0 & 0 & 0 \\
0 & 0 & 0 & 0 & -4.22 & 0 & 8.44 & 0 & -4.22 & 0 \\
0 & 0 & 0 & -4.22 & 0 & 0 & 0 & 4.22 & 0 & 0 \\
0 & 0 & -1.49 & -1.49 & 0 & 0 & -4.22 & 0 & 5.71 & 1.49 \\
0 & 0 & -1.49 & -1.49 & 0 & 0 & 0 & 0 & 1.49 & 1.49
\end{bmatrix}
$$

5. 경계조건과 하중을 부과하라.

이 문제의 경계조건으로 절점 1과 3이 고정되어 있다($U_{1X} = 0,\ U_{1Y} = 0,\ U_{3X} = 0,\ U_{3Y} = 0$). 위의 경계조건을 전체 강성행렬과 조합한 후 절점 4와 5에서 외력 $F_{4Y} = -500$ lb, $F_{5Y} = -500$ lb를 부과하여 연립적으로 풀게 될 선형 방정식을 만든다.

$$
10^5 \begin{bmatrix}
1 & 0 & 0 & 0 & 0 & 0 & 0 & 0 & 0 & 0 \\
0 & 1 & 0 & 0 & 0 & 0 & 0 & 0 & 0 & 0 \\
-4.22 & 0 & 7.2 & 0 & -1.49 & 1.49 & 0 & 0 & -1.49 & -1.49 \\
0 & 0 & 0 & 7.2 & 1.49 & -1.49 & 0 & -4.22 & -1.49 & -1.49 \\
0 & 0 & 0 & 0 & 1 & 0 & 0 & 0 & 0 & 0 \\
0 & 0 & 0 & 0 & 0 & 1 & 0 & 0 & 0 & 0 \\
0 & 0 & 0 & 0 & -4.22 & 0 & 8.44 & 0 & -4.22 & 0 \\
0 & 0 & 0 & -4.22 & 0 & 0 & 0 & 4.22 & 0 & 0 \\
0 & 0 & -1.49 & -1.49 & 0 & 0 & -4.22 & 0 & 5.71 & 1.49 \\
0 & 0 & -1.49 & -1.49 & 0 & 0 & 0 & 0 & 1.49 & 1.49
\end{bmatrix}
\begin{Bmatrix} U_{1X} \\ U_{1Y} \\ U_{2X} \\ U_{2Y} \\ U_{3X} \\ U_{3Y} \\ U_{4X} \\ U_{4Y} \\ U_{5X} \\ U_{5Y} \end{Bmatrix}
=
\begin{Bmatrix} 0 \\ 0 \\ 0 \\ 0 \\ 0 \\ 0 \\ 0 \\ -500 \\ 0 \\ -500 \end{Bmatrix}
$$

$U_{1X} = 0,\ U_{1Y} = 0,\ U_{3X} = 0,\ U_{3Y} = 0$이기 때문에 첫 번째, 두 번째, 다섯 번째, 여섯 번째 행과 열을 제거하여 6×6 행렬을 만들어 해를 구하게 된다.

$$
10^5\begin{bmatrix} 7.2 & 0 & 0 & 0 & -1.49 & -1.49 \\ 0 & 7.2 & 0 & -4.22 & -1.49 & -1.49 \\ 0 & 0 & 8.44 & 0 & -4.22 & 0 \\ 0 & -4.22 & 0 & 4.22 & 0 & 0 \\ -1.49 & -1.49 & -4.22 & 0 & 5.71 & 1.49 \\ -1.49 & -1.49 & 0 & 0 & 1.49 & 1.49 \end{bmatrix}\begin{Bmatrix} U_{2X} \\ U_{2Y} \\ U_{4X} \\ U_{4Y} \\ U_{5X} \\ U_{5Y} \end{Bmatrix} = \begin{Bmatrix} 0 \\ 0 \\ 0 \\ -500 \\ 0 \\ -500 \end{Bmatrix}
$$

해석 단계

6. 연립 대수 방정식을 풀어라.

문제를 풀면 $U_{2X} = -0.00355$ in, $U_{2Y} = -0.01026$ in, $U_{4X} = 0.00118$ in, $U_{4Y} = -0.0114$ in, $U_{5X} = 0.00240$ in, $U_{5Y} = -0.0195$ in이다. 전체 변위행렬은 다음과 같다.

$$
\begin{Bmatrix} U_{1X} \\ U_{1Y} \\ U_{2X} \\ U_{2Y} \\ U_{3X} \\ U_{3Y} \\ U_{4X} \\ U_{4Y} \\ U_{5X} \\ U_{5Y} \end{Bmatrix} = \begin{Bmatrix} 0 \\ 0 \\ -0.00355 \\ -0.01026 \\ 0 \\ 0 \\ 0.00118 \\ -0.0114 \\ 0.00240 \\ -0.0195 \end{Bmatrix} \text{in}
$$

절점의 변위는 전체 좌표계에 대한 것임을 기억하라.

후처리 단계

7. 다른 값들을 얻는다.

반력 1장에 나온 것처럼 반력은 다음 식에 의해서 구한다.

$$
\{\mathbf{R}\} = [\mathbf{K}]^{(G)}\{\mathbf{U}\} - \{\mathbf{F}\}
$$

$$
\begin{Bmatrix} R_{1X} \\ R_{1Y} \\ R_{2X} \\ R_{2Y} \\ R_{3X} \\ R_{3Y} \\ R_{4X} \\ R_{4Y} \\ R_{5X} \\ R_{5Y} \end{Bmatrix} = 10^5\begin{bmatrix} 4.22 & 0 & -4.22 & 0 & 0 & 0 & 0 & 0 & 0 & 0 \\ 0 & 0 & 0 & 0 & 0 & 0 & 0 & 0 & 0 & 0 \\ -4.22 & 0 & 7.2 & 0 & -1.49 & 1.49 & 0 & 0 & -1.49 & -1.49 \\ 0 & 0 & 0 & 7.2 & 1.49 & -1.49 & 0 & -4.22 & -1.49 & -1.49 \\ 0 & 0 & -1.49 & 1.49 & 5.71 & -1.49 & -4.22 & 0 & 0 & 0 \\ 0 & 0 & 1.49 & -1.49 & -1.49 & 1.49 & 0 & 0 & 0 & 0 \\ 0 & 0 & 0 & 0 & -4.22 & 0 & 8.44 & 0 & -4.22 & 0 \\ 0 & 0 & 0 & -4.22 & 0 & 0 & 0 & 4.22 & 0 & 0 \\ 0 & 0 & -1.49 & -1.49 & 0 & 0 & -4.22 & 0 & 5.71 & 1.49 \\ 0 & 0 & -1.49 & -1.49 & 0 & 0 & 0 & 0 & 1.49 & 1.49 \end{bmatrix}
$$

$$\begin{Bmatrix} 0 \\ 0 \\ -0.00355 \\ -0.01026 \\ 0 \\ 0 \\ 0.00118 \\ -0.0114 \\ 0.00240 \\ -0.0195 \end{Bmatrix} - \begin{Bmatrix} 0 \\ 0 \\ 0 \\ 0 \\ 0 \\ 0 \\ 0 \\ -500 \\ 0 \\ -500 \end{Bmatrix}$$

위 행렬을 계산하면 다음과 같은 반력을 얻는다.

$$\begin{Bmatrix} R_{1X} \\ R_{1Y} \\ R_{2X} \\ R_{2Y} \\ R_{3X} \\ R_{3Y} \\ R_{4X} \\ R_{4Y} \\ R_{5X} \\ R_{5Y} \end{Bmatrix} = \begin{Bmatrix} 1500 \\ 0 \\ 0 \\ 0 \\ -1500 \\ 1000 \\ 0 \\ 0 \\ 0 \\ 0 \end{Bmatrix} \text{lb}$$

내력과 수직응력 각 부재에서의 내력과 평균 수직응력을 계산한다. 부재의 내력 f_{ix}와 f_{jx}는 크기는 같고 방향은 반대이다.

$$f_{ix} = k(u_{ix} - u_{jx}) \qquad (3.17)$$
$$f_{jx} = k(u_{jx} - u_{ix})$$

그림 3.11 의 표현에 관계 없이 f_{ix}와 f_{jx}의 합은 0이다. 앞으로 유도될 식의 일관성을 위해 f_{ix}와 f_{jx} 모두 국부 좌표계에서 x의 양의 방향을 향하고 있는 두 번째 표현을 쓸 것이다. 식 (3.17)을 사용하여 주어진 요소의 내력을 구하기 위해서는 국부 좌표계 x, y에 대한 절점의 변위 u_{ix}와 u_{jx}를 알아야 한다. 식 (3.7)에서 전체 변위는 국부 변위와 변환 행렬에 연관되어지며 이를 다시 써보면 다음과 같고,

$$\{\mathbf{U}\} = [\mathbf{T}]\{\mathbf{u}\}$$

국부 변위를 전체 변위로 나타내면 다음과 같다.

$$\{\mathbf{u}\} = [\mathbf{T}]^{-1}\{\mathbf{U}\}$$
$$\begin{Bmatrix} u_{ix} \\ u_{iy} \\ u_{jx} \\ u_{jy} \end{Bmatrix} = \begin{bmatrix} \cos\theta & \sin\theta & 0 & 0 \\ -\sin\theta & \cos\theta & 0 & 0 \\ 0 & 0 & \cos\theta & \sin\theta \\ 0 & 0 & -\sin\theta & \cos\theta \end{bmatrix} \begin{bmatrix} U_{iX} \\ U_{iY} \\ U_{jX} \\ U_{jY} \end{bmatrix}$$

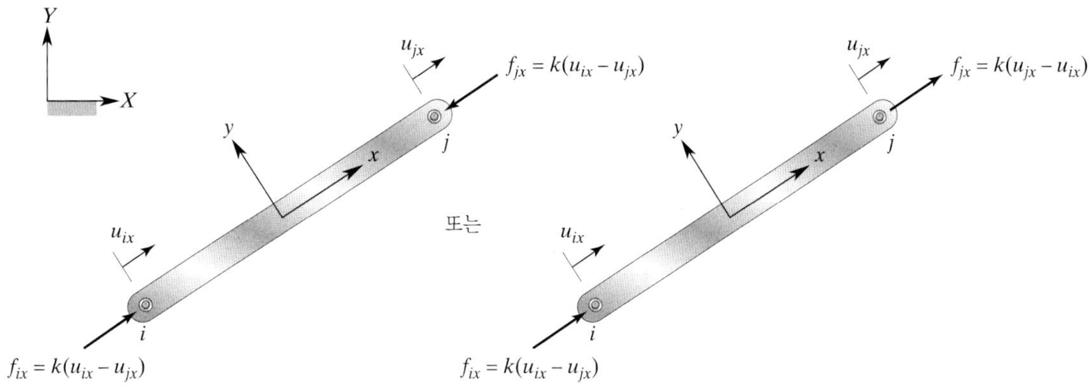

그림 3.11 트러스 부재의 내력

각 부재의 내력이 구해지면 다음 식으로부터 각 부재의 수직응력을 구할 수 있다.

$$\sigma = \frac{\text{내력}}{\text{면적}} = \frac{f}{A}$$

다른 방법으로도 수직응력을 구할 수 있다.

$$\sigma = \frac{f}{A} = \frac{k(u_{ix} - u_{jx})}{A} = \frac{\frac{AE}{L}(u_{ix} - u_{jx})}{A} = E\left(\frac{u_{ix} - u_{jx}}{L}\right) \tag{3.18}$$

예를 들어 요소 (5)에서 내력과 수직응력을 구해 보자. $\theta = 45$인 요소 (5)는 $U_{2X} = -0.00355$ in, $U_{2Y} = -0.01026$ in, $U_{5X} = 0.0024$ in, $U_{5Y} = -0.0195$ in이다. 먼저 다음 관계식으로부터 절점 2와 5의 국부 좌표계에 대한 변위를 구한다.

$$\begin{Bmatrix} u_{2x} \\ u_{2y} \\ u_{5x} \\ u_{5y} \end{Bmatrix} = \begin{bmatrix} \cos 45 & \sin 45 & 0 & 0 \\ -\sin 45 & \cos 45 & 0 & 0 \\ 0 & 0 & \cos 45 & \sin 45 \\ 0 & 0 & -\sin 45 & \cos 45 \end{bmatrix} \begin{Bmatrix} -0.00355 \\ -0.01026 \\ 0.00240 \\ -0.01950 \end{Bmatrix}$$

$u_{2x} = -0.00976$ in이고 $u_{5x} = -0.01209$ in이다. 이 값들을 식 (3.17)과 (3.18)에 대입하면, 요소 (5)에서의 내력은 696 lb이고 수직응력은 87 lb/in^{2}이다. 동일한 방법으로 다른 부재의 내력과 응력을 구할 수 있다.

이 문제는 뒤에서 ANSYS를 사용하여 다시 풀 것이다. 이 결과의 검증 또한 3.6절에서 논의할 것이다.

3.3 공간 트러스

3차원 트러스를 공간 트러스(space truss)라 한다. 단순 공간 트러스는 그림 3.12에서와 같이 6개의 부재로 연결되어 사면체를 형성한다. 하나의 단순 공간 트러스에 3개의 부재를 더하면 복합 공간 트러스를 만들 수 있다. 새 부재의 끝은 기존의 조인트에 연결되거나 다른

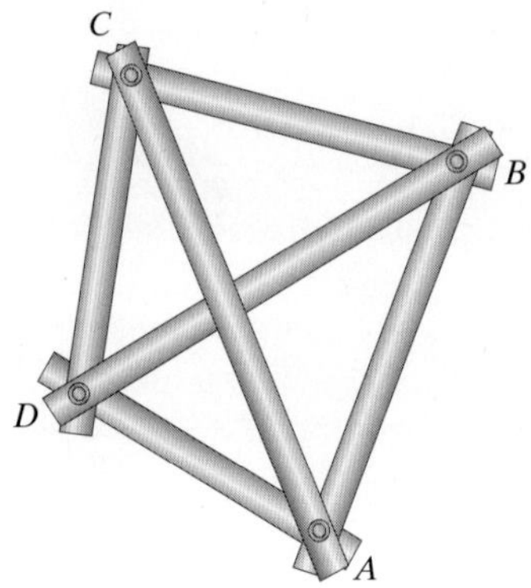

그림 3.12 단순 트러스

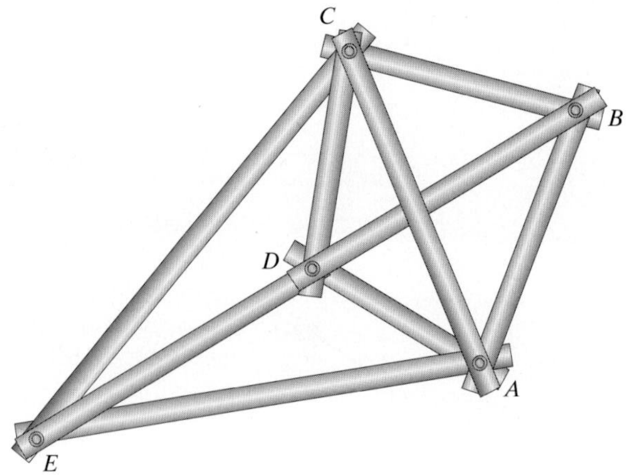

그림 3.13 단순 트러스에 새로운 요소를 더한 복합 구조물

새 부재의 끝과 연결되어 새로운 조인트를 이룬다. 이 구조물은 그림 3.13에 나타나 있다. 앞에서도 언급했듯이 일반적으로 트러스 부재는 이력 부재이다. 공간 트러스의 부재는 볼과 소켓 조인트(ball-and-socket joint)에 의해 연결되었다고 가정하고 해석한다. 각 부재를 연결한 조인트가 중심축에 위치하는 한 볼트로 체결되거나 용접된 조인트도 볼과 소켓 조인트로 가정하여 다루어진다(굽힘 모멘트를 무시). 다른 가정은 모든 힘이 조인트에 가해진다는 것인데, 이 가정은 대부분의 경우에 타당하다. 2차원 트러스와 같이 부재의 무게는 작용하중에 비해 무시할 수 있지만, 만약 무게를 고려한다면 양쪽 조인트에 절반씩 고려해 준다.

공간 트러스의 유한요소 정식화는 평면 트러스의 해석방법을 확장하면 된다. 공간 트러스에서는 각 조인트가 세 방향으로 움직이므로 요소의 전체 변위는 미지수 6개 U_{iX}, U_{iY}, U_{iZ}, U_{jX}, U_{jY}, U_{jZ}로 표현된다. 그림 3.14에서처럼 전체 좌표계에 대한 부재의 방위는 각 θ_X, θ_Y, θ_Z로 정의한다.

방향 여현(directional cosine)은 부재의 절점 i와 j의 좌표차와 부재의 길이로 표현된다.

$$\cos\theta_X = \frac{X_j - X_i}{L} \tag{3.19}$$

$$\cos\theta_Y = \frac{Y_j - Y_i}{L} \tag{3.20}$$

$$\cos\theta_Z = \frac{Z_j - Z_i}{L} \tag{3.21}$$

여기서 L은 부재의 길이로 다음과 같다.

$$L = \sqrt{(X_j - X_i)^2 + (Y_j - Y_i)^2 + (Z_j - Z_i)^2} \tag{3.22}$$

공간 트러스의 강성행렬을 구하는 과정은 2차원 트러스의 요소 강성행렬을 구하는 것과 같다. 먼저 변환행렬을 통하여 전체 변위와 힘과 국부 변위와 힘을 연관시킴으로부터 시작한다. 이력 부재라는 성질을 사용하여 식 (3.14)에서 주어진 것과 유사하게 행렬 관계식을 사용한다. 이 관계식으로부터 요소에 대한 강성행렬 $[\mathbf{K}]^{(e)}$를 구하게 한다. 2차원 트러스의 강성행렬은 4×4이나 공간 트러스 요소의 강성행렬은 6×6이다. 공간 트러스에서 요소의 강

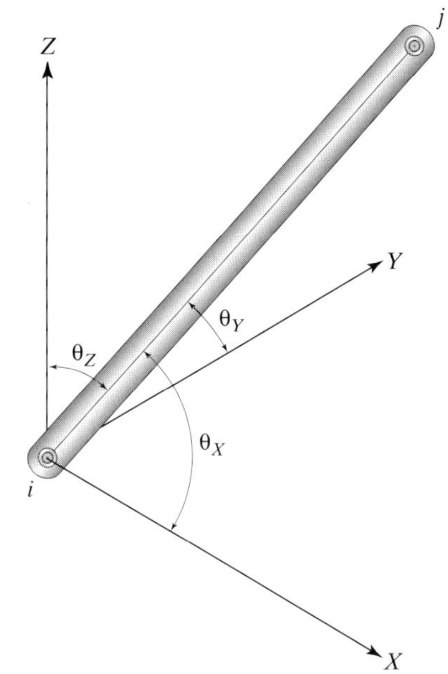

그림 3.14 부재와 x, y, z 축과의 각

성행렬은 다음과 같다.

$$
[\mathbf{K}]^{(e)} = k \begin{bmatrix}
\cos^2\theta_X & \cos\theta_X\cos\theta_Y & \cos\theta_X\cos\theta_Z & -\cos^2\theta_X & -\cos\theta_X\cos\theta_Y & -\cos\theta_X\cos\theta_Z \\
\cos\theta_X\cos\theta_Y & \cos^2\theta_Y & \cos\theta_Y\cos\theta_Z & -\cos\theta_X\cos\theta_Y & -\cos^2\theta_Y & -\cos\theta_Y\cos\theta_Z \\
\cos\theta_X\cos\theta_Z & \cos\theta_Y\cos\theta_Z & \cos^2\theta_Z & -\cos\theta_X\cos\theta_Z & -\cos\theta_Y\cos\theta_Z & -\cos^2\theta_Z \\
-\cos^2\theta_X & -\cos\theta_X\cos\theta_Y & -\cos\theta_X\cos\theta_Z & \cos^2\theta_X & \cos\theta_X\cos\theta_Y & \cos\theta_X\cos\theta_Z \\
-\cos\theta_X\cos\theta_Y & -\cos^2\theta_Y & -\cos\theta_Y\cos\theta_Z & \cos\theta_X\cos\theta_Y & \cos^2\theta_Y & \cos\theta_Y\cos\theta_Z \\
-\cos\theta_X\cos\theta_Z & -\cos\theta_Y\cos\theta_Z & -\cos^2\theta_Z & \cos\theta_X\cos\theta_Z & \cos\theta_Y\cos\theta_Z & \cos^2\theta_Z
\end{bmatrix} \tag{3.23}
$$

공간 트러스 부재의 각 요소 행렬들을 조합하고 경계조건과 하중을 부과하여 문제를 해석하는 과정은 2차원 트러스와 같다.

3.4 ANSYS* 프로그램의 개요

ANSYS 시작하기

이번 절에서는 ANSYS 프로그램의 개요에 대해 간략하게 소개하겠다. ANSYS를 사용

* ANSYS의 승인하에서 게재하였다.

하여 어떻게 실제적인 문제를 모델링하는가에 대한 자세한 내용은 8장에서 다루겠다. 그러나 ANSYS를 처음 시작하는 데는 이 장에 있는 내용만으로도 충분할 것이다. ANSYS 프로그램은 그림 3.15에서처럼 ANSYS 시작메뉴(Launcher)를 통해 시작할 수 있다. 시작메뉴는 ANSYS 프로그램과 다른 보조 프로그램들을 실행하는 데 필요한 메뉴를 포함하고 있다.

시작메뉴를 사용하여 ANSYS로 들어갈 때 다음 단계를 따른다.

1. 만약 UNIX 환경에서 ANSYS를 실행시키려면, 시스템 프롬프트에서 적절한 명령에 의해 시작메뉴를 활성화시킨다. PC 환경에서는 **시작 → 프로그램 → ANSYS 10.0 → ANSYS 시작메뉴**를 선택한다.

2. 마우스의 커서를 시작메뉴의 **ANSYS** 옵션으로 이동한 후 좌측 마우스 버튼을 눌러 선택한다. 이것은 interactive entry options를 포함한 대화상자를 나타낸다.

a. Working Directory: ANSYS를 실행시킬 디렉토리이다. 만약 원하는 작업 디렉토리가 아니면 디렉토리 우측의 '...' 버튼을 클릭하여 원하는 디렉토리를 선택한다.

b. Jobname: ANSYS를 실행할 때에 생성되는 모든 파일들의 파일명을 미리 정해 주는 것이다. 대화상자에 요구되는 작업명을 넣는다.

3. 창 아래에 있는 **Run** 버튼으로 마우스를 이동한 후 클릭한다. 그래픽 사용자 인터페이스(graphical user interface: **GUI**)가 활성화되면, ANSYS를 시작할 준비가 된 것이다.

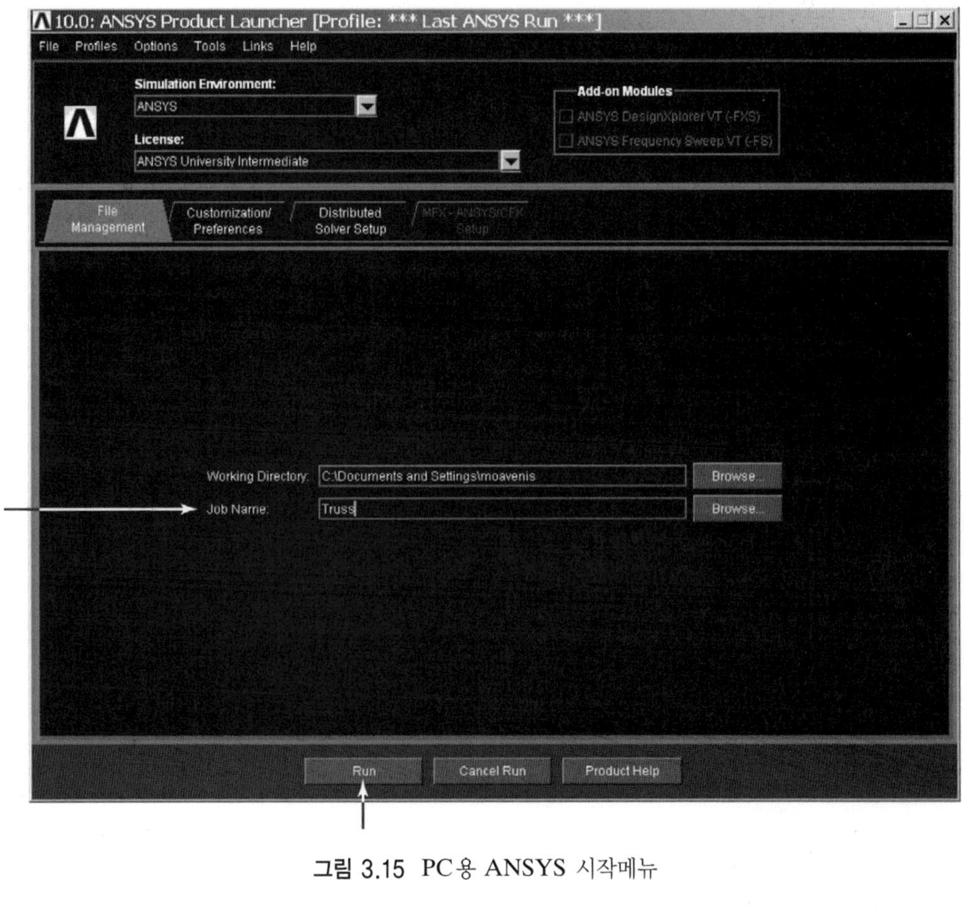

그림 3.15 PC용 ANSYS 시작메뉴

프로그램 구성

그래픽 사용자 인터페이스(GUI)를 소개하기 전에 ANSYS 프로그램의 기본 개념에 대해 살펴보겠다. ANSYS 프로그램은 2단계, 즉 (1) **시작 단계**(begin level), (2) **처리 단계**(processor level)로 구성되어 있다. 처음 프로그램을 실행시켰을 때가 시작 단계이다. 이 단계에서 그림 3.16에서 나타난 것과 같이 ANSYS 처리기(processor)로 들어간다.

그림 3.16에 나타나 있는 것보다 더 많거나 적은 처리기를 사용할 수도 있다. 사용 가능한 처리기는 가지고 있는 ANSYS 제품에 따라 다르다. 시작 단계는 ANSYS 프로그램에 들어가고 나가는 문처럼 작동하며 또한 전체적으로 프로그램을 제어하도록 사용된다. 처리 단계에서 여러 개의 루틴(처리기)을 목적에 따라 활용할 수 있다. 대부분의 해석은 처리 단계에서 한다. ANSYS의 전형적인 해석은 3단계로 나누어진다.

1. **전처리**(Preprocessing): **PREP7** 처리기를 사용하여 기하학적 형상, 재료, 요소 종류와 같은 데이터를 프로그램에 입력한다.
2. **해석**(Solution): **Solution** 처리기를 사용하여 해석 종류, 경계조건, 가해지는 하중을 지정하고, 유한요소해석을 시작한다.
3. **후처리**(Postprocessing): **POST1**(정적 또는 정상상태의 문제) 또는 **POST26**(과도문제)을 사용하여 해석한 결과를 그림이나 표 형식으로 볼 수 있다.

GUI 환경에서 원하는 처리기를 선택하면 처리기에 들어갈 수 있고, 작업중 다른 처리기로 이동하고자 한다면 단순히 새로운 처리기를 주메뉴에서 선택하면 된다. 다음으로 GUI에 대하여 간략하게 설명하겠다.

그래픽 사용자 인터페이스

ANSYS를 사용하는 가장 단순한 방법은 그래픽 사용자 인터페이스(graphical user interface: GUI)라 불리는 ANSYS 메뉴 시스템을 사용하는 것이다. GUI는 ANSYS 프로그램과 사용자 사이를 연결시켜 준다. ANSYS 프로그램은 ANSYS 명령에 의해서 운용

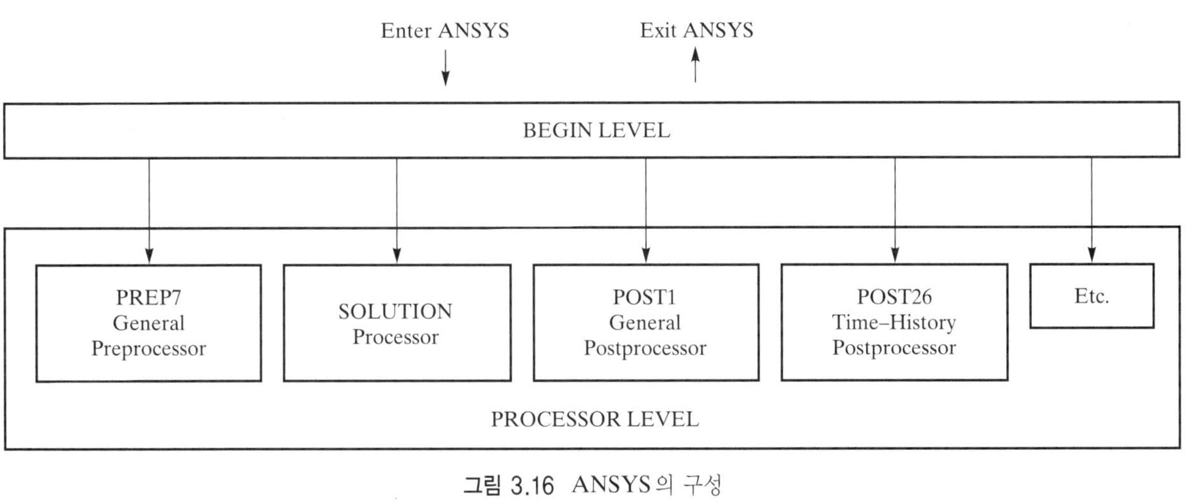

그림 3.16 ANSYS의 구성

된다. 그러나 GUI를 사용하면 ANSYS 명령에 대한 상세한 지식이 없는 경우에도 해석이 가능하다. 각 GUI 기능이 프로그램에 의해서 자동적으로 실행되는 하나 이상의 ANSYS 명령을 실행하기 때문이다.

GUI의 구성 ANSYS GUI는 그림 3.17처럼 6개의 주영역(창)으로 이루어져 있다.

A **Utility Menu:** ANSYS 전반에 걸쳐 사용 가능한 파일 제어(file control), 선택(selecting), 그래픽 제어(graphic control)와 같은 유틸리티 기능(utility function)을 포함하고 있다. 이 메뉴에서 ANSYS 프로그램을 종료할 수 있다.

B **Main Menu:** 처리기로 구성된 ANSYS 주요 기능들로 이루어져 있다. 이 기능들은 전처리기(preprocessor), 해석기(solution), 일반 후처리기(general postprocessor), 최적화 설계기(design optimizer) 등이다.

C **Toolbar:** 일반적으로 사용되는 ANSYS 명령과 기능을 실행하는 버튼들로 이루어져 있다. 각자에게 필요한 단축버튼을 추가할 수 있다.

D **Input Window:** 명령어를 직접 입력할 수 있다. 쉽게 참고하거나 접근할 수 있도록 이미 입력된 내용이 나타난다.

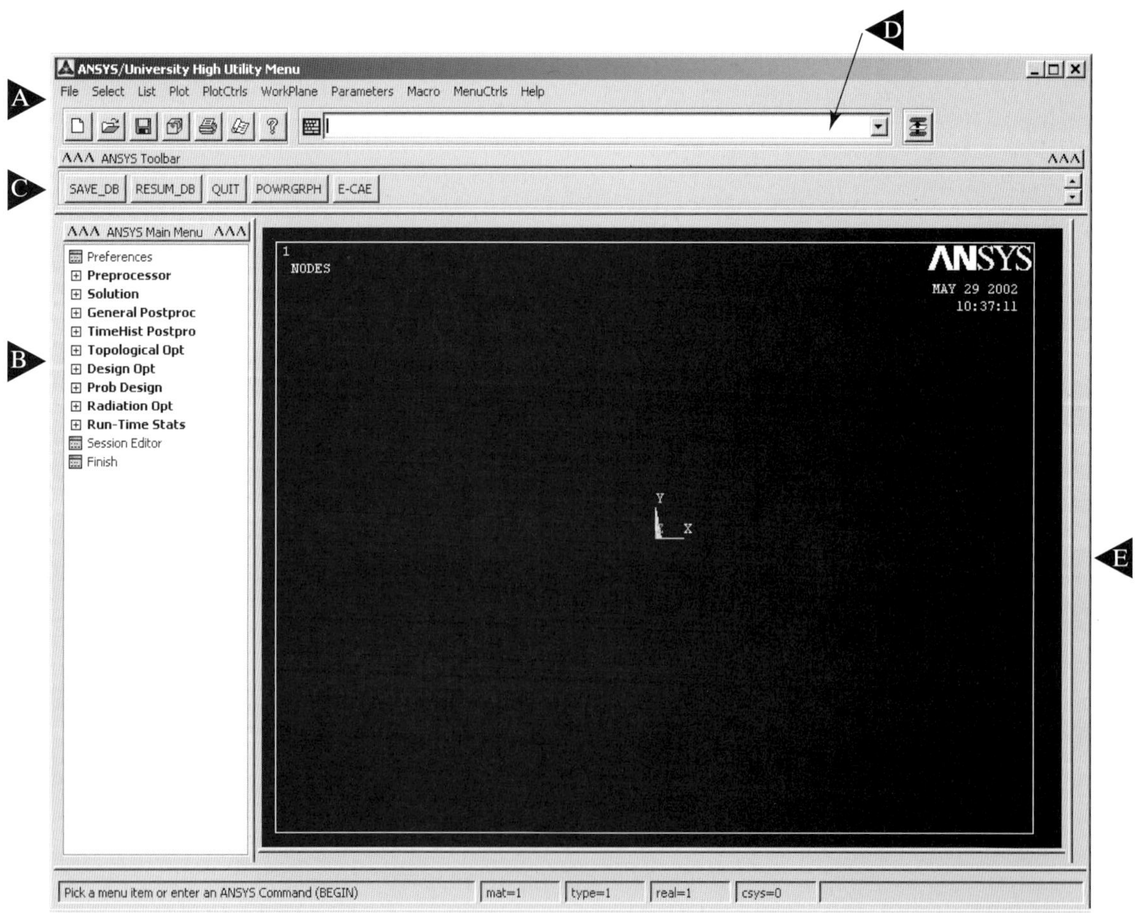

그림 3.17 ANSYS GUI

Graphics Window: 그래픽이 나타나는 창이다.

Output Window: 프로그램의 텍스트 출력이 나타난다. 보통 다른 창들에 가려져 있고 필요할 때 다른 창의 앞으로 가져올 수 있다.

자주 사용하는 ANSYS 주메뉴와 유틸리티 메뉴는 다음과 같다.

주메뉴

그림 3.18(a)와 같이 주메뉴(main menu)는 전처리기, 해석기, 후처리기와 같은 ANSYS 주요 기능으로 구성되어 있다.

주메뉴에서 각 메뉴는 하위메뉴를 부르거나 명령을 수행한다. ANSYS 주메뉴는 트리 구조이다. 각 메뉴의 제목은 다른 메뉴 옵션을 나타내기 위해 확장되어진다. 메뉴의 확장 옵션은 '+'로 나타낸다. 원하는 명령이 수행될 때까지 '+'나 제목을 클릭할 수 있다. 다른 하위메뉴를 나타내었을 때, 그림 3.18(b)와 같이 '+'는 '−'로 변한다. 예를 들어 사각형을 만든다면, **Preprocessor**를 클릭한 후 **Modeling**, **Create**, **Areas**, **Rectangle**을 클릭한다.

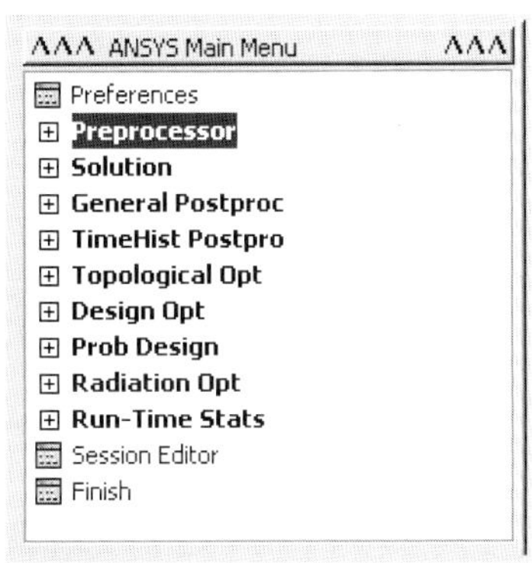

(a)

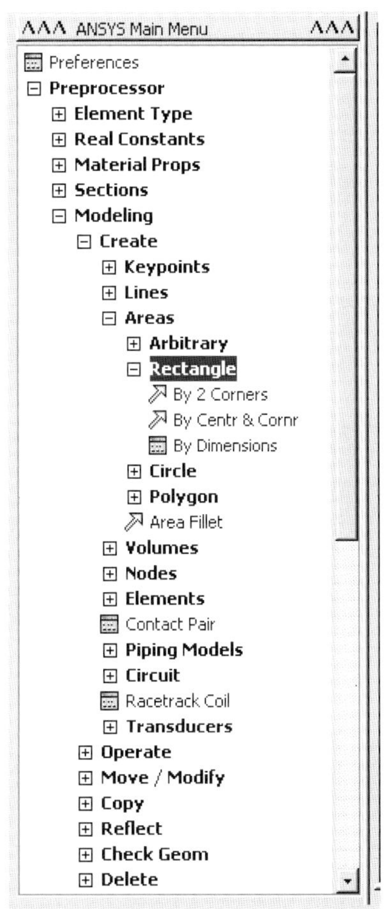

(b)

그림 3.18 주메뉴

그림 3.18(b)에서와 같이 사각형을 만들기 위하여 세 가지 선택방법이 있다. 즉 **By 2 Corners**, **By Centr&Cornr**, 그리고 **By Dimensions** 등이 있다. 매번 또 다른 새로운 하위 항목이 나타날 때, '+'는 '−'로 변하는 것을 볼 수 있다.

좌측 마우스 버튼은 주메뉴에서 항목(topic)을 선택할 수 있다. 계층구조(hierarchy)의 상위에 있는 다른 메뉴 항목이 선택될 때까지 주메뉴의 하위메뉴는 그대로 있게 된다.

유틸리티 메뉴

그림 3.19와 같이 유틸리티 메뉴(utility menu)는 파일 제어, 선택, 그래픽 제어와 같은 ANSYS 유틸리티 기능을 포함하고 있다. 이 기능은 대부분 모델링과 관계가 없기 때문에 ANSYS를 실행하는 중 어느 때라도 이 기능들을 실행할 수 있다. 유틸리티 메뉴의 이러한 성질은 생산성과 GUI에 대한 사용자의 친근감을 향상시킨다.

유틸리티 메뉴의 각 메뉴 항목은 풀다운(pull-down) 방식으로 하위메뉴를 활성화시키는데, 항목 우측에 ▶이 있으면 하위메뉴로 들어가며, 없으면 즉각 실행된다. 즉, 메뉴 우측에 있는 기호의 의미는 다음과 같다.

기호 없음 : 기능이 즉시 실행됨
. . . : 대화상자가 나타남
\+ : 선택(picking)메뉴가 나타남

유틸리티 메뉴의 메뉴 항목을 마우스의 좌측 버튼으로 클릭하면 'pull-down' 메뉴 항목을 사용할 수 있다. 마우스 커서를 드래그하면 원하는 하위 항목으로 이동할 수 있다. 하위 항목 실행이나 GUI의 다른 곳을 클릭하면 메뉴는 사라진다.

그래픽 선택

GUI를 효율적으로 사용하기 위해서는 그래픽 선택(graphical picking)을 이해하는 것이 중요하다. 마우스를 사용하여 모델 요소(model entity)와 좌표 위치를 확인할 수 있다. 그래픽 선택에는 새로운 점의 좌표 위치를 선택하는 **위치**(locational) 선택과 이미 존재하는 모델 요소를 선택하는 **복구**(retrieval) 선택이 있다. 예를 들면 작업평면에서 위치를 선택함으로써 주요점(key point)을 생성하는 것은 위치 선택이고, 이미 존재하는 주요점을 선택하여 하중을 가하는 것은 복구 선택이다.

그래픽 선택을 사용할 때는 언제나 GUI가 선택메뉴로 나타난다. 그림 3.20은 위치 선택과 복구 선택의 선택메뉴를 보여준다. 앞으로 다룰 예제에서 자주 사용되는 선택메뉴의 특징은 다음과 같다.

B▶ **Picking Mode:** 위치나 모델 요소를 선택(pick)하거나 선택해지(unpick)를 하게 한다. toggle 버튼이나 마우스의 우측 버튼을 사용하여 선택이나 선택해지 모드를

그림 3.19 유틸리티 메뉴

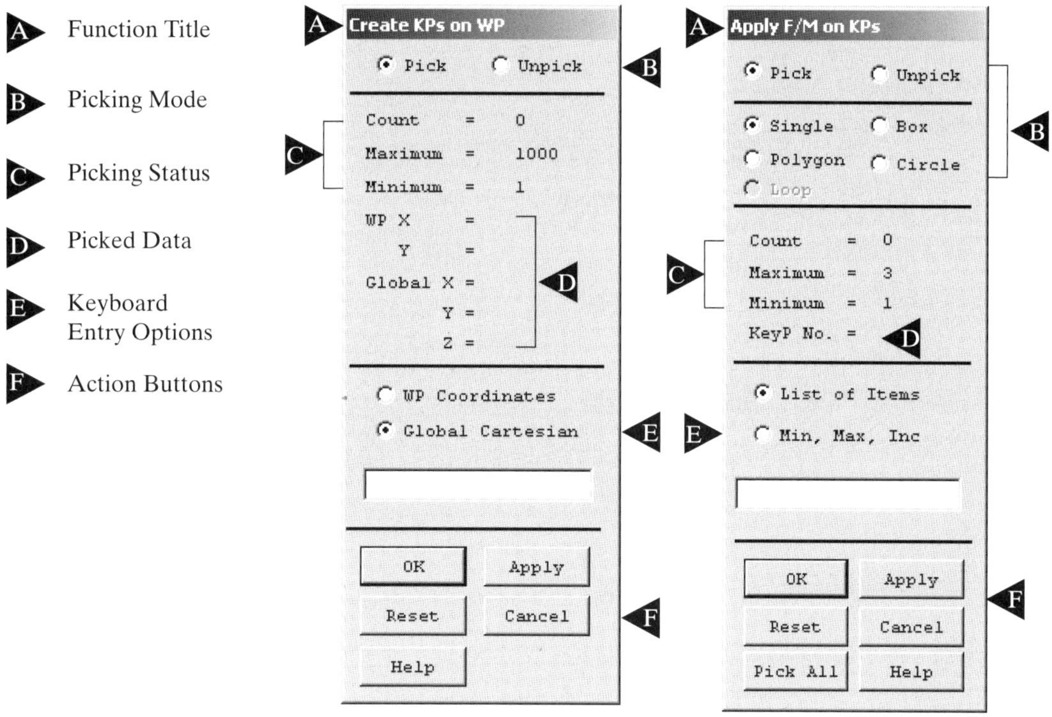

그림 3.20 위치 선택과 복구 선택의 선택메뉴

설정한다. 마우스 화살표가 위쪽이면 선택 모드, 아래쪽이면 선택해지 모드이다. 복구 선택에서는 단일 선택(single pick), 창(box), 원(circle), 다각형(polygon) 모드 중에 하나를 선택해야 한다.

D **Picked Data:** 선택된 목록에 관한 정보를 제공한다. 위치 선택에서는 점의 작업평면과 전체 직교 좌표를 보여준다. 복구 선택에서는 요소 번호를 보여주는데 그래픽 영역에서 마우스 버튼을 클릭한 채 드래그하면 이 데이터들을 볼 수 있다. 이 과정은 마우스 버튼을 놓아 영역을 선택하기 전에 정보를 미리 볼 수 있게 한다.

F **Action Buttons:** 다음에 주어진 것과 같이 선택된 모델 요소에 대하여 어떤 작동을 하는 버튼들이 있다.

OK: 선택된 모델 요소에 해당 기능을 실행시키고 선택메뉴를 닫는다.

Apply: 선택된 모델 요소에 해당 기능을 실행한다.

Reset: 선택된 모든 요소의 선택을 해지한다.

Cancel: 해당 기능을 취소하고 선택메뉴를 닫는다.

Pick All: 복구 선택에서만 사용되는 것으로 모든 모델 요소를 선택한다.

Help: 실행할 기능에 대한 도움말 정보가 나타난다.

선택을 위한 마우스 버튼 설정 선택작업을 할 때에 사용되는 마우스 버튼의 설정은 다음과 같다.

좌측 버튼은 마우스 커서에 가장 가까운 위치나 모델 요소를 선택하거나 선택해지한다. 좌측 버튼을 누른 후 커서를 드래그하면 선택되거나 선택해지되는 것을 미리 볼 수 있다.

가운데 버튼은 선택된 모델 요소에 대하여 해당 기능을 실행한다. 이 기능은 선택메뉴의 **Apply** 버튼과 같다.

우측 버튼은 선택/선택해지 모드로 바뀌게 한다. 이 기능은 선택메뉴의 toggle 버튼과 같다.

도움말 시스템

ANSYS 도움말 시스템(help system)은 GUI와 ANSYS 명령에 대한 정보를 제공한다. 이는 GUI 내부의 유틸리티 메뉴의 도움말 항목이나 대화상자 안의 도움말 버튼을 클릭함으로써 접근할 수 있다. 설명서의 목차나 항목을 선택함으로써 도움말 항목을 볼 수 있다. 도움말 시스템의 다른 특징으로는 하이퍼텍스트 연결(hypertext link), 단어 검색(word search) 및 도움말 출력의 기능 등이 있다. ANSYS 프로그램의 능력과 구성에 대한 보다 상세한 설명은 8장에서 다루게 된다.

3.5 ANSYS를 이용한 예제

이 장에서는 ANSYS 프로그램으로 트러스 문제를 풀어보겠다. ANSYS에는 트러스 문제를 해석하기 위해 **LINK1**과 **LINK8** 두 종류의 요소가 있다. **LINK1**이라 불리는 2개의 절점과 각 절점에서 2개의 자유도(U_X, U_Y)를 가진 2차원 스파(spar)는 평면 트러스 문제를 해석하는 데 사용된다. 입력 데이터로는 절점 위치, 부재의 단면적, 탄성계수가 포함되어져야만 한다. 만약 부재가 이미 응력을 받고 있으면 입력 데이터에 초기 변형률(initial strain)도 포함되어져야 한다. 트러스 요소의 이론에서 배운 것처럼 이 요소에는 표면(surface)하중을 부과할 수 없으므로, 모든 하중은 절점에 가해져야만 한다. 공간 트러스를 해석하기 위해서 ANSYS는 3차원 스파 요소를 제공한다. **LINK8**이라 불리는 이 요소에는 각 절점에 3개의 자유도(U_X, U_Y, U_Z)가 있다. 요구되는 입력 데이터는 **LINK1**과 비슷하다. 이 요소에 대해 더 자세한 정보를 얻기 원한다면 ANSYS 온라인 도움말 메뉴를 실행하면 된다.

예제 3.1 재론

그림에서 보여진 예제 3.1의 발코니 트러스를 고려하자. 여기서의 관심은 그림에서와 같이 하중이 가해질 때 각 조인트의 변위를 구하는 데 있다. 모든 부재는 탄성계수 $E = 1.90 \times 10^6$ lb/in^{2}이고 단면적이 8 in^{2}인 미송나무 목재로 만들어졌다. ANSYS를 사용하여 해석한다.

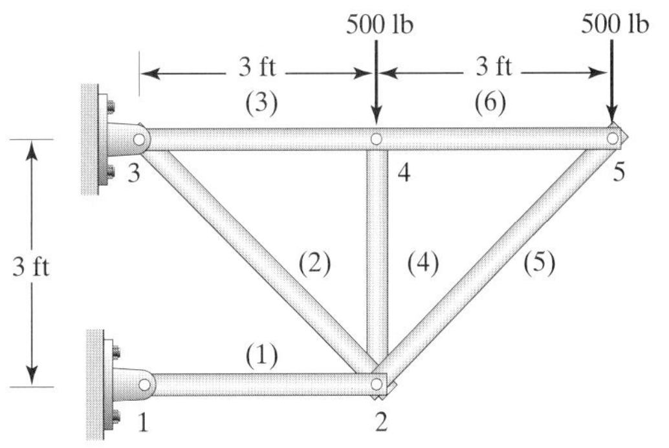

아래 단계들은 트러스의 형상을 생성하는 방법과 알맞은 요소 종류를 선택하는 방법, 경계 조건과 하중을 부과하여 해를 구하는 방법을 설명한다.

시작메뉴를 사용하여 **ANSYS** 프로그램을 실행시킨다.

대화상자의 **Jobname** 입력란에 **Truss**(또는 원하는 파일명)를 입력한다.

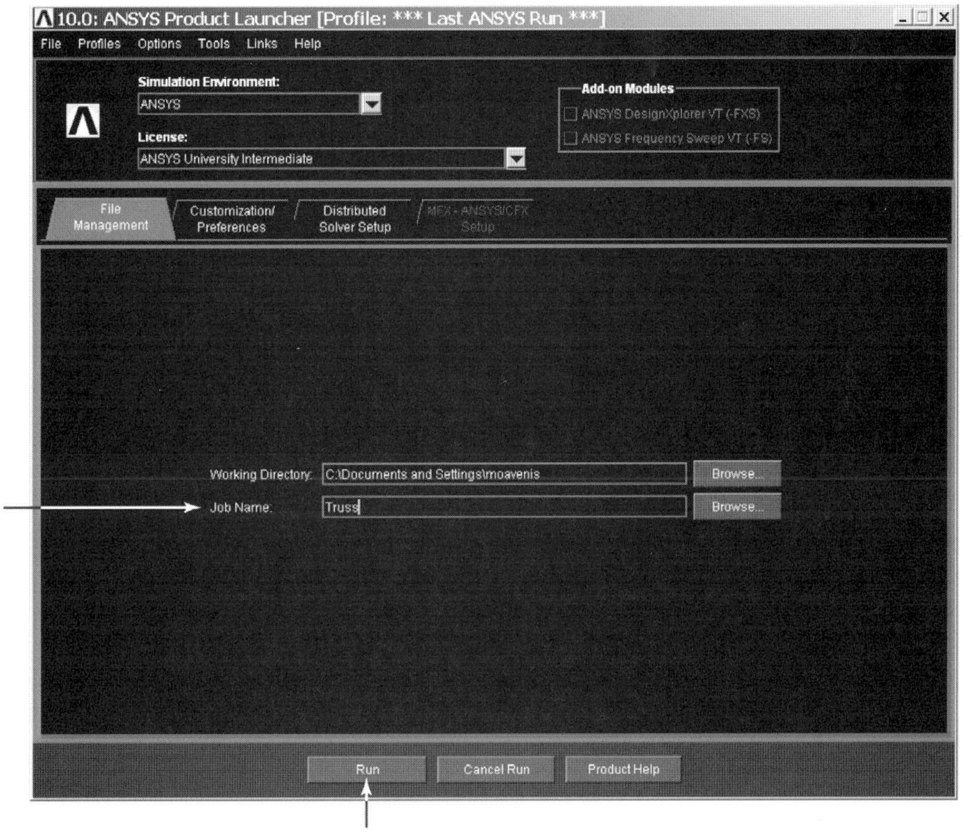

GUI를 실행하기 위해 **Run**을 선택한다. 다음 명령으로 문제에 대한 제목을 입력한다. 이 제목은 ANSYS 표시창에 나타나며 프로그램 창을 구별하는 데 사용된다. 이제 다음의 명령절차를 따라서 입력한다.

utility menu: **File → Change Title** . . .

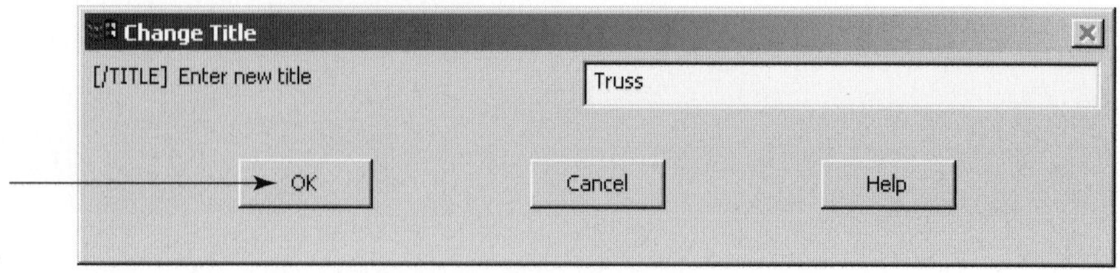

다음 명령으로 요소의 종류와 재료의 물성을 선택한다.

main menu: **Preprocessor → Element type → Add/Edit/Delete**

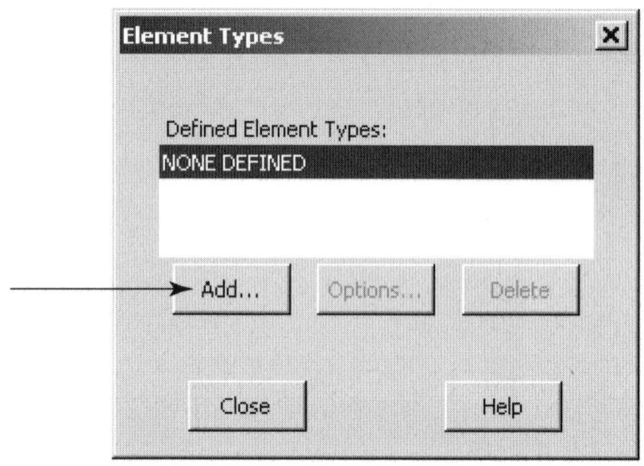

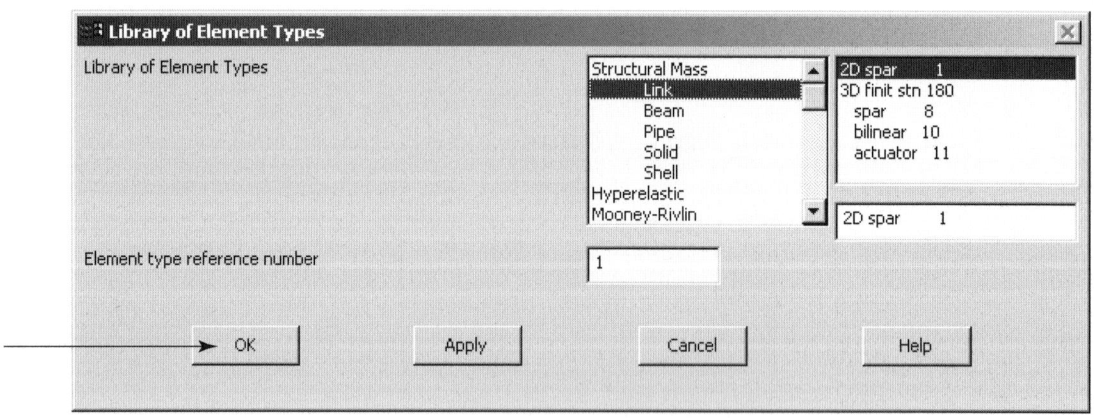

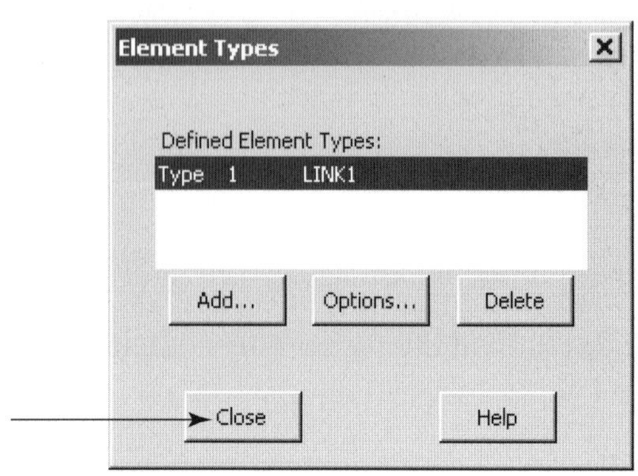

다음 명령으로 트러스 부재의 단면적을 입력한다.

main menu: **Preprocessor → Real Constants → Add/Edit/Delete**

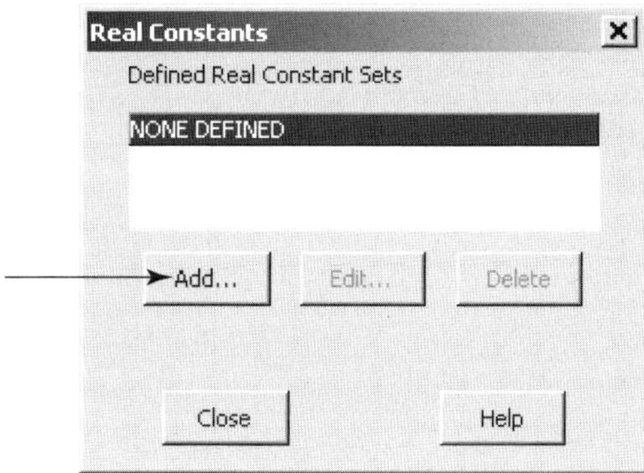

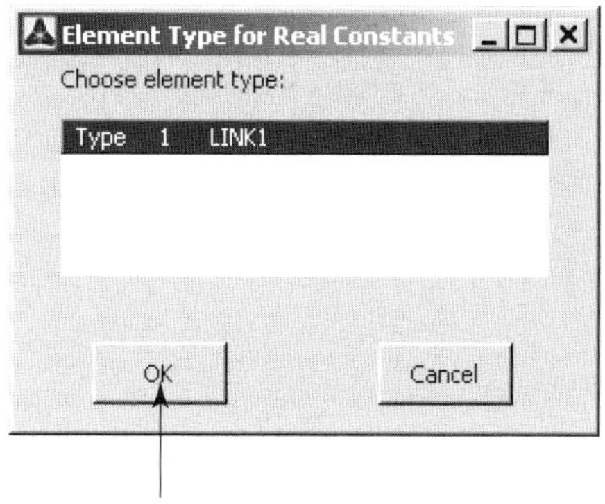

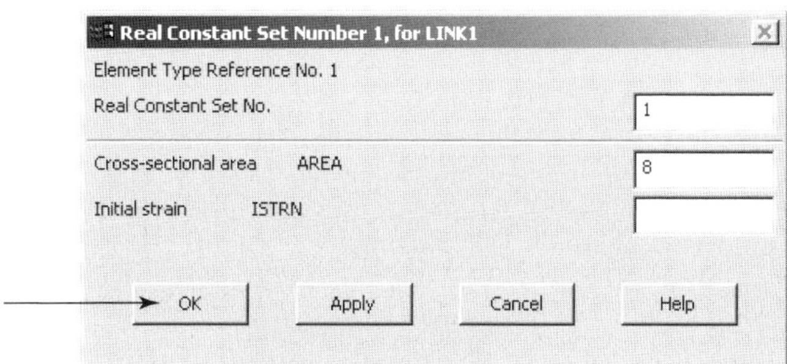

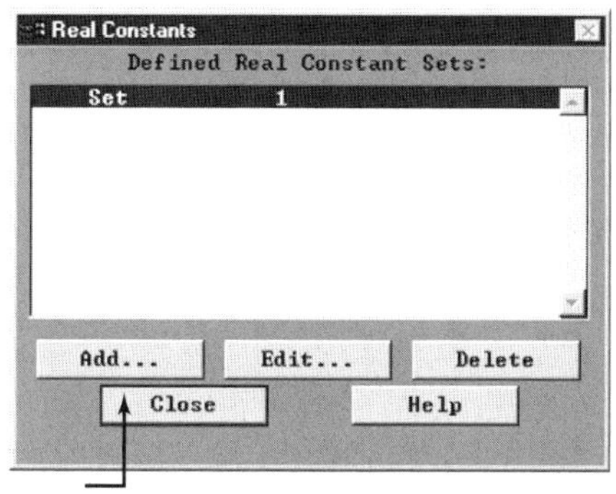

다음 명령으로 탄성계수를 입력한다.

main menu: **Preprocessor → Material Props → Material Models → Structural → Linear → Elastic → Isotropic**

참고: Structural에서 더블클릭한 후 Linear, Elastic, Isotropic을 두 번 클릭한다.

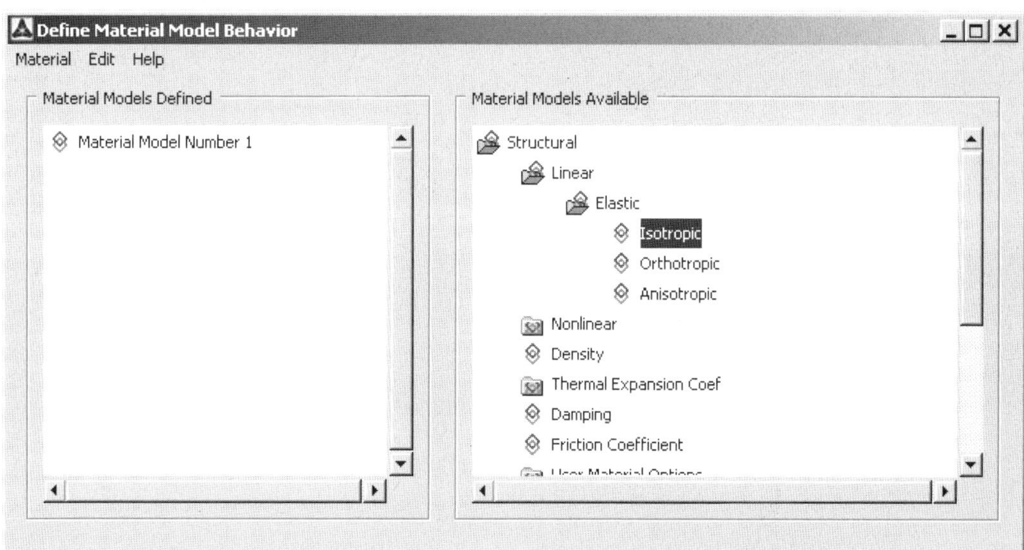

참고

EX: 탄성계수

PRXY: 푸아송비(link 요소 에서는 생략 가능)

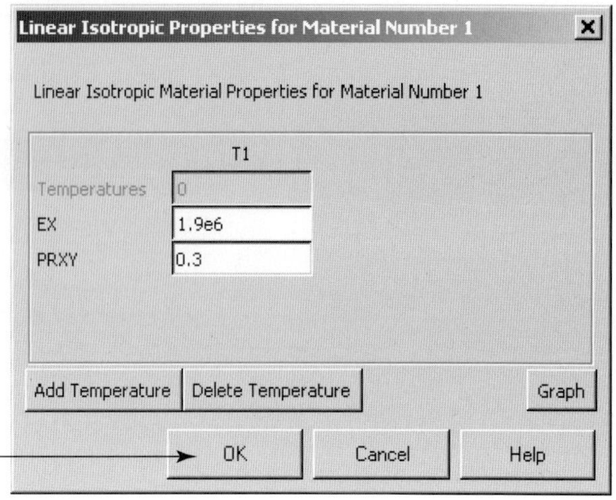

Define Material Model Behavior 창을 닫는다.

입력 데이터를 저장한다.

ANSYS Toolbar: **SAVE_DB**

작업평면 설정, 줌 등을 사용하여 문제에 맞도록 그래픽 영역을 설정한다.

utility menu: **Workplane → WP Settings** . . .

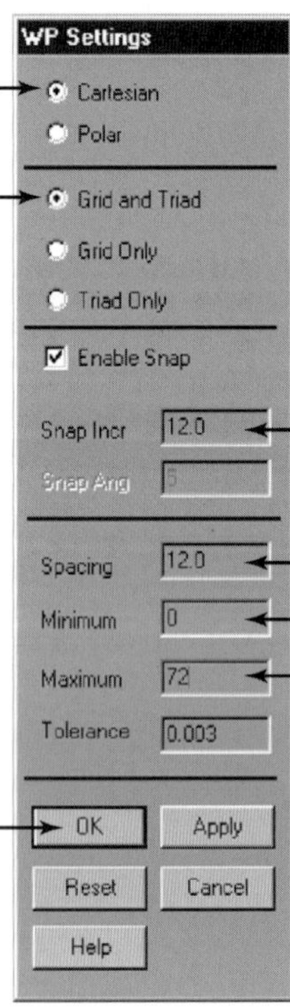

다음 명령으로 작업평면을 나타낸다(toggle on).

utility menu: **Workplane → Display Working Plane**

다음 명령으로 작업평면을 창에 적절히 위치시킨다.

utility menu: **PlotCtrls → Pan, Zoom, Rotate** ...

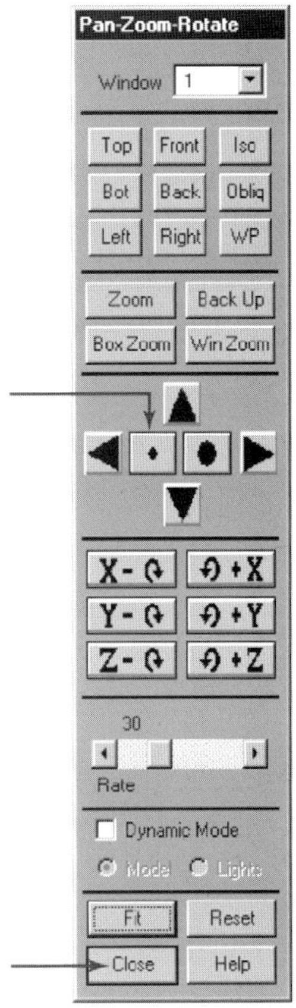

작업평면이 보일 때까지 **small circle**을 클릭한다. 그리고 **arrow** 버튼을 이용하여 작업평면을 원하는 방향으로 움직일 수도 있다. 그 다음 작업평면에서 점들을 선택하여 절점을 생성한다.

main menu: **Preprocessor → Modeling → Create → Nodes → On Working Plane**

작업평면에서 조인트(절점)의 위치를 선택하고 apply를 실행한다.

[**WP** = 0,0]

[**WP** = 36,0]

[**WP** = 0,36]

[**WP** = 36,36]

[**WP** = 72,36]

OK

이제 작업평면을 끄고, 절점에 번호를 부여한다.

utility menu: **Workplane → Display Working Plane**

utility menu: **PlotCtrls → Numbering** . . .

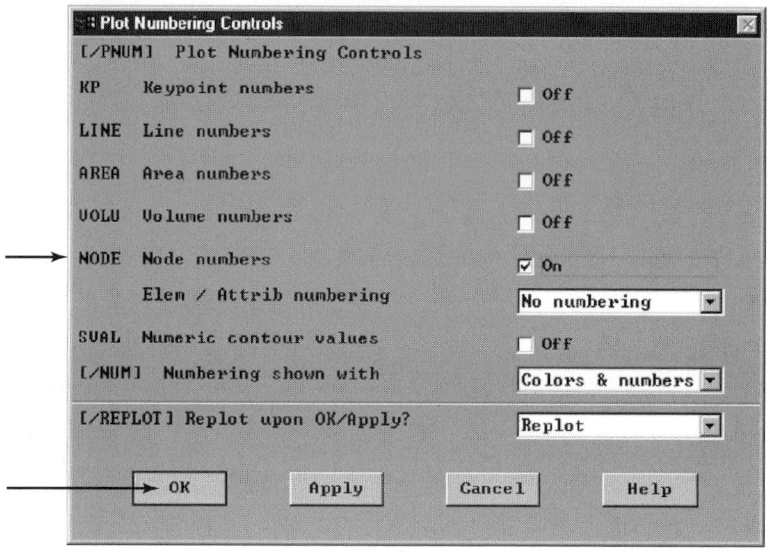

지금까지 한 작업을 확인하기 위해 절점 목록을 출력한다.

utility menu: **List → Nodes** . . .

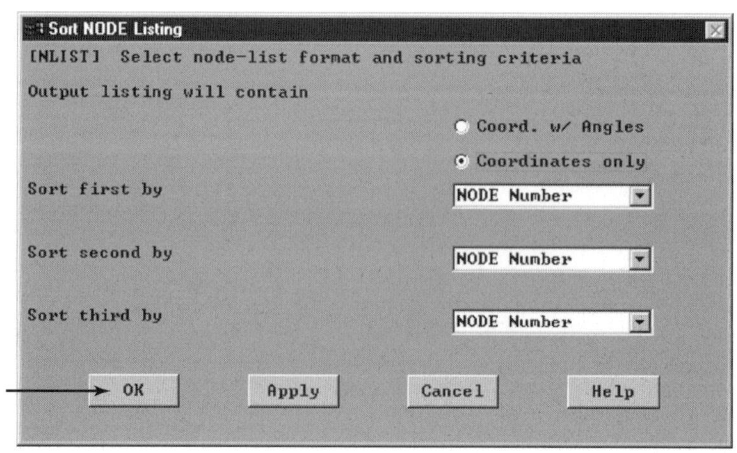

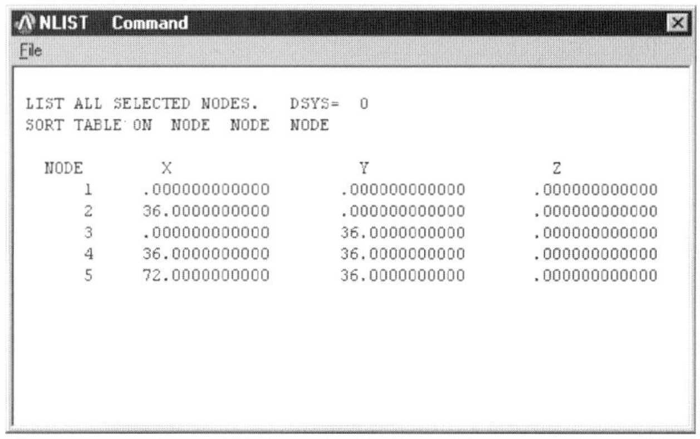

Close

ANSYS Toolbar: **SAVE_DB**

절점들을 선택하여 요소를 정의한다.

main menu: **Preprocessor → Modeling → Create → Elements → AutoNumbered → Thru Nodes**

[절점 1을 선택한 후 절점 2를 선택]

[ANSYS 그래픽 창의 임의 위치에 마우스를 두고 가운데 버튼을 클릭한다]

[절점 2를 선택한 후 절점 3을 선택]

[ANSYS 그래픽 창의 임의 위치에 마우스를 두고 가운데 버튼을 클릭한다]

[절점 3을 선택한 후 절점 4를 선택]

[ANSYS 그래픽 창의 임의 위치에 마우스를 두고 가운데 버튼을 클릭한다]

[절점 2를 선택한 후 절점 4를 선택]

[ANSYS 그래픽 창의 임의 위치에 마우스를 두고 가운데 버튼을 클릭한다]

[절점 2를 선택한 후 절점 5를 선택]

[ANSYS 그래픽 창의 임의 위치에 마우스를 두고 가운데 버튼을 클릭한다]

[절점 4를 선택한 후 절점 5를 선택]

[ANSYS 그래픽 창의 임의 위치에 마우스를 두고 가운데 버튼을 클릭한다]

OK

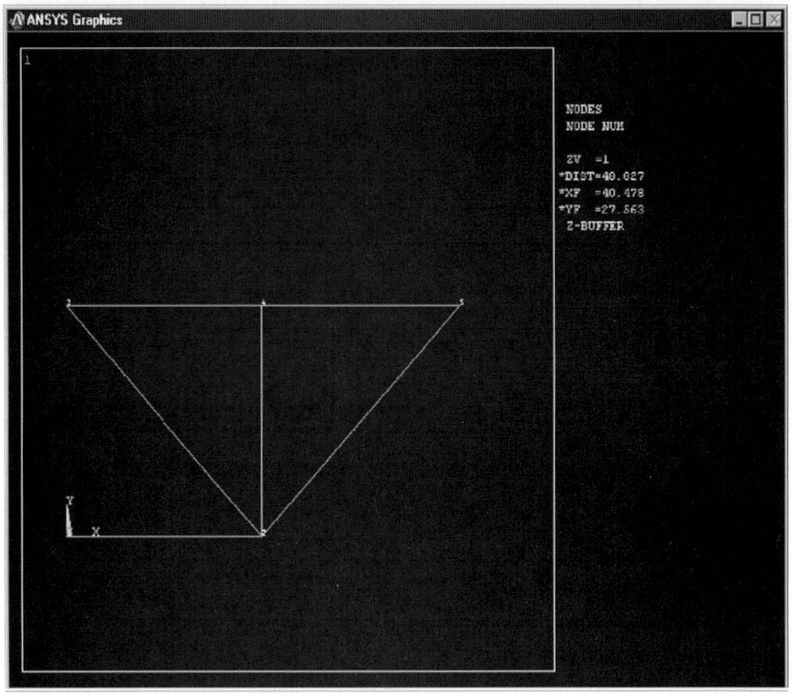

ANSYS Toolbar: **SAVE_DB**

경계조건과 하중을 부과한다.

main menu: **Solution → Define Loads → Apply → Structural → Displacement → On Nodes**

[절점 1을 선택]

[절점 3을 선택]

[ANSYS 그래픽 창의 임의 위치에 마우스를 두고 가운데 버튼을 클릭한다]

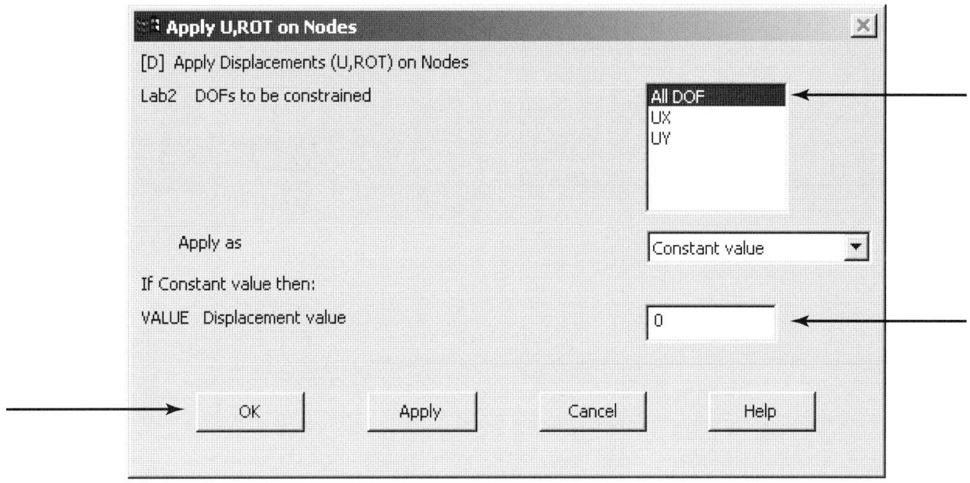

main menu: **Solution → Define Loads → Apply → Structural → Force/Moment → On Nodes**

[절점 4를 선택]

[절점 5를 선택]

[ANSYS 그래픽 창의 임의 위치에 마우스를 두고 가운데 버튼을 클릭한다]

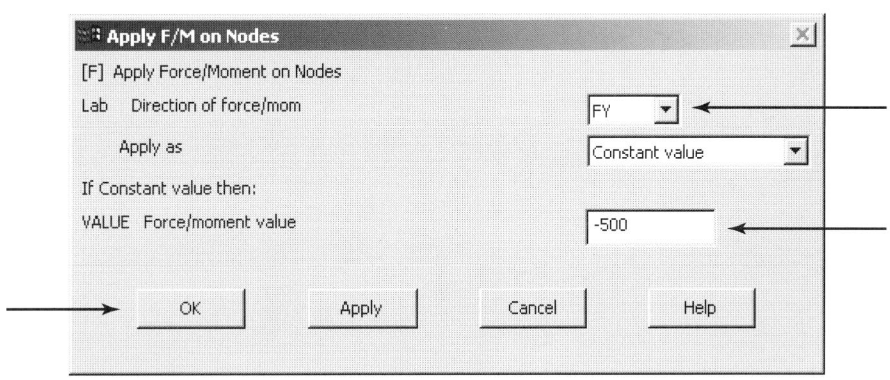

ANSYS Toolbar: **SAVE_DB**

문제의 해를 구한다.

main menu: **Solution → Solve → Current LS**

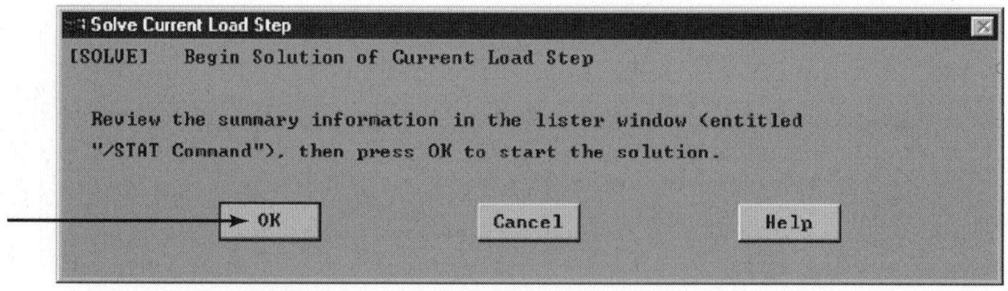

(the solution is done!) 창을 **Close**

(the /STAT Command) 창을 **Close**

후처리 단계로서 먼저 다음 명령에 따라 변형된 형상을 도시한다.

main menu: **General Postproc → Plot Results → Deformed Shape**

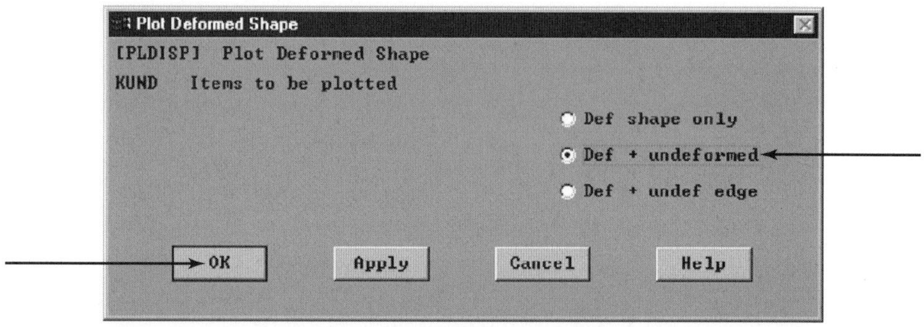

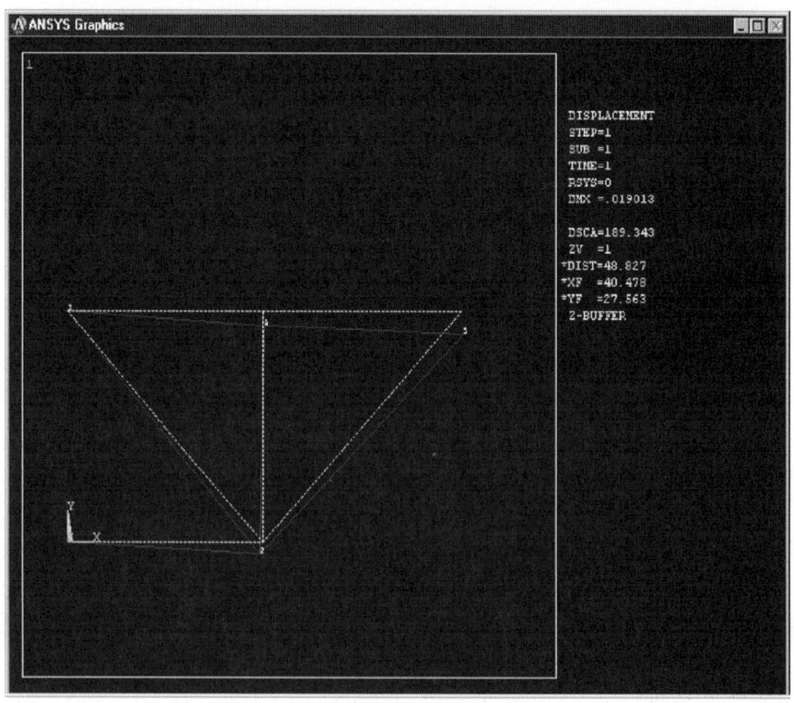

main menu: **General Postproc → List Results → Nodal Solution**

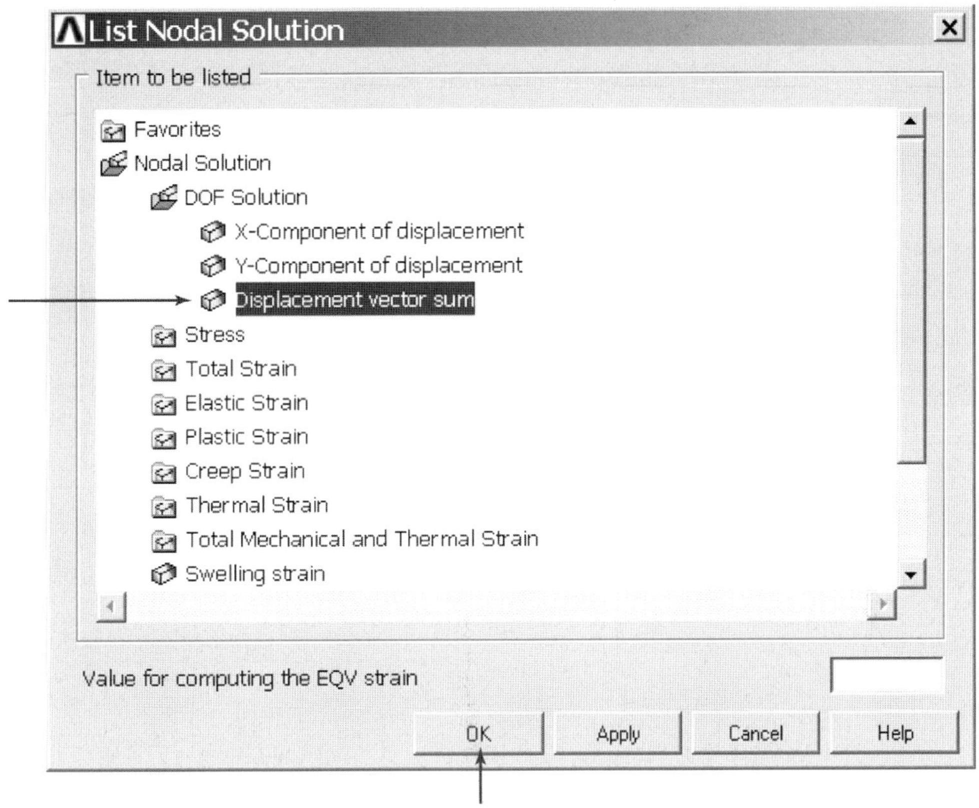

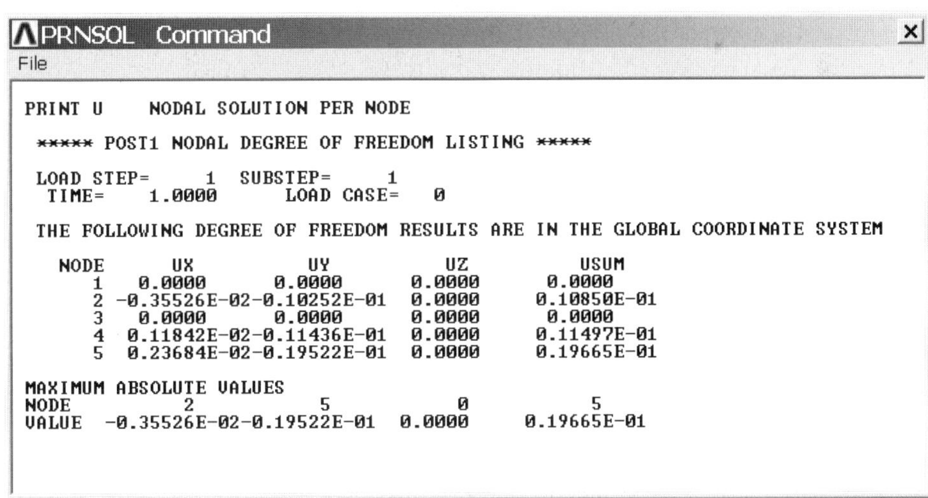


```
PRINT U    NODAL SOLUTION PER NODE

 ***** POST1 NODAL DEGREE OF FREEDOM LISTING *****

 LOAD STEP=     1  SUBSTEP=     1
  TIME=    1.0000      LOAD CASE=   0

 THE FOLLOWING DEGREE OF FREEDOM RESULTS ARE IN THE GLOBAL COORDINATE SYSTEM

   NODE       UX          UY          UZ          USUM
      1   0.0000      0.0000      0.0000      0.0000
      2 -0.35526E-02-0.10252E-01  0.0000      0.10850E-01
      3   0.0000      0.0000      0.0000      0.0000
      4  0.11842E-02-0.11436E-01  0.0000      0.11497E-01
      5  0.23684E-02-0.19522E-01  0.0000      0.19665E-01

MAXIMUM ABSOLUTE VALUES
NODE          2           5           0           5
VALUE  -0.35526E-02-0.19522E-01  0.0000      0.19665E-01
```

Close

축하중(axial force)과 축응력(axial stress) 같은 다른 결과를 보기 위해서는 이 결과를 요소 결과표(element table)에 복사해 놓아야 한다. 이 항목들은 ANSYS 요소 매뉴얼의 표 4.1 ~ 4.3에 주어진 **항목명**(item label)과 **절차 번호**(sequence numbers)를 사용하여 얻을 수 있다. 트러스 요소에서는 절점변위의 결과로부터 ANSYS가 계산한 내력과 응력은 사용자 지정 항목명으로 지정할 수 있다. 예제 3.1에서 ANSYS에 의해 계산되어진 내력은 사용자 지정 항목명 "Axforce"로 지정되어졌다. 항목명은 최대 8자까지만 가능함에 유의하라. 또한 각 부재의 축응력은 "Axstress"로 지정하였다. 다음 명령으로 축하중과 축응력을 볼 수 있다.

main menu: **General Postproc → Element Table → Define Table**

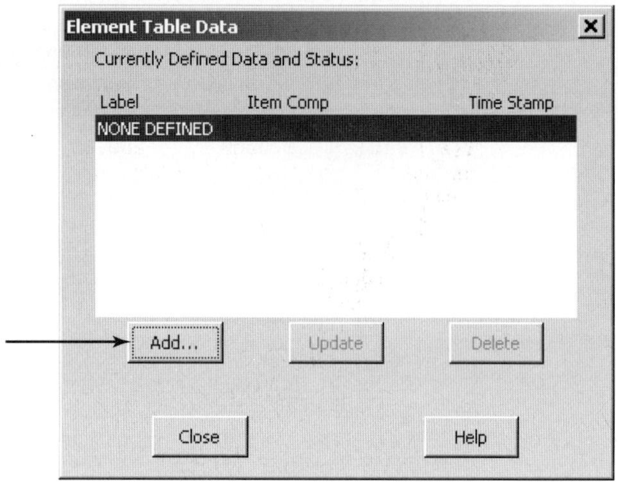

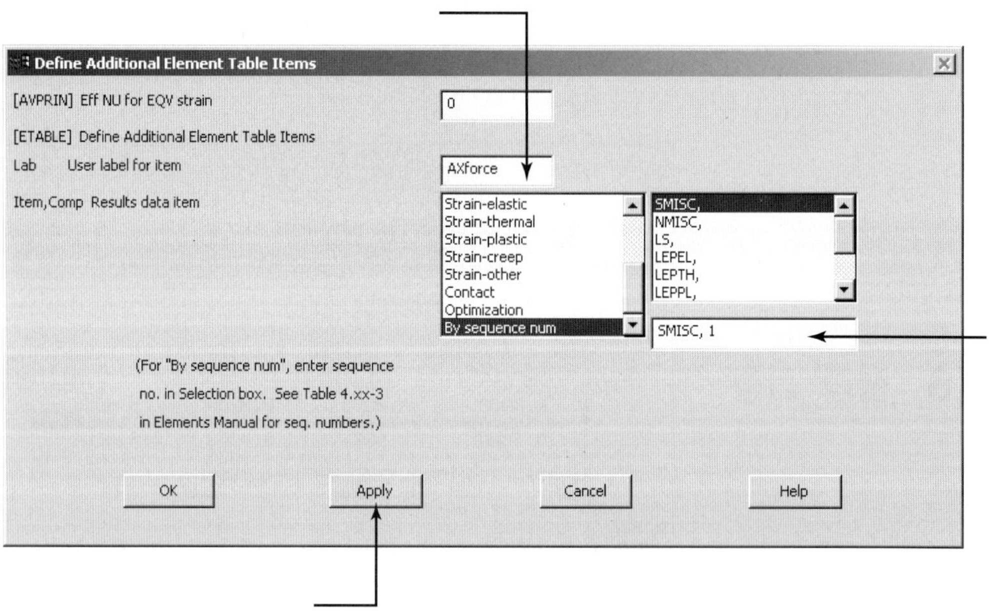

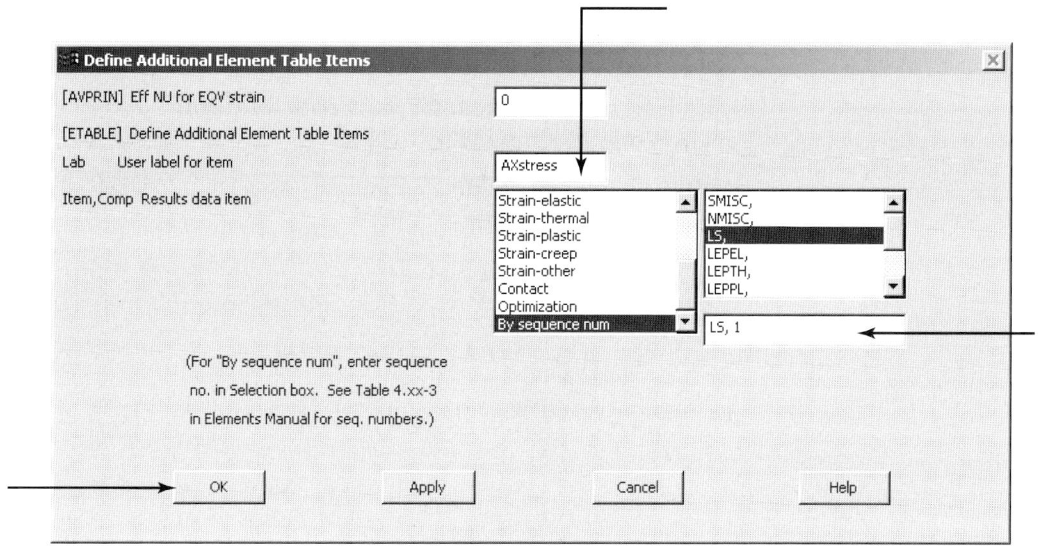

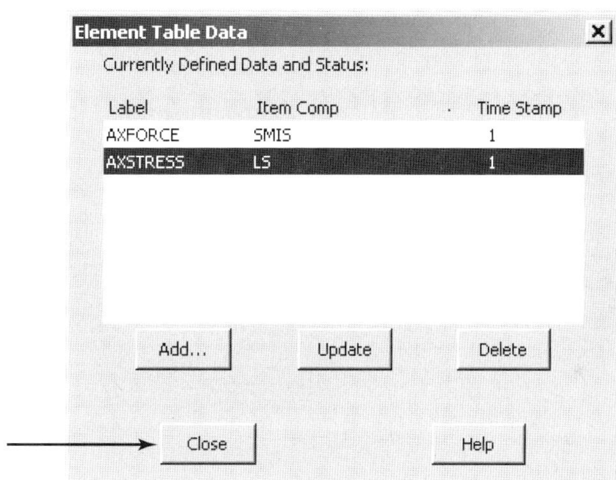

main menu: **General Postproc → Element Table → Plot Element Table**

또는

main menu: **General Postproc → Element Table → List Element Table**

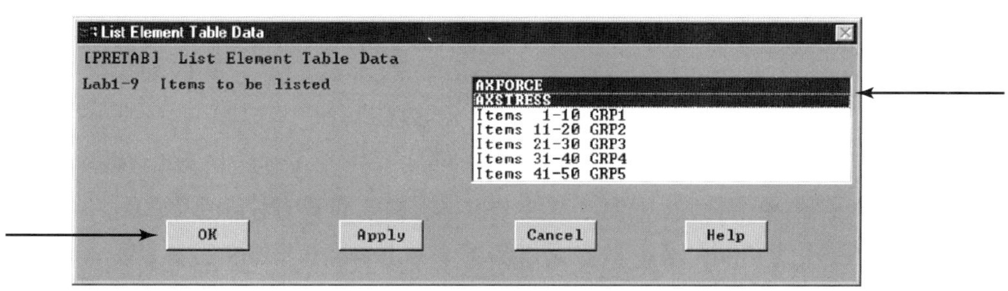

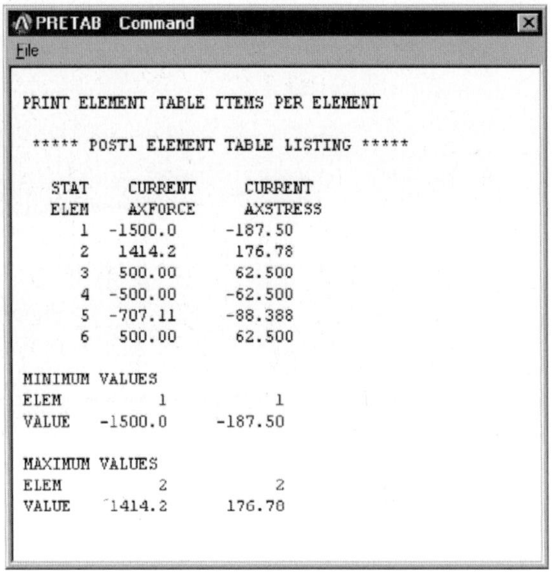

```
PRETAB  Command
File

PRINT ELEMENT TABLE ITEMS PER ELEMENT

 ***** POST1 ELEMENT TABLE LISTING *****

    STAT     CURRENT     CURRENT
    ELEM     AXFORCE     AXSTRESS
       1  -1500.0      -187.50
       2   1414.2       176.78
       3   500.00       62.500
       4  -500.00      -62.500
       5  -707.11      -88.388
       6   500.00       62.500

MINIMUM VALUES
ELEM            1            1
VALUE    -1500.0      -187.50

MAXIMUM VALUES
ELEM            2            2
VALUE     1414.2       176.70
```

Close

반력을 출력한다.

main menu: **General Postproc → List Results → Reaction Solu**

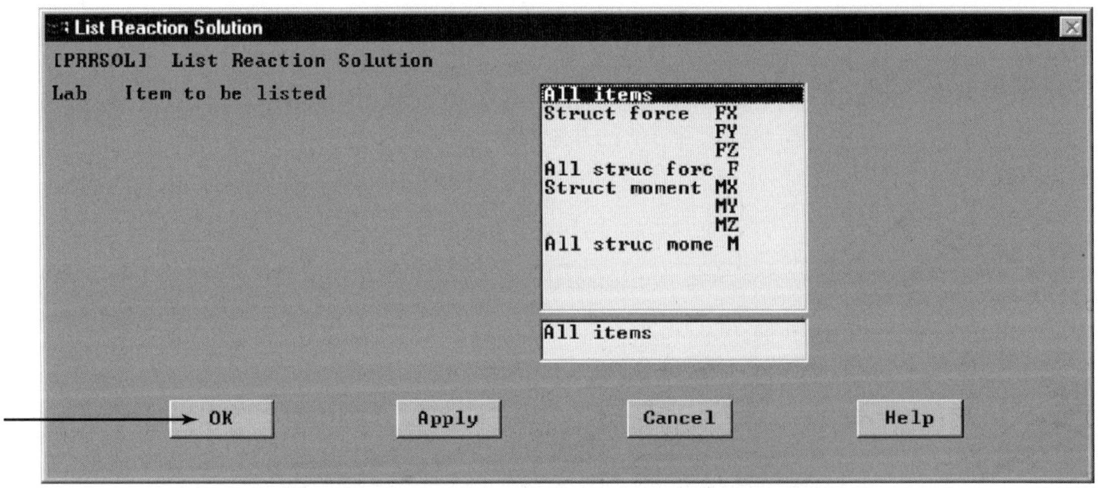

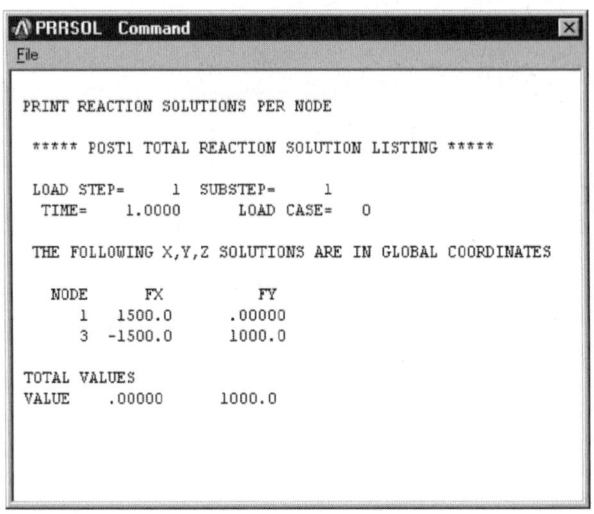

```
PRRSOL  Command
File

PRINT REACTION SOLUTIONS PER NODE

 ***** POST1 TOTAL REACTION SOLUTION LISTING *****

 LOAD STEP=     1  SUBSTEP=     1
  TIME=    1.0000      LOAD CASE=   0

 THE FOLLOWING X,Y,Z SOLUTIONS ARE IN GLOBAL COORDINATES

   NODE       FX           FY
      1   1500.0       .00000
      3  -1500.0       1000.0

TOTAL VALUES
VALUE    .00000       1000.0
```

요소 결과표와 반력을 포함한 모든 것을 저장하고 ANSYS를 종료한다.

ANSYS Toolbar: **QUIT**

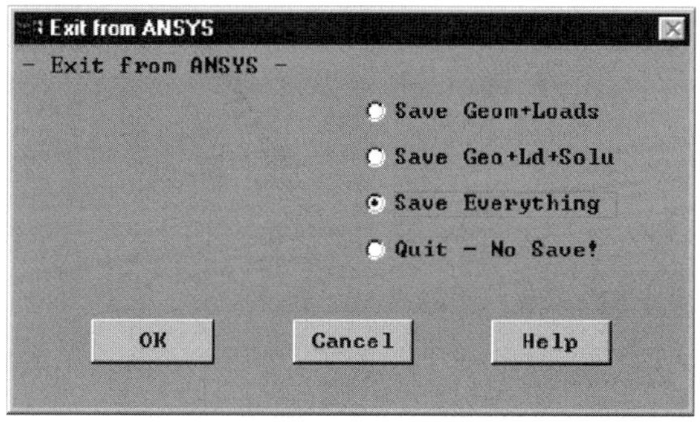

만약 모델을 수정하고자 할 때는 먼저 ANSYS를 시작하고 **Jobname** 입력란에 모델의 파일명을 입력한다. 그리고 **Run**을 누른다. File 메뉴에서 **Resume Jobname.DB**를 선택하면 완벽하게 모델에 접근할 수 있다. 절점, 요소 등을 그려봄으로써 원하는 문제의 파일을 선택하였음을 확인할 수 있다.

예제 3.2

그림에서 보여진 3차원 트러스를 고려하자. 여기서의 관심은 그림과 같은 하중이 주어질 때 조인트 2에서의 수직변위를 구하는 데 있다. 그림에서 보여진 좌표계에 대한 조인트의 직교 좌표의 단위는 feet이다. 모든 부재는 탄성계수 $E = 10.6 \times 10^6$ lb/in^{2}이고 단면적 $A = 1.56$ in^{2}이다.

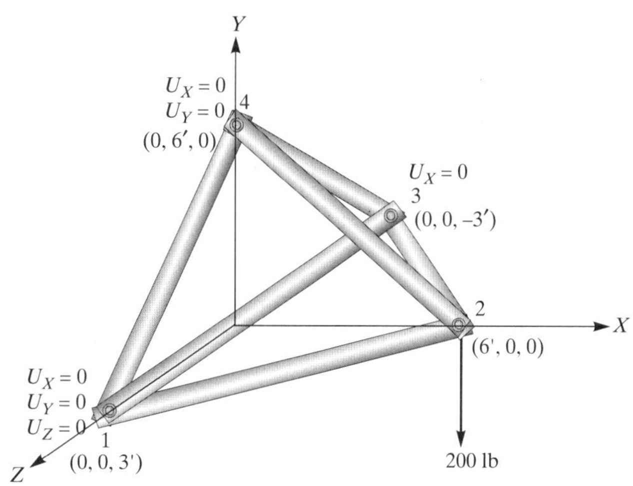

다음에 나오는 순서에 따라 ANSYS를 사용하여 이 문제를 풀 수 있다.

시작메뉴를 사용하여 **ANSYS** 프로그램을 실행시킨다.

대화상자의 **Jobname** 입력란에 **Truss3D**(또는 원하는 파일명)를 입력한다.

GUI를 실행하기 위해 **Run**을 선택한다.

다음 명령으로 문제에 대한 제목을 입력한다. 이 제목은 ANSYS 표시창에 나타나며 프로그램 창을 구별하는 데 사용된다.

utility menu: **File → Change Title** . . .

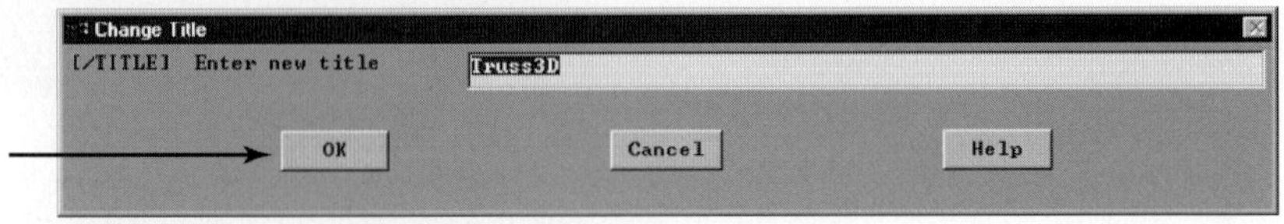

다음 명령으로 요소의 종류와 재료의 물성을 선택한다.

main menu: **Preprocessor → Element type → Add/Edit/Delete**

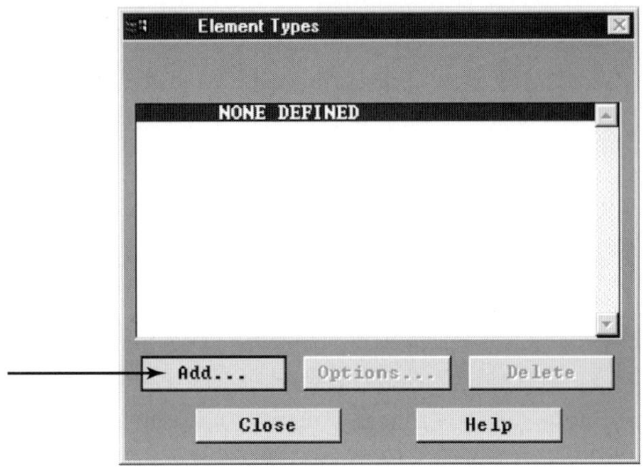

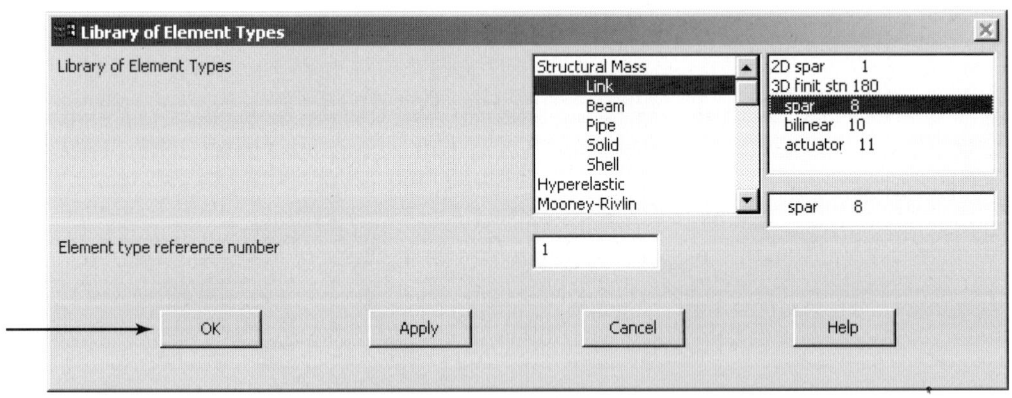

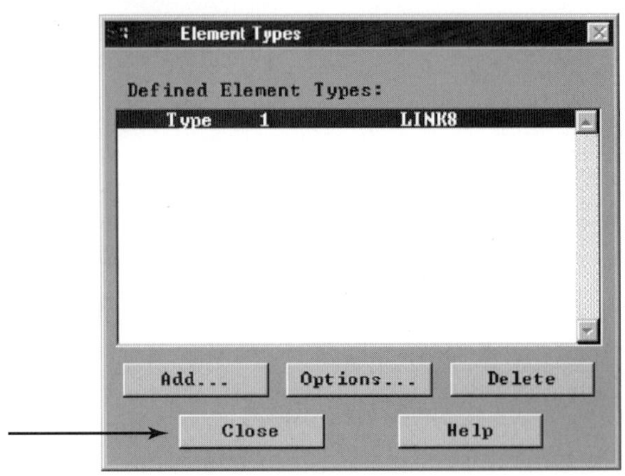

다음 명령으로 트러스 부재의 단면적을 입력한다.

main menu: **Preprocessor → Real Constants → Add/Edit/Delete**

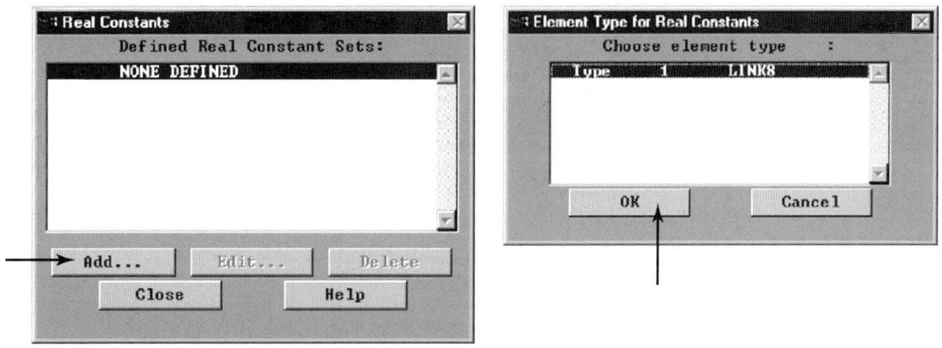

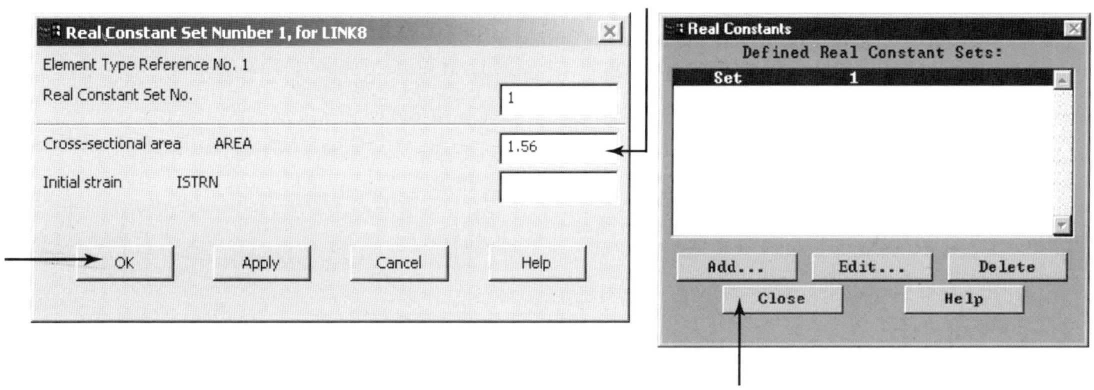

다음 명령으로 탄성계수를 입력한다.

main menu: **Preprocessor → Material Props → Material Models → Structural → Linear → Elastic → Isotropic**

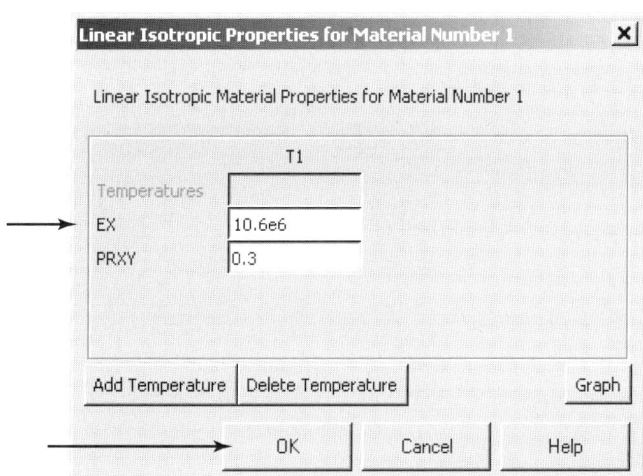

Define Material Model Behavior 창을 닫는다.

ANSYS Toolbar: **SAVE_DB**

활성 좌표계(active coordinate system)에서 절점을 생성한다.

main menu: **Preprocessor → Modeling → Create → Nodes → In Active CS**

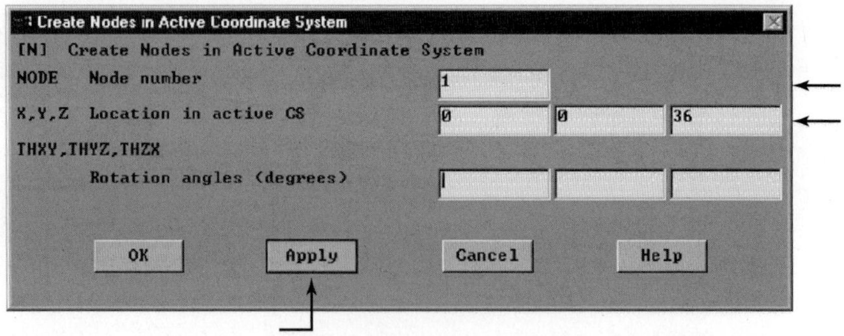

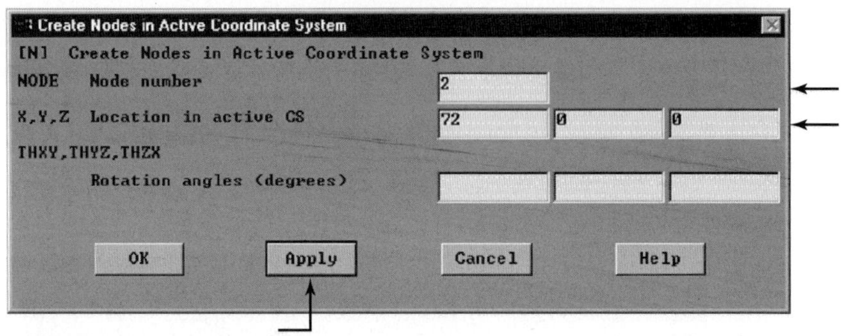

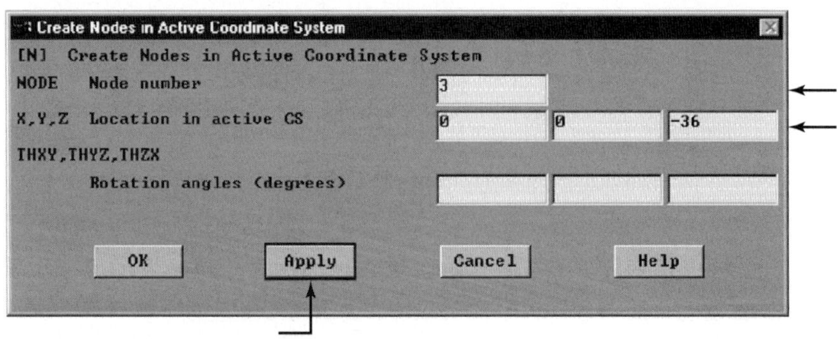

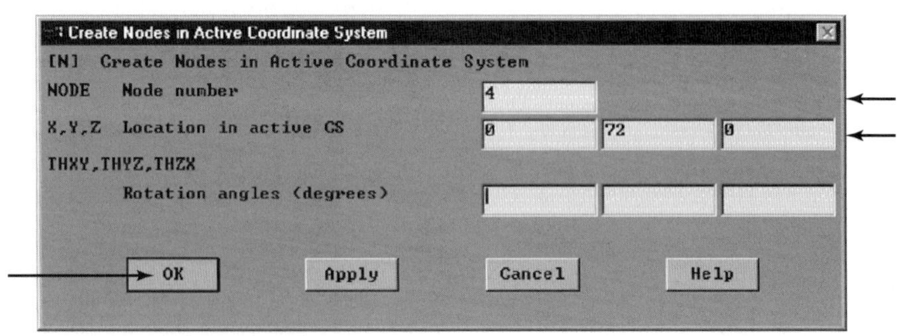

다음 명령으로 절점에 번호를 부여한다.

utility menu: **PlotCtrls → Numbering** . . .

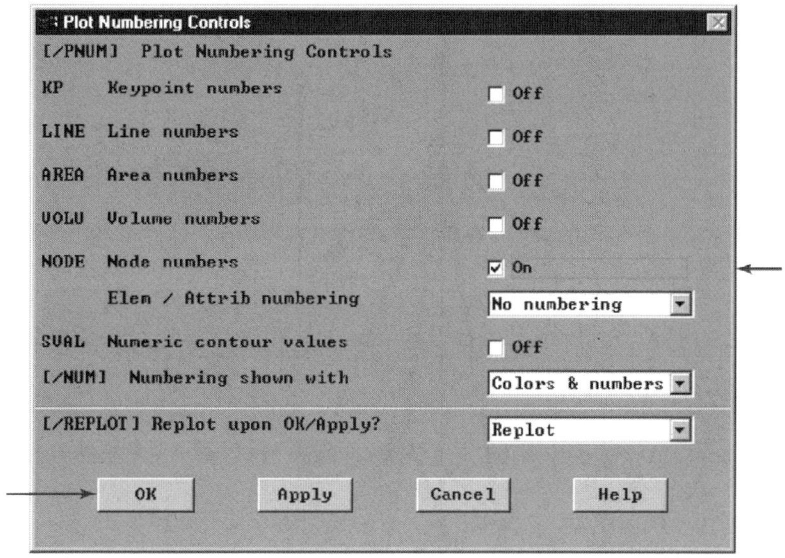

지금까지 한 작업을 확인하기 위해 절점 목록을 출력한다.

utility menu: **List** → **Nodes** . . .

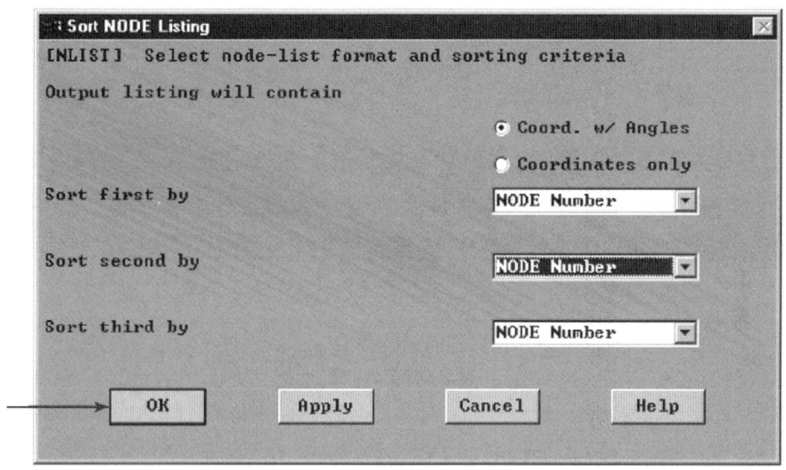

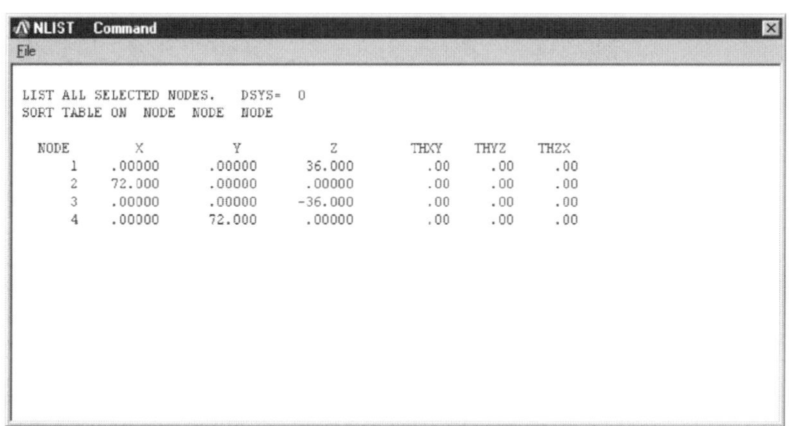

Close

ANSYS Toolbar: **SAVE_DB**

절점들을 선택하여 요소를 정의한다. 그러나 먼저 관찰각(view angle)을 설정한다.

utility menu: **PlotCtrls → Pan, Zoom, Rotate** . . .

경사(oblique, **Obliq** 버튼) 또는 등각(isometric, **Iso** 버튼) 투상도를 선택한다.

main menu: **Preprocessor → Modeling → Create → Elements → Auto Numbered → Thru Nodes**

[절점 1을 선택한 후 절점 2를 선택]

[ANSYS 그래픽 창의 임의 위치에 마우스를 두고 가운데 버튼을 클릭한다]

[절점 1을 선택한 후 절점 3을 선택]

[ANSYS 그래픽 창의 임의 위치에 마우스를 두고 가운데 버튼을 클릭한다]

[절점 1을 선택한 후 절점 4를 선택]

[ANSYS 그래픽 창의 임의 위치에 마우스를 두고 가운데 버튼을 클릭한다]

[절점 2를 선택한 후 절점 3을 선택]

[ANSYS 그래픽 창의 임의 위치에 마우스를 두고 가운데 버튼을 클릭한다]

[절점 2를 선택한 후 절점 4를 선택]

[ANSYS 그래픽 창의 임의 위치에 마우스를 두고 가운데 버튼을 클릭한다]

[절점 3을 선택한 후 절점 4를 선택]

[ANSYS 그래픽 창의 임의 위치에 마우스를 두고 가운데 버튼을 클릭한다]

OK

ANSYS Toolbar: **SAVE_DB**

경계조건과 하중을 부과한다.

main menu: **Solution → Define Loads → Apply → Structural → Displacement → On Nodes**

[절점 1을 선택]

[절점 3을 선택]

[절점 4를 선택]

[ANSYS 그래픽 창의 임의 위치에 마우스를 두고 가운데 버튼을 클릭한다]

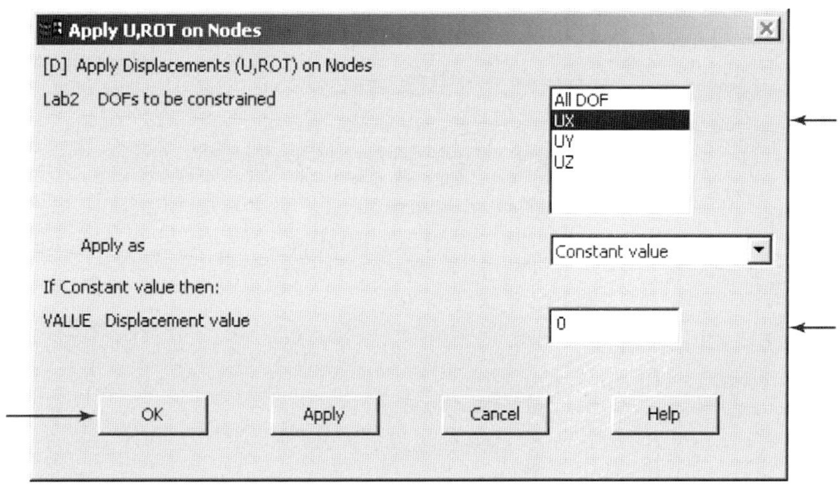

main menu: **Solution → Define Loads → Apply → Structural → Displacement → On Nodes**

[절점 1을 선택]

[ANSYS 그래픽 창의 임의 위치에 마우스를 두고 가운데 버튼을 클릭한다]

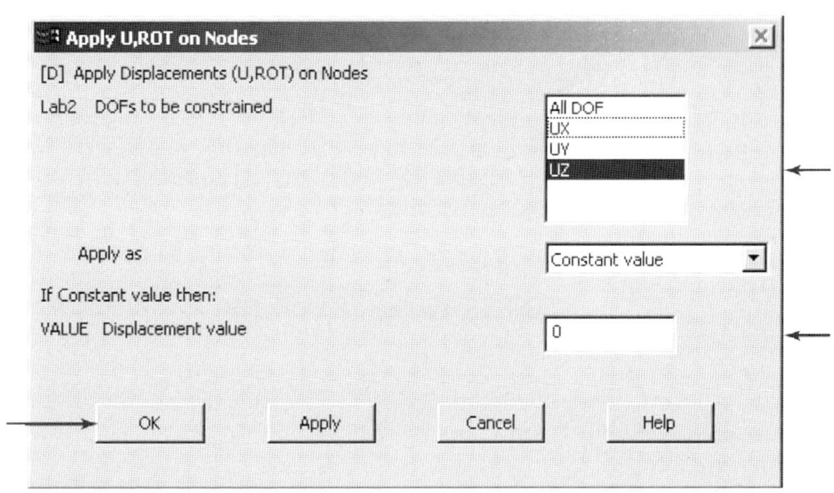

main menu: **Solution → Define Loads → Apply → Structural → Displacement → On Nodes**

[절점 1을 선택]

[절점 4를 선택]

[ANSYS 그래픽 창의 임의 위치에 마우스를 두고 가운데 버튼을 클릭한다]

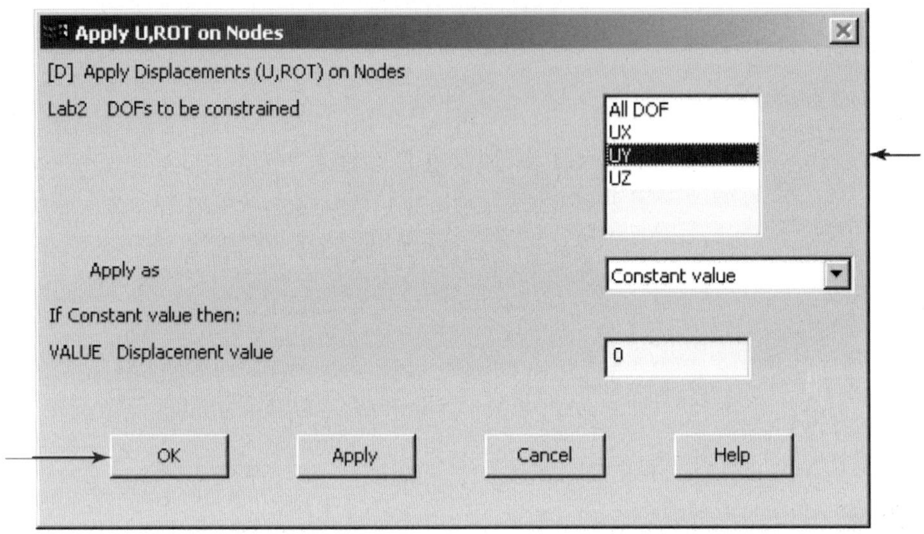

main menu: **Solution → Define Loads → Apply → Structural → Force/Moment → On Nodes**

[절점 2를 선택]

[ANSYS 그래픽 창의 임의 위치에 마우스를 두고 가운데 버튼을 클릭한다]

ANSYS Toolbar: **SAVE_DB**

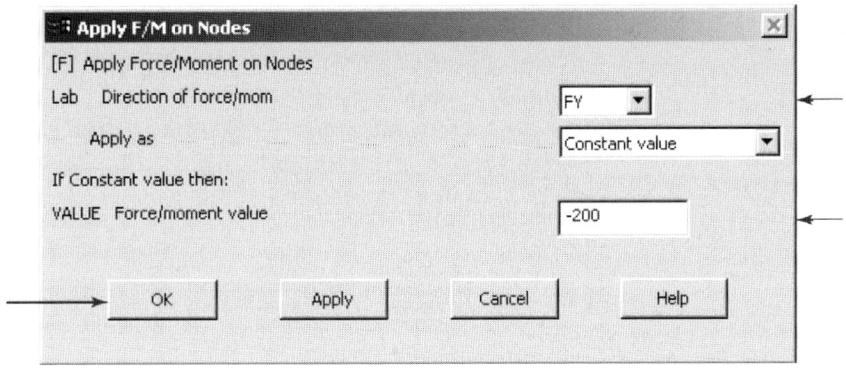

문제의 해를 구한다.

main menu: **Solution → Solve → Current LS**

OK

(the solution is done!) 창을 **Close**

(the /STAT Command) 창을 **Close**

후처리 단계에서 절점해(변위)를 출력한다.

main menu: **General Postproc → List Results → Nodal Solution**

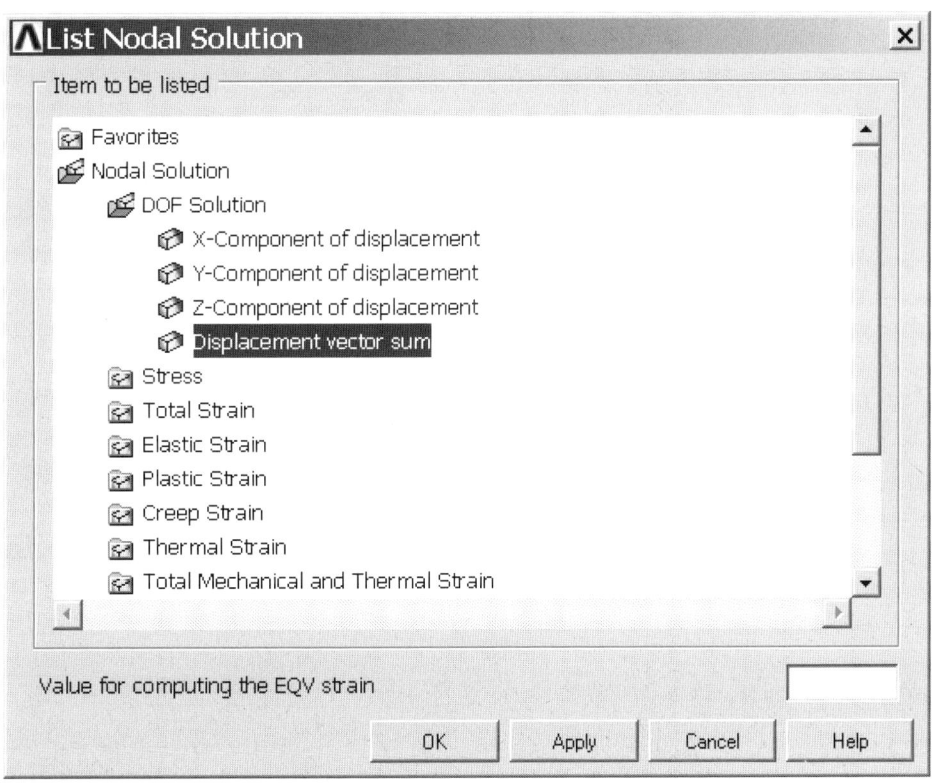

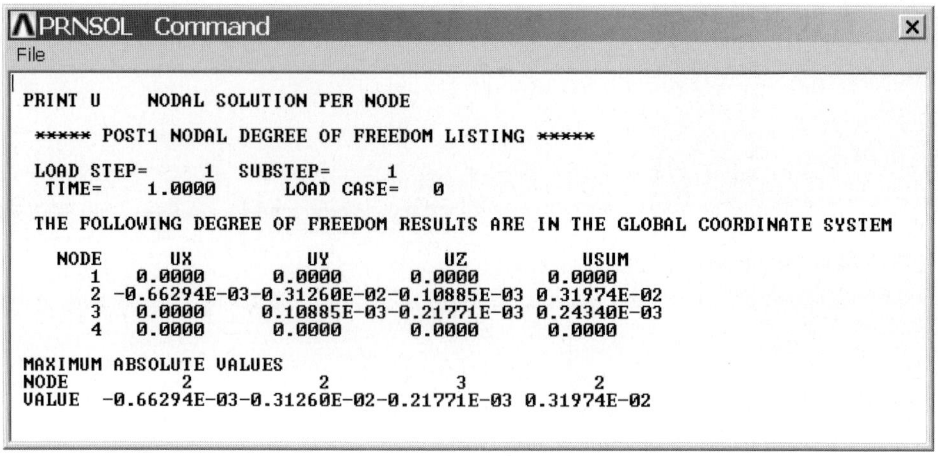

축하중과 축응력 같은 다른 결과를 점검하기 위해서는 이 결과를 요소 결과표에 복사해 놓아야 한다. 이 항목들은 ANSYS 요소 매뉴얼의 표 4.1 ~ 4.3에 주어진 **항목명**(item label)과 **절차 번호**(sequence number)를 사용하여 얻을 수 있다.

main menu: **General Postproc → Element Table → Define table**

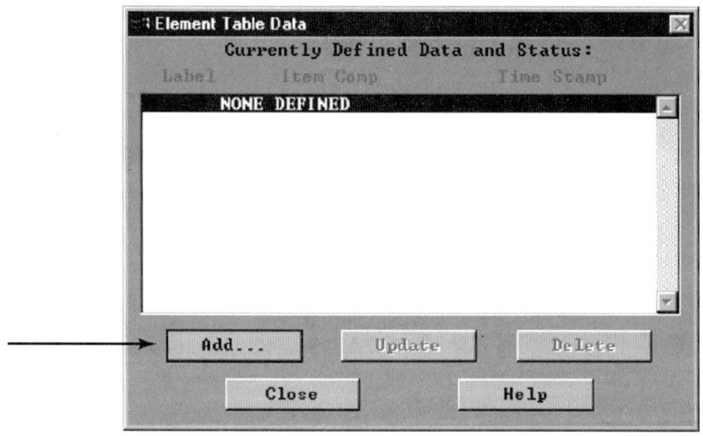

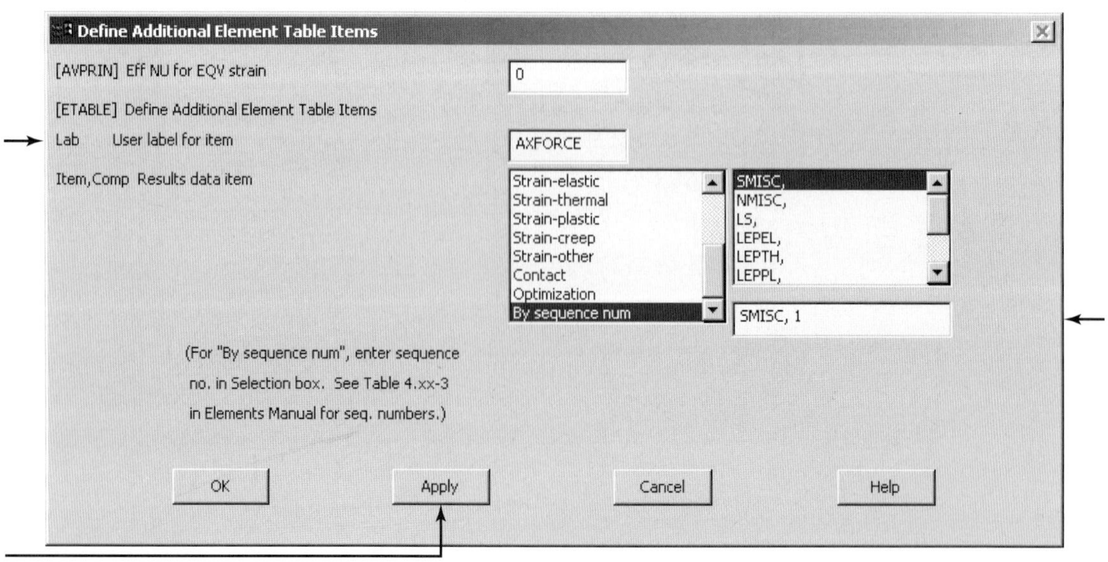

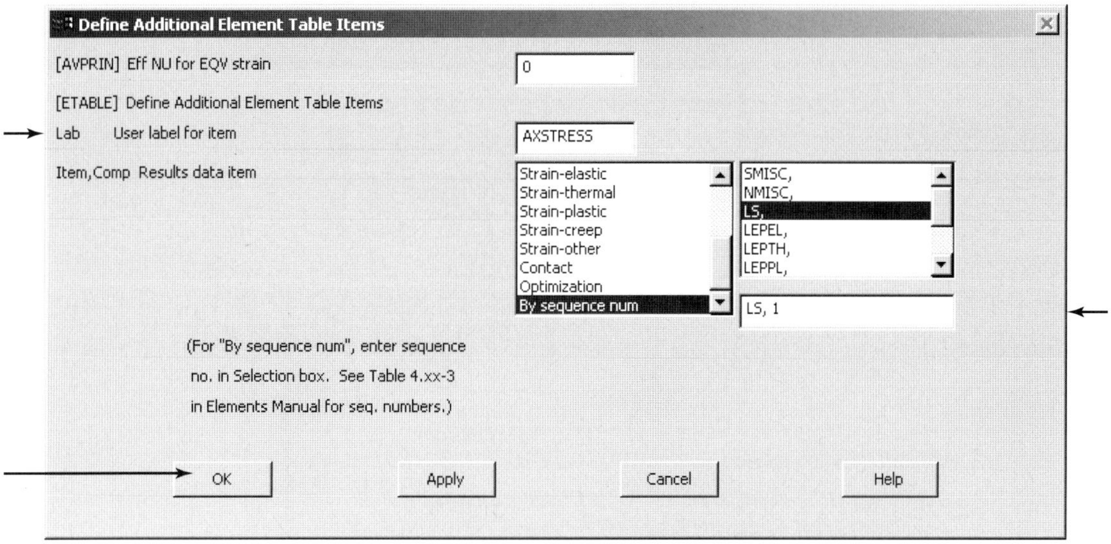

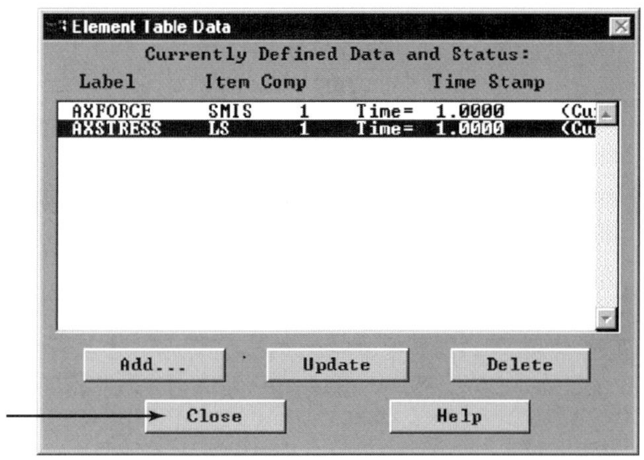

main menu: **General Postproc → Element Table → List Element Table**

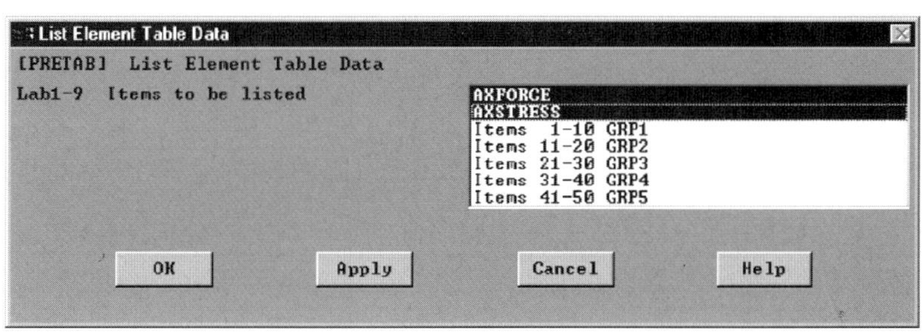

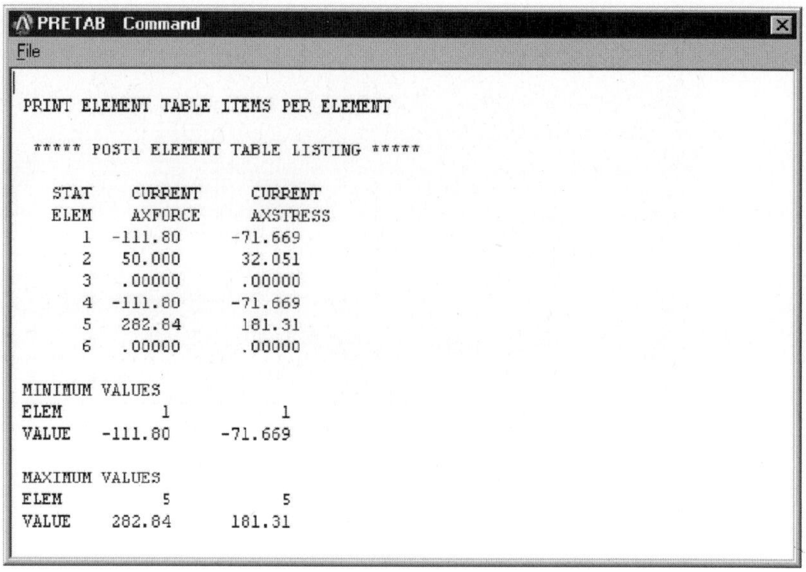

PRETAB Command

File

```
PRINT ELEMENT TABLE ITEMS PER ELEMENT

 ***** POST1 ELEMENT TABLE LISTING *****

    STAT     CURRENT     CURRENT
    ELEM     AXFORCE     AXSTRESS
       1  -111.80      -71.669
       2   50.000       32.051
       3   .00000       .00000
       4  -111.80      -71.669
       5   282.84       181.31
       6   .00000       .00000

MINIMUM VALUES
ELEM           1           1
VALUE   -111.80     -71.669

MAXIMUM VALUES
ELEM           5           5
VALUE    282.84      181.31
```

Close

반력을 출력한다.

main menu: **General Postproc → List Results → Reaction Solu**

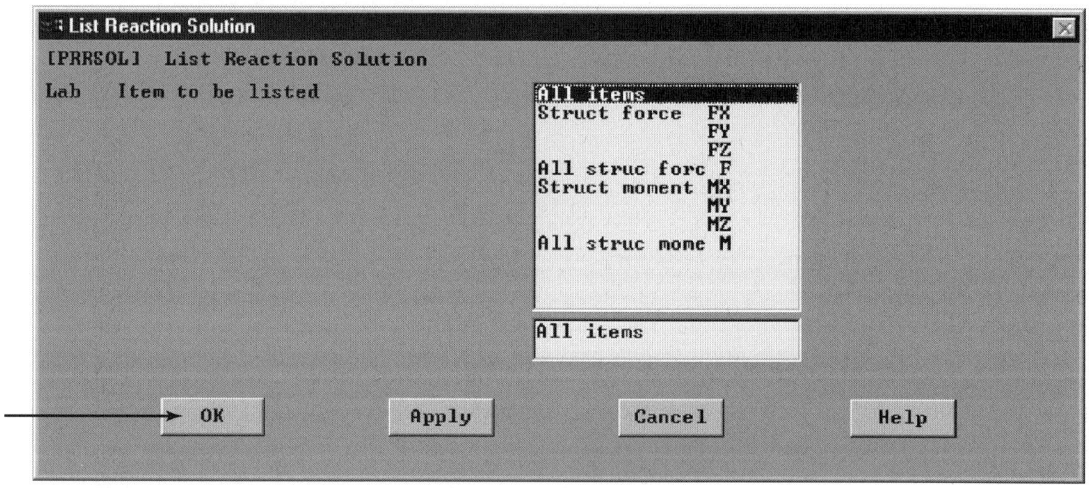

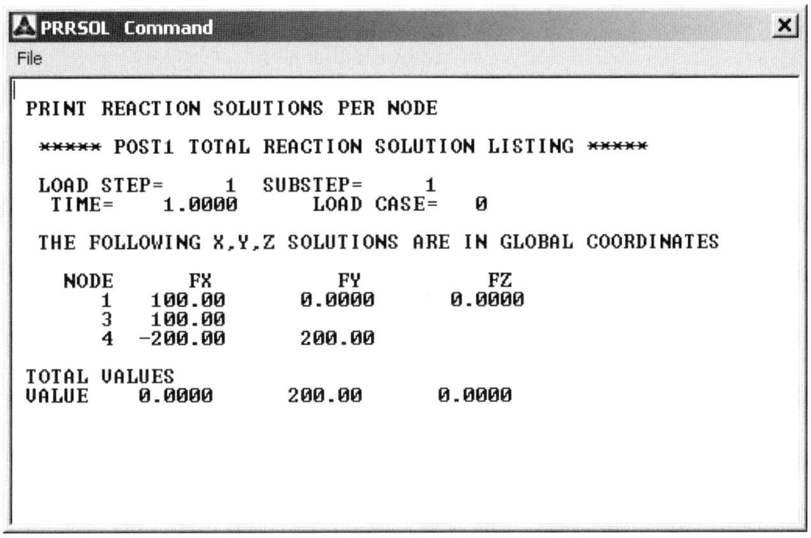
PRRSOL Command
File

```
PRINT REACTION SOLUTIONS PER NODE

 ***** POST1 TOTAL REACTION SOLUTION LISTING *****

 LOAD STEP=     1  SUBSTEP=     1
  TIME=    1.0000      LOAD CASE=   0

 THE FOLLOWING X,Y,Z SOLUTIONS ARE IN GLOBAL COORDINATES

   NODE       FX          FY          FZ
      1   100.00      0.0000      0.0000
      3   100.00
      4  -200.00      200.00

TOTAL VALUES
VALUE    0.0000      200.00      0.0000
```

Close

요소 결과표와 반력을 포함한 모든 것을 저장하고 ANSYS를 종료한다.

ANSYS Toolbar: **QUIT**

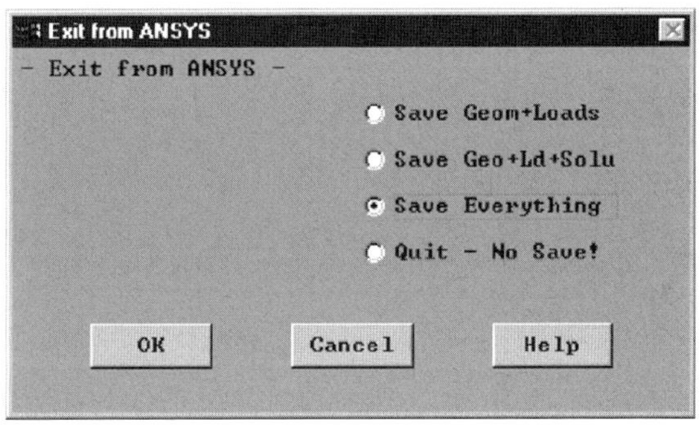

3.6 결과 검증

결과를 검증하는 방법에는 여러 가지가 있다.

1. 반력을 확인한다.

계산된 반력과 외력을 사용하여 정적 평형 방정식을 확인한다.

$$\Sigma F_X = 0$$
$$\Sigma F_Y = 0$$
$$\Sigma M_{\text{node}} = 0$$

ANSYS에서 계산된 반력은 $F_{1X} = 1500\text{ lb}$, $F_{1Y} = 0$, $F_{3X} = -1500\text{ lb}$, $F_{3Y} = 1000\text{ lb}$이다. 그림의 자유물체도를 참조하여 정적 평형 방정식을 사용하면 다음과 같다.

$$\overset{+}{\rightarrow} \Sigma F_X = 0 \quad 1500-1500 = 0$$
$$+\uparrow \Sigma F_Y = 0 \quad 1000-500-500 = 0$$
$$\circlearrowleft\!+ \Sigma M_{\text{node1}} = 0 \quad (1500)(3) - (500)(3) - (500)(6) = 0$$

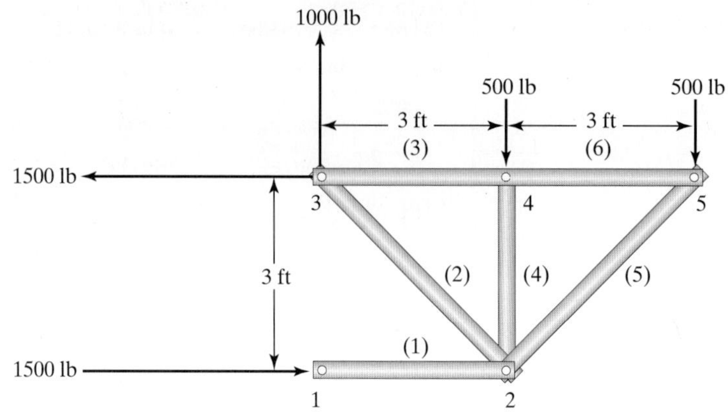

ANSYS에 의해 계산되어진 예제 3.1의 내력을 표 3.2에 나타내었다.

2. 각 절점에서 힘의 합은 0이다.

임의의 절점에서 평형상태를 적용한다. 예를 들어 절점 5를 선택하자. 다음 그림에 나타난 자유물체도를 참조하면 다음 식을 얻는다.

$$\overset{+}{\rightarrow} \Sigma F_X = 0 \quad -500 + 707\cos 45 = 0$$
$$+\uparrow \Sigma F_Y = 0 \quad -500 + 707\sin 45 = 0$$

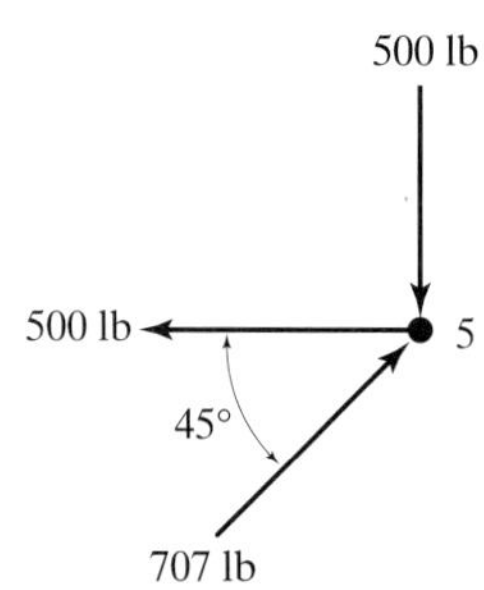

3. 트러스의 임의의 단면을 선택하여 힘의 평형을 계산한다.

유한요소해석 결과의 타당성을 확인하는 또 다른 방법은 트러스를 지나는 단면을 임의

표 3.2 ANSYS에 의해 계산된 각 요소의 내력

요소 번호	내력(lb)
1	−1500
2	1414
3	500
4	−500
5	−707
6	500

로 자른 후 정적 평형상태를 적용하는 것이다. 예를 들어 그림처럼 요소 (1), (2), (3)을 지나게 자른 경우를 고려하자.

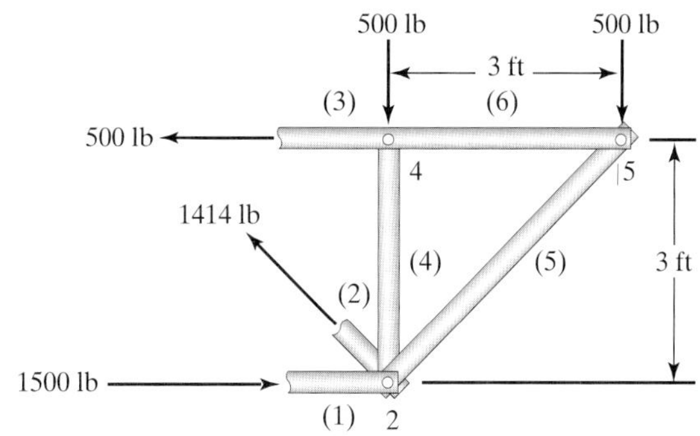

$$\overset{+}{\rightarrow} \Sigma F_X = 0 \qquad -500 + 1500 - 1414 \cos 45 = 0$$

$$+\uparrow \Sigma F_Y = 0 \qquad -500 - 500 + 1414 \cos 45 = 0$$

$$\circlearrowleft + \Sigma M_{\text{node2}} = 0 \qquad -(500)(3) + (500)(3) = 0$$

계산된 내력의 타당성을 증명하였다. 정적 문제를 해석할 때 항상 평형상태를 만족해야 함을 유념하라.

요약

1. 트러스 해석에서 가정들을 이해해야 한다.

2. 주어진 문제에서 전체 좌표계와 국부 좌표계를 사용하는 의미를 이해해야 한다. 절점을 표현할 때 좌표계의 역할과 변환행렬을 통해 각 기준 좌표계에서의 정보들이 서로 어떻게 연관되어 있는지 알아야 한다.

3. 요소 강성행렬과 전체 강성행렬의 차이를 알아야 하고 전체 강성행렬을 구하기 위해서 어떻게 요소 강성행렬을 조합하는지 알아야 한다.

4. 절점변위를 구하기 위해 경계조건과 하중을 어떻게 부과하는지 알아야 한다.

5. 변위를 가지고 어떻게 내력과 응력을 구하는지 알아야 한다.

6. ANSYS의 명령과 기본 개념을 터득해야 한다. ANSYS를 사용한 전형적인 해석에는 **전처리 단계, 해석 단계, 후처리 단계**가 있음을 알아야 한다. 전처리 단계는 프로그램에 형상, 재료, 요소 종류와 같은 데이터를 입력한다. 해석 단계에서는 경계조건과 하중을 부과하고 해를 구한다. 후처리 단계에서는 그래픽을 통하여 해석 결과를 보여준다.

7. 트러스 해석의 결과를 어떻게 검증하는지 알아야 한다.

참고문헌

ANSYS User's Manual: Procedures, Vol. I, Swanson Analysis Systems, Inc.

ANSYS User's Manual: Commands, Vol. II, Swanson Analysis Systems, Inc.

ANSYS User's Manual: Elements, Vol. III, Swanson Analysis Systems, Inc.

Beer F. P., and Johnston, E. R., *Vector Mechanics for Engineers: Statics*, 5th ed., New York, McGraw-Hill, 1988.

Segrlind, L., Applied Finite Element Analysis, 2nd ed., New York, John Wiley and Sons, 1984.

연습문제

1. 변환행렬의 역행렬과 전치행렬이 같음을 보여라. 즉, 다음을 보여라.

$$[\mathbf{T}]^{-1} = \begin{bmatrix} \cos\theta & \sin\theta & 0 & 0 \\ -\sin\theta & \cos\theta & 0 & 0 \\ 0 & 0 & \cos\theta & \sin\theta \\ 0 & 0 & -\sin\theta & \cos\theta \end{bmatrix}$$

2. 식 (3.14)로부터, $\{\mathbf{F}\} = [\mathbf{T}][\mathbf{K}][\mathbf{T}]^{-1}\{\mathbf{U}\}$, 행렬 $[\mathbf{T}]$, $[\mathbf{K}]$, $[\mathbf{T}]^{-1}$, $\{\mathbf{U}\}$를 대입하여 다음 식을 증명하라.

$$\begin{Bmatrix} F_{iX} \\ F_{iY} \\ F_{jX} \\ F_{jY} \end{Bmatrix} = k\begin{bmatrix} \cos^2\theta & \sin\theta\cos\theta & -\cos^2\theta & -\sin\theta\cos\theta \\ \sin\theta\cos\theta & \sin^2\theta & -\sin\theta\cos\theta & -\sin^2\theta \\ -\cos^2\theta & -\sin\theta\cos\theta & \cos^2\theta & \sin\theta\cos\theta \\ -\sin\theta\cos\theta & -\sin^2\theta & \sin\theta\cos\theta & \sin^2\theta \end{bmatrix}\begin{Bmatrix} U_{iX} \\ U_{iY} \\ U_{jX} \\ U_{jY} \end{Bmatrix}$$

3. 그림과 같이 단면적이 2.3 in^2인 알루미늄 합금($E = 10.0 \times 10^6\ \text{lb/in}^2$)으로 구성된 트러스 부재가 있다. 수계산으로 조인트 A의 변위와 각 부재의 응력, 반력을 구하고 결과를 검증하라.

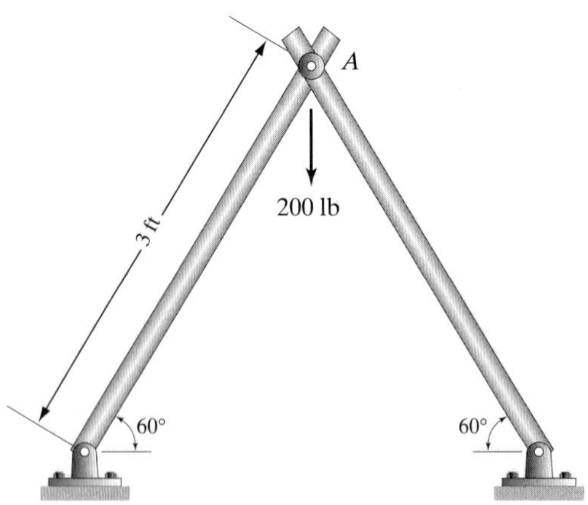

4. 그림과 같이 단면적이 8 cm^2인 강($E = 200$ GPa)으로 구성된 트러스 부재가 있다. 수계산으로 각 조인트의 변위와 각 부재의 응력, 반력을 구하고 결과를 검증하라.

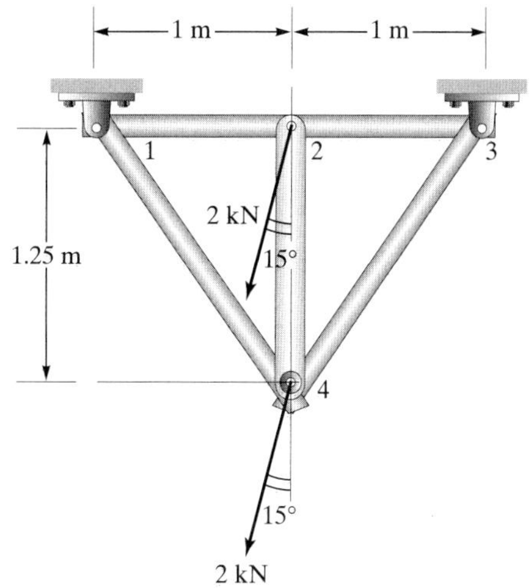

5. 그림과 같이 단면적이 15 cm^2인 알루미늄 합금(E = 70 GPa)으로 구성된 트러스 부재가 있다. 수계산으로 각 조인트의 변위와 각 부재의 응력, 반력을 구하고 결과를 검증하라.

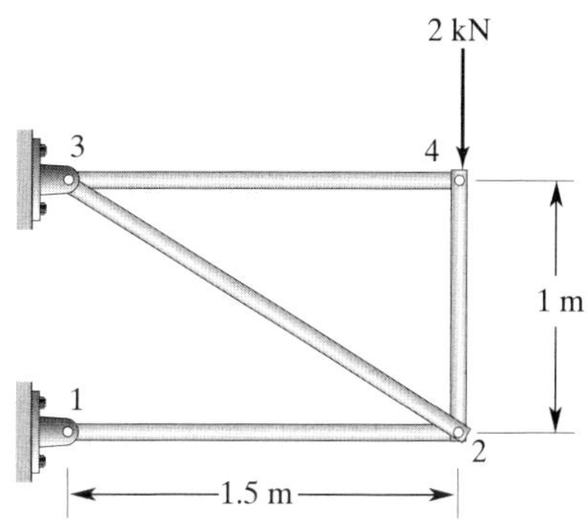

6. 그림과 같이 단면적이 2 in^2인 구조강($E = 30.0 \times 10^6$ lb/in^2)으로 구성된 트러스 부재가 있다. 수계산으로 각 조인트의 변위와 각 부재의 응력, 반력을 구하고 결과를 검증하라.

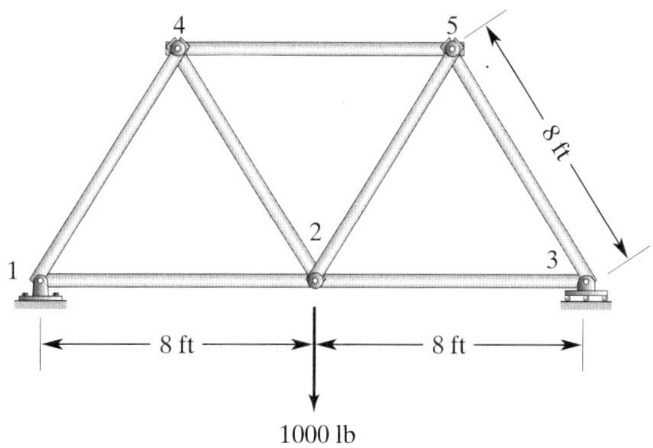

7. 그림과 같이 단면적이 2.5 in^2인 알루미늄 합금($E = 10.0 \times 10^6$ lb/in^2)으로 구성된 3차원 트러스 부재가 있다. 수계산으로 조인트 A의 변위와 각 부재의 응력, 반력을 구하고 결과를 검증하라.

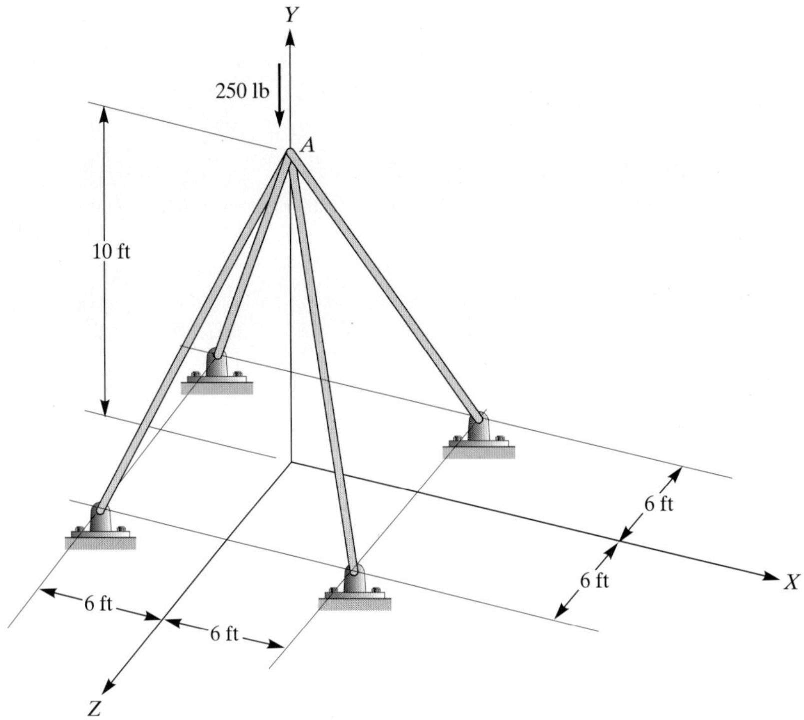

8. 그림과 같이 단면적이 15 cm^2인 강($E = 200$ GPa)으로 구성된 3차원 트러스 부재가 있다. 수계산으로 조인트 A의 변위와 각 부재의 응력, 반력을 구하고 결과를 검증하라.

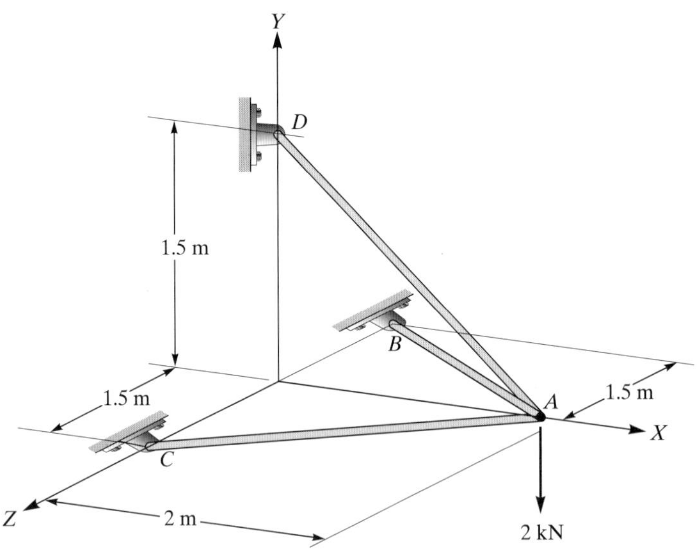

9. 그림과 같은 송전탑을 고려하자. 부재는 단면적이 10 in^2이고 탄성계수 $E = 29 \times 10^6$ lb/in^2이다. ANSYS를 사용하여 각 조인트의 변위와 각 부재의 응력, 반력을 구하고 결과를 검증하라.

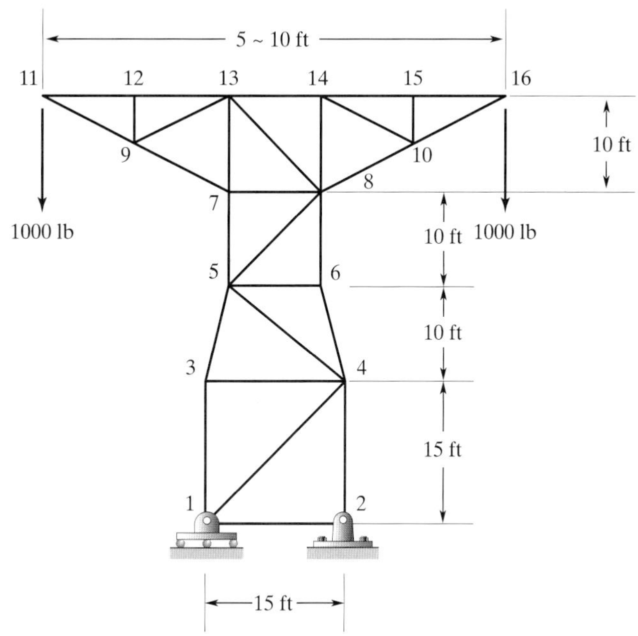

10. 그림에 보이는 것처럼 계단식 트러스를 고려해 보자. 높이가 8 in, 길이가 12 in인 계단이 14개 있다. 각 부재들의 단면적은 4 in^2이고 탄성계수 $E = 29 \times 10^6\ \text{lb/in}^2$이다. ANSYS를 사용하여 각 조인트의 변위와 각 부재의 응력, 반력을 구하고 결과를 검증하라.

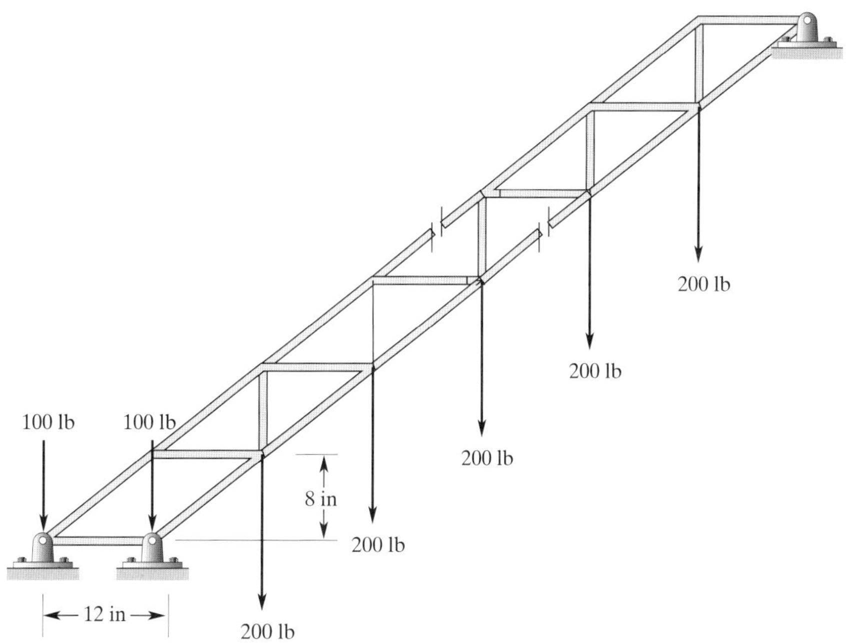

11. 그림과 같은 트러스 구조물의 각 부재가 단면적이 약 21.5 in^2이고, 탄성계수 $E = 1.9 \times 10^6\ \text{lb/in}^2$이다. ANSYS를 사용하여 각 조인트의 변위와 각 부재의 응력, 반력을 구하고 결과를 검증하라. 고정된 경계조건을 한쪽만 롤러로 바꾸어 각 부재의 응력을 구하고 결과의 차이에 대해서 논하라.

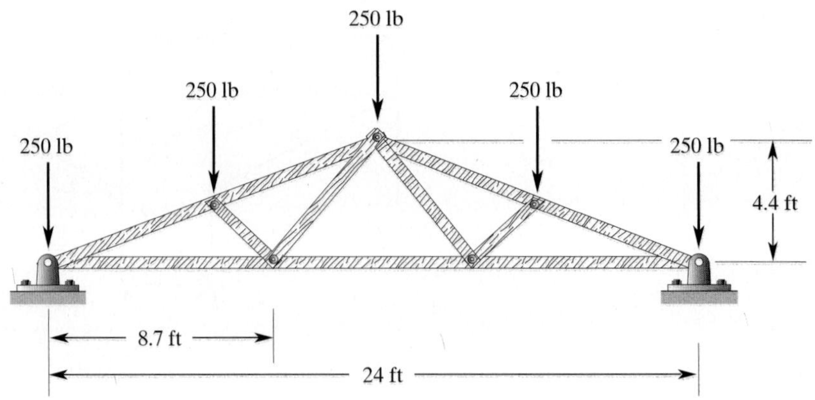

12. 그림과 같은 트러스 구조물의 각 부재가 단면적이 약 21.5 in^2이고, 탄성계수 $E = 1.9 \times 10^6\ \text{lb/in}^2$이다. ANSYS를 사용하여 각 조인트의 변위와 각 부재의 응력, 반력을 구하고 결과를 검증하라. 고정된 경계조건을 한쪽만 롤러로 바꾸어 각 부재의 응력을 구하고 결과의 차이에 대해서 논하라.

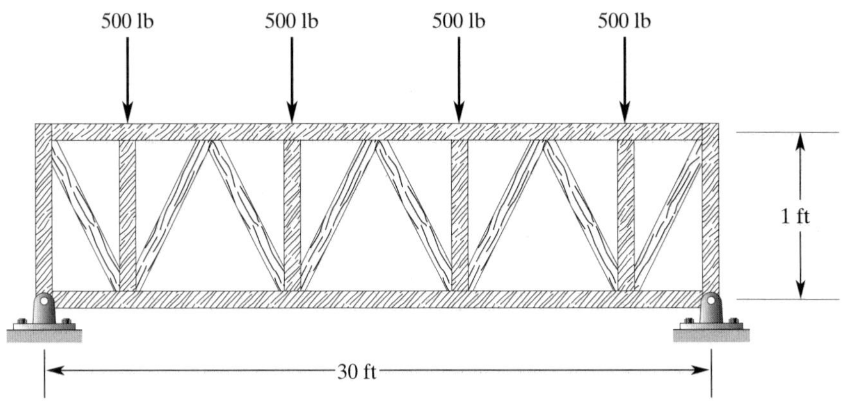

13. 알루미늄 합금($E = 10.9 \times 10^6$ psi)으로 구성된 3차원 트러스 구조물이 500 lb의 힘을 받고 있다. 각 부재의 단면적은 2.246 in^2이다. ANSYS를 사용하여 각 조인트의 변위와 각 부재의 응력, 반력을 구하고 결과를 검증하라. 단면 2차 모멘트가 4.090 in^4라 할 때 좌굴을 고려해야 하는가? 결과를 검증하라.

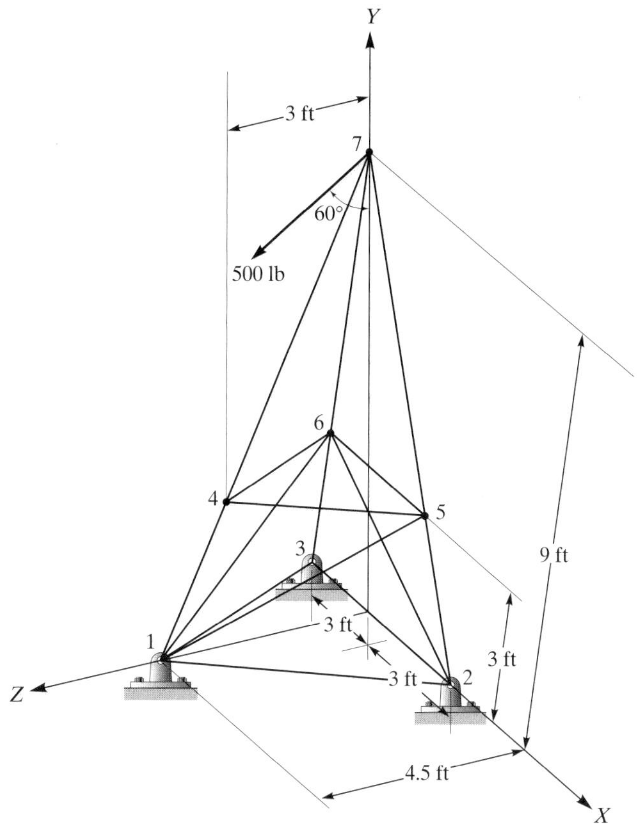

14. 알루미늄 합금($E = 10.4 \times 10^6$ lb/in^2)으로 구성된 3차원 트러스 구조물이 1000 lb의 힘을 받고 있다. 직교 좌표계의 단위는 feet이다. 각 부재의 단면적은 3.14 in^{2}이다. ANSYS를 사용하여 조인트 E의 변위와 각 부재의 응력, 반력을 구하고 결과를 검증하라.

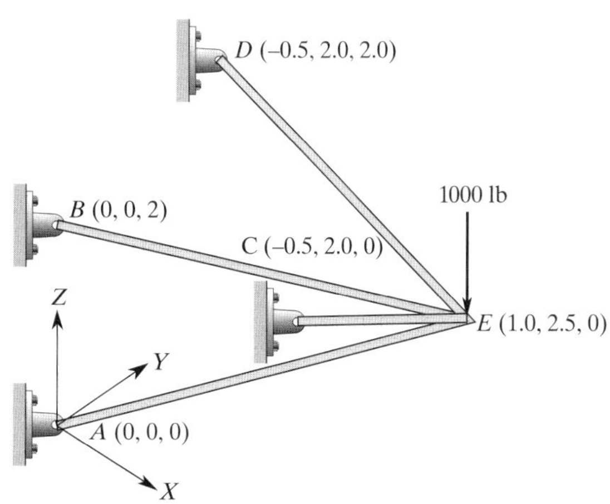

15. 강($E = 29 \times 10^6$ psi)으로 만들어진 3차원 트러스가 다음 그림처럼 힘을 받고 있다. 직교 좌표계의 단위는 feet이다. 각 부재의 단면적은 3.093 in^{2}이다. ANSYS를 사용하여 각 조인트의 변위와 각 부재의 응력, 반력을 구하고 결과를 검증하라.

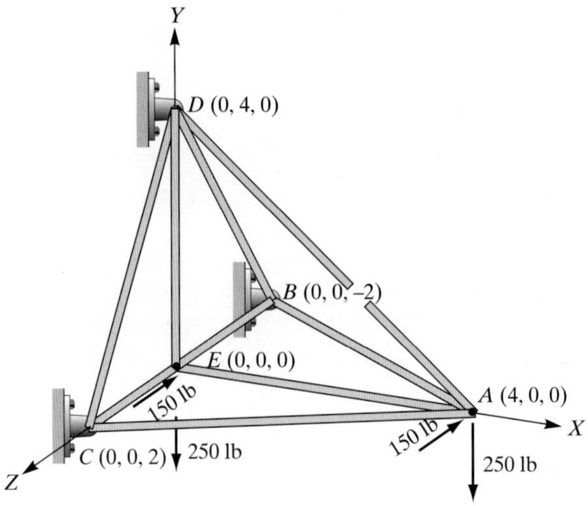

16. 문제 15에서 3차원 트러스를 수리하던 과정중에 부재 AB를 $E = 28 \times 10^6$ psi, $A = 2.246$ in^{2}인 부재로 바꾸었다. ANSYS를 사용하여 각 조인트의 변위와 각 부재의 응력을 구하라.

[힌트: 학생들은 교수님께 도움을 청하거나 예제 6.2(재론)를 스스로 공부하여 ANSYS에서 어떻게 유한요소의 물성을 다르게 부여하는지를 터득해야 한다]

17. 문제 13에서 3차원 트러스를 수리하던 과정중에 부재 4-5, 4-6, 5-6을 $E = 29 \times 10^6$ psi, $A = 1.25$ in^{2}인 강으로, 부재 1-5를 단면적이 1.35 in^{2}인 강으로 바꾸었다. ANSYS를 사용하여 각 조인트의 변위와 각 부재의 응력을 구하라. 문제 16의 힌트를 참고하라.

18. 그림에 보이는 공간 트러스의 임의의 부재에 대한 변환행렬을 유도하라. 부재의 절점 j와 i의 좌표 사이의 길이에 의해서 방향 여현은 다음과 같이 표현할 수 있다.

$$\cos\theta_X = \frac{X_j - X_i}{L}; \quad \cos\theta_Y = \frac{Y_j - Y_i}{L}; \quad \cos\theta_Z = \frac{Z_j - Z_i}{L}$$

여기서 L은 부재의 길이이다.

$$L = \sqrt{(X_j - X_i)^2 + (Y_j - Y_i)^2 + (Z_j - Z_i)^2}$$

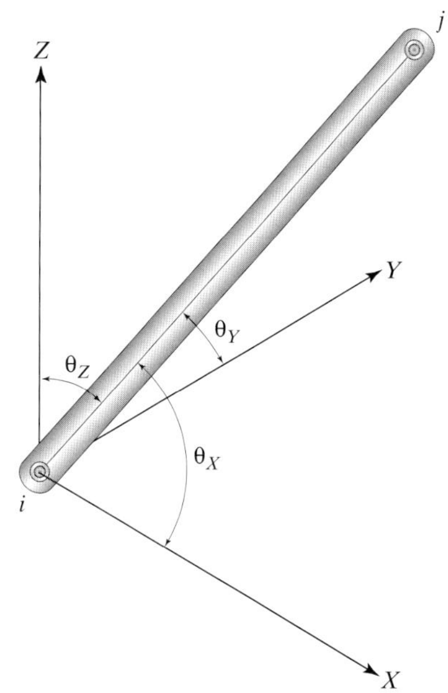

19. 강($E = 29 \times 10^6$ psi)으로 구성된 3차원 트러스가 다음 그림과 같이 하중을 받고 있다. 직교 좌표계의 단위는 feet이다. 각 부재의 단면적은 3.25 in^2이다. ANSYS를 사용하여 각 조인트의 변위와 각 부재의 응력, 반력을 구하고 결과를 검증하라.

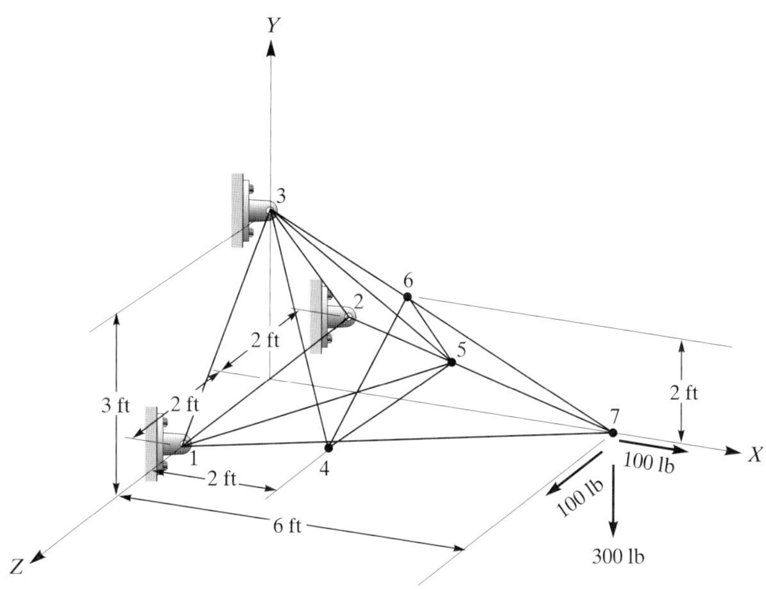

20. 설계과제 그림과 같은 트러스 구조물에서 끝단의 변위를 1 in 이하로 하기 위해서 트러스 각 부재의 단면 치수를 결정하고 적절한 재료를 선택한 후, 최종설계에 도달하기까지의 과정을 기술하라.

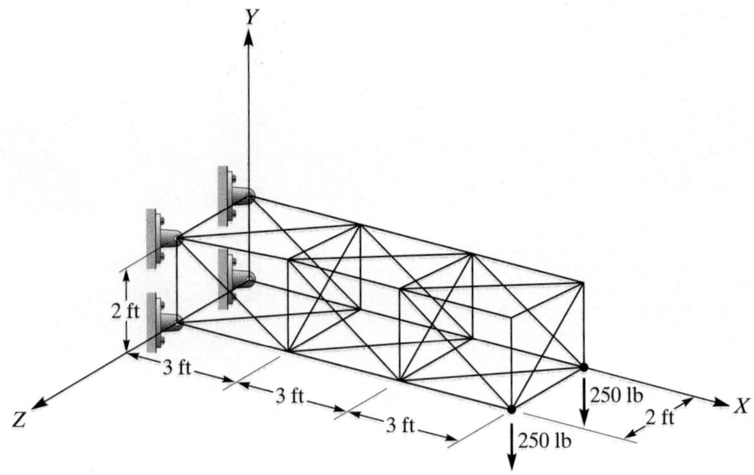
Y
2 ft
3 ft
3 ft
3 ft
Z
250 lb
250 lb
2 ft
X

Chapter 4

축 부재, 보, 프레임

이 장에서는 축하중을 받는 부재, 보, 프레임의 해석에 대하여 소개한다. 구조 부재와 기계 부품은 일반적으로 인장, 굽힘, 또는 비틀림 하중을 받는다. 구조 부재의 비틀림이나 기계부품의 평면응력 정식화는 10장에서 다룰 것이다. 이 장에서 다루는 주요 내용은 다음과 같다.

4.1 축하중을 받는 부재
4.2 보
4.3 보의 유한요소 정식화
4.4 프레임의 유한요소 정식화
4.5 3차원 보 요소
4.6 ANSYS를 이용한 예제
4.7 결과 검증

4.1 축하중을 받는 부재

이번 절에서는 축하중을 받는 부재에 대한 유한요소 모델을 생성하기 위해 최소 총 포텐셜 에너지(minimum total potential energy) 정식화를 사용한다. 축 부재의 유한요소 정식화를 시작하기 전에 축 요소, 형상함수와 그 특성에 대해서 정의할 것이다.

선형요소

이 절에서는 1차원 요소와 형상함수(shape function)의 기본 개념을 소개하기 위해 구조 예제가 사용되었다. 그림 4.1에서처럼 강철 기둥은 고층빌딩 바닥으로부터 하중을 지지하기 위해 사용된다. 그림에서의 기둥을 유한요소 모델로 만들면 4개의 요소와 5개의 절점으로 나눌 수 있다. 바닥에서 전달되는 하중은 기둥의 여러 점들의 수직변위를 발생시킨다. 축방향 중심하중(axial central loading)을 가정하면 기둥의 실제 **수직변위**(deflection)를 **선형함수**(linear function)를 사용하여 기둥의 각 요소나 단면에 대한 수직변위로 근사화할 수 있다. 수직변위 형상 u는 기둥의 여러 점에서의 수평이 아닌 수직한 변위를 나타낸다. 수직변위 형상은 단지 Y의 함수만으로 도시되어진다. 그림 4.1에 보인 예제 문제를 5개의 절점과 4개의 요소로 모델링을 하였었다. 그림 4.2에 보인 전형적인 요소에 대해 알아보고자 한다.

전형적인 요소에서의 선형 수직변위 분포는 다음과 같이 표현할 수 있다.

$$u^{(e)} = c_1 + c_2 Y \tag{4.1}$$

미지수 c_1과 c_2에 대해 풀기 위해서 절점의 수직변위 u_i와 u_j로 주어지는 요소 끝단의 수직변위에 대한 다음과 같은 조건을 사용한다.

$$\begin{aligned} Y = Y_i \text{ 에서} \quad & u = u_i \\ Y = Y_j \text{ 에서} \quad & u = u_j \end{aligned} \tag{4.2}$$

식 (4.1)에 절점값을 대입하면 2개의 미지수를 가지는 2개의 식이 된다.

$$\begin{aligned} u_i &= c_1 + c_2 Y_i \\ u_j &= c_1 + c_2 Y_j \end{aligned} \tag{4.3}$$

미지수 c_1과 c_2에 대해 풀면 다음과 같다.

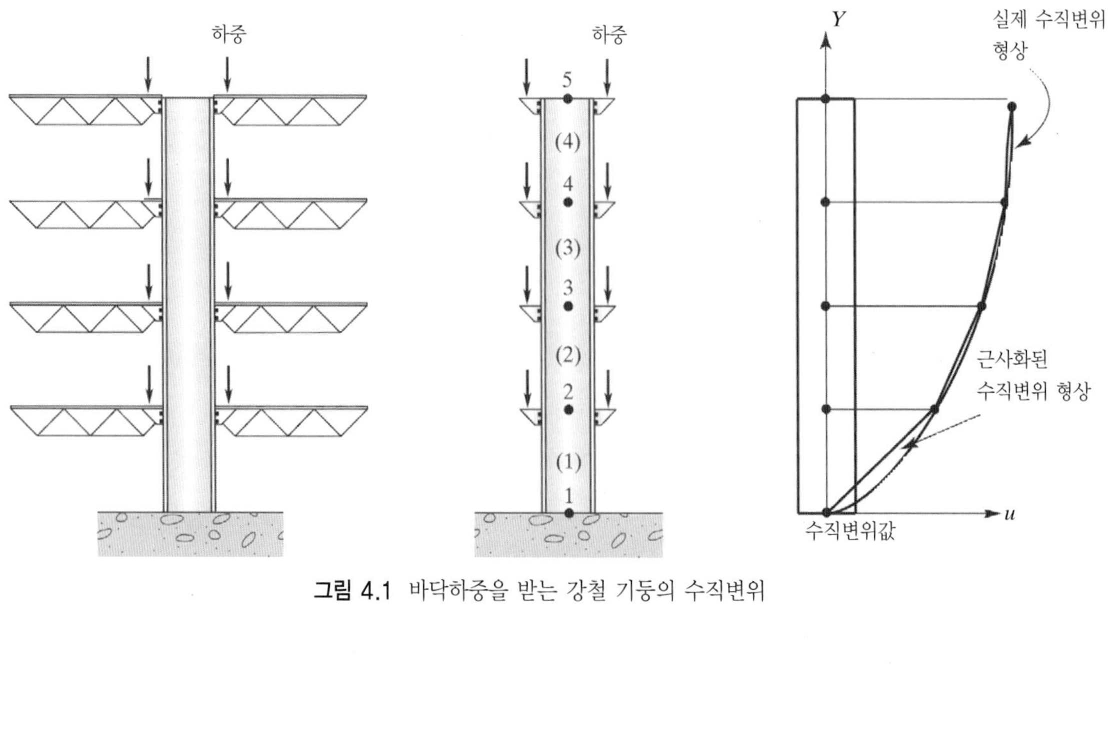

그림 4.1 바닥하중을 받는 강철 기둥의 수직변위

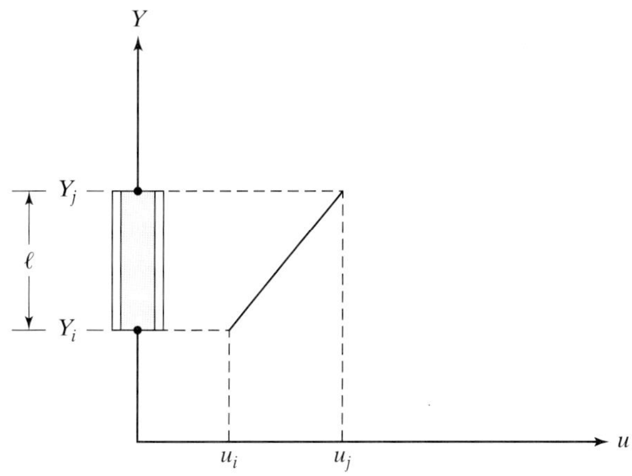

그림 4.2 요소에 대한 수직변위 변화량의 선형적 근사화

$$c_1 = \frac{u_i Y_j - u_j Y_i}{Y_j - Y_i} \tag{4.4}$$

$$c_2 = \frac{u_j - u_i}{Y_j - Y_i} \tag{4.5}$$

절점값으로 요소의 수직변위 분포를 나타내면 다음과 같다.

$$u^{(e)} = \frac{u_i Y_j - u_j Y_i}{Y_j - Y_i} + \frac{u_j - u_i}{Y_j - Y_i} Y \tag{4.6}$$

식 (4.6)을 u_i와 u_j에 관해서 정리하면 다음과 같다.

$$u^{(e)} = \left(\frac{Y_j - Y}{Y_j - Y_i}\right) u_i + \left(\frac{Y - Y_i}{Y_j - Y_i}\right) u_j \tag{4.7}$$

위 식에서 괄호 안의 항들을 **형상함수** S_i와 S_j로 정의하여 나타내면 다음과 같다.

$$S_i = \frac{Y_j - Y}{Y_j - Y_i} = \frac{Y_j - Y}{\ell} \tag{4.8}$$

$$S_j = \frac{Y - Y_i}{Y_j - Y_i} = \frac{Y - Y_i}{\ell} \tag{4.9}$$

여기서 ℓ은 요소의 길이이다. 그러므로 요소에 대한 수직변위를 형상함수와 절점의 수직변위로 나타내면 다음과 같다.

$$u^{(e)} = S_i u_i + S_j u_j \tag{4.10}$$

식 (4.10)을 행렬 형태로 나타내면 다음과 같다.

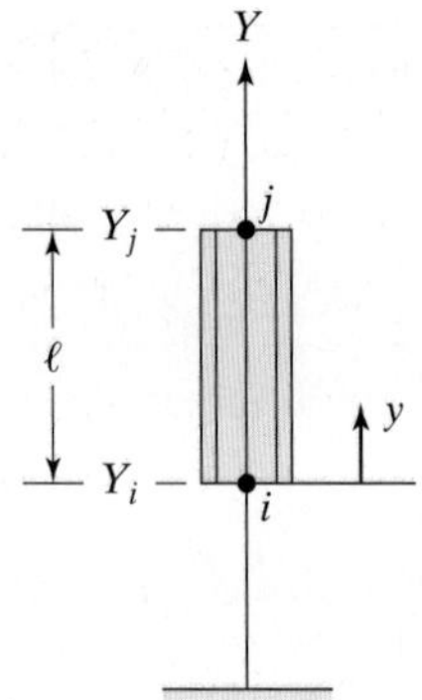

그림 4.3 전체 좌표 Y와 국부 좌표 y의 관

$$u^{(e)} = [S_i \quad S_j]\begin{Bmatrix} u_i \\ u_j \end{Bmatrix} \tag{4.11}$$

온도와 속도 같은 미지 변수의 공간상에서의 변화량의 근사화도 동일한 방법으로 접근이 가능하다. 1차원 요소와 그 특성에 대한 개념은 5장에서 좀더 자세히 다룰 것이다.

3장에서는 유한요소 모델링에 있어서 다음 2개 좌표계에 대해 논하였다: (1) 전체 좌표계는 각 절점의 위치와 각 요소의 방위를 나타내고 경계조건과 하중의 부과를 나타낸다. 유한요소 모델에서의 절점해는 일반적으로 전체 좌표계에서 표현된다. 다른 한편으로 (2) 국부 좌표계는 시스템 거동의 특성을 잘 나타낸다.

그림 4.2에 나타난 1차원 요소에서 전체 좌표 Y와 국부 좌표 y의 관계는 $Y = Y_i + y$로 주어진다. 이 관계는 그림 4.3에 나타나 있다. 식 (4.8)과 (4.9)에서 Y항을 국부 좌표 y항으로 나타내면 다음과 같다.

$$S_i = \frac{Y_j - Y}{\ell} = \frac{Y_j - (Y_i + y)}{\ell} = 1 - \frac{y}{\ell} \tag{4.12}$$

$$S_i = \frac{Y - Y_i}{\ell} = \frac{(Y_i + y) - Y_i}{\ell} = \frac{y}{\ell} \tag{4.13}$$

국부 좌표 y의 구간은 0에서 ℓ까지이다$(0 \le y \le \ell)$.

형상함수 S_i와 S_j에 대하여 간단하게 설명하겠다. 형상함수는 강성행렬의 유도를 간단히 하고 바로 이해할 수 있는 독특한 특징을 가진다. 식 (4.12)와 (4.13)을 살펴보면 S_i와 S_j는 상응하는 절점에서는 1의 값을 가지고 이웃한 절점에서는 0의 값을 가지는 것을 알 수 있다. 예를 들면, 식 (4.12)에서 $y = 0$일 때 절점 i에서의 S_i를 계산하면 1이라는 것을 알 수 있다. 유사하게 $y = \ell$일 때 절점 j에서 S_j의 값도 1이다. 식 (4.12)에서 이웃한 절점 j에서의 형상함수 S_i의 값과 식 (4.13)에서 이웃한 절점 i에서의 형상함수 S_j의 값은 0이다. 자세한 형상함수의 특성에 대해서는 5장에서 논의하겠다.

예제 4.1

강철 기둥으로 된 4층 건물을 고려하자. 기둥은 그림 4.4와 같은 하중을 받고 있다. 축하중을 받는다고 가정하고 선형요소가 사용된다. 기둥과 각 층의 바닥이 만나는 점의 수직변위

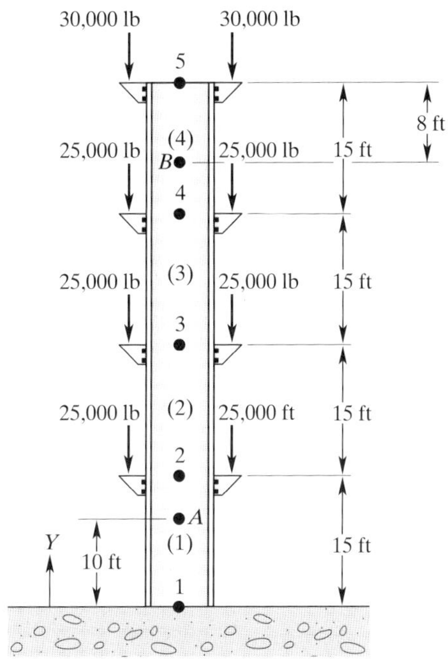

그림 4.4 예제 4.1의 기둥

는 다음과 같다.

$$\begin{Bmatrix} u_1 \\ u_2 \\ u_3 \\ u_4 \\ u_5 \end{Bmatrix} = -\begin{Bmatrix} 0 \\ 0.03283 \\ 0.05784 \\ 0.07504 \\ 0.08442 \end{Bmatrix} \text{in}$$

탄성계수 $E = 29 \times 10^6$ lb/in^{2}이고 면적 $A = 39.7$ in^{2}이다. 자세한 해석은 다음 절에서 다룰 것이다. 여기서는 절점의 변위값이 주어졌을 때 점 A와 B에서의 수직변위를 구한다.

a. 전체 좌표 Y를 사용하면 점 A의 변위는 요소 (1)에 의해서 다음과 같이 된다.

$$u^{(1)} = S_1^{(1)}u_1 + S_2^{(1)}u_2 = \frac{Y_2 - Y}{\ell}u_1 + \frac{Y - Y_1}{\ell}u_2$$

$$u = \frac{15 - 10}{15}(0) + \frac{10 - 0}{15}(-0.03283) = -0.02188 \text{ in}$$

b. 점 B의 변위는 요소 (4)에 의해서 다음과 같이 된다.

$$u^{(4)} = S_4^{(4)}u_4 + S_5^{(4)}u_5 = \frac{Y_5 - Y}{\ell}u_4 + \frac{Y - Y_4}{\ell}u_5$$

$$u = \frac{60 - 52}{15}(-0.07504) + \frac{52 - 45}{15}(-0.08442) = -0.07941 \text{ in}$$

강성행렬과 하중행렬

여기서는 축방향 하중을 받는 부재의 강성행렬과 하중행렬을 유도하기 위해 최소 총 포텐셜 에너지(minimum total potential energy) 정식화 방법을 사용한다. 그림 4.1에서와 같이 앞에서 축하중을 받는 기둥의 정확한 변위를 선형함수의 조합으로 근사화하였다. 또한 1.6절에서 언급했듯이 외부 하중은 물체의 변형을 야기한다. 변형이 생기는 동안 외력에 의한 일(work)은 변형 에너지(strain energy)의 형태로 부재 내에 저장된다. 축하중을 받는 부재(또는 요소)에서의 변형 에너지 $\Lambda^{(e)}$는 다음과 같다.

$$\Lambda^{(e)} = \int_V \frac{\sigma\varepsilon}{2}\, dV = \int_V \frac{E\varepsilon^2}{2}\, dV \tag{4.14}$$

요소의 수가 n개이고 m개의 절점으로 이루어진 물체의 총 포텐셜 에너지 Π는 총 변형 에너지와 외력에 의한 일의 차이로 기술되며 다음과 같다.

$$\Pi = \sum_{e=1}^{n} \Lambda^{(e)} - \sum_{i=1}^{m} F_i u_i \tag{4.15}$$

최소 총 포텐셜 에너지의 원리는 안정된 시스템(stable system)에 있어서 평형을 이루는 위치의 변위는 시스템의 총 포텐셜 에너지가 최소화되는 점에서 결정된다는 것이다. 즉,

$$\frac{\partial \Pi}{\partial u_i} = \frac{\partial}{\partial u_i}\sum_{e=1}^{n} \Lambda^{(e)} - \frac{\partial}{\partial u_i}\sum_{i=1}^{m} F_i u_i = 0 \qquad i = 1, 2, 3, \ldots, m \tag{4.16}$$

여기서 i는 절점 번호들을 의미한다(한 절점당 자유도가 2개 이상인 경우는 자유도 번호). 절점 i와 j를 가지는 임의 요소의 변위를 국부 형상함수로 표현하면 다음과 같다.

$$u^{(e)} = S_i u_i + S_j u_j \tag{4.17}$$

여기서 $S_i = 1 - \frac{y}{\ell}$, $S_j = \frac{y}{\ell}$이고 y는 절점 i가 원점인 요소의 국부 좌표이다. 각 부재의 변형률은 $\varepsilon = \frac{du}{dy}$의 관계식으로부터 계산된다.

$$\varepsilon = \frac{du}{dy} = \frac{d}{dy}[S_i u_i + S_j u_j] = \frac{d}{dy}\left[\left(1 - \frac{y}{\ell}\right)u_i + \frac{y}{\ell}u_j\right] = \frac{-u_i + u_j}{\ell} \tag{4.18}$$

식 (4.14)를 식 (4.18)에 대입하면 임의의 요소 (e)에 대한 변형 에너지를 구할 수 있다.

$$\Lambda^{(e)} = \int_V \frac{E\varepsilon^2}{2} dV = \frac{AE}{2\ell}(u_j^2 + u_i^2 - 2u_j u_i) \tag{4.19}$$

변위 u_i와 u_j에 대해서 변형 에너지를 최소화시키면 다음 식과 같이 된다.

$$\frac{\partial \Lambda^{(e)}}{\partial u_i} = \frac{AE}{\ell}(u_i - u_j) \tag{4.20}$$

$$\frac{\partial \Lambda^{(e)}}{\partial u_j} = \frac{AE}{\ell}(u_j - u_i)$$

또한 행렬의 형태로는

$$\begin{Bmatrix} \dfrac{\partial \Lambda^{(e)}}{\partial u_i} \\ \dfrac{\partial \Lambda^{(e)}}{\partial u_j} \end{Bmatrix} = \frac{AE}{\ell}\begin{bmatrix} 1 & -1 \\ -1 & 1 \end{bmatrix}\begin{Bmatrix} u_i \\ u_j \end{Bmatrix} = \begin{bmatrix} k & -k \\ -k & k \end{bmatrix}\begin{Bmatrix} u_i \\ u_j \end{Bmatrix} \tag{4.21}$$

로 표시된다. 여기에서 $k = \dfrac{(AE)}{\ell}$이다. 외력에 의한 일을 최소화하게 되면 식 (4.16) 우변의 두 번째 항은 하중행렬이 된다.

$$\{\mathbf{F}\}^{(e)} = \begin{Bmatrix} F_i \\ F_j \end{Bmatrix} \tag{4.22}$$

각 요소에 대한 강성행렬과 하중행렬을 계산하고 조합하게 되면 전체 강성행렬과 전체 하중행렬이 얻어진다. 이 과정은 다음 예제에 나타나 있다.

예제 4.2 기둥문제

그림 4.5와 같이 한 개의 기둥이 하중을 견디고 있는 강철 기둥으로 된 4층 건물을 고려하자. 축하중을 고려할 때 (a) 바닥과 기둥이 만나는 여러 지점에서의 수직변위를 구하고, (b) 기둥 각 단면에서의 응력을 구하라. $E = 29 \times 10^6$ lb/in^2, $A = 39.7$ in^{2}이다.

모든 요소들의 길이, 단면적, 물성치 등이 동일하므로 요소 (1), (2), (3), (4)의 요소 강성행렬은 다음과 같다.

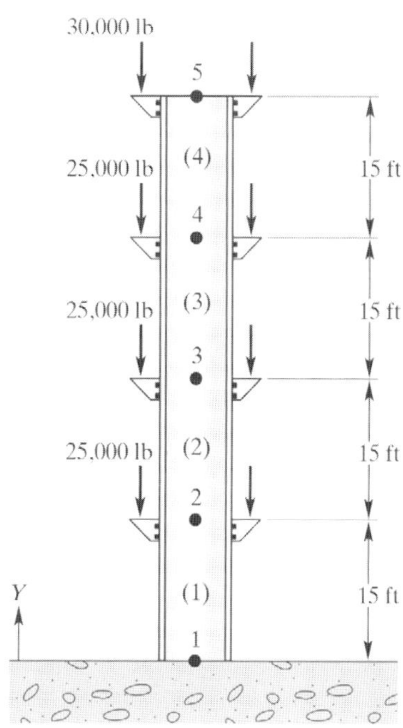

그림 4.5 예제 4.2에 있는 기둥의 개략도

$$[\mathbf{K}]^{(e)} = \frac{AE}{\ell}\begin{bmatrix} 1 & -1 \\ -1 & 1 \end{bmatrix} = \frac{39.7 \times 29 \times 10^6}{15 \times 12}\begin{bmatrix} 1 & -1 \\ -1 & 1 \end{bmatrix} = 6.396 \times 10^6 \begin{bmatrix} 1 & -1 \\ -1 & 1 \end{bmatrix}$$

$$[\mathbf{K}]^{(1)} = [\mathbf{K}]^{(2)} = [\mathbf{K}]^{(3)} = [\mathbf{K}]^{(4)} = 6.396 \times 10^6 \begin{bmatrix} 1 & -1 \\ -1 & 1 \end{bmatrix} \frac{\text{lb}}{\text{in}}$$

전체 강성행렬은 요소 강성행렬들을 조합하여 다음과 같이 구한다.

$$[\mathbf{K}]^{(G)} = 6.396 \times 10^6 \begin{bmatrix} 1 & -1 & 0 & 0 & 0 \\ -1 & 1+1 & -1 & 0 & 0 \\ 0 & -1 & 1+1 & -1 & 0 \\ 0 & 0 & -1 & 1+1 & -1 \\ 0 & 0 & 0 & -1 & 1 \end{bmatrix}$$

전체 하중행렬은 다음과 같다.

$$\{\mathbf{F}\}^{(G)} = \left\{ \frac{\partial F_i u_i}{\partial u_i} \right\}_{i=1,5} = \begin{Bmatrix} F_1 \\ F_2 \\ F_3 \\ F_4 \\ F_5 \end{Bmatrix} = -\begin{Bmatrix} 0 \\ 50000 \\ 50000 \\ 50000 \\ 60000 \end{Bmatrix} \text{lb}$$

모든 하중은 Y의 음의 방향으로 가해진다. 경계조건 $u_1 = 0$과 하중을 부과하자.

$$6.396 \times 10^6 \begin{bmatrix} 1 & 0 & 0 & 0 & 0 \\ -1 & 2 & -1 & 0 & 0 \\ 0 & -1 & 2 & -1 & 0 \\ 0 & 0 & -1 & 2 & -1 \\ 0 & 0 & 0 & -1 & 1 \end{bmatrix} \begin{Bmatrix} u_1 \\ u_2 \\ u_3 \\ u_4 \\ u_5 \end{Bmatrix} = -\begin{Bmatrix} 0 \\ 50000 \\ 50000 \\ 50000 \\ 60000 \end{Bmatrix}$$

변위에 대하여 해를 구하면 다음과 같다.

$$\begin{Bmatrix} u_1 \\ u_2 \\ u_3 \\ u_4 \\ u_5 \end{Bmatrix} = -\begin{Bmatrix} 0 \\ 0.03283 \\ 0.05784 \\ 0.07504 \\ 0.08442 \end{Bmatrix} \text{in}$$

각 요소에서의 축방향 응력은 다음의 식으로 계산된다.

$$\sigma^{(1)} = \frac{E(u_j - u_i)}{\ell} = \frac{29 \times 10^6(-0.03283 - 0)}{15 \times 12} = -5289 \text{ lb/in}^2$$

$$\sigma^{(2)} = \frac{29 \times 10^6(-0.05784 - (-0.03283))}{15 \times 12} = -4029 \text{ lb/in}^2$$

$$\sigma^{(3)} = \frac{29 \times 10^6(-0.07504 - (-0.05784))}{15 \times 12} = -2771 \text{ lb/in}^2$$

$$\sigma^{(4)} = \frac{29 \times 10^6(-0.08442 - (-0.07504))}{15 \times 12} = -1511 \text{ lb/in}^2$$

4.2 보

보(beams)는 건물, 교량, 자동차와 항공기 등 많은 구조물의 공학적인 설계 및 제작에서 중요한 역할을 한다. 보는 단면 치수가 길이에 비해서 상대적으로 작은 구조 부재라고 정의된다. 보통 가로방향 하중(transverse loading)을 받는데, 이런 하중은 보에 굽힘(bending)을 발생시킨다. 분포하중을 받는 보가 그림 4.6에 나타나 있다.

앞의 장에서 이력 부재로 구성된 구조인 트러스를 정의하였다. 실제 문제를 트러스 모델을 이용하여 해석할 때 모든 하중은 트러스의 조인트나 절점에 작용한다고 가정하였다. 그러므로 부재의 굽힘은 고려되지 않는다. 보에서는 보의 어느 지점에나 하중을 적용할 수 있고 하중은 보의 굽힘을 생기게 할 수 있다. 이 차이는 실제 문제를 모델링할 때 중요하다.

임의의 위치 x에서 중립축(neutral axis)의 처짐은 변수 v로 표시된다. 수직변위가 작을 때, 단면의 수직응력 σ와 굽힘 모멘트 M 및 단면 2차 모멘트 I의 관계는 다음과 같은 굽힘식(flexure formula)에 의하여 주어진다.

$$\sigma = -\frac{My}{I} \tag{4.23}$$

여기서 y는 중립축에서 보 단면 내의 임의의 점까지의 거리를 나타낸다. 중립축의 수직변위 v는 내부 굽힘 모멘트 $M(x)$, 측면 전단력 $V(x)$, 그리고 하중 $w(x)$와 다음의 식과 같이 연관되어 있다.

$$EI\frac{d^2v}{dx^2} = M(x) \tag{4.24}$$

$$EI\frac{d^3v}{dx^3} = \frac{dM(x)}{dx} = V(x) \tag{4.25}$$

$$EI\frac{d^4v}{dx^4} = \frac{dV(x)}{dx} = w(x) \tag{4.26}$$

앞의 식에서 보의 표준부호규칙이 가정되었음에 유념하라. 그림 4.7에서는 양과 음의 굽힘 모멘트와 곡률을 보여준다. 예를 들면 외력은 보의 상방향으로 작용하는 것을 양으로 가정한다. 참고로 몇 종류의 전형적인 하중을 받는 단순지지 및 외팔지지된 보의 수직변위와 기울기가 표 4.1에 요약되어 있다. 다시 말하면 식 (4.24)부터 식 (4.26)과 표 4.1로 해석 가능한 문제의 경우에는 굳이 유한요소해석을 하지 말고 굽힘식을 이용하여 해를 구하라.

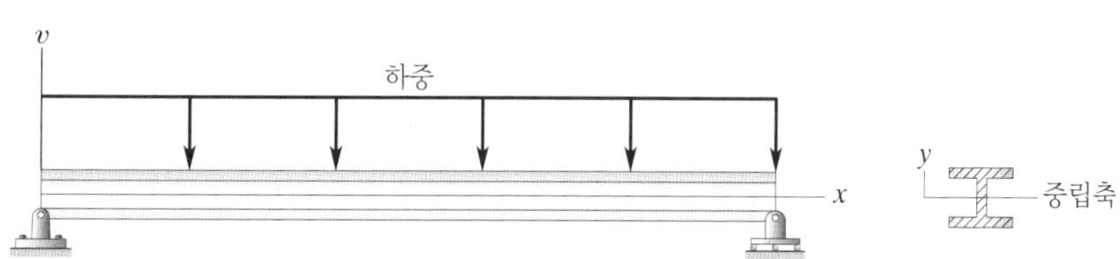

그림 4.6 분포하중을 받는 보

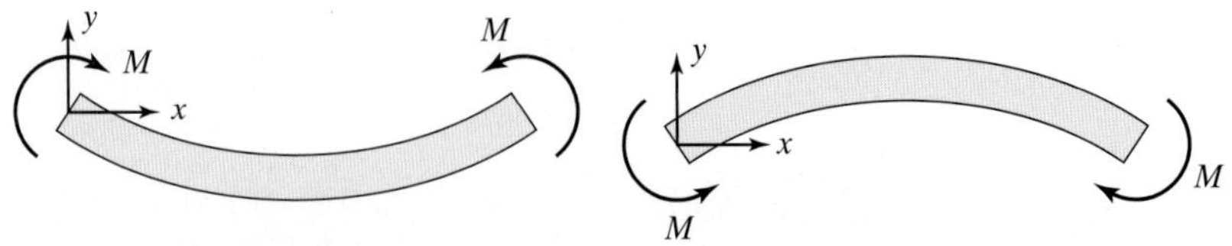

양의 굽힘과
양의 곡률

음의 굽힘과
음의 곡률

그림 4.7 굽힘 모멘트와 곡률의 양과 음의 부호규칙

표 4.1 전형적인 하중과 지지점을 가지는 보의 처짐과 기울기

보의 지지와 하중	탄성 곡선의 식	최대 수직변위	기울기
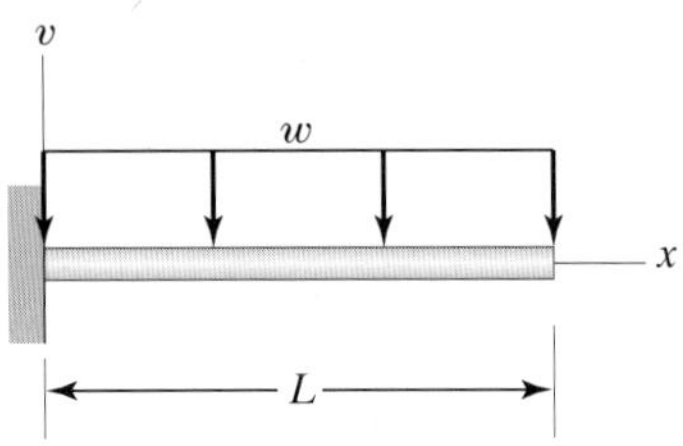	$v = \frac{-wx^2}{24EI}(x^2 - 4Lx + 6L^2)$	$v_{\max} = \frac{-wL^4}{8EI}$	$\theta_{\max} = \frac{-wL^3}{6EI}$
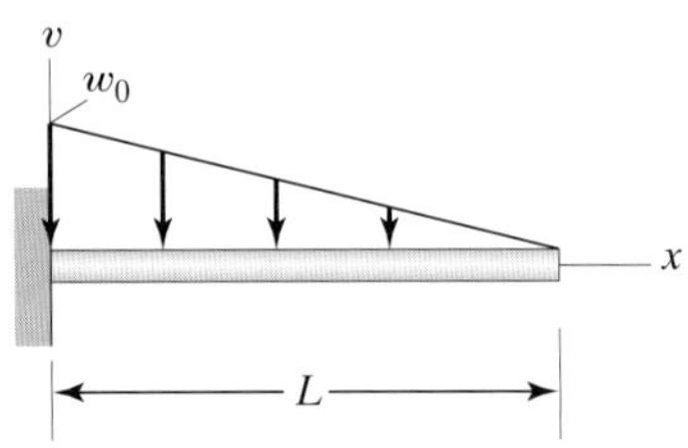	$v = \frac{-w_0x^2}{120LEI}(-x^3 + 5Lx^2 - 10L^2x + 10L^3)$	$v_{\max} = \frac{-w_0L^4}{30EI}$	$\theta_{\max} = \frac{-w_0L^3}{24EI}$
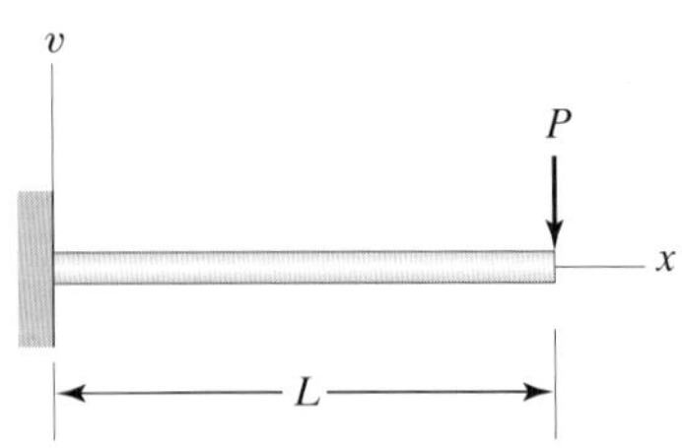	$v = \frac{-Px^2}{6EI}(3L - x)$	$v_{\max} = \frac{-PL^3}{3EI}$	$\theta_{\max} = \frac{-PL^2}{2EI}$
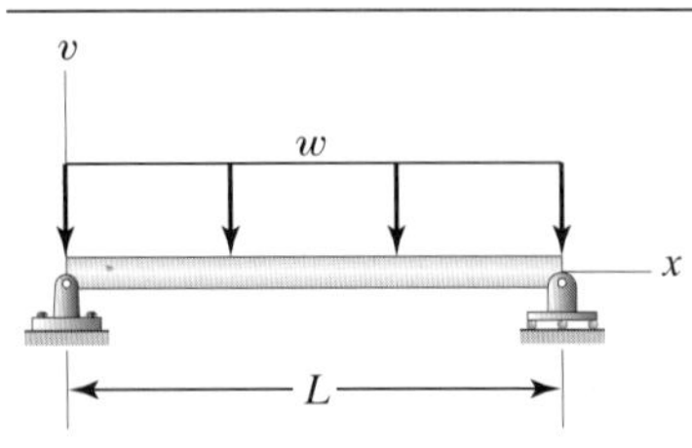	$v = \frac{-wx}{24EI}(x^3 - 2Lx^2 + L^3)$	$v_{\max} = \frac{-5wL^4}{384EI}$	$\theta_{\max} = \frac{-wL^3}{24EI}$
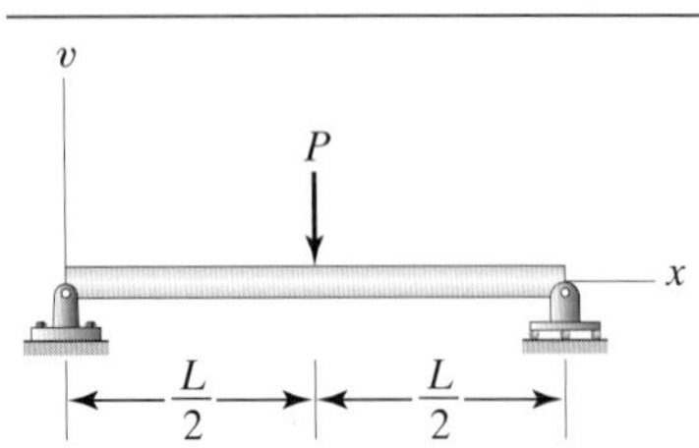	$v = \frac{-Px}{48EI}(3L^2 - 4x^2)$ for $\left(x \le \frac{L}{2}\right)$	$v_{\max} = \frac{-PL^3}{48EI}$	$\theta_{\max} = \frac{-PL^2}{16EI}$

예제 4.3

그림과 같은 발코니 외팔보는 단면적이 10.3 in^2이고, 깊이가 17.7 in인 플랜지가 넓은 보 (W18 × 35)이다. 단면 2차 모멘트는 510 in^4이다. 보는 1000 lb/ft의 균일 분포하중을 받고 있다. 탄성계수는 $E = 29 \times 10^6$ lb/in^{2}이다. 이 절에서 살펴본 내용을 이용하여, 중심점 B와 끝점 C에서 보의 수직변위를 구하라. 또, 점 C에서 보의 기울기를 계산하라.

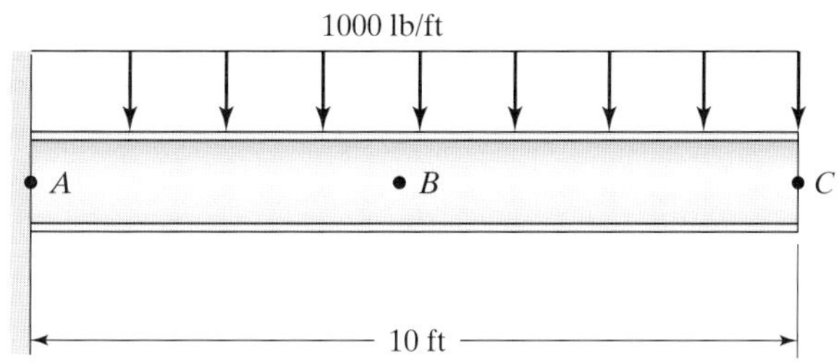

표 4.1에서 주어진 외팔보에 대한 수직변위 방정식은 다음과 같다.

$$v = \frac{-wx^2}{24EI}(x^2 - 4Lx + 6L^2)$$

$x = \frac{L}{2}$인 중심점에서 보의 수직변위는 다음과 같다.

$$v_B = \frac{-wx^2}{24EI}(x^2 - 4Lx + 6L^2)$$

$$= \frac{-(1000\ \text{lb/ft})(5\ \text{ft})^2}{24(29 \times 10^6\ \text{lb/in}^2)(510\ \text{in}^4)}((5^2 - 4(10)(5) + 6(10)^2)\text{ft}^2)\left(\frac{12\ \text{in}}{1\ \text{ft}}\right)^3 = -0.052\ \text{in}$$

점 C에서의 수직변위는 다음과 같다.

$$v_c = \frac{-wL^4}{8EI} = \frac{-(1000\ \text{lb/ft})(10\ \text{ft})^4\left(\frac{12\ \text{in}}{1\ \text{ft}}\right)^3}{8(29 \times 10^6\ \text{lb/in}^2)(510\ \text{in}^4)} = -0.146\ \text{in}$$

최대 기울기는 점 C에서 발생한다.

$$\theta_{max} = \frac{-wL^3}{6EI} = \frac{-(1000\ \text{lb/ft})(10\ \text{ft})^3}{6(29 \times 10^6\ \text{lb/in}^2)(510\ \text{in}^4)\left(\frac{1\ \text{ft}}{12\ \text{in}}\right)^2} = -0.00163\ \text{rad}$$

보에서 최대 굽힘 응력을 계산해 보자. 최대 굽힘 모멘트가 점 A에서 발생하였기 때문에 보의 최대 굽힘 응력은 점 A에서 발생할 것이다. 점 A에서 보의 외부 섬유의 최대 굽힘 응력은 다음과 같다.

$$\sigma = \frac{My}{I} = -\frac{\overbrace{(1000\ \text{lb/ft})(10\ \text{ft})(5\ \text{ft})}^{\text{M}}\left(\frac{12\ \text{in}}{1\ \text{ft}}\right)\overbrace{\left(\frac{17.7}{2}\ \text{in}\right)}^{\text{y}}}{510\ \text{in}^4} = 10411\ \text{lb/in}^2$$

4.3 보의 유한요소 정식화

유한요소 정식화에 앞서 보 요소를 정의해 보기로 한다. 단순 보 요소는 2개의 절점으로 구성된다. 각 절점에는 그림 4.8에 나타낸 바와 같이 수직변위와 회전각(기울기)의 2개의 자유도가 있다.

하나의 보 요소에는 4개의 절점값이 있다. 따라서 변위장(displacement field)을 적절히 나타내기 위해서는 4개의 미지수를 가지는 3차 다항식이 필요하다. 또한 형상함수의 1차 도함수는 연속이어야만 한다. 이러한 특징을 가지는 형상함수를 일반적으로 허미트 형상함수(Hermite shape function)라고 한다. 나중에 설명하겠지만 허미트 형상함수는 앞에서 공부한 바 있는 선형 형상함수와는 몇 가지 상이한 점이 있다. 이의 유도를 위하여 다음과 같은 3차 다항식으로 시작한다.

$$v = c_1 + c_2x + c_3x^2 + c_4x^3 \tag{4.27}$$

요소의 끝점 조건은 다음의 절점값으로 주어진다.

(1) 절점 i에서: $x = 0$에서의 수직변위 $v = c_1 = U_{i1}$

(2) 절점 i에서: $x = 0$에서의 기울기 $\left.\dfrac{dv}{dx}\right|_{x=0} = c_2 = U_{i2}$

(3) 절점 j에서: $x = L$에서의 수직변위 $v = c_1 + c_2L + c_3L^2 + c_4L^3 = U_{j1}$

(4) 절점 j에서: $x = L$에서의 기울기 $\left.\dfrac{dv}{dx}\right|_{x=L} = c_2 + 2c_3L + 3c_4L^2 = U_{j2}$

위의 연립 방정식은 미지수가 4개이고 방정식이 4개이므로 쉽게 풀 수 있다. c_1, c_2, c_3, c_4를

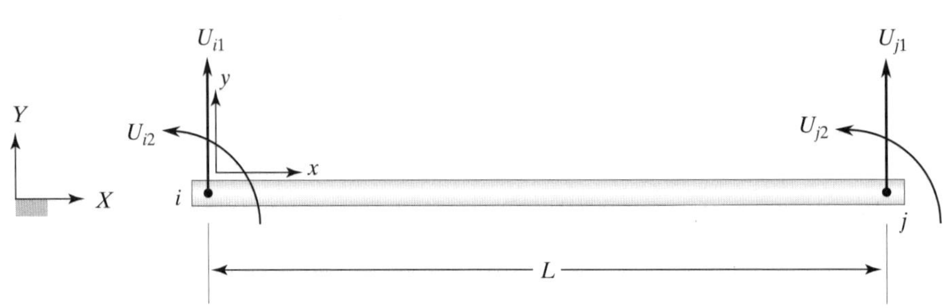

그림 4.8 보 요소

구하여 식 (4.27)에 대입한 후, U_{i1}, U_{i2}, U_{j1}, U_{j2}항으로 재분류하면 다음 식을 얻게 된다.

$$v = S_{i1}U_{i1} + S_{i2}U_{i2} + S_{j1}U_{j1} + S_{j2}U_{j2} \tag{4.28}$$

여기에서 형상함수는 다음과 같다.

$$S_{i1} = 1 - \frac{3x^2}{L^2} + \frac{2x^3}{L^3} \tag{4.29}$$

$$S_{i2} = x - \frac{2x^2}{L} + \frac{x^3}{L^2} \tag{4.30}$$

$$S_{j1} = \frac{3x^2}{L^2} - \frac{2x^3}{L^3} \tag{4.31}$$

$$S_{j2} = -\frac{x^2}{L} + \frac{x^3}{L^2} \tag{4.32}$$

요소의 절점에서 식 (4.29)부터 식 (4.32)에 주어진 형상함수를 계산하면 다음과 같다.

(1) $x = 0$인 절점 i에서 형상함수: $S_{i1} = 1,\ S_{i2} = S_{j1} = S_{j2} = 0$

(2) $x = 0$인 절점 i에서 형상함수의 기울기: $\dfrac{dS_{i2}}{dx} = 1,\ \dfrac{dS_{i1}}{dx} = \dfrac{dS_{j1}}{dx} = \dfrac{dS_{j2}}{dx} = 0$

(3) $x = L$인 절점 j에서 형상함수: $S_{j1} = 1,\ S_{i1} = S_{i2} = S_{j2} = 0$

(4) $x = L$인 절점 j에서 형상함수의 기울기: $\dfrac{dS_{j2}}{dx} = 1,\ \dfrac{dS_{i1}}{dx} = \dfrac{dS_{i2}}{dx} = \dfrac{dS_{j1}}{dx} = 0$

위의 결과는 3차 허미트 다항식이 가지고 있는 특징이다.

이제 보 요소의 특성을 배웠으므로 강성행렬을 유도한다. 다음 유도과정에서는 변형 에너지에서 전단응력의 성분을 무시한다. 임의의 보 요소 (e)에 대한 변형 에너지는 다음과 같다.

$$\Lambda^{(e)} = \int_V \frac{\sigma\varepsilon}{2}\,dV = \int_V \frac{E\varepsilon^2}{2}\,dV = \frac{E}{2}\int_V \left(-y\frac{d^2v}{dx^2}\right)^2 dV \tag{4.33}$$

$$\Lambda^{(e)} = \frac{E}{2}\int_V \left(-y\frac{d^2v}{dx^2}\right)^2 dV = \frac{E}{2}\int_0^L \left(\frac{d^2v}{dx^2}\right)^2 dx \int_A y^2\,dA \tag{4.34}$$

적분 $\int_A y^2\,dA$가 단면 2차 모멘트(second moment of the area) I이므로

$$\Lambda^{(e)} = \frac{EI}{2}\int_0^L \left(\frac{d^2v}{dx^2}\right)^2 dx \tag{4.35}$$

를 구할 수 있다.

이제 변위장 v에 형상함수와 절점값을 대입한다. 먼저 다음 식을 고려하자.

$$\frac{d^2v}{dx^2} = \frac{d^2}{dx^2}[S_{i1} \quad S_{i2} \quad S_{j1} \quad S_{j2}]\begin{Bmatrix} U_{i1} \\ U_{i2} \\ U_{j1} \\ U_{j2} \end{Bmatrix} \tag{4.36}$$

유도과정을 간단히 하고 불필요한 수학적 조작을 피하기 위해 행렬 표기를 사용하자. 먼저 형상함수의 2차 도함수를 다음과 같이 정의한다.

$$\begin{aligned} D_{i1} &= \frac{d^2S_{i1}}{dx^2} = -\frac{6}{L^2} + \frac{12x}{L^3} \\ D_{i2} &= \frac{d^2S_{i2}}{dx^2} = -\frac{4}{L} + \frac{6x}{L^2} \\ D_{j1} &= \frac{d^2S_{j1}}{dx^2} = \frac{6}{L^2} - \frac{12x}{L^3} \\ D_{j2} &= \frac{d^2S_{j2}}{dx^2} = -\frac{2}{L} + \frac{6x}{L^2} \end{aligned} \tag{4.36a}$$

식 (4.36)은 다음과 같이 간단한 행렬 형태로 된다.

$$\frac{d^2v}{dx^2} = [\mathbf{D}]\{\mathbf{U}\} \tag{4.37}$$

여기서 $[\mathbf{D}] = [D_{i1} \;\; D_{i2} \;\; D_{j1} \;\; D_{j2}]$이고 $\{\mathbf{U}\} = \begin{Bmatrix} U_{i1} \\ U_{i2} \\ U_{j1} \\ U_{j2} \end{Bmatrix}$이다.

$\left(\dfrac{d^2v}{dx^2}\right)^2$ 항은 $\{\mathbf{U}\}$와 $[\mathbf{D}]$ 행렬항으로 다음과 같이 표시될 수 있다.

$$\left(\frac{d^2v}{dx^2}\right)^2 = ([\mathbf{D}]\{\mathbf{U}\})([\mathbf{D}]\{\mathbf{U}\}) = \{\mathbf{U}\}^T[\mathbf{D}]^T[\mathbf{D}]\{\mathbf{U}\} \tag{4.38}$$

식 (4.38)에서 $[\mathbf{D}]\{\mathbf{U}\} = \{\mathbf{U}\}^T[\mathbf{D}]^T$임을 기억하라. 이 등식은 직접 증명해 보기를 바란다. 이 장 끝의 연습문제 26을 보라. 식 (4.38)을 이용하여 임의의 보 요소에 대한 변형 에너지는 다음과 같다.

$$\Lambda^{(e)} = \frac{EI}{2}\int_0^L \{\mathbf{U}\}^T[\mathbf{D}]^T[\mathbf{D}]\{\mathbf{U}\}dx \tag{4.39}$$

물체의 총 포텐셜 에너지 Π는 총 변형 에너지와 외력에 의한 일의 차이임을 설명하였다.

$$\Pi = \Sigma\Lambda^{(e)} - \Sigma FU \tag{4.40}$$

안정된 시스템에서 평형 위치의 변위는 시스템의 총 포텐셜 에너지를 최소가 되게 한다는 최소 총 포텐셜 에너지를 적용한다. 그러면 보 요소에 대해서 다음을 얻게 된다.

$$\frac{\partial\Pi}{\partial U_k} = \frac{\partial}{\partial U_k}\Sigma\Lambda^{(e)} - \frac{\partial}{\partial U_k}\Sigma FU = 0 \qquad k = 1, 2, 3, 4 \tag{4.41}$$

여기서 U_k는 절점 자유도의 값 U_{i1}, U_{i2}, U_{j1}, U_{j2}를 가진다. 식 (4.40)은 변형 에너지와 외력에 의해 한 일로 나눌 수 있다. 절점의 자유도에 대한 변형 에너지의 미분은 보의 강성행렬의 정식화를 가져오고, 외력에 의한 일에 대한 미분은 하중행렬을 유도한다. 강성행렬을 얻기 위하여 변형 에너지를 U_{i1}, U_{i2}, U_{j1}, U_{j2}에 대하여 최소화한다. 총 포텐셜 에너지의 변형 에너지로부터 다음을 얻을 수 있다.

$$\frac{\partial \Lambda^{(e)}}{\partial U_k} = EI\int_0^L [\mathbf{D}]^T[\mathbf{D}]dx\{\mathbf{U}\} \tag{4.42}$$

식 (4.42)는 다음과 같이 된다.

$$\frac{\partial \Lambda^{(e)}}{\partial U_k} = EI\int_0^L [\mathbf{D}]^T[\mathbf{D}]dx\{\mathbf{U}\} = \frac{EI}{L^3}\begin{bmatrix} 12 & 6L & -12 & 6L \\ 6L & 4L^2 & -6L & 2L^2 \\ -12 & -6L & 12 & -6L \\ 6L & 2L^2 & -6L & 4L^2 \end{bmatrix}\begin{Bmatrix} U_{i1} \\ U_{i2} \\ U_{j1} \\ U_{j2} \end{Bmatrix}$$

절점당 2개의 자유도(수직변위와 기울기)를 가지는 보 요소의 강성행렬은 다음과 같다.

$$[\mathbf{K}]^{(e)} = \frac{EI}{L^3}\begin{bmatrix} 12 & 6L & -12 & 6L \\ 6L & 4L^2 & -6L & 2L^2 \\ -12 & -6L & 12 & -6L \\ 6L & 2L^2 & -6L & 4L^2 \end{bmatrix} \tag{4.43}$$

식 (4.39)에서 식 (4.41)로부터 식 (4.42)와 (4.43)의 유도는 연습문제로 남겨둔다. 연습문제 27을 보라.

하중행렬

절점의 하중행렬을 정식화하는 데에는 두 가지 방법이 있는데, (1) 하중이 한 일을 최소화하는 방법과 (2) 보의 반력을 계산하는 방법이다. 그림 4.9에 나타나 있듯이 길이 L인 보에 작용하는 분포하중을 고려해 보자. 끝점에서의 반력(reaction force)과 반모멘트(reaction moment)도 그림에 나타나 있다.

첫 번째 방법을 사용하면, 분포하중에 의한 일은 $\int_L wv\,dx$에서 계산할 수 있다. 다음 단계는 변위함수에 형상함수와 절점값을 대입한 후 적분하고 일(work)의 항을 절점변위에 대하여 미분하면 된다. 이 접근법은 평면응력 상태에 대한 하중행렬의 정식화 때 자세히 설명할

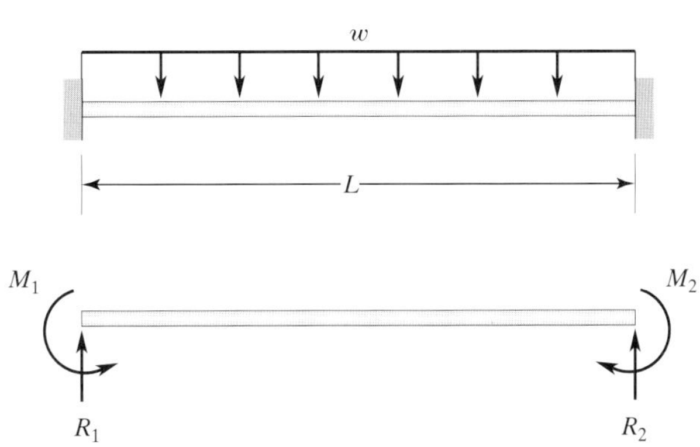

그림 4.9 균일 분포하중을 받는 보 요소

것이다. 많은 유한요소 정식화를 가능하게 하기 위해서 두 번째 접근법을 사용하여 하중행렬을 유도한다. 식 (4.26)부터 시작한다.

$$EI\frac{d^4v}{dx^4} = \frac{dV(x)}{dx} = w(x)$$

균일 분포하중에서 $w(x)$는 일정하다. 이 식을 적분하면 다음과 같다.

$$EI\frac{d^3v}{dx^3} = -wx + c_1 \tag{4.44}$$

경계조건 $EI\frac{d^3v}{dx^3}\bigg|_{x=0} = R_1[x = 0$일 때 $V(x) = R_1$과 식 (4.25)를 이용]을 적용하면 $c_1 = R_1$이 된다. c_1의 값을 대입하고 식 (4.44)를 적분하면 다음과 같이 된다.

$$EI\frac{d^2v}{dx^2} = -\frac{wx^2}{2} + R_1x + c_2 \tag{4.45}$$

경계조건 $EI\frac{d^2v}{dx^2}\bigg|_{x=0} = -M_1[x = 0$일 때 $M(x) = -M_1$과 식 (4.24)를 이용]을 적용하면 $c_2 = -M_1$이 된다. c_2의 값을 대입하고 적분하면 다음과 같이 된다.

$$EI\frac{dv}{dx} = -\frac{wx^3}{6} + \frac{R_1x^2}{2} - M_1x + c_3 \tag{4.46}$$

경계조건 $\frac{dv}{dx}\bigg|_{x=0} = 0(x = 0$일 때 기울기 $= 0)$을 적용하면, $c_3 = 0$이 된다. 마지막으로 한 번 더 적분을 하면 다음과 같이 된다.

$$EIv = -\frac{wx^4}{24} + \frac{R_1x^3}{6} - \frac{M_1x^2}{2} + c_4 \tag{4.47}$$

경계조건 $v(0) = 0(x = 0$일 때 수직변위 $= 0)$을 적용하면, $c_4 = 0$이 된다. R_1과 M_1값을 얻기 위해, 이 문제에 2개의 경계조건, $\frac{dv}{dx}\bigg|_{x=L} = 0$과 $v(L) = 0$을 추가로 적용할 수 있다. 이 조건을 적용하면, 다음과 같이 된다.

$$\frac{dv}{dx}\bigg|_{x=L} = -\frac{wL^3}{6} + \frac{R_1L^2}{2} - M_1L = 0 \tag{4.48}$$

$$v(L) = -\frac{wL^4}{24} + \frac{R_1L^3}{6} - \frac{M_1L^2}{2} = 0 \tag{4.49}$$

이 두 식을 동시에 풀면, $R_1 = \frac{wL}{2}$과 $M_1 = \frac{wL^2}{12}$을 얻는다. 평형조건에 따라 이 문제는 대칭이므로 다른 끝점에서의 반력은 $R_2 = \frac{wL}{2}$과 $M_2 = \frac{wL^2}{12}$이 됨을 알 수 있다. 각 끝점에서의 반력은 그림 4.10에 나타나 있다.

끝점에서 반력의 부호를 바꾸면 균일 분포하중을 그것과 등가인 절점하중으로 나타낼 수 있다. 마찬가지 방법으로 다른 하중 상태에 있어서의 절점하중행렬을 얻을 수 있다. 몇 가지 전형적인 하중 상태에 있어서 실제 하중과 그것의 등가 절점하중(equivalent nodal load)의 관계가 표 4.2에 요약되어 있다.

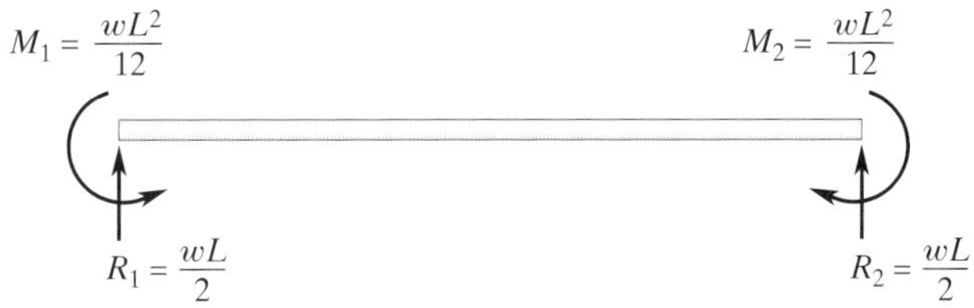

그림 4.10 균일 분포하중을 받는 보 요소의 반력

표 4.2 보의 등가 절점하중

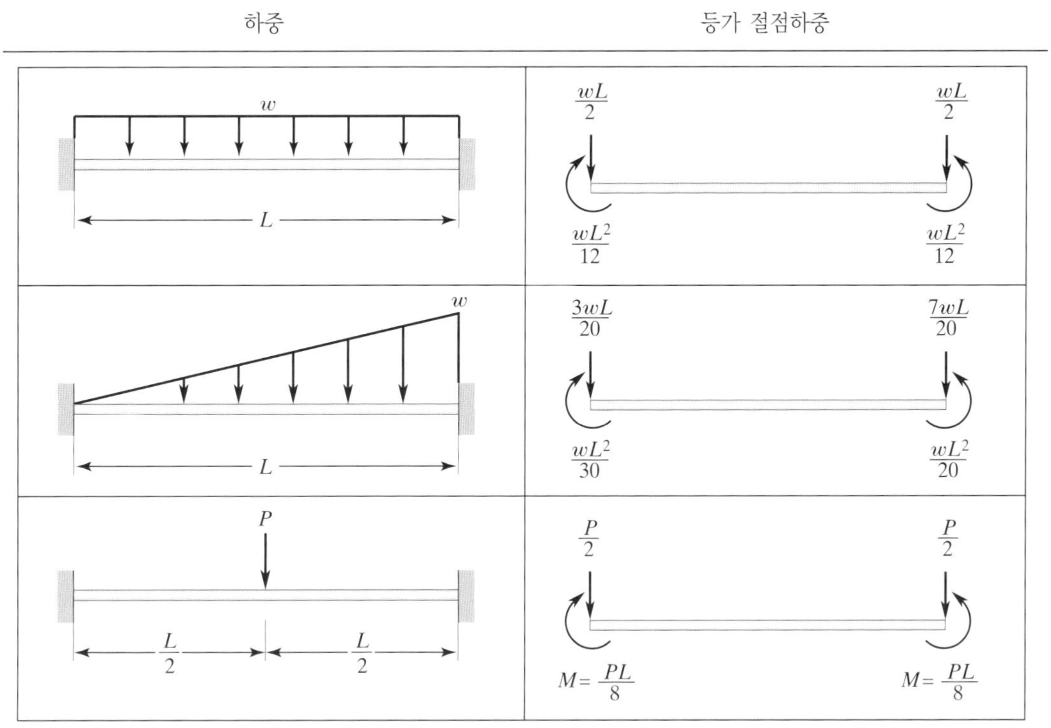

예제 4.3 재론

예제 4.3의 발코니 외팔보를 다시 보고 단순 보 요소를 이용하여 해를 구해 보자. 보는 단면적이 10.3 in^{2}이고, 깊이가 17.7 in인 플랜지가 넓은 보(W18 × 35)이다. 단면 2차 모멘트는 510 in^{4}이다. 보는 1000 lb/ft의 균일 분포하중을 받고 있다. 탄성계수는 $E = 29 \times 10^6$ lb/in^{2}이다. 중심점 B와 끝점 C에서 보의 수직변위를 구하라. 또, 점 C에서 보의 최대 기울기를 계산하라.

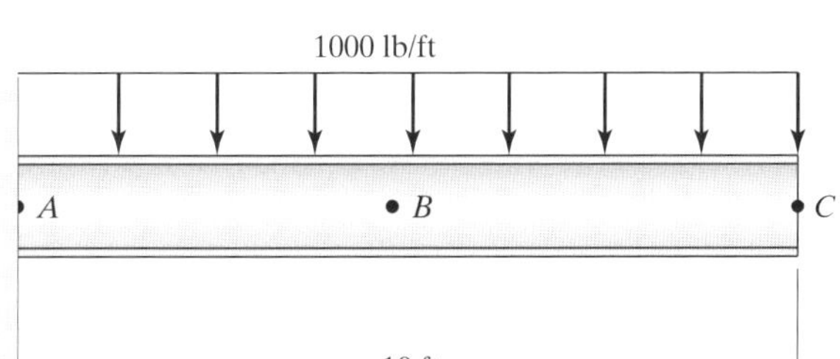

이 문제에서는 단순 요소를 사용하기 때문에 전체 행렬에서 요소의 강성행렬과 하중행렬은 다음과 같다.

$$[\boldsymbol{K}]^{(e)} = [\boldsymbol{K}]^{(G)} = \frac{EI}{L^3}\begin{bmatrix} 12 & 6L & -12 & 6L \\ 6L & 4L^2 & -6L & 2L^2 \\ -12 & -6L & 12 & -6L \\ 6L & 2L^2 & -6L & 4L^2 \end{bmatrix} \quad \{\boldsymbol{F}\}^{(e)} = \{\boldsymbol{F}\}^{(G)} = \begin{Bmatrix} -\dfrac{wL}{2} \\ -\dfrac{wL^2}{12} \\ -\dfrac{wL}{2} \\ \dfrac{wL^2}{12} \end{Bmatrix}$$

$$\frac{EI}{L^3}\begin{bmatrix} 12 & 6L & -12 & 6L \\ 6L & 4L^2 & -6L & 2L^2 \\ -12 & -6L & 12 & -6L \\ 6L & 2L^2 & -6L & 4L^2 \end{bmatrix}\begin{Bmatrix} U_{11} \\ U_{12} \\ U_{21} \\ U_{22} \end{Bmatrix} = \begin{Bmatrix} -\dfrac{wL}{2} \\ -\dfrac{wL^2}{12} \\ -\dfrac{wL}{2} \\ \dfrac{wL^2}{12} \end{Bmatrix}$$

절점 1에서의 경계조건 $U_{11} = 0$과 $U_{12} = 0$을 적용하면 다음을 얻는다.

$$\frac{EI}{L^3}\begin{bmatrix} 1 & 0 & 0 & 0 \\ 0 & 1 & 0 & 0 \\ -12 & -6L & 12 & -6L \\ 6L & 2L^2 & -6L & 4L^2 \end{bmatrix}\begin{Bmatrix} U_{11} \\ U_{12} \\ U_{21} \\ U_{22} \end{Bmatrix} = \begin{Bmatrix} 0 \\ 0 \\ -\dfrac{wL}{2} \\ \dfrac{wL^2}{12} \end{Bmatrix}$$

간단히 하면 다음과 같다.

$$\begin{bmatrix} 12 & -6L \\ -6L & 4L^2 \end{bmatrix}\begin{Bmatrix} U_{21} \\ U_{22} \end{Bmatrix} = \frac{L^3}{EI}\begin{Bmatrix} -\dfrac{wL}{2} \\ \dfrac{wL^2}{12} \end{Bmatrix}$$

$$\begin{bmatrix} 12 & -6(10\text{ ft}) \\ -6(10\text{ ft}) & 4(10\text{ ft})^2 \end{bmatrix}\begin{Bmatrix} U_{21} \\ U_{22} \end{Bmatrix} = \frac{(10\text{ ft})^3}{(29\times 10^6\text{ lb/in}^2)(510\text{ in}^4)\left(\dfrac{1\text{ ft}}{12\text{ in}}\right)^2}\begin{Bmatrix} -\dfrac{1000(10)}{2} \\ \dfrac{(1000)(10)^2}{12} \end{Bmatrix}$$

끝점 C에서의 수직변위와 기울기는 다음과 같다.

$$U_{21} = -0.01217\text{ ft} = -0.146\text{ in} \quad \text{그리고} \quad U_{22} = -0.00163\text{ rad}$$

점 B에서 수직변위를 얻기 위해 보 요소의 수직변위 방정식을 이용하고, $x = \dfrac{L}{2}$에서 형상함수를 구한다.

$$v = S_{11}U_{11} + S_{12}U_{12} + S_{21}U_{21} + S_{22}U_{22}$$
$$= S_{11}(0) + S_{12}(0) + S_{21}(-0.146) + S_{22}(-0.00163)$$

점 B에서 형상함수의 값을 계산하면 다음과 같다.

$$S_{21} = \frac{3x^2}{L^2} - \frac{2x^3}{L^3} = \frac{3}{L^2}\left(\frac{L}{2}\right)^2 - \frac{2}{L^3}\left(\frac{L}{2}\right)^3 = \frac{1}{2}$$

$$S_{22} = -\frac{x^2}{L} + \frac{x^3}{L^2} = -\frac{\left(\frac{L}{2}\right)^2}{L} + \frac{\left(\frac{L}{2}\right)^3}{L^2} = -\frac{L}{8}$$

$$v_B = \left(\frac{1}{2}\right)(-0.146 \text{ in}) + \left(-\frac{120 \text{ in}}{8}\right)(-0.00163 \text{ rad}) = -0.048 \text{ in}$$

예제 4.3에서 주어진 정확한 해와 구한 유한요소 모델의 결과를 비교하면 매우 잘 일치하는 것을 알 수 있다. 요소 2개를 이용하면 중심점의 수직변위에 대한 결과를 더 정확하게 구할 수 있다. 이것은 연습문제로 남겨두겠다.

예제 4.4

그림 4.11에 나타난 보는 단면적이 6650 mm^{2}이고 깊이가 317 mm인 플랜지가 넓은 보 (W310 × 52)이다. 단면 2차 모멘트는 118.6 × 10^6 mm^{4}이다. 이 보는 균일 분포하중 25,000 N/m를 받고 있다. 보의 탄성계수 $E = 200$ GPa이다. 절점 3에서의 수직변위와 절점 2와 3의 회전각을 결정하라. 또한, 절점 1과 2에서의 반력과 반모멘트를 계산하라.

이 문제는 부정정(statically indeterminate)임에 유의하라. 이 문제를 해석하기 위하여 2개의 요소를 사용한다. 요소의 강성행렬은 식 (4.43)으로부터 계산된다.

$$[\mathbf{K}]^{(e)} = \frac{EI}{L^3}\begin{bmatrix} 12 & 6L & -12 & 6L \\ 6L & 4L^2 & -6L & 2L^2 \\ -12 & -6L & 12 & -6L \\ 6L & 2L^2 & -6L & 4L^2 \end{bmatrix}$$

요소 (1)에 대하여 적절한 값을 대입하면 강성행렬은 다음과 같다.

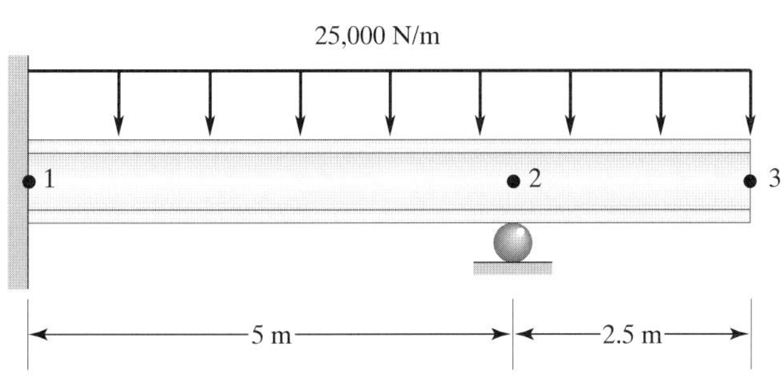

그림 4.11 예제 4.4의 보의 개략도

$$[\mathbf{K}]^{(1)} = \frac{200 \times 10^9 \times 1.186 \times 10^{-4}}{5^3}\begin{bmatrix} 12 & 6(5) & -12 & 6(5) \\ 6(5) & 4(5)^2 & -6(5) & 2(5)^2 \\ -12 & -6(5) & 12 & -6(5) \\ 6(5) & 2(5)^2 & -6(5) & 4(5)^2 \end{bmatrix}$$

편의상 절점 자유도를 강성행렬의 측면에 나타내기로 한다. 요소 (1)에 대하여 다음을 얻는다.

$$[\mathbf{K}]^{(1)} = \begin{bmatrix} 2277120 & 5692800 & -2277120 & 5692800 \\ 5692800 & 18976000 & -5692800 & 9488000 \\ -2277120 & -5692800 & 2277120 & -5692800 \\ 5692800 & 9488000 & -5692800 & 18976000 \end{bmatrix}\begin{matrix} U_{11} \\ U_{12} \\ U_{21} \\ U_{22} \end{matrix}$$

요소 (2)에 대한 강성행렬을 계산하면 다음과 같다.

$$[\mathbf{K}]^{(2)} = \frac{200 \times 10^9 \times 1.186 \times 10^{-4}}{(2.5)^3}\begin{bmatrix} 12 & 6(2.5) & -12 & 6(2.5) \\ 6(2.5) & 4(2.5)^2 & -6(2.5) & 2(2.5)^2 \\ -12 & -6(2.5) & 12 & -6(2.5) \\ 6(2.5) & 2(2.5)^2 & -6(2.5) & 4(2.5)^2 \end{bmatrix}$$

요소 (2)에 대해 절점 자유도를 강성행렬의 측면에 나타내면 다음과 같다.

$$[\mathbf{K}]^{(2)} = \begin{bmatrix} 18216960 & 22771200 & -18216960 & 22771200 \\ 22771200 & 37952000 & -22771200 & 18976000 \\ -18216960 & -22771200 & 18216960 & -22771200 \\ 22771200 & 18976000 & -22771200 & 37952000 \end{bmatrix}\begin{matrix} U_{21} \\ U_{22} \\ U_{31} \\ U_{32} \end{matrix}$$

전체 강성행렬을 얻기 위하여 $[\mathbf{K}]^{(1)}$과 $[\mathbf{K}]^{(2)}$를 조합하면 다음과 같이 된다.

$$[\mathbf{K}]^{(G)} = \begin{bmatrix} 2277120 & 5692800 & -2277120 & 5692800 & 0 & 0 \\ 5692800 & 18976000 & -5692800 & 9488000 & 0 & 0 \\ -2277120 & -5692800 & 20494080 & 17078400 & -18216960 & 22771200 \\ 5692800 & 9488000 & 17078400 & 56928000 & -22771200 & 18976000 \\ 0 & 0 & -18216960 & -22771200 & 18216960 & -22771200 \\ 0 & 0 & 22771200 & 18976000 & -22771200 & 37952000 \end{bmatrix}$$

표 4.2를 참조하면, 요소 (1)과 (2)에 대한 하중행렬을 계산할 수 있다. 각각의 하중행렬은 다음과 같다.

$$\{\mathbf{F}\}^{(1)} = \begin{Bmatrix} -\dfrac{wL}{2} \\ -\dfrac{wL^2}{12} \\ -\dfrac{wL}{2} \\ \dfrac{wL^2}{12} \end{Bmatrix} = \begin{Bmatrix} -\dfrac{25 \times 10^3 \times 5}{2} \\ -\dfrac{25 \times 10^3 \times 5^2}{12} \\ -\dfrac{25 \times 10^3 \times 5}{2} \\ \dfrac{25 \times 10^3 \times 5^2}{12} \end{Bmatrix} = \begin{Bmatrix} -62500 \\ -52083 \\ -62500 \\ 52083 \end{Bmatrix}$$

$$\{\mathbf{F}\}^{(2)} = \begin{Bmatrix} -\dfrac{wL}{2} \\ -\dfrac{wL^2}{12} \\ -\dfrac{wL}{2} \\ \dfrac{wL^2}{12} \end{Bmatrix} = \begin{Bmatrix} -\dfrac{25 \times 10^3 \times 2.5}{2} \\ -\dfrac{25 \times 10^3 \times 2.5^2}{12} \\ -\dfrac{25 \times 10^3 \times 2.5}{2} \\ \dfrac{25 \times 10^3 \times 2.5^2}{12} \end{Bmatrix} = \begin{Bmatrix} -31250 \\ -13021 \\ -31250 \\ 13021 \end{Bmatrix}$$

전체 하중행렬을 얻기 위하여 두 하중행렬을 결합하면 다음과 같이 된다.

$$\{\mathbf{F}\}^{(G)} = \begin{Bmatrix} -62500 \\ -52083 \\ -62500 - 31250 \\ 52083 - 13021 \\ -31250 \\ 13021 \end{Bmatrix} = \begin{Bmatrix} -62500 \\ -52083 \\ -93750 \\ 39062 \\ -31250 \\ 13021 \end{Bmatrix}$$

절점 1에서의 경계조건 $U_{11} = U_{12} = 0$과 절점 2에서의 경계조건 $U_{21} = 0$을 적용하면 다음을 얻는다.

$$\begin{bmatrix} 1 & 0 & 0 & 0 & 0 & 0 \\ 0 & 1 & 0 & 0 & 0 & 0 \\ 0 & 0 & 1 & 0 & 0 & 0 \\ 5692800 & 9488000 & 17078400 & 56928000 & -22771200 & 18976000 \\ 0 & 0 & -18216960 & -22771200 & 18216960 & -22771200 \\ 0 & 0 & 22771200 & 18976000 & -22771200 & 37952000 \end{bmatrix} \begin{Bmatrix} U_{11} \\ U_{12} \\ U_{21} \\ U_{22} \\ U_{31} \\ U_{32} \end{Bmatrix} = \begin{Bmatrix} 0 \\ 0 \\ 0 \\ 39062 \\ -31250 \\ 13021 \end{Bmatrix}$$

적용된 경계조건을 고려하면 전체 강성행렬과 하중행렬은 다음과 같이 축소된다.

$$\begin{bmatrix} 56928000 & -22771200 & 18976000 \\ -22771200 & 18216960 & -22771200 \\ 18976000 & -22771200 & 37952000 \end{bmatrix} \begin{Bmatrix} U_{22} \\ U_{31} \\ U_{32} \end{Bmatrix} = \begin{Bmatrix} 39062 \\ -31250 \\ 13021 \end{Bmatrix}$$

위 식을 풀어보면 미지의 절점값이 산출된다. 변위 결과는 다음과 같다.

$$[\mathbf{U}]^T = [0 \quad 0 \quad 0 \quad -0.0013723(\text{rad}) \quad -0.0085772(\text{m}) \quad -0.004117(\text{rad})]$$

절점의 반력과 반모멘트는 다음의 관계식으로부터 계산할 수 있다.

$$\{\mathbf{R}\} = [\mathbf{K}]\{\mathbf{U}\} - \{\mathbf{F}\} \tag{4.50}$$

여기서 $\{\mathbf{R}\}$은 반력행렬이다. 식 (4.50)에 적절한 값을 대입하면 다음과 같다.

$$\begin{Bmatrix} R_1 \\ M_1 \\ R_2 \\ M_2 \\ R_3 \\ M_3 \end{Bmatrix} = \begin{bmatrix} 2277120 & 5692800 & -2277120 & 5692800 & 0 & 0 \\ 5692800 & 18976000 & -5692800 & 9488000 & 0 & 0 \\ -2277120 & -5692800 & 20494080 & 17078400 & -18216960 & 22771200 \\ 5692800 & 9488000 & 17078400 & 56928000 & -22771200 & 18976000 \\ 0 & 0 & -18216960 & -22771200 & 18216960 & -22771200 \\ 0 & 0 & 22771200 & 18976000 & -22771200 & 37952000 \end{bmatrix} \times \begin{Bmatrix} 0 \\ 0 \\ 0 \\ -0.0013723 \\ -0.0085772 \\ -0.0041170 \end{Bmatrix} - \begin{Bmatrix} -62500 \\ -52083 \\ -93750 \\ 39062 \\ -31250 \\ 13021 \end{Bmatrix}$$

위 식을 계산하면 다음과 같은 각 절점에서의 반력과 반모멘트가 산출된다.

$$\begin{Bmatrix} R_1 \\ M_1 \\ R_2 \\ M_2 \\ R_3 \\ M_3 \end{Bmatrix} = \begin{Bmatrix} 54687(\text{N}) \\ 39062(\text{N}\cdot\text{m}) \\ 132814(\text{N}) \\ 0 \\ 0 \\ 0 \end{Bmatrix}$$

절점변위행렬을 사용하여 반력행렬을 계산함으로써, 해석 결과의 타당성을 검증할 수 있음을 유념하라. 절점 1에서는 반력과 반모멘트가 모두 있다. 절점 2에서도 반력이 있으나 예상대로 반모멘트가 없다. 그리고 절점 3에서는 예상대로 아무런 반력이나 반모멘트가 없다. 해석 결과의 정확성에 대한 검증은 4.7절에서 더 자세히 논의될 것이다.

4.4 프레임의 유한요소 정식화

프레임(frame)은 용접결합이나 나사결합으로 움직일 수 없게 결합된 구조 부재를 의미한다. 이러한 구조물에 있어서, 회전과 가로방향 변위 이외에 축방향의 변위도 고려할 필요가 있다. 여기에서는 평면 프레임에 초점을 맞추어 설명한다. 그림 4.12에 나타난 프레임 요소는 2개의 절점으로 구성된다. 각 절점에는 축방향 변위, 가로방향 변위 및 회전각인 3개의 자유도가 있다.

그림 4.12를 참조하면서, u_{i1}은 절점 i에서의 축방향의 변위를 나타내고 u_{i2}와 u_{i3}는 각각 가로방향 변위와 회전각을 나타냄에 유의하라. 마찬가지로, u_{j1}, u_{j2} 및 u_{j3}는 각각 절점 j에서의 축방향 변위, 가로방향 변위 및 회전각을 나타낸다. 일반적으로 프레임 요소를 기술하는

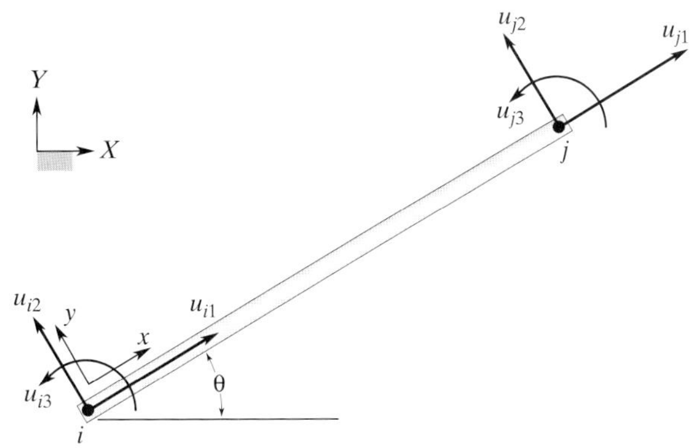

그림 4.12 프레임 요소

데는 전체 좌표계(global coordinate system)와 국부 좌표계(local coordinate system) 2개가 필요하다. 고정된 전체 좌표계(X, Y)는 다음과 같은 용도로 사용한다: (1) 각 결합부(절점)의 위치를 나타내며 θ와 같은 각도를 사용하여 각 요소의 방향을 저장하고, (2) 구속조건과 작용하중을 전체 좌표계 성분으로 적용하며, (3) 해를 나타내기 위하여 사용한다. 국부(요소, elemental) 좌표계도 요소의 축하중에 대한 거동을 나타내기 위하여 필요하다. 국부 좌표계(x, y)와 전체 좌표계(X, Y) 사이의 관계는 그림 4.12에 나타나 있다. 각 절점에는 3개의 자유도가 있으므로 프레임 요소의 강성행렬은 6×6 행렬이 된다. 국부 자유도는 전체 자유도와 다음과 같은 변환행렬을 통하여 연관되어 있다.

$$[\mathbf{u}] = [\mathbf{T}][\mathbf{U}] \tag{4.51}$$

여기에서 변환행렬은 다음과 같다.

$$[\mathbf{T}] = \begin{bmatrix} \cos\theta & \sin\theta & 0 & 0 & 0 & 0 \\ -\sin\theta & \cos\theta & 0 & 0 & 0 & 0 \\ 0 & 0 & 1 & 0 & 0 & 0 \\ 0 & 0 & 0 & \cos\theta & \sin\theta & 0 \\ 0 & 0 & 0 & -\sin\theta & \cos\theta & 0 \\ 0 & 0 & 0 & 0 & 0 & 1 \end{bmatrix} \tag{4.52}$$

앞 절에서는 보 요소에 있어서 굽힘에 기인한 강성행렬을 구하였다. 이 행렬은 프레임 요소에 대하여 가로방향 변위와 회전각에 대한 강성행렬로 볼 수 있으며 다음과 같이 표현된다.

$$[\mathbf{K}]_{xy}^{(e)} = \frac{EI}{L^3}\begin{array}{c} \begin{array}{cccccc} u_{i1} & u_{i2} & u_{i3} & u_{j1} & u_{j2} & u_{j3} \end{array} \\ \begin{bmatrix} 0 & 0 & 0 & 0 & 0 & 0 \\ 0 & 12 & 6L & 0 & -12 & 6L \\ 0 & 6L & 4L^2 & 0 & -6L & 2L^2 \\ 0 & 0 & 0 & 0 & 0 & 0 \\ 0 & -12 & -6L & 0 & 12 & -6L \\ 0 & 6L & 2L^2 & 0 & -6L & 4L^2 \end{bmatrix} \end{array} \begin{array}{c} u_{i1} \\ u_{i2} \\ u_{i3} \\ u_{j1} \\ u_{j2} \\ u_{j3} \end{array} \tag{4.53}$$

각 항에 해당되는 절점 자유도를 나타내기 위하여, 식 (4.53)에서 강성행렬의 위와 옆에 프레임 요소의 자유도를 나타내었다. 4.1절에서 축하중을 받는 부재의 강성행렬을 다음과 같이 유도하였다.

$$
[\mathbf{K}]^{(e)}_{\text{axial}} = \begin{bmatrix} \frac{AE}{L} & 0 & 0 & -\frac{AE}{L} & 0 & 0 \\ 0 & 0 & 0 & 0 & 0 & 0 \\ 0 & 0 & 0 & 0 & 0 & 0 \\ -\frac{AE}{L} & 0 & 0 & \frac{AE}{L} & 0 & 0 \\ 0 & 0 & 0 & 0 & 0 & 0 \\ 0 & 0 & 0 & 0 & 0 & 0 \end{bmatrix} \begin{matrix} u_{i1} \\ u_{i2} \\ u_{i3} \\ u_{j1} \\ u_{j2} \\ u_{j3} \end{matrix} \quad (\text{columns: } u_{i1}\ u_{i2}\ u_{i3}\ u_{j1}\ u_{j2}\ u_{j3}) \tag{4.54}
$$

식 (4.53)과 (4.54)를 더하면 다음과 같은 프레임 요소의 강성행렬을 구할 수 있다.

$$
[\mathbf{K}]^{(e)}_{xy} = \begin{bmatrix} \frac{AE}{L} & 0 & 0 & -\frac{AE}{L} & 0 & 0 \\ 0 & \frac{12EI}{L^3} & \frac{6EI}{L^2} & 0 & -\frac{12EI}{L^3} & \frac{6EI}{L^2} \\ 0 & \frac{6EI}{L^2} & \frac{4EI}{L} & 0 & -\frac{6EI}{L^2} & \frac{2EI}{L} \\ -\frac{AE}{L} & 0 & 0 & \frac{AE}{L} & 0 & 0 \\ 0 & -\frac{12EI}{L^3} & -\frac{6EI}{L^2} & 0 & \frac{12EI}{L^3} & -\frac{6EI}{L^2} \\ 0 & \frac{6EI}{L^2} & \frac{2EI}{L} & 0 & -\frac{6EI}{L^2} & \frac{4EI}{L} \end{bmatrix} \tag{4.55}
$$

식 (4.55)를 전체 좌표계에 대하여 나타낼 필요가 있음에 유의하라. 이를 수행하기 위해 변형에너지 방정식에서 변환행렬을 이용하여 국부 변위를 전체 변위항으로 치환한 후 최소화를 수행해야 한다(연습문제 13 참조). 이 과정을 통하여 다음과 같은 관계식을 얻는다.

$$
[\mathbf{K}]^{(e)} = [\mathbf{T}]^T[\mathbf{K}]^{(e)}_{xy}[\mathbf{T}] \tag{4.56}
$$

여기서 $[\mathbf{K}]^{(e)}$는 프레임 요소에 대한 강성행렬을 전체 좌표계(X, Y)로 나타낸 것이다. 다음은 프레임의 유한요소 모델링 과정의 예를 보여준다.

예제 4.5

그림 4.13에 나타나 있는 'ㄱ'자 프레임을 고려해 보자. 프레임은 철제($E = 30 \times 10^6$ lb/in^2)이며 두 부재의 단면적과 단면 2차 모멘트는 그림 4.13에 나타나 있다. 프레임은 그림에 나타난 바와 같이 고정되어 있다. 주어진 분포하중에서 프레임의 변형을 계산한다.

이 문제는 2개의 요소로 모델링할 것이다. 요소 (1)에서 국부 및 전체 좌표계 사이의 관계는 그림 4.14에 나타난 바와 같다.

마찬가지로 요소 (2)에서 전체 및 국부 좌표계 사이의 관계는 그림 4.15에 나타나 있다.

이 문제의 경계조건은 $U_{11} = U_{12} = U_{13} = U_{31} = U_{32} = U_{33} = 0$임을 유의하라. 요소 (1)에 있어서 국부 및 전체 좌표계는 같은 방향으로 정렬되어 있다. 그러므로 요소 (1)의 강성행렬은 식 (4.55)로부터 계산될 수 있으며 다음과 같다.

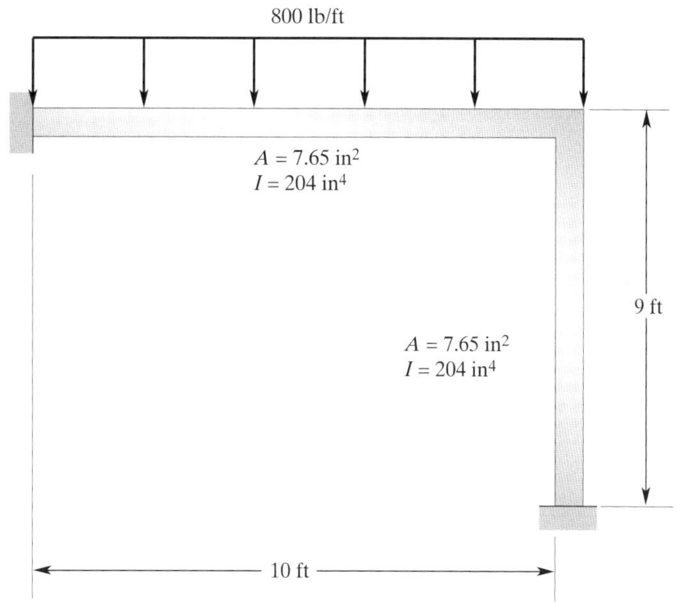

그림 4.13 분포하중을 작용하고 있는 'ㄱ' 자 프레임

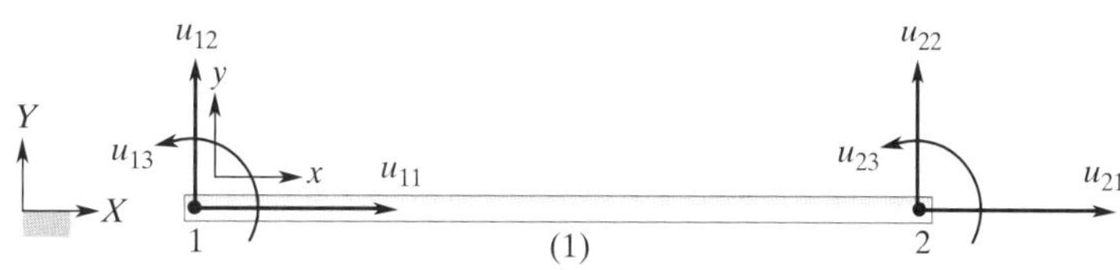

그림 4.14 요소 (1)의 형상

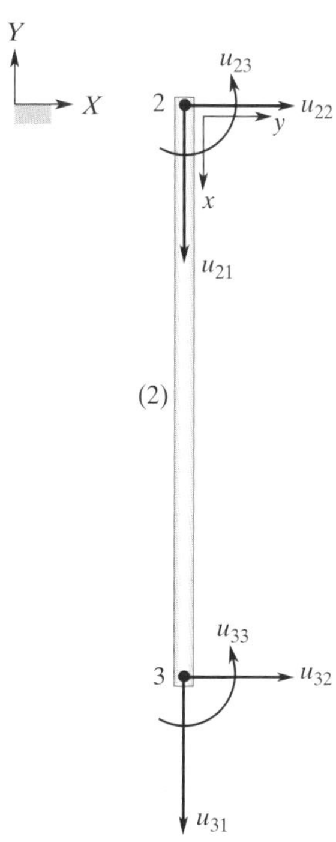

그림 4.15 요소 (2)의 형상

$$[\mathbf{K}]^{(1)} = 10^3 \begin{bmatrix} 1912.5 & 0 & 0 & -1912.5 & 0 & 0 \\ 0 & 42.5 & 2550 & 0 & -42.5 & 2550 \\ 0 & 2550 & 204000 & 0 & -2550 & 102000 \\ -1912.5 & 0 & 0 & 1912.5 & 0 & 0 \\ 0 & -42.5 & -2550 & 0 & 42.5 & -2550 \\ 0 & 2550 & 102000 & 0 & -2550 & 204000 \end{bmatrix}$$

요소 (2)에 있어서 국부 좌표계에 대하여 표시된 강성행렬은 다음과 같다.

$$[\mathbf{K}]_{xy}^{(2)} = 10^3 \begin{bmatrix} 2125 & 0 & 0 & -2125 & 0 & 0 \\ 0 & 58.299 & 3148.148 & 0 & -58.299 & 3148.148 \\ 0 & 3148.148 & 226666 & 0 & -3148.148 & 113333 \\ -2125 & 0 & 0 & 2125 & 0 & 0 \\ 0 & -58.299 & -3148.148 & 0 & 58.299 & -3148.148 \\ 0 & 3148.148 & 113333 & 0 & -3148.148 & 226666 \end{bmatrix}$$

요소 (2)에 대한 변환행렬은 다음과 같다.

$$[\mathbf{T}] = \begin{bmatrix} \cos(270) & \sin(270) & 0 & 0 & 0 & 0 \\ -\sin(270) & \cos(270) & 0 & 0 & 0 & 0 \\ 0 & 0 & 1 & 0 & 0 & 0 \\ 0 & 0 & 0 & \cos(270) & \sin(270) & 0 \\ 0 & 0 & 0 & -\sin(270) & \cos(270) & 0 \\ 0 & 0 & 0 & 0 & 0 & 1 \end{bmatrix}$$

$$[\mathbf{T}] = \begin{bmatrix} 0 & -1 & 0 & 0 & 0 & 0 \\ 1 & 0 & 0 & 0 & 0 & 0 \\ 0 & 0 & 1 & 0 & 0 & 0 \\ 0 & 0 & 0 & 0 & -1 & 0 \\ 0 & 0 & 0 & 1 & 0 & 0 \\ 0 & 0 & 0 & 0 & 0 & 1 \end{bmatrix}$$

변환행렬의 전치는 다음과 같다.

$$[\mathbf{T}]^T = \begin{bmatrix} 0 & 1 & 0 & 0 & 0 & 0 \\ -1 & 0 & 0 & 0 & 0 & 0 \\ 0 & 0 & 1 & 0 & 0 & 0 \\ 0 & 0 & 0 & 0 & 1 & 0 \\ 0 & 0 & 0 & -1 & 0 & 0 \\ 0 & 0 & 0 & 0 & 0 & 1 \end{bmatrix}$$

식 (4.56)에 $[\mathbf{T}]^T$, $[\mathbf{K}]_{xy}^{(2)}$ 및 $[\mathbf{T}]$를 대입하면 다음을 얻는다.

$$[\mathbf{K}]^{(2)} = 10^3 \begin{bmatrix} 0 & 1 & 0 & 0 & 0 & 0 \\ -1 & 0 & 0 & 0 & 0 & 0 \\ 0 & 0 & 1 & 0 & 0 & 0 \\ 0 & 0 & 0 & 0 & 1 & 0 \\ 0 & 0 & 0 & -1 & 0 & 0 \\ 0 & 0 & 0 & 0 & 0 & 1 \end{bmatrix} \begin{bmatrix} 2125 & 0 & 0 & -2125 & 0 & 0 \\ 0 & 58.299 & 3148.148 & 0 & -58.299 & 3148.148 \\ 0 & 3148.148 & 226666 & 0 & -3148.148 & 113333 \\ -2125 & 0 & 0 & 2125 & 0 & 0 \\ 0 & -58.299 & -3148.148 & 0 & 58.299 & -3148.148 \\ 0 & 3148.148 & 113333 & 0 & -3148.148 & 226666 \end{bmatrix} \begin{bmatrix} 0 & -1 & 0 & 0 & 0 & 0 \\ 1 & 0 & 0 & 0 & 0 & 0 \\ 0 & 0 & 1 & 0 & 0 & 0 \\ 0 & 0 & 0 & 0 & -1 & 0 \\ 0 & 0 & 0 & 1 & 0 & 0 \\ 0 & 0 & 0 & 0 & 0 & 1 \end{bmatrix}$$

위 식을 계산하면 다음과 같다.

$$[\mathbf{K}]^{(2)} = 10^3 \begin{bmatrix} 58.299 & 0 & 3148.148 & -58.299 & 0 & 3148.148 \\ 0 & 2125 & 0 & 0 & -2125 & 0 \\ 3148.148 & 0 & 226666 & -3148.148 & 0 & 113333 \\ -58.299 & 0 & -3148.148 & 58.299 & 0 & -3148.1480 \\ 0 & -2125 & 0 & 0 & 2125 & 0 \\ 3148.148 & 0 & 113333 & -3148.148 & 0 & 226666 \end{bmatrix}$$

$[\mathbf{K}]^{(1)}$과 $[\mathbf{K}]^{(2)}$를 조합함으로써 전체 강성행렬을 만들면 다음과 같다.

$$[\mathbf{K}]^{(2)} = 10^3 \begin{bmatrix} 1912.5 & 0 & 0 & -1912.5 & 0 & 0 & 0 & 0 & 0 \\ 0 & 42.5 & 2550 & 0 & -42.5 & 2550 & 0 & 0 & 0 \\ 0 & 2550 & 204000 & 0 & -2550 & 102000 & 0 & 0 & 0 \\ -1912.5 & 0 & 0 & 1912.5+58.299 & 0 & 0+3148.148 & -58.299 & 0 & 3148.148 \\ 0 & -42.5 & -2550 & 0 & 42.5+2125 & -2550 & 0 & -2125 & 0 \\ 0 & 2550 & 102000 & 0+3148.148 & -2550 & 204000+226666 & -3148.148 & 0 & 113333 \\ 0 & 0 & 0 & -58.299 & 0 & -3148.148 & 58.299 & 0 & -3148.1480 \\ 0 & 0 & 0 & 0 & -2125 & 0 & 0 & 2125 & 0 \\ 0 & 0 & 0 & 3148.148 & 0 & 113333 & -3148.148 & 0 & 226666 \end{bmatrix}$$

하중행렬은 다음과 같이 된다.

$$\{\mathbf{F}\}^{(1)} = \begin{Bmatrix} 0 \\ -\dfrac{wL}{2} \\ -\dfrac{wL^2}{12} \\ 0 \\ -\dfrac{wL}{2} \\ \dfrac{wL^2}{12} \end{Bmatrix} = \begin{Bmatrix} 0 \\ -\dfrac{800 \times 10}{2} \\ -\dfrac{800 \times 10^2 \times 12}{12} \\ 0 \\ -\dfrac{800 \times 10}{2} \\ \dfrac{800 \times 10^2 \times 12}{12} \end{Bmatrix} = \begin{Bmatrix} 0 \\ -4000 \\ -80000 \\ 0 \\ -4000 \\ 80000 \end{Bmatrix}$$

하중행렬에서 하중항은 lb단위를 가지고 있는 반면에 모멘트항은 lb · in단위를 가진다. 경계조건($U_{11} = U_{12} = U_{13} = U_{31} = U_{32} = U_{33} = 0$)을 적용하면 9 × 9의 전체 강성행렬은 다음의 3 × 3 행렬로 축소된다.

$$10^3 \begin{bmatrix} 1970.799 & 0 & 3148.148 \\ 0 & 2167.5 & -2550 \\ 3148.148 & -2550 & 430666 \end{bmatrix} \begin{Bmatrix} U_{21} \\ U_{22} \\ U_{23} \end{Bmatrix} = \begin{Bmatrix} 0 \\ -4000 \\ 80000 \end{Bmatrix}$$

이 식을 동시에 풀면 다음의 변위행렬이 산출된다.

$$[\mathbf{U}]^T = [0 \quad 0 \quad 0 \quad -0.0002845(\text{in}) \quad -0.0016359(\text{in}) \quad 0.00017815(\text{rad}) \quad 0 \quad 0 \quad 0]$$

이 문제는 이 장의 후반부에서 ANSYS를 사용하여 다시 다룰 것이다.

4.5 3차원 보 요소

ANSYS의 3차원 보 요소는 인장, 압축, 다른 축에 대한 굽힘, 비틀림이 발생하는 하중을 받는 경우에 적합하다. 각 절점에서는 X, Y, Z방향의 변위와 X, Y, Z축의 회전의 6개 자유도를 지니고 있다. 그러므로 3차원 보 요소에 대한 요소 행렬은 12 × 12 행렬이 된다. 그림 4.16에 ANSYS의 3차원 탄성 보 요소가 나타나 있다.

요소의 입력 데이터에는 절점의 위치, 단면적, 2개의 관성 모멘트(moment of inertia, I_{ZZ}와 I_{YY}), 2곳의 두께(TKY, TKZ), 요소 x축에 대한 방위각(θ), 비틀림 관성 모멘트(torsional moment of inertia, I_{XX}), 재료 물성치가 들어간다. 만약 I_{XX}가 지정되지 않거나 0.0이면, ANSYS는 극관성 모멘트(polar moment of inertia, $I_{YY} + I_{ZZ}$)와 같다고 가정한다. BEAM4 요소는 2개 또는 3개의 절점으로 정의된다는 점에 유의하라. 요소 x축은 절점 I에서 절점 J를 향하는 방향으로 맞추어진다. 2절점 요소에서 요소 y축의 기본 방위(θ = 0°)로 ANSYS는 자동으로 전체 X–Y 평면에 평행한 방위를 잡는다. 요소가 전체 Z축에 평행한 경우에는 요소 y축은 그림과 같이 전체 Y축과 평행하게 방향을 잡는다. 사용자가 요소 x축에 대한 요소 방위를 제어하기 위해서는 θ각(THETA)이나 세 번째 절점조건을 사용한다. 만약 둘 다 정의되었다면 세 번째 절점조건이 먼저 사용된다. 세 번째 절점(K)이 사용된다면 평면(I와 J)은 그림에서처럼 요소 x축과 z축을 포함하는 것으로 정의된다.

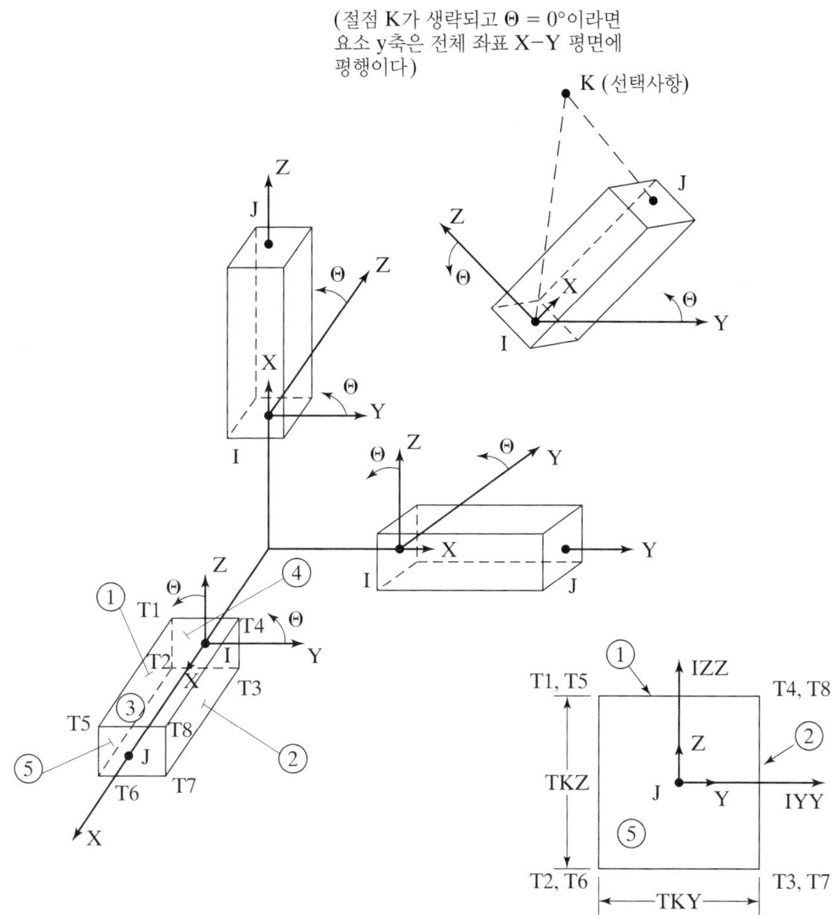

그림 4.16 BEAM4 요소, ANSYS에서 사용하는 3차원 탄성 보 요소

BEAM4에 대한 입력 데이터는 다음과 같다.

절점(nodes)

I, J, K (K방위 절점은 선택사항)

자유도(degrees of freedom)

UX, UY, UZ(X, Y, Z방향의 변위)
ROTX(X축의 회전), ROTY(Y축의 회전), ROTZ(Z축의 회전)

상수(real constants)

AREA, I_{ZZ}, I_{YY}, TKZ, TKY, THETA,
ISTRN(요소의 초기 변형), I_{XX}

물성치(material properties)

EX(탄성계수), ALPX(푸아송비), DENS(밀도), GXY(전단계수), DAMP(댐핑)

표면하중(surface loads)

압력
면 1(I − J)(−Z 수직방향)
면 2(I − J)(−Y 수직방향)
면 3(I − J)(+X 접선방향)
면 4(I)(+X 축방향)
면 5(J)(−X 축방향)

온도(temperatures)

T1, T2, T3, T4, T5, T6, T7, T8

응력

예제 4.5에서의 보(beam) 응력에 대한 복습에서 먼저 이러한 결과들을 요소표에 복사를 한 후에 결과를 출력하거나 도시할 수 있다. 이 항목은 **항목명**(item label)과 **절차 번호**(sequence numbers)를 사용하여 얻는다. BEAM4 요소에는 다음과 같은 출력정보, 최대 응력과 최소 응력을 이용할 수 있다. BEAM4의 결과는 추가적인 응력값(이 응력들의 예는 표 4.3 참조)을 포함한다.

구하고자 하는 응력값을 결정하면 항목명과 절차 번호를 이용한 결과표에서 읽을 수 있다. BEAM4에 대한 항목명과 절차 번호의 예는 표 4.4에 요약되어 있다. 표에서 보 요소에 대한 응력값을 읽는 방법은 예제 4.5에 자세히 나와 있다.

표 4.3 ANSYS에 의해 계산된 응력 예

SDIR	축방향 수직응력
SBYT	보의 + Y면 요소의 굽힘 응력
SBYB	보의 − Y면 요소의 굽힘 응력
SBZT	보의 + Z면 요소의 굽힘 응력
SBZB	보의 − Z면 요소의 굽힘 응력
SMAX	최대 응력(수직응력 + 굽힘 응력)
SMIN	최소 응력(수직응력 + 굽힘 응력)

표 4.4 BEAM4 요소에 대한 항목명과 절차 번호

이름	항목	E	I	J
SDIR	LS	-	1	6
SBYT	LS	-	2	7
SBYB	LS	-	3	8
SBZT	LS	-	4	9
SBZB	LS	-	5	10
SMAX	NMISC	-	1	3
SMIN	NMISC	-	2	4

4.6 ANSYS를 이용한 예제

ANSYS는 구조문제를 모델링하는 데 사용할 수 있는 많은 보 요소를 제공한다.

BEAM3은 인장, 압축, 굽힘 해석이 가능한 일축(uniaxial) 요소이다. 이 요소에는 절점당 3개의 자유도(x방향 및 y방향 직선변위, z축에 대한 회전각)가 있다. 입력 데이터는 절점 위치, 단면적, 단면 2차 모멘트, 높이(깊이), 물성치 등이 있다. 이 요소의 결과 데이터는 절점 변위와 요소에 대한 부가적인 결과 등이다. 요소에 대한 부가적인 결과의 예로는 축방향 응력, 보 상하면의 굽힘 응력 등이 있다. 단면에 작용하는 최대 응력은 (축방향 응력 + 굽힘 응력)이고 최소 응력은 (축방향 응력 − 굽힘 응력)이다. **BEAM4**는 BEAM3의 3차원 버전(three-dimensional version)이다.

예제 4.5 재론

앞에서 풀었던 'ㄱ' 자 프레임을 ANSYS를 이용하여 해석한다. 프레임은 철제($E = 30 \times 10^6$ lb/in^2)이며, 두 부재의 단면적과 단면 2차 모멘트는 그림 4.13에 나타나 있다. 프레임의 깊이는 12.22 in이며 그림에 나타난 바와 같이 고정되어 있다. 주어진 분포하중에서 프레임의 수직변위와 회전각을 계산한다.

시작메뉴를 사용하여 **ANSYS** 프로그램을 실행시킨다.

대화상자의 **Jobname** 입력란에 **Frame2D**(또는 원하는 파일명)를 입력한다. GUI를 실행하기 위해 **Run**을 선택한다.

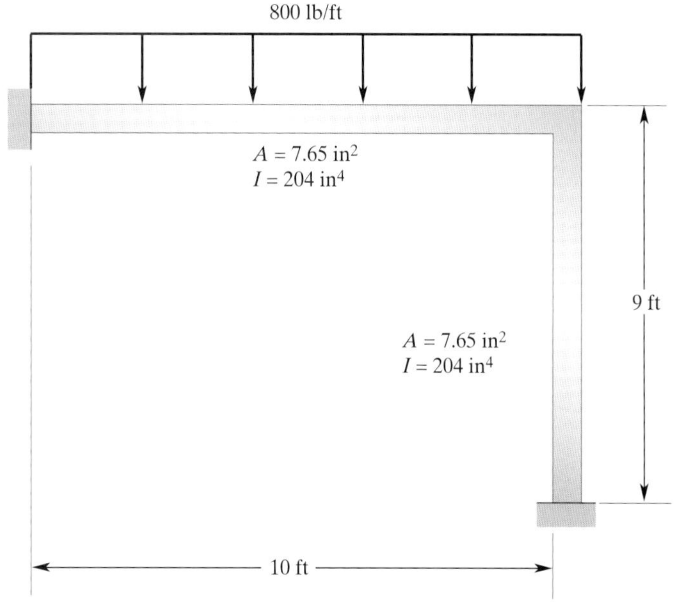

그림 4.17 분포하중이 작용하고 있는 'ㄱ' 자 프레임

다음 명령으로 문제에 대한 제목을 입력한다. 이 제목은 ANSYS 표시창에 나타나며 프로그램 창을 구별하는 데 사용된다. 이제 다음의 명령절차를 따라서 입력한다.

utility menu: **File → Change Title** . . .

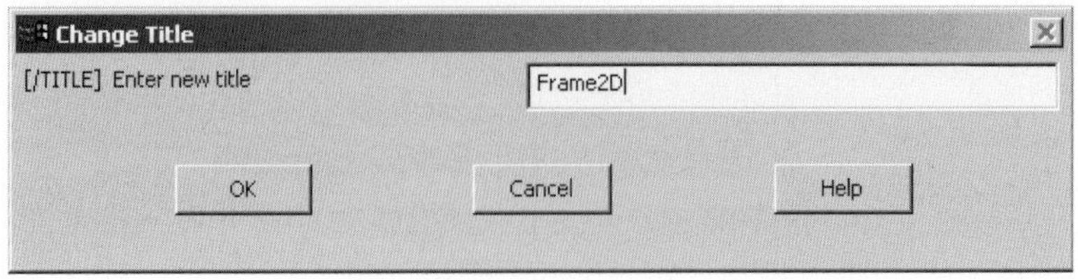

main menu: **Preprocessor → Element Type → Add/Edit/Delete**

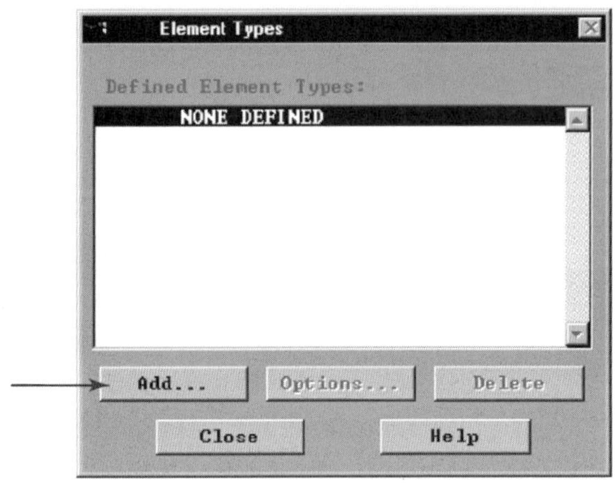

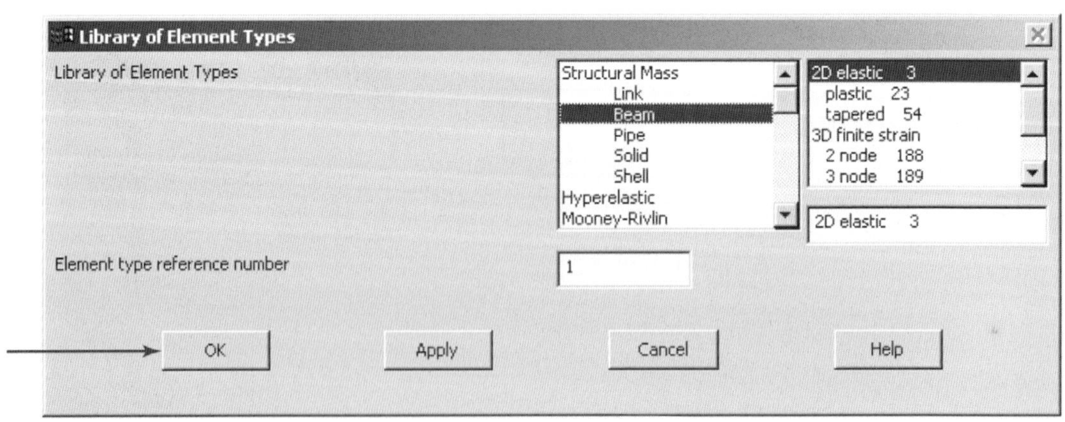

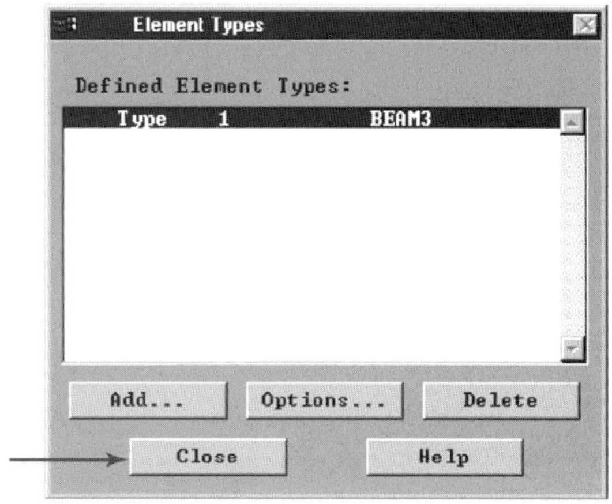

다음 명령으로 탄성계수를 입력한다.

main menu: **Preprocessor → Material Props → Material Models → Structural → Linear → Elastic → Isotropic**

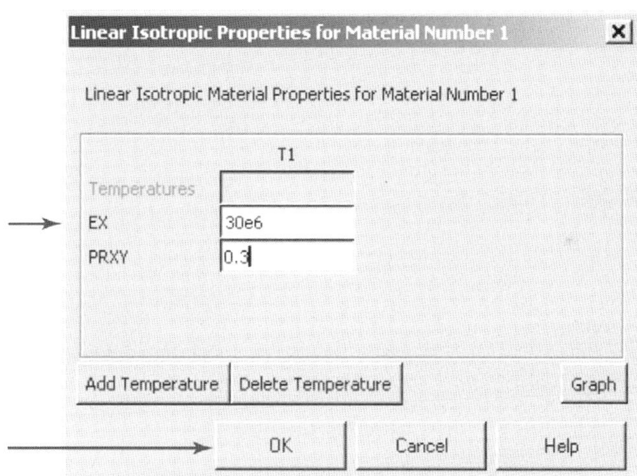

Define Material Model Behavior 창을 닫는다.

main menu: **Preprocessor → Real Constants → Add/Edit/Delete**

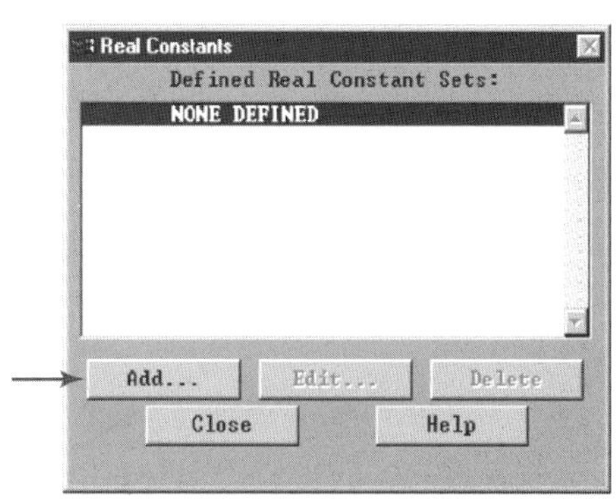

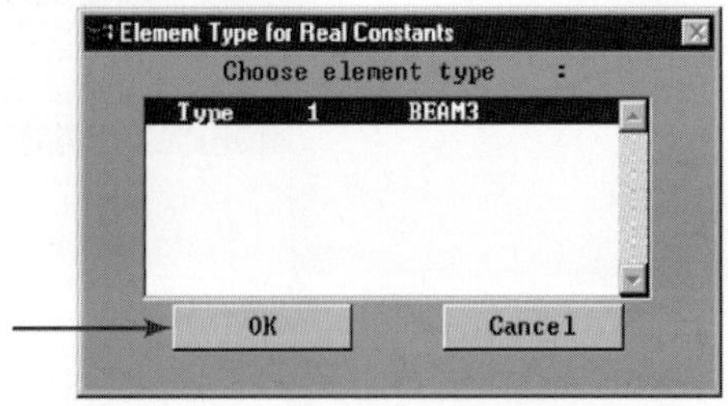

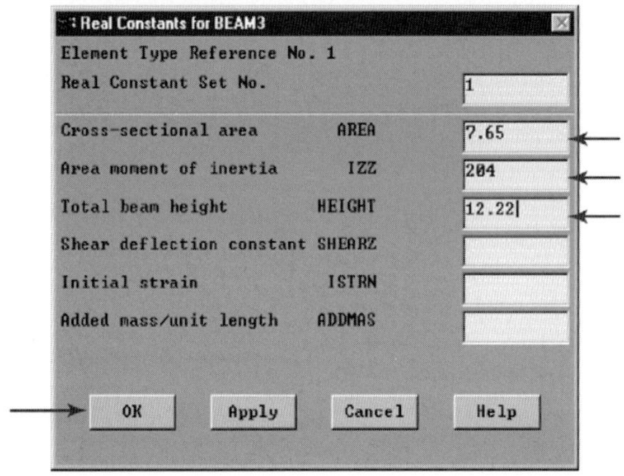

ANSYS Toolbar: **SAVE_DB**

작업평면 설정, 줌 등을 사용하여 문제에 맞도록 그래픽 영역을 설정한다.

utility menu: **Workplane → WP Settings** . . .

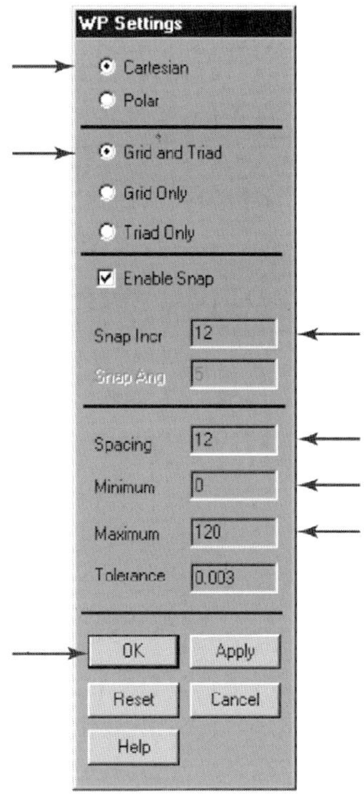

utility menu: **Workplane → Display Working Plane**

다음 명령으로 작업평면을 나타낸다.

utility menu: **Plotctrls → Pan, Zoom, Rotate** . . .

작업평면이 보일 때까지 **small circle**을 클릭한다. 그리고 절점과 요소를 생성한다.

main menu: **Preprocessor → Modeling → Create → Nodes → On Working Plane**

[WP = 0,108]

[WP = 120,108]

[WP = 120,0]

OK

main menu: **Preprocessor → Modeling → Create → Elements → Auto Numbered → Thru Nodes**

[절점 1을 선택]

[절점 2를 선택]

[ANSYS 그래픽 창의 임의 위치에 마우스를 두고 가운데 버튼을 클릭한다]

[절점 2를 선택]

[절점 3을 선택]

[ANSYS 그래픽 창의 임의 위치에 마우스를 두고 가운데 버튼을 클릭한다]

OK

utility menu: **Plot → Elements**

Toolbar: **SAVE_DB**

다음 명령으로 경계조건을 부과한다.

main menu: **Solution → Define Loads → Apply → Structural → Displacement → On Nodes**

[절점 1을 선택]

[절점 3을 선택]

[ANSYS 그래픽 창의 임의 위치에 마우스를 두고 가운데 버튼을 클릭한다]

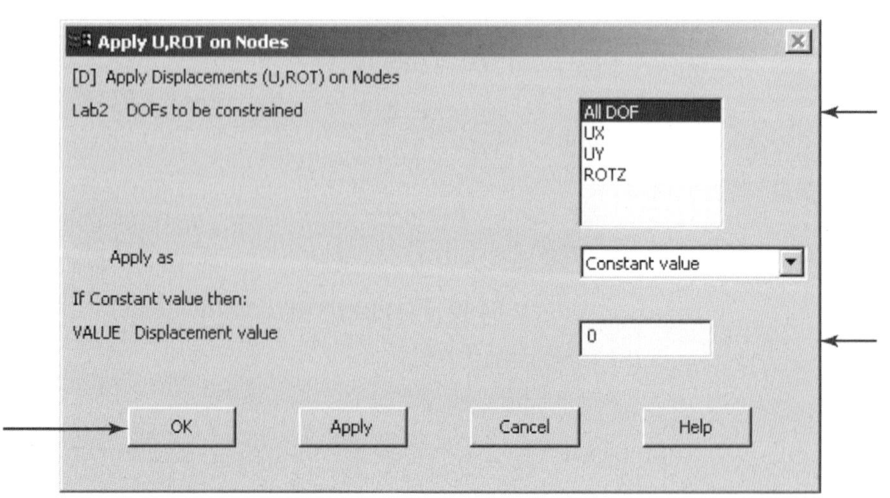

main menu: **Solution → Define Loads → Apply → Structural → Pressure → On Beams**

[요소 1을 선택]

[ANSYS 그래픽 창의 임의 위치에 마우스를 두고 가운데 버튼을 클릭한다]

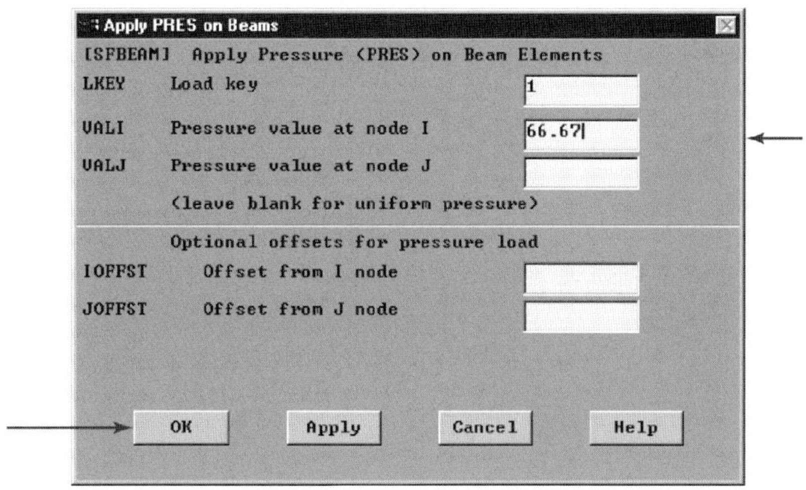

다음 명령을 사용하여 분포하중과 경계조건이 제대로 입력되었는지 확인한다.

utility menu: **Plot Ctrls → Symbols** . . .

utility menu: **Plot → Elements**

ANSYS Toolbar: **SAVE_DB**

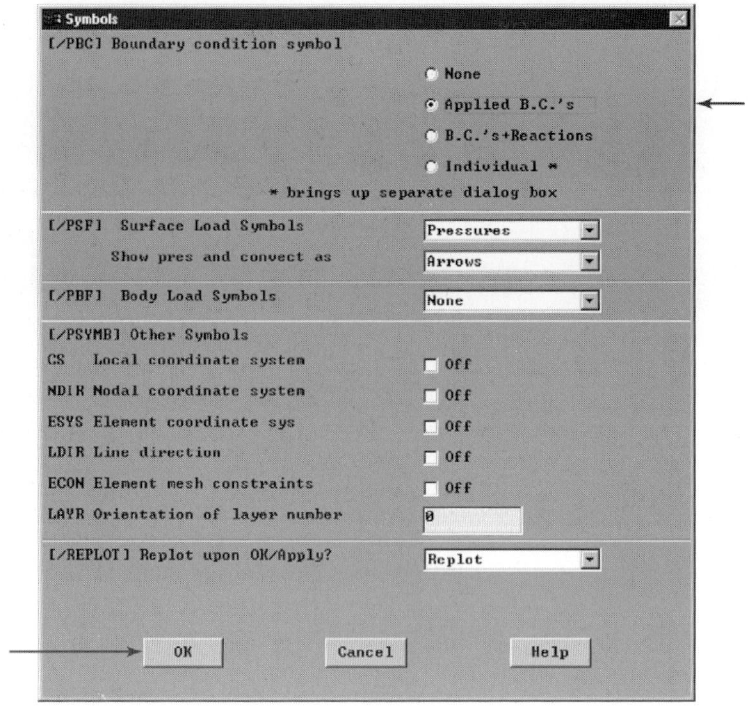

문제의 해를 구한다.

main menu: **Solution → Solve → Current LS**

OK

(the solution is done!) 창을 **Close**

(the /STAT Command) 창을 **Close**

후처리 단계로서 먼저 다음 명령에 따라 변형된 형상을 도시한다.

main menu: **General Postproc → Plot Results → Deformed Shape**

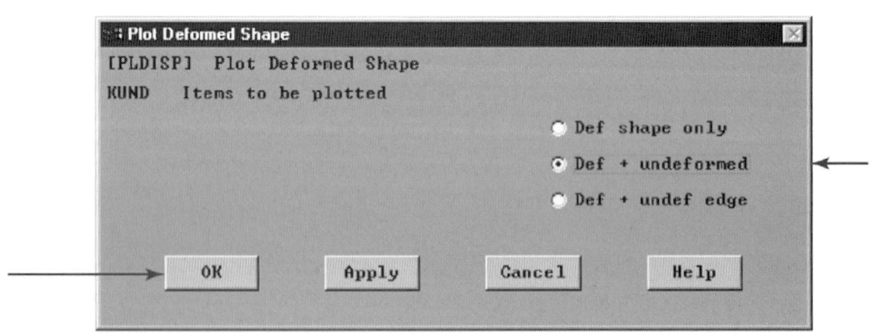

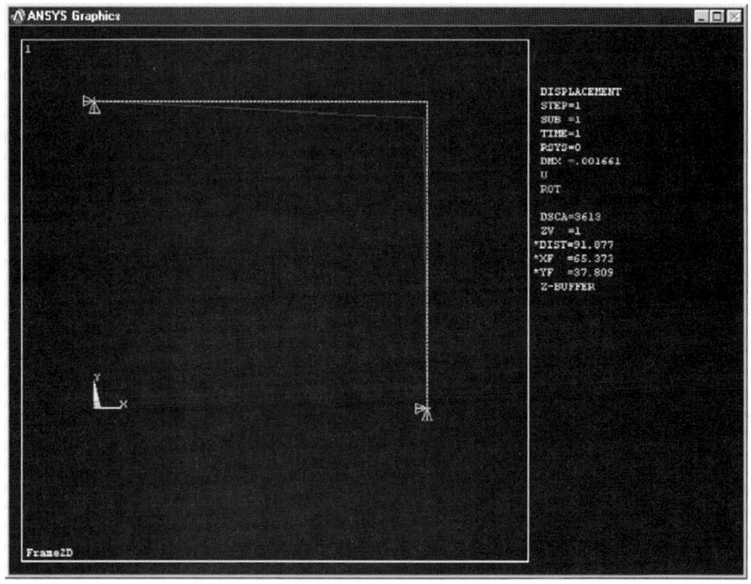

다음의 명령에 따라 절점변위를 출력한다.

main menu: **General Postproc → List Results → Nodal Solution**

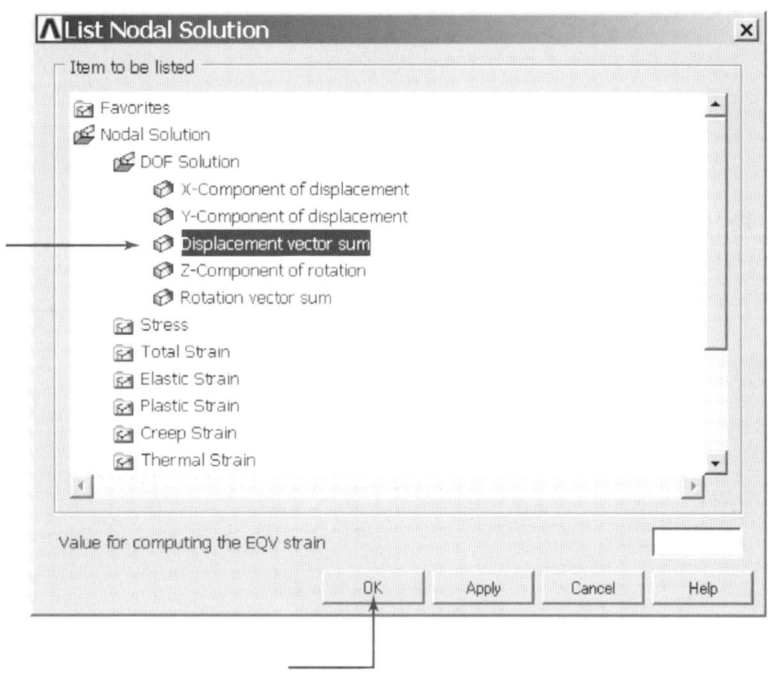

또한 회전벡터(Rotation vector)의 합을 출력한다.

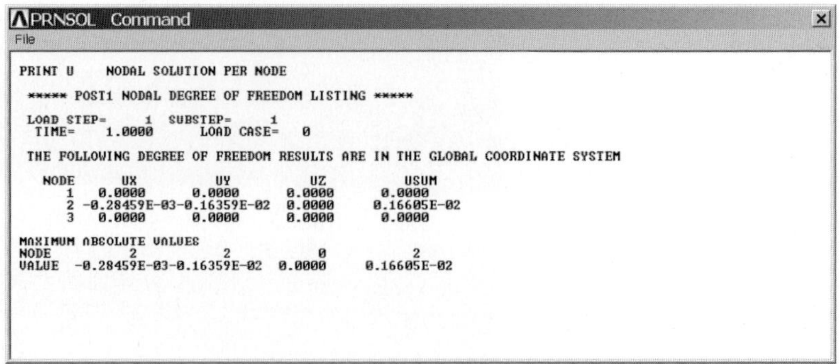

다음 명령으로 반력을 출력한다.

main menu: **General Postproc → List Results → Reaction Solution**

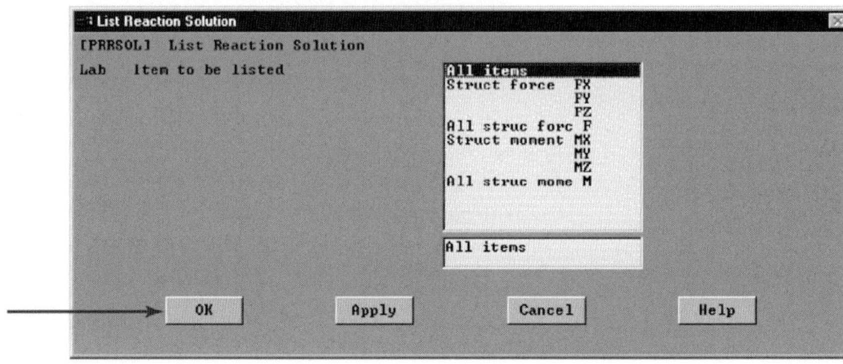

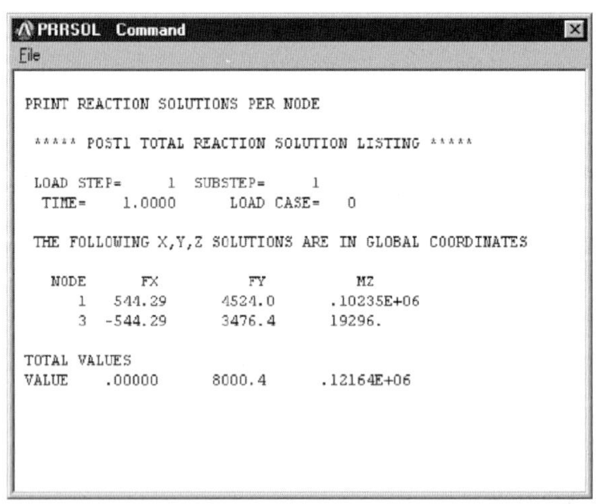

응력

보와 프레임에서 응력을 살펴볼 때는 먼저 그 결과들을 요소표에 복사한다. 그 항목들은 **항목명**(item label)과 **절차 번호**(sequence number)를 사용하여 구할 수 있다. 이 접근법은 트러스 요소의 축하중과 축응력을 구할 때 수행한 과정과 유사하다. 보 요소에서는 다음의 출력정보, 즉 축응력과 +Y 면의 굽힘 응력, −Y 면의 굽힘 응력, 축응력 + 굽힘 응력, 축응력 − 굽힘 응력을 이용할 수 있다. 이 응력들은 그림 4.18에 보이고 있다. 보 요소의 응력

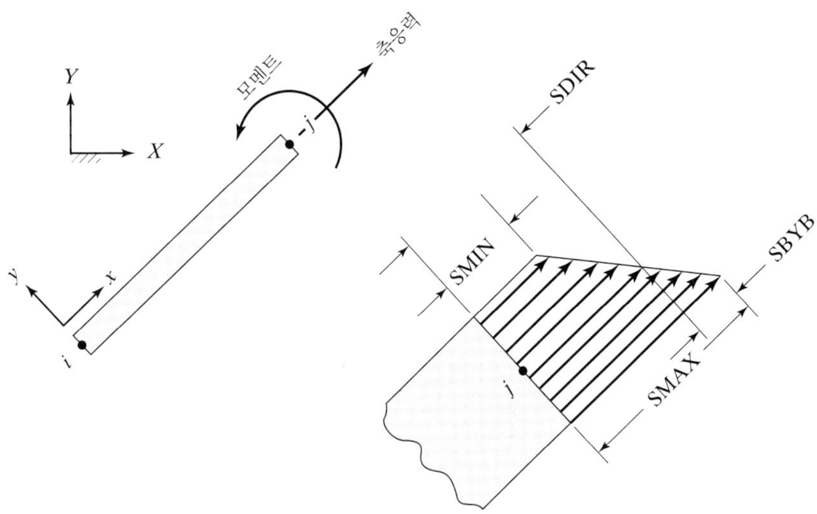

그림 4.18 보 요소에 대한 응력

표 4.5 보 요소에 대한 항목명과 절차 번호

응력	데이터	항목명	절차 번호
축방향 수직응력	SDIR	LS	1,4
+Y 면의 굽힘 응력	SBYT	LS	2,5
−Y 면의 굽힘 응력	SBYB	LS	3,6
수직응력 + 굽힘 응력	SMAX	NMISC	1,3
수직응력 − 굽힘 응력	SMIN	NMISC	2,4

에 대한 항목명과 절차 번호는 표 4.5에 나타나 있다.

예제 4.5에서 각 요소에 대해 사용자 지정 항목(항목에 대한 사용자 정의 라벨) MaxSts와 MinSts로 ANSYS에서 계산한 최대, 최소 응력을 지정한다. 다음 명령을 실행한다.

main menu: **General Postproc → Element Table → Define Table**

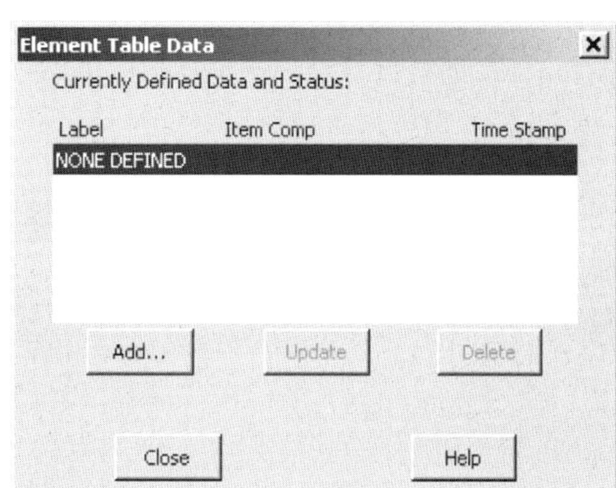

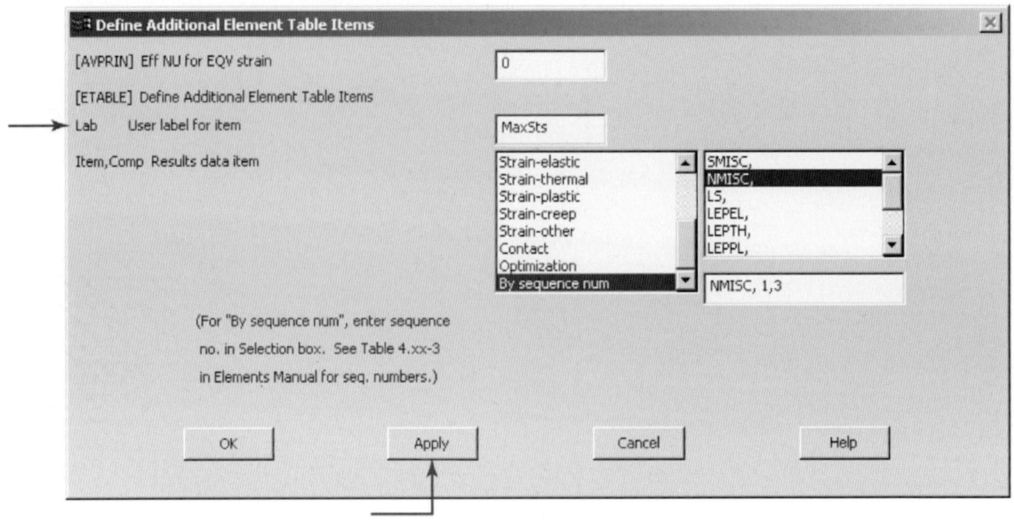
Define Additional Element Table Items
[AVPRIN] Eff NU for EQV strain
0
[ETABLE] Define Additional Element Table Items
Lab User label for item
MaxSts
Item,Comp Results data item
Strain-elastic
Strain-thermal
Strain-plastic
Strain-creep
Strain-other
Contact
Optimization
By sequence num
SMISC,
NMISC,
LS,
LEPEL,
LEPTH,
LEPPL,
NMISC, 1,3
(For "By sequence num", enter sequence
no. in Selection box. See Table 4.xx-3
in Elements Manual for seq. numbers.)
OK
Apply
Cancel
Help

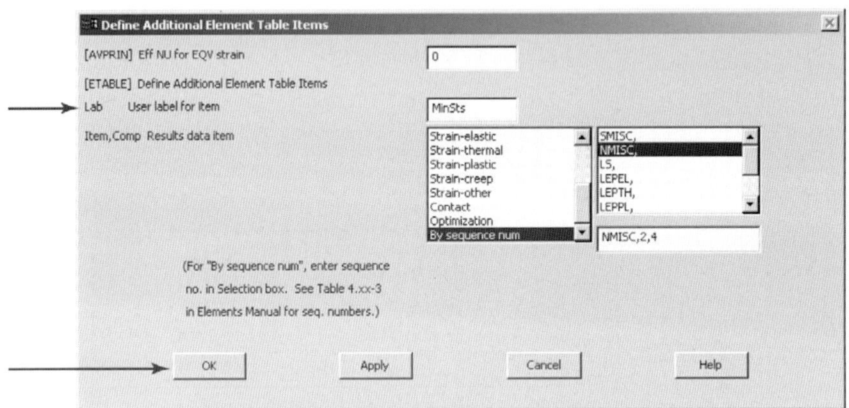
Define Additional Element Table Items
[AVPRIN] Eff NU for EQV strain
0
[ETABLE] Define Additional Element Table Items
Lab User label for item
MinSts
Item,Comp Results data item
Strain-elastic
Strain-thermal
Strain-plastic
Strain-creep
Strain-other
Contact
Optimization
By sequence num
SMISC,
NMISC,
LS,
LEPEL,
LEPTH,
LEPPL,
NMISC,2,4
(For "By sequence num", enter sequence
no. in Selection box. See Table 4.xx-3
in Elements Manual for seq. numbers.)
OK
Apply
Cancel
Help

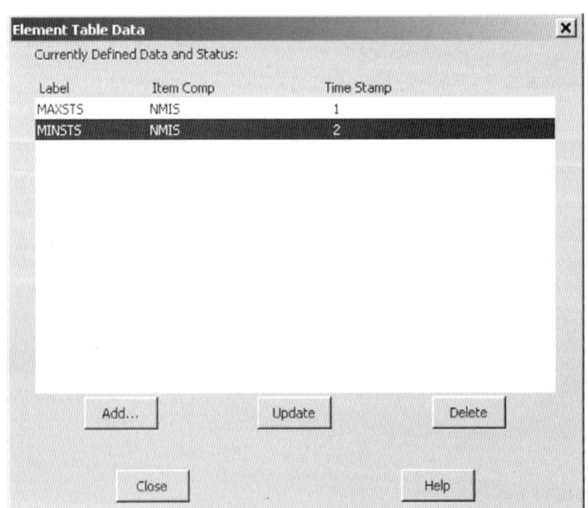
Element Table Data
Currently Defined Data and Status:
Label
Item Comp
Time Stamp
MAXSTS
NMIS
1
MINSTS
NMIS
2
Add...
Update
Delete
Close
Help

main: **General Postproc → Element Table → List Element Table**

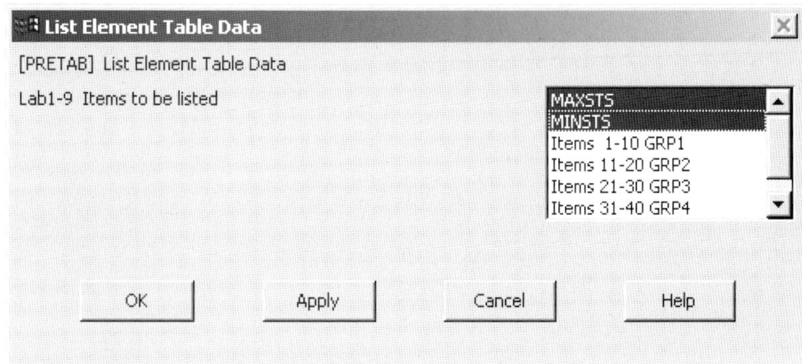

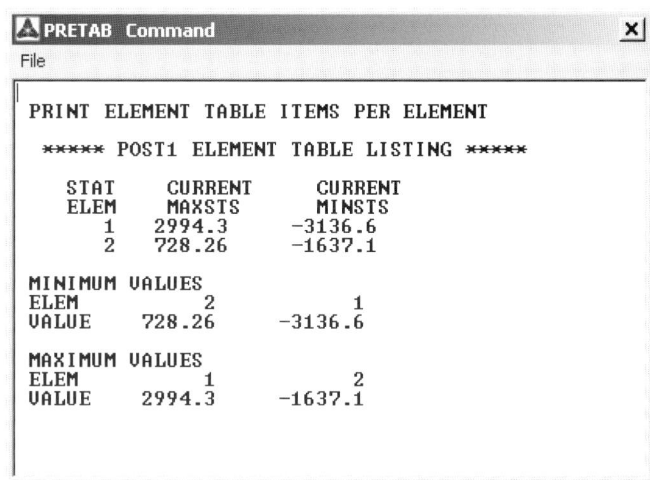

모든 것을 저장하고 ANSYS를 종료한다.

ANSYS Toolbar: **QUIT**

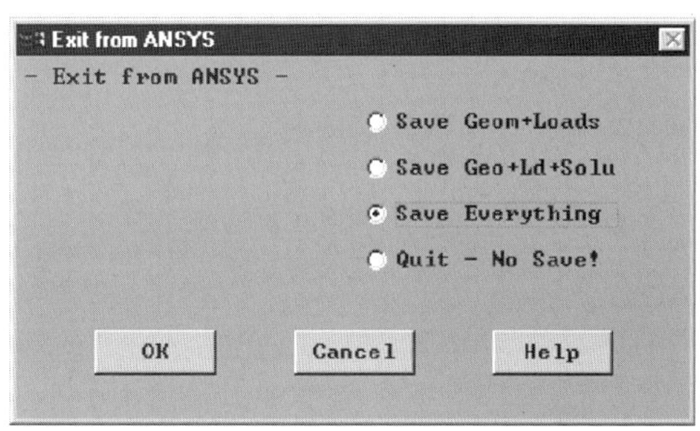

4.7 결과 검증

예제 4.2를 참조한다. 예제 4.2의 유한요소해석 결과의 타당성 검증의 한 방법은 임의로 기둥의 한 부분을 자르고 정적 평형상태를 적용하는 것이다. 예를 들면, 그림에 묘사된 것과 같이 요소 (2)가 포함된 기둥의 잘린 한 부분을 생각해 보자.

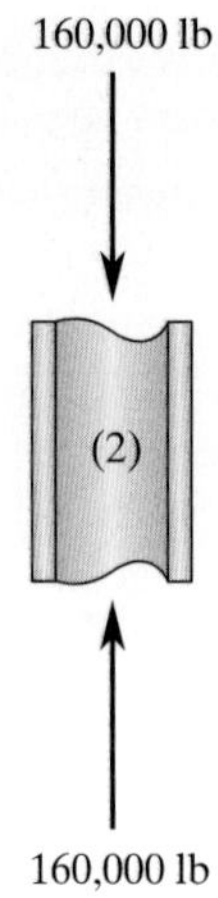

기둥의 이 부분에서의 평균 수직응력(average normal stress)은 다음 식과 같다.

$$\sigma^{(2)} = \frac{f_{\text{internal}}}{A} = \frac{160{,}000}{39.7} = 4030 \text{ lb/in}^2$$

동일한 방법으로 요소 (4)의 평균 응력은 다음 식과 같다.

$$\sigma^{(4)} = \frac{f_{\text{internal}}}{A} = \frac{60{,}000}{39.7} = 1511 \text{ lb/in}^2$$

이 방법으로 계산된 응력은 앞에서 에너지 방법(energy method)을 사용하여 얻은 결과와 같다.

보와 프레임 문제에서는 반력과 모멘트를 계산할 필요가 있다. 절점에서의 반력과 모멘트는 다음 식으로 계산된다.

$$\{\mathbf{R}\} = [\mathbf{K}]\{\mathbf{U}\} - \{\mathbf{F}\}$$

예제 4.4에 대한 반력행렬을 다시 나타내면 다음과 같다.

$$\begin{Bmatrix} R_1 \\ M_1 \\ R_2 \\ M_2 \\ R_3 \\ M_3 \end{Bmatrix} = \begin{Bmatrix} 54687(\text{N}) \\ 39062(\text{N} \cdot \text{m}) \\ 132814(\text{N}) \\ 0 \\ 0 \\ 0 \end{Bmatrix}$$

앞에서 해석 결과를 정성적으로 검증하는 방법을 언급하였다. 직관적으로 보면 절점 1에는 반력과 모멘트가 존재하고, 절점 2에는 반력은 존재하고 모멘트는 존재하지 않는다. 또한 절점 3에는 반력과 모멘트가 모두 존재하지 않는다. 직관적인 결과와 해석 결과는 서로 일치하고 있다. 다음으로 해석 결과를 정량적으로 검증한다. 이는 계산된 반력과 모멘트가 외력과 정적 평형(static equilibrium)이 이루어지는지를 확인하면 된다(그림 4.19 참조).

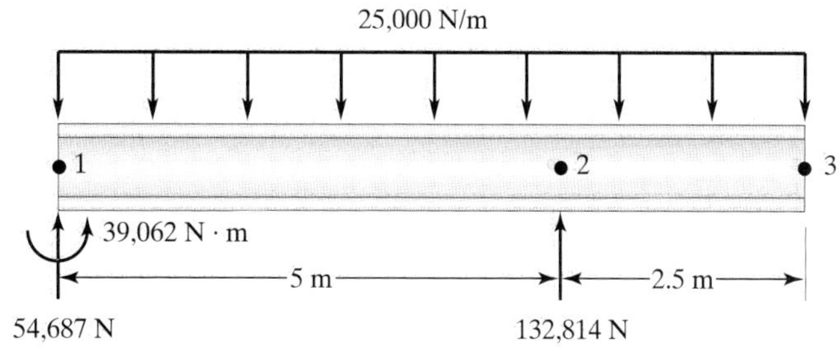

그림 4.19 예제 4.4의 자유물체도

$$+\uparrow\Sigma F_Y = 0 \qquad 13{,}2814 + 54{,}687 - (25{,}000)(7.5) = -1 \approx 0$$

그리고

$$\circlearrowleft\!+\Sigma M_{\text{node 2}} = 0 \qquad 39{,}062 - 54{,}687(5) + (25{,}000)(7.5)(1.25) = 2 \approx 0$$

예제 4.5와 유사하게 여기서도 마찬가지로 ANSYS의 반력 결과를 그림 4.20에 나타내었다. 정적 평형식을 점검해 보면 다음을 알 수 있다.

$$\overset{+}{\rightarrow}\Sigma F_X = 0 \qquad 544.26 - 544.26 = 0$$
$$+\uparrow\Sigma F_Y = 0 \qquad 4523.8 + 3476.2 - (800)(10) = 0$$
$$\circlearrowleft\!+\Sigma M_{\text{node 1}} = 0 \qquad 102{,}340 + 19{,}295 + 3476.2(10)(12) - (544.26)(9)(12) - (800)(10)(5)(12) = -1 \approx 0$$

이러한 간단한 문제에서 알 수 있듯이 결과를 증명할 때에는 평형상태에 대한 확인이 중요하다.

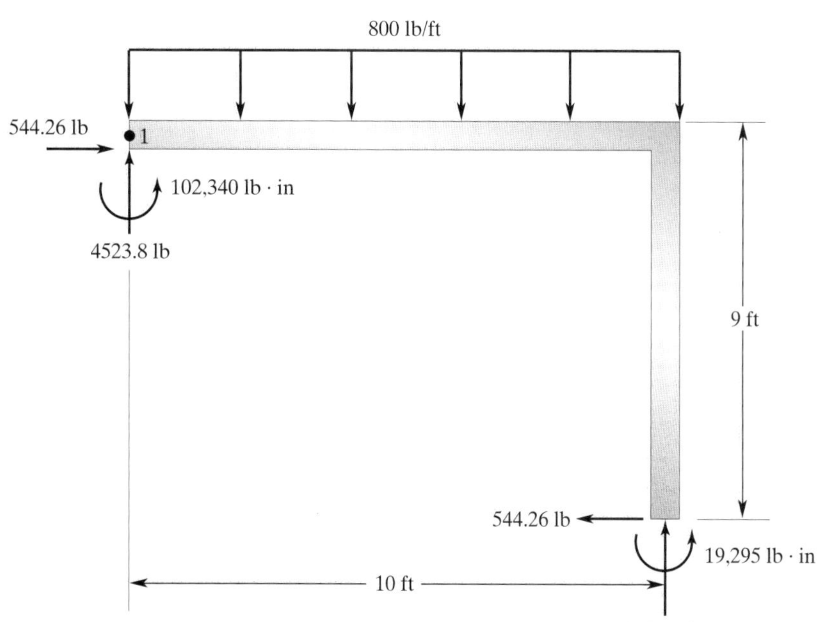

그림 4.20 예제 4.5의 자유물체도

■ 요약 ■

1. 축하중을 받는 부재에 대한 강성행렬 정식화 방법을 알아야 한다.

2. 간단한 문제에서는 유한요소 모델링보다 간단한 해석해를 사용하는 것이 현명하다. 유한요소 모델링은 꼭 필요할 때만 사용한다.

3. 각 절점에서 2개의 자유도(수직변위와 회전각)를 갖는 보 요소의 강성행렬은 다음과 같다.

$$[\mathbf{K}]^{(e)} = \frac{EI}{L^3}\begin{bmatrix} 12 & 6L & -12 & 6L \\ 6L & 4L^2 & -6L & 2L^2 \\ -12 & -6L & 12 & -6L \\ 6L & 2L^2 & -6L & 4L^2 \end{bmatrix}$$

4. 표 4.2에 정리된 등가 절점하중 공식을 참조하여 보 요소에 대한 하중행렬을 계산할 수 있어야 한다.

5. 각 절점에서 3개의 자유도(축방향 변위, 수직변위, 회전각)를 가지는 2절점 프레임 요소에 대한 강성행렬은 다음과 같다(국부 좌표계와 전체 좌표계가 일치하는 경우).

$$[\mathbf{K}]^{(e)} = \begin{bmatrix} \frac{AE}{L} & 0 & 0 & -\frac{AE}{L} & 0 & 0 \\ 0 & \frac{12EI}{L^3} & \frac{6EI}{L^2} & 0 & -\frac{12EI}{L^3} & \frac{6EI}{L^2} \\ 0 & \frac{6EI}{L^2} & \frac{4EI}{L} & 0 & -\frac{6EI}{L^2} & \frac{2EI}{L} \\ -\frac{AE}{L} & 0 & 0 & \frac{AE}{L} & 0 & 0 \\ 0 & -\frac{12EI}{L^3} & -\frac{6EI}{L^2} & 0 & \frac{12EI}{L^3} & -\frac{6EI}{L^2} \\ 0 & \frac{6EI}{L^2} & \frac{2EI}{L} & 0 & -\frac{6EI}{L^2} & \frac{4EI}{L} \end{bmatrix}$$

프레임 요소가 수평이 아닌 경우, 국부 자유도는 전체 자유도와 변환행렬로 연관될 수 있으며 다음과 같이 표현된다.

$$\{\mathbf{u}\} = [\mathbf{T}]\{\mathbf{U}\}$$

여기에서 변환행렬은 다음과 같다.

$$[\mathbf{T}] = \begin{bmatrix} \cos\theta & \sin\theta & 0 & 0 & 0 & 0 \\ -\sin\theta & \cos\theta & 0 & 0 & 0 & 0 \\ 0 & 0 & 1 & 0 & 0 & 0 \\ 0 & 0 & 0 & \cos\theta & \sin\theta & 0 \\ 0 & 0 & 0 & -\sin\theta & \cos\theta & 0 \\ 0 & 0 & 0 & 0 & 0 & 1 \end{bmatrix}$$

6. 임의의 방향을 가지는 프레임 요소의 전체 좌표계에 대한 강성행렬은 다음과 같다.

$$[\mathbf{K}]^{(e)} = [\mathbf{T}]^T[\mathbf{K}]^{(e)}_{xy}[\mathbf{T}]$$

7. 표 4.2에 정리된 등가 절점하중 공식을 참조하여 프레임 요소에 대한 하중행렬을 계산할 수 있어야 한다.

참고문헌

ANSYS User's Manual: Procedures, Vol. I, Swanson Analysis Systems, Inc.

ANSYS User's Manual: Commands, Vol. II, Swanson Analysis Systems, Inc.

ANSYS User's Manual: Elements, Vol. III, Swanson Analysis Systems, Inc.

Beer, P., and Johnston, E. R., *Mechanics of Materials*, 2nd ed., New York, McGraw-Hill, 1992.

Hibbleer, R. C., *Mechanics of Materials*, 2nd ed., New York, Macmillan, 1994.

Segrlind, L., *Applied Finite Element Analysis*, 2nd ed., New York, John Wiley and Sons, 1984.

연습문제

1. 다음 그림에서 점 D와 F에서의 수직변위와 각 부재의 축응력을 구하라. ($E = 29 \times 10^3$ ksi)

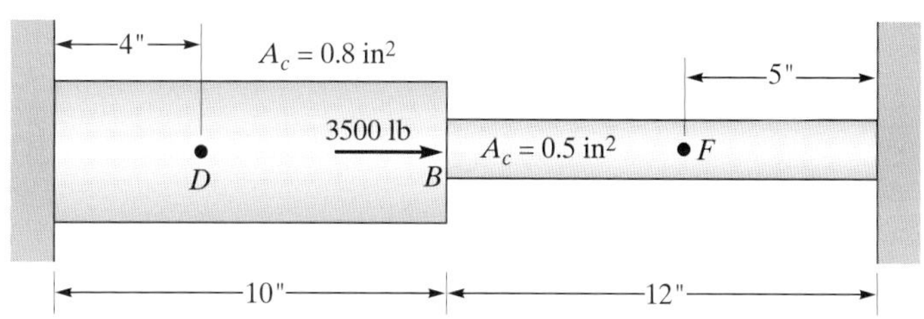

2. 예제 4.2와 유사한 강철 기둥으로 된 4층 빌딩을 고려하자. 기둥은 그림과 같은 하중의 지배를 받는다. 축하중을 가정하여 (a) 각 층의 연결점에서 기둥의 수직변위, (b) 기둥의 각 부분에서의 응력을 구하라. ($E = 29 \times 10^6$ lb/in², $A = 59.1$ in²)

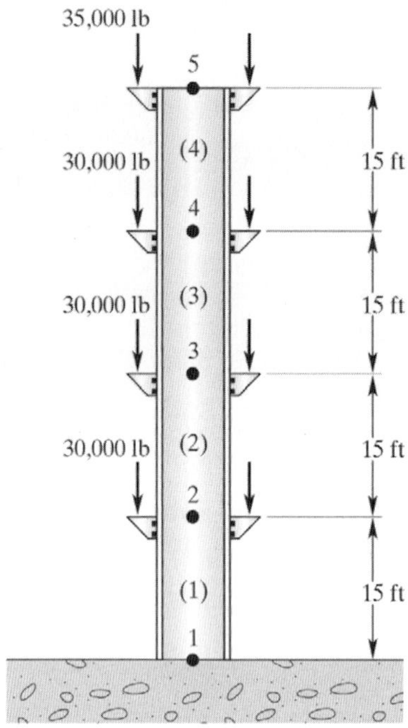

3. 다음 그림에서 점 D에서의 수직변위와 각 부재에서의 축응력을 구하라. ($E = 10.6 \times 10^3$ ksi)

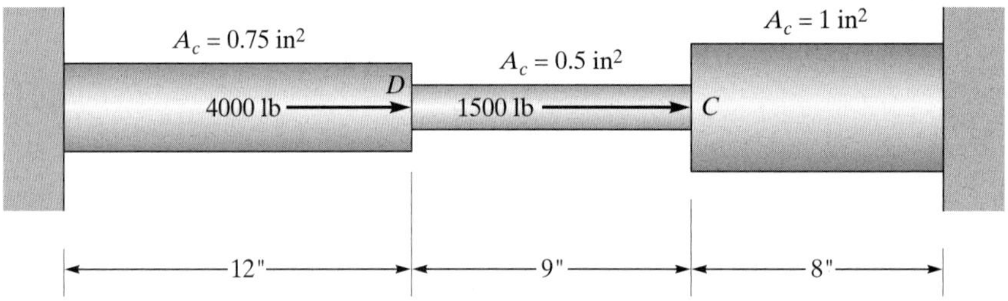

4. 그림과 같이 높이에 따라 여러 위치에서 광고판을 세울 수 있는 높이가 20 ft인 기둥이 있다. 이 기둥은 탄성계수가 $E = 29 \times 10^6$ lb/in^{2}인 구조강으로 만들어졌다. 광고판에 작용하는 풍력(wind loading)은 무시하고 (a) 하중이 작용하는 점에서의 변위와, (b) 각 기둥의 응력을 구하라.

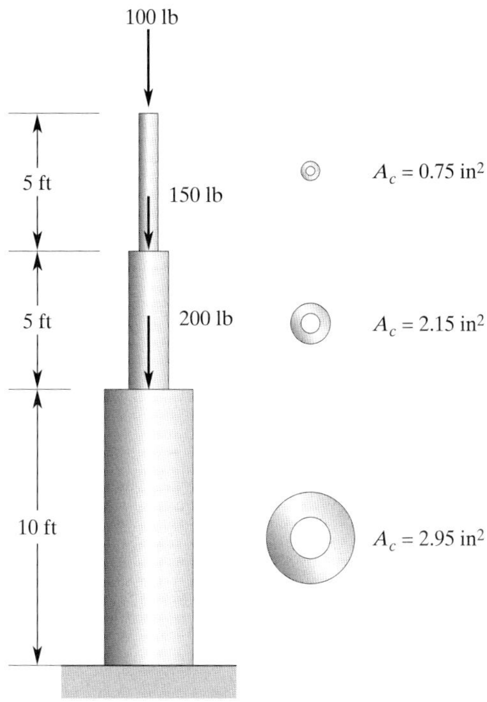

5. 다음 그림에서 점 D와 F에서의 수직변위를 구하라. 또, 각 부재별로 축하중과 응력을 계산하라. ($E = 29 \times 10^3$ ksi)

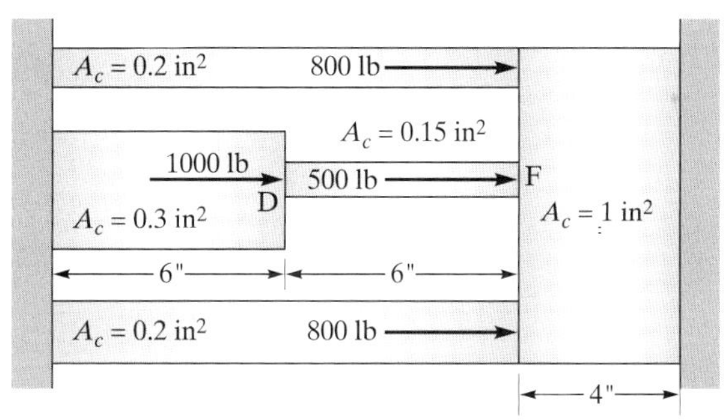

6. 다음 그림에서 점 D와 F에서의 수직변위를 구하라. 또, 각 부재별로 축하중과 응력을 계산하라.

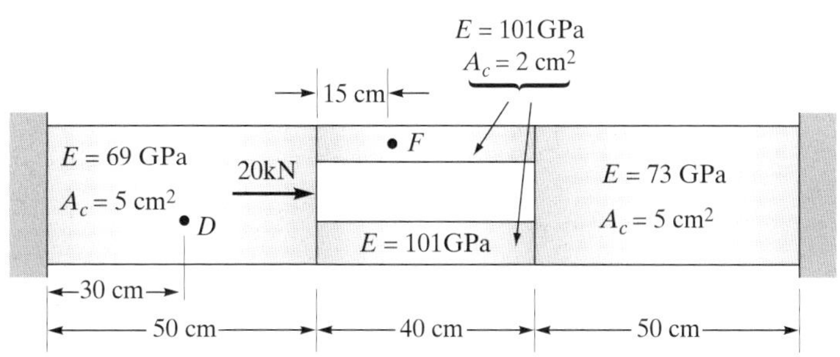

7. 다음 그림에 나타난 보는 단면적이 10.3 in^{2}이고 깊이는 17.7 in인 플랜지가 넓은 보(W18 × 35)이다. 단면 2차 모멘트는 510 in^{4}이다. 이 보는 2000 lb/ft^{2}의 균일 분포하

중을 받고 있고, 탄성계수는 $E = 29 \times 10^6$ lb/in^{2}이다. 수계산으로 절점 3에서의 수직변위와 절점 2와 3에서의 회전각을 구하라. 또한 절점 1과 2에서의 반력과 절점 1에서의 반모멘트를 계산하라.

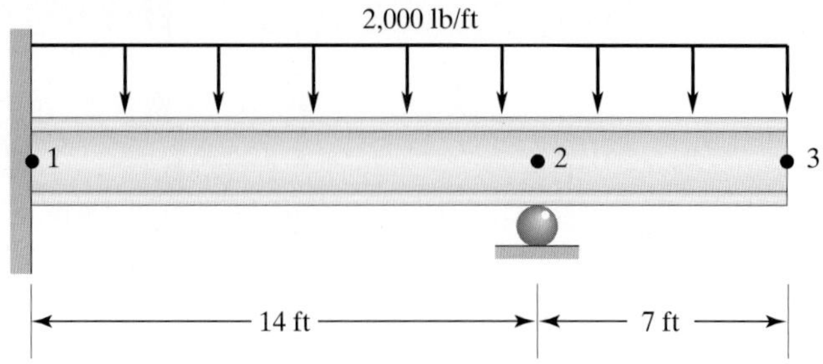

8. 다음 그림에 나타난 보는 단면적이 9.12 in^{2}이고 깊이는 15.88 in인 플랜지가 넓은 보(W16 × 31)이다. 단면 2차 모멘트는 375 in^{4}이다. 이 보는 1000 lb/ft의 균일 분포하중과 500 lb의 집중하중을 받고 있고, 탄성계수는 $E = 29 \times 10^6$ lb/in^{2}이다. 수계산으로 절점 3에서의 수직변위와 절점 2와 3에서의 회전각을 구하라. 또한 절점 1과 2에서의 반력과 절점 1에서의 반모멘트를 계산하라.

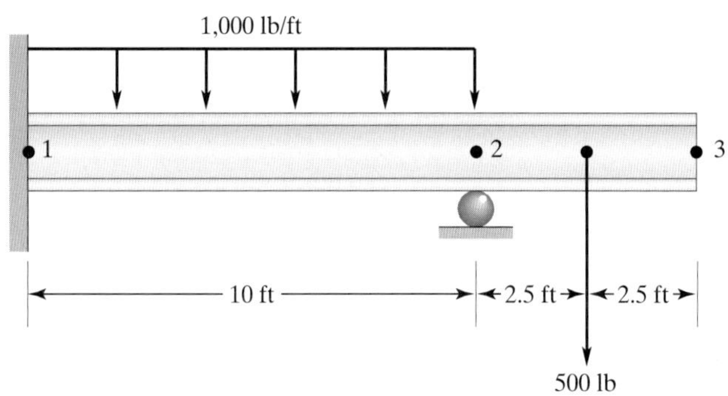

9. 다음의 그림에 나타난 조명 프레임은 단면이 속 빈 사각형이고 $E = 29 \times 10^6$ lb/in^{2}의 강으로 되어 있다. 수계산을 통해서 조명등이 달린 수평 부재 끝의 수직변위를 구하라.

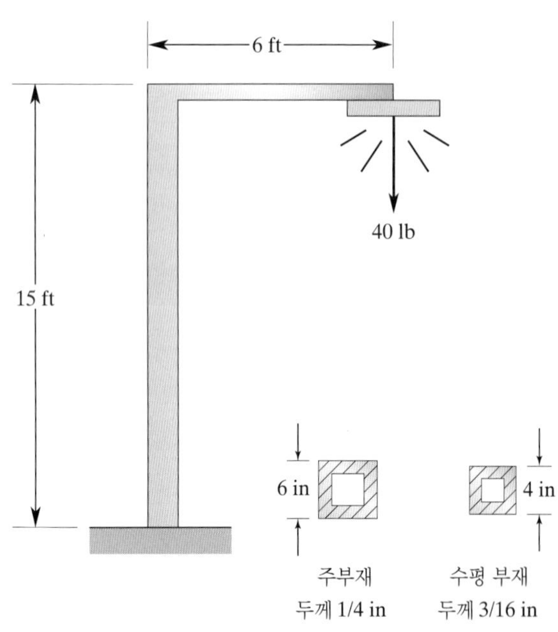

10. 공원에 있는 테이블 판은 2개의 동일한 강 프레임으로 지지된다. 이러한 프레임이 다음의 그림에 나타나 있다. 이 프레임은 지반에 묻혀 있고 속이 빈 원형 단면을 가지고 있다. 테이블 판은 250 lb/ft^{2}의 분포하중을 지지할 수 있도록 설계되어야 한다. ANSYS를 사용하여 부과될 하중을 안전하게 지지할 수 있는 프레임의 단면 크기를 구하라.

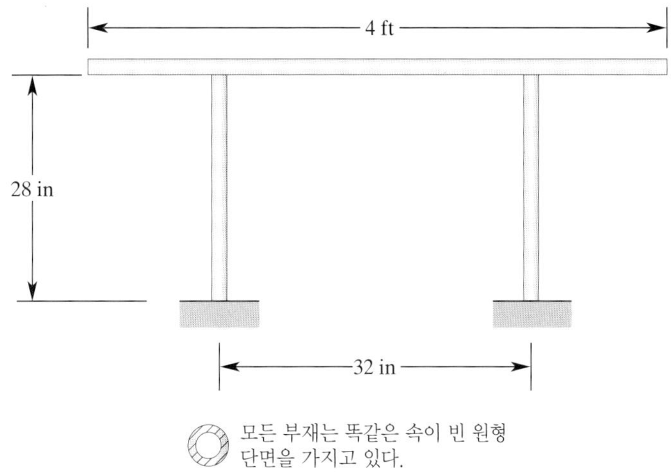

11. 다음 그림에 나타난 프레임은 2000 lb의 하중을 지지하는 데 사용된다. 프레임의 주 수직 단면은 관상형으로 면적이 8.63 in^{2}이고 극회전 반경(polar radius of gyration)이 2.75 in이다. 이 관상형 단면의 외경은 6 in이다. 다른 모든 부재는 관상형 단면을 가지며, 각각의 면적은 2.24 in^{2}이고 극회전 반경은 1.91 in이며 부재의 외경은 4 in이다. ANSYS를 사용하여 하중작용점에서의 수직변위량을 구하라. 프레임은 강으로 되어 있으며 탄성계수 $E = 29 \times 10^6$ lb/in^{2}이다.

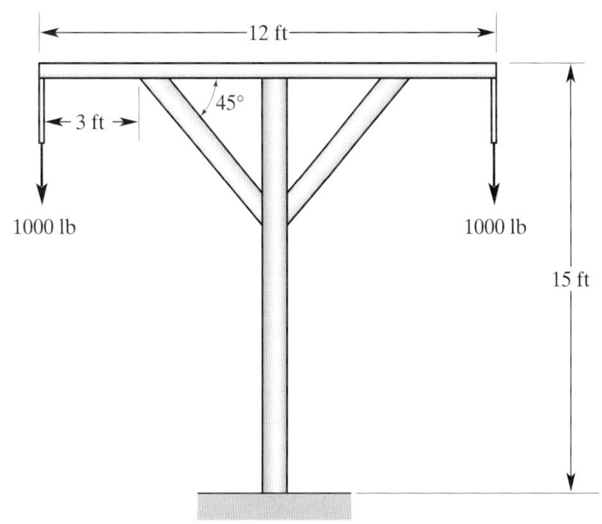

12. 다음에 보이는 바와 같이 삼각형의 하중을 받고 있는 보의 등가 절점하중이 그림과 같음을 보여라.

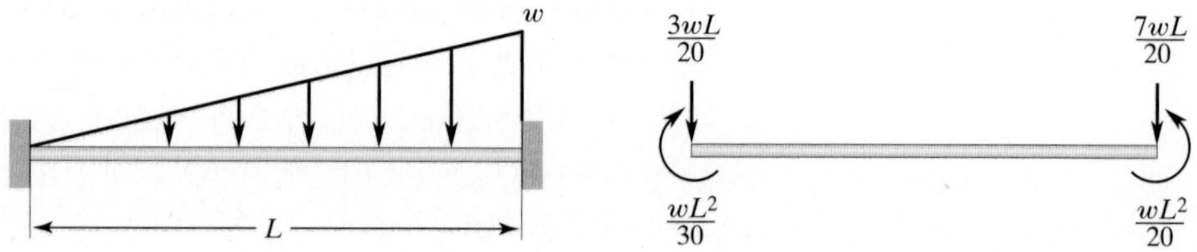

13. 이 장의 프레임 요소에 관한 사항을 참고하여, 전체 좌표계에 대해 나타낸 강성행렬이 프레임의 국부 좌표계에 대해 나타낸 강성행렬과 다음의 관계식과 같이 연관되어 있음을 보여라.

$$[\mathbf{K}]^{(e)} = [\mathbf{T}]^T[\mathbf{K}]^{(e)}_{xy}[\mathbf{T}]$$

14. 다음 그림에 나타난 프레임은 500 lb/ft의 하중을 지지하는 데 사용된다. ANSYS를 사용하여 표준 치수 사각 강 튜브를 쓸 때 각 부재의 단면 크기를 결정하라. 세 종류의 크기를 사용하라. 중심점의 처짐은 0.05 in 이하로 유지되어야 한다.

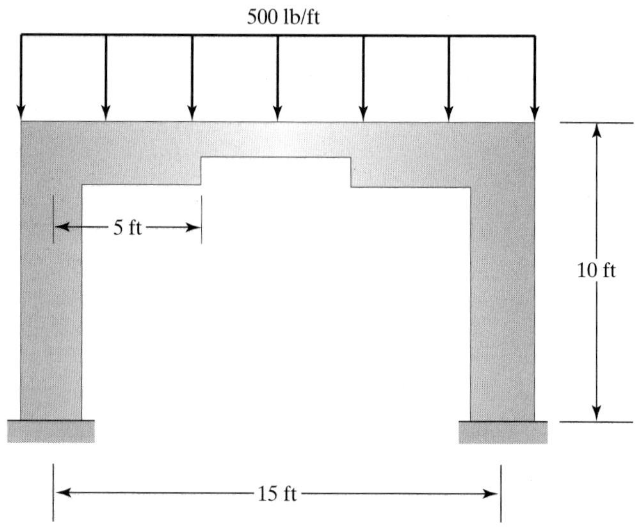

15. 다음 그림에 나타난 프레임은 그림에서와 같은 하중을 지지하는 데 사용된다. ANSYS를 사용하여 표준 치수의 I형 강의 보를 쓸 때 각 부재의 크기를 결정하라.

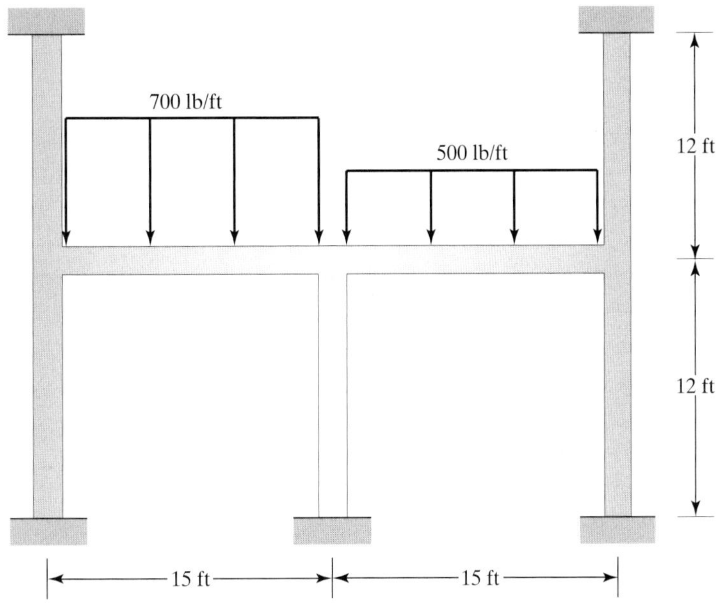

16. 다음과 같이 하중을 받고 있는 보의 등가 절점하중이 그림과 같음을 보여라.

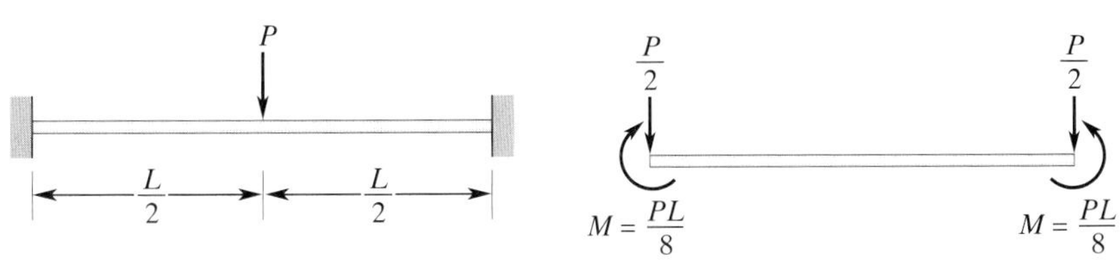

17. 그림과 같은 보를 하나의 요소만으로 모델링하여 끝점에서의 수직변위와 기울기를 계산하라. 그리고 표 4.1과 결과를 비교하라.

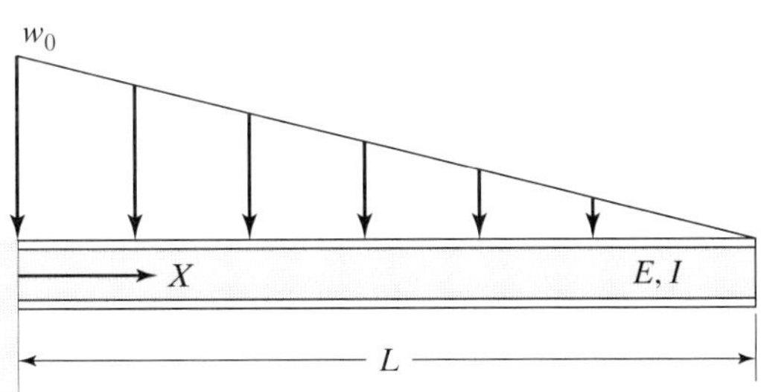

18. 예제 4.3을 2개 요소를 사용하여 풀어라. 그리고 1개 요소의 수직변위와 기울기 결과와 비교하라.

19. 그림과 같은 보를 하나의 요소만으로 모델링하여 끝점에서의 수직변위와 기울기를 계산하라. 그리고 표 4.1과 결과를 비교하라.

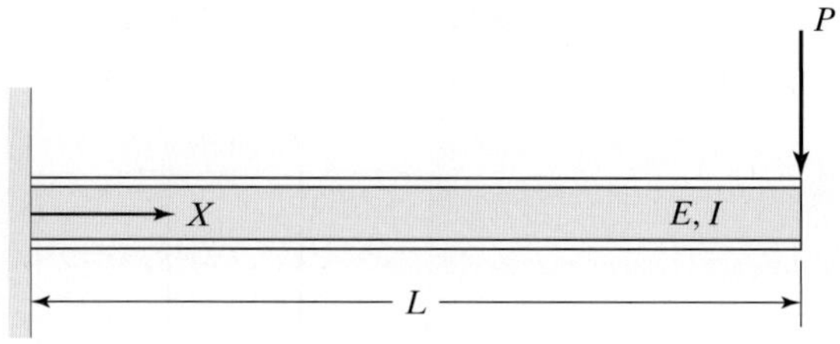

20. 그림과 같은 보를 하나의 요소만으로 모델링하여 끝점에서의 수직변위와 기울기를 계산하라. 그리고 표 4.1과 결과를 비교하라.

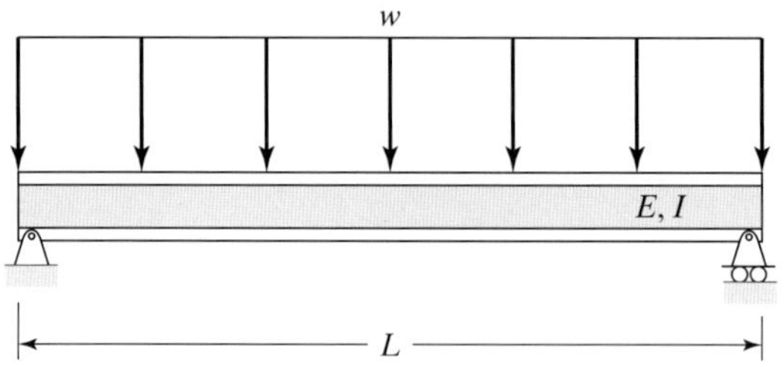

21. 다음 그림에 나타난 보는 단면적이 10.3 in^2이고 깊이는 17.7 in인 플랜지가 넓은 (W18 × 35) 보이다. 단면 2차 모멘트는 510 in^4이다. 이 보는 2500 lb/ft의 집중하중을 받고 있고, 탄성계수는 $E = 29 \times 10^6$ lb/in^2이다. 2개 요소를 사용하여 중심점에서의 수직변위를 계산하라. 그리고 정확한 값과 비교하라.

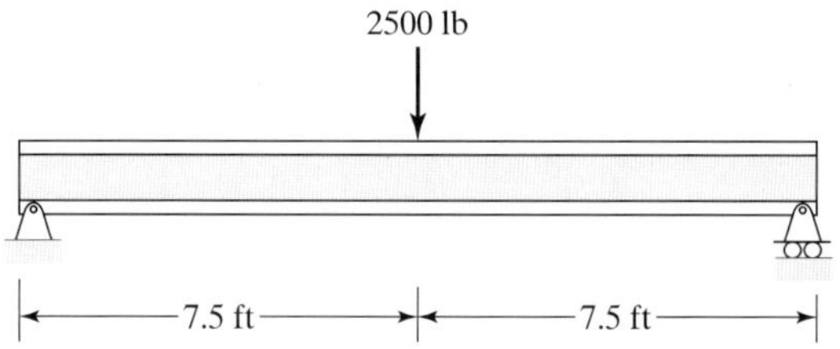

22. 다음 그림에 나타난 프레임은 1000 lb의 하중을 지지하는 데 사용된다. ANSYS를 사용하여 표준 치수의 I형 강의 보를 쓸 때 각 부재의 단면 크기를 결정하라.

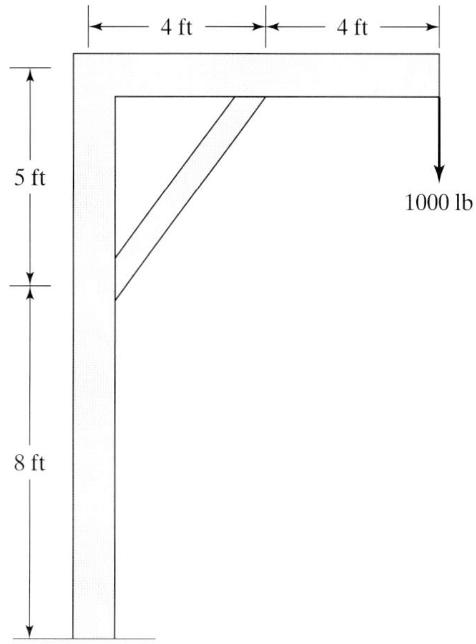

23. 다음 그림에 나타난 프레임은 그림에서와 같은 하중을 지지하는 데 사용된다. ANSYS를 사용하여 표준 치수의 I형 강의 보를 쓸 때 각 부재의 단면 크기를 결정하라.

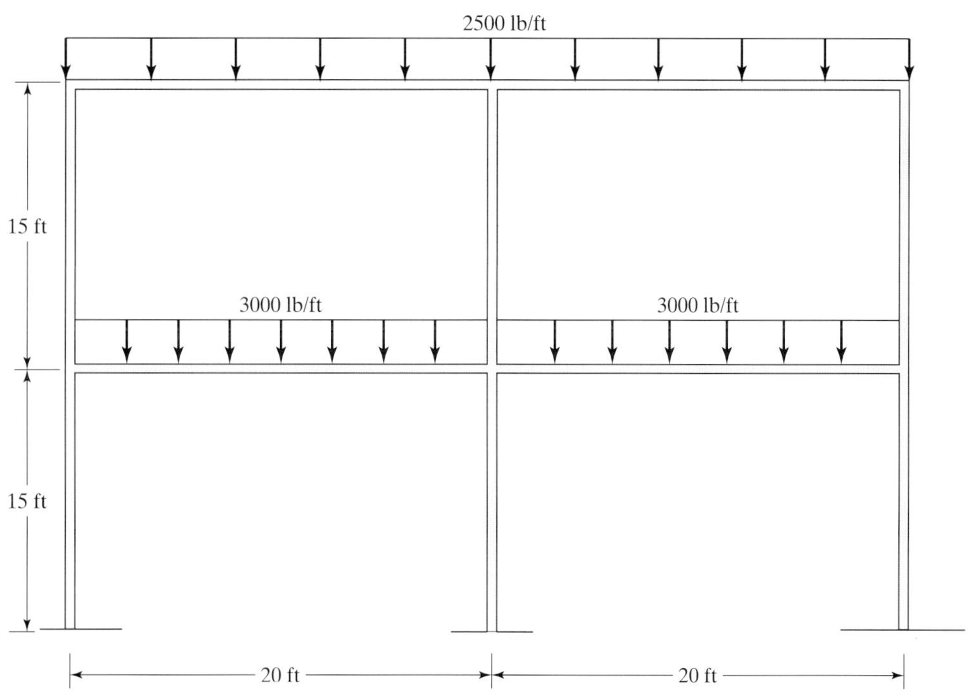

24. 다음 그림에 나타난 프레임은 그림에서와 같은 하중을 지지하는 데 사용된다. ANSYS를 사용하여 표준 치수의 I형 강의 보를 쓸 때 각 부재의 단면 크기를 결정하라.

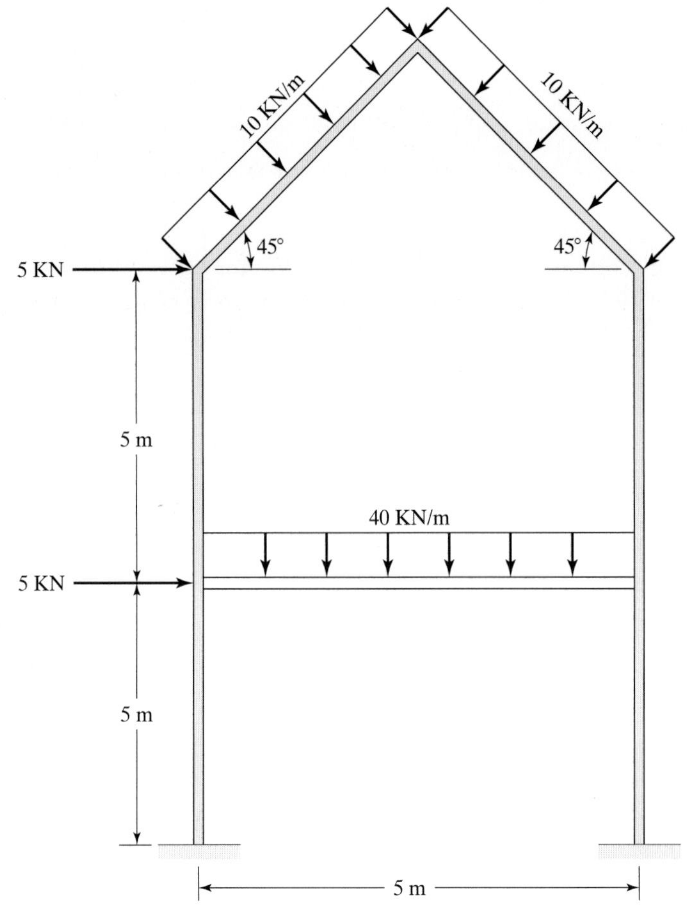

25. 다음 그림에 나타난 프레임은 그림에서와 같은 하중을 지지하는 데 사용된다. ANSYS 를 사용하여 표준 치수의 I 형 강의 보를 쓸 때 각 부재의 단면 크기를 결정하라.

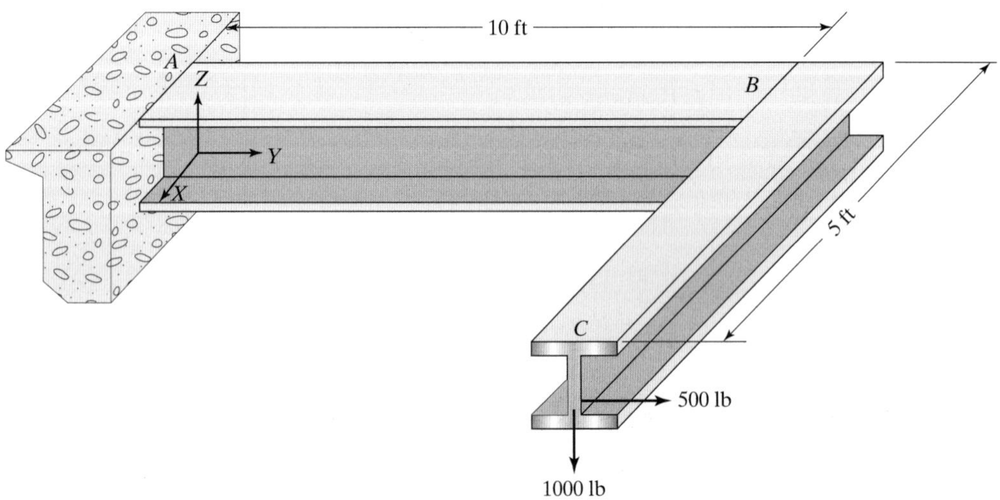

26. $[\mathbf{D}][\mathbf{U}] = [\mathbf{U}]^T[\mathbf{D}]^T$ 임을 보여라. 식 (2.12)와 (2.10)을 사용하여 동일함을 증명하라.

27. 식 (4.39)와 (4.41)로부터 식 (4.42)에 주어진 관계가 성립함을 보여라.

28. 식 (4.42)로부터 식 (4.36a)에서 주어진 결과를 사용하여, 식 (4.43)에서 적분을 통하여

강성행렬의 첫 번째 열에서 주어진 결과를 구하라.

29. 식 (4.42)로부터 식 (4.36a)에서 주어진 결과를 사용하여, 식 (4.43)에서 적분을 통하여 강성행렬의 네 번째 행에서 주어진 결과를 구하라.

30. **설계과제** 다음 그림에 나타난 교량 위에 4대의 트럭이 등간격으로 정지해 있을 때, 교량이 안전할 수 있도록 각 부재의 크기를 결정하라. 트럭 한 대의 적재하중은 64,000 lb이고 빈 차의 무게는 8,000 lb이다. 처음에는 모든 보 요소를 동일한 단면으로 생각할 수 있다. 모든 트러스 부재도 동일한 단면을 가진다고 가정할 수 있다. 도로지반 하중은 1,500 lb/ft이고 I형 보에 의해 지지된다. 표준 치수의 I형 강의 보를 사용하라. 각자의 트러스 형상을 설계하라. 해석에 있어서 콘크리트 기둥은 크게 변형되지 않는다고 가정할 수 있다. 어떻게 최종설계에 도달했는지에 대하여 간단한 보고서로 작성하라.

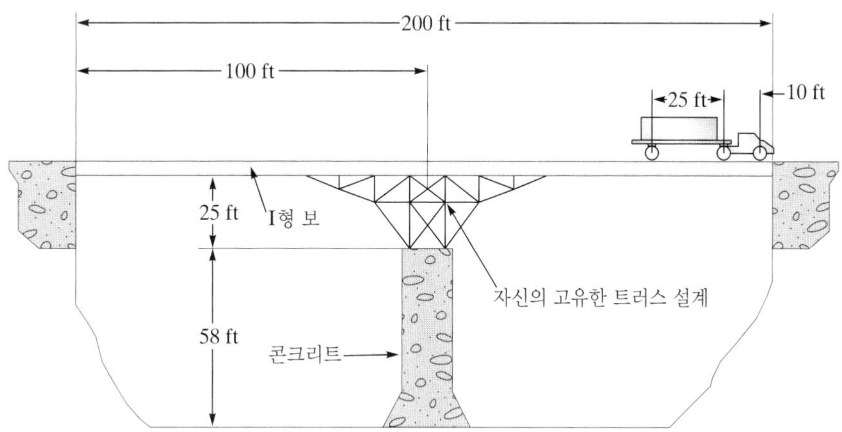

Chapter 5

1차원 요소

이 장의 목적은 1차원 요소의 개념, 형상함수와 그들의 특성을 소개하는 것이다. 또한 국부 좌표계 및 자연 좌표계의 개념을 소개하고 아울러 ANSYS에서 사용되어진 1차원 요소도 논의할 것이다. 이 장에서 다루는 주요 내용은 다음과 같다.

5.1 선형요소
5.2 2차 요소
5.3 3차 요소
5.4 전체, 국소, 자연 좌표
5.5 등매개변수 요소
5.6 수치 적분: 가우스-르장드르 구적법
5.7 ANSYS에서 1차원 요소의 예

5.1 선형요소

이 절에서의 1차원 요소(one-dimensional element)와 형상함수(shape function)의 기본 개념을 소개하기 위해서 열전달 예제들을 사용하였다. 핀(fin)은 일반적으로 냉각을 촉진시키기 위해서 다양하게 사용된다. 일반적인 예로는 오토바이 엔진 헤드, 잔디 깎는 기계의 엔진 헤드, 전기장비에 사용되는 돌출면과 핀이 있는 관(tube)으로 된 열교환기들이 있다. 전형적인 온도 분포와 함께 균일 단면의 직선형 핀을 그림 5.1에 나타내었다. 먼저 핀을 3개

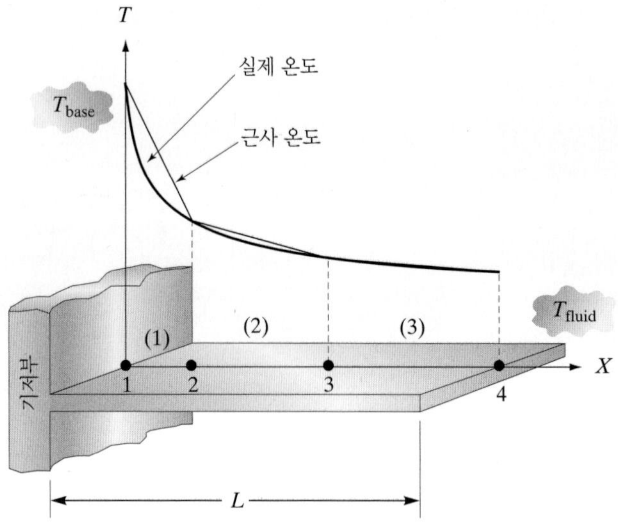

그림 5.1 단면이 일정한 핀(fin)의 온도 분포

의 요소와 4개의 절점으로 모델링한다. 실제 온도 분포는 그림 5.1에서 보여진 선형함수들을 조합하여 근사할 수 있다.

유한요소 모델에서 핀의 기저부(base) 부근의 실제 온도 구배를 표현하기 위해서 기저부 부근의 절점들을 가깝게 배열하였다. 요소들의 수가 증가할수록 근사해는 정확해진다. 그렇지만 여기서는 3개의 요소로 된 모델을 사용하기로 하고 그림 5.2에 나타낸 전형적인 선형 요소에 주목하자. 요소에 따른 온도 분포는 그림 5.2에 나타낸 것처럼 선형함수로 보간(interpolation)하여 근사할 수 있다.

4.1절에서 보인 바와 유사하게 형상함수의 유도과정을 이번 장에서 다시 설명하도록 한다. 전형적인 요소에서의 선형온도 분포는 다음과 같이 표현할 수 있다.

$$T^{(e)} = c_1 + c_2 X \tag{5.1}$$

요소의 양단조건은 절점온도 T_i와 T_j에 의해 다음과 같이 주어진다.

$$\begin{aligned} X &= X_i \text{에서} \quad T = T_i \\ X &= X_j \text{에서} \quad T = T_j \end{aligned} \tag{5.2}$$

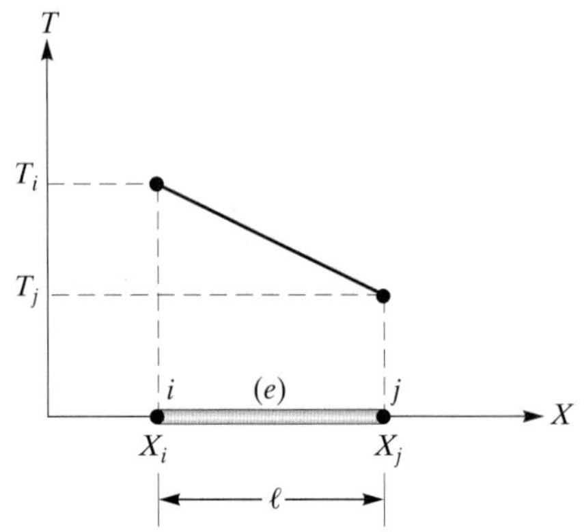

그림 5.2 전형적인 요소에 대한 온도 분포의 선형 근사

식 (5.1)에 절점값을 대입하면 2개의 미지수를 가지는 2개의 식이 된다.

$$\begin{aligned} T_i &= c_1 + c_2 X_i \\ T_j &= c_1 + c_2 X_j \end{aligned} \tag{5.3}$$

미지수 c_1과 c_2에 대해 풀면 다음과 같다.

$$c_1 = \frac{T_i X_j - T_j X_i}{X_j - X_i} \tag{5.4}$$

$$c_2 = \frac{T_j - T_i}{X_j - X_i} \tag{5.5}$$

절점값에 의한 요소의 온도 분포는 다음과 같다.

$$T^{(e)} = \frac{T_i X_j - T_j X_i}{X_j - X_i} + \frac{T_j - T_i}{X_j - X_i} X \tag{5.6}$$

T_i항과 T_j항으로 묶으면 다음 식을 얻을 수 있다.

$$T^{(e)} = \left(\frac{X_j - X}{X_j - X_i}\right) T_i + \left(\frac{X - X_i}{X_j - X_i}\right) T_j \tag{5.7}$$

여기서 **형상함수**(shape function) S_i와 S_j를 다음과 같이 정의한다.

$$S_i = \frac{X_j - X}{X_j - X_i} = \frac{X_j - X}{\ell} \tag{5.8}$$

$$S_j = \frac{X - X_i}{X_j - X_i} = \frac{X - X_i}{\ell} \tag{5.9}$$

여기서 ℓ은 요소의 길이이다. 형상함수를 사용하여 요소의 온도 분포를 표현하면

$$T^{(e)} = S_i T_i + S_j T_j \tag{5.10}$$

이고, 식 (5.10)을 행렬 형태로 나타내면 다음과 같다.

$$T^{(e)} = [S_i \quad S_j] \begin{Bmatrix} T_i \\ T_j \end{Bmatrix} \tag{5.11}$$

4장에서 보인 구조적 문제의 전형적인 기둥 요소의 변위 $u^{(e)}$는 다음과 같이 표현된다.

$$u^{(e)} = [S_i \quad S_j] \begin{Bmatrix} u_i \\ u_j \end{Bmatrix} \tag{5.12}$$

여기서 u_i와 u_j는 임의의 요소 (e)의 절점 i와 j에서의 변위이다. 형상함수와 이에 상응하는 절점값을 사용하여, 주어진 요소에 대한 미지 변수의 공간적인 변화를 다시 나타낼 수 있다. 일반적으로 다음과 같이 쓸 수 있다.

$$\Psi^{(e)} = [S_i \quad S_j]\begin{Bmatrix}\Psi_i \\ \Psi_j\end{Bmatrix} \tag{5.13}$$

여기서 Ψ_i와 Ψ_j는 온도, 변위, 속도 같은 미지 변수의 절점값을 나타낸다.

형상함수의 성질

형상함수는 독특한 성질을 가지고 있으며, 이를 이용하면 열전도행렬이나 강성행렬을 유도할 때 필요한 적분값을 간단히 계산할 수 있다. 형상함수의 고유한 특성 중의 하나는 각 형상함수가 해당 절점에서는 1의 값을, 다른 절점에서는 0의 값을 가진다는 것이다. $X = X_i$와 $X = X_j$에서 형상함수를 구하여 이 특성을 설명하기로 한다. $X = X_i$와 $X = X_j$에서 S_i를 구하면

$$S_i\big|_{X=X_i} = \frac{X_j - X}{\ell}\bigg|_{X=X_i} = \frac{X_j - X_i}{\ell} = 1 \text{ 그리고 } S_i\big|_{X=X_j} = \frac{X_j - X}{\ell}\bigg|_{X=X_j} = \frac{X_j - X_j}{\ell} = 0 \tag{5.14}$$

이고, $X = X_i$와 $X = X_j$에서 S_j를 구하면 다음과 같다.

$$S_j\big|_{X=X_i} = \frac{X - X_i}{\ell}\bigg|_{X=X_i} = \frac{X_i - X_i}{\ell} = 0 \text{ 그리고 } S_j\big|_{X=X_j} = \frac{X - X_i}{\ell}\bigg|_{X=X_j} = \frac{X_j - X_i}{\ell} = 1 \tag{5.15}$$

이 특성들은 그림 5.3에 도시되어 있다.

형상함수와 관련된 또 다른 중요한 특성은 형상함수들의 합이 1이 된다는 것이다.

$$S_i + S_j = \frac{X_j - X}{X_j - X_i} + \frac{X - X_i}{X_j - X_i} = 1 \tag{5.16}$$

선형 형상함수에서 X에 대한 도함수가 0이라는 것은 쉽게 증명할 수 있다.

$$\frac{d}{dX}\left(\frac{X_j - X}{X_j - X_i}\right) + \frac{d}{dX}\left(\frac{X - X_i}{X_j - X_i}\right) = -\frac{1}{X_j - X_i} + \frac{1}{X_j - X_i} = 0 \tag{5.17}$$

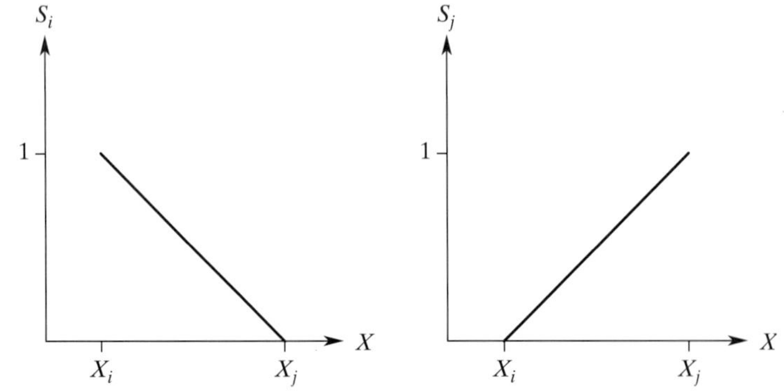

그림 5.3 선형 형상함수

예제 5.1

여기서는 핀(fin)의 온도 분포를 보간하기 위하여 선형 1차원 요소를 사용하였다. 절점온도와 절점의 위치는 그림 5.4에 나타나 있다. (a) $X = 4$ cm와 (b) $X = 8$ cm일 때 핀의 온도는 얼마인가?

6장에서 절점온도를 구하는 것을 포함한 1차원 핀 문제에 대해 자세히 다룰 것이다. 여기서는 주어진 절점온도를 사용하여 문제를 풀 수 있다.

a. $X = 4$ cm일 때 핀의 온도는 요소 (2)에 의해서 나타난다.

$$T^{(2)} = S_2^{(2)}T_2 + S_3^{(2)}T_3 = \frac{X_3 - X}{\ell}T_2 + \frac{X - X_2}{\ell}T_3$$

$$T = \frac{5-4}{3}(41) + \frac{4-2}{3}(34) = 36.3\,°\text{C}$$

b. $X = 8$ cm일 때 핀의 온도는 요소 (3)에 의해서 나타난다.

$$T^{(3)} = S_3^{(3)}T_3 + S_4^{(3)}T_4 = \frac{X_4 - X}{\ell}T_3 + \frac{X - X_3}{\ell}T_4$$

$$T = \frac{10-8}{5}(34) + \frac{8-5}{5}(20) = 25.6°\text{C}$$

이 예제에서 $S_3^{(2)}$와 $S_3^{(3)}$의 차이에 유의하라.

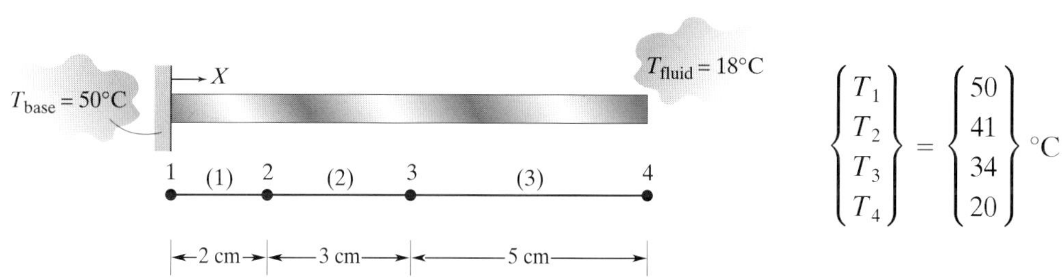

그림 5.4 예제 5.1에서 핀의 절점온도와 절점의 위치

5.2 2차 요소

유한요소해석에서 사용된 선형요소의 수를 증가시키거나 고차 보간함수(interpolation function)를 사용하여 유한요소해석 결과의 정확도를 증가시킬 수 있다. 일례로 미지 변수의 공간적인 변화를 표현하기 위해 2차(quadratic) 함수를 사용할 수 있다. 선형함수 대신 2차 함수를 사용하기 위해서는 한 요소를 정의하기 위해 3개의 절점이 필요하다. 일반적으로 2차 함수를 정의하기 위해서는 3개의 점, 즉 3개의 절점이 필요하기 때문이다. 세 번째 절점은 그림 5.5에서 보여진 절점 k처럼 요소의 중앙에 절점을 삽입하여 만들 수 있다. 2차 함수를 사용하여 앞의 핀 예제를 다시 생각해 보자. 대표 요소에서 온도 분포는 식 (5.18)에 의해

표현될 수 있다.

$$T^{(e)} = c_1 + c_2X + c_3X^2 \tag{5.18}$$

절점에서의 값은 다음과 같다.

$$\begin{aligned} X = X_i \text{ 에서} \quad & T = T_i \\ X = X_k \text{ 에서} \quad & T = T_k \\ X = X_j \text{ 에서} \quad & T = T_j \end{aligned} \tag{5.19}$$

식 (5.18)에 절점값을 대입하면 3개의 미지수를 가지는 3개의 식이 만들어진다.

$$\begin{aligned} T_i &= c_1 + c_2X_i + c_3X_i^2 \\ T_k &= c_1 + c_2X_k + c_3X_k^2 \\ T_j &= c_1 + c_2X_j + c_3X_j^2 \end{aligned} \tag{5.20}$$

c_1, c_2, c_3에 대해 정리하여 요소의 온도 분포를 절점값과 형상함수로 나타내면

$$T^{(e)} = S_iT_i + S_jT_j + S_kT_k \tag{5.21}$$

이고, 행렬 형태로 나타내면 다음과 같다.

$$T^{(e)} = [S_i \quad S_j \quad S_k] \begin{Bmatrix} T_i \\ T_j \\ T_k \end{Bmatrix} \tag{5.22}$$

여기서 2차 형상함수는 다음과 같다.

$$\begin{aligned} S_i &= \frac{2}{\ell^2}(X - X_j)(X - X_k) \\ S_j &= \frac{2}{\ell^2}(X - X_i)(X - X_k) \end{aligned} \tag{5.23}$$

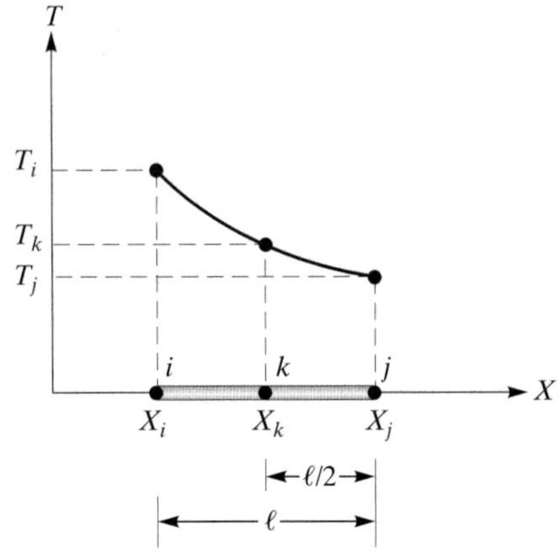

그림 5.5 대표 요소에 대한 온도 분포의 2차 함수 근사화

$$S_k = \frac{-4}{\ell^2}(X - X_i)(X - X_j)$$

한 요소에서 임의의 변수 Ψ의 변화는 다음과 같이 요소의 절점값과 2차 형상함수로서 표현할 수 있다.

$$\Psi^{(e)} = [S_i \quad S_j \quad S_k]\begin{Bmatrix} \Psi_i \\ \Psi_j \\ \Psi_k \end{Bmatrix} \tag{5.24}$$

2차 형상함수도 선형 형상함수와 비슷한 특성을 가진다. 즉, (1) 형상함수는 해당 절점에서 1의 값을, 다른 인접한 절점에서는 0의 값을 가진다. (2) 형상함수를 모두 합하면 1이 된다. 선형 형상함수와 2차 형상함수의 차이는 도함수로 선형 형상함수와 달리 2차 형상함수의 X에 대한 도함수의 합은 0이 아니다.

5.3 3차 요소

2차 보간함수를 유한요소 정식화에 사용하면 좋은 결과가 나온다. 그렇지만 더욱 정확한 값이 요구될 때 3차 다항식과 같은 고차 보간함수를 사용할 수 있다. 즉, 주어진 변수의 공간적인 변화를 나타내기 위해 3차(cubic) 함수를 사용할 수 있다. 2차 함수 대신 3차 함수를 사용할 때에는 4개의 절점으로 한 요소를 정의한다. 3차 다항식을 정의하려면 4개의 점이 필요하기 때문에 3차 요소는 4개의 절점을 가진다. 요소는 3개의 같은 길이로 나누어지며 4개의 절점은 그림 5.6에 도시한 것과 같이 배열된다. 3차 함수를 사용하여 앞의 핀 예제를 고찰해 보자. 전형적인 대표 요소에서 온도 분포는 다음과 같다.

$$T^{(e)} = c_1 + c_2 X + c_3 X^2 + c_4 X^3 \tag{5.25}$$

절점에서의 값은 다음과 같다.

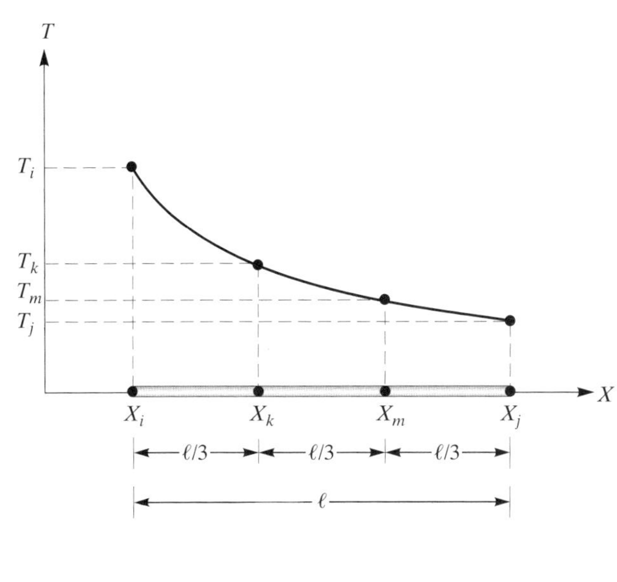

그림 5.6 대표 요소에 대한 온도 분포의 3차 함수 근사화

$$
\begin{aligned}
X &= X_i \text{ 에서} \quad & T &= T_i \\
X &= X_k \text{ 에서} \quad & T &= T_k \\
X &= X_m \text{ 에서} \quad & T &= T_m \\
X &= X_j \text{ 에서} \quad & T &= T_j
\end{aligned} \tag{5.26}
$$

식 (5.25)에 절점값을 대입하면 4개의 미지수를 가지는 4개의 방정식이 나온다. c_1, c_2, c_3, c_4에 대해 문제를 풀고, 요소의 온도 분포를 절점값과 형상함수로 나타내면 다음과 같다.

$$T^{(e)} = S_i T_i + S_j T_j + S_k T_k + S_m T_m \tag{5.27}$$

행렬 형태로 나타내면 다음과 같다.

$$T^{(e)} = [S_i \quad S_j \quad S_k \quad S_m] \begin{Bmatrix} T_i \\ T_j \\ T_k \\ T_m \end{Bmatrix} \tag{5.28}$$

여기서 3차 형상함수는 다음과 같다.

$$
\begin{aligned}
S_i &= -\frac{9}{2\ell^3}(X - X_j)(X - X_k)(X - X_m) \\
S_j &= \frac{9}{2\ell^3}(X - X_i)(X - X_k)(X - X_m) \\
S_k &= \frac{27}{2\ell^3}(X - X_i)(X - X_j)(X - X_m) \\
S_m &= -\frac{27}{2\ell^3}(X - X_i)(X - X_j)(X - X_k)
\end{aligned} \tag{5.29}
$$

보간함수의 차수가 증가할 때, 형상함수를 구하기 위해서 위의 방법 대신에 **라그랑지 보간 함수**(Lagrange interpolation function)를 사용하는 것이 바람직하다. 라그랑지 방법의 주요 장점은 보간함수의 미지수들을 얻기 위하여 연립 방정식을 풀지 않아도 된다는 것이다. 대신에 선형함수의 곱으로 형상함수를 나타낸다. 3차 보간함수의 경우 각 절점에 상응하는 형상함수는 3개의 선형함수의 곱으로 나타내어질 수 있다. 예를 들면, i라는 절점에 대하여 세 함수의 곱이 j, k, m과 같은 다른 절점에서는 0의 값을 가지고, 자신의 절점 i에서는 1의 값을 가지도록 형상함수를 결정한다. 더욱이 함수들의 곱에는 일반적으로 3차 다항식 함수로 주어진 것과 비슷하게 선형, 비선형 항이 있어야 한다.

이 방법을 설명하기 위해 전체 좌표값이 X_i인 절점 i를 고려하자. 먼저 함수들은 절점 j, m, k에서 0의 값을 가지도록 선택되어야 한다. 이 조건을 만족하도록 선택하면 다음과 같다.

$$S_i = a_1(X - X_j)(X - X_k)(X - X_m) \tag{5.30}$$

여기서 $X = X_j$, 또는 $X = X_k$, 또는 $X = X_m$을 대입하면 S_i의 값은 0임에 주목하라. a_1의 값은 절점 i에서 형상함수 S_i가 1이 되도록 결정한다.

$$1 = a_1(X_i - X_j)(X_i - X_k)(X_i - X_m) = a_1(-\ell)\left(-\frac{\ell}{3}\right)\left(-\frac{2\ell}{3}\right)$$

a_1을 풀면 다음과 같다.

$$a_1 = -\frac{9}{2\ell^3}$$

식 (5.30)에 대입하면 다음과 같다.

$$S_i = -\frac{9}{2\ell^3}(X - X_j)(X - X_k)(X - X_m)$$

다른 형상함수들도 동일한 방법으로 유도할 수 있다. 위의 설명을 염두에 두고 다음과 같은 라그랑지 다항식 공식으로부터 직접적으로 $(N - 1)$차 다항식의 형상함수를 만들 수 있다.

$$S_K = \prod_{M=1}^{N} \frac{X - X_M \text{에서 } (X - X_K)\text{를 생략}}{X_K - X_M \text{에서 } (X_K - X_K)\text{를 생략}} = \frac{(X - X_1)(X - X_2)\cdots(X - X_N)}{(X_K - X_1)(X_K - X_2)\cdots(X_K - X_N)} \quad (5.31)$$

식 (5.31)은 임의의 차수의 다항식을 나타낼 수 있으며 N은 다항식의 차수, K는 절점 번호이다.

일반적으로 3차 보간함수를 사용하여 임의의 변수 Ψ의 변화는 다음과 같이 요소의 절점값으로써 표현할 수 있다.

$$\Psi^{(e)} = [S_i \quad S_j \quad S_k \quad S_m]\begin{Bmatrix} \Psi_i \\ \Psi_j \\ \Psi_k \\ \Psi_m \end{Bmatrix}$$

반복하면, 3차 형상함수는 선형 형상함수 및 2차 형상함수와 비슷한 특성을 가진다. 즉, (1) 각 형상함수는 해당 절점에서는 1의 값을, 다른 인접한 절점에서는 0의 값을 가진다. (2) 형상함수를 모두 합하면 1이 된다. 그렇지만 3차 형상함수들의 공간 도함수는 2차식이 된다.

예제 5.2

라그랑지 보간함수를 이용하여, 식 (5.31)과 같은 라그랑지 다항식 공식으로부터 2차 형상함수를 구하라.

$$S_K = \prod_{M=1}^{N} \frac{(X - X_M)\text{에서 } (X - X_K)\text{를 생략}}{(X_K - X_M)\text{에서 } (X_K - X_K)\text{를 생략}}$$

2차 형상함수에 대해서 $N - 1 = 2$이고 $K = 1, 2, 3$이다. 그림 5.5를 참조하여 하첨자 1, 2, 3은 절점 i, k, j에 각각 해당한다는 것에 유의하자. 어느 특정 절점을 나타내는 소문자 k와 여러 절점을 의미하는 변수 하첨자로 대문자 K의 차이를 유의하라.

절점 i, 즉 $K = 1$에 대한 형상함수는 다음과 같다.

$$S_i = S_1 = \frac{(X - X_2)(X - X_3)}{(X_1 - X_2)(X_1 - X_3)} = \frac{(X - X_2)(X - X_3)}{\left(-\frac{\ell}{2}\right)(-\ell)} = \frac{2}{\ell^2}(X - X_2)(X - X_3)$$

절점 k, 즉 $K = 2$에 대한 형상함수는 다음과 같다.

$$S_k = S_2 = \frac{(X - X_1)(X - X_3)}{(X_2 - X_1)(X_2 - X_3)} = \frac{(X - X_1)(X - X_3)}{\left(\frac{\ell}{2}\right)\left(-\frac{\ell}{2}\right)} = \frac{-4}{\ell^2}(X - X_1)(X - X_3)$$

절점 j, 즉 $K = 3$에 대한 형상함수는 다음과 같다.

$$S_j = S_3 = \frac{(X - X_1)(X - X_2)}{(X_3 - X_1)(X_3 - X_2)} = \frac{(X - X_1)(X - X_2)}{(\ell)\left(\frac{\ell}{2}\right)} = \frac{2}{\ell^2}(X - X_1)(X - X_2)$$

위의 결과는 식 (5.23)의 형상함수와 일치한다.

5.4 전체, 국부, 자연 좌표

3장과 4장에서 간단히 논의한 것처럼 유한요소 모델링에서는 여러 개의 기준 좌표계를 사용하는 것이 편리하다. 각 절점의 위치, 각 요소의 방향을 표현하고 경계조건과 하중을 전체 좌표 성분으로 적용시키기 위해서는 전체 좌표계(global coordinate)가 필요하다. 더욱이 절점변위와 같은 해는 일반적으로 전체 좌표계에 대하여 표현된다. 반면에, 형상을 정의할 때나 수치 적분을 할 때 이점이 있는 국부 좌표계(local coordinate)와 자연 좌표계(natural coordinate)를 이용할 필요가 있으며, 이점은 형상함수의 곱을 적분할 때 두드러지게 나타난다. 1차원 요소에서 전체 좌표 X와 국부 좌표 x 사이의 관계는 그림 5.7에서 도시한 것처럼 $X = X_i + x$로 주어진다.

식 (5.8)과 (5.9)에서 국부 좌표 x를 X에 대입하면 다음과 같다.

$$S_i = \frac{X_j - X}{\ell} = \frac{X_j - (X_i + x)}{\ell} = 1 - \frac{x}{\ell} \tag{5.32}$$

$$S_j = \frac{X - X_i}{\ell} = \frac{(X_i + x) - X_i}{\ell} = \frac{x}{\ell} \tag{5.33}$$

여기서 국부 좌표 x는 0에서부터 ℓ까지 변한다. 즉, $0 \le x \le \ell$이다.

1차원 선형 자연 좌표

자연 좌표는 근본적으로 무차원 형태의 국부 좌표이다. 종종 요소의 강성행렬 또는 열전도

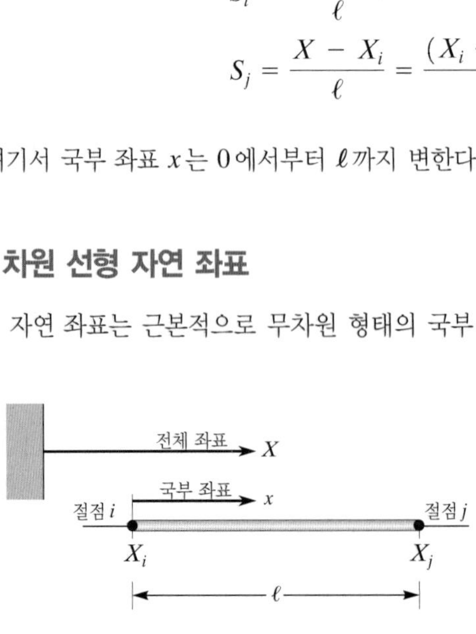

그림 5.7 전체 좌표 X와 국부 좌표 x의 관계

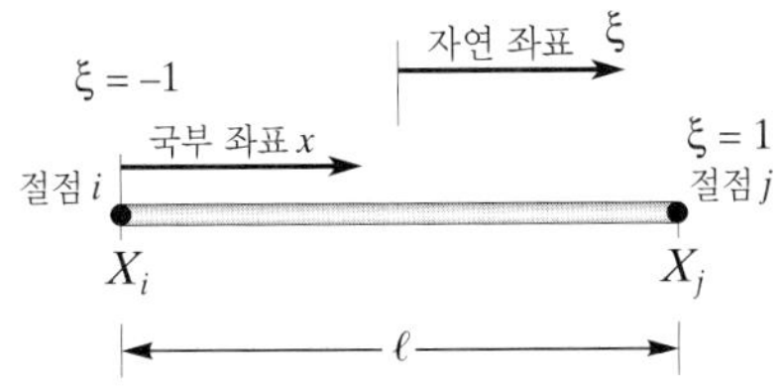

그림 5.8 국부 좌표 x와 자연 좌표 ξ의 관계

행렬을 계산하기 위한 적분을 수치적 방법으로 수행하는 것이 필요하다. 자연 좌표는 적분구간으로서 −1과 1을 가지는 편리성이 있다. 일례로 자연 좌표 ξ와 국부 좌표 x의 관계를

$$\xi = \frac{2x}{\ell} - 1$$

로 놓는다면 절점 i를 −1, 절점 j를 1로 좌표를 설정할 수 있다. 이 관계를 그림 5.8에 도시하였다.

x를 ξ에 대한 식으로 나타내어 식 (5.22)와 (5.33)에 대입하면 자연 좌표의 1차원 선형 형상함수를 다음과 같이 얻을 수 있다.

$$S_i = \frac{1}{2}(1 - \xi) \tag{5.34}$$

$$S_j = \frac{1}{2}(1 + \xi) \tag{5.35}$$

자연 좌표의 선형함수는 앞에서 유도한 전체 좌표의 선형 형상함수와 같은 특성을 가진다. 그것은 주어진 요소에서 형상함수가 해당 절점에서는 1의 값을, 그리고 다른 인접한 절점에서는 0의 값을 가진다는 것이다. 일례로 1차원 핀 요소의 온도 분포는 다음과 같이 표현할 수 있다.

$$T^{(e)} = S_iT_i + S_jT_j = \frac{1}{2}(1 - \xi)T_i + \frac{1}{2}(1 + \xi)T_j \tag{5.36}$$

$\xi = -1$, $T = T_i$와 $\xi = 1$, $T = T_j$가 된다는 것은 명백하다.

5.5 등매개변수 요소

자연 좌표의 형상함수 S_i와 S_j를 사용하여 변위 u와 같은 다른 변수들도 표현할 수 있다.

$$u^{(e)} = S_iu_i + S_ju_j = \frac{1}{2}(1 - \xi)u_i + \frac{1}{2}(1 + \xi)u_j \tag{5.36a}$$

또한, 전체 좌표 $X(X_i \le X \le X_j)$ 또는 국부 좌표 $x(0 \le x \le \ell)$로부터 ξ로의 변환도 같은 형상함수 S_i와 S_j를 사용하여 다음과 같이 표현할 수 있다.

$$X = S_i X_i + S_j X_j = \frac{1}{2}(1 - \xi)X_i + \frac{1}{2}(1 + \xi)X_j \tag{5.36b}$$

또는

$$x = S_i x_i + S_j x_j = \frac{1}{2}(1 - \xi)x_i + \frac{1}{2}(1 + \xi)x_j$$

식 (5.36), (5.36a), (5.36b)의 관계들을 비교해 보면, 미지 변수 u, T 등을 정의하기 위해서 S_i, S_j 형상함수를 사용하였고, 좌표를 표현하기 위해서도 같은 형상함수(S_i, S_j)를 사용하였다. 이런 개념이 사용된 유한요소 정식화를 **등매개변수**(isoparametric) 정식화라고 한다. 그리고 이와 같은 방법으로 표현된 요소를 등매개변수 요소라고 한다. 7장과 10장에서는 등매개변수의 정식화에 대해서 논의할 것이다.

예제 5.3

예제 5.1에서 국부 좌표를 사용하여 전체 좌표 $X = 8$ cm일 때 핀의 온도를 구하라. 또한 전체 좌표 $X = 7.5$ cm일 때 자연 좌표를 사용하여 핀의 온도를 구하라.

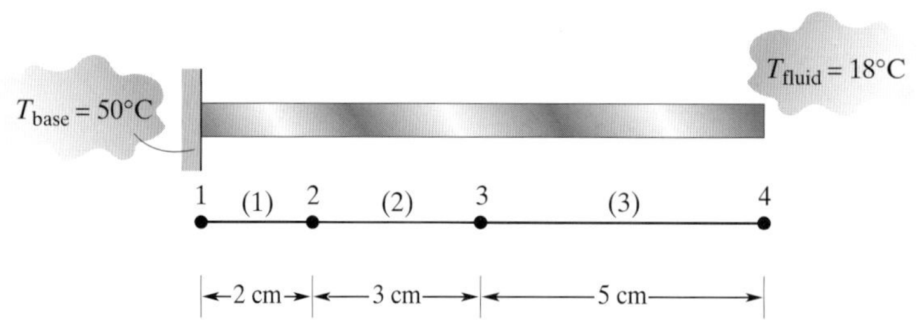

$$\begin{Bmatrix} T_1 \\ T_2 \\ T_3 \\ T_4 \end{Bmatrix} = \begin{Bmatrix} 50 \\ 41 \\ 34 \\ 20 \end{Bmatrix} \text{°C}$$

a. 국부 좌표를 사용하여 요소 (3)에서 $X = 8$ cm일 때 핀의 온도를 구하는 식은 다음과 같다.

$$T^{(3)} = S_3^{(3)}T_3 + S_4^{(3)}T_4 = \left(1 - \frac{x}{\ell}\right)T_3 + \frac{x}{\ell}T_4$$

요소 (3)의 길이는 5 cm이고, $X = 8$ cm인 지점은 국부 좌표로 $x = 3$ cm이다. 따라서 다음과 같이 된다.

$$T = \left(1 - \frac{3}{5}\right)(34) + \frac{3}{5}(20) = 25.6\,°\text{C}$$

b. 자연 좌표를 사용하여 요소 (3)에서 $X = 7.5$ cm일 때 핀의 온도를 구하는 식은 다음과 같다.

$$T^{(3)} = S_3^{(3)}T_3 + S_4^{(3)}T_4 = \frac{1}{2}(1 - \xi)T_3 + \frac{1}{2}(1 + \xi)T_4$$

전체 좌표 $X = 7.5$ cm에서의 점은 요소 (3)의 중앙에 위치하기 때문에 이 점의 자연 좌표값 $\xi = 0$이 된다. 따라서 다음과 같이 된다.

$$T^{(3)} = \frac{1}{2}(1 - 0)(34) + \frac{1}{2}(1 + 0)(20) = 27\,°\mathrm{C}$$

1차원 2차, 3차 자연 형상함수

1차원 2차 및 3차 자연 형상함수들은 앞에서 논의된 것과 비슷한 방법에서 얻을 수 있다. 1차원 2차 자연 형상함수는 다음과 같다.

$$S_i = -\frac{1}{2}\xi(1 - \xi) \tag{5.37}$$

$$S_j = \frac{1}{2}\xi(1 + \xi) \tag{5.38}$$

$$S_k = (1 + \xi)(1 - \xi) \tag{5.39}$$

1차원 3차 자연 형상함수는 다음과 같다.

$$S_i = \frac{1}{16}(1 - \xi)(3\xi + 1)(3\xi - 1) \tag{5.40}$$

$$S_j = \frac{1}{16}(1 + \xi)(3\xi + 1)(3\xi - 1) \tag{5.41}$$

$$S_k = \frac{9}{16}(1 + \xi)(\xi - 1)(3\xi - 1) \tag{5.42}$$

$$S_m = \frac{9}{16}(1 + \xi)(1 - \xi)(3\xi + 1) \tag{5.43}$$

5.1절에서 5.4절까지의 결과들이 표 5.1에 요약되어 있다. 전체, 국부, 자연 좌표를 사용한 형상함수의 차이점들을 확실히 구별하라.

예제 5.4

(a) 전체 좌표, (b) 국부 좌표를 사용하여 $\int_{X_i}^{X_j} S_j^2 dX$ 를 구하라.

a. 전체 좌표를 사용하면

$$\int_{X_i}^{X_j} S_j^2 dX = \int_{X_i}^{X_j}\left(\frac{X - X_i}{\ell}\right)^2 dX = \frac{1}{3\ell^2}(X - X_i)^3\Big|_{X_i}^{X_j} = \frac{\ell}{3}$$

b. 국부 좌표를 사용하면

$$\int_{X_i}^{X_j} S_j^2 dX = \int_0^{\ell}\left(\frac{x}{\ell}\right)^2 dx = \frac{x^3}{3\ell^2}\Big|_0^{\ell} = \frac{\ell}{3}$$

이 예제는 형상함수의 곱을 적분할 때 전체 좌표보다 국부 좌표가 더 편리함을 보여준다.

표 5.1 1차원 형상함수

보간함수	전체 좌표 X에 의한 $X_i \le X \le X_j$	국부 좌표 x에 의한 $0 \le x \le \ell$	자연 좌표 ξ에 의한 $-1 \le \xi \le 1$
선형	$S_i = \dfrac{X_j - X}{\ell}$	$S_i = 1 - \dfrac{x}{\ell}$	$S_i = \dfrac{1}{2}(1 - \xi)$
	$S_j = \dfrac{X - X_i}{\ell}$	$S_j = \dfrac{x}{\ell}$	$S_j = \dfrac{1}{2}(1 + \xi)$
2차	$S_i = \dfrac{2}{\ell^2}(X - X_j)(X - X_k)$	$S_i = \left(\dfrac{x}{\ell} - 1\right)\left(2\left(\dfrac{x}{\ell}\right) - 1\right)$	$S_i = -\dfrac{1}{2}\xi(1 - \xi)$
	$S_j = \dfrac{2}{\ell^2}(X - X_i)(X - X_k)$	$S_j = \left(\dfrac{x}{\ell}\right)\left(2\left(\dfrac{x}{\ell}\right) - 1\right)$	$S_j = \dfrac{1}{2}\xi(1 + \xi)$
	$S_k = \dfrac{-4}{\ell^2}(X - X_i)(X - X_j)$	$S_k = 4\left(\dfrac{x}{\ell}\right)\left(1 - \left(\dfrac{x}{\ell}\right)\right)$	$S_k = (1 - \xi)(1 + \xi)$
3차	$S_i = -\dfrac{9}{2\ell^3}(X - X_j)(X - X_k)(X - X_m)$	$S_i = \dfrac{1}{2}\left(1 - \dfrac{x}{\ell}\right)\left(2 - 3\left(\dfrac{x}{\ell}\right)\right)\left(1 - 3\left(\dfrac{x}{\ell}\right)\right)$	$S_i = \dfrac{1}{16}(1 - \xi)(3\xi + 1)(3\xi - 1)$
	$S_j = \dfrac{9}{2\ell^3}(X - X_i)(X - X_k)(X - X_m)$	$S_j = \dfrac{1}{2}\left(\dfrac{x}{\ell}\right)\left(2 - 3\left(\dfrac{x}{\ell}\right)\right)\left(1 - 3\left(\dfrac{x}{\ell}\right)\right)$	$S_j = \dfrac{1}{16}(1 + \xi)(3\xi + 1)(3\xi - 1)$
	$S_k = \dfrac{27}{2\ell^3}(X - X_i)(X - X_j)(X - X_m)$	$S_k = \dfrac{9}{2}\left(\dfrac{x}{\ell}\right)\left(2 - 3\left(\dfrac{x}{\ell}\right)\right)\left(1 - \left(\dfrac{x}{\ell}\right)\right)$	$S_k = \dfrac{9}{16}(1 + \xi)(\xi - 1)(3\xi - 1)$
	$S_m = -\dfrac{27}{2\ell^3}(X - X_i)(X - X_j)(X - X_k)$	$S_m = \dfrac{9}{2}\left(\dfrac{x}{\ell}\right)\left(3\left(\dfrac{x}{\ell}\right) - 1\right)\left(1 - \left(\dfrac{x}{\ell}\right)\right)$	$S_m = \dfrac{9}{16}(1 + \xi)(1 - \xi)(3\xi + 1)$

5.6 수치 적분: 가우스–르장드르 구적법

앞에서 논의한 것처럼 자연 좌표는 기본적으로 무차원 형식의 국부 좌표이다. 또한 대부분의 유한요소 프로그램이 가우스 구적법으로 수치 적분을 수행하며, 적분구간으로 -1과 1을 사용한다. 적분해야 할 함수를 알고 있는 경우, 가우스-르장드르(Gauss-Legendre) 공식이 사다리꼴 공식과 같은 다른 방법보다 더 효율적이기 때문에 채택되고 있다. 사다리꼴 공식이나 심슨(Simson) 방법이 연습문제 24와 같이 이산 데이터를 가지고 적분값을 구하는 반면, 가우스-르장드르 방법은 함수를 균등하게 나누지 않은 점들에서 계산한 값을 가지고 적분값을 구한다. 다음에서는 2점 가우스-르장드르 공식을 유도한다. 가우스-르장드르 공식의 기본 개념은 적분을 가중계수와 적분점에서 계산된 함수값을 곱한 것의 합으로 나타낸다는 점이다. 즉, 이 개념은 다음과 같이 나타낼 수 있다.

$$I = \int_a^b f(x)dx = \sum_{i=1}^{n} w_i f(x_i) \tag{5.44}$$

이제 다음과 같은 두 가지 해결해야 할 문제들이 있다: (1) 가중계수 w_i의 값을 어떻게 결정할 것인가? (2) 함수를 어느 점에서 계산해야 하는가? 즉, 적분점을 어떻게 선택할 것인가? 이 문제의 답을 찾기 위해 먼저 변수 λ를 도입하여 적분구간을 $[a, b]$에서 $[-1, 1]$로 변환하자.

$$x = c_0 + c_1\lambda$$

a를 -1에, b를 1에 대응시키면

$$a = c_0 + c_1(-1)$$
$$b = c_0 + c_1(1)$$

이고, c_0와 c_1에 대해 풀면 다음과 같다.

$$c_0 = \frac{(b + a)}{2}$$

그리고

$$c_1 = \frac{(b - a)}{2}$$

결과적으로 다음과 같다.

$$x = \frac{(b + a)}{2} + \frac{(b - a)}{2}\lambda \tag{5.45}$$

그리고

$$dx = \frac{(b - a)}{2}d\lambda \tag{5.46}$$

그러므로 식 (5.45)와 (5.46)을 사용하면 식 (5.44) 형식의 어떠한 적분이든 -1과 1 사이의 구간을 가진 적분에 의해서 표현될 수 있다.

$$I = \int_{-1}^{1} f(\lambda)\, d\lambda = \sum_{i=1}^{n} w_i f(\lambda_i) \tag{5.47}$$

2점 가우스-르장드르 공식을 유도하기 위해 2개의 가중계수 w_1, w_2와 2개의 적분점 λ_1, λ_2를 구해야 한다. 4개의 미지수가 있기 때문에 4개의 방정식이 필요하며, 이것은 르장드르 다항식 $(1, \lambda, \lambda^2, \lambda^3)$를 적분함으로써 다음과 같이 구할 수 있다.

$$\begin{aligned}
w_1 f(\lambda_1) + w_2 f(\lambda_2) &= \int_{-1}^{1} 1\, d\lambda = 2 \\
w_1 f(\lambda_1) + w_2 f(\lambda_2) &= \int_{-1}^{1} \lambda\, d\lambda = 0 \\
w_1 f(\lambda_1) + w_2 f(\lambda_2) &= \int_{-1}^{1} \lambda^2\, d\lambda = \frac{2}{3} \\
w_1 f(\lambda_1) + w_2 f(\lambda_2) &= \int_{-1}^{1} \lambda^3\, d\lambda = 0
\end{aligned}$$

위의 식을 정리하면 다음과 같다.

$$\begin{aligned}
w_1(1) + w_2(1) &= 2 \\
w_1(\lambda_1) + w_2(\lambda_2) &= 0 \\
w_1(\lambda_1)^2 + w_2(\lambda_2)^2 &= \frac{2}{3} \\
w_1(\lambda_1)^3 + w_2(\lambda_2)^3 &= 0
\end{aligned}$$

w_1, w_2, λ_1, λ_2를 풀면 $w_1 = w_2 = 1$, $\lambda_1 = -0.577350269$와 $\lambda_2 = 0.577350269$를 얻는

표 5.2 가우스-르장드르 구적법의 가중계수와 적분점

점(n)	가중계수(w_i)	적분점(λ_i)
2	$w_1 = 1.00000000$ $w_2 = 1.00000000$	$\lambda_1 = -0.577350269$ $\lambda_2 = 0.577350269$
3	$w_1 = 0.55555556$ $w_2 = 0.88888889$ $w_3 = 0.55555556$	$\lambda_1 = -0.774596669$ $\lambda_2 = 0$ $\lambda_3 = 0.774596669$
4	$w_1 = 0.3478548$ $w_2 = 0.6521452$ $w_3 = 0.6521452$ $w_4 = 0.3478548$	$\lambda_1 = -0.861136312$ $\lambda_2 = -0.339981044$ $\lambda_3 = 0.339981044$ $\lambda_4 = 0.861136312$
5	$w_1 = 0.2369269$ $w_2 = 0.4786287$ $w_3 = 0.5688889$ $w_4 = 0.4786287$ $w_5 = 0.2369269$	$\lambda_1 = -0.906179846$ $\lambda_2 = -0.538469310$ $\lambda_3 = 0$ $\lambda_4 = 0.538469310$ $\lambda_5 = 0.906179846$

다. 표 5.2에 2, 3, 4, 5점 가우스-르장드르 공식에 대한 가중계수와 적분점을 나타내었다. 적분점의 수를 증가시킬수록 계산의 정확도가 높아짐을 알 수 있다. 7장에서 가우스-르장드르 공식을 2차원과 3차원으로 확장하는 방법을 다루게 된다.

예제 5.5

2점 가우스-르장드르 공식을 사용하여 $I = \int_2^6 (x^2 + 5x + 3)\, dx$ 를 구하라.

이 적분은 간단하므로 쉽게 $I = 161.333333333$을 구할 수 있다. 이 예제의 목적은 가우스-르장드르 공식을 적용하는 과정을 설명하는 것이다. 식 (5.45)를 사용하여 다음과 같은 식을 얻는다.

$$x = \frac{(b+a)}{2} + \frac{(b-a)}{2}\lambda = \frac{(6+2)}{2} + \frac{(6-2)}{2}\lambda = 4 + 2\lambda$$

그리고

$$dx = \frac{(b-a)}{2}d\lambda = \frac{(6-2)}{2}d\lambda = 2\,d\lambda$$

이를 이용하여 적분 I를 λ로 표현할 수 있다.

$$I = \int_2^6 \overbrace{(x^2 + 5x + 3)}^{f(x)}dx = \int_{-1}^{1} \overbrace{(2)[(4 + 2\lambda)^2 + 5(4 + 2\lambda) + 3)]}^{f(\lambda)}d\lambda$$

2점 가우스-르장드르 공식과 표 5.2를 이용하여 적분 I의 값을 구할 수 있다. 즉,

$$I \cong w_1 f(\lambda_1) + w_2 f(\lambda_2)$$

표 5.2에서 $w_1 = w_2 = 1$이고 $\lambda_1 = -0.577350269$일 때와 $\lambda_2 = 0.577350269$일 때, $f(\lambda)$를 계산하면 다음과 같다.

$$f(\lambda_1) = (2)[[4 + 2(-0.577350269)]^2 + 5(4 + 2(-0.577350269) + 3)] = 50.6444526769$$
$$f(\lambda_2) = (2)[[4 + 2(0.577350269)]^2 + 5(4 + 2(0.577350269) + 3)] = 110.688880653$$
$$I = (1)(50.6444526769) + (1)110.688880653 = 161.33333333$$

예제 5.6

예제 5.4의 $\int_{X_i}^{X_j} S_j^2 dX$ 를 2점 가우스-르장드르 공식을 사용하여 구하라.

식 (5.35)로부터 $S_j = \frac{1}{2}(1 + \xi)$와 $dx = \frac{\ell}{2}d\xi$를 알 수 있다. 또한 이 문제에서 $\xi = \lambda$이다. 따라서 다음과 같이 쓸 수 있다.

$$I = \int_{X_i}^{X_j} S_j^2\,dX = \int_{X_i}^{X_j}\left(\frac{X - X_i}{\ell}\right)^2 dX = \int_0^{\ell}\left(\frac{x}{\ell}\right)^2 dx = \frac{\ell}{2}\int_{-1}^{1}\left[\frac{1}{2}(1+\xi)\right]^2 d\xi$$

2점 가우스-르장드르 공식과 표 5.2를 이용하여 적분 I의 값을 구할 수 있으며, 다음과 같이 표현된다.

$$I \cong w_1 f(\lambda_1) + w_2 f(\lambda_2)$$

표 5.2에서 $w_1 = w_2 = 1$이고 $\lambda_1 = -0.577350269$일 때와 $\lambda_2 = 0.577350269$일 때, $f(\lambda)$를 계산하면 다음과 같다.

$$f(\xi_1) = \frac{\ell}{2}\left[\frac{1}{2}(1+\xi_1)\right]^2 = \frac{\ell}{2}\left[\frac{1}{2}(1 - 0.577350269)\right]^2 = 0.022329099389\ell$$

$$f(\xi_2) = \frac{\ell}{2}\left[\frac{1}{2}(1+\xi_2)\right]^2 = \frac{\ell}{2}\left[\frac{1}{2}(1 + 0.577350269)\right]^2 = 0.31100423389\ell$$

$$I = (1)(0.022329099389\ell) + (1)(0.31100423389\ell) = 0.333333333\ell$$

이 결과는 예제 5.4의 결과와 동일하다.

5.7 ANSYS에서 1차원 요소의 예

ANSYS에는 1차원 문제를 모델링하기 위하여 사용하는 단일축의 연결(link) 요소들이 있다. 이 연결 요소는 LINK31, LINK32, LINK34 등이다. LINK32 요소는 단일축의 열전도 요소이다. 이 요소는 열전도에 의하여 두 절점 사이의 열전달을 고려한다. 이 요소의 절점 자유도는 온도이다. 요소는 두 절점, 단면적, 그리고 열전도도와 같은 재료 물성에 의해 정의된다. LINK34 요소는 대류에 의한 절점들 사이의 열전달을 고려한 단일축의 대류 연결 요소이다. 이 요소는 두 절점, 대류 표면적과 대류 열전달계수에 의해 정의된다. LINK31 요소는 공간상의 두 점 사이에서 복사열전달을 나타내기 위해 사용될 수 있다. 이 요소는 두 절점, 복사표면적, 기하학적인 형상인수, 복사능(emissivity), 그리고 스테판-볼츠만(Stefan-Boltzman) 상수에 의해 정의된다. 6장에서 1차원 열전도 문제를 풀기 위해 LINK32와 LINK34를 사용할 것이다.

■ 요약 ■

1. 1차원 선형요소와 형상함수, 그 특성과 한계를 이해해야 한다.

2. 1차원 2차 및 3차 요소와 형상함수, 그 특성과 선형요소에 대한 장점을 알아야 한다.

3. 국부 좌표계 및 자연 좌표계를 사용하는 것이 왜 중요한지 알아야 한다.

4. 등매개변수 요소와 등매개변수 정식화의 의미를 알아야 한다.

5. 가우스-르장드르 구적법을 이해해야 한다.

6. ANSYS에서의 1차원 요소의 예를 알아야 한다.

참고문헌

ANSYS User's Manual: Elements, Vol. III, Swanson Analysis Systems, Inc.

Chandrupatla, T., and Belegundu, A., *Introduction to Finite Elements in Engineering*, Prentice Hall, 1991.

Incropera, F. P., and DeWitt, D. P., *Fundamentals of Heat and Mass Transfer*, 2nd ed., New York, John Wiley and Sons, 1985.

Segrlind, L., *Applied Finite Element Analysis*, 2nd ed., New York, John Wiley and Sons, 1984.

연습문제

1. 핀(fin)의 온도 분포를 근사적으로 표현하기 위해 선형 1차 요소를 사용한다. 절점의 위치와 온도가 그림에 나타나 있다. (a) $X = 7$ cm일 때 핀의 온도는 얼마인가? (b) 다음 식을 사용하여 핀의 열손실을 구하라.

$$Q = -kA\frac{dT}{dX}\Big|_{X=0}$$

여기서 $k = 180$ W/m · K, $A = 10$ mm^{2}이다.

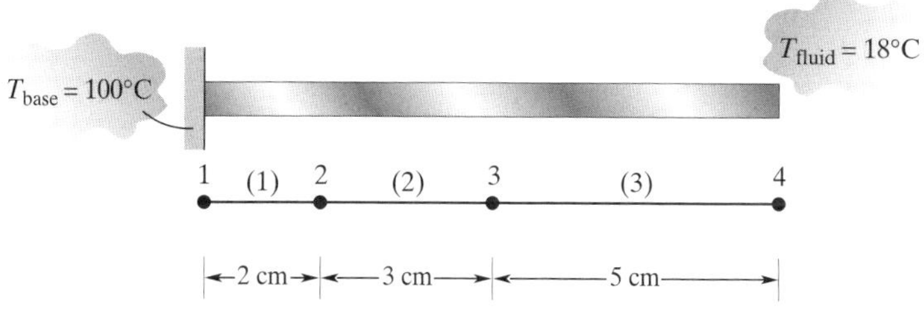

$$\begin{Bmatrix} T_1 \\ T_2 \\ T_3 \\ T_4 \end{Bmatrix} = \begin{Bmatrix} 100 \\ 800 \\ 64 \\ 41 \end{Bmatrix} °C$$

2. 선형 형상함수에 대해 (a) 전체 좌표, (b) 국부 좌표를 사용하여 $\int_{X_i}^{X_j} S_i^2 \, dX$ 를 구하라.

3. 다음 식으로부터

$$T_i = c_1 + c_2 X_i + c_3 X_i^2$$

$$T_k = c_1 + c_2 X_k + c_3 X_k^2$$

$$T_j = c_1 + c_2 X_j + c_3 X_j^2$$

c_1, c_2, c_3를 구하고 다음의 형상함수를 검증하라.

$$S_i = \frac{2}{\ell^2}(X - X_j)(X - X_k)$$

$$S_j = \frac{2}{\ell^2}(X - X_i)(X - X_k)$$

$$S_k = \frac{-4}{\ell^2}(X - X_i)(X - X_j)$$

4. 5.3절에서 논의된 방법으로 문제 3의 2차 형상함수(quadratic shape function)를 유도하라.

5. 2차 형상함수를 국부 좌표로 표현하고 표 5.1에 주어진 결과와 비교하라.

6. (1) 형상함수의 경우 해당 절점에서는 1의 값을 가지고, 다른 절점에서는 0의 값을 가진다. 그리고 (2) 형상함수를 모두 합하면 1의 값을 가진다는 것을 보임으로써, 표 5.1에 주어진 1차원 2차 자연 형상함수를 검증하라.

7. (1) 형상함수의 경우 해당 절점에서는 1의 값을 가지고, 다른 절점에서는 0의 값을 가진다. 그리고 (2) 형상함수를 모두 합하면 1의 값을 가진다는 것을 보임으로써, 표 5.1에 주어진 3차 국부 형상함수를 검증하라.

8. (1) 형상함수의 경우 해당 절점에서는 1의 값을 가지고, 다른 절점에서는 0의 값을 가진다. 그리고 (2) 형상함수를 모두 합하면 1의 값을 가진다는 것을 보임으로써, 표 5.1에 주어진 3차 자연 형상함수를 검증하라.

9. 2차 형상함수와 3차 형상함수의 공간 도함수를 유도하라.

10. 앞에서 설명한 것처럼 해석에 사용되는 요소의 수를 늘리거나 고차 보간함수를 사용하여 유한요소해석의 정확도를 높일 수 있다. 3차 국부 형상함수를 유도하라.

11. 2차 형상함수에 대해 (a) 전체 좌표, (b) 국부 좌표, 그리고 (c) 자연 좌표를 사용하여 $\int_{X_i}^{X_j} S_i \, dX$를 구하라.

12. 다음 그림과 같이 외팔보의 처짐을 1차원 선형요소로 근사적으로 표현하였다고 하자. 절점의 위치와 변위는 그림에 나타나 있다. (a) $X = 2$ ft일 때 보의 처짐은 얼마인가? (b) 보의 끝에서 기울기를 구하라.

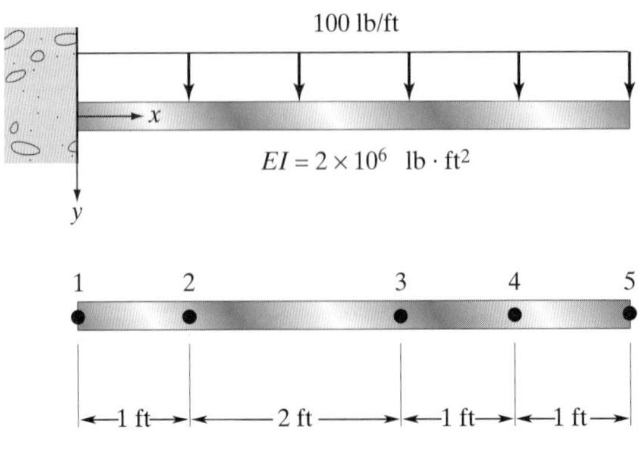

$$\begin{Bmatrix} y_1 \\ y_2 \\ y_3 \\ y_4 \\ y_5 \end{Bmatrix} = \begin{Bmatrix} 0 \\ 0.003275 \\ 0.022275 \\ 0.034400 \\ 0.046875 \end{Bmatrix} \text{in}$$

13. 1차원 선형요소를 사용하여 금속판 안쪽의 온도 분포를 근사적으로 표현하였다. 발열체는 판에 삽입되어 있다. 절점의 위치와 온도는 그림에 나타나 있다. $X = 25$ mm에서

판의 온도는 얼마인가? 절점의 온도를 구하는 데 있어서 (a) 선형요소를 사용한 경우와 (b) 2차 요소를 사용한 경우에 대하여 각각 계산하라.

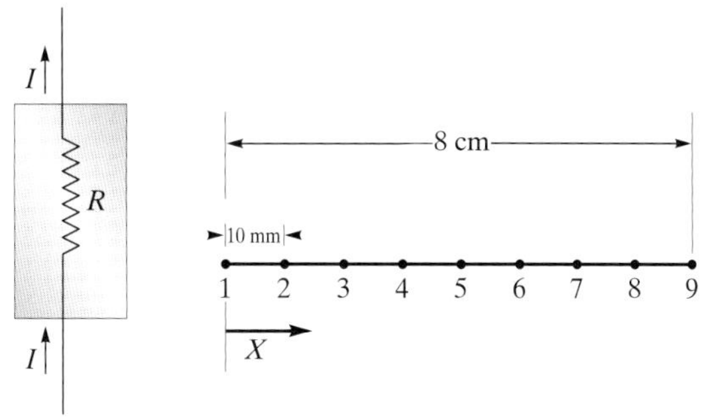

$$\begin{Bmatrix} T_1 \\ T_2 \\ T_3 \\ T_4 \\ T_5 \\ T_6 \\ T_7 \\ T_8 \\ T_9 \end{Bmatrix} = \begin{Bmatrix} 120 \\ 119 \\ 116 \\ 111 \\ 104 \\ 95 \\ 84 \\ 71 \\ 56 \end{Bmatrix} \,^\circ\mathrm{C}$$

14. 다음 그림과 같은 직선형 핀의 온도 분포를 근사적으로 표현하는 데 2차 요소가 사용되었다. 절점의 위치와 온도는 다음과 같다. $X = 7$ cm일 때 핀의 온도는 얼마인가?

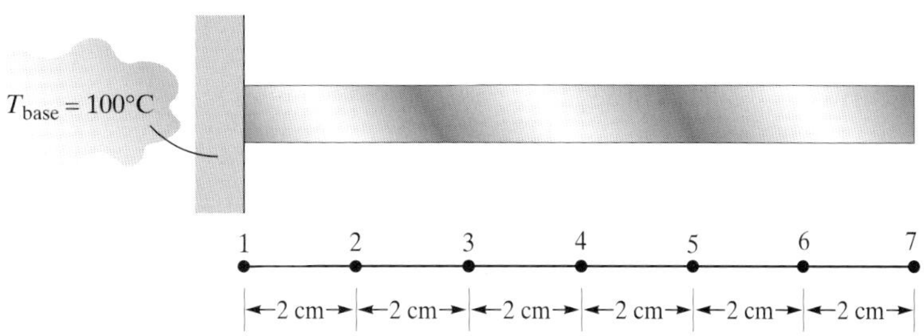

$$\begin{Bmatrix} T_1 \\ T_2 \\ T_3 \\ T_4 \\ T_5 \\ T_6 \\ T_7 \end{Bmatrix} = \begin{Bmatrix} 100 \\ 74 \\ 56 \\ 44 \\ 36 \\ 31 \\ 28 \end{Bmatrix} \,^\circ\mathrm{C}$$

15. 그림에서와 같은 원점이 요소의 $\frac{1}{4}$ 지점에 위치한 국부 좌표 x를 사용하여 선형요소의 형상함수를 유도하라.

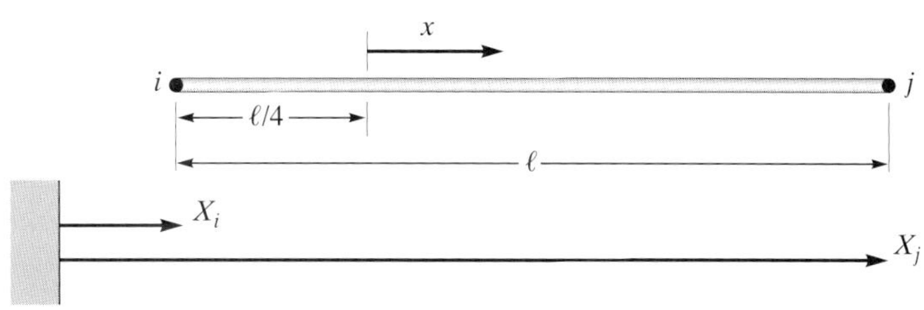

16. 그림에서와 같은 자연 좌표를 사용하여 선형요소에 대한 자연 좌표의 형상함수를 유도하라.

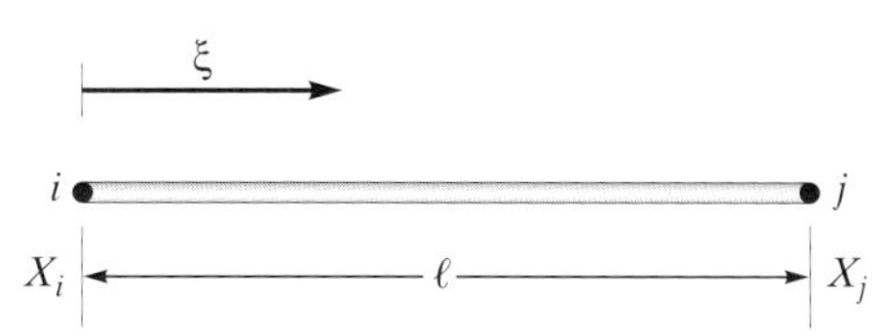

17. 다음 그림의 절점 2와 3에서의 변위는 각각 0.02 mm, 0.025 mm이다. 선형요소를 사용하여 해석할 때 점 A와 B에서 변위는 얼마인가?

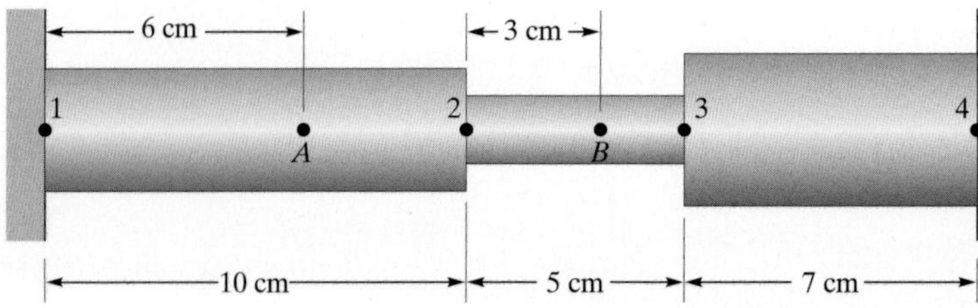

18. 다음 그림에서와 같은 강철 기둥을 고려해 보자. 축하중을 받는다고 가정하고, 선형요소를 사용하여 각 층의 바닥과 기둥이 연결된 점에서의 수직방향 변위를 다음과 같이 구하였다.

$$\begin{Bmatrix} u_1 \\ u_2 \\ u_3 \\ u_4 \\ u_5 \end{Bmatrix} = \begin{Bmatrix} 0 \\ 0.03283 \\ 0.05784 \\ 0.07504 \\ 0.08442 \end{Bmatrix} \text{in}$$

국부 좌표에 대한 형상함수를 사용하여 요소 (3)과 (4)의 중심점에 위치한 점 A와 B에서의 변위를 구하라.

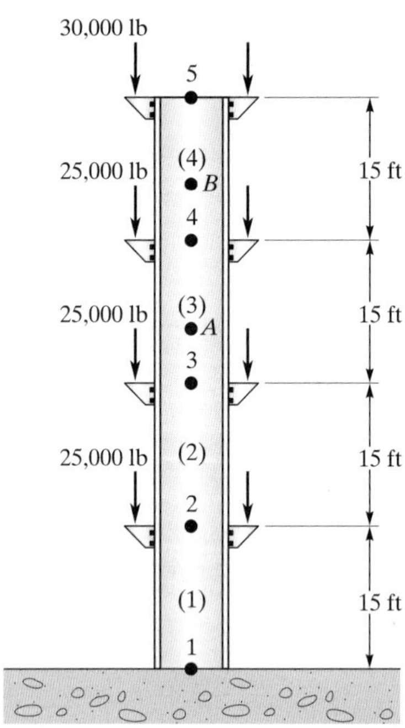

19. 자연 좌표를 사용하여 문제 18의 기둥에서 점 A와 B의 변위를 구하라.

20. 다음 그림에서와 같이 높이에 따라 여러 위치에서 광고판을 세울 수 있는 높이가 20 ft인 기둥이 있다. 이 기둥은 탄성계수 $E = 29 \times 10^6$ lb/in^{2}인 강철로 만들어졌다. 단, 광고판에 작용하는 풍력은 무시하고 선형요소를 사용하여, 하중이 작용하는 점에서의 기둥의 변위를 다음과 같이 구하였다.

$$\begin{Bmatrix} u_1 \\ u_2 \\ u_3 \\ u_4 \end{Bmatrix} = \begin{Bmatrix} 0 \\ 6.312 \times 10^{-4} \\ 8.718 \times 10^{-4} \\ 11.470 \times 10^{-4} \end{Bmatrix} \text{in}$$

(a) 전체 좌표에 대한 형상함수, (b) 국부 좌표에 대한 형상함수, (c) 자연 좌표에 대한 형상함수를 사용하여 중간 부재의 중심점에 위치한 점 A 에서의 변위를 구하라.

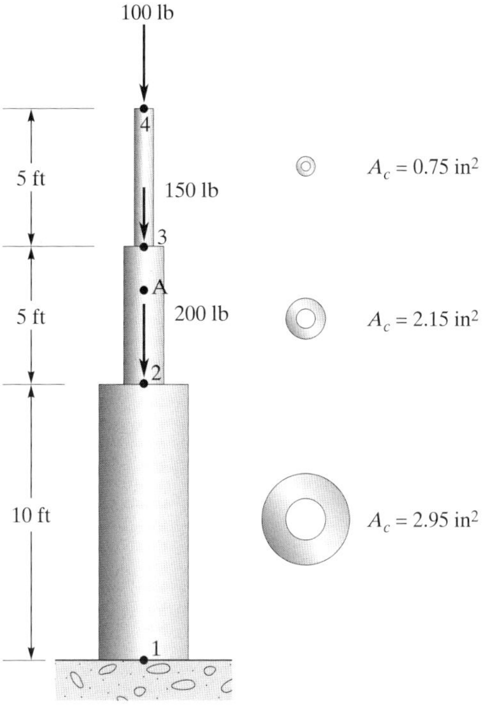

21. 2점 가우스-르장드르 공식을 사용하여 문제 11을 적분하라.

22. 가우스-르장드르 공식을 사용하여 주어진 적분식을 계산하라.

$$\int_1^5 (x^3 + 5x^2 + 10)dx$$

23. 2점, 3점 가우스-르장드르 공식을 사용하여 주어진 적분식을 계산하라.

$$\int_{-2}^8 (3x^4 + x^2 - 7x + 10)dx$$

24. 이미 5.6절에서 설명한 대로, 가우스-르장드르 공식은 사다리꼴 방법보다 보다 효율적으로 적분식을 계산할 수 있다. 사다리꼴 적분법은 균등한 간격을 가진 데이터를 다루고 다음과 같은 방법으로 계산된다.

$$\int_a^b f(x)dx \approx h\left(\frac{1}{2}y_0 + y_1 + y_2 + \cdots + y_{n-2} + y_{n-1} + \frac{1}{2}y_n\right)$$

위의 식은 사다리꼴 법칙으로 알려져 있고, h는 데이터 점 $y_0, y_1, y_2, \ldots, y_n$의 간격을 나타낸다. 문제 23의 경우, $h = 1$이며 11개의 데이터 점을 생성한다. 즉, $x = -2$에서 y_0, $x = -1$에서 y_1, . . . , $x = 8$에서 y_{10}인 데이터 점을 이용한다. 생성된 데이터와 사다리꼴 법칙을 이용하여 적분식을 계산하고 이를 문제 23의 결과와 비교하라.

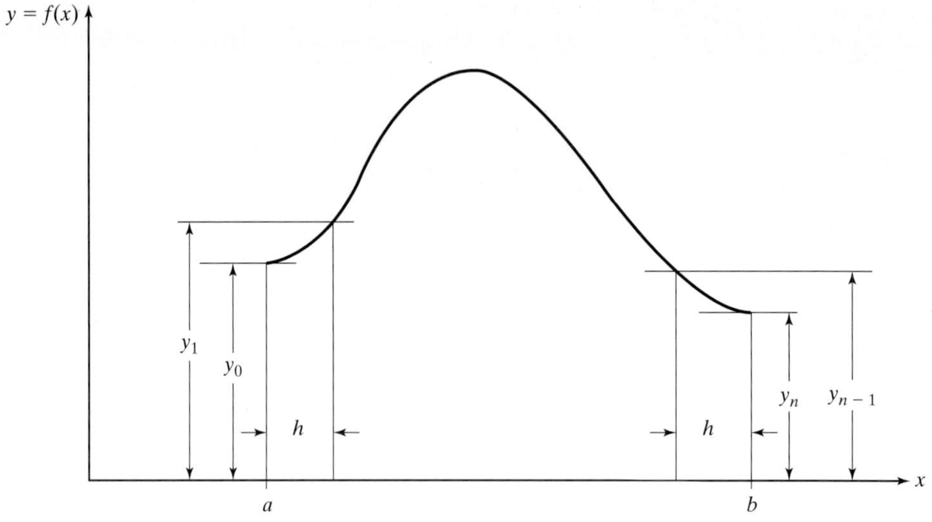

25. 선형 및 2차, 3차 요소의 공간 도함수를 유도하고 도시하라. 그리고 차이점에 대해서 논하라.

26. $X_0 = 0$, $X_1 = 2$ cm, $X_2 = 4$ cm, $X_3 = 6$ cm에서 어떠한 재료에서의 온도 분포는 각각 $T_0 = 80°C$, $T_1 = 70°C$, $T_2 = 62°C$, $T_3 = 55°C$이다. 한 개의 선형 및 2차, 3차 요소를 사용하여 온도 분포를 근사하라. 실제 데이터를 도시하고, 선형, 2차. 3차와 근사화하여 비교하라. 또한, 주어진 자료의 공간 도함수를 구하고, 이를 선형, 1차, 2차 도함수와 비교하라.

27. 전체 좌표 $X_1 = 2$ cm, $X_2 = 5$ cm에서의 온도 분포가 각각 $T_1 = 100°C$, $T_2 = 58°C$인 경우에 대해 등매개변수 정식화를 이용하여 나타내어라. 이 경우의 전체 좌표, 국부 좌표, 자연 좌표 사이의 변환 방정식을 제시하라.

28. 전체 좌표 $X_1 = 5$ cm, $X_2 = 12$ cm에서의 온도 분포가 각각 $U_1 = 0.01$ cm, $U_2 = 0.025$ cm인 경우에 대해 등매개변수 정식화를 이용하여 나타내어라. 이 경우의 전체 좌표, 국부 좌표, 자연 좌표 사이의 변환 방정식을 제시하라.

Chapter 6

1차원 문제의 해석

이 장의 주된 목적은 1차원 문제의 해석을 소개하는 데 있다. 대부분의 문제들이 본질적으로 1차원의 성격을 갖지는 않지만, 출발점으로 1차원 근사법을 통해 시스템의 거동을 모델링할 수 있다. 이러한 1차원 접근방법은 좀더 복잡한 문제를 해결하는 데 있어서 기본적인 통찰력을 갖게 해주며, 필요하다면 다음 단계로 이 문제들을 2차원 혹은 3차원적 접근을 통하여 해석할 수도 있다. 이 장에서는 우선 열전달 문제에 이용되는 1차원 갤러킨(Galerkin) 정식화를 다루고, 이어 1차원 유체역학 문제를 해석한다. 이 장에서 다루는 주요 내용은 다음과 같다.

6.1 열전달 문제
6.2 유체역학 문제
6.3 ANSYS를 이용한 예제
6.4 결과 검증

6.1 열전달 문제

1장에서 유한요소해석에 관한 기본적인 해석절차를 다루었는데, 기억을 되살리는 의미에서 다시 정리하면 다음과 같다.

전처리 단계

1. 해의 영역을 유한요소로 분할한다. 즉, 문제를 절점과 요소로 나눈다.
2. 형상함수가 요소의 물리적 거동을 표현한다고 가정한다. 즉, 근사 연속함수는 요소의 해를 표현한다고 가정한다. 5장에서 1차원 선형 및 2차 형상함수에 대해 다루었다.
3. 유한요소에 대한 방정식을 세운다. 이 단계가 이 장의 주된 초점이며, 갤러킨 방법을 사용하여 정식화한다. 4장에서는 축방향 하중을 받는 부재와 보 요소의 유한요소 모델을 최소 포텐셜 에너지 방법으로 정식화하였다.
4. 전체 문제를 풀기 위해서 요소를 조합하여 전체 행렬을 만든다. 즉, 전체 강성행렬이나 전체 열전도행렬을 만든다.
5. 경계조건 및 하중조건을 부여한다.

해석 단계

6. 절점에서 변위값이나 열전도 문제의 온도값처럼 절점에서의 결과를 얻기 위하여 선형 연립 대수 방정식을 푼다.

후처리 단계

7. 다른 중요한 정보를 얻는다. 즉, 각 요소에서의 열손실이나 응력 등을 결정한다.

이제 전처리 단계 중 세 번째 단계를 이해하기 위해, 전형적인 1차원 핀(fin) 요소에 대한 열전도행렬과 열하중행렬을 정식화해 보기로 하자. 5장에서 다루었던 일정한 단면적을 가지는 직선형 핀을 생각해 보자. 이에 대한 그림이 그림 6.1에 나타나 있다. 이 핀은 4개의 절점과 3개의 요소로 모델링되고, 요소를 따른 온도 분포는 선형함수로 가정한다. 실제 온도 분포와 각 요소별로 선형함수로 근사화된 온도 분포가 그림 6.1에 비교되어 있다. 핀에 속해 있는 1개의 대표 요소를 생각하고, 그 요소에 대한 열전도행렬과 열하중행렬을 정식화하자.

많은 열전달 교재에 소개되듯이 직선형 핀의 1차원 열전달 방정식은 다음과 같이 쓸 수 있다.

$$kA\frac{d^2T}{dX^2} - hpT + hpT_f = 0 \tag{6.1}$$

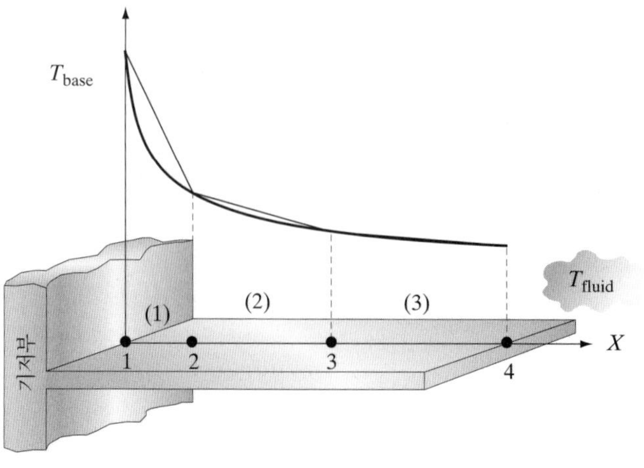

그림 6.1 단면적이 일정한 핀에 있어서 실제 온도 분포와 근사화된 온도 분포 비교

그림 6.2에 있는 것처럼, 핀의 미소 요소에 대해 에너지 보존(conservation of energy)법칙을 적용하면 식 (6.1)이 유도된다. 핀에 있어서 열전달은 가로방향(x방향)의 열전도, 그리고 핀을 둘러싸고 있는 주위의 유체로의 대류에 의해 일어난다. 식 (6.1)에서 k는 열전도도, A는 핀의 단면적, h는 대류 열전달계수, p는 핀의 주변 길이(perimeter), 그리고 T_f는 핀을 둘러싸고 있는 유체의 온도를 나타낸다. 식 (6.1)을 풀기 위해서는 경계조건이 필요하다. 우선 기저부(base)의 온도는 일반적으로 주어지므로

$$T(0) = T_b \tag{6.2}$$

라고 쓸 수 있다. 또 다른 경계조건은 핀의 끝단에서 열손실 조건인데, 일반적으로 세 가지 경우가 있을 수 있다. 첫째, 끝단이 충분히 길어서 끝단의 온도가 핀을 둘러싸고 있는 주위 유체의 온도와 같다고 볼 수 있는 경우, 경계조건은

$$T(L) = T_f \tag{6.3}$$

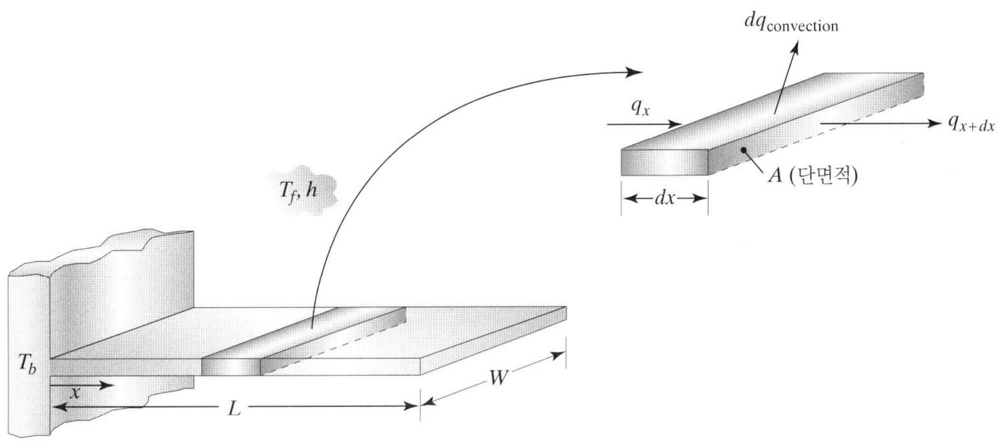

미소 요소에 대해 에너지 보존법칙을 적용하면 다음과 같다.

$$q_x = q_{x+dx} + dq_{convection}$$

$$q_x = q_x + \frac{dq_x}{dx}dx + dq_{convection}$$

푸리에 법칙은

$$q_x = -kA\frac{dT}{dx}$$

뉴턴의 냉각법칙(Newton's law of cooling)을 사용하면 다음과 같다.

$$dq_{convection} = h(dA_s)(T - T_f)$$

$$0 = \frac{dq_x}{dx}dx + dq_{convection} = \frac{d}{dx}\left(-kA\frac{dT}{dx}\right)dx + h(dA_s)(T - T_f)$$

미소 요소의 표면적 dA_s를 주변 길이 p와 dx로 대치하고 간단히 하면 다음의 식을 얻는다.

$$-kA\frac{d^2T}{dx^2} + hp(T - T_f) = 0$$

그림 6.2 핀에 대한 열전달 방정식의 유도

와 같이 나타낼 수 있다. 둘째, 핀의 끝단에서 발생되는 열손실이 무시될 만하다면 다음 식으로 표시될 수 있다.

$$-kA\left.\frac{dT}{dX}\right|_{X=L} = 0 \tag{6.4}$$

셋째, 핀의 끝단에서 발생되는 열손실을 고려해야 한다면 다음과 같은 경계조건이 적용될 수 있다.

$$-kA\left.\frac{dT}{dX}\right|_{X=L} = hA(T_L - T_f) \tag{6.5}$$

위의 식 (6.5)는 끝단의 단면적에 대해 에너지 보존법칙을 적용시키면 쉽게 유도되는데, 이 식을 간단히 말하자면 끝단의 단면으로 전도되어 오는 열이 주위의 유체로 대류에 의해 빠져나가는 것을 의미한다. 따라서 실제 문제를 모델링할 때는 경계조건으로 기저부의 온도와 식 (6.3)부터 식 (6.5) 가운데 하나를 적용하면 된다. 전형적인 요소에 대한 열전도행렬과 열하중행렬을 정식화하기에 앞서 다음의 사항을 강조해 두고자 한다: (1) 핀의 미분 방정식은 핀을 따라 어느 점에서든지 에너지의 평형을 표시하는 식이므로 유한요소 모델의 모든 절점에서도 역시 에너지 평형이 만족되어야 한다. (2) 2개의 적절한 경계조건을 만족하는 지배 방정식의 엄밀해는 핀을 따른 정확한 온도 분포를 제시해 주지만 유한요소에 의한 해는 이러한 엄밀해와 달리 근사해를 제공한다. 이에 대표 요소에 초점을 맞추고 대표 요소의 열전도 행렬을 정식화해 보자. 5장에서 언급되었던 것을 상기하며, 대표 요소의 온도 분포를 선형 형상함수로 근사화하면 다음과 같다.

$$T^{(e)} = [S_i \quad S_j]\begin{Bmatrix} T_i \\ T_j \end{Bmatrix} \tag{6.6}$$

여기에서 형상함수는 다음과 같다.

$$S_i = \frac{X_j - X}{\ell} \quad \text{그리고} \quad S_j = \frac{X - X_i}{\ell} \tag{6.7}$$

유도과정을 좀더 일반화시켜, 미분 방정식의 형태가 같은 여러 다른 유형의 문제에도 적용할 수 있도록 하기 위해 $c_1 = kA$, $c_2 = -hp$, $c_3 = hpT_f$, $\Psi = T$라고 치환하자. 그러면 식 (6.1)은 다음과 같이 쓸 수 있다.

$$c_1\frac{d^2\Psi}{dX^2} + c_2\Psi + c_3 = 0 \tag{6.8}$$

1장에서 다루었던 가중잔여법(weighted residual method)을 생각해 보자. 근사해를 지배 방정식에 대입하면, 지배 방정식을 정확히 만족시키지 못하기 때문에 잔여 또는 오차가 발생한다. 또한 갤러킨 정식화에서는 이 잔여가 어떤 가중함수에 직교(orthogonal)인 조건을 요구하며, 가중함수는 근사해를 구성하는 것들 중에서 선택된다. 따라서 여기에서는 가중함수로 형상함수를 사용한다. 왜냐하면 이 형상함수들이 근사해를 구성하는 함수들이기 때문이다.

잔여 방정식을 얻는 방법은 절점 접근방법과 요소 접근방법의 두 가지가 있다. 그 중 한 가지 방법으로 절점에 의한 방법을 고려한다. 그림 6.3에서 보는 것과 같이 2개의 인접한 요소 (e), $(e+1)$과 요소에 포함되는 3개의 연속된 절점 i, j, k가 있다. 요소 (e)와 $(e+1)$은 절점 j가 가지는 오차의 원인이 된다. 이것을 절점 j의 잔여 방정식으로 나타내 보자.

$$R_j = R_j^{(e)} + R_j^{(e+1)} = \int_{X_i}^{X_j} S_j^{(e)} \left[c_1 \frac{d^2\Psi}{dX^2} + c_2\Psi + c_3 \right]^{(e)} dX + \int_{X_j}^{X_k} S_j^{(e+1)} \left[c_1 \frac{d^2\Psi}{dX^2} + c_2\Psi + c_3 \right]^{(e+1)} dX = 0 \tag{6.9}$$

위의 식에서 하첨자는 절점의 번호이며, 상첨자는 요소의 번호이다. 유한요소 모델의 각 절점에 대한 잔여 방정식 또는 오차 방정식은 다음과 같이 나타낼 수 있다.

$$\begin{Bmatrix} R_1 \\ R_2 \\ R_3 \\ \cdot \\ R_n \end{Bmatrix} = \begin{Bmatrix} 0 \\ 0 \\ 0 \\ 0 \\ 0 \end{Bmatrix} \tag{6.10}$$

여기서 $R_2 = R_2^{(1)} + R_2^{(2)}$, $R_3 = R_3^{(2)} + R_3^{(3)}$ 등과 같다.

각 요소를 이용하여 절점의 잔여 방정식을 얻을 수 있다. 각 절점(1, 2, 3, 4, 등)에 대해서 식 (6.9)를 전개하면 다음의 식을 얻을 수 있다.

$$R_1 = \int_{X_1}^{X_2} S_1^{(1)} \left[c_1 \frac{d^2\Psi}{dX^2} + c_2\Psi + c_3 \right]^{(1)} dX = 0 \tag{6.11}$$

$$R_2 = R_2^{(1)} + R_2^{(2)} = \int_{X_1}^{X_2} S_2^{(1)} \left[c_1 \frac{d^2\Psi}{dX^2} + c_2\Psi + c_3 \right]^{(1)} dX + \overbrace{\int_{X_2}^{X_3} S_2^{(2)} \left[c_1 \frac{d^2\Psi}{dX^2} + c_2\Psi + c_3 \right]^{(2)} dX}^{\text{요소 (2) 적용}} = 0 \tag{6.12}$$

$$R_3 = R_3^{(2)} + R_3^{(3)} = \overbrace{\int_{X_2}^{X_3} S_3^{(2)} \left[c_1 \frac{d^2\Psi}{dX^2} + c_2\Psi + c_3 \right]^{(2)} dX}^{\text{요소 (2) 적용}} + \overbrace{\int_{X_3}^{X_4} S_3^{(3)} \left[c_1 \frac{d^2\Psi}{dX^2} + c_2\Psi + c_3 \right]^{(3)} dX}^{\text{요소 (3) 적용}} = 0 \tag{6.13}$$

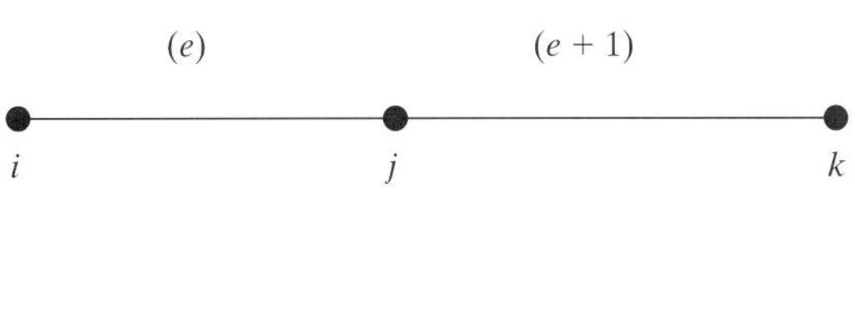

그림 6.3 요소 (e), $(e+1)$과 관련된 절점

$$R_4 = R_4^{(3)} + R_4^{(4)} = \overbrace{\int_{X_3}^{X_4} S_4^{(3)}\left[c_1\frac{d^2\Psi}{dX^2} + c_2\Psi + c_3\right]^{(3)} dX}^{\text{요소 (3) 적용}}$$

$$+ \overbrace{\int_{X_4}^{X_5} S_4^{(4)}\left[c_1\frac{d^2\Psi}{dX^2} + c_2\Psi + c_3\right]^{(4)} dX}^{\text{요소 (4) 적용}} = 0 \tag{6.14}$$

요소 (2)는 식 (6.12)와 (6.13)에 적용되고, 요소 (3)은 식 (6.13)과 (6.14)에 적용되며, 나머지 요소도 이와 같다. 일반적인 임의의 요소 (e)를 이용한 절점 i와 j의 잔여 방정식은 다음과 같다.

$$R_i^{(e)} = \int_{X_i}^{X_j} S_i^{(e)}\left[c_1\frac{d^2\Psi}{dX^2} + c_2\Psi + c_3\right]^{(e)} dX \tag{6.15}$$

$$R_j^{(e)} = \int_{X_i}^{X_j} S_j^{(e)}\left[c_1\frac{d^2\Psi}{dX^2} + c_2\Psi + c_3\right]^{(e)} dX \tag{6.16}$$

이 방법으로 요소에 대한 정식화를 할 수 있으며, 임의의 요소 (e)에 대한 잔여 방정식을 세우게 된다. 더욱이 얻어진 요소 행렬들은 전체 문제를 나타내기 위하여 조합되어지고, 잔여 방정식을 0으로 두게 된다.

식 (6.15)와 (6.16)을 적분하면 요소에 대한 정식화를 할 수 있다. 하지만 우선, 2차 미분항을 1차 미분항으로 바꿀 것이다. 이를 위해서 다음의 연쇄법칙을 이용하자.

$$\frac{d}{dX}\left(S_i\frac{d\Psi}{dX}\right) = S_i\frac{d^2\Psi}{dX^2} + \frac{dS_i}{dX}\frac{d\Psi}{dX} \tag{6.17}$$

$$S_i\frac{d^2\Psi}{dX^2} = \frac{d}{dX}\left(S_i\frac{d\Psi}{dX}\right) - \frac{dS_i}{dX}\frac{d\Psi}{dX} \tag{6.18}$$

식 (6.18)을 식 (6.15)에 대입하면 다음과 같다.

$$R_i^{(e)} = \int_{X_i}^{X_j}\left(c_1\left(\frac{d}{dX}\left(S_i\frac{d\Psi}{dX}\right) - \frac{dS_i}{dX}\frac{d\Psi}{dX}\right) + S_i(c_2\Psi + c_3)\right)dX \tag{6.19}$$

또한 식 (6.16)에 대해서도 동일한 과정을 거쳐야 하지만, 우선 첫 번째 잔여 방정식들 가운데 하나를 살펴보자. 식 (6.19)에는 4개의 항이 있는데, 다시 쓰면 다음과 같다.

$$R_i^{(e)} = \int_{X_i}^{X_j} c_1\left(\frac{d}{dX}\left(S_i\frac{d\Psi}{dX}\right)\right)dX + \int_{X_i}^{X_j} c_1\left(-\frac{dS_i}{dX}\frac{d\Psi}{dX}\right)dX$$

$$+ \int_{X_i}^{X_j} S_i(c_2\Psi)\,dX + \int_{X_i}^{X_j} S_i\,c_3\,dX \tag{6.20}$$

첫 번째 항을 계산하면 다음과 같다.

$$\int_{X_i}^{X_j} c_1\left(\frac{d}{dX}\left(S_i\frac{d\Psi}{dX}\right)\right)dX = c_1S_i\frac{d\Psi}{dX}\bigg|_{X=X_j} - c_1S_i\frac{d\Psi}{dX}\bigg|_{X=X_i} = -c_1\frac{d\Psi}{dX}\bigg|_{X=X_i} \tag{6.21}$$

이 결과를 얻기 위해서는 $X = X_j$에서 $S_i = 0$이 되고, $X = X_i$에서 $S_i = 1$이 되어야 한다. 식 (6.20)의 두 번째 적분은

$$\int_{X_i}^{X_j} c_1\left(-\frac{dS_i}{dX}\frac{d\Psi}{dX}\right)dX = -\frac{c_1}{\ell}(\Psi_i - \Psi_j) \tag{6.22}$$

로 계산되고, 식 (6.22)의 결과는 $S_i = \dfrac{X_j - X}{\ell}$과, $\Psi = S_i\Psi_i + S_j\Psi_j = \dfrac{X_j - X}{\ell}\Psi_i + \dfrac{X - X_i}{\ell}\Psi_j$을 대입하여 적분을 수행하면 얻을 수 있다. 식 (6.20)의 세 번째와 네 번째 적분은 다음과 같다.

$$\int_{X_i}^{X_j} S_i(c_2\Psi)\,dX = \frac{c_2\ell}{3}\Psi_i + \frac{c_2\ell}{6}\Psi_j \tag{6.23}$$

$$\int_{X_i}^{X_j} S_ic_3\,dX = c_3\frac{\ell}{2} \tag{6.24}$$

동일한 방법으로 절점 j에 대한 두 번째 잔여 방정식 (6.16)을 계산하면 다음과 같다.

$$\int_{X_i}^{X_j} c_1\left(\frac{d}{dX}\left(S_j\frac{d\Psi}{dX}\right)\right)dX = c_1S_j\frac{d\Psi}{dX}\bigg|_{X=X_j} - c_1S_j\frac{d\Psi}{dX}\bigg|_{X=X_i} = c_1\frac{d\Psi}{dX}\bigg|_{X=X_j} \tag{6.25}$$

$$\int_{X_i}^{X_j} c_1\left(-\frac{dS_j}{dX}\frac{d\Psi}{dX}\right)dX = -\frac{c_1}{\ell}(-\Psi_i + \Psi_j) \tag{6.26}$$

$$\int_{X_i}^{X_j} S_j(c_2\Psi)\,dX = \frac{c_2\ell}{6}\Psi_i + \frac{c_2\ell}{3}\Psi_j \tag{6.27}$$

$$\int_{X_i}^{X_j} S_j\,c_3\,dX = c_3\frac{\ell}{2} \tag{6.28}$$

결국 식 (6.15)와 (6.16)은 다음 2개의 선형 방정식으로 귀결된다.

$$\begin{Bmatrix} R_i \\ R_j \end{Bmatrix} = \begin{Bmatrix} -c_1\dfrac{d\Psi}{dX}\bigg|_{X=X_i} \\ c_1\dfrac{d\Psi}{dX}\bigg|_{X=X_j} \end{Bmatrix} - \frac{c_1}{\ell}\begin{bmatrix} 1 & -1 \\ -1 & 1 \end{bmatrix}\begin{Bmatrix} \Psi_i \\ \Psi_j \end{Bmatrix} + \frac{c_2\ell}{6}\begin{bmatrix} 2 & 1 \\ 1 & 2 \end{bmatrix}\begin{Bmatrix} \Psi_i \\ \Psi_j \end{Bmatrix} + \frac{c_3\ell}{2}\begin{Bmatrix} 1 \\ 1 \end{Bmatrix} \tag{6.29}$$

열전도행렬과 열하중행렬을 단순화하기 위하여 요소의 잔여값을 0으로 놓는다. 그러나 앞서 언급한 것처럼, 모든 요소들이 조합된 후의 잔여 합을 0으로 두는 것이 중요하다. 그러므로 위의 식 (6.29)를 다시 쓰면 다음과 같다.

$$\begin{Bmatrix} c_1 \left.\dfrac{d\Psi}{dX}\right|_{X=X_i} \\ -c_1 \left.\dfrac{d\Psi}{dX}\right|_{X=X_j} \end{Bmatrix} + \frac{c_1}{\ell}\begin{bmatrix} 1 & -1 \\ -1 & 1 \end{bmatrix}\begin{Bmatrix} \Psi_i \\ \Psi_j \end{Bmatrix} + \frac{-c_2\ell}{6}\begin{bmatrix} 2 & 1 \\ 1 & 2 \end{bmatrix}\begin{Bmatrix} \Psi_i \\ \Psi_j \end{Bmatrix} = \frac{c_3\ell}{2}\begin{Bmatrix} 1 \\ 1 \end{Bmatrix} \tag{6.30}$$

미지의 절점변수들을 조합하여 다시 쓰면 다음과 같다.

$$\begin{Bmatrix} c_1 \left.\dfrac{d\Psi}{dX}\right|_{X=X_i} \\ -c_1 \left.\dfrac{d\Psi}{dX}\right|_{X=X_j} \end{Bmatrix} + \{[\mathbf{K}]_{c_1}^{(e)} + [\mathbf{K}]_{c_2}^{(e)}\}\begin{Bmatrix} \Psi_i \\ \Psi_j \end{Bmatrix} = \{\mathbf{F}\}^{(e)} \tag{6.31}$$

여기서

$$[\mathbf{K}]_{c_1}^{(e)} = \frac{c_1}{\ell}\begin{bmatrix} 1 & -1 \\ -1 & 1 \end{bmatrix}$$

위 식은 열전달 문제에서 c_1 계수에 기인한 요소별 열전도행렬(또는 고체역학 문제에서는 강성행렬을 의미)이고,

$$[\mathbf{K}]_{c_2}^{(e)} = \frac{-c_2\ell}{6}\begin{bmatrix} 2 & 1 \\ 1 & 2 \end{bmatrix}$$

위 식은 열전달 문제에서 c_2 계수에 기인한 요소별 열전도행렬(또는 고체역학 문제에서는 강성행렬을 의미)이며,

$$\{\mathbf{F}\}^{(e)} = \frac{c_3\ell}{2}\begin{Bmatrix} 1 \\ 1 \end{Bmatrix}$$

위 식은 주어진 요소의 열하중행렬이다. 그리고 나머지 항

$$\begin{Bmatrix} c_1 \left.\dfrac{d\Psi}{dX}\right|_{X=X_i} \\ -c_1 \left.\dfrac{d\Psi}{dX}\right|_{X=X_j} \end{Bmatrix}$$

는 열전도행렬(고체역학 문제에서는 강성행렬)과 열하중행렬에 기여하게 되는데, 주어진 경계조건에 따라 계산되어져야 한다. 이에 앞서, 전형적인 1차원 핀의 열전도행렬을 핀과 관련된 변수들로 다시 고쳐보자.

$$[\mathbf{K}]_{c_1}^{(e)} = \frac{c_1}{\ell}\begin{bmatrix} 1 & -1 \\ -1 & 1 \end{bmatrix} = \frac{kA}{\ell}\begin{bmatrix} 1 & -1 \\ -1 & 1 \end{bmatrix} \tag{6.32}$$

$$[\mathbf{K}]_{c_2}^{(e)} = \frac{-c_2\ell}{6}\begin{bmatrix} 2 & 1 \\ 1 & 2 \end{bmatrix} = \frac{hp\ell}{6}\begin{bmatrix} 2 & 1 \\ 1 & 2 \end{bmatrix} \tag{6.33}$$

일반적으로 요소별 열전도행렬은 3개의 항으로 구성되어 있다. $[\mathbf{K}]_{c_1}^{(e)}$항은 핀에 따라 단면을 통해 일어나는 열전도 손실을 나타내고, $[\mathbf{K}]_{c_2}^{(e)}$항은 핀 요소의 위, 아래, 옆으로 발생하는 열전도 손실을 나타낸다. 그리고 끝단의 경계조건에 따라 부가적인 $[\mathbf{K}]_{\mathrm{B.C.}}^{(e)}$ 열전도행렬이 존재할 수 있다. 끝단의 표면을 포함하는 마지막 세 번째 행렬에 대해 앞의 식 (6.5)의 경계조건을 고려하면, 끝단 표면을 통해 발생하는 열전도 손실은 다음과 같이 계산될 수 있다.

$$\begin{Bmatrix} c_1\left.\dfrac{d\Psi}{dX}\right|_{X=X_i} \\ -c_1\left.\dfrac{d\Psi}{dX}\right|_{X=X_j} \end{Bmatrix} = \begin{Bmatrix} kA\left.\dfrac{dT}{dX}\right|_{X=X_i} \\ -kA\left.\dfrac{dT}{dX}\right|_{X=X_j} \end{Bmatrix} = \begin{Bmatrix} 0 \\ hA(T_j - T_f) \end{Bmatrix} \tag{6.34}$$

위의 식을 좀더 간단히 하면

$$\begin{Bmatrix} kA\left.\dfrac{dT}{dX}\right|_{X=X_i} \\ -kA\left.\dfrac{dT}{dX}\right|_{X=X_j} \end{Bmatrix} = \begin{Bmatrix} 0 \\ hA(T_j - T_f) \end{Bmatrix} = \begin{bmatrix} 0 & 0 \\ 0 & hA \end{bmatrix}\begin{Bmatrix} T_i \\ T_j \end{Bmatrix} - \begin{Bmatrix} 0 \\ hAT_f \end{Bmatrix} \tag{6.35}$$

$$[\mathbf{K}]_{\mathrm{B.C.}}^{(e)} = \begin{bmatrix} 0 & 0 \\ 0 & hA \end{bmatrix} \tag{6.36}$$

이고, 이 중 $-\begin{Bmatrix} 0 \\ hAT_f \end{Bmatrix}$항은 식 (6.31)의 우변으로 넘겨져서 열하중행렬은 합해지게 된다. 즉, 끝단의 경계조건이 열하중행렬에 기여하게 되는 것이다.

$$\{\mathbf{F}\}_{\mathrm{B.C.}}^{(e)} = \begin{Bmatrix} 0 \\ hAT_f \end{Bmatrix} \tag{6.37}$$

정리하면, 경계조건에 의한 마지막 세 번째 요소를 뺀 전체 요소의 전도행렬은

$$[\mathbf{K}]^{(e)} = \left\{\frac{kA}{\ell}\begin{bmatrix} 1 & -1 \\ -1 & 1 \end{bmatrix} + \frac{hp\ell}{6}\begin{bmatrix} 2 & 1 \\ 1 & 2 \end{bmatrix}\right\} \tag{6.38}$$

로 표시되고, 핀의 끝단을 통해 발생하는 열손실을 고려한다면 대표 요소의 열전도행렬은

$$[\mathbf{K}]^{(e)} = \left\{ \frac{kA}{\ell} \begin{bmatrix} 1 & -1 \\ -1 & 1 \end{bmatrix} + \frac{hp\ell}{6} \begin{bmatrix} 2 & 1 \\ 1 & 2 \end{bmatrix} + \begin{bmatrix} 0 & 0 \\ 0 & hA \end{bmatrix} \right\} \tag{6.39}$$

로 표시된다. 마지막 요소를 뺀 전체 요소의 열하중행렬은

$$\{\mathbf{F}\}^{(e)} = \frac{hp\ell T_f}{2} \begin{Bmatrix} 1 \\ 1 \end{Bmatrix} \tag{6.40}$$

로 표시되고, 핀의 끝단을 통해 발생하는 열손실을 고려한다면 대표 마지막 요소의 열하중행렬은

$$\{\mathbf{F}\}^{(e)} = \frac{hp\ell T_f}{2} \begin{Bmatrix} 1 \\ 1 \end{Bmatrix} + \begin{Bmatrix} 0 \\ hAT_f \end{Bmatrix} \tag{6.41}$$

로 표시된다. 다음의 예제들에서는 전체 문제를 풀기 위한 요소를 조합하는 방법과 다른 경계조건들을 처리하는 방법에 대해서 논의된다.

예제 6.1 핀문제

그림 6.4와 같이 사각 단면을 가지는 알루미늄 핀이, 표면 온도 100°C인 기저부로부터 열을 발산시키기 위해서 사용된다. 외부 공기 온도는 20°C이고 알루미늄의 열전도도가 168 W/m · K(W/m · °C), 외부 공기로의 자연대류 열전달계수는 30 W/m^2 · K(W/m^2 · °C)이다. 핀의 크기는 길이 80 mm, 폭 5 mm, 두께 1 mm이다. (a) 그림 6.4에 나타낸 유한요소 모델을 사용하여 핀을 따르는 온도 분포를 구하라. (b) 핀 한 개당 열손실을 계산하라.

이 문제를 풀 때, 끝단에서의 경계조건을 두 가지로 풀어보기로 하자. 우선 끝단의 표면으로 열전달이 있다고 가정하고 문제를 푼다. 요소 (1), (2), (3)에서의 열전도행렬과 열하중행렬

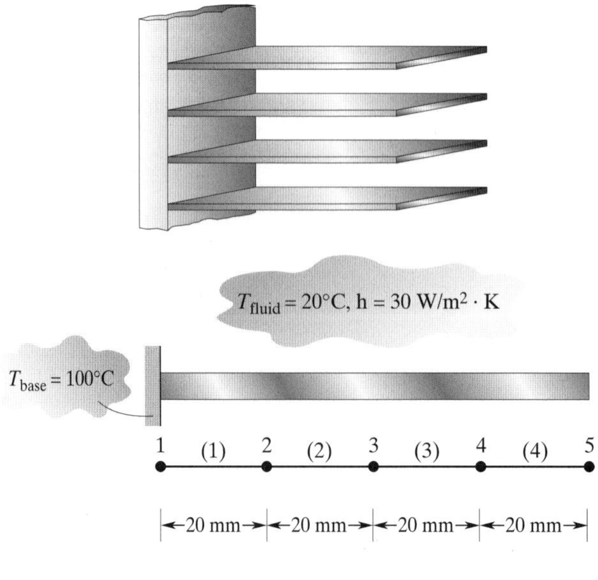

그림 6.4 직선형 핀의 유한요소 모델

렬은 다음과 같다.

$$[\mathbf{K}]^{(e)} = \left\{\frac{kA}{\ell}\begin{bmatrix} 1 & -1 \\ -1 & 1 \end{bmatrix} + \frac{hp\ell}{6}\begin{bmatrix} 2 & 1 \\ 1 & 2 \end{bmatrix}\right\}$$

$$\{\mathbf{F}\}^{(e)} = \frac{hp\ell T_f}{2}\begin{Bmatrix} 1 \\ 1 \end{Bmatrix}$$

물성치를 대입하면 다음과 같다.

$$[\mathbf{K}]^{(e)} = \left\{\frac{(168)(5 \times 1 \times 10^{-6})}{20 \times 10^{-3}}\begin{bmatrix} 1 & -1 \\ -1 & 1 \end{bmatrix} + \frac{30 \times 12 \times 20 \times 10^{-6}}{6}\begin{bmatrix} 2 & 1 \\ 1 & 2 \end{bmatrix}\right\}$$

$$\{\mathbf{F}\}^{(e)} = \frac{30 \times 12 \times 20 \times 10^{-6} \times 20}{2}\begin{Bmatrix} 1 \\ 1 \end{Bmatrix} = \begin{Bmatrix} 0.072 \\ 0.072 \end{Bmatrix}$$

따라서 요소 (1), (2), (3)에서의 열전도행렬은 다음과 같고,

$$[\mathbf{K}]^{(1)} = [\mathbf{K}]^{(2)} = [\mathbf{K}]^{(3)} = \begin{bmatrix} 0.0444 & -0.0408 \\ -0.0408 & 0.0444 \end{bmatrix}\frac{\text{W}}{^\circ\text{C}}$$

요소 (1), (2), (3)에서의 열하중행렬은 다음과 같다.

$$\{\mathbf{F}\}^{(1)} = \{\mathbf{F}\}^{(2)} = \{\mathbf{F}\}^{(3)} = \begin{Bmatrix} 0.072 \\ 0.072 \end{Bmatrix}\text{W}$$

끝단에서의 경계조건을 고려하여 요소 (4)에서의 열전도 및 열하중 행렬을 구하면 다음과 같다.

$$[\mathbf{K}]^{(e)} = \left\{\frac{kA}{\ell}\begin{bmatrix} 1 & -1 \\ -1 & 1 \end{bmatrix} + \frac{hp\ell}{6}\begin{bmatrix} 2 & 1 \\ 1 & 2 \end{bmatrix} + \begin{bmatrix} 0 & 0 \\ 0 & hA \end{bmatrix}\right\}$$

$$[\mathbf{K}]^{(4)} = \begin{bmatrix} 0.0444 & -0.0408 \\ -0.0408 & 0.0444 \end{bmatrix} + \begin{bmatrix} 0 & 0 \\ 0 & (30 \times 5 \times 1 \times 10^{-6}) \end{bmatrix} = \begin{bmatrix} 0.0444 & -0.0408 \\ -0.0408 & 0.04455 \end{bmatrix}\frac{\text{W}}{^\circ\text{C}}$$

$$\{\mathbf{F}\}^{(e)} = \frac{hp\ell T_f}{2}\begin{Bmatrix} 1 \\ 1 \end{Bmatrix} + \begin{Bmatrix} 0 \\ hAT_f \end{Bmatrix}$$

$$\{\mathbf{F}\}^{(4)} = \begin{Bmatrix} 0.072 \\ 0.072 \end{Bmatrix} + \begin{Bmatrix} 0 \\ (30 \times 5 \times 1 \times 10^{-6} \times 20) \end{Bmatrix} = \begin{Bmatrix} 0.072 \\ 0.075 \end{Bmatrix}\text{W}$$

요소 행렬을 조립하여 전체 열전도행렬 $[\mathbf{K}]^{(G)}$와 전체 열하중행렬 $\{\mathbf{F}\}^{(G)}$를 구하면 다음과 같다.

$$[\mathbf{K}]^{(G)} = \begin{bmatrix} 0.0444 & -0.0408 & 0 & 0 & 0 \\ -0.0408 & 0.0444 + 0.0444 & -0.0408 & 0 & 0 \\ 0 & -0.0408 & 0.0444 + 0.0444 & -0.0408 & 0 \\ 0 & 0 & -0.0408 & 0.0444 + 0.0444 & -0.0408 \\ 0 & 0 & 0 & -0.0408 & 0.04455 \end{bmatrix}$$

$$\{\mathbf{F}\}^{(G)} = \begin{Bmatrix} 0.072 \\ 0.072 + 0.072 \\ 0.072 + 0.072 \\ 0.072 + 0.072 \\ 0.075 \end{Bmatrix}$$

기저부의 경계조건인 $T_1 = 100°\text{C}$를 적용시키면 최종적인 선형 방정식들을 얻는다.

$$\begin{bmatrix} 1 & 0 & 0 & 0 & 0 \\ -0.0408 & 0.0888 & -0.0408 & 0 & 0 \\ 0 & -0.0408 & 0.0888 & -0.0408 & 0 \\ 0 & 0 & -0.0408 & 0.0888 & -0.0408 \\ 0 & 0 & 0 & -0.0408 & 0.04455 \end{bmatrix} \begin{Bmatrix} T_1 \\ T_2 \\ T_3 \\ T_4 \\ T_5 \end{Bmatrix} = \begin{Bmatrix} 100 \\ 0.144 \\ 0.144 \\ 0.144 \\ 0.075 \end{Bmatrix}$$

위의 식에 대한 해인 절점온도를 구하면 다음과 같다.

$$\begin{Bmatrix} T_1 \\ T_2 \\ T_3 \\ T_4 \\ T_5 \end{Bmatrix} = \begin{Bmatrix} 100 \\ 75.03 \\ 59.79 \\ 51.56 \\ 48.90 \end{Bmatrix} °\text{C}$$

여기서 절점온도는 °K가 아니라 °C임에 유의하자.

주어진 핀의 단면적이 상대적으로 작기 때문에 끝단의 열손실을 무시할 수도 있다. 이러한 가정하에서 요소 열전도 및 열하중 행렬을 구하면 다음과 같다.

$$[\mathbf{K}]^{(1)} = [\mathbf{K}]^{(2)} = [\mathbf{K}]^{(3)} = [\mathbf{K}]^{(4)} = \begin{bmatrix} 0.0444 & -0.0408 \\ -0.0408 & 0.0444 \end{bmatrix} \frac{\text{W}}{°\text{C}}$$

$$\{\mathbf{F}\}^{(1)} = \{\mathbf{F}\}^{(2)} = \{\mathbf{F}\}^{(3)} = \{\mathbf{F}\}^{(4)} = \begin{Bmatrix} 0.072 \\ 0.072 \end{Bmatrix} \text{W}$$

요소 행렬들을 조립하여 전체 전도행렬 $[\mathbf{K}]^{(G)}$와 전체 하중행렬 $\{\mathbf{F}\}^{(G)}$를 구하면 다음과 같다.

$$[\mathbf{K}]^{(G)} = \begin{bmatrix} 0.0444 & -0.0408 & 0 & 0 & 0 \\ -0.0408 & 0.0444 + 0.0444 & -0.0408 & 0 & 0 \\ 0 & -0.0408 & 0.0444 + 0.0444 & -0.0408 & 0 \\ 0 & 0 & -0.0408 & 0.0444 + 0.0444 & -0.0408 \\ 0 & 0 & 0 & -0.0408 & 0.0444 \end{bmatrix}$$

$$\{\mathbf{F}\}^{(G)} = \begin{Bmatrix} 0.072 \\ 0.072 + 0.072 \\ 0.072 + 0.072 \\ 0.072 + 0.072 \\ 0.072 \end{Bmatrix}$$

기저부의 경계조건인 $T_1 = 100°\text{C}$를 적용시키면 최종적인 선형 방정식을 얻는다.

$$\begin{bmatrix} 1 & 0 & 0 & 0 & 0 \\ -0.0408 & 0.0888 & -0.0408 & 0 & 0 \\ 0 & -0.0408 & 0.0888 & -0.0408 & 0 \\ 0 & 0 & -0.0408 & 0.0888 & -0.0408 \\ 0 & 0 & 0 & -0.0408 & 0.0444 \end{bmatrix} \begin{Bmatrix} T_1 \\ T_2 \\ T_3 \\ T_4 \\ T_5 \end{Bmatrix} = \begin{Bmatrix} 100 \\ 0.144 \\ 0.144 \\ 0.144 \\ 0.072 \end{Bmatrix}$$

이 식으로부터 구한 해는 앞의 다른 경계조건에서 구한 값과 거의 동일하다.

$$\begin{Bmatrix} T_1 \\ T_2 \\ T_3 \\ T_4 \\ T_5 \end{Bmatrix} = \begin{Bmatrix} 100 \\ 75.08 \\ 59.89 \\ 51.74 \\ 49.19 \end{Bmatrix} {}^\circ\mathrm{C}$$

앞의 결과와 비교해 볼 때 절점온도가 약간 높게 나왔는데, 이는 끝단의 표면을 통한 열손실을 무시했기 때문이다.

핀을 통한 전체 열손실 Q는 각 요소들을 통한 열손실 모두를 합해서 결정할 수 있다.

$$Q_{\text{total}} = \Sigma Q^{(e)} \tag{6.42}$$

$$\begin{aligned} Q^{(e)} &= \int_{X_i}^{X_j} hp(T - T_f)\, dX \\ &= \int_{X_i}^{X_j} hp((S_i T_i + S_j T_j) - T_f)\, dX = hp\ell\left(\left(\frac{T_i + T_j}{2}\right) - T_f\right) \end{aligned} \tag{6.43}$$

식 (6.42)와 (6.43)에 절점온도를 대입하면 다음과 같다.

$$Q_{\text{total}} = Q^{(1)} + Q^{(2)} + Q^{(3)} + Q^{(4)}$$

$$Q^{(1)} = hp\ell\left(\left(\frac{T_i + T_j}{2}\right) - T_f\right) = 30 \times 12 \times 20 \times 10^{-6}\left(\left(\frac{100 + 75.08}{2}\right) - 20\right) = 0.4862\ \mathrm{W}$$

$$Q^{(2)} = 30 \times 12 \times 20 \times 10^{-6}\left(\left(\frac{75.08 + 59.89}{2}\right) - 20\right) = 0.3418\ \mathrm{W}$$

$$Q^{(3)} = 30 \times 12 \times 20 \times 10^{-6}\left(\left(\frac{59.89 + 51.74}{2}\right) - 20\right) = 0.2578\ \mathrm{W}$$

$$Q^{(4)} = 30 \times 12 \times 20 \times 10^{-6}\left(\left(\frac{51.74 + 49.19}{2}\right) - 20\right) = 0.2193\ \mathrm{W}$$

$$Q_{\text{total}} = 1.3051\ \mathrm{W}$$

예제 6.2 복합벽 문제

공업용 가열로는 그림 6.5와 같이 세 가지의 다른 재료로 된 복합벽 구조를 이루고 있다. 첫 번째 층은 5 cm 두께의 진흙 접합 단열 시멘트로, 열전도도가 0.08 W/m · K이고, 두 번째 층은 6장의 석면이 결합되어 두께가 15 cm이며 열전도도가 0.074 W/m · K이다. 외부의 벽은 10 cm 두께의 일반 벽돌로 되어 있는데 열전도도가 0.72 W/m · K이다. 안쪽 벽면 온도는 200°C이고, 외부 공기 온도는 30°C, 그리고 외부 공기의 대류 열전달계수는 40 W/m² · K(W/m² · °C)이다. 이 복합벽의 온도 분포를 구하라.

열전도 문제의 지배 방정식은 다음과 같고,

$$kA\frac{d^2T}{dX^2} = 0 \tag{6.44}$$

경계조건은 $T_1 = 200°\text{C}$, $-kA\frac{dT}{dX}|_{X=30\,\text{cm}} = hA(T_4 - T_f)$이다. 이 예제에서 식 (6.44)를 식 (6.8)과 비교해 본다면 $c_1 = kA$, $c_2 = 0$, $c_3 = 0$, 그리고 $\Psi = T$에 해당한다. 따라서 요소 (1)에 대해서는 다음과 같고,

$$[\mathbf{K}]^{(1)} = \frac{kA}{\ell}\begin{bmatrix} 1 & -1 \\ -1 & 1 \end{bmatrix} = \frac{0.08 \times 1}{0.05}\begin{bmatrix} 1 & -1 \\ -1 & 1 \end{bmatrix} = \begin{bmatrix} 1.6 & -1.6 \\ -1.6 & 1.6 \end{bmatrix}\frac{\text{W}}{°\text{C}}$$

$$\{\mathbf{F}\}^{(1)} = \begin{Bmatrix} 0 \\ 0 \end{Bmatrix}\text{W}$$

요소 (2)에 대해서는 다음과 같다.

$$[\mathbf{K}]^{(2)} = \frac{kA}{\ell}\begin{bmatrix} 1 & -1 \\ -1 & 1 \end{bmatrix} = \frac{0.074 \times 1}{0.15}\begin{bmatrix} 1 & -1 \\ -1 & 1 \end{bmatrix} = \begin{bmatrix} 0.493 & -0.493 \\ -0.493 & 0.493 \end{bmatrix}\frac{\text{W}}{°\text{C}}$$

$$\{\mathbf{F}\}^{(2)} = \begin{Bmatrix} 0 \\ 0 \end{Bmatrix}\text{W}$$

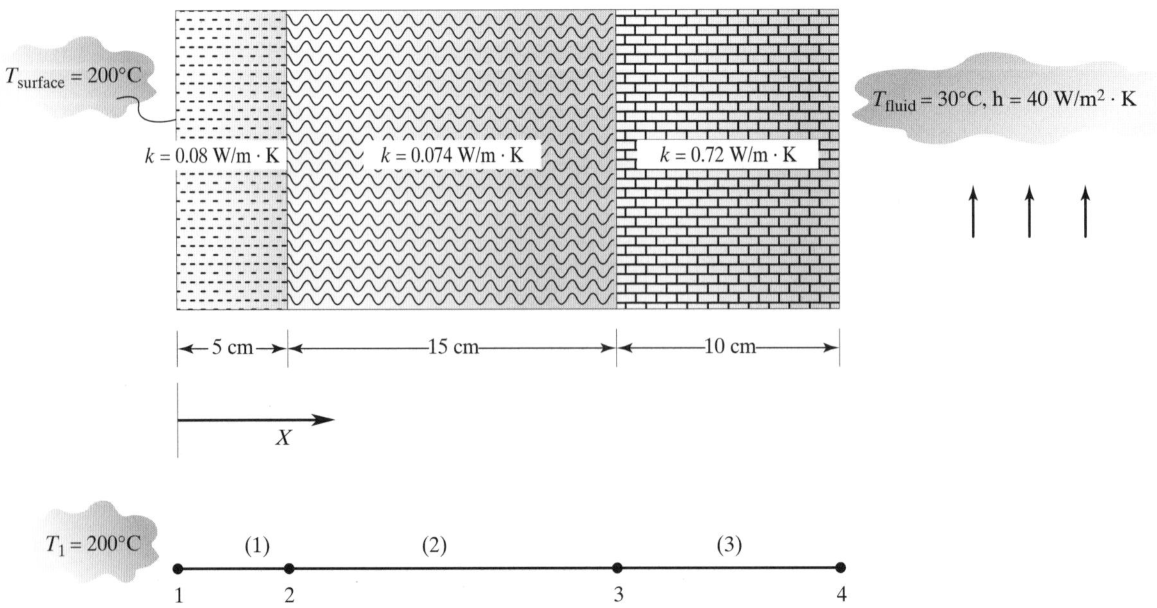

그림 6.5 공업용 가열로의 복합벽 구조

요소 (3)에 대하여 경계조건을 포함시키면

$$[\mathbf{K}]^{(3)} = \frac{kA}{\ell}\begin{bmatrix} 1 & -1 \\ -1 & 1 \end{bmatrix} + \begin{bmatrix} 0 & 0 \\ 0 & hA \end{bmatrix} = \frac{0.72 \times 1}{0.1}\begin{bmatrix} 1 & -1 \\ -1 & 1 \end{bmatrix} + \begin{bmatrix} 0 & 0 \\ 0 & (40 \times 1) \end{bmatrix}$$
$$= \begin{bmatrix} 7.2 & -7.2 \\ -7.2 & 47.2 \end{bmatrix} \frac{\text{W}}{{}^\circ\text{C}}$$
$$\{\mathbf{F}\}^{(3)} = \begin{Bmatrix} 0 \\ hAT_f \end{Bmatrix} = \begin{Bmatrix} 0 \\ (40 \times 1 \times 30) \end{Bmatrix} = \begin{Bmatrix} 0 \\ 1200 \end{Bmatrix} \text{W}$$

요소 행렬들을 모두 조합하면

$$[\mathbf{K}]^{(G)} = \begin{bmatrix} 1.6 & -1.6 & 0 & 0 \\ -1.6 & 1.6 + 0.493 & -0.493 & 0 \\ 0 & -0.493 & 0.493 + 7.2 & -7.2 \\ 0 & 0 & -7.2 & 47.2 \end{bmatrix}$$
$$\{\mathbf{F}\}^{(G)} = \begin{Bmatrix} 0 \\ 0 \\ 0 \\ 1200 \end{Bmatrix}$$

내부 벽에서의 경계조건을 부과하면

$$\begin{bmatrix} 1 & 0 & 0 & 0 \\ -1.6 & 2.093 & -0.493 & 0 \\ 0 & -0.493 & 7.693 & -7.2 \\ 0 & 0 & -7.2 & 47.2 \end{bmatrix} \begin{Bmatrix} T_1 \\ T_2 \\ T_3 \\ T_4 \end{Bmatrix} = \begin{Bmatrix} 200 \\ 0 \\ 0 \\ 1200 \end{Bmatrix}$$

위의 식들과 같고, 해를 구하면 다음과 같다.

$$\begin{Bmatrix} T_1 \\ T_2 \\ T_3 \\ T_4 \end{Bmatrix} = \begin{Bmatrix} 200 \\ 162.3 \\ 39.9 \\ 31.5 \end{Bmatrix} {}^\circ\text{C}$$

이러한 종류의 열전도 문제는 유한요소 정식화 과정 없이, 기본적인 열전달의 개념만으로도 쉽게 해를 구할 수 있음을 주목하자. 이러한 예제들은 단순한 문제를 통해 유한요소해석의 단계별 과정을 보여주기 위함이었음을 언급해 둔다.

6.2 유체역학 문제

예제 6.3 유체역학 문제

그림 6.6과 같이 화학공정을 거치는 공장에서 액화 글리세린 용액이 좁은 채널을 따라 흐르고 있다. 채널을 따른 압력강하(pressure drop)는 계속 기록된다. 채널의 윗벽은 50°C로 유지되고, 아랫벽은 20°C로 유지된다. 온도에 따른 글리세린의 점도와 밀도 변화가 표 6.1에 나타나 있다. 비교적 저속 유동의 경우, 채널을 따른 압력강하는 120 Pa/m로 측정되었다. 채널의 길이는 3 m, 높이는 9 cm, 폭은 40 cm라 할 때, 속도 분포와 유체의 질량유동률(mass flow rate)을 결정하라.

채널 내부에서 점도가 일정한 유체의 층류 유동은 유체입자에 작용하는 전단력의 총합과 압력의 총합 사이의 균형에 의해서 지배된다. 운동 방정식은 다음과 같다.

$$\mu\frac{d^2u}{dy^2} - \frac{dp}{dx} = 0 \tag{6.45}$$

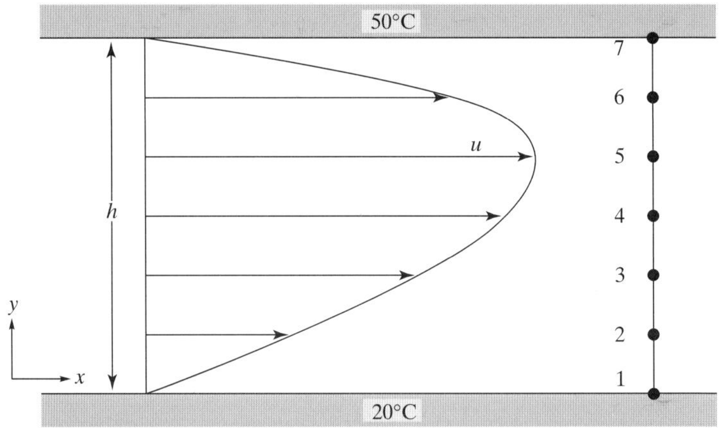

그림 6.6 채널 속을 흐르는 액화 글리세린 용액의 층류 유동

표 6.1 온도 변화에 따른 액화 글리세린 용액의 물성치

온도 (°C)	점도 (kg/m · s)	밀도 (kg/m^3)
20	0.90	1255
25	0.65	1253
30	0.40	1250
35	0.28	1247
40	0.20	1243
45	0.12	1238
50	0.10	1233

이 때의 경계조건은 $u(0) = 0$, $u(h) = 0$이다. 여기서 u는 유체의 속도, μ는 유체의 동점성계수, $\frac{dp}{dx}$는 유동방향으로의 압력강하를 나타낸다. 이 문제의 경우 식 (6.45)를 식 (6.8)과 비교해 보면, $c_1 = \mu$, $c_2 = 0$, $c_3 = -\frac{dp}{dx}$, $\Psi = u$에 해당함을 알 수 있다.

여기서 액화 글리세린 용액의 점도는 채널의 높이에 따라 변화하지만, 요소별 저항행렬(elemental resistance matrix)을 계산할 때는 각 요소에 대해 점도의 평균값을 사용하기로 한다. 각 요소에서의 점도와 밀도의 평균값이 표 6.2에 나타나 있다.

표 6.2의 물성치를 이용하여 요소별 유동저항행렬(elemental flow-resistance matrix)을 계산하면 다음과 같다.

$$[\mathbf{K}]^{(1)} = \frac{\mu}{\ell}\begin{bmatrix} 1 & -1 \\ -1 & 1 \end{bmatrix} = \frac{0.775}{1.5\times10^{-2}}\begin{bmatrix} 1 & -1 \\ -1 & 1 \end{bmatrix} = \begin{bmatrix} 51.67 & -51.67 \\ -51.67 & 51.67 \end{bmatrix}\frac{\text{kg}}{\text{m}^2\cdot\text{s}}$$

$$[\mathbf{K}]^{(2)} = \frac{\mu}{\ell}\begin{bmatrix} 1 & -1 \\ -1 & 1 \end{bmatrix} = \frac{0.525}{1.5\times10^{-2}}\begin{bmatrix} 1 & -1 \\ -1 & 1 \end{bmatrix} = \begin{bmatrix} 35 & -35 \\ -35 & 35 \end{bmatrix}\frac{\text{kg}}{\text{m}^2\cdot\text{s}}$$

$$[\mathbf{K}]^{(3)} = \frac{\mu}{\ell}\begin{bmatrix} 1 & -1 \\ -1 & 1 \end{bmatrix} = \frac{0.340}{1.5\times10^{-2}}\begin{bmatrix} 1 & -1 \\ -1 & 1 \end{bmatrix} = \begin{bmatrix} 22.67 & -22.67 \\ -22.67 & 22.67 \end{bmatrix}\frac{\text{kg}}{\text{m}^2\cdot\text{s}}$$

$$[\mathbf{K}]^{(4)} = \frac{\mu}{\ell}\begin{bmatrix} 1 & -1 \\ -1 & 1 \end{bmatrix} = \frac{0.240}{1.5\times10^{-2}}\begin{bmatrix} 1 & -1 \\ -1 & 1 \end{bmatrix} = \begin{bmatrix} 16 & -16 \\ -16 & 16 \end{bmatrix}\frac{\text{kg}}{\text{m}^2\cdot\text{s}}$$

$$[\mathbf{K}]^{(5)} = \frac{\mu}{\ell}\begin{bmatrix} 1 & -1 \\ -1 & 1 \end{bmatrix} = \frac{0.160}{1.5\times10^{-2}}\begin{bmatrix} 1 & -1 \\ -1 & 1 \end{bmatrix} = \begin{bmatrix} 10.67 & -10.67 \\ -10.67 & 10.67 \end{bmatrix}\frac{\text{kg}}{\text{m}^2\cdot\text{s}}$$

$$[\mathbf{K}]^{(6)} = \frac{\mu}{\ell}\begin{bmatrix} 1 & -1 \\ -1 & 1 \end{bmatrix} = \frac{0.110}{1.5\times10^{-2}}\begin{bmatrix} 1 & -1 \\ -1 & 1 \end{bmatrix} = \begin{bmatrix} 7.33 & -7.33 \\ -7.33 & 7.33 \end{bmatrix}\frac{\text{kg}}{\text{m}^2\cdot\text{s}}$$

여기서 $[\mathbf{K}]$는 유동에 대한 저항을 의미하므로, 요소별 강성행렬이라는 표현 대신에 요소별 유동저항행렬이라는 표현을 쓰는 것이 타당하다고 생각된다. 유동이 완전히 발전된(fully developed) 상태이기 때문에 $\frac{dp}{dx}$는 상수이고, 그에 따라 모든 요소에서의 하중행렬은 동일한 값을 가진다.

$$\{\mathbf{F}\}^{(1)} = \{\mathbf{F}\}^{(2)} = \cdots = \{\mathbf{F}\}^{(5)} = \{\mathbf{F}\}^{(6)} = \frac{-\frac{dp}{dx}\ell}{2}\begin{Bmatrix} 1 \\ 1 \end{Bmatrix} = \frac{-(-120)(1.5\times10^{-2})}{2}\begin{Bmatrix} 1 \\ 1 \end{Bmatrix} = \begin{Bmatrix} 0.9 \\ 0.9 \end{Bmatrix}\frac{\text{N}}{\text{m}^2}$$

표 6.2 각 요소의 물성치

요소	평균 점도 (kg/m · s)	평균 밀도 (kg/m^3)
1	0.775	1254
2	0.525	1252
3	0.34	1249
4	0.24	1245
5	0.16	1241
6	0.11	1236

압력강하와 관련된 음수값은 채널에서 유동방향을 따라 압력이 감소하는 경향을 의미한다. 전체 유동저항행렬은 요소별 유동저항행렬을 조합해서 얻을 수 있다.

$$[\mathbf{K}]^{(G)} = \begin{bmatrix} 51.67 & -51.67 & 0 & 0 & 0 & 0 & 0 \\ -51.67 & 51.67+35 & -35 & 0 & 0 & 0 & 0 \\ 0 & -35 & 35+22.67 & -22.67 & 0 & 0 & 0 \\ 0 & 0 & -22.67 & 22.67+16 & -16 & 0 & 0 \\ 0 & 0 & 0 & -16 & 16+10.67 & -10.67 & 0 \\ 0 & 0 & 0 & 0 & -10.67 & 10.67+7.33 & -7.33 \\ 0 & 0 & 0 & 0 & 0 & -7.33 & 7.33 \end{bmatrix}$$

그리고 전체 하중행렬은 다음과 같고,

$$\{\mathbf{F}\}^{(G)} = \begin{Bmatrix} 0.9 \\ 0.9+0.9 \\ 0.9+0.9 \\ 0.9+0.9 \\ 0.9+0.9 \\ 0.9+0.9 \\ 0.9 \end{Bmatrix}$$

또한 벽면에서 유동이 미끄러짐이 없다(no-slip)는 경계조건을 부과하면

$$\begin{bmatrix} 1 & 0 & 0 & 0 & 0 & 0 & 0 \\ -51.67 & 86.67 & -35 & 0 & 0 & 0 & 0 \\ 0 & -35 & 57.67 & -22.67 & 0 & 0 & 0 \\ 0 & 0 & -22.67 & 38.67 & -16 & 0 & 0 \\ 0 & 0 & 0 & -16 & 26.67 & -10.67 & 0 \\ 0 & 0 & 0 & 0 & -10.67 & 18 & -7.33 \\ 0 & 0 & 0 & 0 & 0 & 0 & 1 \end{bmatrix} \begin{Bmatrix} u_1 \\ u_2 \\ u_3 \\ u_4 \\ u_5 \\ u_6 \\ u_7 \end{Bmatrix} = \begin{Bmatrix} 0 \\ 1.8 \\ 1.8 \\ 1.8 \\ 1.8 \\ 1.8 \\ 0 \end{Bmatrix}$$

이 되며, 이 식으로부터 해를 구하면 유체의 속도를 구할 수 있다.

$$\begin{Bmatrix} u_1 \\ u_2 \\ u_3 \\ u_4 \\ u_5 \\ u_6 \\ u_7 \end{Bmatrix} = \begin{Bmatrix} 0 \\ 0.1233 \\ 0.2538 \\ 0.3760 \\ 0.4366 \\ 0.3588 \\ 0 \end{Bmatrix} \text{m/s}$$

채널의 질량유동률은 다음의 식으로 계산된다.

$$\dot{m}_{\text{total}} = \Sigma \dot{m}^{(e)} \tag{6.46}$$

$$\dot{m}^{(e)} = \int_{y_i}^{y_j} \rho u W \, dy = \int_{y_i}^{y_j} \rho W (S_i u_i + S_j u_j) \, dy = \rho W \ell \left(\frac{u_i + u_j}{2} \right) \tag{6.47}$$

식 (6.47)에서 W는 채널의 폭을 나타낸다. 따라서 요소별 질량유동률과 전체 질량유동률은 다음과 같이 계산된다.

$$m^{\cdot(1)} = \rho W \ell \left(\frac{u_i + u_j}{2} \right) = 1254 \times 0.4 \times 1.5 \times 10^{-2} \times \frac{0 + 0.1233}{2} = 0.4638 \text{ kg/s}$$

$$m^{\cdot(2)} = 1252 \times 0.4 \times 1.5 \times 10^{-2} \times \frac{0.1233 + 0.2538}{2} = 1.4164 \text{ kg/s}$$

$$m^{\cdot(3)} = 1249 \times 0.4 \times 1.5 \times 10^{-2} \times \frac{0.2538 + 0.3760}{2} = 2.3598 \text{ kg/s}$$

$$m^{\cdot(4)} = 1245 \times 0.4 \times 1.5 \times 10^{-2} \times \frac{0.3760 + 0.4366}{2} = 3.0350 \text{ kg/s}$$

$$m^{\cdot(5)} = 1241 \times 0.4 \times 1.5 \times 10^{-2} \times \frac{0.4366 + 0.3588}{2} = 2.9612 \text{ kg/s}$$

$$m^{\cdot(6)} = 1236 \times 0.4 \times 1.5 \times 10^{-2} \times \frac{0.3588 + 0}{2} = 1.3304 \text{ kg/s}$$

$$m^{\cdot}_{\text{total}} = 11.566 \text{ kg/s}$$

6.3 ANSYS를 이용한 예제

예제 6.2 재론: 복합벽 문제

공업용 가열로는 그림 6.5와 같이 세 가지의 다른 재료로 된 복합벽 구조를 이루고 있다. 그림 6.7에 같은 그림이 소개되고 있다. 첫 번째 층은 5 cm 두께의 진흙 접합 단열 시멘트로, 열전도도가 0.08 W/m · K이고, 두 번째 층은 6장의 석면이 결합되어 두께가 15 cm이며, 열전도도가 0.074 W/m · K이다. 외부 벽은 10 cm 두께의 일반 벽돌로 되어 있는데, 열전도도가 0.72 W/m · K이다. 안쪽 벽면 온도는 200°C이고 외부 공기 온도는 30°C, 그리고 외부 공기의 대류 열전달계수는 40 W/m^2 · K이다. 이 복합벽의 온도 분포를 구하라.

다음은 ANSYS에서 어떻게 대류 경계조건을 가지는 1차원 열전도 문제를 해결해 나가는가 하는 과정을 보여준다. ANSYS를 사용하기 위해서는 적절한 요소를 선택해야 하고, 물성치나 형상 등 속성을 지정하고 경계조건을 부과한 후에 해를 구한다.

ANSYS를 사용하여 이 문제를 풀기 위해 다음의 단계를 거치게 된다.

시작메뉴를 사용하여 **ANSYS** 프로그램을 실행시킨다.

대화상자의 **Jobname** 입력란에 **HeatTran**(또는 원하는 파일명)을 입력한다. GUI를 시작하기 위해 **Run**을 선택한다.

다음 명령으로 문제에 대한 제목을 입력한다. 이 제목은 ANSYS 표시창에 나타나며 프로그램 창을 구별하는 데 사용된다.

utility menu: **File → Change Title** . . .

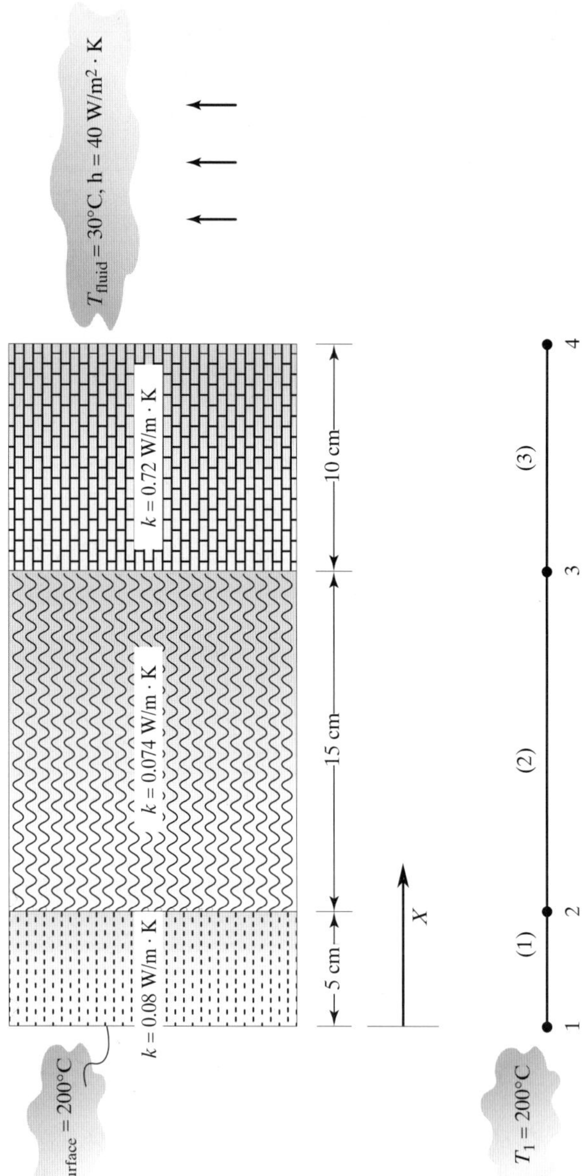

그림 6.7 공업용 가열로의 복합벽 구조

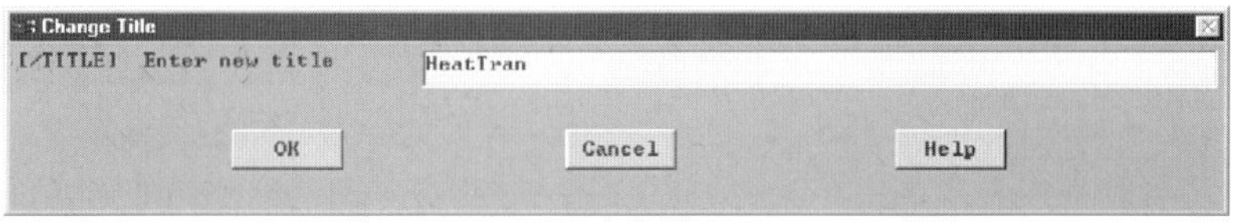

다음 명령으로 요소의 종류와 재료의 물성을 선택한다.

main menu: **Preprocessor → Element Type → Add/Edit/Delete**

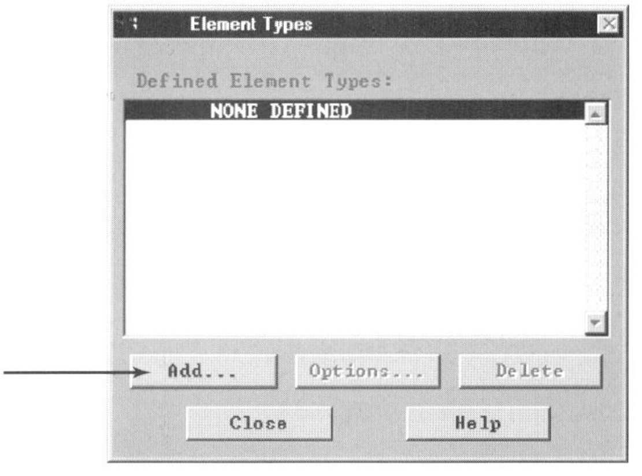

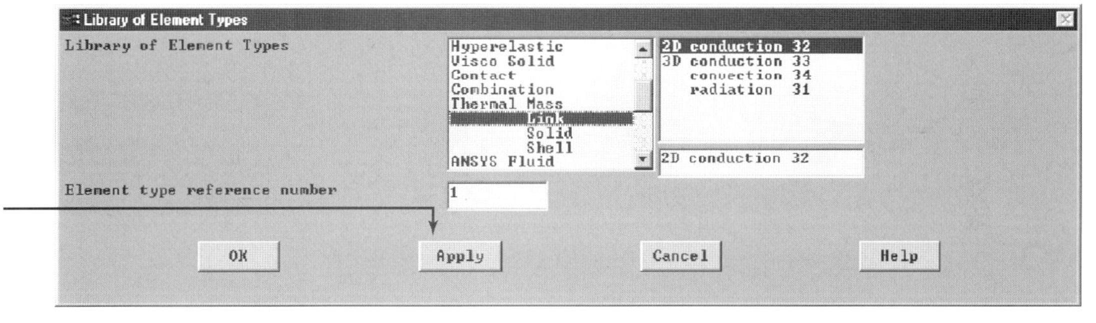

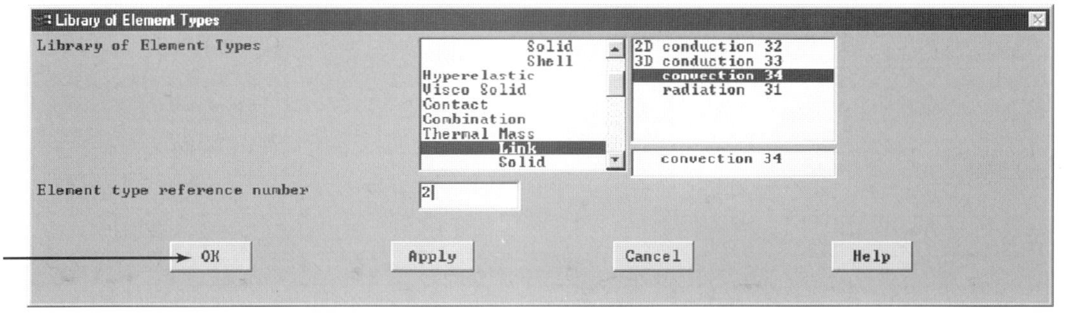

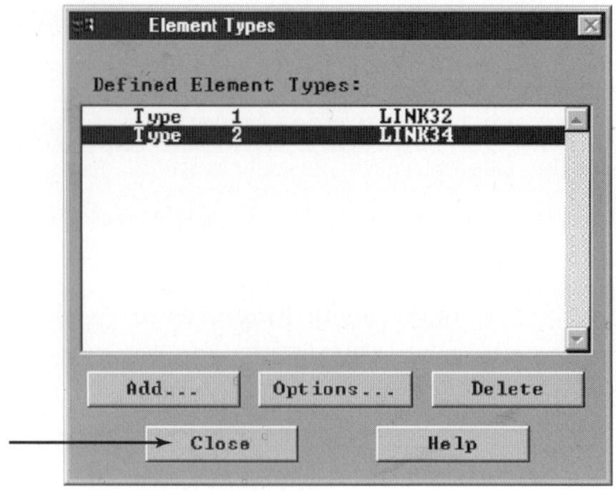

다음 명령으로 벽의 단면적을 입력한다.

main menu: **Preprocessor → Real Constants → Add/Edit/Delete**

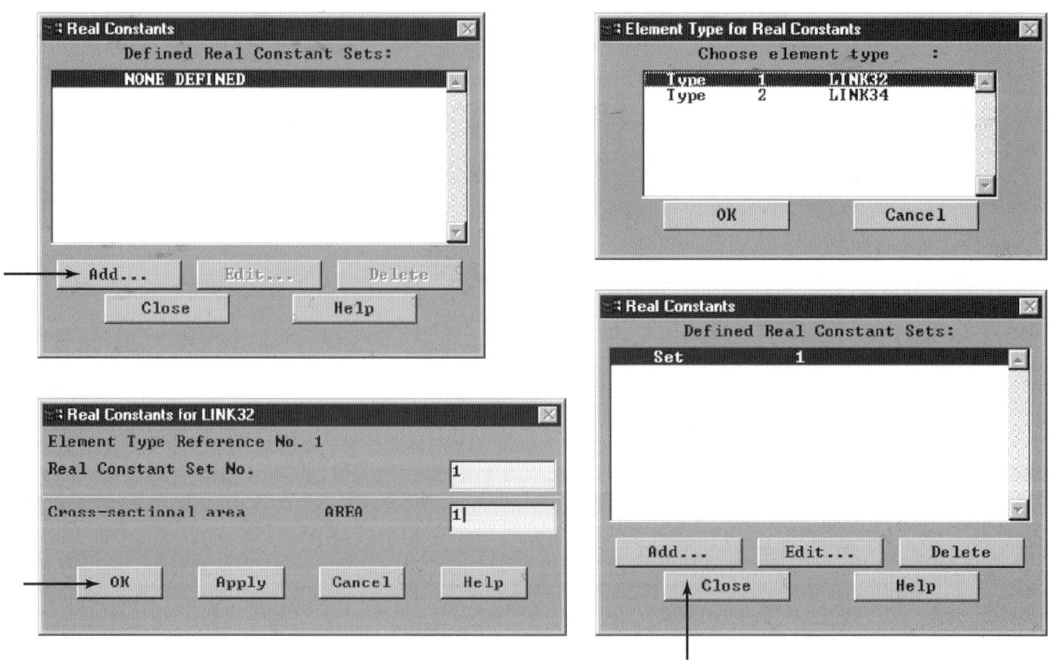

다음 명령으로 열전도도를 입력한다.

main menu: **Preprocessor → Material Props → Material Models → Thermal → Conductivity → Isotropic**

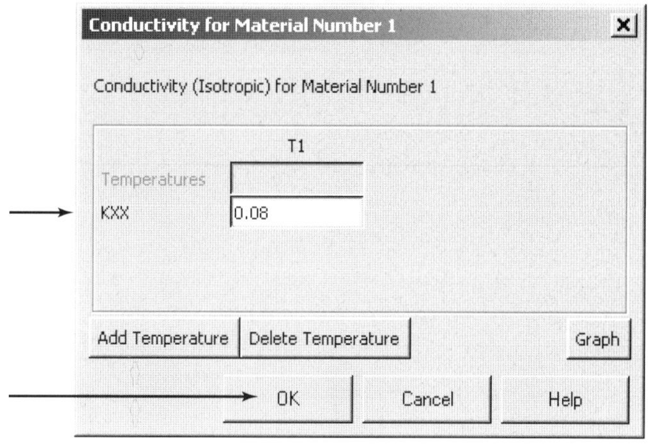

Define Material Model Behavior 창에서:

Material → New Model . . .

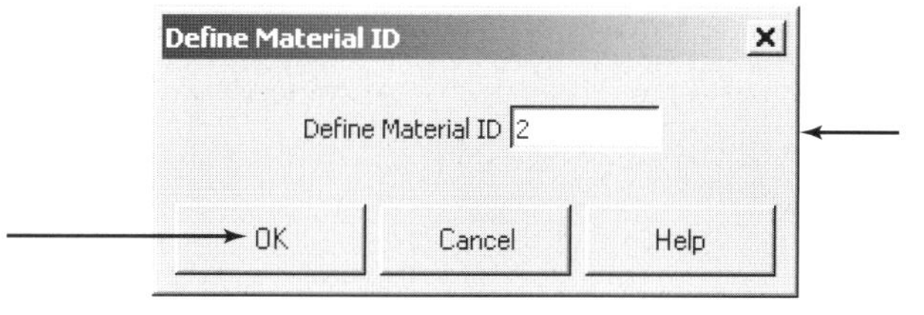

Isotropic을 더블클릭한다.

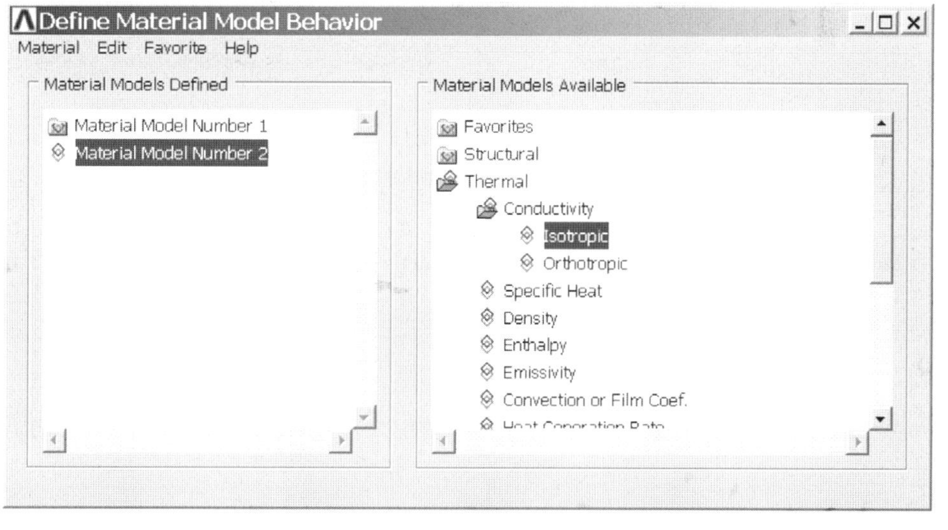

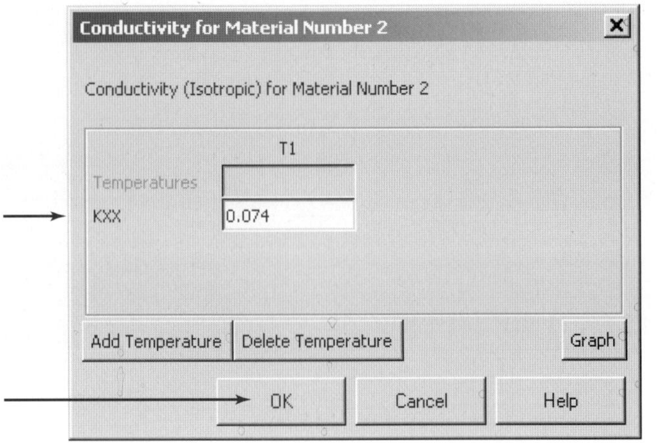

Define Material Model Behavior 창에서:

Material → New Model . . .

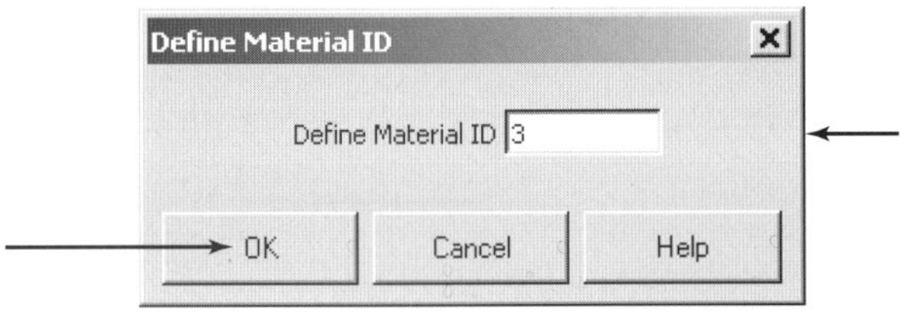

Isotropic을 더블클릭하여 세 번째 층의 열전도도를 입력한다.

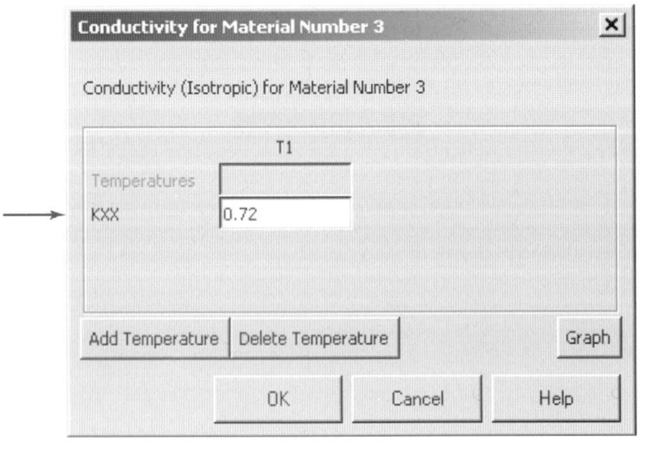

Define Material Model Behavior 창에서:

Material → New Model . . .

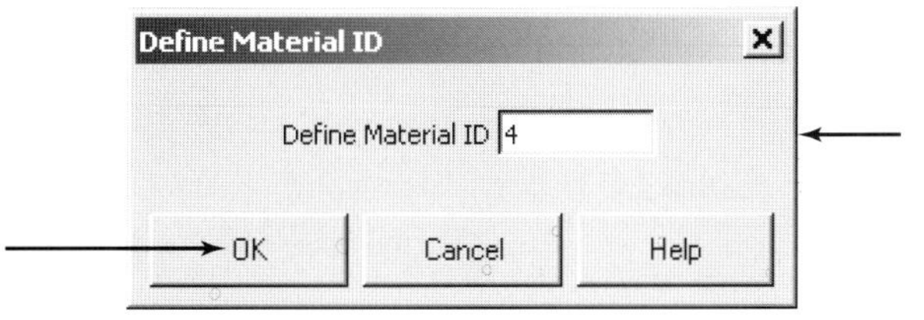

Convection or Film Coef.를 더블클릭하여 열전달계수를 지정한다.

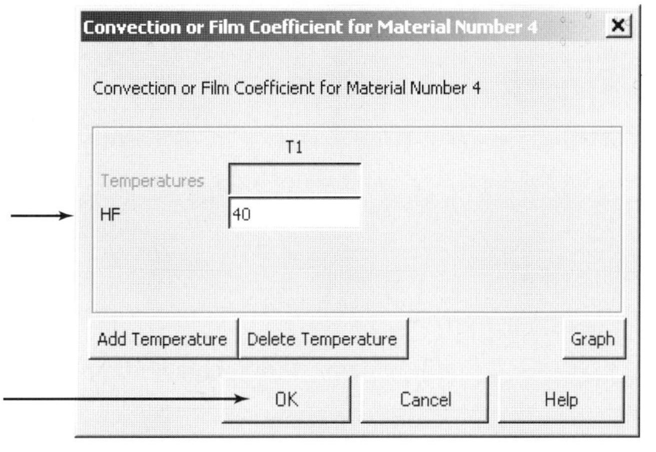

ANSYS Toolbar: **SAVE_DB**

작업평면 설정, 줌 등을 사용하여 문제에 맞도록 그래픽 영역을 설정한다.

utility menu: **Workplane → WP Settings** . . .

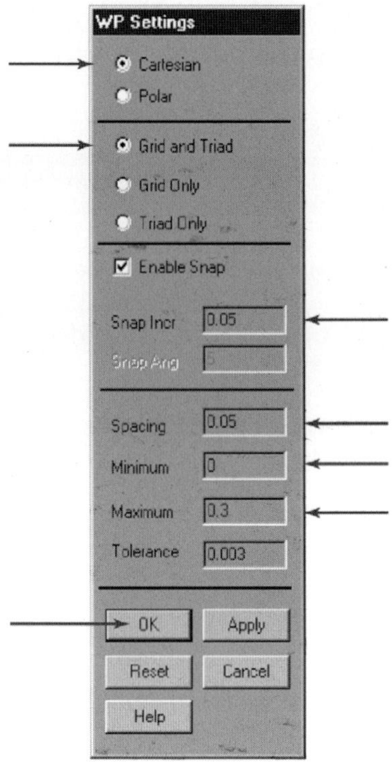

다음 명령으로 작업평면을 나타낸다(toggle on).

utility menu: **Workplane → Display Working Plane**

다음 명령으로 작업평면을 창에 적절히 위치시킨다.

utility menu: **PlotCtrls → Pan, Zoom, Rotate** . . .

작업평면에서 점들을 선택하여 절점을 생성한다.

main menu: **Preprocessor → Modeling → Create → Nodes → On Working Plane**

작업평면에서 절점의 위치를 선택하고 apply를 실행한다.

[WP = 0,0]

[WP = 0.05,0]

[WP = 0.2,0]

[WP = 0.3,0]

대류요소에 대해 절점을 생성한다.

[WP = 0.3,0]

OK

이제 작업평면을 끄고, 절점에 번호를 부여한다.

utility menu: **Workplane → Display Working Plane**

utility menu: **PlotCtrls → Numbering** . . .

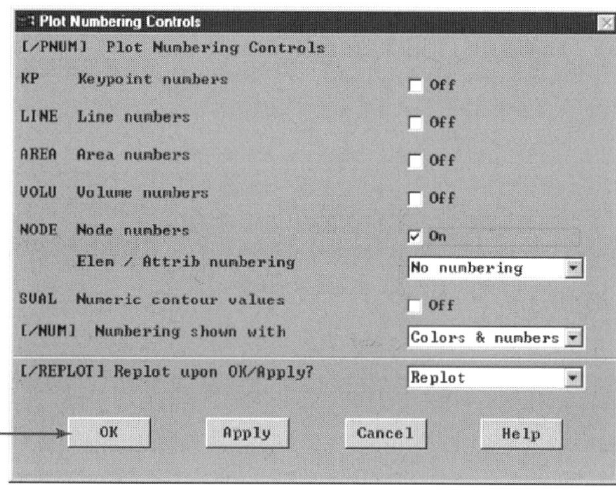

지금까지 한 작업을 확인하기 위해 절점 목록을 출력한다.

utility menu: **List → Nodes** . . .

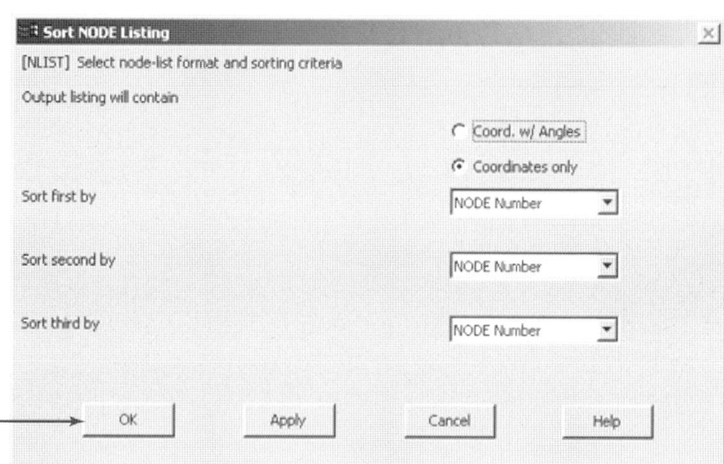

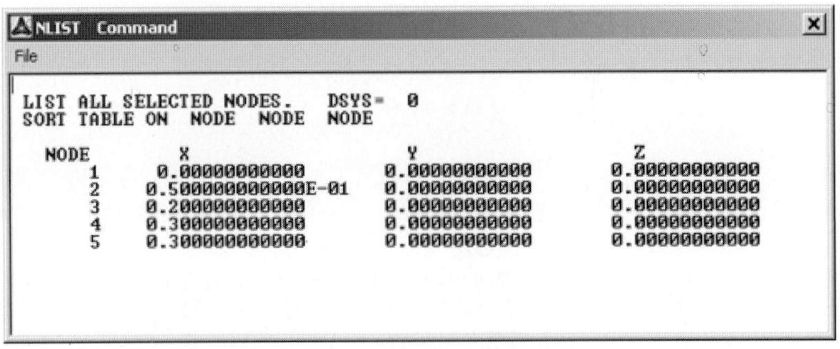

```
NLIST Command
File

LIST ALL SELECTED NODES.   DSYS=  0
SORT TABLE ON  NODE  NODE  NODE

 NODE        X                    Y                  Z
    1    0.00000000000       0.00000000000      0.00000000000
    2    0.500000000000E-01  0.00000000000      0.00000000000
    3    0.200000000000      0.00000000000      0.00000000000
    4    0.300000000000      0.00000000000      0.00000000000
    5    0.300000000000      0.00000000000      0.00000000000
```

Close

ANSYS Toolbar: **SAVE_DB**

절점을 선택하여 요소를 정의한다.

main menu: **Preprocessor → Modeling → Create → Elements → Auto Numbered → Thru Nodes**

[절점 1을 선택한 후 절점 2를 선택]

[ANSYS 그래픽 창의 임의 위치에 마우스를 두고 가운데 버튼을 클릭한다]

OK

두 번째 층(또는 요소)의 열전도도를 지정하고, 요소를 정의하기 위해서 절점들을 연결시킨다.

main menu: **Preprocessor → Modeling → Create → Elements → Element Attributes**

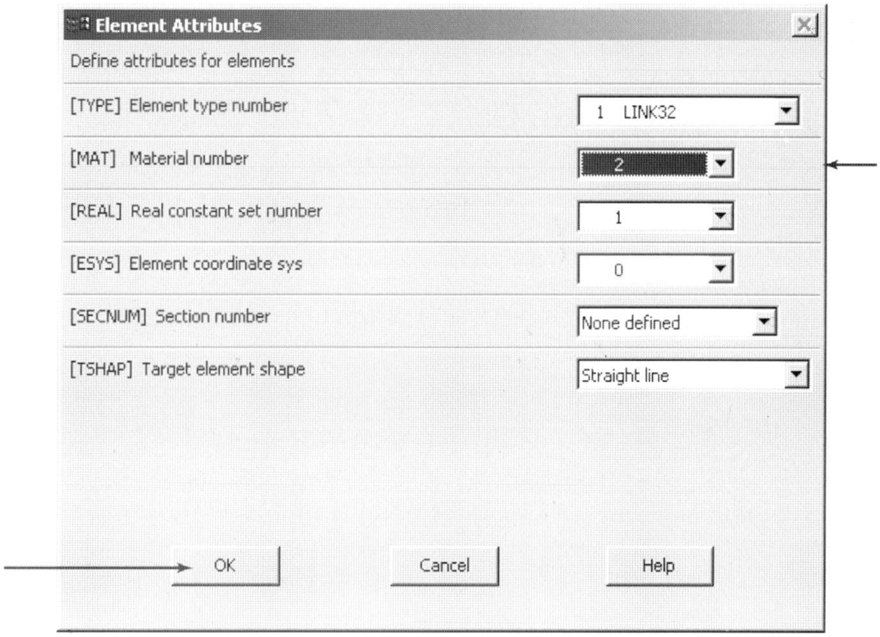

main menu: **Preprocessor → Modeling → Create → Elements → Auto Numbered → Thru Nodes**

[절점 2를 선택한 후 절점 3을 선택]

[ANSYS 그래픽 창의 임의 위치에 마우스를 두고 가운데 버튼을 클릭한다]

OK

세 번째 층(또는 요소)의 열전도도를 지정하고, 요소를 정의하기 위해서 절점들을 연결시킨다.

main menu: **Preprocessor → Modeling → Create → Elements → Element Attributes**

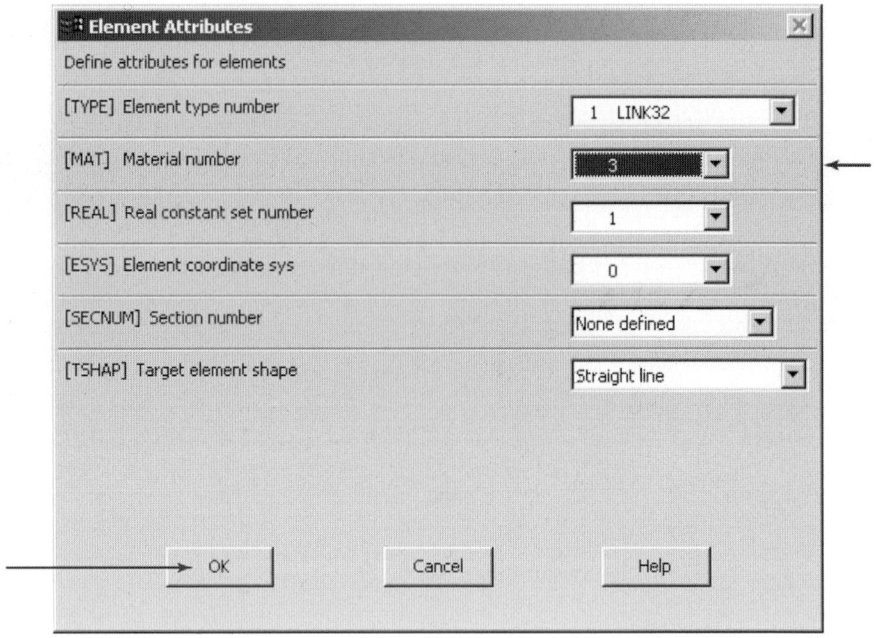

main menu: **Preprocessor** → **Modeling** → **Create** → **Elements** → **Auto Numbered** → **Thru Nodes**

[절점 3을 선택한 후 절점 4를 선택*]

[ANSYS 그래픽 창의 임의 위치에 마우스를 두고 가운데 버튼을 클릭한다]

OK

대류 연결(link) 요소를 생성한다.

main menu: **Preprocessor** → **Modeling** → **Create** → **Elements** → **Element Attributes**

* Multiple-Entities 창에서 **OK** 키를 클릭한 다음 계속 진행한다.

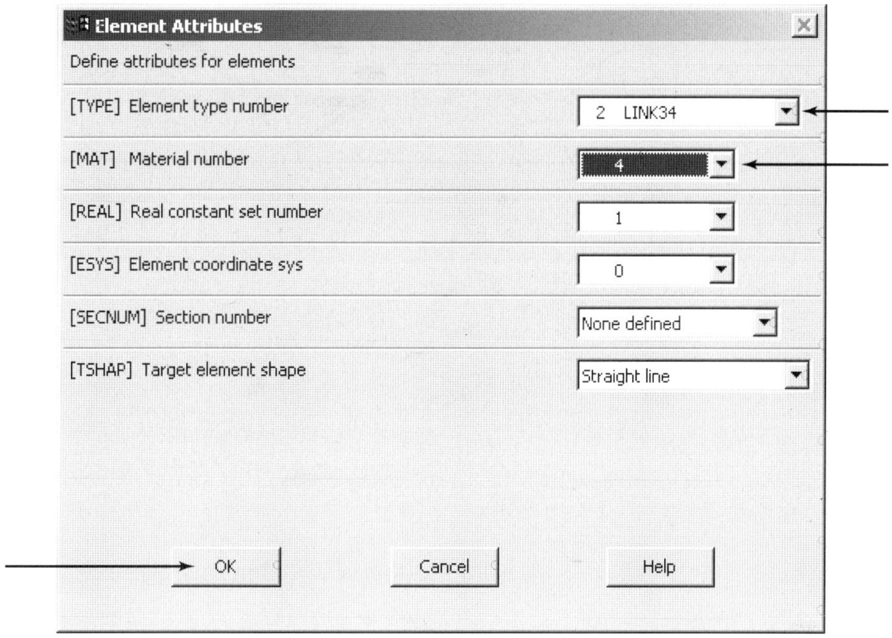

main menu: **Preprocessor → Modeling → Create → Elements → Auto Numbered → Thru Nodes**

[절점 4[†] **와 절점 5**[††]**]**

OK

ANSYS Toolbar: **SAVE_DB**

경계조건을 적용시킨다.

main menu: **Solution → Define Loads → Apply → Thermal → Temperature → On Nodes**

[절점 1을 선택]

[ANSYS 그래픽 창의 임의 위치에 마우스를 두고 가운데 버튼을 클릭한다]

[†] Multiple-Entities 창의 OK 키를 클릭한다.
[††] Multiple-Entities 창의 **Next** 키를 클릭한 다음 **OK** 키를 클릭한다.

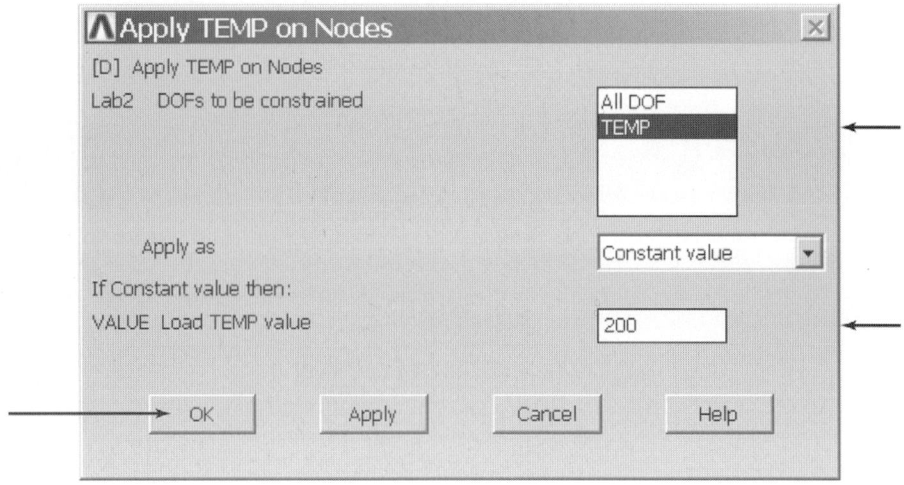

main menu: **Solution** → **Define Loads** → **Apply** → **Thermal** → **Temperature** → **On Nodes**

[절점 5를 선택*]

[ANSYS 그래픽 창의 임의 위치에 마우스를 두고 가운데 버튼을 클릭한다]

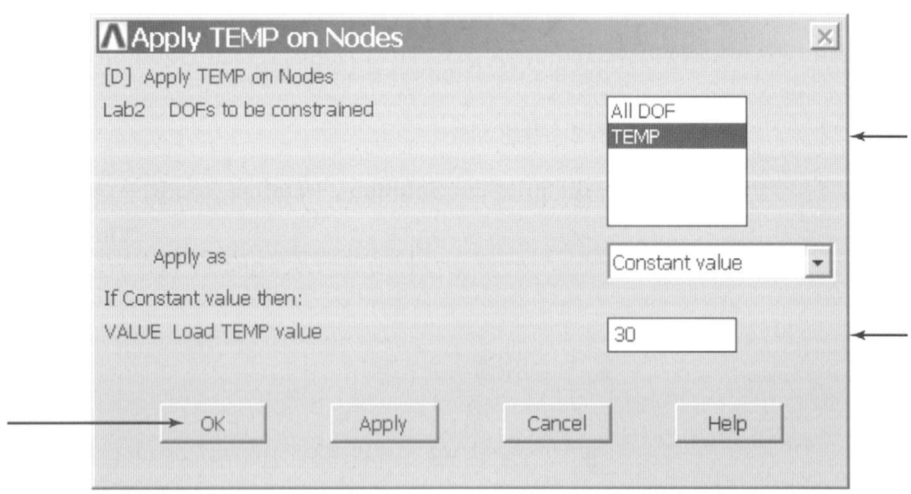

ANSYS Toolbar: **SAVE_DB**

* **Next** 키를 클릭하고, Multiple-Entities 창에서 **OK** 키를 클릭한 다음 계속 진행한다.

문제의 해를 구한다.

main menu: **Solution → Solve → Current LS**

OK

(the solution is done!) 창을 **Close**

(the /STAT Command) 창을 **Close**

후처리 단계에서 절점온도 등의 정보를 얻는다.

main menu: **General Postproc → List Results → Nodal Solution**

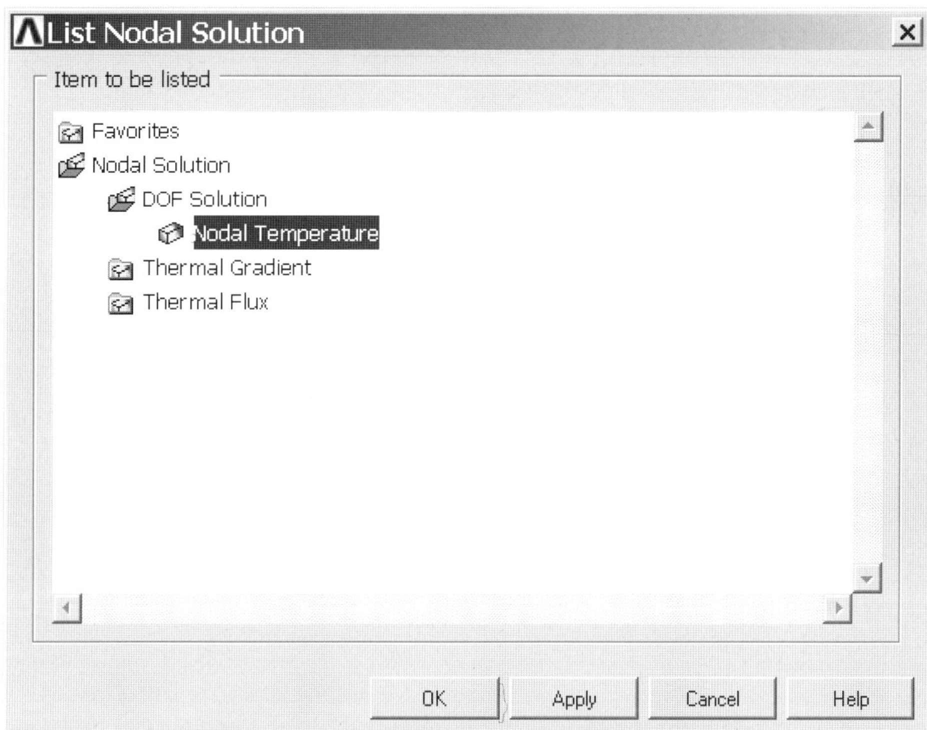

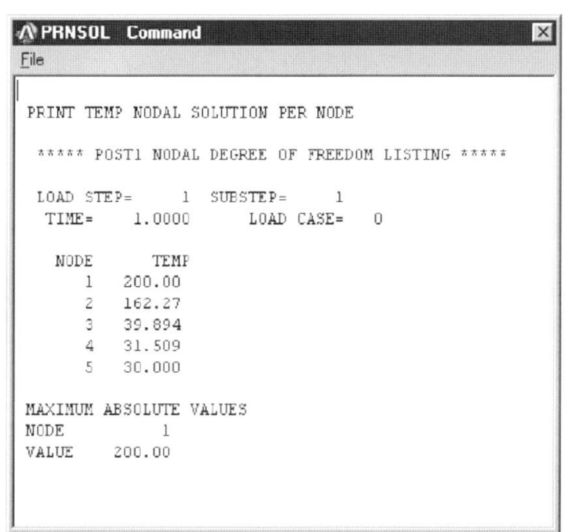

Close

모든 것을 저장하고 ANSYS를 종료한다.

Toolbar: **QUIT**

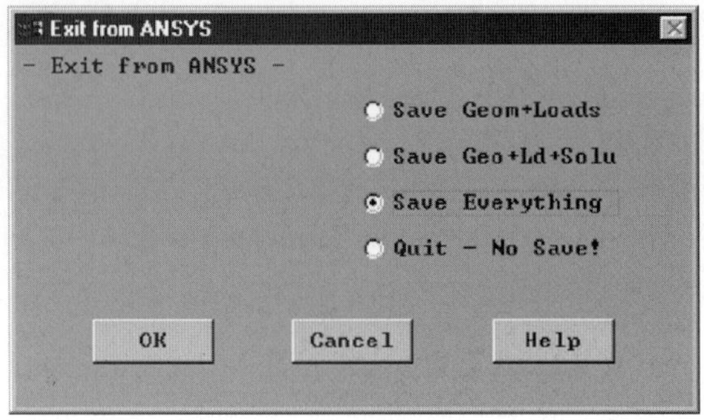

6.4 결과 검증

결과를 검증하는 방법에는 여러 가지가 있다. 표 6.3에 나타난 바와 같이 ANSYS에서 계산된 예제 6.2의 절점온도에 대해서 고려해 보자.

일반적으로 정상상태(steady-state) 조건을 가지는 열전달 문제에 있어서, 임의의 절점을 둘러싸고 있는 검사체적(control volume)에 적용된 에너지 보존법칙은 만족되어져야 한다. 절점을 통해 들어가고 나오는 에너지가 평형을 이루는가? 이러한 중요한 개념을 보여주기 위해 예제 6.2를 들고자 한다. 복합벽의 각 층들을 통해 일어나는 열손실은 모두 같아야 한다. 더욱이 마지막 층에서 발생하는 열손실은 주위 공기에 의해 제거된 열과 같아야 한다. 따라서

$$Q^{(1)} = Q^{(2)} = Q^{(3)} = Q^{(4)}$$

$$Q^{(1)} = kA\frac{\Delta T}{\ell} = (0.08)(1)\left(\frac{200 - 162.3}{0.05}\right) = 60\text{ W}$$

$$Q^{(2)} = (0.074)(1)\left(\frac{162.3 - 39.9}{0.15}\right) = 60\text{ W}$$

$$Q^{(3)} = (0.72)(1)\left(\frac{39.9 - 31.5}{0.1}\right) = 60\text{ W}$$

표 6.3 절점의 온도

절점 번호	온도 (°C)
1	200
2	162.3
3	39.9
4	31.5
5	30

유체에 의해 제거된 열은 다음과 같다.

$$Q^{(4)} = hA\Delta T = (40)(1)(31.5 - 30) = 60 \text{ W}$$

열 요소(thermal element)에 있어서, ANSYS는 각 요소를 통하여 일어나는 열유동(heat flow)과 같은 정보를 제공해 주기 때문에, 해석에 의한 값들을 위에서 계산한 값들과 비교해 볼 수 있다.

결과의 타당성을 검사해 볼 수 있는 또 다른 방법은 각 층에서의 온도 구배를 조사해 보는 방법이다. 첫 번째 층의 온도 구배는 754°C/m이고, 두 번째 층의 온도 구배는 816°C/m이다. 이 두 번째 층은 상대적으로 낮은 열전도도를 갖는 재료로 되어 있기 때문에, 상대적으로 큰 온도 강하를 보여준다. 외부 벽의 온도 구배는 84°C/m인데, 이 벽의 경우 상대적으로 높은 열전도도를 가지는 재료로 되어 있기 때문에, 이 층을 통해 발생하는 온도 강하는 다른 층에 비해서 그리 중요하지 않다고 할 수 있다.

이번에는 예제 6.1을 생각해 보자. 이 문제에 있어서 모든 요소들의 길이가 같다는 점을 우선 상기하자. 각 요소에서의 온도 분포와 열손실을 계산하였으므로, 열손실 결과를 비교해 보면, 핀의 기저부에서 가장 큰 온도 구배가 존재하기 때문에 요소 (1)의 열손실이 가장 높은 것으로 나타났고, 핀의 온도가 떨어짐에 따라 각 요소에서의 열손실률도 떨어졌다. 이러한 결과는 이미 계산으로 얻었던 결과와 정확히 일치하고 있다.

이와 같이 간단한 문제들을 통하여 결과를 검증하는 데 있어서 평형조건에 대하여 조사해 보는 것이 중요함을 알 수 있다.

요약

1. 강성(열전도 또는 유동저항)행렬을 정식화하는 방법을 알아야 하고, 다양한 1차원 문제들에 있어서 하중행렬을 정식화할 수 있어야 한다.
2. 적절히 경계조건을 적용하는 방법을 알아야 한다.
3. 1차원 문제에 있어서 갤러킨(Galerkin) 방법과 에너지 정식화에 대하여 잘 이해하고 있어야 한다.
4. 결과를 검증하는 방법을 알아야 한다.

참고문헌

ANSYS User's Manual: Procedures, Vol. I, Swanson Analysis Systems, Inc.

ANSYS User's Manual: Commands, Vol. II, Swanson Analysis Systems, Inc.

ANSYS User's Manual: Elements, Vol. III, Swanson Analysis Systems, Inc.

Incropera, F., and Dewitt, D., *Fundamentals of Heat and Mass Transfer*, 2nd ed., New York, John Wiley and Sons, 1985.

Glycerin Producers' Association, "Physical Properties of Glycerin And Its Solutions," New York.

Segrlind, L., *Applied Finite Element Analysis*, 2nd ed., New York, John Wiley and Sons, 1984.

■ 연습문제 ■

1. 예제 6.1과 유사한 사각형 모양의 알루미늄 핀이, 표면 온도가 150°C인 벽면으로부터 열을 발산시키기 위하여 사용된다. 외부 공기 온도는 20°C, 알루미늄의 열전도도는 168 W/m · K, 주위 공기의 자연대류 열전달계수는 35 W/m^2 · K이고, 핀(fin)의 길이는 150 mm, 폭 5 mm, 두께 1 mm이다. (a) 등간격의 5개 요소를 사용하여 핀을 따른 온도 분포를 구하라. (b) 50개의 핀이 달렸다고 가정하고 총 열손실을 구하라.

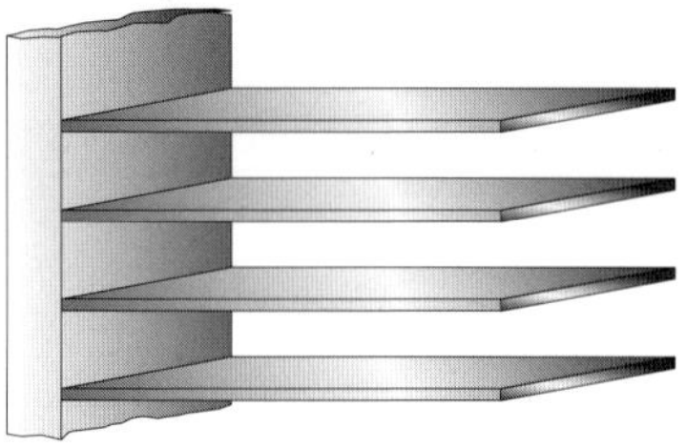

2. 문제 1의 알루미늄 핀에 대해, 벽으로부터 45mm 떨어진 지점에서 핀의 온도를 구하라. 또한 이 지점의 단면을 통해 발생되는 총 열손실의 비율을 구하라.

3. 단면이 원형인 핀(pin fin 또는 spine)을 생각하자. 표면 온도가 120°C인 벽면으로부터 열을 발산시키기 위하여 알루미늄의 원형 단면 핀이 사용된다. 외부 공기 온도는 25°C, 알루미늄의 열전도도는 168 W/m · K, 주위 공기의 자연대류 열전달계수는 30 W/m^2 · K이고, 핀(fin)의 길이는 100 mm, 직경은 4 mm이다. (a) 등간격의 5개 요소를 사용하여 핀을 따른 온도 분포를 구하라. (b) 100개의 핀이 달렸다고 가정하고 총 열손실을 구하라.

4. 표면 온도가 80°C인 벽면으로부터 열을 발산시키기 위하여 사각 단면의 알루미늄 핀이 사용된다. 외부 공기 온도가 18°C에서 25°C 사이에서 변화하고, 알루미늄의 열전도도는 168 W/m · K, 외부 공기의 자연대류 열전달계수는 25 W/m^2 · K, 핀의 길이는 100 mm, 폭 5 mm, 두께 1 mm이다. (a) 두 가지 대기온도 조건에 대해 등간격의 5개 요소를 사용하여 온도 분포를 구하라. (b) 두 가지 대기온도 조건에 대해 50개의 핀이 있을 경우 총 열손실을 구하라. (c) 끝단에서의 열손실을 무시할 경우 한 개의 핀에 대한 정확한 온도 분포와 열손실은 다음과 같다.

$$\frac{T(x) - T_f}{T_b - T_f} = \frac{\cosh\left[\sqrt{\frac{hp}{kA_c}}(L - x)\right]}{\cosh\left[\sqrt{\frac{hp}{kA_c}}(L)\right]}$$

$$Q = \sqrt{hpkA_c}\left(\tanh\left[\sqrt{\frac{hp}{kA_c}}(L)\right]\right)(T_b - T_f)$$

유한요소법에 의한 해와 위의 식으로 구한 해를 비교하라.

5. 주어진 요소에 대해 열전달계수 h가 선형적으로 변할 때 다음의 적분 $\int_{X_i}^{X_j} S_i h p T_f dX$를 계산하라.

6. 자동차 앞유리의 김서림을 제거하기 위해 유리의 안쪽에서 90°F의 따뜻한 공기가 분사된다. 유리의 열전도도는 $k = 0.8$ W/m · °C이고, 두께는 1/4 in이다. 공기 분사용 팬이 적당한 속도로 가동될 때 공기와 관련된 열전달계수는 50 W/m^2 · K이다. 유리의 바깥쪽 공기 온도가 20°F이고, 열전달계수가 110 W/m^2 · K일 때, (a) 유리의 안쪽과 바깥쪽 면의 온도를 구하고, (b) 유리의 면적이 10 ft^{2}일 때 유리를 통한 열손실을 구하라.

7. 다음 그림과 같은 세 가지의 다른 재료로 구성된 공업용 가열로가 있다. 첫 번째 층은 열전도도가 0.12 W/m · K인 10 cm 두께의 절연 시멘트이고, 두 번째 층은 열전도도 0.071 W/m · K인 8장의 석면이 적층되어 두께가 20 cm이다. 외부 벽은 열전도도가 0.72 W/m · K인 두께 12 cm의 시멘트 모르타르로 되어 있다. 가열로의 안쪽 벽면 온도는 250°C, 외부 공기 온도는 35°C, 외부 공기의 대류 열전달계수는 45 W/m^2 · K이다. 이 복합벽의 온도 분포를 구하라.

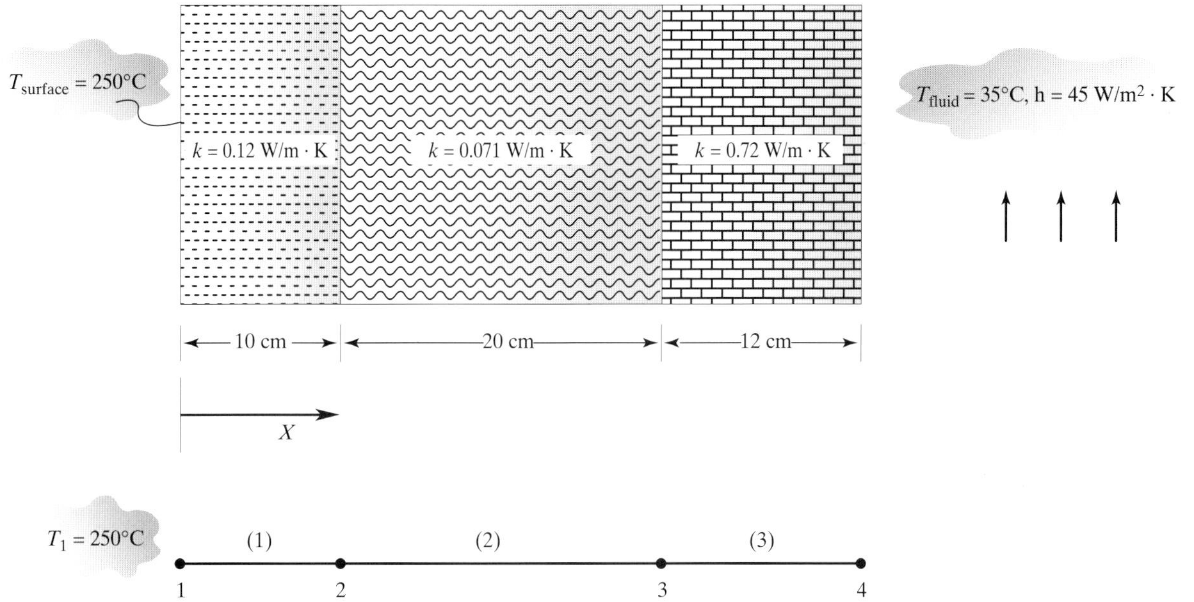

8. 문제 7에서의 가열로 안쪽 벽면 온도가 400°C이고, 이에 상응하는 대류 열전달계수가 100 W/m^2 · K라고 경계조건을 변화시킬 때, 요소 (1)에 해당하는 열전도행렬과 열하중행렬에 이러한 경계조건이 어떻게 기여하는지 밝혀라. 또한 벽을 따른 온도 분포를 구하라.

9. 열생성이 있는 1차원 시스템의 열확산 방정식은 직교 좌표계에 대하여 다음 식으로 표시된다.

$$k\frac{\partial^2 T}{\partial X^2} + \dot{q} = 0$$

열에너지 생성률 $\dot{q}$ 은 주어진 시스템의 체적 내에서 전기, 화학, 핵, 또는 전자기 에너지들이 열에너지로 변환되는 양을 의미한다. $\dot{q}$ 항이 열하중행렬에 어떻게 기여하는지 유도하라. 자동차 뒷유리에 내장되어 있는 열발생장치가 7000 W/m^3 의 비율로 일정한 열을 생성시킨다고 하자. 유리의 열전도도는 $k = 0.8$ W/m · °C이고 두께는 6 mm이다. 뒷좌석 유리 안쪽의 공기 온도 20°C에 상응하는 열전달계수는 20 $W/m^2 \cdot K$이고, 유리 바깥쪽의 공기 온도 −5°C에 상응하는 열전달계수는 50 $W/m^2 \cdot K$이다. 유리의 안쪽과 바깥쪽의 온도를 구하라.

10. 식 (6.23)의 적분식을 증명하라.

$$\int_{X_i}^{X_j} S_i(c_2\Psi)\,dX = \frac{c_2\ell}{3}\Psi_i + \frac{c_2\ell}{6}\Psi_j$$

11. 식 (6.26)의 적분식을 증명하라.

$$\int_{X_i}^{X_j} c_1\left(-\frac{dS_j}{dX}\frac{d\Psi}{dX}\right)dX = -\frac{c_1}{\ell}(-\Psi_i + \Psi_j)$$

12. 온도 변화가 있을 때 길이 ℓ인 축방향 요소의 변형은

$$\delta_T = \alpha\ell\Delta T$$

로 기술된다. 여기서 δ_T는 요소의 길이 변화, α는 재료의 열팽창계수, ΔT는 온도 변화를 의미한다. 열에 의한 변형률(thermal strain)이 요소의 변형률 에너지(strain energy)에 대해 정식화하고, 그러한 요소의 강성행렬과 하중행렬을 구하라.

13. 온도가 80°C로 유지되어야 하는 면적 400 cm^2의 벽면으로부터 200 W의 열을 발산시키기 위하여 사용할 사각 단면의 핀(fin)의 크기를 결정하고자 한다. 주위의 공기 온도는 25°C, 자연대류 열전달계수는 25 $W/m^2 \cdot K$라고 가정하자. 공간적 제약 때문에 핀의 길이가 고온의 벽면으로부터 100 mm를 넘을 수 없다고 하자. 재료는 알루미늄이나 구리 또는 강철 중에서 선택할 수 있다. 보고서 작성시 최종설계에 도달하게 된 과정을 설명하라.

Chapter 7

2차원 요소

이 장의 목적은 2차원 요소(two-dimensional element)와 2차원 요소의 특성 그리고 2차원 형상함수의 개념을 소개하는 데 있다. 사변형 요소(quadrilateral element)나 삼각형 요소(triangular element)와 관련된 자연 좌표계의 개념을 소개하고, 직사각형 요소, 2차 사변형 요소, 그리고 삼각형 요소에 대한 형상함수를 유도한다. 아울러 ANSYS에서 사용되는 2차원의 열 요소와 구조 요소의 예도 선보이게 된다. 이 장에서 다루는 주요 내용은 다음과 같다.

7.1 직사각형 요소
7.2 2차 사변형 요소
7.3 선형 삼각형 요소
7.4 2차 삼각형 요소
7.5 축대칭 요소
7.6 등매개변수 요소
7.7 2차원 적분: 가우스-르장드르 구적법
7.8 ANSYS에서 사용되는 2차원 요소

7.1 직사각형 요소

6장에서는 1차원 문제의 해석에 대해 설명하고, 직선형 핀(fin)의 열전달 문제에 적용해 보았다. 이 때 요소에 따른 온도 분포를 근사화하기 위해 1차원 선형 형상함수를 사용하였고, 열전도행렬과 열하중행렬을 정식화하였다. 최종적인 일련의 방정식들로부터 해를 구하면 각 절점에서의 온도를 알 수 있었다. 이 장에서는 우선 2차원 형상함수와 요소들을 공부함으로써 2차원 문제의 해석에 대한 기틀을 잡고자 한다. 이를 위해 그림 7.1과 같은 직선형 핀을 생각해 보자. 여기서 핀의 치수나 온도 경계조건 등을 생각해 볼 때, 1차원 함수로는 핀을 따른 온도 분포를 정확히 근사화하기가 어려움을 알 수 있다. 왜냐하면 온도가 X방향과 Y방향 둘 다 변하고 있기 때문이다.

여기서 1차원 해는 선 요소(line segment)에 의해 근사되지만 2차원 해는 평면 요소(plane segment)에 의해 표시된다는 점을 주목하는 것이 중요하다. 이러한 관점이 그림 7.1에 나타나 있고, 전형적인 직사각형 요소(rectangular element)와 이 요소의 절점값을 그림 7.2a에 자세히 표시하였다.

그림 7.2a를 살펴보면, 요소의 온도 분포가 X좌표와 Y좌표 두 가지 함수임을 명확히 알 수 있다. 따라서 임의의 직사각형 요소에 대한 온도 분포는 다음과 같이 근사시킬 수 있다.

$$T^{(e)} = b_1 + b_2x + b_3y + b_4xy \tag{7.1}$$

위의 식 (7.1)에서 4개의 미지수(b_1, b_2, b_3, b_4)가 있음을 주목하자. 이는 사각형 요소가 4개의 절점(i, j, m, n)으로 정의되어 있기 때문이다. 또한 이 함수는 요소의 변을 따라서는 선형적으로 변하지만, 요소의 내부에서는 비선형이 됨을 주목하자. 이러한 특성을 지닌 요소를 쌍일차(bilinear) 요소라고 부른다. 2차원 형상함수를 유도하는 과정은 근본적으로 1차원 요소때와 동일하다. 미지수 b_1, b_2, b_3, b_4를 구하기 위해서 국부 좌표계 x, y를 사용하자. 절점에서의 온도를 고려하면 다음의 조건이 만족되어져야 한다.

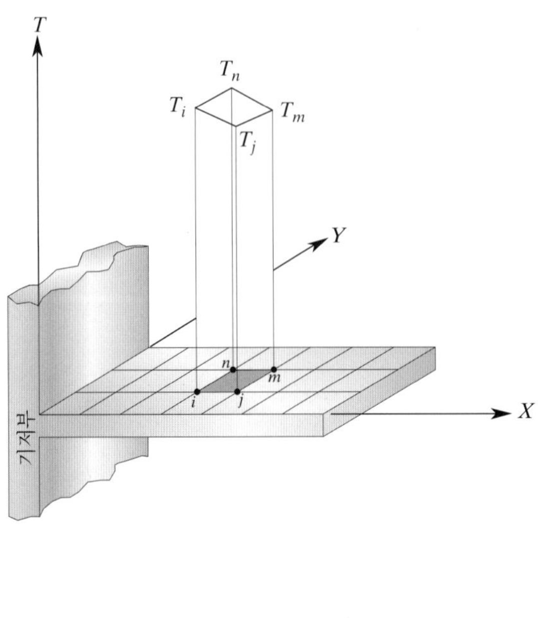

그림 7.1 2차원 온도 분포를 묘사하기 위한 직사각형 요소의 사용

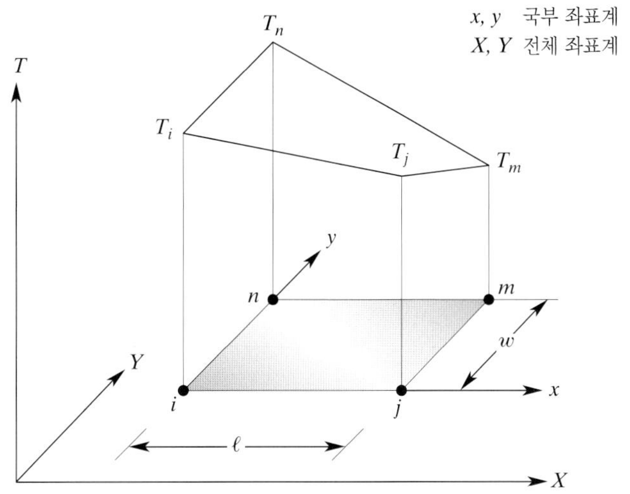

그림 7.2a 전형적인 직사각형 요소의 예

$$\begin{aligned}
x &= 0 \quad \text{그리고} \quad y = 0 \text{ 에서} \quad T = T_i \\
x &= \ell \quad \text{그리고} \quad y = 0 \text{ 에서} \quad T = T_j \\
x &= \ell \quad \text{그리고} \quad y = w \text{에서} \quad T = T_m \\
x &= 0 \quad \text{그리고} \quad y = w \text{에서} \quad T = T_n
\end{aligned} \tag{7.2}$$

식 (7.2)에 의해서 주어진 절점에서의 조건을 식 (7.1)에 적용시키고, b_1, b_2, b_3, b_4에 대해 풀면 다음을 얻을 수 있다.

$$b_1 = T_i \qquad b_2 = \frac{1}{\ell}(T_j - T_i)$$

$$b_3 = \frac{1}{w}(T_n - T_i) \quad b_4 = \frac{1}{\ell w}(T_i - T_j + T_m - T_n) \tag{7.3}$$

b_1, b_2, b_3, b_4에 대한 식들을 식 (7.1)에 대입하여 변수들을 재정렬하면, 대표 요소에 대한 온도 분포를 형상함수와 절점온도로 표현할 수 있다.

$$T^{(e)} = [S_i \quad S_j \quad S_m \quad S_n]\begin{Bmatrix} T_i \\ T_j \\ T_m \\ T_n \end{Bmatrix} \tag{7.4}$$

여기서 형상함수는 다음과 같다.

$$\begin{aligned}
S_i &= \left(1 - \frac{x}{\ell}\right)\left(1 - \frac{y}{w}\right) \\
S_j &= \frac{x}{\ell}\left(1 - \frac{y}{w}\right) \\
S_m &= \frac{xy}{\ell w}
\end{aligned} \tag{7.5}$$

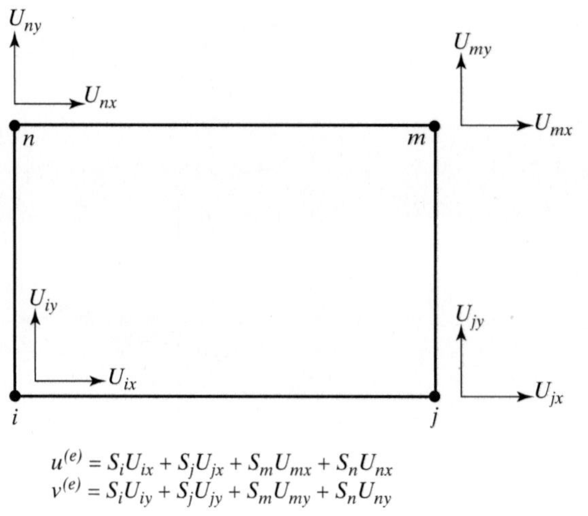

그림 7.2b 평면응력 문제의 정식화에서 사용된 직사각형 요소

$$S_n = \frac{y}{w}\left(1 - \frac{x}{\ell}\right)$$

이 형상함수의 의미는 절점의 값 Ψ_i, Ψ_j, Ψ_m, Ψ_n 들을 사용함으로써 사각형 영역 내의 어떠한 미지 변수 Ψ의 변화를 표시하는 데 이러한 형상함수가 사용될 수 있음을 나타낸다. 따라서 일반적으로 다음과 같이 쓸 수 있다.

$$\Psi^{(e)} = [S_i \quad S_j \quad S_m \quad S_n]\begin{Bmatrix} \Psi_i \\ \Psi_j \\ \Psi_m \\ \Psi_n \end{Bmatrix} \tag{7.6}$$

예를 들어, Ψ는 그림 7.2에서 보는 바와 같이 고체 요소의 변위장(displacement field)이 될 수 있다.

자연 좌표

5장에서 언급된 바와 같이 자연 좌표는 근본적으로 무차원으로 표시된 국부 좌표계이다. 더욱이 대부분의 유한요소 프로그램은 가우스 구적법에 의해 요소별 수치 적분을 수행하게 되는데, 이 때 적분 하한과 상한으로 -1과 1을 사용한다. 이미 사용된 국부 좌표계 x, y의 원점은 그림 7.3과 같이 자연 좌표 $\xi = -1$, $\eta = -1$과 일치한다.

여기서 $\xi = \dfrac{2x}{\ell} - 1$, $\eta = \dfrac{2y}{w} - 1$이라 놓으면 자연 좌표 ξ, η로 표시되는 형상함수는 다음과 같다.

$$S_i = \frac{1}{4}(1 - \xi)(1 - \eta) \tag{7.7}$$

$$S_j = \frac{1}{4}(1 + \xi)(1 - \eta)$$

$$S_m = \frac{1}{4}(1 + \xi)(1 + \eta)$$

$$S_n = \frac{1}{4}(1 - \xi)(1 + \eta)$$

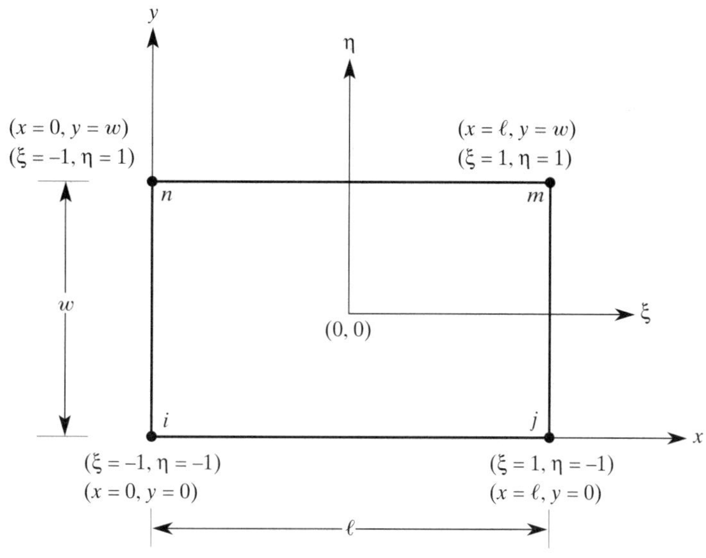

그림 7.3 사변형 요소를 기술하기 위해 사용된 자연 좌표

이 형상함수는 1차원 형상함수와 기본적인 성질들이 동일하다. 예를 들어, S_i는 절점 i의 좌표에서 계산했을 때 값이 1이며 다른 모든 절점에서의 값은 0이다.

또 다른 방법으로 5.3절에서 라그랑지 함수와 유사한 선형함수의 곱을 사용하여 식 (7.7)을 얻을 수 있다. 예를 들면, 절점 i에 대해 선형함수의 곱이 다른 절점(즉 j, m, n)에서 0의 값을 갖고 절점 i에서 1의 값을 갖도록 선택한다. jm변($\xi = 1$)과 nm변($\eta = 1$)을 따라서 함수의 곱 $(1 - \xi)(1 - \eta)$이 선택되면 그 곱은 jm변과 nm변을 따라서 0의 값을 가지게 된다. 형상함수 S_i는 절점 $i(\xi = -1$과 $\eta = -1)$에서 값이 1이 되도록 미지 계수 a_1의 값을 구하게 된다. 즉, 다음과 같다.

$$1 = a_1(1 - \xi)(1 - \eta) = a_1(1-(-1))(1-(-1)) \Rightarrow a_1 = \frac{1}{4}$$

7.2 2차 사변형 요소

근본적으로 8절점 2차 사변형 요소는 2차원 4절점 사변형 요소의 차수를 높인 요소로서, 경계가 곡선인 문제를 모델링하는 데 훨씬 더 잘 응용될 수 있다. 전형적인 8절점 2차 사변형 요소가 그림 7.4에 나타나 있다. 선형요소와 비교해 볼 때, 같은 개수의 요소가 사용될 경우 2차 요소를 사용했을 때가 더 정확한 해를 얻을 수 있다. 자연 좌표 ξ, η로 8절점 2차 사변형 요소를 일반적인 형태로 표시하면 다음 식과 같다.

$$\Psi^{(e)} = b_1 + b_2\xi + b_3\eta + b_4\xi\eta + b_5\xi^2 + b_6\eta^2 + b_7\xi^2\eta + b_8\xi\eta^2 \tag{7.8}$$

$b_1, b_2, b_3, \ldots, b_8$을 구하기 위해 절점의 조건을 적용하고, 이 8개의 방정식으로부터 계수를 구한다. 이를 구하기 어렵기 때문에, 다음과 같은 다른 방법을 선택해 보자.

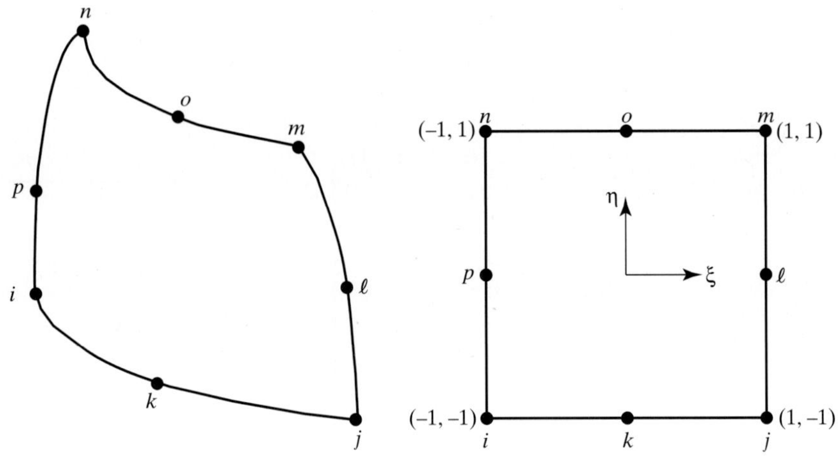

그림 7.4 8절점 2차 사변형 요소

일반적으로 각 절점과 관련된 형상함수는 두 함수 F_1, F_2의 곱의 형태로 표현될 수 있다.

$$S = F_1(\xi, \eta)F_2(\xi, \eta) \tag{7.9}$$

주어진 절점에 대해서, 첫 번째 함수 F_1은 주어진 절점이 접하고 있지 않은 변을 따라 값을 계산했을 때 0의 값을 갖도록 선택하고, 두 번째 함수 F_2는 F_1과 곱해졌을 때 주어진 절점에서 1의 값을 갖고, 인접한 주변 절점에서는 0이 되도록 선택한다. 이 방법을 소개하기 위해 자연 좌표 $\xi = 1$, $\eta = 1$인 절점 m을 생각해 보자. 우선 F_1은 ij변($\eta = -1$)과 in변($\xi = -1$)을 따라 0의 값을 갖도록 선택한다. 즉,

$$F_1(\xi, \eta) = (1 + \xi)(1 + \eta)$$

이 식은 바로 위에서 언급한 조건을 만족한다. 다음으로 F_2를 결정한다.

$$F_2(\xi, \eta) = c_1 + c_2\xi + c_3\eta$$

여기서 F_2의 계수는 F_1과 곱해졌을 때 주어진 절점 m에서 1의 값을 갖고, 인접한 주변 절점 ℓ과 o에서 0의 값을 갖도록 결정해야 한다. 즉, 절점 m에 대해 S_m값을 계산하면 $\xi = 1$, $\eta = 1$에서 $S_m = 1$이고, 인접한 주변 절점 ℓ, o에 대해 S_m값을 계산하면 $\xi = 1$, $\eta = 0$에서는 $S_m = 0$이 되며 $\xi = 0$, $\eta = 1$에서는 $S_m = 0$이 되어야 한다. 이러한 조건을 식 (7.9)에 적용하면 다음의 결과를 얻을 수 있다.

$$
\begin{aligned}
1 &= \overbrace{(1 + 1)(1 + 1)}^{F_1(\xi, \eta)}\overbrace{(c_1 + c_2(1) + c_3(1))}^{F_2(\xi, \eta)} = 4c_1 + 4c_2 + 4c_3 \\
0 &= (1 + 1)(1 + 0)(c_1 + c_2(1) + c_3(0)) = 2c_1 + 2c_2 \\
0 &= (1 + 0)(1 + 1)(c_1 + c_2(0) + c_3(1)) = 2c_1 + 2c_3
\end{aligned}
$$

이로부터 $c_1 = -\frac{1}{4}$, $c_2 = \frac{1}{4}$, $c_3 = \frac{1}{4}$이고, $S_m = (1 + \xi)(1 + \eta)(-\frac{1}{4} + \frac{1}{4}\xi + \frac{1}{4}\eta)$이 된다. 다른 절점에 대한 형상함수도 동일한 방법으로 결정할 수 있으며, 다음과 같다.

$$\begin{aligned} S_i &= -\frac{1}{4}(1-\xi)(1-\eta)(1+\xi+\eta) \\ S_j &= \frac{1}{4}(1+\xi)(1-\eta)(-1+\xi-\eta) \\ S_m &= \frac{1}{4}(1+\xi)(1+\eta)(-1+\xi+\eta) \\ S_n &= -\frac{1}{4}(1-\xi)(1+\eta)(1+\xi-\eta) \end{aligned} \tag{7.10}$$

이제 변의 중간에 있는 절점에 대한 형상함수를 유도해 보기로 하자. 예를 들어, 절점 o에 대한 형상함수를 생각하자. 우선 F_1은 ij변($\eta = -1$), in변($\xi = -1$), 그리고 jm변($\xi = 1$)을 따라 o의 값을 갖도록 선택해야 하므로, 다음 식과 같이 된다.

$$F_1(\xi, \eta) = (1-\xi)(1+\eta)(1+\xi)$$

F_1에 포함된 항들 속에는 식 (7.8)처럼 필요한 모든 선형과 비선형 항들이 나타남을 주목하자. 따라서 함수 F_2는 상수이어야 한다. 그렇지 않으면 F_1과 F_2를 곱했을 때 3차 다항식 항이 나타나게 되고, 이는 분명 원하지 않는 결과이다. 따라서 다음과 같이 표시할 수 있다.

$$F_2(\xi, \eta) = c_1$$

절점에서의 조건, 즉,

$$S_o = 1 \qquad \xi = 0\text{이고 } \eta = 1\text{인 경우}$$

을 적용하면 다음과 같다.

$$1 = \overbrace{(1-0)(1+1)(1+0)}^{F_1(\xi,\eta)} \; \overbrace{c_1}^{F_2(\xi,\eta)} = 2c_1$$

이로부터 $c_1 = \frac{1}{2}$이고, $S_o = \frac{1}{2}(1-\xi)(1+\eta)(1+\xi) = S_o = \frac{1}{2}(1+\eta)(1-\xi^2)$이 된다. 동일한 방법으로 중간 절점 k, ℓ, p에 대한 형상함수를 구하면 다음과 같이 정리할 수 있다.

$$\begin{aligned} S_k &= \frac{1}{2}(1-\eta)(1-\xi^2) \\ S_\ell &= \frac{1}{2}(1+\xi)(1-\eta^2) \\ S_o &= \frac{1}{2}(1+\eta)(1-\xi^2) \\ S_p &= \frac{1}{2}(1-\xi)(1-\eta^2) \end{aligned} \tag{7.11}$$

예제 7.1

얇은 판의 응력 분포를 모델링하기 위해 2차원 직사각형 요소를 사용하자. 판에 속해 있는 요소의 절점응력이 그림 7.5에 나타나 있다. 요소 중심에서의 응력값은 얼마인가?

요소의 응력 분포는 다음과 같다.

$$\sigma^{(e)} = [S_i \quad S_j \quad S_m \quad S_n] \begin{Bmatrix} \sigma_i \\ \sigma_j \\ \sigma_m \\ \sigma_n \end{Bmatrix}$$

여기서 σ_i, σ_j, σ_m, σ_n은 각각 절점 i, j, m, n에서의 응력이며, 식 (7.5)에 의해 형상함수는 다음과 같다.

$$S_i = \left(1 - \frac{x}{\ell}\right)\left(1 - \frac{y}{w}\right) = \left(1 - \frac{x}{0.25}\right)\left(1 - \frac{y}{0.15}\right)$$
$$S_j = \frac{x}{\ell}\left(1 - \frac{y}{w}\right) = \frac{x}{0.25}\left(1 - \frac{y}{0.15}\right)$$
$$S_m = \frac{xy}{\ell w} = \frac{xy}{(0.25)(0.15)}$$
$$S_n = \frac{y}{w}\left(1 - \frac{x}{\ell}\right) = \frac{y}{0.15}\left(1 - \frac{x}{0.25}\right)$$

주어진 요소에 대해, 국부 좌표 x, y로 표시된 응력 분포는 다음과 같다.

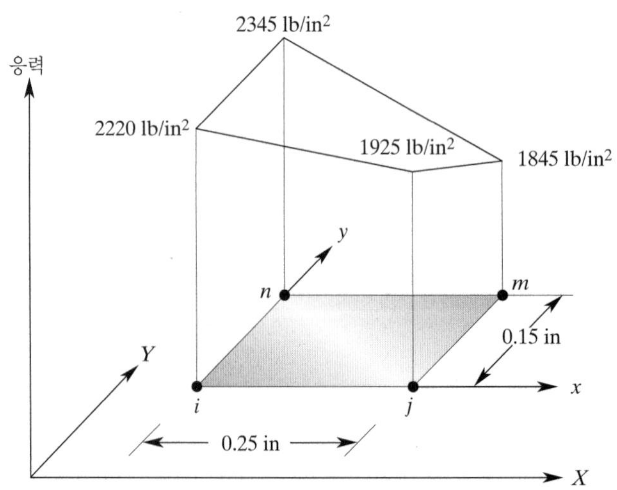

그림 7.5 예제 7.1의 절점응력

$$\sigma^{(e)} = \overbrace{\left(1 - \frac{x}{0.25}\right)\left(1 - \frac{y}{0.15}\right)}^{S_i}\overbrace{(2220)}^{\sigma_i} + \overbrace{\frac{x}{0.25}\left(1 - \frac{y}{0.15}\right)}^{S_j}\overbrace{(1925)}^{\sigma_j} + \overbrace{\frac{xy}{(0.25)(0.15)}}^{S_m}\overbrace{(1845)}^{\sigma_m}$$
$$+ \overbrace{\frac{y}{0.15}\left(1 - \frac{x}{0.25}\right)}^{S_n}\overbrace{(2345)}^{\sigma_n}$$

위의 식으로부터 이 요소 내의 임의의 지점에 대한 응력을 계산할 수 있다. 여기서는 중심점에 관심이 있으므로 중심점의 좌표 $x = 0.125$, $y = 0.075$를 식에 대입하면 다음과 같다.

$$\sigma(0.125, 0.075) = 555 + 481 + 461 + 586 = 2083 \text{ lb/in}^2$$

여기서 자연 좌표를 사용하여 이 문제를 풀 수도 있음에 유의하자. 이 문제에서는 요소의 중심, 즉 $\xi = 0$, $\eta = 0$인 지점에 관심이 있으므로, 이 방법을 사용하는 것이 더 쉬울 수 있다. 사변형 자연 형상함수는 식 (7.7)과 같으므로 이를 이용하면 다음과 같다.

$$S_i = \frac{1}{4}(1 - \xi)(1 - \eta) = \frac{1}{4}(1 - 0)(1 - 0) = \frac{1}{4}$$
$$S_j = \frac{1}{4}(1 + \xi)(1 - \eta) = \frac{1}{4}(1 + 0)(1 - 0) = \frac{1}{4}$$
$$S_m = \frac{1}{4}(1 + \xi)(1 + \eta) = \frac{1}{4}(1 + 0)(1 + 0) = \frac{1}{4}$$
$$S_n = \frac{1}{4}(1 - \xi)(1 + \eta) = \frac{1}{4}(1 - 0)(1 + 0) = \frac{1}{4}$$
$$\sigma(0.125, 0.075) = \frac{1}{4}(2220) + \frac{1}{4}(1925) + \frac{1}{4}(1845) + \frac{1}{4}(2345) = 2083 \text{ lb/in}^2$$

따라서 직사각형 요소 중심에서의 응력은 절점응력들의 평균값이다.

예제 7.2

2차 사변형 형상함수 S_n을 증명하라. 앞의 7.2절에서 언급된 절차를 따라 가보면, S_n은 다음과 같이 표시할 수 있다.

$$S_n = F_1(\xi, \eta)F_2(\xi, \eta)$$

형상함수 S_n에 대해 F_1은 ij 변($\eta = -1$)과 jm 변($\xi = 1$)을 따라 0의 값을 가져야 하므로

$$F_1(\xi, \eta) = (1 - \xi)(1 + \eta)$$

이고, 또한 F_2는 다음과 같다.

$$F_2(\xi, \eta) = c_1 + c_2\xi + c_3\eta$$

여기서 계수 c_1, c_2, c_3는 다음의 조건으로부터 구한다.

$$S_n = 1 \qquad \xi = -1 \text{ 이고 } \quad \eta = 1 \text{ 인 경우}$$
$$S_n = 0 \qquad \xi = 0 \text{ 이고 } \quad \eta = 1 \text{ 인 경우}$$
$$S_n = 0 \qquad \xi = -1 \text{ 이고 } \quad \eta = 0 \text{ 인 경우}$$

앞 절에서의 내용을 상기해 보면, F_2가 F_1으로 곱해질 때 절점 n에서 1의 값을 갖고 인접한 절점 o와 p에서는 0의 값을 갖도록 F_2의 계수를 선택한다.

$$1 = 4c_1 - 4c_2 + 4c_3$$
$$0 = 2c_1 + 2c_3$$
$$0 = 2c_1 - 2c_2$$

이 식들을 연립하여 풀면 $c_1 = -\frac{1}{4}$, $c_2 = -\frac{1}{4}$, $c_3 = \frac{1}{4}$이 구해진다. 이는 앞에서 주어진 S_n의 형태와 동일하다. 즉, 다음과 같다.

$$S_n = -\frac{1}{4}(1 - \xi)(1 + \eta)(1 + \xi - \eta)$$

7.3 선형 삼각형 요소

쌍일차 직사각형 요소를 사용할 경우, 단점은 곡선으로 된 경계에 잘 맞추기가 어렵다는 점이다. 반면에, 그림 7.6처럼 2차원 온도 분포를 근사할 때 삼각형 요소는 곡선으로 된 경계를 근사하는 데 훨씬 더 유리하다. 삼각형 요소는 그림 7.7과 같이 3개의 절점으로 정의된다. 따라서 온도와 같은 종속변수의 변화는 삼각형 영역에 대해 다음과 같이 표현될 수 있다.

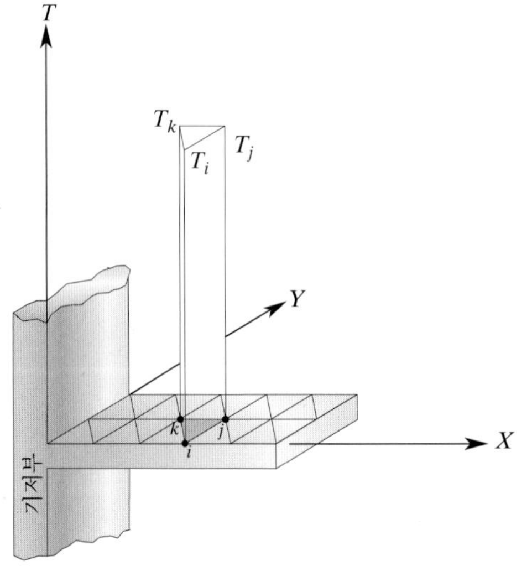

그림 7.6 2차원 온도 분포를 기술하기 위한 삼각형 요소의 사용

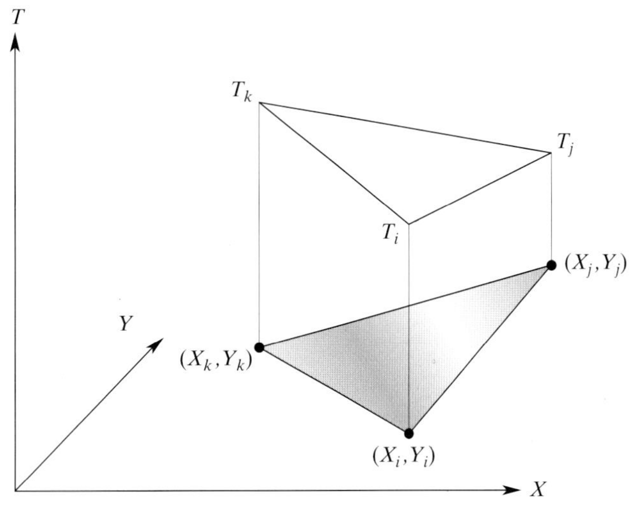

그림 7.7 삼각형 요소

$$T^{(e)} = a_1 + a_2X + a_3Y \tag{7.12}$$

그림 7.7과 같은 절점온도를 생각할 때, 다음과 같은 조건이 만족되어져야 한다.

$$\begin{aligned} X &= X_i \text{ 그리고 } Y = Y_i \text{ 에서} \quad T = T_i \\ X &= X_j \text{ 그리고 } Y = Y_j \text{ 에서} \quad T = T_j \\ X &= X_k \text{ 그리고 } Y = Y_k \text{ 에서} \quad T = T_k \end{aligned} \tag{7.13}$$

절점값들을 식 (7.12)에 대입하면 다음과 같고,

$$\begin{aligned} T_i &= a_1 + a_2X_i + a_3Y_i \\ T_j &= a_1 + a_2X_j + a_3Y_j \\ T_k &= a_1 + a_2X_k + a_3Y_k \end{aligned} \tag{7.14}$$

이로부터 a_1, a_2, a_3를 구하면 다음과 같다.

$$\begin{aligned} a_1 &= \frac{1}{2A}[(X_jY_k - X_kY_j)T_i + (X_kY_i - X_iY_k)T_j + (X_iY_j - X_jY_i)T_k] \\ a_2 &= \frac{1}{2A}[(Y_j - Y_k)T_i + (Y_k - Y_i)T_j + (Y_i - Y_j)T_k] \\ a_3 &= \frac{1}{2A}[(X_k - X_j)T_i + (X_i - X_k)T_j + (X_j - X_i)T_k] \end{aligned} \tag{7.15}$$

여기서 A는 삼각형 요소의 면적으로 다음 식으로부터 계산된다.

$$2A = X_i(Y_j - Y_k) + X_j(Y_k - Y_i) + X_k(Y_i - Y_j) \tag{7.16}$$

식 (7.16)의 유도과정을 예제 7.3에 나타내었으며, a_1, a_2, a_3를 식 (7.12)에 대입하고, T_i, T_j, T_k항에 대해 정리하면 다음과 같다.

$$T^{(e)} = [S_i \quad S_j \quad S_k]\begin{Bmatrix} T_i \\ T_j \\ T_k \end{Bmatrix} \tag{7.17}$$

여기서 형상함수 S_i, S_j, S_k는 다음과 같다.

$$S_i = \frac{1}{2A}(\alpha_i + \beta_i X + \delta_i Y) \tag{7.18}$$
$$S_j = \frac{1}{2A}(\alpha_j + \beta_j X + \delta_j Y)$$
$$S_k = \frac{1}{2A}(\alpha_k + \beta_k X + \delta_k Y)$$

그리고 α, β, δ항은 다음과 같다.

$$\alpha_i = X_j Y_k - X_k Y_j \quad \beta_i = Y_j - Y_k \quad \delta_i = X_k - X_j$$
$$\alpha_j = X_k Y_i - X_i Y_k \quad \beta_j = Y_k - Y_i \quad \delta_j = X_i - X_k$$
$$\alpha_k = X_i Y_j - X_j Y_i \quad \beta_k = Y_i - Y_j \quad \delta_k = X_j - X_i$$

삼각형 요소의 형상함수도 앞에서 정의된 다른 형상함수들처럼 몇 가지 기본적 성질을 갖고 있음을 주목하자. 예를 들어, 절점 i의 좌표에 대해 S_i값을 계산하면 1의 값을 갖고, 다른 모든 절점에서는 0의 값을 갖는다. 다시 말하면, 형상함수값의 합은 1이다. 이러한 성질은 다음의 식으로도 표시된다.

$$S_i + S_j + S_k = 1 \tag{7.19}$$

삼각형 요소의 자연(면적) 좌표

좌표가 (X, Y)인 삼각형 영역 내부의 점 P를 생각하자. 이 점과 절점 i, j, k를 연결하면 그림 7.8과 같이 삼각형의 면적은 3개의 작은 면적 A_1, A_2, A_3로 분할된다.

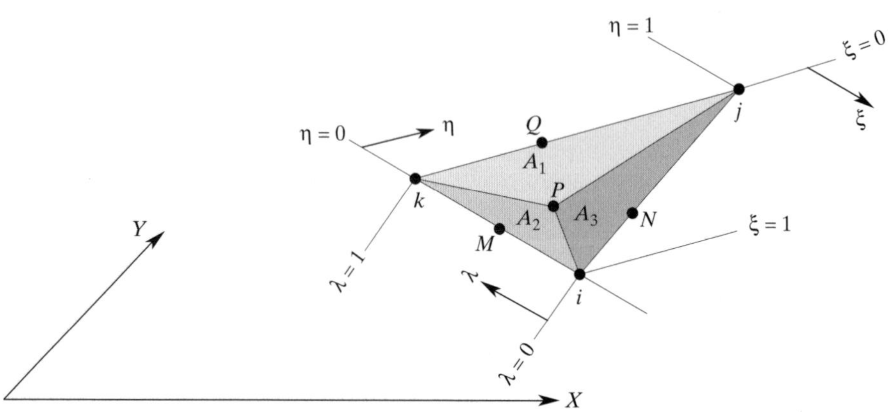

그림 7.8 삼각형 요소의 자연(면적) 좌표

이에 대해 한 가지 실험을 해보도록 하자. 점 P를 요소의 kj변에 놓여 있는 점 Q와 일치하도록 옮기면 면적 A_1의 값은 0이 되고, 점 P를 절점 i와 일치하도록 옮겨가면 면적 A_1은 요소의 전체 면적 A로 확장된다. 이러한 실험 결과를 바탕으로 요소의 면적 A에 대한 A_1의 비로 표시되는 자연 좌표 또는 면적좌표 ξ를 정의할 수 있고, ξ는 0과 1 사이의 값을 가지게 된다. 마찬가지 방법으로, 점 P를 ki변에 놓여 있는 점 M과 일치하도록 옮기면 $A_2 = 0$이 되고, 점 P를 절점 j로 옮기면 면적 A_2는 요소의 전체 면적 A와 같아져서 $A_2 = A$가 된다. 따라서 A에 대한 A_2의 비로 표시되는 면적좌표 η를 정의할 수 있고, 그 값은 0과 1 사이에서 변한다. 일반적으로 삼각형 요소에서 자연(면적) 좌표 ξ, η, λ는 다음과 같이 정의된다.

$$\xi = \frac{A_1}{A} \qquad (7.20)$$
$$\eta = \frac{A_2}{A}$$
$$\lambda = \frac{A_3}{A}$$

여기서 중요한 점은 자연 좌표 중 2개만이 선형 독립이라는 사실이다. 그 이유는 다음 식으로부터 알 수 있다.

$$\frac{A_1}{A} + \frac{A_2}{A} + \frac{A_3}{A} = \frac{A}{A} = 1 = \xi + \eta + \lambda$$

예를 들어, λ 좌표는 ξ와 η로 표시가 가능하다.

$$\lambda = 1 - \xi - \eta \qquad (7.21)$$

또한, 삼각형 자연(면적) 좌표가 형상함수 S_i, S_j, S_k와 같은 것임을 알 수 있다.

$$\xi = S_i \qquad (7.22)$$
$$\eta = S_j$$
$$\lambda = S_k$$

위의 관계를 증명해 보자. 모든 삼각형들의 면적은 꼭지점들의 좌표로 나타낼 수 있다. 예를 들어, A에 대한 A_1의 비로 정의되는 ξ를 생각해 보면 다음과 같다.

$$\xi = \frac{A_1}{A} = \frac{\frac{1}{2}[(X_jY_k - X_kY_j) + X(Y_j - Y_k) + Y(X_k - X_j)]}{\frac{1}{2}[X_i(Y_j - Y_k) + X_j(Y_k - Y_i) + X_k(Y_i - Y_j)]} \qquad (7.23)$$

식 (7.23)과 (7.18)*을 비교해 보면 ξ와 S_i가 같다는 것을 알 수 있다. 식 (7.23)은 삼각형의 면적 A_1, A와 꼭지점의 좌표, 식 (7.16)을 이용하여 유도하였다. 점 P의 좌표는 면적 A의 내부에 있기 때문에 X와 Y로 나타낼 수 있다.

---

* A, α_i, β_i, δ_i를 절점좌표로 대치한다.

예제 7.3

삼각형 요소의 면적을 계산하는 식 (7.16)을 검증하라.

그림에서 보는 바와 같이, 삼각형의 면적 ABD는 변 AB와 변 AD를 공유하는 평행사변형 ABCD 면적의 반과 같다.

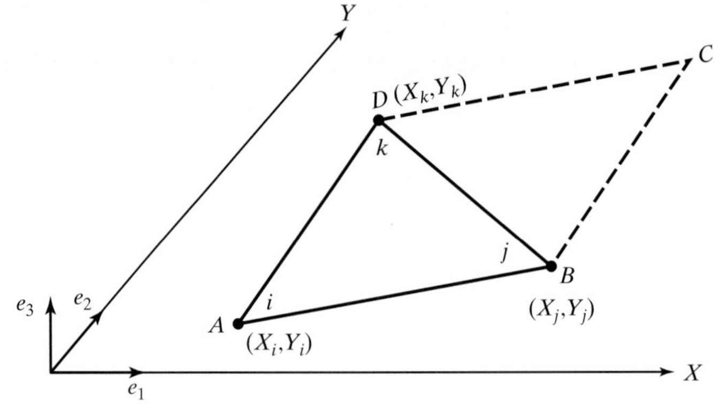

평행사변형 ABCD 면적은 $\overrightarrow{AB} \times \overrightarrow{AD}$ 의 크기이며, 다음의 식으로 나타낼 수 있다.

$$2A = |\overrightarrow{AB} \times \overrightarrow{AD}|$$

여기서 $\overrightarrow{AB}$ 와 $\overrightarrow{AD}$ 는 각각 다음 식과 같다.

$$\overrightarrow{AB} = (X_j - X_i)\vec{e}_1 + (Y_j - Y_i)\vec{e}_2$$
$$\overrightarrow{AD} = (X_k - X_i)\vec{e}_1 + (Y_k - Y_i)\vec{e}_2$$

여기서 $\vec{e}_1$, $\vec{e}_2$, $\vec{e}_3$는 단위벡터이다. 벡터 $\overrightarrow{AB}$ 와 벡터 $\overrightarrow{AD}$ 의 성분으로 연산을 수행하면 다음과 같다.

$$2A = |\overrightarrow{AB} \times \overrightarrow{AD}| = |[(X_j - X_i)\vec{e}_1 + (Y_j - Y_i)\vec{e}_2] \times [(X_k - X_i)\vec{e}_1 + (Y_k - Y_i)\vec{e}_2]|$$

여기서 $\vec{e}_1 \times \vec{e}_1 = 0$, $\vec{e}_1 \times \vec{e}_2 = \vec{e}_3$, $\vec{e}_2 \times \vec{e}_1 = -\vec{e}_3$이다.

$$2A = |(X_j - X_i)(Y_k - Y_i)\vec{e}_3 - (Y_j - Y_i)(X_k - X_i)\vec{e}_3|$$

위의 식을 단순화하여 정리하면, 식 (7.16)과 같이 된다.

$$2A = X_i(Y_j - Y_k) + X_j(Y_k - Y_i) + X_k(Y_i - Y_j)$$

7.4 2차 삼각형 요소

온도와 같은 변수의 변화 양상은 영역에 대해 2차 함수로 근사화시키면 훨씬 더 정확히 나타낼 수 있다.

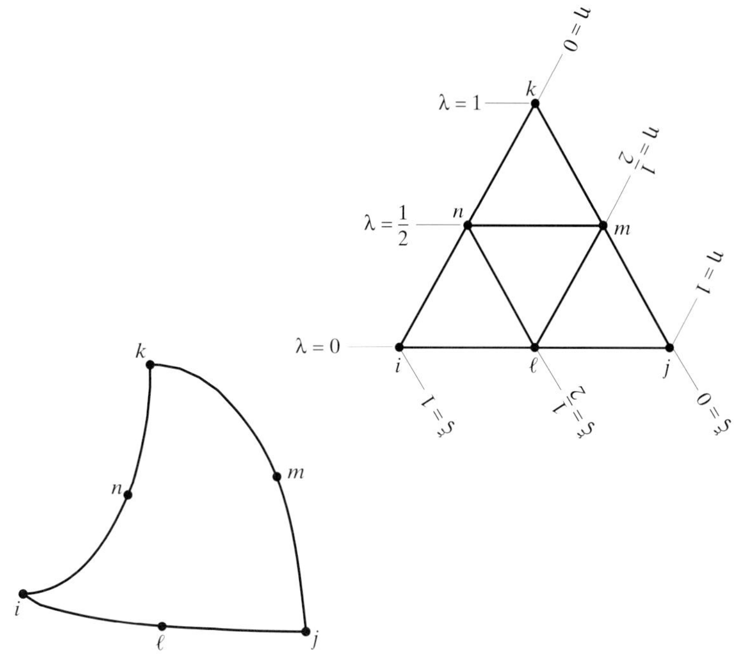

그림 7.9 2차 삼각형 요소

$$T^{(e)} = a_1 + a_2X + a_3Y + a_4X^2 + a_5XY + a_6Y^2 \tag{7.24}$$

지금까지 형상함수를 만드는 법을 다루었기 때문에, 그림 7.9와 같은 2차 삼각형 요소의 형상함수를 증명 없이 자연 좌표로 나타내면 아래와 같다.

$$\begin{aligned} S_i &= \xi(2\xi - 1) \\ S_j &= \eta(2\eta - 1) \\ S_k &= \lambda(2\lambda - 1) = 1 - 3(\xi + \eta) + 2(\xi + \eta)^2 \\ S_\ell &= 4\xi\eta \\ S_m &= 4\eta\lambda = 4\eta(1 - \xi - \eta) \\ S_n &= 4\xi\lambda = 4\xi(1 - \xi - \eta) \end{aligned} \tag{7.25}$$

예제 7.4

핀(fin)의 온도 분포를 모델링하기 위하여 앞에서 2차원 삼각형 요소를 사용했었다. 요소의 절점온도와 위치좌표가 그림 7.10에 나타나 있다. (a) $X = 2.15$ cm, $Y = 1.1$ cm에서의 온도는 얼마인가? (b) 이 요소에 대한 온도 구배의 성분을 구하라. (c) 70°C와 75°C에 대한 등온선의 위치를 구하라.

a. 요소 내의 온도 분포를 나타내 보자.

$$T^{(e)} = [S_i \quad S_j \quad S_k]\begin{Bmatrix} T_i \\ T_j \\ T_k \end{Bmatrix}$$

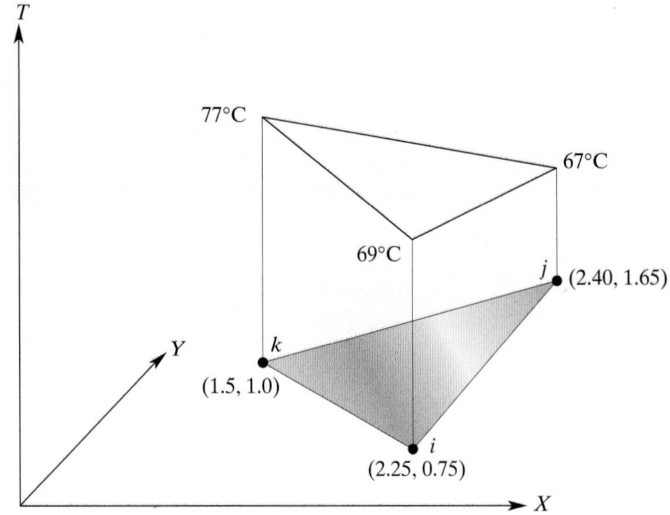

그림 7.10 예제 7.4의 절점온도와 위치좌표

여기서 형상함수 S_i, S_j, S_k는 다음과 같다.

$$S_i = \frac{1}{2A}(\alpha_i + \beta_i X + \delta_i Y)$$

$$S_j = \frac{1}{2A}(\alpha_j + \beta_j X + \delta_j Y)$$

$$S_k = \frac{1}{2A}(\alpha_k + \beta_k X + \delta_k Y)$$

이를 계산하면 다음과 같이 된다.

$$\alpha_i = X_jY_k - X_kY_j = (2.4)(1.0) - (1.5)(1.65) = -0.075$$
$$\alpha_j = X_kY_i - X_iY_k = (1.5)(0.75) - (2.25)(1.0) = -1.125$$
$$\alpha_k = X_iY_j - X_jY_i = (2.25)(1.65) - (2.40)(0.75) = 1.9125$$
$$\beta_i = Y_j - Y_k = 1.65 - 1.0 = 0.65$$
$$\beta_j = Y_k - Y_i = 1.0 - 0.75 = 0.25$$
$$\beta_k = Y_i - Y_j = 0.75 - 1.65 = -0.9$$
$$\delta_i = X_k - X_j = 1.50 - 2.40 = -0.9$$
$$\delta_j = X_i - X_k = 2.25 - 1.5 = 0.75$$
$$\delta_k = X_j - X_i = 2.40 - 2.25 = 0.15$$

그리고

$$2A = X_i(Y_j - Y_k) + X_j(Y_k - Y_i) + X_k(Y_i - Y_j)$$
$$2A = 2.25(1.65 - 1.0) + 2.40(1.0 - 0.75) + 1.5(0.75 - 1.65) = 0.7125$$
$$S_i = \frac{1}{2A}(\alpha_i + \beta_i X + \delta_i Y) = \frac{1}{0.7125}(-0.075 + 0.65X - 0.9Y)$$

$$S_j = \frac{1}{2A}(\alpha_j + \beta_j X + \delta_j Y) = \frac{1}{0.7125}(-1.125 + 0.25X + 0.75Y)$$

$$S_k = \frac{1}{2A}(\alpha_k + \beta_k X + \delta_k Y) = \frac{1}{0.7125}(1.9125 - 0.9X + 0.15Y)$$

따라서 이 요소에 대한 온도 분포는 다음과 같다.

$$T = \frac{69}{0.7125}(-0.075 + 0.65X - 0.9Y) + \frac{67}{0.7125}(-1.125 + 0.25X + 0.75Y) + \frac{77}{0.7125}(1.9125 - 0.9X + 0.15Y)$$

이를 정리해 보자.

$$T = 93.632 - 10.808X - 0.421Y$$

좌표 $X = 2.15$, $Y = 1.1$을 대입하면 $T = 69.93°\text{C}$이다.

b. 일반적으로 종속변수 $\Psi^{(e)}$의 구배 성분은 다음의 식으로부터 계산된다.

$$\frac{\partial \Psi^{(e)}}{\partial X} = \frac{\partial}{\partial X}[S_i\Psi_i + S_j\Psi_j + S_k\Psi_k]$$

$$\frac{\partial \Psi^{(e)}}{\partial Y} = \frac{\partial}{\partial Y}[S_i\Psi_i + S_j\Psi_j + S_k\Psi_k]$$

$$\begin{Bmatrix} \dfrac{\partial \Psi^{(e)}}{\partial X} \\ \dfrac{\partial \Psi^{(e)}}{\partial Y} \end{Bmatrix} = \frac{1}{2A}\begin{bmatrix} \beta_i & \beta_j & \beta_k \\ \delta_i & \delta_j & \delta_k \end{bmatrix}\begin{Bmatrix} \Psi_i \\ \Psi_j \\ \Psi_k \end{Bmatrix} \tag{7.26}$$

식 (7.26)을 살펴보면 구배가 상수값을 가짐을 분명히 알 수 있는데, 이는 선형 삼각형 요소의 일반적인 성질이다. 온도 구배는 다음의 식으로 계산된다.

$$\begin{Bmatrix} \dfrac{\partial T^{(e)}}{\partial X} \\ \dfrac{\partial T^{(e)}}{\partial Y} \end{Bmatrix} = \frac{1}{2A}\begin{bmatrix} \beta_i & \beta_j & \beta_k \\ \delta_i & \delta_j & \delta_k \end{bmatrix}\begin{Bmatrix} T_i \\ T_j \\ T_k \end{Bmatrix} = \frac{1}{0.7125}\begin{bmatrix} 0.65 & 0.25 & -0.9 \\ -0.9 & 0.75 & 0.15 \end{bmatrix}\begin{Bmatrix} 69 \\ 67 \\ 77 \end{Bmatrix} = \begin{Bmatrix} -10.808 \\ -0.421 \end{Bmatrix}$$

온도 방정식($T = 93.632 - 10.808X - 0.421Y$)을 직접 미분해도 같은 값을 얻을 수 있다는 사실에 주목하자.

c. 70°C와 75°C 등온선의 위치를 결정할 때, 삼각형 요소에서 온도가 X, Y 두 방향으로 모두 선형적으로 변화한다는 사실을 이용하면, 등온선의 좌표를 결정할 때 선형 보간법을 사용하면 된다. 우선 70°C의 등온선에 초점을 맞추자. 이 등온선은 다음의 관계식에 의해서 77°C−69°C 변을 지나게 된다.

$$\frac{77 - 70}{77 - 69} = \frac{1.5 - X}{1.5 - 2.25} = \frac{1.0 - Y}{1.0 - 0.75}$$

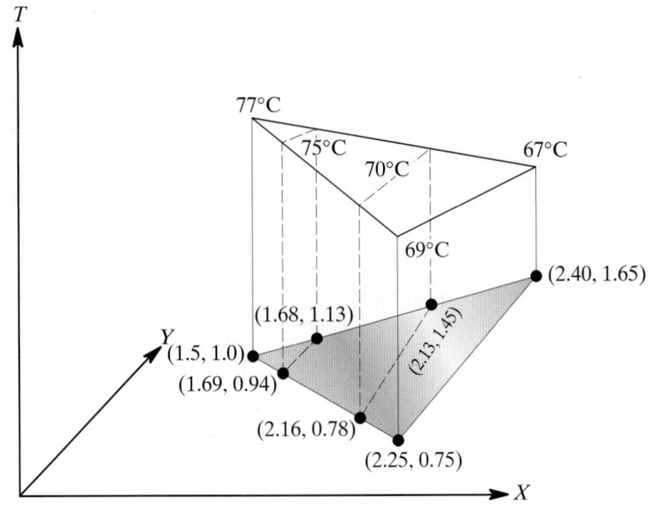

그림 7.11 예제 7.4의 요소 내 등온선도

이를 풀어보면 $X = 2.16$ cm, $Y = 0.78$ cm가 얻어지고, 70°C 등온선은 77°C−67°C 변도 지나게 되므로 다음과 같이 된다.

$$\frac{77-70}{77-67} = \frac{1.5-X}{1.5-2.4} = \frac{1.0-Y}{1.0-1.65}$$

따라서 $X = 2.13$ cm, $Y = 1.45$ cm가 된다. 마찬가지 방법으로 75°C 등온선의 위치가 77°C−69°C 변을 지나므로 다음과 같이 쓸 수 있다.

$$\frac{77-75}{77-69} = \frac{1.5-X}{1.5-2.25} = \frac{1.0-Y}{1.0-0.75}$$

여기서 $X = 1.69$, $Y = 0.94$를 얻을 수 있다. 또한, 77°C−67°C 변도 지나게 된다.

$$\frac{77-75}{77-67} = \frac{1.5-X}{1.5-2.4} = \frac{1.0-Y}{1.0-1.65}$$

따라서 좌표는 $X = 1.68$, $Y = 1.13$이 된다. 등온선과 그 위치가 그림 7.11에 표시되어 있다.

7.5 축대칭 요소

그림 7.12에 나타난 것과 같이, 3차원 문제의 특별한 경우로 기하학적 형상과, 하중이 한 z축과 같은 어떤 한 축에 대하여 대칭인 경우가 있다. 이런 경우 3차원 문제를 2차원 축대칭 요소를 사용하여 해석할 수 있다, 이 절에서는 삼각형과 직사각형 축대칭 요소에 대해 알아본다. 9장과 10장에서는 이 요소에 대하여 정식화할 것이다.

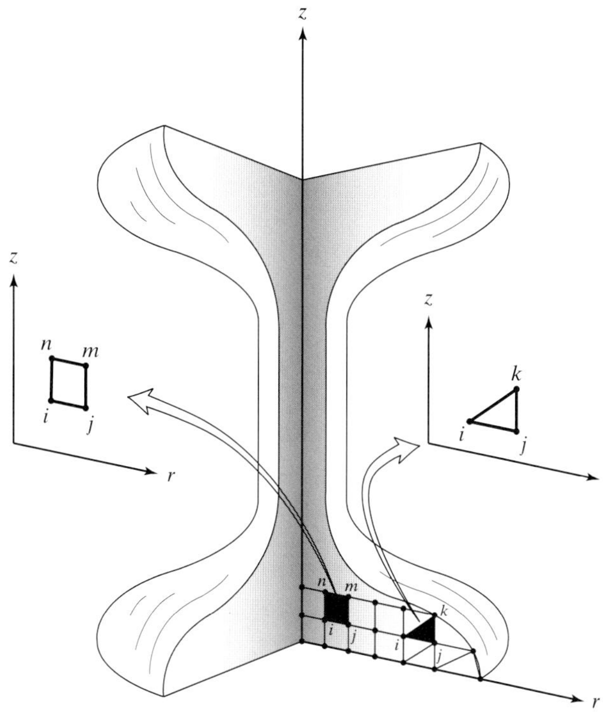

그림 7.12 축대칭 요소의 예

축대칭 삼각형 요소

7.3절에서 선형 삼각형 요소에 대한 형상함수를 유도하였다. 이를 상기하여, 절점값 Ψ_i, Ψ_j, Ψ_k와 형상함수에 의해 삼각형 영역 내의 임의의 미지 변수 Ψ의 변화를 다음과 같이 나타낼 수 있다.

$$\Psi^{(e)} = [S_i \quad S_j \quad S_k]\begin{Bmatrix} \Psi_i \\ \Psi_j \\ \Psi_k \end{Bmatrix}$$

여기서

$$S_i = \frac{1}{2A}(\alpha_i + \beta_i X + \delta_i Y)$$

$$S_j = \frac{1}{2A}(\alpha_j + \beta_j X + \delta_j Y)$$

$$S_k = \frac{1}{2A}(\alpha_k + \beta_k X + \delta_k Y)$$

일반적으로 사용되는 축대칭 삼각형 요소의 형상함수는 r좌표와 z좌표로 나타낼 수 있으며, 그림 7.13에 나타내었다.

공간좌표 X, Y를 대신하여 r, z좌표를 사용하고, 절점좌표 X_i, Y_i, X_j, Y_j, X_k, Y_k를 R_i, Z_i, R_j, Z_j, R_k, Z_k로 바꾸면 형상함수는 다음과 같이 나타낼 수 있다.

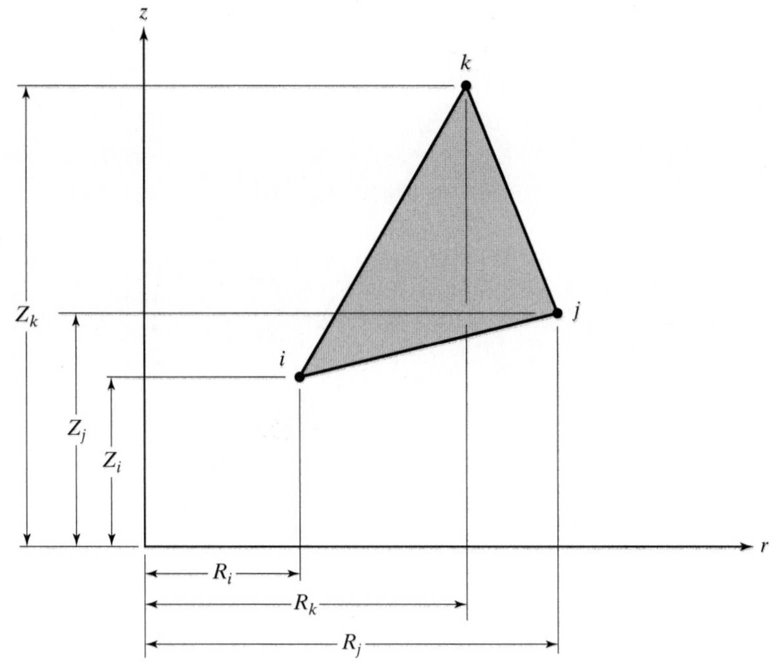

그림 7.13 축대칭 삼각형 요소

$$
\begin{aligned}
S_i &= \frac{1}{2A}(\alpha_i + \beta_i r + \delta_i z) \\
S_j &= \frac{1}{2A}(\alpha_j + \beta_j r + \delta_j z) \\
S_k &= \frac{1}{2A}(\alpha_k + \beta_k r + \delta_k z)
\end{aligned}
\tag{7.27}
$$

여기서

$$
\begin{aligned}
\alpha_i &= R_j Z_k - R_k Z_j & \beta_i &= Z_j - Z_k & \delta_i &= R_k - R_j \\
\alpha_j &= R_k Z_i - R_i Z_k & \beta_j &= Z_k - Z_i & \delta_j &= R_i - R_k \\
\alpha_k &= R_i Z_j - R_j Z_i & \beta_k &= Z_i - Z_j & \delta_k &= R_j - R_i
\end{aligned}
$$

축대칭 직사각형 요소

7.1 절에서는 직사각형 요소의 형상함수 유도과정을 다루었다.

$$
S_i = \left(1 - \frac{x}{\ell}\right)\left(1 - \frac{y}{w}\right) \qquad S_j = \frac{x}{\ell}\left(1 - \frac{y}{w}\right)
$$

$$
S_m = \frac{xy}{\ell w} \qquad S_n = \frac{y}{w}\left(1 - \frac{x}{\ell}\right)
$$

이제 그림 7.14에서 보여진 축대칭 직사각형 요소를 고려해 보자. 축대칭 직사각형 요소의 국부 좌표 x, y와 축대칭 좌표 r, z의 관계를 그림 7.14에 나타내었다. 여기서 x좌표와 r좌표,

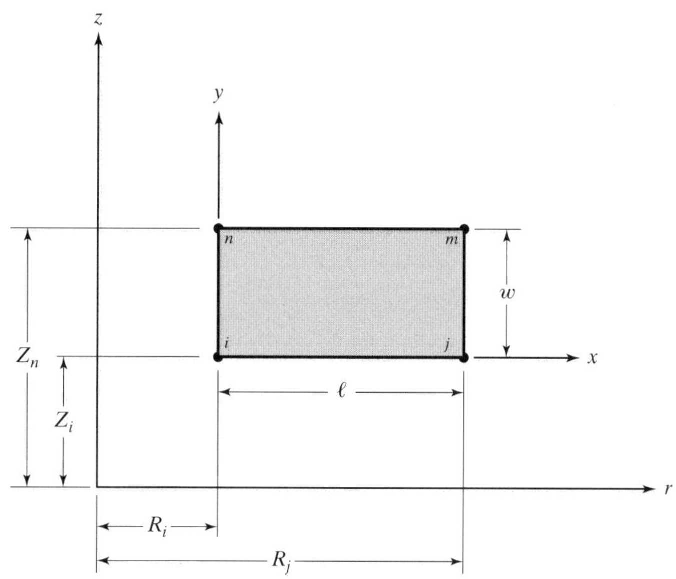

그림 7.14 축대칭 직사각형 요소

y 좌표와 z 좌표의 관계는 다음의 절점좌표를 통해서 나타낼 수 있다.

$$r = R_i + x \quad \text{또는} \quad x = r - R_i$$

$$z = Z_i + y \quad \text{또는} \quad y = z - Z_i$$

$$S_i = \left(1 - \frac{x}{\ell}\right)\left(1 - \frac{y}{w}\right) = \left(1 - \frac{\overbrace{r - R_i}^{x}}{\ell}\right)\left(1 - \frac{\overbrace{z - Z_i}^{y}}{w}\right) = \left(\frac{\ell - (r - R_i)}{\ell}\right)\left(\frac{w - (z - Z_i)}{w}\right) \quad (7.28)$$

식 (7.28)에서 $\ell = R_j - R_i$, $w = Z_n - Z_i$를 적용하여 단순화시키면 형상함수 S_i를 r, z 좌표로 나타낼 수 있다.

$$S_i = \left(\frac{\overbrace{R_j - R_i}^{\ell} - (r - R_i)}{\ell}\right)\left(\frac{\overbrace{Z_n - Z_i}^{w} - (z - Z_i)}{w}\right) = \left(\frac{R_j - r}{\ell}\right)\left(\frac{Z_n - z}{w}\right)$$

동일한 방법으로 다른 형상함수도 구할 수 있으며, 축대칭 직사각형 요소의 형상함수는 다음 식과 같다.

$$S_i = \left(\frac{R_j - r}{\ell}\right)\left(\frac{Z_n - z}{w}\right) \quad (7.29)$$

$$S_j = \left(\frac{r - R_i}{\ell}\right)\left(\frac{Z_n - z}{w}\right)$$

$$S_m = \left(\frac{r - R_i}{\ell}\right)\left(\frac{z - Z_i}{w}\right)$$

$$S_n = \left(\frac{R_j - r}{\ell}\right)\left(\frac{z - Z_i}{w}\right)$$

9장과 10장에서는 축대칭 요소를 적용하여 열전달 문제와 고체역학 문제의 해법에 대해서 다룬다.

예제 7.5

중공 원통에서의 온도 분포를 축대칭 직사각형 요소를 사용하여 모델링하였다. 원통의 한 요소에서 절점온도는 그림 7.15에 나타나 있다. $r = 1.2$ cm, $z = 1.4$ cm에서의 온도를 계산하라.

요소의 온도 분포는 다음 식과 같다.

$$T^{(e)} = [S_i \quad S_j \quad S_m \quad S_n]\begin{Bmatrix} T_i \\ T_j \\ T_m \\ T_n \end{Bmatrix}$$

여기서 T_i, T_j, T_m, T_n은 절점 i, j, m, n에서 온도값이다. 주어진 점에 대한 형상함수는 다음과 같다.

$$S_i = \left(\frac{R_j - r}{\ell}\right)\left(\frac{Z_n - z}{w}\right) = \left(\frac{2 - 1.2}{1.5}\right)\left(\frac{2 - 1.4}{1}\right) = 0.32$$

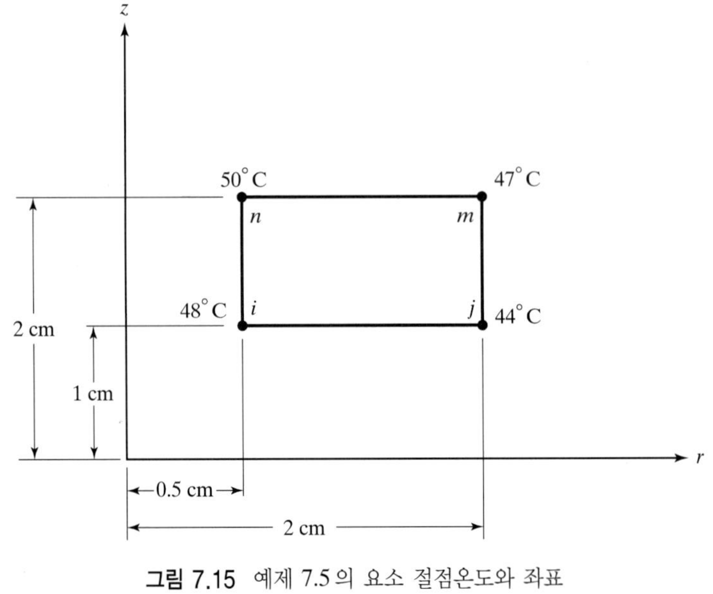

그림 7.15 예제 7.5의 요소 절점온도와 좌표

$$S_j = \left(\frac{r - R_i}{\ell}\right)\left(\frac{Z_n - z}{w}\right) = \left(\frac{1.2 - 0.5}{1.5}\right)\left(\frac{2 - 1.4}{1}\right) = 0.28$$
$$S_m = \left(\frac{r - R_i}{\ell}\right)\left(\frac{z - Z_i}{w}\right) = \left(\frac{1.2 - 0.5}{1.5}\right)\left(\frac{1.4 - 1}{1}\right) = 0.19$$
$$S_n = \left(\frac{R_j - r}{\ell}\right)\left(\frac{z - Z_i}{w}\right) = \left(\frac{2 - 1.2}{1.5}\right)\left(\frac{1.4 - 1}{1}\right) = 0.21$$

주어진 점의 온도는 다음과 같다.

$$T = (0.32)(48) + (0.28)(44) + (0.19)(47) + (0.21)(50) = 47.11°\text{C}$$

7.6 등매개변수 요소

5.5 절에서 언급되었던 것처럼, 미지수 u, v, T 등을 정의하기 위해 형상함수를 사용하고, 기하학적 형상을 정의하기 위해 동일한 형상함수를 사용하면 등매개변수 정식화를 한다고 한다. 이러한 방식으로 표시되는 요소를 **등매개변수 요소**(isoparametric element)라고 한다. 그림 7.16에 있는 사변형 요소로 관심을 돌려, 변형을 수반하는 고체역학 문제를 생각하자. 고체에 있어서 변위장을 사변형 요소를 사용하여 절점값으로 표시하면 다음과 같다.

$$\begin{aligned} u^{(e)} &= S_i U_{ix} + S_j U_{jx} + S_m U_{mx} + S_n U_{nx} \\ v^{(e)} &= S_i U_{iy} + S_j U_{jy} + S_m U_{my} + S_n U_{ny} \end{aligned} \tag{7.30}$$

위의 식 (7.30)을 행렬의 형태로 다시 쓰면 다음과 같다.

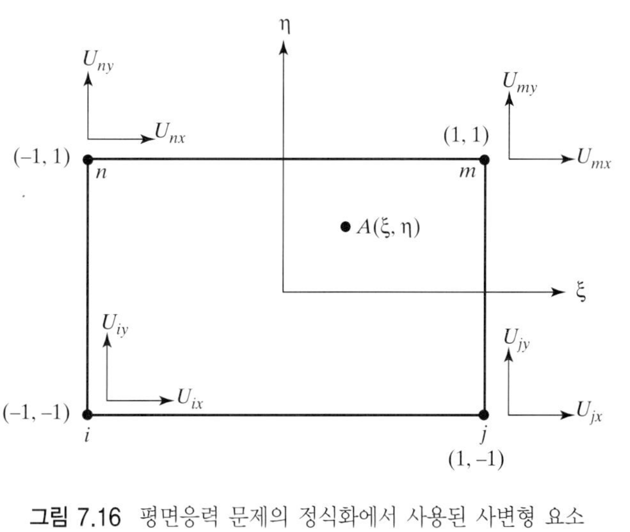

그림 7.16 평면응력 문제의 정식화에서 사용된 사변형 요소

$$\begin{Bmatrix} u \\ v \end{Bmatrix} = \begin{bmatrix} S_i & 0 & S_j & 0 & S_m & 0 & S_n & 0 \\ 0 & S_i & 0 & S_j & 0 & S_m & 0 & S_n \end{bmatrix} \begin{Bmatrix} U_{ix} \\ U_{iy} \\ U_{jx} \\ U_{jy} \\ U_{mx} \\ U_{my} \\ U_{nx} \\ U_{ny} \end{Bmatrix} \tag{7.31}$$

등매개변수 정식화 방법을 사용하면, 요소 내의 임의의 점에 대한 위치를 기술할 때에도 동일한 형상함수를 사용하게 되므로 다음과 같은 식을 쓸 수 있다.

$$\begin{aligned} x &= S_i x_i + S_j x_j + S_m x_m + S_n x_n \\ y &= S_i y_i + S_j y_j + S_m y_m + S_n y_n \end{aligned} \tag{7.32}$$

10장에서 설명하겠지만, 변형률 성분은 변위장(displacement field)과 연관되어 있고 ($\varepsilon_{xx} = \partial u/\partial x$, $\varepsilon_{yy} = \partial v/\partial y$, $\gamma_{xy} = \partial u/\partial y + \partial v/\partial x$), 결과적으로 형상함수를 통하여 절점변위와도 연관되어 있다. 변형 에너지로부터 요소 강성행렬을 유도할 때 x, y좌표에 대해 변위장 성분의 미분을 취해야 하는데, 이는 결국 x, y에 대해 형상함수의 미분을 취하는 것을 의미하게 된다. 여기서 형상함수가 ξ와 η로 표시된다는 점을 상기하자. 따라서, 일반적으로 함수 $f(x,y)$의 x, y에 대한 미분이 가능하도록 하는 관계식이 필요하고, 결국 이들 미분은 함수 $f(x,y)$의 ξ, η에 대한 미분항으로 표시될 필요가 있다. 이를 명확히 하기 위해서 연쇄법칙(chain rule)을 사용하면 다음과 같이 쓸 수 있다.

$$\begin{aligned} \frac{\partial f(x,y)}{\partial \xi} &= \frac{\partial f(x,y)}{\partial x}\frac{\partial x}{\partial \xi} + \frac{\partial f(x,y)}{\partial y}\frac{\partial y}{\partial \xi} \\ \frac{\partial f(x,y)}{\partial \eta} &= \frac{\partial f(x,y)}{\partial x}\frac{\partial x}{\partial \eta} + \frac{\partial f(x,y)}{\partial y}\frac{\partial y}{\partial \eta} \end{aligned} \tag{7.33}$$

식 (7.33)을 행렬의 형태로 표시하면 다음과 같다.

$$\begin{Bmatrix} \dfrac{\partial f(x,y)}{\partial \xi} \\ \dfrac{\partial f(x,y)}{\partial \eta} \end{Bmatrix} = \overbrace{\begin{bmatrix} \dfrac{\partial x}{\partial \xi} & \dfrac{\partial y}{\partial \xi} \\ \dfrac{\partial x}{\partial \eta} & \dfrac{\partial y}{\partial \eta} \end{bmatrix}}^{[\mathbf{J}]} \begin{Bmatrix} \dfrac{\partial f(x,y)}{\partial x} \\ \dfrac{\partial f(x,y)}{\partial y} \end{Bmatrix} \tag{7.34}$$

여기서 **J** 행렬을 좌표 변환(coordinate transformation)의 자코비안(Jacobian)이라 부른다. 식 (7.34)는 다른 표현으로 다음과 같이 쓰기도 한다.

$$\begin{Bmatrix} \dfrac{\partial f(x,y)}{\partial x} \\ \dfrac{\partial f(x,y)}{\partial y} \end{Bmatrix} = [\mathbf{J}]^{-1} \begin{Bmatrix} \dfrac{\partial f(x,y)}{\partial \xi} \\ \dfrac{\partial f(x,y)}{\partial \eta} \end{Bmatrix} \tag{7.35}$$

사변형 요소에 있어서 **J** 행렬은 식 (7.32)와 (7.7)을 사용하여 계산할 수 있다. 이 계산과정은 연습문제로 남겨둔다(연습문제 24). 등변수 정식화를 이용하여 요소 강성행렬을 유도하는 것은 10장에서 다루게 될 것이다. 편의를 위하여, 7.1절에서 7.6절까지의 결과를 표 7.1에 요약하였다.

7.7 2차원 적분: 가우스-르장드르 구적법

앞의 5장에서 언급된 바와 같이, 대부분의 유한요소 프로그램들은 요소의 수치 적분을 수행하기 위하여 가우스 구적법을 이용하고. 적분의 하한과 상한으로 -1과 1을 각각 사용한다. 이제 가우스-르장드르 구적법을 2차원으로 확장해 보자. 이는 다음과 같다.

$$I = \int_{-1}^{1}\int_{-1}^{1} f(\xi, \eta)\,d\xi\,d\eta \cong \int_{-1}^{1}\left[\sum_{i=1}^{n} w_i f(\xi_i, \eta)\right]d\eta \cong \sum_{i=1}^{n}\sum_{j=1}^{n} w_i w_j f(\xi_i, \eta_j) \tag{7.36}$$

식 (7.36)의 관계는 자명하며, 가중계수와 적분점은 표 5.2에 주어져 있다.

예제 7.6

2차원 가우스-르장드르 구적법을 이해하기 위해 다음의 적분을 생각해 보자.

$$I = \int_0^2\int_0^2 (3y^2 + 2x)\,dx\,dy$$

이 적분은 해석적으로 다음과 같이 계산할 수 있다.

$$I = \int_0^2\int_0^2 (3y^2 + 2x)\,dx\,dy = \int_0^2\left[\int_0^2 (3y^2 + 2x)\,dx\right]dy$$
$$= \int_0^2 [(3y^2x + x^2)]_0^2\,dy = \int_0^2 (6y^2 + 4)\,dy = 24$$

이번에는 가우스-르장드르 구적법을 이용하여 적분해 보자. 우선 변 x, y를 ξ, η로 바꾸고, 식 (5.45)를 이용한다.

$$x = 1 + \xi \quad \text{그리고} \quad dx = d\xi$$
$$y = 1 + \eta \quad \text{그리고} \quad dy = d\eta$$

따라서 적분 I는 다음과 같이 쓸 수 있다.

$$I = \int_0^2\int_0^2 (3y^2 + 2x)\,dx\,dy = \int_{-1}^{1}\int_{-1}^{1} [3(1+\eta)^2 + 2(1+\xi)]\,d\xi\,d\eta$$

2점 적분 공식을 사용하면 다음과 같다.

표 7.1 2차원 형상함수

선형 직사각형

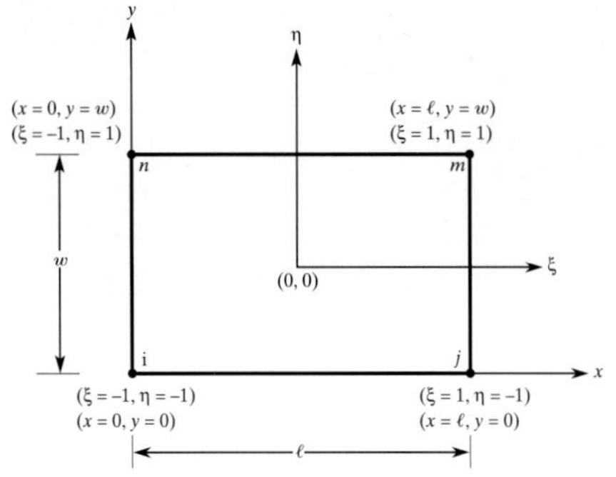

$$S_i = \left(1 - \frac{x}{\ell}\right)\left(1 - \frac{y}{w}\right)$$
$$S_j = \frac{x}{\ell}\left(1 - \frac{y}{w}\right)$$
$$S_m = \frac{xy}{\ell w}$$
$$S_n = \frac{y}{w}\left(1 - \frac{x}{\ell}\right)$$
$$S_i = \frac{1}{4}(1 - \xi)(1 - \eta)$$
$$S_j = \frac{1}{4}(1 + \xi)(1 - \eta)$$
$$S_m = \frac{1}{4}(1 + \xi)(1 + \eta)$$
$$S_n = \frac{1}{4}(1 - \xi)(1 + \eta)$$

2차 사변형

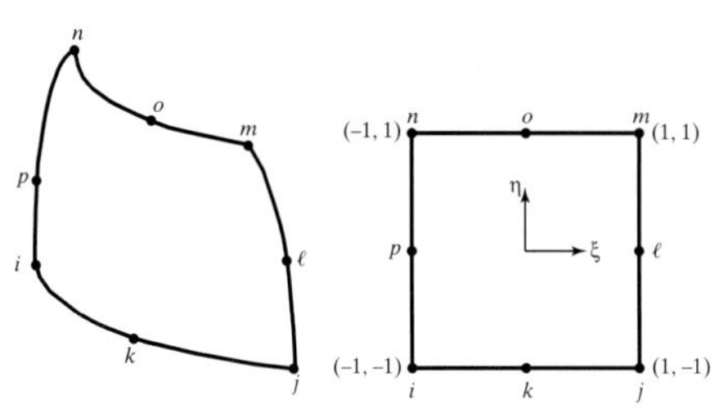

$$S_i = -\frac{1}{4}(1 - \xi)(1 - \eta)(1 + \xi + \eta)$$
$$S_j = \frac{1}{4}(1 + \xi)(1 - \eta)(-1 + \xi - \eta)$$
$$S_m = \frac{1}{4}(1 + \xi)(1 + \eta)(-1 + \xi + \eta)$$
$$S_n = -\frac{1}{4}(1 - \xi)(1 + \eta)(1 + \xi - \eta)$$
$$S_k = \frac{1}{2}(1 - \eta)(1 - \xi^2)$$
$$S_\ell = \frac{1}{2}(1 + \xi)(1 - \eta^2)$$
$$S_o = \frac{1}{2}(1 + \eta)(1 - \xi^2)$$
$$S_p = \frac{1}{2}(1 - \xi)(1 - \eta^2)$$

선형 삼각형

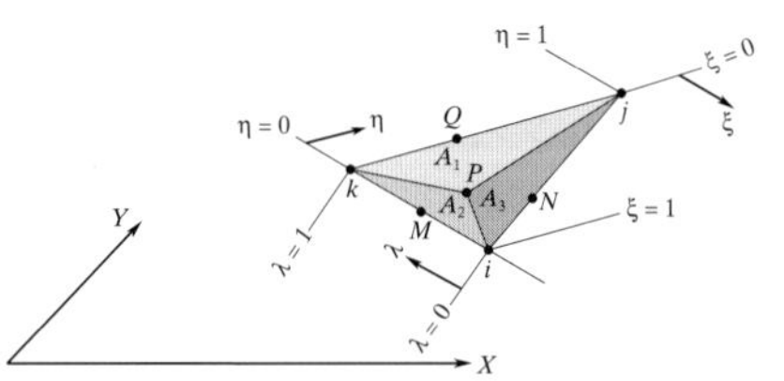

$$S_i = \frac{1}{2A}(\alpha_i + \beta_i X + \delta_i Y)$$
$$S_j = \frac{1}{2A}(\alpha_j + \beta_j X + \delta_j Y)$$
$$S_k = \frac{1}{2A}(\alpha_k + \beta_k X + \delta_k Y)$$
$$\alpha_i = X_j Y_k - X_k Y_j \quad \beta_i = Y_j - Y_k \quad \delta_i = X_k - X_j$$
$$\alpha_j = X_k Y_i - X_i Y_k \quad \beta_j = Y_k - Y_i \quad \delta_j = X_i - X_k$$
$$\alpha_k = X_i Y_j - X_j Y_i \quad \beta_k = Y_i - Y_j \quad \delta_k = X_j - X_i$$

$$I \cong \sum_{i=1}^{n}\sum_{j=1}^{n} w_i w_j f(\xi_i, \eta_j)$$

$$I \cong \sum_{i=1}^{2}\sum_{j=1}^{2} w_i w_j [3(1 + \eta_j)^2 + 2(1 + \xi_i)]$$

합을 구하기 위해서 $i = 1$에 대해 $j = 1, 2$로 변화시키고, $i = 2$에 대해 $j = 1, 2$로 변화시

표 7.1 계속

2차 삼각형

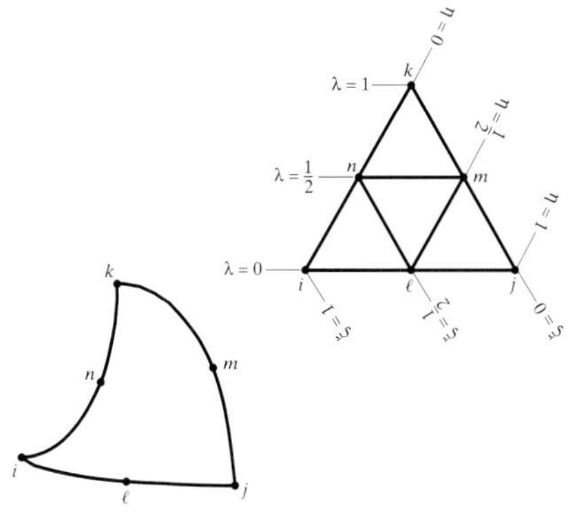

$S_i = \xi(2\xi - 1)$

$S_j = \eta(2\eta - 1)$

$S_k = \lambda(2\lambda - 1) = 1 - 3(\xi + \eta) + 2(\xi + \eta)^2$

$S_l = 4\xi\eta$

$S_m = 4\eta\lambda = 4\eta(1 - \xi - \eta)$

$S_n = 4\xi\lambda = 4\xi(1 - \xi - \eta)$

키면서 계산한다.

$$
\begin{aligned}
I \cong\ & [(1)(1)[3(1 + (-0.577350269))^2 + 2(1 + (-0.577350269))] \\
& + (1)(1)[3(1 + (0.577350269))^2 + 2(1 + (-0.577350269))]] \\
& + [(1)(1)[3(1 + (-0.577350269))^2 + 2(1 + (0.577350269))] \\
& + (1)(1)[3(1 + (0.577350269))^2 + 2(1 + (0.577350269))]] = 24.000000000
\end{aligned}
$$

7.8 ANSYS에서 사용되는 2차원 요소

ANSYS에서는 선형과 2차 사변형 및 삼각형 형상함수에 기초를 둔 다양한 종류의 2차원 요소들을 제공한다. 2차원 열 및 솔리드-구조 문제들의 정식화 과정은 9장과 10장에서 다루며, 지금까지 다룬 몇몇 2차원 구조-솔리드, 열-솔리드 요소의 예만을 생각한다.

Plane2 6절점 삼각형 구조-솔리드 요소로 2차 변위 보간함수를 사용한다. 절점당 2개의 자유도(x방향 및 y방향 직선운동)가 있다. 요소 상수로 KEYOPTION3를 '두께를 고려한 평면응력(plane stress with thickness)'으로 선택한 경우에 두께를 입력한다. 분포하중(surface pressure)을 요소 표면에 부과할 수 있다. 결과 데이터는 절점에서의 변위 및 응력과 주응력 등이다.

Plane35 6절점 삼각형 열-솔리드 요소이다. 이 요소에는 절점당 1개의 자유도(온도)가 있다. 표면하중으로 대류와 열유속을 요소면에 입력할 수 있으며, 출력으로는 절점온도와 열구배, 열유속 등의 요소 자료가 표시된다.

Plane42 4절점 사변형 구조-솔리드 요소이다. 이 요소는 4개의 절점으로 정의되며 절점당 2개의 자유도(x방향 및 y방향 직선운동)가 있다. 요소 상수로 KEYOPTION3를 '두께를 고려한 평면응력'으로 선택한 경우에 두께를 입력한다. 분포하중을 요소 표면에 부과할 수 있다. 결과 데이터는 절점에서의 변위 및 응력과 주응력 등이다.

Plane55 2차원 전도문제를 해석하는 데 사용되는 4절점 사변형 열-솔리드 요소이다. 이 요소에는 절점당 1개의 자유도(온도)가 있다. 요소 표면에 열유속을 하중으로 부과할 수 있고 대류 경계조건을 부과할 수 있다. 이 요소의 결과 데이터는 절점에서의 온도, 온도 구배, 열유속 등이다.

Plane77 2차원 전도문제를 해석하는 데 사용되는 8절점 사변형 열-솔리드 요소이다. 이 요소는 PLANE55 요소의 고차 요소에 해당한다. 따라서 곡선 경계를 가진 문제에 대하여 더 정확한 결과를 낸다. 이 요소에는 절점당 1개의 자유도(온도)가 있다. 요소 표면에 열유속을 하중으로 부과할 수 있고, 대류 경계조건을 부과할 수 있다. 이 요소의 결과 데이터는 절점에서의 온도, 온도 구배, 열유속 등이다.

Plane82 2차원 구조 해석에 사용되는 8절점 사변형 구조-솔리드 요소이다. 이 요소는 2차원 4절점 사변형 요소인 PLANE42의 고차 요소에 해당한다. 따라서 곡선 경계를 가진 문제에 대하여 더 정확한 결과를 낸다. 이 요소는 4개의 절점으로 정의되며 절점당 2개의 자유도(x방향 및 y방향 직선운동)가 있다. 요소 상수로 KEYOPTION3를 '두께를 고려한 평면응력'으로 선택한 경우에 두께를 입력한다. 분포하중을 요소 표면에 부과할 수 있다. 결과 데이터는 절점에서의 변위 및 응력과 주응력 등이다.

마지막으로, 고차 요소를 사용하게 되면 일반적으로 더 좋은 결과와 더 높은 정확도를 얻지만 계산시간이 많이 걸린다는 점을 언급하고자 한다. 이는 요소 행렬의 수치 적분에 많은 시간이 소요되기 때문이다.

■ 요약 ■

1. 2차원 선형 사각형 및 삼각형 형상함수와 요소, 그리고 이들의 특성과 한계 등을 잘 이해해야 한다.

2. 2차원 2차 삼각형 및 사변형 형상함수와 요소, 그리고 이들의 특성 및 선형요소보다 좋은 장점 등을 잘 이해해야 한다.

3. 자연 좌표계를 사용하는 것이 왜 중요한지 알아야 한다.

4. 축대칭 요소가 무엇을 의미하는지 알아야 한다.

5. 등매개변수 요소와 정식화 과정이 무엇을 의미하는지 알아야 한다.

6. 2차원 적분을 수행하기 위해 가우스-르장드르 구적법을 사용하는 방법을 알아야 한다.

7. ANSYS에서 사용되는 2차원 요소의 종류에 대해 알아야 한다.

참고문헌

ANSYS User's Manual: Elements, Vol. III, Swanson Analysis Systems, Inc.

Chandrupatla, T., and Belegundu, A., *Introduction to Finite Elements in Engineering*, Englewood Cliffs, NJ, Prentice Hall, 1991.

CRC Standard Mathematical Tables, 25th ed., Boca Raton, FL, CRC Press, 1979.

Segrlind, L., *Applied Finite Element Analysis*, 2nd ed., New York, John Wiley and Sons, 1984.

연습문제

1. 얇은 판의 온도 분포를 모델링하기 위하여 2차원 직사각형 요소를 사용한다. 이러한 판에 포함되어 있는 요소에 대한 절점온도가 아래 그림처럼 주어져 있다. 국부 형상함수를 사용하여 이 요소 중심의 온도를 구하라.

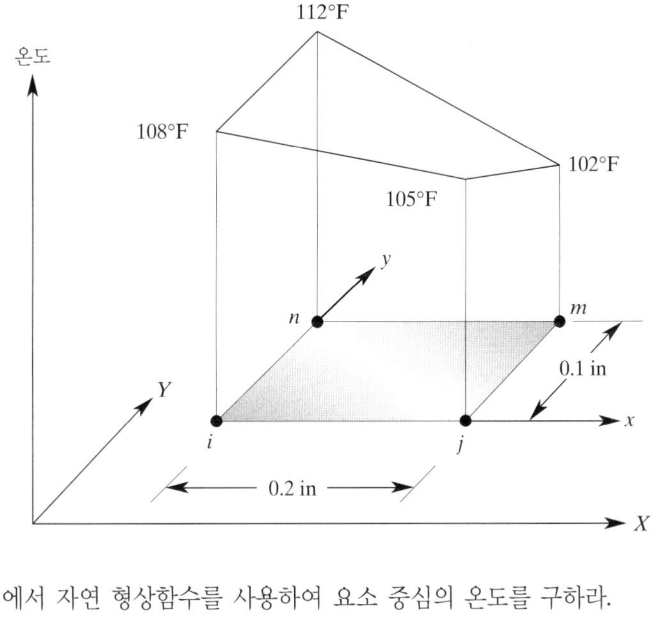

2. 문제 1에서 자연 형상함수를 사용하여 요소 중심의 온도를 구하라.

3. 직사각형 요소에 있어서 종속변수 Ψ의 구배에 대한 x, y 성분을 유도하라.

4. 문제 1에서 요소 중심점의 온도 구배에 대한 성분을 구하라. 요소의 열전도율이 $k = 92$ Btu/hr · ft · °F일 때 열유속의 x, y 성분을 계산하라.

5. 문제 1에서 103°F와 107°F 등온선의 위치를 구하고, 이를 도시하라.

6. 기계부품의 응력 분포를 결정하기 위해 2차원 삼각형 요소를 사용한다. 다음 그림에 절점응력과 그에 해당하는 좌표가 표시되어 있다. $x = 2.15$ cm, $y = 1.1$ cm 지점에서의 응력은 얼마인가?

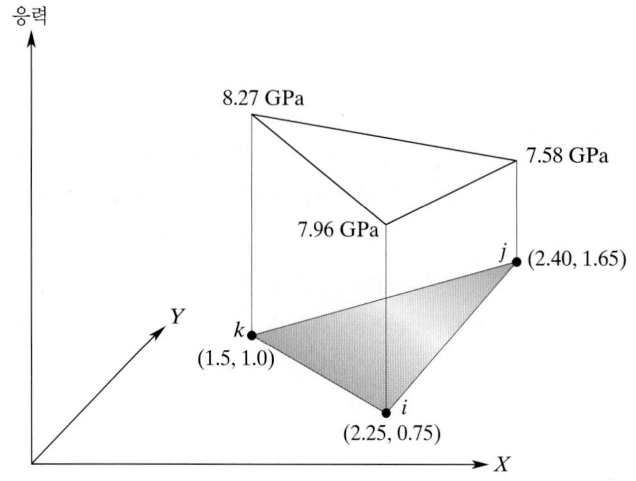

7. 문제 6에서 8.0 GPa과 7.86 GPa에 해당하는 응력 등고선을 그려라.

8. 2차 사변형 요소의 형상함수 S_i와 S_j를 유도하라.

9. 2차 사변형 요소의 형상함수 S_k와 S_ℓ을 유도하라.

10. 삼각형 요소에서 면적좌표의 곱을 포함하는 적분은 다음의 순열공식으로 계산된다.

$$\int_A \xi^a \eta^b \lambda^c \, dA = \frac{a!b!c!}{(a+b+c+2)!}2A$$

위의 관계식을 이용하여 적분 $\int_A (S_i^2 + S_j S_k)\, dA$를 계산하라.

11. 삼각형 요소의 면적 A는 다음의 행렬식으로 계산될 수 있음을 보여라.

$$\begin{vmatrix} 1 & X_i & Y_i \\ 1 & X_j & Y_j \\ 1 & X_k & Y_k \end{vmatrix} = 2A$$

12. 2차원 열전달 문제를 정식화할 때 적분 $\int_A [\mathbf{S}]^T hT \, dA$를 계산할 필요가 있다. 이 때 h는 열전달계수이고 T는 온도이다. h는 상수이고 온도 변화가 다음 식으로 주어질 때, 선형 삼각형 요소를 사용하여 위의 적분값을 계산하라.

$$T^{(e)} = [S_i \quad S_j \quad S_k]\begin{Bmatrix} T_i \\ T_j \\ T_k \end{Bmatrix}$$

또한, 삼각형 요소에서 면적좌표의 곱을 포함하는 적분은 다음의 순열공식에 의해 계산될 수 있음에 주목하라.

$$\int_A \xi^a \eta^b \lambda^c \, dA = \frac{a!b!c!}{(a+b+c+2)!}2A$$

13. 2차원 열전달 문제를 정식화할 때 다음의 적분값을 계산할 필요가 있다.

$$\int_A k\left(\frac{\partial[\mathbf{S}]^T}{\partial X}\frac{\partial T}{\partial X}\right)dA$$

k는 열전도도로서 상수이며 온도가 다음의 식으로 주어질 때 쌍일차 직사각형 요소에 대해 적분값을 계산하라.

$$T^{(e)} = [S_i \quad S_j \quad S_m \quad S_n]\begin{Bmatrix} T_i \\ T_j \\ T_m \\ T_n \end{Bmatrix}$$

14. 9절점 2차 사변형 요소(라그랑지 요소)를 생각할 때, 이 요소의 특성에 대해 논하고, 8절점 2차 사변형 요소의 특성과 비교해 보라. 라그랑지 요소와 8절점 2차 사변형 요소의 근본적인 차이점은 무엇인가?

15. 삼각형 요소에 대해 면적좌표 $\eta = S_j$이고, 면적좌표 $\lambda = S_k$임을 보여라.

16. 다음 사항을 보임으로써 식 (7.7)의 자연 좌표로 표시된 사변형 형상함수 결과를 증명하라. (1) 형상함수의 값이 해당 절점에서 1의 값을 갖고, 다른 절점에서 0의 값을 갖는다. (2) 형상함수들을 모두 합했을 때 1이 된다.

17. 형상함수의 값이 해당 절점에서 1의 값을 갖고, 다른 절점에서 0의 값을 갖는다는 사실을 보임으로써 식 (7.25)의 자연 형상함수 결과를 증명하라.

18. 삼각형 요소를 사용하는 평면응력 문제에 대해 생각하자. 아래 그림처럼 선형 삼각형 요소를 사용하여 변위 u, v를 나타낼 수 있다.

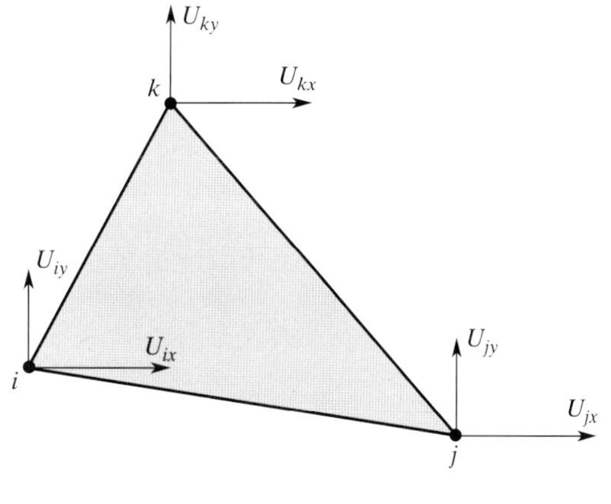

선형 삼각형 형상함수와 절점변위로 변위함수를 표시하면 다음과 같다.

$$u = S_i U_{ix} + S_j U_{jx} + S_k U_{kx}$$

$$v = S_i U_{iy} + S_j U_{jy} + S_k U_{ky}$$

또한, 평면응력 상태하에서는 변형률과 변위의 관계가 다음과 같이 표시된다.

$$\varepsilon_{xx} = \frac{\partial u}{\partial x} \qquad \varepsilon_{yy} = \frac{\partial v}{\partial y} \qquad \gamma_{xy} = \frac{\partial u}{\partial y} + \frac{\partial v}{\partial x}$$

삼각형 요소에 있어서 변형률 성분들은 절점변위와 다음의 관계가 성립함을 보여라.

$$\begin{Bmatrix} \varepsilon_{xx} \\ \varepsilon_{yy} \\ \gamma_{xy} \end{Bmatrix} = \frac{1}{2A}\begin{bmatrix} \beta_i & 0 & \beta_j & 0 & \beta_k & 0 \\ 0 & \delta_i & 0 & \delta_j & 0 & \delta_k \\ \delta_i & \beta_i & \delta_j & \beta_j & \delta_k & \beta_k \end{bmatrix}\begin{Bmatrix} U_{ix} \\ U_{iy} \\ U_{jx} \\ U_{iy} \\ U_{kx} \\ U_{ky} \end{Bmatrix}$$

19. 다음 그림과 같이 삼각형 요소의 kj 변에 있는 점 Q를 생각하자. 이 점을 절점 i와 연결하면, 그림처럼 삼각형의 면적이 2개의 작은 면적 A_2, A_3로 분할된다.

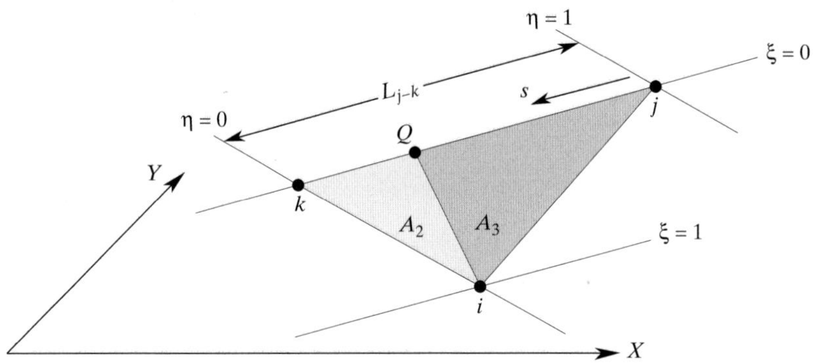

kj변을 따라 자연 또는 면적 좌표 ξ는 0의 값을 가진다. 이 때 kj변을 따라, 다른 자연(면적) 좌표 η와 λ는 1차원 자연 좌표로 귀결되고, 이 좌표는 국부 좌표 s로서 다음과 같이 표시될 수 있음을 보여라.

$$\eta = \frac{A_2}{A} = 1 - \frac{s}{L_{j-k}}$$

$$\lambda = \frac{A_3}{A} = \frac{s}{L_{j-k}}$$

20. 문제 19의 요소에 대해, ij변과 ki변을 따른 간단화된 면적좌표를 1차원 좌표 s로 표시하라.

21. 9장과 10장에서 다루겠지만, 표면에 작용하는 분포하중과 미분 형태의 경계조건으로부터 하중행렬을 구하기 위해서는 삼각형 요소의 변을 따라 적분할 필요성이 대두된다. 문제 19를 상기하며 다음의 식들을 이용하자.

$$\int_0^1 (x)^{m-1}(1-x)^{n-1}dx = \frac{\Gamma(m)\Gamma(n)}{\Gamma(m+n)}$$

$$\Gamma(n) = (n-1)! \text{ 그리고 } \Gamma(m) = (m-1)!$$

이제 다음의 관계를 증명하라.

$$L\int_0^1\left(1-\frac{s}{L}\right)^a\left(\frac{s}{L}\right)^b d\left(\frac{s}{L}\right)=\frac{a!b!}{(a+b+1)!}L$$

$$\int_0^{L_{k-j}}(\eta)^a(\lambda)^b ds = L_{j-k}\int_0^1\left(1-\frac{s}{L_{j-k}}\right)^a\left(\frac{s}{L_{j-k}}\right)^b d\left(\frac{s}{L_{j-k}}\right)=\frac{a!b!}{(a+b+1)!}L_{j-k}$$

22. 다음의 그림과 같이 ki 변을 따라 분포하중이 작용하는 삼각형 요소를 생각하자.

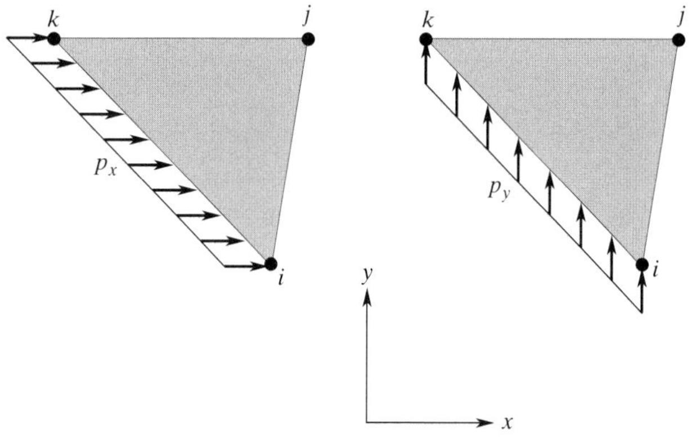

최소 총 포텐셜 에너지 방법을 이용하여, 분포하중에 의해 행해진 일을 절점변위로 미분하면 하중행렬을 얻게 되는데 이는 다음의 식으로부터 계산된다.

$$\{\mathbf{F}\}^{(e)}=\int_A[\mathbf{S}]^T\{\mathbf{p}\}dA,$$

여기서

$$[\mathbf{S}]^T=\begin{bmatrix}S_i & 0\\0 & S_i\\S_j & 0\\0 & S_j\\S_k & 0\\0 & S_k\end{bmatrix}\quad\text{그리고 }\{\mathbf{p}\}=\begin{Bmatrix}p_x\\p_y\end{Bmatrix}$$

ki 변을 따라 $S_j = 0$ 임을 생각하고, ki 변을 따라 하중이 작용하는 상황에 대해 하중행렬을 계산하라. 이 때 문제 21 의 결과를 이용하면 도움이 될 것이다. 이 문제에서 A 는 요소 두께와 변 길이의 곱과 같다는 점에 주목하라.

23. 문제 22 의 요소에 대해 ij 변과 jk 변에 분포하중이 작용할 때의 하중행렬을 구하라.

24. 식 (7.32)와 (7.7)을 이용하여 사변형 요소의 자코비안 행렬 $\mathbf{J}$ 와 그의 역행렬 $\mathbf{J}^{-1}$ 을 구하라.

25. 식 (7.29)에 주어진 축대칭 직사각형 요소의 형상함수 S_j, S_m, S_n 을 증명하라.

26. 어떤 시스템의 온도 분포에 대해서 축대칭 삼각형 요소를 사용하여 모델링할 수 있다. 요소의 각 절점온도값은 다음 그림에 나타나 있다. $r = 1.8$ cm, $z = 1.9$ cm 에서의 온

도를 계산하라.

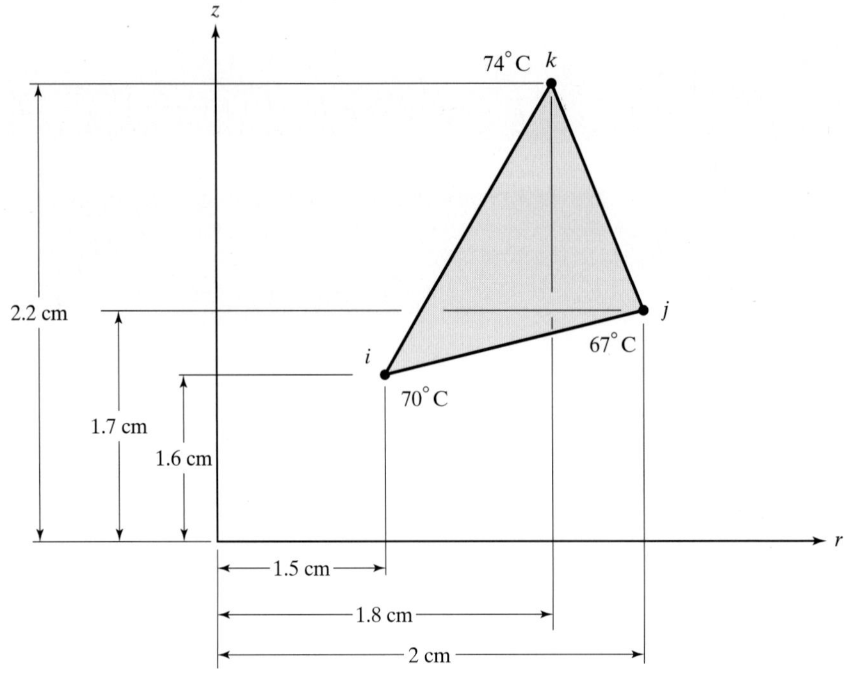

27. 어떤 시스템의 온도 분포에 대해서 축대칭 직사각형 요소를 사용하여 나타낼 수 있다. 요소의 각 절점온도값은 다음 그림에 나타나 있다. $r = 2.1$ cm, $z = 1.3$ cm에서의 온도를 계산하라.

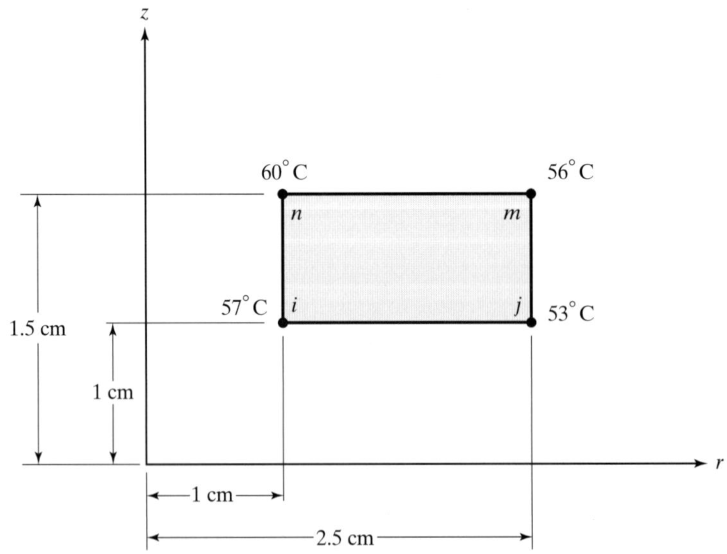

28. 축대칭 직사각형 요소에 있어서 종속변수 Ψ의 구배에 대한 r, z 성분을 유도하라.

29. 주어진 식을 가우스-르장드르 공식을 사용하여 적분하라.

$$\int_1^5 \int_0^6 (5y^3 + 2x^2 + 5)\, dx\, dy$$

30. 주어진 식을 가우스-르장드르 공식을 사용하여 적분하라.

$$\int_{-2}^{8}\int_{2}^{10}(y^3 + 3y^2 + 5y + 2x^2 + x + 10)\,dx\,dy$$

31. 그림 7.2a에서 나타낸 직사각형 요소의 온도 분포는 식 (7.1)과 같이 나타낼 수 있다. 요소의 변을 따르는 온도 분포는 선형이지만, 요소 내부의 온도는 비선형임을 보여라. (힌트: ij 변에서 $y = 0$이며, in 변에서 $x = 0$이고, jm 변에서 $x = \ell$이며, nm 변에서 $y = w$이다)

Chapter

8

ANSYS* 의 구성 및 기능

이 장에서는 ANSYS 프로그램의 구성 및 중요한 기능을 설명한다. ANSYS를 사용하여 유한요소 모델을 만들고 해석하는 기본적인 절차를 설명하고, 예제를 통하여 쉽게 이해할 수 있도록 하였다. 이 장에서 다루는 주요 내용은 다음과 같다.

* ANSYS의 승인하에 게재하였다.

8.1 ANSYS 프로그램

ANSYS 프로그램은 **시작 단계**(begin level)와 **처리 단계**(processor level)의 두 단계로 이루어져 있다. ANSYS를 구동하면 시작 단계에 있게 된다. 시작 단계에서 그림 8.1에 나타낸 바와 같이 다양한 종류의 ANSYS 처리기(processor)로 들어갈 수 있다. 처리기는 어떤 목적을 수행하는 데 필요한 기능과 루틴들로 이루어진 일종의 서브루틴이다. 시작 단계에서 데이터베이스를 초기화하거나 파일의 할당을 바꿀 수 있다.

일반적으로 (1) **전처리기**(preprocessor, **PREP7**), (2) **해석처리기**(solution processor, **SOLUTION**), (3) 일반 **후처리기**(postprocessor, **POST1**)의 세 종류의 처리기가 자주 사용된다. 전처리기(**PREP7**)는 모델을 생성하는 데 필요한 명령어로 이루어져 있으며, 주요 기능을 살펴보면 다음과 같다.

- 요소의 종류와 옵션의 정의
- 요소 상수(element real constant)의 입력
- 재료 물성치(material property)의 입력
- 모델 형상(geometry)의 생성
- 격자생성(meshing) 선택사항의 정의
- 격자생성

해석처리기(SOLUTION)에서는 전처리기에서 만들어진 유한요소 모델에 경계조건 및 하중을 부과한다. 예를 들어, 구조문제에서는 변위 경계조건과 하중을 부과하고, 열전달 문제에서는 경계의 온도 또는 대류면(convective surface)을 정의한다. **해석처리기(SOLUTION)**에 필요한 모든 정보를 입력하면 해석을 수행하여 절점에서의 해를 구한다. 해석된 결과는 일반 **후처리기(POST1)**에서 목록이나 그림으로 볼 수 있다. 일반 **후처리기(POST1)**의 주요 기능을 살펴보면 다음과 같다.

- 저장된 결과 파일에서 해석 결과 불러오기
- 요소 결과 데이터 읽기
- 결과의 도시
- 결과의 리스트

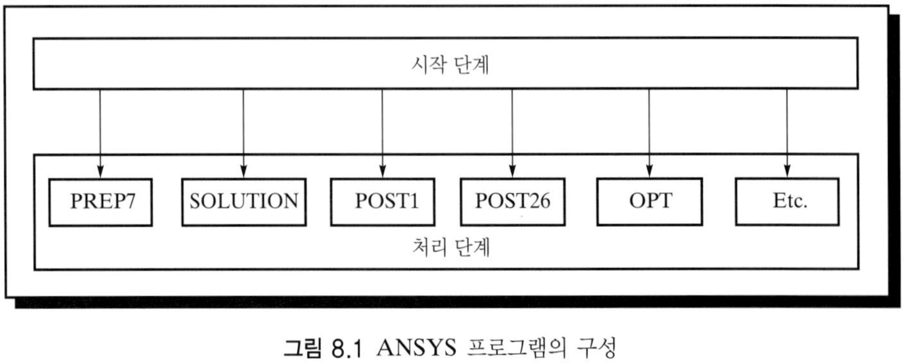

그림 8.1 ANSYS 프로그램의 구성

자주 사용되는 세 가지 처리기 이외에 다른 목적으로 사용되는 처리기도 있다. 예를 들어, 시간-이력 후처리기(time-history postprocessor, **POST26**)는 과도해석(transient analysis)에서 모델의 한 점에 대한 결과를 전 시간에 걸쳐서 고찰할 수 있는 명령으로 이루어져 있다. 설계 최적화 처리기(design optimization processor, **OPT**)를 사용하면 설계 최적화 해석을 수행할 수 있다.

8.2 ANSYS 데이터베이스와 파일

앞 절에서 ANSYS의 구성에 대하여 설명하였다. 이번 절에서는 ANSYS 프로그램에서 사용되는 데이터베이스와 파일들의 종류와 기능을 설명한다. ANSYS는 해석을 수행하는 동안 많은 파일에 데이터를 저장하고 불러온다. 문제를 모델링할 때 입력되는 정보들(예를 들어, 요소 종류, 재료 물성치, 크기, 형상 등)은 입력 데이터(input data)로 저장된다. 해석 단계에서 ANSYS는 변위, 온도, 응력 등과 같은 여러 가지 결과를 계산하는데, 이 결과들은 결과 데이터(results data)로 저장된다. 입력 데이터와 결과 데이터는 ANSYS 프로그램 어디에서나 접근이 가능한 데이터베이스에 저장된다. ANSYS 데이터베이스는 메모리에 상주하며 사용자가 데이터베이스 파일인 **Jobname.DB**에 저장해야만 컴퓨터 하드디스크에 기록된다. Jobname은 ANSYS 프로그램 구동시에 사용자가 지정하는 작업명이다. 데이터베이스는 SAVE_DB 명령으로 저장되고 RESUME_DB 명령으로 불러온다. RESUME_DB 명령을 실행시키면 가장 최근에 저장된 데이터베이스 파일로부터 데이터베이스를 읽어 메모리에 상주시킨다. 즉, 현재의 데이터베이스가 가장 최근에 저장된 것으로 바뀌게 된다. 해석 도중에 다음 단계에 대하여 잘 모르는 명령을 시험해 보고자 한다면 시험을 시작하기 바로 전에 SAVE_DB 명령을 수행하는 것이 필요하다. 이렇게 하면, 만약 결과가 만족스럽지 않을 경우 RESUME_DB 명령을 사용하여 시험을 시작하기 바로 전의 데이터베이스를 불러들일 수 있다. SAVE_DB, RESUME_DB, EXIT_DB과 QUIT은 ANSYS 툴바(toolbar)에 있다. 그리고 유틸리티 메뉴에 있는 "Clear & Start New" 명령어는 데이터베이스를 초기화한다. 이 명령은 ANSYS를 종료하지 않고 새로운 세션(session)을 시작하고자 할 때 사용하는 것으로 데이터베이스에 입력된 모든 정보를 지우고 초기화한다.

ANSYS 프로그램을 종료할 때 네 가지 선택사항(option)이 주어진다: (1) Save all model data(모든 모델 데이터 저장), (2) Save all model data and solution data(모든 모델 데이터와 해석 데이터 저장), (3) Save all model data, solution data, and postprocessing data(모든 모델 데이터, 해석 데이터 및 후처리 데이터 저장), (4) Save nothing(아무것도 저장하지 않음).

앞에서 설명하였듯이 ANSYS는 해석 도중에 많은 파일에 데이터를 저장하고 불러온다. 이 파일들의 이름은 *Jobname.Ext*의 형태로 이루어진다. 여기서 *Jobname*은 ANSYS 프로그램을 처음 구동할 때 지정하는 작업명이며 디폴트는 *file*이다. *Ext*는 파일의 내용을 알 수 있도록 지정된 고유의 확장자이다. 전형적으로 사용되는 ANSYS 파일은 다음과 같다.

- 로그 파일(log file, **Jobname.LOG**): 이 파일은 ANSYS가 처음 구동될 때 생성되는 것으로 ANSYS 작업중에 실행되는 모든 명령이 저장된다. 로그 파일은 ANSYS가 종

료될 때 닫히게 된다. 시스템의 이상 또는 사용자의 실수로 ANSYS가 중단되어 작업한 것이 망실되었을 경우, **/INPUT** 명령을 사용하여 로그 파일을 읽음으로써 복구할 수 있다.

- 에러 파일(error file, **Jobname.ERR**): 이 파일은 ANSYS가 처음 구동될 때 생성되는 것으로 ANSYS 작업중에 발생하는 모든 경고 및 에러 메시지가 저장된다. 새로운 ANSYS 세션을 시작할 때 Jobname.ERR 파일이 이미 존재한다면 새로 발생하는 모든 경고 및 에러 메시지는 기존의 에러 파일에 덧붙어져서 저장된다.
- 데이터베이스 파일(database file, **Jobname.DB**): ANSYS 파일 중 가장 중요한 파일로 모든 입력 데이터와 결과를 저장한다. ANSYS 프로그램을 종료할 때 데이터베이스의 모델 부분은 자동으로 저장된다.
- 결과 파일(output file, **Jobname.OUT**): 이 파일은 ANSYS가 처음 구동될 때 생성된다. 결과 파일은 GUI를 사용할 때 생성되며 그렇지 않으면 모니터에 그 내용이 나타난다. Jobname.OUT에는 사용자의 모든 명령에 대한 ANSYS의 실행 결과가 저장된다. 또한 모든 경고와 에러 메시지 및 결과의 일부분이 저장된다. ANSYS 세션에서 Jobname을 바꾸더라도 결과 파일명은 바뀌지 않는다.

이 외에도 구조해석 결과 파일(structural analysis results file, **Jobname.RST**), 열전달해석 결과 파일(thermal results file, **Jobname.RTH**), 자기장해석 결과 파일(magnetic results file, **Jobname.RMG**), 그래픽 파일(graphics file, **Jobname.GRPH**), 요소행렬 파일(element matrices file, **Jobname.EMAT**) 등이 있다.

8.3 ANSYS에서의 유한요소 모델 생성: 전처리

전처리기**(PREP7)**에는 유한요소 모델을 생성하는 데 필요한 명령과 절차들이 있다.

1. 요소의 종류와 옵션의 정의

2. 선택된 요소의 종류에 따른 요소 상수(element real constant)의 입력

3. 재료 물성치(material property)의 입력

4. 모델 형상(geometry)의 생성

5. 격자생성(meshing) 선택사항의 정의

6. 격자생성

1. 요소의 종류와 옵션의 정의

ANSYS에는 해석의 종류와 특성에 따라 사용되는 150개 이상의 요소가 있다. 요소를 정확히 선택하는 것은 해석과정의 아주 중요한 부분이며 유한요소이론을 정확히 이해하고 있어야 주어진 해석에 가장 적합한 요소를 선택할 수 있다. ANSYS의 요소 이름은 카테고리 이름(category name)과 숫자로 이루어진다. 예를 들어, 2차원 솔리드 요소는 카테고리 이름으로 **PLANE**이 지정되어 있다. 따라서 **PLANE42**는 솔리드 문제에 사용되는 4절점 사각형 요소로 절점당 자유도는 2개로, x 및 y방향으로의 병진 자유도이다. **PLANE82**는 솔리드 문제에 사용되는 8절점 사변형 요소로 4절점 사각형

요소인 PLANE42의 고차 요소에 해당된다. 따라서 PLANE82를 사용하여 곡선 경계를 가지는 문제를 해석하면 PLANE42보다 더 정확한 결과를 얻게 된다. 각 절점에는 2개의 자유도, 즉 x 및 y방향으로의 직선운동의 자유도가 있다. ANSYS에서 사용되는 많은 요소는 해석에 필요한 추가적인 정보를 입력할 수 있다. 이러한 선택사항을 ANSYS에서는 **주요선택사항**(keyoptions, **KEOPTs**)이라고 한다. 예를 들어 PLANE82의 경우, **KEOPT(3)** 선택사항에서 평면응력, 축대칭, 평면변형률, 두께를 고려한 평면응력 해석 중의 하나를 지정한다. ANSYS에서 사용하는 모든 요소를 이 장 끝 부분에 있는 표 8.2에 정리하였다. 요소의 종류 및 옵션을 정의하기 위해서는 다음 명령을 사용한다.

main menu: **Preprocessor → Element Type → Add/Edit/Delete**

명령을 수행하면 그림 8.2와 같이 요소 종류 대화상자(Element Types dialog box)가 나타난다.

A **List:** 현재 정의되어 있는 요소의 목록을 보여준다. 아직까지 요소를 정의하지 않았다면 요소를 추가하기 위해서는 **Add** 버튼을 클릭해야 한다. 그러면 요소 라이브러리 대화상자(Library of Element Types dialog box)가 나타난다(그림 8.3 참조). 라이브러리에서 원하는 요소를 선택한다.

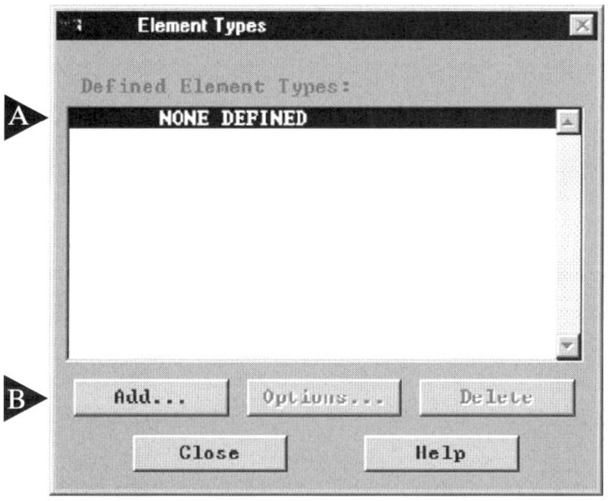

그림 8.2 요소 종류 대화상자

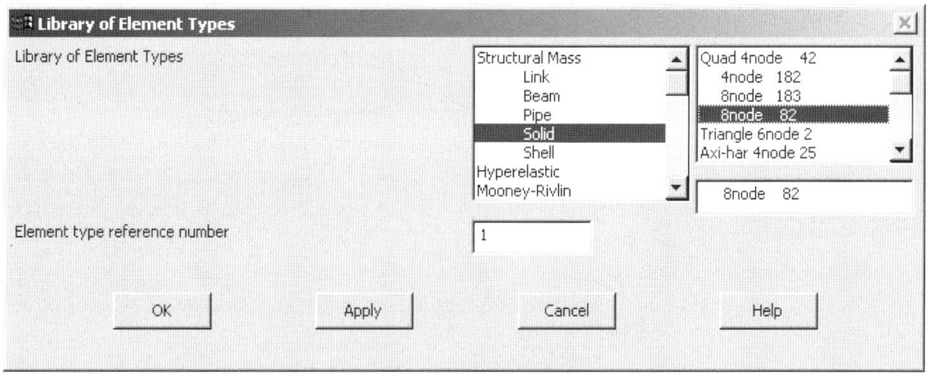

그림 8.3 요소 라이브러리 대화상자

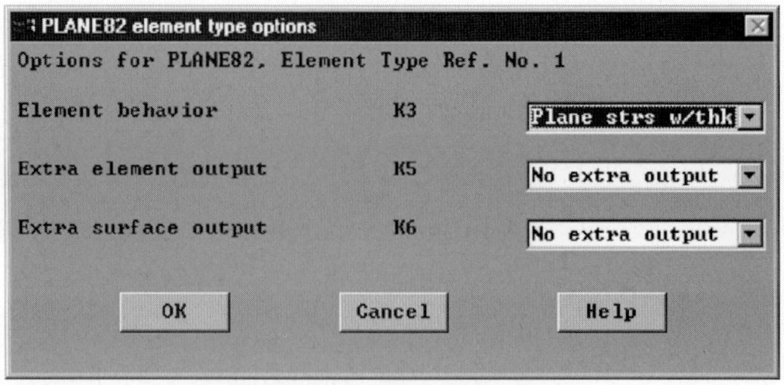

그림 8.4 요소 선택사항 대화상자

B **Action Buttons:** 바로 앞에서 설명하였듯이 **Add** 버튼으로 요소를 추가한다. **Delete** 버튼으로 선택된(강조된 부분) 요소를 삭제한다. **Options** 버튼으로 요소 선택사항 대화상자(Element Type Options dialog box)를 열어 옵션을 정의한다. 선택된 요소에 대하여 원하는 요소 선택사항을 지정할 수 있다. 예를 들어, PLANE82의 경우 KEOPT(3) 선택사항으로 그림 8.4와 같이 평면응력, 축대칭, 평면변형률, 두께를 고려한 평면응력 해석 중의 하나를 선택할 수 있다.

2. 요소 상수의 입력

요소 상수(element real constants)는 특정 요소의 특성을 나타내는 값이다. 예를 들어, 보 요소(beam element)를 해석하기 위해서는 단면적, 2차 면적 모멘트 등의 상수가 필요하다. 요소 상수는 요소의 종류에 따라 필요한 것이 다르고 요소 상수가 필요 없는 요소도 있다. 요소 상수를 입력하기 위해서는 다음 명령을 사용한다.

main menu: **Preprocessor → Real Constants → Add/Edit/Delete**

위의 명령을 수행하면 그림 8.5와 같은 요소 상수 대화상자(Real Constants dialog box)가 나타난다.

A **List:** 현재 정의되어 있는 요소 상수의 목록을 보여준다. 요소 상수를 추가하기 위해서는 **Add** 버튼을 클릭해야 한다. 한 예로 PLANE82의 요소 상수 대화상자를 그림 8.6에 나타내었다.

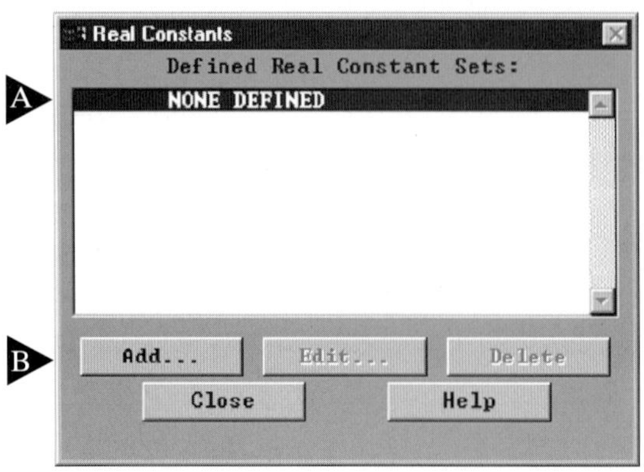

그림 8.5 요소 상수 대화상자

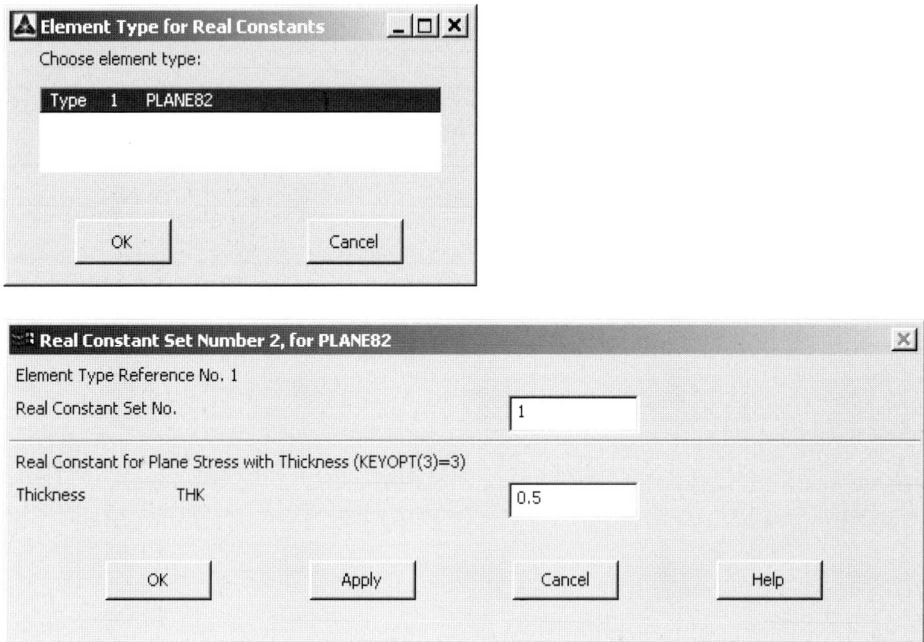

그림 8.6 PLANE82의 요소 상수 대화상자의 예

B **Action Buttons: Add** 버튼의 사용목적은 이미 설명하였다. **Delete** 버튼으로 선택된(강조된 부분) 요소 상수를 삭제한다. **Edit** 버튼으로 이미 존재하고 있는 요소 상수 변경 대화상자를 열어 요소 상수를 변경한다.

3. 재료 물성치의 입력

다음으로 재료의 물성치를 입력한다. 예를 들어, 솔리드 문제에서는 재료의 탄성계수, 푸아송비, 밀도 등을 입력하고 열전달 문제에서는 재료의 열전도율, 비열, 밀도를 정의해야 한다. 재료의 물성치를 입력하기 위해서는 다음 명령을 사용한다.

main menu: **Preprocessor → Material Props → Material Models**

위의 명령을 수행하면 그림 8.7과 같이 재료 거동 정의 대화상자(Define Material Model Behavior dialog box)가 나타난다.

다음 대화상자는 그림 8.8과 같이 해석의 특성을 정의할 수 있게 한다. 해석하고자 하는 물체가 여러 가지의 다른 재료로 구성되어 있는 경우 유한요소 모델에서도 여러 개의 재료를 사용해야 한다. 재료 거동 정의 대화상자에서 재료 버튼을 클릭하고 새 모델(New Model)을 선택한다.

4. 모델 형상의 생성

유한요소 모델의 형상을 생성하는 데에는 (1) 직접(수동) 생성[direct(manual) generation] (2) 솔리드-모델링 생성(solid-modeling approach)의 두 가지 방법이 있다. 직접(수동) 생성방법은 절점의 위치를 지정하고 요소를 구성하는 절점들을 수동으로 지정하는 간단한 방법이다. 이 방법은 링크, 보, 파이프 등과 같이 선 요소(line element)로 모델링될 수 있는 간단한 문제이지만 직사각형과 같이 간단한 형상을 가

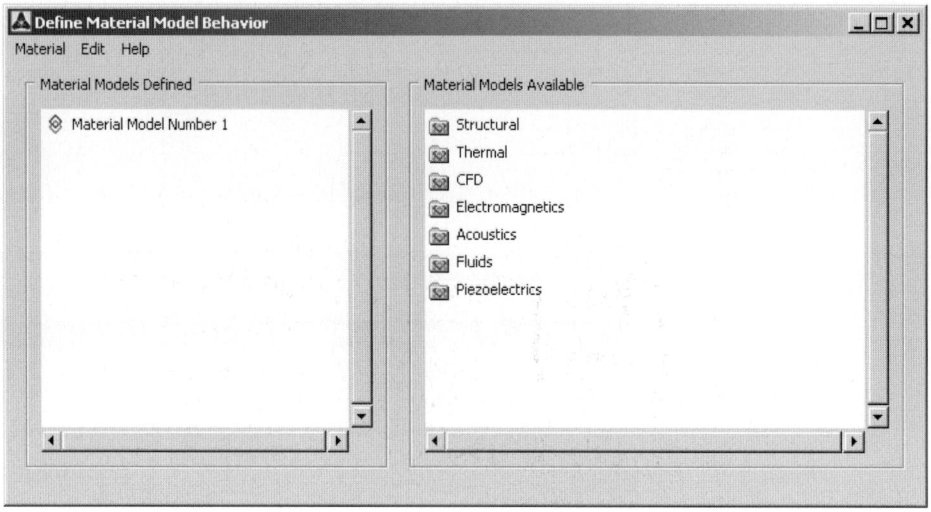

그림 8.7 재료 거동 정의 대화상자

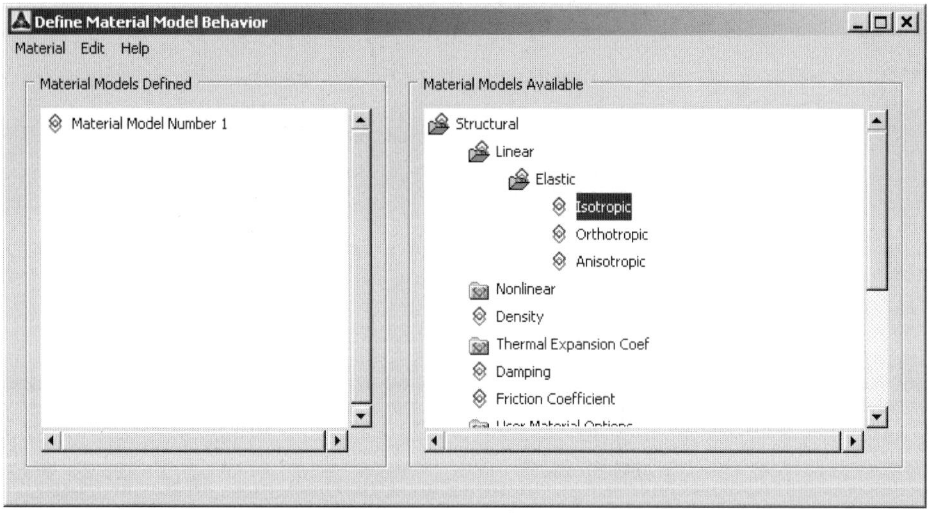

그림 8.8a 등방성 재료 물성치 대화상자

지는 물체의 유한요소 모델을 생성할 때 사용한다. 그림 8.9에서 이 방법을 설명하였으며, 3장에서 다룬 예제 3.1의 트러스 문제를 생각하면 이 문제를 쉽게 이해할 수 있을 것이다.

솔리드-모델링 생성방법은 사각형, 원, 다각형, 실린더, 구 등과 같이 간단한 기하학적 형상을 가지는 **기본 형상**(primitives)을 사용하여 유한요소 모델의 형상을 생성한다. 더하기(addition), 빼기(subtraction), 교차(intersection) 등과 같은 불 연산(Boolean operation)을 사용하여 기본 형상을 조합함으로써 해석하고자 하는 물체의 형상을 만든다. 요소의 크기와 형상을 선택하면 ANSYS 프로그램에서 자동적으로 절점과 요소를 생성한다. 이 방법을 그림 8.10에 설명하였다.

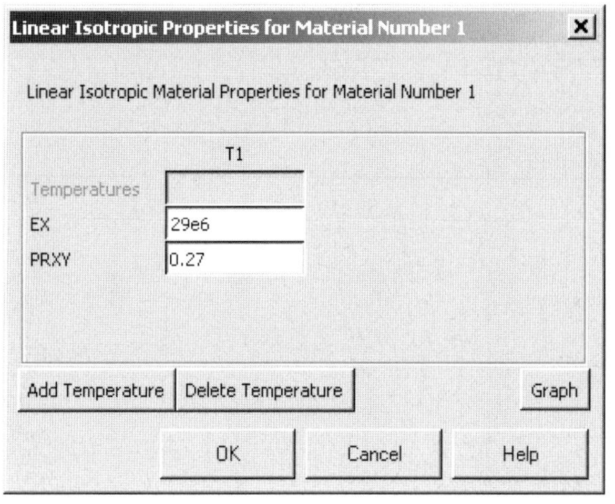

그림 8.8b 선형 등방성 재료 물성치 대화상자

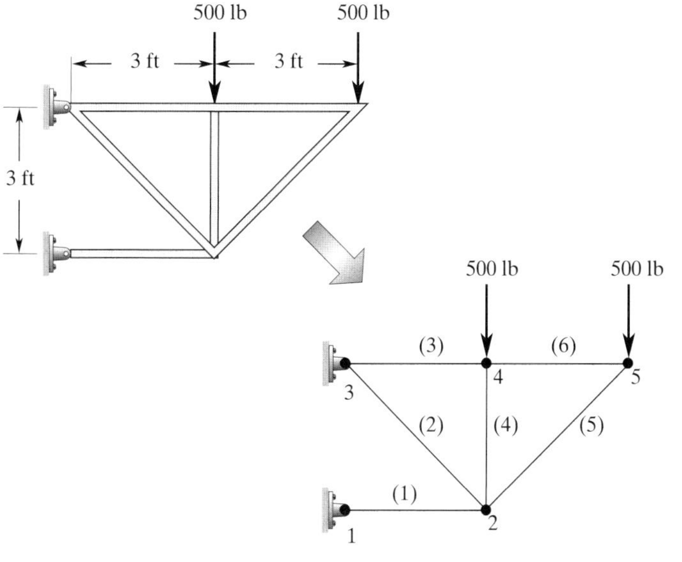

그림 8.9 트러스 문제: 절점 1 ~ 5를 생성한 후, 절점을 연결하여 요소 (1)~(6)을 생성

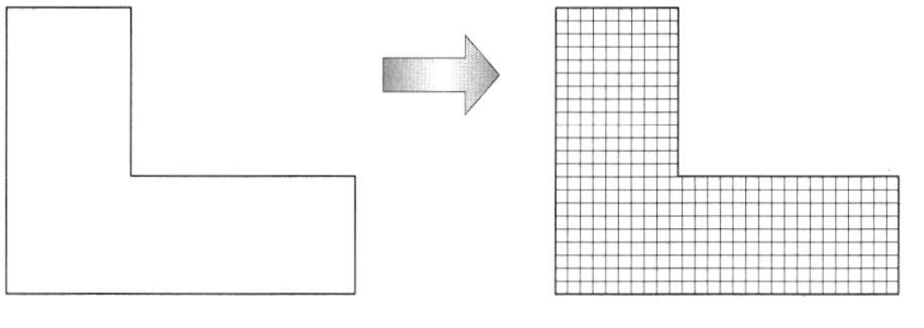

그림 8.10 솔리드-모델링 생성방법의 예

ANSYS는 그림 8.11과 같이 **Create** 옵션을 선택하여 유한요소 모델을 작성하기 시작한다.

main menu: **Preprocessor → Modeling → Create**

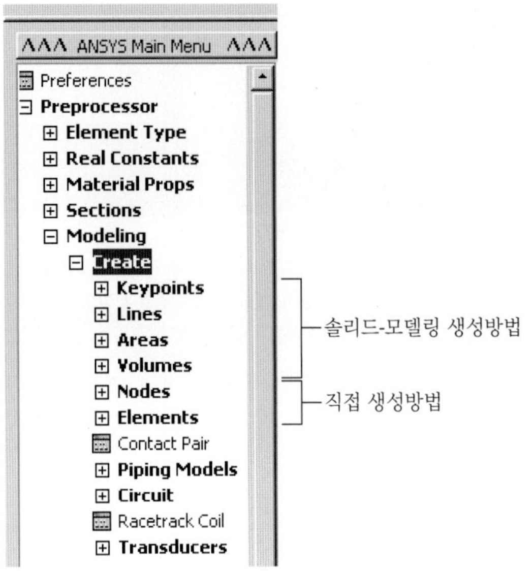

그림 8.11 모델 생성 대화상자

점(keypoints), 선(lines), 면(areas), 체적(volumes)과 같은 모델 요소(entity)가 생성될 때 ANSYS 내부에서 자동적으로 번호가 매겨진다. 점은 물체의 꼭지점을 정의하고, 선은 물체의 변을 나타낸다. 면은 2차원 솔리드를 나타내거나 3차원 물체의 표면을 나타내는 데 사용된다. 기본 형상을 사용하여 유한요소 모델을 만들 때 모델 요소 사이의 계층구조(hierarchy)를 이해하는 것이 필요하다. 입체는 면으로 둘러싸여지고, 면은 선으로 이루어지고, 선은 점으로 이루어진다. 따라서 입체는 솔리드-모델링 계층구조의 최상층의 모델 요소이며, 점은 최저층의 모델 요소이다. 이 개념은 모델 요소를 삭제할 때 중요하다. 예를 들어, 하나의 사각형을 정의하면, ANSYS에서는 자동적으로 9개의 모델 요소(4개의 점, 4개의 선, 1개의 면)를 생성한다. 생성된 점, 선, 면 사이의 관계를 그림 8.12에 나타내었다.

면과 체적의 기본 형상은 Create 메뉴의 Areas와 Volumes 카테고리에서 만든다. 2차원 모델을 생성할 때 가장 많이 사용되는 Rectangle(직사각형)과 Circle(원) 메뉴에 대하여 설명한다. Rectangle 메뉴에는 그림 8.13과 같이 직사각형을 정의하는 세 가지 방법이 있다. 이 메뉴는 다음 명령을 실행하면 나타난다.

main menu: **Preprocessor → Modeling → Create → Rectangle**

Circle 메뉴에서는 그림 8.14와 같이 원이나 고리를 생성한다.

Partial Annulus(부분 고리) 옵션은 원이나 고리의 일부분을 만드는 데 사용된다.

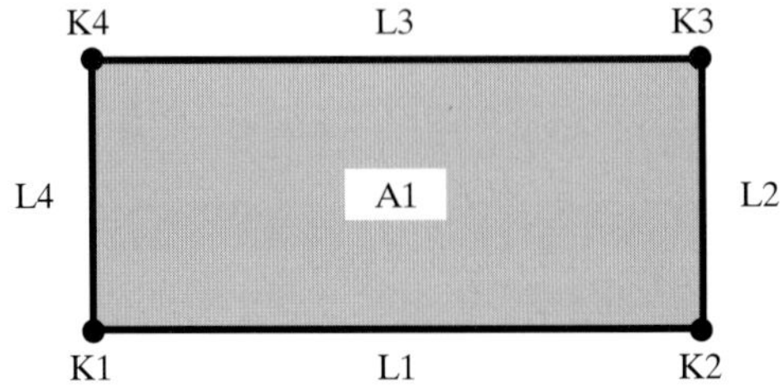

그림 8.12 점, 선, 면 사이의 관계

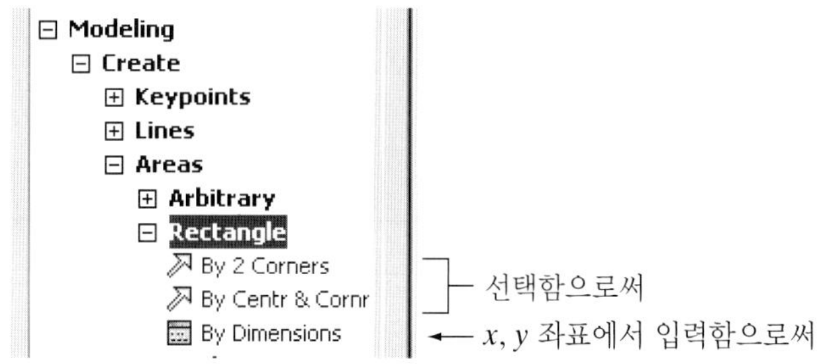

그림 8.13 Rectangle 메뉴

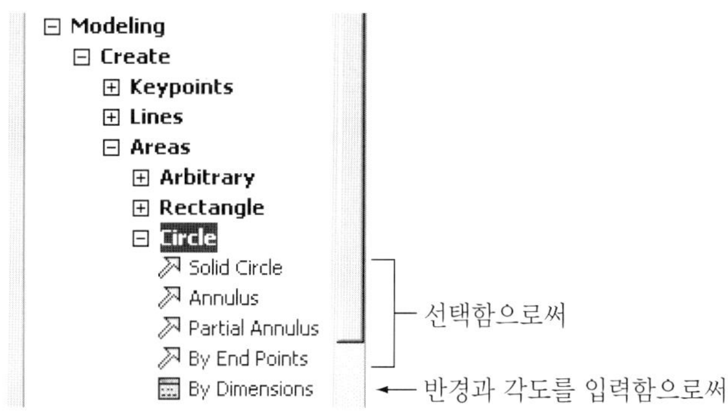

그림 8.14 Circle 메뉴

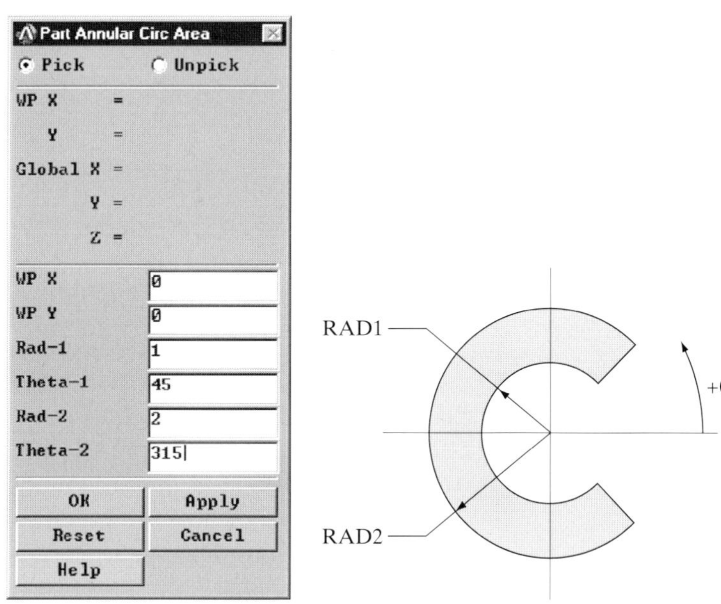

그림 8.15 $\theta = 45°$에서 $\theta = 315°$인 부분 고리를 만드는 예

$\theta = 45°$에서 $\theta = 315°$인 부분 고리를 만드는 예를 그림 8.15에 나타내었다. 여기에서 **Rad-1** = 0으로 놓으면 원이 된다.

작업평면

ANSYS에서는 해석하고자 하는 물체의 기하를 생성하기 위하여 **작업평면**(working plane: WP)을 사용한다. 모든 기본 형상과 다른 모델 요소들은 이 면에서 정의된다. 작업평면은 기본적으로 2차원 좌표계를 가지는 무한 평면이다. 기하학적 형상의 치수는 작업평면에 대하여 정의된다. 작업평면은 기본 사항(default)으로 직교 좌표계이나 필요시에는 극좌표계로 변경할 수 있다. 작업평면의 속성은 그림 8.16과 같은 WP 설정 대화상자(WP Settings dialog box)에서 정의할 수 있다. 이 대화상자는 다음 명령으로 열 수 있다.

utility menu: **Work Plane → WP Setting** . . .

A **Coordinate System:** 사용하고자 하는 작업평면 좌표계를 설정한다. 직교 좌표계에서는 X, Y좌표로 점을 정의하고, 극좌표계에서는 R, Θ좌표로 점을 정의한다.

B **Display Options:** 그리드(grid)와 전체 좌표계(triad)를 표시한다. 전체 좌표계의 기호는 작업평면의 중앙에 위치한다.

C **Snap Options:** 선택될 수 있는 점의 위치를 설정한다. 이 옵션을 사용하면 선택된 점에서 가장 가까운 위치에 있는 스냅 점(snap point)이 선택된다. 직교 작업평면에서 **Snap Incr**(스냅 증분)은 그리드 간격 안에서 스냅의 X방향 및 Y방향의 증분을 설정한다. 예를 들어, 그리드의 간격이 1.0이고 스냅 증분이 0.5라면 그리드 내에 있는 0.5 간격의 좌표를 선택할 수 있다. 즉, 1.5는 선택할 수 있지만 1.25나 1.75는 선택할 수 없다.

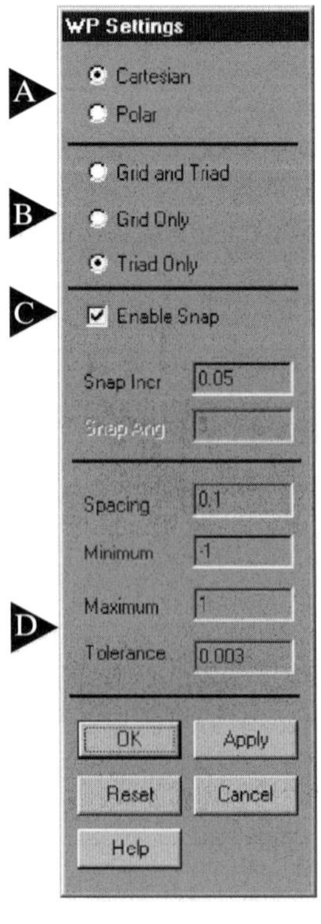

그림 8.16 WP 설정 대화상자

D **Grid Control**

Spacing: 그리드 선 사이의 간격을 정의하는 값

Minimum: 직교 좌표계에서 그리드가 표시되는 X좌표의 최소값

Maximum: 직교 좌표계에서 그리드가 표시되는 X좌표의 최대값

Radius: 극좌표계에서 그리드가 표시되는 R좌표의 최대값

Tolerence: 작업평면상에 있지 않은 모델 요소를 마치 작업평면상에 있는 것으로 간주하고자 할 때 작업평면으로부터의 떨어져 있는 거리를 나타내는 값이다. 이 값 안의 모델 요소는 작업평면상에 있는 것으로 간주된다.

작업평면은 항상 활성화되어 있으나 기본 사항(default)으로 화면에 나타나 있지 않는다. 작업평면을 화면에 나타나게 하기 위해서는 다음 명령을 사용한다.

utility menu: **Work Plane → Display Working Plane**

작업평면의 원점을 작업평면 내의 다른 점으로 옮길 수 있는데 이 기능은 전체 좌표계에 대한 위치가 아닌 작업평면 내의 상대 위치에 대하여 기본 형상을 정의하는 데 편리하다. 작업평면의 원점을 이동할 때는 다음 명령을 사용한다.

utility menu: **Work Plane → Offset WP to → XYZ Locations** +

작업평면을 현재 위치에서 오프셋할 때는 그림 8.17의 작업평면 오프셋 대화상자(dialog box for offsetting WP)를 사용하는데 다음 명령을 사용한다.

utility menu: **Work Plane → Offset WP by Increment** . . .

A **Offset Buttons:** 이 버튼을 클릭하면 작업평면이 버튼에 표시된 방향으로 오프셋된다. 오프셋값은 오프셋 슬라이더(offset slider)와 WP 설정 대화상자의 Snap-Incr값으로 조정된다.

B **Offset Slider:** 오프셋되는 값을 정의한다. 슬라이더가 1의 위치에 있으면 WP 설정 대화상자의 Snap-Incr값의 1배만큼 오프셋되고 0.5의 위치에 있으면 0.5배만큼 오프셋된다.

C **Offset Dialog Input:** 작업평면의 오프셋값을 X, Y, Z좌표로 입력한다. 예를 들어, 1, 2, 2라 입력하고 Apply나 OK 버튼을 누르면 양의 X방향으로 1만큼 양의 Y, Z방향으로 2만큼 오프셋된다.

D **Rotation Buttons:** 이 버튼을 클릭하면 작업평면이 버튼에 표시된 방향으로 회전한다.

E **Location Status:** 전체 좌표계에 대한 작업평면의 현재 위치를 보여준다. 작업평면이 이동될 때마다 새로운 값이 나타난다.

작업평면을 특정한 점, 절점, 좌표값 등에 정렬시킬 수 있다. 다음 명령을 사용하여 그림 8.18과 같은 WP 정렬 메뉴를 열어 작업평면을 정렬한다.

utility menu: **Work Plane → Align WP with**

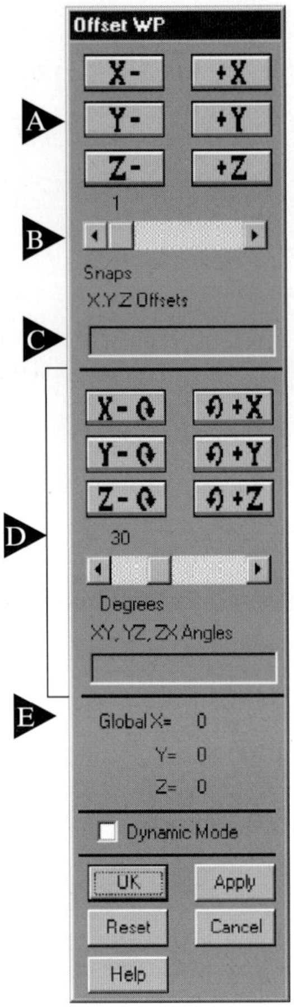

그림 8.17 WP 오프셋 대화상자

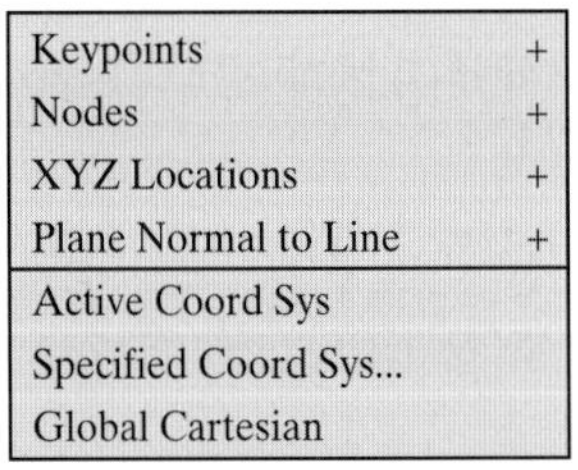

그림 8.18 WP 정렬 메뉴

모델 요소의 도시

Plot 메뉴를 사용하여 점, 선, 면, 체적, 절점, 요소 등과 같은 모델 요소를 도시(plotting model entities)할 수 있다. 유틸리티 메뉴에 있는 다음 명령을 사용한다.

utility menu: **Plot → Keypoints**

utility menu: **Plot → Lines**

utility menu: **Plot → Areas**

utility menu: **Plot → Volumes**

utility menu: **Plot → Nodes**

utility menu: **Plot → Elements**

PlotCtrls 메뉴에는 유용한 그래픽 옵션이 있다. 한 예로 그림 8.19에 점 번호, 선 번호, 면 번호 등 모델 요소의 번호를 화면에 나타내게 하는 번호 도시 제어(Plot Numbering Controls) 대화상자를 나타내었다. 이는 다음 명령으로 실행된다.

utility menu: **PlotCtrls → Numbering** . . .

번호가 매겨진 상태를 보기 위해서는 화면을 다시 도시해야 한다.

5. 격자생성 선택사항의 정의

유한요소 모델을 생성하는 다음 단계로 기하를 절점과 요소로 분할하는 것이다. 이 과정을 격자생성(meshing)이라 한다. ANSYS에서는 **요소의 속성과 크기를** 지정하면 자동적으로 절점과 요소를 생성한다.

1. 요소 속성(element attributes)은 요소의 종류, 요소 상수, 재료 물성치를 말한다.
2. 요소 크기(element size)는 생성되는 요소의 크기를 말한다. 요소가 크면 모델 내의 요소의 개수가 적어지고 요소가 작으면 요소의 개수가 많아져서 조밀한 격자(mesh)가 만들어진다. 요소 크기를 제어하는 가장 간단한 방법은 전체 요소 크기(global element size)를 정의하는 것이다. 예를 들어, 요소 변의 길이를 0.1로 지정하면 ANSYS에서 생성되는 모든 요소의 모서리 길이는 0.1 이하가 된다. 다른 방법으로 모델의 경계선을 따라 분할되는 요소의 개수를 지정하는 수도 있다. 그림 8.20에 전체 요소 크기(Global Element Size) 대화상자를 나타내었으며, 다음 명령으로 실행된다.

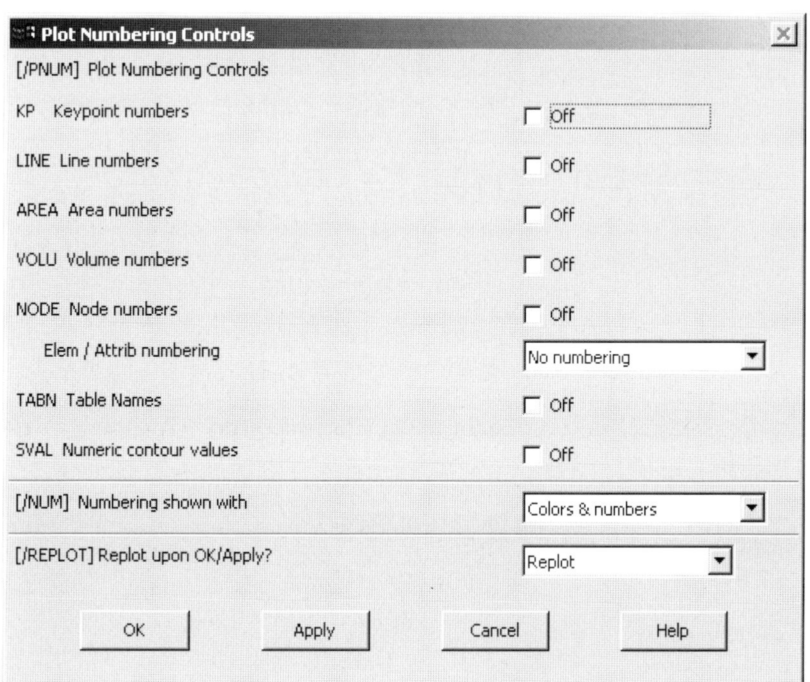

그림 8.19 번호 도시 제어 대화상자

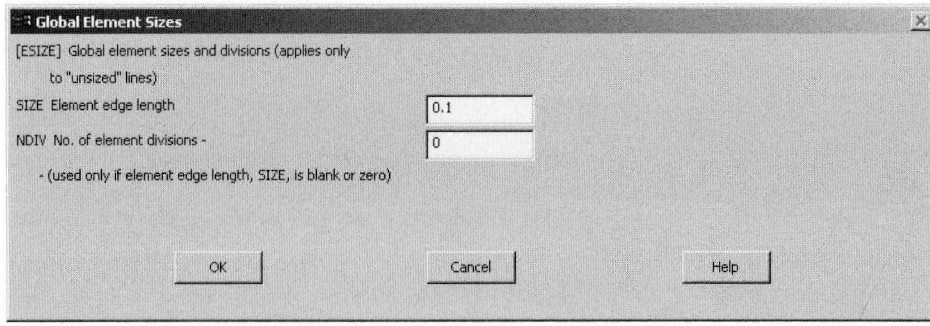

그림 8.20 전체 요소 크기 대화상자

main menu: **Preprocessor → Meshing → Size Cntrls → Manual Size → Global → Size**

6. 격자생성

격자를 생성하기 전에 만들어진 격자가 만족스럽지 않을 때를 대비하여 데이터베이스를 저장하는 습관을 갖는 것이 바람직하다. 이렇게 함으로써 생성된 격자가 만족스럽지 않으면 데이터베이스를 다시 읽어들여 격자 크기를 바꾼 후 다시 요소를 생성할 수 있다. 요소생성 명령은 다음과 같다.

main menu: **Preprocessor → Meshing → Mesh → Areas → Free**

선택메뉴가 나타나면 격자생성을 원하는 면을 지정하거나 PickAll 버튼으로 모든 면을 한꺼번에 선택할 수 있다. 면을 선택하고 나서 Apply나 OK 버튼을 클릭하면 요소가 생성된다. 격자생성에 걸리는 시간은 모델의 복잡도와 컴퓨터의 속도에 따라 달라진다. 격자생성중에 작업진행과정이 결과창에 나타난다. 그러므로 결과창을 활성화하여 격자생성 상태를 관찰하는 것이 필요하다.

자유 격자생성(free meshing) 선택사항에서는 삼각형 요소나 사변형 요소가 생성되지만, **규격 격자생성**(mapped meshing) 선택사항에서는 사변형 면 요소와 육면체 입체요소를 생성한다. 2차원 격자생성시 규격 요소생성을 사용하는 경우 사변형 영역에서는 마주 보는 변에 생성되는 요소의 개수가 같아야 하고, 삼각형 영역에서는 짝수의 요소 개수를 사용해야 한다. 모서리 개수가 4개 이상인 경우에는 합치기(concatenate) 명령으로 선을 합쳐서 선의 개수를 줄여주어야 한다. 선 합치기는 격자를 생성하기 바로 전단계에서 수행하며 다음 명령을 사용한다.

main menu: **Preprocessor → Meshing → Concatenate → Lines** or **Areas**

격자화된 모델의 수정

격자가 생성된 모델을 수정할 때는 다음 규칙에 따라야 한다.

1. 격자화된 선, 면, 입체는 삭제하거나 이동되지 않는다.
2. 격자 지움(meshing Clear) 명령으로 절점과 요소를 삭제할 수 있다.

체적에 속해 있는 면은 삭제하거나 이동할 수 없으며 면에 속해 있는 선도 삭제할 수 없다. 선은 선연산 명령으로 합치거나 여러 개의 짧은 선으로 분할할 수 있다. 선에 속해 있는 점도 삭제할 수 없다. 요소 지움 명령은 다음과 같다.

main menu: **Preprocessor → Meshing → Clear**

격자 지움 명령은 선택된 모델에 만들어진 절점과 요소를 삭제한다. 이와는 달리 모델의 모델 요소를 지울 때는 다음 명령을 사용한다. 여기에는 두 가지 옵션이 있어서 모델 요소만을 지울 수도 있고 "... and below" 옵션을 사용하여 모델 요소와 이와 연관된 모든 모델 요소를 한꺼번에 지울 수도 있다. 예를 들어, "Area and below" 옵션을 사용하면 면과 연관된 면, 선, 점이 동시에 삭제된다.

8.4 *h*-법과 *p*-법

ANSYS에서는 솔리드-구조 문제에서의 변위, 응력변형률 등을 얻기 위하여 ***h***-법과 ***p***-법의 두 가지 방법이 있다. *h*-법은 일반적으로 2차 형상함수를 기반으로 한 요소를 사용한다. 2차 형상함수 기반의 요소는 선형요소보다 좋지만 3차 형상함수 등의 고차 요소보다 좋지 않다는 것을 앞에서 지적한 바 있다. 요소의 크기 또한 해석 결과의 정확도에 영향을 주는데, *h*-법에서는 2차 요소를 사용하고, *p*-법에서는 고차 다항식의 형상함수를 사용하여 요소를 정의한다. *h*-법은 2차 요소를 사용하기 때문에 정밀한 결과를 원한다면 요소를 세분할 필요가 있다. 좋은 해석 결과를 얻기 위한 요소의 크기가 충분히 작은지를 알아보기 위한 간단한 방법으로 모델의 요소 수를 두 배로 하여 그 결과를 비교해 볼 수 있다. 두 결과의 차이가 많이 다르다면 요소 생성을 더 조밀하게 해야 한다. 좋은 결과를 얻기 위해서는 두 결과의 차이가 작아질 때까지 위의 과정을 반복해야 한다.

이미 설명하였듯이 *p*-법은 선형 구조물의 정해석 문제에 사용되며, 2차보다 높은 고차 다항식 형상함수를 사용한다. 사용자가 정확도를 정해 주면 *p*-법은 주어진 문제의 경계조건과 하중에 의한 거동의 난이도에 잘 부합하는 다항식 혹은 *p*-수준을 생성한다. 주어진 *p*-수준에서 문제를 풀고, 다항식의 차수를 증가시켜 다시 문제를 푼다. 반복계산 결과를 사용자가 지정한 수렴기준과 비교해 보아야 한다. 일반적으로 고차의 *p*-수준에서 더 좋은 결과를 준다. *p*-법의 장점 중 하나는 큰 크기의 격자도 괜찮은 결과를 제공한다는 것이다.

끝으로, 8.9절의 ANSYS가 제공하는 오차추정과정에서는 격자생성에 따르는 해(solution)의 오차 수준의 계산에 대하여 공부할 것이다. *p*-법의 적응 조밀화 과정은 *h*-법보다 정밀한 오차산정을 하고 국부적으로나 전체적인 점에서 계산되어질 수 있다.

8.5 경계조건, 하중의 부과 및 해석

유한요소해석의 다음 단계는 해석하고자 하는 문제를 잘 나타낼 수 있도록 적절한 경계조건과 하중을 부과하는 것이다. ANSYS에는 경계조건과 하중을 부과하는 두 가지 방법이 있다. 하나는 솔리드-모델(점, 선, 면)에 부과하는 것이고 다른 하나는 절점과 요소에 직접 부과하는 것이다. 첫 번째 방법을 사용하면 요소를 다시 생성하는 경우 경계조건과 하중을 새 요소망에 자동적으로 부과한다는 장점이 있다. 점, 선, 면 등의 솔리드-모델에 부과된 경계조건과 하중은 자동적으로 절점에 대한 값으로 변환되는데 이는 유한요소법의 일반적인 특성이다. 해석처리기(**SOLUTION**)에서 경계조건과 하중을 부과하는 데는 다음과 같은 옵션이 있다.

구조 문제: 변위, 하중, 분포하중(압력), 열팽창 계산에 사용되는 온도, 중력

열전달 문제: 온도, 열전달률, 대류 표면, 내부 열발생량

유동 문제: 속도, 압력, 온도

전기장 문제: 전압, 전류

자기장 문제: 포텐셜, 자기유속, 전기밀도

자유도 구속

모델에 변위 경계조건을 부과하기 위해서 다음 명령을 사용한다.

main menu: **Solution → Define Loads → Apply → Structural → Displacement**

점, 선, 면, 절점에 경계조건을 부과할 수 있다. 예를 들어, 점을 구속한다고 하면 다음 명령이 필요하다.

main menu: **Solution → Define Loads → Apply → Structural → Displacement → On Keypoints**

점을 선택하는 메뉴가 나타나면 구속할 점을 선택하고 OK 버튼을 클릭한다. 점에 변위 구속조건을 부과하는 대화상자의 예를 그림 8.21에 나타내었다.

그림 8.21에 있는 KEXPND 옵션은 그림 8.22와 같이 점 사이의 모든 절점에 같은 경계조건을 부과하고자 할 때 사용한다.

경계조건이 제대로 부과되었는지 확인하고자 한다면 다음 명령으로 그림 8.23과 같은 기호표시 설정(Symbols) 대화상자를 열어 경계조건에 해당되는 기호를 나타나게 하면 된다.

utility menu: **PlotCtrls → Symbols** . . .

선하중 및 면하중

모델의 선(line)이나 면(surface)에 분포하중을 가하기 위해서는 다음 명령을 사용한다.

main menu: **Solution → Define Loads → Apply → Structural → Pressures → On Lines** or **On Areas**

선이나 점을 선택하는 메뉴가 나타나면 압력을 가하고자 하는 선이나 면을 선택한 후에 OK 버튼을 클릭한다. 선에 압력을 가하는 대화상자의 예를 그림 8.24에 나타내었다.

그림 8.25와 같이 균일 분포하중인 경우 VALI값만을 입력하고 직선 분포인 경우 VALI값과 VALJ값을 같이 입력한다. ANSYS에서 양의 VALI값은 압력이 표면의 안으로 향하는 방향으로 정의되어 있다.

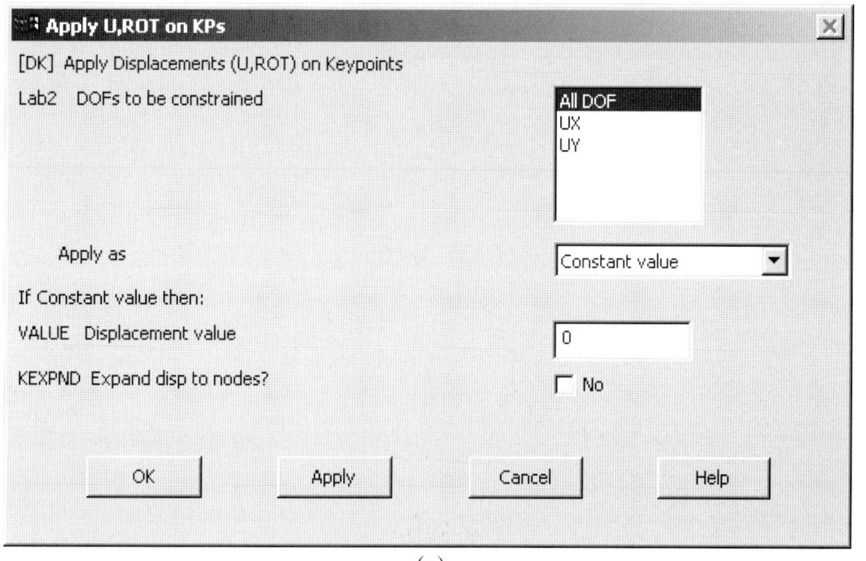

(a)

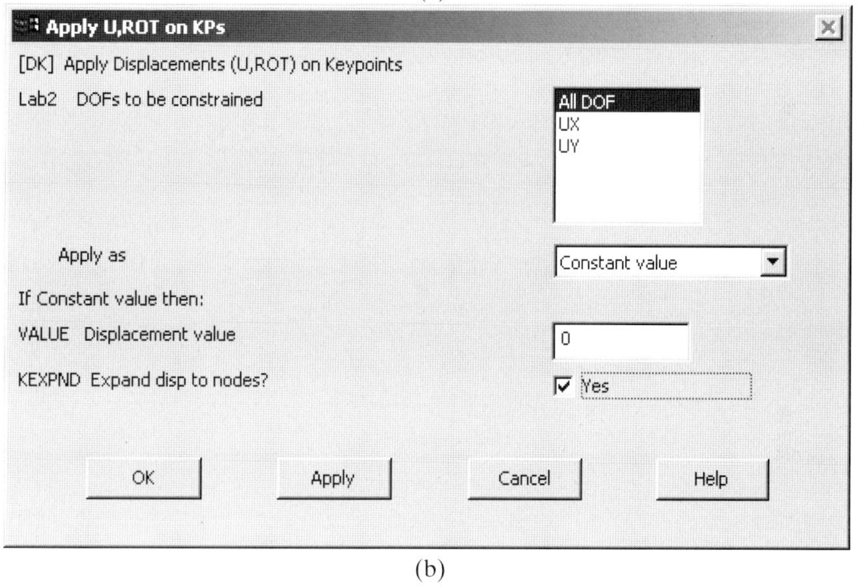

(b)

그림 8.21 점에 변위 경계조건을 부과하는 대화상자

해석

형상을 만들고 절점 및 요소를 생성한 다음 경계조건과 하중을 부과하였다면 해석할 준비가 완료된 것이다. 다음 단계는 모델에 의하여 만들어지는 연립 방정식을 풀면 된다. 먼저 데이터베이스를 저장하고 다음 명령을 사용하여 해석을 시작한다.

main menu: **Solution → Solve → Current LS**

해석이 성공적으로 수행되었다면 다음 단계는 해석 결과를 고찰하는 것이다.

그림 8.22 KEXPND 옵션

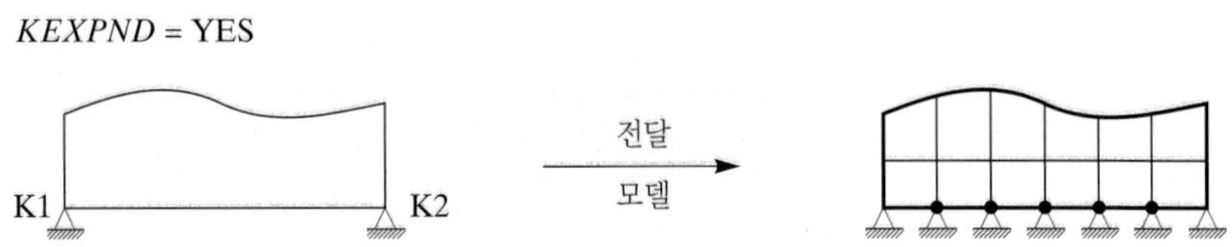

그림 8.23 기호표시 설정 대화상자

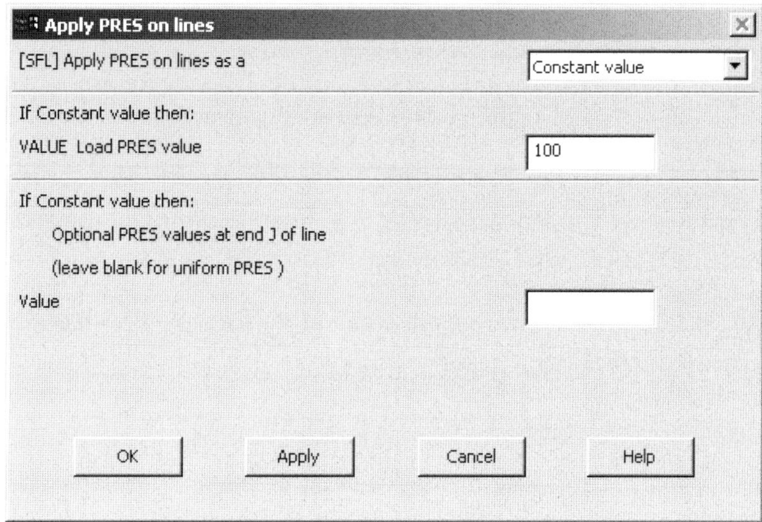

그림 8.24 선하중 부과 대화상자

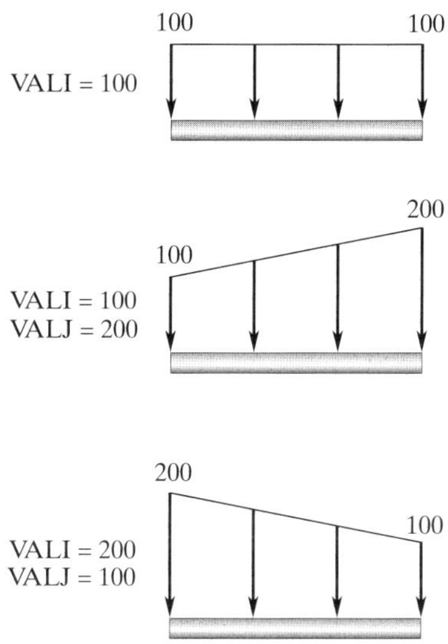

그림 8.25 균일 및 불균일 분포하중을 가하는 예

8.6 해석 결과의 고찰: 후처리

결과를 고찰하는 데는 (1) **POST1**과 (2) **POST26**이라는 2개의 후처리기가 사용된다. 일반 후처리기(**POST1**)에서는 해석 결과를 리스트하거나 도시할 수 있으며, 주요 기능을 살펴보면 다음과 같다.

- 변형 형상의 도시 및 등고선(contour) 도시
- 해석 결과의 표 형식 리스트
- 경로(path)에 따른 결과 데이터의 계산
- 오차 분석

다음 명령으로 나타나는 그림 8.26의 대화상자의 메뉴를 선택하면 결과 파일에서 결과를 읽어 원하는 방법으로 볼 수 있다.

main menu: **General Postproc**

예를 들어, 주어진 하중에 대한 구조물의 변형 양상에 관심이 있다면 다음 명령을 선택한다. 그림 8.27과 같은 변형 형상 도시(Plot Deformed Shape) 대화상자가 나타나면 원하는 옵션을 선택하여 변형 형상을 도시한다.

main menu: **General Postproc → Plot Results → Deformed Shape**

전체 모델에 대한 응력이나 온도와 같은 변수의 분포는 등고선 형태로 도시하면 잘 이해할 수 있다. 다음 명령을 실행하면 그림 8.28과 같은 대화상자가 나타난다.

main menu: **General Postproc → Plot Results → Contour Plot → Nodal Solution**

앞에서 언급하였듯이 모든 해석 결과는 표 형식으로 리스트할 수 있다. 예를 들어, 반력을 리스트하고자 한다면, 다음 명령을 사용하여 나타나는 그림 8.29와 같은 대화상자에서 원하는 결과를 선택한 후 OK 버튼을 클릭한다.

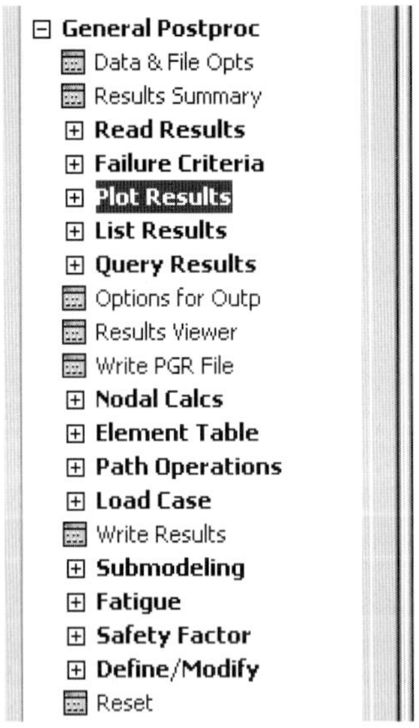

그림 8.26 일반 후처리기 대화상자

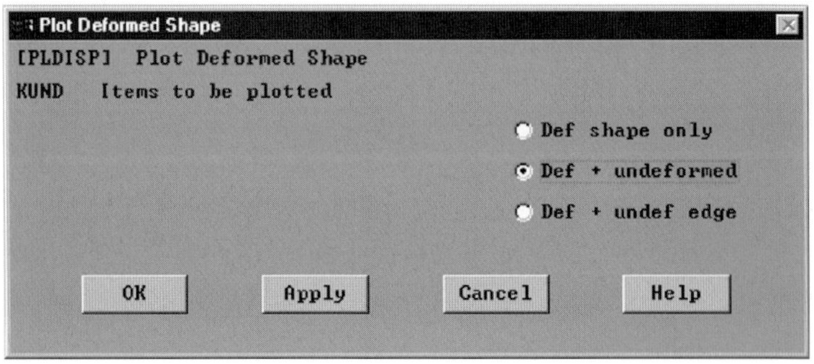

그림 8.27 변형 형상 도시 대화상자

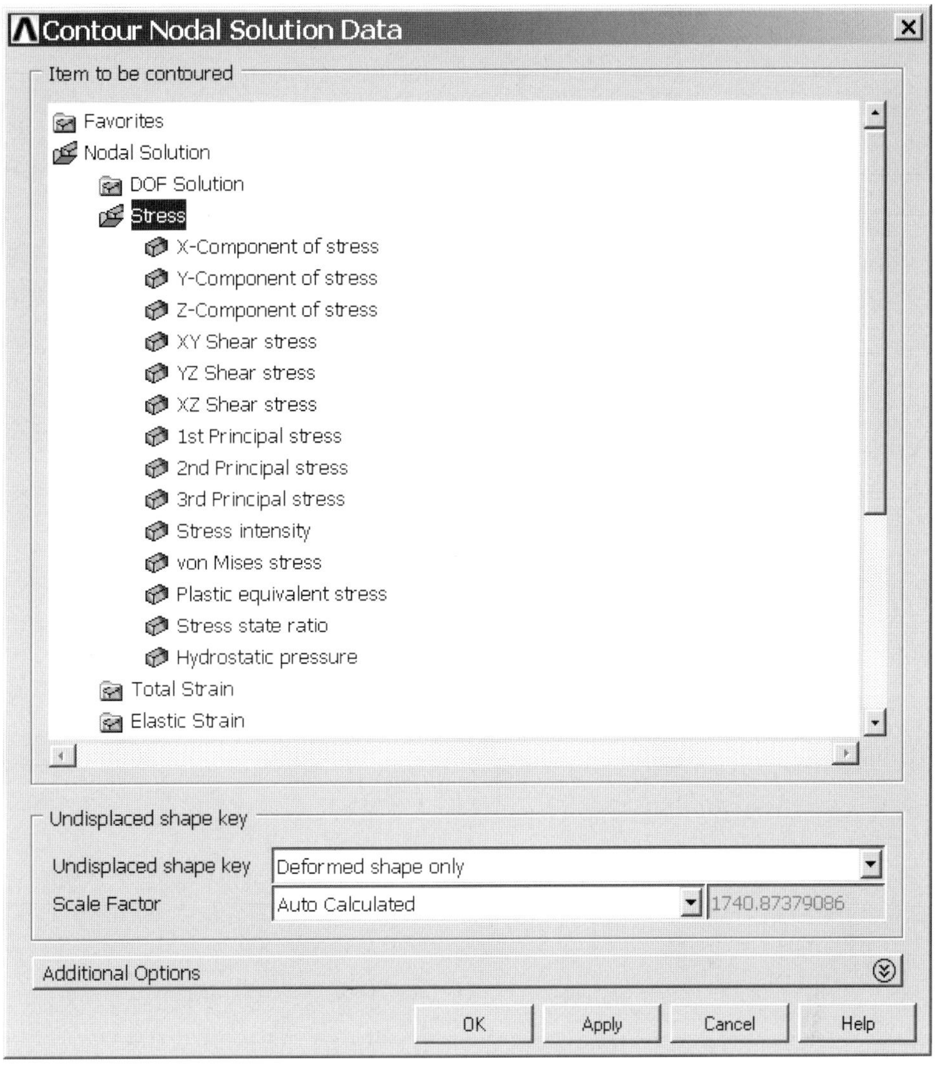

그림 8.28 절점 결과값 분포도 도시 대화상자

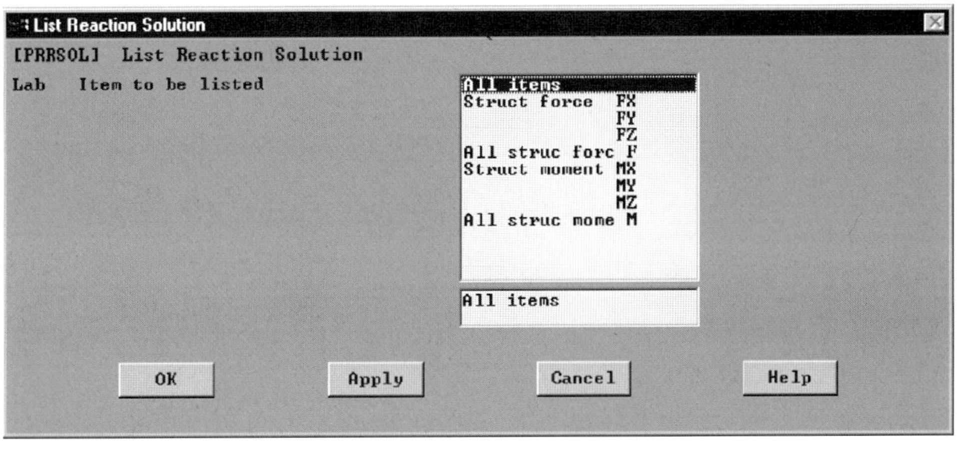

그림 8.29 반력 리스트 대화상자

main menu: **General Postproc → List Results → Reaction Solu**

시간-이력 후처리기(time-history postprocessor, **POST26**)에는 과도 해석의 결과를 전 시간영역에 대하여 고찰할 수 있는 명령이 있다. 이 명령들은 여기서 설명되지 않으며, 자세한 내용은 ANSYS의 온라인 도움(on-line help) 기능을 이용하기를 바란다.

결과를 다 고찰한 후 ANSYS 프로그램을 종료하고자 한다면, 단축버튼창(toolbar)에서 Quit 버튼을 클릭하고 옵션을 선택한 후 OK 버튼을 클릭한다.

이미 작성한 모델을 수정하고자 한다면 ANSYS 프로그램을 구동한 후 나타나는 초기 대화상자의 **Initial Jobname** 입력란에 파일명을 입력한 후 Run 버튼을 클릭한다. 유틸리티 메뉴의 File 메뉴에서는 **Resume Jobname.DB**를 사용한다. 이렇게 하면 저장된 모델이 나타나게 되며, 점, 절점, 요소 등을 도시하면서 유한요소 모델이 해석하고자 하는 문제를 적절히 모델링하였는지 살펴볼 수 있다.

8.7 선택 옵션

ANSYS에서는 해석중에 정의되는 모든 데이터를 데이터베이스에 저장한다. 사용자는 필요한 작업을 위하여 절점, 요소, 면, 체적 등과 같은 모델의 부분에 관한 정보를 선택할 수 있다. 모델 요소를 선택하기 위해서는 다음 명령을 사용하며 그림 8.30과 같은 대화상자가 나타난다.

utility menu: **Select → Entities** . . .

선택에 사용되는 명령들과 기능들은 다음과 같다.

Select: 전체 모델 영역에서 일부분을 선택한다.

Reselect: 현재 선택된 영역을 전체 영역으로 간주하고 그 중 일부분을 선택한다.

Also Select: 현재 선택된 영역의 나머지 부분을 전체 영역으로 간주하고 그 중 일부분을 선택하여 현재 선택된 영역에 추가한다.

Unselect: 현재 선택된 영역의 일부분을 선택하여 선택해지한다.

Select All: 전체 모델을 선택한다.

Select None: 전체 모델을 선택해지한다(Select All 명령의 반대 개념).

Invert: 선택된 영역과 나머지 영역을 서로 바꾼다.

선택 대화상자는 솔리드-모델 또는 유한요소 모델에서 모델 요소를 선택하거나 선택해지한다. 모델 요소의 공간상의 위치에 따라 선택할 수도 있고 요소에 속한 절점과 같이 모델 요소에 속해 있는 다른 모델 요소를 선택할 수 있다. 해석을 수행하기 전에 모든 모델 요소를 선택하여 활성화시켜야 함을 명심해야 한다. 활성화되지 않은 영역은 해석시에 고려되지 않는다. 예를 들어, 구속을 가한 절점들의 일부분만을 활성화하였다면, 해석을 수행하기 전에 구속을 가한 모든 절점들을 활성화시켜야 한다. 다음과 같은 명령으로 모든 모델 요소를 활성화시킬 수 있다.

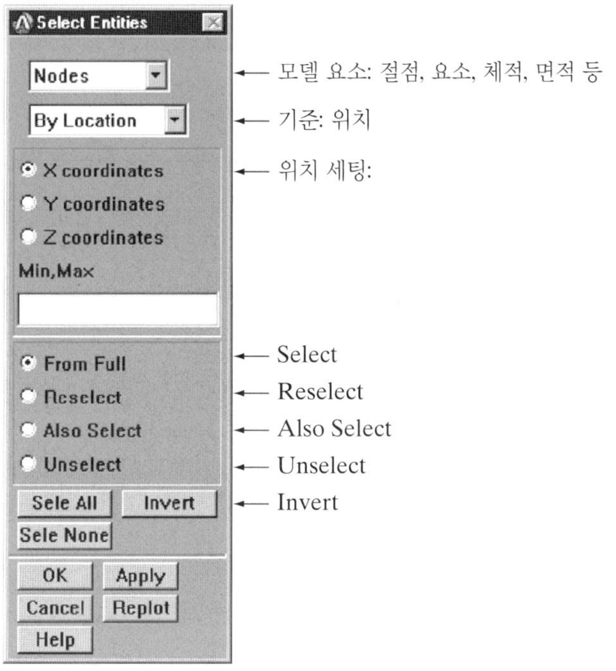

그림 8.30 모델 요소 선택 대화상자

utility menu: **Select → Everything** . . .

계층구조의 개념을 이용하여 연관된 모델 요소를 한꺼번에 선택할 수 있다. 예를 들어, 면의 경우 다음 명령을 사용하면, (a) 면을 이루는 모든 선, (b) 선을 이루는 모든 점, (c) 면에 속하는 모든 요소 등을 선택할 수 있다.

utility menu: **Select → Everything Below**

ANSYS에서는 모델 요소를 선택하여 하나의 부품(component)을 만들 수 있다. 즉, 절점, 요소, 점, 선 등을 하나의 부품으로 만들어서 여덟 자까지 이름을 붙일 수 있으며, 여러 부품으로 조립체(assembly)를 만들 수 있다.

8.8 그래픽 기능

해석 결과를 시각적으로 나타내면 문제를 쉽게 이해할 수 있으므로 그래픽 기능이 우수해야 한다. ANSYS에는 시각적으로 정보를 잘 전달하기 위한 다양한 기능이 있다. 그래픽 기능의 예로는 변형 형상, 결과의 등고선 도시, 단면 뷰(sectional views), 애니메이션(animation) 등 100가지가 넘는 그래픽 기능이 있다. 이 그래픽 기능들은 ANSYS 매뉴얼을 참조하기 바란다.

한 그래픽 창(window)에 최대 5개의 ANSYS 창을 동시에 열 수 있다. 각각의 창에는 서로 다른 정보를 도시할 수 있다. ANSYS 창은 화면좌표계로 정의되며 x방향과 y방향 각각 -1부터 1까지의 범위를 가진다. 디폴트로 모든 그래픽 정보들은 첫 번째 창(window 1)

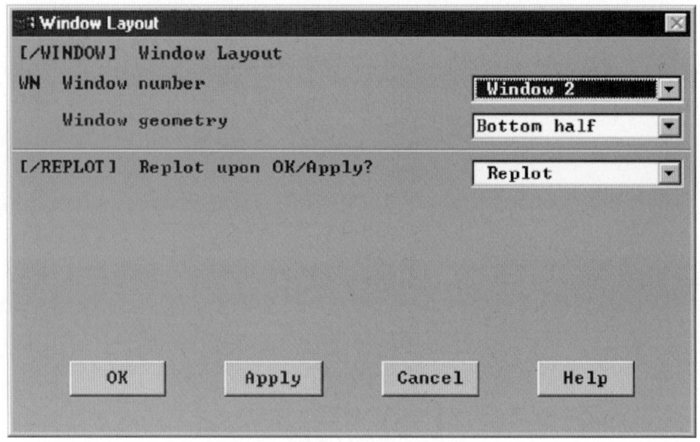

그림 8.31 창-배치 대화상자

에 도시된다. 추가로 창을 열기 위해서는 다음 명령으로 창-배치 대화상자(Window-Layout dialog box)를 열어야 한다.

utility menu: **PlotCtrls → Window Controls → Window Layout** ...

창 배치에는 (1) 초점(focus point), (2) 거리(distance), (3) 관찰점(viewpoints)의 세 가지 중요한 요소가 있다. XF, YF, ZF 좌표를 가지는 초점은 창의 중앙에 위치하는 모델의 점이다. 초점의 좌표를 바꿈으로써 모델의 다른 점을 창의 중앙에 위치시킬 수 있다. 거리는 이미지(창에 나타나는 모델)의 크기를 결정한다. 거리가 무한대이면 이미지는 화면상의 점이 되고, 거리가 줄어들수록 이미지는 창에 꽉 찰 때까지 커지게 된다. 관찰점은 대상을 보는 방향을 결정한다. 관찰점으로부터 초점으로 향하는 벡터가 만들어지는데 이 벡터 방향으로 본 이미지가 화면에 나타나게 된다.

다음으로 모델의 관찰방향을 바꾸고 확대, 축소시키고 회전하기 위해서 다음 명령으로 나타나는 이동-줌-회전(Pan–Zoom–Rotate) 대화상자를 사용한다.

utility menu: **PlotCtrls → Pan, Zoom, Rotate** ...

이동-줌-회전 대화상자에 있는 다양한 명령과 그 기능은 다음과 같다.

Zoom:	중심과 줌 사각형의 모서리를 선택한다.
Box Zoom:	줌 사각형의 대각 모서리를 선택한다.
Win Zoom:	Box Zoom과 같으나 가로세로비가 창의 가로세로비와 같다.
•	줌 아웃, 모델이 작아진다.
●	줌 인, 모델이 커진다.
Dynamic Mode:	동적 모드로 이미지를 이동, 줌, 회전한다.

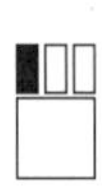 마우스의 좌측 버튼을 누르고 마우스를 움직이면 모델이 X, Y방향으로 이동한다.

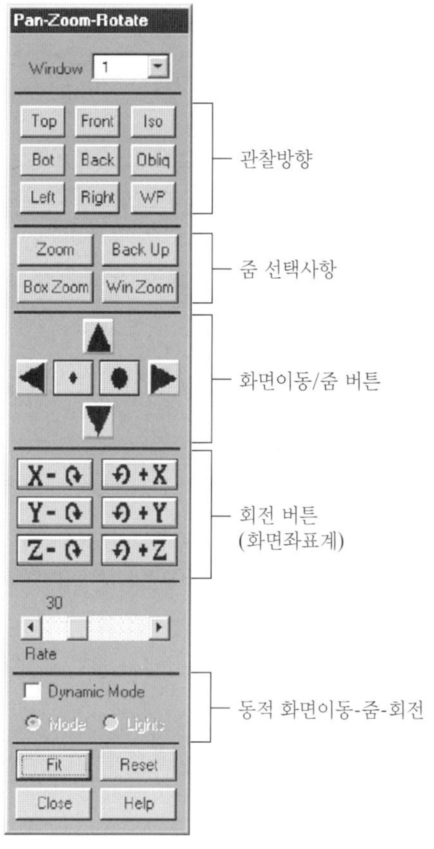

그림 8.32 이동-줌-회전 대화상자

마우스의 가운데 버튼을 누르고 마우스를 좌우로 움직이면 Z축에 대하여 회전하고 마우스를 위, 아래로 움직이면 확대, 축소된다.

마우스의 우측 버튼을 누르고 마우스를 좌우로 움직이면 Y축에 대하여 회전하고 마우스를 위, 아래로 움직이면 X축에 대하여 회전한다.

Fit: 이미지를 창에 딱 일치시킨다.

Reset: 이미지를 디폴트 위치로 위치시킨다(모델이 X-Y 평면상에 Fit 된다).

8.9 오차산정절차

지금까지는 결과를 검증하기 위해 정적 평형 또는 에너지 보존법칙과 같은 기본적인 법칙의 적용방법 등에 대하여 논의해 왔다. 또한 경제적으로 가능하거나 실용적인 경우, 유한요소 모델의 실험적 검증이 결과 검증의 최선책임을 알았다. 그리고 한 개 요소의 크기가 결과의 정확도에 영향을 준다는 사실도 지적하였다. 이제, 모델의 격자생성에 사용된 요소의 크기가 좋은 결과를 얻기 위해 충분히 작은지를 확인하는 방법을 생각해 보자. 한 가지 간단한 방법은, 어떤 문제를 특정한 개수의 요소로 모델링하여 얻는 결과와 두 배의 요소 개수로 모델링하여 얻은 결과를 비교하는 것이다. 다시 말해서, 처음 모델링에 사용한 요소 개수보다 두 배의 요소 개수로 모델링하고 그 결과를 비교하는 것이다. 다시 말해서, 처음 모델링에 사용한 요소 개수보다 두 배의 요소 개수로 모델링하고 그 결과를 비교하는 것이다. 만일 두 결과에서 특별한 차이가 없다면 이 유한요소 모델은 적절한 것이다. 만일 상당한 차이가 있다면, 한 번 더 격자를 생성해야 한다.

ANSYS는 격자생성으로 인한 해의 오차 수준을 계산하기 위한 오차산정(error estimation)과정을 제공하고 있다. ANSYS에서 사용하는 오차계산법은 요소 경계를 따라서 발생하는 응력 또는 열유속의 불연속성을 기초로 하여 만들어졌다. 인접한 요소는 서로 공통된 절점을 공유하므로 요소 간의 응력 차이는 요소와 요소 사이의 응력 불연속이 발생되게 한다. 이 불연속성의 정도는 격자생성과 응력 구배 정도에 의해 좌우된다. 그러므로 요소 경계에서의 응력 차이가 ANSYS에서 오차 계산의 기본이 된다.

ANSYS에서의 오차 계산은 세 가지 형태로 제공된다. 즉, (1) 요소 에너지 오차(구조해석 문제에서의 SERR과 열해석 문제에서의 TERR): 절점에서의 평균 응력(또는 평균 열유속)과 비평균 절점응력(또는 비평균 열유속)의 차이를 계산한 요소 에너지 오차; (2) 에너지 놈(energy norm)의 퍼센트 오차(구조해석 문제에서의 SEPC와 열해석 문제에서 TEPC): 요소 에너지 오차 합을 이용한 유한요소 모델의 전체적인 오차 에너지 척도; (3) 절점 성분값의 차이(구조해석 문제에서의 SDSG와 열해석 문제에서의 TDSG): 각 요소의 국부적인 오차의 척도이고, 한 요소의 평균 응력(또는 평균 열유속) 성분과 비평균 응력(또는 비평균 열유속) 성분 사이의 차이를 계산하여 결정된다. 오차를 도시하려면 다음의 명령을 실행한다.

main menu: **General Postproc → Plot Results → Contour Plot → Element Solu**

격자재생성이 필요한 높은 오차영역을 관찰하기 위하여 요소 에너지 오차를 선택하여 도시할 수 있다. 또한 다음의 명령으로 SDSG(또는 TDSG)를 도시하여 최대 격자화 오차를 가지는 영역을 정량적으로 확인할 수 있다.

main menu: **General Postproc → Element Table → Define Table**

요소 에너지 오차 또는 절점 성분편차는 다음의 명령으로도 확인할 수 있다.

main menu: **General Postproc → Element Table → List Element Table**

표 8.1에 오차산정기능을 가지고 있는 ANSYS 요소를 나열하였다. ANSYS의 응력 분포도와 리스트는 SDSG와 TDSG 계산법을 이용한 상하오차의 범위를 제시한 것임에 유의하라. 도시된 평가오차의 범위는 그래픽 상태 화면에 SMXB와 SMNB로 표기된다.

격자 성능의 평가와 격자재생성(mesh refinement)을 용이하게 하기 위해서 ANSYS는 격자생성으로 인한 오차를 자동적으로 평가하고, 오차를 줄이도록 격자를 재분할을 하는 적응격자생성(adaptive meshing) 기능을 제공하고 있다. ANSYS의 ADAPT 프로그램으로 생행되는 적응격자생성은 다음과 같은 기능이 있다: (1)첫 격자생성을 실행하고 이 모델에 대해 푼다. (2) 오차 계산을 바탕으로 격자재생성 여부를 결정한다. (3) 격자재생성이 필요한 경우, 자동적으로 다시 격자생성을 시행한 후 새로운 모델에 대해 푼다. (4) 반복 격자생성 제한횟수와 용인하는 오차범위까지 격자재생성을 실시한다. 적응격자생성 프로그램을 처음으로 실행하려면 요소 종류, 재료 물성치 등을 정의함으로써 초기 유한요소 모델을 생성해야 한다.

표 8.1 오차산정기능을 포함한 ANSYS 요소 사례	
구조 솔리드	열해석 솔리드
PLANE2	PLANE35
PLANE42	PLANE55
PLANE82	PLANE77
SOLID45	SOLID70
SOLID92	SOLID87
SOLID95	SOLID90

8.10 예제

책 선반을 지지하는 데 사용되는 철제 선반받이(bracket, $E = 29 \times 10^6$ lb/in², $\nu = 0.3$)를 고려한다. 선반받이의 형상을 그림 8.33에 나타내었다. 선반받이의 좌측단은 완전 고정되어 있고 윗면에 균일 분포하중이 작용한다. 주어진 하중과 구속조건하에서 변형 형상을 도시하고 선반받이에 작용하는 주응력, 폰 미제스(von Mises) 응력 등을 구하라.

다음에 ANSYS를 사용하여 이 문제를 해석하는 절차를 설명하였다.

시작메뉴를 사용하여 **ANSYS** 프로그램을 실행시킨다.

대화상자의 **Jobname** 입력란에 **Bracket**(또는 원하는 파일명)을 입력한다.

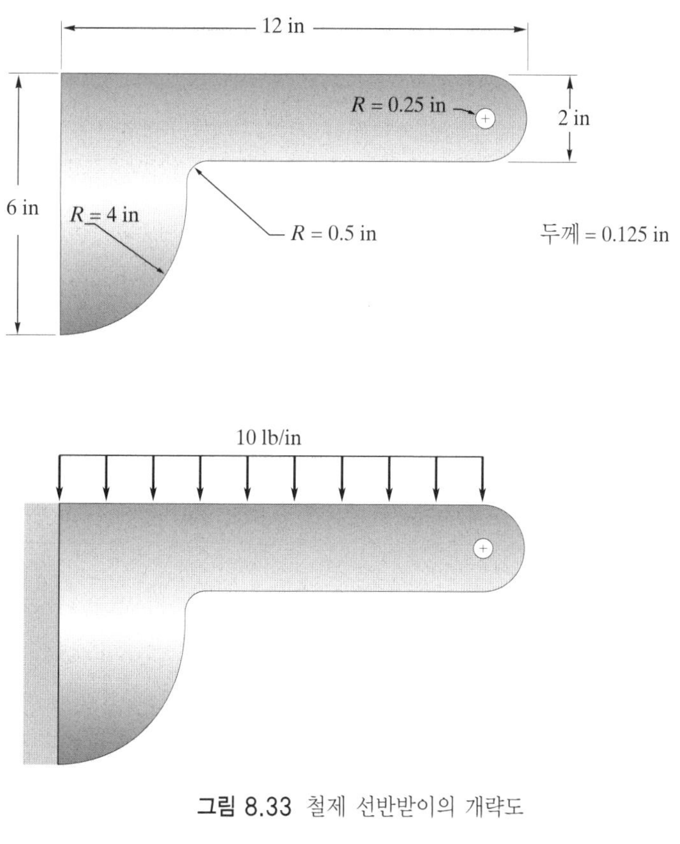

그림 8.33 철제 선반받이의 개략도

GUI를 실행하기 위해 **Run**을 선택한다.

다음 명령으로 문제에 대한 제목을 입력한다. 이 제목은 ANSYS 표시창에 나타나며 프로그램 창을 구별하는 데 사용된다. 이제 다음의 명령절차를 따라서 입력한다.

utility menu: **File → Change Title** . . .

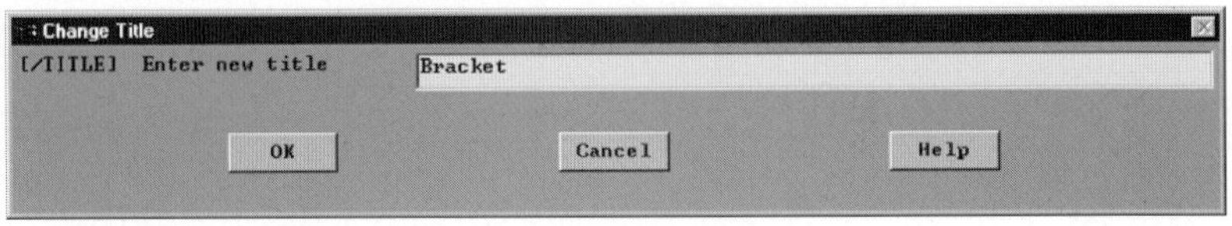

다음 명령으로 요소의 종류와 재료의 물성을 선택한다.

main menu: **Preprocessor → Element Type → Add/Edit/Delete**

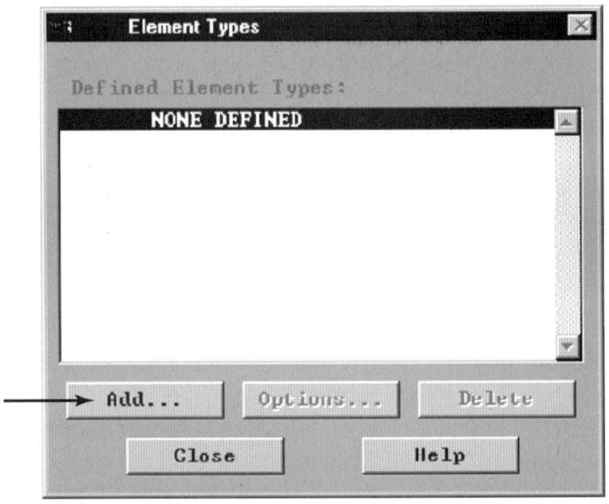

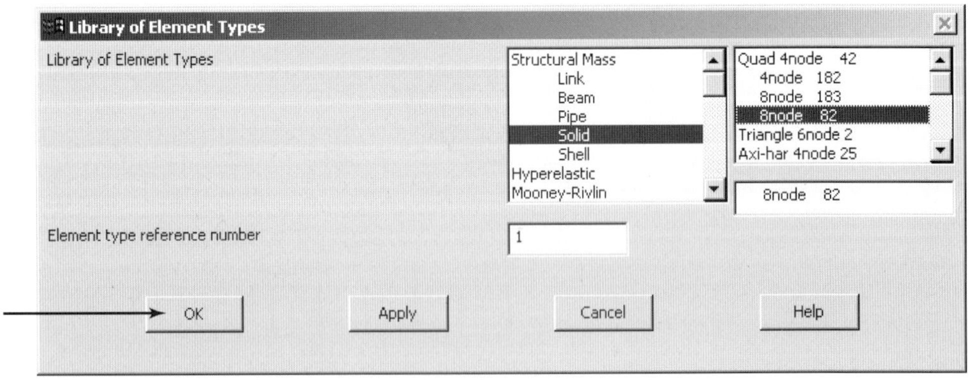

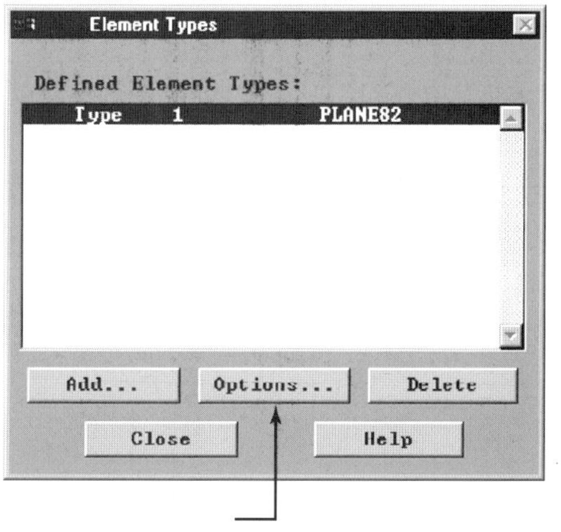
Element Types
Defined Element Types:
Type 1 PLANE82
Add...
Options...
Delete
Close
Help

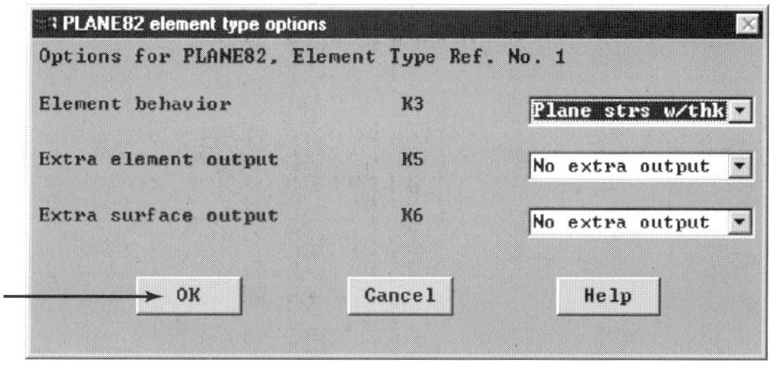
PLANE82 element type options
Options for PLANE82, Element Type Ref. No. 1
Element behavior K3 Plane strs w/thk
Extra element output K5 No extra output
Extra surface output K6 No extra output
OK
Cancel
Help

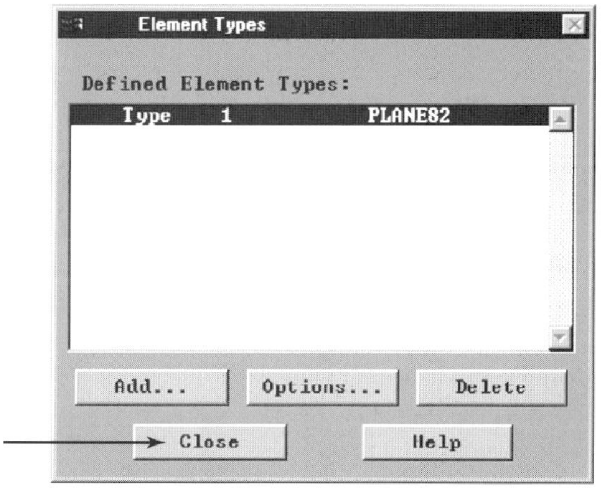
Element Types
Defined Element Types:
Type 1 PLANE82
Add...
Options...
Delete
Close
Help

다음 명령으로 선반받이의 두께를 입력한다.

main menu: **Preprocessor → Real Constants → Add/Edit/Delete**

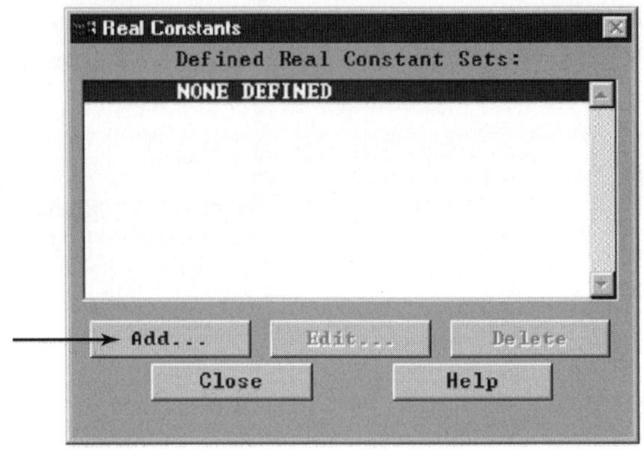

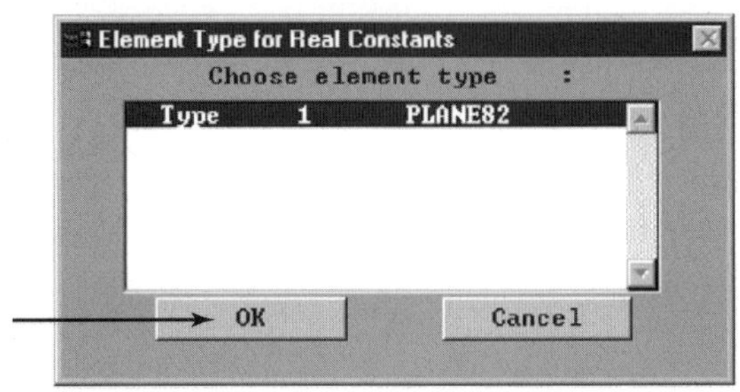

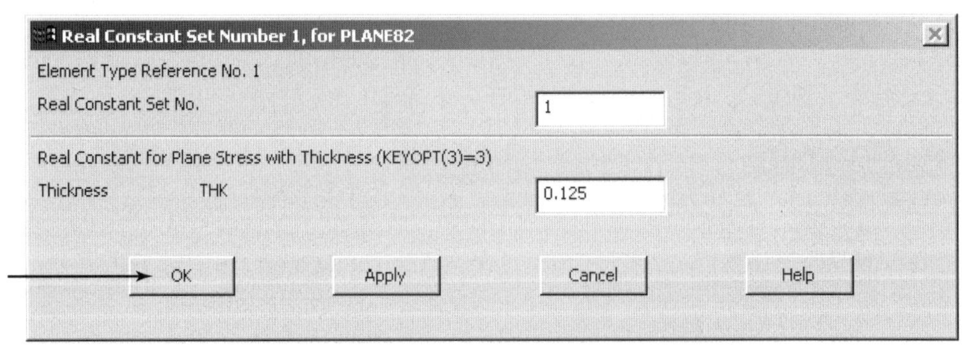

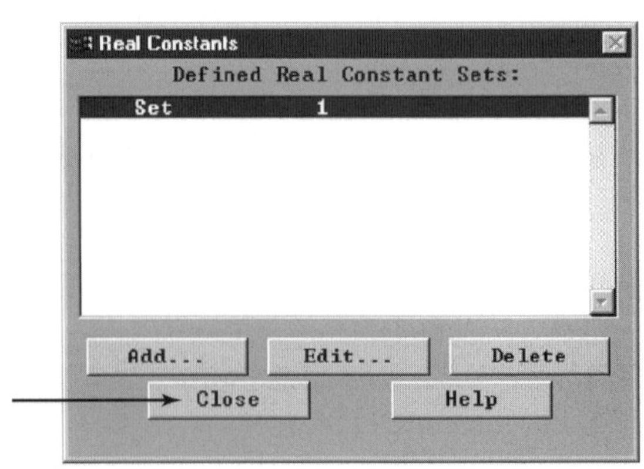

다음 명령으로 재료 물성치인 탄성계수와 푸아송비를 입력한다.

main menu: **Preprocessor** → **Material Props** → **Material Models** → **Structural** → **Linear** → **Elastic** → **Isotropic**

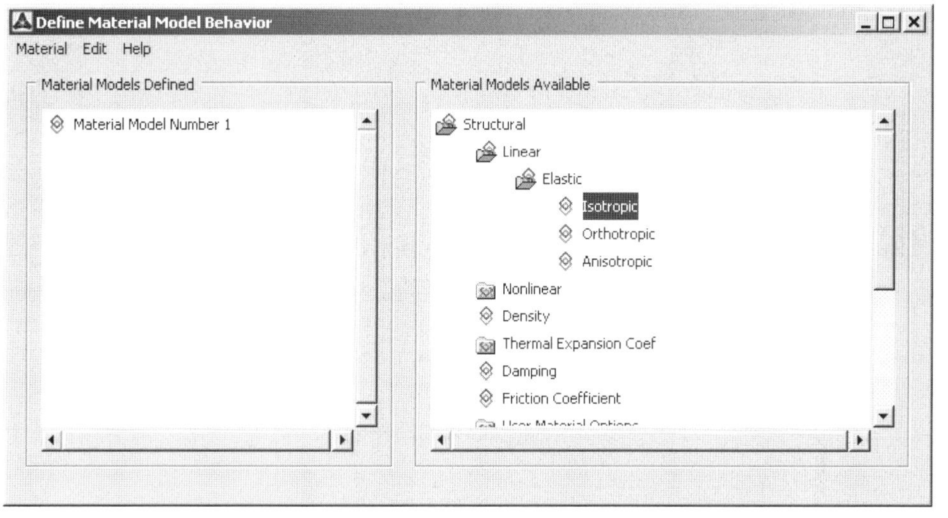

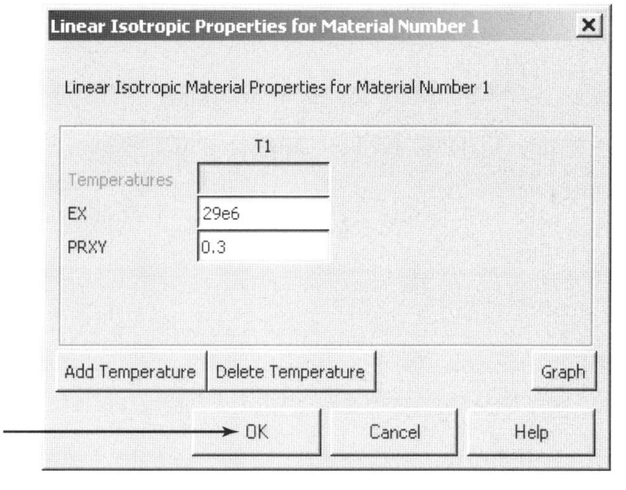

ANSYS Toolbar: **SAVE_DB**

작업평면 설정, 줌 등을 사용하여 문제에 맞도록 그래픽 영역을 설정한다.

utility menu: **Workplane** → **WP Setting** . . .

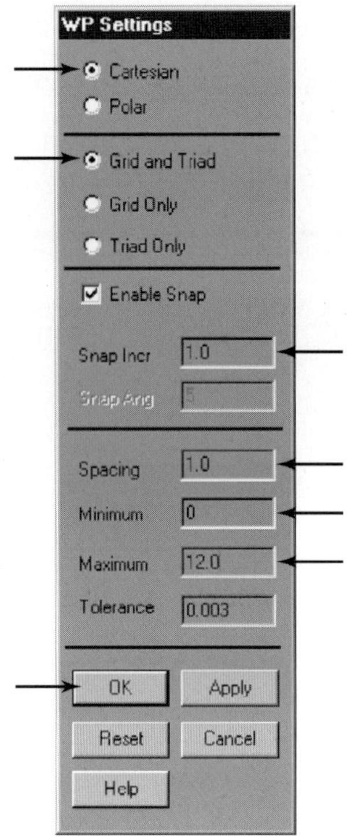

다음 명령으로 작업평면을 나타낸다.

utility menu: **Workplane → Display Working Plane**

다음 명령으로 작업평면을 창에 적절히 위치시킨다.

utility menu: **PlotCtrls → Pan, Zoom, Rotate** . . .

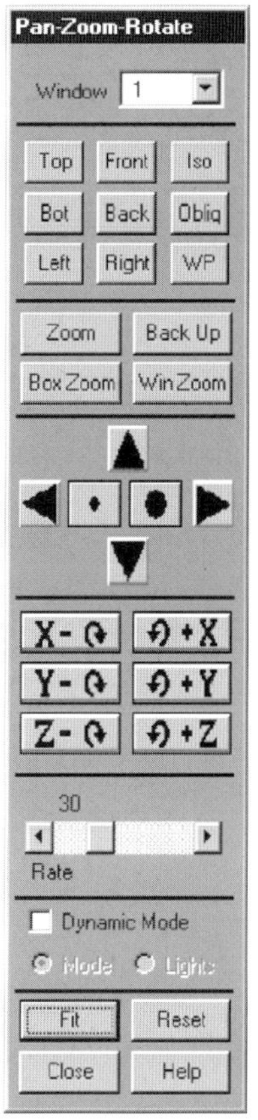

작업평면이 보일 때까지 **small circle**과 **arrows**를 클릭한다. 그 후 다음 명령으로 모델의 형상을 생성한다.

main menu: **Preprocessor** → **Modeling** → **Create** → **Areas** → **Rectangles** → **By 2 Corners**

(a) 작업평면에 그림 8.34의 면 A1과 A2를 만든다.

[작업평면의 좌상단인 WP = 0,12 좌표에 마우스를 위치시키고 좌측 버튼을 클릭한다]

[먼저 러버밴드(rubber band)를 아래로 2, 우측으로 4만큼 확장하고 좌측 버튼을 클릭한다]

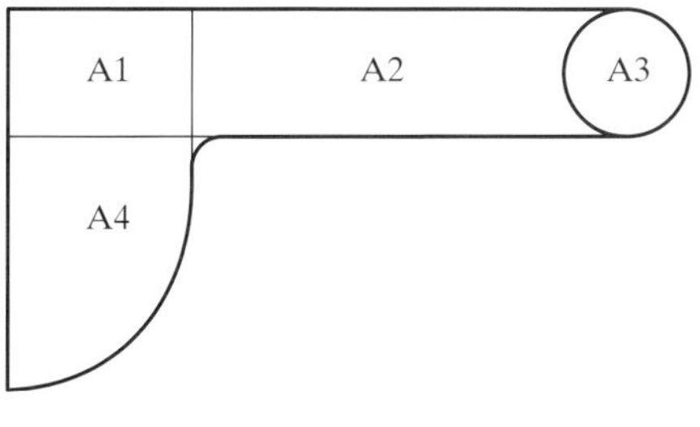

그림 8.34 선반받이를 구성하는 면

[WP = 4,12]

[러버밴드를 아래로 2, 우측으로 7만큼 확장하고 좌측 버튼을 클릭한다]

OK

(b) 다음 명령으로 원 A3를 만든다.

main menu: **Preprocessor → Modeling → Create → Areas → Circle → Solid Circle**

[WP = 11,11]

[러버밴드를 반경 1까지 확장한다]

OK

(c) 다음 명령으로 사분원 A4를 만든다.

main menu: **Preprocessor → Modeling → Create → Areas → Circle → Partial Annulus**

다음 값들을 해당 입력란에 입력한다.

[WPX = 0]

[WPY = 10]

[Rad-1 = 0]

[Theta-1 = 0]

[Rad-2 = 4]

[Theta-2 = −90]

OK

(d) 필렛을 만들기 전에 다음 명령으로 면 A1, A2, A4의 점들을 합친다.

main menu: **Preprocessor → Modeling → Operate → Booleans → Glue → Areas**

면 A1, A2, A4를 선택한다.

OK

(e) 다음 명령으로 필렛을 만든다.

main menu: **Preprocessor → Modeling → Create → Lines → Line Fillet**

[사각형인 면 A2의 아래 변을 선택한다]

[사분원인 면 A4의 굽은 변을 선택한다]

APPLY

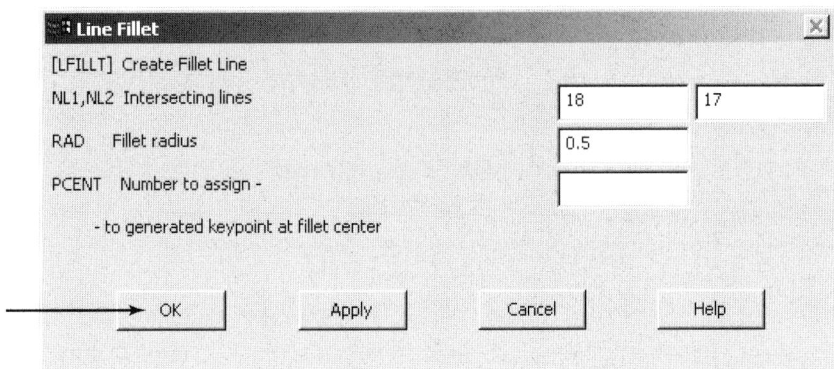

필렛이 완성되었으면 다음 명령을 실행한다.

utility menu: **PlotCtrls → Pan, Zoom, Rotate** . . .

Box Zoom 버튼을 사용하여 필렛 영역을 확대한 후 다음 명령을 실행한다.

utility menu: **Plot → Lines**

(f) 다음 명령으로 필렛에 면을 만든다.

main menu: **Preprocessor → Modeling → Create → Areas → Arbitary → By Lines**

필렛선과 2개의 교선을 선택한다.

OK

(g) 다음 명령으로 면들을 합친다.

main menu: **Preprocessor → Modeling → Operate → Booleans → Add → Areas**

Pick All 버튼을 클릭하고 다음 명령을 실행한다.

utility menu: **PlotCtrls → Pan, Zoom, Rotate** . . .

Fit 버튼과 **Close** 버튼을 차례로 클릭한다.

(h) 작은 구멍에 해당하는 면을 만들기 위해, 먼저 WP Setting 대화상자의 **Snap Incr** 값을 0.25로 변경한다.

OK

다음 명령을 실행한다.

main menu: **Preprocessor → Modeling → Create → Areas → Circle → Solid Circle**

[WP = 11,11]

[러버밴드를 반경 0.25까지 확장한다]

OK

(i) 다음 명령으로 작은 구멍에 해당하는 면을 빼준다.

main menu: **Preprocessor → Modeling → Operate → Booleans → Substract → Areas**

[선반받이 면을 선택한다]

[ANSYS 그래픽 창의 임의 위치에 마우스를 두고 가운데 버튼을 클릭한다]

[작은 구멍 영역(r = 0.25)을 선택한다]

[ANSYS 그래픽 창의 임의 위치에 마우스를 두고 가운데 버튼을 클릭한다]

OK

다음 명령으로 작업평면을 화면에 나타나지 않도록 한다.

utility menu: **Workplane → Display Working Plane**

ANSYS Toolbar: **SAVE_DB**

다음 명령으로 생성할 요소의 크기를 입력한 후 요소와 절점을 생성한다.

main menu: **Preprocessor → Meshing → Size Cntrls → Manual Size → Global → Size**

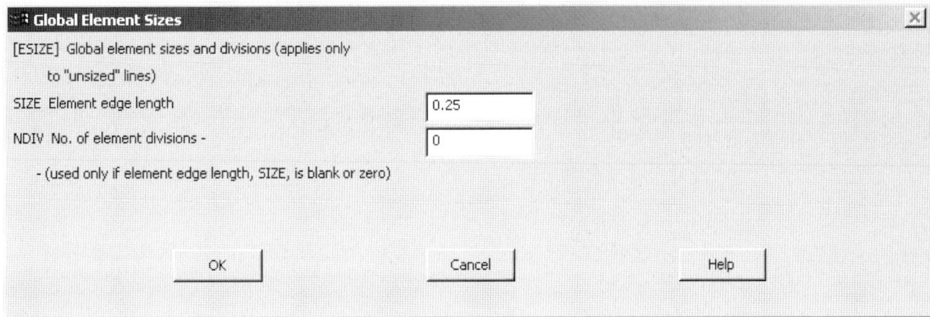

ANSYS Toolbar: **SAVE_DB**

main menu: **Preprocessor → Meshing → Mesh → Areas → Free**

Pick All 버튼을 클릭한다.

다음 명령으로 경계조건을 부과한다.

main menu: **Solution → Define Loads → Apply → Structural → Displacement → On Keypoints**

세 점을 선택한다: (1) 면 A1의 좌상단 점, (2) 면 A4의 좌상단 점(앞에서 선택한 점에서 2 in 아래의 점), (3) 면 A4의 좌하단 점.

OK

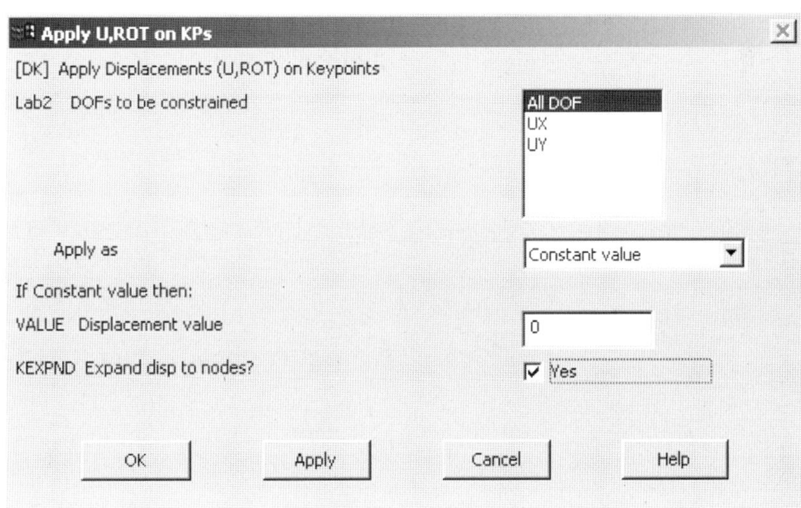

main menu: **Solution → Define Loads → Apply → Structural → Pressure → On Lines**

면 A1과 A2의 위쪽 수평선(선반받이의 위쪽 변)을 선택한다.

OK

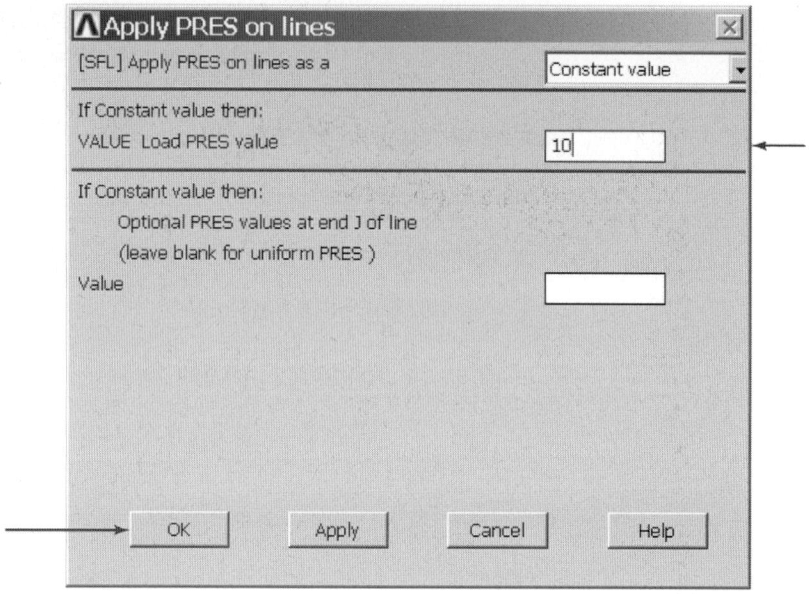

문제의 해를 구한다.

main menu: **Solution → Solve → Current LS**

OK

(the solution is done!) 창을 **Close**

(the /STAT Command) 창을 **Close**

후처리 단계로서 다음 명령에 따라 먼저 변형된 형상을 도시한다.

main menu: **General Postproc → Plot Results → Deformed Shape**

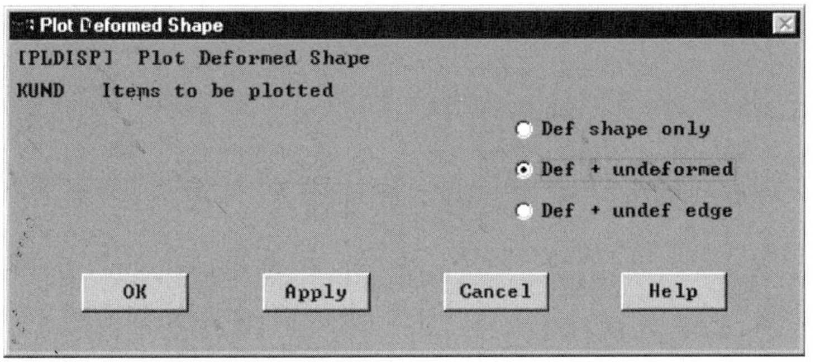

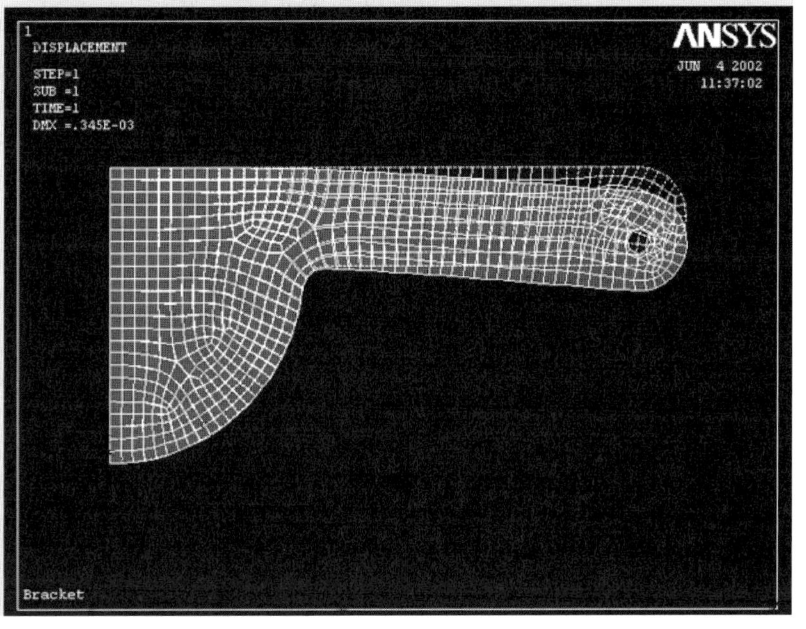

다음 명령으로 폰 미제스 응력 분포를 도시한다.

main menu: **General Postproc → Plot Results → Contour Plot → Nodal Solu**

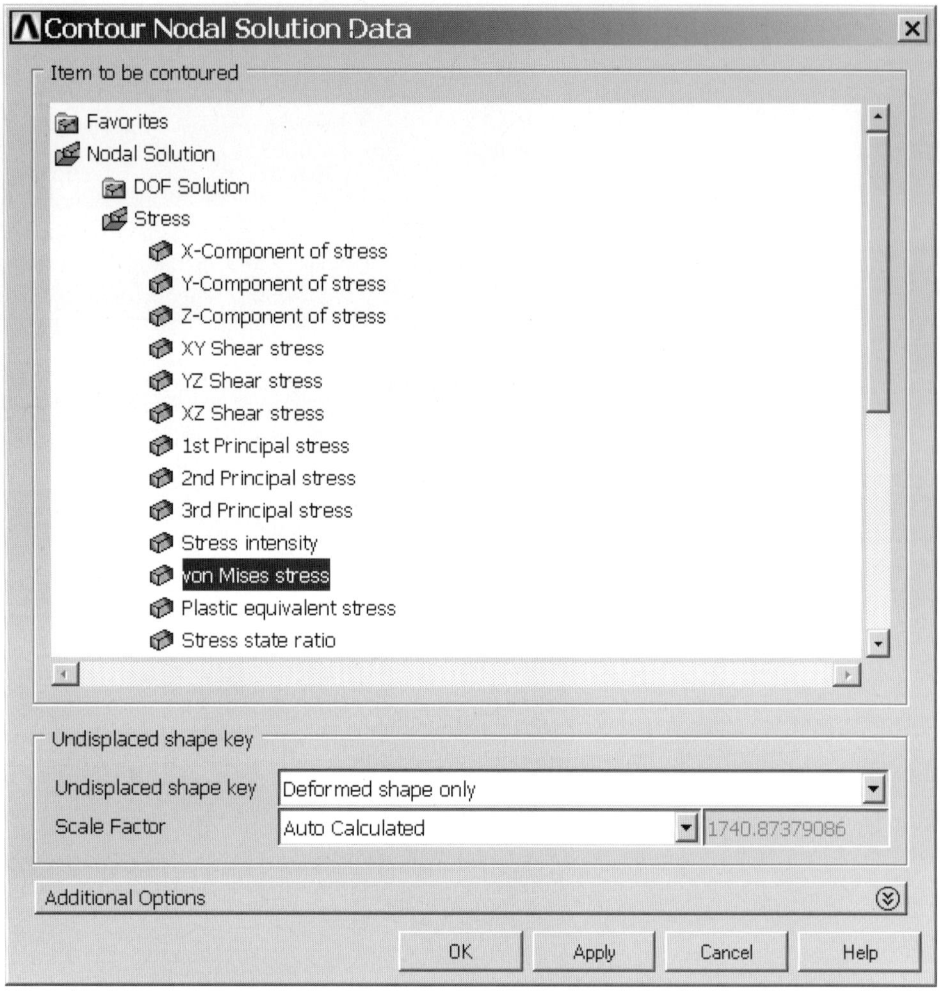
Contour Nodal Solution Data
Item to be contoured
Favorites
Nodal Solution
DOF Solution
Stress
X-Component of stress
Y-Component of stress
Z-Component of stress
XY Shear stress
YZ Shear stress
XZ Shear stress
1st Principal stress
2nd Principal stress
3rd Principal stress
Stress intensity
von Mises stress
Plastic equivalent stress
Stress state ratio
Undisplaced shape key
Undisplaced shape key
Deformed shape only
Scale Factor
Auto Calculated
1740.87379086
Additional Options
OK
Apply
Cancel
Help

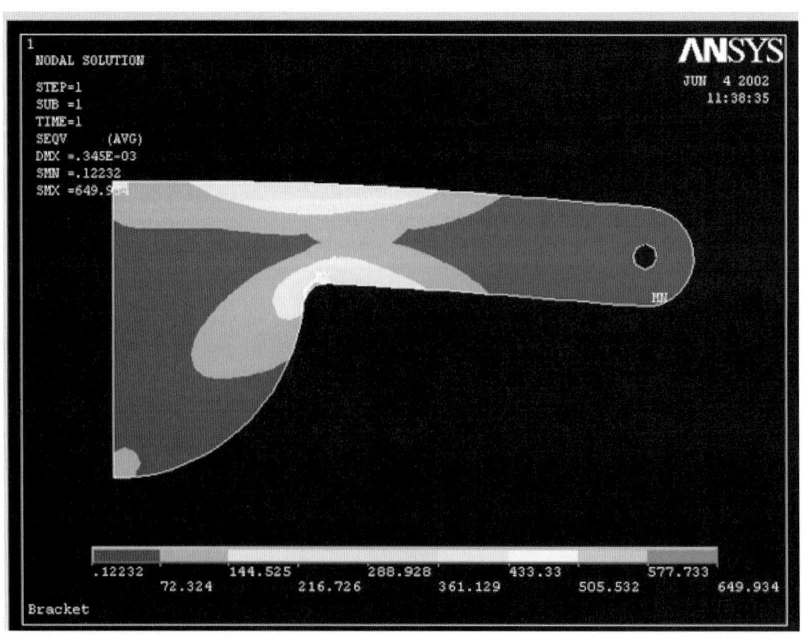
NODAL SOLUTION
STEP=1
SUB =1
TIME=1
SEQV (AVG)
DMX =.345E-03
SMN =.12232
ANSYS
JUN 4 2002
11:38:35
.12232
72.324
144.525
216.726
288.928
361.129
433.33
505.532
577.733
649.934
Bracket

바로 전단계를 재실행하여 주응력 분포를 도시한다. 모든 것을 저장하고 ANSYS를 종료한다.

Toolbar: **QUIT**

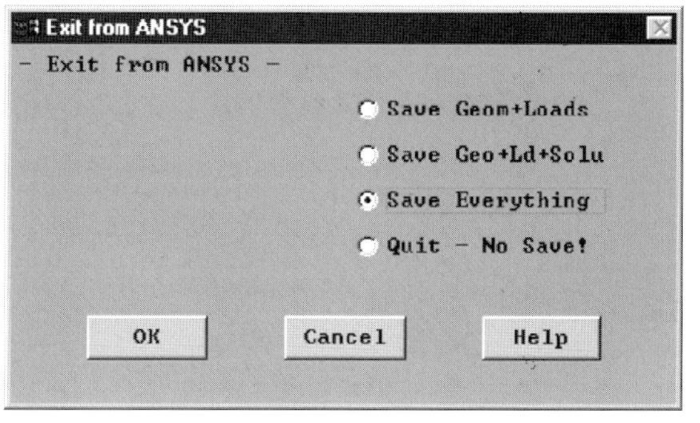

요약

1. ANSYS 프로그램의 기본적인 구성: 자주 사용하는 처리기는 (1) 전처리기(preprocessor, **PREP7**), (2) 해석처리기(solution processor, **SOLUTION**), (3) 일반 후처리기(general postprocessor, **POST1**)의 세 종류가 있다.
2. 모델을 생성하기 위하여 사용되는 전처리기(**PREP7**)의 명령들
   - 요소의 종류와 옵션의 정의
   - 요소 상수(element real constant)의 입력
   - 재료 물성치(material property)의 입력
   - 모델 형상(geometry)의 생성
   - 격자생성(meshing) 선택사항의 정의
   - 격자생성
3. 경계조건과 하중을 부과하는 데 사용되는 해석처리기(**SOLUTION**)의 명령들을 이해해야 한다. 해석처리기에서는 절점에서의 해를 구하고 다른 기본적인 정보를 계산한다.
4. 해석 결과를 리스트하거나 도시하는 데 사용되는 일반 후처리기(**POST1**)의 명령들은 다음과 같다.
   - 저장된 결과 파일에서 해석 결과 불러오기
   - 요소 결과 데이터 읽기
   - 결과의 도시
   - 결과의 리스트
5. ANSYS는 해석을 수행하는 중간 중간에 많은 파일에 데이터를 저장하고 읽어온다.
6. 사용자는 필요한 작업을 위하여 절점, 요소, 면, 입방체 등과 같은 모델의 일부분을 선택할

수 있다.

7. ANSYS에는 시각적으로 정보를 잘 전달하기 위한 다양한 기능들이 있다. 그래픽 기능의 예로는 변형 형상, 등고선 도시, 단면 뷰, 애니메이션 등이 있다.

■ 참고문헌 ■

ANSYS Manual: Introduction to ANSYS, Vol. I, Swanson Analysis Systems, Inc.

ANSYS User's Manual: Procedures, Vol. I, Swanson Analysis Systems, Inc.

ANSYS User's Manual: Commands, Vol. II, Swanson Analysis Systems, Inc.

ANSYS User's Manual: Elements, Vol. III, Swanson Analysis Systems, Inc.

표 8.2 ANSYS에서 사용 가능한 요소의 종류

ANSYS에는 150가지 이상의 요소가 있다. 각 요소에 대한 자세한 정보는 ANSYS 사용자 매뉴얼 중 *Elements* (Vol.III)편을 참조하라.

Structural Point	Structural 2–D Line	Structural 2–D Beam		
Structural Mass  MASS21 1 node 3–D space DOF: UX, UY, UZ, ROTX, ROTY, ROTZ	Spar  LINK1 2 nodes 2–D space DOF: UX, UY	Elastic Beam  BEAM3 2 nodes 2–D space DOF: UX, UY, ROTZ	Plastic Beam  BEAM23 2 nodes 2–D space DOF: UX, UY, ROTZ	Offset Tapered Unsymmetric Beam  BEAM54 2 nodes 2–D space DOF: UX, UY, ROTZ
Structural 3–D Line Spar  LINK8 2 nodes 3–D space DOF: UX, UY, UZ	Tension–Only Spar  LINK10 2 nodes 3–D space DOF: UX, UY, UZ	Linear Actuator 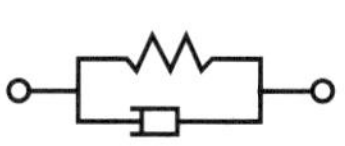 LINK11 2 nodes 3–D space DOF: UX, UY, UZ	**Structural 3–D Beam** Elastic Beam  BEAM4 2 nodes 3–D space DOF: UX, UY, UZ, ROTX, ROTY, ROTZ	Thin Walled Plastic Beam  BEAM24 2 nodes 3–D space DOF: UX, UY, UZ, ROTX, ROTY, ROTZ
Offset Tapered Unsymmetric Beam  BEAM44 2 nodes 3–D space DOF: UX, UY, UZ, ROTX, ROTY, ROTZ	**Structural Pipe** Elastic Straight Pipe  PIPE16 2 nodes 3–D space DOF: UX, UY, UZ, ROTX, ROTY, ROTZ	Elastic Pipe Tee  PIPE17 4 nodes 3–D space DOF: UX, UY, UZ, ROTX, ROTY, ROTZ	Curved Pipe (Elbow)  PIPE18 2 nodes 3–D space DOF: UX, UY, UZ, ROTX, ROTY, ROTZ	Plastic Straight Pipe  PIPE20 2 nodes 3–D space DOF: UX, UY, UZ, ROTX, ROTY, ROTZ
Immersed Pipe  PIPE59 2 nodes 3–D space DOF: UX, UY, UZ, ROTX, ROTY, ROTZ	Plastic Curved Pipe  PIPE60 2 nodes 3–D space DOF: UX, UY, UZ, ROTX, ROTY, ROTZ	**Structural 2–D Solid** Triangular Solid 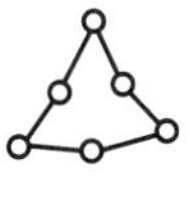 PLANE2 6 nodes 2–D space DOF: UX, UY	Axisymmetric Harmonic Struct. Solid 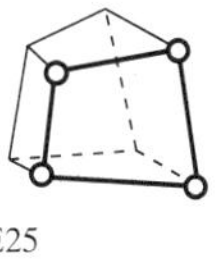 PLANE25 4 nodes 2–D space DOF: UX, UY, UZ	Structural Solid 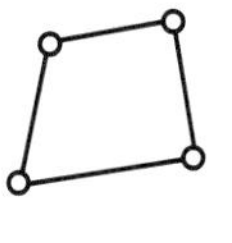 PLANE42 4 nodes 2–D space DOF: UX, UY

표 8.2 계속

ANSYS에는 150가지 이상의 요소가 있다. 각 요소에 대한 자세한 정보는 ANSYS 사용자 매뉴얼 중 *Elements* (Vol.III)편을 참조하라.

		Structural 3–D Solid		
Structural Solid 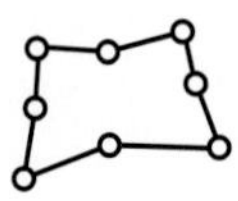 PLANE82 8 nodes 2–D space DOF: UX, UY	Axisymmetric Harmonic Struct. Solid 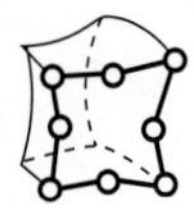 PLANE83 8 nodes 2–D space DOF: UX, UY, UZ	Structural Solid 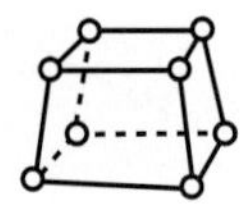 SOLID45 8 nodes 3–D space DOF: UX, UY, UZ	Layered Solid 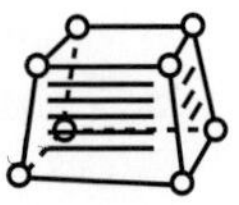 SOLID46 8 nodes 3–D space DOF: UX, UY, UZ	Anisotropic Solid 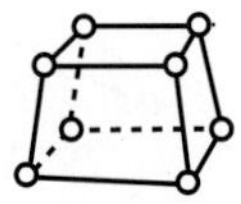 SOLID64 8 nodes 3–D space DOF: UX, UY, UZ
Reinforced Solid 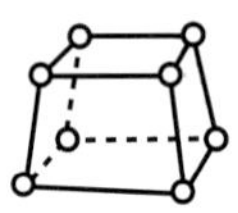 SOLID65 8 nodes 3–D space DOF: UX, UY, UZ	Solid with Rotations 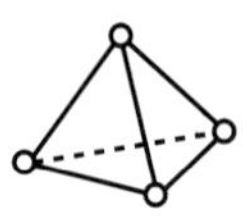 SOLID72 4 nodes 3–D space DOF: UX, UY, UZ, ROTX, ROTY, ROTZ	Solid with Rotations 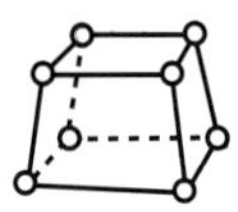 SOLID73 8 nodes 3–D space DOF: UX, UY, UZ, ROTX, ROTY, ROTZ	Tetrahedral Solid 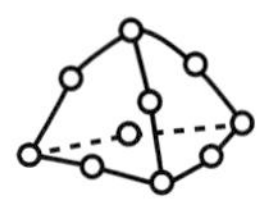 SOLID92 10 nodes 3–D space DOF: UX, UY, UZ	Structural Solid 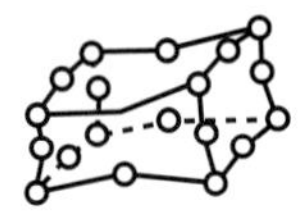 SOLID95 20 nodes 3–D space DOF: UX, UY, UZ
Structural 2–D Shell		Structural 3–D Shell		
Plastic Axisymmetric Shell with Torsion  SHELL51 2 nodes 2–D space DOF: UX, UY, UZ, ROTZ	Axisymmetric Harmonic Struct. Shell  SHELL61 2 nodes 2–D space DOF: UX, UY, UZ, ROTZ	Shear/Twist Panel 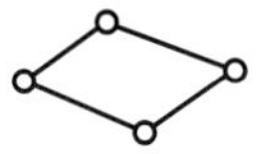 SHELL28 4 nodes 3–D space DOF: UX, UY, UZ or ROTX, ROTY, ROTZ	Membrane Shell 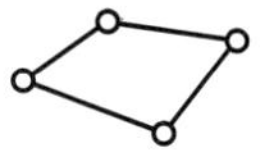 SHELL41 4 nodes 3–D space DOF: UX, UY, UZ	Plastic Shell 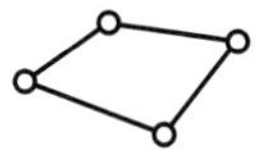 SHELL43 4 nodes 3–D space DOF: UX, UY, UZ, ROTX, ROTY, ROTZ
Elastic Shell 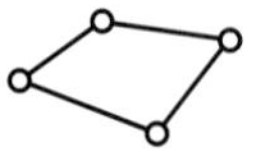 SHELL63 4 nodes 3–D space DOF: UX, UY, UZ, ROTX, ROTY, ROTZ	16–Layer Structural Shell  SHELL91 8 nodes 3–D space DOF: UX, UY, UZ, ROTX, ROTY, ROTZ	Structural Shell 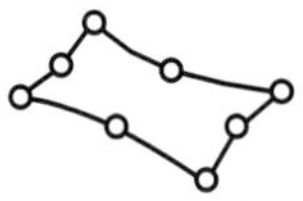 SHELL93 8 nodes 3–D space DOF: UX, UY, UZ, ROTX, ROTY, ROTZ	100–Layer Structural Shell  SHELL99 8 nodes 3–D space DOF: UX, UY, UZ, ROTX, ROTY, ROTZ	

표 8.2 계속

ANSYS에는 150가지 이상의 요소가 있다. 각 요소에 대한 자세한 정보는 ANSYS 사용자 매뉴얼 중 *Elements* (Vol.III)편을 참조하라.

Hyperelastic Solid				
Hyperelastic Mixed U–P Solid 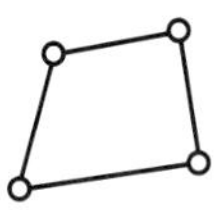 HYPER56 4 nodes 2–D space DOF: UX, UY, UZ	Hyperelastic Mixed U–P Solid 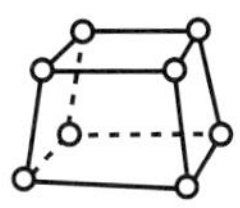 HYPER58 8 nodes 3–D space DOF: UX, UY, UZ	Hyperelastic Mixed U–P Solid 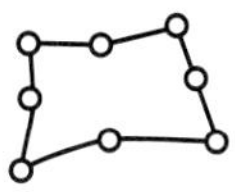 HYPER74 8 nodes 2–D space DOF: UX, UY, UZ	Hyperelastic Solid 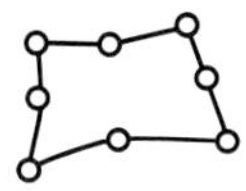 HYPER84 8 nodes 2–D space DOF: UX, UY, UZ	Hyperelastic Solid 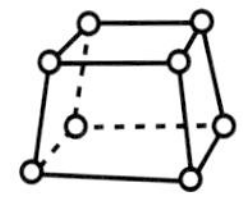 HYPER86 8 nodes 3–D space DOF: UX, UY, UZ
Visco Solid				
Viscoelastic Solid 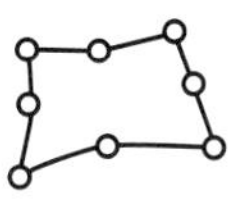 VISCO88 8 nodes 2–D space DOF: UX, UY	Viscoelastic Solid 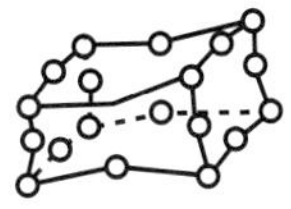 VISCO89 20 nodes 3–D space DOF: UX, UY, UZ	Large Strain Solid 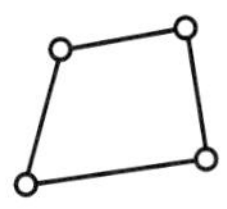 VISCO106 4 nodes 2–D space DOF: UX, UY, UZ	Large Strain Solid 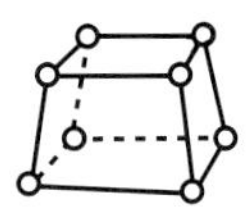 VISCO107 8 nodes 3–D space DOF: UX, UY, UZ	Large Strain Solid 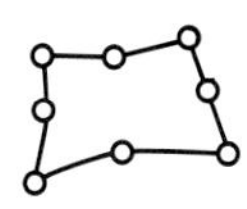 VISCO108 8 nodes 2–D space DOF: UX, UY, UZ
Thermal Point	Thermal Line			
Thermal Mass  MASS71 1 node 3–D space DOF: TEMP	Radiation Link 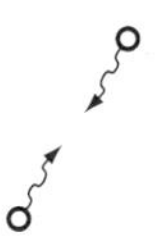 LINK31 2 nodes 3–D space DOF: TEMP	Conduction Bar  LINK32 2 nodes 2–D space DOF: TEMP	Conduction Bar  LINK33 2 nodes 3–D space DOF: TEMP	Convection Link  LINK34 2 nodes 3–D space DOF: TEMP
Thermal 2–D Solid				
Triangular Thermal Solid 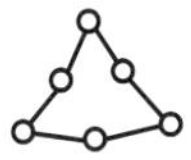 PLANE35 6 nodes 2–D space DOF: TEMP	Thermal Solid 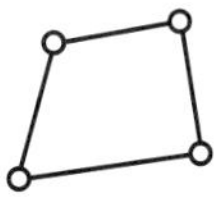 PLANE55 4 nodes 2–D space DOF: TEMP	Axisymmetric Harmonic Thermal Solid 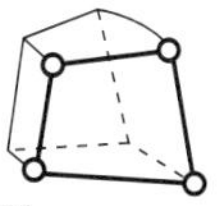 PLANE75 4 nodes 2–D space DOF: TEMP	Thermal Solid 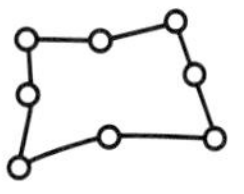 PLANE77 8 nodes 2–D space DOF: TEMP	Axisymmetric Harmonic Thermal Solid 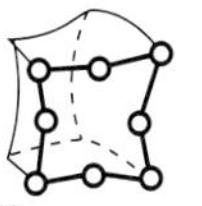 PLANE78 8 nodes 2–D space DOF: TEMP

표 8.2 계속

ANSYS에는 150가지 이상의 요소가 있다. 각 요소에 대한 자세한 정보는 ANSYS 사용자 매뉴얼 중 *Elements* (Vol.III)편을 참조하라.

Thermal 3–D Solid			Thermal Shell	Fluid
Thermal Solid 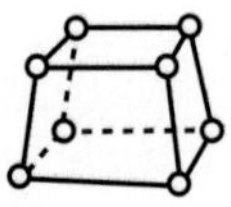 SOLID70 8 nodes 3–D space DOF: TEMP	Tetrahedral Thermal Solid 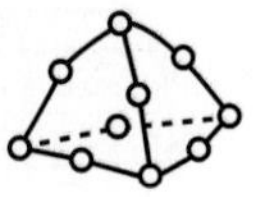 SOLID87 10 nodes 3–D space DOF: TEMP	Thermal Solid 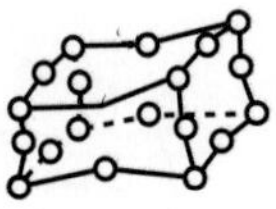 SOLID90 20 nodes 3–D space DOF: TEMP	Thermal Shell 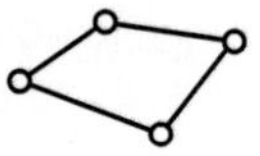 SHELL57 4 nodes 3–D space DOF: TEMP	Acoustic Fluid 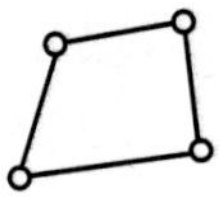 FLUID29 4 nodes 2–D space DOF: UX, UY, PRES
Acoustic Fluid 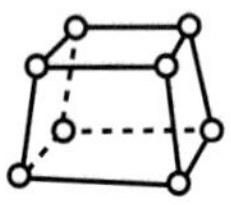 FLUID30 8 nodes 3–D space DOF: UX, UY, UZ, PRES	Dynamic Fluid Coupling  FLUID38 2 nodes 3–D space DOF: UX, UY, UZ	Thermal–Fluid Pipe  FLUID66 2 nodes 3–D space DOF: PRES, TEMP	Contained Fluid 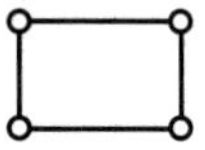 FLUID79 4 nodes 2–D space DOF: UX, UY	Contained Fluid 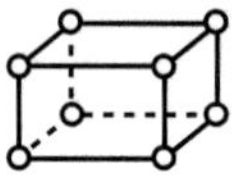 FLUID80 8 nodes 3–D space DOF: UX, UY, UZ
Axisymmetric Harmonic Contained Fluid 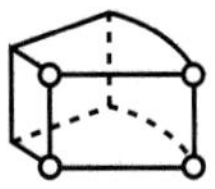 FLUID81 4 nodes 2–D space DOF: UX, UY, UZ	FLOTRAN CFD Fluid–Thermal 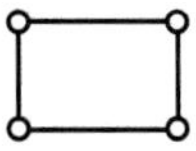 FLUID141 4 nodes 2–D space DOF: VX, VY, VZ, PRES, TEMP, ENKE, ENDS	FLOTRAN CFD Fluid–Thermal 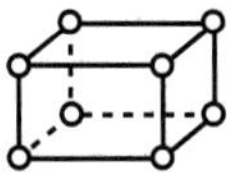 FLUID142 8 nodes 3–D space DOF: VX, VY, VZ, PRES, TEMP, ENKE, ENDS	**Thermal Electric** Thermal–Electric Solid 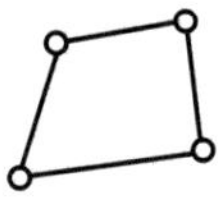 PLANE67 4 nodes 2–D space DOF: TEMP, VOLT	Thermal–Electric Line  LINK68 2 nodes 3–D space DOF: TEMP, VOLT
Thermal–Electric Solid 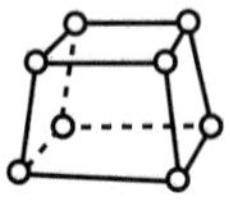 SOLID69 8 nodes 3–D space DOF: TEMP, VOLT	**Magnetic Electric** Current Source  SOURC36 3 nodes 3–D space DOF: MAG	Magnetic Solid 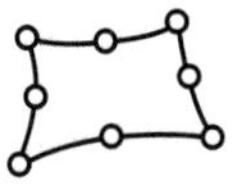 PLANE53 8 nodes 2–D space DOF: VOLT, AZ	Magnetic–Scalar Solid 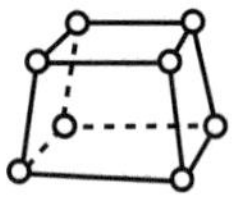 SOLID96 8 nodes 3–D space DOF: MAG	Magnetic Solid 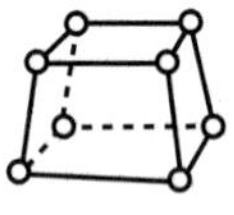 SOLID97 8 nodes 3–D space DOF: VOLT, AX, AY, AZ

표 8.2 계속

ANSYS에는 150가지 이상의 요소가 있다. 각 요소에 대한 자세한 정보는 ANSYS 사용자 매뉴얼 중 *Elements* (Vol.III)편을 참조하라.

Magnetic Interface 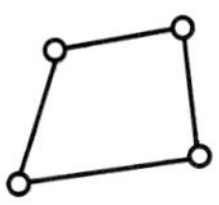 INTER115 4 nodes 3–D space DOF: AX, AY, AZ, MAG	Electrostatic Solid 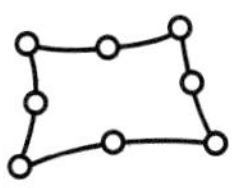 PLANE121 8 nodes 2–D space DOF: VOLT	Electrostatic Solid 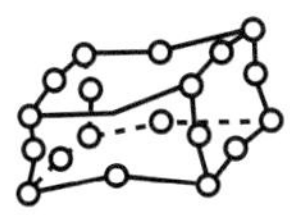 SOLID122 20 nodes 3–D space DOF: VOLT	Tetrahedral Electrostatic Solid  SOLID123 10 nodes 3–D space DOF: VOLT	**Coupled–field** Coupled–field Solid 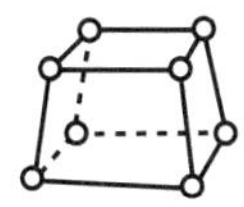 SOLID5 8 nodes 3–D space DOF: UX, UY, UZ, TEMP, VOLT, MAG
Coupled–field Solid 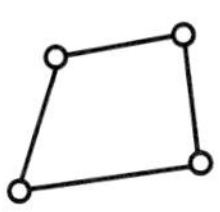 PLANE13 4 nodes 2–D space DOF: UX, UY, TEMP, VOLT, AZ	Coupled–field Solid 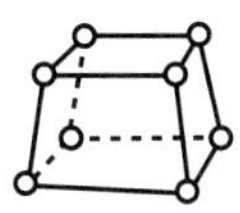 SOLID62 8 nodes 3–D space DOF: UX, UY, UZ, AX, AY, AZ, VOLT	Tetrahedral Couple–field Solid 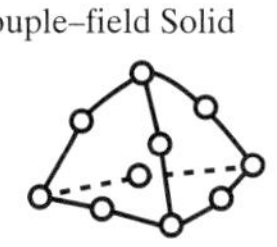 SOLID98 10 nodes 3–D space DOF: UX, UY, UZ, TEMP, VOLT, MAG	**Contact** Point–to–Point  CONTAC12 2 nodes 2–D space DOF: UX, UY	Point–to–Ground  CONTAC26 3 nodes 2–D space DOF: UX, UY
Point–to–Surface 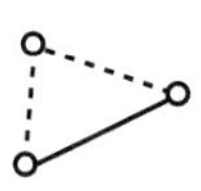 CONTAC48 3 nodes 2–D space DOF: UX, UY, TEMP	Point–to–Surface 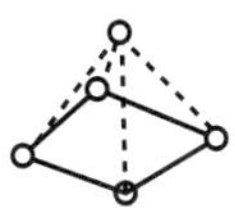 CONTAC49 5 nodes 3–D space DOF: UX, UY, UZ, TEMP	Point–to–Point  CONTAC52 2 nodes 3–D space DOF: UX, UY, UZ	**Combination** Revolute Joint 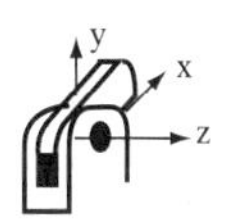 COMBIN7 5 nodes 3–D space DOF: UX, UY, UZ, ROTX, ROTY, ROTZ	Spring–Damper 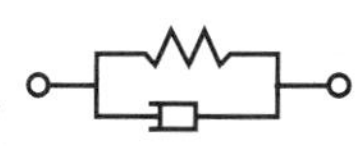 COMBIN14 2 nodes 3–D space DOF: UX, UY, UZ, ROTX, ROTY, ROTZ PRES, TEMP
Control 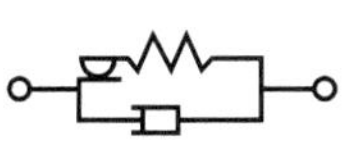 COMBIN37 4 nodes 3–D space DOF: UX, UY, UZ, ROTX, ROTY, ROTZ, PRES, TEMP	Nonlinear Spring  COMBIN39 2 nodes 3–D space DOF: UX, UY, UZ, ROTX, ROTY, ROTZ, PRES, TEMP	Combination 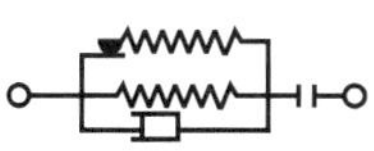 COMBIN40 2 nodes 3–D space DOF: UX, UY, UZ, ROTX, ROTY, ROTZ, PRES, TEMP	**Matrix** Stiffness, Mass or Damping Matrix 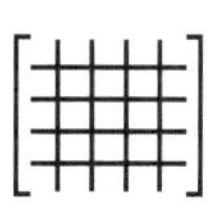 MATRIX27 2 nodes 3–D space DOF: UX, UY, UZ, ROTX, ROTY, ROTZ	Superelement 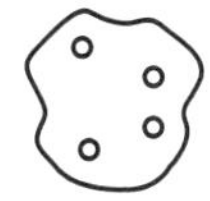 MATRIX50 2–D or 3–D space DOF: Any

표 8.2 계속

ANSYS에는 150가지 이상의 요소가 있다. 각 요소에 대한 자세한 정보는 ANSYS 사용자 매뉴얼 중 *Elements* (Vol.III)편을 참조하라.

Infinite				Surface
Infinite Boundary 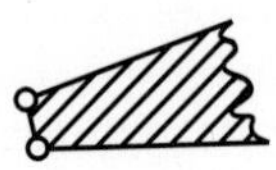 INFIN9 2 nodes 2–D space DOF: AZ, TEMP	Infinite Boundary 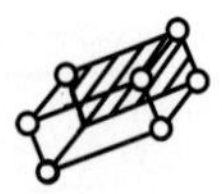 INFIN47 4 nodes 3–D space DOF: MAG, TEMP	Infinite Boundary 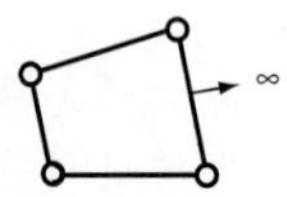 INFIN110 4 nodes 2–D space DOF: AZ, VOLT, TEMP	Infinite Boundary 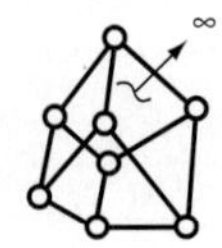 INFIN111 8 nodes 3–D space DOF: MAG, AX, AY, AZ, VOLT, TEMP	Surface Effect  SURF19 3 nodes 2–D space DOF: UX, UY, TEMP
Surface Effect 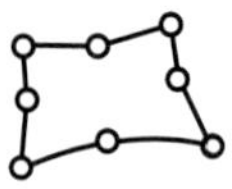 SURF22 8 nodes 3–D space DOF: UX, UY, UZ, TEMP				

Chapter 9

2차원 열전달 문제의 해석

이 장에서는 2차원 열전달(heat transfer) 문제의 해석을 소개하고, 일반적인 열전도 문제와 여러 가지 경계조건을 설명한다. 이 장에서 다루는 주요 내용은 다음과 같다.

9.1 일반적인 열전도 문제
9.2 직사각형 요소를 사용한 정식화
9.3 삼각형 요소를 사용한 정식화
9.4 3차원 문제의 축대칭 정식화
9.5 비정상 열전달 문제
9.6 ANSYS의 열전도 요소
9.7 ANSYS를 이용한 예제
9.8 결과 검증

9.1 일반적인 열전도 문제

이 절에서는 물체의 경계에 부과된 열적 경계조건이나, 물체 내부의 열생성(heat generation)의 결과로 나타나는 물체 내의 위치에 따른 온도 분포를 결정하는 방법을 소개한다. 시스템의 경계를 포함한 매질 내부에서의 열유속을 결정하는 것도 관심사이다. 많은 공학적인 응용에 있어서 온도와 열유속장에 대한 정보는 필수적이다. 예를 들어, 전자장치의 냉각, 열-유체 시스템의 설계, 그리고 재료 및 생산공정 등에 있어서 이는 중요한 부분이다. 온도 분포에 대한 정보는 기계와 구조 부재의 열응력 및 그에 따른 변형량을 구하는 데에도 사용된다. 열전달에는 **전도**(conduction), **대류**(convection) 및 **복사**(radiation) 등 세 가지 방식이 있다. 전도는 매질 내에 온도 구배가 있을 때 일어나는 열전달 방식이다. 에너지는 분자 운동에 의해 고온부에서 저온부로 이동된다. 2차원 직교 좌표에서 전도에 의한 열전달률은 다음의 푸리에 법칙(Fourier's law)으로 표현된다.

$$q_X = -kA\frac{\partial T}{\partial X} \tag{9.1}$$

$$q_Y = -kA\frac{\partial T}{\partial Y} \tag{9.2}$$

q_X와 q_Y는 열전달률의 X방향과 Y방향 성분이고, k는 물체의 열전도도이며, A는 물체의 단면적이고, $\frac{\partial T}{\partial X}$와 $\frac{\partial T}{\partial Y}$는 온도 구배(temperature gradient)를 나타낸다. 푸리에 법칙을 단위면적당 열전달률의 항으로 표시하면 다음과 같다.

$$q''_X = -k\frac{\partial T}{\partial X} \tag{9.3}$$

$$q''_Y = -k\frac{\partial T}{\partial Y} \tag{9.4}$$

여기서 $q''_X = \frac{q_X}{A}$와 $q''_Y = \frac{q_Y}{A}$는 각각 X방향과 Y방향의 열유속이다. 열유동의 방향이 항상 **등온선**(동일한 온도의 선이나 면, isotherms)에 수직하다는 것은 반드시 이해하고 있어야 할 중요한 사실이다. 이 관계에 대해 그림 9.1에 설명하였다.

대류 열전달은 움직이는 유체가 그것과 다른 온도를 가진 면과 접촉할 때 일어난다. 유체와 면 사이의 열전달률은 다음의 뉴턴의 냉각법칙(Newton's Law of Cooling)을 따른다.

$$q = hA(T_s - T_f) \tag{9.5}$$

여기서 h는 열전달계수(heat transfer coefficient), T_s는 면의 온도, T_f는 움직이는 유체의 온도를 나타낸다. 대류 열전달계수는 문제에 따라 달라지며 해석적으로 구하기도 하나 보통 실험적인 방법으로 결정되며, 이는 열전달에 관한 많은 교재에서 구할 수 있다.

모든 물질은 복사열을 방사한다. 이 법칙은 절대 영도가 아닌 온도를 가진 모든 물체에 대

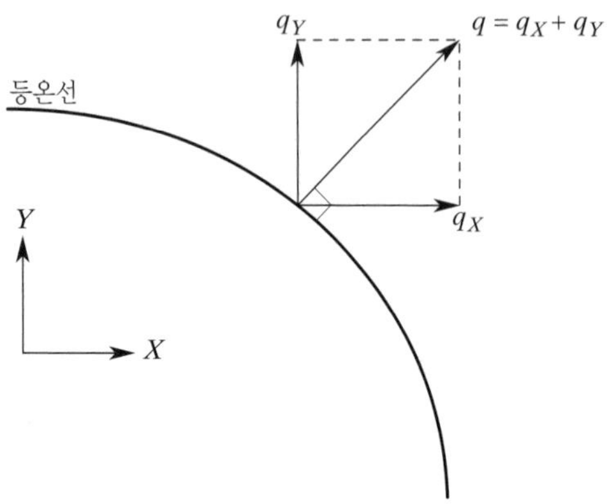

그림 9.1 열유속 벡터는 항상 등온선에 수직

하여 적용된다. 어떤 면에서 방사되는 에너지의 양은 다음 식으로 표현된다.

$$q'' = \varepsilon\sigma T_s^4 \tag{9.6}$$

여기서 q''은 그 면에서 방사되는 단위면적당 열에너지율을 나타내고, ε은 그 면의 복사능(emissivity)으로 $0 < \varepsilon < 1$이며, σ는 스테판-볼츠만 상수(Stefan-Boltzman constant, $\sigma = 5.67 \times 10^{-8}\ \text{W/m}^2 \cdot \text{K}^4$)이다.

복사 열전달은 전도나 대류 방식과는 달리 진공 상태에서도 일어날 수 있으며 모든 물체가 복사열을 방사하므로 중요한 것은 물체 사이의 순(net)에너지 전달량이다. 앞에서 설명한 세 가지의 열전달 방식은 그림 9.2에 설명하였다.

1장에서, 공학적인 문제는 물리적 상황에 대한 수학적 모델이라고 설명한 바 있다. 더욱이 이 수학적 모델은 시스템, 즉 검사체적(control volume)에 자연의 근본법칙이나 원리를 적용함으로써 유도되는 미분 방정식이다. 열전달 문제에서 이러한 지배 방정식은 물체의 질량, 운동량, 그리고 에너지의 평형을 의미한다. 가능하다면 지배 미분 방정식의 엄밀해(exact solution)를 구해야 하며, 이는 그 엄밀해가 시스템의 상세한 거동을 표현하기 때문이라고 1장에서 언급된 바 있다. 그러나 많은 실제적인 공학 문제에서, 지배 방정식의 해를 직접 얻는 것이 불가능한데, 이는 형상이 너무 복잡하거나 경계조건이 너무 난해하기 때문이다.

에너지 보존의 법칙(principle of the conservation of energy)은 열전달 문제를 이해하고 해석하는 데 있어서 가장 중요한 이론이다. 따라서 물리적 문제를 정확히 모델링하기 위해서는 이 법칙을 완전히 이해할 필요가 있다.

에너지 보존의 법칙에서, 시스템의 경계를 통하여 내부로 들어가는 열적 그리고/또는 기계적 에너지율에서 시스템의 경계를 통하여 외부로 빠져나가는 열적 그리고/또는 기계적 에너지율을 뺀 후 시스템 체적 내부의 에너지 생성률을 더한 것은 시스템 체적 내부에 저장되는 에너지율과 같다고 설명된다. 이 법칙을 그림 9.3과 다음 식에 나타내었다.

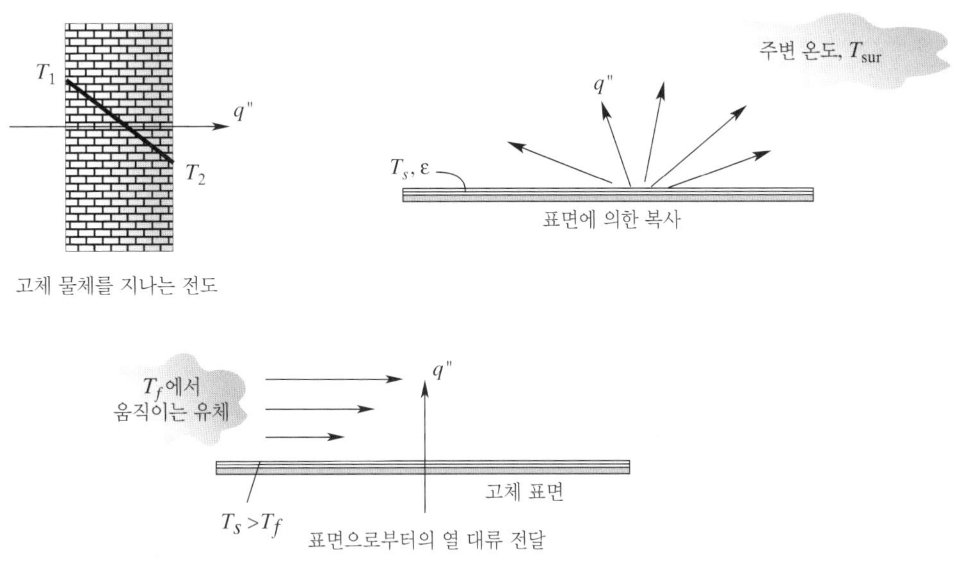

그림 9.2 열전달의 여러 가지 방식

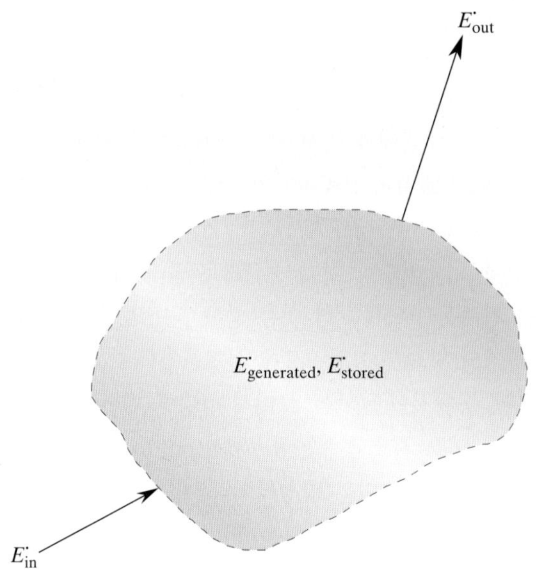

그림 9.3 에너지 보존의 법칙

$$\dot{E}_{in} - \dot{E}_{out} + \dot{E}_{generation} = \dot{E}_{stored} \tag{9.7}$$

$\dot{E}_{in}$과 $\dot{E}_{out}$은 시스템의 표면 안과 밖으로 통과하는 에너지의 양을 나타낸다. 열에너지 생성률 $\dot{E}_{generation}$은 시스템 체적 내에서 전기적, 화학적, 원자력 또는 전자기적 형태의 에너지로부터 열적 에너지로 변환되는 에너지율을 나타낸다. 이러한 변환의 예로는 고체 도체를 지나는 전류가 발생하는 에너지를 들 수 있다. 저장 에너지항은 변환과정에서의 시스템 체적 내의 내부 에너지양의 증가나 감소를 의미한다. 실제 상황을 적절히 모델링하기 위해서는 시스템의 전체 에너지 평형식에 기여하는 각 항의 의미를 이해하는 것이 중요하다. 또한 에너지 보존의 법칙을 충분히 이해하는 것은 해석 결과를 검증하는 데 있어서도 필수적이다.

이 절에서는, 대류나 복사 경계조건을 가진 전도방식의 열전달 문제를 중점적으로 설명한다. 특히, 정상상태(steady state)의 2차원 전도문제에 초점을 맞춘다. 직교 좌표계상의 임의의 시스템에 에너지 보존의 법칙을 적용하면 다음과 같은 열전도 방정식을 얻게 된다.

$$k_X \frac{\partial^2 T}{\partial X^2} + k_Y \frac{\partial^2 T}{\partial Y^2} + \dot{q} = 0 \tag{9.8}$$

식 (9.8)의 유도과정을 그림 9.4에 나타내었다. 식 (9.8)에서 $\dot{q}$는 단위두께를 가진 검사체적 내에서 단위체적당 열생성을 나타낸다. 전도문제에서 나타나는 경계조건은 다음과 같다.

1. 표면을 통한 열의 출입을 무시할 수 있는 상황이다. 그림 9.5에 나타내었으며 이러한 조건을 가지는 면을 일반적으로 단열(adiabatic)면 또는 완전히 절연된(perfectly insulated) 면이라 한다. 전도문제에서, 대칭선은 단열선이 된다. 이러한 종류의 경계조건은 다음과 같이 표시된다.

$$\left.\frac{\partial T}{\partial X}\right|_{(X=0,\,Y)} = 0 \tag{9.9}$$

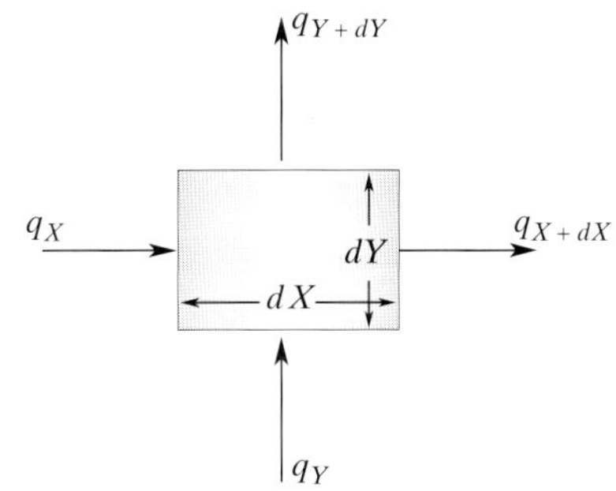

우선, 매질 내의 작은 영역(미소 체적)에 에너지 보존의 법칙을 적용한다.

$$\dot{E}_{\text{in}} - \dot{E}_{\text{out}} + \dot{E}_{\text{generation}} = \dot{E}_{\text{stored}}$$

$$q_X + q_Y - (q_{X+dX} + q_{Y+dY}) + \dot{q}\,dX\,dY(1) = \rho c\,dX\,dY\frac{\partial T}{\partial t}$$

$$q_X + q_Y - \left(q_X + \frac{\partial q_X}{\partial X}dX + q_Y + \frac{\partial q_Y}{\partial Y}dY\right) + \dot{q}\,dX\,dY = \rho c\,dX\,dY\frac{\partial T}{\partial t}$$

위의 식을 간단히 하면,

$$-\frac{\partial q_X}{\partial X}dX - \frac{\partial q_Y}{\partial Y}dY + \dot{q}\,dX\,dY = \rho c\,dX\,dY\frac{\partial T}{\partial t}$$

푸리에 법칙을 대입하면 다음과 같다.

$$q_X = -k_X A\frac{\partial T}{\partial X} = -k_X\,dY(1)\frac{\partial T}{\partial X}$$

$$q_Y = -k_Y A\frac{\partial T}{\partial Y} = -k_Y\,dX(1)\frac{\partial T}{\partial Y}$$

$$-\frac{\partial}{\partial X}\left(-k_X\,dY\frac{\partial T}{\partial X}\right)dX - \frac{\partial}{\partial Y}\left(-k_Y\,dX\frac{\partial T}{\partial Y}\right)dY + \dot{q}\,dX\,dY = \rho c\,dX\,dY\frac{\partial T}{\partial t}$$

ρ와 c는 각각 물질의 밀도와 비열이고, t는 시간을 나타낸다. 정상상태에서 온도는 시간에 따라 변하지 않는다. 그러므로 위 식의 우측 항은 제거된다. 간단히 하면 다음을 얻는다.

$$k_X\frac{\partial^2 T}{\partial X^2} + k_Y\frac{\partial^2 T}{\partial Y^2} + \dot{q} = 0$$

그림 9.4 정상상태에서 열전도 방정식의 유도

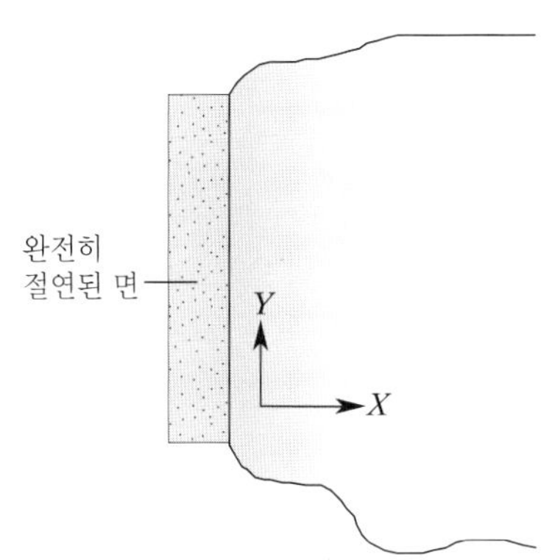

그림 9.5 단열면 또는 완전히 절연된 면

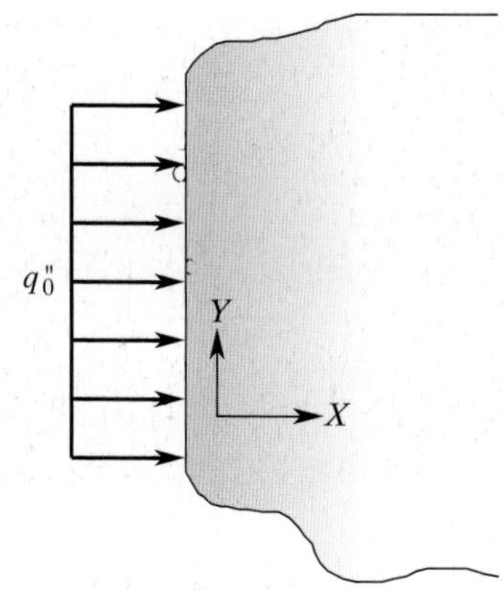

그림 9.6 면에 일정한 열유속이 가해지는 상황

2. 일정한 열유속이 표면에 가해지는 상황이다. 그림 9.6에 나타낸 이 조건은 다음과 같이 표시된다.

$$-k\frac{\partial T}{\partial X}\bigg|_{X=0} = q''_0 \tag{9.10}$$

3. 대류과정에 의해서 면에서 냉각이나 가열이 되는 상황이다. 그림 9.7에 나타낸 이 조건은 다음과 같이 표시된다.

$$-k\frac{\partial T}{\partial X}\bigg|_{(X=0,\,Y)} = h[T(0, y) - T_f] \tag{9.11}$$

4. 표면에서 주변과의 순복사 전달을 통해서 가열이나 냉각이 되는 상황이다. 이 조건에 대한 표현은 관련된 표면의 관측지수(view factor)와 복사능에 따라 다르다.

5. 조건 3과 4가 동시에 같이 존재하는 상황이다.

6. 고체 표면과 접촉하는 유체가 상변화를 하여 표면온도가 일정하게 되는 상황이다. 그림 9.8에 나타난 이 조건은 다음 식으로 표시된다. 예로는 일정 압력하에서 응축하거나 증발하는 유체가 있다.

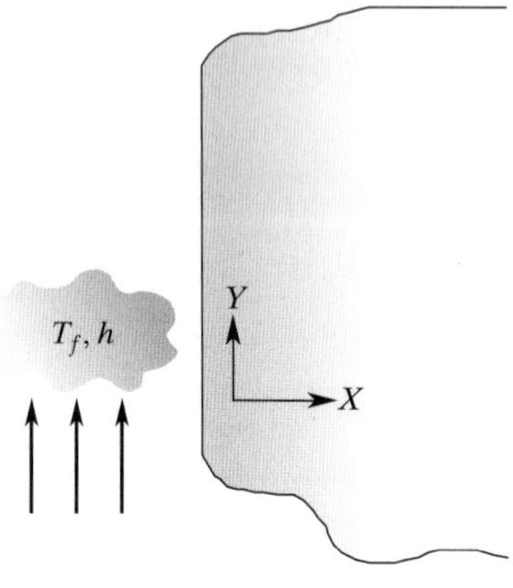

그림 9.7 대류에 의해 면이 냉각 또는 가열되는 상황

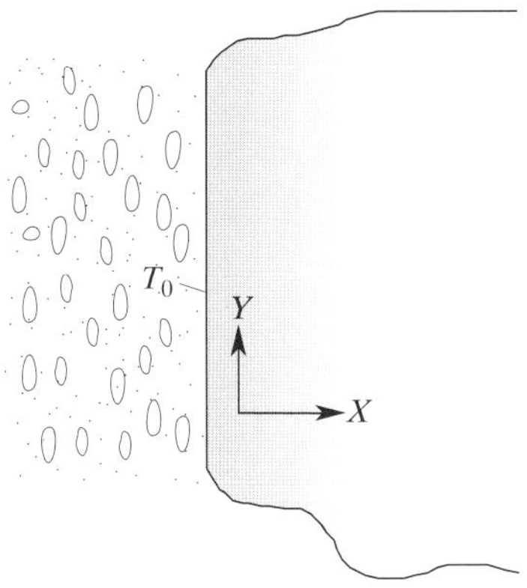

그림 9.8 고체 표면과 접촉하고 있는 유체의 상변화에 의하여 표면온도가 일정한 상황

$$T(0, Y) = T_0 \tag{9.12}$$

지금까지 설명한 경계조건을 가진 실제 상황을 모델링하는 방법은 2차원 열전달 문제를 유한요소법으로 정식화한 후에 예를 들어가며 설명할 것이다.

9.2 직사각형 요소를 사용한 정식화

2차원 쌍일차(bilinear) 직사각형 요소는 7장에서 자세히 다루었다. 직선 경계를 가진 문제에 있어서 직사각형 요소용 선형 형상함수가 온도와 같은 종속변수의 공간적인 변화를 근사적으로 나타낼 수 있는 간단한 수단이 될 수 있음을 상기하라. 편의상 절점온도와 형상함수의 항으로 직사각형 요소의 식을 다시 나타내면 다음과 같다(그림 9.9 참조).

$$T^{(e)} = [S_i \quad S_j \quad S_m \quad S_n]\begin{Bmatrix} T_i \\ T_j \\ T_m \\ T_n \end{Bmatrix} \tag{9.13}$$

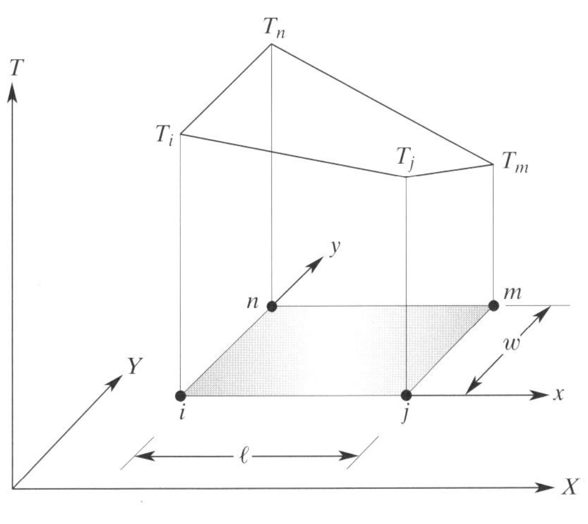

그림 9.9 전형적인 직사각형 요소

여기서 형상함수 S_i, S_j, S_m, S_n은 다음과 같다.

$$S_i = \left(1 - \frac{x}{\ell}\right)\left(1 - \frac{y}{w}\right) \tag{9.14}$$

$$S_j = \frac{x}{\ell}\left(1 - \frac{y}{w}\right)$$

$$S_m = \frac{xy}{\ell w}$$

$$S_n = \frac{y}{w}\left(1 - \frac{x}{\ell}\right)$$

갤러킨 방법(Galerkin approach)을 국부 좌표계 x, y로 표시된, 열전도 방정식인 식 (9.8)에 적용하면 다음 4개의 잔여 방정식(residual equation)을 얻는다.

$$R_i^{(e)} = \int_A S_i\left(k_x \frac{\partial^2 T}{\partial x^2} + k_y \frac{\partial^2 T}{\partial y^2} + q^{\cdot}\right) dA \tag{9.15}$$

$$R_j^{(e)} = \int_A S_j\left(k_x \frac{\partial^2 T}{\partial x^2} + k_y \frac{\partial^2 T}{\partial y^2} + q^{\cdot}\right) dA$$

$$R_m^{(e)} = \int_A S_m\left(k_x \frac{\partial^2 T}{\partial x^2} + k_y \frac{\partial^2 T}{\partial y^2} + q^{\cdot}\right) dA$$

$$R_n^{(e)} = \int_A S_n\left(k_x \frac{\partial^2 T}{\partial x^2} + k_y \frac{\partial^2 T}{\partial y^2} + q^{\cdot}\right) dA$$

여기서 전도계수와 하중행렬의 표현을 보기 쉽게 나타내기 위해 요소의 잔류항은 제거한다. 그러나 모든 요소들을 조합시킨 후에 잔류항들을 제거해야 함에 유의하는 것이 중요하다.

식 (9.15)에 주어진 4개의 식을 하나의 행렬 형태로 나타내면 다음과 같이 간단해진다.

$$\int_A [\mathbf{S}]^T\left(k_x \frac{\partial^2 T}{\partial x^2} + k_y \frac{\partial^2 T}{\partial y^2} + q^{\cdot}\right) dA = 0 \tag{9.16}$$

여기서 형상함수의 전치(transpose)는 다음 행렬과 같이 주어진다.

$$[\mathbf{S}]^T = \begin{Bmatrix} S_i \\ S_j \\ S_m \\ S_n \end{Bmatrix} \tag{9.17}$$

식 (9.16)을 보면 다음과 같이 3개의 적분으로 구성되어 있음을 알 수 있다.

$$\int_A [\mathbf{S}]^T\left(k_x \frac{\partial^2 T}{\partial x^2}\right) dA + \int_A [\mathbf{S}]^T\left(k_y \frac{\partial^2 T}{\partial y^2}\right) dA + \int_A [\mathbf{S}]^T q^{\cdot} dA = 0 \tag{9.18}$$

여기서 $C_1 = k_x$, $C_2 = k_y$, $C_3 = q^{\cdot}$로 놓으면, 지금 유도되는 결과를 열전도 방정식과 유사한 형태의 미분 방정식을 가진 다른 종류의 문제에 적용할 수 있게 된다. 10장과 12장에서 설명한 것처럼 이 장에서 얻는 일반적인 결과를 고체 부재의 비틀림 문제와 이상유체의 유동 문제를 해석하는 데 이용할 수 있다. 식 (9.18)에 C_1, C_2, C_3를 대입하면 다음 식이 된다.

$$\int_A [\mathbf{S}]^T\left(C_1\frac{\partial^2 T}{\partial x^2}\right)dA + \int_A [\mathbf{S}]^T\left(C_2\frac{\partial^2 T}{\partial y^2}\right)dA + \int_A [\mathbf{S}]^T C_3\, dA = 0 \qquad (9.19)$$

식 (9.19)의 적분을 계산하는 것은 기초적인 정식화 과정이다. 온도에 대하여 가정한 선형함수의 2계 도함수(second derivative)는 0과 같다. 그러므로 아래 과정과 같이 연쇄법칙(chain-rule)을 사용하여 2차 미분항을 1차 미분항으로 바꿀 필요가 있다.

$$\frac{\partial}{\partial x}\left([\mathbf{S}]^T\frac{\partial T}{\partial x}\right) = [\mathbf{S}]^T\frac{\partial^2 T}{\partial x^2} + \frac{\partial[\mathbf{S}]^T}{\partial x}\frac{\partial T}{\partial x} \qquad (9.20)$$

식 (9.20)은 다음과 같이 정렬할 수 있다.

$$[\mathbf{S}]^T\frac{\partial^2 T}{\partial x^2} = \frac{\partial}{\partial x}\left([\mathbf{S}]^T\frac{\partial T}{\partial x}\right) - \frac{\partial[\mathbf{S}]^T}{\partial x}\frac{\partial T}{\partial x} \qquad (9.21)$$

식 (9.21)에 주어진 결과를 식 (9.19)의 첫 번째 항과 두 번째 항에 대입하면 다음과 같다.

$$\int_A [\mathbf{S}]^T\left(C_1\frac{\partial^2 T}{\partial x^2}\right)dA = \int_A C_1\frac{\partial}{\partial x}\left([\mathbf{S}]^T\frac{\partial T}{\partial x}\right)dA - \int_A C_1\left(\frac{\partial[\mathbf{S}]^T}{\partial x}\frac{\partial T}{\partial x}\right)dA \qquad (9.22)$$

$$\int_A [\mathbf{S}]^T\left(C_2\frac{\partial^2 T}{\partial y^2}\right)dA = \int_A C_2\frac{\partial}{\partial y}\left([\mathbf{S}]^T\frac{\partial T}{\partial y}\right)dA - \int_A C_2\left(\frac{\partial[\mathbf{S}]^T}{\partial y}\frac{\partial T}{\partial y}\right)dA \qquad (9.23)$$

그린 정리(Green's theorem)를 사용하여 다음 항을 요소의 경계에 따른 적분으로 나타낼 수 있다.

$$\int_A C_1\frac{\partial}{\partial x}\left([\mathbf{S}]^T\frac{\partial T}{\partial x}\right)dA$$

$$\int_A C_2\frac{\partial}{\partial y}\left([\mathbf{S}]^T\frac{\partial T}{\partial y}\right)dA$$

면적분(surface integral)에서 경계를 따르는 선적분(line integral)으로 바뀌는 항에 대해서는 뒤에서 설명하겠다. 먼저 식 (9.22)의 항을 고려하자.

$$-\int_A C_1\left(\frac{\partial[\mathbf{S}]^T}{\partial x}\frac{\partial T}{\partial x}\right)dA$$

이 항은 다음 절차에 따라 쉽게 계산된다. 직사각형 요소에 있어서 도함수를 계산하면 다음과 같다.

$$\frac{\partial T}{\partial x} = \frac{\partial}{\partial x}[S_i \quad S_j \quad S_m \quad S_n]\begin{Bmatrix} T_i \\ T_j \\ T_m \\ T_n \end{Bmatrix} = \frac{1}{\ell w}[(-w+y) \ (w-y) \ y \ -y]\begin{Bmatrix} T_i \\ T_j \\ T_m \\ T_n \end{Bmatrix} \tag{9.24}$$

또한 $\dfrac{\partial[\mathbf{S}]^T}{\partial x}$를 계산하면 다음과 같다.

$$\frac{\partial[\mathbf{S}]^T}{\partial x} = \frac{\partial}{\partial x}\begin{Bmatrix} S_i \\ S_j \\ S_m \\ S_n \end{Bmatrix} = \frac{1}{\ell w}\begin{Bmatrix} -w+y \\ w-y \\ y \\ -y \end{Bmatrix} \tag{9.25}$$

식 (9.24)와 (9.25)의 결과를 아래 항에 대입하면

$$-\int_A C_1\left(\frac{\partial[\mathbf{S}]^T}{\partial x}\frac{\partial T}{\partial x}\right)dA$$

다음 식이 된다.

$$-\int_A C_1\left(\frac{\partial[\mathbf{S}]^T}{\partial x}\frac{\partial T}{\partial x}\right)dA = -C_1\int_A \frac{1}{(\ell w)^2}\begin{Bmatrix} -w+y \\ w-y \\ y \\ -y \end{Bmatrix}[(-w+y) \ (w-y) \ y-y]\begin{Bmatrix} T_i \\ T_j \\ T_m \\ T_n \end{Bmatrix}dA \tag{9.26}$$

적분을 수행하면 다음과 같은 행렬을 얻는다.

$$-C_1\int_A \frac{1}{(\ell w)^2}\begin{Bmatrix} -w+y \\ w-y \\ y \\ -y \end{Bmatrix}[(-w+y) \ (w-y) \ y-y]\begin{Bmatrix} T_i \\ T_j \\ T_m \\ T_n \end{Bmatrix}dA$$

$$= -\frac{C_1 w}{6\ell}\begin{bmatrix} 2 & -2 & -1 & 1 \\ -2 & 2 & 1 & -1 \\ -1 & 1 & 2 & -2 \\ 1 & -1 & -2 & 2 \end{bmatrix}\begin{Bmatrix} T_i \\ T_j \\ T_m \\ T_n \end{Bmatrix} \tag{9.27}$$

식 (9.27)의 결과를 얻기 위해서, 4 × 4 행렬의 각 항들에 적분을 수행한다. 예로, 1행 1열의 값을 적분하면 다음과 같다.

$$\int_0^\ell\int_0^w \frac{1}{(\ell w)^2}(-w+y)^2 dy\,dx = \frac{1}{(\ell w)^2}\int_0^\ell\left(w^2 w + \frac{w^3}{3} - 2w\frac{w^2}{2}\right)dx$$

$$= \frac{1}{(\ell w)^2}\int_0^\ell \frac{w^3}{3}dx = \frac{1}{(\ell w)^2}\frac{w^3\ell}{3} = \frac{1}{3}\frac{w}{\ell}$$

아래의 값들은 1행 3열의 값을 적분하여 얻어진 식이다.

$$\int_0^\ell \int_0^w \frac{1}{(\ell w)^2}(-w + y)y\,dy\,dx = \frac{1}{(\ell w)^2}\int_0^\ell \left(-w\frac{w^2}{2} + \frac{w^3}{3}\right)dx$$

$$= \frac{1}{(\ell w)^2}\int_0^\ell -\frac{w^3}{6}dy = -\frac{1}{(\ell w)^2}\frac{w^3\ell}{6} = -\frac{1}{6}\frac{w}{\ell}$$

동일한 방법으로 다음 항을 계산해 보자.

$$-\int_A C_2\left(\frac{\partial[\mathbf{S}]^T}{\partial y}\frac{\partial T}{\partial y}\right)dA$$

식 (9.23)에 y 방향으로 다음과 같이 구할 수 있다.

$$\frac{\partial T}{\partial y} = \frac{\partial}{\partial y}[S_i \quad S_j \quad S_m \quad S_n]\begin{Bmatrix} T_i \\ T_j \\ T_m \\ T_n \end{Bmatrix} = \frac{1}{\ell w}[(-\ell + x) \quad -x \quad x \quad (\ell - x)]\begin{Bmatrix} T_i \\ T_j \\ T_m \\ T_n \end{Bmatrix} \tag{9.28}$$

또한 $\dfrac{\partial[\mathbf{S}]^T}{\partial y}$ 를 계산하면 다음과 같다.

$$\frac{\partial[\mathbf{S}]^T}{\partial x} = \frac{\partial}{\partial y}\begin{Bmatrix} S_i \\ S_j \\ S_m \\ S_n \end{Bmatrix} = \frac{1}{\ell w}\begin{Bmatrix} -\ell + x \\ -x \\ x \\ \ell - x \end{Bmatrix} \tag{9.29}$$

식 (9.28)과 (9.29)의 결과를 아래 항에 대입하면

$$-\int_A C_2\left(\frac{\partial[\mathbf{S}]^T}{\partial y}\frac{\partial T}{\partial y}\right)dA$$

다음 식이 된다.

$$-\int_A C_2\left(\frac{\partial[\mathbf{S}]^T}{\partial y}\frac{\partial T}{\partial y}\right)dA = -C_2\int_A \frac{1}{(\ell w)^2}\begin{Bmatrix} -\ell + x \\ -x \\ x \\ \ell - x \end{Bmatrix}[(-\ell + x) \quad -x \quad x \quad (\ell - x)]\begin{Bmatrix} T_i \\ T_j \\ T_m \\ T_n \end{Bmatrix}dA \tag{9.30}$$

적분을 수행하면 다음과 같은 행렬을 얻는다.

$$-C_2\int_A \frac{1}{(\ell w)^2}\begin{Bmatrix} -\ell + x \\ -x \\ x \\ \ell - x \end{Bmatrix}[(-\ell + x) \quad -x \quad x \quad (\ell - x)]\begin{Bmatrix} T_i \\ T_j \\ T_m \\ T_n \end{Bmatrix}dA =$$

$$-\frac{C_2\ell}{6w}\begin{bmatrix} 2 & 1 & -1 & -2 \\ 1 & 2 & -2 & -1 \\ -1 & -2 & 2 & 1 \\ -2 & -1 & 1 & 2 \end{bmatrix}\begin{Bmatrix} T_i \\ T_j \\ T_m \\ T_n \end{Bmatrix} \tag{9.31}$$

다음으로 열하중(thermal load) $\int_A [\mathbf{S}]^T C_3\, dA$를 계산하면 다음과 같은 행렬이 된다.

$$\int_A [\mathbf{S}]^T C_3\, dA = C_3 \int_A \begin{Bmatrix} S_i \\ S_j \\ S_m \\ S_n \end{Bmatrix} dA = \frac{C_3 A}{4}\begin{Bmatrix} 1 \\ 1 \\ 1 \\ 1 \end{Bmatrix} \tag{9.32}$$

이제 나머지 항인 다음 항을 고려하자.

$$\int_A C_1 \frac{\partial}{\partial x}\left([\mathbf{S}]^T \frac{\partial T}{\partial x}\right) dA$$

$$\int_A C_2 \frac{\partial}{\partial y}\left([\mathbf{S}]^T \frac{\partial T}{\partial y}\right) dA$$

앞에서 언급하였듯이, 그린 정리를 이용하면 면적분은 요소의 경계를 따르는 선적분으로 표시할 수 있다.

$$\int_A C_1 \frac{\partial}{\partial x}\left([\mathbf{S}]^T \frac{\partial T}{\partial x}\right) dA = \int_\tau C_1 [\mathbf{S}]^T \frac{\partial T}{\partial x} \cos\theta\, d\tau \tag{9.33}$$

$$\int_A C_2 \frac{\partial}{\partial y}\left([\mathbf{S}]^T \frac{\partial T}{\partial y}\right) dA = \int_\tau C_2 [\mathbf{S}]^T \frac{\partial T}{\partial y} \sin\theta\, d\tau \tag{9.34}$$

τ는 요소의 경계를 나타내고, θ는 단위법선 벡터까지의 각도이다.

그린 정리의 복습

위에서 정리된 식 (9.33)과 (9.34)을 계산하기 전에 다음 식과 같이 표현되는 그린 정리에 대하여 간략하게 살펴보자.

$$\iint_{Region} \left(\frac{\partial g}{\partial x} - \frac{\partial f}{\partial y}\right) dx dy = \int_{Contour} f dx + g dy \tag{9.35}$$

식 (9.35)의 관계식에서 $f(x, y)$와 $g(x, y)$는 연속함수이고, 그 도함수도 연속이다.

간단한 예제를 이용하여 그린 정리가 어떻게 적용되는지를 알아보자.

식 (9.35)에서 어떤 형상 τ에 의해 싸인 영역의 면적분과 선적분과의 관계는 $f = 0$, $g = x$ 또는 $f = -y$, $g = 0$을 대입함으로써 세울 수 있다. 이 접근방식을 사용하여 다음과 같은 식을 얻을 수 있다.

$$A = \iint_{Region} dxdy = \int_{Contour,\tau} xdy \tag{9.36}$$

또는

$$A = \iint_{Region} dxdy = -\int_{Contour,\tau} ydx \tag{9.37}$$

또한 식 (9.36)과 (9.37)을 결합함으로써, 면적분과 선적분의 또 다른 관계식을 다음과 같이 유도할 수 있다.

$$2A = 2\iint_{Region} dxdy = \int_{Contour,\tau} (xdy - ydx) \tag{9.38}$$

이제 반경 R을 가지는 원의 면적을 계산하기 위하여 식 (9.38)을 이용한다. 다음 그림과 같이 원에서

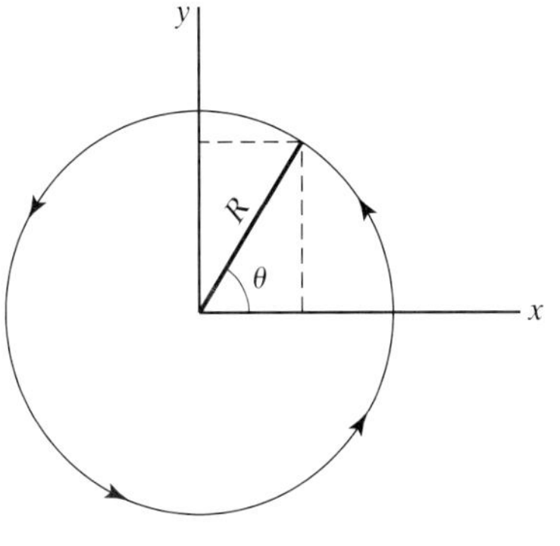

$x^2 + y^2 = R^2$

$x = R\cos\theta$ 그리고 $dx = -R\sin\theta\, d\theta$

$y = R\sin\theta$ 그리고 $dy = R\cos\theta\, d\theta$

위의 관계를 식 (9.38)에 대입하면 아래와 같은 식을 유도할 수 있다.

$$2A = \int_{Contour,\tau} (xdy - ydx) = \int_0^{2\pi} ((\overbrace{R\cos\theta}^{x})(\overbrace{R\cos\theta d\theta}^{dy}) - (\overbrace{R\sin\theta}^{y})(\overbrace{-R\sin\theta d\theta}^{dx}))$$

위 식을 간단히 해보자.

$$2A = \int_0^{2\pi} R^2(\cos^2\theta + \sin^2\theta)d\theta = \int_0^{2\pi} R^2 d\theta = 2\pi R^2$$

또는

$$A = \pi R^2$$

을 얻을 수 있다. 또 다른 예제로 아래와 같은 사각형의 면적을 구해 보자 .

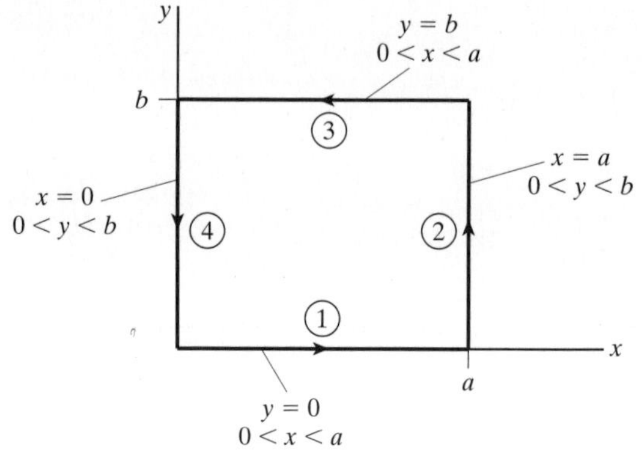

식 (9.36)을 이용하여 다음과 같은 식을 얻는다.

$$A = \int_{\tau_1} xdy + \int_{\tau_2} xdy + \int_{\tau_3} xdy + \int_{\tau_4} xdy \tag{9.39}$$

τ_1은 x가 0에서 a까지 변화하고 y는 0인($dy = 0$)인 선을, τ_2는 x가 a이고, y는 0에서 b까지 변화한다. τ_3는 x가 a에서 0까지 변화하고 y는 상수인($dy = 0$)인 선을, τ_4은 x가 0이고, y는 b에서 0까지 변화한다. 이 사항을 식 (9.39)에 대입하면 다음과 같은 식을 유도할 수 있다.

$$A = 0 + \int_0^b ady + 0 + 0 = ab$$

도함수 경계조건(derivative boundary condition)에 연관된 식 (9.33)과 (9.34)를 살펴보자. 도함수 경계조건의 의미를 이해하기 위하여, 그림 9.10에 나타난 바와 같이 대류 경계조건을 가지고 있는 요소를 고려하자.

복사를 무시하고, jm 변에 x 방향의 에너지 보존을 적용하면, 전도에 의해 jm 변에 도달하

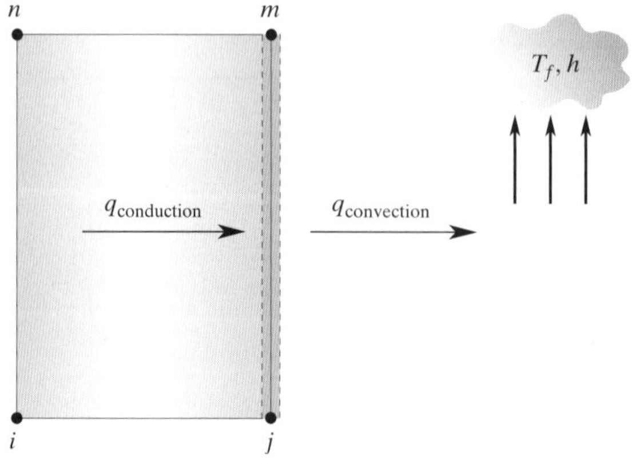

그림 9.10 대류 경계조건을 가진 직사각형 요소

는 에너지는 대류(jm 변에 인접한 유체에 의해)에 의해 발산되는 에너지와 같아야 한다. 이를 다음 식으로 표현할 수 있다.

$$-k\frac{\partial T}{\partial x} = h(T - T_f) \tag{9.40}$$

식 (9.40)의 우측 항을 식 (9.33)에 대입하면

$$\int_\tau C_1[\mathbf{S}]^T\frac{\partial T}{\partial x}\cos\theta\, d\tau = \int_\tau k[\mathbf{S}]^T\frac{\partial T}{\partial x}\cos\theta\, d\tau = -\int_\tau h[\mathbf{S}]^T(T - T_f)\cos\theta\, d\tau \tag{9.41}$$

을 얻을 수 있다. 식 (9.41)의 적분은 2개의 항으로 되어 있다.

$$-\int_\tau h[\mathbf{S}]^T(T - T_f)\cos\theta\, d\tau = -\int_\tau h[\mathbf{S}]^T T\cos\theta\, d\tau + \int_\tau h[\mathbf{S}]^T T_f\cos\theta\, d\tau \tag{9.42}$$

$\int_\tau h[\mathbf{S}]^T T\cos\theta\, d\tau$ 항과 $\int_\tau h[\mathbf{S}]^T T\sin\theta\, d\tau$ 항은 대류 경계조건과 연관된 것으로 직사각형 요소의 각 변에 대하여 전체 전도행렬에 다음 항을 더해야 한다.

$$[\mathbf{K}]^{(e)} = \frac{h\ell_{ij}}{6}\begin{bmatrix} 2 & 1 & 0 & 0 \\ 1 & 2 & 0 & 0 \\ 0 & 0 & 0 & 0 \\ 0 & 0 & 0 & 0 \end{bmatrix} \tag{9.43}$$

$$[\mathbf{K}]^{(e)} = \frac{h\ell_{jm}}{6}\begin{bmatrix} 0 & 0 & 0 & 0 \\ 0 & 2 & 1 & 0 \\ 0 & 1 & 2 & 0 \\ 0 & 0 & 0 & 0 \end{bmatrix} \tag{9.44}$$

$$[\mathbf{K}]^{(e)} = \frac{h\ell_{mn}}{6}\begin{bmatrix} 0 & 0 & 0 & 0 \\ 0 & 0 & 0 & 0 \\ 0 & 0 & 2 & 1 \\ 0 & 0 & 1 & 2 \end{bmatrix} \tag{9.45}$$

$$[\mathbf{K}]^{(e)} = \frac{h\ell_{ni}}{6}\begin{bmatrix} 2 & 0 & 0 & 1 \\ 0 & 0 & 0 & 0 \\ 0 & 0 & 0 & 0 \\ 1 & 0 & 0 & 2 \end{bmatrix} \tag{9.46}$$

그림 9.9를 참조하면 위의 행렬에서 $\ell_{ij} = \ell_{mn} = \ell$이고 $\ell_{jm} = \ell_{in} = w$임을 유의하라. 식 (9.43)에서 식 (9.46)까지 해를 구하기 위해서 4×4 행렬의 각 항들을 적분해야 한다.

$$\int_\tau h[S]^T T\, d\tau = h\int_\tau \begin{Bmatrix} S_i \\ S_j \\ S_m \\ S_n \end{Bmatrix} \overbrace{[S_i \quad S_j \quad S_m \quad S_n] \begin{Bmatrix} T_i \\ T_j \\ T_m \\ T_n \end{Bmatrix}}^{T} d\tau$$

$$= h\int_\tau \begin{bmatrix} S_i^2 & S_jS_i & S_mS_i & S_nS_i \\ S_iS_j & S_j^2 & S_mS_j & S_nS_j \\ S_iS_m & S_jS_m & S_m^2 & S_nS_m \\ S_iS_n & S_jS_n & S_mS_n & S_n^2 \end{bmatrix} \begin{Bmatrix} T_i \\ T_j \\ T_m \\ T_n \end{Bmatrix} d\tau \tag{9.47}$$

그 예로, $S_m = 0$과 $S_n = 0$인 ij 변을 따라 식 (9.47)을 보면 전도행렬은 다음과 같이 정리된다.

$$\int_\tau h[S]^T T d\tau = h\int_\tau \begin{bmatrix} S_i^2 & S_jS_i & 0 & 0 \\ S_iS_j & S_j^2 & 0 & 0 \\ 0 & 0 & 0 & 0 \\ 0 & 0 & 0 & 0 \end{bmatrix} \begin{Bmatrix} T_i \\ T_j \\ T_m \\ T_n \end{Bmatrix} d\tau \tag{9.48}$$

형상함수 S_i와 S_j를 자연 좌표계에서 표현하면 다음과 같다.

$$S_i = \frac{1}{4}(1-\xi)(1-\eta)$$

$$S_j = \frac{1}{4}(1+\xi)(1-\eta)$$

이 때

$$\xi = \frac{2x}{\ell} - 1$$

$$d\xi = \frac{2}{\ell}dx \quad \text{또는} \quad dx = \frac{\ell}{2}d\xi$$

ξ값은 -1에서 1까지이므로 식 (9.48)은 다음과 같아진다.

$$\int_\tau h[S]^T T d\tau =$$

$$\frac{h\ell_{ij}}{2}\int_{-1}^{1} \begin{bmatrix} \left(\frac{1}{4}(1-\xi)(1-\eta)\right)^2 & \left(\frac{1}{16}(1-\xi)(1-\eta)(1+\xi)(1-\eta)\right) & 0 & 0 \\ \left(\frac{1}{16}(1-\xi)(1-\eta)(1+\xi)(1-\eta)\right) & \left(\frac{1}{4}(1+\xi)(1-\eta)\right)^2 & 0 & 0 \\ 0 & 0 & 0 & 0 \\ 0 & 0 & 0 & 0 \end{bmatrix} \begin{Bmatrix} T_i \\ T_j \\ T_m \\ T_n \end{Bmatrix} d\xi \tag{9.49}$$

ij변을 따라 η를 -1로 하고, 식 (9.49)를 적분하면 다음과 같은 식을 얻을 수 있다.

$$\int_\tau h[S]^T T d\tau = \frac{h\ell_{ij}}{2}\int_{-1}^{1} \begin{bmatrix} \left(\frac{1}{2}(1-\xi)\right)^2 & \left(\frac{1}{4}(1-\xi)(1+\xi)\right) & 0 & 0 \\ \left(\frac{1}{4}(1-\xi)(1+\xi)\right) & \left(\frac{1}{2}(1+\xi)\right)^2 & 0 & 0 \\ 0 & 0 & 0 & 0 \\ 0 & 0 & 0 & 0 \end{bmatrix} d\xi \begin{Bmatrix} T_i \\ T_j \\ T_m \\ T_n \end{Bmatrix}$$

$$= \frac{h\ell_{ij}}{6}\begin{bmatrix} 2 & 1 & 0 & 0 \\ 1 & 2 & 0 & 0 \\ 0 & 0 & 0 & 0 \\ 0 & 0 & 0 & 0 \end{bmatrix}\begin{Bmatrix} T_i \\ T_j \\ T_m \\ T_n \end{Bmatrix}$$

여기서

$$\int_{-1}^{1}\left(\frac{1}{2}(1-\xi)\right)^2 d\xi = \frac{1}{4}\left[\xi + \frac{\xi^3}{3} - \xi^2\right]_{-1}^{1} = \frac{2}{3}$$

그리고

$$\int_{-1}^{1}\left(\frac{1}{4}(1-\xi)(1+\xi)\right) d\xi = \frac{1}{4}\left[\xi - \frac{\xi^3}{3}\right]_{-1}^{1} = \frac{1}{3}$$

$$\int_{-1}^{1}\left(\frac{1}{2}(1+\xi)\right)^2 d\xi = \frac{1}{4}\left[\xi + \frac{\xi^3}{3} + \xi^2\right]_{-1}^{1} = \frac{2}{3}$$

식 (9.44)에서 식 (9.46)에 대해서도 위와 같은 방법을 구할 수 있다.

$\int_\tau h[\mathbf{S}]^T T_f \cos\theta\, d\tau$ 항과 $\int_\tau h[\mathbf{S}]^T T_f \sin\theta\, d\tau$ 항은 요소의 열하중행렬에 기여한다. 이 적분을 직사각형 요소의 변을 따라 계산하면 다음을 얻는다.

$$\{\mathbf{F}\}^{(e)} = \frac{hT_f\ell_{ij}}{2}\begin{Bmatrix} 1 \\ 1 \\ 0 \\ 0 \end{Bmatrix} \quad (9.50) \qquad \{\mathbf{F}\}^{(e)} = \frac{hT_f\ell_{jm}}{2}\begin{Bmatrix} 0 \\ 1 \\ 1 \\ 0 \end{Bmatrix} \quad (9.51)$$

$$\{\mathbf{F}\}^{(e)} = \frac{hT_f\ell_{mn}}{2}\begin{Bmatrix} 0 \\ 0 \\ 1 \\ 1 \end{Bmatrix} \quad (9.52) \qquad \{\mathbf{F}\}^{(e)} = \frac{hT_f\ell_{ni}}{2}\begin{Bmatrix} 1 \\ 0 \\ 0 \\ 1 \end{Bmatrix} \quad (9.53)$$

지금까지 한 것을 요약하자. 쌍일차(bilinear) 직사각형 요소의 전도행렬은 다음과 같이 주어진다.

$$[\mathbf{K}]^{(e)} = \frac{k_x w}{6\ell}\begin{bmatrix} 2 & -2 & -1 & 1 \\ -2 & 2 & 1 & -1 \\ -1 & 1 & 2 & -2 \\ 1 & -1 & -2 & 2 \end{bmatrix} + \frac{k_y \ell}{6w}\begin{bmatrix} 2 & 1 & -1 & -2 \\ 1 & 2 & -2 & -1 \\ -1 & -2 & 2 & 1 \\ -2 & -1 & 1 & 2 \end{bmatrix}$$

요소의 전도행렬은 다음의 세 항으로 구성된다:

(1) x 방향의 열전도 성분

(2) y 방향의 열전도 성분

(3) 식 (9.43)에서 식 (9.46)에 주어진 바와 같이 요소의 변에서 있을 수 있는 대류에 의한

열손실항

요소의 하중행렬은 다음의 두 항으로 구성된다:

(1) 요소의 내부에서 있을 수 있는 열생성에 의한 성분

(2) 식 (9.50)에서 식 (9.53)에 주어진 바와 같이 요소의 변에서 있을 수 있는 대류 열손실에 기인한 성분

열생성에 의한 요소의 열하중행렬은 다음과 같다.

$$\{\mathbf{F}\}^{(e)} = \frac{q^{\cdot}A}{4}\begin{Bmatrix}1\\1\\1\\1\end{Bmatrix}$$

여기서 직사각형 요소의 변에서 일정한 열유속 경계조건이 있는 경우, 요소의 하중행렬은 다음과 같이 주어진다(연습문제 5 참조).

$$\{\mathbf{F}\}^{(e)} = \frac{q''_o \ell_{ij}}{2}\begin{Bmatrix}1\\1\\0\\0\end{Bmatrix} \qquad \{\mathbf{F}\}^{(e)} = \frac{q''_o \ell_{jm}}{2}\begin{Bmatrix}0\\1\\1\\0\end{Bmatrix}$$

$$\{\mathbf{F}\}^{(e)} = \frac{q''_o \ell_{mn}}{2}\begin{Bmatrix}0\\0\\1\\1\end{Bmatrix} \qquad \{\mathbf{F}\}^{(e)} = \frac{q''_o \ell_{ni}}{2}\begin{Bmatrix}1\\0\\0\\1\end{Bmatrix}$$

다음 단계로 요소행렬을 조합(assembly)하여 전체 행렬을 만들고 연립 방정식 **[K]{T}** = **{F}**를 풀어서 절점의 온도를 구한다. 이 과정은 예제 9.1에서 설명한다. 다음으로 삼각형 요소를 사용할 때의 요소 전도행렬과 하중행렬을 유도하자.

9.3 삼각형 요소를 사용한 정식화

7장에서 논의한 바와 같이, 직사각형 요소를 사용할 때의 큰 단점은 곡선 경계에 부합하지 않는다는 것이다. 반면에, 삼각형 요소는 곡선 경계를 근사화하는 데 더욱 적합하다. 편의상, 삼각형 요소를 그림 9.11에 다시 나타내었다.

삼각형 요소는 3개의 절점으로 정의되고, 삼각형 영역에서 온도와 같은 종속변수의 변화를 형상함수와 절점온도를 사용하여 다음 식으로 표시한다는 점을 상기하라.

$$T^{(e)} = [S_i \quad S_j \quad S_k]\begin{Bmatrix}T_i\\T_j\\T_k\end{Bmatrix} \tag{9.54}$$

여기서 형상함수 S_i, S_j, S_k는 다음과 같다.

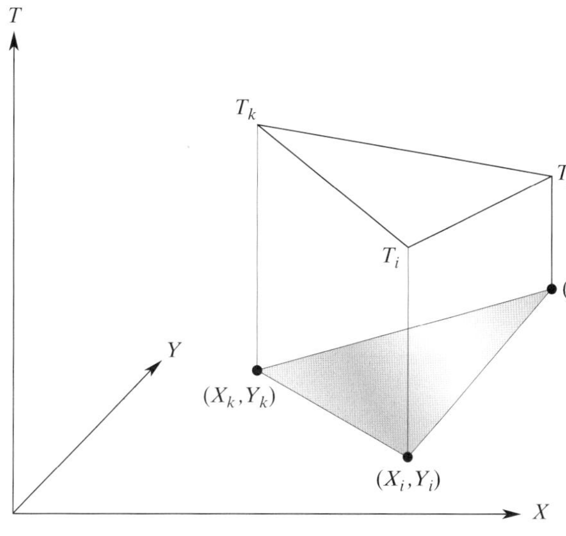

그림 9.11 삼각형 요소

$$S_i = \frac{1}{2A}(\alpha_i + \beta_i X + \delta_i Y)$$
$$S_j = \frac{1}{2A}(\alpha_j + \beta_j X + \delta_j Y)$$
$$S_k = \frac{1}{2A}(\alpha_k + \beta_k X + \delta_k Y)$$

A는 요소의 면적이고 다음 식으로 계산된다.

$$2A = X_i(Y_j - Y_k) + X_j(Y_k - Y_i) + X_k(Y_i - Y_j)$$

또한

$$\begin{aligned} \alpha_i &= X_jY_k - X_kY_j \quad \beta_i = Y_j - Y_k \quad \delta_i = X_k - X_j \\ \alpha_j &= X_kY_i - X_iY_k \quad \beta_j = Y_k - Y_i \quad \delta_j = X_i - X_k \\ \alpha_k &= X_iY_j - X_jY_i \quad \beta_k = Y_i - Y_j \quad \delta_k = X_j - X_i \end{aligned} \tag{9.55}$$

갤러킨 방법을 적용하면, 삼각형 요소에 대한 3개의 잔여 방정식은 다음과 같은 행렬 형태로 표현된다.

$$\int_A [\mathbf{S}]^T\left(k_X\frac{\partial^2 T}{\partial X^2} + k_Y\frac{\partial^2 T}{\partial Y^2} + q^{\cdot}\right)dA = 0 \tag{9.56}$$

여기서

$$[\mathbf{S}]^T = \begin{Bmatrix} S_i \\ S_j \\ S_m \end{Bmatrix}$$

삼각형 요소에 대한 열전도행렬과 열하중행렬은 직사각형 요소에 대한 열전도행렬과 열하중행렬을 정식화할 때와 유사한 과정으로 유도할 수 있다. 먼저 연쇄법칙을 사용하여 2계 도함수를 1계 도함수 항으로 표현한다. 먼저 다음 항을 고려하자.

$$-\int_A C_1\left(\frac{\partial[\mathbf{S}]^T}{\partial X}\frac{\partial T}{\partial X}\right)dA$$

위의 적분을 삼각형 요소에 대해 계산하면 다음과 같다.

$$\frac{\partial[\mathbf{S}]^T}{\partial X} = \frac{\partial}{\partial X}\begin{Bmatrix} S_i \\ S_j \\ S_k \end{Bmatrix} = \frac{1}{2A}\begin{Bmatrix} \beta_i \\ \beta_j \\ \beta_k \end{Bmatrix} \tag{9.57}$$

$$\frac{\partial T}{\partial X} = \frac{\partial}{\partial X}[S_i \quad S_j \quad S_k]\begin{Bmatrix} T_i \\ T_j \\ T_k \end{Bmatrix} = \frac{1}{2A}[\beta_i \quad \beta_j \quad \beta_k]\begin{Bmatrix} T_i \\ T_j \\ T_k \end{Bmatrix} \tag{9.58}$$

도함수를 대입하면 다음과 같다.

$$-\int_A C_1\left(\frac{\partial[\mathbf{S}]^T}{\partial X}\frac{\partial T}{\partial X}\right)dA = -C_1\int_A \frac{1}{4A^2}\begin{Bmatrix} \beta_i \\ \beta_j \\ \beta_k \end{Bmatrix}[\beta_i \quad \beta_j \quad \beta_k]\begin{Bmatrix} T_i \\ T_j \\ T_k \end{Bmatrix}dA \tag{9.59}$$

이를 적분하면 다음과 같다.

$$-C_1\int_A \frac{1}{4A^2}\begin{Bmatrix} \beta_i \\ \beta_j \\ \beta_k \end{Bmatrix}[\beta_i \quad \beta_j \quad \beta_k]\begin{Bmatrix} T_i \\ T_j \\ T_k \end{Bmatrix}dA = \frac{C_1}{4A}\begin{bmatrix} \beta_i^2 & \beta_i\beta_j & \beta_i\beta_k \\ \beta_i\beta_j & \beta_j^2 & \beta_j\beta_k \\ \beta_i\beta_k & \beta_j\beta_k & \beta_k^2 \end{bmatrix}\begin{Bmatrix} T_i \\ T_j \\ T_k \end{Bmatrix} \tag{9.60}$$

동일한 방법으로 다음 항을 계산해 보자.

$$-\int_A C_2\left(\frac{\partial[\mathbf{S}]^T}{\partial Y}\frac{\partial T}{\partial Y}\right)dA$$

도함수는 다음과 같이 표현된다.

$$\frac{\partial[\mathbf{S}]^T}{\partial Y} = \frac{\partial}{\partial Y}\begin{Bmatrix} S_i \\ S_j \\ S_k \end{Bmatrix} = \frac{1}{2A}\begin{Bmatrix} \delta_i \\ \delta_j \\ \delta_k \end{Bmatrix} \tag{9.61}$$

$$\frac{\partial T}{\partial Y} = \frac{\partial}{\partial Y}[S_i \quad S_j \quad S_k]\begin{Bmatrix} T_i \\ T_j \\ T_k \end{Bmatrix} = \frac{1}{2A}[\delta_i \quad \delta_j \quad \delta_k]\begin{Bmatrix} T_i \\ T_j \\ T_k \end{Bmatrix} \tag{9.62}$$

도함수를 대입하고 적분하면 다음과 같다.

$$-C_2\int_A \frac{1}{4A^2}\begin{Bmatrix}\delta_i\\ \delta_j\\ \delta_k\end{Bmatrix}[\delta_i \quad \delta_j \quad \delta_k]\begin{Bmatrix}T_i\\ T_j\\ T_k\end{Bmatrix}dA = -\frac{C_2}{4A}\begin{bmatrix}\delta_i^2 & \delta_i\delta_j & \delta_i\delta_k\\ \delta_i\delta_j & \delta_j^2 & \delta_j\delta_k\\ \delta_i\delta_k & \delta_j\delta_k & \delta_k^2\end{bmatrix}\begin{Bmatrix}T_i\\ T_j\\ T_k\end{Bmatrix} \tag{9.63}$$

삼각형 요소에 있어서, 열생성항 C_3에 의한 열하중행렬은 다음과 같다.

$$\int_A [\mathbf{S}]^T C_3 dA = C_3\int_A \begin{Bmatrix}S_i\\ S_j\\ S_k\end{Bmatrix}dA = \frac{C_3 A}{3}\begin{Bmatrix}1\\ 1\\ 1\end{Bmatrix} \tag{9.64}$$

삼각형 요소의 변에서의 대류 경계조건에 대한 항 $\int_\tau h[\mathbf{S}]^T T\cos\theta\, d\tau$와 $\int_\tau h[\mathbf{S}]^T T\sin\theta\, d\tau$를 계산하면 다음과 같다.

$$[\mathbf{K}]^{(e)} = \frac{h\ell_{ij}}{6}\begin{bmatrix}2 & 1 & 0\\ 1 & 2 & 0\\ 0 & 0 & 0\end{bmatrix} \tag{9.65}$$

$$[\mathbf{K}]^{(e)} = \frac{h\ell_{jk}}{6}\begin{bmatrix}0 & 0 & 0\\ 0 & 2 & 1\\ 0 & 1 & 2\end{bmatrix} \tag{9.66}$$

$$[\mathbf{K}]^{(e)} = \frac{h\ell_{ki}}{6}\begin{bmatrix}2 & 0 & 1\\ 0 & 0 & 0\\ 1 & 0 & 2\end{bmatrix} \tag{9.67}$$

위의 행렬 가운데 ℓ_{ij}, ℓ_{jk}와 ℓ_{ki}는 삼각형 요소의 각 변의 길이를 나타낸다. $\int_\tau h[\mathbf{S}]^T T_f\cos\theta\, d\tau$항과 $\int_\tau h[\mathbf{S}]^T T_f\sin\theta\, d\tau$항은 요소의 열하중에 기여한다. 이 적분을 삼각형 요소의 변을 따라 계산하면 다음과 같다.

$$\{\mathbf{F}\}^{(e)} = \frac{hT_f\ell_{ij}}{2}\begin{Bmatrix}1\\ 1\\ 0\end{Bmatrix} \tag{9.68}$$

$$\{\mathbf{F}\}^{(e)} = \frac{hT_f\ell_{jk}}{2}\begin{Bmatrix}0\\ 1\\ 1\end{Bmatrix} \tag{9.69}$$

$$\{\mathbf{F}\}^{(e)} = \frac{hT_f\ell_{ki}}{2}\begin{Bmatrix}1\\ 0\\ 1\end{Bmatrix} \tag{9.70}$$

삼각형 요소에 대한 정식화를 요약하자. 삼각형 요소에 있어서의 전도행렬은 다음과 같다.

$$[\mathbf{K}]^{(e)} = \frac{k_X}{4A}\begin{bmatrix}\beta_i^2 & \beta_i\beta_j & \beta_i\beta_k\\ \beta_i\beta_j & \beta_j^2 & \beta_j\beta_k\\ \beta_i\beta_k & \beta_j\beta_k & \beta_k^2\end{bmatrix} + \frac{k_Y}{4A}\begin{bmatrix}\delta_i^2 & \delta_i\delta_j & \delta_i\delta_k\\ \delta_i\delta_j & \delta_j^2 & \delta_j\delta_k\\ \delta_i\delta_k & \delta_j\delta_k & \delta_k^2\end{bmatrix}$$

삼각형 요소에 있어서의 요소 전도행렬은 직사각형 요소와 같이 다음의 세 항으로 구성된다:

(1) X방향의 열전도 성분

(2) Y방향의 열전도 성분

(3) 식 (9.65)에서 식 (9.67)에 주어진 바와 같이 요소의 변에서 있을 수 있는 대류에 의한 열손실항

삼각형 요소에 있어서의 열하중행렬은 다음의 두 항으로 구성된다:

(1) 요소 내에 있을 수 있는 열생성에 기인한 성분

(2) 식 (9.68)에서 식 (9.70)에 주어진 바와 같이 요소의 변에서 있을 수 있는 대류 열손실에 기인한 성분

열생성에 의한 요소의 하중행렬은 다음과 같다.

$$\{\mathbf{F}\}^{(e)} = \frac{\dot{q}A}{3}\begin{Bmatrix} 1 \\ 1 \\ 1 \end{Bmatrix}$$

삼각형 요소에 대한 일정한 열유속 경계조건을 구하는 것은 연습문제로 남겨둔다(연습문제 6 참조).

다음은 어떻게 요소의 정보를 조합하여 전체 전도행렬과 하중행렬을 구하는지 예를 들어 설명한다.

예제 9.1

그림 9.12에 나타나 있는 열전도도 $k = 1.4$ W/m · K인 콘크리트로 제작된 작은 산업용 굴뚝을 생각하자. 굴뚝의 안쪽 면의 온도는 100°C로 일정하다고 가정한다. 바깥쪽 면은 30°C의 외부 공기에 노출되어 있는데, 자연대류 열전달계수 $h = 20$ W/m^2 · K이다. 정상상태하에서의 콘크리트 내 온도 분포를 결정하라.

그림 9.12에 나타나 있듯이, 문제의 대칭성을 이용하면, 굴뚝 단면의 1/8만을 해석하면 된다. 선정된 굴뚝의 단면은 9개의 절점으로 5개의 요소로 분할한다. 요소 (1), (2), (3)은 정사각형 요소인 반면에 요소 (4), (5)는 삼각형 요소이다. 해를 구하는 과정에 있어서 표 9.1을 참조하라.

직사각형 요소에서 전도행렬은 다음과 같이 주어진다.

$$[\mathbf{K}]^{(e)} = \frac{kw}{6\ell}\begin{bmatrix} 2 & -2 & -1 & 1 \\ -2 & 2 & 1 & -1 \\ -1 & 1 & 2 & -2 \\ 1 & -1 & -2 & 2 \end{bmatrix} + \frac{k\ell}{6w}\begin{bmatrix} 2 & 1 & -1 & -2 \\ 1 & 2 & -2 & -1 \\ -1 & -2 & 2 & 1 \\ -2 & -1 & 1 & 2 \end{bmatrix}$$

요소 (1), (2)와 (3)은 모두 같은 치수를 가지고 있다. 따라서 각 요소의 열전도행렬은 같다. 즉,

표 9.1 요소와 요소를 이루는 절점 사이의 관계

요소	i	j	m 또는 k	n
(1)	1	2	4	3
(2)	3	4	7	6
(3)	4	5	8	7
(4)	2	5	4	
(5)	5	9	8	

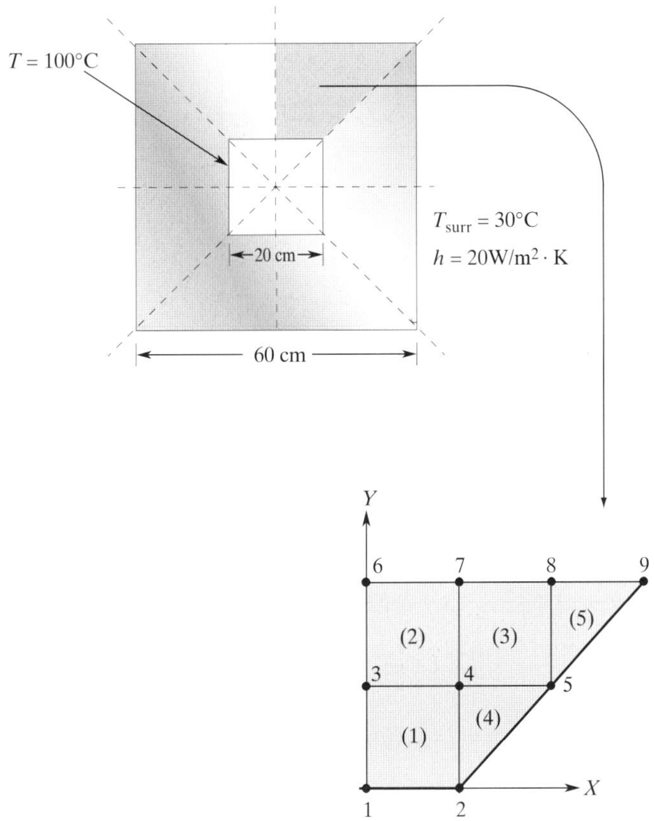

그림 9.12 예제 9.1에서 다루는 굴뚝의 개략도

$$[\mathbf{K}]^{(1)} = [\mathbf{K}]^{(2)} = [\mathbf{K}]^{(3)} = \frac{(1.4)(0.1)}{6(0.1)}\begin{bmatrix} 2 & -2 & -1 & 1 \\ -2 & 2 & 1 & -1 \\ -1 & 1 & 2 & -2 \\ 1 & -1 & -2 & 2 \end{bmatrix} + \frac{(1.4)(0.1)}{6(0.1)}\begin{bmatrix} 2 & 1 & -1 & -2 \\ 1 & 2 & -2 & -1 \\ -1 & -2 & 2 & 1 \\ -2 & -1 & 1 & 2 \end{bmatrix}$$

후에 있을 요소의 조합에 도움을 주기 위하여, 각 요소에 대하여 상응하는 절점 번호를 각 행렬의 위와 옆에 나타내었다.

$$[\mathbf{K}]^{(1)} = \begin{array}{c} \begin{matrix} 1(i) & 2(j) & 4(m) & 3(n) \end{matrix} \\ \begin{bmatrix} 0.933 & -0.233 & -0.466 & -0.233 \\ -0.233 & 0.933 & -0.233 & -0.466 \\ -0.466 & -0.233 & 0.933 & -0.233 \\ -0.233 & -0.466 & -0.233 & 0.933 \end{bmatrix} \begin{matrix} 1 \\ 2 \\ 4 \\ 3 \end{matrix} \end{array}$$

$$[\mathbf{K}]^{(2)} = \begin{array}{c} \begin{array}{cccc} 3(i) & 4(j) & 7(m) & 6(n) \end{array} \\ \begin{bmatrix} 0.933 & -0.233 & -0.466 & -0.233 \\ -0.233 & 0.933 & -0.233 & -0.466 \\ -0.466 & -0.233 & 0.933 & -0.233 \\ -0.233 & -0.466 & -0.233 & 0.933 \end{bmatrix} \begin{array}{c} 3 \\ 4 \\ 7 \\ 6 \end{array} \end{array}$$

$$[\mathbf{K}]^{(3)} = \begin{array}{c} \begin{array}{cccc} 4(i) & 5(j) & 8(m) & 7(n) \end{array} \\ \begin{bmatrix} 0.933 & -0.233 & -0.466 & -0.233 \\ -0.233 & 0.933 & -0.233 & -0.466 \\ -0.466 & -0.233 & 0.933 & -0.233 \\ -0.233 & -0.466 & -0.233 & 0.933 \end{bmatrix} \begin{array}{c} 4 \\ 5 \\ 8 \\ 7 \end{array} \end{array}$$

삼각형 요소 (4)와 (5)에 있어서, 열전도행렬은 다음과 같다.

$$[\mathbf{K}]^{(e)} = \frac{k}{4A}\begin{bmatrix} \beta_i^2 & \beta_i\beta_j & \beta_i\beta_k \\ \beta_i\beta_j & \beta_j^2 & \beta_j\beta_k \\ \beta_i\beta_k & \beta_j\beta_k & \beta_k^2 \end{bmatrix} + \frac{k}{4A}\begin{bmatrix} \delta_i^2 & \delta_i\delta_j & \delta_i\delta_k \\ \delta_i\delta_j & \delta_j^2 & \delta_j\delta_k \\ \delta_i\delta_k & \delta_j\delta_k & \delta_k^2 \end{bmatrix}$$

여기서 β항과 δ항은 식 (9.55)에 주어진 관계식과 같다. β항과 δ항은 연관된 절점의 좌표값 차이로부터 계산되므로, X, Y좌표계의 원점을 어디에 두든지 상관이 없다. 요소 (4)에 대한 계수를 계산하면, 다음과 같다.

$$\begin{aligned} \beta_i &= Y_j - Y_k = 0.1 - 0.1 = 0 & \delta_i &= X_k - X_j = 0 - 0.1 = -0.1 \\ \beta_j &= Y_k - Y_i = 0.1 - 0 = 0.1 & \delta_j &= X_i - X_k = 0 - 0 = 0 \\ \beta_k &= Y_i - Y_j = 0 - 0.1 = -0.1 & \delta_k &= X_j - X_i = 0.1 - 0 = 0.1 \end{aligned}$$

요소 (5)의 계수를 계산하면 동일한 결과를 얻는데, 이는 절점의 좌표값 차이가 요소 (4)와 같기 때문이다. 그러므로 요소 (4)와 (5)의 열전도행렬은 다음과 같다.

$$[\mathbf{K}]^{(4)} = [\mathbf{K}]^{(5)} = \frac{1.4}{4(0.005)}\begin{bmatrix} 0 & 0 & 0 \\ 0 & (0.1)^2 & (0.1)(-0.1) \\ 0 & (0.1)(-0.1) & (-0.1)^2 \end{bmatrix} + \frac{1.4}{4(0.005)}\begin{bmatrix} (-0.1)^2 & 0 & (-0.1)(0.1) \\ 0 & 0 & 0 \\ (-0.1)(0.1) & 0 & (0.1)^2 \end{bmatrix}$$

요소 (4)와 (5)의 각 열전도행렬의 위와 옆에 상응하는 절점 번호를 표시하면 다음과 같다.

$$[\mathbf{K}]^{(4)} = \begin{array}{c} \begin{array}{ccc} 2(i) & 5(j) & 4(k) \end{array} \\ \begin{bmatrix} 0.7 & 0 & -0.7 \\ 0 & 0.7 & -0.7 \\ -0.7 & -0.7 & 1.4 \end{bmatrix} \begin{array}{c} 2 \\ 5 \\ 4 \end{array} \end{array}$$

$$[\mathbf{K}]^{(5)} = \begin{array}{c} \begin{array}{ccc} 5(i) & 9(j) & 8(k) \end{array} \\ \begin{bmatrix} 0.7 & 0 & -0.7 \\ 0 & 0.7 & -0.7 \\ -0.7 & -0.7 & 1.4 \end{bmatrix} \begin{array}{c} 5 \\ 9 \\ 8 \end{array} \end{array}$$

앞에서 설명한 바와 같이, 대류 경계조건은 열전도행렬과 하중행렬 모두에 기여한다. 대류 경계조건은 요소 (2)와 (3)의 열전도행렬에 다음 항을 기여한다.

$$[\mathbf{K}]^{(e)} = \frac{h\ell_{mn}}{6}\begin{bmatrix} 0 & 0 & 0 & 0 \\ 0 & 0 & 0 & 0 \\ 0 & 0 & 2 & 1 \\ 0 & 0 & 1 & 2 \end{bmatrix}\begin{matrix} i \\ j \\ m \\ n \end{matrix}$$

$$[\mathbf{K}]^{(2)} = [\mathbf{K}]^{(3)} = \frac{(20)(0.1)}{6}\begin{bmatrix} 0 & 0 & 0 & 0 \\ 0 & 0 & 0 & 0 \\ 0 & 0 & 2 & 1 \\ 0 & 0 & 1 & 2 \end{bmatrix} = \begin{bmatrix} 0 & 0 & 0 & 0 \\ 0 & 0 & 0 & 0 \\ 0 & 0 & 0.666 & 0.333 \\ 0 & 0 & 0.333 & 0.666 \end{bmatrix}$$

요소 (2)와 (3)의 대류 경계조건에 대한 열전도행렬에 절점 정보를 포함하여 나타내면 다음과 같다.

$$[\mathbf{K}]^{(2)} = \begin{matrix} 3 & 4 & 7 & 6 \end{matrix}\begin{bmatrix} 0 & 0 & 0 & 0 \\ 0 & 0 & 0 & 0 \\ 0 & 0 & 0.666 & 0.333 \\ 0 & 0 & 0.333 & 0.666 \end{bmatrix}\begin{matrix} 3 \\ 4 \\ 7 \\ 6 \end{matrix}$$

$$[\mathbf{K}]^{(3)} = \begin{matrix} 4 & 5 & 8 & 7 \end{matrix}\begin{bmatrix} 0 & 0 & 0 & 0 \\ 0 & 0 & 0 & 0 \\ 0 & 0 & 0.666 & 0.333 \\ 0 & 0 & 0.333 & 0.666 \end{bmatrix}\begin{matrix} 4 \\ 5 \\ 8 \\ 7 \end{matrix}$$

대류 열손실은 요소 (5)의 jk 변을 따라 다음과 같이 일어난다.

$$[\mathbf{K}]^{(e)} = \frac{h\ell_{jk}}{6}\begin{bmatrix} 0 & 0 & 0 \\ 0 & 2 & 1 \\ 0 & 1 & 2 \end{bmatrix}\begin{matrix} i \\ j \\ k \end{matrix}$$

$$[\mathbf{K}]^{(e)} = \frac{(20)(0.1)}{6}\begin{bmatrix} 0 & 0 & 0 \\ 0 & 2 & 1 \\ 0 & 1 & 2 \end{bmatrix} = \begin{bmatrix} 0 & 0 & 0 \\ 0 & 0.666 & 0.333 \\ 0 & 0.333 & 0.666 \end{bmatrix}$$

$$[\mathbf{K}]^{(5)} = \begin{matrix} 5 & 9 & 8 \end{matrix}\begin{bmatrix} 0 & 0 & 0 \\ 0 & 0.666 & 0.333 \\ 0 & 0.333 & 0.666 \end{bmatrix}\begin{matrix} 5 \\ 9 \\ 8 \end{matrix}$$

대류 경계조건은 요소 (2)와 (3)의 하중행렬에, 요소의 mn 변을 따라 다음 항을 기여한다.

$$\{\mathbf{F}\}^{(e)} = \frac{hT_f \ell_{mn}}{2}\begin{Bmatrix} 0 \\ 0 \\ 1 \\ 1 \end{Bmatrix} = \frac{(20)(30)(0.1)}{2}\begin{Bmatrix} 0 \\ 0 \\ 1 \\ 1 \end{Bmatrix} = \begin{Bmatrix} 0 \\ 0 \\ 30 \\ 30 \end{Bmatrix}$$

절점 정보를 포함하여 나타내면 다음과 같다.

$$\{\mathbf{F}\}^{(2)} = \begin{Bmatrix} 0 \\ 0 \\ 30 \\ 30 \end{Bmatrix} \begin{matrix} 3 \\ 4 \\ 7 \\ 6 \end{matrix}$$

$$\{\mathbf{F}\}^{(3)} = \begin{Bmatrix} 0 \\ 0 \\ 30 \\ 30 \end{Bmatrix} \begin{matrix} 4 \\ 5 \\ 8 \\ 7 \end{matrix}$$

대류 경계조건은 요소 (5)의 하중행렬에, 요소의 jk 변을 따라 다음 항을 기여한다.

$$\{\mathbf{F}\}^{(e)} = \frac{hT_f \ell_{jk}}{2}\begin{Bmatrix} 0 \\ 1 \\ 1 \end{Bmatrix} = \frac{(20)(30)(0.1)}{2}\begin{Bmatrix} 0 \\ 1 \\ 1 \end{Bmatrix} = \begin{Bmatrix} 0 \\ 30 \\ 30 \end{Bmatrix}$$

절점 정보를 포함하여 나타내면 다음과 같다.

$$\{\mathbf{F}\}^{(5)} = \begin{Bmatrix} 0 \\ 30 \\ 30 \end{Bmatrix} \begin{matrix} 5 \\ 9 \\ 8 \end{matrix}$$

다음으로, 모든 행렬을 조합한다. 각 요소의 옆에 표시된 절점 정보를 이용하면 전체 열전도 행렬은 다음과 같다.

$$[\mathbf{K}]^{(G)} = \begin{matrix} 1 & 2 & 3 & 4 & 5 & 6 & 7 & 8 & 9 & \\ \end{matrix}$$

$$[\mathbf{K}]^{(G)} = \begin{bmatrix} 0.933 & -0.233 & -0.233 & -0.466 & 0 & 0 & 0 & 0 & 0 \\ -0.233 & 1.633 & -0.466 & -0.933 & 0 & 0 & 0 & 0 & 0 \\ -0.233 & -0.466 & 1.866 & -0.466 & 0 & -0.233 & -0.466 & 0 & 0 \\ -0.466 & -0.933 & -0.466 & 4.199 & -0.933 & -0.466 & -0.466 & -0.466 & 0 \\ 0 & 0 & 0 & -0.933 & 2.333 & 0 & -0.466 & -0.933 & 0 \\ 0 & 0 & -0.233 & -0.466 & 0 & 1.599 & 0.1 & 0 & 0 \\ 0 & 0 & -0.466 & -0.466 & -0.466 & 0.1 & 3.198 & 0.1 & 0 \\ 0 & 0 & 0 & -0.466 & -0.933 & 0 & 0.1 & 3.665 & -0.367 \\ 0 & 0 & 0 & 0 & 0 & 0 & 0 & -0.367 & 1.366 \end{bmatrix} \begin{matrix} 1 \\ 2 \\ 3 \\ 4 \\ 5 \\ 6 \\ 7 \\ 8 \\ 9 \end{matrix}$$

절점 1과 2의 등온 경계조건을 적용하면 전체 열전도행렬은 다음과 같이 된다.

$$[\mathbf{K}]^{(G)} = \begin{bmatrix} 1 & 0 & 0 & 0 & 0 & 0 & 0 & 0 & 0 \\ 0 & 1 & 0 & 0 & 0 & 0 & 0 & 0 & 0 \\ -0.233 & -0.466 & 1.866 & -0.466 & 0 & -0.233 & -0.466 & 0 & 0 \\ -0.466 & -0.933 & -0.466 & 4.199 & -0.933 & -0.466 & -0.466 & -0.466 & 0 \\ 0 & 0 & 0 & -0.933 & 2.333 & 0 & -0.466 & -0.933 & 0 \\ 0 & 0 & -0.233 & -0.466 & 0 & 1.599 & 0.1 & 0 & 0 \\ 0 & 0 & -0.466 & -0.466 & -0.466 & 0.1 & 3.198 & 0.1 & 0 \\ 0 & 0 & 0 & -0.466 & -0.933 & 0 & 0.1 & 3.665 & -0.367 \\ 0 & 0 & 0 & 0 & 0 & 0 & 0 & -0.367 & 1.366 \end{bmatrix}$$

열하중행렬을 조합하면 다음과 같다.

$$\{\mathbf{F}\}^{(G)} = \begin{Bmatrix} 0 \\ 0 \\ 0 \\ 0 \\ 0 \\ 30 \\ 30 + 30 \\ 30 + 30 \\ 30 \end{Bmatrix}$$

절점 1과 2의 등온 경계조건을 적용하면 최종적으로 다음과 같은 형태의 열하중행렬이 된다.

$$\{\mathbf{F}\}^{(G)} = \begin{Bmatrix} 100 \\ 100 \\ 0 \\ 0 \\ 0 \\ 30 \\ 60 \\ 60 \\ 30 \end{Bmatrix}$$

열전도행렬과 열하중행렬로부터 다음과 같이 최종적인 연립 방정식을 세울 수 있다.

$$\begin{bmatrix} 1 & 0 & 0 & 0 & 0 & 0 & 0 & 0 & 0 \\ 0 & 1 & 0 & 0 & 0 & 0 & 0 & 0 & 0 \\ -0.233 & -0.466 & 1.866 & -0.466 & 0 & -0.233 & -0.466 & 0 & 0 \\ -0.466 & -0.933 & -0.466 & 4.199 & -0.933 & -0.466 & -0.466 & -0.466 & 0 \\ 0 & 0 & 0 & -0.933 & 2.333 & 0 & -0.466 & -0.933 & 0 \\ 0 & 0 & -0.233 & -0.466 & 0 & 1.599 & 0.1 & 0 & 0 \\ 0 & 0 & -0.466 & -0.466 & -0.466 & 0.1 & 3.198 & 0.1 & 0 \\ 0 & 0 & 0 & -0.466 & -0.933 & 0 & 0.1 & 3.665 & -0.367 \\ 0 & 0 & 0 & 0 & 0 & 0 & 0 & -0.367 & 1.366 \end{bmatrix}$$

$$\times \begin{Bmatrix} T_1 \\ T_2 \\ T_3 \\ T_4 \\ T_5 \\ T_6 \\ T_7 \\ T_8 \\ T_9 \end{Bmatrix} = \begin{Bmatrix} 100 \\ 100 \\ 0 \\ 0 \\ 0 \\ 30 \\ 60 \\ 60 \\ 30 \end{Bmatrix}$$

이 선형 연립 방정식을 풀면 다음과 같은 절점해를 구할 수 있다.

$$[T]^T = [100 \quad 100 \quad 70.83 \quad 67.02 \quad 51.56 \quad 45.88 \quad 43.67 \quad 40.10 \quad 32.73]°\text{C}$$

결과의 정확성을 검증하기 위하여, 먼저 절점온도가 부과된 경계온도의 범위 내임을 확인하라. 더욱이 바깥쪽 변의 온도가 모두 30°C보다 약간 높으며, 절점 9의 온도가 가장 낮다. 이러한 해석 결과는 물리적으로 타당성이 있는데, 왜냐하면 절점 9가 바깥쪽 변의 꼭지점이기 때문이다. 해석 결과의 타당성을 검증하는 다른 방법으로, 임의의 절점을 포함하는 검사체적에 에너지 보존의 법칙을 적용해 보면 그것이 만족됨을 확인할 수 있다.

한 절점의 안팎으로 흐르는 에너지는 평형을 이루는가? 예로서, 절점 3을 생각하자. 그림 9.13은 에너지 보존의 법칙을 적용하기 위하여 사용한 절점 3을 포함하는 검사체적을 나타내었다.

다음의 식은 절점에서의 에너지 보존을 나타낸다.

$$\sum q = 0$$

푸리에 법칙을 사용하면 다음을 얻는다.

$$k(0.1)\left(\frac{67.02 - T_3}{0.1}\right) + k(0.05)\left(\frac{45.88 - T_3}{0.1}\right) + k(0.05)\left(\frac{100 - T_3}{0.1}\right) = 0$$

T_3를 구하면 $T_3 = 69.98°\text{C}$이다. 사용된 요소의 크기가 큼을 생각할 때, 이 값은 해석 결과

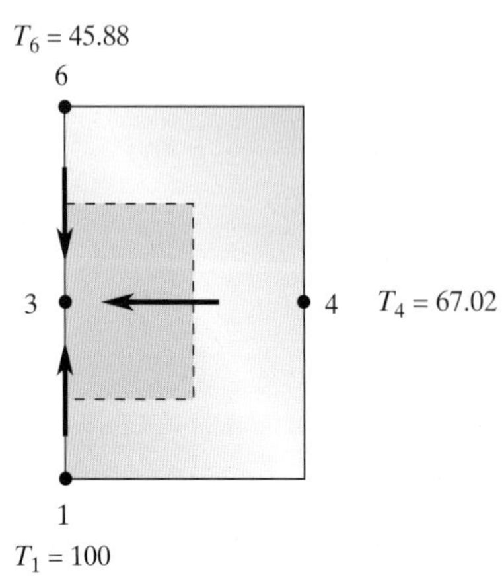

그림 9.13 해석 결과를 검증하기 위하여 절점 3에 에너지 보존의 법칙을 적용한다.

인 70.83°C와 같다고 할 수 있으며 해석 결과가 에너지 보존의 법칙을 만족함을 알 수 있다. ANSYS를 이용한 다른 예제로 결과를 검증하는 방법에 대하여 더 논의할 것이다.

9.4 3차원 문제의 축대칭 정식화

7.5절에서 설명하였듯이 3차원 문제에서는 그림 7.12와 같이 물체의 형상과 하중이 z축 같이 특정한 축에 대하여 대칭을 이루는 경우가 있다. 이런 3차원 문제는 2차원 축대칭 요소를 이용하여 해석할 수 있다. 축대칭 요소에 대해서는 7.5절에서 이미 설명하였다. 이번 절에서는 삼각형 축대칭 요소를 이용하여 축대칭 열전도 문제의 유한요소 정식화에 대해서 다루고자 한다.

유한요소 정식화를 위하여 원통 좌표계상의 미소 체적에 에너지 보존의 법칙을 적용한다. 열전도 방정식의 결과는 다음 식으로 나타난다.

$$\frac{1}{r}\frac{\partial}{\partial r}\left(k_r r\frac{\partial T}{\partial r}\right) + \frac{1}{r^2}\frac{\partial}{\partial \theta}\left(k_\theta \frac{\partial T}{\partial \theta}\right) + \frac{\partial}{\partial z}\left(k_z \frac{\partial T}{\partial z}\right) + q^{\cdot} = \rho c\frac{\partial T}{\partial t} \tag{9.71}$$

식 (9.71)에서 k_r, k_θ, k_z는 각각 물체의 r방향, θ방향, z방향으로의 열전도계수를 나타내고, $\boldsymbol{q}^{\cdot}$는 단위체적당 열생성, c는 물체의 비열을 나타낸다. 식 (9.71)의 유도과정은 그림 9.14에서 설명되어 있다. 정상상태 문제에서는 식 (9.71)의 우측 항이 제거된다. 그리고 축대칭 문제에서는 θ방향으로의 온도 변화가 없고, 열전도계수는 모두 일정($k_r = k_\theta = k_z$)하게 되므로, 식 (9.71)은 다음과 같이 정리된다.

$$\frac{k}{r}\frac{\partial}{\partial r}\left(r\frac{\partial T}{\partial r}\right) + k\frac{\partial^2 T}{\partial z^2} + q^{\cdot} = 0 \tag{9.72}$$

임의의 삼각형 요소에 대하여 갤러킨 잔여(Galerkin residuals)항은 다음과 같다.

$$\{\boldsymbol{R}^{(e)}\} = \int_V [\boldsymbol{S}]^T\left(\frac{k}{r}\frac{\partial}{\partial r}\left(r\frac{\partial T}{\partial r}\right) + k\frac{\partial^2 T}{\partial z^2} + q^{\cdot}\right)dV \tag{9.73}$$

여기서 각 항의 값은 아래와 같다.

$$[\boldsymbol{S}]^T = \begin{Bmatrix} S_i \\ S_j \\ S_k \end{Bmatrix} \quad \text{그리고} \quad \begin{aligned} S_i &= \frac{1}{2A}(\alpha_i + \beta_i r + \delta_i z) \\ S_j &= \frac{1}{2A}(\alpha_j + \beta_j r + \delta_j z) \quad \text{그리고} \\ S_k &= \frac{1}{2A}(\alpha_k + \beta_k r + \delta_k z) \end{aligned}$$

$$\begin{aligned} \alpha_i &= R_j Z_k - R_k Z_j \qquad & \beta_i &= Z_j - Z_k \qquad & \delta_i &= R_k - R_j \\ \alpha_j &= R_k Z_i - R_i Z_k \qquad & \beta_j &= Z_k - Z_i \qquad & \delta_j &= R_i - R_k \\ \alpha_k &= R_i Z_j - R_j Z_i \qquad & \beta_k &= Z_i - Z_j \qquad & \delta_k &= R_j - R_i \end{aligned}$$

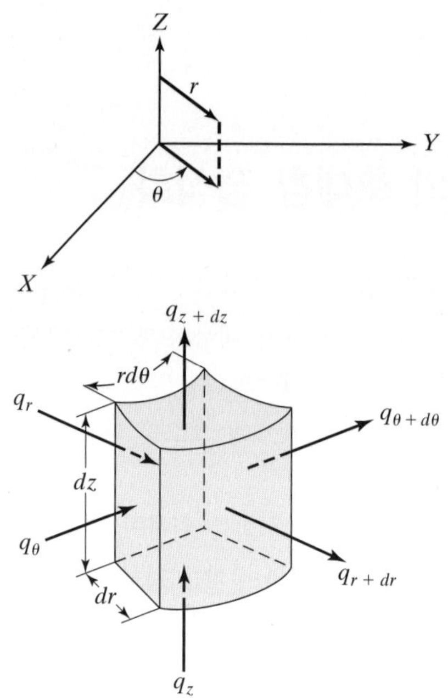

미소 원통 요소에 에너지 보존의 법칙을 적용하면 다음과 같다.

$$\dot{E}_{\text{in}} - \dot{E}_{\text{out}} + \dot{E}_{\text{generated}} = \dot{E}_{\text{stored}}$$

원통 좌표계에서 푸리에 법칙의 r, θ, z 항을 표현하면 다음과 같다.

$$q_r = -k_r A_r \frac{\partial T}{\partial r} = -k_r \overbrace{r\,d\theta\,dz}^{A_r} \frac{\partial T}{\partial r}$$

$$q_\theta = -\frac{k_\theta}{r} A_\theta \frac{\partial T}{\partial \theta} = -\frac{\overbrace{k_\theta dr dz}^{A_\theta}}{r} \frac{\partial T}{\partial \theta}$$

$$q_z = -k_z A_z \frac{\partial T}{\partial z} = -k_z \overbrace{r d\theta dr}^{A_r} \frac{\partial T}{\partial z}$$

$$(q_r + q_\theta + q_z) - (q_{r+dr} + q_{\theta+d\theta} + q_{z+dz}) + \dot{q}\overbrace{drdzrd\theta}^{dV} = \rho c\, \overbrace{drdzrd\theta}^{dV} \frac{\partial T}{\partial t}$$

$$(q_r + q_\theta + q_z) - \left(\overbrace{q_r + \frac{\partial q_r}{\partial r}dr}^{q_{r+dr}} + \overbrace{q_\theta + \frac{\partial q_\theta}{\partial \theta}d\theta}^{q_{\theta+d\theta}} + \overbrace{q_z + \frac{\partial q_z}{\partial z}dz}^{q_{z+dz}} \right) + \dot{q}\,drdzrd\theta = \rho c\, drdzrd\theta \frac{\partial T}{\partial t}$$

$$-\frac{\partial q_r}{\partial r}dr - \frac{\partial q_\theta}{\partial \theta}d\theta - \frac{\partial q_z}{\partial z}dz + \dot{q}\,drdzrd\theta = \rho c\, drdzrd\theta \frac{\partial T}{\partial t}$$

위의 식에 q_r, q_θ, q_z를 대입하면 다음과 같다.

$$-\frac{\partial}{\partial r}\left(-k_r r d\theta dz \frac{\partial T}{\partial r}\right)dr - \frac{\partial}{\partial \theta}\left(-\frac{k_\theta drdz}{r}\frac{\partial T}{\partial \theta}\right)d\theta - \frac{\partial}{\partial z}\left(-k_z r d\theta dr \frac{\partial T}{\partial z}\right)dz + \dot{q}\,drdzrd\theta = \rho c\, drdzrd\theta \frac{\partial T}{\partial t}$$

미소 체적항을 간단하게 정리하면 다음과 같다.

$$\frac{1}{r}\frac{\partial}{\partial r}\left(k_r r \frac{\partial T}{\partial r}\right) + \frac{1}{r^2}\frac{\partial}{\partial \theta}\left(k_\theta \frac{\partial T}{\partial \theta}\right) + \frac{\partial}{\partial z}\left(k_z \frac{\partial T}{\partial z}\right) + \dot{q} = \rho c \frac{\partial T}{\partial t}$$

그림 9.14 정상상태에서 원통 좌표계의 열전도 방정식의 유도

아래의 표시와 같이 식 (9.73)은 3개의 항으로 구성된다.

$$\{\boldsymbol{R}^{(e)}\} = \overbrace{\int_V [\boldsymbol{S}]^T\left(\frac{k}{r}\frac{\partial}{\partial r}\left(r\frac{\partial T}{\partial r}\right)\right)dV}^{\text{첫 번째 항}} + \overbrace{\int_V [\boldsymbol{S}]^T\left(k\frac{\partial^2 T}{\partial z^2}\right)dV}^{\text{두 번째 항}} + \overbrace{\int_V [\boldsymbol{S}]^T q^{\cdot} dV}^{\text{세 번째 항}} \qquad (9.74)$$

연쇄법칙을 이용하면 위 식의 첫 번째 항은 아래와 같이 정리할 수 있다.

$$\frac{k}{r}\frac{\partial}{\partial r}\left([\boldsymbol{S}]^T r\frac{\partial T}{\partial r}\right) = \frac{k}{r}\frac{\partial[\boldsymbol{S}]^T}{\partial r}r\frac{\partial T}{\partial r} + \frac{k}{r}[\boldsymbol{S}]^T\frac{\partial}{\partial r}\left(r\frac{\partial T}{\partial r}\right) \qquad (9.75)$$

이제 식 (9.75)에서의 관계를 이용하면 식 (9.74)의 첫 번째 항은 다음 식과 같이 표현될 것이다.

$$[\boldsymbol{S}]^T\left(\frac{k}{r}\frac{\partial}{\partial r}\left(r\frac{\partial T}{\partial r}\right)\right) = \frac{k}{r}\frac{\partial}{\partial r}\left([\boldsymbol{S}]^T r\frac{\partial T}{\partial r}\right) - k\frac{\partial[\boldsymbol{S}]^T}{\partial r}\frac{\partial T}{\partial r} \qquad (9.76)$$

동일한 방법으로 식 (9.74)의 두 번째 항에 연쇄법칙을 적용하여 항을 정리하면 다음 식들을 얻을 수 있다.

$$k\frac{\partial}{\partial z}\left([\boldsymbol{S}]^T\frac{\partial T}{\partial z}\right) = k[\boldsymbol{S}]^T\frac{\partial^2 T}{\partial z^2} + k\frac{\partial[\boldsymbol{S}]^T}{\partial z}\frac{\partial T}{\partial z} \qquad (9.77)$$

$$k[\boldsymbol{S}]^T\frac{\partial^2 T}{\partial z^2} = k\frac{\partial}{\partial z}\left([\boldsymbol{S}]^T\frac{\partial T}{\partial z}\right) - k\frac{\partial[\boldsymbol{S}]^T}{\partial z}\frac{\partial T}{\partial z} \qquad (9.78)$$

식 (9.76)과 (9.78)에 위의 결과를 적용하면, 첫 번째 항과 두 번째 항에 의한 잔여행렬은 아래와 같다.

$$\overbrace{\int_V [\boldsymbol{S}]^T\left(\frac{k}{r}\frac{\partial}{\partial r}\left(r\frac{\partial T}{\partial r}\right)\right)dV}^{\text{첫 번째 항}} = \int_V \frac{k}{r}\frac{\partial}{\partial r}\left([\boldsymbol{S}]^T r\frac{\partial T}{\partial r}\right)dV - \int_V k\frac{\partial[\boldsymbol{S}]^T}{\partial r}\frac{\partial T}{\partial r}dV \qquad (9.79)$$

$$\overbrace{\int_V [\boldsymbol{S}]^T\left(k\frac{\partial^2 T}{\partial z^2}\right)dV}^{\text{두 번째 항}} = \int_V \frac{\partial}{\partial z}\left([\boldsymbol{S}]^T\frac{\partial T}{\partial z}\right)dV - \int_V \frac{\partial[\boldsymbol{S}]^T}{\partial z}\frac{\partial T}{\partial z}dV \qquad (9.80)$$

9.2절에서와 같이 그린 정리를 이용하면, $\int_V \frac{k}{r}\frac{\partial}{\partial r}\left([\boldsymbol{S}]^T r\frac{\partial T}{\partial r}\right)dV$ 와 $\int_V \frac{\partial}{\partial z}\left([\boldsymbol{S}]^T\frac{\partial T}{\partial z}\right)dV$ 의 체적적분(volume integral)을 요소의 면적분으로 다시 쓸 수 있다. 이 내용에 대해서는 다음에 고려하고, 우선은 식 (9.79)의 $-\int_V k\frac{\partial[\boldsymbol{S}]^T}{\partial r}\frac{\partial T}{\partial r}dV$ 항을 먼저 고려해 보자. 이 항은 쉽게 구할 수 있다. 삼각형 요소의 도함수값을 계산하여 다음 식을 얻는다.

$$\frac{\partial T}{\partial r} = \frac{\partial}{\partial r}[S_i \quad S_j \quad S_k]\begin{Bmatrix} T_i \\ T_j \\ T_k \end{Bmatrix} = \frac{1}{2A}[\beta_i \quad \beta_j \quad \beta_k]\begin{Bmatrix} T_i \\ T_j \\ T_k \end{Bmatrix} \tag{9.81}$$

마찬가지로 $\dfrac{\partial[\boldsymbol{S}]^T}{\partial r}$을 구하면 다음을 얻을 수 있다.

$$\frac{\partial[\boldsymbol{S}]^T}{\partial r} = \frac{\partial}{\partial r}\begin{Bmatrix} S_i \\ S_j \\ S_k \end{Bmatrix} = \frac{1}{2A}\begin{Bmatrix} \beta_i \\ \beta_j \\ \beta_k \end{Bmatrix} \tag{9.82}$$

식 (9.81)과 (9.82)의 결과값을 $-\int_V k\dfrac{\partial[\boldsymbol{S}]^T}{\partial r}\dfrac{\partial T}{\partial r}dV$ 항에 대입하고 적분을 수행하면, 아래와 같은 식을 얻을 수 있다.

$$-\int_V k\frac{\partial[\boldsymbol{S}]^T}{\partial r}\frac{\partial T}{\partial r}dV = -k\int_V \frac{1}{4A^2}\begin{Bmatrix} \beta_i \\ \beta_j \\ \beta_k \end{Bmatrix}[\beta_i \quad \beta_j \quad \beta_k]dV = \frac{k}{4A^2}\begin{bmatrix} \beta_i^2 & \beta_i\beta_j & \beta_i\beta_k \\ \beta_i\beta_j & \beta_j^2 & \beta_j\beta_k \\ \beta_i\beta_k & \beta_j\beta_k & \beta_k^2 \end{bmatrix}V \tag{9.83}$$

다음으로 z축에 관한 면적 요소의 회전으로 생성된 요소의 체적을 계산하기 위해서 **파푸스-가디누스 정리**(Pappus-Guldinus theorem)를 사용한다. 파푸스-가디누스 정리는 정역학 과목에서 다룬 적이 있다. 이것은 그림 9.15에서 나타낸 바와 같이 특정한 단면적을 한 축을 중

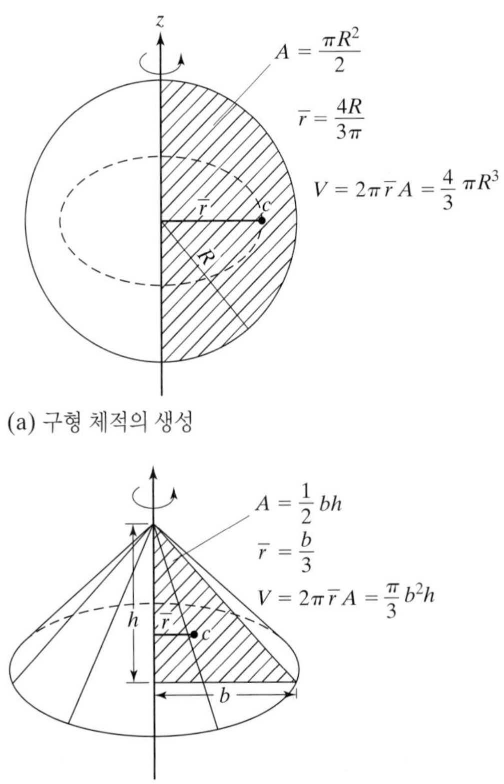

(a) 구형 체적의 생성

(b) 원뿔형 체적의 생성

그림 9.15 파푸스-가디누스 정리—고정된 축의 회전에 의해 생성된 체적

심으로 회전하여 생성되는 회전체의 체적을 계산하는 것이다.

$$V = 2\pi \bar{r} A \tag{9.84}$$

식 (9.84)에서 $2\pi\bar{r}$은 단면적의 도심이 이동한 거리를 나타낸다. 어떤 물체의 체적을 계산하는 과정에서 파푸스-가디누스 정리가 어떻게 사용되는지를 상기하기 위해 예제 9.2를 참고하라. 식 (9.83)에 대입하여 정리하면 다음 식을 얻을 수 있다.

$$-\int_V \boldsymbol{k}\frac{\partial[\mathbf{S}]^T}{\partial r}\frac{\partial T}{\partial r}dV = \frac{\pi \bar{r} k}{2A}\begin{bmatrix} \beta_i^2 & \beta_i\beta_j & \beta_i\beta_k \\ \beta_i\beta_j & \beta_j^2 & \beta_j\beta_k \\ \beta_i\beta_k & \beta_j\beta_k & \beta_k^2 \end{bmatrix} \tag{9.85}$$

7장에서 공부하였듯이, 한 요소상의 어떤 점의 위치를 나타내기 위해서 형상함수를 사용할 수 있다. 그러므로 $S_i = S_j = S_k = 1/3$인 요소의 도심의 반경방향의 위치는 다음과 같이 나타낼 수 있다.

$$\bar{r} = S_i R_i + S_j R_j + S_k R_k = \frac{R_i + R_j + R_k}{3} \tag{9.86}$$

식 (9.86)은 $\bar{r}$을 계산하는 데 사용할 수 있다. 위의 방법과 같이 이제 $-\int_V \frac{\partial[\mathbf{S}]^T}{\partial z}\frac{\partial T}{\partial z}dV$ 항 또한 계산할 수 있다.

$$\frac{\partial T}{\partial z} = \frac{\partial}{\partial z}[S_i \quad S_j \quad S_k]\begin{Bmatrix} T_i \\ T_j \\ T_k \end{Bmatrix} = \frac{1}{2A}[\delta_i \quad \delta_j \quad \delta_k]\begin{Bmatrix} T_i \\ T_j \\ T_k \end{Bmatrix} \tag{9.87}$$

$$\frac{\partial[\mathbf{S}]^T}{\partial z} = \frac{\partial}{\partial z}\begin{Bmatrix} S_i \\ S_j \\ S_k \end{Bmatrix} = \frac{1}{2A}\begin{Bmatrix} \delta_i \\ \delta_j \\ \delta_k \end{Bmatrix} \tag{9.88}$$

도함수값들을 대입하고 적분을 수행하면 다음 식을 얻을 수 있다.

$$-\int_V \boldsymbol{k}\frac{\partial[\mathbf{S}]^T}{\partial z}\frac{\partial T}{\partial z}dV = -k\int_V \frac{1}{4A^2}\begin{Bmatrix} \delta_i \\ \delta_j \\ \delta_k \end{Bmatrix}[\delta_i \quad \delta_j \quad \delta_k]dV = \frac{k}{4A^2}\begin{bmatrix} \delta_i^2 & \delta_i\delta_j & \delta_i\delta_k \\ \delta_i\delta_j & \delta_j^2 & \delta_j\delta_k \\ \delta_i\delta_k & \delta_j\delta_k & \delta_k^2 \end{bmatrix}V \tag{9.89}$$

그리고 식 (9.89)에 $V = 2\pi\bar{r}\ A$를 대입하고, 파푸스-가디누스 정리를 이용하면 아래의 식을 얻을 수 있다.

$$-\int_V \boldsymbol{k}\frac{\partial[\mathbf{S}]^T}{\partial z}\frac{\partial T}{\partial z}dV = \frac{k}{4A^2}\begin{bmatrix} \delta_i^2 & \delta_i\delta_j & \delta_i\delta_k \\ \delta_i\delta_j & \delta_j^2 & \delta_j\delta_k \\ \delta_i\delta_k & \delta_j\delta_k & \delta_k^2 \end{bmatrix}2\pi\bar{r}A = \frac{\pi\bar{r}k}{2A}\begin{bmatrix} \delta_i^2 & \delta_i\delta_j & \delta_i\delta_k \\ \delta_i\delta_j & \delta_j^2 & \delta_j\delta_k \\ \delta_i\delta_k & \delta_j\delta_k & \delta_k^2 \end{bmatrix} \tag{9.90}$$

열의 생성에 의한 열하중항은 $dV = 2\pi\bar{r}dA$와 $\bar{r} = \dfrac{R_i + R_j + R_k}{3}$의 대입으로 계산될 수 있으며, 다음 식을 적분하고

$$\int_V [\boldsymbol{S}]^T q^{\cdot} dV = q^{\cdot} \int_V [\boldsymbol{S}]^T dV = q^{\cdot} \int_V \begin{Bmatrix} S_i \\ S_j \\ S_k \end{Bmatrix} dV = q^{\cdot} 2\pi \bar{r} \int_V \begin{Bmatrix} S_i \\ S_j \\ S_k \end{Bmatrix} dA \tag{9.91}$$

S_i, S_j, S_k를 대입하여 적분하면 다음 식을 구할 수 있다.

$$\int_V [\boldsymbol{S}]^T q^{\cdot} dV = q^{\cdot} 2\pi \bar{r} \int_V \begin{Bmatrix} S_i \\ S_j \\ S_k \end{Bmatrix} dA = \frac{2\pi q^{\cdot} A}{12} \begin{bmatrix} 2 & 1 & 1 \\ 1 & 2 & 1 \\ 1 & 1 & 2 \end{bmatrix} \begin{Bmatrix} R_i \\ R_j \\ R_k \end{Bmatrix} \tag{9.92}$$

이제 $\int_V \frac{k}{r}\frac{\partial}{\partial r}\left([\boldsymbol{S}]^T r \frac{\partial T}{\partial r}\right) dV$항과 $\int_V \frac{\partial}{\partial z}\left([\boldsymbol{S}]^T \frac{\partial T}{\partial z}\right) dV$ 항을 살펴본다.

앞에서 언급했듯이, 그린 정리를 이용하여 9.2절의 방법과 유사하게 이 체적적분을 면적분으로 나타낼 수 있다. 삼각형 요소의 변의 회전에 의해 생성된 면적에 따른 대류 경계조건에 대하여, 위의 항들은 열전도행렬과 열하중행렬 모두에 다음과 같은 식이 적용된다.

i–j를 따라,

$$[\boldsymbol{K}]^{(e)} = \frac{2\pi \ell_{ij}}{12} \begin{bmatrix} 3R_i + R_j & R_i + R_j & 0 \\ R_i + R_j & R_i + 3R_j & 0 \\ 0 & 0 & 0 \end{bmatrix} \tag{9.93}$$

그리고

$$\{\boldsymbol{f}\}^{(e)} = \frac{2\pi h T_f \ell_{ij}}{6} \begin{Bmatrix} 2R_i + R_j \\ R_i + 2R_j \\ 0 \end{Bmatrix} \tag{9.94}$$

j–k를 따라,

$$[\boldsymbol{K}]^{(e)} = \frac{2\pi \ell_{jk}}{12} \begin{bmatrix} 0 & 0 & 0 \\ 0 & 3R_j + R_k & R_j + R_k \\ 0 & R_j + R_k & R_j + 3R_k \end{bmatrix} \tag{9.95}$$

그리고

$$\{\boldsymbol{f}\}^{(e)} = \frac{2\pi h T_f \ell_{jk}}{6} \begin{Bmatrix} 0 \\ 2R_j + R_k \\ R_j + 2R_k \end{Bmatrix} \tag{9.96}$$

k–i를 따라,

$$[\boldsymbol{K}]^{(e)} = \frac{2\pi \ell_{ki}}{12} \begin{bmatrix} 3R_i + R_k & 0 & R_i + R_k \\ 0 & 0 & 0 \\ R_i + R_k & 0 & R_i + 3R_k \end{bmatrix} \tag{9.97}$$

그리고

$$\{\boldsymbol{f}\}^{(e)} = \frac{2\pi h T_f \ell_{ki}}{6} \begin{Bmatrix} 2R_i + R_k \\ 0 \\ R_i + 2R_k \end{Bmatrix} \tag{9.98}$$

이제 축대칭 삼각형 정식화를 요약해 보자. 축대칭 삼각형 요소의 열전도행렬은 다음과 같다.

$$[\boldsymbol{K}]^{(e)} = \frac{\pi \bar{r} k}{2A}\begin{bmatrix} \beta_i^2 & \beta_i\beta_j & \beta_i\beta_k \\ \beta_i\beta_j & \beta_j^2 & \beta_j\beta_k \\ \beta_i\beta_k & \beta_j\beta_k & \beta_k^2 \end{bmatrix} + \frac{\pi \bar{r} k}{2A}\begin{bmatrix} \delta_i^2 & \delta_i\delta_j & \delta_i\delta_k \\ \delta_i\delta_j & \delta_j^2 & \delta_j\delta_k \\ \delta_i\delta_k & \delta_j\delta_k & \delta_k^2 \end{bmatrix}$$

축대칭 삼각형 요소의 열전도행렬은 다음의 세 항들로 구성된다는 점을 기억하라:

(1) 반경방향으로의 열전도 성분

(2) z 방향으로의 열전도 성분

(3) 식 (9.93), (9.95)와 (9.97)에 주어진 바와 같이 요소의 변에서 있을 수 있는 대류에 의한 열손실과 증가 가능성

축대칭 삼각형 요소의 열하중행렬은 다음의 두 항들로 구성된다:

(1) 식 (9.92)에 주어진 요소 내에서의 열생성 가능성으로부터의 성분

(2) 식 (9.94), (9.96)과 (9.98)에 주어진 바와 같이 요소의 변에서 있을 수 있는 대류에 의한 열손실과 증가 가능성에 의한 성분

축대칭 요소에서 일정한 열유속 경계조건의 유도는 연습문제로 남겨두었다(연습문제 25).

예제 9.2

파푸스-가디누스 정리를 이용하여 아래 그림과 같이 직사각형이 z 축 방향에 대해서 회전하여 생성된 고리모양 고체 부분의 체적을 계산하라.

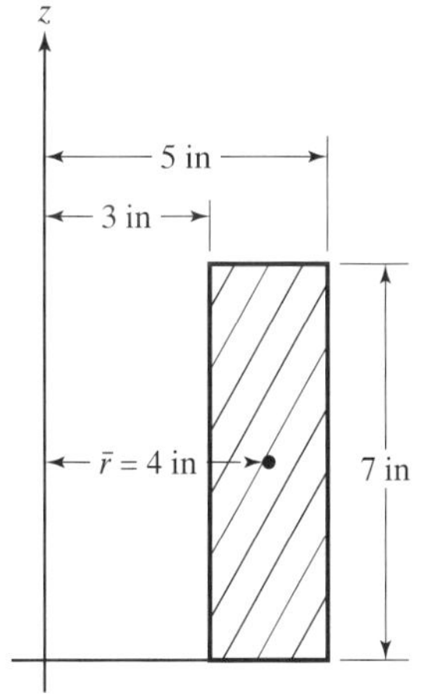

회전하는 직사각형의 도심까지의 거리는 z 축에서 4 in 이다.

$$V = 2\pi\bar{r}A = 2\pi(4\text{ in})(2\text{ in})(7\text{ in}) = 112\pi\text{ in}^3$$

다른 방법으로 고리모양의 고체 부분의 체적은 아래와 같이 계산된다.

$$V = \pi R_2^2 h - \pi R_1^2 h = \pi((5\text{ in})^2 - (3\text{ in})^2)(7\text{ in}) = 112\pi\text{ in}^3$$

위의 식에서와 같이 두 결과는 일치한다.

9.5 비정상 열전달 문제

이 절에서는 부과되거나 현재 가지고 있는 열에 의해 위치와 시간에 따라 어떻게 온도가 변할 것인지에 대하여 알아볼 것이다. 먼저, 과도(transient) 열전달 문제를 다루기 위한 몇 가지 중요한 개념에 대하여 다루어보겠다. 이런 개념에 대한 체계적인 이해는 ANSYS를 이용한 물리적 문제의 모델링시에 도움을 줄 것이다. 이제 과도 열전달 문제에 대하여 공간에 따른 온도의 변화는 무시할 수 있고, 결과적으로 시간에 따른 온도의 변화만이 중요시되는 문제를 다루기로 하겠다. 그림 9.16에서처럼 작은 철공의 냉각을 고려하기로 하자.

그림 9.16에 나타나 있는 열역학적 변수들은 해에 영향을 끼친다. 상대적으로 작은 철공의 크기로 인해 그 속에서의 위치에 따른 온도의 변화는 무시할 수 있다. 시간에 따른 온도의 변화는 식 (9.7)의 $\dot{E}_{in} - \dot{E}_{out} + \dot{E}_{gen} = \dot{E}_{stored}$로 시작하며, 이 문제에 대해서는 $\dot{E}_{in} = 0$, $\dot{E}_{gen} = 0$이다. 그리고 철공과 그 주변을 흐르는 유체에 대한 대류는 식 (9.5)의 $\dot{E}_{out} = -hA(T - T_f)$에 따라 발생한다. $\dot{E}_{stored}$항은 냉각과정에 따른 열에너지의 감소를 나타내며, 이는 $\dot{E}_{stored} = \rho cV \dfrac{dT}{dt}$이다. $\dot{E}_{in} = 0$, $\dot{E}_{gen} = 0$, $\dot{E}_{out} = -hA(T - T_f)$, $\dot{E}_{stored} = \rho cV \dfrac{dT}{dt}$를 식 (9.7)에 대입하면 다음 식을 얻을 수 있다.

$$-hA(T - T_f) = \rho cV \frac{dT}{dt} \tag{9.99}$$

상대적으로 큰 냉각용기를 가정할 때, 시간에 따른 유체의 온도 변화는 무시할 수 있다. 즉, 식 (9.99)에서 T_f는 일정하다고 가정한다. 식 (9.99)는 1차 미분식으로 $\Theta = T - T_f$로 놓고 푼다. 변수들을 분리하고 적분을 수행하면 다음 결과를 얻게 된다.

$$-hA\Theta = \rho cV \frac{d\Theta}{dt} \Rightarrow \frac{\rho cV}{hA} \int_{\Theta_i}^{\Theta} \frac{d\Theta}{\Theta} = -\int_0^t dt \Rightarrow t = \frac{\rho cV}{hA} \ln \frac{\Theta_i}{\Theta} \tag{9.100}$$

즉, 구가 특정 온도 T에 도달할 때까지의 시간은 아래 식으로부터 계산된다.

$$t = \frac{\rho cV}{hA} \ln \frac{T_i - T_f}{T - T_f} \tag{9.101}$$

그리고 만약 주어진 시간에서 구의 온도에 관심이 있다면 식 (9.101)을 다시 정리하여 다음 식을 얻는다.

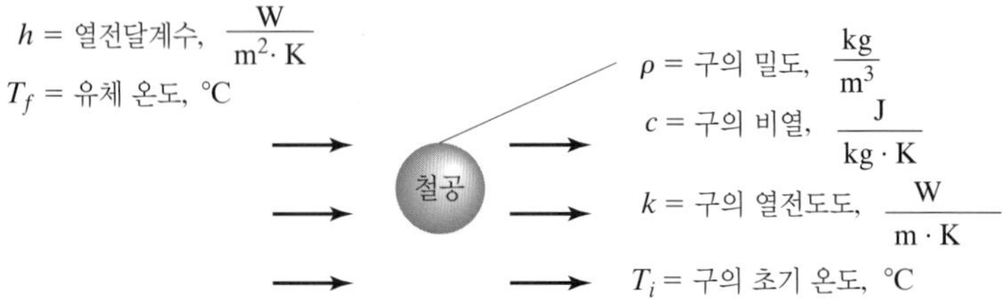

그림 9.16 작은 철공의 냉각

$$\frac{T - T_f}{T_i - T_f} = \exp\left(-\frac{hA}{\rho c V}t\right) \tag{9.102}$$

과도 열전달 문제에서, 특정 시간 t까지 유체에 전달된(고체 요소에서 제거된) 열의 양이 큰 관심사이다. 이 정보는 다음 식에 의하여 구해진다.

$$Q = \int_0^t hA(T - T_f)dt \tag{9.103}$$

식 (9.102)에서 $T - T_f$항을 식 (9.103)에 대입하고 적분하면 다음 식을 구할 수 있다.

$$Q = \rho c V(T_i - T_f)\left[1 - \exp\left(-\frac{hA}{\rho c V}t\right)\right] \tag{9.104}$$

과도 열전달 문제의 해석을 위해서는 무차원 양인 비오수(Biot number, Bi)와 푸리에수(Fourier number, Fo)가 필요하다. 비오수는 고체가 냉각되고 있을 때(또는 문제에 따라 가열되고 있을 때), 고체 내부의 열저항의 크기이며 공급되는 냉각(가열) 유체의 열저항과 상대적인 비로 나타난다. 비오수는 위의 정의에 의하여 다음과 같이 나타낼 수 있다.

$$Bi = \frac{hL_c}{k_{\text{solid}}} \tag{9.105}$$

여기서 L_c는 특성길이로, 일반적으로 노출된 면적값에 대한 물체의 체적의 비로 정의된다. 작은 비오수(일반적으로, $Bi < 0.1$)는 고체 내부에서 열저항을 무시할 수 있고, 결과적으로 고체 내에서 모든 순간에 온도 분포는 거의 일정하다는 것을 의미한다.

또 하나의 중요한 변수인, 푸리에수는 무차원 시간변수이다. 이것은 고체 내부의 열저장률에 대한 열전도율의 상대적인 크기이다. 푸리에수는 다음과 같이 정의된다.

$$Fo = \frac{\alpha t}{L_c^2} \tag{9.106}$$

식 (9.106)에서 α는 열확산계수로 $\alpha = \dfrac{k}{\rho c}$와 같다. 열확산계수는 물체가 내부에 열을 저장하는 것에 비해 열을 얼마나 잘 전달시키는지의 크기를 나타낸다. 즉, 낮은 열확산계수의 재료는 열을 전달하기보다는 내부에 열을 더욱 잘 저장한다. 위의 과정에서 고려한 것처럼 주어진 시간에서 위치에 따른 온도 변화를 무시한 접근방법을 **집중열용량법**(Lumped Capacitance method)이라 한다. $Bi < 0.1$인 문제에 있어서 집중열용량법은 정확한 결과를 제시한다.

엄밀해

이제 위치와 시간에 따른 온도의 변화가 고려된 문제에 대하여 생각해 보자. 직교 좌표에서 1차원 과도 열전달 문제는 다음 식에 의해서 지배된다.

$$\frac{\partial^2 T}{\partial x^2} = \frac{1}{\alpha}\frac{\partial T}{\partial t} \tag{9.107}$$

지배 미분 열방정식의 해를 구하기 위해서는 2개의 경계조건과 1개의 초기조건이 필요하다. 대류 경계조건과 일정한 초기 온도 조건을 갖는 단순한 형상에 대해 무한수열 해가 존재한다. 이 해는 물체 내부의 위치 x와 시간 t의 함수로 온도 분포를 나타낸다. 이 무한수열 해는 긴 원통이나 구의 물체에 대해서도 가능하다. $Fo > 0.2$인 열전달 문제에 대해서는 한 항으로 근사화된 해도 정확한 결과를 제시하며 **헤이슬러 차트(Heisler charts)**라 부르는 차트에 나타낼 수 있다. 간단한 3차원 문제에서는 해가 1차원 해의 곱으로 나타난다. 엄밀해(exact solution)의 깊은 통찰을 위해서 열전달 교재를 공부할 수 있을 것이다. 이런 교재의 예로, *Incropera and DeWitt*(1996)가 있다.

예제 9.3

풀림(annealing)과정에서, 얇은 강철판(k = 40 W/m · K, ρ = 7800 kg/m^3, c = 100 J/kg · K)이 900°C로 가열된 후 온도 35°C, h = 25 W/m^2 · K까지 냉각되어진다. 각 판의 두께가 5 cm일 때, 이 과정 동안 강철판의 온도가 50°C까지 내려가기까지 걸린 시간과 한 시간 후의 강철판의 온도를 구하고자 한다.

먼저 집중열용량법의 적용 여부를 판단하기 위해 비오수를 구한다. 이 문제에서 특성길이는 판 두께의 절반과 같다. 특성길이는 외부에 노출된 면적 대 체적의 비임을 상기하자. 즉,

$$L_c = \frac{V}{A_{\text{exposed}}} = \frac{(\text{면적})(\text{두께})}{2(\text{면적})} = \frac{0.05\text{ m}}{2} = 0.025\text{ m}$$

$$Bi = \frac{hL_c}{k_{\text{solid}}} = \frac{(25\text{ W/m}^2\cdot\text{K})(0.025\text{ m})}{40\text{ W/m}\cdot\text{K}} = 0.015$$

비오수가 0.1보다 작기 때문에 집중열용량법은 적용 가능하다. 판의 온도가 50°C에 이를 때까지의 시간을 계산하기 위하여 식 (9.101)을 사용한다.

$$t = \frac{\rho c V}{hA}\ln\frac{T_i - T_f}{T - T_f} = \frac{(7800\text{ kg/m}^3)(400\text{ J/kg}\cdot\text{K})(0.025\text{ m})}{(25\text{ W/m}\cdot\text{K})}\ln\frac{900-35}{50-35} = 12650\text{ sec} = 3.5\text{ hr}$$

한 시간 후 판의 온도를 계산하기 위하여 식 (9.102)를 사용한다.

$$\frac{T - T_f}{T_i - T_f} = \exp\left(-\frac{hA}{\rho c V}t\right) = \frac{T-35}{900-35} = \exp\left(-\frac{(25\text{ W/m}\cdot\text{K})(3600\text{ sec})}{(7800\text{ kg/m}^3)(400\text{ J/kg}\cdot\text{K})(0.025\text{ m})}\right)$$

$$\Rightarrow T = 304.4^\circ\text{C}$$

유한차분법

실제의 열전달 문제에서는 엄밀해를 구할 수 없는 경우가 많은데, 이런 경우에는 수치적

접근방법을 사용해야 한다. 1장에서 설명했듯이, 일반적으로 다음 두 가지의 수치적 방법이 있다:

(1) 유한차분법(finite difference method)

(2) 유한요소법(finite element method)

과도 열전달 문제에 대하여 유한요소법에 관한 더 나은 이해를 위해서 **외연법**(explicit method)과 **내연법**(implicit method)에 대하여 알아보도록 하자. 수치적 해법절차의 첫 번째 단계는 이산화이다. 이 과정을 통해서 그림 9.17처럼 관심대상을 부영역(subregion)과 절점(node)으로 분할한다. 지배 미분 방정식[식 (9.107)]은 각 절점에 대해 표현되고, 지배 방정식의 도함수는 차분 방정식으로 바뀌어진다.

외연법에서 시간 $p+1$에서 임의 절점 n의 온도(T_n^{p+1})는 그 전시간 p에서의 절점의 온도와 그 이웃한 절점인 $n-1$과 $n+1$에서의 온도에 대한 정보로 결정된다. 식 (9.107)을 유한차분 형태로 표현하면 다음과 같다.

$$\frac{T_{n-1}^p - 2T_n^p + T_{n+1}^p}{(\Delta x)^2} = \frac{1}{\alpha}\frac{T_n^{p+1} - T_n^p}{\Delta t}$$

위의 식을 간단히 하면,

$$T_n^{p+1} = \frac{\alpha \Delta t}{(\Delta x)^2}(T_{n-1}^p + T_{n+1}^p) + \left[1 - 2\left(\frac{\alpha \Delta t}{(\Delta x)^2}\right)\right]T_n^p$$

다음 식을 얻을 수 있다.

$$T_n^{p+1} = Fo(T_{n-1}^p + T_{n+1}^p) + [1 - 2Fo]T_n^p \tag{9.108}$$

여기서

$$Fo = \frac{\alpha \Delta t}{(\Delta x)^2} \tag{9.109}$$

시간 단계 $p = 0$에 해당하는 시간 $t = 0$에서 시작하여 다음 시간 $t = \Delta t$에서의 절점 n의 온도를 결정하기 위해 식 (9.108)의 초기 온도값을 사용한다. 새롭게 계산된 온도를 p단계에서의 값으로 하고 이를 이용하여 다음 단계 $p+1$에서의 절점값을 계산한다. 이 시간상 진

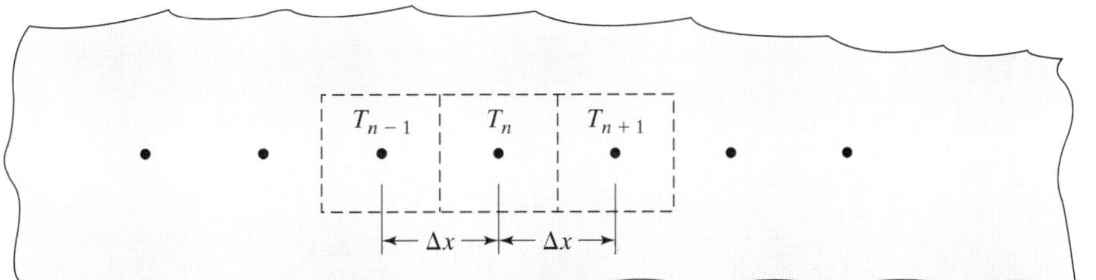

그림 9.17 물체의 작은 부영역과 절점으로의 이산화

행(time marching)은 원하는 시간에 해당하는 온도 분포가 구해질 때까지 계속 진행한다. 이름에서 의미하는 바와 같이 외연법은 다음 시간에서의 온도를 계산하기 위해 현재 단계의 온도를 바로 이용한다. 외연절차는 간단하긴 하지만 전체 단계의 크기에 제한이 있어서 이를 준수해야 한다. 다음 제한이 지켜지지 않으면 물리적으로 의미가 맞지 않은 불안정한 해를 얻게 된다. 식 (9.108)의 $(1 - 2Fo)$항은 반드시 양의 값이어야 한다. 즉, 안정한 해를 위해서 $1 - 2Fo \geq 0$ 또는 $Fo \geq \frac{1}{2}$이어야 한다. 이 제한사항에 대해 나은 이해를 위해서 p단계에서 절점 n의 온도가 $T_n^p = 60°\text{C}$이고, p단계에서 그 이웃한 절점 $n-1$과 $n+1$에서의 온도는 $T_{n-1}^p = T_{n+1}^p = 80°\text{C}$인 경우를 생각하자. 만약 푸리에값으로 0.5보다 큰 0.6을 이용한다면 식 (9.108)은 아래와 같은 값을 갖는다.

$$T_n^{p+1} = Fo(T_{n-1}^p + T_{n+1}^p) + [1 - 2Fo]T_n^p = 0.6(80 + 80) + [1 - 2(0.6)](60) = 84°\text{C}$$

쉽게 알 수 있듯이, 이 온도값은 물리적으로 아무런 의미가 없다. 왜냐하면 $p+1$ 단계에서 절점 n의 온도는 그와 이웃한 절점의 온도를 넘어설 수 없기 때문이다. 이것은 열역학 제2법칙에 위배된다. 그러므로 1차원 문제에 있어서 안정성 기준은 아래 식으로 주어진다.

$$Fo \leq \frac{1}{2} \tag{9.110}$$

2차원 문제에 대한 안정성 기준은 다음과 같다.

$$Fo \leq \frac{1}{4} \tag{9.111}$$

내연법

안정성 요구에 따른 시간간격에 대한 제한사항을 극복하기 위해서 **내연법**(implicit method)을 사용할 수 있다. 내연법을 사용할 때는 $p+1$ 시간 단계에서 임의 절점 n의 온도(T_n^{p+1})는 전단계 p에서의 값과 $p+1$ 시간 단계에서 그와 이웃한 절점 $n-1$과 $n+1$의 온도값을 사용하여 구한다.

임의 절점 n에 대하여 열방정식 (9.107)은 다음과 같이 표현된다.

$$\frac{T_{n-1}^{p+1} - 2T_n^{p+1} + T_{n+1}^{p+1}}{(\Delta x)^2} = \frac{1}{\alpha}\frac{T_n^{p+1} - T_n^p}{\Delta t}$$

위의 식을 단순화하면 아래 식을 얻는다.

$$T_n^{p+1} - T_n^p = Fo(T_{n-1}^{p+1} - 2T_n^{p+1} + T_{n+1}^{p+1}) \tag{9.112}$$

식 (9.112)에서 p 시간 단계에서 알고 있는 온도값과 $p+1$ 단계에서의 미지의 온도값을 분리하면, 다음 식을 얻을 수 있다.

$$T_n^{p+1} - Fo(T_{n-1}^{p+1} - 2T_n^{p+1} + T_{n+1}^{p+1}) = T_n^p \tag{9.113}$$

예제 9.4는 정식화와 외연법과 내연법을 이용한 해를 구하는 과정을 보여준다.

예제 9.4

그림 9.18과 같이 초기 온도 $T = 250°\text{C}$인 얇고 긴 판을 생각하자. 이 판은 $k = 510\ \text{W/m} \cdot \text{K}$, $\rho = 3100\ \text{kg/m}^3$, $c = 655\ \text{J/kg} \cdot \text{K}$인 탄화규소(Silicon carbide)로 만들어졌다. 이 판은 표면온도가 $T = 0°\text{C}$이고 열대류계수가 아주 높은 냉각수에 순간적으로 들어간다. 이 판 내부에서 온도 변화를 구하고자 한다.

외연해

그림 9.18처럼 대칭조건을 이용하여 절반의 판에 대해서만 해석을 수행하면 된다. 판의 선택된 지역은 그림 9.18과 같이 6개의 절점으로 나누어진다. 판의 열확산계수는 다음과 같다.

$$\alpha = \frac{k}{\rho c} = \frac{510\ \text{W/m} \cdot \text{K}}{(3100\ \text{kg/m}^3)(655\ \text{J/kg} \cdot \text{K})} = 2.5 \times 10^{-4}\text{m}^2/\text{s}$$

정확한 해를 구하기 위해서는, 먼저 $Fo = \frac{1}{2}$로 놓고 반복 시간간격을 구한다.

$$Fo = \frac{\alpha \Delta t}{(\Delta x)^2} = \frac{1}{2} = \frac{(2.5 \times 10^{-4}\text{m}^2/\text{s})\Delta t}{(0.01\ \text{m})^2} \Rightarrow \Delta t = 0.2\ \text{sec}$$

절점 방정식들은 다음과 같다.

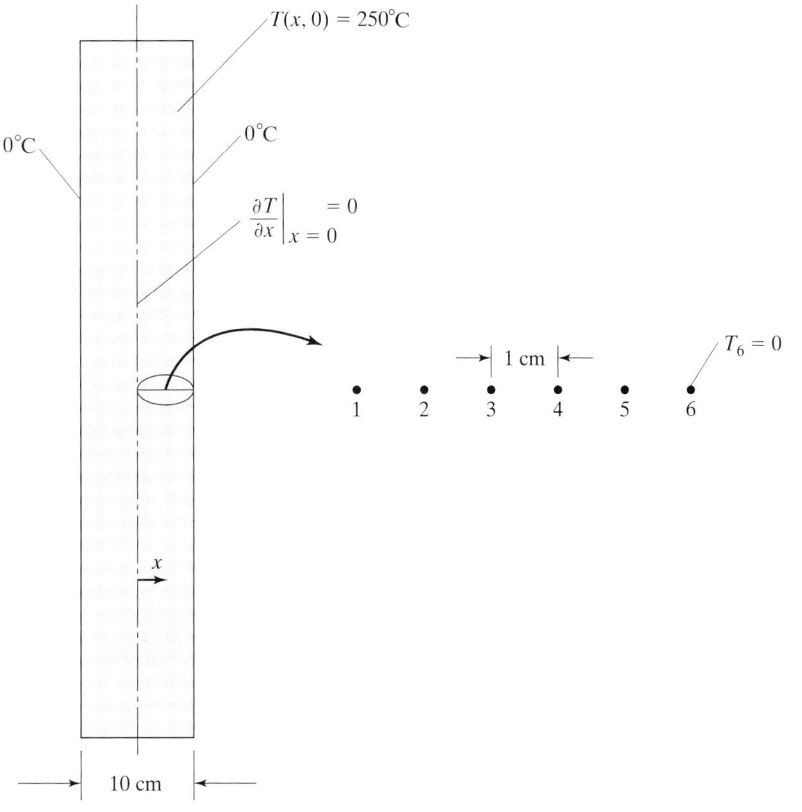

그림 9.18 예제 9.4에서의 판의 개념도

절점 1에서: $\left.\frac{\partial T}{\partial x}\right|_{x=0} = 0 \quad \Rightarrow T_1^{p+1} = T_2^{p+1}$

절점 2, 3, 4, 5에 대하여 식 (9.108)에 $Fo = 0.5$를 대입하면 다음과 같다.

$$T_n^{p+1} = 0.5(T_{n-1}^p + T_{n+1}^p)$$

절점 6에서: $T_6^{p+1} = 0°\text{C}$

위에 식에 대하여 초기조건에서 시작한 후 시간에 대하여 식을 전개하면, 표 9.2와 같은 결과를 얻을 수 있다.

내연해

절점 1의 온도 경계조건으로

절점 1에서: $T_1^{p+1} = T_2^{p+1}$

을 필요로 한다. 절점 2, 3, 4, 5에 대해 식 (9.113)을 이용하여 다음과 같이 표현할 수 있다.

$$-T_{n+1}^{p+1} + 4T_n^{p+1} - T_{n-1}^{p+1} = 2T_m^p$$

절점 6에서: $T_6^{p+1} = 0°\text{C}$

절점 방정식을 행렬 형태로 표현하면 다음의 결과를 얻을 수 있다.

$$\begin{bmatrix} 1 & -1 & 0 & 0 & 0 & 0 \\ -1 & 4 & -1 & 0 & 0 & 0 \\ 0 & -1 & 4 & -1 & 0 & 0 \\ 0 & 0 & -1 & 4 & -1 & 0 \\ 0 & 0 & 0 & -1 & 4 & -1 \\ 0 & 0 & 0 & 0 & 0 & 1 \end{bmatrix} \begin{Bmatrix} T_1^{P+1} \\ T_2^{P+1} \\ T_3^{P+1} \\ T_4^{P+1} \\ T_5^{P+1} \\ T_6^{P+1} \end{Bmatrix} = \begin{Bmatrix} 0 \\ 2T_2^P \\ 2T_3^P \\ 2T_4^P \\ 2T_5^P \\ 0 \end{Bmatrix}$$

표 9.2 외연법(explicit method)을 이용한 예제 9.4의 온도

		온도(°C)					
		$n = 1$	2	3	4	5	6
p	t (sec)	$x = 0$	0.01	0.02	0.03	0.04	0.05
0	0	250	250	250	250	250	250
1	0.2	250	250	250	250	250	0
2	0.4	250	250	250	250	125	0
3	0.6	250	250	250	187.5	125	0
4	0.8	250	250	218.7	187.5	93.7	0
5	1	234.3	234.3	218.7	156.2	93.7	0
6	1.2	226.5	226.5	195.2	156.2	78.1	0
7	1.4	210.8	210.8	191.3	136.6	78.1	0
8	1.6	201.1	201.1	173.7	134.7	68.3	0
9	1.8	187.4	187.4	167.9	121	67.3	0
10	2	177.6	177.6	154.2	117.6	60.5	0
11	2.2	165.9	165.9	147.6	107.3	58.8	0
12	2.4	156.7	156.7	136.6	103.2	53.6	0
13	2.6	146.6	146.6	129.9	95.1	51.6	0
14	2.8	138.2	138.2	120.8	90.7	47.5	0
15	3	129.5	129.5	114.4	84.1	45.3	0

초기조건에서 판의 온도는 $T = 250°\text{C}$로 일정하다. 위 행렬식의 우변에 초기조건을 적용하면 다음 식을 얻을 수 있다.

$$\begin{bmatrix} 1 & -1 & 0 & 0 & 0 & 0 \\ -1 & 4 & -1 & 0 & 0 & 0 \\ 0 & -1 & 4 & -1 & 0 & 0 \\ 0 & 0 & -1 & 4 & -1 & 0 \\ 0 & 0 & 0 & -1 & 4 & -1 \\ 0 & 0 & 0 & 0 & 0 & 1 \end{bmatrix} \begin{Bmatrix} T_1^1 \\ T_2^1 \\ T_3^1 \\ T_4^1 \\ T_5^1 \\ T_6^1 \end{Bmatrix} = \begin{Bmatrix} 0 \\ 500 \\ 500 \\ 500 \\ 500 \\ 0 \end{Bmatrix}$$

위의 선형 방정식들을 풀면 시간 $t = 0.2$초에서의 절점온도를 구할 수 있다.

$$[\mathbf{T}^1] = [248.36 \quad 248.36 \quad 245.09 \quad 232.02 \quad 183.00 \quad 0]$$

위의 결과를 이용하면 이제 $t = 0.4$초에서의 절점값을 구할 수 있다.

$$\begin{bmatrix} 1 & -1 & 0 & 0 & 0 & 0 \\ -1 & 4 & -1 & 0 & 0 & 0 \\ 0 & -1 & 4 & -1 & 0 & 0 \\ 0 & 0 & -1 & 4 & -1 & 0 \\ 0 & 0 & 0 & -1 & 4 & -1 \\ 0 & 0 & 0 & 0 & 0 & 1 \end{bmatrix} \begin{Bmatrix} T_1^1 \\ T_2^1 \\ T_3^1 \\ T_4^1 \\ T_5^1 \\ T_6^1 \end{Bmatrix} = \begin{Bmatrix} 0 \\ 2 \times 248.36 \\ 2 \times 245.09 \\ 2 \times 232.02 \\ 2 \times 183.00 \\ 0 \end{Bmatrix}$$

$$[\mathbf{T}^2] = [244.38 \quad 244.38 \quad 236.44 \quad 211.19 \quad 144.29 \quad 0]$$

위와 같은 절차로 구하고자 하는 특정 시간에서의 값까지 진행할 수 있다. 예제 9.4는 외연법과 내연법의 차이를 나타내었다.

다음으로 과도 열전달 문제에서의 유한요소 정식화를 알아보겠다.

유한요소법

9.2절과 9.3절에서 정상상태의 열문제에 관한 열전도행렬과 열하중행렬에 대하여 유도하였다. 이 문제에 대한 유한요소 정식화는 아래와 같은 형태이다.

$$[\mathbf{K}]\{\mathbf{T}\} = \{\mathbf{F}\} \tag{9.114}$$

[열전도행렬]{온도행렬} = {열하중행렬}

과도 열전달 문제에서는 저장되는 열에너지에 대한 항도 계산해야 하며, 이는 다음과 같다.

$$[\mathbf{C}]\{\mathbf{T}^{\cdot}\} + [\mathbf{K}]\{\mathbf{T}\} = \{\mathbf{F}\} \tag{9.115}$$

[열저항행렬] + [열전도행렬]{온도행렬} = {열하중행렬}

특정 시간에서 식 (9.115)의 해를 구하기 위해서는 시간에 대하여 적분을 해야 한다. 이 때 사용되는 시간간격은 결과값의 정확도에 큰 영향을 끼친다. 만약 시간간격을 너무 적게 설정하면 온도 결과값들이 크게 요동쳐서 의미 없는 값이 될 것이며, 반면에 시간간격을 너무 크게 설정하면 온도 도함수가 정밀하게 계산되지 못하게 된다. 타당한 시간간격을 구하기 위해서 비오수$\left(Bi = \dfrac{h\Delta x}{k_{\text{solid}}}\right)$와 푸리에수$\left(Fo = \dfrac{\alpha\Delta t}{(\Delta x)^2}\right)$를 사용할 수 있다. 여기서 Δx, Δt는 각각 요소 넓이의 평균, 시간간격의 평균을 나타낸다. $Bi < 1$인 문제에서 시간간격은 아래 식과 같이 푸리에수를 0.1과 0.5 사이의 b값으로 동일하게 설정하여 구한다.

$$Fo = \frac{\alpha\Delta t}{(\Delta x)^2} = b$$

그리고 이 식을 Δt에 관하여 풀면 다음 식을 얻게 된다.

$$\Delta t = b\frac{(\Delta x)^2}{\alpha} \quad \text{여기서} \quad 0.1 \le b \le 0.5 \tag{9.116}$$

$Bi > 1$인 문제에 대해서 시간간격은 다음과 같이 푸리에수와 비오수의 곱으로 계산할 수 있다.

$$(Fo)(Bi) = \left[\frac{\alpha\Delta t}{(\Delta x)^2}\right]\left[\frac{h\Delta x}{k_{\text{solid}}}\right] = b$$

이 식을 Δt에 관하여 풀면 다음과 같이 된다.

$$\Delta t = b\frac{(\Delta x)k_{\text{solid}}}{h\alpha} = b\frac{(\Delta x)\rho c}{h} \quad \text{여기서} \quad 0.1 \le b \le 0.5 \tag{9.117}$$

ANSYS는 시간에 대한 적분을 위해 다음의 일반화된 오일러(Euler) 기법을 이용한다.

$$\{\mathbf{T}^{p+l}\} = \{\mathbf{T}^p\} + (1-\theta)\Delta t\{\dot{\mathbf{T}}^p\} + \theta\Delta t\{\dot{\mathbf{T}}^{p+1}\} \tag{9.118}$$

식 (9.118)에서 θ는 오일러 변수라 한다. 온도는 $p = 0$ 시간 단계에 해당하는 $t = 0$에서 시작하며, $p + 1$ 시간 단계에서의 온도값은 전시간 단계인 p 시간 단계의 온도값을 이용하여 구한다. 무조건적으로 안정한 내연법에 대해서 θ의 값은 $\frac{1}{2} \le \theta \le 1$로 제한된다. $\theta = \frac{1}{2}$일 경우, 적분의 기법은 크랭크-니콜슨(Crank-Nicolson)이라 부른다. 이 기법은 많은 과도 열전달 문제에 대하여 정밀한 결과를 제공한다. $\theta = 1$일 경우, 적분의 기법은 후진 오일러(Backward Euler)라 부르고 ANSYS에서는 기본으로 설정하고 있다. 식 (9.118)을 식 (9.115)에 대입하면 다음 식을 얻을 수 있다.

$$\overbrace{\left(\frac{1}{\theta\Delta t}[\mathbf{C}] + [\mathbf{K}]\right)}^{\text{등가 }K\text{ 행렬}}\{\mathbf{T}^{p+1}\} = \overbrace{\{\mathbf{F}\} + [\mathbf{C}]\left(\frac{1}{\theta\Delta t}\{\mathbf{T}^p\} + \frac{1-\theta}{1}\{\dot{\mathbf{T}}^p\}\right)}^{\text{등가 }F\text{ 행렬}} \tag{9.119}$$

식 (9.119)의 식들은 특정 시간에서 절점온도를 구하기 위해 사용한다. 이제 열하중은 어떻게 적용되어야 하는지에 대하여 간단히 알아보자. 열하중은 그림 9.19처럼 계단함수로 갑자기 부과할 수도 있고, 계단함수로 일정 시간에 걸쳐 증가하거나 감소할 수도 있다. ANSYS에서는 계단형 하중값이 첫 하위 단계에서 부과된다. 9.7절에서는 ANSYS를 이용하여 과도 열전달 문제를 푸는 방법에 대하여 알아보자.

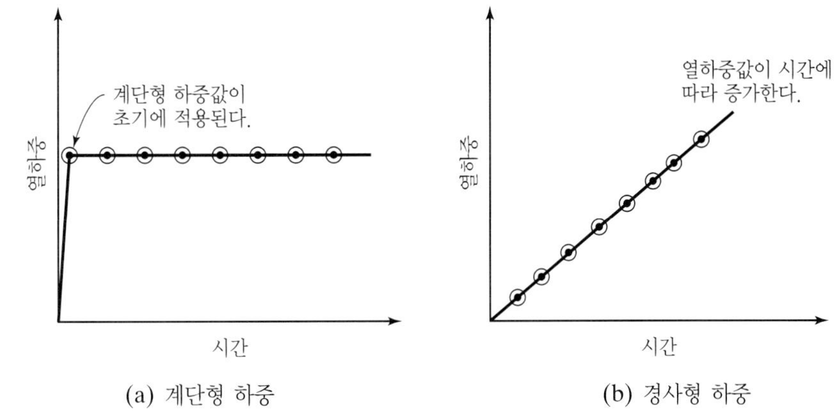

그림 9.19 과도 열전달 문제에 대한 열하중의 선택

9.6 ANSYS의 열전도 요소

ANSYS에는 선형 또는 2차 보간함수를 사용하는 사변형 또는 삼각형 요소로 된 많은 2차원 열-솔리드 요소가 있다.

PLANE35 6절점 삼각형 열-솔리드 요소이다. 이 요소에는 절점당 1개의 자유도(온도)가 있다. 요소 표면에 열유속을 하중으로 부과할 수 있고 대류 경계조건을 부과할 수 있다. 이 요소의 결과 데이터는 절점에서의 온도, 온도 기울기, 열유속 등이다. 이 요소는 8절점 요소인 PLANE77 요소와 같이 사용될 수 있다.

PLANE55 2차원 전도문제를 해석하는 데 사용되는 4절점 사변형 열-솔리드 요소이다. 이 요소에는 절점당 1개의 자유도(온도)가 있다. 요소 표면에 열유속을 하중으로 부과할 수 있고 대류 경계조건을 부과할 수 있다. 이 요소의 결과 데이터는 절점에서의 온도, 온도 구배, 열유속 등이다.

PLANE77 2차원 전도문제를 해석하는 데 사용되는 8절점 사변형 열-솔리드 요소이다. 이 요소는 PLANE55 요소의 고차 요소에 해당한다. 따라서 곡선형 경계를 가진 문제에 대하여 더 정확한 결과를 낸다. 이 요소에는 절점당 1개의 자유도(온도)가 있다. 요소 표면에 열유속(heat flux)을 하중으로 부과할 수 있고 대류 경계조건을 부과할 수 있다. 이 요소의 결과 데이터는 절점에서의 온도, 온도 구배, 열유속 등이다.

일반적으로 고차 요소를 사용하면 더 정확하게 해석할 수 있지만 요소 행렬의 계산에 필요한 수치 적분에 더 많은 시간이 소요된다.

9.7 ANSYS를 이용한 예제

정상상태 예제

두 가지 재료로 제작된 작은 굴뚝을 고려한다. 안쪽 층은 열전도도 $k = 0.07$ Btu/hr · in · °F인 콘크리트로 되어 있고, 바깥쪽 층은 열전도도 $k = 0.04$ Btu/hr · in · °F인 벽돌로 되어 있다. 굴뚝의 안쪽 표면은 대류 열전달계수가 0.037 Btu/hr · in^2 · °F이고 굴뚝을 통과하는 뜨거운 가스의 온도는 140°F로 가정하였다. 바깥쪽 표면은 대류 열전달계수가 0.012 Btu/hr · in^2 · °F이고 10°F인 공기로 둘러싸여져 있다. 그림 9.20에 굴뚝의 치수를 나타내었다. 정상상태 조건에서 콘크리트층과 벽돌층의 내부 온도 분포를 계산하라. 그리고 각 층의 열유속을 도시하라.

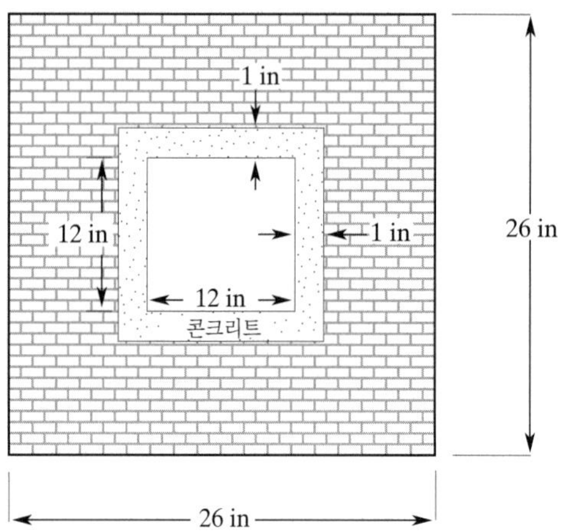

그림 9.20 9.7절 예제 문제의 굴뚝의 개략도

다음에 ANSYS를 사용하여 적절한 요소를 선택하고, 문제의 형상을 생성하여 요소 및 절점을 만들고, 경계조건을 부과하여 절점에서의 값을 구하는 절차를 설명하겠다.

시작메뉴를 사용하여 **ANSYS** 프로그램을 실행시킨다. 대화상자의 **Jobname** 입력란에 **Chimney**(또는 원하는 파일명)를 입력한다. GUI를 실행하기 위해 **Run**을 선택한다.

다음 명령으로 문제에 대한 제목을 입력한다. 이 제목은 ANSYS 표시창에 나타나며 프로그램 창을 구별하는 데 사용된다. 이제 다음의 명령절차를 따라서 입력한다.

utility menu: **File → Change Title** . . .

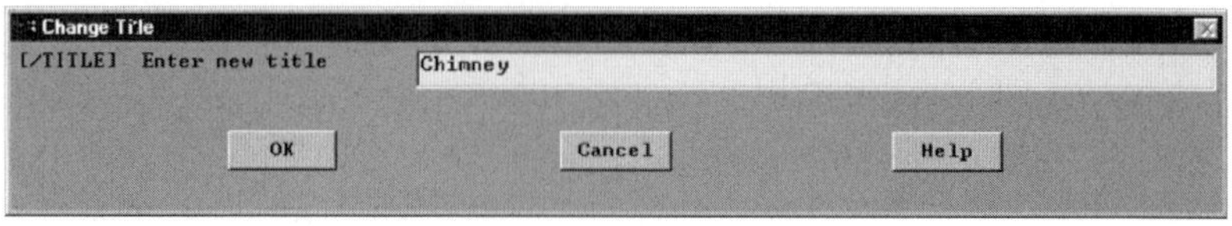

다음 명령으로 요소의 종류와 재료의 물성을 선택한다.

main menu: **Preprocessor → Element Type → Add/Edit/Delete**

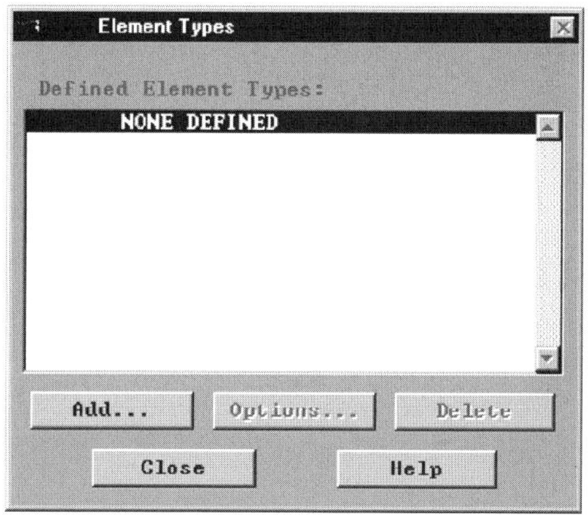

요소 라이브러리에서 Thermal Mass 아래의 **Solid**를 선택하고, **Quad 4node 55**를 선택한다.

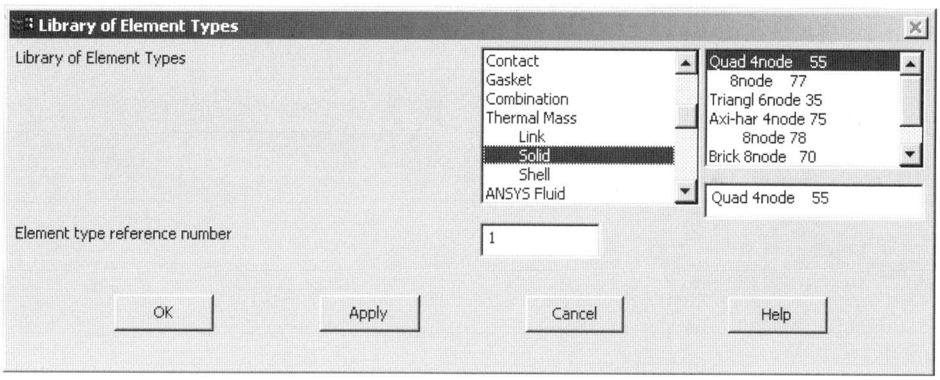

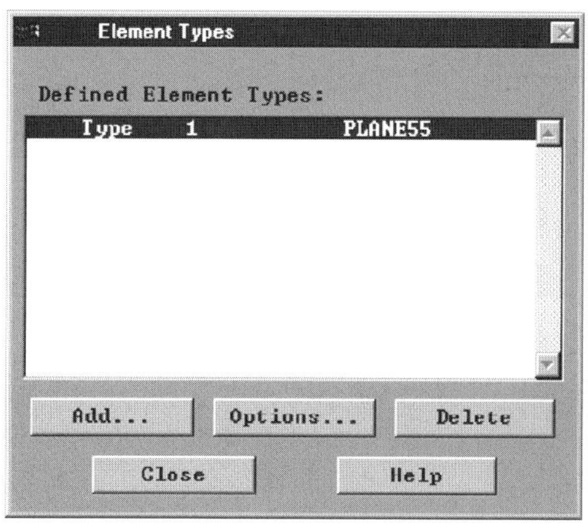

재료 물성치인 콘크리트와 벽돌의 열전도도를 입력한다. 먼저 콘크리트의 물성치를 아래와 같이 입력한다.

main menu: **Preprocessor → Material Props → Material Models → Thermal → Conductivity → Isotropic**

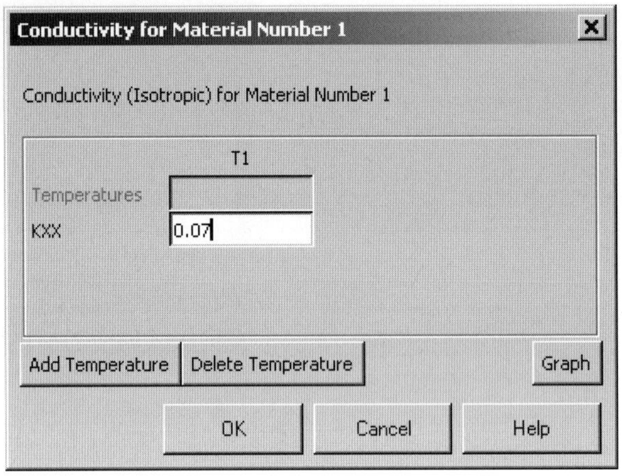

Define Material Model Behavior 창에서:

Material → New Model . . .

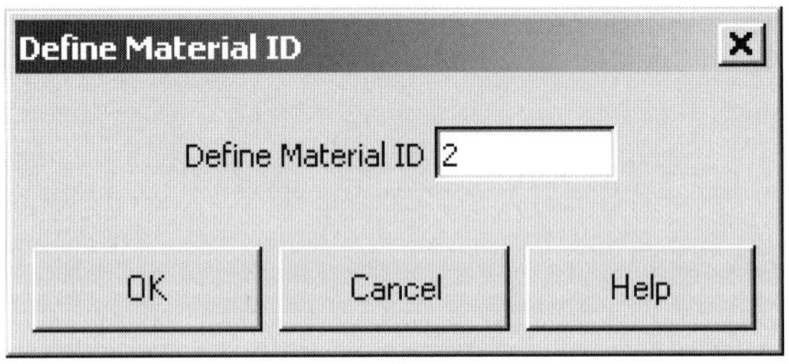

Isotropic 키를 더블클릭하여 벽돌의 열전도도를 입력한다.

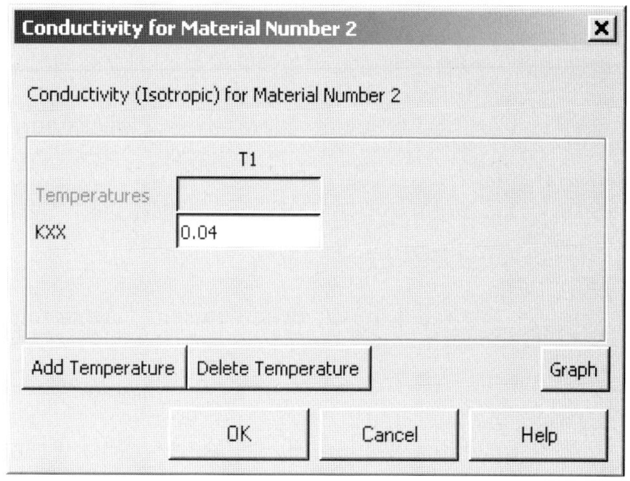

ANSYS Toolbar: **SAVE_DB**

작업평면 설정, 줌 등을 사용하여 문제에 맞도록 그래픽 영역을 설정한다.

utility menu: **Workplane → WP Settings** . . .

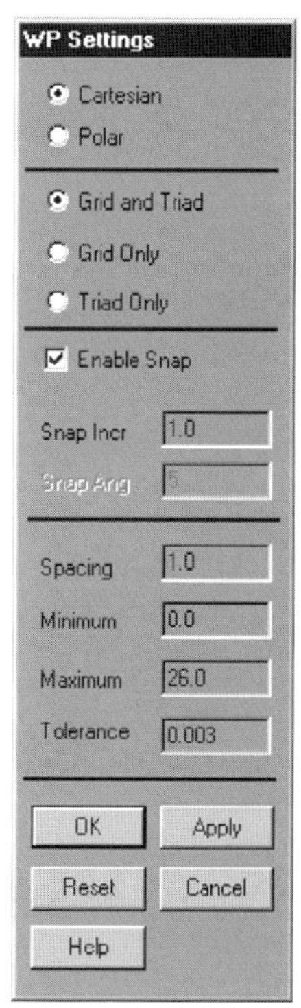

다음 명령으로 작업평면을 나타낸다.

utility menu: **Workplane → Display Working Plane**

다음 명령으로 작업평면을 창에 적절히 위치시킨다.

utility menu: **PlotCtrls → Pan, Zoom, Rotate**

작업평면이 보일 때까지 **small circle**을 클릭한다. 다음 명령으로 굴뚝의 벽돌 부분에 해당하는 면을 생성한다.

main menu: **Preprocessor → Modeling → Create → Areas → Rectangles → By 2 Corners**

작업평면에 면의 모서리 위치를 선택한 후 apply를 실행한다.

[작업평면의 좌하단인 WP = 0,0 좌표에 마우스를 위치시키고 좌측 버튼을 클릭한다]

[러버밴드를 위로 26, 우측으로 26만큼 확장하고 좌측 버튼을 클릭한다]

[WP = 6,6]

[러버밴드를 위로 14, 우측으로 14만큼 확장하고 좌측 버튼을 클릭한다]

OK

굴뚝의 벽돌 부분에 해당하는 면은 바로 전에 만든 두 면을 빼서 만든다.

main menu: **Preprocessor → Modeling → Operate → Booleans → Subtract → Areas**

[면 1을 선택한다]

[ANSYS 그래픽 창의 임의 위치에 마우스를 두고 가운데 버튼을 클릭한다]

[면 2를 선택한다]

[ANSYS 그래픽 창의 임의 위치에 마우스를 두고 가운데 버튼을 클릭한다]

OK

다음 명령으로 굴뚝의 콘크리트 부분에 해당하는 면을 생성한다.

main menu: **Preprocessor** → **Modeling** → **Create** → **Areas** → **Rectangles** → **By 2 Corners**

작업평면에 면의 모서리 위치를 선택하여 면을 생성한다.

[WP = 6,6]

[러버밴드를 위로 14, 우측으로 14만큼 확장하고 좌측 버튼을 클릭한다]

번호가 4인 면이 생성된다.

[WP = 7,7]

[러버밴드를 위로 12, 우측으로 12만큼 확장하고 좌측 버튼을 클릭한다]

Apply 버튼을 클릭한다. 번호가 5인 면이 생성된다.

OK

굴뚝의 콘크리트 부분에 해당하는 면은 바로 전에 만든 두 면을 빼서 만든다.

main menu: **Preprocessor** → **Modeling** → **Operate** → **Booleans** → **Subtract** → **Areas**

[면 4를 선택한다]

[ANSYS 그래픽 창의 임의 위치에 마우스를 두고 가운데 버튼을 클릭한다]

[면 5를 선택한다]

[ANSYS 그래픽 창의 임의 위치에 마우스를 두고 가운데 버튼을 클릭한다]

OK

지금까지의 작업이 제대로 되었는지를 확인하기 위하여 다음 명령으로 작업평면을 화면에 나타나지 않도록 한 후 면 번호를 나타나도록 한다.

utility menu: **Workplane** → **Display Working Plane**

utility menu: **PlotCtrls** → **Numbering** . . .

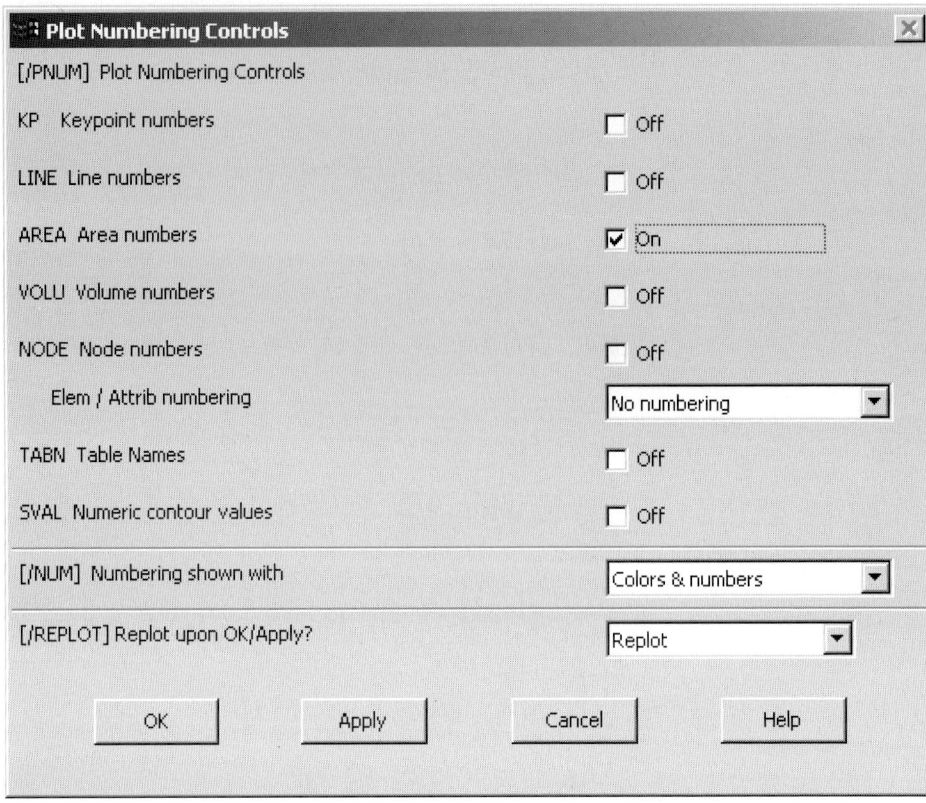

utility menu: **Plot** → **Areas**

ANSYS Toolbar: **SAVE_DB**

이제 요소와 절점을 만들기 위하여 면에 격자를 생성한다. 먼저 다음 명령으로 요소의 크기를 정한다.

main menu: **Preprocessor** → **Meshing** → **Size Cntrls** → **Manual Size** → **Global** → **Size**

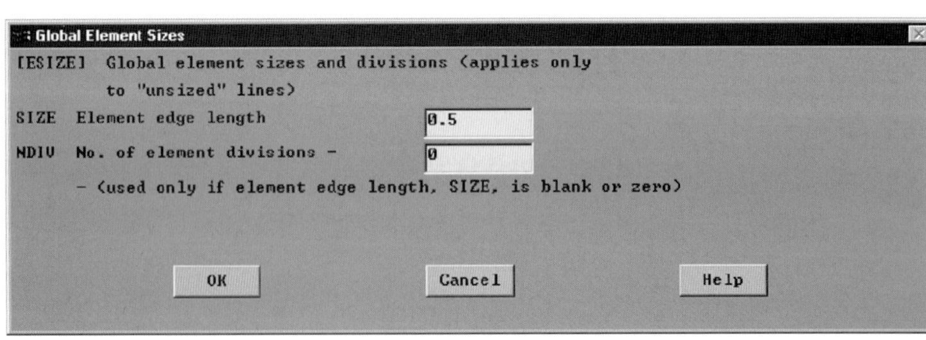

콘크리트와 벽돌 사이에 있는 경계점들을 하나로 하기 위하여 다음 명령으로 면을 합친다.

main menu: **Preprocessor → Modeling → Operate → Booleans → Glue → Areas**

Pick All 버튼을 선택한다. 요소를 생성하기 전에 다음 명령으로 콘크리트와 벽돌의 재료 물성치를 입력한다.

main menu: **Preprocessor → Meshing → Mesh Attributes → Picked Areas**

[콘크리트 면을 선택한다]

[ANSYS 그래픽 창의 임의 위치에 마우스를 두고 가운데 버튼을 클릭한다]

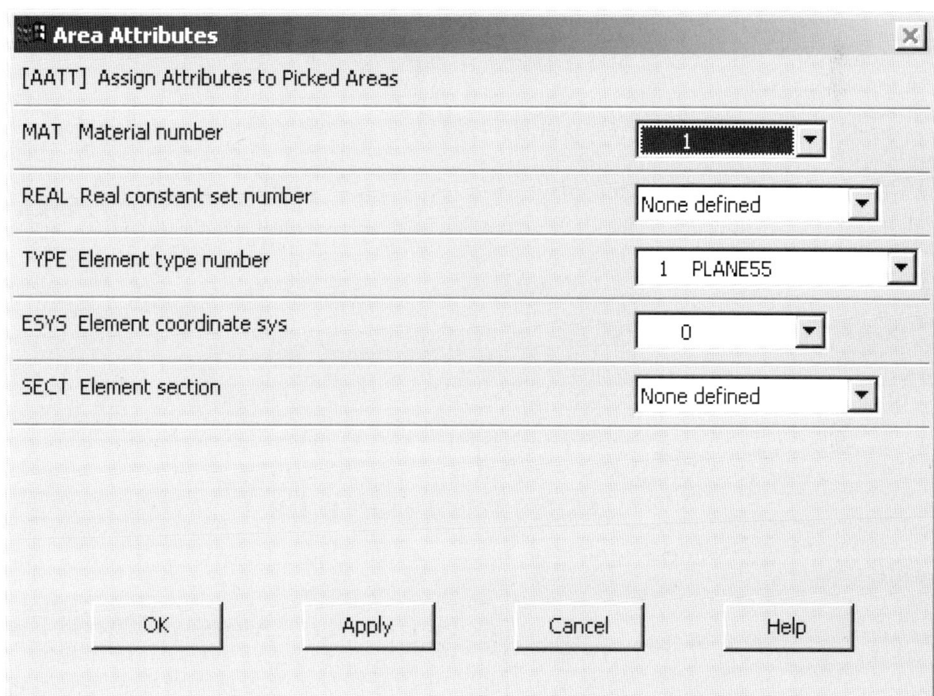

main menu: **Preprocessor → Meshing → Mesh Attributes → Picked Areas**

[벽돌 면을 선택한다]

[ANSYS 그래픽 창의 임의 위치에 마우스를 두고 가운데 버튼을 클릭한다]

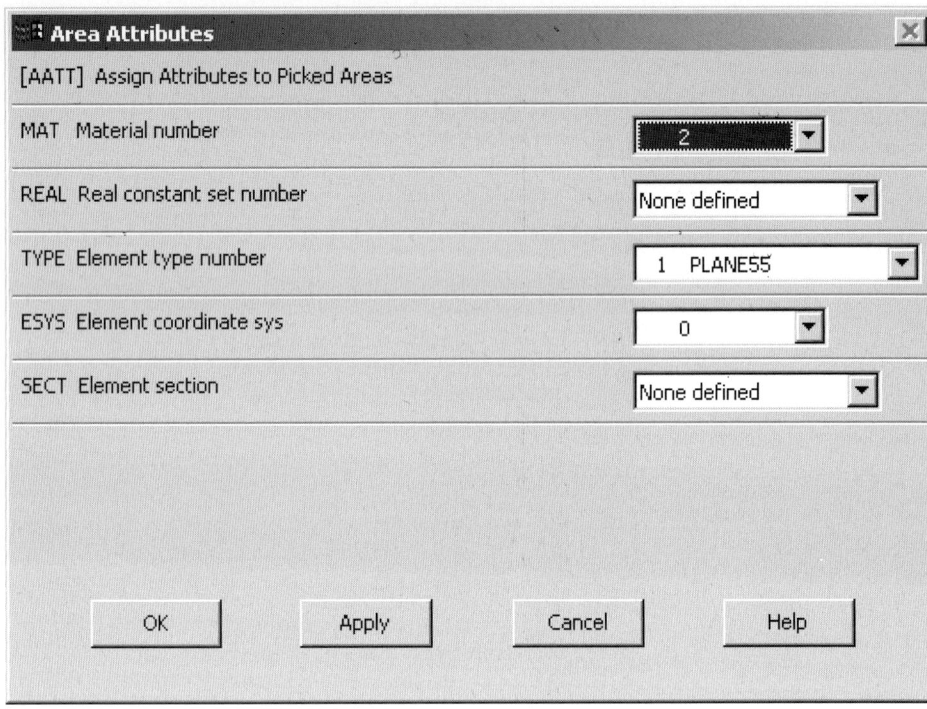

ANSYS Toolbar: **SAVE_DB**

다음 명령으로 요소를 생성한다.

main menu: **Preprocessor → Meshing → Mesh → Areas → Free**

Pick All 버튼을 클릭한다. 다음 명령을 실행하여 생성된 요소의 재료 번호를 확인한다.

utility menu: **PlotCtrls → Numbering** . . .

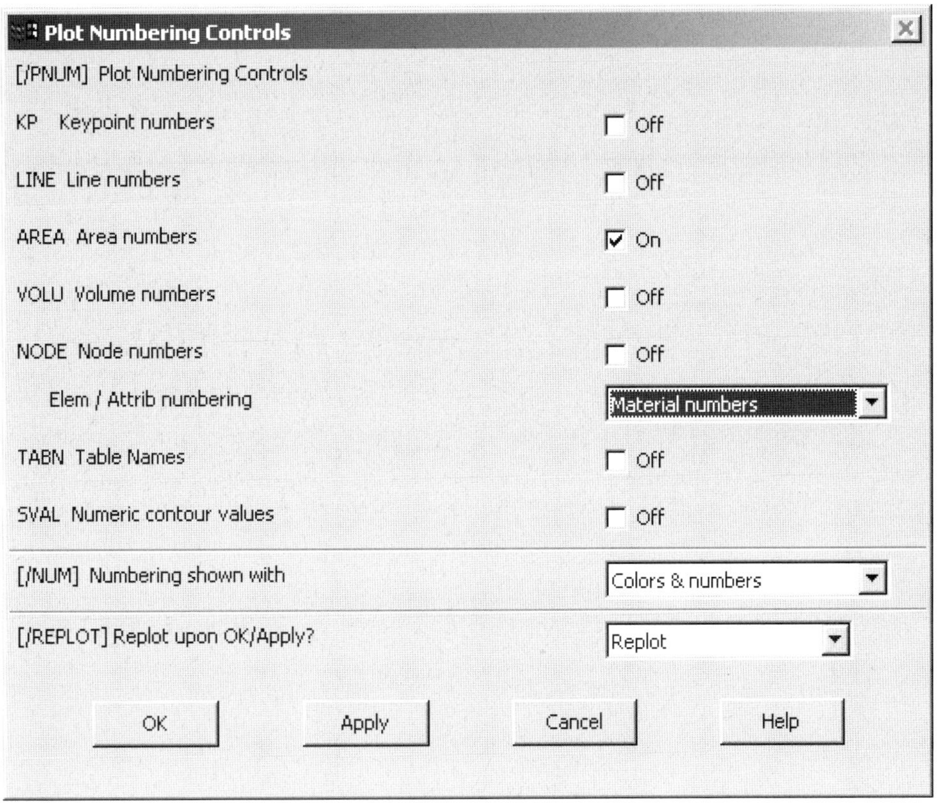

다음 명령으로 경계조건을 부과한다.

main menu: **Solution → Define Loads → Apply → Thermal → Convection → On Lines**

콘크리트의 안쪽 대류 경계조건 면을 선택한 후 **OK** 버튼을 클릭한다. 대류 열전달계수와 온도를 입력한다.

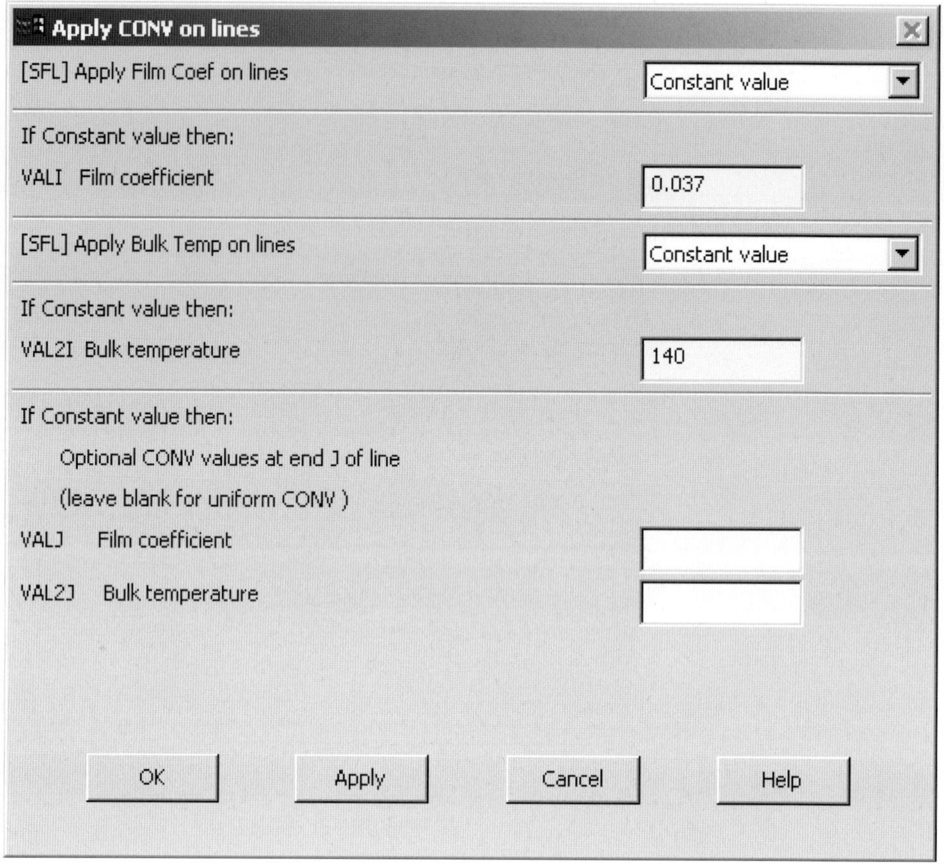

main menu: **Solution** → **Define Loads** → **Apply** → **Thermal** → **Convection** → **On Lines**

벽돌의 바깥쪽 대류 경계조건 면을 선택한 후 **OK** 버튼을 클릭한다. 대류 열전달계수와 온도를 입력한다.

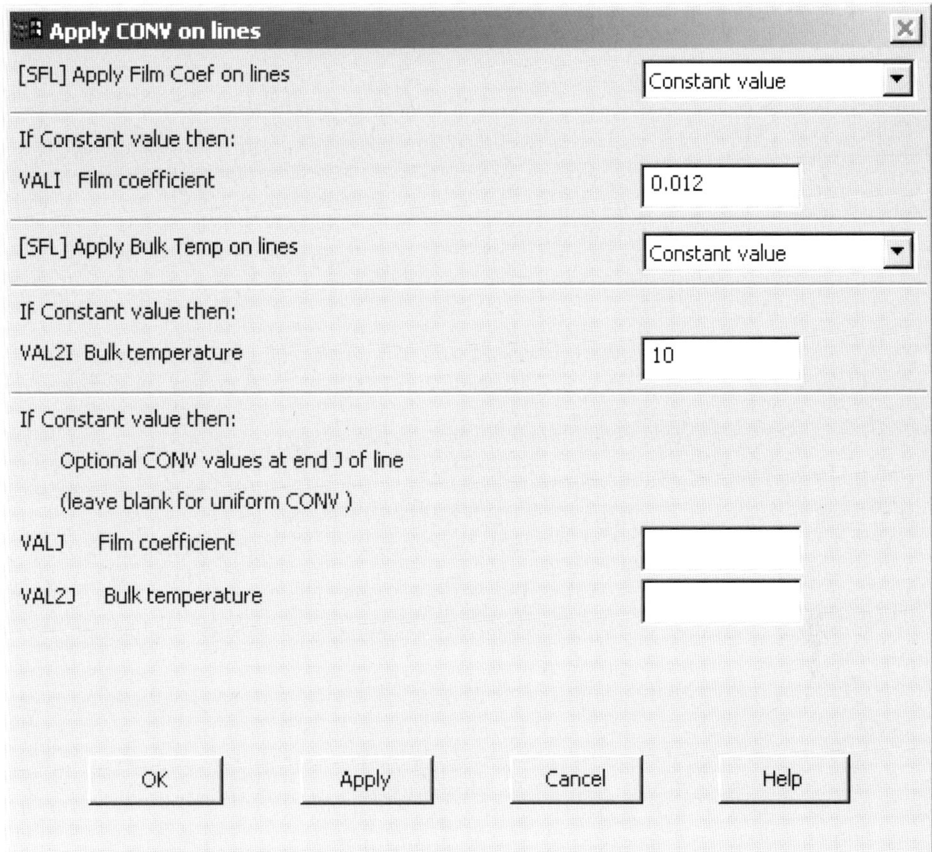

대류 경계조건이 제대로 입력되었는지 확인하기 위하여 다음 명령을 실행한다.

utility menu: **PlotCtrls → Symbols** . . .

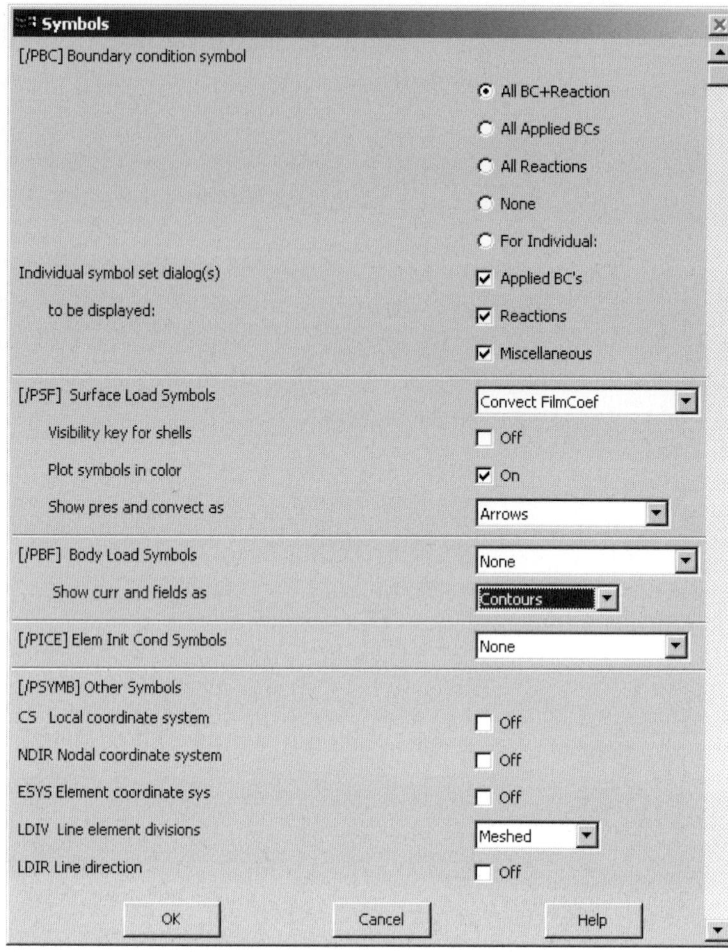

utility menu: **Plot → Lines**

ANSYS Toolbar: **SAVE_DB**

이제 다음 과정에 따라 문제의 해를 구한다.

main menu: **Solution → Solve → Current LS**

OK

(the solution is done!) 창을 **Close**

(the /STAT Command) 창을 **Close**

후처리 단계로서 다음 명령에 따라 먼저 절점온도와 열유속 같은 물리량을 도시한다.

main menu: **General Postproc → Plot Results → Contour Plot → Nodal Solu**

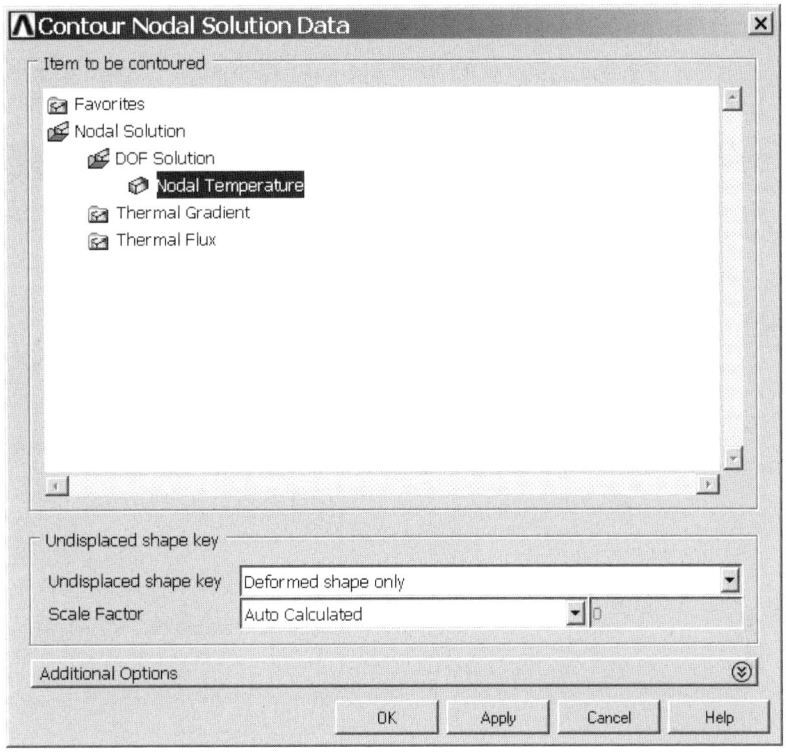

굴뚝의 온도 분포에 관하여 그림 9.21 에 나타내었다.

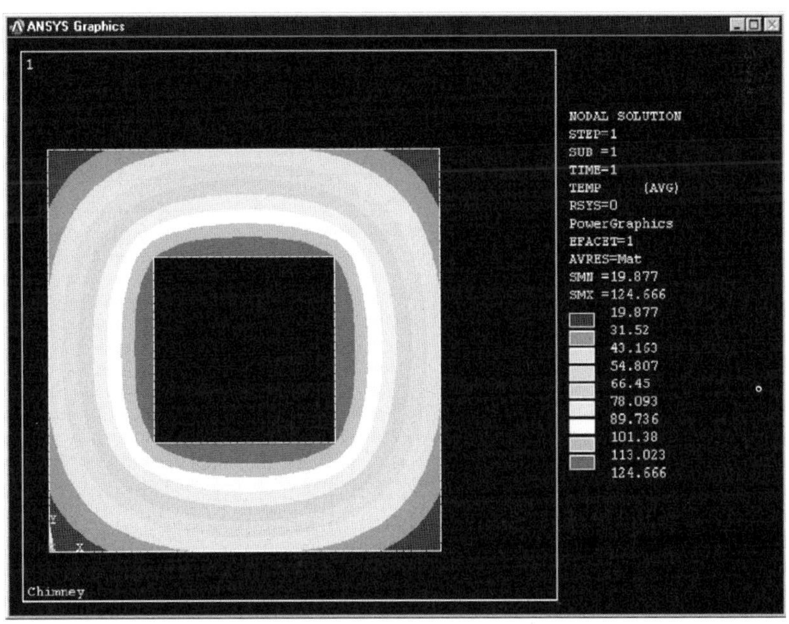

그림 9.21 온도 분포도

다음 명령으로 열유동 벡터를 도시한다. 그림 9.22에 결과를 나타내었다.

main menu: **General Postproc → Plot Results → Vector Plot → Predefined**

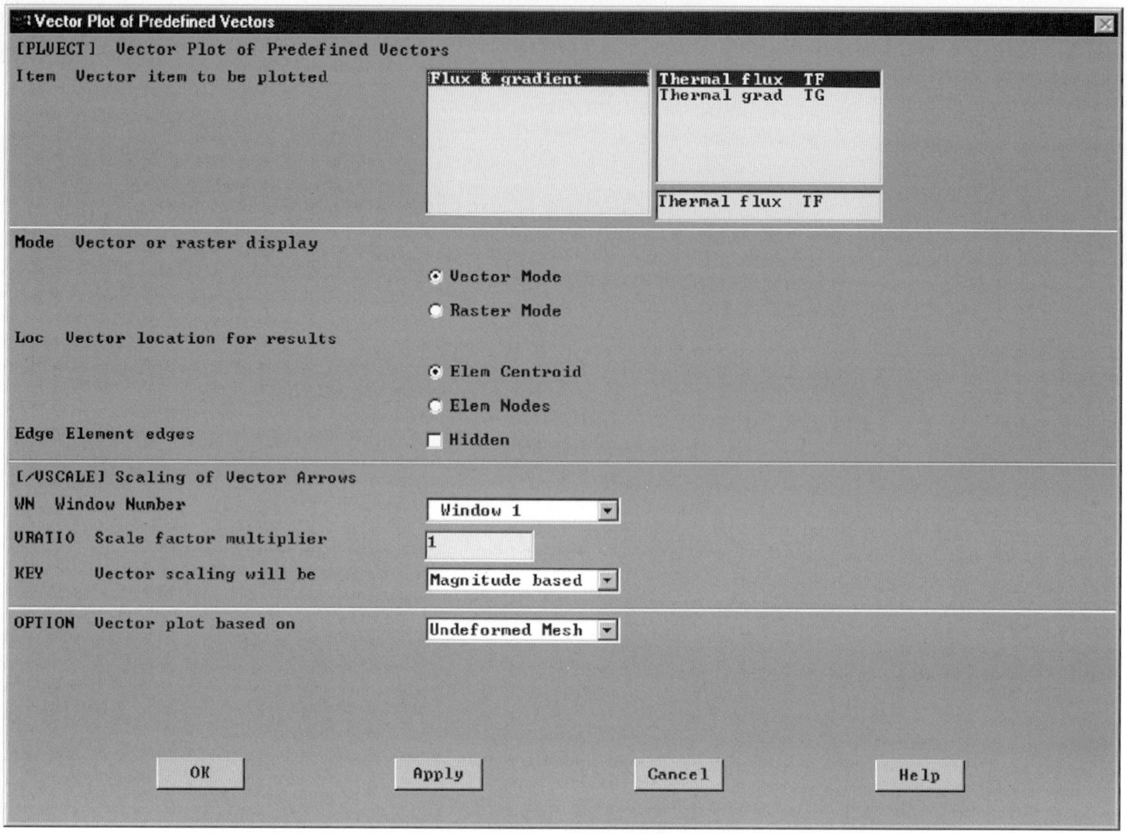

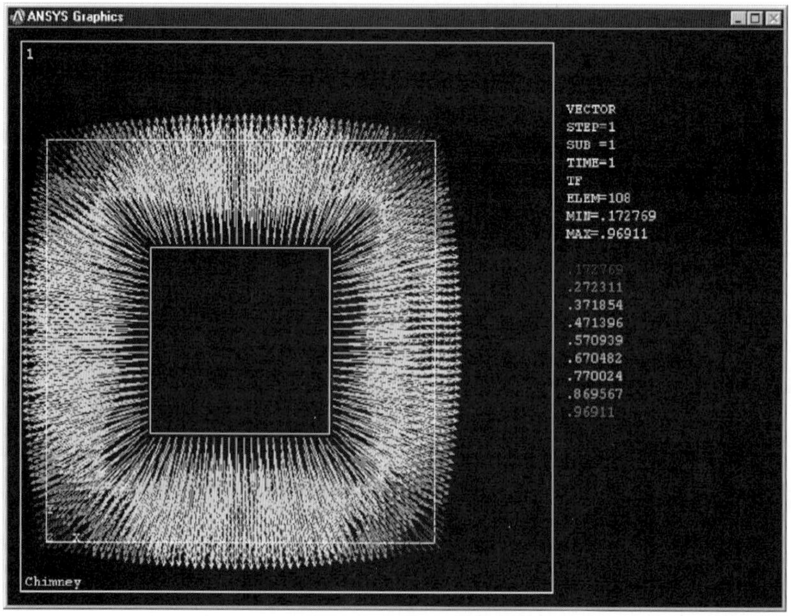

그림 9.22 열유동 벡터선도

다음 명령을 수행한다.

utility menu: **Plot → Areas**

main menu: **General Postproc → Path Operations → Define Path → On Working Plane**

그림 9.23의 *A*–*A*로 표시된 선을 따라 두 점을 선택하고 **OK** 버튼을 클릭한다.

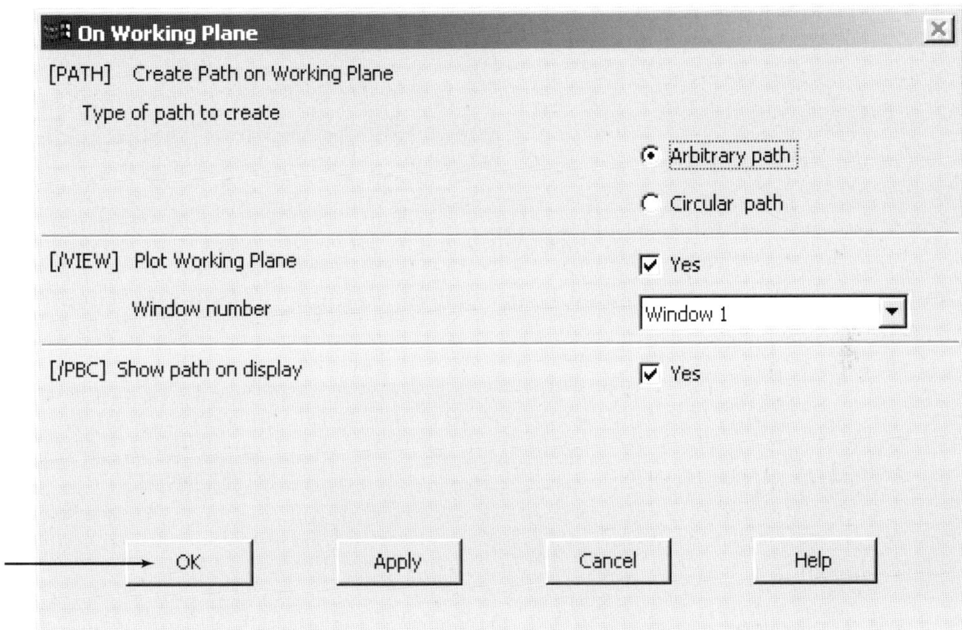

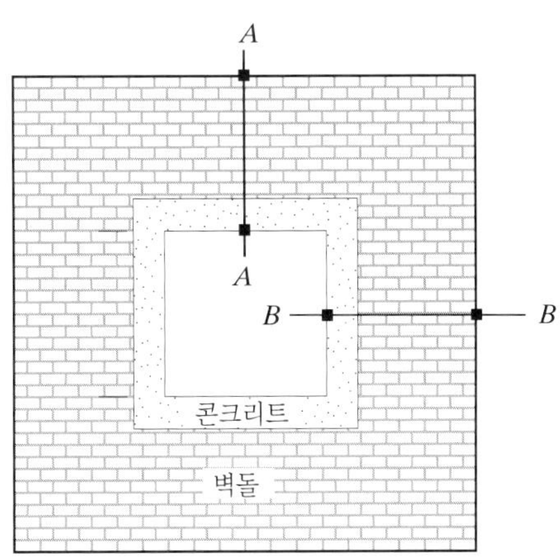

그림 9.23 경로 수행을 위한 경로의 정의

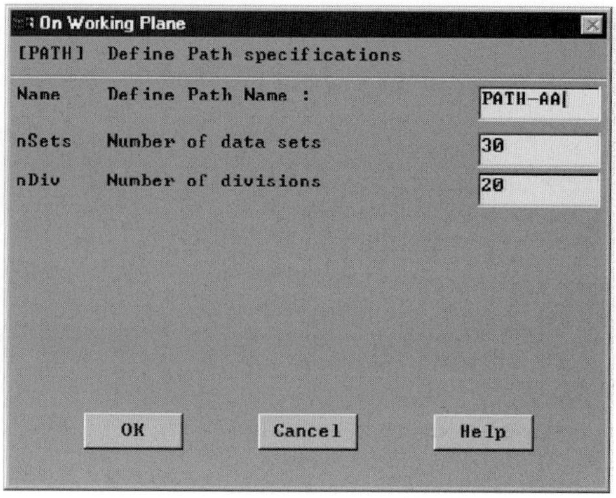

다음 명령을 실행한다.

main menu: **General Postproc → Path Operations → Map onto Path**

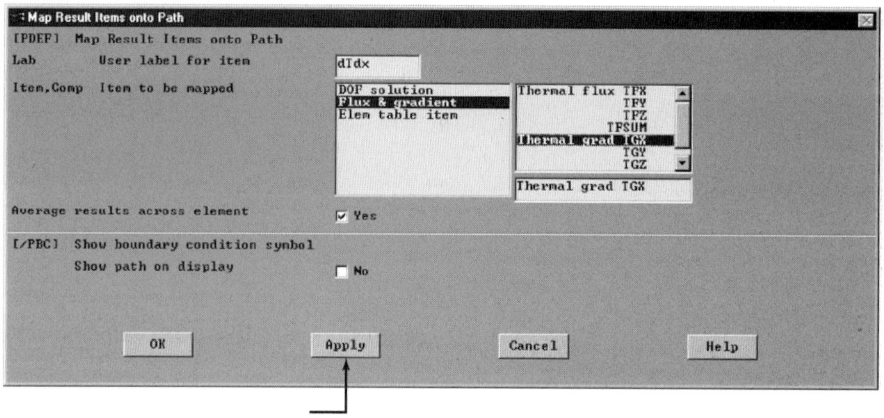

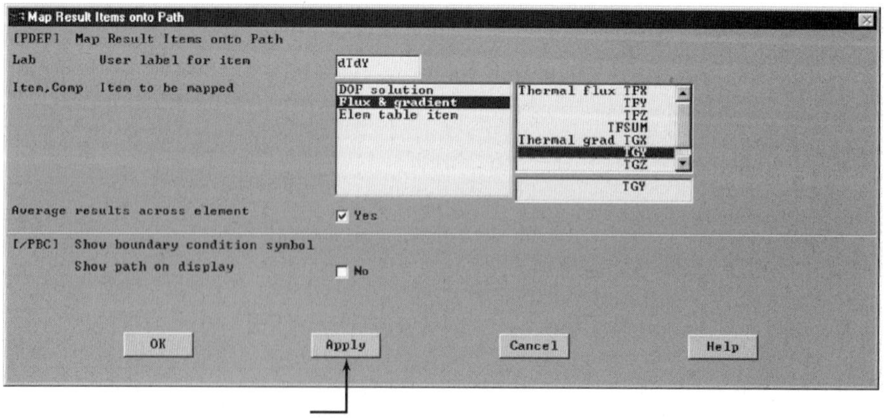

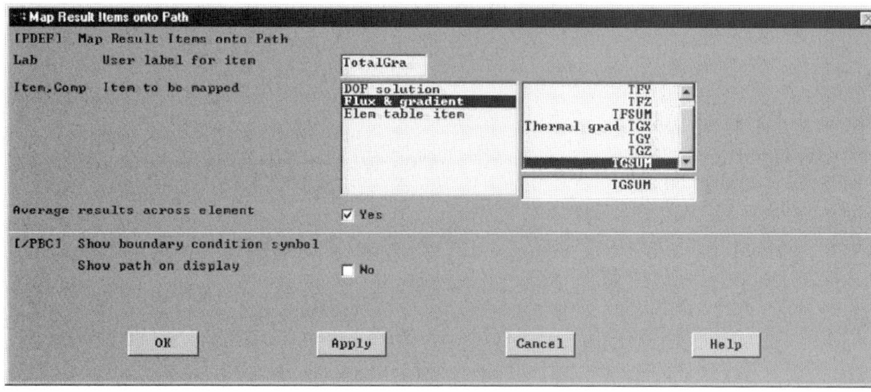

main menu: **General Postproc → Path Operations**

→ Plot Path Item → On Graph

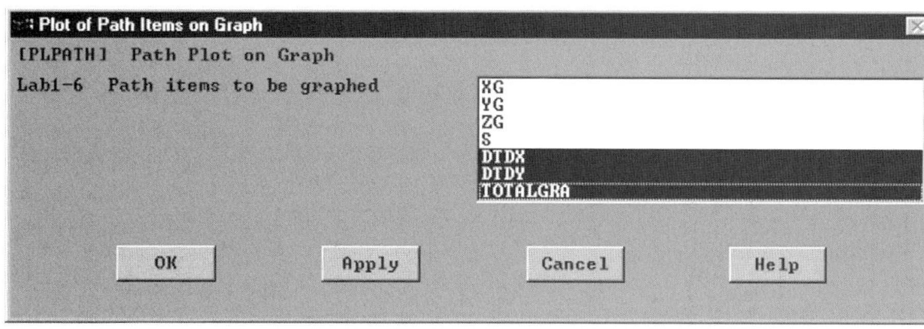

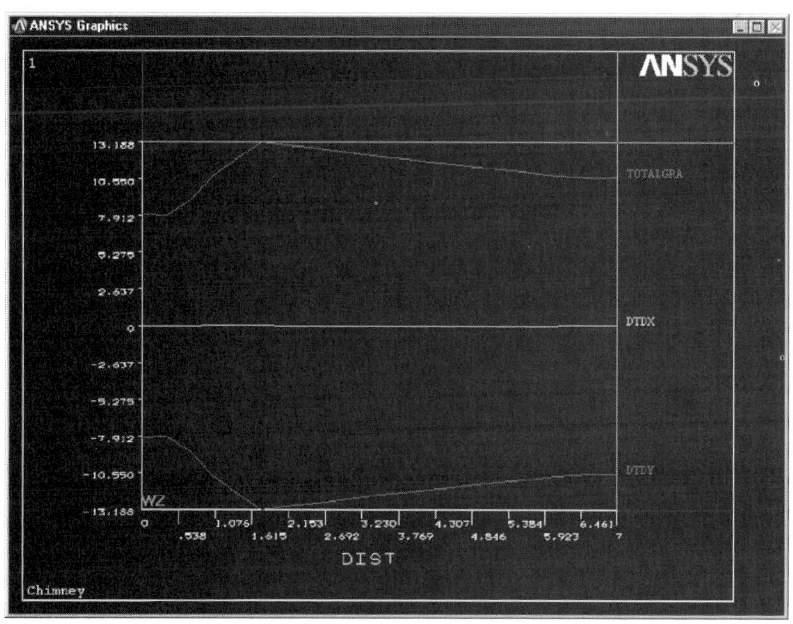

그림 9.24 경로 *A*–*A*를 따른 온도 구배의 변화

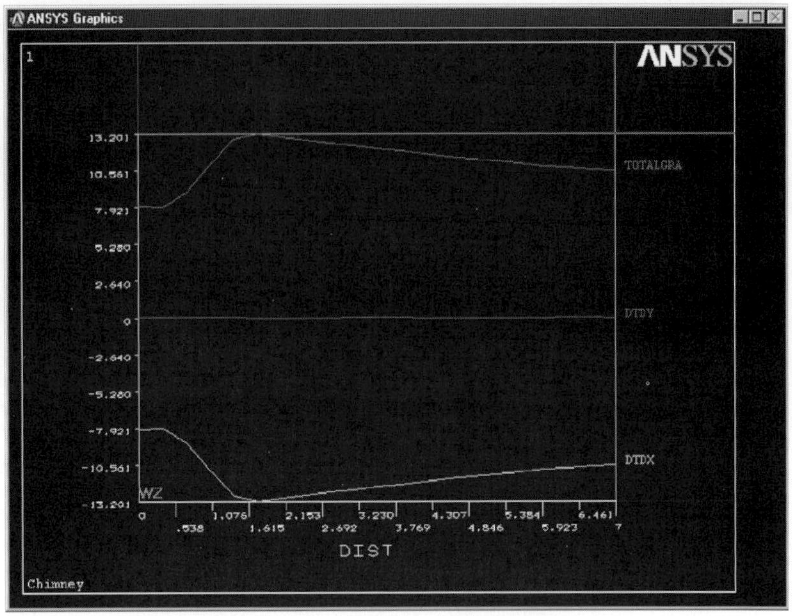

그림 9.25 경로 *B–B*를 따른 온도 구배의 변화

B–B 경로에 대해서 동일한 방법으로 수행한다.

모든 것을 저장하고 ANSYS를 종료한다.

ANSYS Toolbar: **QUIT**

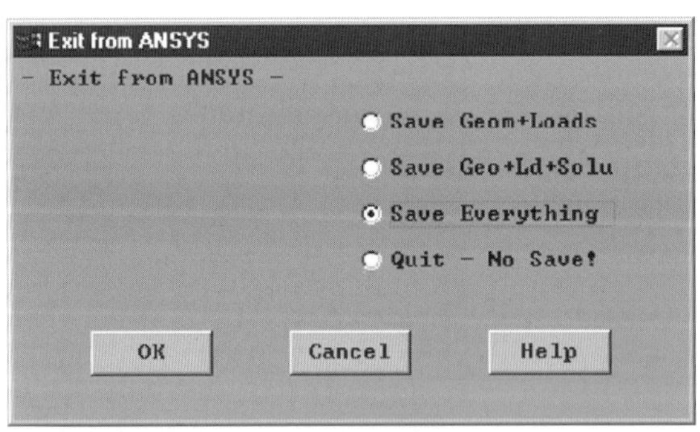

과도 열전달 예제

이번 문제에서는 과도 열전달의 핀(fin)의 반응에 관해 ANSYS를 이용하여 고찰해 보겠다. 알루미늄 핀($k = 170$ W/m · K, $\rho = 2800$ kg/m^3, $c = 870$ J/kg · K)은 여러 가지 장치에서 히트 싱크로 사용된다. 핀의 단면에 대한 예는 그림 9.26에 나타나 있다. 핀은 초기에 28°C의 일정한 온도에 있다. 핀이 부착되어 있는 장치가 작동하면 핀 기저부(base)에서의 온도는 순간적으로 90°C로 상승한다. 주위 공기의 온도는 28°C이고, 열전달계수 $h =$ 30 W/m^2 · K이다.

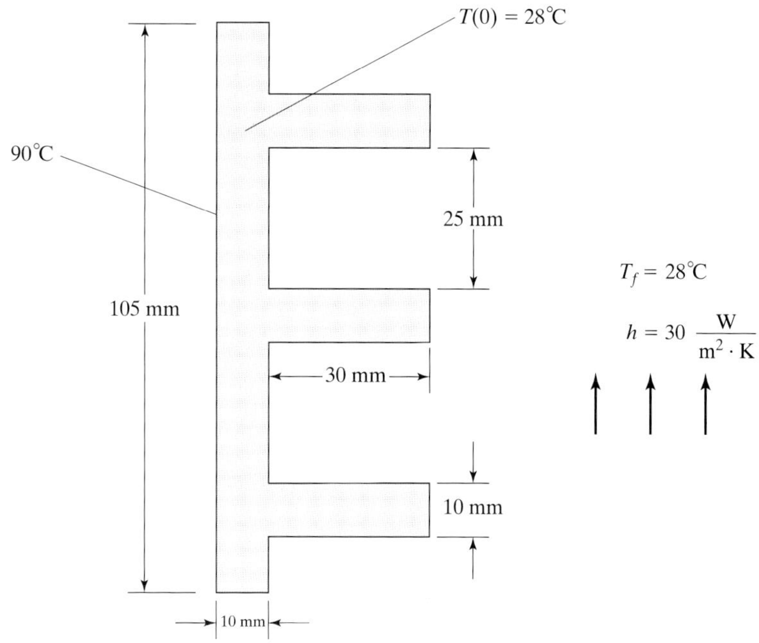

그림 9.26 예제 문제에서 핀의 개략도

시작메뉴를 사용하여 **ANSYS** 프로그램을 실행시킨다. 대화상자의 **Jobname** 입력란에 **TranFin**(또는 원하는 파일명)을 입력한다. GUI를 실행하기 위해 **Run**을 선택한다.

다음 명령으로 문제에 대한 제목을 입력한다.

utility menu: **File → Change Title . . .**

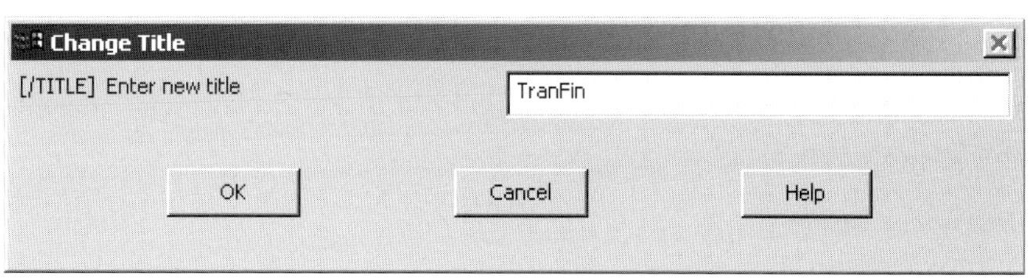

main menu: **Preprocessor → Element Type → Add/Edit/Delete**

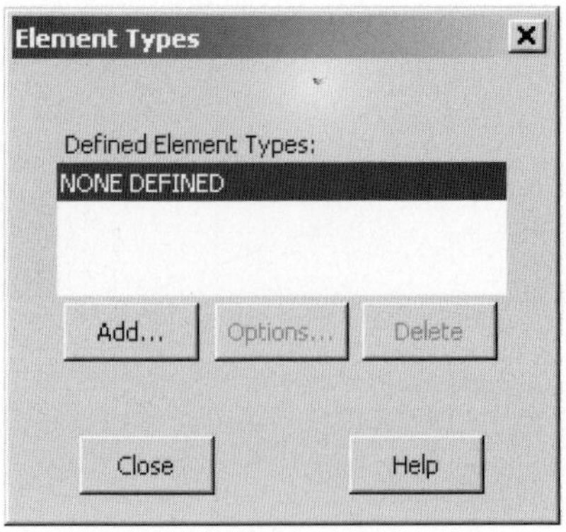
Element Types
Defined Element Types:
NONE DEFINED
Add...
Options...
Delete
Close
Help

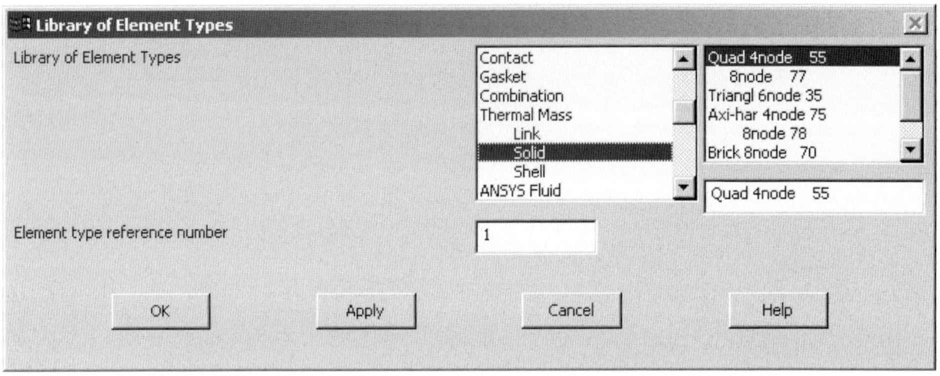
Library of Element Types
Library of Element Types
Contact
Gasket
Combination
Thermal Mass
Link
Solid
Shell
ANSYS Fluid
Quad 4node 55
8node 77
Triangl 6node 35
Axi-har 4node 75
8node 78
Brick 8node 70
Quad 4node 55
Element type reference number
1
OK
Apply
Cancel
Help

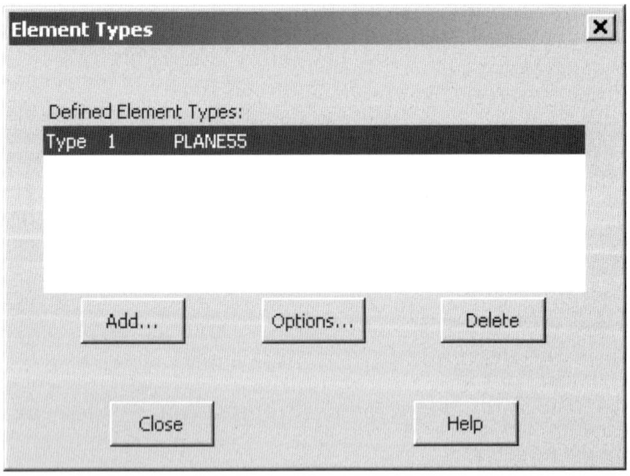
Element Types
Defined Element Types:
Type 1 PLANE55
Add...
Options...
Delete
Close
Help

main menu: **Preprocessor → Material Props → Material Models → Thermal → Conductivity → Isotropic**

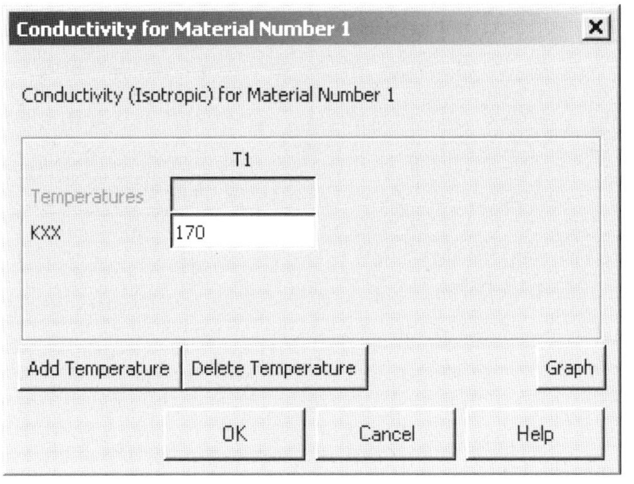

main menu: **Preprocessor → Material Props → Material Models → Thermal → Specific Heat**

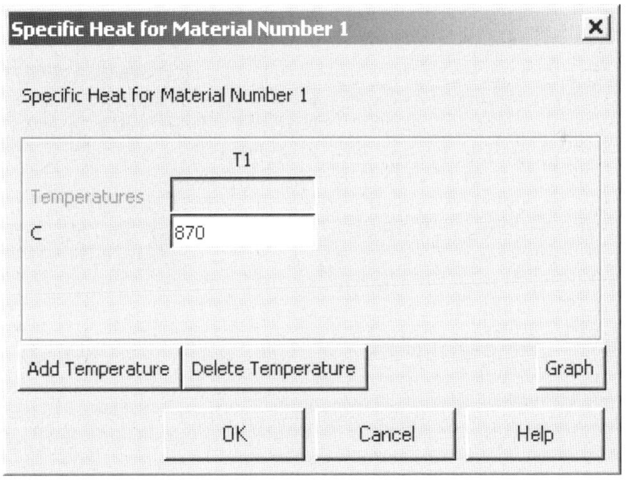

main menu: **Preprocessor → Material Props → Material Models → Thermal → Density**

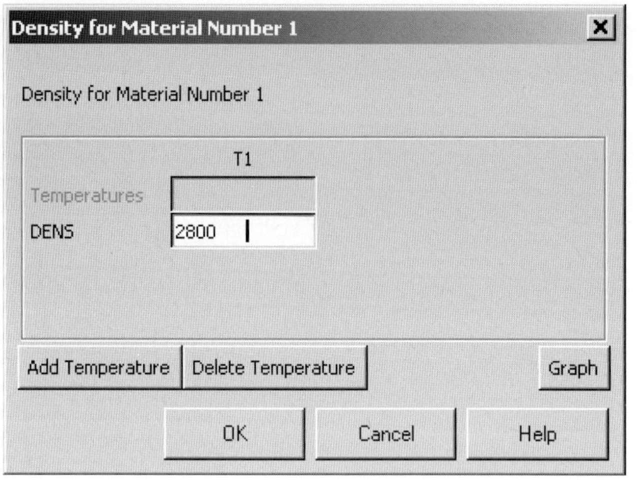

ANSYS Toolbar: **SAVE_DB**

main menu: **Preprocessor → Modeling → Create → Areas → Rectangles → By 2 Corners**

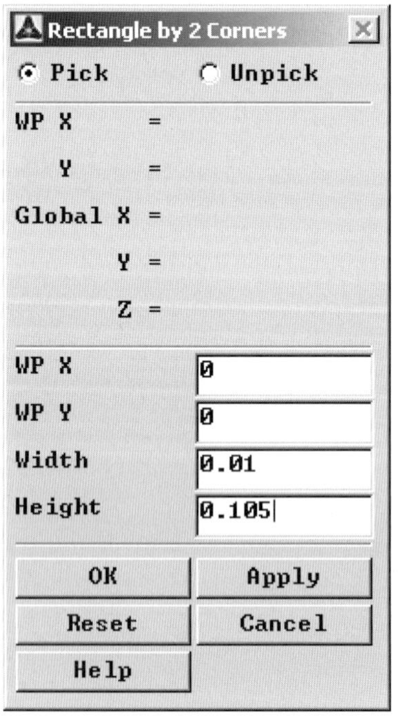

Apply

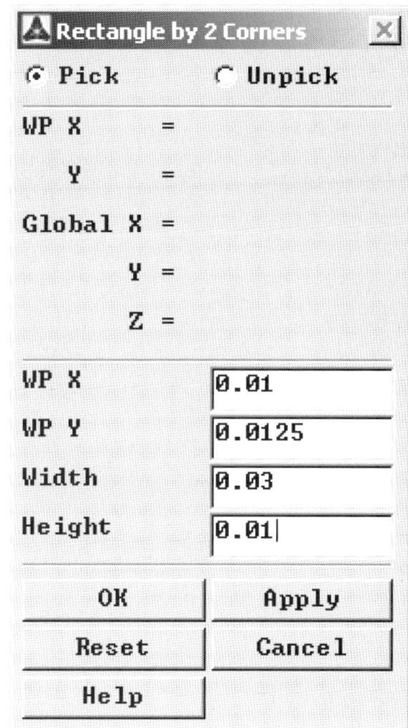
Rectangle by 2 Corners
Pick
Unpick
WP X =
Y =
Global X =
Y =
Z =
WP X
0.01
WP Y
0.0125
Width
0.03
Height
0.01
OK
Apply
Reset
Cancel
Help

Apply

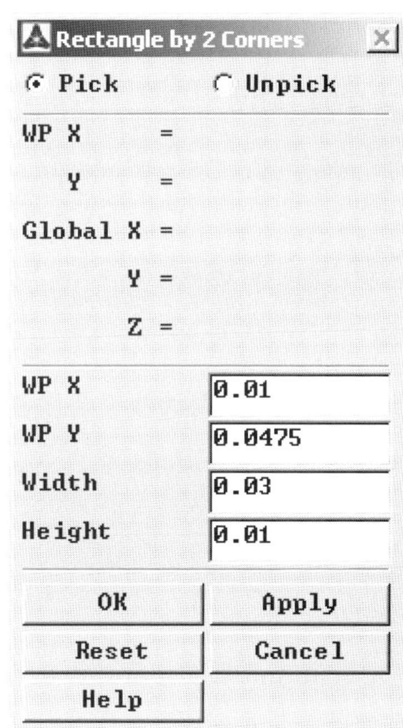
Rectangle by 2 Corners
Pick
Unpick
WP X =
Y =
Global X =
Y =
Z =
WP X
0.01
WP Y
0.0475
Width
0.03
Height
0.01
OK
Apply
Reset
Cancel
Help

Apply

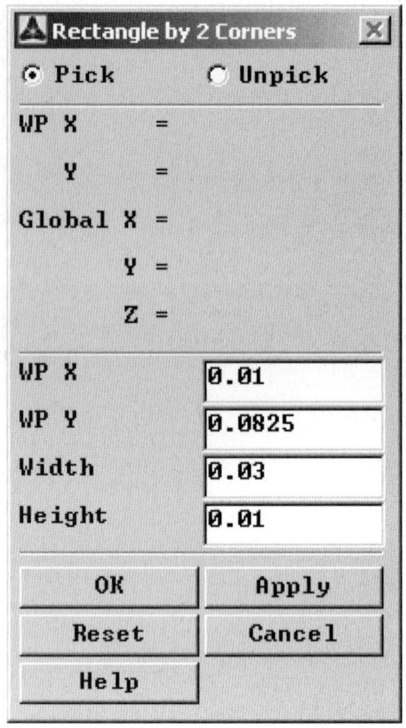

OK

main menu: **Preprocessor → Modeling → Operate → Booleans → Add → Areas**

Pick All

main menu: **Preprocessor → Meshing → Size Cntrls → Smart Size → Basic**

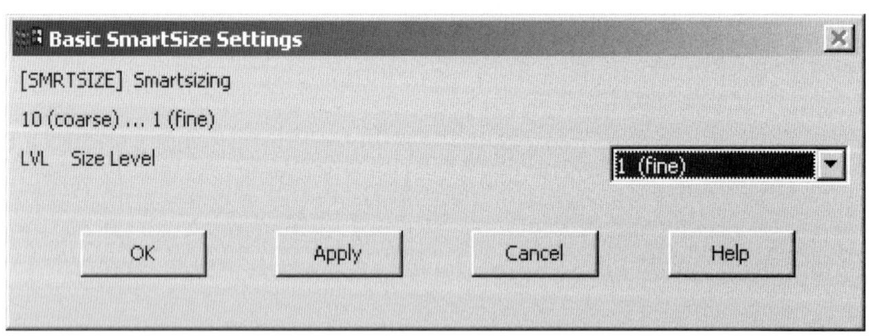

main menu: **Preprocessor → Meshing → Mesh → Areas → Free**

Pick All

main menu: **Solution → Analysis Type→ New Analysis**

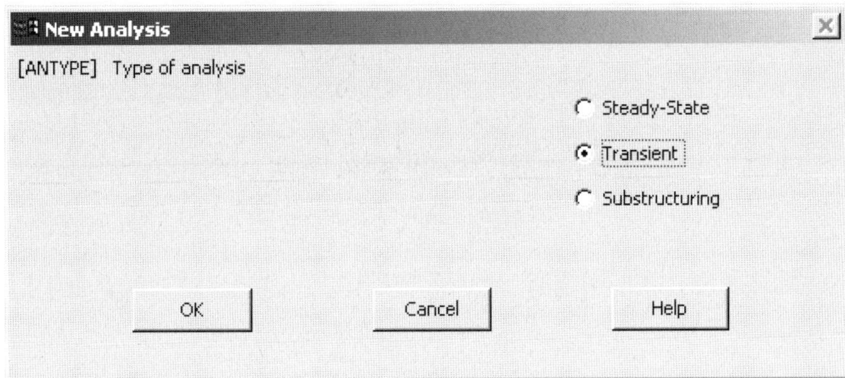

OK

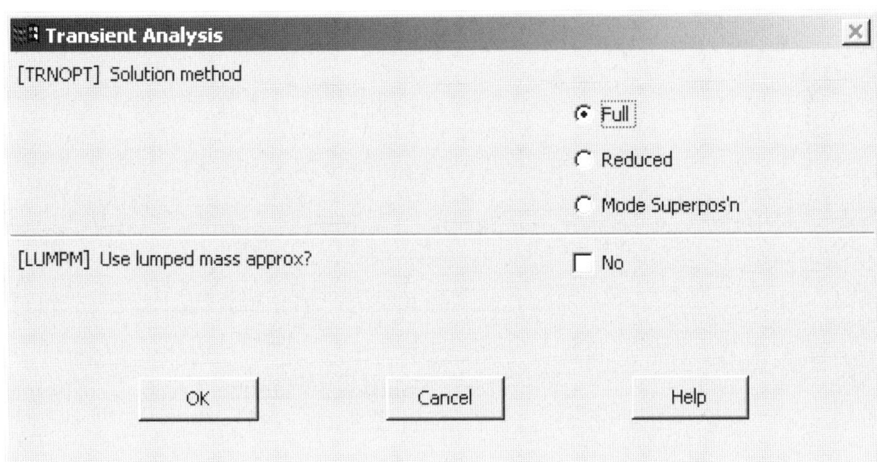

main menu: **Solution → Define Loads → Settings → Uniform Temp**

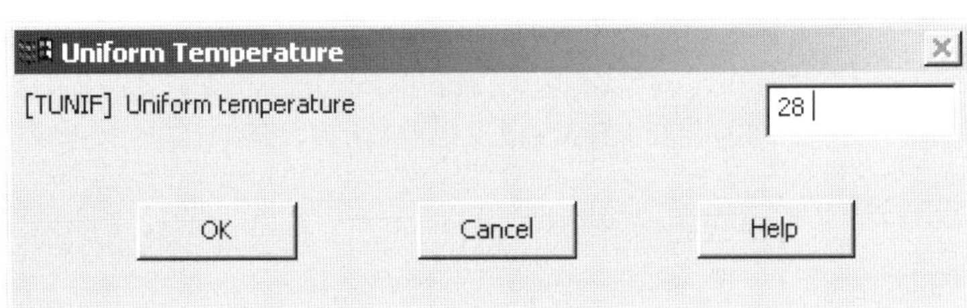

main menu: **Solution → Define Loads → Apply → Thermal → Convection → On Lines**

대류환경에 노출되어 있는 핀의 변들을 선택하고 **Apply** 버튼을 클릭한다.

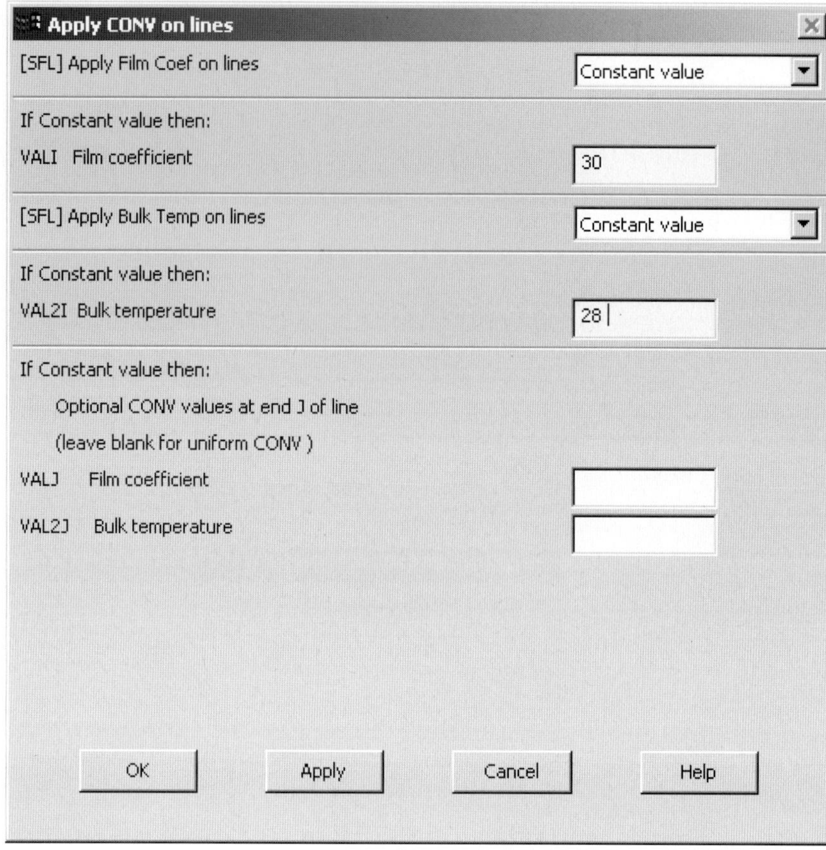

main menu: **Solution → Define Loads → Apply → Thermal → Temperature → On Lines**

핀의 기저부를 나타내는 선을 선택한다.

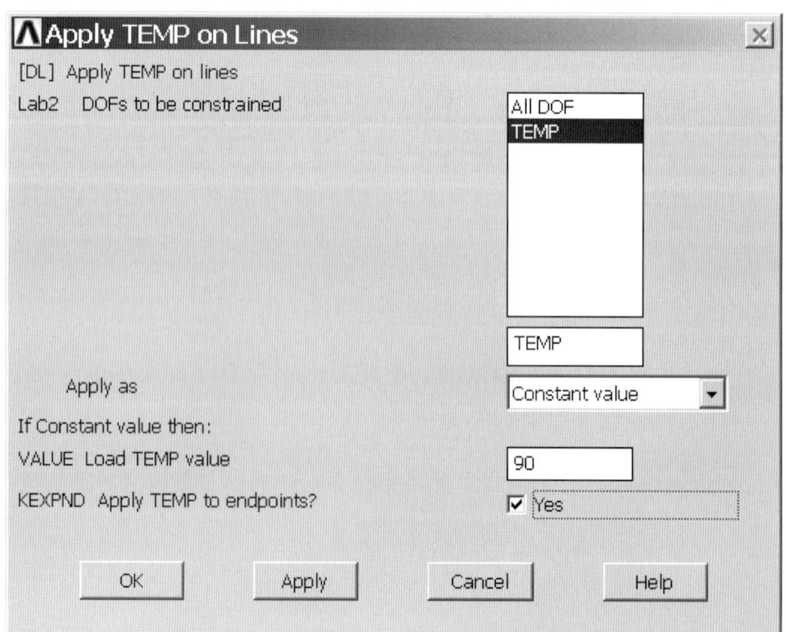

OK

다음으로 작업 지속시간을 300초, 시간간격을 1초로 설정한다. ANSYS의 필요에 의해 시간간격을 수정하는 Automatic time stepping 기능을 이용한다.

main menu: **Solution → Loads Step Opts → Time/Frequenc → Time-Time Step**

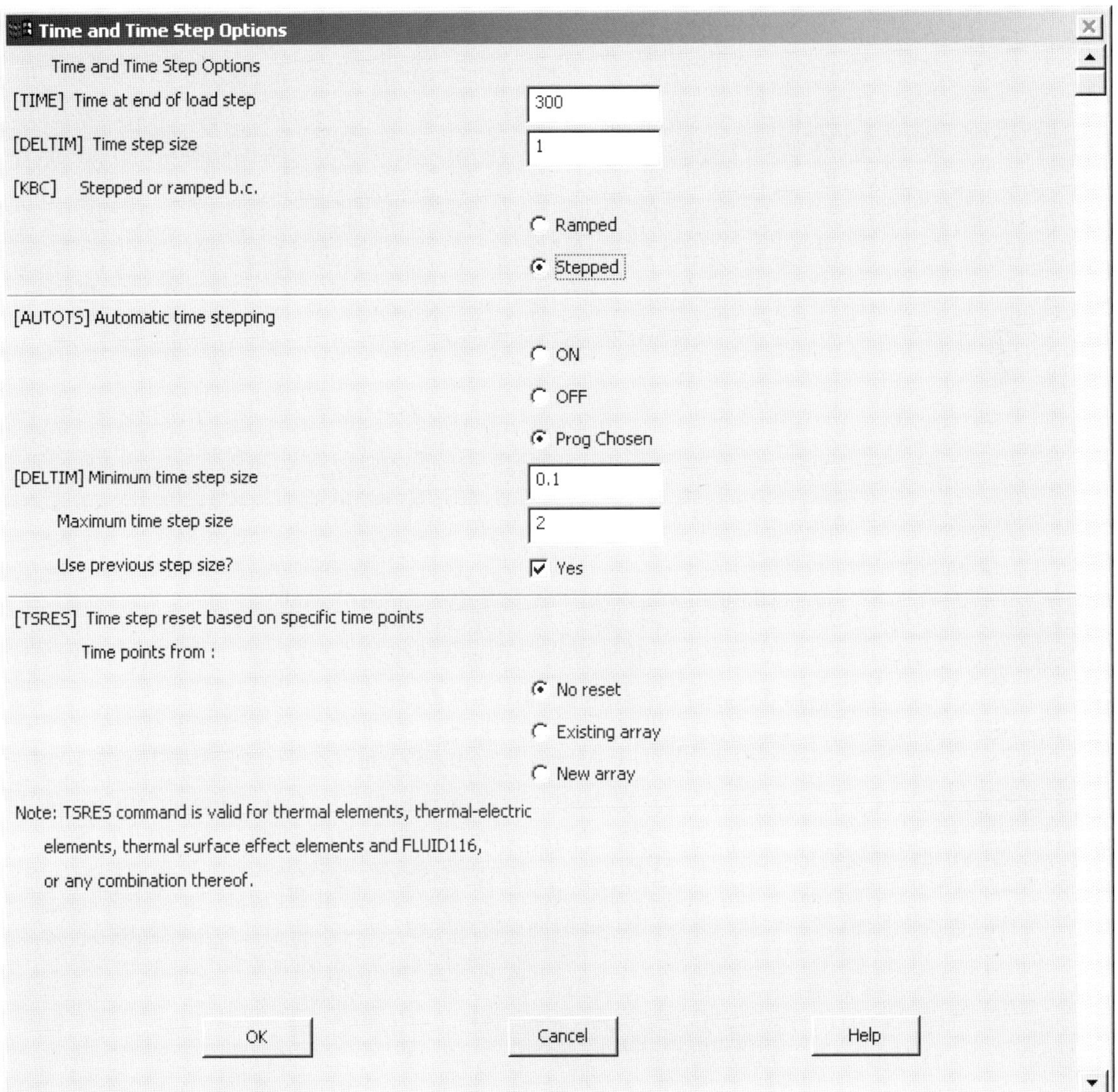

이제 모든 하위 단계마다 파일 쓰기 빈도를 선택한다.

main menu: **Solution → Loads Step Opts → Output Ctrls → DB/Results File**

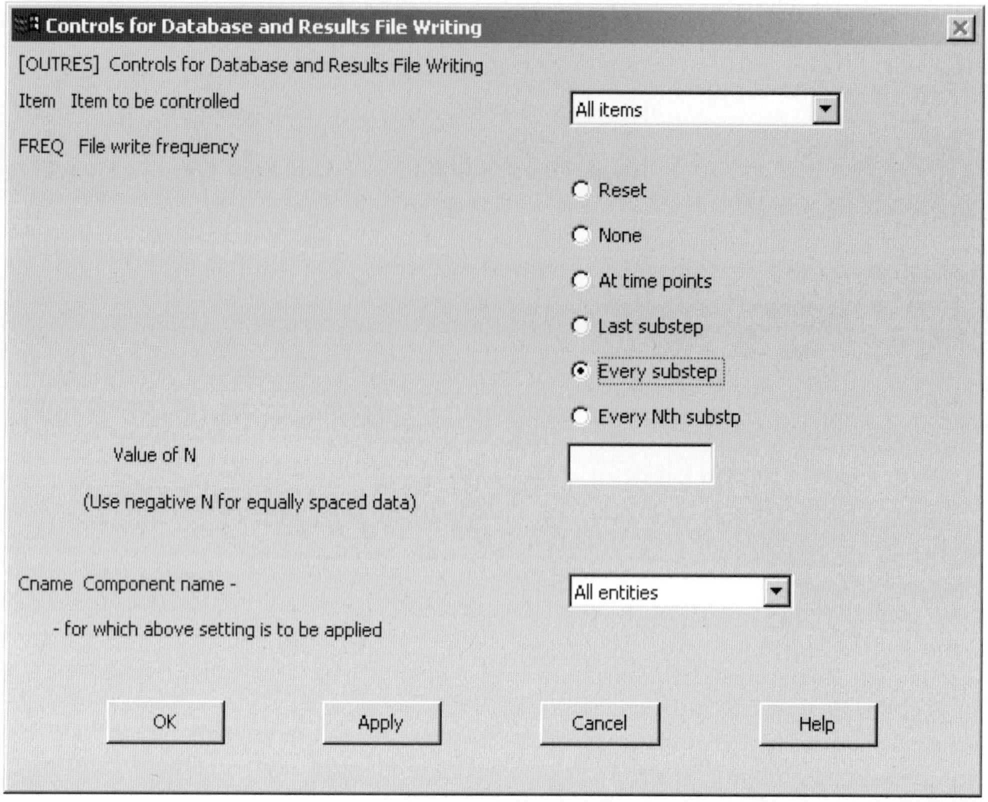

main menu: **Solution** → **Solve** → **Current LS**

(the solution is done!) 창을 **Close**

(the /STAT Command) 창을 **Close**

다음으로, $X = 0.01$ m, $Y = 0.0475$ m, $Z = 0$ 인 모서리 절점의 온도를 저장하는 *corner_pt* 변수를 정의한다. 이 절점 이외에도 **Time History Postprocessing** 에서 관심 있는 절점을 선택할 수 있다.

utility menu: **Parameters → Scalar Parameters** . . .

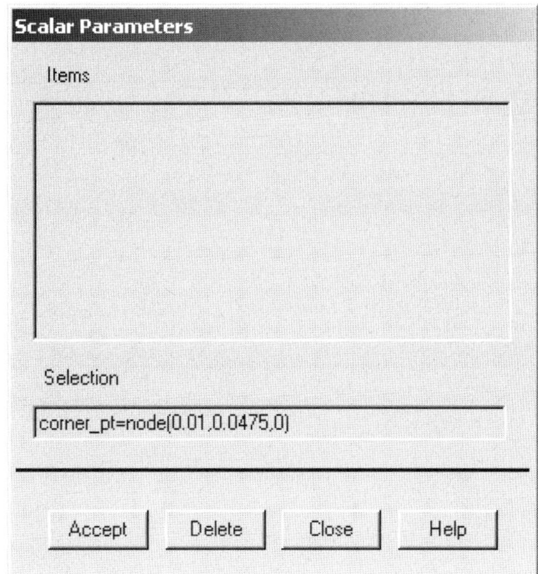

Accept 버튼을 클릭한다.

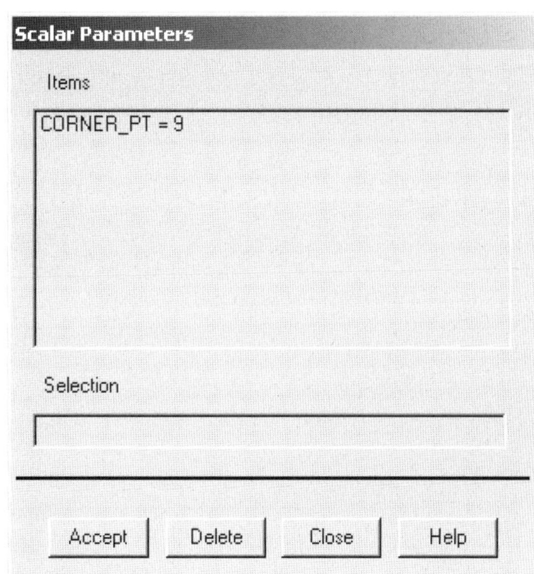

Close

main menu: **TimeHist Postproc**

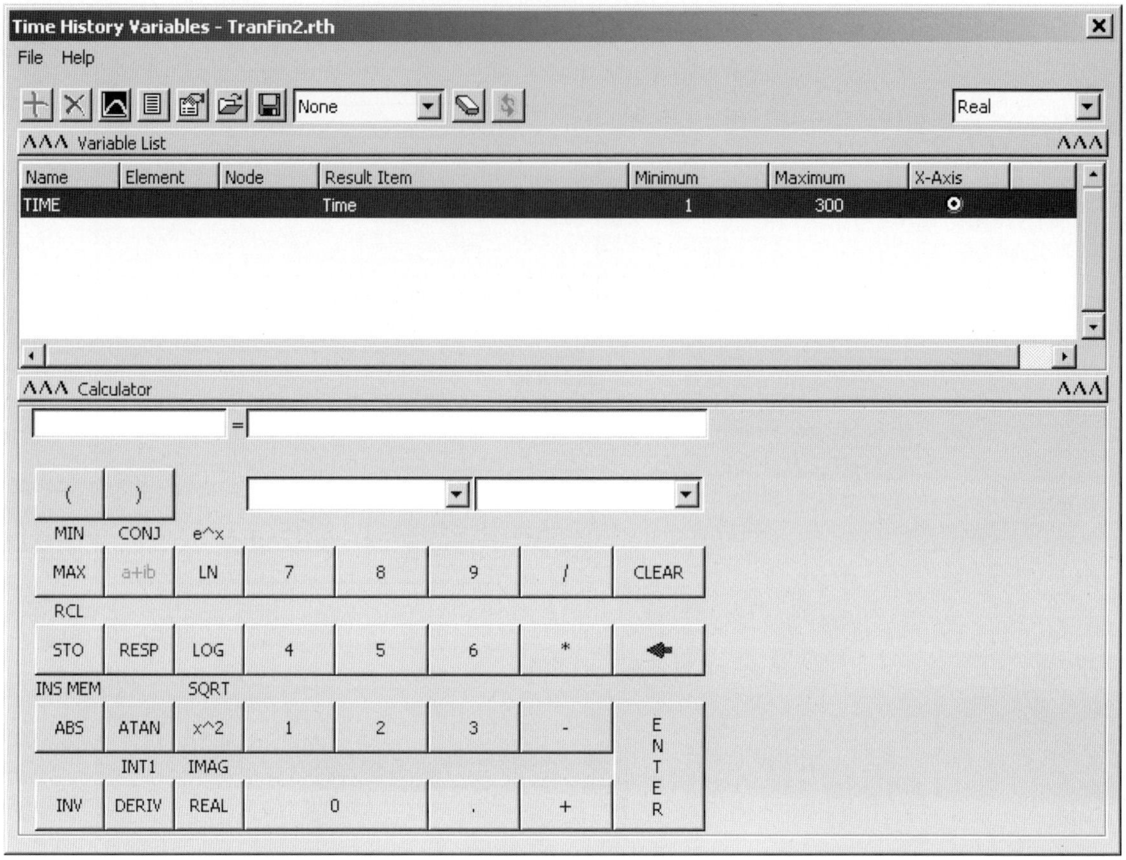

Add Data 버튼인 녹색 더하기 표시를 클릭한다. 다음으로 Nodal Solution을 더블클릭한 후 DOF Solution을 클릭하고 Temperature를 선택한다.

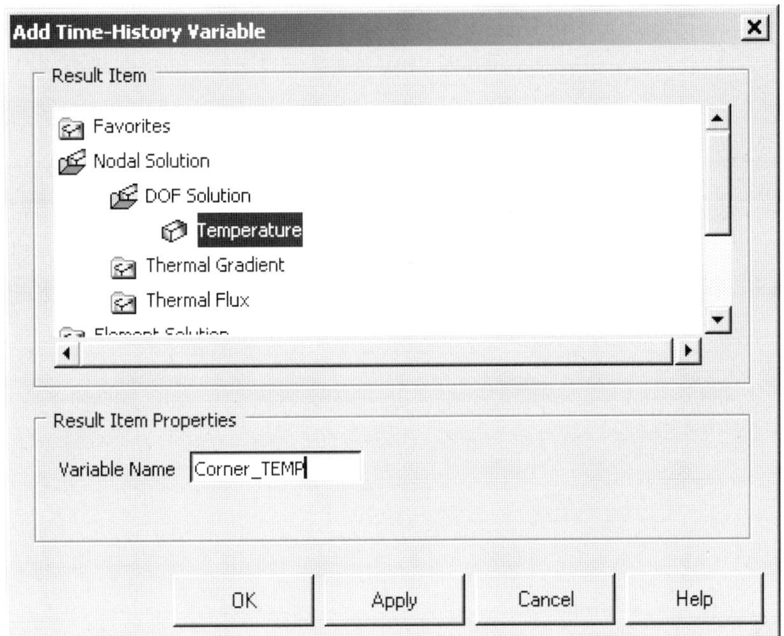

Corner_Temp 라고 입력하거나 아래 그림에서처럼 Variable Name 입력란에 원하는 이름을 입력한다.

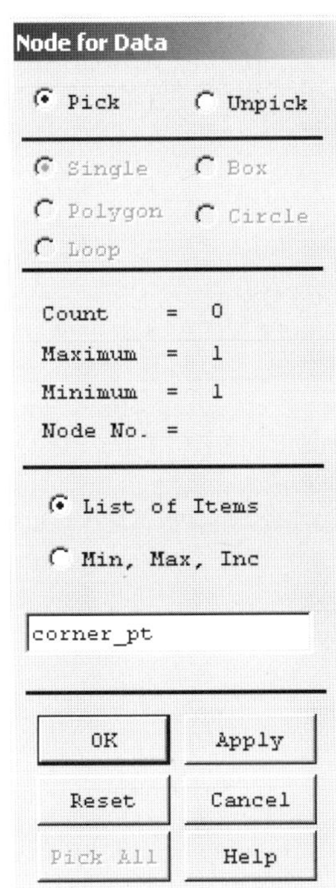

아래처럼 *corner_pt*를 입력한다. $X = 0.01$ m, $Y = 0.0475$ m, $Z = 0$의 절점 위치인 모서리점을 다시 불러온다. Enter 키를 클릭한 후 OK 버튼을 클릭한다. 이 과정에서 이미 지정된 *corner_pt*값을 사용하는 대신 원하는 다른 절점을 입력할 수 있다.

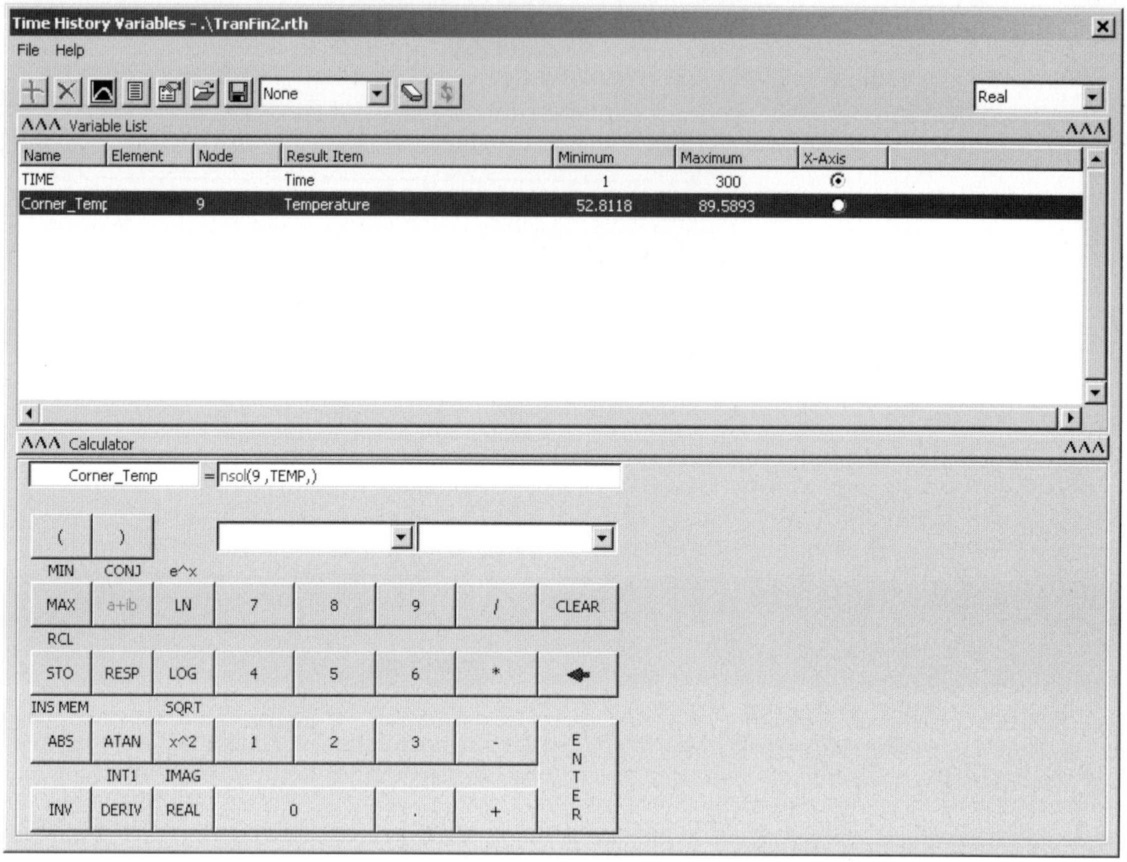

Close

main menu: **TimeHist Postproc → Graph Variables**

그래프 영역에 NVAR1 1st variable을 2로 입력한다.

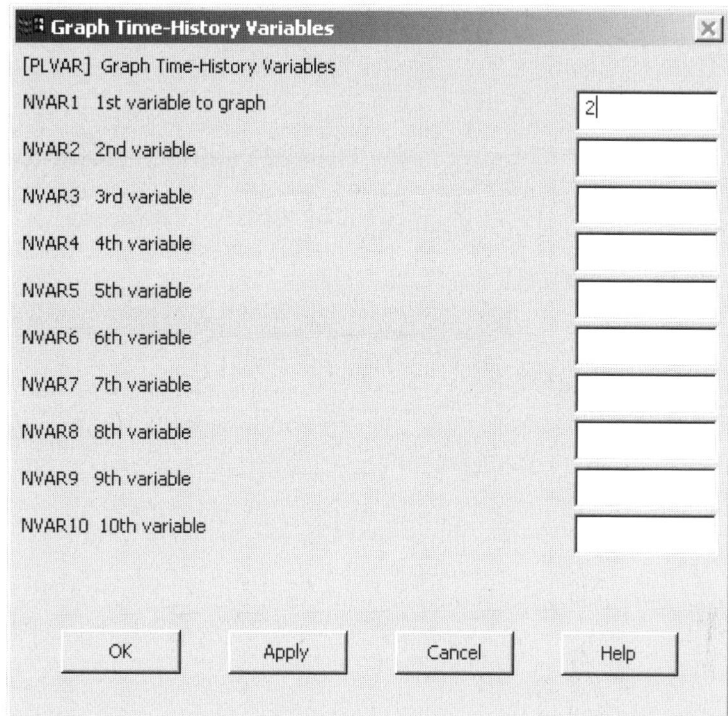
Graph Time-History Variables
[PLVAR] Graph Time-History Variables
NVAR1 1st variable to graph
2
NVAR2 2nd variable
NVAR3 3rd variable
NVAR4 4th variable
NVAR5 5th variable
NVAR6 6th variable
NVAR7 7th variable
NVAR8 8th variable
NVAR9 9th variable
NVAR10 10th variable
OK
Apply
Cancel
Help

OK

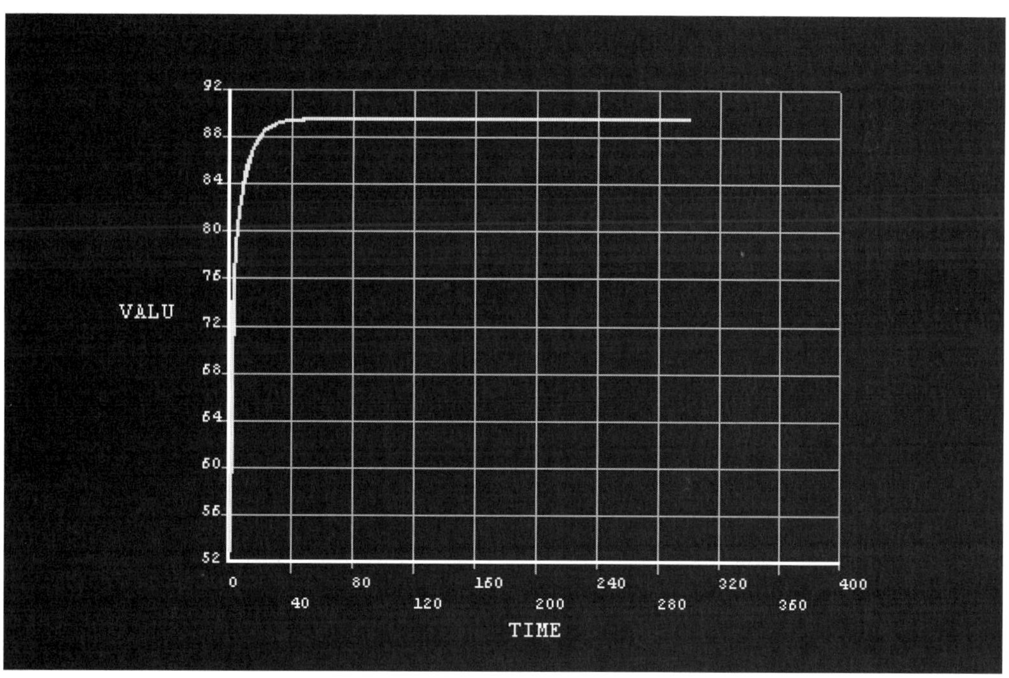
VALU
92
88
84
80
76
72
68
64
60
56
52
0
40
80
120
160
200
240
280
320
360
400
TIME

이제 시간에 따라 *corner_pt* 의 온도가 어떻게 변하는지 알 수 있다.

다음의 내용은 시간에 따른 온도의 변화를 연속적으로 나타내는 애니메이션 방법에 관한 것이다.

main menu: **General Postproc → Read Results → First Set**

utility menu: **Plot Ctrls → Numbering** . . .

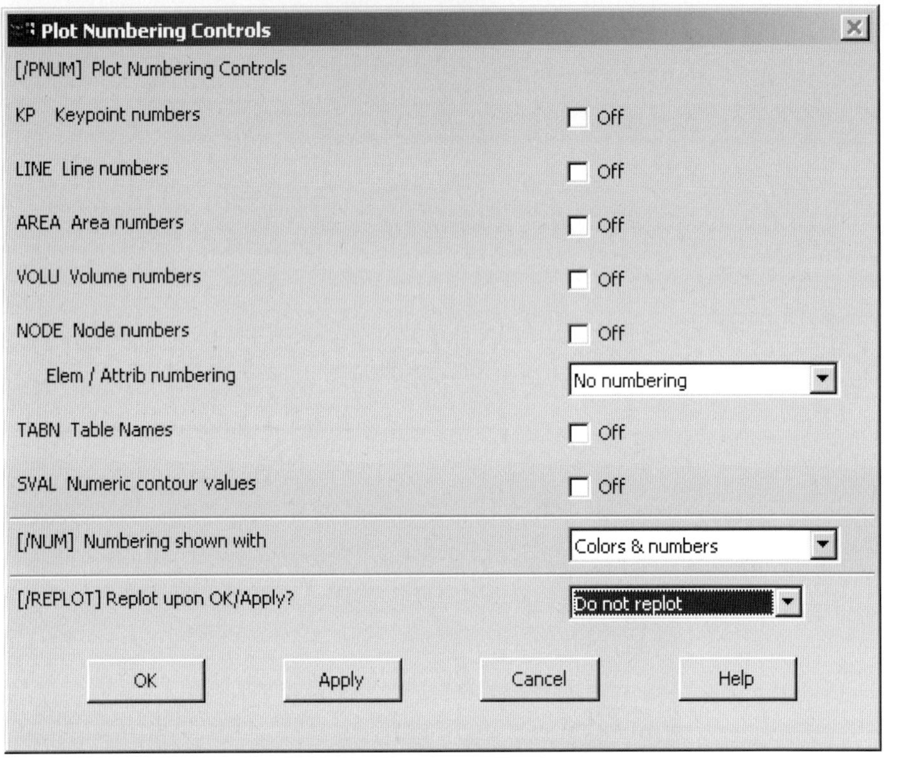

utility menu: **Plot Ctrls → Style → Contours → Non-uniform Contours** . . .

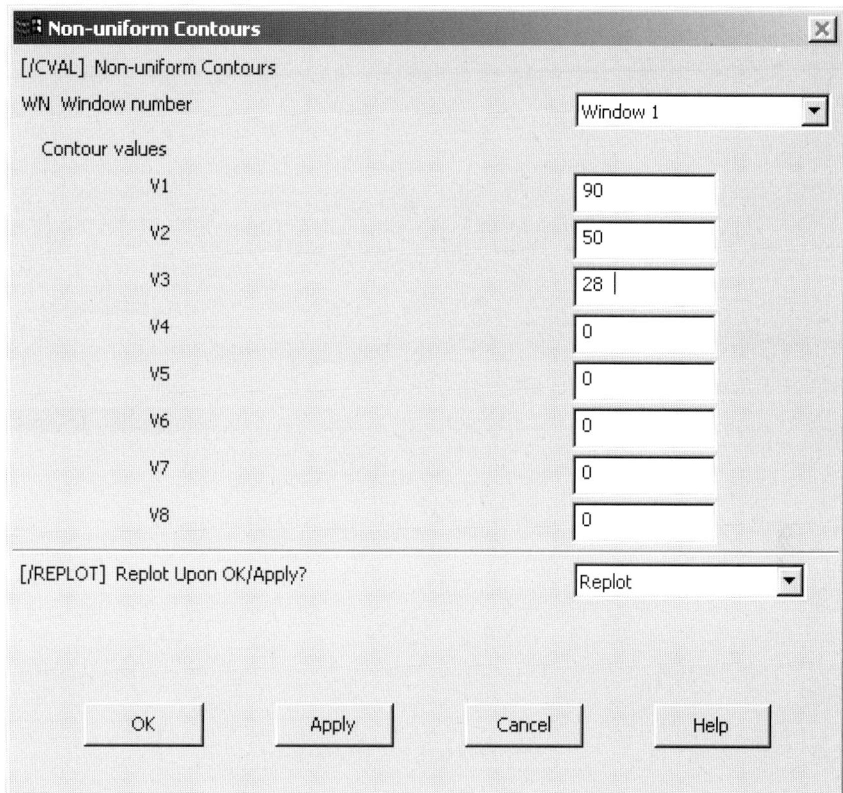

첫째, 둘째, 그리고 셋째 분포도의 상부 경계를 지정하기 위해서 V1 = 90 in, V2 = 50 in, V3 = 28 in를 입력한다. 다음 명령으로 결과를 애니메이션으로 할 수 있다.

utility menu: **Plot Ctrls → Animate → Over Time** . . .

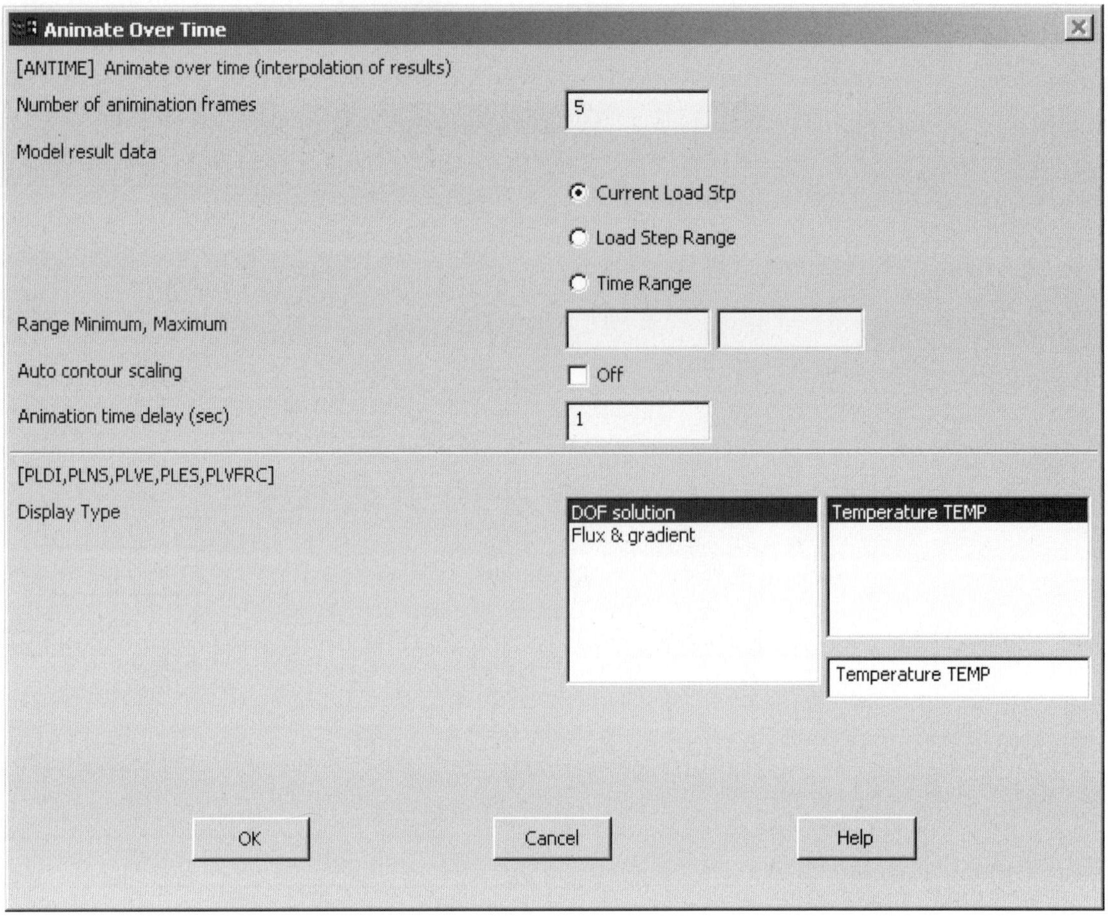
Animate Over Time
[ANTIME] Animate over time (interpolation of results)
Number of animination frames
5
Model result data
Current Load Stp
Load Step Range
Time Range
Range Minimum, Maximum
Auto contour scaling
Off
Animation time delay (sec)
1
[PLDI,PLNS,PLVE,PLES,PLVFRC]
Display Type
DOF solution
Flux & gradient
Temperature TEMP
Temperature TEMP
OK
Cancel
Help

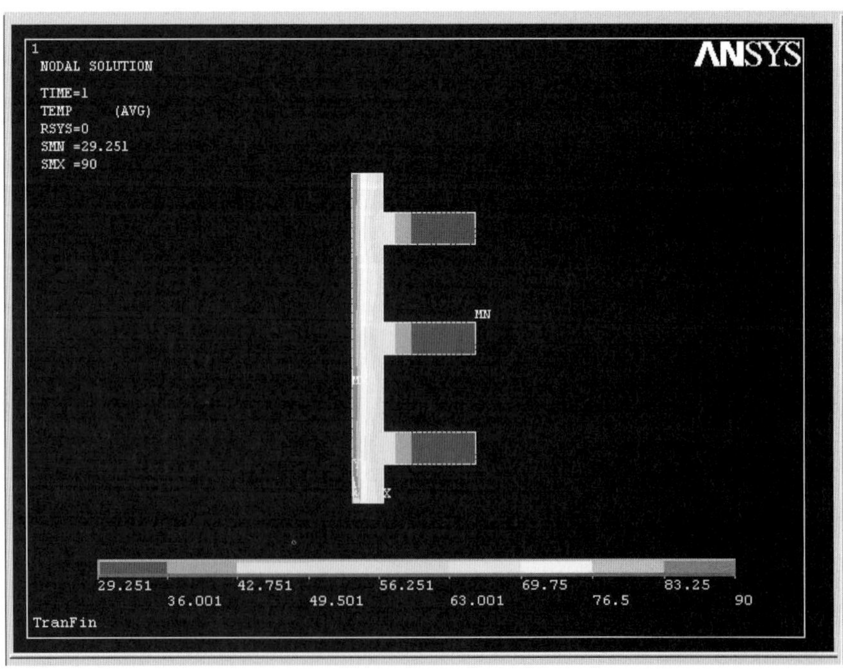
1
NODAL SOLUTION
TIME=1
TEMP (AVG)
RSYS=0
SMN =29.251
SMX =90
ANSYS
MN
MX
29.251
36.001
42.751
49.501
56.251
63.001
69.75
76.5
83.25
90
TranFin

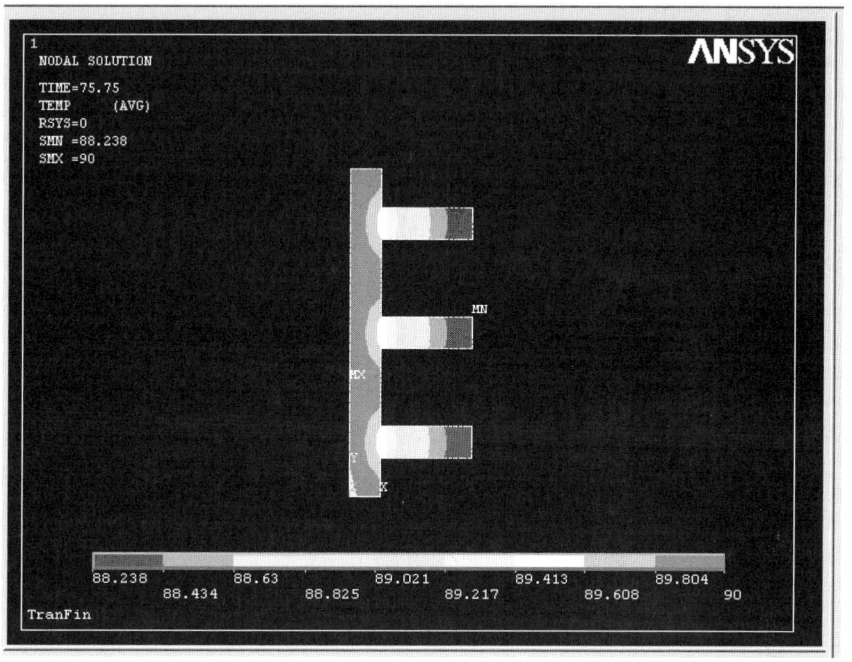

확인 후 ANSYS를 종료한다.

9.8 결과 검증

결과를 시각적으로 검증할 수 있는 간단하지만 강력한 방법을 먼저 소개한다. 학생들이 가져야 할 기초적인 능력은 문제의 대칭성을 파악하는 것이다. 기하학적인 형상과 열적 경계조건(thermal condition)을 고찰하여 대칭선(line of symmetry)을 파악해야 한다. 대칭선은 항상 단열선(adiabatic line)이 되는데 이 선의 수직방향으로는 열의 유동이 없다. 따라서 대칭선은 열이 흐르는 선인 열유속선(heat flow line)이 된다. 그림 9.25에 나타낸 경로 A–A를 따른 온도 구배, $\frac{\partial T}{\partial X}$, $\frac{\partial T}{\partial Y}$ 및 두 값의 벡터 합의 변화를 보자. 경로 A–A는 대칭선이므로 단열선이 되며, 경로 A–A를 따라서 $\frac{\partial T}{\partial X}$ 값이 0이 되고 $\frac{\partial T}{\partial Y}$는 벡터 합과 같다. 그림 9.26에 나타낸 경로 B–B를 따른 온도 구배, $\frac{\partial T}{\partial X}$, $\frac{\partial T}{\partial Y}$ 및 이 두 값의 벡터 합의 변화를 비교하자. 마찬가지로 경로 B–B는 대칭선이므로 단열선이 되며, 경로 B–B를 따라서 $\frac{\partial T}{\partial Y}$ 값이 0이 되고 $\frac{\partial T}{\partial X}$는 벡터 합과 같다.

또 하나의 중요한 관찰사항은 등온선이 항상 단열선과 수직하다는 것이다. 이는 그림 9.21의 등온선 분포를 보면 이해할 수 있다.

해석 결과를 정량적으로도 확인할 수 있다. 예를 들어, 임의의 절점을 둘러싸는 검사체적에 대하여 에너지가 보존되어야 한다. 한 절점에 들어오고 나가는 에너지가 평형을 이루는가? 예제 9.1에 이 방법을 설명하였으므로 학생들에게 과제로 남긴다.

■ 요약 ■

1. 열전달의 세 가지 방식에 대한 기본적인 개념을 확실히 이해해야 한다. 또한 열전도 문제의 여러 가지 경계조건에 대해서도 이해하고 있어야 한다.

2. 2차원 문제에 대한 전도행렬과 열하중행렬을 유도하는 방법을 알아야 한다. 쌍일차 직사각형 요소에 대한 열전도행렬은 다음과 같다.

$$[\mathbf{K}]^{(e)} = \frac{k_x w}{6\ell}\begin{bmatrix} 2 & -2 & -1 & 1 \\ -2 & 2 & 1 & -1 \\ -1 & 1 & 2 & -2 \\ 1 & -1 & -2 & 2 \end{bmatrix} + \frac{k_y \ell}{6w}\begin{bmatrix} 2 & 1 & -1 & -2 \\ 1 & 2 & -2 & -1 \\ -1 & -2 & 2 & 1 \\ -2 & -1 & 1 & 2 \end{bmatrix}$$

직사각형 요소의 변에서 대류에 의한 열손실 또한 열전도행렬에 기여하는데 다음과 같이 표현된다.

$$[\mathbf{K}]^{(e)} = \frac{h\ell_{ij}}{6}\begin{bmatrix} 2 & 1 & 0 & 0 \\ 1 & 2 & 0 & 0 \\ 0 & 0 & 0 & 0 \\ 0 & 0 & 0 & 0 \end{bmatrix} \quad [\mathbf{K}]^{(e)} = \frac{h\ell_{jm}}{6}\begin{bmatrix} 0 & 0 & 0 & 0 \\ 0 & 2 & 1 & 0 \\ 0 & 1 & 2 & 0 \\ 0 & 0 & 0 & 0 \end{bmatrix}$$

$$[\mathbf{K}]^{(e)} = \frac{h\ell_{mn}}{6}\begin{bmatrix} 0 & 0 & 0 & 0 \\ 0 & 0 & 0 & 0 \\ 0 & 0 & 2 & 1 \\ 0 & 0 & 1 & 2 \end{bmatrix} \quad [\mathbf{K}]^{(e)} = \frac{h\ell_{ni}}{6}\begin{bmatrix} 2 & 0 & 0 & 1 \\ 0 & 0 & 0 & 0 \\ 0 & 0 & 0 & 0 \\ 1 & 0 & 0 & 2 \end{bmatrix}$$

직사각형 요소의 하중벡터는 많은 항으로 이루어져 있다. 요소 안에서 열생성에 의한 항은 다음과 같다.

$$\{\mathbf{F}\}^{(e)} = \frac{\dot{q}A}{4}\begin{Bmatrix} 1 \\ 1 \\ 1 \\ 1 \end{Bmatrix}$$

요소 경계에서의 대류에 의한 열손실항은 다음과 같다.

$$\{\mathbf{F}\}^{(e)} = \frac{hT_f\ell_{ij}}{2}\begin{Bmatrix} 1 \\ 1 \\ 0 \\ 0 \end{Bmatrix} \quad \{\mathbf{F}\}^{(e)} = \frac{hT_f\ell_{jm}}{2}\begin{Bmatrix} 0 \\ 1 \\ 1 \\ 0 \end{Bmatrix}$$

$$\{\mathbf{F}\}^{(e)} = \frac{hT_f\ell_{mn}}{2}\begin{Bmatrix} 0 \\ 0 \\ 1 \\ 1 \end{Bmatrix} \quad \{\mathbf{F}\}^{(e)} = \frac{hT_f\ell_{ni}}{2}\begin{Bmatrix} 1 \\ 0 \\ 0 \\ 1 \end{Bmatrix}$$

삼각형 요소의 열전도행렬은 다음과 같다.

$$[\mathbf{K}]^{(e)} = \frac{k_x}{4A}\begin{bmatrix} \beta_i^2 & \beta_i\beta_j & \beta_i\beta_k \\ \beta_i\beta_j & \beta_j^2 & \beta_j\beta_k \\ \beta_i\beta_k & \beta_j\beta_k & \beta_k^2 \end{bmatrix} + \frac{k_y}{4A}\begin{bmatrix} \delta_i^2 & \delta_i\delta_j & \delta_i\delta_k \\ \delta_i\delta_j & \delta_j^2 & \delta_j\delta_k \\ \delta_i\delta_k & \delta_j\delta_k & \delta_k^2 \end{bmatrix}$$

삼각형 요소의 변에서 대류에 의한 열손실 또한 열전도행렬에 기여하는데 다음과 같이 표현된다.

$$[\mathbf{K}]^{(e)} = \frac{h\ell_{ij}}{6}\begin{bmatrix} 2 & 1 & 0 \\ 1 & 2 & 0 \\ 0 & 0 & 0 \end{bmatrix} \quad [\mathbf{K}]^{(e)} = \frac{h\ell_{jk}}{6}\begin{bmatrix} 0 & 0 & 0 \\ 0 & 2 & 1 \\ 0 & 1 & 2 \end{bmatrix}$$

$$[\mathbf{K}]^{(e)} = \frac{h\ell_{ki}}{6}\begin{bmatrix} 2 & 0 & 1 \\ 0 & 0 & 0 \\ 1 & 0 & 2 \end{bmatrix}$$

삼각형 요소의 하중벡터는 많은 항으로 이루어져 있다. 요소 안에서 열생성에 의한 항은 다음과 같다.

$$\{\mathbf{F}\}^{(e)} = \frac{q^{\cdot} A}{3}\begin{Bmatrix} 1 \\ 1 \\ 1 \end{Bmatrix}$$

요소 경계에서의 대류에 의한 열손실항은 다음과 같다.

$$\{\mathbf{F}\}^{(e)} = \frac{hT_f\ell_{ij}}{2}\begin{Bmatrix} 1 \\ 1 \\ 0 \end{Bmatrix} \qquad [\mathbf{F}]^{(e)} = \frac{hT_f\ell_{jk}}{2}\begin{Bmatrix} 0 \\ 1 \\ 1 \end{Bmatrix}$$

$$[\mathbf{F}]^{(e)} = \frac{hT_f\ell_{ki}}{2}\begin{Bmatrix} 1 \\ 0 \\ 1 \end{Bmatrix}$$

3. 대류 경계조건은 열전도행렬과 하중벡터에 기여한다는 것을 이해해야 한다.

4. 열전도행렬과 열하중행렬이 삼각형 요소를 사용하는 축대칭 문제에 어떻게 적용되는지를 알아야 한다.

5. 과도 열전달 문제에 대한 정식화를 이해해야 한다.

6. 해석 결과를 검증하는 방법을 찾아야 한다.

참고문헌

ANSYS User's Manual: Procedures, Vol. I, Swanson Analysis Systems, Inc.

ANSYS User's Manual: Commands, Vol. II, Swanson Analysis Systems, Inc.

ANSYS User's Manual: Elements, Vol. III, Swanson Analysis Systems, Inc.

Incropera, F., and Dewitt, D., *Fundamentals of Heat and Mass Transfer*, 2nd ed., New York, John Wiley and Sons, 1985.

Segrlind, L., *Applied Finite Element Analysis*, 2nd ed., New York, John Wiley and Sons, 1984.

연습문제

1. 다음 그림에 나타난 각 요소에 대한 열전도행렬을 구하고, 각 요소별 열전도행렬을 조합하여 전체 열전도행렬을 구하라. 각 요소의 물성치와 경계조건은 그림에 나타나 있다.

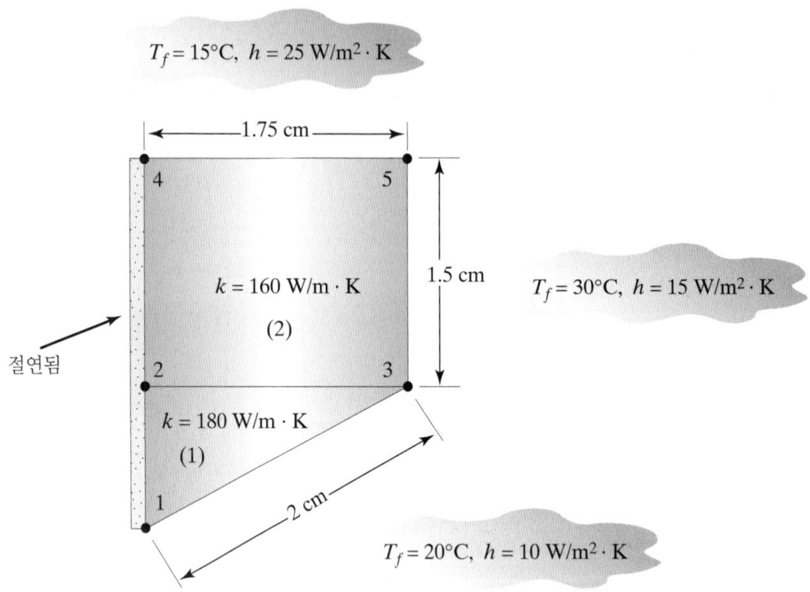

2. 문제 1의 각 요소에 대한 열하중행렬을 구하고, 각 요소별 열하중행렬을 조합하여 전체 열하중행렬을 구하라.

3. 다음 그림에 나타난 각 요소에 대한 열전도행렬을 구하고, 각 요소별 열전도행렬을 조합하여 전체 열전도행렬을 구하라. 각 요소의 물성치와 경계조건이 그림에 나타나 있다.

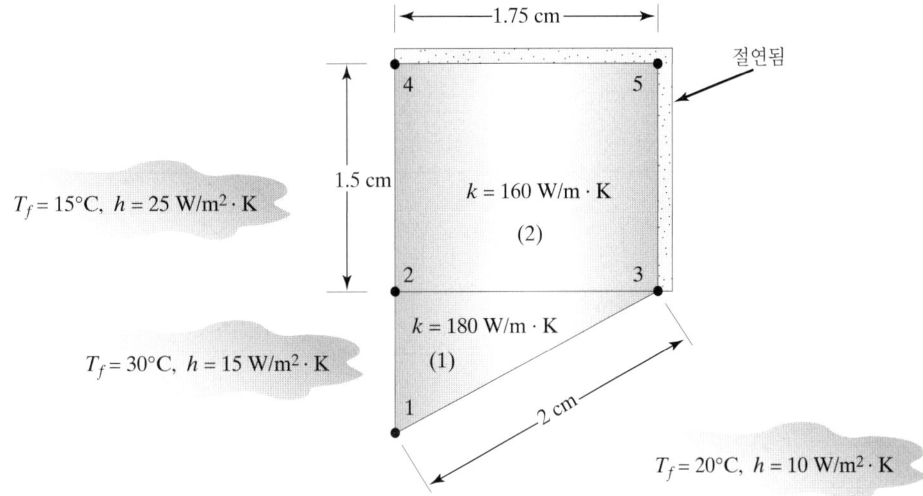

4. 문제 3의 각 요소에 대한 열하중행렬을 구하고, 각 요소별 열하중행렬을 조합하여 전체 열하중행렬을 구하라.

5. 일정한 열유속 경계조건 q_o''에 대하여, 직사각형 요소의 변을 따라 $\int_\tau [\mathbf{S}]^T q_o'' \cos\theta \, d\tau$항과 $\int_\tau [\mathbf{S}]^T q_o'' \sin\theta \, d\tau$항을 계산하면 다음의 요소 열하중행렬이 얻어짐을 증명하라.

$$\{\mathbf{F}\}^{(e)} = \frac{q_o''\ell_{ij}}{2}\begin{Bmatrix}1\\1\\0\\0\end{Bmatrix} \qquad \{\mathbf{F}\}^{(e)} = \frac{q_o''\ell_{jm}}{2}\begin{Bmatrix}0\\1\\1\\0\end{Bmatrix}$$

$$\{\mathbf{F}\}^{(e)} = \frac{q_o''\ell_{mn}}{2}\begin{Bmatrix}0\\0\\1\\1\end{Bmatrix} \qquad \{\mathbf{F}\}^{(e)} = \frac{q_o''\ell_{ni}}{2}\begin{Bmatrix}1\\0\\0\\1\end{Bmatrix}$$

6. 문제 5의 일정한 열유속 경계조건에 대한 열하중행렬을 삼각형 요소에 대하여 구하라.

7. 문제 5의 결과를 이용하여 다음 그림에 나타난 각 요소의 열하중행렬을 구하라. 또한 각 요소별 열하중행렬을 조합하여 전체 열하중행렬을 구하라. 경계조건은 그림에 나타나 있다.

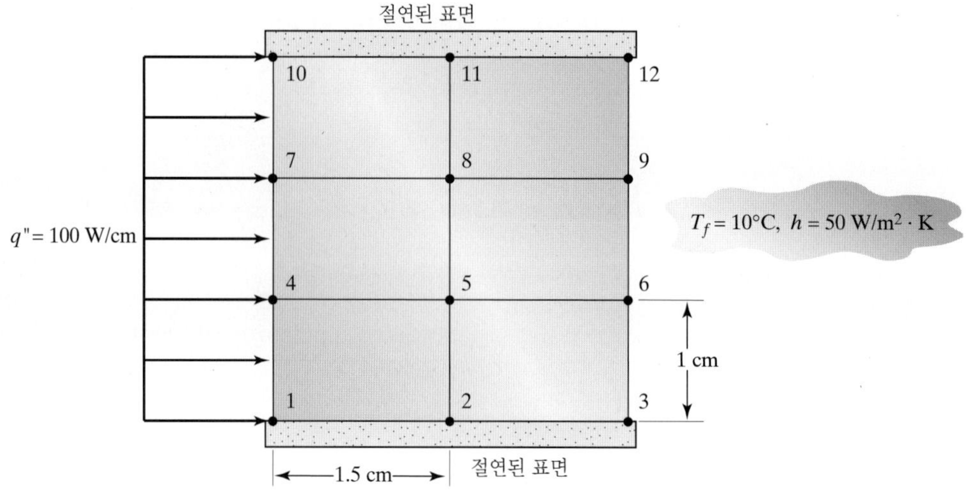

8. 2차원 핀의 갤러킨 정식화에 있어서 튀어나온 면의 주변으로부터 발생하는 대류 열손실은 $\int_{\tau} [\mathbf{S}]^T hT\, dA$ 항으로 표현된다. 이 항은 요소 열전도행렬에 기여한다. 쌍일차 직사각형 요소에 있어서 이 적분은 다음과 같이 표현됨을 증명하라.

$$\int_A [\mathbf{S}]^T hT dA = \int_A [\mathbf{S}]^T h[S_i \quad S_j \quad S_m \quad S_n] \begin{Bmatrix} T_i \\ T_j \\ T_m \\ T_n \end{Bmatrix} dA = \frac{hA}{36} \begin{bmatrix} 4 & 2 & 1 & 2 \\ 2 & 4 & 2 & 1 \\ 1 & 2 & 4 & 2 \\ 2 & 1 & 2 & 4 \end{bmatrix} \begin{Bmatrix} T_i \\ T_j \\ T_m \\ T_n \end{Bmatrix}$$

9. 문제 8에서의 적분항을 삼각형 요소에 대해 구하면 다음과 같이 됨을 증명하라.

$$\int_A [\mathbf{S}]^T hT dA = \int_A [\mathbf{S}]^T h[S_i \quad S_j \quad S_k] \begin{Bmatrix} T_i \\ T_j \\ T_k \end{Bmatrix} dA = \frac{hA}{12} \begin{bmatrix} 2 & 1 & 1 \\ 1 & 2 & 1 \\ 1 & 1 & 2 \end{bmatrix} \begin{Bmatrix} T_i \\ T_j \\ T_k \end{Bmatrix}$$

10. 다음 그림에서와 같이 크기가 20 cm × 10 cm이고, 열전도도 $k = 168\ W/m \cdot K$인 작은 사각 알루미늄 판을 생각하라. 이 판은 그림에 나타난 경계조건에 노출되어 있다. 정상상태에서 판 내의 온도 분포를 수계산하라.
(힌트: 대칭축이 2개 존재하므로 판의 1/4만을 모델링해야 한다)

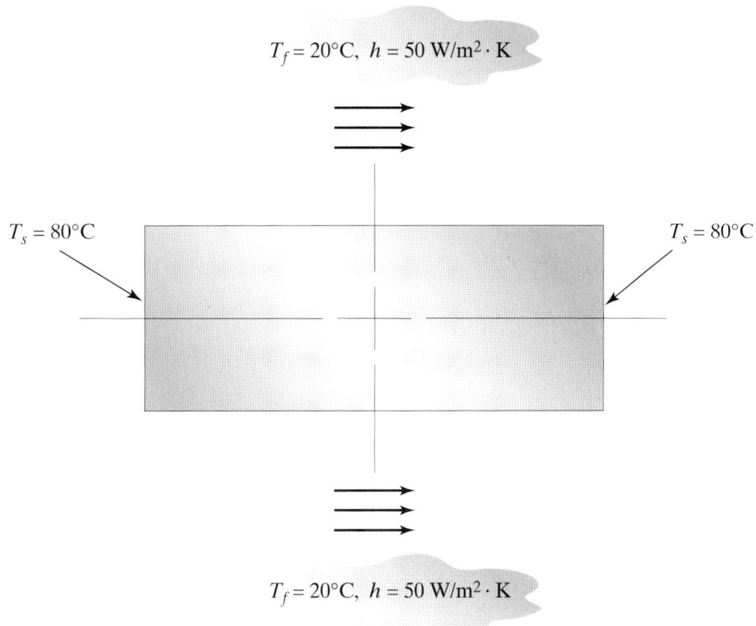

11. 다음 그림에서와 같이 삼각형 형상을 가진 알루미늄 핀(fin)이 150°C의 온도를 가진 면으로부터 열을 발산시키기 위하여 사용된다. 주위 공기의 온도는 20°C이다. 주위 공기와의 자연 열전달계수는 30 $W/m^2 \cdot K$이다. 알루미늄의 열전도도 $k = 168$ $W/m \cdot K$이다. 수계산으로 핀을 따른 온도 분포를 구하라. 이러한 핀 하나의 열손실의 근사값을 구하라.

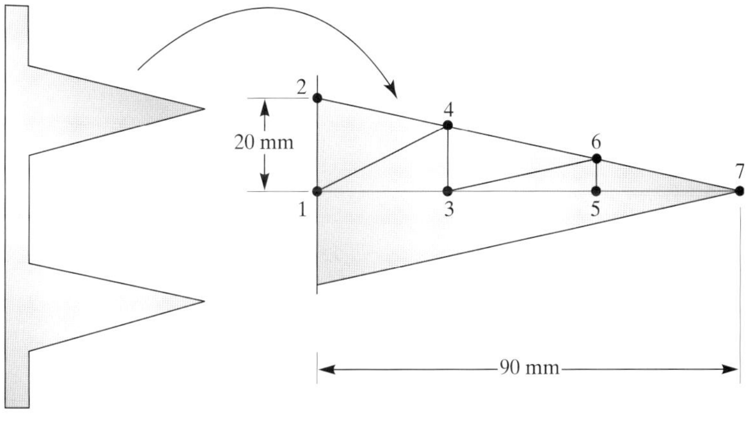

12. 문제 11의 핀에 대해 ANSYS를 사용하여 핀 내의 온도 분포를 구하라. 핀을 통한 전반적인 열손실은 얼마인가? 이 결과를 본인의 수계산 결과와 비교하라.

13. 다음 그림에서와 같이 포물선 형상을 가진 알루미늄 핀이 표면온도가 120°C인 면으로부터 열을 발산시키기 위하여 사용된다. 주위 공기의 온도는 20°C이다. 주위 공기와의 자연 열전달계수는 25 $W/m^2 \cdot K$이다. 알루미늄의 열전도도 $k = 168$ $W/m \cdot K$이다. ANSYS를 사용하여 핀을 따른 온도 분포를 구하라. 이러한 핀 하나의 열손실의 근사값을 구하라.

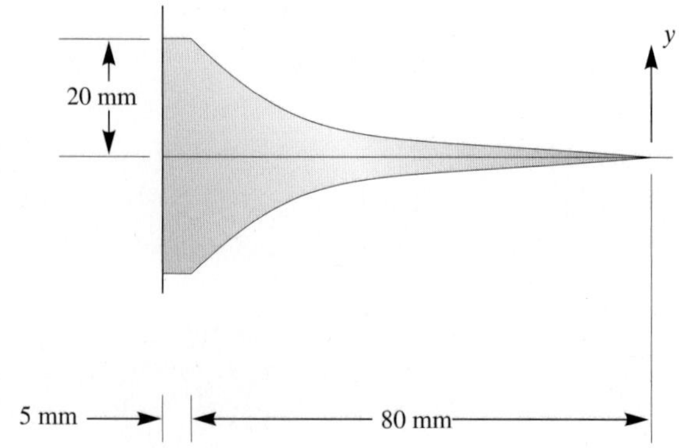

14. ANSYS를 사용하여 다음 그림에 나타난 창문 조립체 내의 온도 분포를 구하라. 겨울철에 내부 공기의 온도는 68°F로 유지되고, 열전달계수 $h = 1.46\ \mathrm{Btu/hr \cdot ft^2 \cdot °F}$이다. 외부 공기의 온도는 10°F로, 열전달계수 $h = 6\ \mathrm{Btu/hr \cdot ft^2 \cdot °F}$로 가정하라. 창문 조립체를 통한 전체 열손실은 얼마인가?

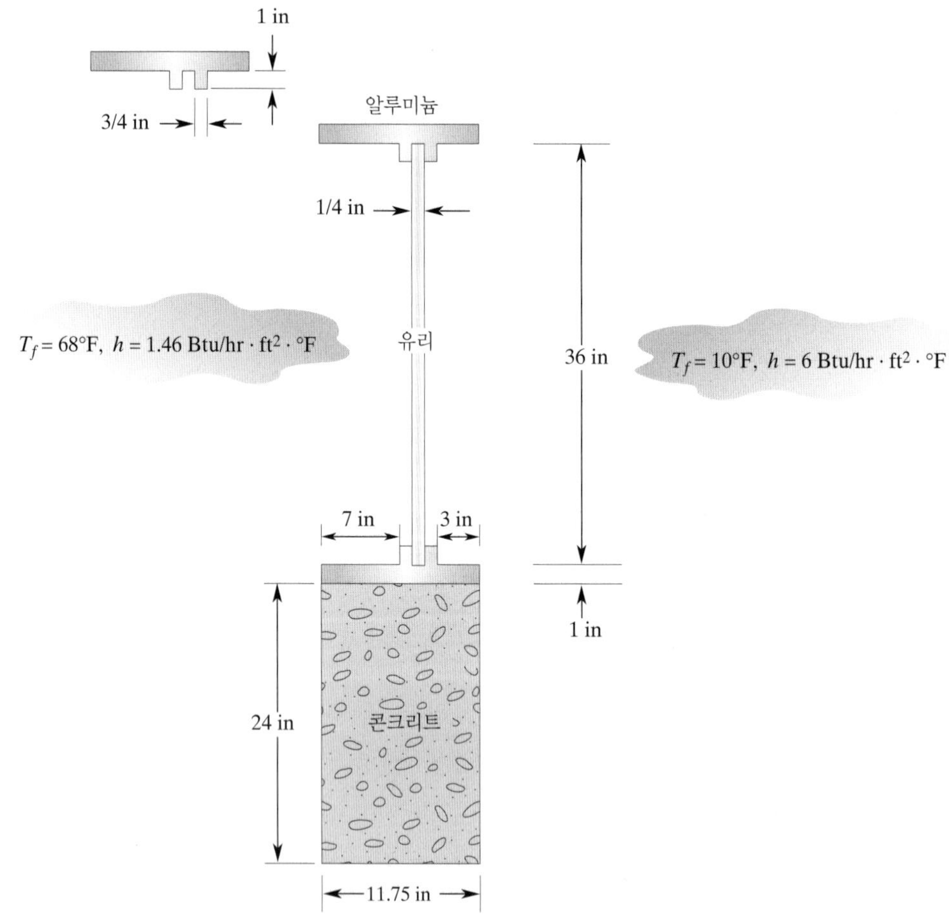

15. 알루미늄 핀($k = 170\ \mathrm{W/m \cdot K}$)이 전자기기로부터 열을 발산시키기 위하여 주로 사용된다. 이러한 핀의 한 예가 다음 그림에 나타나 있다. ANSYS를 사용하여 핀 내의 온도 분포를 구하라. 핀의 하부는 일정한 열유속 $q' = 1000\ \mathrm{W/m}$하에 있다. 송풍기가 핀

표면 위로 공기를 송풍하고 있다. 주위 공기의 온도는 20°C이고 열전달계수 $h = 40\ \text{W/m}^2 \cdot \text{K}$이다.

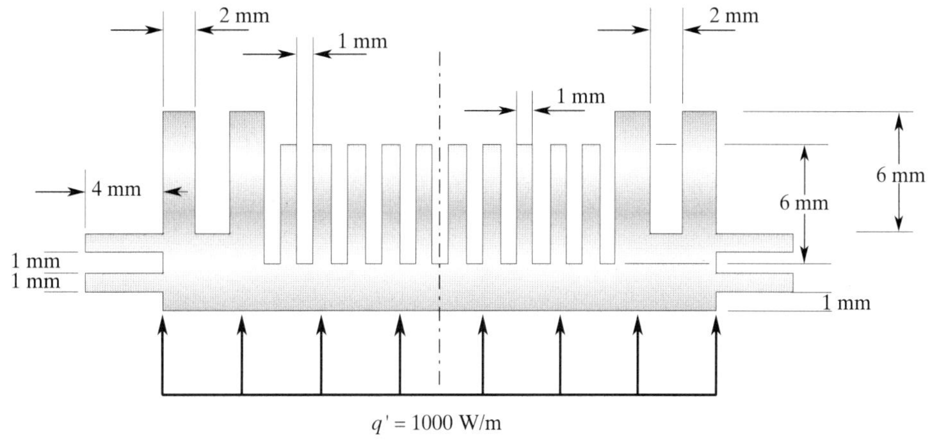

16. 온수가 콘크리트 후판(slab)에 묻혀 있는 파이프를 통해 흐르고 있다. 후판의 단면이 다음 그림에 나타나 있다. 파이프 내의 물의 온도는 50°C이고 열전달계수는 $200\ \text{W/m}^2 \cdot \text{K}$이다. 표면에 표시된 조건으로 ANSYS를 사용하여 표면의 온도를 구하라. 온수 유동과 관련된 열전달계수는 일정하게 유지되는 것으로 가정하고, 표면이 얼게 되는 온수의 온도를 구하라. 파이프 벽을 통한 열저항은 무시하라.

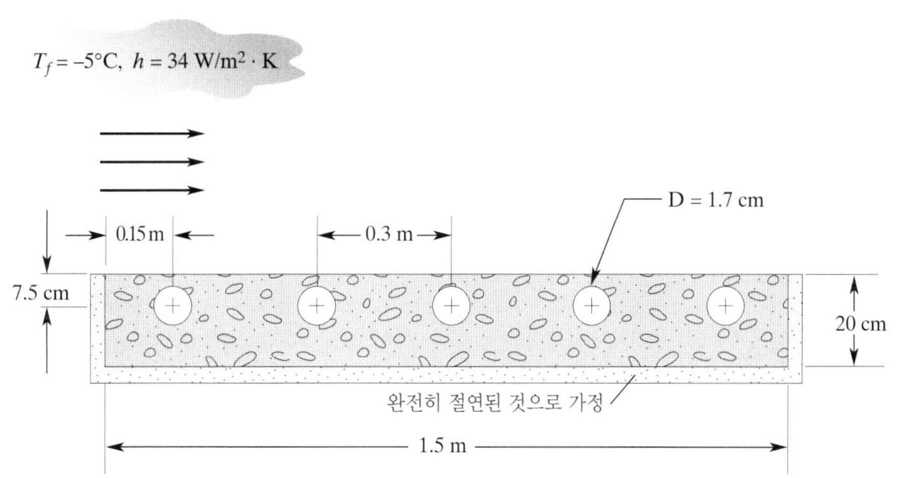

17. 다음 그림과 같은 치수를 가진 지하실 벽을 통한 열전달을 생각하라. 벽은 콘크리트로 되어 있으며 열전도도 $k = 1.0\ \text{Btu/hr} \cdot \text{ft} \cdot \text{°F}$이다. 인근의 땅은 평균 열전도도 $k = 0.85\ \text{Btu/hr} \cdot \text{ft} \cdot \text{°F}$를 가진다. ANSYS를 사용하여 벽 내의 온도 분포와 벽으로부터의 열손실을 구하라. 내부 공기의 온도는 68°F로 유지되고 열전달계수 $h = 1.46\ \text{Btu/hr} \cdot \text{ft}^2 \cdot \text{°F}$이다. 외부 공기의 온도는 15°F로 가정하고, 열전달계수 $h = 6\ \text{Btu/hr} \cdot \text{ft}^2 \cdot \text{°F}$이다. 벽으로부터 4 ft 정도 떨어진 곳에서 토질의 수평 열전달 성분은 무시할 만하다고 가정한다.

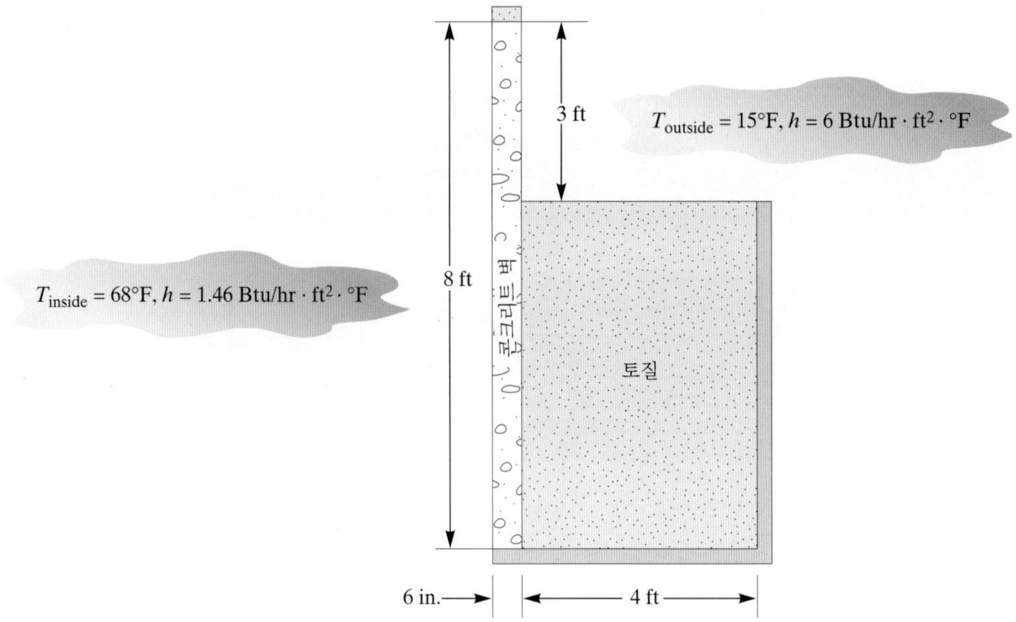

18. 문제 17의 모델에서 단열되지 않은 지하실 바닥을 통한 열전달률을 포함하려고 한다. 다음 그림에 나타난 열전달 모델을 생각하여 벽, 바닥, 토질 내의 온도 분포와 바닥과 벽으로부터의 열손실을 구하라. 그림에 나타나 있듯이, 벽과 바닥으로부터 4 ft 정도 떨어진 곳에서 토질의 열전달의 수평 및 수직 성분은 무시할 만하다고 가정하라.

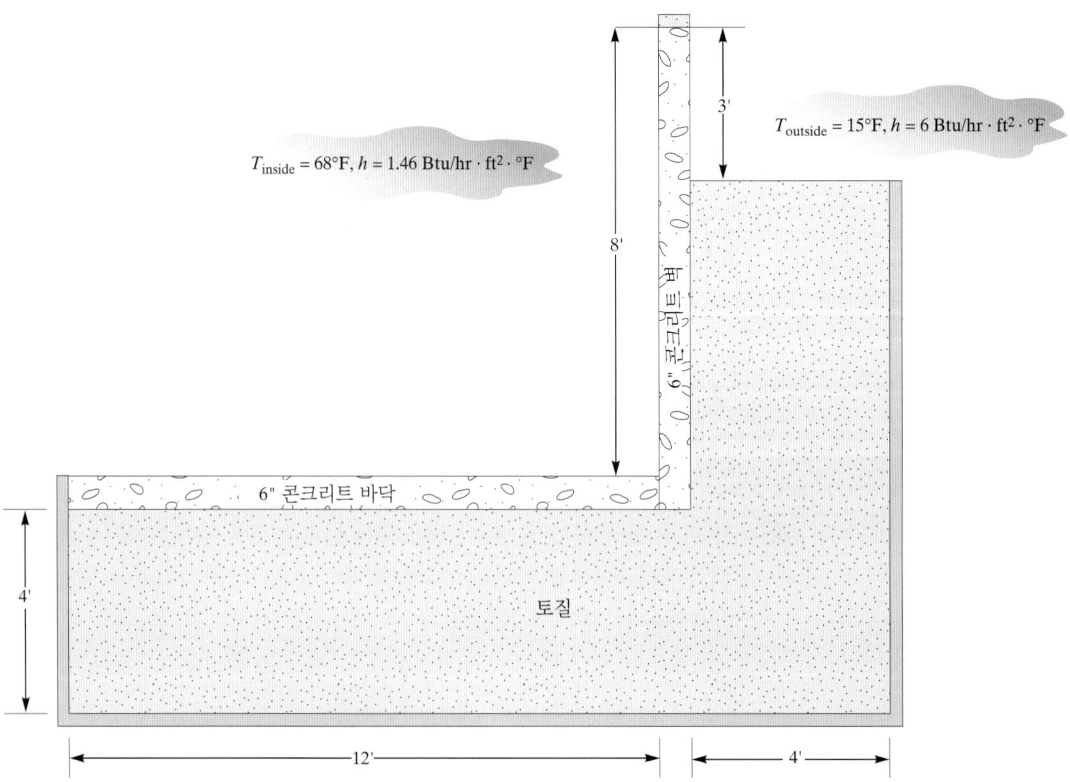

19. 열전달률을 높이기 위해서 다음 그림에서와 같이 튜브의 안쪽 면이 일부 돌출되어 있는

길이방향의 핀을 만든다. 다음에 주어진 자료로 튜브벽 내의 온도 분포를 구하라.

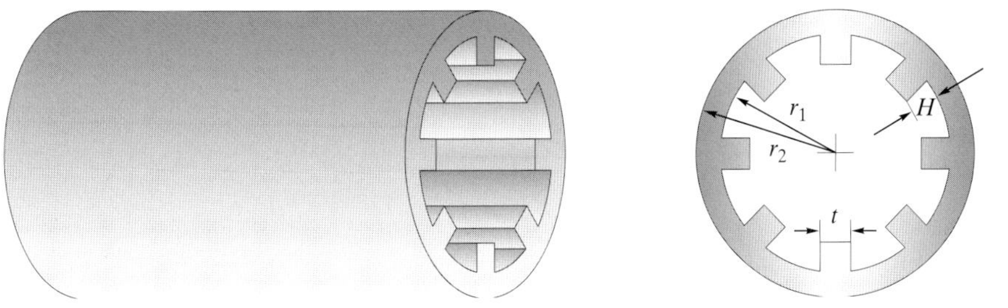

$r_1 = 2$ in　　$k = 400$ W/m·K

$r_2 = 2\frac{1}{4}$ in　　$T_{\text{inside}} = 80°C$

$t = \frac{3}{4}$ in　　$h_{\text{inside}} = 150$ W/m^2·K

$H = \frac{3}{4}$ in　　$T_{\text{outside}} = 15°C$

$h_{\text{outside}} = 30$ W/m^2·K

20. 다음 그림에 나타난 동심 튜브 열교환기를 생각하자. 태양 집열기를 지나온 수성 에틸렌글리콜(aqueous ethylene glycol) 혼합용액이 안쪽 튜브를 지나간다. 물은 그림에서 나타난 바와 같이 고리(annulus)를 통해 흘러간다. 그림의 단면에서 물의 평균 온도는 15°C이고, 열전달계수 $h = 200$ W/m^2 · K이다. 에틸렌글리콜 혼합용액의 평균 온도는 48°C이고, 열전달계수 $h = 150$ W/m^2 · K이다. 유체 간의 열전달률을 높이기 위해서 안쪽 튜브의 바깥쪽 표면이 돌출되어 그림에서와 같이 길이방향의 핀이 만들어져 있다. 열교환기의 외부는 완전히 단열되었다고 가정하고, 열교환기 벽 내의 온도 분포를 구하라. 또한 유체 간의 열전달률을 구하라.

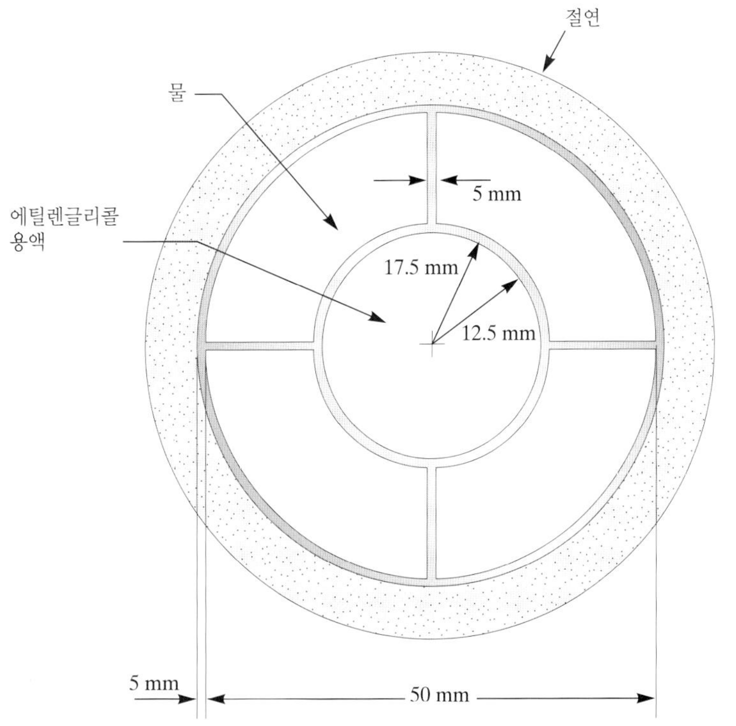

21. 식 (9.36)의 그린 정리를 이용하여 다음 그림의 삼각형의 면적을 구하라.

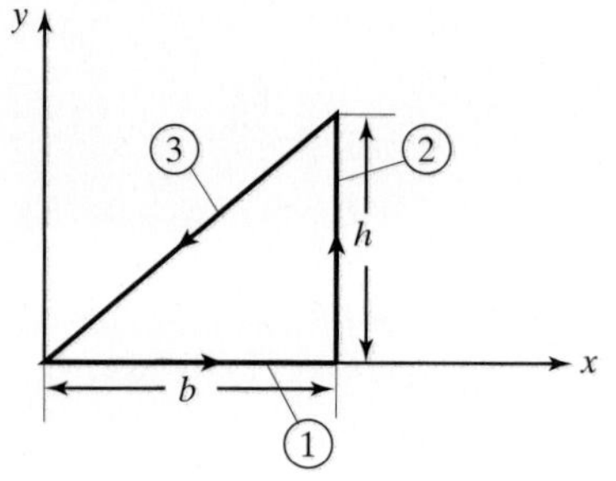

22. 다음 그림의 축대칭 삼각형 요소의 열전도행렬을 구하라. 요소를 구성하는 물체는 열전도도 $k = 170$ W/m · K인 알루미늄이다.

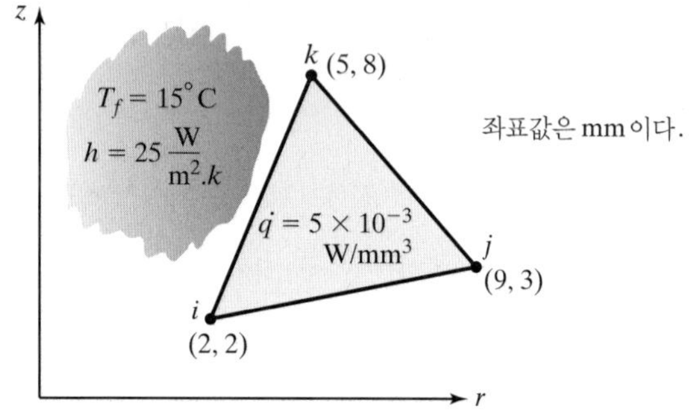

23. 문제 22에 대하여 열하중행렬을 구하라.

24. 다음 그림의 각 축대칭 삼각형 요소 (1), (2), (3)에 대하여 하중행렬을 구하라. 또한 각 요소의 하중행렬을 합하여 전체 하중행렬을 구하라.

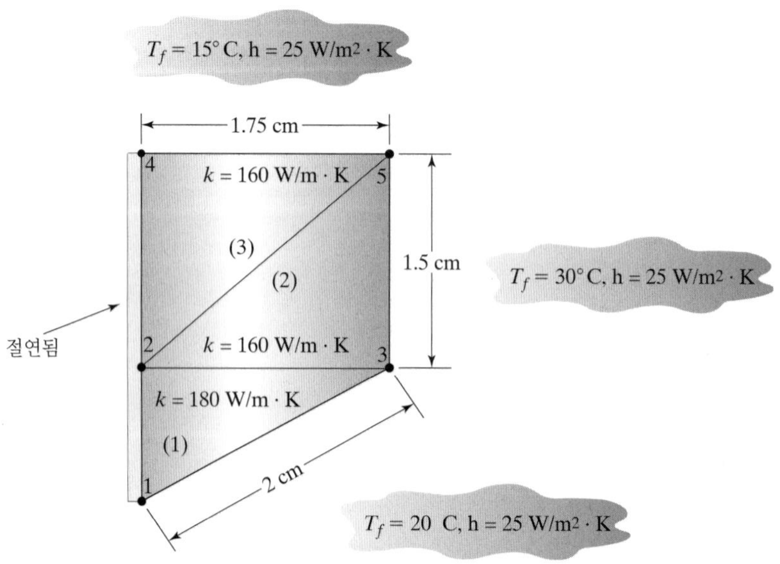

25. 축대칭 삼각형 요소에 대하여 일정한 열유속 조건을 구하라.

26. 축대칭 직사각형 요소에 대하여 적분 $-\int_V \frac{k}{r}\frac{\partial[\boldsymbol{S}]^T}{\partial r}\frac{\partial T}{\partial r}dV$ 를 구하라.

27. 축대칭 직사각형 요소에 대하여 적분 $-\int_V \frac{\partial[\boldsymbol{S}]^T}{\partial z}\frac{\partial T}{\partial z}dV$ 를 구하라.

28. 다음 그림과 같이 k가 매질의 열전도도, S는 형상계수, 그리고 T_1, T_2가 표면의 온도인 경우에 2차원 시스템의 열전달률 q는 $q = kS(T_1 - T_2)$로 계산된다. 각각의 경우에 대하여 ANSYS를 사용하여 지반의 온도 분포를 계산하라. 또한, ANSYS를 이용하여 각 경우의 형상계수를 비교하고 열전달률을 구하라.

첫째, 온도가 일정한 구형의 물체가 $k = 0.5$ W/m · K, $z = 10$ m, $D = 1$ m, $T_1 =$ 300°C, $T_1 = 27$°C인 상황에서 지반에 묻혀 있는 경우에 형상계수 S는 다음과 같다.

$$S = \frac{2\pi D}{1 - \dfrac{D}{4z}}$$

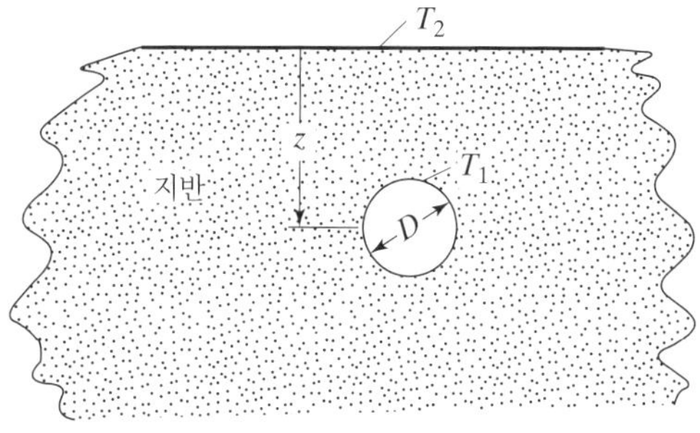

둘째, 온도가 일정한 파이프 형태의 물체가 $k = 0.5$ W/m · K, $z = 2$ m, $D = 0.5$ m, $L = 50$ m, $T_1 = 100$°C, $T_2 = 5$°C인 상황에서 지반에 묻혀 있는 경우에 형상계수 S는 다음과 같다.

$$S = \frac{2\pi L}{\ln\left(\dfrac{4z}{D}\right)}$$

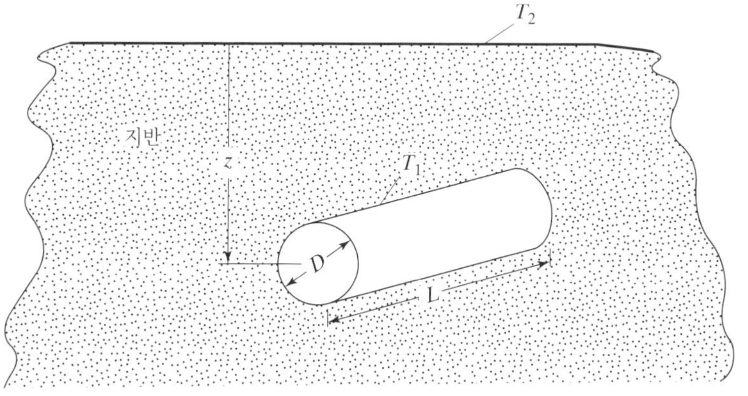

29. 문제 15의 핀에 대하여, 초기 핀 주위의 온도는 20°C이고 핀의 기저부에서는 순간적으로 $q' = 1000$ W/m의 열유동이 생긴다고 가정하자. 핀의 과도 열전달 결과를 살펴보자. 갑작스런 유동 후 긴 시간이 지난 다음의 결과와 정상상태에서의 결과를 비교하라.

30. 문제 16의 후판에 대하여, 초기 후판 주변의 온도를 −5°C로 가정하자. 온도가 50°C이고 열전달계수가 200 $W/m^2 \cdot K$인 뜨거운 물이 순간적으로 파이프 안을 채우게 된다. 시스템의 과도 열전달 반응을 알아보라. 후판의 면이 2°C가 되기까지는 얼마나 걸리는가?

31. **설계과제** 어떤 스키장에서 콘도미니엄으로 가는 산길의 표면이 결빙하지 않도록 온수가 도로의 표면 밑에 묻혀 있는 파이프를 통하여 흐른다고 가정하자. 학생들은 이러한 과제를 수행할 수 있는 순환 수식계(hydronic system)를 설계해야 한다. 좋아하는 스키장을 선정하고, 주위 공기의 온도, 지면의 온도 등의 설계조건을 살펴보라. 제작해야 할 시스템은 일련의 튜브, 펌프, 온수 히터, 밸브, 피팅 등으로 구성될 수 있을 것이다. 구해야 할 기본 정보는 파이프의 형태와 크기, 튜브의 간격, 파이프계의 형상과 파이프가 묻혀야 할 표면으로부터의 깊이이다. 시간이 허용되면 펌프와 온수 히터의 용량 또한 결정하라.

Chapter 10

2차원 고체역학 문제의 해석

이 장의 목적은 2차원 고체역학 문제의 해석을 소개하는 데 있다. 구조 부재와 기계부품은 주로 인장-압축, 굽힘, 또는 비틀림 형태의 하중을 받고 있다. 일반적인 구조물과 기계의 부품에는 보(beam), 기둥(column), 판(plate) 등과 같이 2차원 근사를 사용하여 모델링될 수 있는 부재가 다수 포함되어 있다. 축 부재는 보와 프레임으로 4장에서 이미 다루었다. 이 장에서 다루는 주요 내용은 다음과 같다.

10.1 임의의 단면형상을 가진 부재의 비틀림
10.2 평면응력 정식화
10.3 등매개변수 정식화: 사변형 요소의 사용
10.4 축대칭 정식화
10.5 기본 파손이론
10.6 ANSYS를 이용한 예제
10.7 결과 검증

10.1 임의의 단면형상을 가진 부재의 비틀림

많은 실무 엔지니어들이 간단한 해석해가 있는 문제를 유한요소로 모델링하여 해석하는 경우를 종종 볼 수 있다. 단순한 비틀림 문제는 해석해가 존재하는 경우가 많기 때문에 너무 성급하게 유한요소법을 사용하지 않아야 한다. 이러한 종류의 문제로는 원형이나 사각 단면

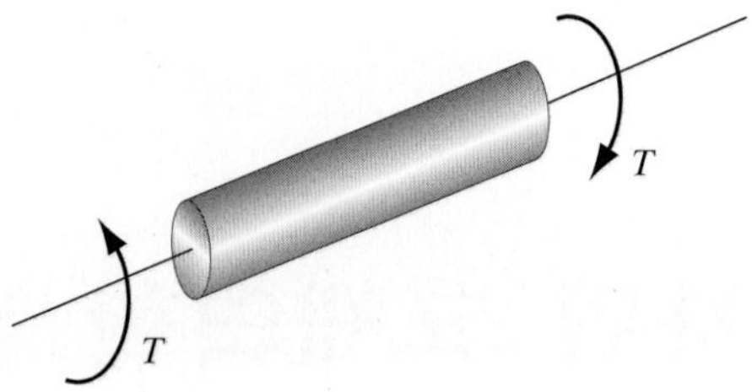

그림 10.1 축 부재의 비틀림

을 가진 부재의 비틀림 문제가 있다. 비틀림 문제에 대한 해석적인 해를 간단히 살펴보자. 재료역학 수업에서, 원형 단면을 가진 길고 곧은 부재의 비틀림을 다루었을 것이다. 비틀림 문제란 그림 10.1에 나타난 바와 같이 부재에 길이방향의 축을 중심으로 비트는 모멘트, 즉 토크(torque)가 작용하는 문제이다.

축(shaft)이나 관(tube)처럼 원형 단면을 가진 부재 내의 전단응력 분포는 다음 식으로 주어진다.

$$\tau = \frac{Tr}{J} \tag{10.1}$$

여기서 T는 부과된 토크이고, r은 축의 중심에서 단면 내의 임의의 점까지의 반경방향 거리이며, J는 단면적의 극관성 모멘트(polar moment of inertia of the cross-sectional area)이다. 식 (10.1)을 살펴보면 최대 전단응력은 r이 축의 반경과 같은 곳인 축의 외면에서 발생함이 명확하다. 또한, 부과된 토크에 의한 비틀림각(θ)은 다음 식으로부터 결정된다.

$$\theta = \frac{TL}{JG} \tag{10.2}$$

여기서 L은 부재의 길이이고 G는 재료의 전단계수(shear modulus, modulus of rigidity)이다. 직사각형 단면을 가진 부재의 비틀림 문제에 대해서도 해석해가 존재한다.* 직사각형 단면을 가진 곧은 봉에 토크가 가해질 때 생기는 최대 전단응력과 비틀림각은 다음과 같다.

$$\tau_{\max} = \frac{T}{c_1 w h^2} \tag{10.3}$$

$$\theta = \frac{TL}{c_2 G w h^3} \tag{10.4}$$

L은 봉의 길이이고 w와 h는 각각 단면의 큰 변과 작은 변의 길이이다(그림 10.2 참조). 계수 c_1과 c_2(표 10.1)는 단면의 가로세로비(aspect ratio)에 의존한다. 가로세로비가 매우 큰 수로 접근할 때($w/h \to \infty$), $c_1 = c_2 = 0.3333$이 된다. 이 관계는 표 10.1에 나타나 있다.

큰 가로세로비($w/h > 10$)를 가진 단면형상에 있어서, 최대 전단응력과 비틀림각은 다음과 같다.

* 자세한 내용은 Timoshenko and Goodier의 저서를 참고하라; *Theory of Elasticity*, 3rd ed., New York, McGraw-Hill, 1970.

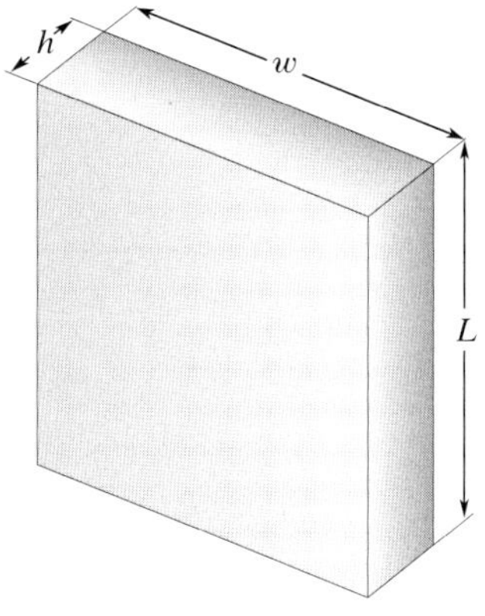

그림 10.2 비틀림을 받는 곧은 직사각형의 봉

표 10.1 직사각형 단면을 가진 봉의 c_1, c_2값

w/h	c_1	c_2
1.0	0.208	0.141
1.2	0.219	0.166
1.5	0.231	0.196
2.0	0.246	0.229
2.5	0.258	0.249
3.0	0.267	0.263
4.0	0.282	0.281
5.0	0.291	0.291
10.0	0.312	0.312
∞	0.333	0.333

$$\tau_{max} = \frac{T}{0.333\,wh^2} \tag{10.5}$$

$$\theta = \frac{TL}{0.333\,Gwh^3} \tag{10.6}$$

이와 같이 큰 가로세로비를 가지는 부재는 일반적으로 얇은 벽으로 된 부재(thin-wall member)라고 알려져 있다. 얇은 벽으로 된 부재의 예가 그림 10.3에 나타나 있다.

위와 같은 문제들은 쉽게 해석해를 구할 수 있다. 그러므로 이러한 범주에 속하는 문제에서는, 유한요소 모델을 만드는 데 시간을 허비하지 말고 비틀림식(torsional formulation)을 이용하여 해를 구하라.

비틀림 문제의 유한요소 정식화

Fung(1965)은 원형이 아닌 단면을 가진 축의 비틀림 거동에 대해 자세히 논한 바 있다. 여기에는 두 가지 기본 이론이 있는데, (1) St. Venant 정식화와, (2) Prandtl 정식화이다. 여기에서는 Prandtl 정식화를 사용하려고 한다. 응력함수(stress function) ϕ로 나타낸 축의 탄성 비틀림에 대한 미분 지배 방정식은 다음과 같다.

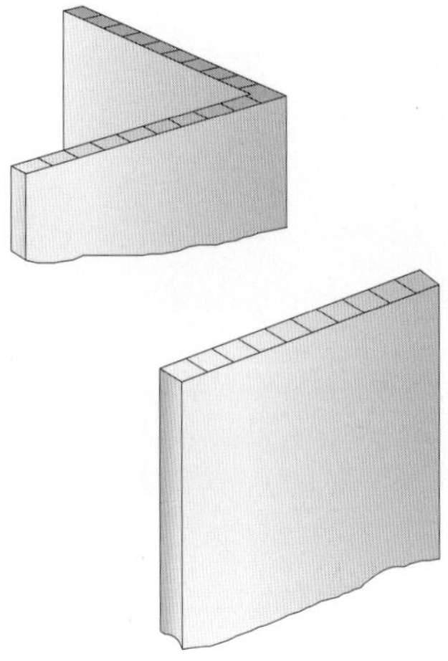

그림 10.3 얇은 벽으로 된 부재의 예

$$\frac{\partial^2\phi}{\partial x^2} + \frac{\partial^2\phi}{\partial y^2} + 2G\theta = 0 \tag{10.7}$$

여기서 G는 봉의 전단계수이고, θ는 단위길이당 비틀림각을 나타낸다. 전단응력 성분은 다음 식과 같이 응력함수 ϕ와 연관되어 있다.

$$\tau_{zx} = \frac{\partial\phi}{\partial y} \tag{10.8}$$

$$\tau_{zy} = -\frac{\partial\phi}{\partial x} \tag{10.9}$$

Prandtl 정식화에서는 부과된 토크가 지배 방정식에 직접 나타나지 않음을 유의하라. 부과된 토크는 응력함수와 연관되며 다음과 같이 주어진다.

$$T = 2\int_A \phi\, dA \tag{10.10}$$

식 (10.10)에서 A는 축의 단면적을 나타낸다. 부재의 비틀림을 지배하는 미분 방정식인 식 (10.7)을 열전도 방정식인 식 (9.8)과 비교하면, 두 식이 동일한 형태임을 알 수 있다. 그러므로 9.2절과 9.3절의 결과를 비틀림 문제에도 그대로 적용할 수 있다. 비틀림 문제에 대한 미분 방정식을 식 (9.8)과 비교하면, $c_1 = 1$, $c_2 = 1$, $c_3 = 2G\theta$로 두어야 함을 알 수 있다. 그러면 직사각형 요소의 강성행렬은 다음과 같이 된다.

$$[\mathbf{K}]^{(e)} = \frac{w}{6\ell}\begin{bmatrix} 2 & -2 & -1 & 1 \\ -2 & 2 & 1 & -1 \\ -1 & 1 & 2 & -2 \\ 1 & -1 & -2 & 2 \end{bmatrix} + \frac{\ell}{6w}\begin{bmatrix} 2 & 1 & -1 & -2 \\ 1 & 2 & -2 & -1 \\ -1 & -2 & 2 & 1 \\ -2 & -1 & 1 & 2 \end{bmatrix} \tag{10.11}$$

여기서 w와 ℓ은 그림 10.4에 나타낸 바와 같이 직사각형 요소의 폭과 길이를 각각 나타낸다. 요소의 하중행렬은 다음과 같다.

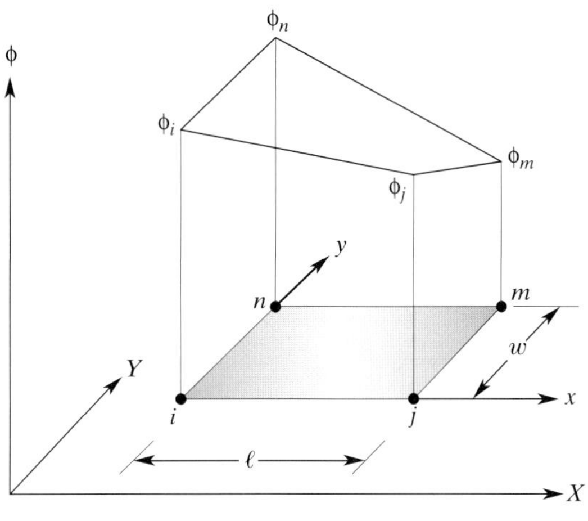

그림 10.4 직사각형 요소에 대한 응력함수의 절점값

$$\{\mathbf{F}\}^{(e)} = \frac{2G\theta A}{4}\begin{Bmatrix} 1 \\ 1 \\ 1 \\ 1 \end{Bmatrix} \tag{10.12}$$

그림 10.5 에 나타난 삼각형 요소에서의 강성행렬과 하중행렬은 다음과 같다.

$$[\mathbf{K}]^{(e)} = \frac{1}{4A}\begin{bmatrix} \beta_i^2 & \beta_i\beta_j & \beta_i\beta_k \\ \beta_i\beta_j & \beta_j^2 & \beta_j\beta_k \\ \beta_i\beta_k & \beta_j\beta_k & \beta_k^2 \end{bmatrix} + \frac{1}{4A}\begin{bmatrix} \delta_i^2 & \delta_i\delta_j & \delta_i\delta_k \\ \delta_i\delta_j & \delta_j^2 & \delta_j\delta_k \\ \delta_i\delta_k & \delta_j\delta_k & \delta_k^2 \end{bmatrix} \tag{10.13}$$

$$\{\mathbf{F}\}^{(e)} = \frac{2G\theta A}{3}\begin{Bmatrix} 1 \\ 1 \\ 1 \end{Bmatrix} \tag{10.14}$$

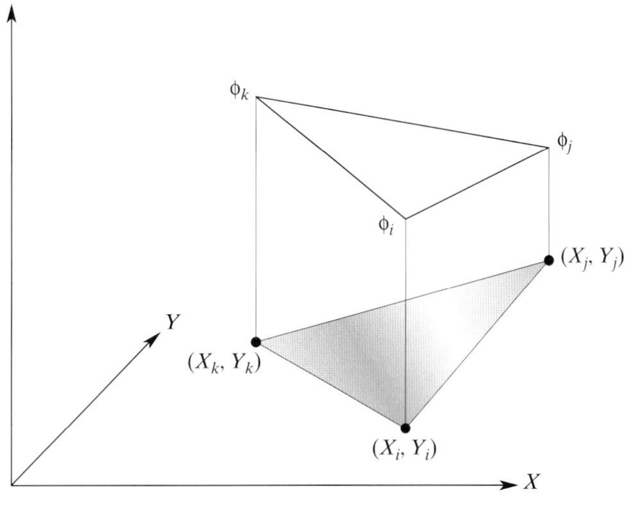

그림 10.5 삼각형 요소에 대한 응력함수의 절점값

여기서 A는 삼각형 요소의 면적이고 α, β와 δ항은 다음과 같이 주어진다.

$$2A = X_i(Y_j - Y_k) + X_j(Y_k - Y_i) + X_k(Y_i - Y_j)$$
$$\alpha_i = X_jY_k - X_kY_j \quad \beta_i = Y_j - Y_k \quad \delta_i = X_k - X_j$$
$$\alpha_j = X_kY_i - X_iY_k \quad \beta_j = Y_k - Y_i \quad \delta_j = X_i - X_k$$
$$\alpha_k = X_iY_j - X_jY_i \quad \beta_k = Y_i - Y_j \quad \delta_k = X_j - X_i$$

다음으로 강철봉의 비틀림 문제에 대하여 다루어보겠다.

예제 10.1

다음 그림에서처럼 비틀림을 받고 있는 사각 단면의 강철봉($G = 11 \times 10^3$ ksi)을 생각하자. 이 때 $\theta = 0.0005$ rad/in이다. 위에서 설명한 유한요소법 절차를 이용하여 봉 안의 전단응력의 분포를 살펴보고자 한다.

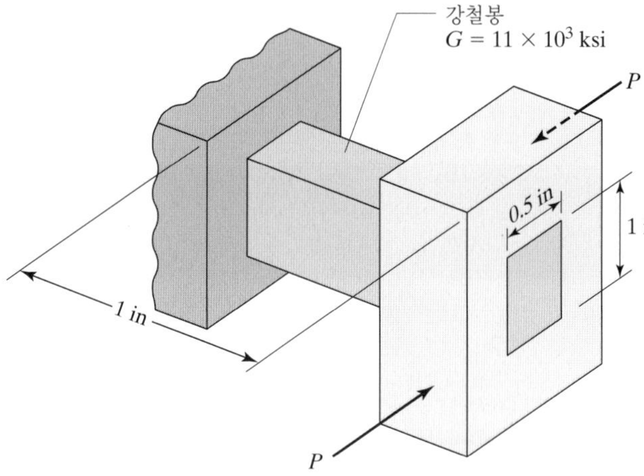

문제에 대한 해답을 구하기 전에, 이 예제의 목적은 비틀림 문제를 유한요소법으로 어떻게 나타내는지를 알기 위한 것임을 되새기자. 앞에서 언급하였듯이 이 문제는 다음 장에서 설명할 것이지만 간단한 해석해가 있다.

그림 10.6처럼 이 문제는 대칭조건을 이용하여 축의 단면적의 1/8만을 해석하면 된다. 선택된 축의 단면적을 6개의 절점과 3개의 요소(하나의 초기 모델)로 나눈다. 요소 (1), (3)은 삼각형이지만, 요소 (2)는 사각형이다. 문제를 푸는 동안 표 10.2를 참고하라.

삼각형 요소 (1), (3)의 강성행렬은 다음과 같다.

$$[\mathbf{K}]^{(1)} = [\mathbf{K}]^{(3)} = \frac{1}{4A}\begin{bmatrix} \beta_i^2 & \beta_i\beta_j & \beta_i\beta_k \\ \beta_i\beta_j & \beta_j^2 & \beta_j\beta_k \\ \beta_i\beta_k & \beta_j\beta_k & \beta_k^2 \end{bmatrix} + \frac{1}{4A}\begin{bmatrix} \delta_i^2 & \delta_i\delta_j & \delta_i\delta_k \\ \delta_i\delta_j & \delta_j^2 & \delta_j\delta_k \\ \delta_i\delta_k & \delta_j\delta_k & \delta_k^2 \end{bmatrix}$$

요소 (1)에 대하여 β와 δ 계수값을 구하면 다음과 같다.

$$\beta_i = Y_j - Y_k = 0 - 0.25 = -0.25 \quad \delta_i = X_k - X_j = 0.125 - 0.125 = 0$$
$$\beta_j = Y_k - Y_i = 0.25 - 0 = 0.25 \quad \delta_j = X_i - X_k = 0 - 0.125 = -0.125$$

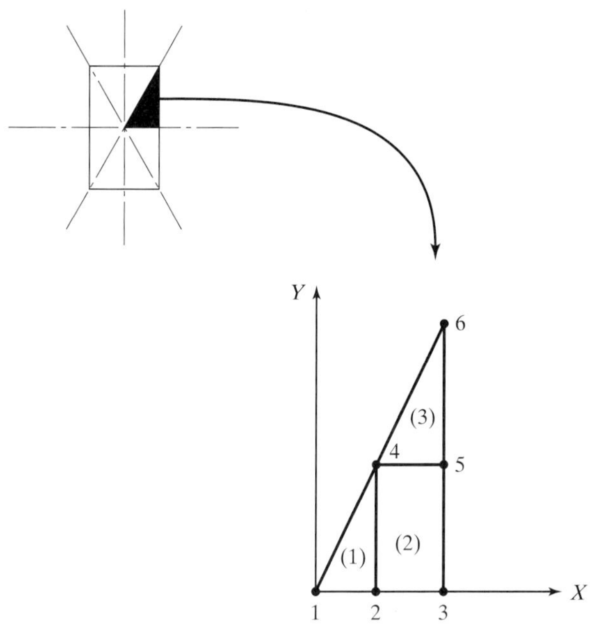

그림 10.6 예제 10.1의 봉의 개략도

$$\beta_k = Y_i - Y_j = 0 - 0 = 0 \qquad \delta_k = X_j - X_i = 0.125 - 0 = 0.125$$

요소 (3)의 β와 δ 계수값은 요소 (1)의 값과 같은데, 이는 절점 간 좌표점의 차이가 완전히 요소 (1)과 같기 때문이다. 그러므로 요소 (1), (3)은 다음과 같은 강성행렬을 갖는다.

$$[\mathbf{K}]^{(1)} = [\mathbf{K}]^{(3)} = \frac{1}{4(0.015625)}\begin{bmatrix} 0.0625 & -0.0625 & 0 \\ -0.0625 & 0.0625 & 0 \\ 0 & 0 & 0 \end{bmatrix} + \frac{1}{4(0.015625)}\begin{bmatrix} 0 & 0 & 0 \\ 0 & 0.015625 & -0.015625 \\ 0 & -0.015625 & 0.015625 \end{bmatrix}$$

향후에 요소 조합의 편의를 위해서, 강성행렬의 상면과 우측면에 해당되는 요소의 절점 번호를 기입한다. 요소 (1), (3)에 대한 강성행렬은 아래와 같다.

$$[\mathbf{K}]^{(1)} = \begin{array}{c} \begin{matrix} 1(i) & 2(j) & 4(k) \end{matrix} \\ \begin{bmatrix} 1 & -1 & 0 \\ -1 & 1.25 & -0.25 \\ 0 & -0.25 & 0.25 \end{bmatrix} \begin{matrix} 1 \\ 2 \\ 4 \end{matrix} \end{array}$$

표 10.2 요소와 관련된 절점과 그 [좌표] 관계

요소	i	j	m 또는 k	n
(1)	**1** [0, 0]	**2** [0.125, 0]	**4** [0.125, 0.25]	
(2)	**2** [0.125, 0]	**3** [0.25, 0]	**5** [0.25, 0.25]	**4** [0.125, 0.25]
(3)	**4** [0.125, 0.25]	**5** [0.25, 0.25]	**6** [0.25, 0.5]	

$$[\mathbf{K}]^{(3)} = \begin{array}{c} \begin{matrix} 4(i) & 5(j) & 6(k) \end{matrix} \\ \begin{bmatrix} 1 & -1 & 0 \\ -1 & 1.25 & -0.25 \\ 0 & -0.25 & 0.25 \end{bmatrix} \end{array} \begin{matrix} 4 \\ 5 \\ 6 \end{matrix}$$

요소 (2)에 대한 강성행렬은 다음과 같다.

$$[\mathbf{K}]^{(2)} = \frac{w}{6\ell}\begin{bmatrix} 2 & -2 & -1 & 1 \\ -2 & 2 & 1 & -1 \\ -1 & 1 & 2 & -2 \\ 1 & -1 & -2 & 2 \end{bmatrix} + \frac{\ell}{6w}\begin{bmatrix} 2 & 1 & -1 & -2 \\ 1 & 2 & -2 & -1 \\ -1 & -2 & 2 & 1 \\ -2 & -1 & 1 & 2 \end{bmatrix}$$

$$[\mathbf{K}]^{(2)} = \frac{0.25}{6(0.125)}\begin{bmatrix} 2 & -2 & -1 & 1 \\ -2 & 2 & 1 & -1 \\ -1 & 1 & 2 & -2 \\ 1 & -1 & -2 & 2 \end{bmatrix} + \frac{0.125}{6(0.25)}\begin{bmatrix} 2 & 1 & -1 & -2 \\ 1 & 2 & -2 & -1 \\ -1 & -2 & 2 & 1 \\ -2 & -1 & 1 & 2 \end{bmatrix}$$

요소 (2)의 강성행렬을 연관된 절점과 함께 나타내면 다음과 같다.

$$[\mathbf{K}]^{(2)} = \begin{bmatrix} 2(i) & 3(j) & 5(m) & 4(n) \\ 0.83333333 & -0.58333333 & -0.4166666 & 0.16666667 \\ -0.58333333 & 0.83333333 & 0.16666667 & -0.41666667 \\ -0.41666667 & 0.16666667 & 0.83333333 & -0.58333333 \\ 0.16666667 & -0.41666667 & -0.58333333 & 0.83333333 \end{bmatrix} \begin{matrix} \\ 2 \\ 3 \\ 5 \\ 4 \end{matrix}$$

삼각형 요소 (1), (3)의 하중행렬은 다음과 같이 계산된다.

$$\{\mathbf{F}\}^{(e)} = \frac{2G\theta A}{3}\begin{Bmatrix} 1 \\ 1 \\ 1 \end{Bmatrix} \text{는 } \{\mathbf{F}\}^{(1)} = \begin{Bmatrix} 57.29166667 \\ 57.29166667 \\ 57.29166667 \end{Bmatrix} \begin{matrix} 1 \\ 2 \\ 4 \end{matrix} \text{ 그리고 } \{\mathbf{F}\}^{(3)} = \begin{Bmatrix} 57.29166667 \\ 57.29166667 \\ 57.29166667 \end{Bmatrix} \begin{matrix} 4 \\ 5 \\ 6 \end{matrix} \text{ 으로 된다.}$$

절점에 관한 정보를 포함한 직사각형 요소 (2)의 하중행렬은 다음과 같다.

$$\{\mathbf{F}\}^{(2)} = \frac{2G\theta A}{4}\begin{Bmatrix} 1 \\ 1 \\ 1 \\ 1 \end{Bmatrix} = \begin{Bmatrix} 85.9375 \\ 85.9375 \\ 85.9375 \\ 85.9375 \end{Bmatrix} \begin{matrix} 2 \\ 3 \\ 5 \\ 4 \end{matrix}$$

각 요소의 열에 절점 정보를 나타내어 전체 강성행렬을 만들면 다음과 같다.

$$[\mathbf{K}]^{(G)} = \begin{array}{c} \begin{matrix} 1 & 2 & 3 & 4 & 5 & 6 \end{matrix} \\ \begin{bmatrix} 1 & -1 & 0 & 0 & 0 & 0 \\ -1 & 2.08333333 & -0.58333333 & -0.08333333 & -0.41666666 & 0 \\ 0 & -0.58333333 & 0.83333333 & -0.41666667 & 0.16666667 & 0 \\ 0 & -0.08333333 & -0.41666667 & 2.08333333 & -1.58333333 & 0 \\ 0 & -0.41666666 & 0.16666667 & -1.58333333 & 2.08333333 & -0.25 \\ 0 & 0 & 0 & 0 & -0.25 & 0.25 \end{bmatrix} \end{array} \begin{matrix} 1 \\ 2 \\ 3 \\ 4 \\ 5 \\ 6 \end{matrix}$$

하중행렬을 조합하면 다음 값을 얻을 수 있다.

$$\{\mathbf{F}\}^{(G)} = \begin{Bmatrix} 57.3 \\ 57.3 + 85.9 \\ 85.9 \\ 57.3 + 57.3 + 85.9 \\ 57.3 + 85.9 \\ 57.3 \end{Bmatrix} = \begin{Bmatrix} 57.3 \\ 143.2 \\ 85.93 \\ 200.5 \\ 143.2 \\ 57.3 \end{Bmatrix}$$

절점 3, 5와 6에 경계조건 $\phi = 0$을 적용하면, 다음과 같이 3×3 행렬을 얻을 수 있다.

$$\begin{bmatrix} 1 & -1 & 0 \\ -1 & 2.083 & -0.083 \\ 0 & -0.083 & 2.083 \end{bmatrix} \begin{Bmatrix} \phi_1 \\ \phi_2 \\ \phi_3 \end{Bmatrix} = \begin{Bmatrix} 57.3 \\ 143.2 \\ 200.5 \end{Bmatrix}$$

위의 선형 연립 방정식의 절점해를 다음과 같이 얻을 수 있다.

$$[\phi]^T = [250 \quad 193 \quad 0 \quad 104 \quad 0 \quad 0]$$

식 (10.8)과 (10.9)로부터 전단응력 성분(그림 10.7)을 계산할 수 있다. 요소 (1), (3)에 대하여 표현하면 다음과 같다.

$$\tau_{ZX} = \frac{\partial \phi}{\partial Y} = \frac{\partial}{\partial Y}[S_i\phi_i + S_j\phi_j + S_k\phi_k] = \frac{\partial}{\partial Y}[S_i \quad S_j \quad S_k]\begin{Bmatrix} \phi_i \\ \phi_j \\ \phi_k \end{Bmatrix} = [\delta_i \quad \delta_j \quad \delta_k]\begin{Bmatrix} \phi_i \\ \phi_j \\ \phi_k \end{Bmatrix}$$

$$\tau_{ZY} = -\frac{\partial \phi}{\partial X} = -\frac{\partial}{\partial X}[S_i\phi_i + S_j\phi_j + S_k\phi_k] = -\frac{\partial}{\partial X}[S_i \quad S_j \quad S_k]\begin{Bmatrix} \phi_i \\ \phi_j \\ \phi_k \end{Bmatrix} = -[\beta_i \quad \beta_j \quad \beta_k]\begin{Bmatrix} \phi_i \\ \phi_j \\ \phi_k \end{Bmatrix}$$

요소 (1)에 대한 전단응력 성분은 다음과 같다.

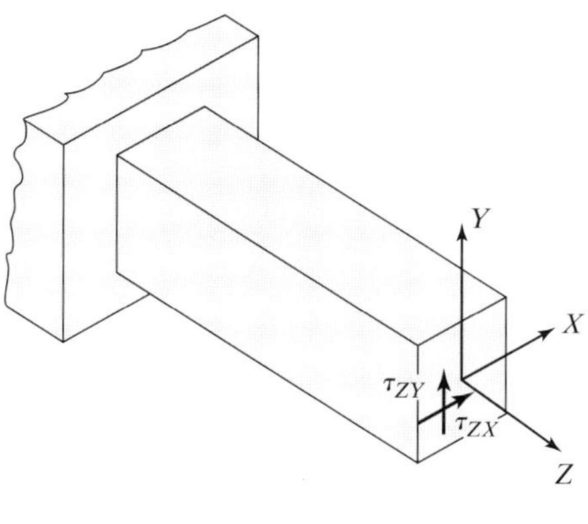

그림 10.7 전단응력 성분의 방향

$$\tau_{ZX}^{(1)} = [\delta_i \quad \delta_j \quad \delta_k]\begin{Bmatrix} \phi_i \\ \phi_j \\ \phi_k \end{Bmatrix} = [0 \quad -0.125 \quad 0.125]\begin{Bmatrix} 250 \\ 193 \\ 104 \end{Bmatrix} = -11 \text{ lb/in}^2$$

$$\tau_{ZY}^{(1)} = -[\beta_i \quad \beta_j \quad \beta_k]\begin{Bmatrix} \phi_i \\ \phi_j \\ \phi_k \end{Bmatrix} = -[-0.25 \quad 0.25 \quad 0]\begin{Bmatrix} 250 \\ 193 \\ 104 \end{Bmatrix} = 14 \text{ lb/in}^2$$

동일한 방법을 적용하여, 요소 (3)에 관한 전단응력 성분들을 구할 수 있다.

$$\tau_{ZX}^{(3)} = [0 \quad -0.125 \quad 0.125]\begin{Bmatrix} 104 \\ 0 \\ 0 \end{Bmatrix} = 0 \text{ lb/in}^2$$

$$\tau_{ZY}^{(3)} = -[-0.25 \quad 0.25 \quad 0]\begin{Bmatrix} 104 \\ 0 \\ 0 \end{Bmatrix} = 26 \text{ lb/in}^2$$

선형 삼각형 요소의 공간 도함수들은 상수이기 때문에, 삼각형 요소에 의해 표현된 영역에서 전단응력 분포는 일정하다. 이것은 선형 삼각형 요소를 사용할 때의 단점이다. 더 나은 결과를 얻기 위해서 7장에서 공부한 것처럼 봉의 선택된 구역을 더 많은 요소로 나누거나, 고차 요소를 사용하도록 한다. 사각형 요소에 대한 전단응력 성분은 다음과 같은 방법으로 나타난다.

$$\tau_{ZX} = \frac{\partial \phi}{\partial Y} = \frac{\partial}{\partial Y}[S_i\phi_i + S_j\phi_j + S_m\phi_m + S_n\phi_n] = \frac{\partial}{\partial Y}[S_i \quad S_j \quad S_m \quad S_n]\begin{Bmatrix} \phi_i \\ \phi_j \\ \phi_m \\ \phi_n \end{Bmatrix}$$

$$\tau_{ZX} = \frac{1}{\ell w}[(-\ell + x) \quad -x \quad x \quad (\ell - x)]\begin{Bmatrix} \phi_i \\ \phi_j \\ \phi_m \\ \phi_n \end{Bmatrix}$$

위와 동일한 방법으로 다음과 같이 표현할 수 있다.

$$\tau_{ZY} = -\frac{\partial \phi}{\partial X} = -\frac{1}{\ell w}[(-w + y) \quad (w - y) \quad y \quad -y]\begin{Bmatrix} \phi_i \\ \phi_j \\ \phi_m \\ \phi_n \end{Bmatrix}$$

쌍일차 사각형 요소에서 전단응력 요소는 위치에 따라 변하며, 요소 내의 특정 지점에서 계산이 가능하다. 요소 (2)의 경계 내 점의 국부 좌표값을 대입하여 전단응력 성분을 계산하는 것은 예제로 남겨놓았다. 위에 대한 예제는 ANSYS를 이용한 예제에서 알아보겠다.

10.2 평면응력 정식화

재료의 탄성거동과 연관된 몇 가지 기본 개념을 살펴보자. 재료 내의 한 점을 둘러싸는 미소 육면체를 생각하라. 이 체적의 확대된 모습이 그림 10.8에 나타나 있다. 이 육면체의 면은 (X, Y, Z) 좌표계의 방향으로 향해 있다.* 외력의 부과는 재료 내에 내력(internal force)을 생성하고, 그 결과로 응력을 생성한다. 한 점의 응력 상태는 그림에 나타나 있듯이, 양의 면과 음의 면 위에 작용하는 9개 성분으로 정의될 수 있다. 그러나 평형조건에 의해, 6개의 독립적인 응력 성분만이 한 점의 일반적인 응력 상태를 위해 필요하다는 것을 상기하라. 즉, 한 점에서의 일반적인 응력은 다음과 같이 정의된다.

$$[\boldsymbol{\sigma}]^T = [\sigma_{XX} \quad \sigma_{YY} \quad \sigma_{ZZ} \quad \tau_{XY} \quad \tau_{YZ} \quad \tau_{XZ}] \tag{10.15}$$

여기서 σ_{XX}, σ_{YY}와 σ_{ZZ}는 수직응력(normal stress) 성분이고, τ_{XY}, τ_{YZ}와 τ_{XZ}는 전단응력 성분이다. 그리고 이들은 육면체 표면에 작용하는 내력의 세기에 대한 척도이다. 실제적인 문제에서 Z방향으로 작용하는 힘이 없는 경우가 많이 있으며, 그 결과 Z방향 면에 작용하는 내력이 없다. 이 상태를 보통 **평면응력**(plane-stress) 상태라고 부르며 그림 10.9에 나타나 있다.

평면응력 상태에서, 응력은 세 성분으로 축소된다.

$$[\boldsymbol{\sigma}]^T = [\sigma_{XX} \quad \sigma_{YY} \quad \tau_{XY}] \tag{10.16}$$

지금까지 부과된 하중이 물체 내에서 어떻게 응력을 유발시키는가에 대해 방금 고찰하였다. 하중이 부과되면 물체는 변형하게 되어 형상이 변하게 된다. 변위벡터를 사용하여 물체 내의 한 점에서 일어나는 위치의 변화를 나타낼 수 있다. 변위벡터 $\vec{\delta}$는 직교 좌표 성분으로 다음과 같이 나타낼 수 있다.

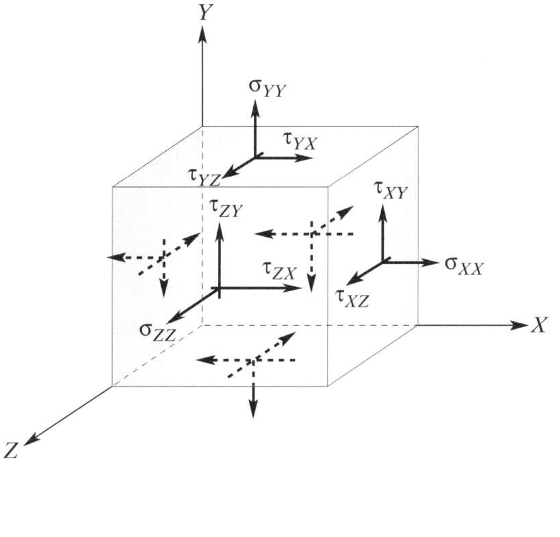

그림 10.8 한 점에서의 응력 성분

* 이 절에서는 X, Y, Z 좌표계와 x, y, z 좌표계는 서로 일치한다.

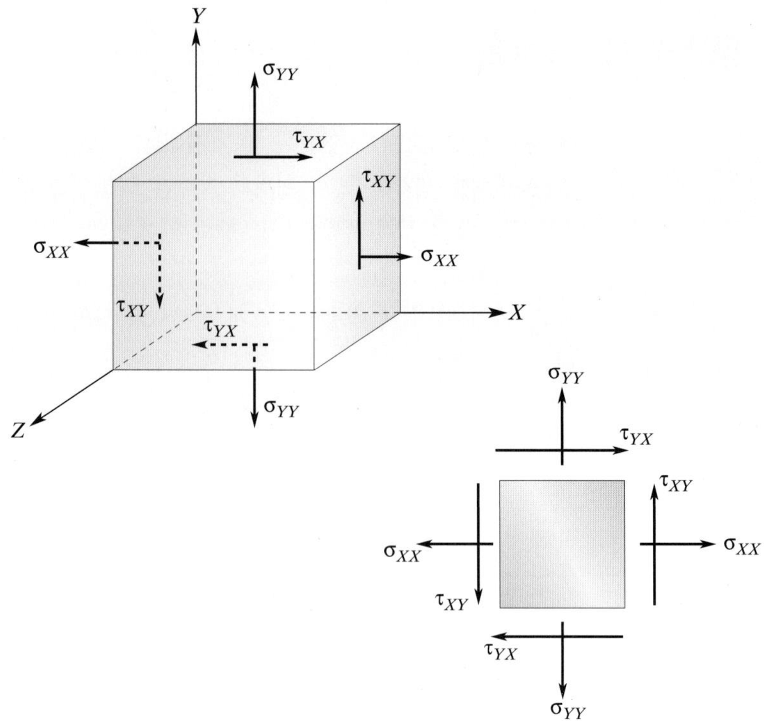

그림 10.9 응력의 평면 상태

$$\vec{\delta} = u(x, y, z)\vec{i} + v(x, y, z)\vec{j} + w(x, y, z)\vec{k}$$

여기서 변위벡터의 i, j, k 성분은 원래의 위치 (x, y, z)에서 하중에 의하여 이동한 새로운 위치 (x', y', z')까지의 좌표 차이로, 다음 식과 같이 주어진다.

$$u(x, y, z) = x' - x$$
$$v(x, y, z) = y' - y$$
$$w(x, y, z) = z' - z$$

물체 내에서 국부적으로 발생하는 길이와 형상의 변화를 더욱 잘 나타내기 위하여, 수직변형률(normal strain)과 전단변형률(shear strain)을 정의한다. 한 점에서의 변형률 상태는 응력 상태와 마찬가지로 6개의 독립된 성분으로 나누어진다.

$$[\boldsymbol{\varepsilon}]^T = [\varepsilon_{xx} \quad \varepsilon_{yy} \quad \varepsilon_{zz} \quad \gamma_{xy} \quad \gamma_{yz} \quad \gamma_{xz}] \tag{10.17}$$

ε_{xx}, ε_{yy}와 ε_{zz}는 수직변형률 성분이고, γ_{xy}, γ_{yz}와 γ_{xz}는 전단변형률 성분이다. 이 성분들로부터 하중에 의하여 재료 내부에서 국부적으로 발생한 길이와 형상의 변화를 알 수 있다. 평면응력 상태와 유사하게, z 방향으로 변위가 일어나지 않는 상황은 **평면변형률**(plane-strain) 상태라고 한다. 보통 평면응력 상태와 평면변형률 상태의 문제를 합하여 2차원 평면문제라고 하며 비슷한 해법으로 해석할 수 있다. 재료역학에서 학습하였듯이, 변형률과 변위 사이에는 다음 관계식이 존재한다.

$$\varepsilon_{xx} = \frac{\partial u}{\partial x} \qquad \varepsilon_{yy} = \frac{\partial v}{\partial y} \qquad \varepsilon_{zz} = \frac{\partial w}{\partial z} \tag{10.18}$$

$$\gamma_{xy} = \frac{\partial u}{\partial y} + \frac{\partial v}{\partial x} \quad \gamma_{yz} = \frac{\partial v}{\partial z} + \frac{\partial w}{\partial y} \quad \gamma_{xz} = \frac{\partial u}{\partial z} + \frac{\partial w}{\partial x}$$

재료의 탄성영역 내에서 응력과 변형률 사이에는 다음의 일반화된 후크의 법칙(generalized Hooke's law)이 존재한다.

$$\varepsilon_{xx} = \frac{1}{E}[\sigma_{xx} - \nu(\sigma_{yy} + \sigma_{zz})] \tag{10.19}$$

$$\varepsilon_{yy} = \frac{1}{E}[\sigma_{yy} - \nu(\sigma_{xx} + \sigma_{zz})]$$

$$\varepsilon_{zz} = \frac{1}{E}[\sigma_{zz} - \nu(\sigma_{xx} + \sigma_{yy})]$$

$$\gamma_{xy} = \frac{1}{G}\tau_{xy} \quad \gamma_{yz} = \frac{1}{G}\tau_{yz} \quad \gamma_{zx} = \frac{1}{G}\tau_{zx}$$

여기서 E는 탄성계수(Young's modulus), ν는 푸아송비, 그리고 G는 전단계수(횡탄성계수)이다. 평면응력 상태에 있어서, 일반화된 후크의 법칙은 다음과 같이 간략해진다.

$$\begin{Bmatrix} \sigma_{xx} \\ \sigma_{yy} \\ \tau_{xy} \end{Bmatrix} = \frac{E}{1-\nu^2} \begin{bmatrix} 1 & \nu & 0 \\ \nu & 1 & 0 \\ 0 & 0 & \dfrac{1-\nu}{2} \end{bmatrix} \begin{Bmatrix} \varepsilon_{xx} \\ \varepsilon_{yy} \\ \gamma_{xy} \end{Bmatrix} \tag{10.20}$$

이를 행렬 형태로 간결하게 나타내면 다음과 같다.

$$\{\boldsymbol{\sigma}\} = [\boldsymbol{\nu}]\{\boldsymbol{\varepsilon}\} \tag{10.21}$$

여기서

$$[\boldsymbol{\sigma}]^T = [\sigma_{xx} \quad \sigma_{yy} \quad \tau_{xy}]$$

$$[\boldsymbol{\nu}] = \frac{E}{1-\nu^2} \begin{bmatrix} 1 & \nu & 0 \\ \nu & 1 & 0 \\ 0 & 0 & \dfrac{1-\nu}{2} \end{bmatrix}$$

$$\{\boldsymbol{\varepsilon}\} = \begin{Bmatrix} \varepsilon_{xx} \\ \varepsilon_{yy} \\ \gamma_{xy} \end{Bmatrix}$$

평면변형률 상태에 있어서, 일반화된 후크의 법칙은 다음과 같이 된다.

$$\begin{Bmatrix} \sigma_{xx} \\ \sigma_{yy} \\ \tau_{xy} \end{Bmatrix} = \frac{E}{(1+\nu)(1-2\nu)} \begin{bmatrix} 1-\nu & \nu & 0 \\ \nu & 1-\nu & 0 \\ 0 & 0 & \dfrac{1}{2}-\nu \end{bmatrix} \begin{Bmatrix} \varepsilon_{xx} \\ \varepsilon_{yy} \\ \gamma_{xy} \end{Bmatrix} \tag{10.22}$$

또한, 평면응력 및 평면변형률 상태에서의 변형률-변위 관계식은 다음과 같이 된다.

$$\varepsilon_{xx} = \frac{\partial u}{\partial x} \quad \varepsilon_{yy} = \frac{\partial v}{\partial y} \quad \gamma_{xy} = \frac{\partial u}{\partial y} + \frac{\partial v}{\partial x} \tag{10.23}$$

이 책의 전반에 걸쳐서 최소 총 포텐셜 에너지 원리가 고체역학에 있어서의 유한요소 모델을 생성하는 데 보편적으로 사용되고 있음을 살펴보았다. 물체에 부과된 외력은 물체를 변형시킨다. 변형이 일어나면, 외력이 한 일은 재료 내에 탄성 에너지 형태로 저장되는데, 이를 변형 에너지라고 한다. 2축 하중을 받는 고체재료에 있어서 변형 에너지 Λ는 다음과 같다.

$$\Lambda^{(e)} = \frac{1}{2}\int_V (\sigma_{xx}\varepsilon_{xx} + \sigma_{yy}\varepsilon_{yy} + \tau_{xy}\gamma_{xy})\, dV \tag{10.24}$$

이를 행렬 형태로 간결하게 나타내면 다음과 같다.

$$\Lambda^{(e)} = \frac{1}{2}\int_V [\boldsymbol{\sigma}]^T\{\boldsymbol{\varepsilon}\}\, dV \tag{10.25}$$

후크의 법칙을 사용하여 응력에 변형률을 대입하면, 식 (10.25)는 다음과 같이 표현된다.

$$\Lambda^{(e)} = \frac{1}{2}\int_V ([\boldsymbol{\nu}]\{\boldsymbol{\varepsilon}\})^T\{\boldsymbol{\varepsilon}\} = \frac{1}{2}\int_V \{\boldsymbol{\varepsilon}\}^T[\boldsymbol{\nu}]^T\{\boldsymbol{\varepsilon}\} = \frac{1}{2}\int_V \{\boldsymbol{\varepsilon}\}^T[\boldsymbol{\nu}]\{\boldsymbol{\varepsilon}\}\, dV \tag{10.26}$$

마지막 적분식을 정리하면서 식 (2.12)와 $[\nu]^T = [\nu]$를 사용하였다. 이제 삼각형 요소를 사용하여 2차원 평면문제의 유한요소 정식화를 수행하자. 선형 삼각형 요소를 사용하면 변위 u와 v를 그림 10.10에 나타낸 것과 같이 표현할 수 있다.

변위변수를 선형 삼각형 형상함수와 절점변위항으로 나타내면 다음과 같다.

$$\begin{aligned} u &= S_iU_{ix} + S_jU_{jx} + S_kU_{kx} \\ v &= S_iU_{iy} + S_jU_{jy} + S_kU_{ky} \end{aligned} \tag{10.27}$$

식 (10.27)에 주어진 관계를 행렬 형태로 표기하면 다음과 같다.

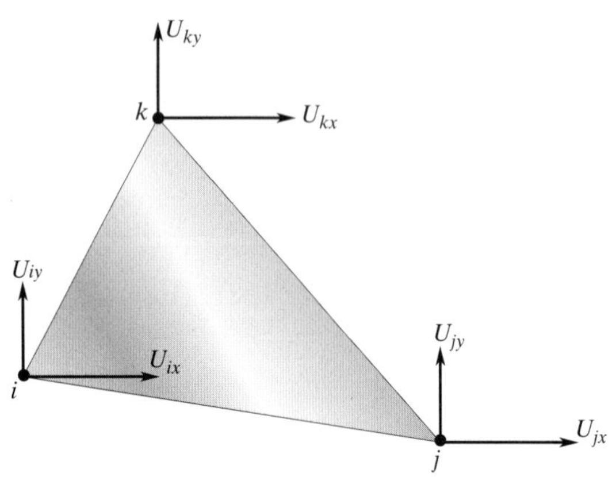

그림 10.10 2차원 평면문제의 정식화에 사용된 삼각형 요소

$$\begin{Bmatrix} u \\ v \end{Bmatrix} = \begin{bmatrix} S_i & 0 & S_j & 0 & S_k & 0 \\ 0 & S_i & 0 & S_j & 0 & S_k \end{bmatrix} \begin{Bmatrix} U_{ix} \\ U_{iy} \\ U_{jx} \\ U_{jy} \\ U_{kx} \\ U_{ky} \end{Bmatrix} \tag{10.28}$$

다음 단계로 변형률을 변위와 연관시킨 후, 형상함수를 이용하여 변형률을 절점변위와 연관지워 관계식을 유도한다. 식 (10.23)에 주어진 것과 같은 변형률-변위 관계를 참조하면, 변위장 성분을 x와 y좌표에 대해 미분할 필요가 있는데, 이는 형상함수를 x와 y에 대하여 미분함을 의미한다. 미분을 수행하면 다음과 같은 변형률-변위 관계가 유도된다.

$$\varepsilon_{xx} = \frac{\partial u}{\partial x} = \frac{\partial}{\partial x}(S_i U_{ix} + S_j U_{jx} + S_k U_{kx}) = \frac{1}{2A}[\beta_i U_{ix} + \beta_j U_{jx} + \beta_k U_{kx}] \tag{10.29}$$

$$\varepsilon_{yy} = \frac{\partial v}{\partial y} = \frac{\partial}{\partial y}(S_i U_{iy} + S_j U_{jy} + S_k U_{ky}) = \frac{1}{2A}[\delta_i U_{iy} + \delta_j U_{jy} + \delta_k U_{ky}]$$

$$\gamma_{xy} = \frac{\partial u}{\partial y} + \frac{\partial v}{\partial x} = \frac{1}{2A}[\delta_i U_{ix} + \beta_i U_{iy} + \delta_j U_{jx} + \beta_j U_{jy} + \delta_k U_{kx} + \beta_k U_{ky}]$$

식 (10.29)의 관계를 행렬 형태로 나타내면 다음과 같다.

$$\begin{Bmatrix} \varepsilon_{xx} \\ \varepsilon_{yy} \\ \gamma_{xy} \end{Bmatrix} = \frac{1}{2A} \begin{bmatrix} \beta_i & 0 & \beta_j & 0 & \beta_k & 0 \\ 0 & \delta_i & 0 & \delta_j & 0 & \delta_k \\ \delta_i & \beta_i & \delta_j & \beta_j & \delta_k & \beta_k \end{bmatrix} \begin{Bmatrix} U_{ix} \\ U_{iy} \\ U_{jx} \\ U_{jy} \\ U_{kx} \\ U_{ky} \end{Bmatrix} \tag{10.30}$$

식 (10.30)을 더 간단히 하면 다음과 같이 된다.

$$\{\boldsymbol{\varepsilon}\} = [\mathbf{B}]\{\mathbf{U}\} \tag{10.31}$$

여기서

$$\{\boldsymbol{\varepsilon}\} = \begin{Bmatrix} \varepsilon_{xx} \\ \varepsilon_{yy} \\ \gamma_{xy} \end{Bmatrix} \quad [\mathbf{B}] = \frac{1}{2A} \begin{bmatrix} \beta_i & 0 & \beta_j & 0 & \beta_k & 0 \\ 0 & \delta_i & 0 & \delta_j & 0 & \delta_k \\ \delta_i & \beta_i & \delta_j & \beta_j & \delta_k & \beta_k \end{bmatrix} \quad \{\mathbf{U}\} = \begin{Bmatrix} U_{ix} \\ U_{iy} \\ U_{jx} \\ U_{jy} \\ U_{kx} \\ U_{ky} \end{Bmatrix}$$

변형 에너지 방정식의 변형률 성분에 변위항을 대입하면 다음을 얻는다.

$$\Lambda^{(e)} = \frac{1}{2}\int_V \{\boldsymbol{\varepsilon}\}^T[\boldsymbol{\nu}]\{\boldsymbol{\varepsilon}\}\, dV = \frac{1}{2}\int_V [\mathbf{U}]^T[\mathbf{B}]^T[\boldsymbol{\nu}][\mathbf{B}][\mathbf{U}]\, dV \tag{10.32}$$

위의 식을 절점변위에 대하여 미분하면 다음과 같다.

$$\frac{\partial \Lambda^{(e)}}{\partial U_k} = \frac{\partial}{\partial U_k}\left(\frac{1}{2}\int_V [\mathbf{U}]^T[\mathbf{B}]^T[\boldsymbol{\nu}][\mathbf{B}][\mathbf{U}]\,dV\right) \qquad k = 1, 2, \ldots, 6 \tag{10.33}$$

식 (10.33)을 계산하면 그 결과로 $[\mathbf{K}]^{(e)}\{\mathbf{U}\}$항이 유도된다. 따라서 강성행렬에 대한 식은 다음과 같다.

$$[\mathbf{K}]^{(e)} = \int_V [\mathbf{B}]^T[\boldsymbol{\nu}][\mathbf{B}]\,dV = V[\mathbf{B}]^T[\boldsymbol{\nu}][\mathbf{B}] \tag{10.34}$$

여기서 V는 요소의 체적으로 요소의 면적과 그 두께의 곱이다. 예제 10.2에서 2차원 삼각형 평면응력 요소의 강성행렬을 구하는 식 (10.34)가 어떻게 이용되는지 살펴보자.

하중행렬

2차원 평면 요소에 대한 하중행렬을 얻기 위하여, 분포하중이나 집중하중 같은 외력이 한 일을 먼저 계산해야 한다. 집중하중 Q에 의한 일은 하중 성분과 이에 상응하는 변위 성분의 곱이다. 집중하중이 한 일을 간단한 행렬 형태로 다음과 같이 나타낼 수 있다.

$$W^{(e)} = \{\mathbf{U}\}^T\{\mathbf{Q}\} \tag{10.35}$$

p_x와 p_y의 성분을 가진 분포하중에 의한 일은 다음과 같다.

$$W^{(e)} = \int_A (up_x + vp_y)\,dA \tag{10.36}$$

여기서 u와 v는 각각 x와 y방향의 변위이고, A는 분포하중이 작용하는 면을 나타낸다. 면 A의 크기는 분포하중이 작용하는 변의 요소 두께 t와 길이의 곱이다. 삼각형 요소를 사용하여 변위를 나타내면, 분포하중에 의한 일은 다음과 같음을 알 수 있다.

$$W^{(e)} = \int_A \{\mathbf{U}\}^T[\mathbf{S}]^T\{\mathbf{p}\}\,dA \tag{10.37}$$

여기서

$$\{\mathbf{p}\} = \begin{Bmatrix} p_x \\ p_y \end{Bmatrix}$$

하중행렬을 계산하는 다음 단계는 최소화 과정과 연관된다. 집중하중의 경우 식 (10.35)를 절점변위에 대하여 미분하면 다음과 같은 하중행렬을 얻게 된다.

$$\{\mathbf{F}\}^{(e)} = \begin{Bmatrix} Q_{ix} \\ Q_{iy} \\ Q_{jx} \\ Q_{jy} \\ Q_{kx} \\ Q_{ky} \end{Bmatrix} \tag{10.38}$$

분포하중에 의한 일을 절점변위에 대하여 미분하면 다음과 같은 하중행렬을 얻게 된다.

$$\{\mathbf{F}\}^{(e)} = \int_A [\mathbf{S}]^T \{\mathbf{p}\}\, dA \tag{10.39}$$

여기서

$$[\mathbf{S}]^T = \begin{bmatrix} S_i & 0 \\ 0 & S_i \\ S_j & 0 \\ 0 & S_j \\ S_k & 0 \\ 0 & S_k \end{bmatrix}$$

그림 10.11에 나타나 있듯이, ki변을 따라 분포하중을 받는 요소를 생각하자. 이 요소에 대하여 ki변을 따라 $S_j = 0$임을 고려하여, 식 (10.39)를 계산하면 다음을 얻는다.

$$\{\mathbf{F}\}^{(e)} = \int_A \begin{bmatrix} S_i & 0 \\ 0 & S_i \\ S_j & 0 \\ 0 & S_j \\ S_k & 0 \\ 0 & S_k \end{bmatrix} \begin{Bmatrix} p_x \\ p_y \end{Bmatrix} dA = t\int_{\ell_{ki}} \begin{bmatrix} S_i & 0 \\ 0 & S_i \\ 0 & 0 \\ 0 & 0 \\ S_k & 0 \\ 0 & S_k \end{bmatrix} \begin{Bmatrix} p_x \\ p_y \end{Bmatrix} d\ell = \frac{tL_{ik}}{2} \begin{Bmatrix} p_x \\ p_y \\ 0 \\ 0 \\ p_x \\ p_y \end{Bmatrix} \tag{10.40}$$

그림 10.11에 있어서 ki변을 따른 분포하중은 절점 k와 i에 균등하게 분배되어 작용하는 것으로 나타나며, 각 힘은 x와 y의 성분을 가지고 있음에 유의하라. 동일한 방법으로 삼각형 요소의 다른 변에 작용하는 분포하중에 대한 하중행렬을 유도할 수 있다. 식 (10.39)에 있는 적분을 ij변과 jk변을 따라 계산하면 다음과 같은 하중행렬을 얻게 된다.

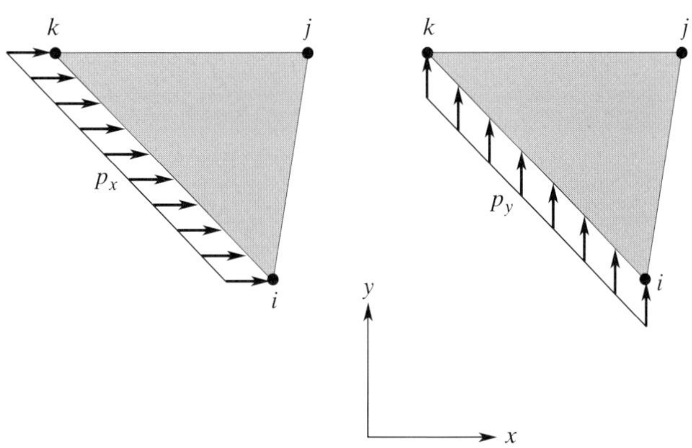

그림 10.11 삼각형 요소의 ki변에 가해지는 분포하중

$$\{\mathbf{F}\}^{(e)} = \frac{tL_{ij}}{2}\begin{Bmatrix} p_x \\ p_y \\ p_x \\ p_y \\ 0 \\ 0 \end{Bmatrix} \qquad \{\mathbf{F}\}^{(e)} = \frac{tL_{jk}}{2}\begin{Bmatrix} 0 \\ 0 \\ p_x \\ p_y \\ p_x \\ p_y \end{Bmatrix} \tag{10.41}$$

일반적으로, 선형 삼각형 요소를 사용하면 고차 요소(higher order element)로 해석한 정도의 정밀한 결과를 주지 않음을 유의하라. 위에서 수행한 정식화의 목적은 요소 강성행렬과 요소 하중행렬을 유도하는 일반적인 방법을 보여주는 것이다. 다음으로 등매개변수 정식화(isoparametric formulation)를 사용하여 사변형 요소에 대한 강성행렬을 유도할 것이다.

10.3 등매개변수 정식화: 사변형 요소의 사용

5장과 7장에서 논의하였듯이, 요소 내의 어떤 점의 위치(좌표)와 u, v, T 등과 같은 미지 변수를 동일한 형상함수를 사용하여 보간하는 것을 등매개변수 정식화라 한다. 이 방식으로 유도된 요소는 등매개변수 요소로 일컬어진다. 이제 앞서 그림 7.16(편의상 반복제시)에 나타난 바 있는 사변형 요소에 대한 등매개변수 정식화를 수행하자. 사변형 요소를 사용하면 요소 내의 변위장은 식 (7.30)과 같이 나타낼 수 있다.

$$\begin{aligned} u &= S_iU_{ix} + S_jU_{jx} + S_mU_{mx} + S_nU_{nx} \\ v &= S_iU_{iy} + S_jU_{jy} + S_mU_{my} + S_nU_{ny} \end{aligned} \tag{7.30}$$

식 (7.30)의 관계는 식 (7.31)과 같이 행렬 형태로 나타낼 수 있다.

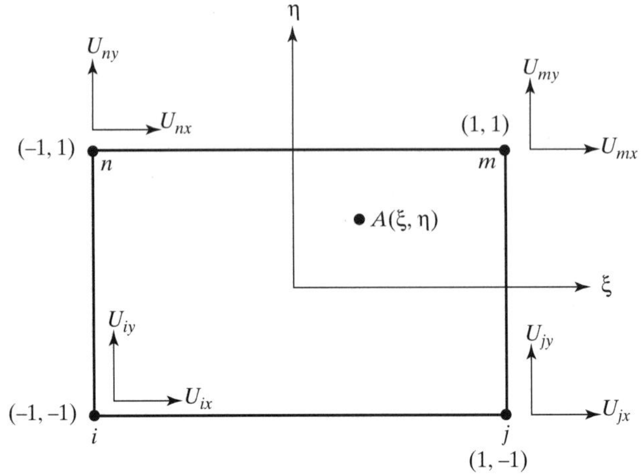

그림 7.16 2차원 평면문제의 정식화에 사용된 사변형 요소

$$\begin{Bmatrix} u \\ v \end{Bmatrix} = \begin{bmatrix} S_i & 0 & S_j & 0 & S_m & 0 & S_n & 0 \\ 0 & S_i & 0 & S_j & 0 & S_m & 0 & S_n \end{bmatrix} \begin{Bmatrix} U_{ix} \\ U_{iy} \\ U_{jx} \\ U_{jy} \\ U_{mx} \\ U_{my} \\ U_{nx} \\ U_{ny} \end{Bmatrix} \tag{7.31}$$

등매개변수 정식화에서는 요소 내의 임의의 점의 위치를 나타내기 위하여 식 (7.32)에서와 같이 변위를 보간한 것과 동일한 형상함수를 사용한다.

$$\begin{aligned} x &= S_i x_i + S_j x_j + S_m x_m + S_n x_n \\ y &= S_i y_i + S_j y_j + S_m y_m + S_n y_n \end{aligned} \tag{7.32}$$

변위장은 변형률의 성분($\varepsilon_{xx} = \frac{\partial u}{\partial x}$, $\varepsilon_{yy} = \frac{\partial v}{\partial y}$, $\gamma_{xy} = \frac{\partial u}{\partial y} + \frac{\partial v}{\partial x}$)과 연관되며 형상함수를 통하여 절점변위와 연관된다.

7장에서, 자코비안(Jacobian)을 이용하면 좌표 변환에서의 미분을 다음 식과 같이 표기할 수 있음을 보여준 바 있다. 식 (7.34)의 관계식은 다음의 식과 같이 제시된 바 있다.

$$\begin{Bmatrix} \dfrac{\partial f(x, y)}{\partial \xi} \\ \dfrac{\partial f(x, y)}{\partial \eta} \end{Bmatrix} = \overbrace{\begin{bmatrix} \dfrac{\partial x}{\partial \xi} & \dfrac{\partial y}{\partial \xi} \\ \dfrac{\partial x}{\partial \eta} & \dfrac{\partial y}{\partial \eta} \end{bmatrix}}^{[\mathbf{J}]} \begin{Bmatrix} \dfrac{\partial f(x, y)}{\partial x} \\ \dfrac{\partial f(x, y)}{\partial y} \end{Bmatrix} \tag{7.34}$$

또한, 식 (7.34)는 다음과 같이 식 (7.35)와 같은 관계의 식으로 정리되었다.

$$\begin{Bmatrix} \dfrac{\partial f(x, y)}{\partial x} \\ \dfrac{\partial f(x, y)}{\partial y} \end{Bmatrix} = [\mathbf{J}]^{-1} \begin{Bmatrix} \dfrac{\partial f(x, y)}{\partial \xi} \\ \dfrac{\partial f(x, y)}{\partial \eta} \end{Bmatrix} \tag{7.35}$$

사변형 요소에 있어서, 행렬 $\mathbf{J}$는 식 (7.32)와 (7.7)을 사용하여 계산된다.

$$[\mathbf{J}] = \begin{bmatrix} \dfrac{\partial x}{\partial \xi} & \dfrac{\partial y}{\partial \xi} \\ \dfrac{\partial x}{\partial \eta} & \dfrac{\partial y}{\partial \eta} \end{bmatrix} = \begin{bmatrix} \dfrac{\partial}{\partial \xi}[S_i x_i + S_j x_j + S_m x_m + S_n x_n] & \dfrac{\partial}{\partial \xi}[S_i y_i + S_j y_j + S_m y_m + S_n y_n] \\ \dfrac{\partial}{\partial \eta}[S_i x_i + S_j x_j + S_m x_m + S_n x_n] & \dfrac{\partial}{\partial \eta}[S_i y_i + S_j y_j + S_m y_m + S_n y_n] \end{bmatrix} \tag{10.42}$$

$$[\mathbf{J}] = \frac{1}{4}\begin{bmatrix} [-(1-\eta)x_i + (1-\eta)x_j + (1+\eta)x_m - (1+\eta)x_n] & [-(1-\eta)y_i + (1-\eta)y_j + (1+\eta)y_m - (1+\eta)y_n] \\ [-(1-\xi)x_i - (1+\xi)x_j + (1+\xi)x_m + (1-\xi)x_n] & [-(1-\xi)y_i - (1+\xi)y_j + (1+\xi)y_m + (1-\xi)y_n] \end{bmatrix} = \begin{bmatrix} J_{11} & J_{12} \\ J_{21} & J_{22} \end{bmatrix} \tag{10.43}$$

2 × 2 행렬의 역행렬은 다음과 같이 주어진다.

$$[\mathbf{J}]^{-1} = \frac{1}{J_{11}J_{22} - J_{12}J_{21}}\begin{bmatrix} J_{22} & -J_{12} \\ -J_{21} & J_{11} \end{bmatrix} = \frac{1}{\det \mathbf{J}}\begin{bmatrix} J_{22} & -J_{12} \\ -J_{21} & J_{11} \end{bmatrix} \tag{10.44}$$

이제 강성행렬을 정식화하자. 요소의 변형 에너지는 다음과 같다.

$$\Lambda^{(e)} = \frac{1}{2}\int_V \{\boldsymbol{\varepsilon}\}^T[\boldsymbol{\nu}]\{\boldsymbol{\varepsilon}\}\,dV = \frac{1}{2}(t_e)\int_A \{\boldsymbol{\varepsilon}\}^T[\boldsymbol{\nu}]\{\boldsymbol{\varepsilon}\}\,dA \tag{10.45}$$

여기서 t_e는 요소의 두께이다. 변형률-변위 관계식을 행렬 형태로 나타내면 다음과 같다.

$$\{\boldsymbol{\varepsilon}\} = \begin{Bmatrix} \varepsilon_{xx} \\ \varepsilon_{yy} \\ \gamma_{xy} \end{Bmatrix} = \begin{Bmatrix} \dfrac{\partial u}{\partial x} \\ \dfrac{\partial v}{\partial y} \\ \dfrac{\partial u}{\partial y} + \dfrac{\partial v}{\partial x} \end{Bmatrix} \tag{10.46}$$

도함수를 계산하면 다음을 얻는다.

$$\begin{Bmatrix} \dfrac{\partial u}{\partial x} \\ \dfrac{\partial u}{\partial y} \end{Bmatrix} = \frac{1}{\det \mathbf{J}}\begin{bmatrix} J_{22} & -J_{12} \\ -J_{21} & J_{11} \end{bmatrix}\begin{Bmatrix} \dfrac{\partial u}{\partial \xi} \\ \dfrac{\partial u}{\partial \eta} \end{Bmatrix} \tag{10.47}$$

그리고

$$\begin{Bmatrix} \dfrac{\partial v}{\partial x} \\ \dfrac{\partial v}{\partial y} \end{Bmatrix} = \frac{1}{\det \mathbf{J}}\begin{bmatrix} J_{22} & -J_{12} \\ -J_{21} & J_{11} \end{bmatrix}\begin{Bmatrix} \dfrac{\partial v}{\partial \xi} \\ \dfrac{\partial v}{\partial \eta} \end{Bmatrix} \tag{10.48}$$

식 (10.46), (10.47), (10.48)을 하나의 관계식으로 결합하면 다음과 같이 된다.

$$\{\boldsymbol{\varepsilon}\} = \begin{Bmatrix} \dfrac{\partial u}{\partial x} \\ \dfrac{\partial v}{\partial y} \\ \dfrac{\partial u}{\partial y} + \dfrac{\partial v}{\partial x} \end{Bmatrix} = \overbrace{\frac{1}{\det \mathbf{J}}\begin{bmatrix} J_{22} & -J_{12} & 0 & 0 \\ 0 & 0 & -J_{21} & J_{11} \\ -J_{21} & J_{11} & J_{22} & -J_{12} \end{bmatrix}}^{[\mathbf{A}]}\begin{Bmatrix} \dfrac{\partial u}{\partial \xi} \\ \dfrac{\partial u}{\partial \eta} \\ \dfrac{\partial v}{\partial \xi} \\ \dfrac{\partial v}{\partial \eta} \end{Bmatrix} \tag{10.49}$$

특히 행렬 **[A]**를 어떻게 정의하였는지 유념하라. 식 (7.30)을 사용하면 다음과 같은 관계식을 얻게 된다.

$$\begin{Bmatrix} \frac{\partial u}{\partial \xi} \\ \frac{\partial u}{\partial \eta} \\ \frac{\partial v}{\partial \xi} \\ \frac{\partial v}{\partial \eta} \end{Bmatrix} = \overbrace{\frac{1}{4}\begin{bmatrix} -(1-\eta) & 0 & (1-\eta) & 0 & (1+\eta) & 0 & -(1+\eta) & 0 \\ -(1-\xi) & 0 & -(1+\xi) & 0 & (1+\xi) & 0 & (1-\xi) & 0 \\ 0 & -(1-\eta) & 0 & (1-\eta) & 0 & (1+\eta) & 0 & -(1+\eta) \\ 0 & -(1-\xi) & 0 & -(1+\xi) & 0 & (1+\xi) & 0 & (1-\xi) \end{bmatrix}}^{[\mathbf{D}]} \overbrace{\begin{Bmatrix} U_{ix} \\ U_{iy} \\ U_{jx} \\ U_{jy} \\ U_{mx} \\ U_{my} \\ U_{nx} \\ U_{ny} \end{Bmatrix}}^{\{\mathbf{U}\}} \quad (10.50)$$

식 (10.50)을 간결한 행렬 형태로 표현하면 다음과 같다.

$$\{\boldsymbol{\varepsilon}\} = [\mathbf{A}][\mathbf{D}]\{\mathbf{U}\} \quad (10.51)$$

다음은 변형 에너지 적분 안에 있는 dA항($dA = dxdy$)을 자연 좌표(natural coordinate)의 곱으로 변환해야 한다. 이 변환은 다음과 같이 이루어진다.

$$\Lambda^{(e)} = \frac{1}{2}(t_e)\int_A \{\boldsymbol{\varepsilon}\}^T[\boldsymbol{\nu}]\{\boldsymbol{\varepsilon}\}\,dA = \frac{1}{2}(t_e)\int_{-1}^{1}\int_{-1}^{1} \{\boldsymbol{\varepsilon}\}^T[\boldsymbol{\nu}]\{\boldsymbol{\varepsilon}\}\overbrace{\det \mathbf{J}\,d\xi\,d\eta}^{dA} \quad (10.52)$$

식 (10.52)에 변형률 행렬 $[\boldsymbol{\varepsilon}]$과 재료 특성의 행렬 $[\boldsymbol{\nu}]$를 대입하고 요소의 변형 에너지를 절점변위에 대하여 미분하면, 요소의 강성행렬에 대한 식은 다음과 같이 된다.

$$[\mathbf{K}]^{(e)} = t_e \int_{-1}^{1}\int_{-1}^{1} [[\mathbf{A}][\mathbf{D}]]^T[\boldsymbol{\nu}][\mathbf{A}][\mathbf{D}]\det \mathbf{J}\,d\xi\,d\eta \quad (10.53)$$

2차원 평면문제에 대한 요소 강성행렬은 8×8 행렬임을 유의하라. 또한, 7장에서 논의한 바와 같이 식 (10.53)의 적분은 가우스-르장드르 공식(Gauss-Legendre formula)을 이용하여 수치적으로 계산해야 한다.

예제 10.2

탄성계수 $E = 200$ GPa과 푸아송비 $\upsilon = 0.32$의 강으로 된 2차원 삼각형 평면 요소가 그림 10.12에 나타나 있다. 요소의 두께는 3 mm이고, 절점 i, j, k의 좌표는 그림 10.12에 cm 단위로 주어져 있다. 주어진 조건하에서 강성행렬과 하중행렬을 결정하라.

요소의 강성행렬은 다음과 같다.

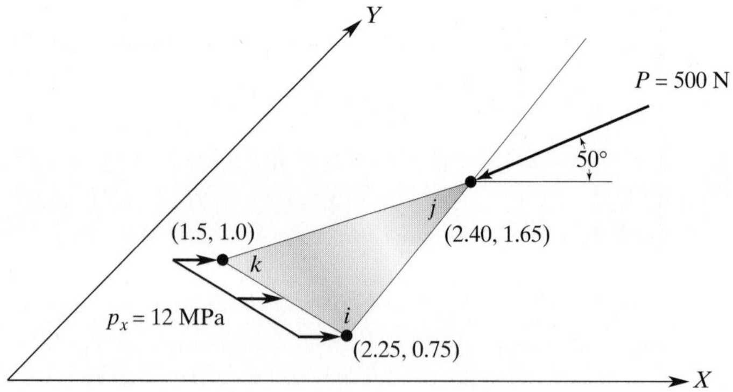

그림 10.12 예제 10.2에 사용된 요소의 하중과 절점의 좌표

$$[\mathbf{K}]^{(e)} = V[\mathbf{B}]^T[\boldsymbol{\nu}][\mathbf{B}]$$

여기서

$$V = tA$$

$$[\mathbf{B}] = \frac{1}{2A}\begin{bmatrix} \beta_i & 0 & \beta_j & 0 & \beta_k & 0 \\ 0 & \delta_i & 0 & \delta_j & 0 & \delta_k \\ \delta_i & \beta_i & \delta_j & \beta_j & \delta_k & \beta_k \end{bmatrix}$$

$$[\boldsymbol{\nu}] = \frac{E}{1-\nu^2}\begin{bmatrix} 1 & \nu & 0 \\ \nu & 1 & 0 \\ 0 & 0 & \dfrac{1-\nu}{2} \end{bmatrix}$$

위 행렬의 인수는 다음과 같이 계산된다.

$$\beta_i = Y_j - Y_k = 1.65 - 1.0 = 0.65 \qquad \delta_i = X_k - X_j = 1.50 - 2.40 = -0.9$$
$$\beta_j = Y_k - Y_i = 1.0 - 0.75 = 0.25 \qquad \delta_j = X_i - X_k = 2.25 - 1.5 = 0.75$$
$$\beta_k = Y_i - Y_j = 0.75 - 1.65 = -0.9 \qquad \delta_k = X_j - X_i = 2.40 - 2.25 = 0.15$$

그리고

$$2A = X_i(Y_j - Y_k) + X_j(Y_k - Y_i) + X_k(Y_i - Y_j)$$
$$2A = 2.25(1.65 - 1.0) + 2.40(1.0 - 0.75) + 1.5(0.75 - 1.65) = 0.7125$$

위의 행렬에 적절한 값을 대입하면, 다음을 얻는다.

$$[\mathbf{B}] = \frac{1}{0.7125}\begin{bmatrix} 0.65 & 0 & 0.25 & 0 & -0.9 & 0 \\ 0 & -0.9 & 0 & 0.75 & 0 & 0.15 \\ -0.9 & 0.65 & 0.75 & 0.25 & 0.15 & -0.9 \end{bmatrix}$$

$$[\mathbf{B}]^T = \frac{1}{0.7125}\begin{bmatrix} 0.65 & 0 & -0.9 \\ 0 & -0.9 & 0.65 \\ 0.25 & 0 & 0.75 \\ 0 & 0.75 & 0.25 \\ -0.9 & 0 & 0.15 \\ 0 & 0.15 & -0.9 \end{bmatrix}$$

$$[\boldsymbol{\nu}] = \frac{200 \times 10^5 \dfrac{\mathrm{N}}{\mathrm{cm}^2}}{1-(0.32)^2}\begin{bmatrix} 1 & 0.32 & 0 \\ 0.32 & 1 & 0 \\ 0 & 0 & \dfrac{1-0.32}{2} \end{bmatrix} = \begin{bmatrix} 22281640 & 7130125 & 0 \\ 7130125 & 22281640 & 0 \\ 0 & 0 & 7575758 \end{bmatrix}$$

요소 강성행렬은 다음과 같이 나타낼 수 있다.

$$[\mathbf{K}]^{(e)} = \frac{(0.3)\left(\dfrac{0.7125}{2}\right)}{(0.7125)^2}\begin{bmatrix} 0.65 & 0 & -0.9 \\ 0 & -0.9 & 0.65 \\ 0.25 & 0 & 0.75 \\ 0 & 0.75 & 0.25 \\ -0.9 & 0 & 0.15 \\ 0 & 0.15 & -0.9 \end{bmatrix}\begin{bmatrix} 22281640 & 7130125 & 0 \\ 7130125 & 22281640 & 0 \\ 0 & 0 & 7575758 \end{bmatrix}$$

$$\begin{bmatrix} 0.65 & 0 & 0.25 & 0 & -0.9 & 0 \\ 0 & -0.9 & 0 & 0.75 & 0 & 0.15 \\ -0.9 & 0.65 & 0.75 & 0.25 & 0.15 & -0.9 \end{bmatrix}$$

행렬을 간단히 하면 다음을 얻는다.

$$[\mathbf{K}]^{(e)} = \begin{bmatrix} 3273759 & -1811146 & -314288 & 372924 & -2959471 & 1438221 \\ -1811146 & 4473449 & 439769 & -2907167 & 1371376 & -1566282 \\ -314288 & 439769 & 1190309 & 580495 & -876020 & -1020265 \\ 372924 & -2907167 & 580495 & 2738296 & -953420 & 168871 \\ -2959471 & 1371376 & -876020 & -953420 & 3835491 & -417957 \\ 1438221 & -1566282 & -1020265 & 168871 & -417957 & 1397411 \end{bmatrix} (\mathrm{N/cm})$$

분포하중에 의한 하중행렬은 다음과 같다.

$$\{\mathbf{F}\}^{(e)} = \frac{tL_{ik}}{2}\begin{Bmatrix} p_x \\ p_y \\ 0 \\ 0 \\ p_x \\ p_y \end{Bmatrix} = \frac{(0.3)\sqrt{(2.25-1.5)^2+(0.75-1.0)^2}}{2}\begin{Bmatrix} 1200 \\ 0 \\ 0 \\ 0 \\ 1200 \\ 0 \end{Bmatrix} = \begin{Bmatrix} 142 \\ 0 \\ 0 \\ 0 \\ 142 \\ 0 \end{Bmatrix}$$

집중하중에 의한 하중행렬은 다음과 같다.

$$\{\mathbf{F}\}^{(e)} = \begin{Bmatrix} 0 \\ 0 \\ Q_{jx} \\ Q_{jy} \\ 0 \\ 0 \end{Bmatrix} = \begin{Bmatrix} 0 \\ 0 \\ -500\cos(50) \\ -500\sin(50) \\ 0 \\ 0 \end{Bmatrix} = \begin{Bmatrix} 0 \\ 0 \\ -321 \\ -383 \\ 0 \\ 0 \end{Bmatrix}$$

요소의 전체 하중행렬은 다음과 같다.

$$\{\mathbf{F}\}^{(e)} = \begin{Bmatrix} 142 \\ 0 \\ -321 \\ -383 \\ 142 \\ 0 \end{Bmatrix} (\text{N})$$

10.4 축대칭 정식화

이 절에서는 축대칭 삼각형 요소의 강성행렬 유도방법에 대해 간단히 알아보겠다. 이번 절차는 10.2절에서 직교 좌표를 이용하여 한 점에서의 응력 상태를 표현했을 때와 유사한 방식으로 진행될 것이다. 하지만 9.4절에서와 같이 축대칭 정식화(axisymmetric formulation)를 위해서는 원통 좌표계가 필요하다. 또한 형상과 하중이 z축에 대하여 대칭이기 때문에, 한 점에서의 응력과 변형률은 아래와 같은 성분으로 정의된다.

$$[\sigma]^T = [\sigma_{rr} \quad \sigma_{zz} \quad \tau_{rz} \quad \sigma_{\theta\theta}] \tag{10.54}$$
$$[\boldsymbol{\varepsilon}]^T = [\varepsilon_{rr} \quad \varepsilon_{zz} \quad \gamma_{rz} \quad \varepsilon_{\theta\theta}] \tag{10.55}$$

변형률과 변위에 관한 식은 다음과 같이 주어진다.

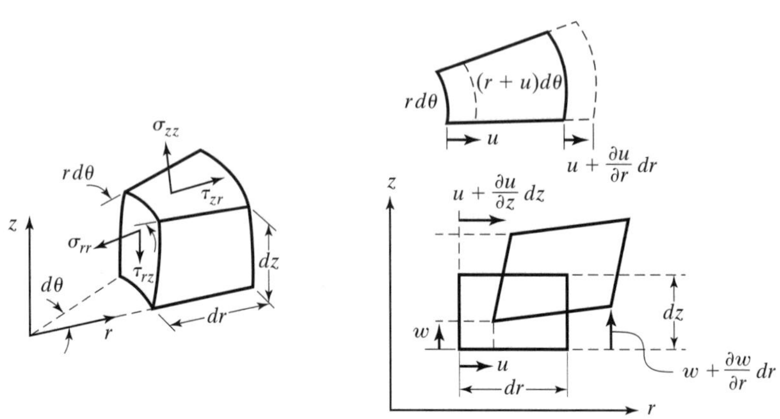

그림 10.13 원통 좌표계에서 응력과 변위 성분

$$\varepsilon_{rr} = \frac{\partial u}{\partial r} \quad \varepsilon_{zz} = \frac{\partial w}{\partial z} \quad \gamma_{rz} = \frac{\partial u}{\partial z} + \frac{\partial w}{\partial r} \quad \varepsilon_{\theta\theta} = \frac{u}{r} \tag{10.56}$$

그림 10.13은 변형을 시각화하는 데 도움이 될 것이다. 일반화된 후크의 법칙에 의해 응력과 변형률의 관계는 다음과 같이 주어진다.

$$\begin{Bmatrix} \sigma_{rr} \\ \sigma_{zz} \\ \tau_{rz} \\ \sigma_{\theta\theta} \end{Bmatrix} = \frac{E(1-\nu)}{(1+\nu)(1-2\nu)} \begin{bmatrix} 1 & \frac{\nu}{1-\nu} & 0 & \frac{\nu}{1-\nu} \\ \frac{\nu}{1-\nu} & 1 & 0 & \frac{\nu}{1-\nu} \\ 0 & 0 & \frac{1-2\nu}{2(1-\nu)} & 0 \\ \frac{\nu}{1-\nu} & \frac{\nu}{1-\nu} & 0 & 1 \end{bmatrix} \begin{Bmatrix} \varepsilon_{rr} \\ \varepsilon_{zz} \\ \gamma_{rz} \\ \varepsilon_{\theta\theta} \end{Bmatrix} \tag{10.57}$$

식 (10.57)은 다음과 같이 간단한 형태로 표현된다.

$$\{\boldsymbol{\sigma}\} = [\boldsymbol{\nu}]\{\boldsymbol{\varepsilon}\} \tag{10.58}$$

다음 과정은 변수 u, w를 축대칭 삼각형 형상함수로 표현하는 것이다. 축대칭 삼각형 요소의 절점변위는 그림 10.14에 나타나 있다.

$$\begin{Bmatrix} u \\ w \end{Bmatrix} = \begin{bmatrix} S_i & 0 & S_j & 0 & S_k & 0 \\ 0 & S_i & 0 & S_j & 0 & S_k \end{bmatrix} \begin{Bmatrix} U_{ir} \\ U_{iz} \\ U_{jr} \\ U_{jz} \\ U_{kr} \\ U_{kz} \end{Bmatrix} \tag{10.59}$$

형상함수에 관한 표현은 식 (7.27)에 주어져 있다. 다음 과정으로 변형률-변형 관계에서 변형률을 계산한다.

$$\varepsilon_{rr} = \frac{\partial u}{\partial r} = \frac{\partial}{\partial r}[S_i U_{ir} + S_j U_{jr} + S_k U_{kr}] \tag{10.60}$$

$$\varepsilon_{zz} = \frac{\partial w}{\partial z} = \frac{\partial}{\partial z}[S_i U_{iz} + S_j U_{jz} + S_k U_{kz}] \tag{10.61}$$

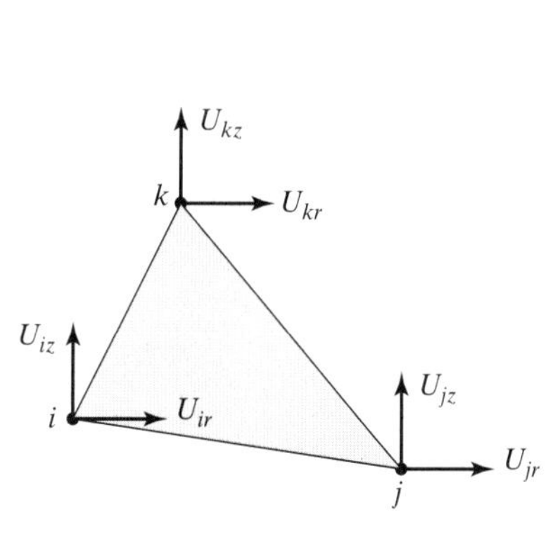

그림 10.14 축대칭 삼각형 요소의 절점변위

$$\gamma_{rz} = \frac{\partial u}{\partial z} + \frac{\partial w}{\partial r} = \frac{\partial}{\partial z}[S_i U_{ir} + S_j U_{jr} + S_k U_{kr}] + \frac{\partial}{\partial r}[S_i U_{iz} + S_j U_{jz} + S_k U_{kz}] \quad (10.62)$$

$$\varepsilon_{\theta\theta} = \frac{u}{r} = \frac{S_i U_{ir} + S_j U_{jr} + S_k U_{kr}}{r} \quad (10.63)$$

식 (10.2)에서처럼, 변위장 성분의 도함수를 구한 후, 변형률 성분과 절점변위의 관계를 아래와 같이 간단한 행렬식으로 나타낼 수 있다.

$$\{\boldsymbol{\varepsilon}\} = [\mathbf{B}]\{\mathbf{U}\} \quad (10.64)$$

이제 변형률 행렬(변위의 성분)을 축대칭 삼각형 요소의 변형률-에너지 식에 대입하면 결과적으로 다음과 같은 강성행렬을 계산할 수 있다.

$$[\mathbf{K}]^{(e)} = 2\pi \int [\mathbf{B}]^T [\nu][\mathbf{B}] r dA \quad (10.65)$$

결과적으로 위의 강성행렬은 6 × 6 행렬이다.

10.5 기본 파손이론

대부분의 고체구조 해석의 목적 중 하나는 구조물의 파손(failure)을 검사하는 것이다. 파손을 예측하는 것은 아주 복잡하며 많은 연구자들이 이 주제에 대해 연구해 왔다. 이 절에서는 몇 가지 파손이론에 대한 간단한 개요를 제시한다. 파손이론에 대한 깊이 있는 고찰을 위해서는 재료역학이나 기계설계에 대한 좋은 교재를 학습하도록 권장한다[좋은 교재의 예로, Shigley and Mischke의 책(1989) 참조].

ANSYS를 사용하여 재료 내의 주응력 σ_1과 σ_2는 물론 응력 성분 σ_x, σ_y 및 τ_{xy}의 분포를 계산할 수 있다. 그렇지만 고체부품이 주어진 하중하에서 영구변형이나 파손이 일어날 것인지 아닐 것인지를 어떻게 결정할 것인가? 재료역학 수업에서 재료의 거동에 대한 불확실성을 보완하거나 고려하지 못한 미지의 하중이 가해졌을 때를 대비하여 다음과 같이 정의된 **안전율**(Factor of Safety: F.S.)을 도입한다고 배운 바 있다.

$$\text{F.S.} = \frac{P_{\text{max}}}{P_{\text{allowable}}} \quad (10.66)$$

여기서 P_{max}는 파손을 일으키는 하중이다. 이와는 달리, 하중과 응력이 선형적인 관계에 있는 경우에는 안전율을 파손을 일으키는 최대 응력과 허용응력(allowable stress)의 비로 정의하는 것이 관례적이다. 그런데 재료 내의 응력 분포에 대한 계산 결과를 파손을 예측하는 데 어떻게 적용할 것인가? 먼저 **주응력**(principal stress)과 **최대 전단응력**(maximum shear stress)이 어떻게 계산되는가를 고찰하자. 한 점의 면 내 주응력은 그 점에서의 σ_{xx}, σ_{yy}, τ_{xy}로부터 다음 식을 이용하여 계산된다.

$$\sigma_{1,2} = \frac{\sigma_x + \sigma_y}{2} \pm \sqrt{\left(\frac{\sigma_x - \sigma_y}{2}\right)^2 + \tau_{xy}^2} \quad (10.67)$$

그 점에서의 면 내 최대 전단응력은 다음 관계식으로부터 계산된다.

$$\tau_{\max} = \sqrt{\left(\frac{\sigma_x - \sigma_y}{2}\right)^2 + \tau_{xy}^2} \tag{10.68}$$

최대 수직응력설, 최대 전단응력설과 전단변형 에너지 이론을 포함하는 많은 파손이론이 있다. 종종 폰 미제스-행키 이론(von Mises-Hencky theory)이라고도 불리는 전단변형 에너지 이론은 연성재료(ductile material)의 파손을 예측하는 데 가장 보편적으로 사용되는 판정식 중 하나이다. 이 이론은 항복의 시작을 정의하는 데 사용된다. 2차원 평면문제에서 폰 미제스 응력 σ_v는 다음 식으로 계산된다.

$$\sigma_v = \sqrt{\sigma_1^2 - \sigma_1\sigma_2 + \sigma_2^2} \tag{10.69}$$

안전한 설계란 재료 내의 폰 미제스 응력을 재료의 항복응력 이하로 유지시키는 것이다. 폰 미제스 응력, 항복응력 및 안전율 사이에는 다음과 같은 관계가 있다.

$$\sigma_v = \frac{S_Y}{\text{F.S.}} \tag{10.70}$$

여기서 S_Y는 재료의 항복응력으로 인장시험에서 얻어진다. 취성재료(brittle material)는 대부분 항복이 일어나지 않고 갑자기 파손하는 경향이 있다. 평면응력 상태에 있는 취성재료에서는 최대 수직응력설이 사용되는데 이는 재료 내부의 어떤 점에서 주응력이 그것의 극한수직강도를 초과하는 경우에 파손이 일어난다는 이론이다. 이 이론은 다음 식과 같이 표시된다.

$$|\sigma_1| = S_{\text{ultimate}} \qquad |\sigma_2| = S_{\text{ultimate}} \tag{10.71}$$

여기서 S_{ultimate}는 재료의 극한강도(ultimate strength)로 인장시험으로부터 얻어진다. 최대 수직응력설은 인장 특성과 압축 특성이 다른 재료에 대해서는 파손을 적절히 예측할 수 없는 경우도 있다. 이러한 구조물에서는 모아의 파손조건(Mohr failure criteria)을 사용하게 된다.

10.6 ANSYS를 이용한 예제

ANSYS에는 2차원 솔리드-구조(solid-structural) 문제의 해석에 사용하는 많은 요소가 있다. 이 중 일부는 7장에서 소개하였다. 여기에서는 다음과 같은 2차원 솔리드-구조 요소를 소개한다.

PLANE2 6절점 삼각형 솔리드-구조 요소이다. 이 요소는 절점당 2개의 자유도(x방향 및 y방향 직선운동)를 가지며, 2차 변위 특성을 가진다. 요소 상수로 KEYOPTION3(두께를 고려한 평면응력, plane stress with thickness)를 선택한 경우에 두께를 입력한다. 분포하중을 요소 표면에 부과할 수 있다. 결과 데이터에는 절점에서의 변위 및 응력, 주응력과 같은 요소 자료 등이 있다.

PLANE42 4절점 사변형 솔리드-구조 요소이다. 이 요소는 4개의 절점으로 정의되며 절점당 2개의 자유도(x방향 및 y방향 병진)가 있다. 요소 상수로 KEYOPTION3(두께를 고려한 평면응력, plane stress with thickness)를 선택한 경우에 두께를 입력한다. 분포하중을 요소 표면에 부과할 수 있다. 결과 데이터에는 절점에서의 변위 및 응력, 주응력과 같은 요소 자료 등이 있다.

PLANE82 2차원 솔리드-구조 해석에 사용되는 8절점 사변형 솔리드-구조 요소이다. 이 요소는 2차원 4절점 사변형 요소인 PLANE42의 고차 요소(higher order element)에 해당한다. 따라서 곡선부 경계를 가진 문제에 대하여 더 정확한 결과를 낸다. 이 요소는 4개의 절점으로 정의되며 절점당 2개의 자유도(x방향 및 y방향 직선운동)가 있다. 요소 상수로 KEYOPTION3(두께를 고려한 평면응력, plane stress with thickness)를 선택한 경우에 두께를 입력한다. 분포하중을 요소 표면에 부과할 수 있다. 결과 데이터에는 절점에서의 변위 및 응력, 주응력과 같은 요소 자료 등이 있다.

10.1절에서의 이론같이, 비틀림 문제와 열전달 문제 사이에 지배 방정식의 유사성으로 인해, 위 목록에 있는 요소들 외에도 열-솔리드 요소(PLANE35, 6절점 삼각형 요소; PLANE55, 4절점 사변형 요소; PLANE77, 8절점 사변형 요소)를 비틀림 문제를 모델링하기 위해서 사용할 수 있다. 그러나 열-솔리드 요소를 사용할 때는, 적절한 값이 특성장(property field)과 경계 조건으로 보충되어야 한다. 예제 10.1(재론)에서 이런 점을 다루어보겠다.

예제 10.1 재론

다음 그림과 같이 예제 10.1에서 다루었던 사각 단면을 가지는 강철봉($G = 11 \times 10^3$ ksi)의 비틀림에 대하여 다루어보자. $\theta = 0.0005$ rad/in로 하고, ANSYS를 이용하여 최대 전단응력의 위치와 크기를 알아내고자 한다. 그리고 10.1절에서 구한 직접해와 ANSYS를 이용한 해를 비교한다.

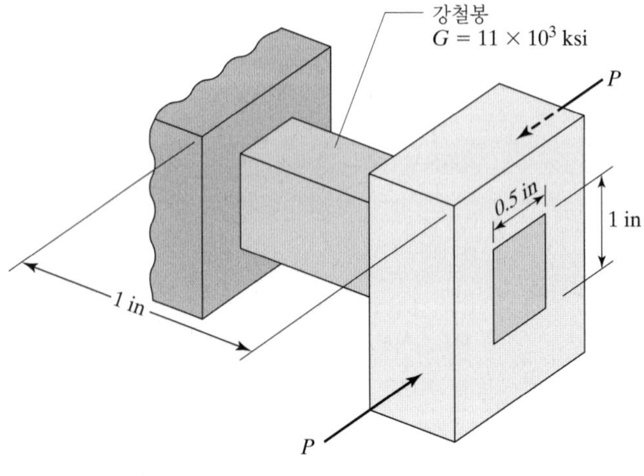

시작메뉴를 사용하여 **ANSYS** 프로그램을 실행시킨다. 대화상자의 **Jobname** 입력란에 **Torsion**(또는 원하는 파일명)을 입력한다. GUI를 실행하기 위해 **Run**을 선택한다. 문제

에 대한 제목을 입력하기 위해서 다음 명령들을 따른다.

utility menu: **File → Change Title** . . .

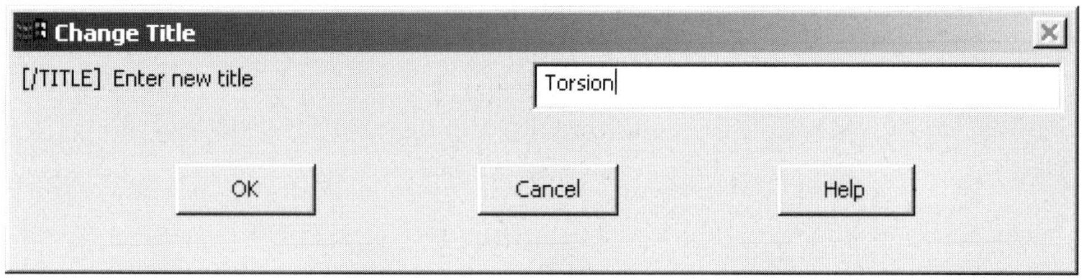

main menu: **Preprocessor → Element Type → Add/Edit/Delete**

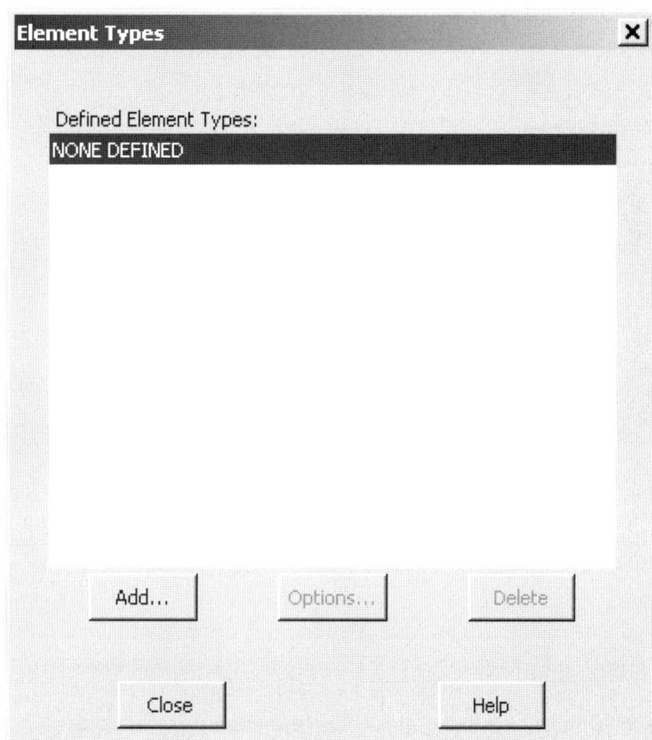

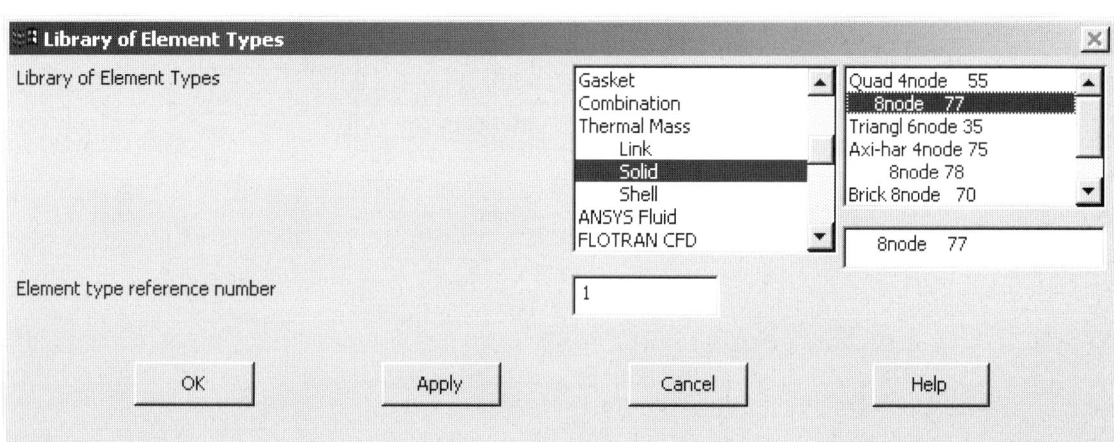

main menu: **Preprocessor** → **Material Props** → **Material Models** → **Thermal** → **Conductivity** → **Isotropic**

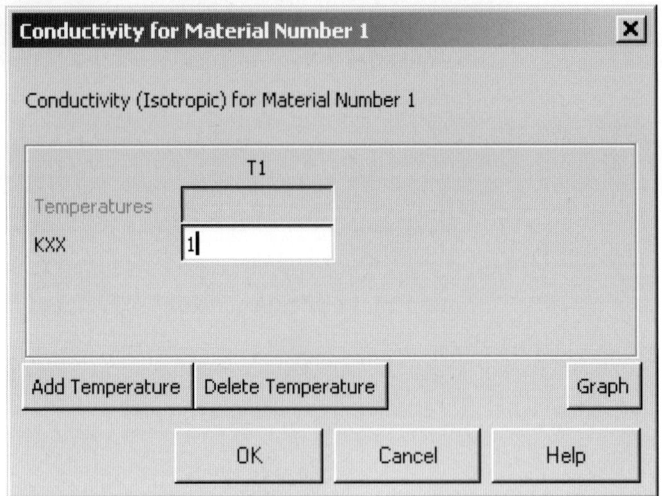

ANSYS Toolbar: **SAVE_DB**

main menu: **Preprocessor** → **Modeling** → **Create** → **Areas** → **Rectangle** → **By 2 Corners**

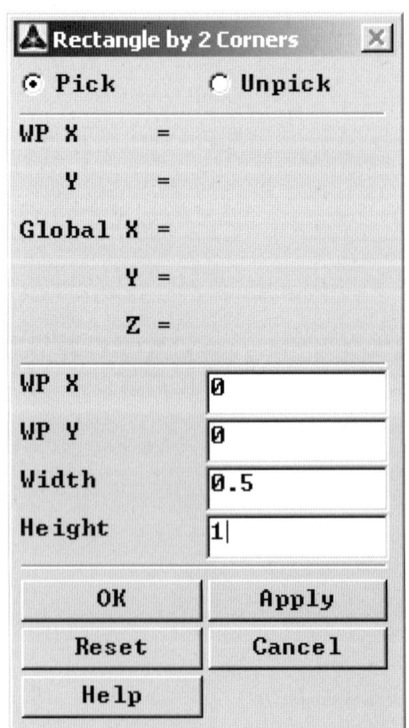

main menu: **Preprocessor → Meshing → Size Cntrls → Smart Size → Basic**

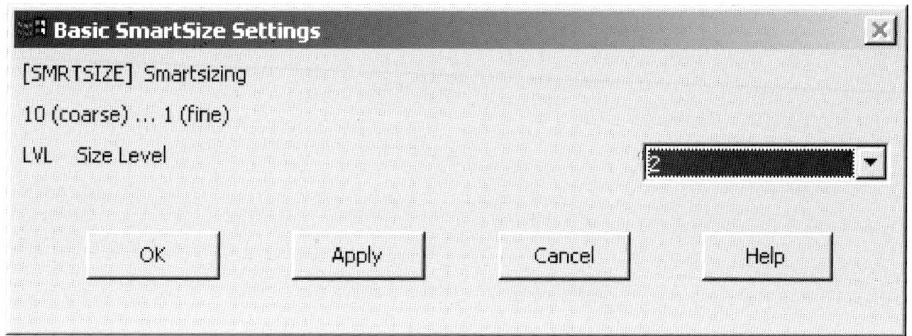

main menu: **Preprocessor → Meshing → Mesh → Areas → Free**

Pick All

main menu: **Solution → Define Loads → Apply → Thermal → Temperature → On Line**

사각형의 변들을 선택하고, 네 변에 일정하게 열 경계조건으로 0을 적용한다.

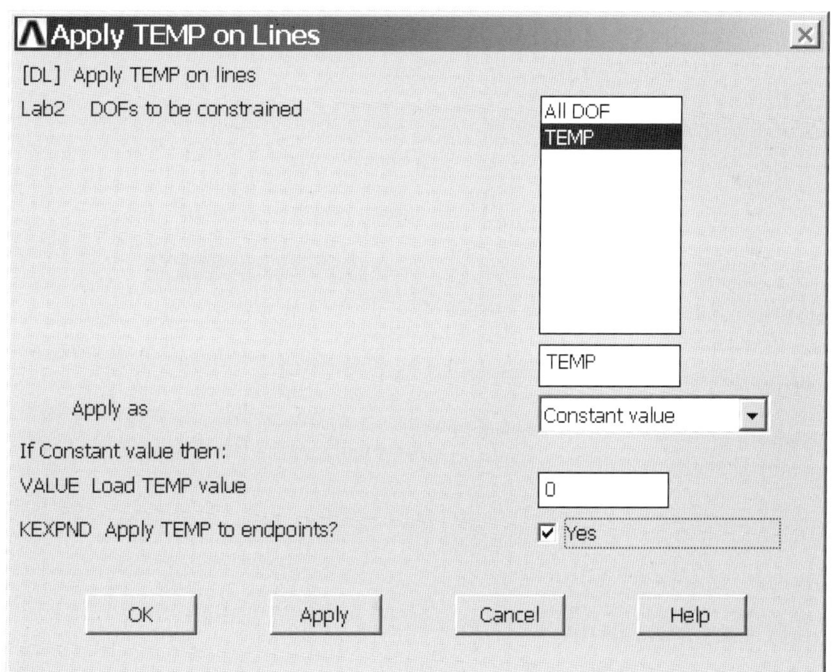

main menu: **Solution → Define Loads → Apply → Thermal → Heat Generat → On Area**

사각형의 면적을 선택하고, $2G\theta = 11000$의 상수값을 설정한다.

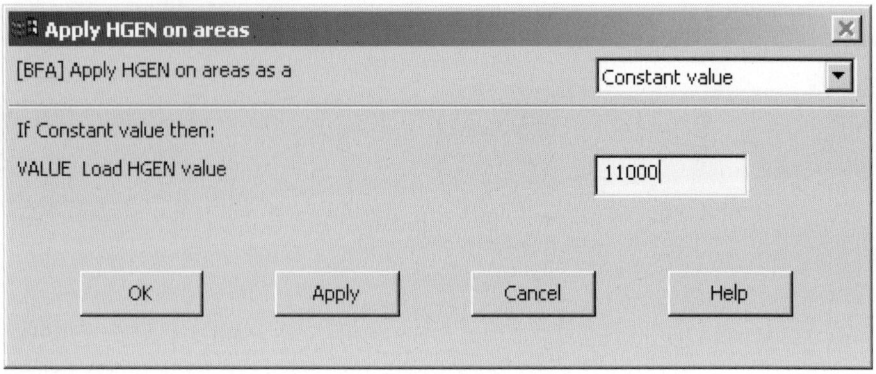

main menu: **Solution → Solve → Current LS**

OK

(the solution is done!) 창을 **Close**

(the /STAT Command) 창을 **Close**

main menu: **General Postproc → Plot Results → Contour Plot → Nodal Solu**

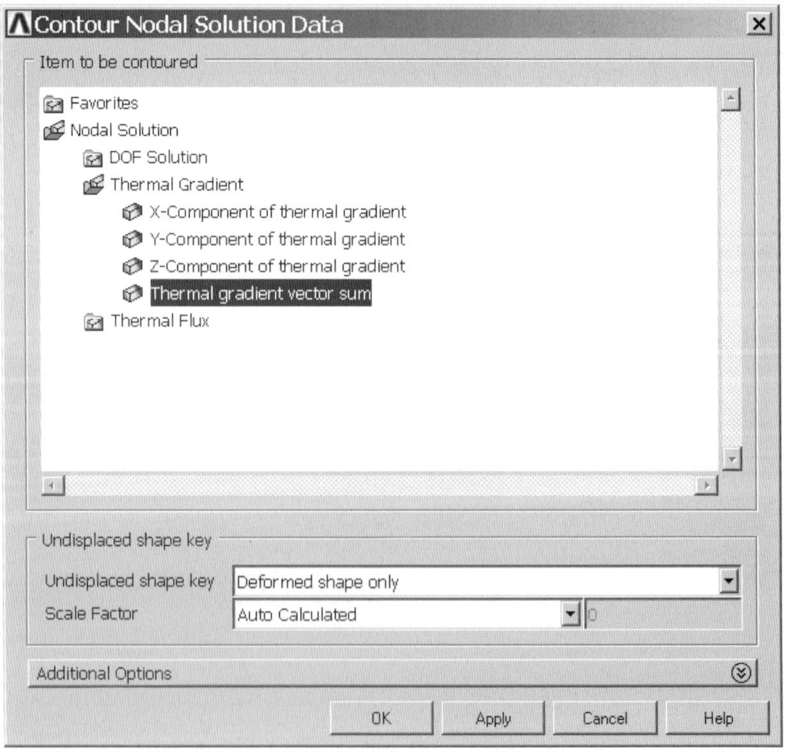

해가 다음과 같은 그림으로 주어진다.

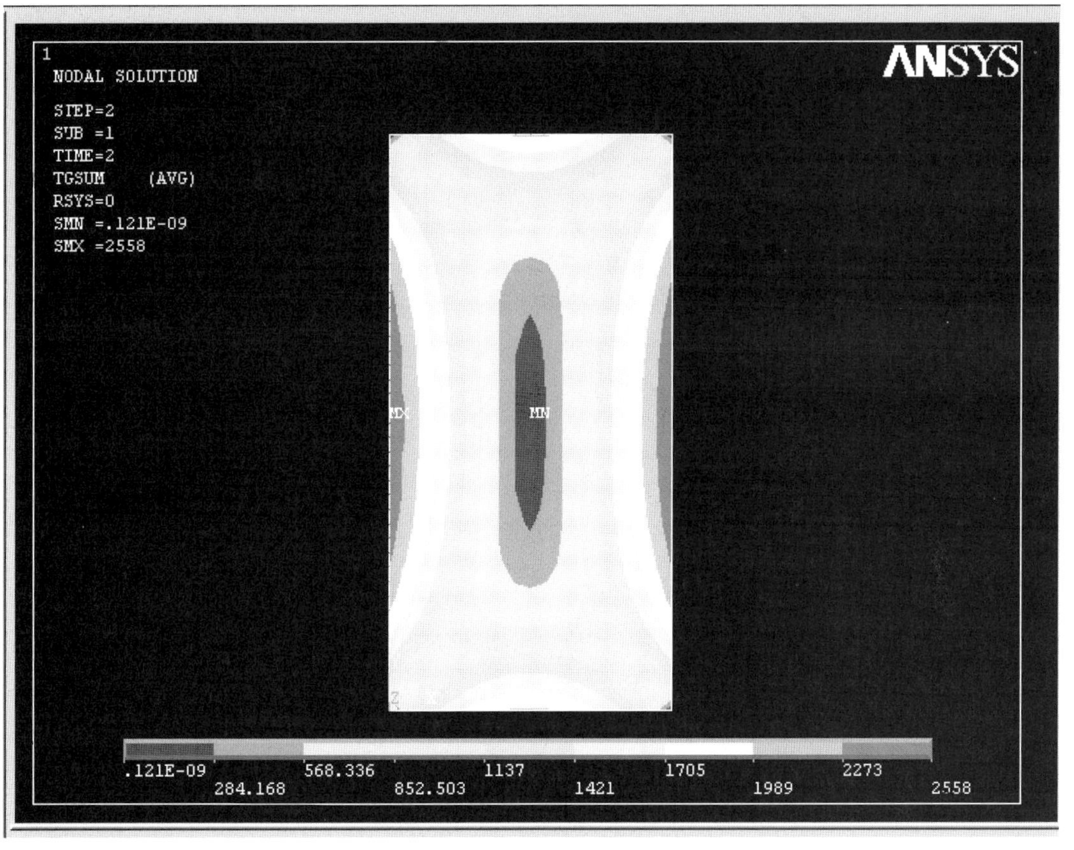

단면의 가로세로비를 계산하면 $\dfrac{w}{h} = \dfrac{1.0 \text{ in}}{0.5 \text{ in}} = 2.0$ 이고, 이를 표 10.1을 참고하면 $c_1 = 0.246$ 과 $c_2 = 0.229$ 를 찾을 수 있다. 식 (10.3)과 (10.4)에 G, w, h, θ, c_1, c_2 를 대입하면 다음과 같다.

$$\theta = \frac{TL}{c_2 G w h^3} = 0.0005 \text{ rad/in} = \frac{T(1 \text{ in})}{0.229(11 \times 10^6 \text{ lb/in}^2)(1 \text{ in})(0.5 \text{ in})^3} \Rightarrow T = 157.5 \text{ lb/in}$$

$$\tau_{\max} = \frac{T}{c_1 w h^2} = \frac{157.5 \text{ lb/in}}{0.246(1 \text{ in})(0.5 \text{ in})^2} = 2560 \text{ lb/in}^2$$

위의 2560 lb/in^2 와 FEA의 결과인 2558 lb/in^2 를 비교해 보면, 해석적인 해를 이용하여 최대 전단응력을 계산하고 유한요소 모델을 생성하지 않으므로 많은 시간을 절약한 것을 알 수 있다.

예제 10.3

그림 10.15에 나타낸 철제 자전거 렌치(bicycle wrench, $E = 200$ GPa, $\nu = 0.32$)를 고려하자. 렌치의 두께는 3 mm이다. 주어진 분포하중과 경계조건하에서 렌치 내의 폰 미제

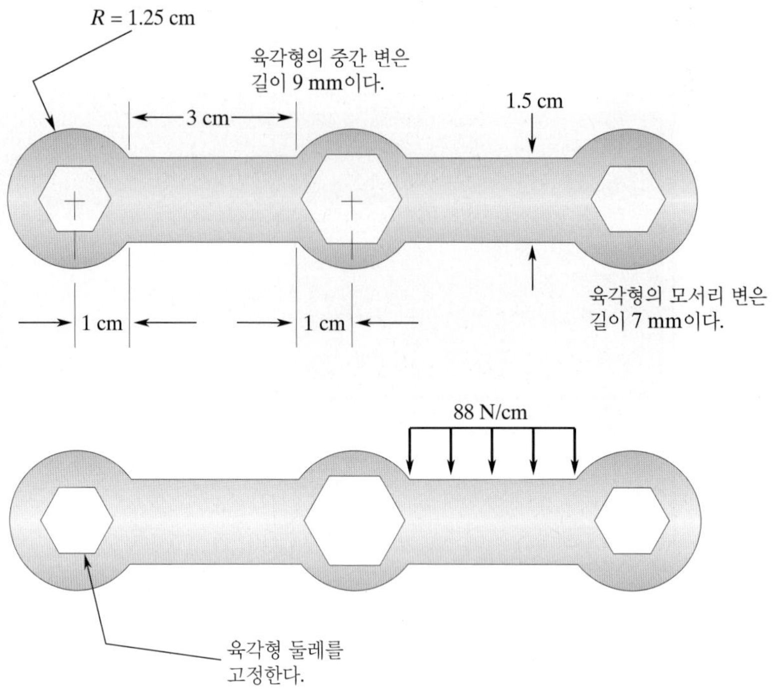

그림 10.15 예제 10.3 자전거 렌치의 개략도

스 응력을 계산하라.

이 문제를 다음과 같은 4단계로 해석한다.

(1) 문제에 대한 기하 생성

(2) 적절한 요소의 선택

(3) 경계조건의 부과

(4) 해석

시작메뉴를 사용하여 **ANSYS** 프로그램을 실행시킨다. 대화상자의 **Jobname** 입력란에 **Bikewh**(또는 원하는 파일명)를 입력한다. GUI를 실행하기 위해 **Run**을 선택한다.

다음 명령으로 문제에 대한 제목을 입력한다. 이 제목은 ANSYS 표시창에 나타나며 프로그램 창을 구별하는 데 사용된다. 이제 다음의 명령절차를 따라서 입력한다.

utility menu: **File → Change Title** . . .

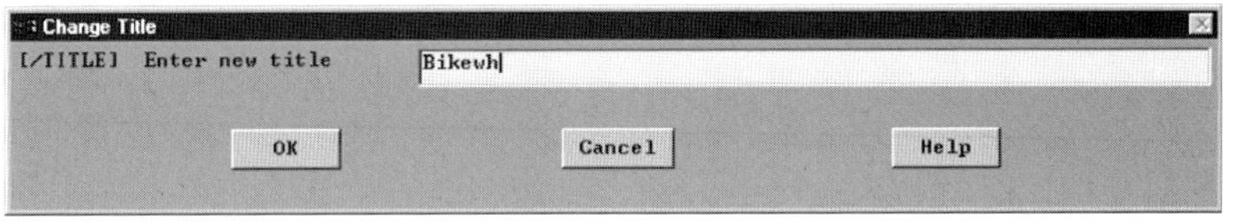

다음 명령으로 요소의 종류와 재료의 물성을 선택한다.

main menu: **Preprocessor → Element Type → Add/Edit/Delete**

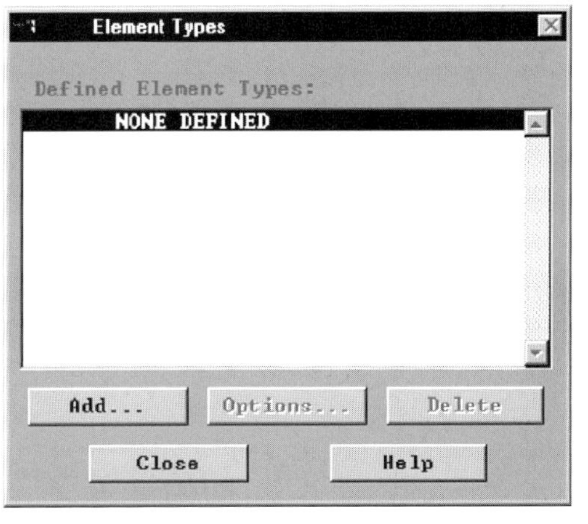

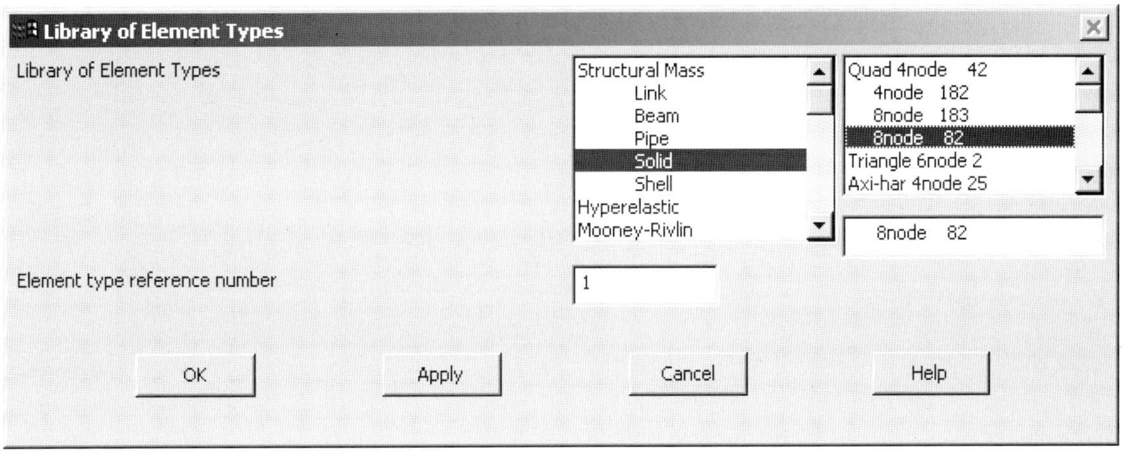

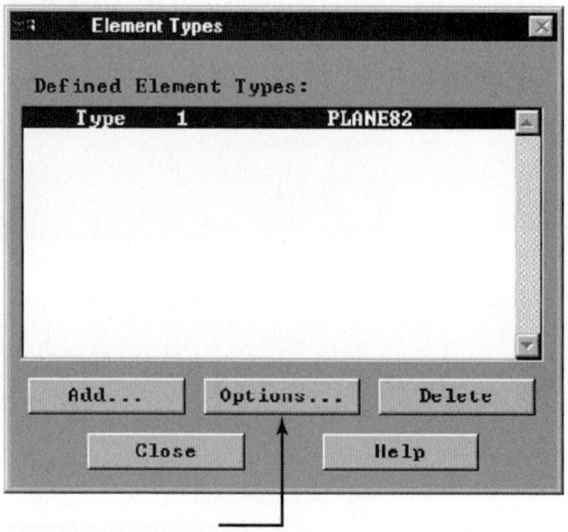

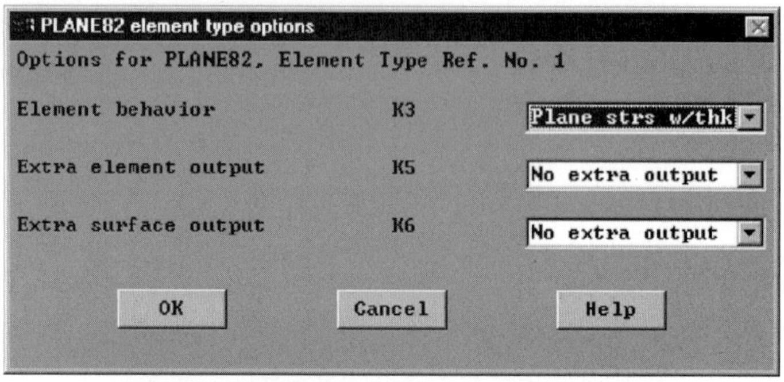

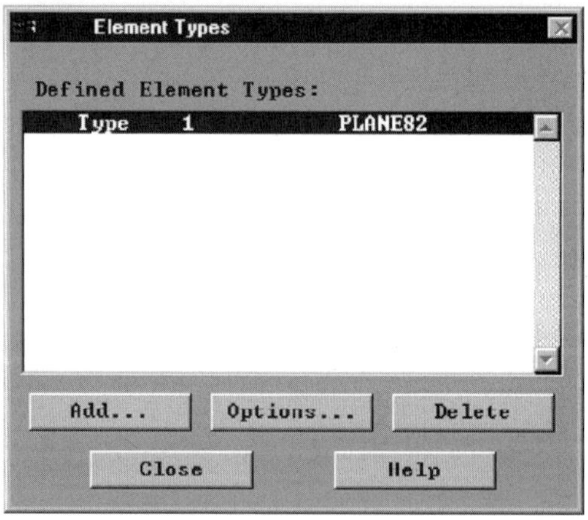

다음의 과정을 따라 렌치의 두께를 입력한다.

main menu: **Preprocessor → Real Constants → Add/Edit/Delete**

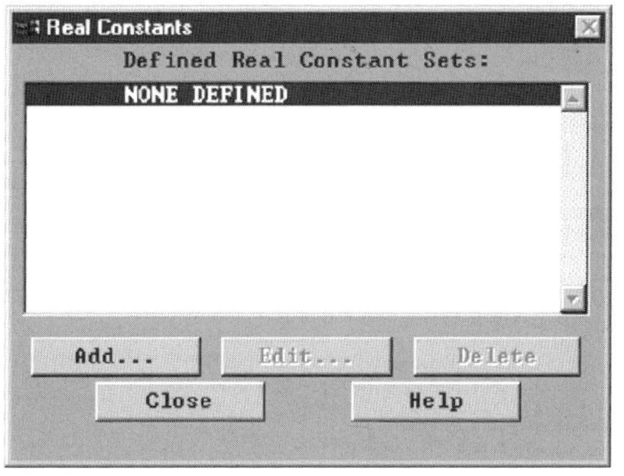
Real Constants
Defined Real Constant Sets:
NONE DEFINED
Add...
Edit...
Delete
Close
Help

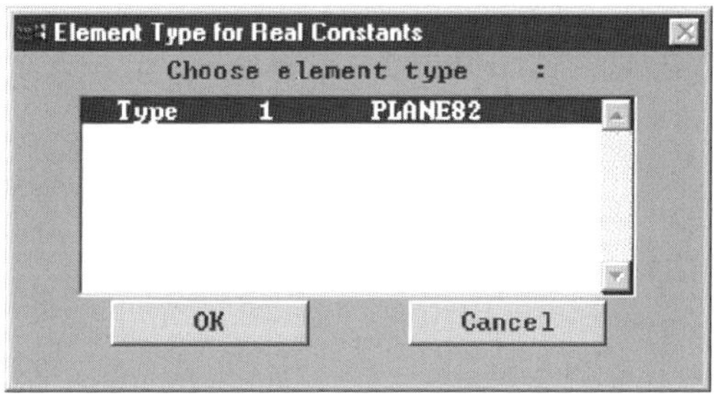
Element Type for Real Constants
Choose element type :
Type 1 PLANE82
OK
Cancel

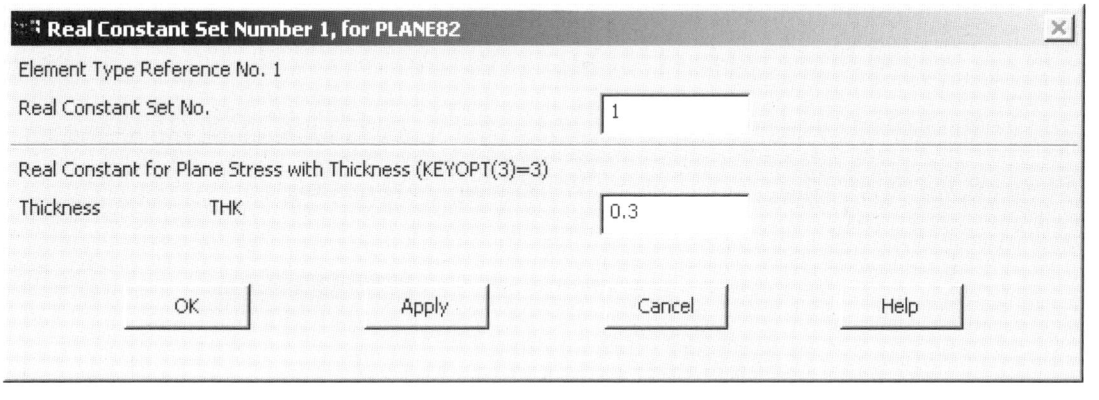
Real Constant Set Number 1, for PLANE82
Element Type Reference No. 1
Real Constant Set No.
1
Real Constant for Plane Stress with Thickness (KEYOPT(3)=3)
Thickness THK
0.3
OK
Apply
Cancel
Help

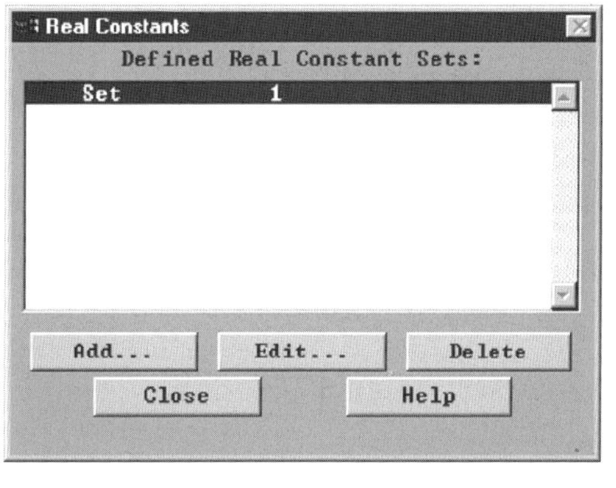
Real Constants
Defined Real Constant Sets:
Set 1
Add...
Edit...
Delete
Close
Help

다음 명령으로 재료 물성치인 탄성계수와 푸아송비를 입력한다.

main menu: **Preprocessor → Material Props → Material Models → Structural → Linear → Elastic → Isotropic**

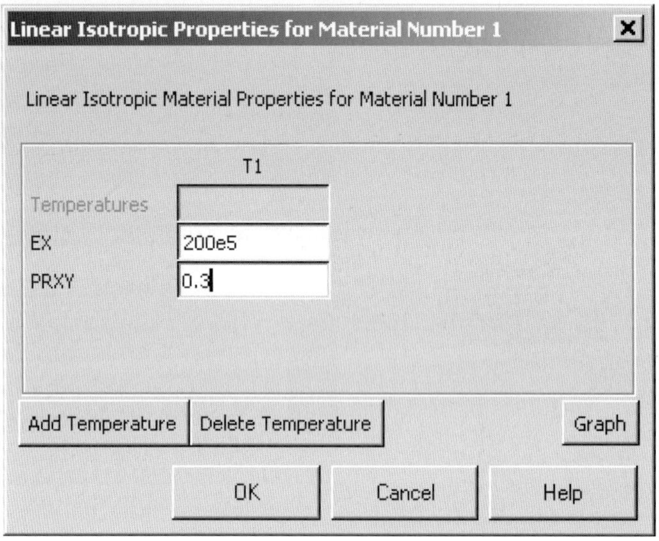

ANSYS Toolbar: **SAVE_DB**

작업평면 설정, 줌 등을 사용하여 문제에 맞도록 그래픽 영역을 설정한다.

utility menu: **Workplane → WP Setting** . . .

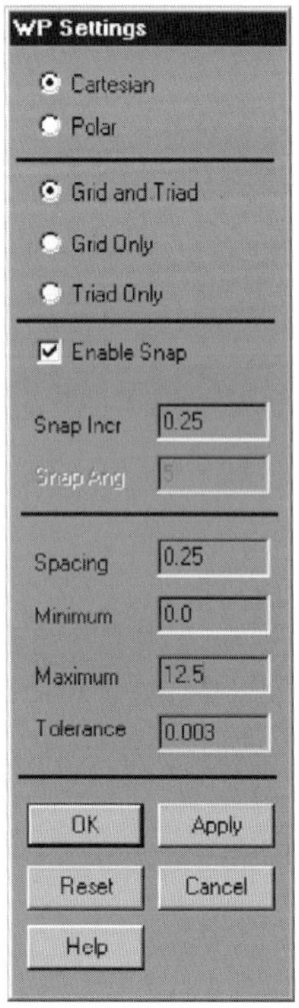

다음 명령으로 작업평면을 나타낸다.

utility menu: **Workplane → Display Working Plane**

다음 명령으로 작업평면을 창에 적절히 위치시킨다.

utility menu: **PlotCtrls → Pan, Zoom, Rotate** . . .

작업평면이 보일 때까지 **small circle**을 클릭한다. 그 후 다음 명령으로 모델의 형상을 생성한다.

main menu: **Preprocessor → Modeling → Create → Areas → Rectangle → By 2 Corners**

작업평면에 2개의 직사각형을 생성한다.

아래와 같이 마우스 버튼을 사용하거나 해당 입력란에 값을 입력한다.

[WP = 2.25,0.5]

[러버밴드를 위로 1.5, 우측으로 3.0만큼 확장하고 좌측 버튼을 클릭한다]

[WP = 7.25,0.5]

[러버밴드를 위로 1.5, 우측으로 3.0만큼 확장하고 좌측 버튼을 클릭한다]

OK

다음 명령으로 원을 생성한다.

main menu: **Preprocessor → Modeling → Create → Areas → Circle → Solid Circle**

[WP = 1.25,1.25]

[러버밴드를 반경 1.25까지 확장한다]

[WP = 6.25,1.25]

[러버밴드를 반경 1.25까지 확장한다]

[WP = 11.25,1.25]

[러버밴드를 반경 1.25까지 확장한다]

OK

다음 명령으로 면적을 합한다.

main menu: **Preprocessor → Modeling → Operate → Booleans → Add → Areas**

Pick All 버튼을 클릭한다. 다음으로 육각형을 생성한다. 먼저 WP Setting 대화상자의 **Snap Incr**값을 0.1로 변경한다.

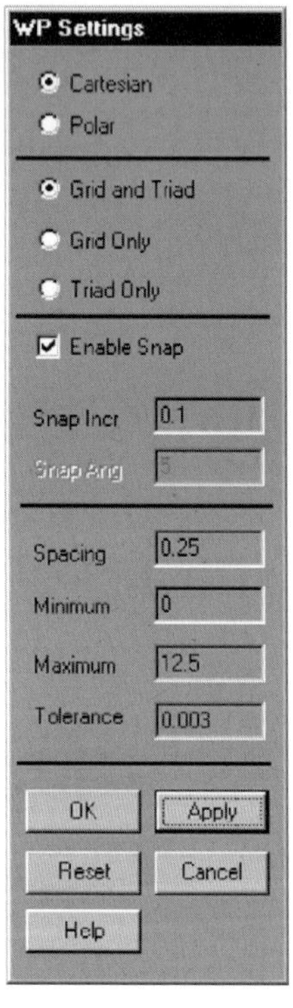

다음 명령을 실행한다.

utility menu: **PlotCtrls → Pan, Zoom, Rotate** . . .

Box Zoom 버튼을 사용하여 좌측 원 영역을 확대한 후 다음 명령으로 육각형을 생성한다.

main menu: **Preprocessor → Modeling → Create → Areas → Polygon → Hexagon**

아래와 같이 마우스 버튼을 사용하거나 해당 입력란에 값을 입력한다.

[WP = 1.25,1.25]

[육각형을 WP Rad = 0.7, Ang = 120까지 확장하고 좌측 버튼을 클릭한다]

또는,

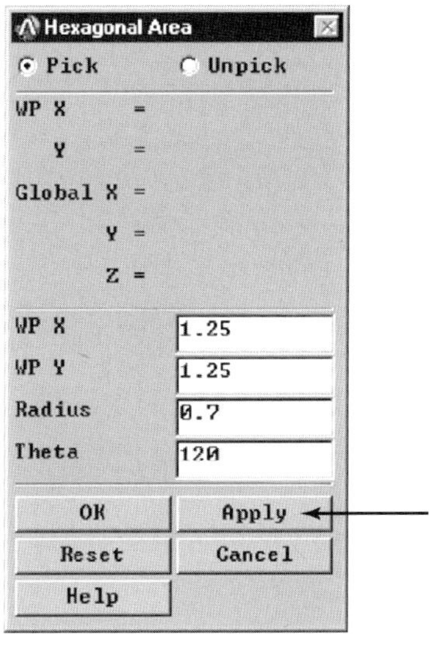

다음 명령을 실행한다.

utility menu: **PlotCtrls → Pan, Zoom, Rotate**

Fit 버튼을 클릭한 후 **Box Zoom** 버튼을 클릭하여 가운데 원 영역을 확대한다. 아래와 같이 마우스 버튼을 사용하거나 해당 입력란에 값을 입력한다.

[WP = 6.25,1.25]

[육각형을 WP Rad = 0.9, Ang = 120까지 확장하고 좌측 버튼을 클릭한다]

또는,

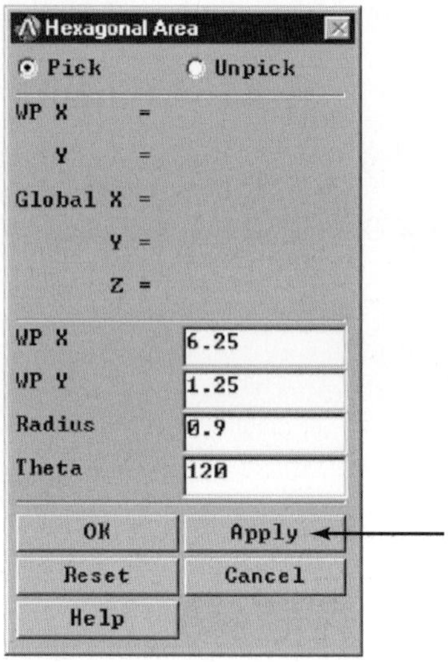

다음 명령을 실행한다.

utility menu: **PlotCtrls → Pan, Zoom, Rotate**

Fit 버튼을 클릭한 후 **Box Zoom** 버튼을 사용하여 우측 원 영역을 확대한다. 아래와 같이 마우스 버튼을 사용하거나 해당 입력란에 값을 입력한다.

[WP = 11.25,1.25]

[육각형을 WP Rad = 0.7, Ang = 120까지 확장하고 좌측 버튼을 클릭한다]

또는,

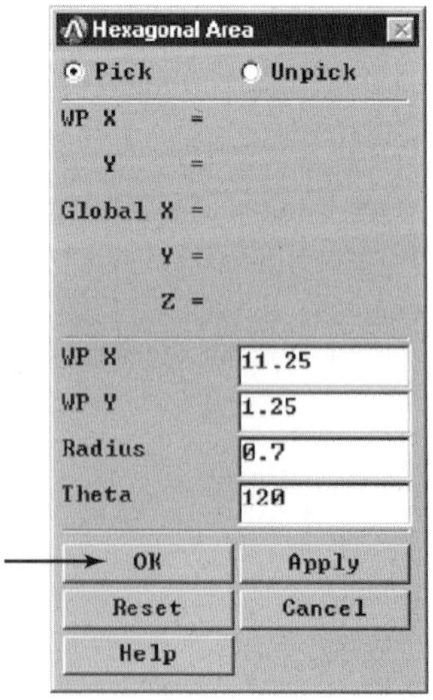

ANSYS Toolbar: **SAVE_DB**

드라이버 구멍을 만들기 위하여 육각형 면적을 빼준다.

main menu: **Preprocessor → Modeling → Operate → Booleans → Subtract → Areas**

[렌치 영역을 선택한다]

[ANSYS 그래픽 창의 임의 위치에 마우스를 두고 좌측 버튼을 클릭한다]

[좌측 육각형을 선택한다]

[가운데 육각형을 선택한다]

[우측 육각형을 선택한다]

[ANSYS 그래픽 창의 임의 위치에 마우스를 두고 좌측 버튼을 클릭한다]

OK

다음 명령으로 작업평면이 화면에 나타나지 않도록 한다.

utility menu: **Workplane → Display Working Plane**

ANSYS Toolbar: **SAVE_DB**

다음 명령으로 생성할 요소의 크기를 입력한 후 요소와 절점을 생성한다.

main menu: **Preprocessor → Meshing → Size Cntrls → Manual Size → Global → Size**

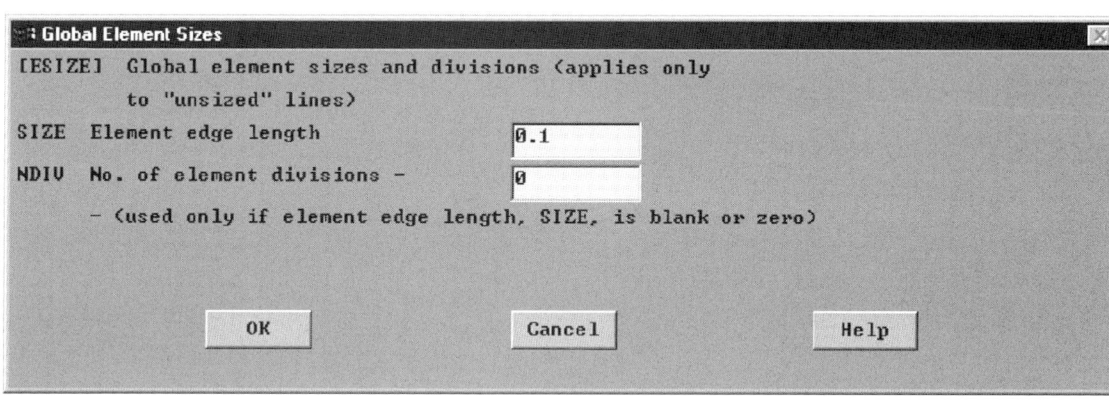

ANSYS Toolbar: **SAVE_DB**

main menu: **Preprocessor → Meshing → Mesh → Areas → Free**

Pick All 버튼을 클릭한다.

OK

다음 명령으로 경계조건과 하중을 부과한다.

main menu: **Solution → Defind Loads → Apply → Structural → Displacements → On Keypoints**

좌측 육각형의 6개의 모서리 점을 선택한다.

OK

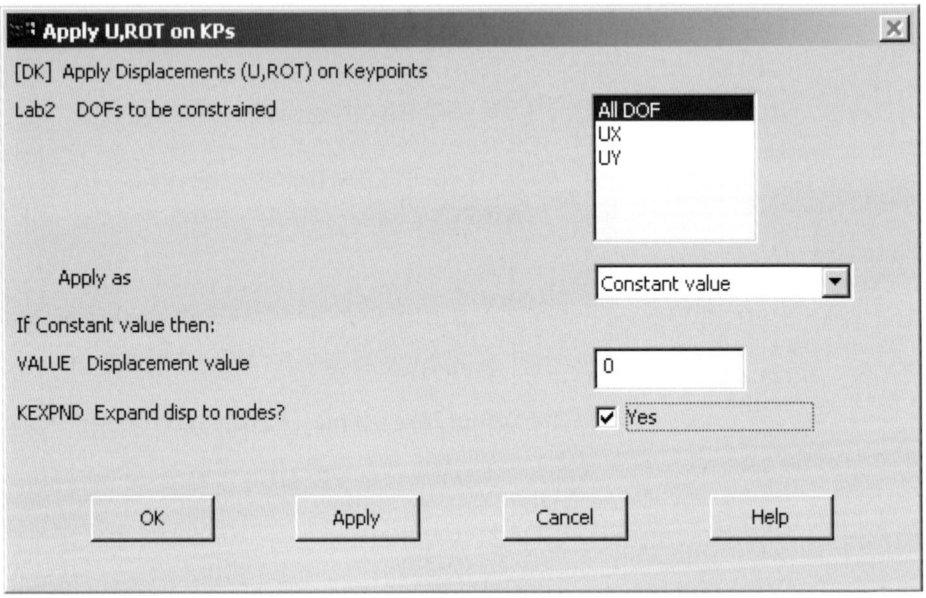

main menu: **Solution → Define Loads → Apply → Structural → Pressure → On Lines**

문제 설명 부분의 그림을 참조하여 적절한 수평선을 선택한다.

OK

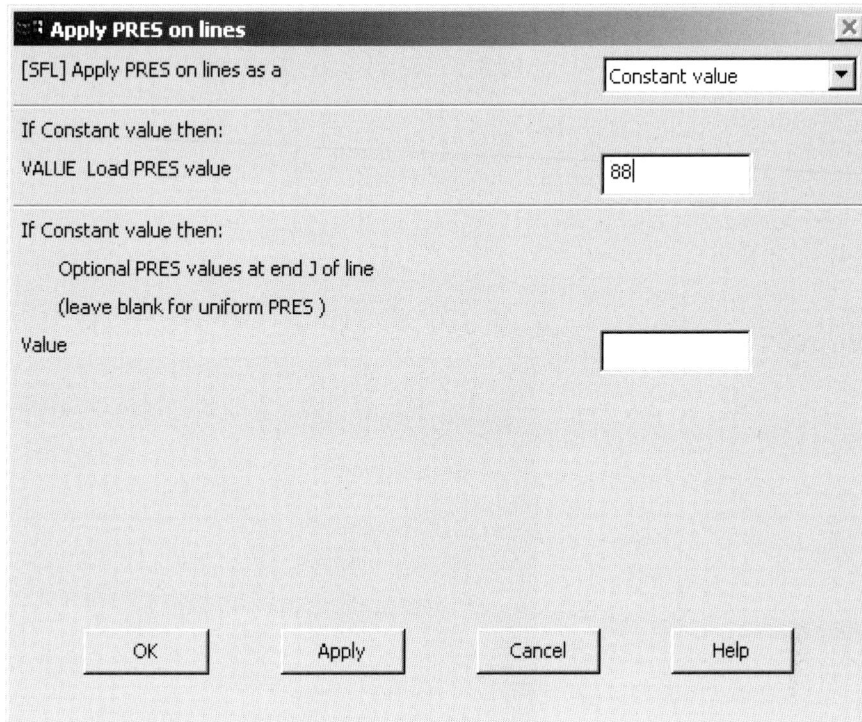

문제의 해를 구한다.

main menu: **Solution → Solve → Current LS**

OK

(the solution is done!) 창을 **Close**

(the /STAT Command) 창을 **Close**

후처리 단계로서 다음 명령에 따라 먼저 변형된 형상을 도시한다.

main menu: **General Postproc → Plot Results → Deformed Shape**

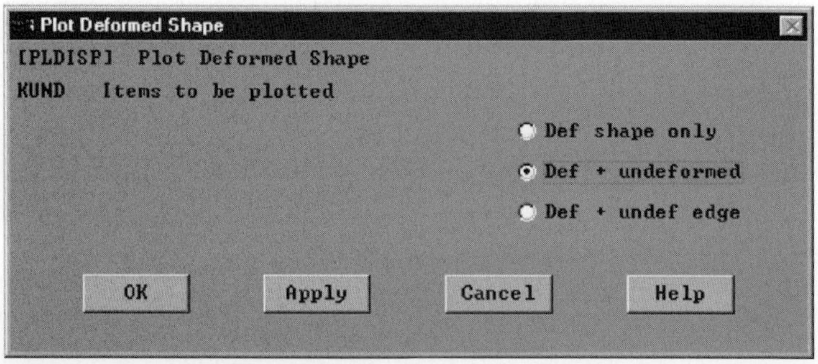

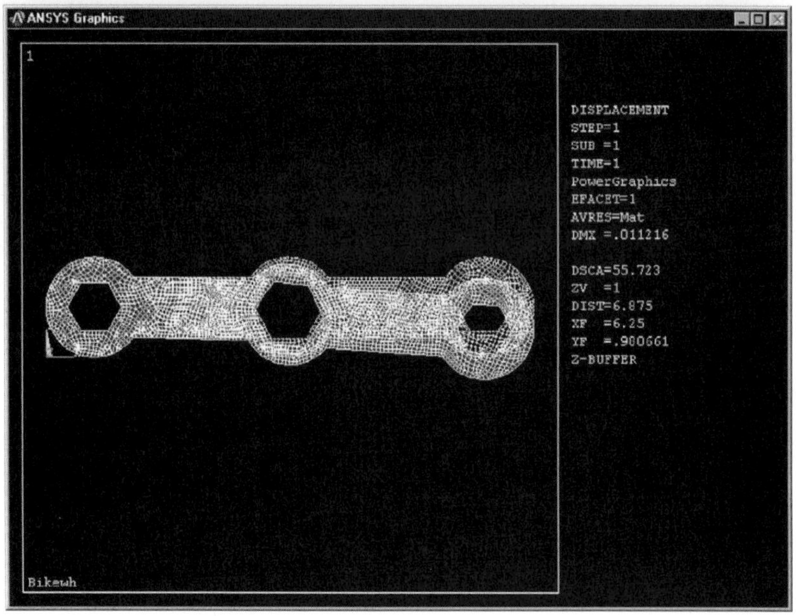

다음 명령으로 폰 미제스 응력 분포를 도시한다.

main menu: **General Postproc → Plot Result → Contour Plot → Nodal Solu**

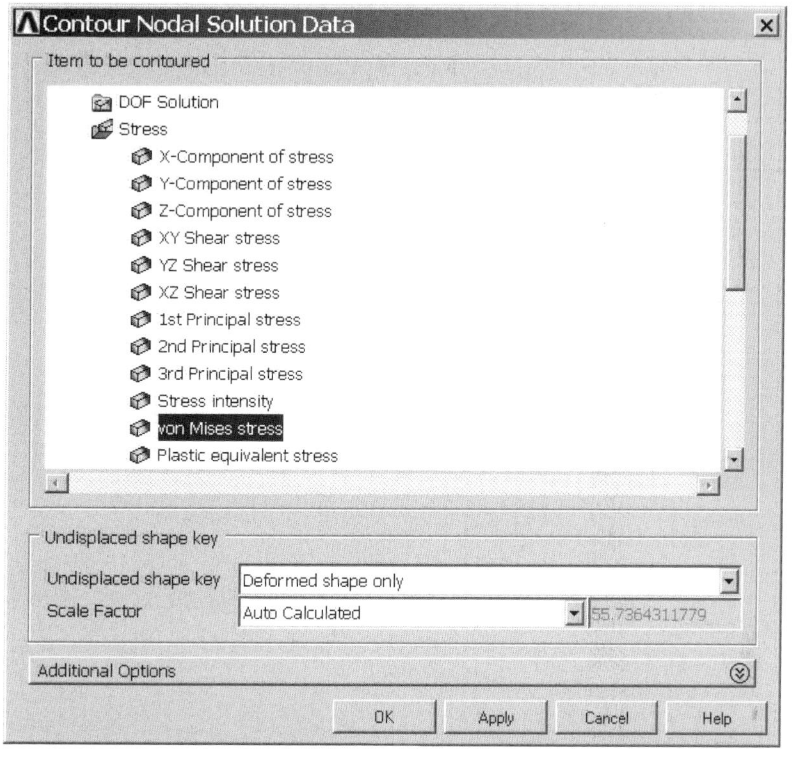

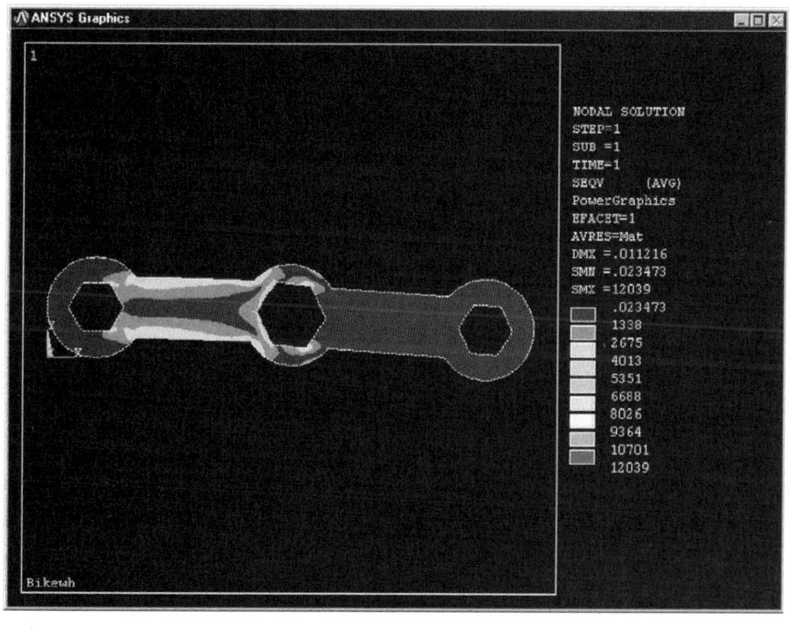

모든 것을 저장하고 ANSYS를 종료한다.

ANSYS Toolbar: **QUIT**

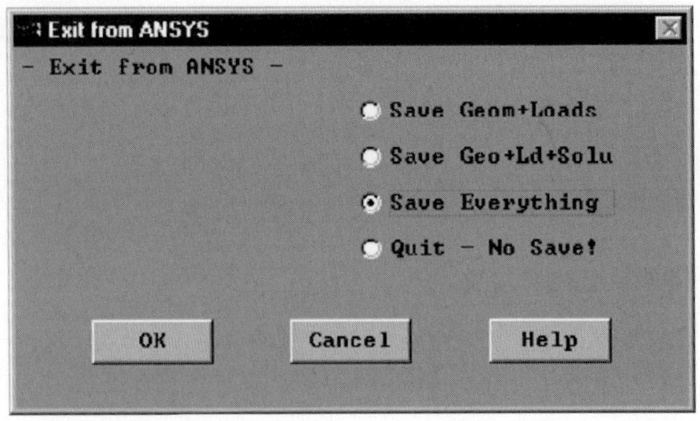

10.7 결과 검증

예제 10.3을 살펴보도록 하자. 이 문제의 결과를 검증하는 데는 여러 방법이 있다. 한 가지 방법으로 반력들을 모두 합하여 작용시킨 힘에 대하여 비교해 본다. 정적 안정상태는 만족하는가? ANSYS를 사용하면서 렌치의 불필요한 부분을 제거할 수도 있고, 각 구역에 따른 국부 응력과 전단응력의 x성분과 y성분을 시각적으로 평가할 수도 있다. 내력을 구하기 위해 절차를 따라서 응력 정보를 적분하거나, 그 값을 작용시킨 힘과 비교할 수도 있다. 정적 안정상태는 만족되었는가? 이 질문들은 학생들의 확인으로 남겨두겠다.

요약

1. 해석해가 존재하는 간단한 문제의 경우 무조건 유한요소 모델을 만들어 해석하는 것보다는 해석해를 이용하는 것이 바람직하다. 꼭 필요할 때에만 유한요소해석을 수행하라. 기초적인 비틀림 문제나 보 문제의 경우 해석해를 사용하는 것이 적절하다.

2. 비틀림 문제에 대한 강성행렬은 2차원 열전도 문제에서 구한 열전도행렬과 유사하다. 직사각형 요소에 대한 강성행렬과 하중행렬은 다음과 같다.

$$[\mathbf{K}]^{(e)} = \frac{w}{6\ell}\begin{bmatrix} 2 & -2 & -1 & 1 \\ -2 & 2 & 1 & -1 \\ -1 & 1 & 2 & -2 \\ 1 & -1 & -2 & 2 \end{bmatrix} + \frac{\ell}{6w}\begin{bmatrix} 2 & 1 & -1 & -2 \\ 1 & 2 & -2 & -1 \\ -1 & -2 & 2 & 1 \\ -2 & -1 & 1 & 2 \end{bmatrix}$$

$$\{\mathbf{F}\}^{(e)} = \frac{2G\theta A}{4}\begin{Bmatrix} 1 \\ 1 \\ 1 \\ 1 \end{Bmatrix}$$

삼각형 요소에 대한 강성행렬과 하중행렬은 다음과 같다.

$$[\mathbf{K}]^{(e)} = \frac{1}{4A}\begin{bmatrix} \beta_i^2 & \beta_i\beta_j & \beta_i\beta_k \\ \beta_i\beta_j & \beta_j^2 & \beta_j\beta_k \\ \beta_i\beta_k & \beta_j\beta_k & \beta_k^2 \end{bmatrix} + \frac{1}{4A}\begin{bmatrix} \delta_i^2 & \delta_i\delta_j & \delta_i\delta_k \\ \delta_i\delta_j & \delta_j^2 & \delta_j\delta_k \\ \delta_i\delta_k & \delta_j\delta_k & \delta_k^2 \end{bmatrix}$$

$$\{\mathbf{F}\}^{(e)} = \frac{2G\theta A}{3}\begin{Bmatrix} 1 \\ 1 \\ 1 \end{Bmatrix}$$

3. 평면-응력 삼각형 요소의 강성행렬은 다음과 같다.

$$[\mathbf{K}]^{(e)} = V[\mathbf{B}]^T[\boldsymbol{\nu}][\mathbf{B}]$$

여기서

$$V = tA$$

$$[\mathbf{B}] = \frac{1}{2A}\begin{bmatrix} \beta_i & 0 & \beta_j & 0 & \beta_k & 0 \\ 0 & \delta_i & 0 & \delta_j & 0 & \delta_k \\ \delta_i & \beta_i & \delta_j & \beta_j & \delta_k & \beta_k \end{bmatrix} \quad [\boldsymbol{\nu}] = \frac{E}{1-\nu^2}\begin{bmatrix} 1 & \nu & 0 \\ \nu & 1 & 0 \\ 0 & 0 & \dfrac{1-\nu}{2} \end{bmatrix}$$

그리고

$$\beta_i = Y_j - Y_k \qquad \delta_i = X_k - X_j$$
$$\beta_j = Y_k - Y_i \qquad \delta_j = X_i - X_k$$
$$\beta_k = Y_i - Y_j \qquad \delta_k = X_j - X_i$$
$$2A = X_i(Y_j - Y_k) + X_j(Y_k - Y_i) + X_k(Y_i - Y_j)$$

4. 분포하중에 의한 요소의 변에서의 하중행렬은 다음과 같다.

$$\{\mathbf{F}\}^{(e)} = \frac{tL_{ij}}{2}\begin{Bmatrix} p_x \\ p_y \\ p_x \\ p_y \\ 0 \\ 0 \end{Bmatrix} \quad \{\mathbf{F}\}^{(e)} = \frac{tL_{jk}}{2}\begin{Bmatrix} 0 \\ 0 \\ p_x \\ p_y \\ p_x \\ p_y \end{Bmatrix} \quad \{\mathbf{F}\}^{(e)} = \frac{tL_{ik}}{2}\begin{Bmatrix} p_x \\ p_y \\ 0 \\ 0 \\ p_x \\ p_y \end{Bmatrix}$$

5. 등매개변수 정식화를 통해 요소의 강성행렬이 어떻게 구해졌는지를 충분히 이해해야 한다.

6. 축대칭 정식화를 통해 요소의 강성행렬이 어떻게 구해졌는지를 충분히 이해해야 한다.

참고문헌

ANSYS User's Manual: Procedures, Vol. I, Swanson Analysis Systems, Inc.

ANSYS User's Manual: Commands, Vol. II, Swanson Analysis Systems, Inc.

ANSYS User's Manual: Elements, Vol. III, Swanson Analysis Systems, Inc.

Beer, P., and Johnston, E. R., *Mechanics of Materials*, 2nd ed., New York,

McGraw-Hill, 1992.

Fung, Y. C., *Foundations of Solid Mechanics*, Englewood Cliffs, Nj, Prentice-Hall, 1965.

Hibbleer, R. C., *Mechanics of Materials*, 2nd ed., New York, Macmillan, 1994.

Segrlind, L., *Applied Finite Element Analysis*, 2nd ed., New York, John Wiley and Sons, 1984.

Shigley, J. E., and Mischke, C. R., *Mechanical Engineering Design*, 5th ed., New York, McGraw-Hill, 1989.

Timoshenko, S. P., and Goodier J. N., *Theory of Elasticity*, 3rd ed., New York, McGraw-Hill, 1970.

연습문제

1. ANSYS를 사용하여 축하중을 받는, 원형 구멍이 있는 평판의 응력집중표를 검증하라. 재료역학 교재나 기계설계 교재에서 적절한 표를 참고하라. 응력집중계수 k는

$$k = \frac{\sigma_{max}}{\sigma_{avg}}$$

와 같이 정의됨을 기억하라. 이 경우, 값은 구멍 크기에 따라 약 2.0 ~ 3.0 사이에서 변한다. 점 A나 B에서 σ_{max} 값을 리스트하는 데 ANSYS 선택 옵션을 사용하라.

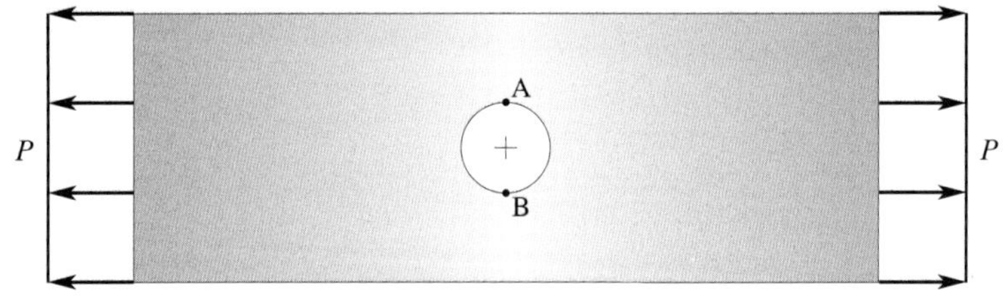

2. 책꽂이를 지지하는 데 사용되는 여러 종류의 브래킷($E = 29 \times 10^6$ lb/in^2, $\nu = 0.3$) 중 하나를 생각하라. 브래킷의 두께는 1/8 in이다. 브래킷의 치수는 다음 그림과 같다. 브래킷은 상면에 하중이 균일하게 작용하며, 좌변을 따라 고정되어 있다. 주어진 하중과 경계조건하에서 변형 형상을 그려라. 또한 브래킷 내의 폰 미제스 응력을 구하라.

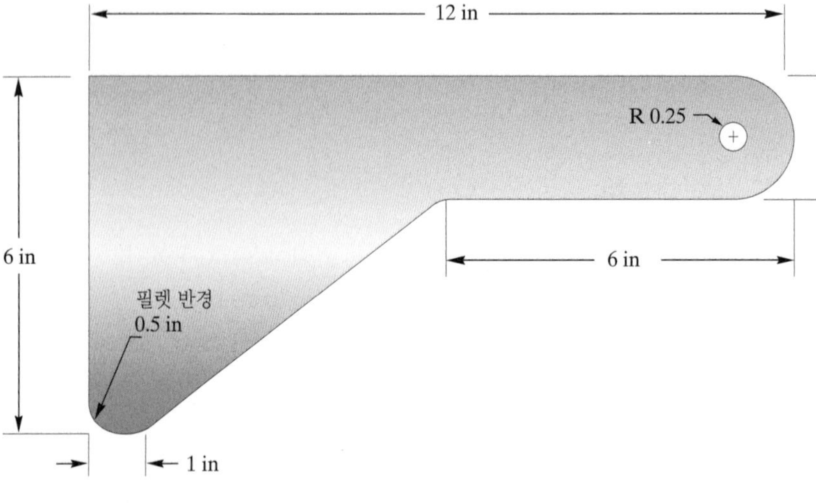

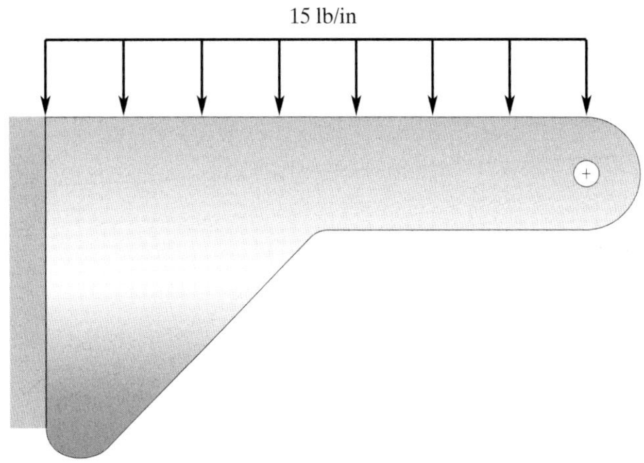

3. 1/8 in 두께의 판에 100 lb 의 하중이 다음 그림과 같이 작용하고 있다. 판은 강으로 되어 있고, $E = 29 \times 10^6$ lb/in^2, $\nu = 0.3$ 이다. ANSYS 를 사용하여 판 내의 주응력을 구하라. 모델링시 하중은 구멍의 하부에 분포시켜 작용시켜라.

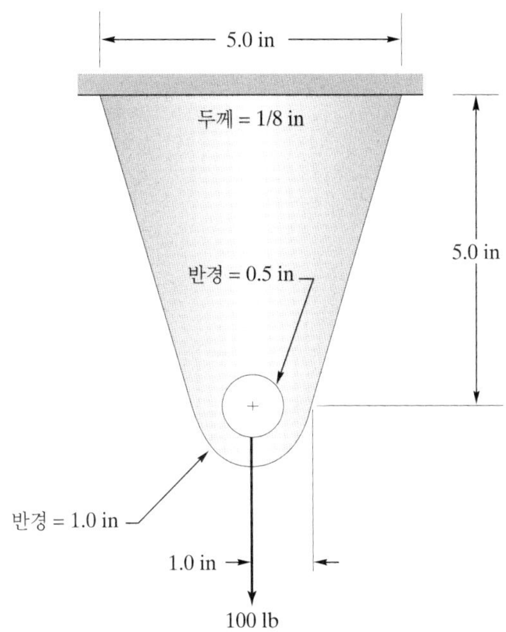

4. 요소 (1)과 (2)는 다음의 그림에서와 같이 분포하중을 받고 있다. 분포하중을 절점 3, 4, 5 에 작용하는 등가 하중으로 치환하라.

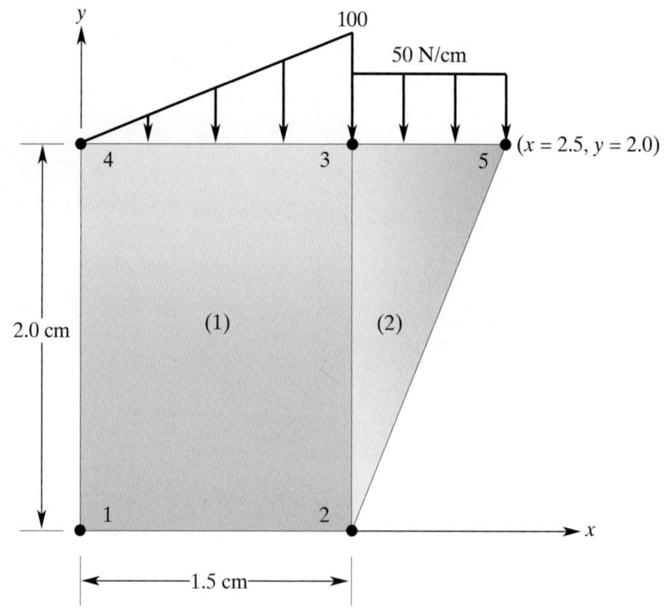

5. 다음의 그림에서와 같은 강 시편으로 재료의 탄성영역을 넘는 수치적 인장시험을 수행하라. 탄성영역을 넘는 응력-변형률 선도를 작성하라. ANSYS의 선택사항(option)을 이용하여 강 시편의 중간 지점에서의 응력과 변형률을 구하라.

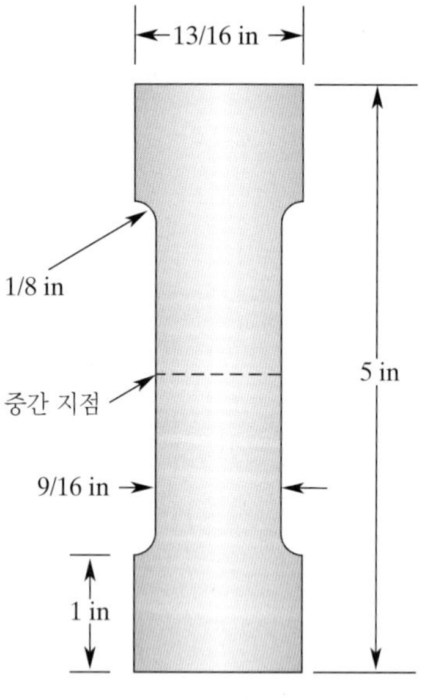

6. **예제 1.4(재론)** 강판이 다음 그림에서와 같이 축하중을 받고 있다. 강판의 두께는 1/16 in이고, 탄성계수 $E = 29 \times 10^6$ lb/in^{2}이다. 판을 따른 변형량과 평균 응력을 1차원 직접 정식화 개념을 이용하여 근사적으로 구한 바 있음을 기억하라. ANSYS를 사용하여 판 내의 변형량과 응력의 x와 y성분을 구하라. 또한 최대 응력집중부의 위치를 결정하라. 단면 A–A, B–B 및 C–C에서의 x성분 응력의 변화를 그림으로 나타내어라. 직접 정식화 모델의 결과를 ANSYS의 결과와 비교하라. 또한 주어진 문제에서 외력을 유한요소 모델에 부과하는 방법이 응력 분포에 영향을 줄 것이라고 언급되었음을 기억하라. 하중을 점차 넓은 접촉면에 부과하면서 실험하고 결과를 토의하라.

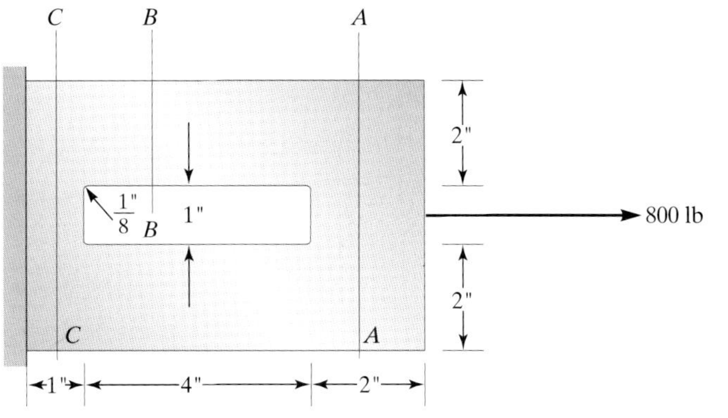

7. 단면이 변하는 판에 1500 lb의 하중이 다음 그림에서와 같이 가해지고 있다. ANSYS를 사용하여 판의 변형량과 응력의 x와 y성분을 구하라. 판은 탄성계수 $E = 10.6 \times 10^3$ ksi인 재료로 만들어졌다. 1장의 연습문제 24에서 이 문제를 단순한 직접 정식화법으로 해석한 바 있다. 직접 정식화 모델의 결과와 ANSYS로부터 얻은 결과를 비교하라. 하중을 점차 넓은 접촉면에 부과하면서 실험하고 결과를 토의하라.

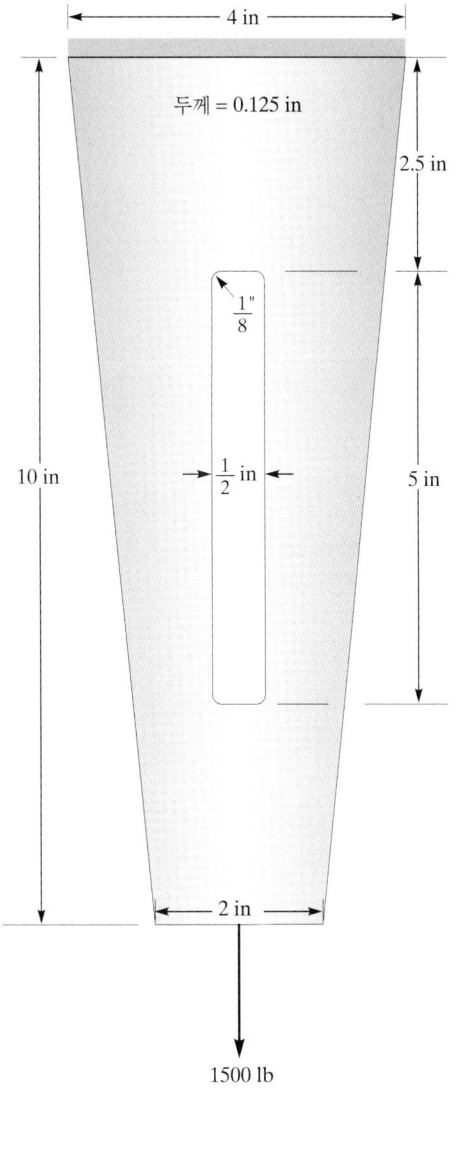

8. 다음 그림에 나타난 얇은 강판이 축방향의 하중을 받고 있다. ANSYS를 사용하여 판의 변형량과 응력의 x와 y성분을 구하라. 판의 두께는 0.125 in이고 탄성계수 $E = 28 \times 10^3$ ksi이다. 1장의 연습문제 4에서 이 문제를 단순한 직접 정식화법으로 해석한 바 있다. 직접 정식화 모델의 결과와 ANSYS로부터 얻은 결과를 비교하라. 하중을 점차 넓은 접촉면에 부과하면서 실험하고 결과를 토의하라.

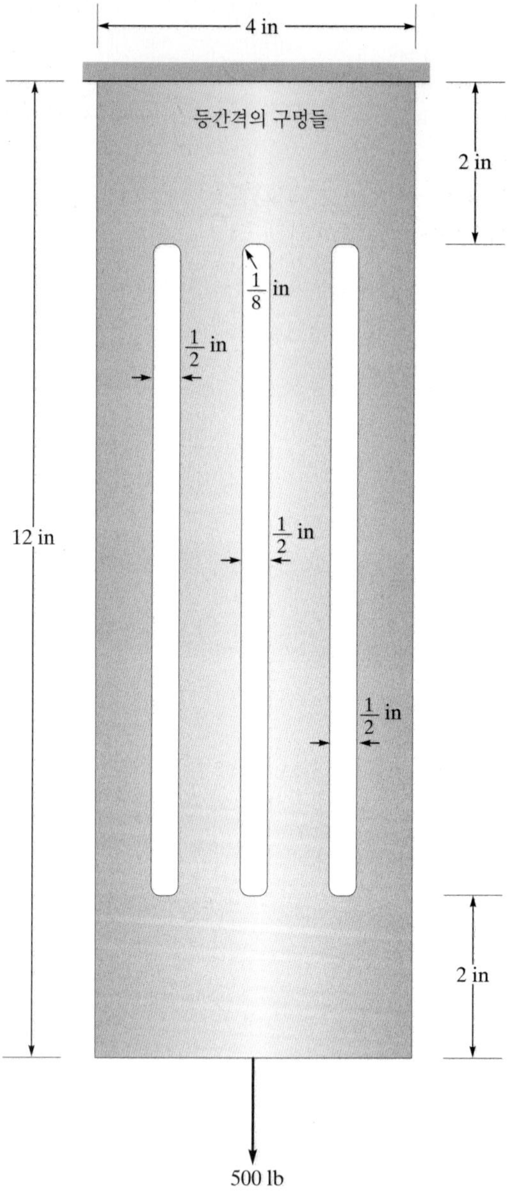

9. 다음 그림에 나타난 정삼각형 단면을 가진 강철봉($G = 11 \times 10^3$ ksi)의 비틀림을 고려하라. $\theta = 0.0005$ rad/in로 가정하고, ANSYS를 사용하여 최대 전단응력의 크기와 위치를 결정하라. ANSYS에 의해서 얻어진 해를 다음의 식으로부터 구한 엄밀해와 비교하라.

$$\tau_{max} = \frac{GL\theta}{2 \cdot 31}$$

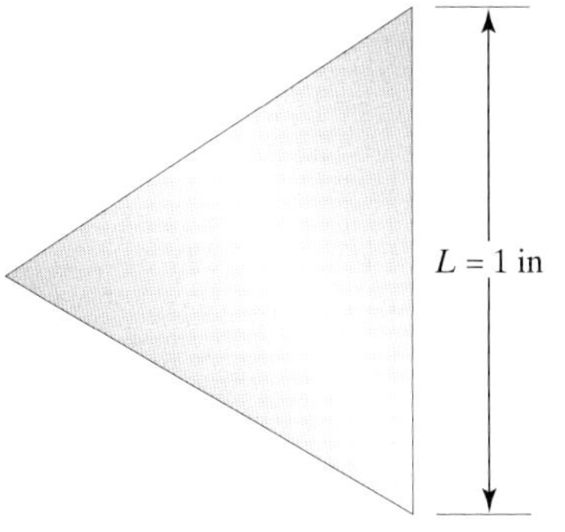

10. 다음 그림에서와 같은 치수를 가진 광폭 I형 강의 보(W4 × 13, $G = 11 \times 10^3$ ksi)의 비틀림을 고려하라. $\theta = 0.00035$ rad/in로 가정하고 ANSYS를 사용하여 전단응력 분포를 그려라. 이 문제를 유한요소 모델링이 아닌 얇은 벽으로 된 부재로 가정하여 풀 수 있겠는가?

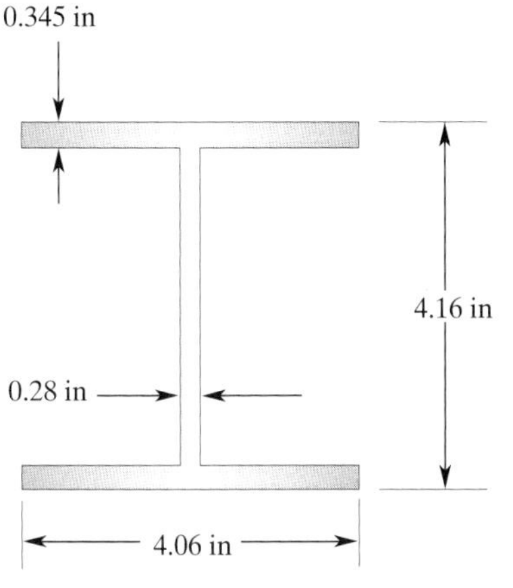

11. 다음 그림에 나타난 정사각형 단면을 가진 강철봉($G = 11 \times 10^3$ ksi)의 비틀림을 고려하라. $\theta = 0.0005$ rad/in로 가정하고, ANSYS를 사용하여 최대 전단응력의 크기와 위치를 결정하라. ANSYS에 의해 얻어진 해를 다음 식으로부터 구한 엄밀해와 비교하라.

$$\tau_{\max} = \frac{Gh\theta}{1.6}$$

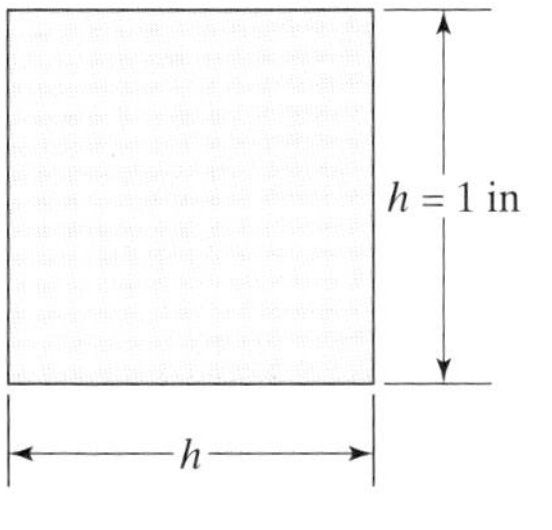

12. 다음 그림에 나타난 다각형 단면을 가진 강철봉($G = 11 \times 10^3$ ksi)의 비틀림을 고려하라. $\theta = 0.0005$ rad/in로 가정하고, ANSYS를 사용하여 최대 전단응력의 크기와 위치를 결정하라. ANSYS에 의해 얻어진 해를 다음 식으로부터 구한 엄밀해와 비교하라.

$$\tau_{max} = \frac{GL\theta}{0.9}$$

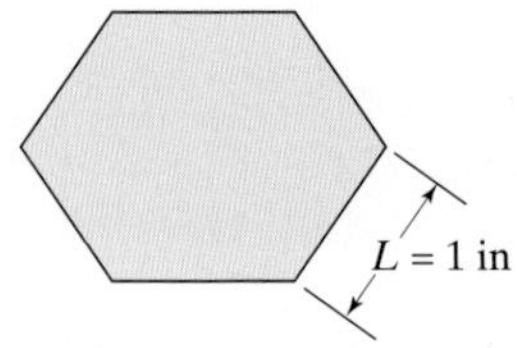

13. 다음 그림에 나타난 타원형 단면을 가진 강철봉($G = 11 \times 10^3$ ksi)의 비틀림을 고려하라. $\theta = 0.0005$ rad/in로 가정하고, ANSYS를 사용하여 최대 전단응력의 크기와 위치를 결정하라. ANSYS에 의해 얻어진 해를 다음 식으로부터 구한 엄밀해와 비교하라.

$$\tau_{max} = \frac{Gbh^2\theta}{b^2 + h^2}$$

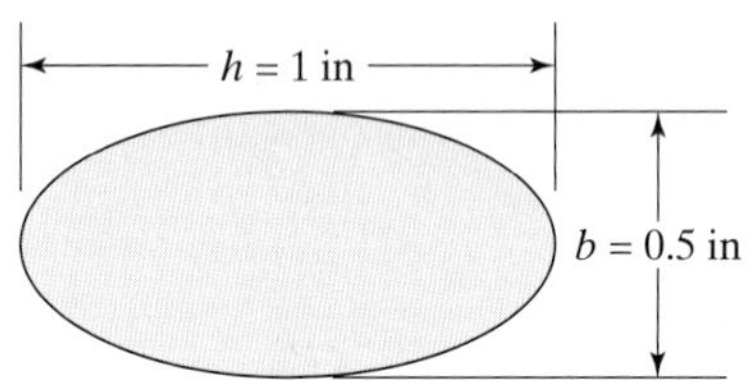

14. 다음 그림에 나타난 가운데가 빈 원형 단면을 가진 강철봉($G = 11 \times 10^3$ ksi)의 비틀림을 고려하라. $\theta = 0.0005$ rad/in로 가정하고, ANSYS를 사용하여 최대 전단응력의 크기와 위치를 결정하라. ANSYS에 의해 얻어진 해를 다음 식으로부터 구한 엄밀해와 비교하라.

$$\tau_{max} = \frac{GD\theta}{2}$$

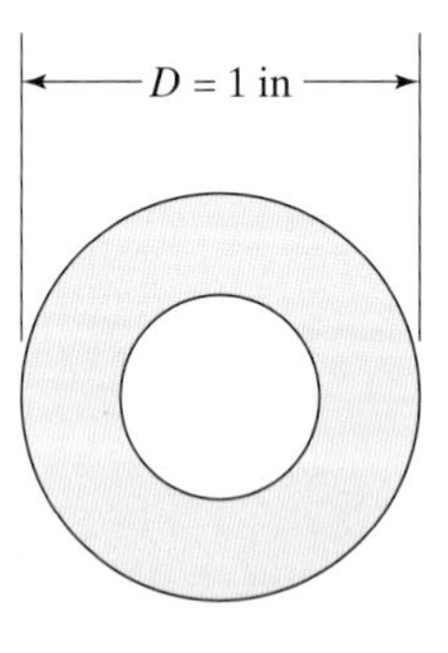

15. **설계과제** 이 과제의 목적은 다음 두 가지로서, (1) 유한요소법을 사용한 기계설계원리의 기초를 제공하는 것과 (2) 학생들 간의 경쟁을 촉진시키기 위한 것이다. 각 학생은 $3/8 \times 6 \times 6$ in 플렉시글라스(plexiglas) 판으로 이 문제의 후반에 주어지는 명세와 규격에 적합한 구조 모델을 설계하고 제작해야 한다. 학생들은 다음의 세 분야에서 경쟁할 수 있다: (1) 모델 무게당 최대 파손하중, (2) ANSYS를 사용한 파손하중의 예측 및 (3) 제작기술. 가능한 모델의 개략도가 아래의 그림에 나타나 있다. 모델의 양 끝에는 직경 $d > 12''$인 구멍(눈)이 하중작용축에 수직한 방향으로 관통해서 나왔고, 여기에 핀

이 삽입되어 모델에 인장력을 가한다. 치수 a는 1″보다 커야 한다($a > 1''$). 구멍 사이의 거리 $\ell > 2''$가 되어야 한다. 구멍이 있는 부분의 최대 두께 $t < 3/8''$이다. 이 요구사항들은 모델이 하중작용기구에 맞도록 하기 위함이다. 구멍 중심으로부터 하중작용방향을 따라 외부 면까지의 치수 $b < 1''$는 유지되어야 하중작용기구가 사용 가능하다. 최대 폭 $w < 6''$로 제한되며, 최대 높이 $h < 6''$로 제한된다. 어떤 형태로도 제작이 가능하다. 두 장의 플랙시글라스 판이 제공될 것이다. 한 판은 시험 제작에 사용하고 다른 판은 최종설계에 사용할 것이다. 최종설계에 이르기까지의 설계진전과정을 논하는 간단한 보고서를 작성하라.

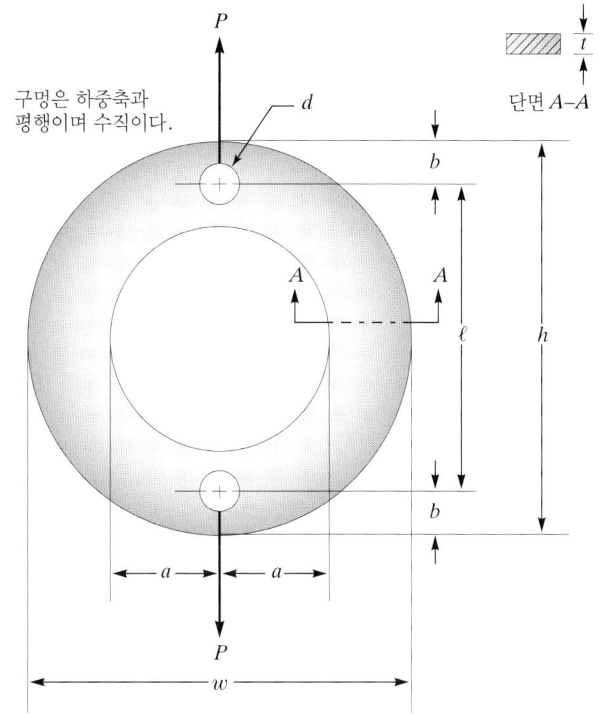

Chapter

11 동적 문제

이 장의 주목적은 동적 시스템의 해석을 소개하는 것이다. 동적 시스템은 서로 연동하여 움직이는 질량과 구성품 또는 부품을 갖고 있는 시스템으로서 정의되어진다. 동적 시스템의 예로는 빌딩, 교량, 냉각탑, 항공기, 그리고 기계부품과 같은 구조들을 들 수 있다. 대부분의 공학적 응용문제에서 기계적 진동은 바람직하지 못한 현상이다. 그러나 분쇄기, 믹서, 바이브레이터와 같은 시스템들은 의도적으로 진동하도록 설계되어진다. 동적 문제에 대한 유한요소 정식화를 알아보기 전에 질점과 강체의 동력학에 대해 복습하고, 기계와 구조 시스템의 진동을 다루는 기본 개념을 살펴보도록 한다. 동역학과 진동의 기본 개념의 올바른 이해는 실제 물리적 상황에서의 유한요소 모델링의 정확도를 높이기 위해 꼭 필요하다. 기본 개념에 대해 논의한 후에는 축 부재, 보, 프레임 요소의 유한요소 정식화에 대해 살펴보도록 하자. 이 장에서 다루는 주요 내용은 다음과 같다.

11.1 동역학 복습
11.2 기계와 구조 시스템의 진동에 대한 복습
11.3 라그랑지 방정식
11.4 축 부재의 유한요소 정식화
11.5 보와 프레임의 유한요소 정식화
11.6 ANSYS를 이용한 예제

11.1 동역학 복습

동역학 문제는 일반적으로 크게 **운동학**(kinematics)과 **동역학**(kinetics)으로 나눌 수 있다. 운동학은 공간과 시간의 관계를 다루며 운동의 기하학적 형상을 나타낸다. 운동학은 물체가 움직인 거리와 속도, 가속도에 관련된 변수에 관해서 연구한다. 또한 이 변수와 연관된 기본 차원은 길이와 시간이다. 운동학을 공부할 때는, 운동의 원인보다는 운동 자체에 초점을 맞추어 주의를 기울여야 한다. 한편으로 동역학의 연구는 힘, 모멘트, 그리고 운동의 결과 사이의 관계를 다룬다.

질점의 운동학

먼저 질점에 대해 정의하고, 질점을 사용한 문제의 모델링이 적절한지를 설명하도록 한다. **질점**(particle)으로 고려될 수 있는 물체에서, 물체에 작용하는 모든 힘은 반드시 같은 위치에 작용하여 회전이 발생되지 않아야만 한다. 더욱이 물체가 거동함에 있어서 물체의 크기가 중요한 역할을 하지 않을 때 물체는 질점으로 설계할 수 있다. 일반적으로 질점의 운동은 질점의 위치, 순간속도, 그리고 순간 가속도에 의해서 표현된다.

직선경로를 따르는 물체의 운동을 가장 간단한 운동 형태인 **직선운동**(rectilinear motion)이라 부른다. 직선을 따라 움직이는 한 물체에 대한 운동학적 관계는 식 (11.1)부터 식 (11.3)까지 주어져 있다. 이 방정식에서 x는 물체의 위치, t는 질점의 시간, v는 질점의 속도, a는 질점의 가속도를 나타낸다.

$$v = \frac{dx}{dt} \tag{11.1}$$

$$a = \frac{dv}{dt} \tag{11.2}$$

$$vdv = adx \tag{11.3}$$

직선경로를 따라 움직이는 물체의 위치와 변위를 그림 11.1에서 보여주고 있다.

평면상의 곡선운동 질점이 곡선경로를 따라 움직일 때, 질점의 운동은 여러 개의 좌표계를 도입함으로써 표현할 수 있다. 그림 11.2에서 보는 것처럼 (x, y) 직교 좌표계를 이용하여 질점의 위치 $\vec{r}$, 속도 $\vec{v}$, 그리고 가속도 $\vec{a}$를 나타낼 수 있다.

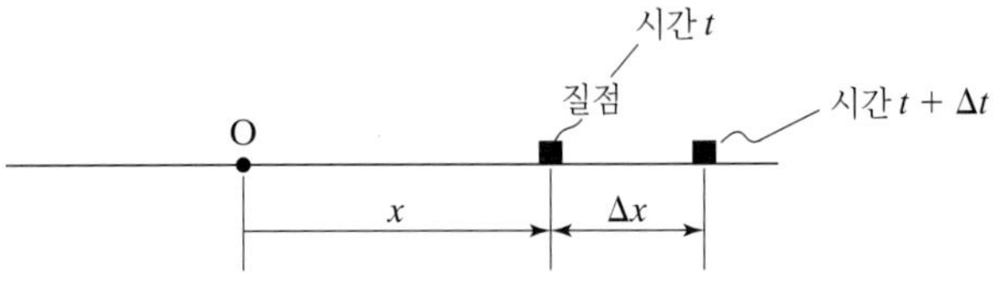

그림 11.1 질점운동의 직선 성분

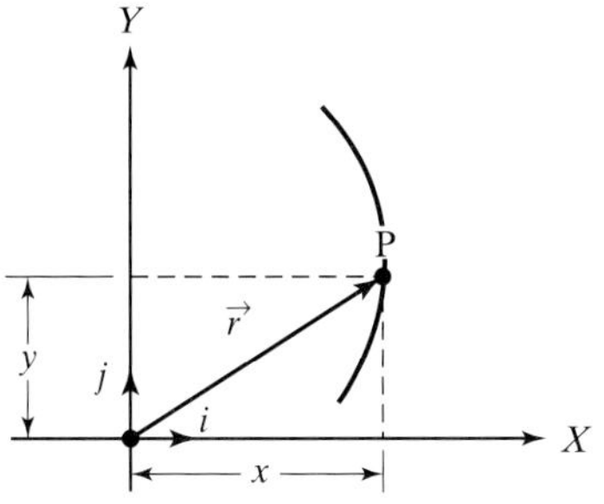

그림 11.2 질점운동의 직교 성분

$$\vec{r} = x\vec{i} + y\vec{j} \tag{11.4}$$

$$\vec{v} = v_x\vec{i} + v_y\vec{j} \quad \text{여기서} \quad v_x = \frac{dx}{dt} \quad \text{그리고} \quad v_y = \frac{dy}{dt} \tag{11.5}$$

$$\vec{a} = a_x\vec{i} + a_y\vec{j} \quad \text{여기서} \quad a_x = \frac{dv_x}{dt} \quad \text{그리고} \quad a_y = \frac{dv_y}{dt} \tag{11.6}$$

식 (11.4)부터 식 (11.6)까지에서 x와 y는 위치벡터의 직교 좌표 성분이다; v_x, v_y, a_x, a_y는 속도와 가속도 벡터의 직교 좌표 성분이다.

법선과 접선 좌표계 질점의 평면운동은 법선과 접선 방향의 단위벡터를 이용하여 그림 11.3과 같이 표현될 수 있다. 공간에서 방향이 고정되어 있는 직교 좌표계의 단위벡터 $\vec{i}$, $\vec{j}$와 다르게, 단위벡터 $\vec{e}_t$, $\vec{e}_n$의 방향이 질점의 운동에 따라 변한다는 점에 주의해야 한다. 질점이 위치 1부터 위치 2까지 이동함에 따라 $\vec{e}_t$, $\vec{e}_n$의 방향 변화를 그림 11.3에 나타내었다. 단위벡터 $\vec{e}_t$, $\vec{e}_n$에 의해 질점의 속도와 가속도를 나타내면 다음과 같다.

$$\vec{v} = v\vec{e}_t \tag{11.7}$$

$$\vec{a} = a_n\vec{e}_n + a_t\vec{e}_t \quad \text{여기서} \quad a_n = \frac{v^2}{r} \quad \text{그리고} \quad a_t = \frac{dv}{dt} \tag{11.8}$$

극좌표계 극좌표계(또는 반경과 가로축) 시스템은 곡선경로를 따라 이동하는 물체의 운동을 표현하는 또 다른 방법이다. 물체의 위치를 나타내기 위해서는 2개의 정보가 이용된다: 그림 11.4에 나타낸 것처럼 단위벡터 $\vec{e}_r$ 방향으로 반경거리 r 그리고 $\vec{e}_\theta$ 방향으로의 각좌표 θ가 바로 그것이다. 물체의 위치, 속도, 가속도는 다음과 같이 주어진다.

$$\vec{r} = r\vec{e}_r \tag{11.9}$$

$$\vec{v} = v_r\vec{e}_r + v_\theta\vec{e}_\theta \quad \text{여기서} \quad v_r = \frac{dr}{dt} \quad \text{그리고} \quad v_\theta = r\frac{d\theta}{dt} \tag{11.10}$$

$$\vec{a} = a_r\vec{e}_r + a_t\vec{e}_t \quad \text{여기서} \quad a_r = \frac{d^2r}{dt^2} - r\left(\frac{d\theta}{dt}\right)^2 \quad \text{그리고} \quad a_\theta = r\frac{d^2\theta}{dt^2} + 2\left(\frac{dr}{dt}\right)\left(\frac{d\theta}{dt}\right) \tag{11.11}$$

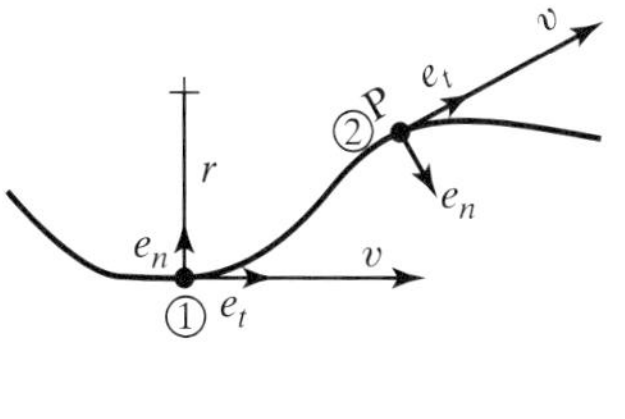

그림 11.3 질점운동의 법선과 접선 성분

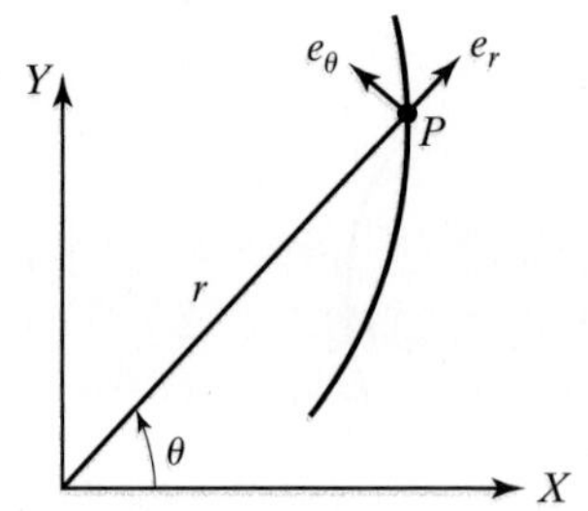

그림 11.4 곡선운동의 극좌표 성분

앞서 언급한 접선과 법선 단위벡터와 유사하게 $\vec{e}_\theta$와 $\vec{e}_r$의 방향도 질점의 운동을 따라 변한다.

상대운동 서로 다른 경로를 따라 움직이는 두 질점 사이의 관계를 그림 11.5에 나타내었다. 그림 11.5를 살펴볼 때, X, Y좌표계는 고정되어 있고 관찰자는 원점(점 O)에서 질점 A, B의 절대위치를 측정한다. 그러므로 벡터 $\vec{r}_A$와 $\vec{r}_B$는 관찰자의 관점에서 질점 A와 B의 절대위치로 나타낸다. 한편 벡터 $\vec{r}_{B/A}$는 질점 A에 대한 질점 B의 상대위치를 나타내게 된다. 이러한 벡터들 간의 관계를 살펴보면 다음과 같다.

$$\vec{r}_B = \vec{r}_A + \vec{r}_{B/A} \tag{11.12}$$

식 (11.12)를 시간에 대해 미분하면 다음 식을 얻을 수 있다.

$$\vec{v}_B = \vec{v}_A + \vec{v}_{B/A} \tag{11.13}$$

여기서 $\vec{v}_A$와 $\vec{v}_B$는 점 O의 관찰자에서 측정된 질점 A와 B의 절대속도이고, $\vec{r}_{B/A}$는 질점 A에 상대적인 (A를 따라 움직이는 관찰자에 의해 측정된) 질점 B의 속도이다. 식 (11.13)을 시간에 대해 미분하면, 질점 A와 B에 대한 절대 가속도와 질점 A에 상대적인 질점 B의 가속도 사이의 관계식을 얻을 수 있다.

질점의 동역학

F_1, F_2, F_3, . . . F_n의 힘을 받고 있는, 일정한 질량 m을 갖는 질점운동에 대한 식은 다음과 같은 뉴턴의 제2법칙에 의해 지배되어진다.

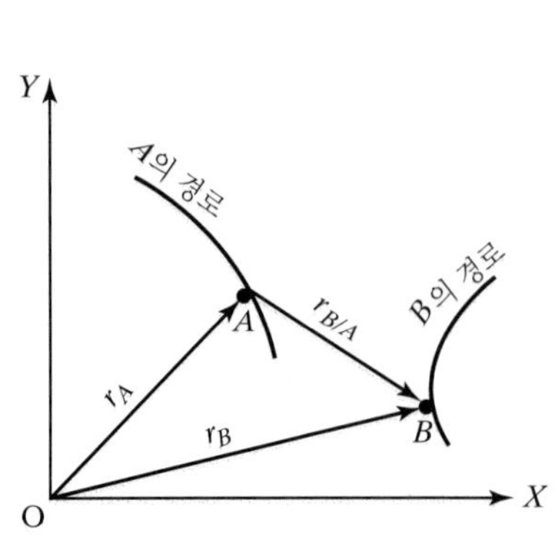

그림 11.5 서로 다른 경로를 따라 움직이는 두 질점 사이의 관계

$$\sum_{i=1}^{n} \vec{F}_i = m\vec{a} \tag{11.14}$$

운동 방정식은 직교 좌표계, 접선과 법선 좌표계, 또는 극좌표계를 사용하여 나타낼 수 있다. 직교 좌표계를 이용하여 식 (11.14)는 다음과 같이 표현된다.

$$\sum F_x = ma_x \tag{11.15}$$

$$\sum F_y = ma_y \tag{11.16}$$

접선과 법선 좌표계에서 식 (11.14)는 다음과 같이 표현된다.

$$\sum F_n = ma_n \tag{11.17}$$

$$\sum F_t = ma_t \tag{11.18}$$

극좌표계에서 식 (11.14)는 다음과 같이 표현된다.

$$\sum F_r = ma_r \tag{11.19}$$

$$\sum F_\theta = ma_\theta \tag{11.20}$$

여기서 각각의 가속도 성분은 앞 절에서 설명하였다.

질점에 작용하는 모든 힘들을 정확하게 파악할 수 있는 유일한 방법은 자유물체도를 그리는 것이다. 자유물체도는 질점과 그 주변과의 상호관계를 나타낸다. 자유물체도를 그리기 위해서는(그 이름이 의미하는 것처럼) 주변으로부터 물체를 분리시켜서, 적절한 크기와 방향을 갖는 힘으로 물체와 주변과의 상호작용 관계를 나타내어야 한다(그림 11.6).

뉴턴의 제2법칙은 물체에 작용하는 힘과 물체의 질량과 가속도 사이의 관계를 보여주는 벡터식이다. 어떤 문제를 해결하기 위해 위치와 속도의 정보가 필요하다면, 물체의 가속도로부터 위치와 속도를 구하기 위해 운동학적 관계를 이용한다.

일과 에너지 원리 뉴턴의 제2법칙이 벡터 관계식인 데 반하여, 일-에너지 법칙은 스칼라 관계식이다. 일-에너지 원리는 일정한 거리에 걸쳐서 물체의 질량과 속도를 연관시킨다. 일-에너지 원리는 작용된 힘으로 인해 변화된 물체의 속도를 결정해야 하는 경우에 매우 유용하게 사용된다. 그림 11.7에서처럼, 위치 1부터 위치 2까지 물체가 움직일 때 힘에 의한 일은

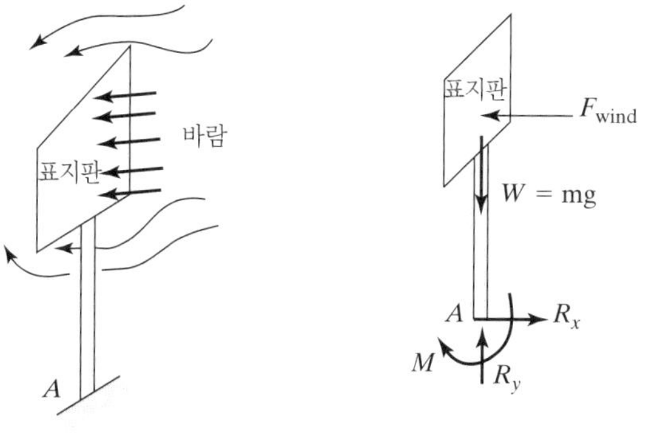

그림 11.6 보여진 물체의 자유물체도. 보여진 물체는 질점으로 고려될 수 없다. 표지판은 단지 자유물체도의 개념을 보여주기 위해 사용되었다.

다음과 같이 정의할 수 있다.

$$W_{1-2} = \int \vec{F}.d\vec{r} \tag{11.21}$$

일-에너지 원리는, 즉 물체에 작용하는 모든 힘에 의하여 행해진 순수한 일은 다음과 같은 운동 에너지의 변화를 가져온다.

$$\int \vec{F}.d\vec{r} = \frac{1}{2}mv_2^2 - \frac{1}{2}mv_1^2 \tag{11.22}$$

$\frac{1}{2}mv_1^2$항과 $\frac{1}{2}mv_2^2$항은 각각 위치 1과 2에 해당하는 운동 에너지이다. 일-에너지 원리를 사용할 때, 다음의 두 가지를 유의해야 한다: (1) 힘에 의해 변위가 생겼을 때 일을 했다라고 말할 수 있다; (2) 만일 힘의 접선 성분(물체를 움직이게 하는 성분)과 변위가 같은 방향이라면 수행된 일은 양의 값이고, 다른 방향이라면 수행된 일은 음의 값이다.

선형 충격량과 선형 운동량 힘의 시간에 따른 이력이 알려진 문제의 경우에(예를 들면, 시간간격마다 힘이 어떻게 물체에 작용하고 있는지), 충격량과 운동량 방법은 물체 속도의 변화를 결정하기 위하여 이용될 수 있다. 뉴턴의 제2법칙은 다음과 같은 방법으로 시간에 대하여 재배열되고 적분할 수 있다.

$$\sum \vec{F} = \frac{dm\vec{v}}{dt} \Rightarrow \sum \vec{F}dt = dm\vec{v} \tag{11.23}$$

$$\int_{t_1}^{t_2} \sum \vec{F}dt = m\vec{v}_2 - m\vec{v}_1 \tag{11.24}$$

식 (11.24)는 앞서 언급된 여러 가지 좌표계로도 표현될 수 있을 것이다. 예를 들어, 직교 좌표계를 사용한다면 식 (11.24)는 다음과 같다.

$$\int_{t_1}^{t_2} \sum F_x dt = m(v_x)_2 - m(v_x)_1 \tag{11.25}$$

$$\int_{t_1}^{t_2} \sum F_y dt = m(v_y)_2 - m(v_y)_1 \tag{11.26}$$

다음으로, 지금까지 논의된 내용들에 대해서 예제 11.1을 이용하여 설명해 보자.

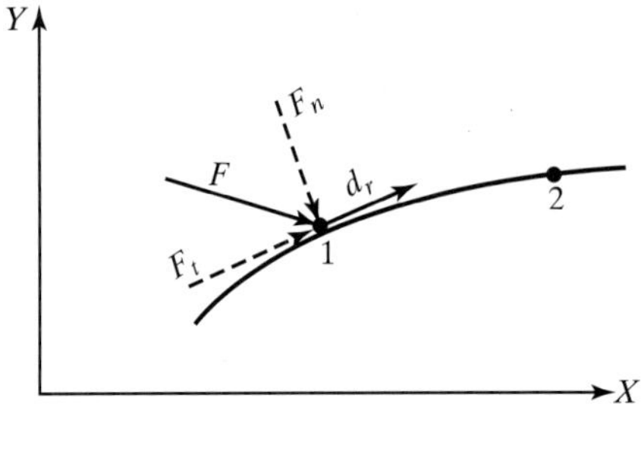

그림 11.7 물체를 움직이는 힘에 의한 일

예제 11.1

그림 11.8에서 보는 것처럼 질량 m을 갖는 작은 구가 위치 1로부터 풀어서 놓아졌다. θ의 함수인 구의 속도를 구해 보자. 이러한 문제를 풀기 위해서는 뉴턴의 제2법칙과 일-에너지 원리를 사용한다.

뉴턴의 제2법칙과 자유물체도를 이용하여 식 (11.18)을 적용하면 다음과 같이 나타낼 수 있다.

$$\sum F_t = ma_t$$
$$mg\cos\theta = ma_t \Rightarrow a_t = g\cos\theta$$

이제 식 (11.3)의 속도와 가속도 사이의 운동학적 관계와 $ds = Ld\theta$ 식을 이용하면 다음과 같다.

$$vdv = a_t ds$$
$$\int_0^v vdv = \int_0^\theta g\cos\theta L d\theta \quad \Rightarrow \quad v = \sqrt{2Lg\sin\theta}$$

이제 일-에너지 원리를 이용하여 문제를 풀어보도록 하자. 줄(string)의 장력에 의해 생긴 힘은 어떠한 일도 수행하지 않는다. 왜냐하면 그것은 구의 운동경로에 대해 수직으로 작용하기 때문이다. 구의 무게 $W_{1-2} = mgL\sin\theta$에 의해 수행된 일과 운동 에너지로의 변화에 대한 관계식을 얻을 수 있다.

$$mgL\sin\theta = \frac{1}{2}mv^2 - 0 \quad \Rightarrow \quad v = \sqrt{2Lg\sin\theta}$$

이 문제는 구의 가속도가 아닌 속도를 결정하는 것이기 때문에 이 문제를 풀기 위해서 일-에너지 원리를 이용하는 것이 좀더 쉬운 방법임을 알 수 있을 것이다.

강체의 운동학

여기서는 강체의 운동학에 관해서 논의해 보도록 하자. 질점과는 달리 강체는 물체의 크기가 동적 거동에 영향을 주고 힘이 강체의 어느 부위든지 가해질 수가 있다. 더욱이 강체라는 이름이 말해 주는 것처럼 강체는 딱딱한 것, 즉 힘의 작용에 의한 변형이 발생하지 않는다.

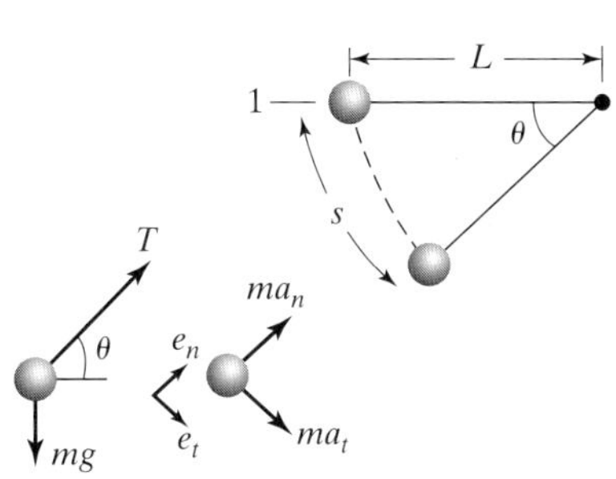

그림 11.8 예제 11.1의 구

강체는 힘과 모멘트에 의해 발생되는 운동의 크기가 내부 변위보다 매우 큰 실제 상황을 이상화한 것이다. 강체의 운동은 일반적인 평면운동이라 불리는 순수 병진(translation), 순수 회전(rotation), 또는 병진과 회전이 복합된 운동으로 분류할 수 있다.

강체의 병진 순수 병진운동으로 강체가 움직일 때 강체 내의 모든 질점은 동일한 속도와 가속도를 가지고 움직인다. 그림 11.9에서 보는 것처럼 점 A와 B의 속도는 같다.

고정된 축에 대한 강체의 회전 강체가 한 고정된 축에 대해 회전할 때 강체의 질점은 그림 11.10에서 보는 것처럼 원형 경로를 따라 움직인다. v_A로 표현되는 점 A에서의 속도와 그것의 가속도 그리고 각속도 ω와 강체의 가속도 α 사이의 관계는 다음과 같이 주어진다.

$$v_A = r_A\omega \tag{11.27}$$

$$a_n = r_A\omega^2 = \frac{v_A^2}{r_A} = v_A\omega \tag{11.28}$$

$$a_t = r_A\alpha \tag{11.29}$$

일반적으로, 위치벡터 $\vec{r}_A$에 의한 강체 내의 어느 한 점(A와 같은)에서의 속도와 가속도 성분, 각속도 $\vec{\omega}$, 그리고 각 가속도 $\vec{\alpha}$를 나타내면 다음과 같다.

$$\vec{v}_A = \vec{\omega} \times \vec{r}_A \tag{11.30}$$

$$a_n = \vec{\omega} \times (\vec{\omega} \times \vec{r}_A) \tag{11.31}$$

$$a_t = \vec{\alpha} \times \vec{r}_A \tag{11.32}$$

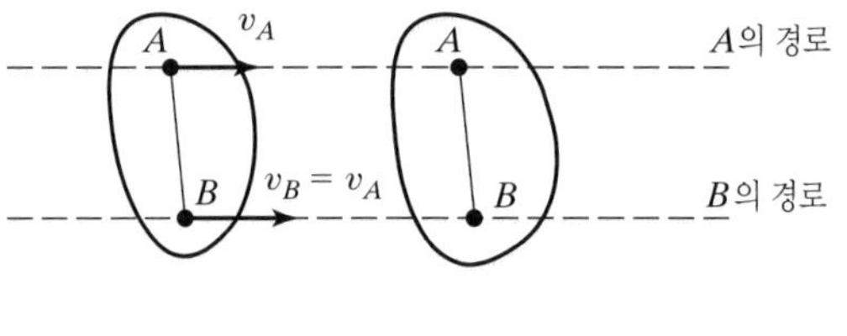

그림 11.9 강체의 순수 병진

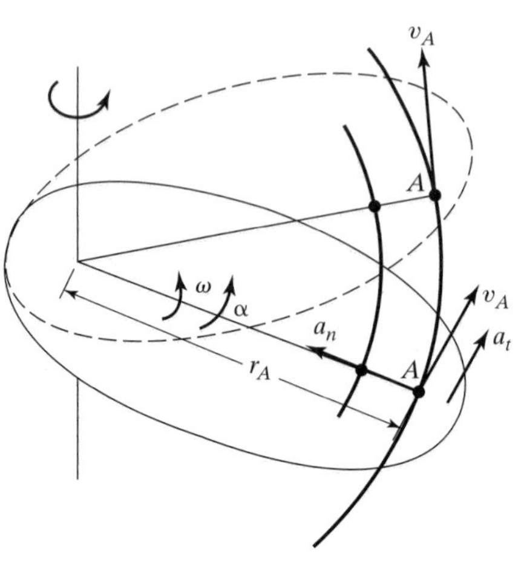

그림 11.10 순수 회전운동

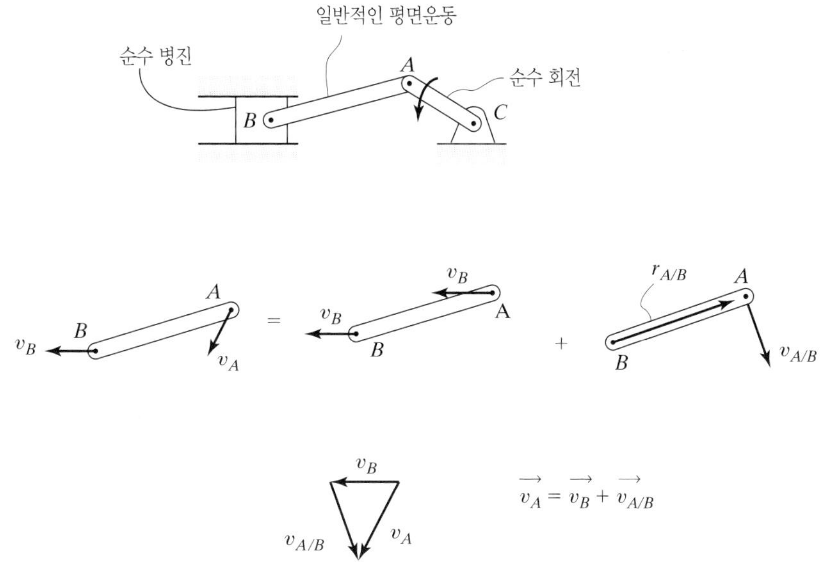

그림 11.11 일반적인 평면운동에서의 강체 내의 두 점 사이의 속도관계

일반적인 평면운동 회전과 병진이 동시에 발생하는 강체의 운동은 보통 일반적인 평면운동으로 취급된다. 두 점 A와 B에서 순간속도의 관계는 다음과 같이 주어진다.

$$\vec{v}_A = \vec{v}_B + \vec{v}_{A/B} \tag{11.33}$$

여기서 $\vec{v}_A$와 $\vec{v}_B$는 각각 점 A와 B에서의 절대속도이고, $v_{A/B}$는 점 B에 상대적인 점 A의 속도를 나타낸다. 그림 11.11에 보이는 것처럼, $v_{A/B}$의 크기는 $v_{A/B} = r_{A/B}\,\omega$로 나타낼 수 있고 그것의 방향은 위치벡터 $r_{B/A}$에 수직이다.

두 점 A와 B의 가속도는 다음과 같은 관계를 가진다.

$$\vec{a}_A = \vec{a}_B + \vec{a}_{A/B} = \vec{a}_B + (\vec{a}_{A/B})_n + (\vec{a}_{A/B})_t \tag{11.34}$$

여기서

$$(\vec{a}_{A/B})_n = \vec{\omega} \times (\vec{\omega} \times \vec{r}_{A/B}) \tag{11.35}$$

$$(\vec{a}_{A/B})_t = \vec{\alpha} \times \vec{r}_{A/B} \tag{11.36}$$

그리고 점 B에 상대적인 점 A의 수직과 접선 가속도 성분의 크기는 다음과 같다.

$$(a_{A/B})_n = \frac{v_{A/B}^2}{r_{A/B}} = r_{A/B}\,\omega^2 \tag{11.37}$$

$$(a_{A/B})_t = r_{A/B}\,\alpha \tag{11.38}$$

이러한 성분의 방향을 그림 11.12에서 보여주고 있다.

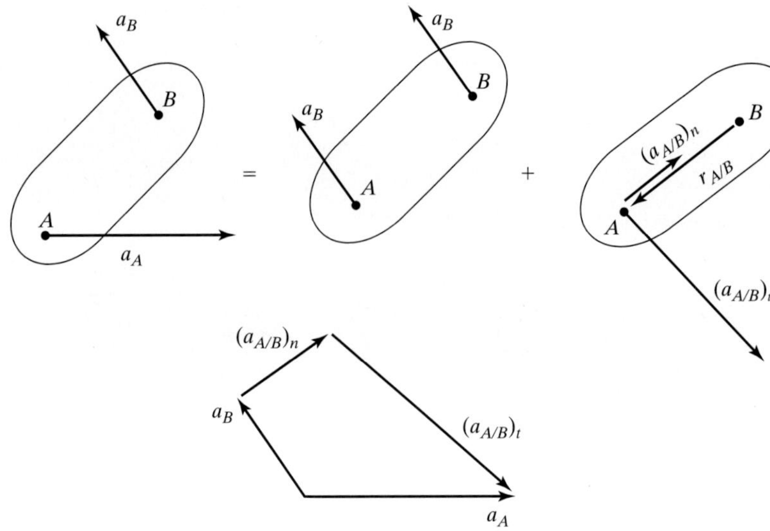

그림 11.12 $\vec{a}_{A/B}$의 수직과 접선 성분의 방향

강체의 동역학

강체의 동역학은 강체의 운동을 일으키는 힘과 모멘트를 포함한다.

직선 병진 힘 F_1, F_2, F_3, . . . F_n을 받고 있는 강체의 직선 병진은 뉴턴의 제2법칙을 따른다.

$$\sum F_x = m(a_G)_x \tag{11.39}$$

$$\sum F_y = m(a_G)_y \tag{11.40}$$

비록 힘의 합력과 질량 중심에서의 가속도 $\vec{a}_G$가 관련되었다 할지라도, 병진하는 강체의 경우에 강체 내의 모든 질점은 동일한 속도와 가속도를 갖는다는 점이 중요하다. 더욱이 물체가 회전하지 않으면 질량 중심 G에서 힘에 의한 모멘트 합은 반드시 0이 될 것이다.

$$\circlearrowleft\!+ \sum M_G = 0 \tag{11.41}$$

그러나 다른 점(O와 같은)에서 모멘트의 합을 구한다면 그 점에서의 모멘트 합은 0이 아니다. 왜냐하면 그 점에 대한 관성력 $m(a_G)_x$와 $m(a_G)_y$가 모멘트를 만들기 때문이다.

$$\circlearrowleft\!+ \sum M_O = m(a_G)_x d_1 - m(a_G)_y d_2 \tag{11.42}$$

순수 병진운동을 하고 있는 강체의 자유물체도와 관성도를 그림 11.13에 나타내었다.

고정된 축에 대한 회전 강체의 회전은 다음 식에 의해서 지배된다.

$$\sum F_n = mr_{G/O}\,\omega^2 \tag{11.43}$$

$$\sum F_t = mr_{G/O}\,\alpha \tag{11.44}$$

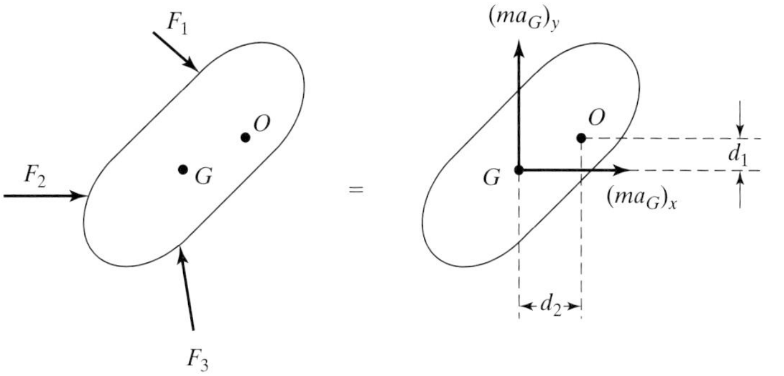

그림 11.13 병진운동하의 강체의 동역학

$$\circlearrowleft^{+} \sum M_O = I_O \alpha \tag{11.45}$$

식 (11.45)에서 I_o는 그림 11.14에서처럼 점 O에 대한 물체의 질량 관성 모멘트이다. 질량이 병진운동에 대한 저항의 크기인 반면에, 질량 관성 모멘트는 회전운동에 대한 물체의 고유저항 크기를 나타낸다. 강체가 질량 중심 G에 대해 회전하는 경우의 운동 방정식은 다음과 같다.

$$\sum F_x = 0 \tag{11.46}$$

$$\sum F_y = 0 \tag{11.47}$$

$$\circlearrowleft^{+} \sum M_G = I_G \alpha \tag{11.48}$$

일반적인 평면운동 동시에 병진과 회전 운동을 하는 강체의 경우에 운동 방정식은 다음과 같이 된다.

$$\sum F_x = m(a_G)_x \tag{11.49}$$

$$\sum F_y = m(a_G)_y \tag{11.50}$$

$$\circlearrowleft^{+} \sum M_G = I_G \alpha \tag{11.51}$$

또는 그림 11.15에서처럼 점 O와 같이 다른 점에 관한 모멘트의 합은 반드시 관성력에 의한 모멘트를 포함해야 한다.

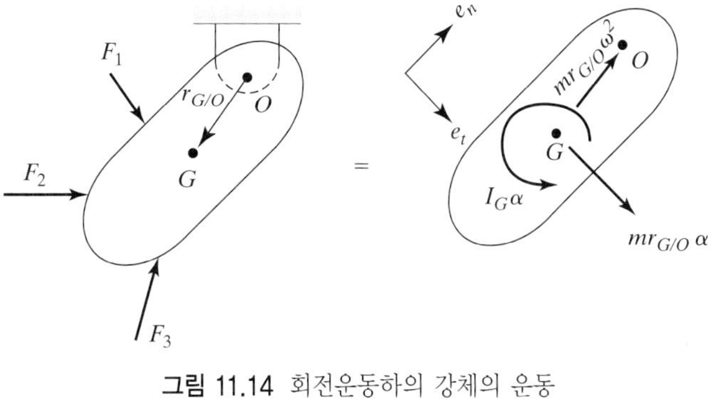

그림 11.14 회전운동하의 강체의 운동

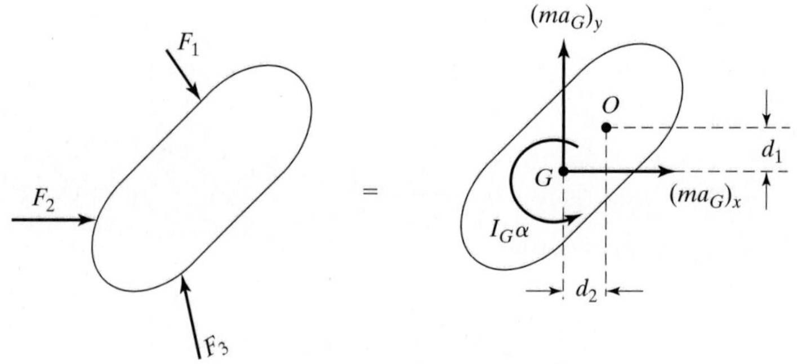

그림 11.15 강체의 일반적인 평면운동

$$\circlearrowleft^{+} \sum M_O = I_G \alpha + m(a_G)_x d_1 - m(a_G)_y d_2 \tag{11.52}$$

일-에너지 원리 일-에너지 원리는 그림 11.16에서 보여주는 것처럼 힘과 모멘트에 의한 일과 강체의 운동 에너지 변화를 연관짓는다.

강체에 가해진 힘과 모멘트는 다음과 같이 일을 하게 된다.

$$W_{1-2} = \int \vec{F}.d\vec{r} \tag{11.53}$$

$$W_{1-2} = \int M d\theta \tag{11.54}$$

여기서 dr과 $d\theta$는 미소 병진과 회전 변위이다. 강체는 병진과 회전을 할 수 있기 때문에, 운동 에너지는 병진과 회전 에너지를 갖게 된다. 강체의 운동 에너지에서 병진운동 에너지는 다음과 같이 주어진다.

$$T = \frac{1}{2} m v_G^2 \tag{11.55}$$

질량 중심 G에 대한 강체의 회전운동 에너지는 다음과 같이 주어진다.

$$T = \frac{1}{2} I_G \omega^2 \tag{11.56}$$

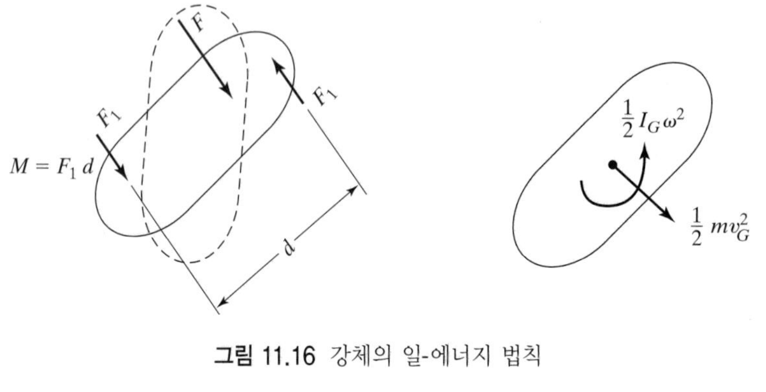

그림 11.16 강체의 일-에너지 법칙

일반적인 평면운동하에서 강체의 총 운동 에너지는 다음과 같다.

$$T = \frac{1}{2}mv_G^2 + \frac{1}{2}I_G\omega^2 \tag{11.57}$$

임의의 점 O에 대한 강체의 회전운동 에너지는 다음과 같다.

$$T = \frac{1}{2}I_O\omega^2$$

충격량과 운동량 힘과 모멘트의 시간에 대한 이력을 알고 있는 문제의 경우에 충격량과 운동량은 강체의 속도에 대한 변화를 결정하기 위해 사용된다. 강체의 선형 충격량과 운동량 식은 다음과 같다.

$$\int_{t_1}^{t_2}\sum\vec{F}dt = m(\vec{v}_G)_2 - m(\vec{v}_G)_1 \tag{11.58a}$$

$$\int_{t_1}^{t_2}\sum M_G\,dt = I_G(\omega)_2 - I_G(\omega)_1 \tag{11.58b}$$

식 (11.58b)에서 $\sum M_G$는 질량 중심 G에 대한 모든 모멘트의 합을 나타내고, I_G는 질량 중심 G에 대한 강체의 질량 관성 모멘트이다.

다음의 예제 11.2에서는 앞서 논의되었던 개념들이 어떻게 강체의 운동 방정식에 적용되는지 보여주도록 하겠다.

예제 11.2

이번 예제에서는 그림에서 보여주는 시스템에 대한 운동 방정식을 유도해 보자. 이 예제를 살펴볼 때 막대가 회전과 병진할 수 있다는 것을 염두에 두기 바란다.

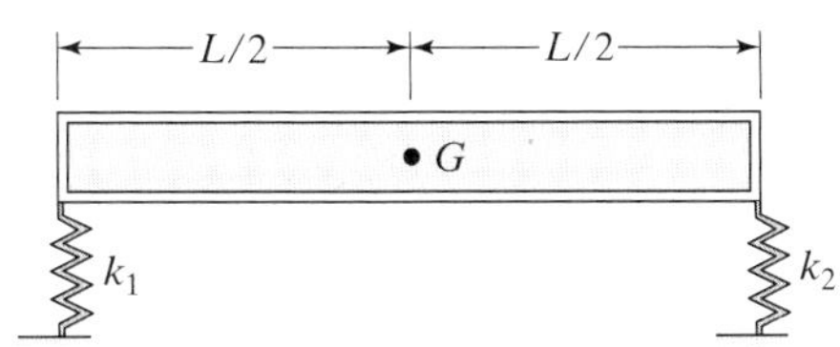

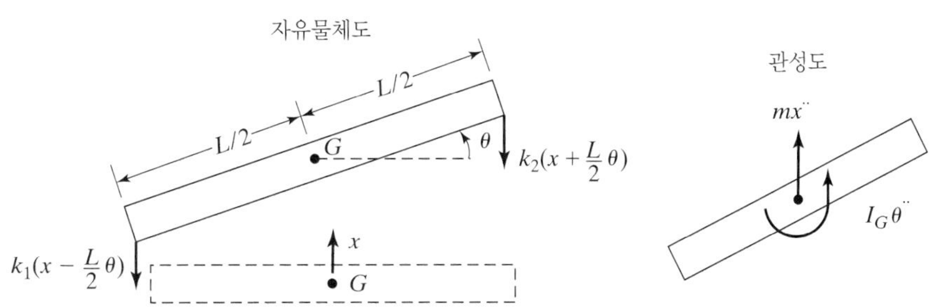

막대의 자유물체도를 그림에 나타내었다. 이것은 왕복운동하고 있을 때 한 점에서의 막대의

모습이다. 막대를 들어올려서 시계 반대방향으로 돌렸을 경우를 생각해 보면 자유물체도의 모습을 알 수 있다. 막대의 운동을 따라가기 위해 질량 중심의 병진운동을 측정하기 위해서는 x와 $\ddot{x}$를, 그리고 회전운동을 측정하기 위해서는 θ와 $\ddot{\theta}$를 사용할 것이다. x는 정적 평형 상태로부터 구할 수 있고, 결과적으로 정적 상태에서 막대의 질량과 스프링 힘이 서로 상쇄된다. 식 (11.50)과 (11.51)을 적용하면 다음 식을 얻을 수 있다.

$$\sum F_x = m(a_G)_x = m\ddot{x}$$
$$-k_1\left(x - \frac{L}{2}\theta\right) - k_2\left(x + \frac{L}{2}\theta\right) = m\ddot{x}$$

간단히 정리하면 병진운동 방정식을 얻을 수 있다.

$$m\ddot{x} + (k_1 + k_2)x - (k_1 - k_2)\frac{L}{2}\theta = 0$$

회전 성분에 대한 식은 다음으로부터 얻어진다.

$$\overset{+}{\circlearrowleft}\Sigma M_G = I_G\alpha = I_G\ddot{\theta}$$
$$k_1\left(x - \frac{L}{2}\theta\right)\frac{L}{2} - k_2\left(x + \frac{L}{2}\theta\right)\frac{L}{2} = I_G\ddot{\theta}$$

간단히 정리하면 다음과 같은 회전운동 방정식을 얻을 수 있다.

$$I_G\ddot{\theta} - (k_1 - k_2)\frac{L}{2}x + (k_1 + k_2)\left(\frac{L}{2}\right)^2\theta = 0$$

지금까지 질점과 강체의 동역학에 대해 알아보았다. 이제 진동에 대한 기본 정의, 기본 원리, 그리고 지배 방정식에 대해 알아보도록 하자.

11.2 기계와 구조 시스템의 진동에 대한 복습

동적 시스템은 상대운동을 하는 질량과 부품을 가지는 시스템을 말한다. 동적 시스템은 다음과 같은 특성을 가진다.

시스템의 질량과 속도 변화에 의한 시스템의 운동 에너지는 시간에 따라 증가하거나 감소한다.

시스템의 탄성 부재는 탄성 에너지를 저장할 수 있다.

시스템을 구성하는 재료는 일이나 에너지의 일부를 열로 변환시키는 감쇠 특성을 가진다.

지지대의 가진이나 힘의 직접적인 작용을 통해서 일이나 에너지가 시스템에 전달된다.

동적 시스템의 예제들을 표 11.1에 나타내었다.

표 11.1 동적 시스템의 예

실제 시스템	가능한 동적 모델
수탑(water tower) 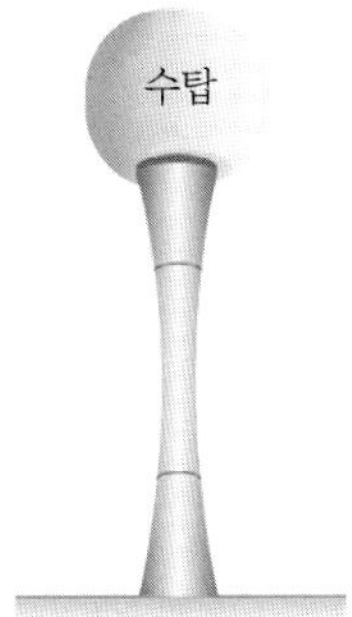	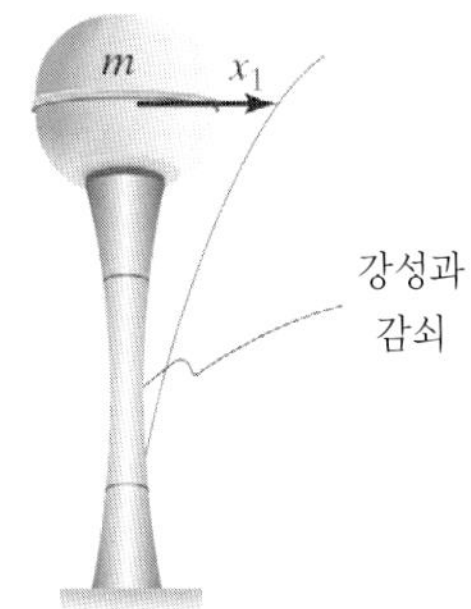
4층 건물 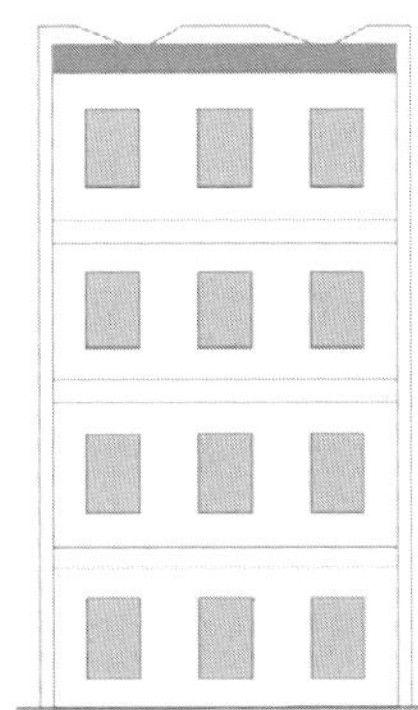	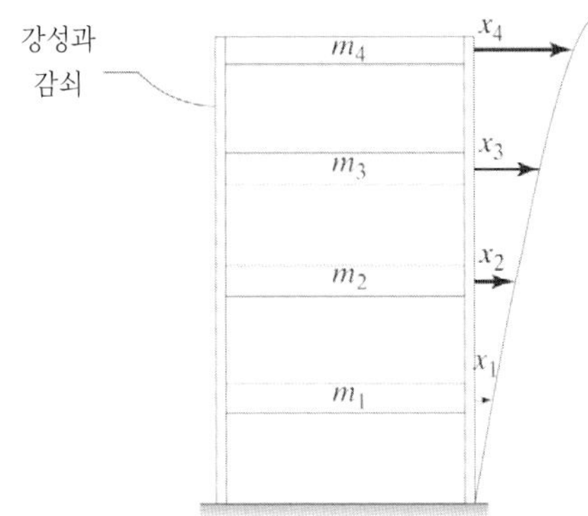
항공기 	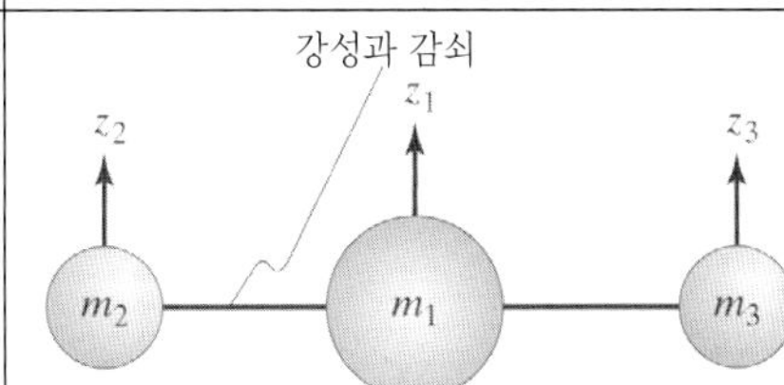

자유도

자유도는 시스템의 운동을 표현하기 위해 필요한 공간좌표의 수로 정의된다. 다시 말해, 좌표의 수는 시스템을 구성하는 모든 부품이나 집중질량을 나타내기 위해서 필요하다. 예를 들어, 표 11.1의 4층 빌딩은 각 층의 질량의 임의의 위치를 나타내기 위해서 4개의 공간좌표를 필요로 한다. 또한 표 11.1 처럼 항공기의 동적 거동을 연구하기 위해서 3자유도 모델을 이용한다.

단순 조화운동

그림 11.17과 같이 선형 스프링과 질량으로 구성된 1자유도 시스템을 고려해 보자.

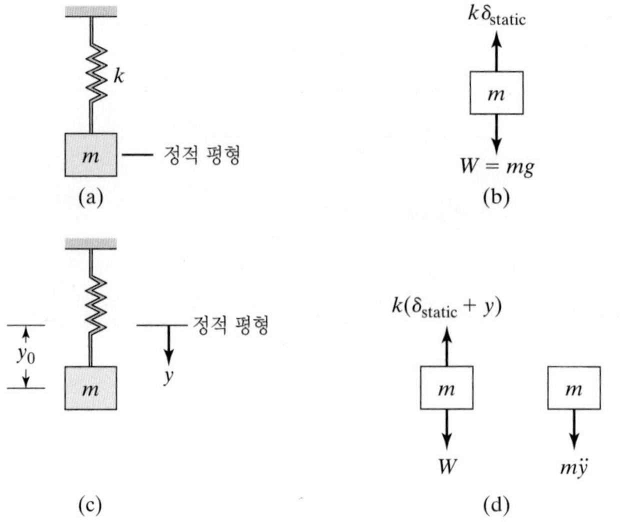

그림 11.17 단순 1자유도 시스템: (a) 시스템, (b) 시스템의 정적 평형 자유물체도, (c) 초기 변위 y_0를 가지는 질량, (d) 진동질량의 자유물체도

그림 11.17(b)에 정적 평형에 대한 자유물체도를 나타내었다. 그림에 나타난 바와 같이, 질량의 무게는 스프링 힘, $k\delta_{static} = W$에 의해 지지된다. 앞으로의 설명에서 k는 스프링 강성을 나타내며 단위는 N/mm(또는 lb/in)이고, δ_{static}는 정적 변위를 나타내며 단위는 mm(또는 in)이다. 지배 운동 방정식을 구하기 위해 그림 11.17(c)처럼 질량에 변위를 준 후 놓아주었다. 뉴턴의 제2법칙을 적용하면 다음과 같다.

$$\sum F_y = m\ddot{y} \tag{11.59}$$

$$-k\delta_{static} - ky + W = m\ddot{y} \tag{11.60}$$

앞서 보인 바와 같이 $W = k\delta_{static}$을 이용하면 식 (11.60)을 다음과 같이 정리할 수 있다.

$$m\ddot{y} + ky = 0 \tag{11.61}$$

그림 11.17(c)에 나타낸 것처럼, y는 시스템에서의 정적 평형위치로부터 측정한 것임을 명심하라. 일반적으로 식 (11.61)은 다음의 형태로 나타낸다.

$$\ddot{y} + \omega_n^2 y = 0 \tag{11.62}$$

여기서

$$\omega_n^2 = \frac{k}{m} = \text{시스템의 비감쇠 고유 원 진동수(rad/s)} \tag{11.63}$$

위의 식 (11.62)의 지배 미분 운동 방정식을 풀기 위해서는 초기조건을 정의해야 한다. 식 (11.62)는 2차 미분 방정식이므로 2개의 초기조건을 필요로 한다. 시간 $t = 0$일 때, 질량을 y_0까지 잡아당긴 후, 초기 속도가 0인 상태에서 놓아주었다. 따라서 시간 $t = 0$일 때, 다음과 같은 초기조건을 가진다.

$$y = y_0[\text{즉, 다르게 쓰면 } y(0) = y_0] \tag{11.64}$$

그리고

$$y^{\cdot} = 0[\text{또는 } y^{\cdot}(0) = 0] \tag{11.65}$$

이와 같이 단순한 자유도 시스템에서 지배 미분 방정식의 일반해는 다음과 같다.

$$y(t) = c_1 \sin \omega_n t + c_2 \cos \omega_n t \tag{11.66}$$

식 (11.66)을 어떻게 구하는지는 미분 방정식 수업에서 배웠을 것이다. 그리고 해는 미분 방정식을 만족해야 함을 상기할 수 있을 것이다. 다시 말해, 식 (11.66)의 해를 식 (11.62)의 지배 미분 운동 방정식에 대입하면 그 결과가 반드시 0이 된다. 이를 검증하기 위하여 해를 지배 미분 방정식에 대입하였다.

$$\overbrace{(-c_1\omega_n^2 \sin \omega_n t - c_2\omega_n^2 \cos \omega_n t)}^{y^{\cdot\cdot}} + \omega_n^2 \overbrace{(c_1 \sin \omega_n t + c_2 \cos \omega_n t)}^{y} = 0$$
$$0 = 0 \qquad \text{Q.E.D.}$$

초기조건 $y(0) = y_0$를 적용하면 다음과 같이 된다.

$$y_0 = c_1 \sin (0) + c_2 \cos (0)$$

$c_2 = y_0$이고, $y^{\cdot}(0) = y_0$이므로 다음과 같이 된다.

$$\begin{aligned} y^{\cdot} &= c_1\omega_n \cos \omega_n t - c_2 \omega_n \sin \omega_n t \\ 0 &= c_1 \omega_n \cos(0) - c_2\omega_n \sin(0) \\ c_1 &= 0 \end{aligned}$$

식 (11.66)에 c_1과 c_2를 대입하면, 해는 아래 식과 같이 시간의 함수로 질량의 위치(정적 평형 방정식의 위치로부터)를 나타내게 된다.

$$y(t) = y_0 \cos \omega_n t \tag{11.67}$$

그리고 질량의 속도와 가속도는 다음과 같다.

$$y^{\cdot}(t) = \frac{dy}{dt} = -y_0 \omega_n \sin \omega_n t \tag{11.68}$$

$$y^{\cdot\cdot}(t) = \frac{d^2y}{dt^2} = -y_0 \omega_n^2 \cos \omega_n t \tag{11.69}$$

시스템의 조화거동을 살펴보기 위하여 질량의 위치를 그림 11.18에 나타내었다.

그림 11.18을 이용하여, 동적 시스템의 주기와 진폭을 정의하도록 한다. 그림 11.18에 나타낸 것처럼, 주기 T는 질량 m이 완전히 한 사이클을 완료하는 데 걸리는 시간으로 정의되며, 일반적으로 주기는 초(s)로 측정한다. 반면, 진동수 f는 1초 동안의 사이클수로 정의하며 헤르츠(Hz)로 나타낸다. 진동수와 주기의 관계식은 다음과 같다.

$$f = \frac{1}{T} \tag{11.70}$$

이것은 rad/s로 표현되는 원 진동수(circular frequency) ω와 cycle/s(hz)로 표현되는 진동

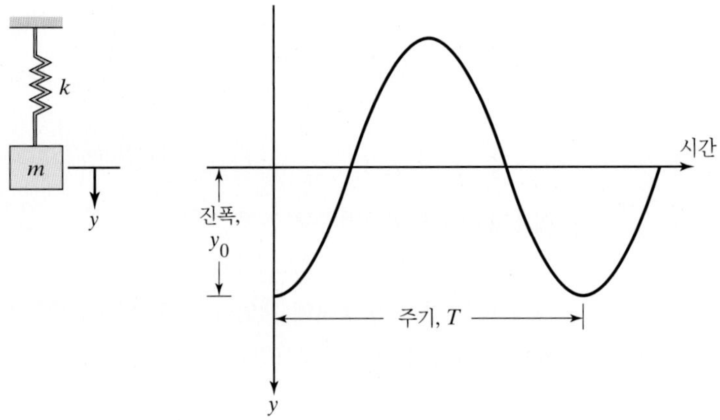

그림 11.18 단순 1차 자유도 시스템의 거동

수 f의 차이를 잘 나타낸다. ω와 f의 관계는 다음과 같다.

$$\omega = 2\pi f \tag{11.71}$$

$$\omega\left(\frac{\text{radians}}{\text{second}}\right) = \left(\frac{2\pi\ \text{radians}}{\text{cycle}}\right)f\left(\frac{\text{cycles}}{\text{second}}\right)$$

예제 11.3

다음 그림과 같은 1자유도 시스템을 고려해 보자. 4 kg의 질량의 위치와 속도를 시간의 함수로 정의하고자 한다. 스프링의 강성은 39.5 N/cm이다. 진동을 시작하기 위해 질량을 2 cm 끌어내렸다가 초기 속도 0으로 놓아주었다.

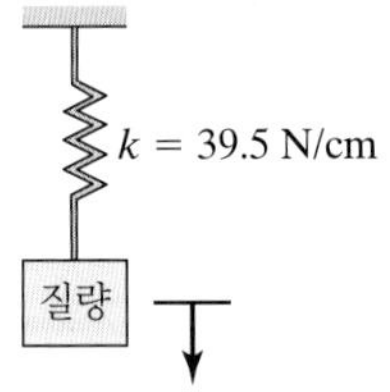

고유 원 진동수를 식 (11.63)을 이용하여 계산하면

$$\omega_n = \sqrt{\frac{k}{m}} = \sqrt{\frac{(39.5\ \text{N/cm})(100\text{cm/1m})}{4\text{kg}}} = 31.42\ \text{rad/s}$$

이고, 진동수와 주기는 다음과 같다.

$$f = \frac{\omega_n}{2\pi} = \frac{31.42}{2\pi} = 5\ \text{hz}$$

$$T = \frac{1}{f} = \frac{1}{5} = 0.2\ \text{s}$$

이는 질량이 완전히 한 사이클 움직이는 데 0.2초가 소요된다는 것을 말한다. 동적 시스템을 설계할 때, 지지대나 바닥에 전달된 힘을 파악하는 것은 지지대의 보존을 확신하는 데 중요한 역할을 한다. 예제 11.3의 경우, 반력을 다음과 같이 구할 수 있다.

$$R(t) = ky + W = ky_0 \cos \omega_n t + W$$

$W = mg = (4\text{ kg})(9.81\text{ m/s}^2) = 39.2\text{ N}$을 대입하면, 다음 식을 얻을 수 있다.

$$R(t) = (39.5)(2)\cos(31.42t) + 39.2$$

최대 반력은 스프링이 최대로 늘어나고 $\cos(31.42t)$의 값은 1일 때이므로 다음과 같다.

$$R_{max} = (39.5)(2) + 39.2 = 118.2\text{ N}$$

주어진 시스템에서 R_{max}의 값은 초기 변위에 따라 달라진다는 것을 유의하라. 또 지지 반력은 $y = 0$일 때, 시스템의 무게와 같다.

1자유도 시스템의 강제진동

구조 시스템의 진동은 바람, 지진이나 빌딩의 바닥에 설치된 불균형 회전기계와 같은 원인들에 의해 유도될 수 있다. 가진의 원인들은 사인(sine) 형태의 힘, 랜덤 힘, 갑작스런 또는 시간에 따라 변화하는 형태의 힘들을 만들어낸다. 사인함수, 계단함수, 또는 경사함수와 같은 기본적인 가진함수들이 고려된 시스템의 거동에 대해서 알아보도록 한다. 그리고 대부분의 구조 감쇠는 상대적으로 매우 작으므로 표현의 간략화를 위하여 앞으로 논의될 내용에서는 구조 감쇠에 대해서 고려하지 않는다. 이제 그림 11.19에 나타낸 사인 형태의 외력을 받는 스프링-질량 시스템에 대해서 고려해 보자. 시스템의 운동은 다음 식으로 나타낼 수 있다.

$$m\ddot{y} + ky = F_0 \sin \omega t \tag{11.72}$$

식 (11.72)의 양변을 질량 m으로 나누면 다음과 같다.

$$\ddot{y} + \frac{k}{m} y = \frac{F_0}{m} \sin \omega t \tag{11.73}$$

$\omega_n^2 = \dfrac{k}{m}$을 이용하여 식을 나타내면 다음과 같다.

$$\ddot{y} + \omega_n^2 y = \frac{F_0}{m} \sin \omega t \tag{11.74}$$

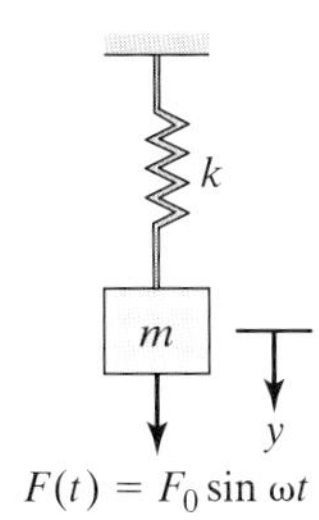

그림 11.19 조화력을 받는 스프링-질량 시스템

식 (11.74)의 일반해는 동차해와 특수해의 두 부분을 가진다. 앞서 보인 것처럼, 동차해 y_h는 다음과 같이 주어진다.

$$y_h(t) = A \sin \omega_n t + B \cos \omega_n t \tag{11.75}$$

특수해 y_p는 다음과 같은 형태의 함수로 가정한다.

$$y_p(t) = Y_0 \sin \omega t \tag{11.76}$$

그리고 특수해를 미분하면 $\ddot{y}_p$를 얻을 수 있다.

$$\begin{aligned} \dot{y}_p(t) &= Y_0 \omega \cos \omega t \\ \ddot{y}_p(t) &= -Y_0 \omega^2 \sin \omega t \end{aligned} \tag{11.77}$$

식 (11.74)를 앞서 구한 y_p, $\ddot{y}_p$로 대입하면 다음과 같다.

$$-Y_0 \omega^2 \sin \omega t + \omega_n^2 Y_0 \sin \omega t = \frac{F_0}{m} \sin \omega t$$

그리고 Y_0를 풀면 다음 식을 얻을 수 있다.

$$Y_0 = \frac{\dfrac{F_0}{m}}{-\omega^2 + \omega_n^2} = \frac{\dfrac{\dfrac{F_0}{m}}{\omega_n^2}}{\dfrac{-\omega^2 + \omega_n^2}{\omega_n^2}} = \frac{\dfrac{F_0}{k}}{1 - \left(\dfrac{\omega}{\omega_n}\right)^2} \tag{11.78}$$

Y_0를 최종적으로 표현하기 위해 ω_n^2으로 분자와 분모를 나누고 $\omega_n^2 = \frac{k}{m}$을 대입하였다.

조화력 함수에 대한 스프링-질량 시스템의 거동은 다음과 같다.

$$y(t) = \overbrace{A \cos \omega_n t + B \sin \omega_n t}^{\text{고유응답}} + \overbrace{\frac{\dfrac{F_0}{k}}{1 - \left(\dfrac{\omega}{\omega_n}\right)^2}}^{\text{강제응답}} \sin \omega t \tag{11.79}$$

시스템의 고유응답은 모든 시스템의 고유 감쇠로 인해 결국 소멸된다. 따라서 앞으로는 강제응답에 대해서만 논의하도록 한다. 사인 형태의 힘을 받는 1자유도 시스템의 응답을 좀더 명확히 하기 위해 식 (11.78)을 이용하여, 진동수 비 $\frac{\omega}{\omega_n}$에 대한 강제응답의 진폭 Y_0 대 정적 변위 $\frac{F_0}{k}$의 비를 나타내었다. 그 결과를 그림 11.20에 나타내었다.

그림 11.20으로부터 진동수 비가 1에 근접함에 따라 강제진동의 진폭이 점점 커짐을 알 수 있다. 공진이라 알려진 이런 상태는 매우 바람직하지 않다.

편심 회전질량에 의한 강제진동

앞서 언급한 바와 같이, 시스템의 진동은 기계의 편심 회전질량에 의해 발생된다. 회전기

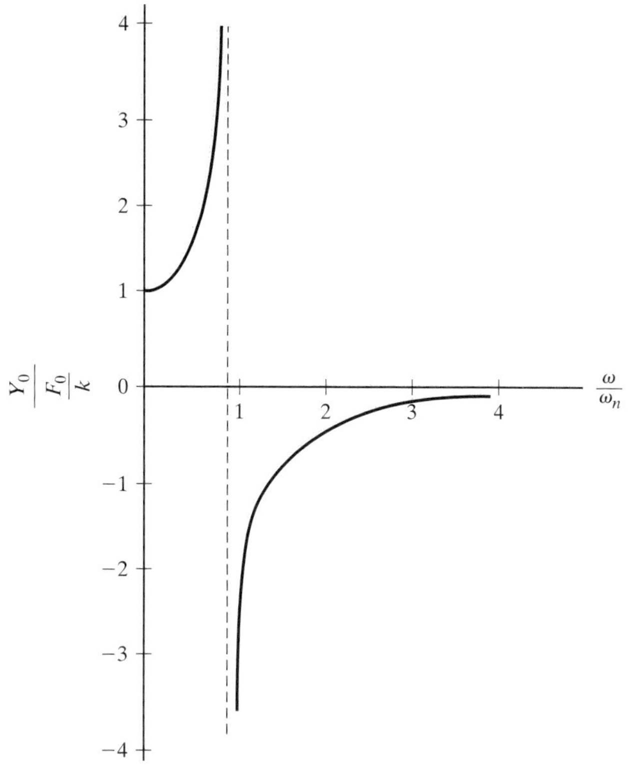

그림 11.20 진동수 비에 대한 강제거동의 진폭

계 부품의 질량 중심이 회전 중심과 일치하지 않을 때 진동이 발생한다. 불균형 기계의 진동은 사인 형태의 가진함수의 1자유도 시스템으로 모델링된다. 그림 11.21과 같이 편심 질량의 법선 가속도의 수직 성분으로부터 사인 힘 함수를 구할 수 있다.

여기서 힘 함수는 다음과 같이 나타낸다.

$$F(t) = m_0 e\,\omega^2 \sin \omega t \tag{11.80}$$

m_0는 편심 질량이며, e는 편심률, ω는 회전 요소의 각속도를 나타낸다. 식 (11.80)과 (11.72)를 비교해 보면 $F_0 = m_0 e\,\omega^2$임을 알 수 있고, 식 (11.79)의 F_0에 대입하여 강제응답만을 고려하면 다음 식을 얻을 수 있다.

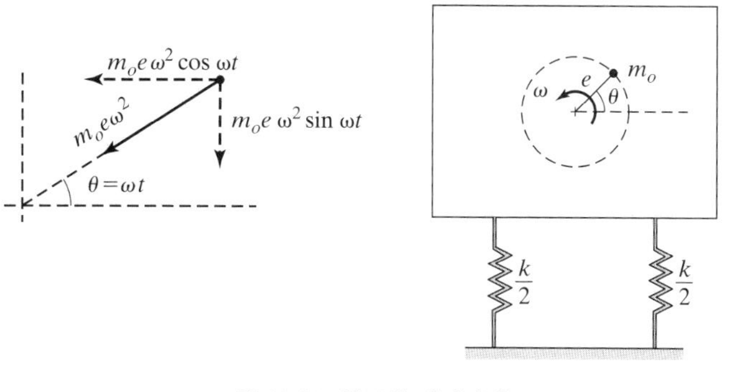

그림 11.21 불균형 회전기계

$$y(t) = \frac{\overbrace{\frac{m_0 e\omega^2}{k}}^{Y_0}}{1 - \left(\frac{\omega}{\omega_n}\right)^2} \sin \omega t \tag{11.81}$$

그리고 진동 진폭 Y_0를 $k = m\omega_n^2$을 사용하여 나타내면 다음의 식이 된다.

$$Y_0 = \frac{\frac{m_0\, e\omega^2}{k}}{1 - \left(\frac{\omega}{\omega_n}\right)^2} = \frac{\frac{m_0\, e\omega^2}{m\omega_n^2}}{1 - \left(\frac{\omega}{\omega_n}\right)^2} \Rightarrow \frac{Y_0\, m}{m_0\, e} = \frac{\frac{\omega^2}{\omega_n^2}}{1 - \left(\frac{\omega}{\omega_n}\right)^2} \tag{11.82}$$

식 (11.82)의 분자 $\frac{m_0 e\omega^2}{m}$을 살펴보면 시스템의 질량 m이 증가하면 진동의 진폭을 줄일 수 있음을 알 수 있다. 예상되지 않은 진동 진폭을 줄이기 위해 콘크리트 블록에 설치한 터빈이나 큰 펌프를 본 적이 있을 것이다. 또, 다음과 같은 관계를 알 수 있다.

$$\frac{\omega}{\omega_n} \ll 1 \quad \Rightarrow \quad \frac{Y_0\, m}{m_0\, e} = 0 \tag{11.83}$$

그리고

$$\frac{\omega}{\omega_n} \gg 1 \quad \Rightarrow \quad \frac{Y_0\, m}{m_0\, e} = -1 \tag{11.84}$$

식 (11.82)를 이용하여 진동수 비 $\frac{\omega}{\omega_n}$에 대한 $\frac{Y_0 m}{m_0 e}$의 값을 도시하면 그림 11.22와 같다. 진동수 비에 대한 시스템의 거동은 그림 11.22를 검토함으로써 알 수 있다.

갑작스럽게 작용하는 힘, 경사함수, 또는 예제처럼 갑작스럽게 적용되나 시간에 따라 감소하는 힘에 대한 1자유도 스프링-질량 시스템의 응답의 유도는 연습문제로 남겨둔다. 연습문제 4와 5를 풀어보라.

바닥에 전달되는 힘

앞서 언급한 바와 같이, 동적 시스템을 설계함에 있어서 지지대나 바닥에 전달되는 힘에 대해서 파악하는 것은 바닥이 얼마나 완전한가를 보장하기 위해서 중요하다. 질량의 진동과 바닥에 전달되는 힘의 관계를 그림 11.23에 나타내었다.

그림 11.23과 같이 힘은 스프링을 통해 바닥에 전달된다. 시간에 따라 변하는 힘의 크기는 다음과 같이 주어진다.

$$F(t) = ky(t) = \frac{k\frac{F_0}{k}}{1 - \left(\frac{\omega}{\omega_n}\right)^2} \sin \omega t = \frac{F_0}{1 - \left(\frac{\omega}{\omega_n}\right)^2} \sin \omega t \tag{11.85}$$

그러나 대부분의 공학적 응용문제에 있어서는 식 (11.85)의 $\sin \omega t$의 값이 1일 때 발생되는

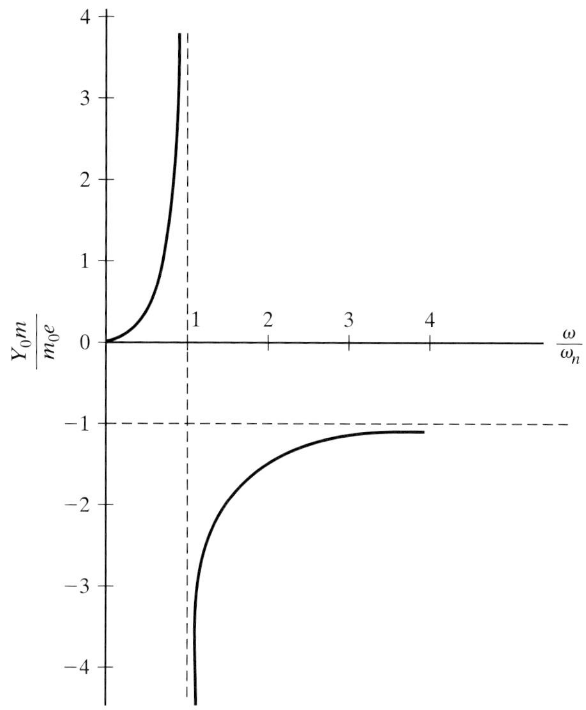

그림 11.22 진동수 비 $\frac{\omega}{\omega_n}$에 대한 $\frac{Y_0 m}{m_0 e}$의 도시

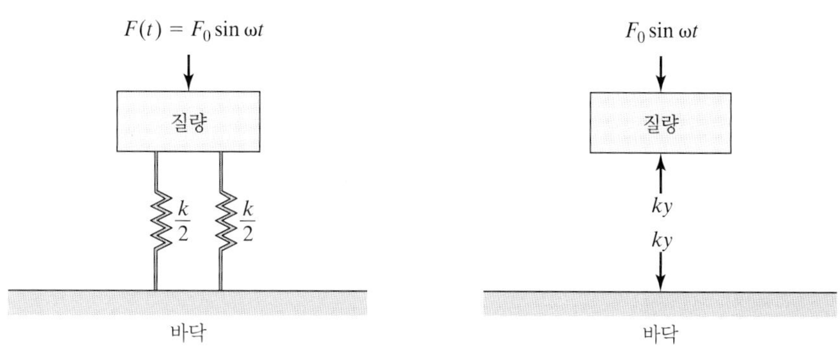

그림 11.23 바닥에 전달되는 힘

바닥으로의 최대 전달력에 관심을 두며, 이를 식으로 표현하면 다음과 같다.

$$F_{max} = \frac{F_0}{1 - \left(\frac{\omega}{\omega_n}\right)^2} \tag{11.86}$$

진동 시스템에서는 일반적으로 F_{max} 대 정적 크기 F_0의 비로 전달비나 전달률 TR을 정의한다.

$$TR = \left|\frac{F_{max}}{F_0}\right| = \left|\frac{\frac{F_0}{1 - \left(\frac{\omega}{\omega_n}\right)^2}}{F_0}\right| = \left|\frac{1}{1 - \left(\frac{\omega}{\omega_n}\right)^2}\right| \tag{11.87}$$

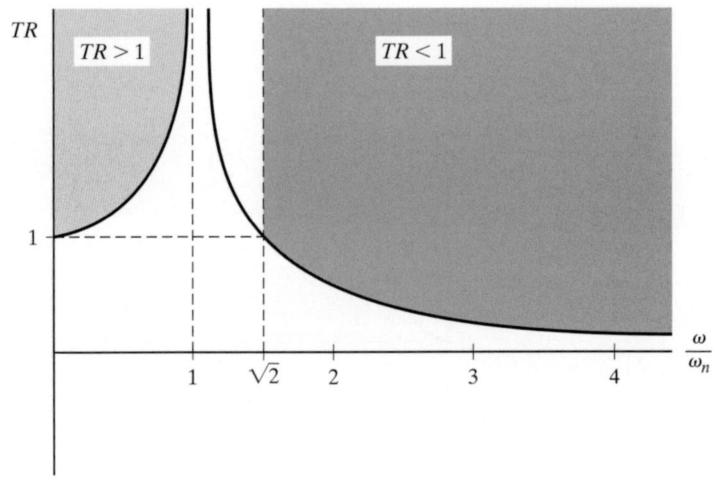

그림 11.24 진동수의 함수에 의한 전달률

식 (11.87)을 이용하여 전달률과 진동수 비 사이의 관계를 그림 11.24에 도시하였다.

그림 11.24에 따르면, 진동수 비가 1에 근접할수록 전달률이 재앙에 가까운 정도로 점점 큰 값을 가지게 된다. 또, 그림 11.24는 낮은 전달률을 유지하기 위해서 기계가 고유 진동수보다 훨씬 큰 진동수에서 작동함을 보여준다.

지지대 가진

여기서는 지지대 가진에 대해 살펴보려고 한다. 지지대에 의해 가진되는 스프링-질량 시스템을 그림 11.25에 나타내었다. 뉴턴의 제2법칙을 사용하여, 진동질량의 지배 운동 방정식을 다음과 같이 구할 수 있다.

$$-k(y_1 - y_2) = m\ddot{y}_1 \tag{11.88}$$

스프링 힘의 크기는 지지대에 대한 질량의 상대위치에 따라 결정된다. 응답으로부터 가진항을 분리하면 다음 식을 얻을 수 있다.

$$m\ddot{y}_1 + ky_1 = ky_2 \tag{11.89}$$

식 (11.89)의 양변을 m으로 나누면 다음과 같다.

$$\ddot{y}_1 + \omega_n^2 y_1 = \omega_n^2 y_2 = \omega_n^2 Y_2 \sin \omega t \tag{11.90}$$

여기서 해는 앞서 식 (11.74)에 의해서 구한 미분 방정식을 이용하여 구한다. 식 (11.90)과 (11.74)를 비교하면 $\omega_n^2 Y_2 = \dfrac{F_0}{m}$ 임을 알 수 있고, 이를 이용하여 식 (11.90)의 해를 구하면 다음과 같다.

$$y_1(t) = \frac{\dfrac{\omega_n^2 Y_2}{\omega_n^2}}{1 - \left(\dfrac{\omega}{\omega_n}\right)^2} \sin \omega t = \overbrace{\frac{Y_2}{1 - \left(\dfrac{\omega}{\omega_n}\right)^2}}^{\text{질량의 진폭}} \sin \omega t \tag{11.91}$$

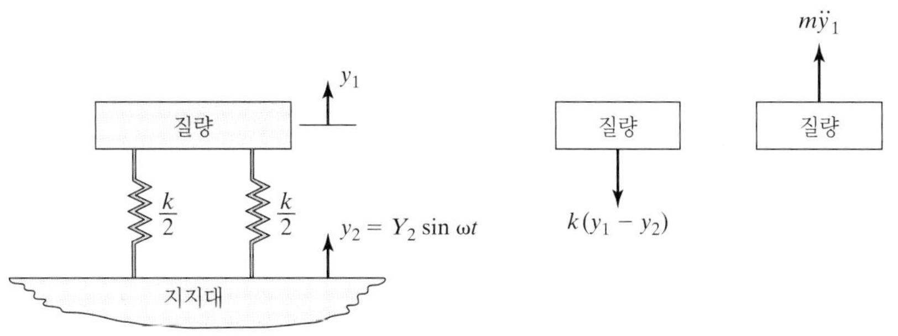

그림 11.25 지지대 가진

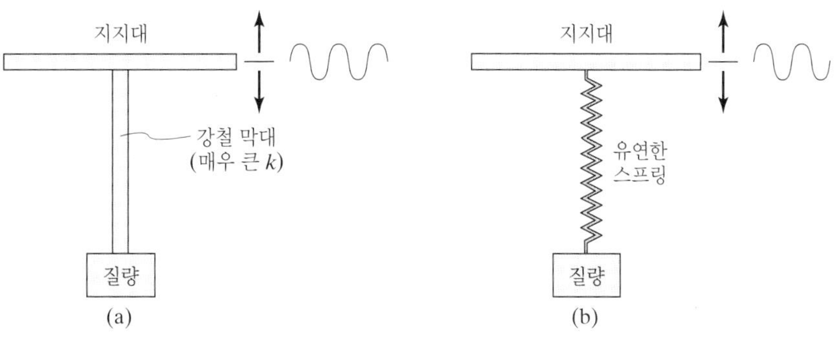

그림 11.26 지지대 가진의 진폭과 질량 진폭의 관계를 검증하기 위한 실험

해가 나타내고 있는 물리적인 의미를 알아보기 위해 식 (11.91)에 주어진 질량의 진폭에 주목하자. 그림 11.26(a)와 같이, 만약 스프링을 강성이 큰 막대로 대체하고 지지대를 가진시키면 막대의 큰 k값과 큰 ω_n으로 인해, 진동수 비는 $\frac{\omega}{\omega_n} \ll 1$로 매우 작아질 것이고 결국 질량 진동의 진폭은 Y_2와 같아진다. 예상한 대로, 질량은 지지대와 같은 진폭으로 움직일 것이다. 이제, 막대를 작은 k값(결국 작은 ω_n)을 가진 유연한 스프링(soft spring)으로 대체하면, 진동수 비는 $\frac{\omega}{\omega_n} \gg 1$이 될 것이다. 식 (11.91)의 진동수 비를 큰 값으로 대체하면 질량은 매우 작은 진폭으로 진동하고 거의 움직이지 않을 것이다.

다자유도

앞에서 1자유도 시스템의 고유거동 및 강제거동에 대해서 살펴보았다. 이제는 2자유도 시스템을 사용하여 다자유도 시스템의 중요한 특성들에 대해 설명하도록 한다. 그림 11.27의 2자유도 시스템을 고려해 보자. 시스템의 고유 진동수를 구해 보자. 각각의 질량의 지배 운동 방정식을 세워보자. 운동 방정식을 세우기 위해서 $x_2 > x_1$인 질량들에 변위를 주어 자유진동을 시작하게 하자.

그림에 나타난 자유물체도를 이용하여 다음과 같은 운동 방정식을 구할 수 있다.

$$m_1\ddot{x}_1 + 2kx_1 - kx_2 = 0 \tag{11.92}$$

$$m_2\ddot{x}_2 - kx_1 + 2kx_2 = 0 \tag{11.93}$$

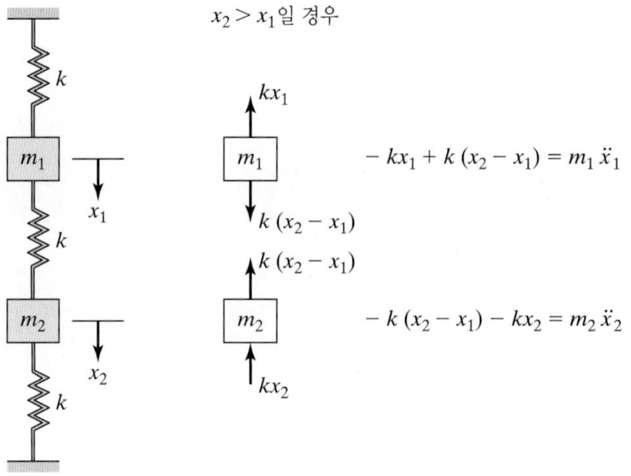

그림 11.27 2자유도 탄성 시스템의 개략도

또는, 이를 행렬 형태로 나타내면 다음과 같다.

$$\begin{bmatrix} m_1 & 0 \\ 0 & m_2 \end{bmatrix}\begin{Bmatrix} \ddot{x}_1 \\ \ddot{x}_2 \end{Bmatrix} + \begin{bmatrix} 2k & -k \\ -k & 2k \end{bmatrix}\begin{Bmatrix} x_1 \\ x_2 \end{Bmatrix} = \begin{Bmatrix} 0 \\ 0 \end{Bmatrix}$$

식 (11.92)와 (11.93)은 2차 동차 미분 방정식임을 명심하라. 또한 각 식에서 x_1과 x_2가 연관(coupled)되어 사용되고 있음을 명심하라. 이런 시스템 형식을 탄성적 연관(elastically coupled)되어 있다고 하며 일반적인 행렬 형태로 다음과 같이 나타낸다.

$$[\boldsymbol{M}]\{\ddot{\boldsymbol{x}}\} + [\boldsymbol{K}]\{\boldsymbol{x}\} = 0 \tag{11.94}$$

여기서 $[\boldsymbol{M}]$과 $[\boldsymbol{K}]$는 각각 질량과 강성 행렬을 나타낸다. 식 (11.92)와 (11.93)을 간단히 하기 위해 각 방정식의 양변을 각각의 질량으로 나누면 다음과 같다.

$$\ddot{x}_1 + \frac{2k}{m_1}x_1 - \frac{k}{m_1}x_2 = 0 \tag{11.95}$$

$$\ddot{x}_2 - \frac{k}{m_2}x_1 + \frac{2k}{m_2}x_2 = 0 \tag{11.96}$$

행렬을 사용하여, 질량행렬의 역행렬 $[\boldsymbol{M}]^{-1}$을 행렬 형태의 운동 방정식의 양변에 곱해 주면 다음 식을 얻을 수 있다.

$$\{\ddot{\boldsymbol{x}}\} + [\boldsymbol{M}]^{-1}[\boldsymbol{K}]\{\boldsymbol{x}\} = 0 \tag{11.97}$$

다음 단계는, $x_1(t) = X_1\sin(\omega t + \phi)$와 $x_2(t) = X_2\sin(\omega t + \phi)$ 형태[또는 행렬 형태로는 $\{\boldsymbol{x}\} = \{\boldsymbol{X}\}\sin(\omega t + \phi)$]의 조화해를 가정하고 식 (11.95)와 (11.96)의 미분 운동 방정식에 대입하면 다음과 같은 한 쌍의 선형 대수 방정식을 구할 수 있다.

$$-\omega^2 X_1\sin(\omega t + \phi) + \frac{2k}{m_1}X_1\sin(\omega t + \phi) - \frac{k}{m_1}X_2\sin(\omega t + \phi) = 0$$

$$-\omega^2 X_2 \sin(\omega t + \phi) - \frac{k}{m_2} X_1 \sin(\omega t + \phi) + \frac{2k}{m_2} X_2 \sin(\omega t + \phi) = 0$$

$\sin(\omega t + \phi)$항을 소거하면 다음 식을 얻을 수 있다.

$$-\omega^2 \begin{Bmatrix} X_1 \\ X_2 \end{Bmatrix} + \begin{bmatrix} \frac{2k}{m_1} & -\frac{k}{m_1} \\ -\frac{k}{m_2} & \frac{2k}{m_2} \end{bmatrix} \begin{Bmatrix} X_1 \\ X_2 \end{Bmatrix} = \begin{Bmatrix} 0 \\ 0 \end{Bmatrix} \tag{11.98}$$

또는 행렬 형태로 다음과 같다.

$$-\omega^2\{\boldsymbol{X}\} + [\boldsymbol{M}]^{-1}[\boldsymbol{K}]\{\boldsymbol{X}\} = 0 \tag{11.99}$$

$\{\boldsymbol{x}\} = \begin{Bmatrix} x_1(t) \\ x_2(t) \end{Bmatrix}$는 각 질량의 위치를 시간의 함수로 나타낸 것이고, $\{\boldsymbol{X}\} = \begin{Bmatrix} X_1 \\ X_2 \end{Bmatrix}$은 각 진동질량의 진폭을 행렬표기법으로 나타낸 것이며, ϕ는 위상각을 나타낸다. 식 (11.98)은 다음과 같이 나타낼 수 있다.

$$-\omega^2 \begin{bmatrix} 1 & 0 \\ 0 & 1 \end{bmatrix} \begin{Bmatrix} X_1 \\ X_2 \end{Bmatrix} + \begin{bmatrix} \frac{1}{m_1} & 0 \\ 0 & \frac{1}{m_2} \end{bmatrix} \begin{bmatrix} 2k & -k \\ -k & 2k \end{bmatrix} \begin{Bmatrix} X_1 \\ X_2 \end{Bmatrix} = 0 \tag{11.100}$$

또는 다음과 같은 형태로도 나타낼 수 있다.

$$\left[\begin{bmatrix} \frac{2k}{m_1} & -\frac{k}{m_1} \\ -\frac{k}{m_2} & \frac{2k}{m_2} \end{bmatrix} - \omega^2 \begin{bmatrix} 1 & 0 \\ 0 & 1 \end{bmatrix} \right] \begin{Bmatrix} X_1 \\ X_2 \end{Bmatrix} = \begin{Bmatrix} 0 \\ 0 \end{Bmatrix} \tag{11.101}$$

식 (11.101)을 간략하게 정리하면 다음 식이 된다.

$$\begin{bmatrix} -\omega^2 + \frac{2k}{m_1} & -\frac{k}{m_1} \\ -\frac{k}{m_2} & -\omega^2 + \frac{2k}{m_2} \end{bmatrix} \begin{Bmatrix} X_1 \\ X_2 \end{Bmatrix} = 0 \tag{11.102}$$

식 (11.99)와 (11.102) 형식의 지배 방정식을 가진 문제는 계수행렬의 행렬식이 0일 때만 유의해(nontrivial solution)를 가진다. 위 예제의 수치값을 이용하여 풀이해 보자. $m_1 = m_2 = 0.1$ kg이고 $k = 100$ N/m이다. 계수행렬의 행렬식을 0으로 두면 다음과 같은 식을 세울 수 있다.

$$\begin{vmatrix} -\omega^2 + 2000 & -1000 \\ -1000 & -\omega^2 + 2000 \end{vmatrix} = 0 \tag{11.103}$$

$$(-\omega^2 + 2000)(-\omega^2 + 2000) - (-1000)(-1000) = 0 \tag{11.104}$$

식 (11.104)를 정리하면 다음 식이 된다.

$$\omega^4 - 4000\omega^2 + 3{,}000{,}000 = 0 \tag{11.105}$$

식 (11.105)를 특성 방정식이라 부르며, 근은 시스템의 고유 진동수가 된다.

$$\omega_1^2 = \lambda_1 = 1000\,(\text{rad/s})^2 \quad \text{그리고} \quad \omega_1 = 31.62\ \text{rad/s}$$
$$\omega_2^2 = \lambda_2 = 3000\,(\text{rad/s})^2 \quad \text{그리고} \quad \omega_2 = 54.77\ \text{rad/s}$$

일단 ω^2의 값을 안다면, 식 (11.102)에 대입하여 X_1과 X_2의 관계를 구할 수 있다. 고유 진동수에서의 질량 진동의 진폭 간의 관계를 고유 모드라고 한다. 앞의 예제를 식 (11.102)의 첫 번째 식에 대입하면 다음을 얻을 수 있다.

$$(-\omega^2 + 2000)\,\boldsymbol{X}_1 - 1000\boldsymbol{X}_2 = 0 \quad \text{여기서} \quad \omega_1^2 = 1000$$
$$(-1000 + 2000)\boldsymbol{X}_1 - 1000\,\boldsymbol{X}_2 = 0 \quad \rightarrow \frac{\boldsymbol{X}_2}{\boldsymbol{X}_1} = 1$$

또는 두 번째 식에 대입하면 다음을 얻을 수 있다.

$$-1000\,\boldsymbol{X}_1 + (-\omega^2 + 2000)\boldsymbol{X}_2 = 0 \quad \text{여기서} \quad \omega_1^2 = 1000$$
$$-1000\boldsymbol{X}_1 + (-1000 + 2000)\boldsymbol{X}_2 = 0 \rightarrow \frac{\boldsymbol{X}_2}{\boldsymbol{X}_1} = 1$$

예상대로 두 식의 결과는 같다. 두 번째 모드는 앞의 과정과 동일한 방법으로 식 (11.102)에 $\omega_2^2 = 3000$을 대입하여 구한다.

$$(-\omega^2 + 2000)\,\boldsymbol{X}_1 - 1000\boldsymbol{X}_2 = 0 \quad \text{여기서} \quad \omega_2^2 = 3000$$
$$(-3000 + 2000)\boldsymbol{X}_1 - 1000\boldsymbol{X}_2 = 0 \rightarrow \frac{\boldsymbol{X}_2}{\boldsymbol{X}_1} = -1$$

고유치 문제의 해는 특정한 값이 아닌 미지수들 사이의 관계를 설정하게 된다는 것을 명심하라. 고유 진동수와 모드가 무엇을 나타내는지 더욱 명확히 하기 위해서 다음을 고려해 보자. 질량 1과 2를 1인치 끌어내린 후(즉, $X_1 = X_2 = 1$) 시스템을 놓아준다. 이런 초기조건하에서, 시스템은 첫 번째 고유 진동수($\omega_1 = 31.62$ rad/s)로 진동한다. 그러나 만약 시스템의 질량 1을 1인치 끌어올리고 질량 2를 1인치 끌어내리는(즉, $X_2 = -X_1 = 1$) 초기조건을 사용하였다면, 시스템은 두 번째 고유 진동수($\omega_2 = 54.77$ rad/s)로 진동할 것이다. 다른 초기조건을 적용하면 두 고유 진동수가 영향을 미치는 시스템 진동이 발생하게 된다.

다자유도의 강제진동 운동 방정식

앞에서는 다자유도의 자유진동에 관한 일반적인 운동 방정식을 다음과 같은 형태로 나타내었다.

$$[\boldsymbol{M}]\{\ddot{\boldsymbol{x}}\} + [\boldsymbol{K}]\{\boldsymbol{x}\} = 0 \tag{11.106}$$

감쇠 $[\boldsymbol{C}]$를 포함하는 다자유도의 자유진동 운동 방정식(equations of motion for free vibration)은 다음과 같은 형태로 나타낼 수 있다.

$$[\boldsymbol{M}]\{\ddot{\boldsymbol{x}}\} + [\boldsymbol{C}]\{\dot{\boldsymbol{x}}\} + [\boldsymbol{K}]\{\boldsymbol{x}\} = 0 \tag{11.107}$$

다자유도 시스템의 고유응답은 모드 해석을 이용하여 구할 수 있다. 모드 해석은 **주좌표** (principal coordinates)를 이용하여 미분 운동 방정식을 비연관화(uncoupling)한다. 모드 해석의 기본 개념은 다른 어떤 좌표도 사용하지 않고 하나의 질량에 하나의 좌표만을 사용해서 나타낸다는 것이다. 운동 방정식이 비연관화되면, 각각의 독립적인 방정식은 단자유도 시스템으로 생각하면 된다. 주좌표의 개념에 대해서 더욱 이해하기 위하여, 그림 11.27의 2자유도 시스템을 고려해 보자. 그리고 $m_1 = m_2 = m$이라고 가정하면 운동 방정식을 다음과 같이 나타낼 수 있다.

$$\ddot{x}_1 + \frac{2k}{m}x_1 - \frac{k}{m}x_2 = 0 \tag{11.95b}$$

$$\ddot{x}_2 - \frac{k}{m}x_1 + \frac{2k}{m}x_2 = 0 \tag{11.96b}$$

식 (11.95)와 (11.96)에 $m_1 = m_2 = m$을 대입하면 식 (11.95b)와 (11.96b)를 구할 수 있다. 이제 식 (11.95b)와 (11.96b)를 더하고, 식 (11.95b)로부터 식 (11.96b)를 빼면 아래의 식을 얻을 수 있다.

$$\ddot{x}_1 + \ddot{x}_2 + \frac{k}{m}(x_1 + x_2) = 0 \qquad \Rightarrow \ddot{p}_1 + \frac{k}{m}p_1 = 0$$

$$\ddot{x}_1 - \ddot{x}_2 + \frac{3k}{m}(x_1 - x_2) = 0 \qquad \Rightarrow \ddot{p}_2 + \frac{3k}{m}p_2 = 0$$

여기서 $p_1 = x_1 + x_2$를 나타내며 $p_2 = x_1 - x_2$를 나타낸다. 이와 같이 주좌표 p_1, p_2를 이용하면 비연관화(uncoupled)된 운동 방정식을 구할 수 있다. 시스템의 고유 진동수는 $\omega_1 = \sqrt{\frac{k}{m}}$과 $\omega_2 = \sqrt{\frac{3k}{m}}$이다. 특성 방정식의 근을 이용하여 위의 결과를 검증해 보라. 운동 방정식의 비연관화가 복잡하다 하더라도, 위의 예제는 주좌표와 비연관화의 기본 개념을 설명하고 있다. 모드 해석은 또한 감쇠를 포함한 다자유도 시스템의 고유응답 및 강제응답을 결정하기 위해서도 사용된다.

힘을 받는 다자유도 시스템에서의 운동 방정식을 행렬 형태로 나타내면 다음과 같다.

$$[\boldsymbol{M}]\{\ddot{\boldsymbol{x}}\} + [\boldsymbol{K}]\{\boldsymbol{x}\} = \{\boldsymbol{F}\} \tag{11.108}$$

여기서 $\{\boldsymbol{F}\}$는 힘 행렬을 나타낸다. 그리고 감쇠를 포함하면 다음과 같이 나타낼 수 있다.

$$[\boldsymbol{M}]\{\ddot{\boldsymbol{x}}\} + [\boldsymbol{C}]\{\dot{\boldsymbol{x}}\} + [\boldsymbol{K}]\{\boldsymbol{x}\} = \{\boldsymbol{F}\} \tag{11.109}$$

여기까지 탄성 물성과 분포질량을 가진 시스템의 거동을 집중질량(lumped mass)과 등가강성, 유한 자유도로 된 이산화 모델에 의한 근사방법을 설명하였다. 또 이런 모델들은 시스템의 고유응답이나 강제응답의 해를 구하기 때문에 초기조건을 가진 상미분 방정식을 사용하여 나타내었다.

많은 공학적 응용문제에서 보(beam)나 막대(봉)는 중요한 역할을 하므로, 그것들에 대한 유한요소 정식화는 11.4절과 11.5절에서 자세히 다루도록 한다. 막대와 보는 이론적으로 무한한 자유도와 고유 진동수를 갖는 연속체이다. 그러나 대부분의 실제 문제에서는 처음의 몇 가지 고유 진동수만을 중요하게 다룬다. 일반적으로 연소체의 지배 운동 방정식은 경계조건과 초기조건을 요구하는 엄밀해(exact solution)를 가진 편미분 방정식이다. 몇 가지 간단한 문제를 제외하고는 해가 매우 복잡하며 구하기 힘들다. 그러므로 많은 문제들을 해결하기 위해 이산화 모델의 수치적 근사화를 이용한다. 다음 절에서는 라그랑지 방정식을 이용하여 막대(봉), 보, 그리고 프레임에 대한 유한요소 정식화를 논의하도록 한다.

11.3 라그랑지 방정식

앞에서는 뉴턴의 제2법칙을 사용하여 진동 시스템의 운동 방정식을 유도하였다. 이 절에서는 라그랑지 방정식을 이용하여 운동 방정식을 정식화하는 방법을 소개한다. 라그랑지 방정식은 다음과 같다.

$$\frac{d}{dt}\left(\frac{\partial T}{\partial \dot{q}_i}\right) - \frac{\partial T}{\partial q_i} + \frac{\partial \Lambda}{\partial q_i} = Q_i \qquad i = 1, 2, 3, \ldots, n \tag{11.110}$$

여기서

t = 시간

T = 시스템의 운동 에너지

q_i = 좌표계

$\dot{q}_i$ = 속도를 나타내는 좌표계의 시간에 대한 도함수

Λ = 시스템의 포텐셜 에너지

Q_i = 비보존 힘 또는 비보존 모멘트

동역학 시스템의 운동 방정식을 정식화하기 위하여 라그랑지 방정식을 사용하는 방법을 예제 11.4를 통하여 설명한다.

예제 11.4

그림 11.28에서 보여지는 시스템의 지배 운동 방정식을 정식화하기 위하여 라그랑지 방정식을 사용한다.

그림 11.28(a)와 같은 스프링-질량 시스템은 1자유도 시스템으로 단 하나의 좌표를 이용하여 그 운동을 표현할 수 있다. 식 (11.110)을 적용하기 위해서 시스템의 운동 에너지와 포텐셜 에너지를 좌표 q와 그 미분 형태인 $\dot{q}$로 나타내어야 한다. 이 문제에서는 $q = x$로 하여, 운동 에너지와 포텐셜 에너지를 다음 식으로 나타내었다.

$$T = \frac{1}{2}m\dot{x}^2$$

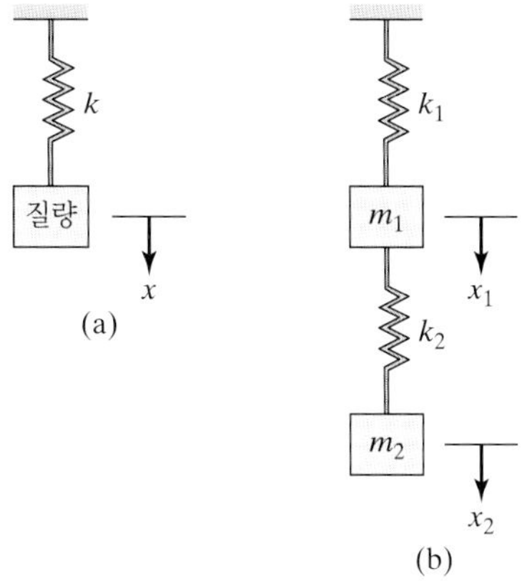

그림 11.28 예제 11.4의 스프링-질량 시스템

$$\Lambda = \frac{1}{2}kx^2$$

다음은 라그랑지 방정식에서 요구되는 계산으로, 운동 에너지를 $q^{\cdot}$(이 문제에서는 $x^{\cdot}$)에 대하여 미분한다.

$$\frac{\partial T}{\partial q^{\cdot}} = \frac{\partial T}{\partial x^{\cdot}} = \frac{\partial}{\partial x^{\cdot}}\left(\frac{1}{2}mx^{\cdot 2}\right) = (2)\left(\frac{1}{2}\right)mx^{\cdot} = mx^{\cdot}$$

위의 식에서 얻어진 $\frac{\partial T}{\partial x^{\cdot}}$를 시간에 대하여 미분하자.

$$\frac{d}{dt}\left(\frac{\partial T}{\partial x^{\cdot}}\right) = \frac{d}{dt}(mx^{\cdot}) = mx^{\cdot\cdot}$$

T는 x의 함수가 아니라 $x^{\cdot}$의 함수이므로, $\frac{\partial T}{\partial x} = 0$이다. 식 (11.110)에서 포텐셜 에너지항 $\frac{\partial \Lambda}{\partial q}$는 다음과 같이 계산된다.

$$\frac{\partial \Lambda}{\partial q} = \frac{\partial \Lambda}{\partial x} = \frac{\partial}{\partial x}\left(\frac{1}{2}kx^2\right) = kx$$

마지막으로, 앞에서 계산된 각 항을 식 (11.110)에 대입해 보자.

$$\overbrace{\frac{d}{dt}\left(\frac{\partial T}{\partial q_i^{\cdot}}\right)}^{mx^{\cdot\cdot}} - \overbrace{\frac{\partial T}{\partial q_i}}^{0} + \overbrace{\frac{\partial \Lambda}{\partial q_i}}^{kx} = \overbrace{Q_i}^{0}$$

따라서, 다음과 같이 지배 미분 운동 방정식을 얻을 수 있다.

$$mx^{\cdot\cdot} + kx = 0$$

그림 11.28(b)에 나타나는 것과 같이, 시스템은 2자유도를 가지므로 운동 에너지와 포텐셜 에너지를 정식화하기 위해서 2개의 좌표 x_1, x_2가 필요하며, 다음과 같이 나타낼 수 있다.

$$T = \frac{1}{2}m_1\dot{x}_1^2 + \frac{1}{2}m_2\dot{x}_2^2$$
$$\Lambda = \frac{1}{2}k_1x_1^2 + \frac{1}{2}k_2(x_2 - x_1)^2$$

라그랑지 방정식[식 (11.110)]에서 주어진 대로 각 항들을 미분하면 다음과 같다.

$$\frac{\partial T}{\partial \dot{x}_1} = m_1\dot{x}_1 \quad \text{그리고} \quad \frac{d}{dt}\left(\frac{\partial T}{\partial \dot{x}_1}\right) = m_1\ddot{x}_1$$
$$\frac{\partial T}{\partial \dot{x}_2} = m_2\dot{x}_2 \quad \text{그리고} \quad \frac{d}{dt}\left(\frac{\partial T}{\partial \dot{x}_2}\right) = m_2\ddot{x}_2$$
$$\frac{\partial T}{\partial x_1} = \frac{\partial T}{\partial x_2} = 0$$
$$\frac{\partial \Lambda}{\partial x_1} = k_1x_1 + k_2(x_1 - x_2)$$
$$\frac{\partial \Lambda}{\partial x_2} = k_2(x_2 - x_1)$$

위에서 계산된 각 항을 라그랑지 방정식에 대입하면, 다음의 운동 방정식을 얻을 수 있다.

$$m_1\ddot{x}_1 + (k_1 + k_2)x_1 - k_2x_2 = 0$$
$$m_2\ddot{x}_2 - k_2x_1 + k_2x_2 = 0$$

운동 방정식을 행렬 형태로 나타내면 다음과 같다.

$$\begin{bmatrix} m_1 & 0 \\ 0 & m_2 \end{bmatrix}\begin{Bmatrix} \ddot{x}_1 \\ \ddot{x}_2 \end{Bmatrix} + \begin{bmatrix} k_1 + k_2 & -k_2 \\ -k_2 & k_2 \end{bmatrix}\begin{Bmatrix} x_1 \\ x_2 \end{Bmatrix} = \begin{Bmatrix} 0 \\ 0 \end{Bmatrix}$$

11.4 축 부재의 유한요소 정식화

이 절에서는 라그랑지 방정식을 사용하여 축 부재의 질량행렬을 정식화하고, 이를 이용하여 축 부재의 고유 진동수를 계산한다. 축 부재의 변위를 나타내기 위하여 다음과 같이 1차원 형상함수 S_i와 S_j를 사용할 수 있다.

$$u = S_iU_i + S_jU_j \tag{11.111}$$

그림 11.29와 같은 요소의 형상함수는 국부 좌표 x를 이용하여 다음 식과 같이 나타낼 수 있다.

$$S_i = 1 - \frac{x}{L} \tag{11.112}$$
$$S_j = \frac{x}{L} \tag{11.113}$$

정적 문제의 변위함수는 x좌표만의 함수이지만 동적 문제에서 변위함수는 x와 t의 함수, 즉 $u = u(x, t)$이다. 부재의 총 운동 에너지는 부재를 구성하는 입자의 운동 에너지 합이며, 다

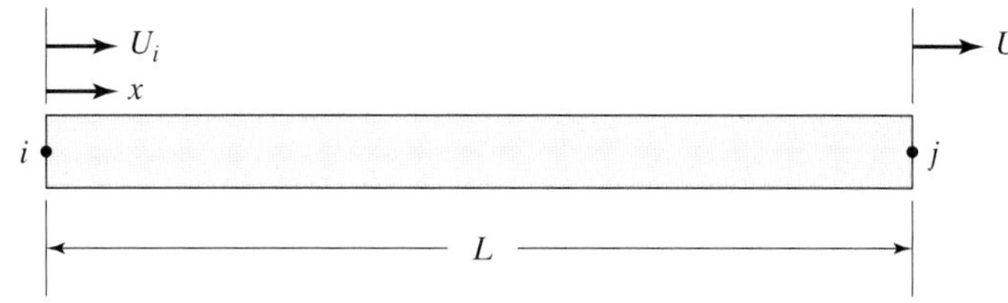

그림 11.29 단축 부재

음 식으로 나타낼 수 있다.

$$T = \int_0^L \frac{\gamma}{2} \dot{u}^2 dx \tag{11.114}$$

식 (11.114)에서 $\dot{u}$는 부재 내 입자의 속도를 나타내며, γ는 단위길이의 질량이다. 부재의 속도는 절점 속도 $\dot{U}_i$와 $\dot{U}_j$로 나타낼 수 있으며, 다음과 같이 표현될 수 있다.

$$\dot{u} = S_i\dot{U}_i + S_j\dot{U}_j \tag{11.115}$$

식 (11.115)를 식 (11.114)에 대입하면 다음 식을 얻을 수 있다.

$$T = \frac{\gamma}{2}\int_0^L (S_i\dot{U}_i + S_j\dot{U}_j)^2 dx \tag{11.116}$$

또한 라그랑지 방정식 (11.110)에서 필요한 미분을 수행하면 다음과 같다.

$$\frac{\partial T}{\partial \dot{U}_i} = \frac{\gamma}{2}\int_0^L 2S_i(S_i\dot{U}_i + S_j\dot{U}_j)dx \tag{11.117}$$

$$\frac{\partial T}{\partial \dot{U}_j} = \frac{\gamma}{2}\int_0^L 2S_j(S_i\dot{U}_i + S_j\dot{U}_j)dx \tag{11.118}$$

$$\frac{d}{dt}\left(\frac{\partial T}{\partial \dot{U}_i}\right) = \gamma\left[\int_0^L S_i^2\ddot{U}_i dx + \int_0^L S_iS_j\ddot{U}_j dx\right] \tag{11.119}$$

$$\frac{d}{dt}\left(\frac{\partial T}{\partial \dot{U}_j}\right) = \gamma\left[\int_0^L S_iS_j\ddot{U}_i dx + \int_0^L S_j^2\ddot{U}_j dx\right] \tag{11.120}$$

S_i와 S_j는 x의 함수이고 반면에 절점 i와 j에 대한 가속도인 $\ddot{U}_i$와 $\ddot{U}_j$는 시간의 함수임에 유의하여 식 (11.119)와 (11.120)에서의 적분을 수행하면 다음과 같다.

$$\gamma\int_0^L S_i^2 dx = \gamma\int_0^L\left(1 - \frac{x}{L}\right)^2 dx = \frac{\gamma L}{3} \tag{11.121}$$

$$\gamma\int_0^L S_iS_j dx = \gamma\int_0^L\left(1 - \frac{x}{L}\right)\left(\frac{x}{L}\right)dx = \frac{\gamma L}{6} \tag{11.122}$$

$$\gamma\int_0^L S_j^2 dx = \gamma\int_0^L\left(\frac{x}{L}\right)^2 dx = \frac{\gamma L}{3} \tag{11.123}$$

식 (11.121)에서 식 (11.123)까지의 적분 결과를 식 (11.119)와 (11.120)에 대입하여 정리하면 $[\boldsymbol{M}]\{\ddot{\boldsymbol{u}}\}$를 얻을 수 있다. 따라서 축 부재의 질량행렬은 다음과 같다.

$$[\boldsymbol{M}]^{(e)} = \frac{\gamma L}{6}\begin{bmatrix} 2 & 1 \\ 1 & 2 \end{bmatrix} \tag{11.124}$$

4.1절에서 축 요소에 대한 강성행렬을 유도하여, 다음과 같이 표현할 수 있다.

$$[\boldsymbol{K}]^{(e)} = \frac{AE}{L}\begin{bmatrix} 1 & -1 \\ -1 & 1 \end{bmatrix}$$

다음 예제 11.5를 통하여 이 절의 내용을 설명하도록 한다.

예제 11.5

그림 11.30에서와 같이 30 cm 길이의 알루미늄 막대를 고려해 보자. 막대의 탄성계수 $E = 70$ GPa이며, 밀도 $\rho = 2700\ \text{kg/m}^3(\gamma = 5.4\ \text{kg/m})$이다. 그림에서와 같이 막대의 한쪽 끝은 고정되어 있으며, 막대를 3개의 요소로 나누었을 때 고유 진동수를 알아보고자 한다.

식 (11.124)로부터 각 요소의 질량행렬을 계산할 수 있다.

$$[\boldsymbol{M}]^{(1)} = [\boldsymbol{M}]^{(2)} = [\boldsymbol{M}]^{(3)} = \frac{\gamma L}{6}\begin{bmatrix} 2 & 1 \\ 1 & 2 \end{bmatrix} = \frac{(5.4)(0.1)}{6}\begin{bmatrix} 2 & 1 \\ 1 & 2 \end{bmatrix} = \begin{bmatrix} 0.18 & 0.09 \\ 0.09 & 0.18 \end{bmatrix}$$

그리고 요소의 강성행렬은 다음과 같다.

$$[\boldsymbol{K}]^{(1)} = [\boldsymbol{K}]^{(2)} = [\boldsymbol{K}]^{(3)} = \frac{AE}{L}\begin{bmatrix} 1 & -1 \\ -1 & 1 \end{bmatrix} =$$
$$\frac{(20 \times 10^{-4})(70 \times 10^{9})}{0.1}\begin{bmatrix} 1 & -1 \\ -1 & 1 \end{bmatrix} = 1.4 \times 10^{9}\begin{bmatrix} 1 & -1 \\ -1 & 1 \end{bmatrix}$$

각각의 질량행렬과 강성행렬을 조합하면 다음 식과 같다.

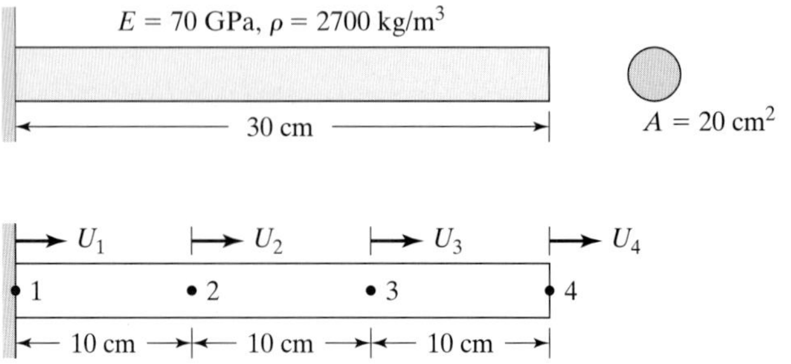

그림 11.30 예제 11.5의 알루미늄 막대

$$[\boldsymbol{M}]^{(G)} = \begin{bmatrix} 0.18 & 0.09 & 0 & 0 \\ 0.09 & 0.36 & 0.09 & 0 \\ 0 & 0.09 & 0.36 & 0.09 \\ 0 & 0 & 0.09 & 0.18 \end{bmatrix}$$

$$[\boldsymbol{K}]^{(G)} = 10^9 \begin{bmatrix} 1.4 & -1.4 & 0 & 0 \\ -1.4 & 2.8 & -1.4 & 0 \\ 0 & -1.4 & 2.8 & -1.4 \\ 0 & 0 & -1.4 & 1.4 \end{bmatrix}$$

경계조건을 적용하면, 절점 1은 고정되어 있으므로, 질량행렬과 강성행렬의 첫 번째 행과 열은 소거된다. 절점 1의 경계조건을 적용하면 질량행렬과 강성행렬은 다음과 같이 된다.

$$[\boldsymbol{M}]^{(G)} = \begin{bmatrix} 0.36 & 0.09 & 0 \\ 0.09 & 0.36 & 0.09 \\ 0 & 0.09 & 0.18 \end{bmatrix}$$

$$[\boldsymbol{K}]^{(G)} = 10^9 \begin{bmatrix} 2.8 & -1.4 & 0 \\ -1.4 & 2.8 & -1.4 \\ 0 & -1.4 & 1.4 \end{bmatrix}$$

앞에서 다자유도 자유진동 시스템의 고유 진동수를 계산하기 위하여 $[\boldsymbol{M}]^{-1}[\boldsymbol{K}]\{\boldsymbol{X}\} = \omega^2\{\boldsymbol{X}\}$를 계산할 필요가 있으며, 막대의 경우 $[\boldsymbol{M}]^{-1}[\boldsymbol{K}]\{\boldsymbol{U}\} = \omega^2\{\boldsymbol{U}\}$를 계산하면 된다. 질량행렬의 역행렬을 구하면 다음과 같다.

$$[\boldsymbol{M}]^{-1} = \begin{bmatrix} 2.9915 & -0.8547 & 0.4274 \\ -0.8547 & 3.4188 & -1.7094 \\ 0.4274 & -1.7094 & 6.4103 \end{bmatrix}$$

여기에 강성행렬을 곱하면 다음 식과 같다.

$$[\boldsymbol{M}]^{-1}[\boldsymbol{K}] = 10^{10} \begin{bmatrix} 0.9573 & -0.7179 & 0.1795 \\ -0.7179 & 1.3162 & -0.7179 \\ 0.3590 & -1.4359 & 1.1368 \end{bmatrix}$$

고유치를 계산하면 고유 진동수 $\omega_1 = 1.5999 \times 10^5$ rad/s, $\omega_2 = 0.8819 \times 10^5$ rad/s, $\omega_3 = 0.2697 \times 10^5$ rad/s를 얻을 수 있다.

11.5 보와 프레임의 유한요소 정식화

이 절에서는 라그랑지 방정식을 사용하여, 보 요소와 프레임 요소의 진동을 정식화한다. 4.2 절에서 보 요소의 처짐을 형상함수 S_{i1}, S_{i2}, S_{j1}, S_{j2}와 절점변위 U_{i1}, U_{i2}, U_{j1}, U_{j2}로 표현하였으며, 다음 식과 같다.

$$v = S_{i1}U_{i1} + S_{i2}U_{i2} + S_{j1}U_{j1} + S_{j2}U_{j2}$$

여기서 형상함수는 다음과 같다.

$$S_{i1} = 1 - \frac{3x^2}{L^2} + \frac{2x^3}{L^3}$$
$$S_{i2} = x - \frac{2x^2}{L} + \frac{x^3}{L^2}$$
$$S_{j1} = \frac{3x^2}{L^2} - \frac{2x^3}{L^3}$$
$$S_{j2} = -\frac{x^2}{L} + \frac{x^3}{L^2}$$

일관성을 위하여 그림 4.8의 보 요소에 대해서 다시 살펴본다.

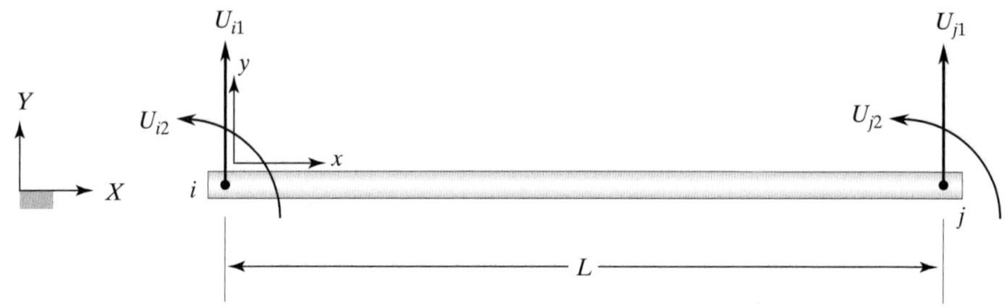

그림 4.8 보 요소

보 요소의 운동 에너지는 보 요소를 구성하는 질점의 운동 에너지의 합이며 다음과 같다.

$$T = \int_0^L \frac{\gamma}{2} \dot{v}^2 \, dx \tag{11.125}$$

식 (11.125)에서 $\dot{v}$는 보 내부의 속도를 나타내며, 시간과 위치의 함수이다. 보의 속도는 절점 i, j에 대한 가로방향 속도(lateral velocity)와 회전속도 그리고 형상함수에 의해서 다음과 같이 나타낼 수 있다.

$$\dot{v} = S_{i1}\dot{U}_{i1} + S_{i2}\dot{U}_{i2} + S_{j1}\dot{U}_{j1} + S_{j2}\dot{U}_{j2} \tag{11.126}$$

식 (11.126)의 속도 분포를 식 (11.125)의 운동 에너지 방정식에 대입하면 다음 식을 얻을 수 있다.

$$T = \int_0^L \frac{\gamma}{2} \dot{v}^2 dx = \frac{\gamma}{2}\int_0^L (S_{i1}\dot{U}_{i1} + S_{i2}\dot{U}_{i2} + S_{j1}\dot{U}_{j1} + S_{j2}\dot{U}_{j2})^2 dx \tag{11.127}$$

속도 $\dot{v}$가 시간과 위치의 함수일지라도, 절점의 속도는 오로지 시간의 함수이다. 식 (11.126)과 (11.127)에서 형상함수는 공간변화율을 나타낸다. 라그랑지 방정식에서 필요한 미분항을 계산하면 다음과 같다.

$$\frac{\partial T}{\partial \dot{U}_{i1}} = \frac{\gamma}{2}\int_0^L 2S_{i1}(S_{i1}\dot{U}_{i1} + S_{i2}\dot{U}_{i2} + S_{j1}\dot{U}_{j1} + S_{j2}\dot{U}_{j2})dx \quad (11.128)$$

$$\frac{\partial T}{\partial \dot{U}_{i2}} = \frac{\gamma}{2}\int_0^L 2S_{i2}(S_{i1}\dot{U}_{i1} + S_{i2}\dot{U}_{i2} + S_{j1}\dot{U}_{j1} + S_{j2}\dot{U}_{j2})dx \quad (11.129)$$

$$\frac{\partial T}{\partial \dot{U}_{j1}} = \frac{\gamma}{2}\int_0^L 2S_{j1}(S_{i1}\dot{U}_{i1} + S_{i2}\dot{U}_{i2} + S_{j1}\dot{U}_{j1} + S_{j2}\dot{U}_{j2})dx \quad (11.130)$$

$$\frac{\partial T}{\partial \dot{U}_{j2}} = \frac{\gamma}{2}\int_0^L 2S_{j2}(S_{i1}\dot{U}_{i1} + S_{i2}\dot{U}_{i2} + S_{j1}\dot{U}_{j1} + S_{j2}\dot{U}_{j2})dx \quad (11.131)$$

라그랑지 방정식에서 필요한 $\dfrac{d}{dt}\left(\dfrac{\partial T}{\partial q_i}\right)$항을 계산하면 다음과 같다.

$$\frac{d}{dt}\left(\frac{\partial T}{\partial \dot{U}_{i1}}\right) = \gamma\left[\int_0^L S_{i1}(S_{i1}\ddot{U}_{i1} + S_{i2}\ddot{U}_{i2} + S_{j1}\ddot{U}_{j1} + S_{j2}\ddot{U}_{j2})\,dx\right] \quad (11.132)$$

$$\frac{d}{dt}\left(\frac{\partial T}{\partial \dot{U}_{i2}}\right) = \gamma\left[\int_0^L S_{i2}(S_{i1}\ddot{U}_{i1} + S_{i2}\ddot{U}_{i2} + S_{j1}\ddot{U}_{j1} + S_{j2}\ddot{U}_{j2})\,dx\right] \quad (11.133)$$

$$\frac{d}{dt}\left(\frac{\partial T}{\partial \dot{U}_{j1}}\right) = \gamma\left[\int_0^L S_{j1}(S_{i1}\ddot{U}_{i1} + S_{i2}\ddot{U}_{i2} + S_{j1}\ddot{U}_{j1} + S_{j2}\ddot{U}_{j2})\,dx\right] \quad (11.134)$$

$$\frac{d}{dt}\left(\frac{\partial T}{\partial \dot{U}_{j2}}\right) = \gamma\left[\int_0^L S_{j2}(S_{i1}\ddot{U}_{i1} + S_{i2}\ddot{U}_{i2} + S_{j1}\ddot{U}_{j1} + S_{j2}\ddot{U}_{j2})\,dx\right] \quad (11.135)$$

절점의 속도와 같이 절점 i, j의 가로방향 가속도(lateral acceleration)와 회전 가속도 $\ddot{U}_{i1}$, $\ddot{U}_{i2}$, $\ddot{U}_{j1}$, $\ddot{U}_{j2}$는 좌표 x에 대하여 독립적이며 오직 시간의 함수임에 유의해야 한다. 따라서 식 (11.132)부터 식 (11.135) 사이에서 절점 가속도는 적분 밖으로 빼낼 수 있으며, 형상함수의 곱에 대한 적분만 수행하면 된다. 이는 식 (11.132)에서 식 (11.135)까지 적분할 때 16개의 모든 적분을 수행하지 않아도 된다는 점을 지적하고자 한다. 적분 계산 중 일부는 동일하며, 그 부분을 제외한 반드시 수행해야 할 적분을 계산하면 다음과 같다.

$$\gamma\int_0^L S_{i1}^2\,dx = \gamma\int_0^L\left(1 - \frac{3x^2}{L^2} + \frac{2x^3}{L^3}\right)^2 dx = \frac{13\gamma L}{35} = \frac{13}{35}m \quad (11.136)$$

$$\gamma\int_0^L S_{i1}S_{i2}\,dx = \gamma\int_0^L\left(1 - \frac{3x^2}{L^2} + \frac{2x^3}{L^3}\right)\left(x - \frac{2x^2}{L} + \frac{x^3}{L^2}\right)dx = \frac{11\gamma L^2}{210} = \frac{11}{210}mL \quad (11.137)$$

$$\gamma\int_0^L S_{i1}S_{j1}\,dx = \gamma\int_0^L\left(1 - \frac{3x^2}{L^2} + \frac{2x^3}{L^3}\right)\left(\frac{3x^2}{L^2} - \frac{2x^3}{L^3}\right)dx = \frac{9\gamma L}{70} \quad (11.138)$$

$$\gamma\int_0^L S_{i1}S_{j2}\,dx = \gamma\int_0^L\left(1 - \frac{3x^2}{L^2} + \frac{2x^3}{L^3}\right)\left(-\frac{x^2}{L} + \frac{x^3}{L^2}\right)dx = -\frac{13\gamma L^2}{420} \quad (11.139)$$

$$\gamma\int_0^L S_{j2}^2\,dx = \gamma\int_0^L\left(-\frac{x^2}{L} + \frac{x^3}{L^2}\right)^2 dx = \frac{\gamma L^3}{105} \quad (11.140)$$

$$\gamma\int_0^L S_{j2}S_{j1}\,dx = \gamma\int_0^L\left(-\frac{x^2}{L} + \frac{x^3}{L^2}\right)\left(\frac{3x^2}{L^2} - \frac{2x^3}{L^3}\right)dx = -\frac{11\gamma L^2}{210} \quad (11.141)$$

적분 결과를 합치면 $[\boldsymbol{M}]\{\ddot{\boldsymbol{v}}\}$를 얻을 수 있으며, 여기서 보 요소의 질량행렬은 다음과 같다.

$$[\boldsymbol{M}]^{(e)} = \frac{\gamma L}{420}\begin{bmatrix} 156 & 22L & 54 & -13L \\ 22L & 4L^2 & 13L & -3L^2 \\ 54 & 13L & 156 & -22L \\ -13L & -3L^2 & -22L & 4L^2 \end{bmatrix} \tag{11.142}$$

이제 강성행렬을 살펴보려 한다. 4.2절에서 유도한 보 요소의 강성행렬을 다시 쓰면 다음과 같다.

$$[\boldsymbol{K}]^{(e)} = \frac{EI}{L^3}\begin{bmatrix} 12 & 6L & -12 & 6L \\ 6L & 4L^2 & -6L & 2L^2 \\ -12 & -6L & 12 & -6L \\ 6L & 2L^2 & -6L & 4L^2 \end{bmatrix} \tag{11.143}$$

지금부터는 프레임 요소에서 질량행렬의 유한요소 정식화를 다룰 것이며, 그 다음으로 예제 11.7을 통하여 진동하는 프레임의 유한요소 모델링에 대해서 설명할 것이다.

프레임 요소

4장에서 고려한 것처럼 용접이나 볼트 체결로 단단히(rigidly) 연결된 구조의 부재를 나타내는 프레임을 다시 고려하자. 이와 같은 구조에서는 회전과 가로방향 변위와 함께 축방향 변형도 고려되어야 한다. 앞에서 다루었던 그림 4.12의 프레임 요소를 다시 반복하여 살펴본다.

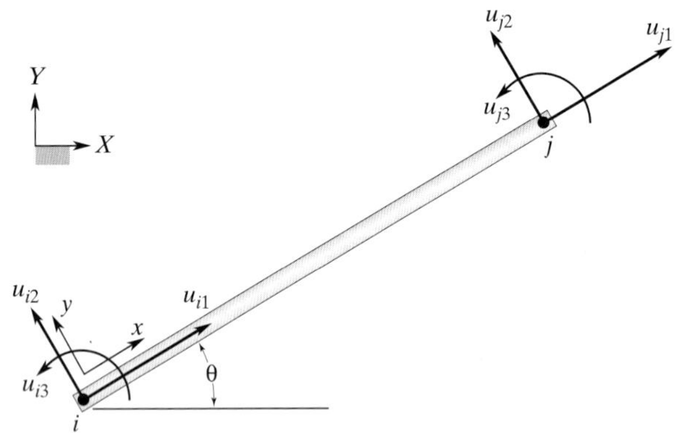

그림 4.12 프레임 요소

앞에서 보 요소의 질량행렬을 유도하였으며, 이 행렬에서 각 절점의 가로방향 변위와 회전은 다음과 같다.

$$[\boldsymbol{M}]^{(e)} = \frac{\gamma L}{420}\begin{bmatrix} 0 & 0 & 0 & 0 & 0 & 0 \\ 0 & 156 & 22L & 0 & 54 & -13L \\ 0 & 22L & 4L^2 & 0 & 13L & -3L^2 \\ 0 & 0 & 0 & 0 & 0 & 0 \\ 0 & 54 & 13L & 0 & 156 & -22L \\ 0 & -13L & -3L^2 & 0 & -22L & 4L^2 \end{bmatrix} \tag{11.144}$$

11.4절에서 유도한 부재의 축방향 운동에 대한 질량행렬은 다음과 같다.

$$[\boldsymbol{M}]^{(e)} = \frac{\gamma L}{6}\begin{bmatrix} 2 & 0 & 0 & 1 & 0 & 0 \\ 0 & 0 & 0 & 0 & 0 & 0 \\ 0 & 0 & 0 & 0 & 0 & 0 \\ 1 & 0 & 0 & 2 & 0 & 0 \\ 0 & 0 & 0 & 0 & 0 & 0 \\ 0 & 0 & 0 & 0 & 0 & 0 \end{bmatrix} = \frac{\gamma L}{420}\begin{bmatrix} 140 & 0 & 0 & 70 & 0 & 0 \\ 0 & 0 & 0 & 0 & 0 & 0 \\ 0 & 0 & 0 & 0 & 0 & 0 \\ 70 & 0 & 0 & 140 & 0 & 0 \\ 0 & 0 & 0 & 0 & 0 & 0 \\ 0 & 0 & 0 & 0 & 0 & 0 \end{bmatrix} \tag{11.145}$$

프레임 요소의 질량행렬은 식 (11.144)와 (11.145)를 합하여 얻을 수 있으며 다음과 같다.

$$[\boldsymbol{M}]^{(e)} = \frac{\gamma L}{420}\begin{bmatrix} 140 & 0 & 0 & 70 & 0 & 0 \\ 0 & 156 & 22L & 0 & 54 & -13L \\ 0 & 22L & 4L^2 & 0 & 13L & -3L^2 \\ 70 & 0 & 0 & 140 & 0 & 0 \\ 0 & 54 & 13L & 0 & 156 & -22L \\ 0 & -13L & -3L^2 & 0 & -22L & 4L^2 \end{bmatrix} \tag{11.146}$$

4.2절에서 유도한 프레임 요소의 강성행렬은 다음과 같다.

$$[\boldsymbol{K}]_{xy}^{(e)} = \begin{bmatrix} \frac{AE}{L} & 0 & 0 & -\frac{AE}{L} & 0 & 0 \\ 0 & \frac{12EI}{L^3} & \frac{6EI}{L^2} & 0 & -\frac{12EI}{L^3} & \frac{6EI}{L^2} \\ 0 & \frac{6EI}{L^2} & \frac{4EI}{L} & 0 & -\frac{6EI}{L^2} & \frac{2EI}{L} \\ -\frac{AE}{L} & 0 & 0 & \frac{AE}{L} & 0 & 0 \\ 0 & -\frac{12EI}{L^3} & -\frac{6EI}{L^2} & 0 & \frac{12EI}{L^3} & -\frac{6EI}{L^2} \\ 0 & \frac{6EI}{L^2} & \frac{2EI}{L} & 0 & -\frac{6EI}{L^2} & \frac{4EI}{L} \end{bmatrix} \tag{11.147}$$

4장에서 유한요소 모델의 정식화와 해석을 위하여 국부 좌표계와 전체 좌표계의 역할과 중요성에 대해서 논의하였다. 국부 자유도는 변환행렬을 통하여 전체 자유도와 다음과 같은 관계를 갖는다.

$$\{\boldsymbol{u}\} = [\boldsymbol{T}]\{\boldsymbol{U}\} \tag{11.148}$$

여기서 변환행렬은 다음과 같다.

$$[\boldsymbol{T}] = \begin{bmatrix} \cos\theta & \sin\theta & 0 & 0 & 0 & 0 \\ -\sin\theta & \cos\theta & 0 & 0 & 0 & 0 \\ 0 & 0 & 1 & 0 & 0 & 0 \\ 0 & 0 & 0 & \cos\theta & \sin\theta & 0 \\ 0 & 0 & 0 & -\sin\theta & \cos\theta & 0 \\ 0 & 0 & 0 & 0 & 0 & 1 \end{bmatrix} \tag{11.149}$$

요소의 국부 좌표계에서의 운동 방정식은 다음과 같다.

$$[\boldsymbol{M}]_{xy}^{(e)}\{\ddot{\boldsymbol{u}}\} + [\boldsymbol{K}]_{xy}^{(e)}\{\boldsymbol{u}\} = \{\boldsymbol{f}\}^{(e)} \tag{11.150}$$

국부 변위와 전체 변위의 관계식은 $\{\boldsymbol{u}\} = [\boldsymbol{T}]\{\boldsymbol{U}\}$이며, 국부 가속도와 전체 가속도의 관계식은 $\{\ddot{\boldsymbol{u}}\} = [\boldsymbol{T}]\{\ddot{\boldsymbol{U}}\}$이다. 또한 국부 좌표와 전체 좌표에서의 힘에 대한 관계식은 $\{\boldsymbol{f}\} = [\boldsymbol{T}]\{\boldsymbol{F}\}$이다. 식 (11.150)에 $\{\boldsymbol{u}\}$, $\{\ddot{\boldsymbol{u}}\}$, $\{\boldsymbol{f}\}$를 각각 대입하면, 다음 식을 얻을 수 있다.

$$[\boldsymbol{M}]_{xy}^{(e)}\overbrace{[\boldsymbol{T}]\{\ddot{\boldsymbol{U}}\}}^{\{\ddot{\boldsymbol{u}}\}} + [\boldsymbol{K}]_{xy}^{(e)}\overbrace{[\boldsymbol{T}]\{\boldsymbol{U}\}}^{\{\boldsymbol{u}\}} = \overbrace{[\boldsymbol{T}]\{\boldsymbol{F}\}^{(e)}}^{\{\boldsymbol{f}\}} \tag{11.151}$$

식 (11.151)에서 각 항의 앞에 $[\boldsymbol{T}]^{-1}$을 곱하면 다음 식을 얻을 수 있다.

$$[\boldsymbol{T}]^{-1}[\boldsymbol{M}]_{xy}^{(e)}[\boldsymbol{T}]\{\ddot{\boldsymbol{U}}\} + [\boldsymbol{T}]^{-1}[\boldsymbol{K}]_{xy}^{(e)}[\boldsymbol{T}]\{\boldsymbol{U}\} = [\boldsymbol{T}]^{-1}[\boldsymbol{T}]\{\boldsymbol{F}\}^{(e)} \tag{11.152}$$

변환행렬에서 $[\boldsymbol{T}]^{-1} = [\boldsymbol{T}]^T$임을 증명하는 것은 간단하며, 예제 11.6에 나타내었다. 이 관계식을 사용하여 식 (11.152)를 간략화하면 다음과 같다.

$$\overbrace{[\boldsymbol{T}]^T[\boldsymbol{M}]_{xy}^{(e)}[\boldsymbol{T}]}^{[\boldsymbol{M}]^{(e)}}\{\ddot{\boldsymbol{U}}\} + \overbrace{[\boldsymbol{T}]^T[\boldsymbol{K}]_{xy}^{(e)}[\boldsymbol{T}]}^{[\boldsymbol{K}]^{(e)}}\{\boldsymbol{U}\} = \{\boldsymbol{F}\}^{(e)} \tag{11.153}$$

따라서 전체 좌표의 운동 방정식을 얻을 수 있다.

$$[\boldsymbol{M}]^{(e)}\{\ddot{\boldsymbol{U}}\} + [\boldsymbol{K}]^{(e)}\{\boldsymbol{U}\} = \{\boldsymbol{F}\}^{(e)} \tag{11.154}$$

여기서

$$[\boldsymbol{M}]^{(e)} = [\boldsymbol{T}]^T[\boldsymbol{M}]_{xy}^{(e)}[\boldsymbol{T}] \tag{11.155}$$

그리고

$$[\boldsymbol{K}]^{(e)} = [\boldsymbol{T}]^T[\boldsymbol{K}]_{xy}^{(e)}[\boldsymbol{T}] \tag{11.156}$$

예제 11.7에서는 위의 식을 사용하여 보과 프레임의 고유 진동수를 구한다.

예제 11.6

$[\boldsymbol{T}]^{-1} = [\boldsymbol{T}]^T$임을 보여라. 다음 식으로 증명을 시작한다.

$$[\boldsymbol{T}]^T[\boldsymbol{T}] = [\boldsymbol{I}]$$

$$\begin{bmatrix} \cos\theta & -\sin\theta & 0 & 0 & 0 & 0 \\ \sin\theta & \cos\theta & 0 & 0 & 0 & 0 \\ 0 & 0 & 1 & 0 & 0 & 0 \\ 0 & 0 & 0 & \cos\theta & -\sin\theta & 0 \\ 0 & 0 & 0 & \sin\theta & \cos\theta & 0 \\ 0 & 0 & 0 & 0 & 0 & 1 \end{bmatrix}\begin{bmatrix} \cos\theta & \sin\theta & 0 & 0 & 0 & 0 \\ -\sin\theta & \cos\theta & 0 & 0 & 0 & 0 \\ 0 & 0 & 1 & 0 & 0 & 0 \\ 0 & 0 & 0 & \cos\theta & \sin\theta & 0 \\ 0 & 0 & 0 & -\sin\theta & \cos\theta & 0 \\ 0 & 0 & 0 & 0 & 0 & 1 \end{bmatrix} =$$

$$\begin{bmatrix} 1 & 0 & 0 & 0 & 0 & 0 \\ 0 & 1 & 0 & 0 & 0 & 0 \\ 0 & 0 & 1 & 0 & 0 & 0 \\ 0 & 0 & 0 & 1 & 0 & 0 \\ 0 & 0 & 0 & 0 & 1 & 0 \\ 0 & 0 & 0 & 0 & 0 & 1 \end{bmatrix}$$

결과를 단순화하기 위하여 $\cos^2\theta + \sin^2\theta = 1$의 관계식이 사용되었다. $[\boldsymbol{T}]^{-1}[\boldsymbol{T}] = [\boldsymbol{I}]$이며 $[\boldsymbol{T}]^T[\boldsymbol{T}] = [\boldsymbol{I}]$는 앞에서 증명되었다. 그러므로 $[\boldsymbol{T}]^{-1} = [\boldsymbol{T}]^T$는 반드시 성립된다.

예제 11.7

그림 11.31의 프레임을 고려하자. 이 프레임은 강철로 만들어졌으며, 탄성계수 $E = 30 \times 10^6$ lb/in^{2}이다. 부재의 단면적과, 면적의 2차 모멘트를 그림에 나타내었다. 프레임은 그림에서와 같이 고정되어 있으며, 3개의 요소를 사용한 모델의 고유 진동수를 구하고자 한다. 부재 (1)과 (3)은 W12 × 26 강철보이며, 부재 (2)는 W16 × 26 강철보이다.

단위길이의 질량은 다음과 같다.

$$\gamma = \frac{26 \text{ lb}}{(12 \text{ in})(32.2 \text{ ft/s}^2)(12 \text{ in/ft})} = 0.0056 \text{ lb.s}^2/\text{in}^2$$

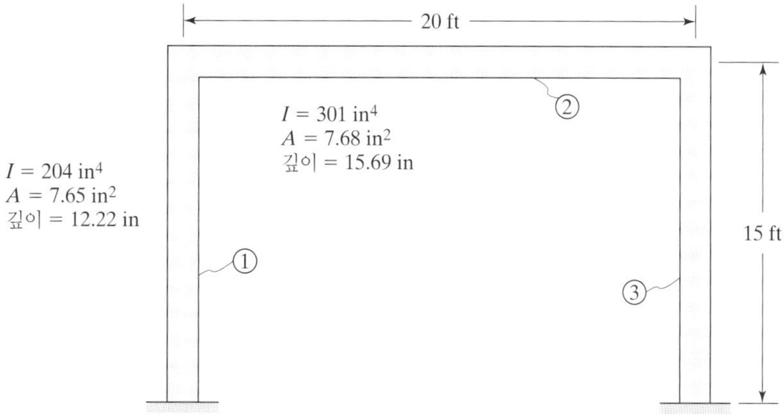

그림 11.31 예제 11.7의 프레임

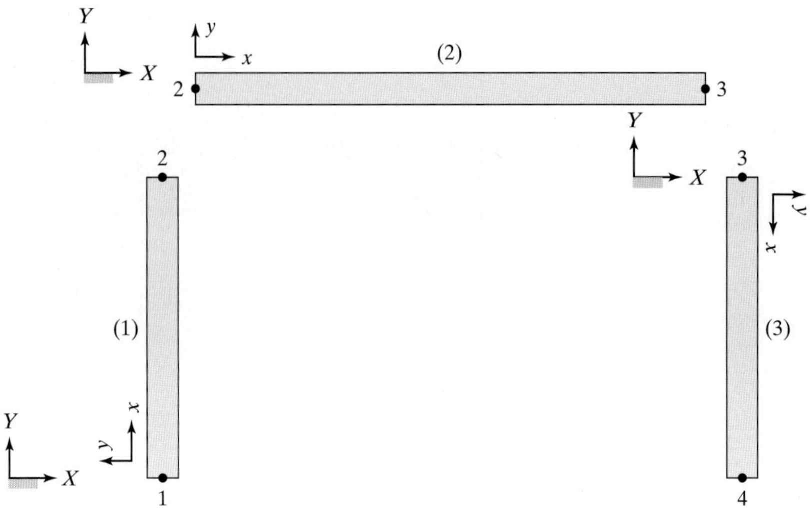

그림 11.32 요소 (1), (2), (3)의 상대적 배치

각 요소의 국부 좌표계와 전체 좌표계와의 관계는 그림 11.32에 나타내었다. 요소 (1)과 (3)의 강성행렬의 강성값을 계산하면 다음과 같다.

$$\frac{AE}{L} = \frac{(7.65\ \text{in}^2)(30 \times 10^6\ \text{lb/in}^2)}{(15\ \text{ft})(12\ \text{in/ft})} = 1{,}275{,}000\ \text{lb/in}$$

$$\frac{12EI}{L^3} = \frac{(12)(30 \times 10^6\ \text{lb/in}^2)(204\ \text{in}^4)}{((15\ \text{ft})(12\ \text{in/ft}))^3} = 12{,}592\ \text{lb/in}$$

$$\frac{6EI}{L^2} = \frac{(6)(30 \times 10^6\ \text{lb/in}^2)(204\ \text{in}^4)}{((15\ \text{ft})(12\ \text{in/ft}))^2} = 1{,}133{,}333\ \text{lb}$$

$$\frac{2EI}{L} = \frac{(2)(30 \times 10^6\ \text{lb/in}^2)(204\ \text{in}^4)}{(15\ \text{ft})(12\ \text{in/ft})} = 68{,}000{,}000\ \text{lb.in}$$

$$\frac{4EI}{L} = \frac{(4)(30 \times 10^6\ \text{lb/in}^2)(204\ \text{in}^4)}{(15\ \text{ft})(12\ \text{in/ft})} = 136{,}000{,}000\ \text{lb.in}$$

요소 (1)과 (3)의 국부 강성행렬은 다음과 같다.

$$[K]_{xy}^{(1)} = [K]_{xy}^{(3)} = \begin{bmatrix} \frac{AE}{L} & 0 & 0 & -\frac{AE}{L} & 0 & 0 \\ 0 & \frac{12EI}{L^3} & \frac{6EI}{L^2} & 0 & -\frac{12EI}{L^3} & \frac{6EI}{L^2} \\ 0 & \frac{6EI}{L^2} & \frac{4EI}{L} & 0 & -\frac{6EI}{L^2} & \frac{2EI}{L} \\ -\frac{AE}{L} & 0 & 0 & \frac{AE}{L} & 0 & 0 \\ 0 & -\frac{12EI}{L^3} & -\frac{6EI}{L^2} & 0 & \frac{12EI}{L^3} & -\frac{6EI}{L^2} \\ 0 & \frac{6EI}{L^2} & \frac{2EI}{L} & 0 & -\frac{6EI}{L^2} & \frac{4EI}{L} \end{bmatrix}$$

$$= 10^3 \begin{bmatrix} 1275 & 0 & 0 & -1275 & 0 & 0 \\ 0 & 12.592 & 1133.333 & 0 & -12.592 & 1133.333 \\ 0 & 1133.333 & 136000 & 0 & -1133.333 & 68000 \\ -1275 & 0 & 0 & 1275 & 0 & 0 \\ 0 & -12.592 & -1133.333 & 0 & 12.592 & -1133.333 \\ 0 & 1133.333 & 68000 & 0 & -1133.333 & 136000 \end{bmatrix}$$

요소 (1)과 (3)의 국부 질량행렬은 다음과 같다.

$$[\boldsymbol{M}]_{xy}^{(1)} = [\boldsymbol{M}]_{xy}^{(3)} = \frac{\gamma L}{420} \begin{bmatrix} 140 & 0 & 0 & 70 & 0 & 0 \\ 0 & 156 & 22L & 0 & 54 & -13L \\ 0 & 22L & 4L^2 & 0 & 13L & -3L^2 \\ 70 & 0 & 0 & 140 & 0 & 0 \\ 0 & 54 & 13L & 0 & 156 & -22L \\ 0 & -13L & -3L^2 & 0 & -22L & 4L^2 \end{bmatrix}$$

$$= \frac{(0.0056 \text{ lb.s}^2/\text{in}^2)(15 \text{ ft})(12 \text{ in/ft})}{420} \times$$

$$\begin{bmatrix} 140 & 0 & 0 & 70 & 0 & 0 \\ 0 & 156 & (22)(15)(12) & 0 & 54 & -(13)(15)(12) \\ 0 & (22)(15)(12) & (4)((15)(12))^2 & 0 & (13)(15)(12) & -(3)((15)(12))^2 \\ 70 & 0 & 0 & 140 & 0 & 0 \\ 0 & 54 & (13)(15)(12) & 0 & 156 & -(22)(15)(12) \\ 0 & -(13)(15)(12) & -(3)((15)(12))^2 & 0 & -(22)(15)(12) & (4)((15)(12))^2 \end{bmatrix}$$

$$[\boldsymbol{M}]_{xy}^{(1)} = [\boldsymbol{M}]_{xy}^{(3)} = 0.0024 \begin{bmatrix} 140 & 0 & 0 & 70 & 0 & 0 \\ 0 & 156 & 3960 & 0 & 54 & -2340 \\ 0 & 3960 & 129600 & 0 & 2340 & -97200 \\ 70 & 0 & 0 & 140 & 0 & 0 \\ 0 & 54 & 2340 & 0 & 156 & -3960 \\ 0 & -2340 & -97200 & 0 & -3960 & 129600 \end{bmatrix}$$

요소 (1)의 변환행렬과 변환행렬의 전치행렬은 다음과 같다.

$$[\boldsymbol{T}] = \begin{bmatrix} \cos(90) & \sin(90) & 0 & 0 & 0 & 0 \\ -\sin(90) & \cos(90) & 0 & 0 & 0 & 0 \\ 0 & 0 & 1 & 0 & 0 & 0 \\ 0 & 0 & 0 & \cos(90) & \sin(90) & 0 \\ 0 & 0 & 0 & -\sin(90) & \cos(90) & 0 \\ 0 & 0 & 0 & 0 & 0 & 1 \end{bmatrix} = \begin{bmatrix} 0 & 1 & 0 & 0 & 0 & 0 \\ -1 & 0 & 0 & 0 & 0 & 0 \\ 0 & 0 & 1 & 0 & 0 & 0 \\ 0 & 0 & 0 & 0 & 1 & 0 \\ 0 & 0 & 0 & -1 & 0 & 0 \\ 0 & 0 & 0 & 0 & 0 & 1 \end{bmatrix}$$

$$[\boldsymbol{T}]^T = \begin{bmatrix} 0 & -1 & 0 & 0 & 0 & 0 \\ 1 & 0 & 0 & 0 & 0 & 0 \\ 0 & 0 & 1 & 0 & 0 & 0 \\ 0 & 0 & 0 & 0 & -1 & 0 \\ 0 & 0 & 0 & 1 & 0 & 0 \\ 0 & 0 & 0 & 0 & 0 & 1 \end{bmatrix}$$

요소 (3)의 변환행렬과 변환행렬의 전치행렬은 다음과 같다.

$$[\boldsymbol{T}]=\begin{bmatrix} \cos(270) & \sin(270) & 0 & 0 & 0 & 0 \\ -\sin(270) & \cos(270) & 0 & 0 & 0 & 0 \\ 0 & 0 & 1 & 0 & 0 & 0 \\ 0 & 0 & 0 & \cos(270) & \sin(270) & 0 \\ 0 & 0 & 0 & -\sin(270) & \cos(270) & 0 \\ 0 & 0 & 0 & 0 & 0 & 1 \end{bmatrix}=\begin{bmatrix} 0 & -1 & 0 & 0 & 0 & 0 \\ 1 & 0 & 0 & 0 & 0 & 0 \\ 0 & 0 & 1 & 0 & 0 & 0 \\ 0 & 0 & 0 & 0 & -1 & 0 \\ 0 & 0 & 0 & 1 & 0 & 0 \\ 0 & 0 & 0 & 0 & 0 & 1 \end{bmatrix}$$

$$[\boldsymbol{T}]^T=\begin{bmatrix} 0 & 1 & 0 & 0 & 0 & 0 \\ -1 & 0 & 0 & 0 & 0 & 0 \\ 0 & 0 & 1 & 0 & 0 & 0 \\ 0 & 0 & 0 & 0 & 1 & 0 \\ 0 & 0 & 0 & -1 & 0 & 0 \\ 0 & 0 & 0 & 0 & 0 & 1 \end{bmatrix}$$

식 (11.156)에 $[\boldsymbol{T}]^T$, $[\boldsymbol{K}]^{(1)}_{xy}$, $[\boldsymbol{T}]$를 각각 대입하면 다음과 같다.

$$[\boldsymbol{K}]^{(1)}=10^3\begin{bmatrix} 0 & -1 & 0 & 0 & 0 & 0 \\ 1 & 0 & 0 & 0 & 0 & 0 \\ 0 & 0 & 1 & 0 & 0 & 0 \\ 0 & 0 & 0 & 0 & -1 & 0 \\ 0 & 0 & 0 & 1 & 0 & 0 \\ 0 & 0 & 0 & 0 & 0 & 1 \end{bmatrix}\begin{bmatrix} 1275 & 0 & 0 & -1275 & 0 & 0 \\ 0 & 12.592 & 1133.333 & 0 & -12.592 & 1133.333 \\ 0 & 1133.333 & 136000 & 0 & -1133.333 & 68000 \\ -1275 & 0 & 0 & 1275 & 0 & 0 \\ 0 & -12.592 & -1133.333 & 0 & 12.592 & -1133.333 \\ 0 & 1133.333 & 68000 & 0 & -1133.333 & 136000 \end{bmatrix}$$

$$\begin{bmatrix} 0 & 1 & 0 & 0 & 0 & 0 \\ -1 & 0 & 0 & 0 & 0 & 0 \\ 0 & 0 & 1 & 0 & 0 & 0 \\ 0 & 0 & 0 & 0 & 1 & 0 \\ 0 & 0 & 0 & -1 & 0 & 0 \\ 0 & 0 & 0 & 0 & 0 & 1 \end{bmatrix}$$

$$[\boldsymbol{K}]^{(1)}=10^3\begin{bmatrix} 12.592 & 0 & -1133.33 & -12.592 & 0 & -1133.333 \\ 0 & 1275 & 0 & 0 & -1275 & 0 \\ -1133.33 & 0 & 136000 & 1133.333 & 0 & 68000 \\ -12.592 & 0 & 133.333 & 12.59 & 0 & 1133.333 \\ 0 & -1275 & 0 & 0 & 1275 & 0 \\ -1133.333 & 0 & 68000 & 1133.33 & 0 & 136000 \end{bmatrix}$$

식 (11.155)에 $[\boldsymbol{T}]^T$, $[\boldsymbol{M}]^{(1)}_{xy}$, $[\boldsymbol{T}]$를 각각 대입하면 다음과 같다.

$$[\boldsymbol{M}]^{(1)} = 0.0024\begin{bmatrix} 0 & -1 & 0 & 0 & 0 & 0 \\ 1 & 0 & 0 & 0 & 0 & 0 \\ 0 & 0 & 1 & 0 & 0 & 0 \\ 0 & 0 & 0 & 0 & -1 & 0 \\ 0 & 0 & 0 & 1 & 0 & 0 \\ 0 & 0 & 0 & 0 & 0 & 1 \end{bmatrix} \begin{bmatrix} 140 & 0 & 0 & 70 & 0 & 0 \\ 0 & 156 & 3960 & 0 & 54 & -2340 \\ 0 & 3960 & 129600 & 0 & 2340 & -97200 \\ 70 & 0 & 0 & 140 & 0 & 0 \\ 0 & 54 & 2340 & 0 & 156 & -3960 \\ 0 & -2340 & -97200 & 0 & -3960 & 129600 \end{bmatrix} \begin{bmatrix} 0 & 1 & 0 & 0 & 0 & 0 \\ -1 & 0 & 0 & 0 & 0 & 0 \\ 0 & 0 & 1 & 0 & 0 & 0 \\ 0 & 0 & 0 & 0 & 1 & 0 \\ 0 & 0 & 0 & -1 & 0 & 0 \\ 0 & 0 & 0 & 0 & 0 & 1 \end{bmatrix}$$

$$[\boldsymbol{M}]^{(1)} = 0.0024\begin{bmatrix} 156 & 0 & -3960 & 54 & 0 & 2340 \\ 0 & 140 & 0 & 0 & 70 & 0 \\ -3960 & 0 & 129600 & -2340 & 0 & -97200 \\ 54 & 0 & -2340 & 156 & 0 & 3960 \\ 0 & 70 & 0 & 0 & 140 & 0 \\ 2340 & 0 & -97200 & 3960 & 0 & 129600 \end{bmatrix}$$

유사한 방법으로 요소 (3)의 강성행렬과 질량행렬을 계산하면 다음과 같다.

$$[\boldsymbol{K}]^{(3)} = 10^3\begin{bmatrix} 0 & 1 & 0 & 0 & 0 & 0 \\ -1 & 0 & 0 & 0 & 0 & 0 \\ 0 & 0 & 1 & 0 & 0 & 0 \\ 0 & 0 & 0 & 0 & 1 & 0 \\ 0 & 0 & 0 & -1 & 0 & 0 \\ 0 & 0 & 0 & 0 & 0 & 1 \end{bmatrix} \begin{bmatrix} 1275 & 0 & 0 & -1275 & 0 & 0 \\ 0 & 12.592 & 1133.333 & 0 & -12.592 & 1133.333 \\ 0 & 1133.333 & 136000 & 0 & -1133.333 & 68000 \\ -1275 & 0 & 0 & 1275 & 0 & 0 \\ 0 & -12.592 & -1133.333 & 0 & 12.592 & -1133.333 \\ 0 & 1133.333 & 68000 & 0 & -1133.333 & 136000 \end{bmatrix} \begin{bmatrix} 0 & -1 & 0 & 0 & 0 & 0 \\ 1 & 0 & 0 & 0 & 0 & 0 \\ 0 & 0 & 1 & 0 & 0 & 0 \\ 0 & 0 & 0 & 0 & -1 & 0 \\ 0 & 0 & 0 & 1 & 0 & 0 \\ 0 & 0 & 0 & 0 & 0 & 1 \end{bmatrix}$$

$$[\boldsymbol{K}]^{(3)} = 10^3\begin{bmatrix} 12.592 & 0 & 1133.33 & -12.592 & 0 & 1133.333 \\ 0 & 1275 & 0 & 0 & -1275 & 0 \\ 1133.33 & 0 & 136000 & -1133.333 & 0 & 68000 \\ -12.592 & 0 & -133.333 & 12.59 & 0 & -1133.333 \\ 0 & -1275 & 0 & 0 & 1275 & 0 \\ 1133.333 & 0 & 68000 & -1133.33 & 0 & 136000 \end{bmatrix}$$

$$[\boldsymbol{M}]^{(3)} = 0.0024\begin{bmatrix} 0 & 1 & 0 & 0 & 0 & 0 \\ -1 & 0 & 0 & 0 & 0 & 0 \\ 0 & 0 & 1 & 0 & 0 & 0 \\ 0 & 0 & 0 & 0 & 1 & 0 \\ 0 & 0 & 0 & -1 & 0 & 0 \\ 0 & 0 & 0 & 0 & 0 & 1 \end{bmatrix}$$

$$\begin{bmatrix} 140 & 0 & 0 & 70 & 0 & 0 \\ 0 & 156 & 3960 & 0 & 54 & -2340 \\ 0 & 3960 & 129600 & 0 & 2340 & -97200 \\ 70 & 0 & 0 & 140 & 0 & 0 \\ 0 & 54 & 2340 & 0 & 156 & -3960 \\ 0 & -2340 & -97200 & 0 & -3960 & 129600 \end{bmatrix} \begin{bmatrix} 0 & -1 & 0 & 0 & 0 & 0 \\ 1 & 0 & 0 & 0 & 0 & 0 \\ 0 & 0 & 1 & 0 & 0 & 0 \\ 0 & 0 & 0 & 0 & -1 & 0 \\ 0 & 0 & 0 & 1 & 0 & 0 \\ 0 & 0 & 0 & 0 & 0 & 1 \end{bmatrix}$$

$$[\boldsymbol{M}]^{(3)} = 0.0024 \begin{bmatrix} 156 & 0 & 3960 & 54 & 0 & -2340 \\ 0 & 140 & 0 & 0 & 70 & 0 \\ 3960 & 0 & 129600 & 2340 & 0 & -97200 \\ 54 & 0 & 2340 & 156 & 0 & -39600 \\ 0 & 70 & 0 & 0 & 140 & 0 \\ -2340 & 0 & -97200 & -3960 & 0 & 129600 \end{bmatrix}$$

요소 (2)의 강성값을 계산하면 다음과 같다.

$$\frac{AE}{L} = \frac{(7.68\ \text{in}^2)(30 \times 10^6\ \text{lb/in}^2)}{(20\ \text{ft})(12\ \text{in/ft})} = 960{,}000\ \text{lb/in}$$

$$\frac{12EI}{L^3} = \frac{(12)(30 \times 10^6\ \text{lb/in}^2)(301\ \text{in}^4)}{((20\ \text{ft})(12\ \text{in/ft}))^3} = 7838\ \text{lb/in}$$

$$\frac{6EI}{L^2} = \frac{(6)(30 \times 10^6\ \text{lb/in}^2)(301\ \text{in}^4)}{((20\ \text{ft})(12\ \text{in/ft}))^2} = 940{,}625\ \text{lb}$$

$$\frac{2EI}{L} = \frac{(2)(30 \times 10^6\ \text{lb/in}^2)(301\ \text{in}^4)}{(20\ \text{ft})(12\ \text{in/ft})} = 75{,}250{,}000\ \text{lb.in}$$

$$\frac{4EI}{L} = \frac{(4)(30 \times 10^6\ \text{lb/in}^2)(301\ \text{in}^4)}{(20\ \text{ft})(12\ \text{in/ft})} = 150{,}500{,}000\ \text{lb.in}$$

요소 (2)의 국부 좌표계와 전체 좌표계는 같은 방향에 위치하므로 강성행렬은 다음과 같다.

$$[\boldsymbol{K}]^{(2)} = \begin{bmatrix} \frac{AE}{L} & 0 & 0 & -\frac{AE}{L} & 0 & 0 \\ 0 & \frac{12EI}{L^3} & \frac{6EI}{L^2} & 0 & -\frac{12EI}{L^3} & \frac{6EI}{L^2} \\ 0 & \frac{6EI}{L^2} & \frac{4EI}{L} & 0 & -\frac{6EI}{L^2} & \frac{2EI}{L} \\ -\frac{AE}{L} & 0 & 0 & \frac{AE}{L} & 0 & 0 \\ 0 & -\frac{12EI}{L^3} & -\frac{6EI}{L^2} & 0 & \frac{12EI}{L^3} & -\frac{6EI}{L^2} \\ 0 & \frac{6EI}{L^2} & \frac{2EI}{L} & 0 & -\frac{6EI}{L^2} & \frac{4EI}{L} \end{bmatrix} =$$

$$10^3 \begin{bmatrix} 960 & 0 & 0 & -960 & 0 & 0 \\ 0 & 7.838 & 940.625 & 0 & -7.838 & 940.625 \\ 0 & 940.625 & 150500 & 0 & -940.625 & 75250 \\ -960 & 0 & 0 & 960 & 0 & 0 \\ 0 & -7.838 & -940.625 & 0 & 7.838 & -940.625 \\ 0 & 940.625 & 75250 & 0 & -940.625 & 150500 \end{bmatrix}$$

요소 (2)의 질량행렬은 다음과 같다.

$$[\boldsymbol{M}]^{(2)} = \frac{\gamma L}{420} \begin{bmatrix} 140 & 0 & 0 & 70 & 0 & 0 \\ 0 & 156 & 22L & 0 & 54 & -13L \\ 0 & 22L & 4L^2 & 0 & 13L & -3L^2 \\ 70 & 0 & 0 & 140 & 0 & 0 \\ 0 & 54 & 13L & 0 & 156 & -22L \\ 0 & -13L & -3L^2 & 0 & -22L & 4L^2 \end{bmatrix} = \frac{(0.0056\ \mathrm{lb.s^2/in^2})(20\ \mathrm{ft})(12\ \mathrm{in/ft})}{420}$$

$$\begin{bmatrix} 140 & 0 & 0 & 70 & 0 & 0 \\ 0 & 156 & (22)(20)(12) & 0 & 54 & -(13)(20)(12) \\ 0 & (22)(20)(12) & (4)((20)(12))^2 & 0 & (13)(20)(12) & -(3)((20)(12))^2 \\ 70 & 0 & 0 & 140 & 0 & 0 \\ 0 & 54 & (13)(20)(12) & 0 & 156 & -(22)(20)(12) \\ 0 & -(13)(20)(12) & -(3)((20)(12))^2 & 0 & -(22)(20)(12) & (4)((20)(12))^2 \end{bmatrix}$$

$$[\boldsymbol{M}]^{(2)} = 0.0032 \begin{bmatrix} 140 & 0 & 0 & 70 & 0 & 0 \\ 0 & 156 & 5280 & 0 & 54 & -3120 \\ 0 & 5280 & 230400 & 0 & 3120 & -172800 \\ 70 & 0 & 0 & 140 & 0 & 0 \\ 0 & 54 & 3120 & 0 & 156 & -5280 \\ 0 & -3120 & -172800 & 0 & -5280 & 230400 \end{bmatrix}$$

다음으로 전체 강성행렬과 질량행렬을 조합하면 다음과 같다.

$$[K]^{(G)} = 10^3 \begin{bmatrix} 12.59 & 0 & -1133.333 & -12.59 & 0 & -1133.333 \\ 0 & 1275 & 0 & 0 & -1275 & 0 \\ -1133.333 & 0 & 136000 & 1133.333 & 0 & 68000 \\ -12.59 & 0 & 113.333 & 972.59 & 0 & 1133.33 \\ 0 & -1275 & 0 & 0 & 1282.84 & 940.63 \\ -1133.333 & 0 & 68000 & 1133.333 & 940.63 & 286500 \\ 0 & 0 & 0 & -960 & 0 & 0 \\ 0 & 0 & 0 & 0 & -7.84 & -940.63 \\ 0 & 0 & 0 & 0 & 940.63 & 75250 \\ 0 & 0 & 0 & 0 & 0 & 0 \\ 0 & 0 & 0 & 0 & 0 & 0 \\ 0 & 0 & 0 & 0 & 0 & 0 \end{bmatrix}$$

$$
\begin{matrix}
0 & 0 & 0 & 0 & 0 & 0 \\
0 & 0 & 0 & 0 & 0 & 0 \\
0 & 0 & 0 & 0 & 0 & 0 \\
-960 & 0 & 0 & 0 & 0 & 0 \\
0 & -7.84 & 940.63 & 0 & 0 & 0 \\
0 & -940.63 & 75250 & 0 & 0 & 0 \\
972.59 & 0 & 1133.33 & -12.59 & 0 & 1133.333 \\
0 & 1282.84 & -940.63 & 0 & -1275 & 0 \\
1133.33 & -940.63 & 286500 & -1133.33 & 0 & 68000 \\
-12.59 & 0 & -1133.33 & 12.59 & 0 & -1133.333 \\
0 & -1275 & 0 & 0 & 1275 & 0 \\
1133.33 & 0 & 68000 & -1133.33 & 0 & 136000
\end{matrix}
\Bigg]
$$

$$
[M]^{(G)} = \begin{bmatrix}
0.37 & 0 & -9.50 & 0.13 & 0 & 5.62 & 0 & 0 & 0 & 0 & 0 & 0 \\
0 & 0.34 & 0 & 0 & 0.17 & 0 & 0 & 0 & 0 & 0 & 0 & 0 \\
-9.50 & 0 & 311.04 & -5.62 & 0 & -233.28 & 0 & 0 & 0 & 0 & 0 & 0 \\
0.13 & 0 & -5.62 & 0.82 & 0 & 9.50 & 0.22 & 0 & 0 & 0 & 0 & 0 \\
0 & 0.17 & 0 & 0 & 0.84 & 16.90 & 0 & 0.17 & -9.98 & 0 & 0 & 0 \\
5.62 & 0 & -233.28 & 9.50 & 16.90 & 1048.32 & 0 & 9.98 & -552.96 & 0 & 0 & 0 \\
0 & 0 & 0 & 0.22 & 0 & 0 & 0.82 & 0 & 9.50 & 0.13 & 0 & -5.62 \\
0 & 0 & 0 & 0 & 0.17 & 9.98 & 0 & 0.84 & -16.90 & 0 & 0.17 & 0 \\
0 & 0 & 0 & 0 & -9.98 & -552.96 & 9.50 & -16.90 & 1048.32 & 5.62 & 0 & -233.28 \\
0 & 0 & 0 & 0 & 0 & 0 & 0.13 & 0 & 5.62 & 0.37 & 0 & -9.50 \\
0 & 0 & 0 & 0 & 0 & 0 & 0 & 0.17 & 0 & 0 & 0.34 & 0 \\
0 & 0 & 0 & 0 & 0 & 0 & -5.62 & 0 & -233.28 & -9.50 & 0 & 311.04
\end{bmatrix}
$$

경계조건을 적용하면 전체 강성행렬과 질량행렬은 다음과 같이 줄일 수 있다.

$$
[K]^{(G)} = 10^3 \begin{bmatrix}
972.59 & 0 & 1133.33 & -960 & 0 & 0 \\
0 & 1282.84 & 940.63 & 0 & -7.84 & 940.63 \\
1133.33 & 940.63 & 286500 & 0 & -940.63 & 75250 \\
-960 & 0 & 0 & 972.59 & 0 & 1133.33 \\
0 & -7.84 & -940.63 & 0 & 1282.84 & -940.63 \\
0 & 940.63 & 75250 & 1133.33 & -940.63 & 286500
\end{bmatrix}
$$

$$
[\boldsymbol{M}]^{(G)} = \begin{bmatrix}
0.82 & 0 & 9.50 & 0.22 & 0 & 0 \\
0 & 0.84 & 16.90 & 0 & 0.17 & -9.98 \\
9.50 & 16.90 & 1048.32 & 0 & 9.98 & -552.96 \\
0.22 & 0 & 0 & 0.82 & 0 & 9.50 \\
0 & 0.17 & 9.98 & 0 & 0.84 & -16.90 \\
0 & -9.98 & -552.96 & 9.50 & -16.90 & 1048.32
\end{bmatrix}
$$

$[\boldsymbol{M}]^{-1}[\boldsymbol{K}]\{\boldsymbol{U}\} = \omega^2\{\boldsymbol{U}\}$를 계산하여 얻은 고유치는 다음과 같다.

$$
\omega_1 = 95 \text{ rad/s} \quad \omega_2 = 355 \text{ rad/s} \quad \omega_3 = 893 \text{ rad/s}
$$
$$
\omega_4 = 1460 \text{ rad/s} \quad \omega_5 = 1570 \text{ rad/s} \quad \omega_6 = 2100 \text{ rad/s}
$$

11.6 ANSYS를 이용한 예제

이 절에서는 ANSYS를 이용하여 두 가지 문제를 풀어보고자 한다. 먼저 예제 11.7에서 직사각형 단면을 갖는 직선 부재의 고유진동에 대하여 고려하겠다. 앞 절에서 살펴본 식들과 같이 진동하는 막대, 보, 그리고 프레임 요소들의 강성행렬은 정적 문제와 같다. 그러나 진동 문제에서 질량행렬을 계산하기 위해서는 재료 모델의 밀도값을 반드시 추가해야 한다. 그러므로 동적 문제를 모델링할 때 요소의 선택을 포함한 전처리 단계는 정적 문제와 동일하다. 문제의 해를 구하는 동안 동적 해석의 종류를 반드시 선택해야 한다.

예제 11.7 재론

예제 11.7의 그림 11.31과 같은 프레임을 고려해 보자. 프레임은 $E = 30 \times 10^6$ lb/in^{2}인 강철로 만들어졌다. 부재의 단면적과 면적의 2차 모멘트는 그림에 주어져 있다. 프레임은 그림과 같이 고정되어 있으며, 이것의 3개의 요소 모델을 이용하여 물체의 고유 진동수를 구하고자 한다. 부재 (1), (3)은 W12 × 26인 강철보이고, 부재 (2)는 W16 × 26의 강철보이다.

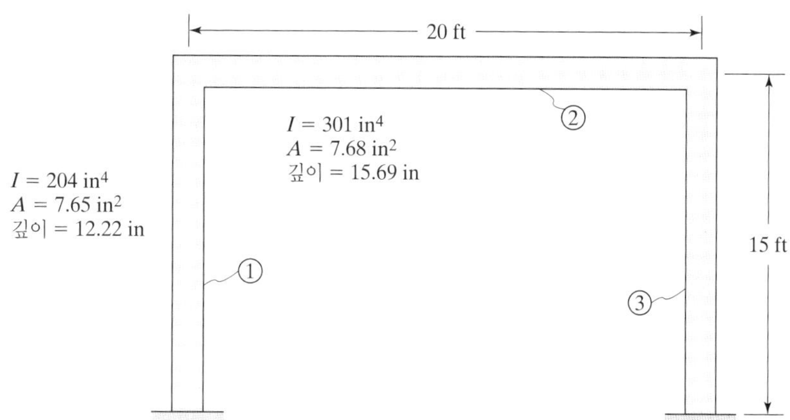

시작메뉴를 사용하여 **ANSYS** 프로그램을 실행시킨다. 대화상자의 **Jobname** 입력란에 **Osciframe**(또는 원하는 파일명)을 입력한다. GUI를 실행하기 위해 **Run**을 선택한다.

문제에 대한 제목을 입력하기 위해서 다음 명령들을 따른다.

utility menu: **File** → **Change Title** . . .

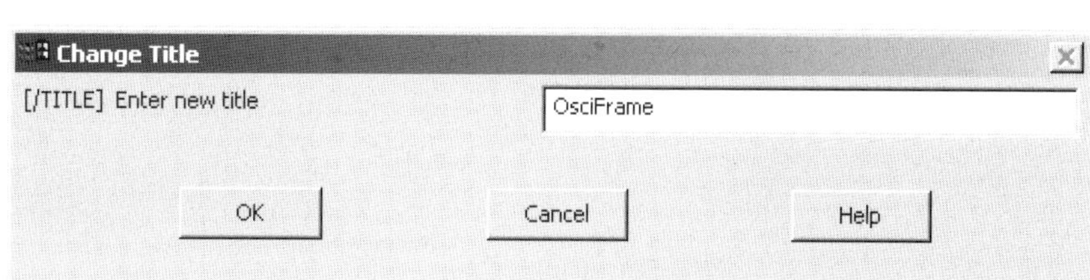

main menu: **Preprocessor → Element Type → Add/Edit/Delete**

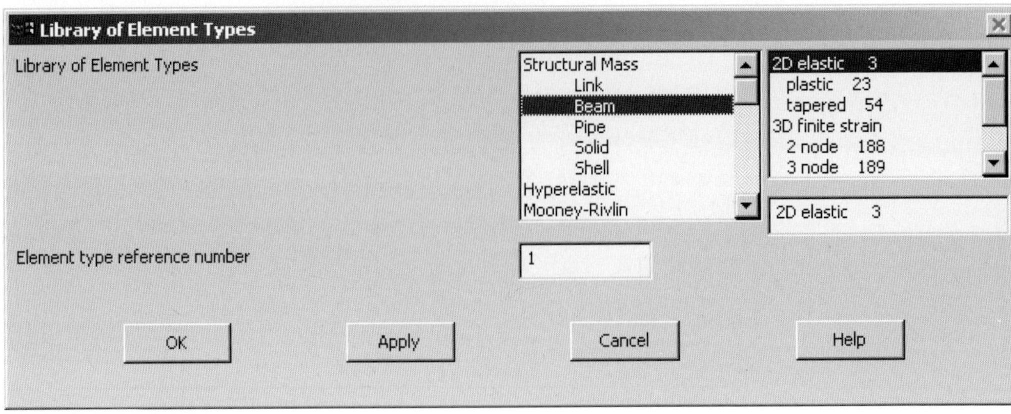

OK

다음 명령으로 부재의 물성치를 입력한다.

main menu: **Preprocessor → Real Constants → Add/Edit/Delete**

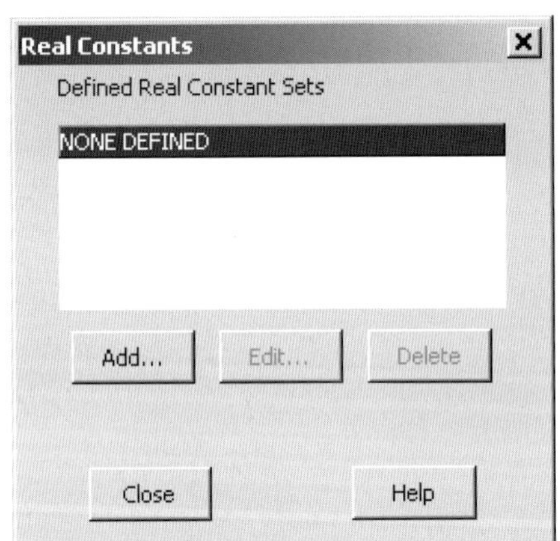

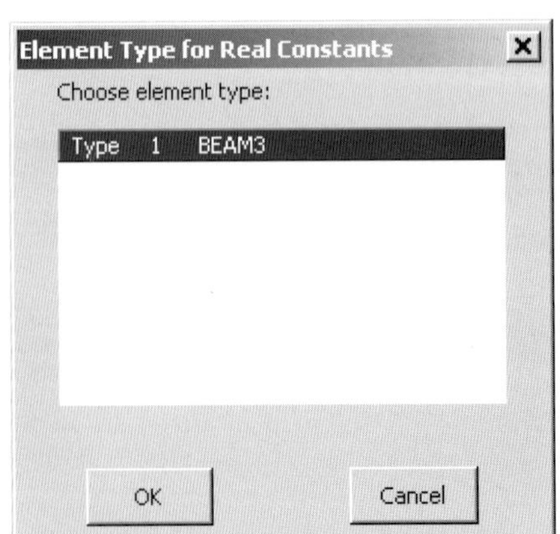

OK

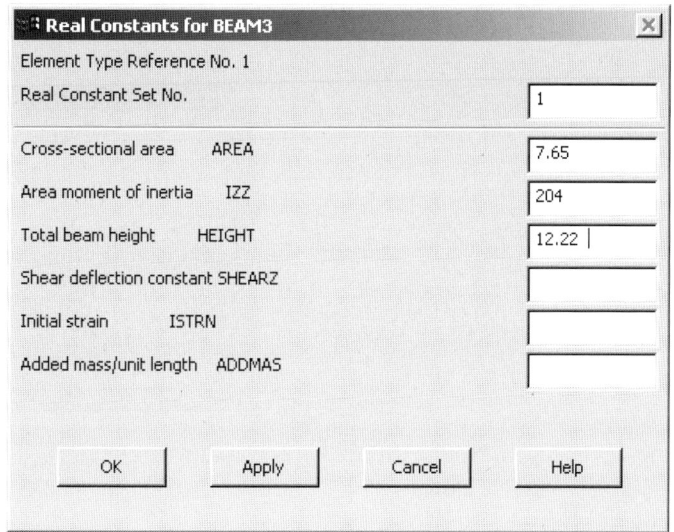
Real Constants for BEAM3
Element Type Reference No. 1
Real Constant Set No.
1
Cross-sectional area AREA
7.65
Area moment of inertia IZZ
204
Total beam height HEIGHT
12.22
Shear deflection constant SHEARZ
Initial strain ISTRN
Added mass/unit length ADDMAS
OK
Apply
Cancel
Help

Apply

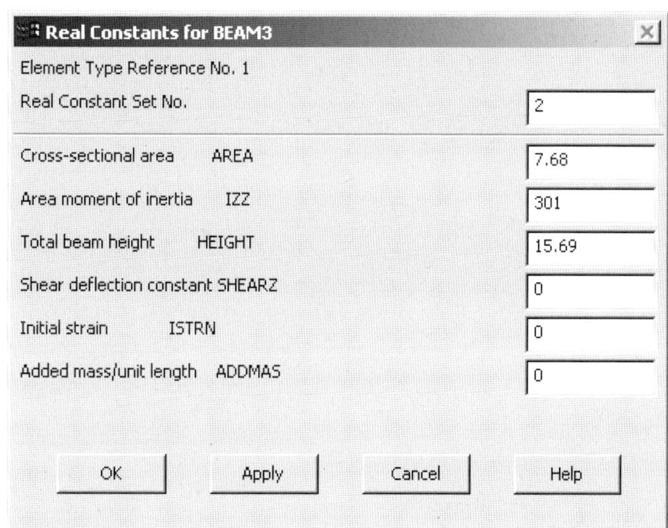
Real Constants for BEAM3
Element Type Reference No. 1
Real Constant Set No.
2
Cross-sectional area AREA
7.68
Area moment of inertia IZZ
301
Total beam height HEIGHT
15.69
Shear deflection constant SHEARZ
0
Initial strain ISTRN
0
Added mass/unit length ADDMAS
0
OK
Apply
Cancel
Help

OK

Close

main menu: **Preprocessor** → **Material Props** → **Material Models** → **Structural** → **Linear** → **Elastic** → **Isotropic**

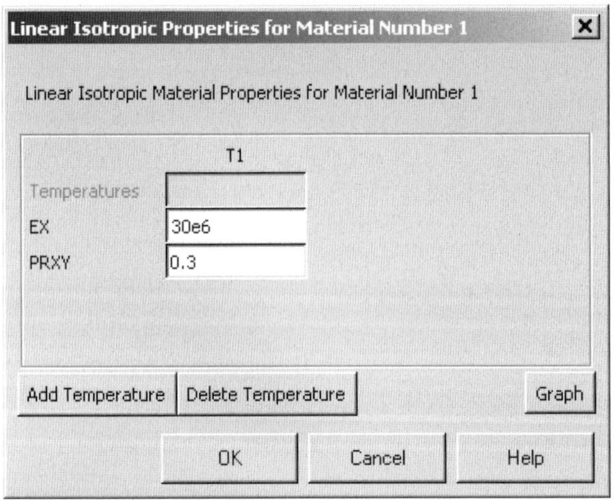

OK

main menu: **Preprocessor** → **Material Props** → **Material Models** → **Structural** → **Density**

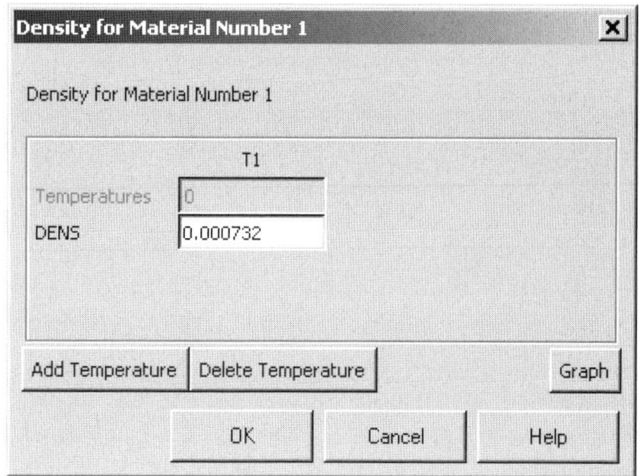

여기서 밀도는 단위체적당 질량과 같다.

OK

ANSYS Toolbar: **SAVE_DB**

다음 명령으로 절점을 생성한다.

main menu: **Preprocessor → Modeling → Create → Nodes → In Active CS**

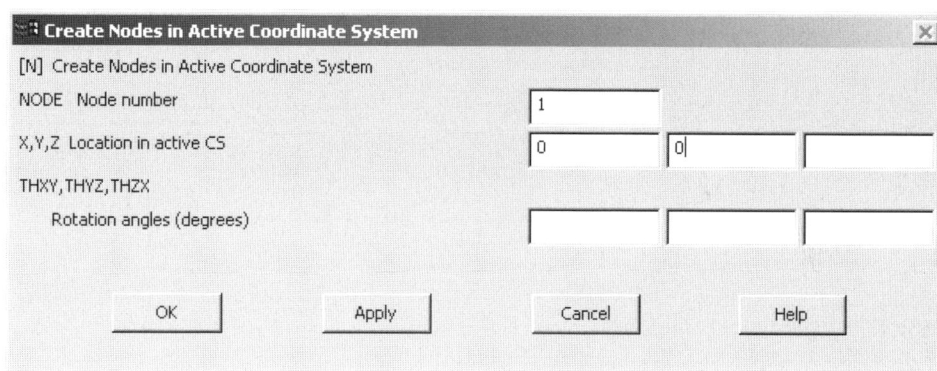

Apply

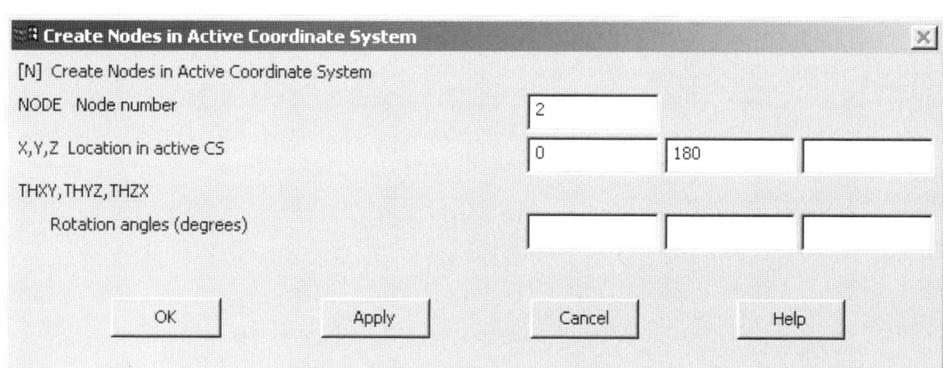

Apply

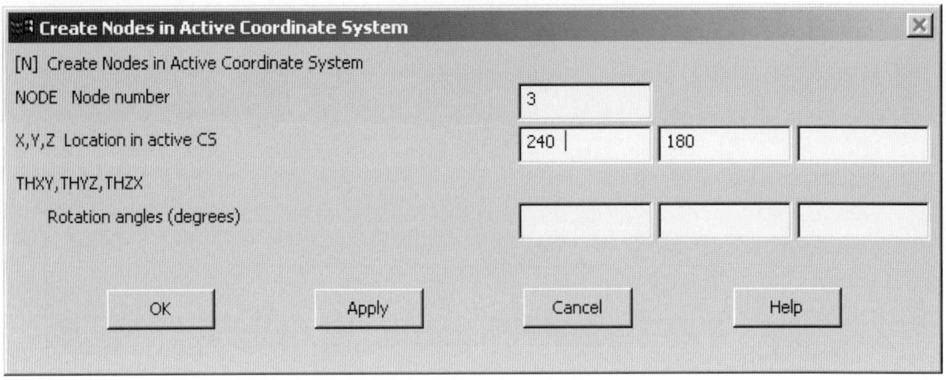

Apply

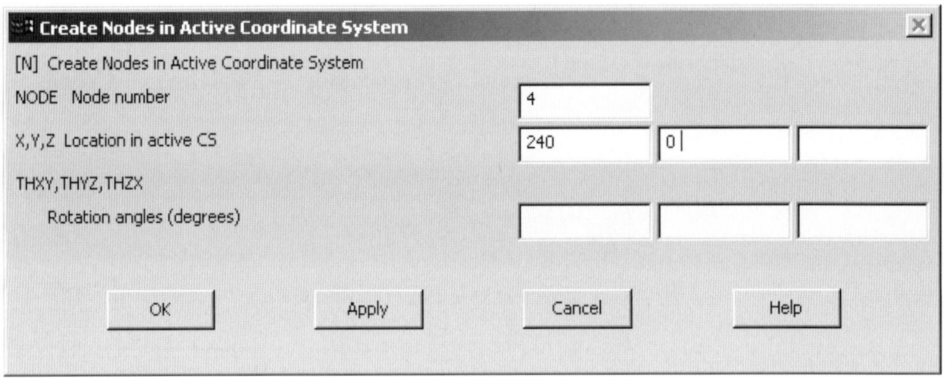

OK

다음 명령으로 요소를 생성한다.

main menu: **Preprocessor → Modeling → Create → Elements → Auto Numbered → Thru Nodes**

절점 1, 2를 선택하고 **Apply** 버튼을 클릭한다. 다음으로 절점 4, 3을 선택하고 **OK** 버튼을 클릭한다.

main menu: **Preprocessor → Modeling → Create → Elements → Elem Attributes**

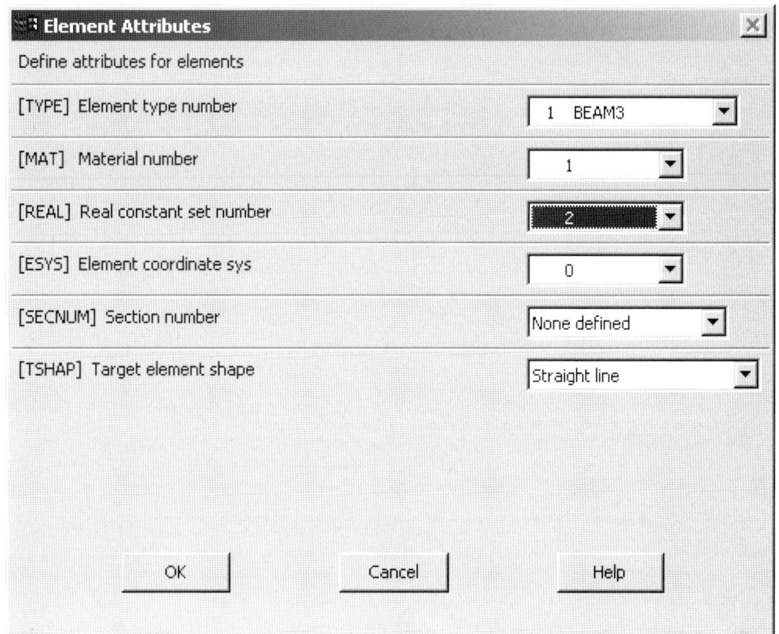

OK

main menu: **Preprocessor** → **Modeling** → **Create** → **Elements** → **Auto Numbered** → **Thru Nodes**

절점 2, 3을 선택한다.

main menu: **Solution** → **Define Loads** → **Apply** → **Structural** → **Displacement** → **On Nodes**

절점 1, 4를 선택한다.

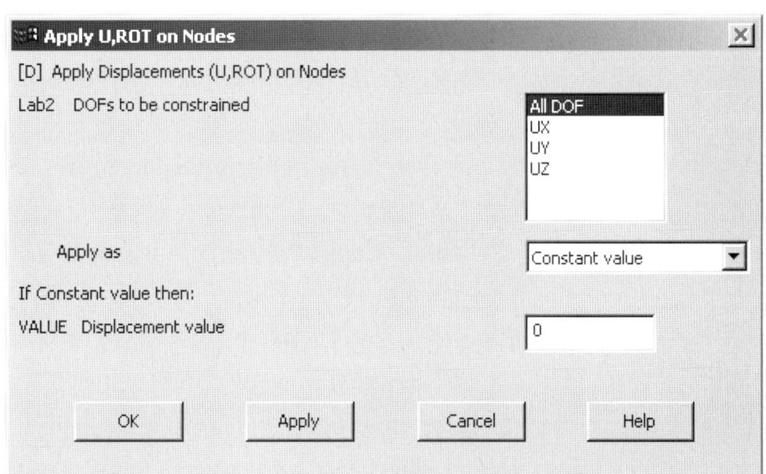

main menu: **Solution → Analysis Type → New Analysis**

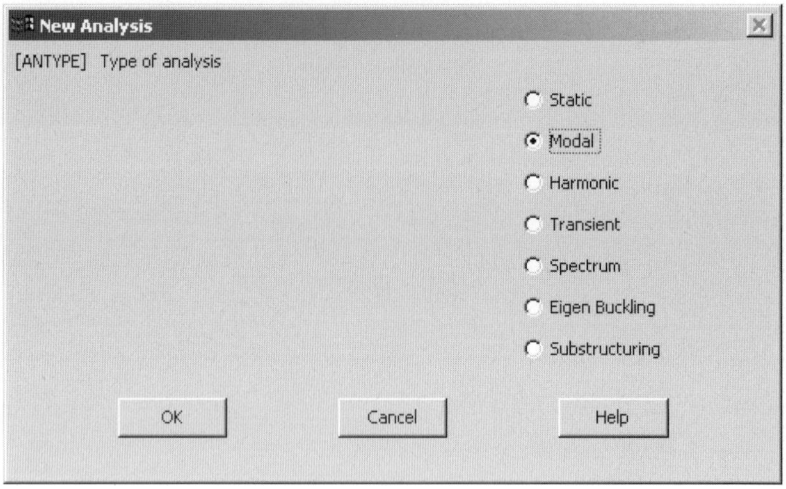

main menu: **Solution → Analysis Type → Analysis Options**

앞에서 설명했듯이 진동 시스템의 고유 진동수와 모드 형상을 구하기 위하여 모드 해석을 수행할 것이다. 가진 진동수가 시스템의 고유 진동수와 같아지면 공진이 일어나게 된다는 점을 유념하라.

문제의 경계조건을 바꿀 때마다 다시 해석을 수행해야 한다. New Analysis 창에서 Modal 메뉴를 선택한 후에, 모드 추출방법을 선택해야 한다. ANSYS는 Block Lanczos (기본 설정), 부공간법(Subspace), 멱동법(Powerdynamics), 감차법(Reduced), 비대칭(Unsymmetric), 감쇠(Damped), QR 감쇠(QR Damped) 등의 풀이방법을 제공한다. 크기가 큰 대칭 고유치 문제를 풀고자 하는 경우에는 Block Lanczos법을 이용한다. 이 방법은 행렬의 계산을 위하여 희소행렬(sparse matrix)을 이용하고 빠른 수렴률을 가진다. 부공간(Subspace)법 또한 크기가 큰 대칭문제에 이용할 수 있다. 부공간법은 반복횟수를 효과적으로 제어하는 몇 가지 해를 제공한다. 멱동(Powerdynamics)법은 자유도가 100,000개 이상인 모델의 해석에 사용할 수 있고, 집중질량 근사화(lumped mass approximation)를 이용한다. 이름에서 의미하듯이 감차(Reduced)법은 정확한 진동수를 구하기 위해서 축소된 시스템 행렬을 사용한다. 이 방법은 부공간법보다 정확도는 떨어지지만 더 빠른 수렴률을 가진다. 일반적으로 비대칭 행렬구조를 가지는 유체-구조의 상호작용 문제를 풀기 위해서는 비대칭(Unsymmetric)법을 사용한다. 감쇠(Damped)법은 감쇠가 반드시 포함되어야 하는 시스템의 해석에 사용한다. QR 감쇠법은 감쇠법에 비해 빠른 감쇠율을 가진다. QR 감쇠법은 진동수를 계산하기 위하여 축소된 형태의 감쇠행렬을 사용한다. 만약 해를 구하기 위하여 감차법, 비대칭법, 또는 감쇠법을 선택한다면 전개하고자 하는 모드의 수를 지정해야 한다(감차해는 전체 자유도를 포함하기 위해 전개되어진다). ANSYS에서 전개(expansion)는 결과 파일에 모드 형상을 기재하는 것이다. 감차법을 사용할 때는 지배자유도(master degree of freedom)를 정의할 필요가 있다. 지배자유도는 적어도 구하고자 하는 관심을 가진 모드의 자유도보다 2배 이상을 지정해야 한다.

추가적인 모드 해석의 옵션으로 모드 전개를 위한 진동수의 범위를 설정해 주어야 한다. 대부분의 경우는 이를 정의할 필요가 없으며, ANSYS의 기본 설정을 이용한다. 감차법을 사용할 경우에는 축소된 모드의 수를 정의해 주어야 한다. 마지막으로 스펙트럼 해석(spectrum analysis)을 하고자 하는 경우에는 모드 형상을 질량(기본 설정)에 대하여 일반화 시킬 필요가 있다.

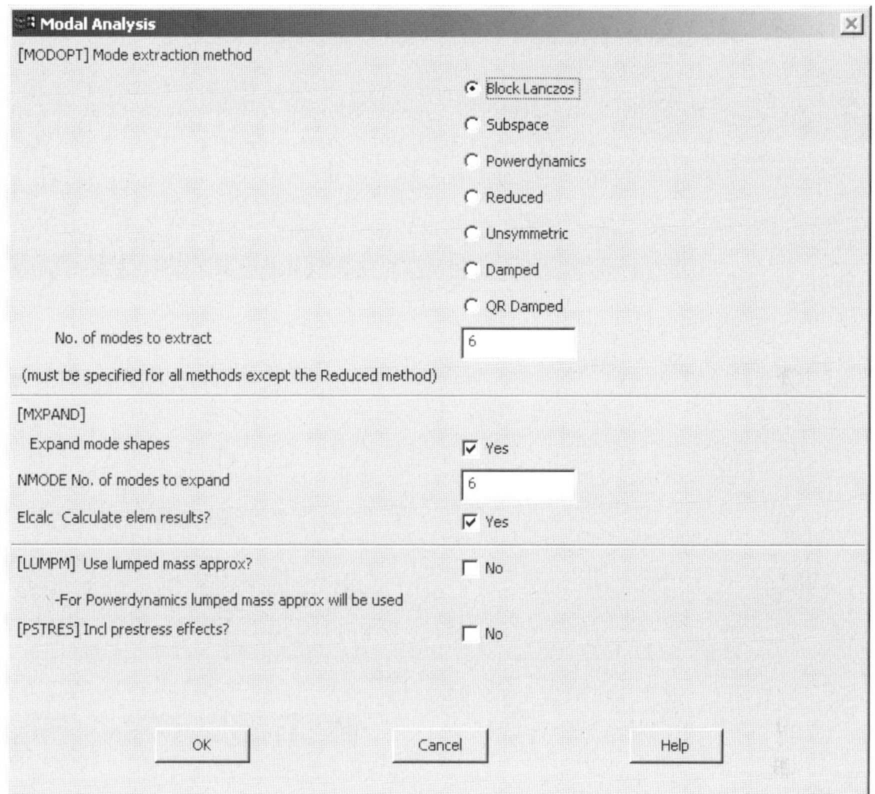

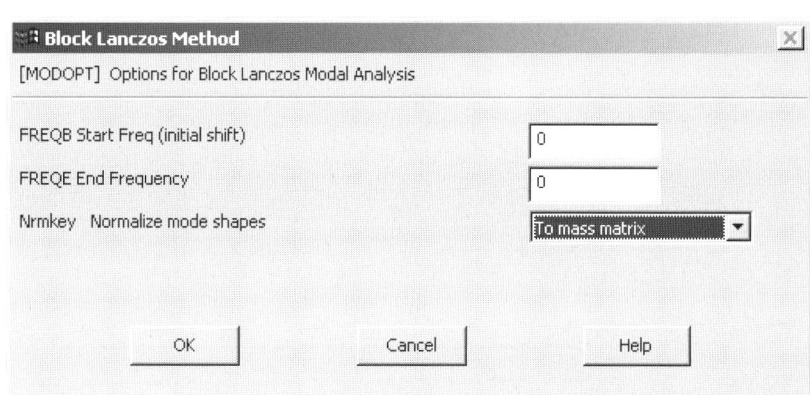

main menu: **Solution → Solve → Current LS**

(the solution is done!) 창을 **Close**

(the /STAT Command) 창을 **Close**

main menu: **General Postproc → Results Summary**

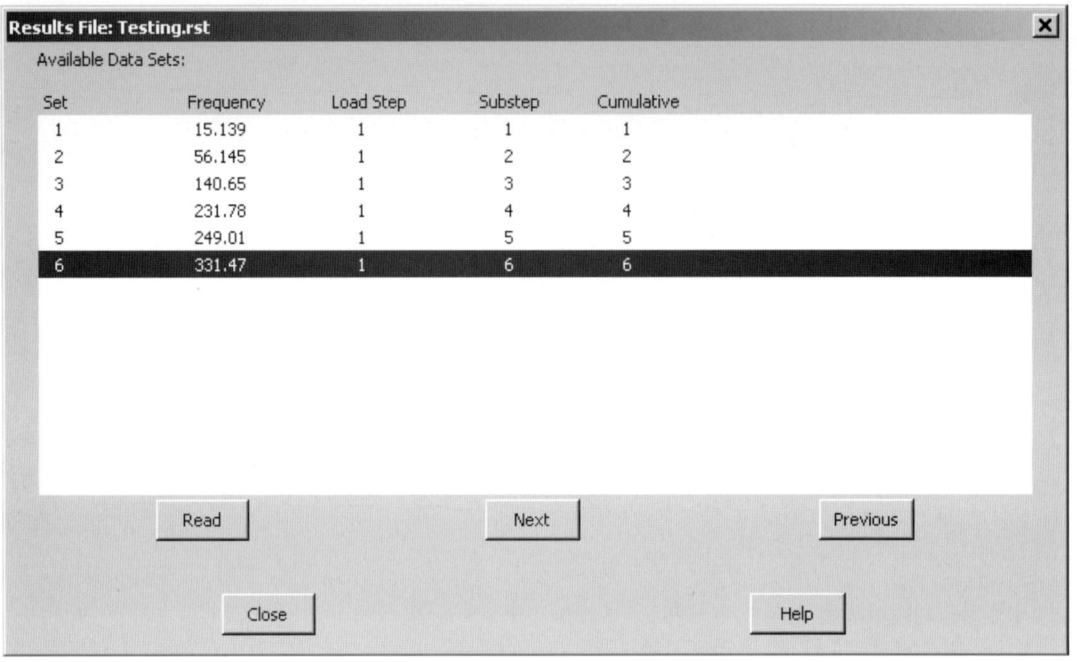

진동수의 값은 헤르츠 (hertz)로 주어진다.

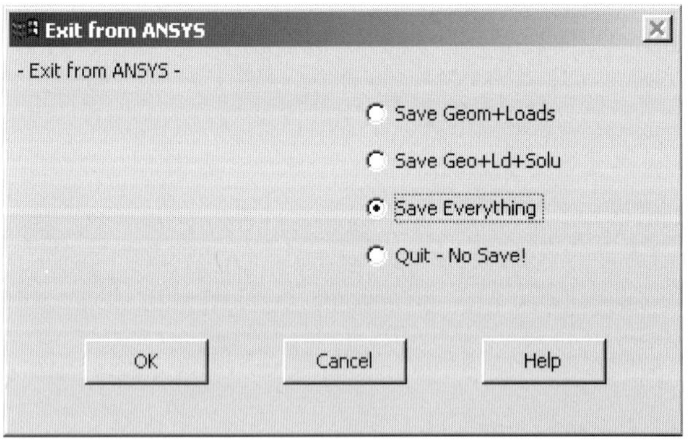

예제 11.8

이번 예제에서는 ANSYS를 이용하여 직사각형 단면을 가지는 알루미늄 스트립(strip)의 고유진동에 대하여 알아보겠다. 스트립은 폭 3 cm, 두께 0.5 mm, 길이 10 cm이다. 밀도는 2800 kg/m^{3}이고, 탄성계수 $E = 73$ GPa이며 푸아송비는 0.33이다. 스트립의 한쪽 끝단이 고정되어 있다고 가정한다.

시작메뉴를 사용하여 **ANSYS** 프로그램을 실행시킨다. 대화상자의 **Jobname** 입력란에 **Oscistrip**(또는 원하는 파일명)을 입력한다. GUI를 실행하기 위해 **Run**을 선택한다.

문제에 대한 제목을 입력하기 위해서 다음 명령들을 따른다.

utility menu: **File → Change Title** ...

다음 명령으로 요소의 종류와 재료의 물성을 선택한다.

main menu: **Preprocessor → Element Type → Add/Edit/Delete**

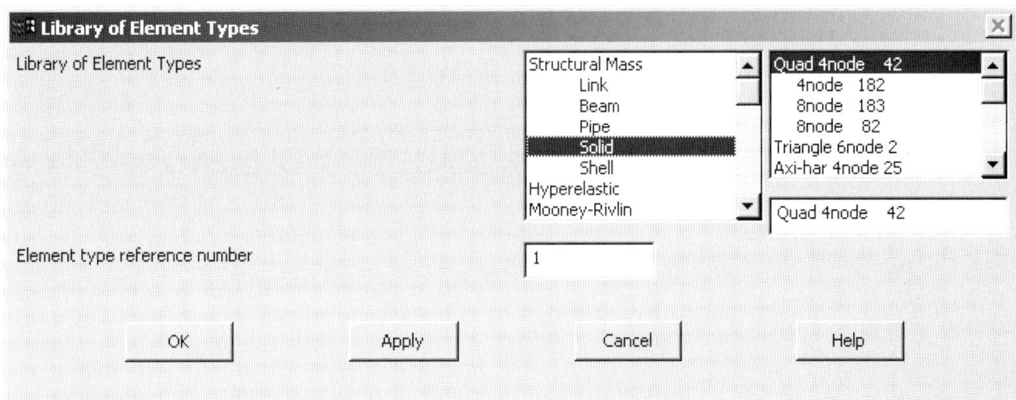

Apply

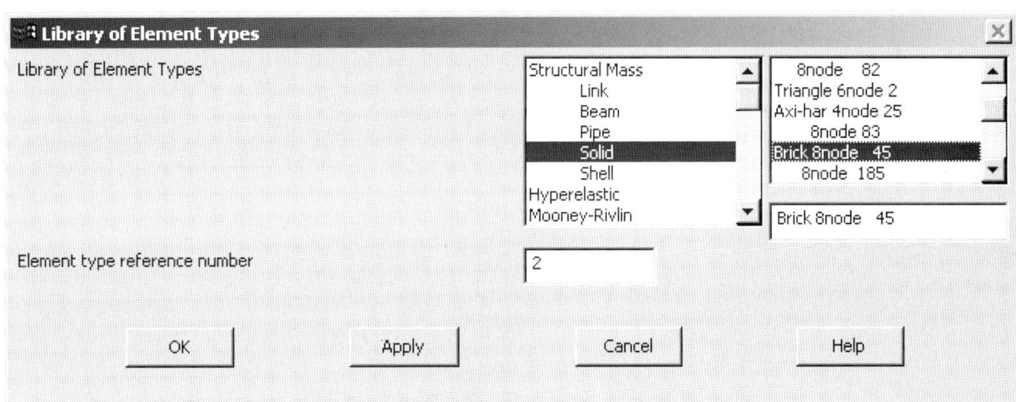

OK

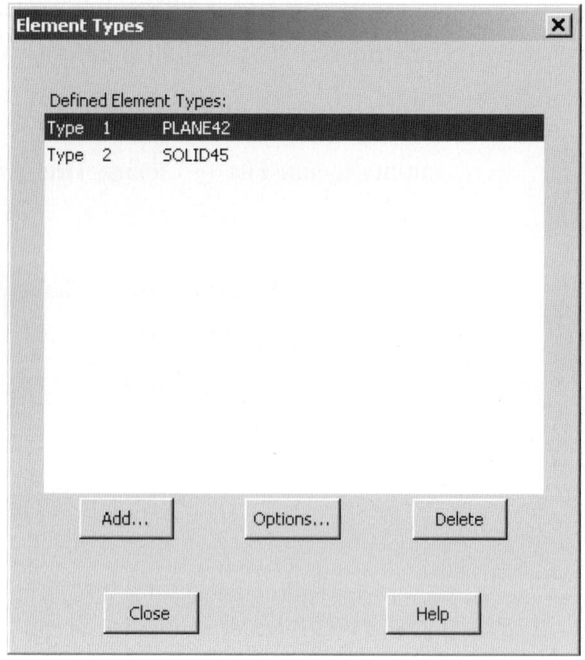

Close

main menu: **Preprocessor** → **Material Props** → **Material Models** → **Structural** → **Linear** → **Elastic** → **Isotropic**

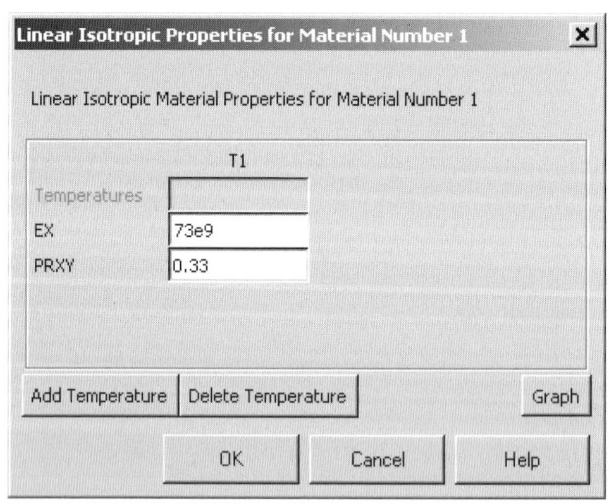

OK

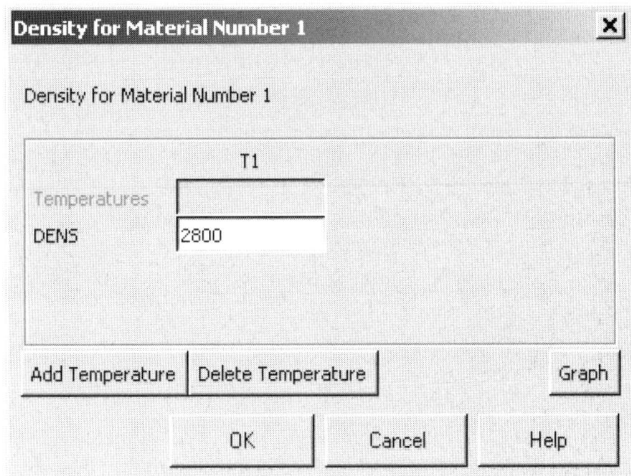

OK

ANSYS Toolbar: **SAVE_DB**

main menu: **Preprocessor** → **Modeling** → **Create** → **Areas** → **Rectangle** → **By 2 Corners**

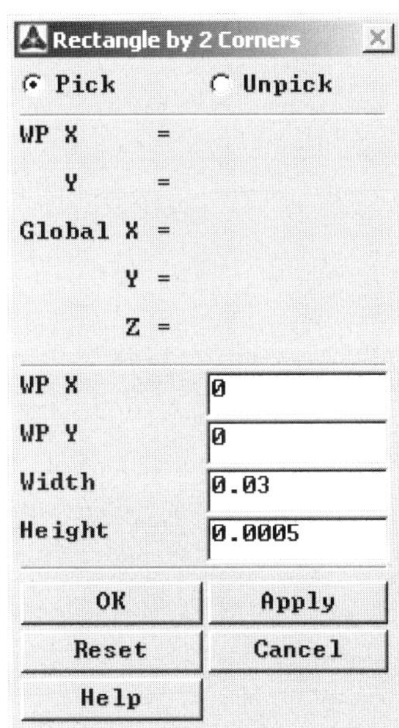

OK

main menu: **Preprocessor** → **Meshing** → **Size Cntrls** → **Smart Size** → **Basic**

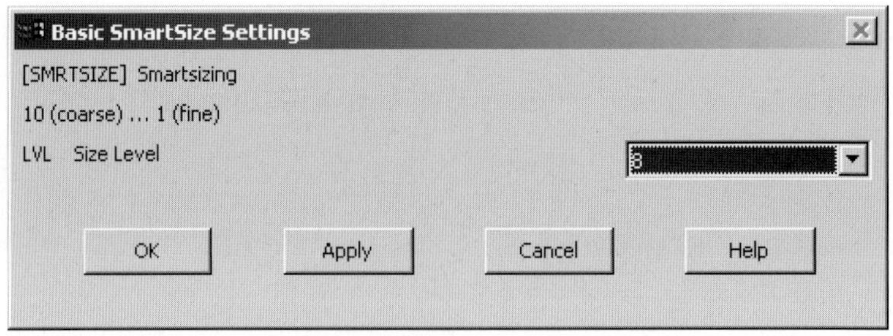

OK

main menu: **Preprocessor → Meshing → Mesh → Areas → Free**

먼저 **Pick All** 버튼을 클릭한다. 다음으로 **OK** 버튼을 클릭한다.

main menu: **Preprocessor → Modeling → Operate → Extrude → Elem Ext Opts**

요소 번호를 2 **SOLID45**로 선택한다. 압출을 위한 요소크기 선택사항(Element sizing options for extrusion)의 **VAL1 No.Elem divs** 영역에 **10**을 입력한다.

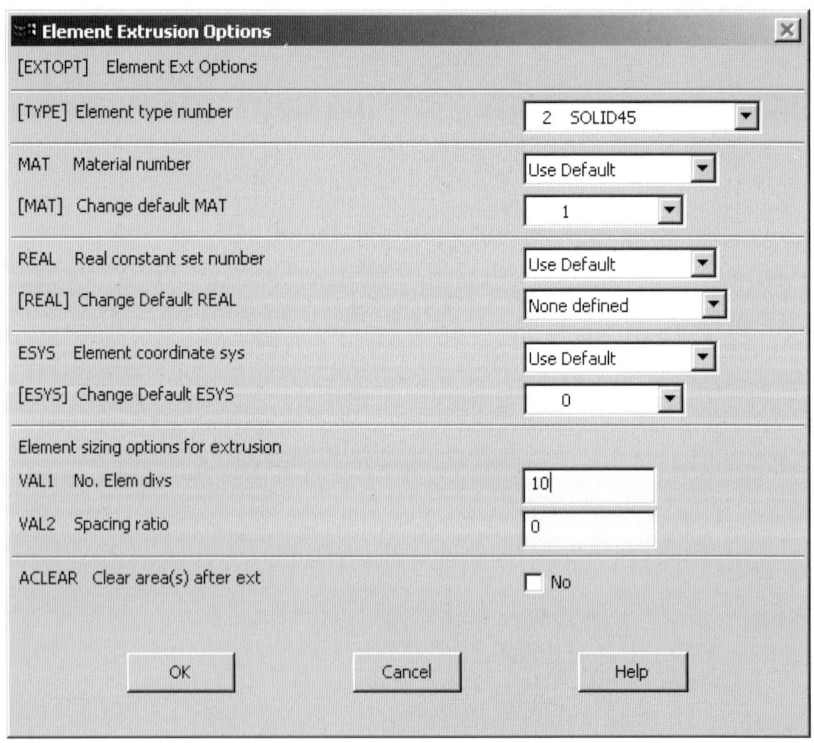

OK

main menu: **Preprocessor → Modeling → Operate → Extrude → Areas → By XYZ Offset**

Pick All

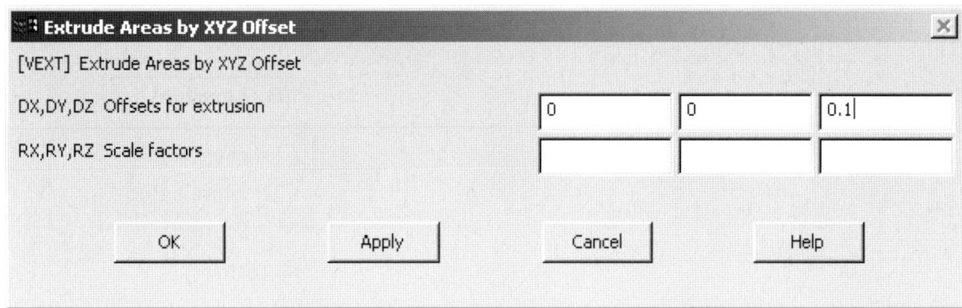

OK

utility menu: **Plot Ctrls → Pan, Zoom, Rotate** . . .

ISO를 선택한다.

utility menu: **Select → Entities**

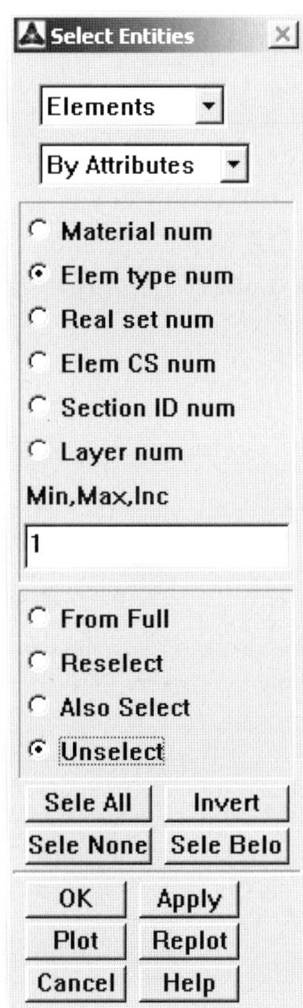

Elements, By Attributes를 선택하고, **Elem type num**을 고르고, **Min, Max, Inc** 입력란에 **1**을 입력한다. **Unselect**를 선택한다.

Apply

경계조건을 적용하기 위하여 변위가 0인 절점을 선택한다. **Nodes, By Location**을 선택하고, **Z coordinates**를 선택한다. **Min, Max** 입력란에 **0**을 입력하고, **From Full**을 선택한다.

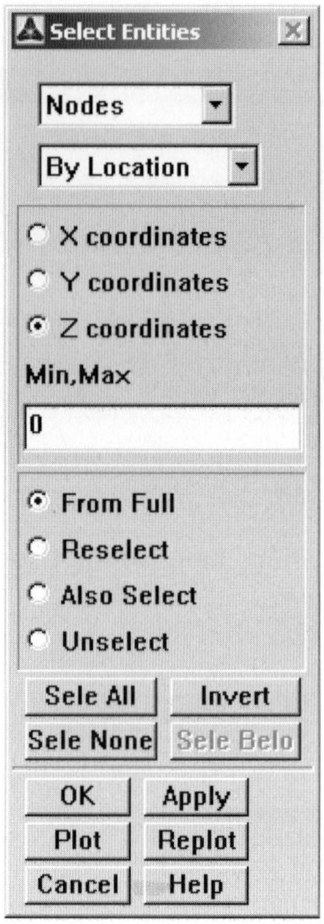

Apply

main menu: **Solution** → **Define Loads** → **Apply** → **Structural** → **Displacement** → **On Nodes**

Pick All

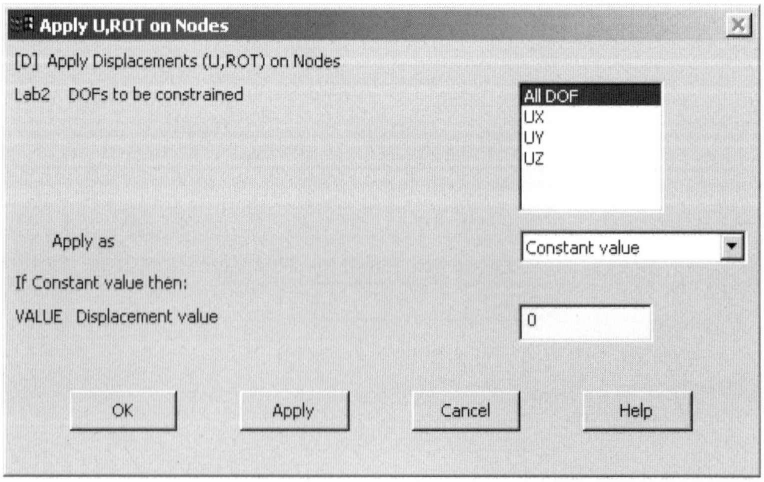

OK

utility menu: **Select** → **Everything** . . .

main menu: **Solution** → **Analysis Type** → **New Analysis**

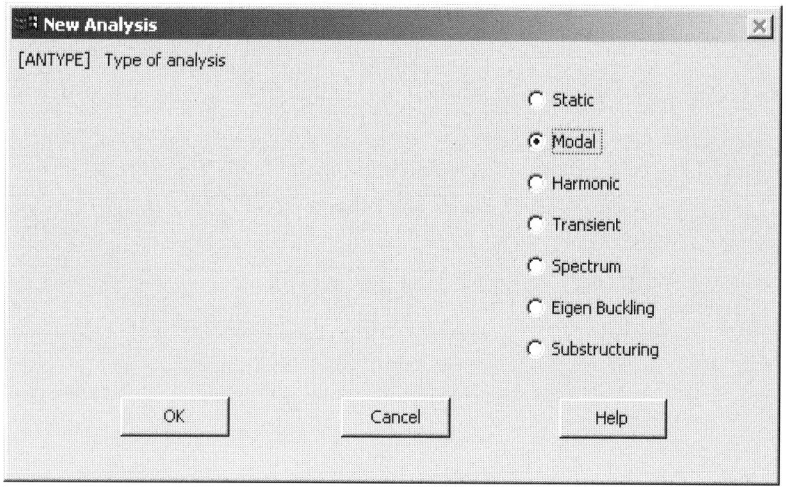

OK

main menu: **Solution** → **Analysis Type** → **Analysis Options**

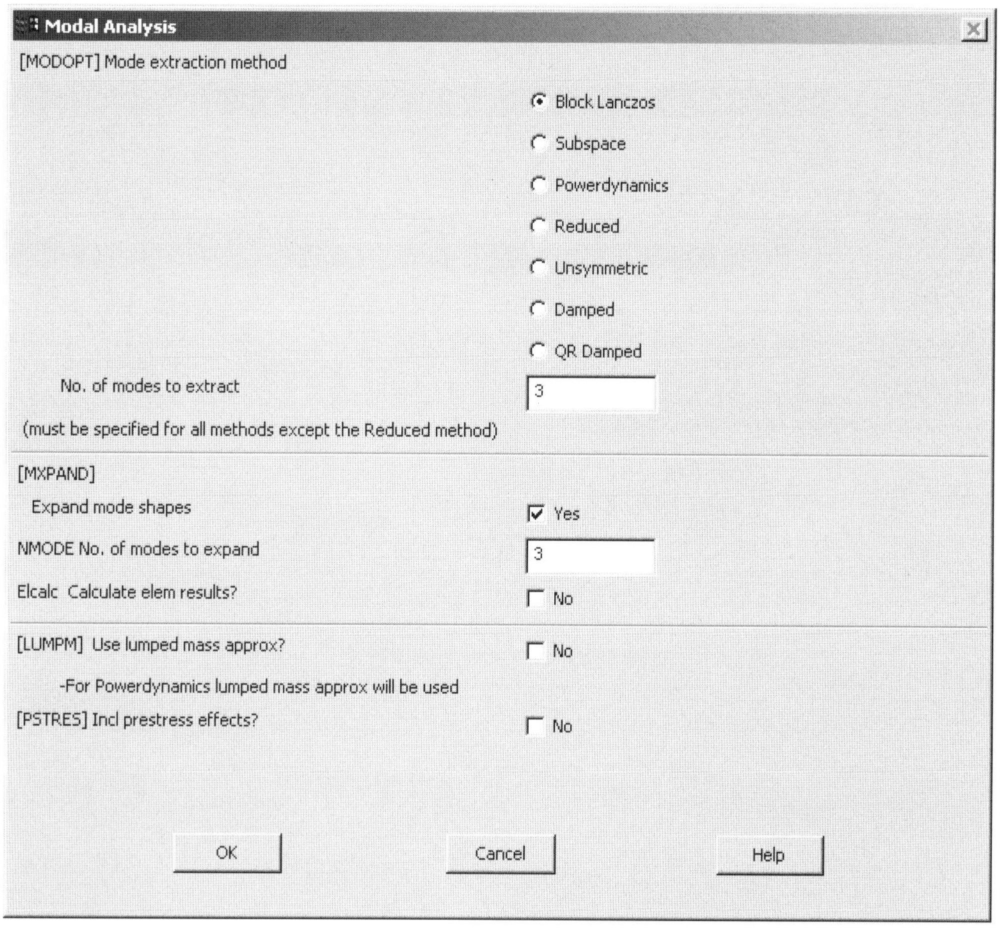

OK

Block Lanczos법의 정보를 얻기 위해 Help 메뉴를 사용한다.

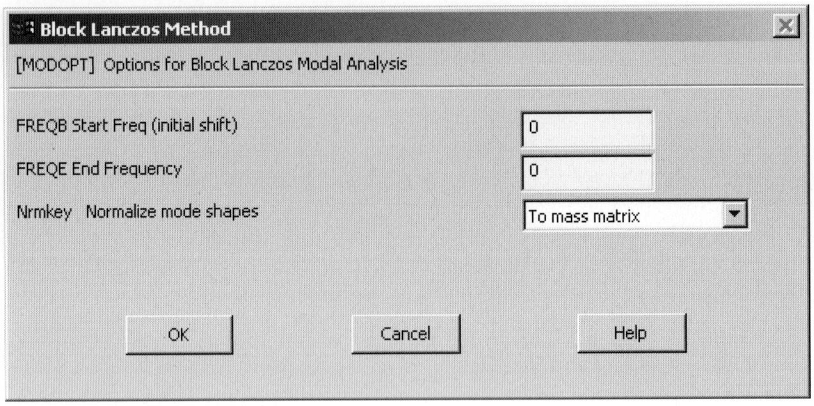

main menu: **Solution → Solve → Current LS**

(the solution is done!) 창을 **Close**

(the /STAT Command) 창을 **Close**

main menu: **General Postproc → Results Summary**

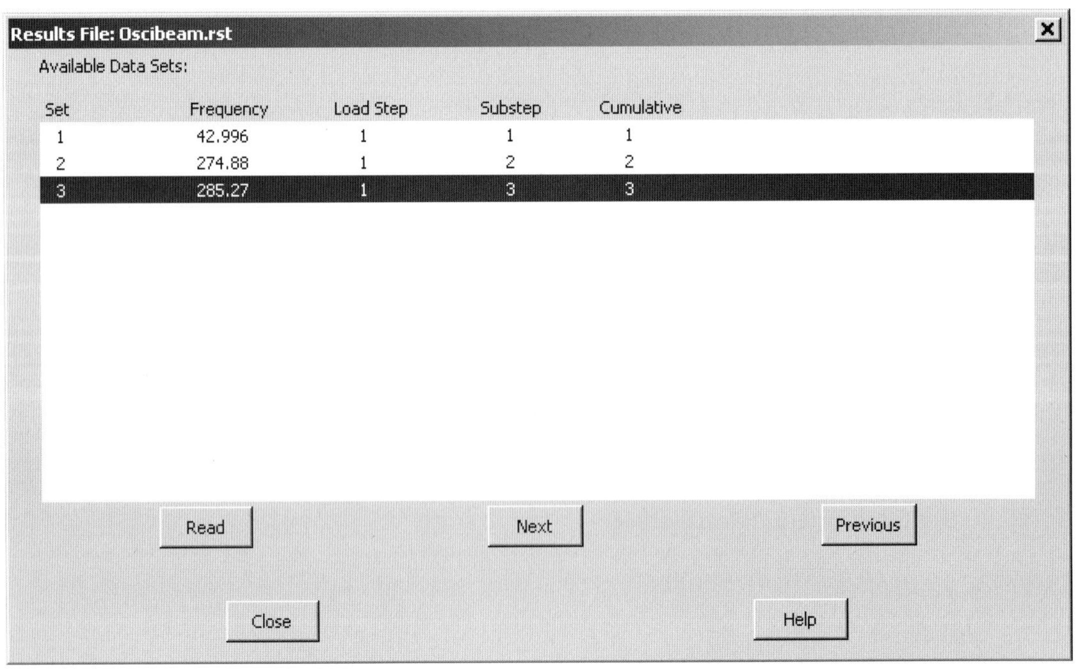

Close

main menu: **General Postproc → Read Results → First Set**

utility menu: **PlotCtrls → Animate → Mode Shape**

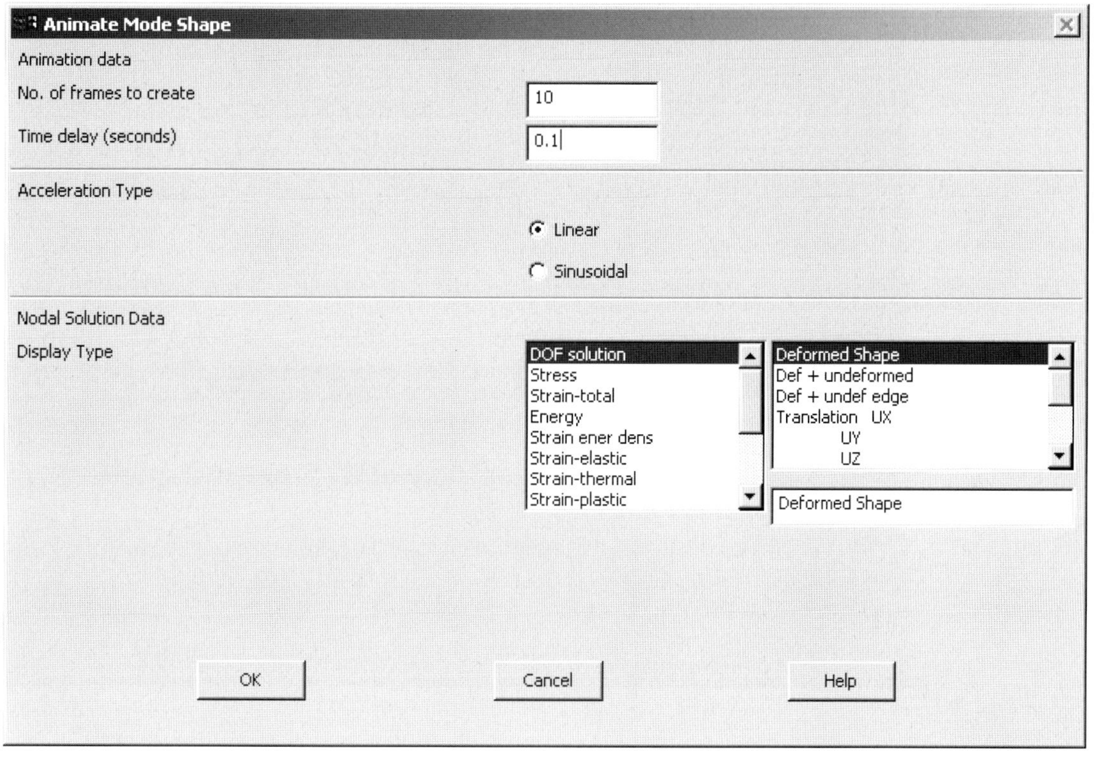

OK

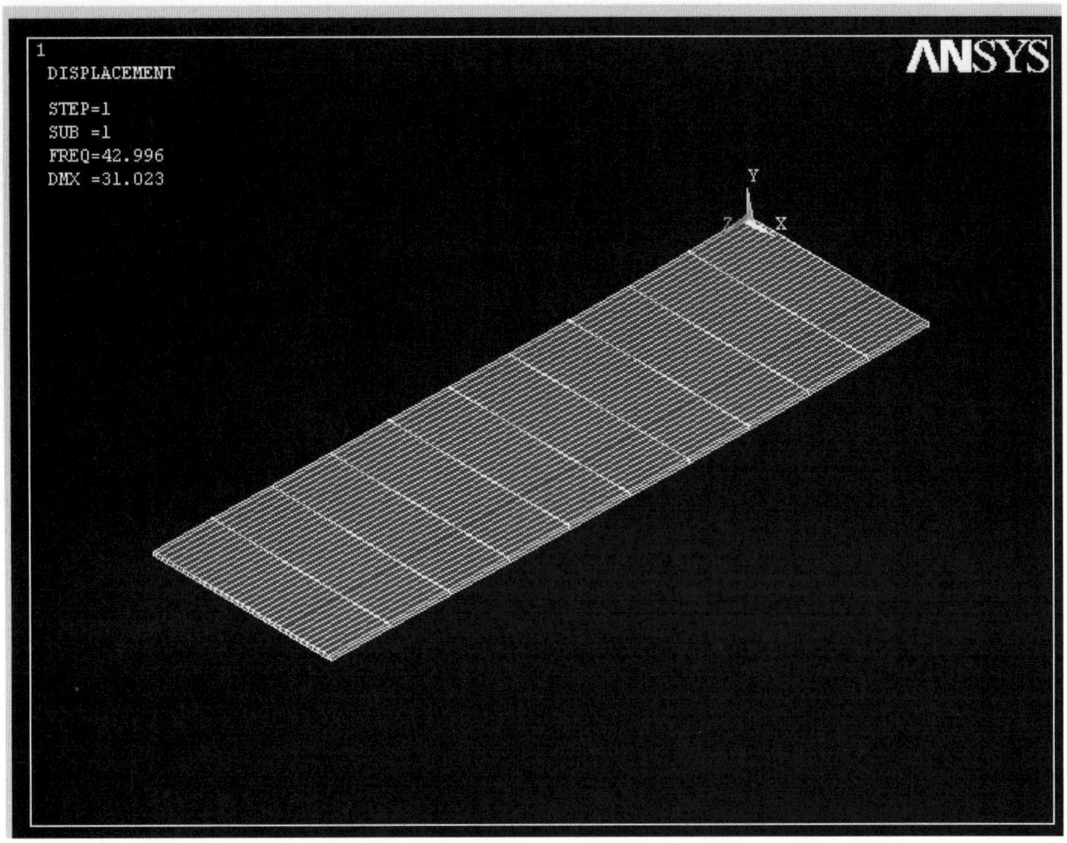

다음 명령으로 다음의 모드를 보자.

main menu: **General Postproc → Read Results → Next Set**

utility menu: **PlotCtrls → Animate → Mode Shape**

ANSYS를 종료한다.

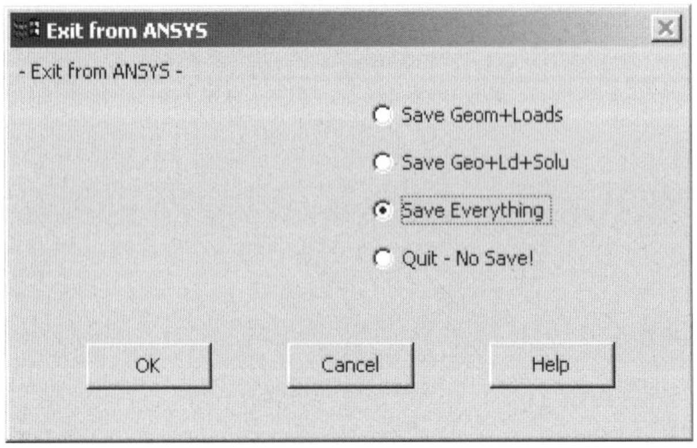

요약

1. 질점, 강체, 동적 시스템의 기본 개념과 지배 운동 방정식을 확실하게 파악한다.

2. 기계, 구조 시스템의 진동에 대한 정의와 개념을 확실하게 이해한다.

3. 1자유도 시스템과 다자유도 시스템의 정식화와 고유진동에서의 거동을 이해한다.

4. 1자유도 시스템과 다자유도 시스템의 정식화와 강제진동에서의 거동을 이해한다.

5. 축 부재, 보, 그리고 프레임의 유한요소 정식화를 이해한다.

6. 동적 문제를 풀기 위한 ANSYS의 기능을 숙지한다.

참고문헌

Beer, F. P., and Johnston, E. R., *Vector Mechanics of Engineers*, 5th ed., New York, McGraw-Hill, 1998.

Steidel, R., *An Introduction to Mechanical Vibrations*, 3rd ed., New York, John Wiley and Sons, 1971.

Timoshenko, S., Young, D. H., and Weaver, W., *Vibration Problems in Engineering*, 4th ed., New York, John Wiley and Sons, 1974.

연습문제

1. 간단한 동역학 시스템이 $m = 10$ kg, $k_{equivalent} = 100$ N/cm인 1자유도로 모델링되었다. 진동수와 주기를 계산하라. 또한 시스템의 최대 속도와 가속도를 결정하라. [$y(0) = 5$ mm]

2. 문제 1에서 $F(t) = 30\sin(20t)$ (N)인 사인가진 함수(sinusoidal forcing function)가 작용되고 있다. 시스템의 진폭, 최대 속도, 가속도를 계산하라.

3. 다음 그림에 있는 시스템의 운동 방정식을 유도하라. 시스템의 고유 진동수는 얼마인가?

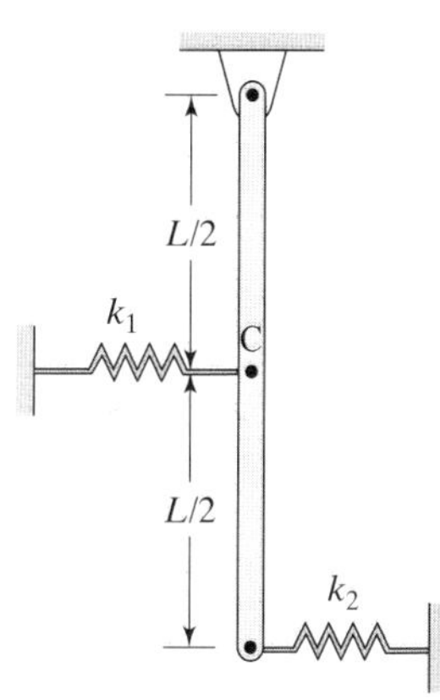

4. 다음 그림과 같이 1자유도 질량-스프링 시스템에 힘 F_0가 갑자기 작용할 때의 응답을 도시하라. 시스템의 응답을 힘이 경사(ramp)함수로 작용할 때와 비교하라. 또한 갑자기 작용하는 힘에 의한 시스템의 응답을 정적으로 작용하는 힘에 의한 응답과 비교하라.

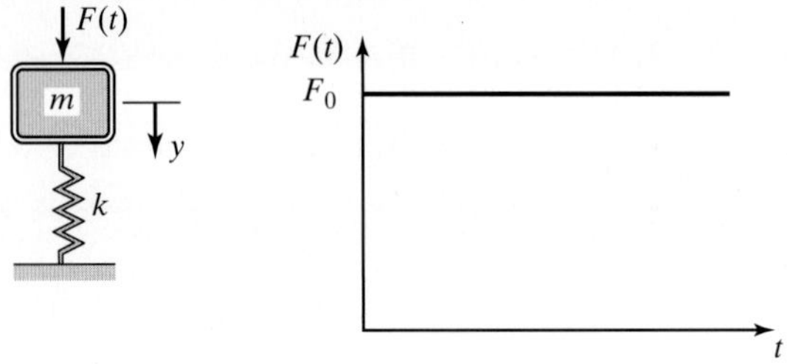

5. 다음 그림과 같이 1자유도 질량-스프링 시스템에 시간이 흐름에 따라 $F(t) = F_0 e^{-c_1 t}$로 감쇠하는 힘 F_0가 갑자기 작용할 때의 응답을 구하라. c_1값은 감쇠율을 정의한다. c_1값의 변화에 따른 시스템의 응답을 도시하라. 응답을 정적으로 작용하는 힘에 의한 응답과 비교하라.

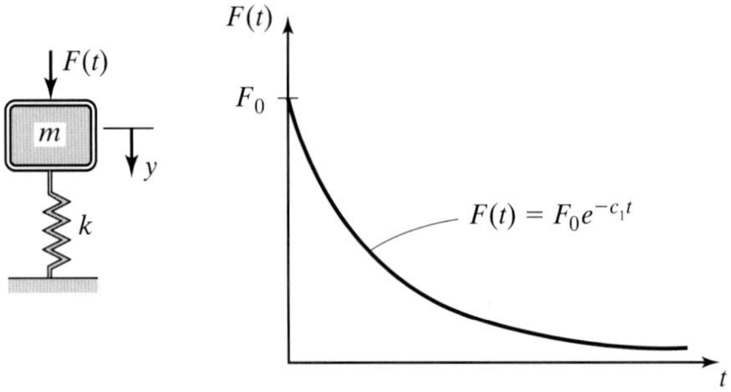

6. 다음 그림과 같이 가진되고 있는 시스템의 응답을 구하라.

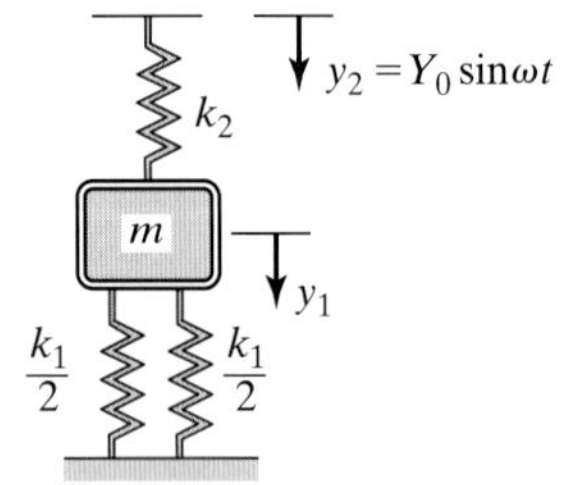

7. 뉴턴의 제2법칙과 라그랑지 방정식을 이용하여 다음 그림에 나타나 있는 시스템의 운동 방정식을 정식화하라.

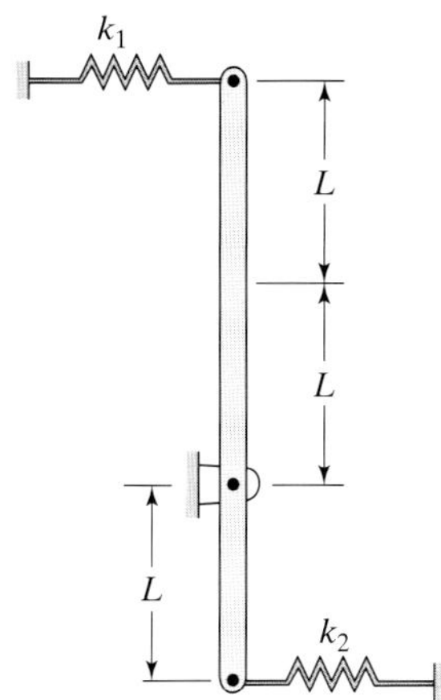

8. 뉴턴의 제2법칙과 라그랑지 방정식을 이용하여 다음 그림에 나타나 있는 시스템의 운동 방정식을 정식화하라.

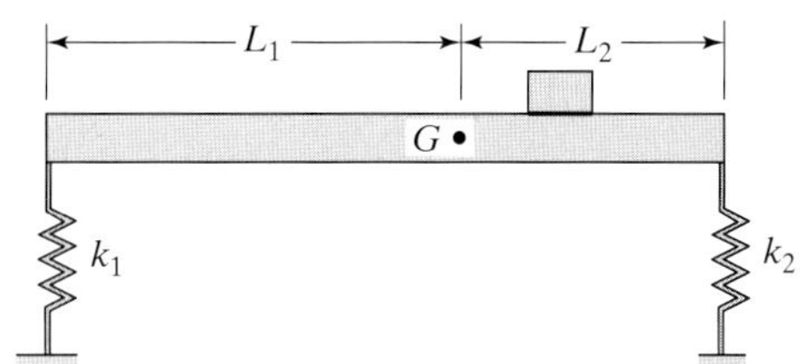

9. 뉴턴의 제2법칙과 라그랑지 방정식을 이용하여 다음 그림에 나타나 있는 시스템의 운동 방정식을 정식화하라.

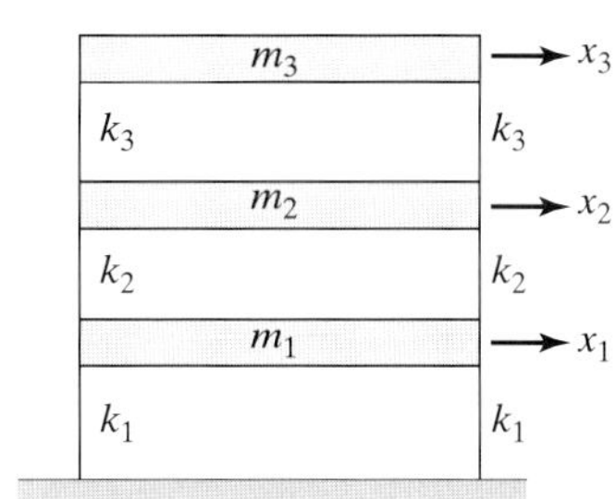

10. 다음 그림에 나타나 있는 축 부재의 처음 2개의 고유 진동수를 구하라. 부재는 탄성계수 $E = 29 \times 10^6$ lb/in^2, 질량 밀도 15.2 slugs/ft^{3}인 강으로 만들어졌다.

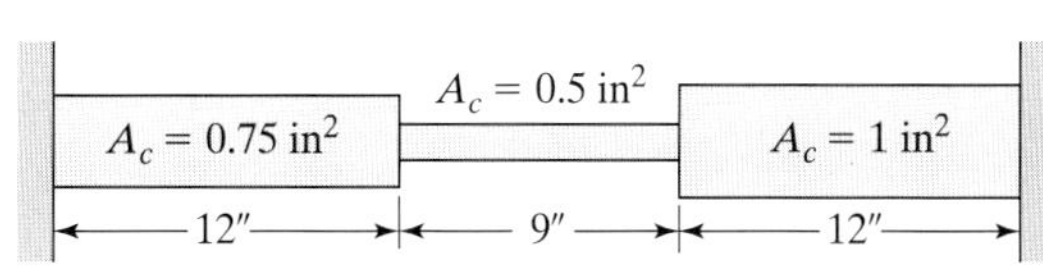

11. 다음 그림에 나타나 있는 축 부재의 처음 2개의 고유 진동수를 구하라. 부재는 탄성계수 $E = 10 \times 10^6$ lb/in^2, 질량 밀도 5.4 slugs/ft^{3}인 알루미늄 합금으로 만들어졌다.

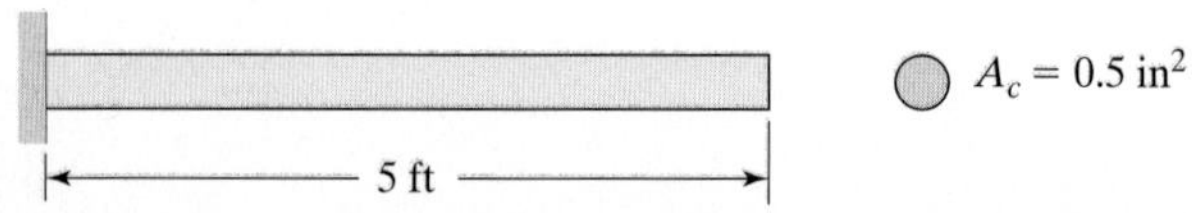

12. 다음 그림에 나타나 있는 기둥의 처음 3개의 고유 진동수를 구하라. 기둥은 탄성계수 $E = 29 \times 10^6\ \text{lb/in}^2$, 질량 밀도 15.2 slugs/ft^{3}인 강으로 만들어졌다. 축방향에 대한 진동만을 고려하라.

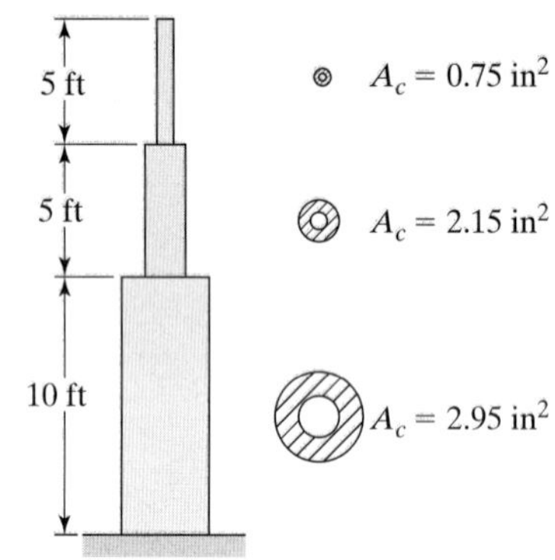

13. 다음 그림과 같은 W18 × 35인 외팔보가 있다. 시스템의 처음 2개의 고유 진동수를 구하라.

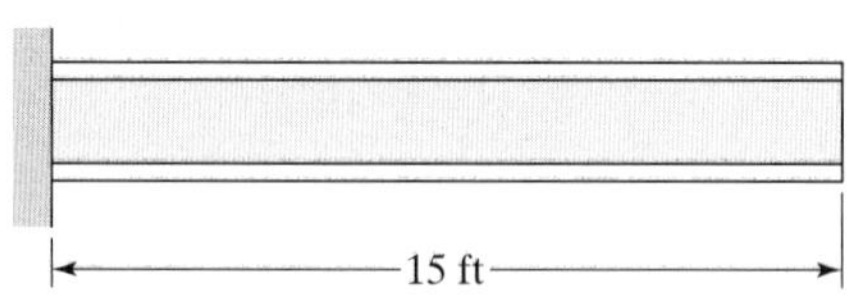

14. 다음 그림과 같은 W16 × 31인 외팔보가 있다. 시스템의 처음 3개의 고유 진동수를 구하라.

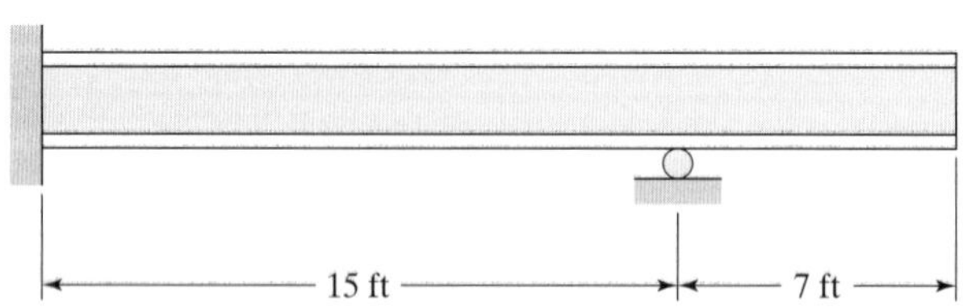

15. 다음 그림과 같이 단순지지되어 있는 W4 × 13인 보가 있다. 시스템의 처음 2개의 고유 진동수를 구하라.

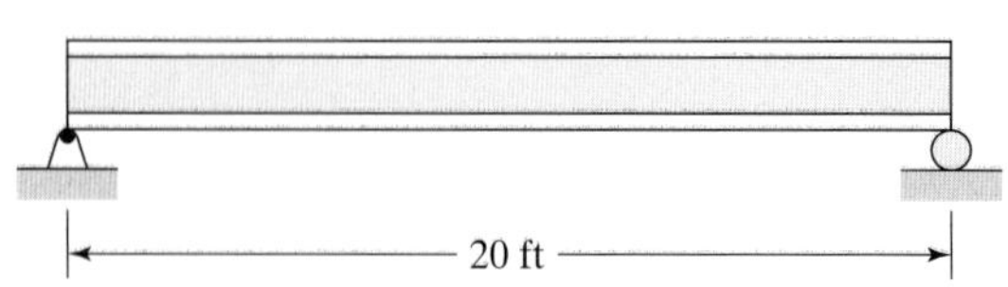

16. 다음 그림과 같이 단순지지되어 있는 직사각형 단면의 보가 있다. 시스템의 처음 2개의 고유 진동수를 구하라.

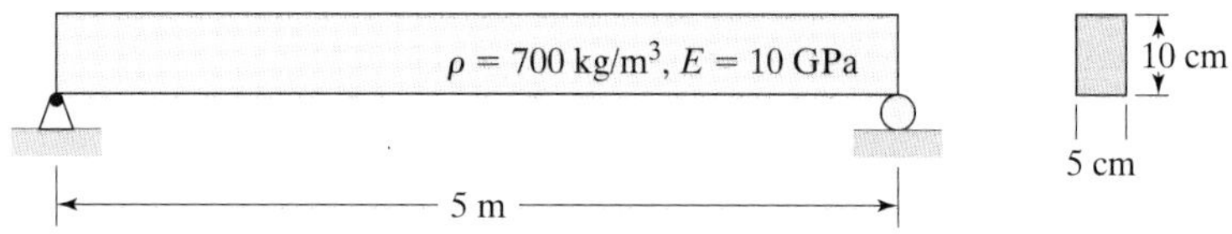

17. 다음 그림과 같이 돌출되어 있는 프레임을 고려하자. W12 × 16인 부재의 단면적과 면적의 2차 모멘트는 그림에 나타나 있다. 시스템의 처음 3개의 고유 진동수를 구하라.

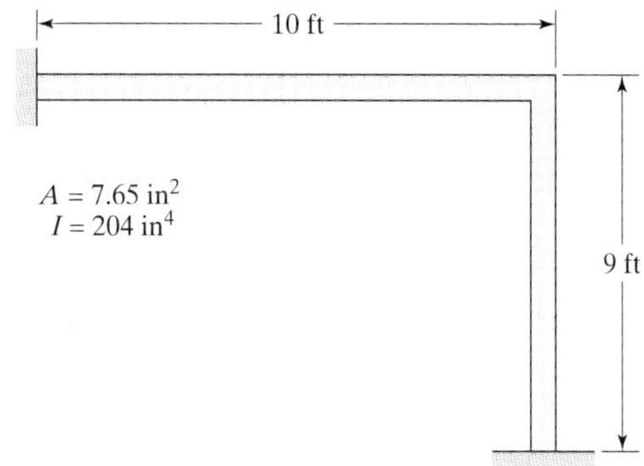

18. 다음 그림과 같이 돌출되어 있는 프레임을 고려하자. 부재는 W5 × 16이다. 시스템의 처음 3개의 고유 진동수를 구하라.

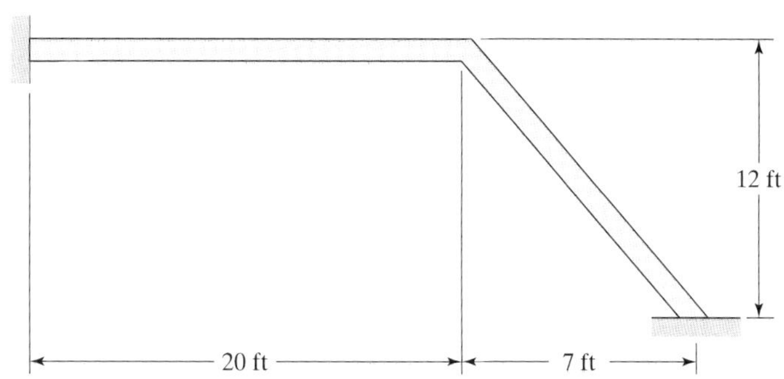

19. 예제 11.7을 프레임의 모든 부재가 W12 × 26인 경우에 대하여 다시 풀어라.

20. ANSYS를 이용하여 다음 그림에 나타나 있는 프레임의 처음 3개의 고유 진동수를 구하라.

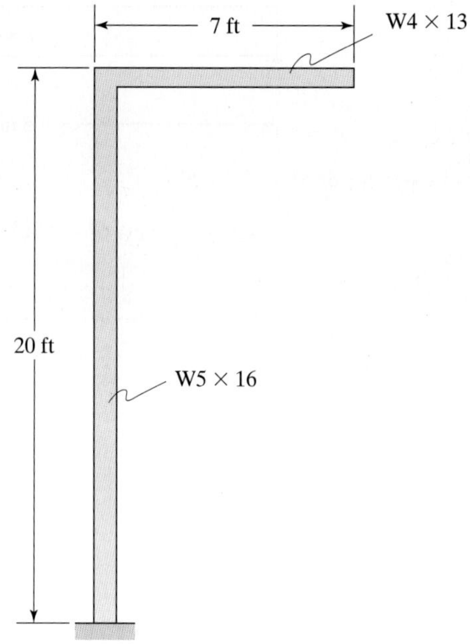

21. ANSYS를 이용하여 다음 그림에 나타나 있는 프레임의 처음 3개의 고유 진동수를 구하라.

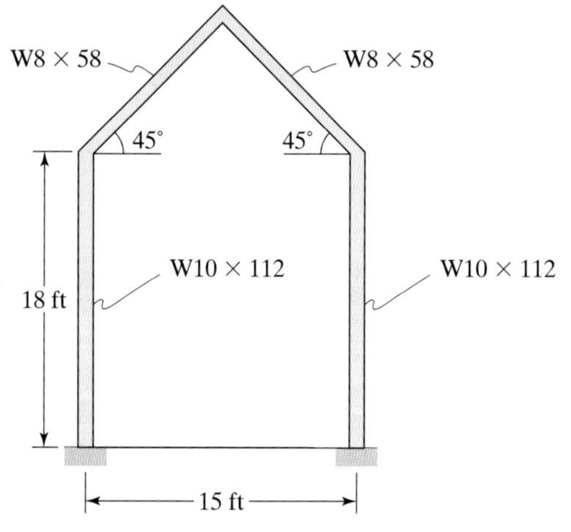

22. 예제 11.8을 스트립의 두께가 1 mm, 2 mm인 경우에 대하여 다시 풀어라. 결과를 비교하고 발견한 점을 토의하라.

Chapter 12

유체역학 문제 해석

이 장의 주된 목적은 유체역학 문제의 해석을 소개하는 것이다. 우선, 연결된 파이프망(pipe-network) 문제의 직접 정식화(direct formulation)에 대하여 논의한다. 그 다음으로는 이상유체(ideal fluid, 비점성 유체) 거동의 유한요소 정식화 과정을 설명할 것이다. 마지막으로는 투과성 매질을 통과하는 유체의 유동과 지하수(groundwater) 침수에 대한 유한요소 정식화에 대하여 간략히 살펴볼 예정이다. 이 장에서 다루는 주요 내용은 다음과 같다.

12.1 파이프를 지나는 유체 유동의 직접 정식화
12.2 이상유체 유동
12.3 지하수 유동
12.4 ANSYS를 이용한 예제
12.5 결과 검증

12.1 파이프를 지나는 유체 유동의 직접 정식화

먼저 파이프를 지나는 유체 유동에 대한 기본적인 개념을 복습하는 것으로부터 출발한다. 파이프 내부를 흐르는 유체는 층류와 난류로 분류할 수 있다. 파이프 내의 유체 유동이 층류인 경우에는 파이프에 주입된 아주 얇은 물감층이 유체 유동에 따라 일직선처럼 보이게 된다. 즉, 유체의 각 층이 전혀 섞이지 않는다. 그러나 인접한 유동층이 서로 섞이는 난류의 경우에는 이러한 상황이 발생하지 않는다. 그림 12.1은 층류와 난류의 특성을 도시하고 있다. 층류

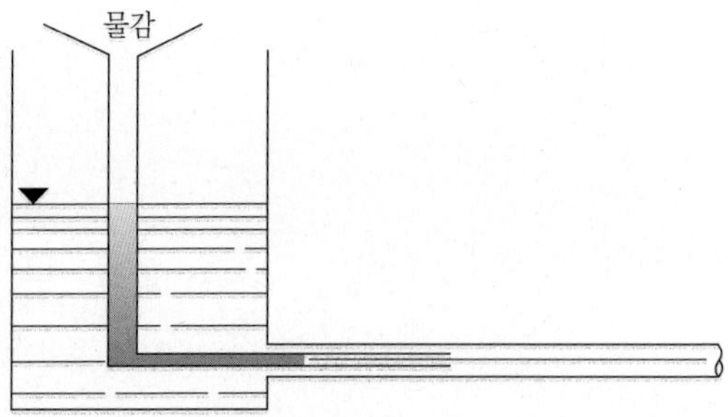

(a) 파이프 내 층류

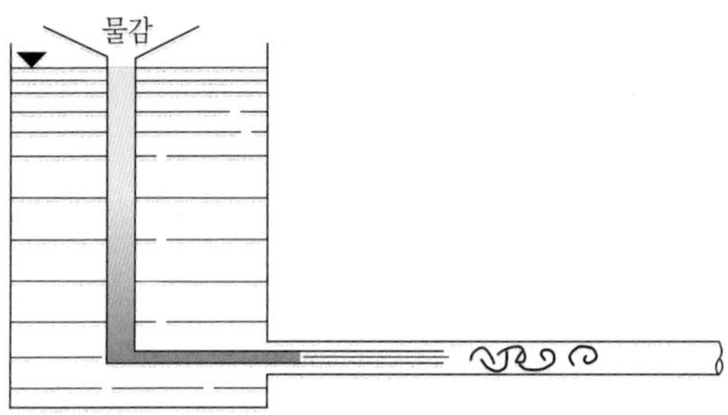

(b) 파이프 내 난류

그림 12.1 층류와 난류

는 일반적으로 레이놀즈수(Reynolds number)가 2100 이하일 때 발생한다. 레이놀즈수는 다음과 같이 정의된다.

$$\mathrm{Re} = \frac{\rho V D}{\mu} \tag{12.1}$$

여기서 ρ는 유체의 밀도, μ는 유체의 동적 점성(dynamic viscosity), V는 평균 유속(average fluid velocity)이고 D는 파이프의 직경을 의미한다. 일반적으로 유동의 레이놀즈수가 2100에서 4000 사이에 있을 때 유동은 천이영역(transition region)에 놓여 있다고 한다. 보통 천이영역에 있는 유동의 거동은 예측이 불가능하다. 레이놀즈수가 4000보다 큰 경우에는 일반적으로 유동이 난류라고 생각한다. 정상 유동(steady flow)일 경우에는 질량 보존으로 인하여 파이프의 질량유동률(mass flow rate)이 매순간 일정해야 하므로 다음의 방정식이 성립한다.

$$\dot{m}_1 = \dot{m}_2 = \rho_1 V_1 A_1 = \rho_2 V_2 A_2 = \text{일정} \tag{12.2}$$

여기서 ρ는 유체의 밀도, V는 한 단면에서의 평균 유속이고, A는 그림 12.2에서와 같이 유동의 단면적을 나타낸다.

비압축성 유동(incompressible flow, 유체의 밀도가 불변인 유동)의 경우에는 파이프의 모든 단면을 통과하는 체적유동률(volumetric flow rate) Q도 다음 식과 같이 일정하다.

$$Q_1 = Q_2 = V_1 A_1 = V_2 A_2 \tag{12.3}$$

완전히 발전된(fully developed) 층류에 대해서 길이가 L인 파이프에서의 체적유동률과 압

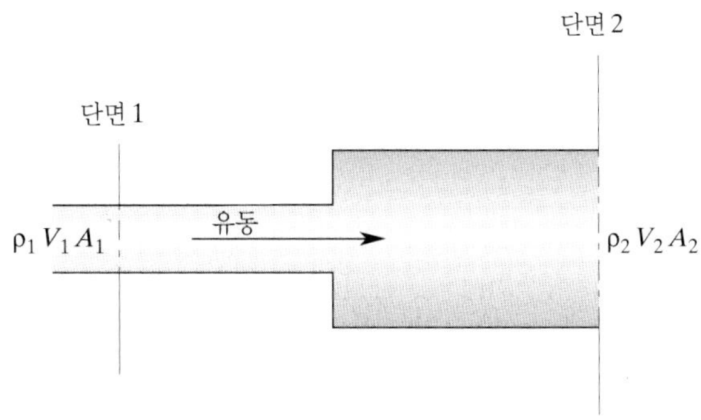

그림 12.2 단면적이 변하는 파이프를 지나는 유체 유동

력강하($P_1 - P_2$) 사이에는 다음의 관계가 성립한다. 즉,

$$Q = \frac{\pi D^4}{128\mu}\left(\frac{P_1 - P_2}{L}\right) \tag{12.4}$$

난류의 압력강하(pressure drop)는 일반적으로 다음과 같이 정의되는 수두 손실(head loss)로 표현된다.

$$H_{\text{loss}} = \frac{P_1 - P_2}{\rho g} = f\frac{L}{D}\frac{V^2}{2g} \tag{12.5}$$

여기서 f는 파이프 표면의 거칠기와 레이놀즈수에 의해 좌우되는 마찰계수이다. 난류에 대해서는 앞의 수식을 대입하여 정리하면 체적유동률과 압력강하 사이에서 다음의 관계를 얻을 수 있다.

$$Q^2 = \frac{1}{f}\frac{\pi^2 D^5}{8\rho}\left(\frac{P_1 - P_2}{L}\right) \tag{12.6}$$

난류와 층류를 비교하면 난류에 대한 체적유동률과 압력강하와의 관계가 비선형임을 알 수 있다.

직렬 파이프

그림 12.3에서 보여지는 바와 같이 직경이 D_1, D_2, D_3, . . .인 파이프가 직렬로 연결된 파이프망(piping network)을 지나는 유체 유동의 경우에는, 질량 보존의 법칙(law of mass

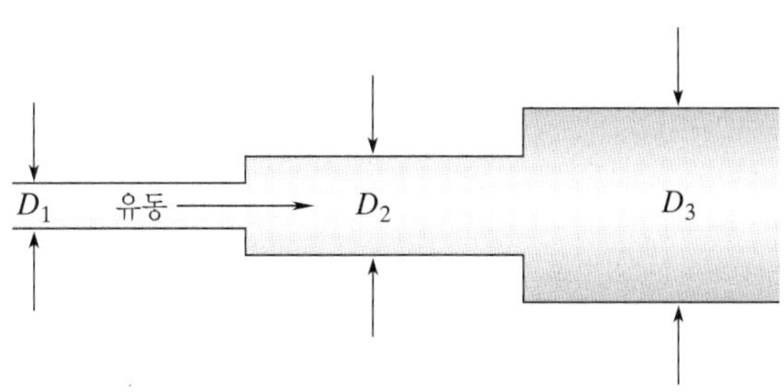

그림 12.3 직렬 파이프

conservation, 연속 방정식)에 의하여 정상상태인 조건에서는 각 파이프를 지나는 질량유동률이 같다는 조건을 만족해야 한다. 즉, 다음과 같다.

$$\dot{m}_1 = \dot{m}_2 = \dot{m}_3 = \ldots = \text{일정} \tag{12.7}$$

또한, 비압축성 유동의 경우에는 각 파이프를 지나는 유체의 체적유동률도 일정하다.

$$Q_1 = Q_2 = Q_3 = \ldots = \text{일정} \tag{12.8}$$

체적유동률을 각 파이프의 평균 유속으로 표현하면 다음의 식을 얻을 수 있다.

$$V_1 D_1^2 = V_2 D_2^2 = V_3 D_3^2 = \ldots = \text{일정} \tag{12.9}$$

직렬로 이어진 파이프(pipes in series)에서의 총 압력강하는 각 파이프에서 발생한 압력강하의 합과 같다.

$$\Delta P_{\text{total}} = \Delta P_1 + \Delta P_2 + \Delta P_3 + \ldots \tag{12.10}$$

병렬 파이프

그림 12.4에서와 같이 병렬로 이어진 파이프(pipes in parallel)의 경우에는 질량 보존의 법칙(연속 방정식)에 의하여 다음이 만족되어야 한다.

$$\dot{m}_{\text{total}} = \dot{m}_1 + \dot{m}_2 \tag{12.11}$$

또한, 비압축성 유동에서는 다음과 같다.

$$Q_{\text{total}} = Q_1 + Q_2 \tag{12.12}$$

병렬로 이어진 파이프의 경우에는 각 파이프에서의 압력강하가 동일하다.

$$\Delta P_{\text{total}} = \Delta P_1 = \Delta P_2 \tag{12.13}$$

유한요소 정식화

점성유체(viscous fluid)의 비압축성 층류가 그림 12.5와 같은 파이프망 시스템을 지난다고 하자. 우선 파이프 시스템을 절점과 요소로 나누기로 한다. 이 예제는 4개의 절점과 4개의 요소를 갖는 모델로써 표현할 수 있다.

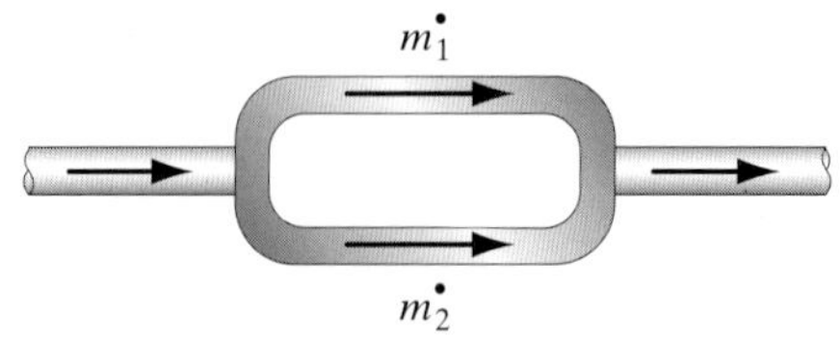

그림 12.4 병렬 파이프

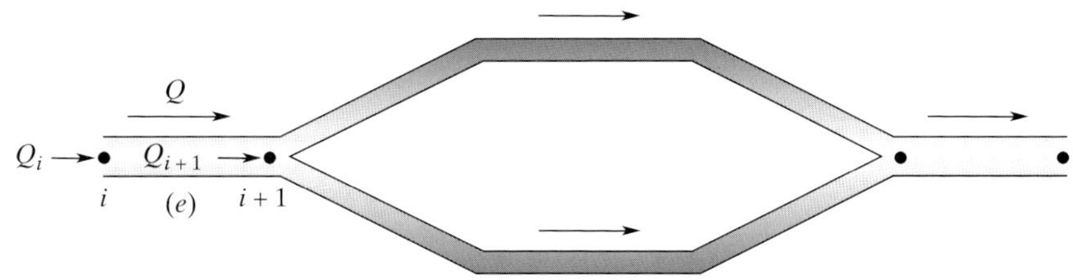

그림 12.5 파이프망 문제: 파이프망을 흐르는 점성유체의 비압축성 층류

파이프 단면 내부 유동의 거동은 2개의 절점을 갖는 1개의 요소로 모델화된다. 식 (12.4)로 주어진 체적유동률과 압력강하 사이의 관계를 이용하여 다음과 같은 한 요소에 대한 표현을 얻을 수 있다.

$$Q = \frac{\pi D^4}{128\mu}\left(\frac{P_i - P_{i+1}}{L}\right) = C(P_i - P_{i+1}) \tag{12.14}$$

여기서 유동저항계수(flow-resistance ratio) C는 다음과 같다.

$$C = \frac{\pi D^4}{128L\mu} \tag{12.15}$$

각 요소에는 2개의 절점이 있으므로 각 요소에 대해서 2개의 방정식을 만들어야 한다. 이들 방정식은 절점압력과 요소의 유동저항계수로 표현된다. 체적유동률 Q_i와 Q_{i+1}, 그리고 절점압력 P_i와 P_{i+1}은 다음과 같은 관계가 성립한다.

$$\begin{aligned} Q_i &= C(P_i - P_{i+1}) \\ Q_{i+1} &= C(P_{i+1} - P_i) \end{aligned} \tag{12.16}$$

식 (12.16)은 질량 보존의 법칙도 성립하도록 정식화된 것이다. 즉, 식 (12.16)에서 Q_i와 Q_{i+1}의 합이 0이 되므로 정상 유동에서는 한 절점에 유입된 유동이 그대로 배출된다는 것을 알 수 있다. 식 (12.16)은 행렬로 다음과 같이 표현된다.

$$\begin{Bmatrix} Q_i \\ Q_{i+1} \end{Bmatrix} = \begin{bmatrix} C & -C \\ -C & C \end{bmatrix}\begin{Bmatrix} P_i \\ P_{i+1} \end{Bmatrix} = \begin{bmatrix} \dfrac{\pi D^4}{128L\mu} & -\dfrac{\pi D^4}{128L\mu} \\ -\dfrac{\pi D^4}{128L\mu} & \dfrac{\pi D^4}{128L\mu} \end{bmatrix}\begin{Bmatrix} P_i \\ P_{i+1} \end{Bmatrix} \tag{12.17}$$

따라서 한 요소의 유동저항행렬은 다음과 같이 표현된다.

$$[\mathbf{R}]^{(e)} = \begin{bmatrix} \dfrac{\pi D^4}{128L\mu} & -\dfrac{\pi D^4}{128L\mu} \\ -\dfrac{\pi D^4}{128L\mu} & \dfrac{\pi D^4}{128L\mu} \end{bmatrix} \tag{12.18}$$

식 (12.17)로 주어진 한 요소에 대한 표현을 모든 요소에 대해 적용하고 조합하면 전체 절점 유동벡터(nodal flow vector), 전체 유동저항행렬, 전체 절점압력벡터(nodal pressure vector)를 얻을 수 있다.

예제 12.1

동점성계수 $\mu = 0.3\text{N} \cdot \text{s/m}^3$이고 밀도 $\rho = 900\ \text{kg/m}^3$인 유동이 그림 12.6에서와 같이 파이프망을 지나고 있다. 유지 및 보수가 용이하도록 2–3–5 파이프 가지(branch)에 병렬로 2–4–5 가지를 추가하여 설치하였다. 파이프 시스템의 치수는 그림 12.6에 도시되어 있다. 양쪽 가지가 모두 연결되었을 경우에 이 시스템의 압력 분포를 결정하라. 절점 1에서의 체적유동률은 $5 \times 10^{-4}\ \text{m}^3/\text{s}$, 절점 1에서의 압력은 39182 Pa(g)이고, 절점 6에서의 압력은 -3665 Pa(g)이다. 주어진 조건에서 전체 시스템에서의 유동은 층류이다. 각 파이프 가지에서 유동은 어떻게 나누어지는가?

요소의 유동저항은 식 (12.18)로 주어진다.

$$[\mathbf{R}]^{(e)} = \begin{bmatrix} \dfrac{\pi D^4}{128L\mu} & -\dfrac{\pi D^4}{128L\mu} \\ -\dfrac{\pi D^4}{128L\mu} & \dfrac{\pi D^4}{128L\mu} \end{bmatrix}$$

주어진 파이프망을 6개의 요소와 6개의 절점으로 모델링해 보자. 요소 (1)에서 요소 (6)에 대한 각 유동저항행렬은 다음과 같다.

$$[\mathbf{R}]^{(1)} = 10^{-9}\begin{bmatrix} 115.70 & -115.70 \\ -115.70 & 115.70 \end{bmatrix}\begin{matrix} 1 \\ 2 \end{matrix} \qquad [\mathbf{R}]^{(2)} = 10^{-9}\begin{bmatrix} 50.76 & -50.76 \\ -50.76 & 50.76 \end{bmatrix}\begin{matrix} 2 \\ 3 \end{matrix}$$

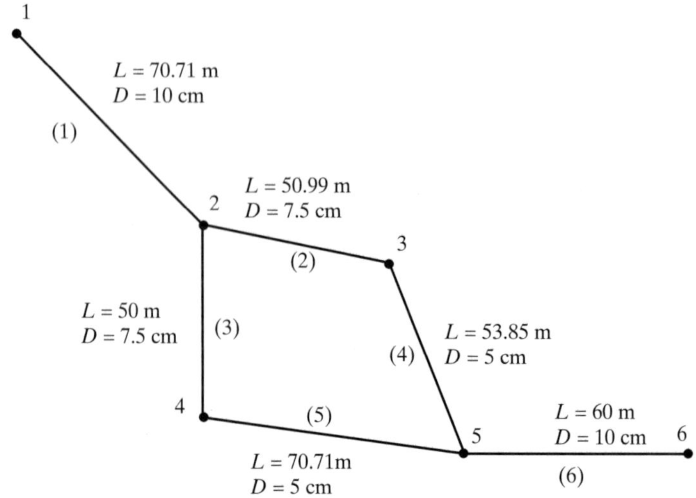

그림 12.6 예제 12.1의 파이프망

$$[\mathbf{R}]^{(3)} = 10^{-9}\begin{bmatrix} 51.77 & -51.77 \\ -51.77 & 51.77 \end{bmatrix}\begin{matrix} 2 \\ 4 \end{matrix} \qquad [\mathbf{R}]^{(4)} = 10^{-9}\begin{bmatrix} 9.50 & -9.50 \\ -9.50 & 9.50 \end{bmatrix}\begin{matrix} 3 \\ 5 \end{matrix}$$

$$[\mathbf{R}]^{(5)} = 10^{-9}\begin{bmatrix} 7.23 & -7.23 \\ -7.23 & 7.23 \end{bmatrix}\begin{matrix} 4 \\ 5 \end{matrix} \qquad [\mathbf{R}]^{(6)} = 10^{-9}\begin{bmatrix} 136.35 & -136.35 \\ -136.35 & 136.35 \end{bmatrix}\begin{matrix} 5 \\ 6 \end{matrix}$$

요소 유동저항행렬이 전체 유동저항행렬에 조합하는 위치를 나타내기 위하여, 위의 식에서 각 행렬의 옆에 해당 절점 번호를 기입하였다. 조합된 전체 유동저항행렬은 다음과 같다.

$$10^{-9}\begin{bmatrix} 115.7 & -115.7 & 0 & 0 & 0 & 0 \\ -115.7 & 115.7+50.76+51.77 & -50.76 & -51.77 & 0 & 0 \\ 0 & -50.76 & 50.76+9.50 & 0 & -9.50 & 0 \\ 0 & -51.77 & 0 & 51.77+7.23 & -7.23 & 0 \\ 0 & 0 & -9.50 & -7.23 & 9.50+7.23+136.35 & -136.35 \\ 0 & 0 & 0 & 0 & -136.35 & 136.35 \end{bmatrix}\begin{matrix} 1 \\ 2 \\ 3 \\ 4 \\ 5 \\ 6 \end{matrix}$$

경계조건인 $P_1 = 39182$, $P_2 = -3665$를 부과하면 다음 식을 얻을 수 있다.

$$\begin{bmatrix} 1 & 0 & 0 & 0 & 0 & 0 \\ -115.7 & 218.23 & -50.76 & -51.77 & 0 & 0 \\ 0 & -50.76 & 60.26 & 0 & -9.50 & 0 \\ 0 & -51.77 & 0 & 59.0 & -7.23 & 0 \\ 0 & 0 & -9.50 & -7.23 & 153.08 & -136.35 \\ 0 & 0 & 0 & 0 & 0 & 1 \end{bmatrix}\begin{Bmatrix} P_1 \\ P_2 \\ P_3 \\ P_4 \\ P_5 \\ P_6 \end{Bmatrix} = \begin{Bmatrix} 39182 \\ 0 \\ 0 \\ 0 \\ 0 \\ -3665 \end{Bmatrix}$$

이 연립 방정식을 풀면 절점압력값을 다음과 같이 구할 수 있다.

$$[\mathbf{P}]^T = [39182 \quad 34860 \quad 29366 \quad 30588 \quad 2 \quad -3665]\mathrm{Pa}$$

각 체적유동률은 식 (12.14)로부터 다음과 같이 얻을 수 있다.

$$Q = \frac{\pi D^4}{128\mu}\left(\frac{P_i - P_{i+1}}{L}\right) = C(P_i - P_{i+1})$$

$$Q^{(2)} = 50.76 \times 10^{-9}(34860 - 29366) = 2.79 \times 10^{-4}\ \mathrm{m^3/s}$$

$$Q^{(3)} = 51.77 \times 10^{-9}(34860 - 30588) = 2.21 \times 10^{-4}\ \mathrm{m^3/s}$$

$$Q^{(4)} = 9.50 \times 10^{-9}(29366 - 2) = 2.79 \times 10^{-4}\ \mathrm{m^3/s}$$

$$Q^{(5)} = 7.23 \times 10^{-9}(30588 - 2) = 2.21 \times 10^{-4}\ \mathrm{m^3/s}$$

이 결과에 대한 검증은 12.5절에서 논의될 것이다.

12.2 이상유체 유동

모든 유체는 점성(viscosity)을 갖고 있다. 하지만 어떤 유동 상황에서는 점성효과와 이로 인한 전단응력을 적절히 무시할 수 있다. 우선 첫 번째 근사로서 점성이 상대적으로 작다고 가정하여 실제 유체의 거동을 단순화할 수 있다. 또한 외부(external) 점성 유동의 경우는 유동을 크게 두 영역으로 나눌 수 있다: (1) 점성효과가 중요한 물체에 인접한 얇은 층인 경계층(boundary layer) 영역, (2) 점성효과를 무시할 수 있어서 유동을 비점성으로 가정할 수 있는 경계층 밖의 영역. 이러한 개념은 그림 12.7에서와 같이, 익형단면(airfoil) 주위의 공기 유동을 예로서 도시하였다. 비점성 유동의 경우에, 고려해야 할 힘은 압력에 기인한 힘과 유체 요소에 작용하는 관성력뿐이다.

이상유체(ideal fluid) 문제의 유한요소 정식화를 논의하기 전에 기본적인 사항들을 복습하기로 한다. 2차원 유동장에서 유체의 속도는 다음 식으로 나타낸다.

$$\vec{V} = \nu_x \vec{i} + \nu_y \vec{j} \tag{12.19}$$

여기서 ν_x와 ν_y는 각각 유체 속도의 x, y 성분이다. 2차원 비압축성 유체의 질량 보존의 법칙(연속 방정식)은 다음과 같이 유체 속도 성분의 미분 방정식 형태로 표현할 수 있다.

$$\frac{\partial \nu_x}{\partial x} + \frac{\partial \nu_y}{\partial y} = 0 \tag{12.20}$$

유동함수와 유선

정상 유동 경우, 유선(stream line)은 유체입자의 궤적을 나타낸다. 유선은 유체입자 속도의 접선방향이다. 유선은 유동 형태를 가시화하는 데 사용된다. 유동함수(stream function) $\psi(x, y)$는 다음의 관계에 따라서 연속 방정식 (12.20)을 만족하도록 정의된다.

$$\nu_x = \frac{\partial \psi}{\partial y} \quad \text{그리고} \quad \nu_y = -\frac{\partial \psi}{\partial x} \tag{12.21}$$

식 (12.21)을 식 (12.20)에 대입하면 질량 보존이 만족된다. 일정한 유동함수 $\psi(x, y)$의 궤

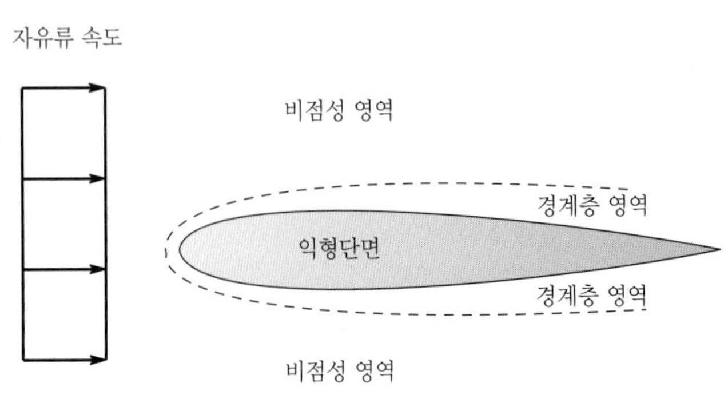

그림 12.7 익형단면 주위의 공기 유동

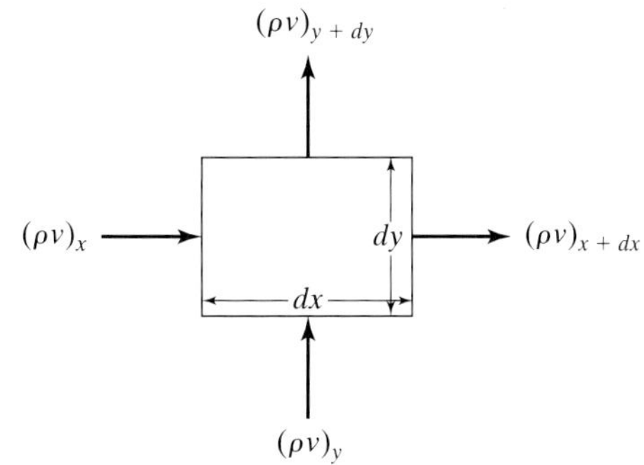

먼저, 유동장에서 미소 영역(미소 검사체적)에 질량 보존의 법칙을 적용하면 다음과 같다.

$$\dot{m}_{\text{in}} - \dot{m}_{\text{out}} = \frac{dm_{\text{control volume}}}{dt}$$

$$\rho\nu_x\,dy - \left(\rho + \frac{\partial\rho}{\partial x}dx\right)\left(\nu_x + \frac{\partial\nu_x}{\partial x}dx\right)dy + \rho\nu_y\,dx - \left(\rho + \frac{\partial\rho}{\partial y}dy\right)\left(\nu_y + \frac{\partial\nu_y}{\partial y}dy\right)dx = \frac{\partial\rho}{\partial t}dxdy$$

간단히 하면 다음과 같다.

$$-\left(\nu_x\frac{\partial\rho}{\partial x}dx + \rho\frac{\partial\nu_x}{\partial x}dx\right)dy - \left(\nu_y\frac{\partial\rho}{\partial y}dy + \rho\frac{\partial\nu_y}{\partial y}dy\right)dx = \frac{\partial\rho}{\partial t}dxdy$$

$$-\frac{\partial\rho\nu_x}{\partial x}dxdy - \frac{\partial\rho\nu_y}{\partial y}dxdy = \frac{\partial\rho}{\partial t}dxdy$$

$dxdy$를 제거하고 비압축성 유체라 가정하면 다음을 얻게 된다(ρ = 일정).

$$\frac{\partial\nu_x}{\partial x} + \frac{\partial\nu_y}{\partial y} = 0$$

그림 12.8 비압축성 유체에서의 연속 방정식 유도

적을 따라서 다음의 관계가 성립한다.

$$d\psi = 0 = \frac{\partial\psi}{\partial x}dx + \frac{\partial\psi}{\partial y}dy = -\nu_y\,dx + \nu_x\,dy \tag{12.22}$$

또는 다음과 같다.

$$\frac{dy}{dx} = \frac{\nu_y}{\nu_x} \tag{12.23}$$

식 (12.23)은 특정한 유동의 유동함수를 결정하기 위하여 사용되어진다. 또한 식 (12.23)은 유선상의 임의의 점에서 기울기와 유속 성분 사이의 관계를 보여준다. 이 관계는 그림 12.9에서 보여주고 있다. 식 (12.23)을 좀더 물리적인 관점에서 고려해 보자면 그림 12.10과 같이 급경사진 모서리를 지나는 유동을 생각해 볼 수 있다. 이와 같은 유동에서는 속도장이 다음과 같이 표현된다.

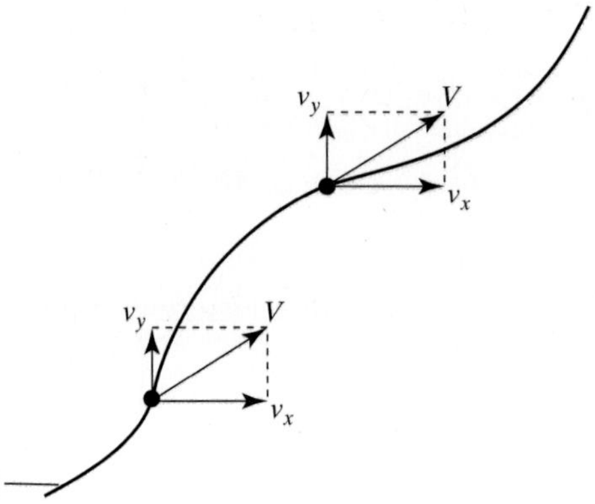

그림 12.9 유선상의 임의의 점에서 기울기와 유속 성분 사이의 관계

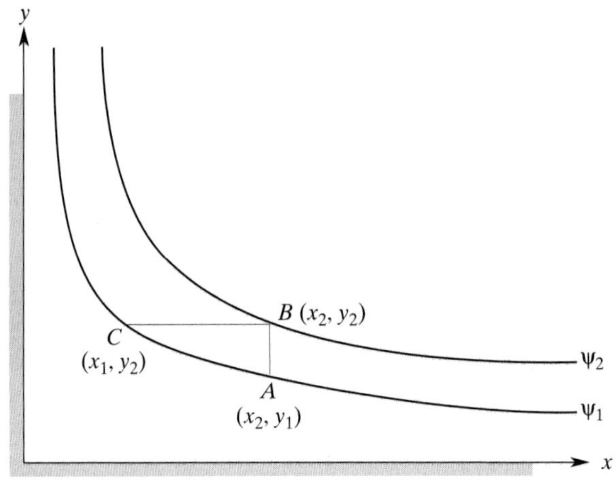

그림 12.10 급경사진 모서리를 지나는 유체 유동

$$\vec{V} = cx\vec{i} - cy\vec{j}$$

유동함수에 대한 수식을 얻기 위하여 식 (12.23)을 이용하면 다음의 식을 얻는다.

$$\frac{v_y}{v_x} = \frac{dy}{dx} = \frac{-cy}{cx}$$

위의 식을 적분하면 다음의 식을 얻을 수 있다.

$$\int \frac{dy}{y} = -\int \frac{dx}{x}$$

위의 적분을 계산하면 유동함수를 얻을 수 있고 결과는 다음과 같다.

$$xy = \text{일정}$$

또는

$$\psi = xy$$

유동함수 ψ에 여러 수치를 지정하면 유선을 도시할 수 있다. 이 수치는 그 값 자체가 중요한 것이 아니고 수치의 차이가 중요한 의미를 가진다. 두 유선의 수치 차이는 두 유선 사이의 체적유동률의 척도가 된다. 이러한 사실을 확인하기 위하여 그림 12.10으로 돌아가자. 단면 A–B를 따라서 다음의 식이 성립한다.

$$\frac{Q}{w} = \int_{y_1}^{y_2} v_x\,dy = \int_{y_1}^{y_2} \frac{\partial\psi}{\partial y}dy = \int_{\psi_1}^{\psi_2} d\psi = \psi_2 - \psi_1 \tag{12.24}$$

이와 유사하게 단면 B–C를 따라서 다음의 식을 유도할 수 있다.

$$\frac{Q}{w} = \int_{x_1}^{x_2} -v_y\,dx = \int_{x_1}^{x_2} \frac{\partial\psi}{\partial x}dx = \int_{\psi_1}^{\psi_2} d\psi = \psi_2 - \psi_1 \tag{12.25}$$

그러므로 유선 수치의 차이는 곧 단위폭(w)당 체적유동률을 의미한다.

비회전 유동, 포텐셜 함수 및 포텐셜 선

앞서 언급하였듯이, 점성효과를 무시할 수 있는 경우의 유동은 많이 있다. 또한 저속점성 유동의 경우, 유체는 회전 각속도가 0(비회전)일 수 있다. 이런 형태의 유동을 비회전 유동(irrotational flow)이라고 일컫는다. 2차원 유동이 다음의 조건을 만족하면 그 유동은 비회전 유동이라고 한다.

$$\frac{\partial v_y}{\partial x} - \frac{\partial v_x}{\partial y} = 0 \tag{12.26}$$

속도장의 각 성분이 어떤 함수 ϕ의 공간에 대한 구배(gradient)로부터 구해질 수 있을 경우에, 이 함수를 포텐셜 함수(potential function)라고 한다.

$$v_x = \frac{\partial\phi}{\partial x} \qquad v_y = \frac{\partial\phi}{\partial y} \tag{12.27}$$

포텐셜 함수는 일정한 선을 따라 다음의 조건이 만족된다.

$$d\phi = 0 = \frac{\partial\phi}{\partial x}dx + \frac{\partial\phi}{\partial y}dy = v_x\,dx + v_y\,dy = 0 \tag{12.28}$$

$$\frac{dy}{dx} = -\frac{v_x}{v_y} \tag{12.29}$$

식 (12.29)와 (12.23)을 비교해 보면, 유선과 속도 포텐셜 선이 서로 직교함을 알 수 있고, 이는 포텐셜 함수와 유선함수는 보상(complement)관계임을 알 수 있다. 식 (12.27)의 관계식을 연속 방정식인 식 (12.20)의 v_x, v_y 대신 대입하면 다음의 관계식을 얻을 수 있다.

$$\frac{\partial^2\phi}{\partial x^2} + \frac{\partial^2\phi}{\partial y^2} = 0 \tag{12.30}$$

식 (12.21)로 주어진 유선함수의 정의를 이용하고, 식 (12.26)에 v_x, v_y를 대입하면 다음의 관계식을 얻는다.

$$\frac{\partial^2 \psi}{\partial x^2} + \frac{\partial^2 \psi}{\partial y^2} = 0 \tag{12.31}$$

라플라스(Laplace) 방정식 형태인 식 (12.30)과 (12.31)은 이상 비회전 유동(ideal irrotational flow)의 지배 방정식이 된다. 일반적으로 포텐셜 유동의 경계조건은 주어진 자유류(free stream)의 속도이다. 물체 표면 경계에서는 표면에 수직인 속도 성분이 없으므로 다음의 방정식으로 주어지는 경계조건이 부과된다.

$$\frac{\partial \phi}{\partial n} = 0 \tag{12.32}$$

여기서 n은 물체 표면의 수직방향을 의미한다. 비점성 비회전 유동을 지배하는 식 (12.30)의 미분 방정식과 열전도 방정식인 식 (9.8)을 비교해 보면, 2개의 방정식이 동일한 형태를 가짐을 알 수 있다. 따라서 9.2절과 9.3절의 결과를 포텐셜 유동문제에 적용할 수 있다. 다만 비회전 유동의 미분 방정식을 비교해 보면 식 (9.8)에서 $C_1 = 1$, $C_2 = 1$이고 $C_3 = 0$으로 해야 한다. 이 장의 후반부에서는 실린더 주위를 흐르는 이상유체 유동을 ANSYS를 이용하여 해석할 것이다.

이제 점성 유동의 해석에 대하여 간략히 논의하자. 앞에서 언급하였듯이 모든 실제 유체는 점성을 갖고 있다. 복잡한 점성 유동은 일반적으로 특별한 경계조건을 적용한 유한차분법(finite difference method)을 이용하여 해석한다. 그러나 최근에는 유한요소법을 적용한 점성 유동에 대한 해석 연구에서 상당한 발전이 있었다. Bathe(1996)는 2차원 비압축성 층류의 해석을 위한 갤러킨(Galerkin) 방법을 제시한 바 있다. 점성 층류의 정식화에 대하여 더 자세한 것을 알고 싶은 경우에는 ANSYS 매뉴얼 중 이론서(theory volume)의 7.1절을 참고하기 바란다.

예제 12.2

그림 12.11에 수평방향으로 간단한 균일 유동(속도 일정)이 나타나 있다. 이 유동의 경우에 유체입자는 수평선을 따라 흐르고 유선은 평행선이어야 한다. 유동 및 포텐셜 함수를 위

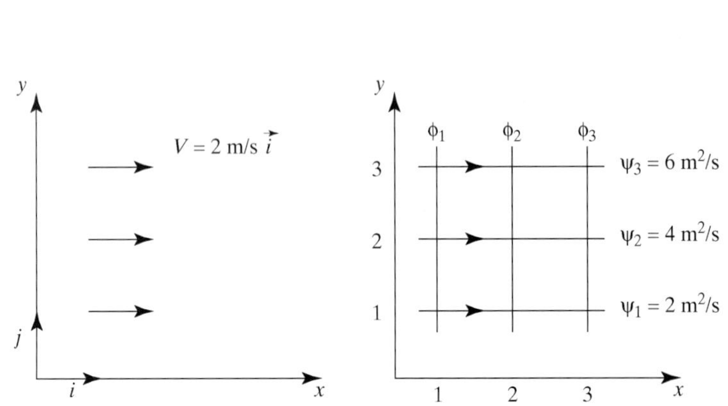

그림 12.11 예제 12.2의 속도, 유선, 포텐셜 선

한 방정식, 그리고 다수의 유선 및 포텐셜 선을 구하기 위하여 이전에 논의한 바 있는 이론을 사용하고 여러 유선과 포텐셜 선을 도시하도록 한다.

이 문제에서 $\nu_x = 2$ m/s, $\nu_y = 0$이고 식 (12.21)로부터 유동함수를 얻을 수 있다.

$$\nu_x = \frac{\partial\psi}{\partial y} = 2 \quad \Rightarrow \quad \psi = 2y \text{ m}^2/\text{s}$$

식 (12.27)을 이용하여 포텐셜 함수를 구하면 아래와 같은 방정식을 얻는다.

$$\nu_x = \frac{\partial\phi}{\partial x} = 2 \quad \Rightarrow \quad \phi = 2x \text{ m}^2/\text{s}$$

그림 12.11에서 볼 수 있듯이 $x = 1$, $x = 2$, $x = 3$과 $y = 1$, $y = 2$, $y = 3$을 표기하여 3개의 유선 및 3개의 포텐셜 선을 도시하였다. 앞서 언급했듯이 유선의 각자의 값은 중요하지 않다. 유선상의 값은 단위폭당 유량률을 나타낸다. 예를 들어 $\psi_3 - \psi_1 = 6 - 2 = 4$ m^2/s는 유선 ψ_3와 ψ_1 사이의 단위폭당 유량을 나타낸다. 유선과 속도 포텐셜 선은 서로 직교한다는 점을 유의하자.

12.3 지하수 유동

투과성 매질로의 유체 유동과 열전달에 관한 연구는 유류 재활용, 지하수 수문학, 태양열 저장 및 지열 에너지 등 많은 공학적 응용분야에서 매우 중요하다. 경계가 없는 투과성 매질로의 유동은 다시 법칙(Darcy's law)에 의해서 지배된다. 다시 법칙에 의하면, 압력강하와 평균 유속 사이에는 다음의 관계가 성립한다.

$$U_D = -\frac{k}{\mu}\frac{dP}{dx} \tag{12.33}$$

여기서 U_D는 평균 유속, k는 투과성 매질의 투과계수(permeability), μ는 유체의 점성계수, 그리고 $\frac{dp}{dx}$는 압력 구배이다. 일반적으로 2차원 유동에서는 유속 성분을 정의하기 위하여 수두 ϕ(hydraulic head)를 정의한다. 그림 12.12에서와 같이 댐(dam) 안의 물이 댐 아래를 통하여 투과되는 경우를 생각해 보자.

댐 아래의 토양을 투과하는 유체의 유동은 다음으로 주어지는 다시 법칙(Darcy's law)에 의해서 지배된다.

$$k_x\frac{\partial^2\phi}{\partial x^2} + k_y\frac{\partial^2\phi}{\partial y^2} = 0 \tag{12.34}$$

침투된 물의 속도 성분은 다음과 같다.

$$\nu_x = -k_x\frac{\partial\phi}{\partial x} \quad \text{그리고} \quad \nu_y = -k_y\frac{\partial\phi}{\partial y} \tag{12.35}$$

여기서 k_x와 k_y는 투과계수이고, ϕ는 수두를 나타낸다. 지하수의 침투를 지배하는 미분 방

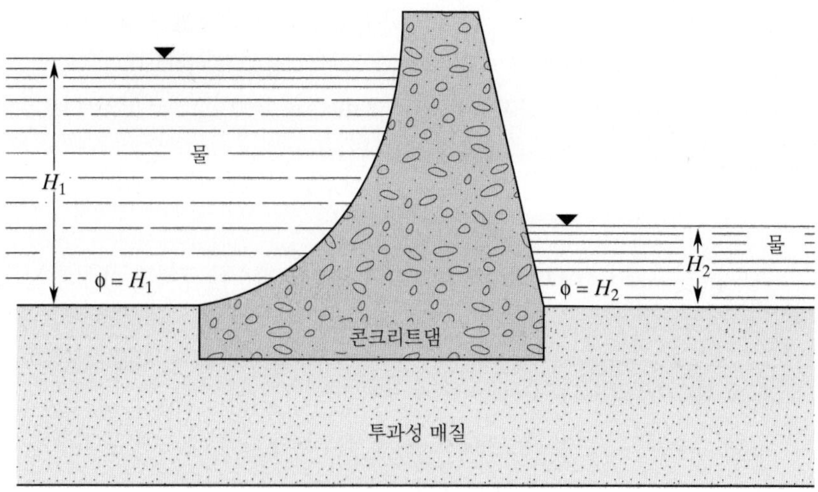

그림 12.12 댐 아래의 투과성 매질을 통한 물의 침투

정식인 식 (12.34)와 열확산 방정식인 식 (9.8)을 비교해 보면 이 2개의 방정식이 공통된 형태를 가진다. 따라서, 9.2절과 9.3절의 결과를 지하수 유동문제에 적용할 수 있다. 다만, 지하수 유동문제의 미분 방정식을 비교해 보면 식 (9.8)에서 $C_1 = k_x$, $C_2 = k_y$이고 $C_3 = 0$으로 해야 한다.

직사각형 요소의 투과계수행렬은 다음과 같다.

$$[\mathbf{K}]^{(e)} = \frac{k_x w}{6\ell}\begin{bmatrix} 2 & -2 & -1 & 1 \\ -2 & 2 & 1 & -1 \\ -1 & 1 & 2 & -2 \\ 1 & -1 & -2 & 2 \end{bmatrix} + \frac{k_y \ell}{6w}\begin{bmatrix} 2 & 1 & -1 & -2 \\ 1 & 2 & -2 & -1 \\ -1 & -2 & 2 & 1 \\ -2 & -1 & 1 & 2 \end{bmatrix} \tag{12.36}$$

여기서 w와 ℓ은 그림 12.13에서와 같이 각각 직사각형 요소의 폭과 길이이다. 또한 전형적인 침투유동의 문제에서 수두는 그림 12.12에서 볼 수 있는 것처럼 어떤 표면에서 크기를 알 수 있다. 그 수두는 경계조건으로 주어진다.

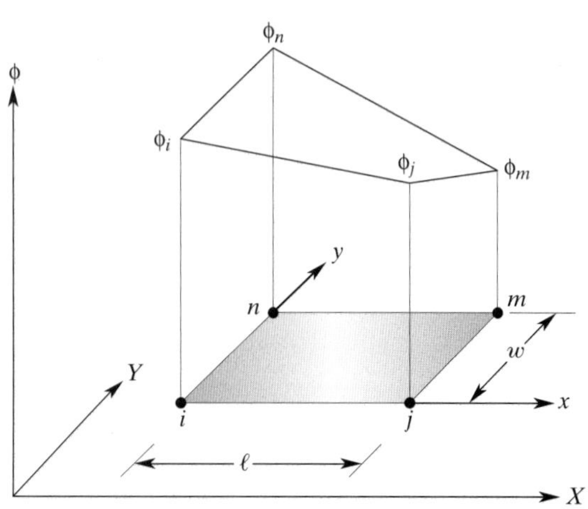

그림 12.13 직사각형 요소에서 수두의 절점값

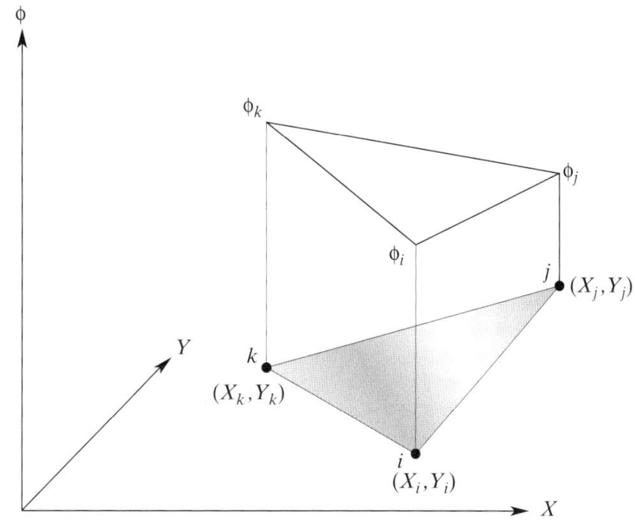

그림 12.14 삼각형 요소에서 수두의 절점값

그림 12.14에는 삼각형 요소의 절점 수두를 도시하고 있다. 이와 같은 삼각형 요소인 경우에 투과계수행렬은 다음과 같다.

$$[\mathbf{K}]^{(e)} = \frac{k_x}{4A}\begin{bmatrix} \beta_i^2 & \beta_i\beta_j & \beta_i\beta_k \\ \beta_i\beta_j & \beta_j^2 & \beta_j\beta_k \\ \beta_i\beta_k & \beta_j\beta_k & \beta_k^2 \end{bmatrix} + \frac{k_y}{4A}\begin{bmatrix} \delta_i^2 & \delta_i\delta_j & \delta_i\delta_k \\ \delta_i\delta_j & \delta_j^2 & \delta_j\delta_k \\ \delta_i\delta_k & \delta_j\delta_k & \delta_k^2 \end{bmatrix} \tag{12.37}$$

여기서 삼각형 요소의 면적 A와 α, β, δ항은 다음과 같이 주어진다.

$$\begin{aligned} 2A &= X_i(Y_j - Y_k) + X_j(Y_k - Y_i) + X_k(Y_i - Y_j) \\ \alpha_i &= X_jY_k - X_kY_j \quad \beta_i = Y_j - Y_k \quad \delta_i = X_k - X_j \\ \alpha_j &= X_kY_i - X_iY_k \quad \beta_j = Y_k - Y_i \quad \delta_j = X_i - X_k \\ \alpha_k &= X_iY_j - X_jY_i \quad \beta_k = Y_i - Y_j \quad \delta_k = X_j - X_i \end{aligned}$$

다음으로는 ANSYS의 요소에 대하여 논의하자.

12.4 ANSYS를 이용한 예제

ANSYS는 유체역학 문제를 모델링하기 위하여 FLUID15, FLUID66 및 FLUID79와 같은 여러 가지의 요소를 제공하고 있다.

FLUID15 열전달을 함께 고려할 수 있는 2차원 평면 유체 유동 요소이다. 비압축성 층류 유동에 대한 나비어-스토스 방정식(Navier-Stokes equation), 연속 방정식 및 에너지 방정식을 이상화할 수 있다. 이 요소는 4개의 절점과 각 절점당 3개의 자유도를 갖고 있다. 3개의 절점 자유도는 x, y 각 방향의 속도와 온도이다. 압력은 각 요소의 중심에서 계산된다. 각 요소의 입력 데이터는 절점 위치, 유체 밀도, 열전도율 및 점성이다.

FLUID66 열-유체 요소로 2개의 주절점(primary nodes) 사이에서 열과 유동을 함께 고려할 수 있는 요소이다. FLUID66은 각 절점당 온도와 압력, 2개의 자유도를 갖고 있다. 또한 이 요소는 2개의 선택절점(optional nodes)에서 유동으로 인해 발생하는 대류(convection)도 계산할 수 있다. 이 요소는 2개의 주절점에 의해 정의되고, 입력 데이터는 절점 위치, 유체 밀도, 대류 열전달계수, 열전도계수, 비열 및 점성이다.

FLUID79 구조 해석을 위한 2차원 요소인 PLANE42를 수정하여 만든 것이다. 이 요소는 순유동률이 없는 용기에 담긴 유체를 모델링하는 데 사용된다. 이 요소는 4개의 절점으로 정의되는데, 각 절점당 2개의 자유도를 갖고 있다. 2개의 절점 자유도는 x, y 각 방향의 변위이다. 각 요소의 입력 데이터는 절점 위치, 유체의 용적계수(bulk modulus) 및 점성이다. 압력은 요소의 면에 표면력으로 가할 수 있다.

앞 절에서 언급한 대로 유체 유동과 열전달의 지배 미분 방정식들 사이에는 서로 유사성이 있으므로, 비회전 유동이나 지하수 문제를 모델링하기 위하여, 위에 나열된 요소들 외에도 열전달 해석을 위한 6절점 삼각형 요소인 **PLANE35**, 4절점 사변형 요소인 **PLANE55**, 8절점 사변형 요소인 **PLANE77** 등의 열 요소를 사용할 수도 있다. 열 요소를 사용할 때에는 각각 물성치 입력란에 적절한 수치를 입력해야 한다. 예제 12.3과 12.4에서 이러한 사실을 확인해 보기로 한다.

예제 12.3

그림 12.15와 같이 실린더 주위를 흐르는 공기의 이상 유동을 생각해 보자. 실린더의 반경은 5 cm이고, 접근하는 속도는 $U = 10$ cm/s이다. ANSYS를 이용하여 실린더 주위의 속도를 결정하라. 자유유속은 실린더 직경의 5배만큼 떨어진 거리의 유입유동과 배출유동에서 속도가 일정하다고 가정하라.

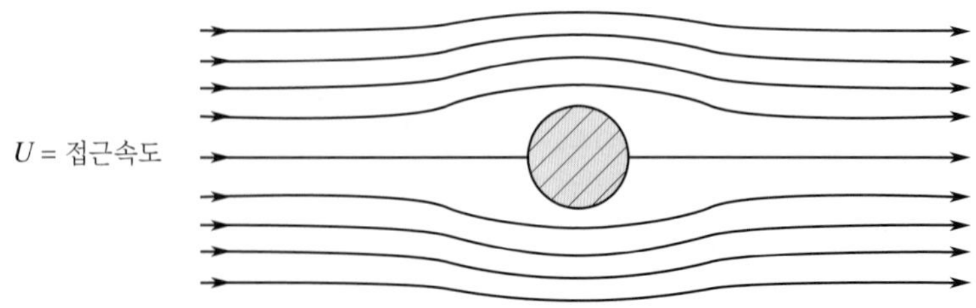

그림 12.15 실린더 주위에 흐르는 이상(ideal) 공기 유동

시작메뉴를 사용하여 **ANSYS** 프로그램을 실행시킨다. 대화상자의 **Jobname** 입력란에 **FlowCYL**(또는 원하는 파일명)을 입력한다. GUI를 실행하기 위해 **Run**을 선택한다.

다음 명령으로 문제에 대한 제목을 입력한다. 이 제목은 ANSYS 표시창의 좌하단에 나타나며 프로그램 창을 구별하는 데 사용된다. 이제 다음의 명령절차를 따라서 입력한다.

utility menu: **File → Change Title** . . .

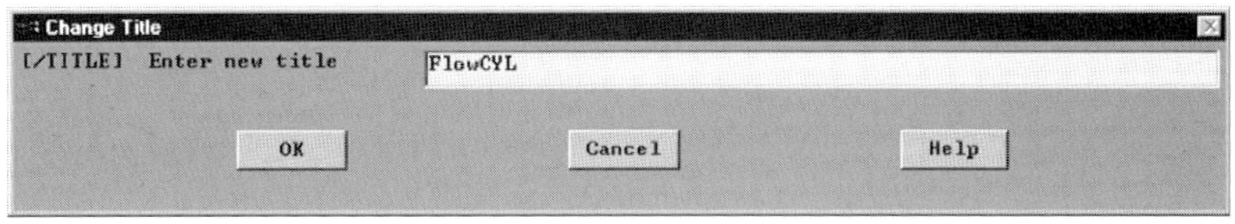

다음 명령으로 요소의 종류를 선택한다.

main menu: **Preprocessor → Element Type → Add/Edit/Delete** . . .

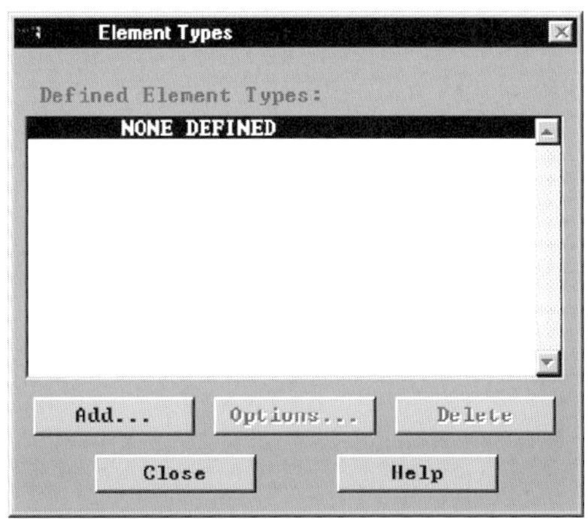

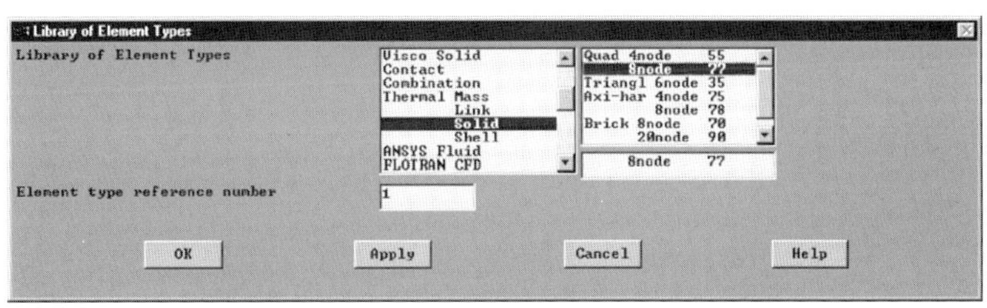

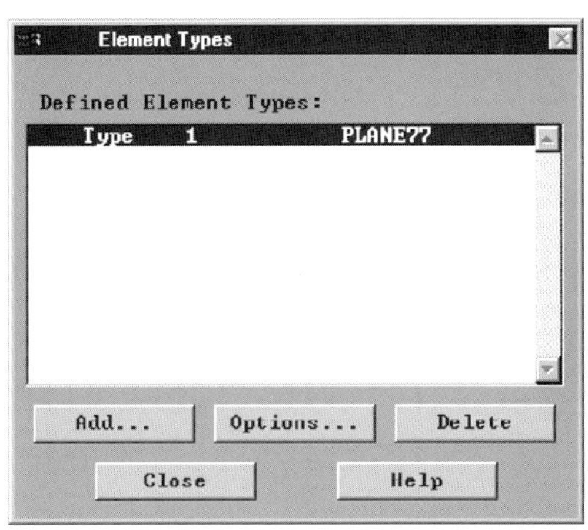

다음 명령으로 재료 물성치를 입력한다.

main menu: **Preprocessor → Material Props → Material Models → Thermal → Conductivity → Isotropic**

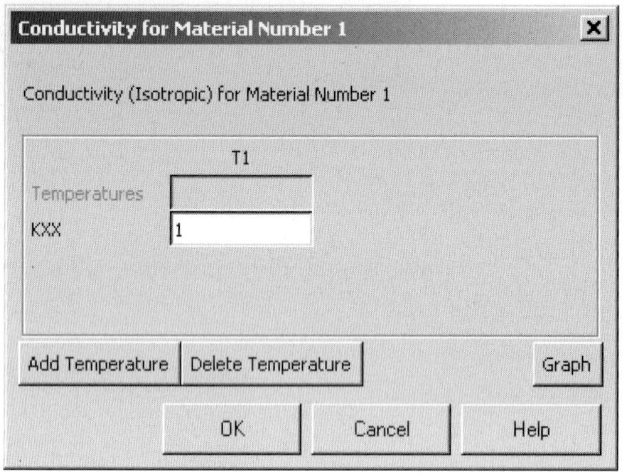

ANSYS Toolbar: **SAVE_DB**

작업평면 설정, 줌 등을 사용하여 문제에 맞도록 그래픽 영역을 설정한다.

utility menu: **Workplane → WP Settings** . . .

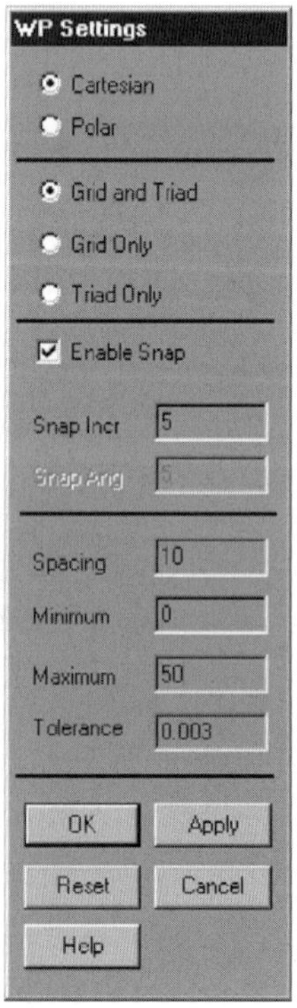

다음 명령으로 작업평면을 나타낸다.

utility menu: **Workplane → Display Working Plane**

다음 명령으로 나타나는 이동-줌-회전 대화상자의 메뉴인 small circle과 arrows로 작업평면을 창에 적절히 위치시킨다.

utility menu: **PlotCtrls → Pan, Zoom, Rotate** . . .

다음 명령으로 기하학적 형상을 작성한다.

main menu: **Preprocessor → Modeling → Create → Areas → Rectangle → By 2 Corners**

[WP = 0,0]

[러버밴드를 위로 50, 우측으로 50만큼 확장하고 좌측 버튼을 클릭한다]

OK

나중에 제거할 실린더의 단면을 작성한다.

main menu: **Preprocessor → Modeling → Create → Areas → Circle → Solid Circle**

[WP = 25,25]

[러버밴드를 반경 5.0까지 확장한다]

OK

main menu: **Preprocessor → Modeling → Operate → Booleans → Subtract → Areas**

A1(사각형)을 선택하고 Apply를 클릭한 후 A2(원형)를 선택하고 Apply를 클릭한다.

OK

이제 각 면적들에 요소와 절점을 만드는 요소생성작업을 할 차례이다. 우선 요소의 크기를 정해야 하므로 다음의 명령을 실행한다.

main menu: **Preprocessor → Meshing → Size Cntrls → Manual Size → Global → Size**

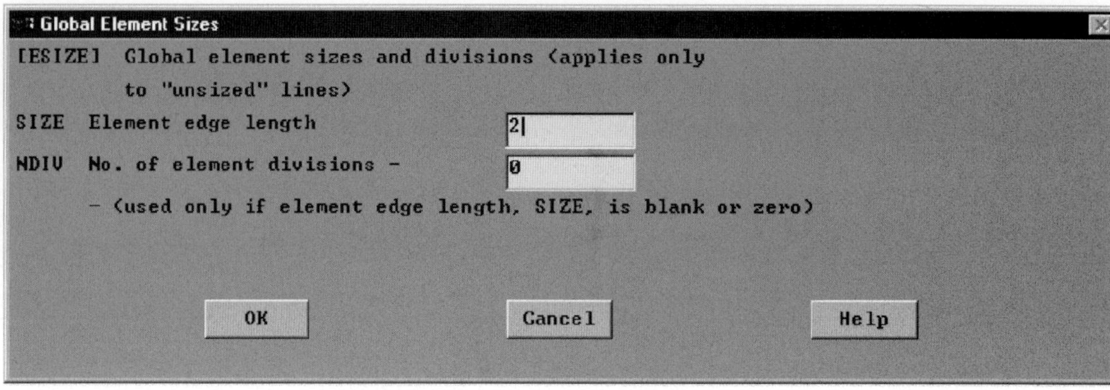

main menu: **Preprocessor → Meshing → Mesh → Areas → Free**

Pick All

다음의 명령으로 경계조건을 부과한다.

main menu: **Solution → Define Loads → Apply → Thermal → Heat Flux → On Lines**

사각형의 좌측 수직변을 선택한다.

OK

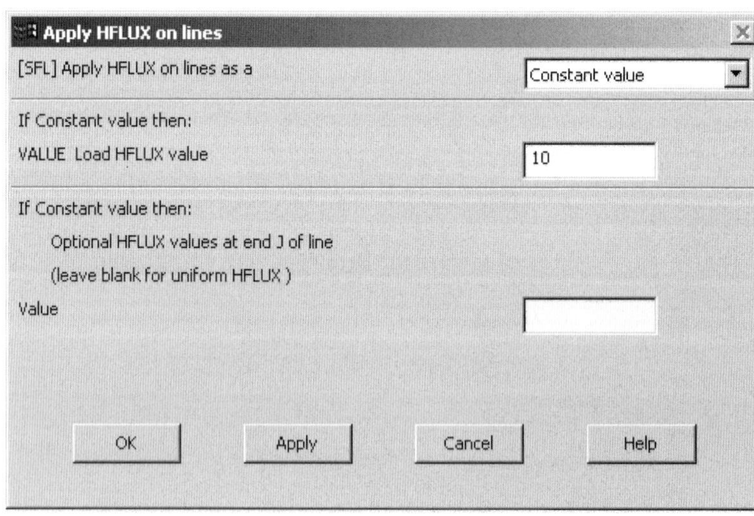

OK

main menu: **Solution → Define Loads → Apply → Thermal → Heat Flux → On Lines**

사각형의 우측 수직변을 선택한다.

OK

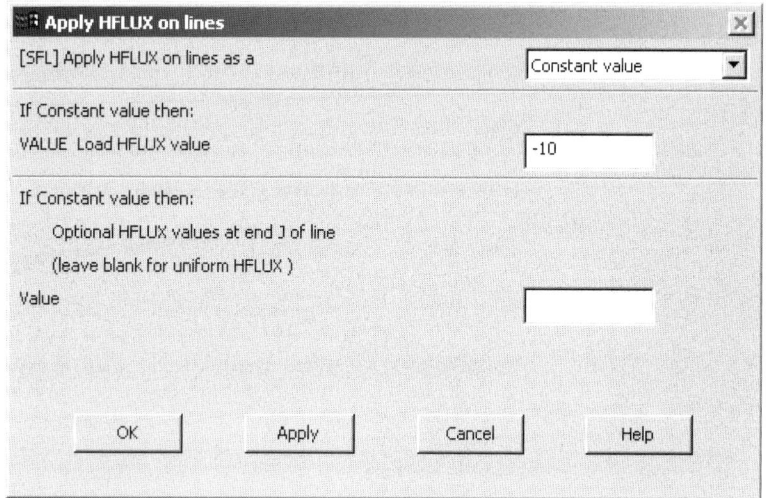

OK

utility menu: **PlotCtrls → Symbols** . . .

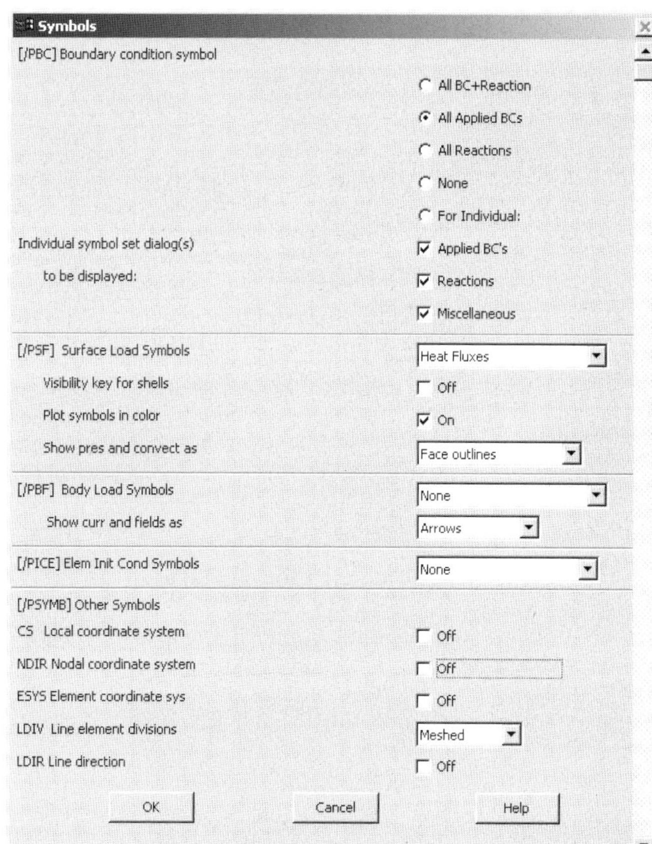

utility menu: **Plot → Lines**

ANSYS Toolbar: **SAVE_DB**

문제의 해를 구한다.

main menu: **Solution → Solve → Current LS**

OK

(the solution is done!) 창을 **Close**

(the /STAT Command) 창을 **Close**

후처리 단계에서는 속도와 같은 정보를 얻는다(그림 12.16 참조).

main menu: **General Postproc → Plot Results → Vector Plot → Predefined**

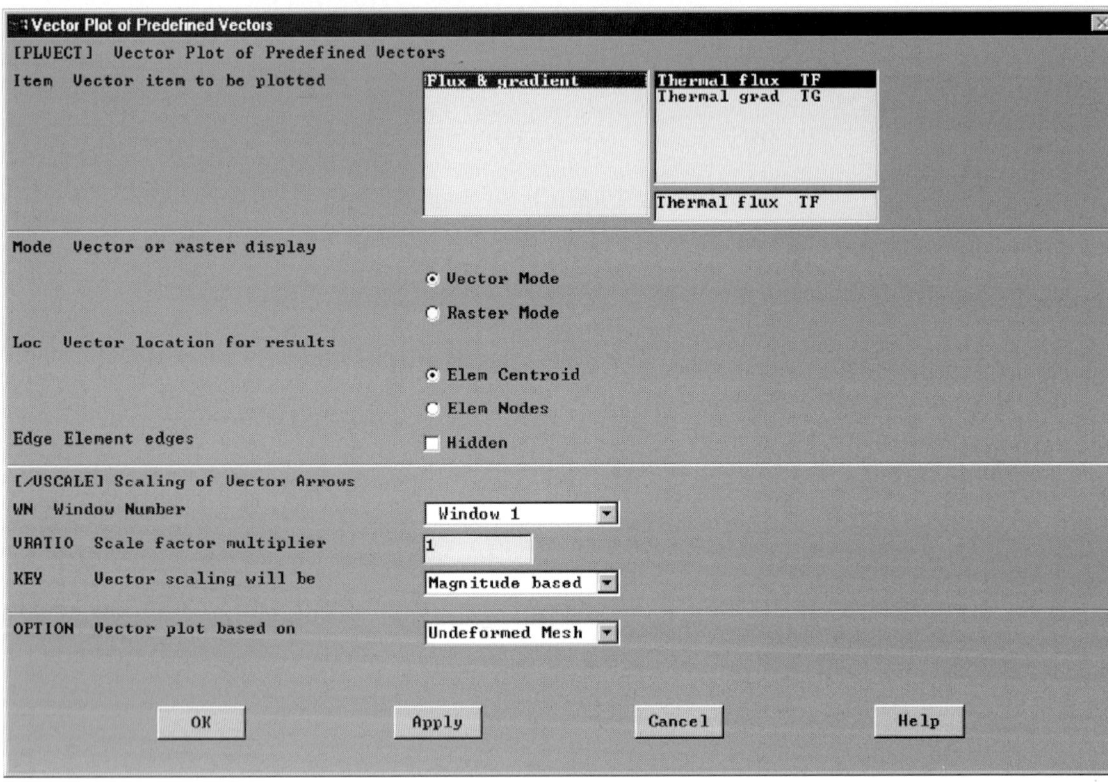

utility menu: **Plot → Areas**

main menu: **General Postproc → Path Operations → Define Path → On Working Plane**

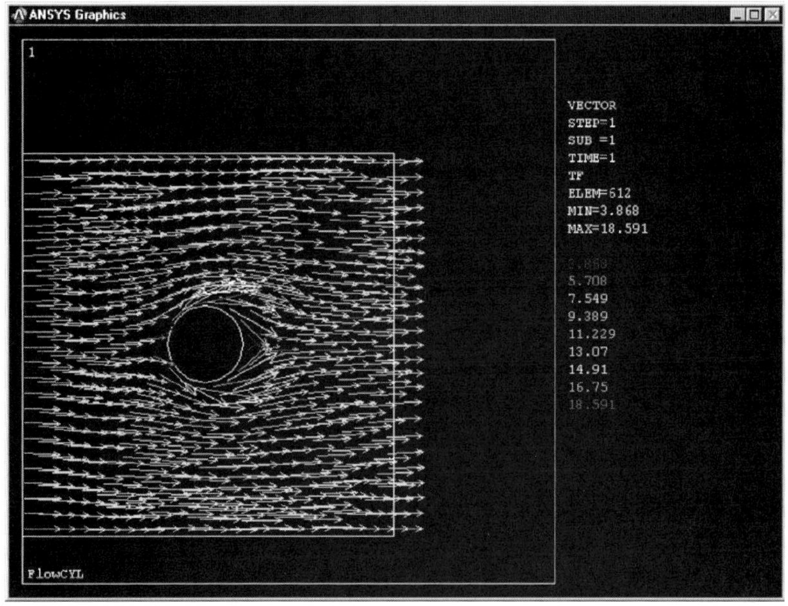

그림 12.16 속도벡터

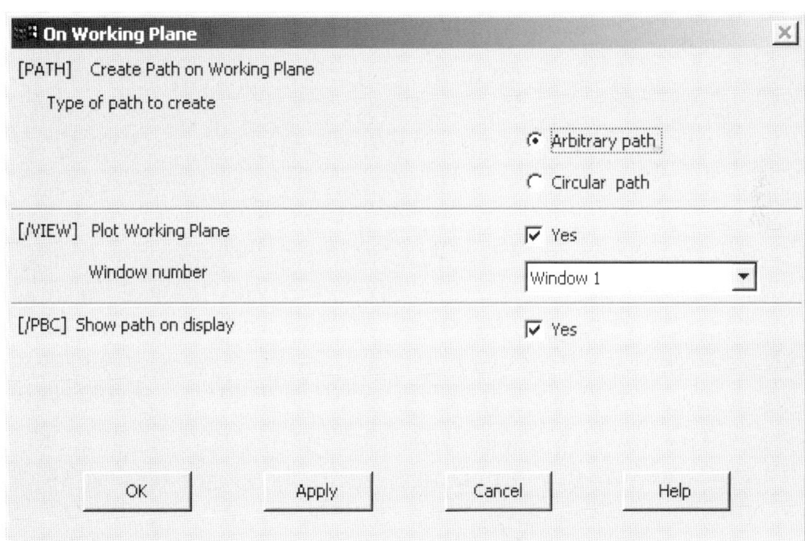

그림 12.17과 같이 A–B로 표시된 선을 따라 두 점을 선택한다.

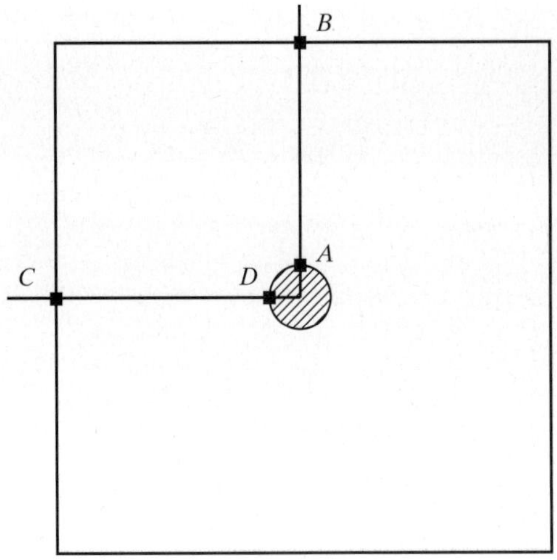

그림 12.17 경로작업을 위한 경로의 정의

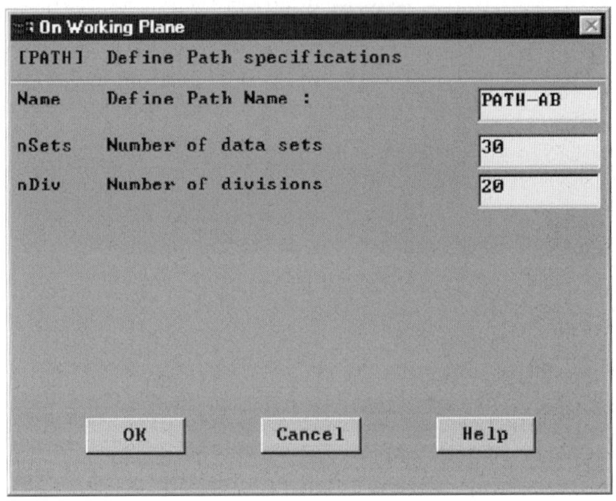

main menu: **General Postproc → Path Operations → Map onto Path**

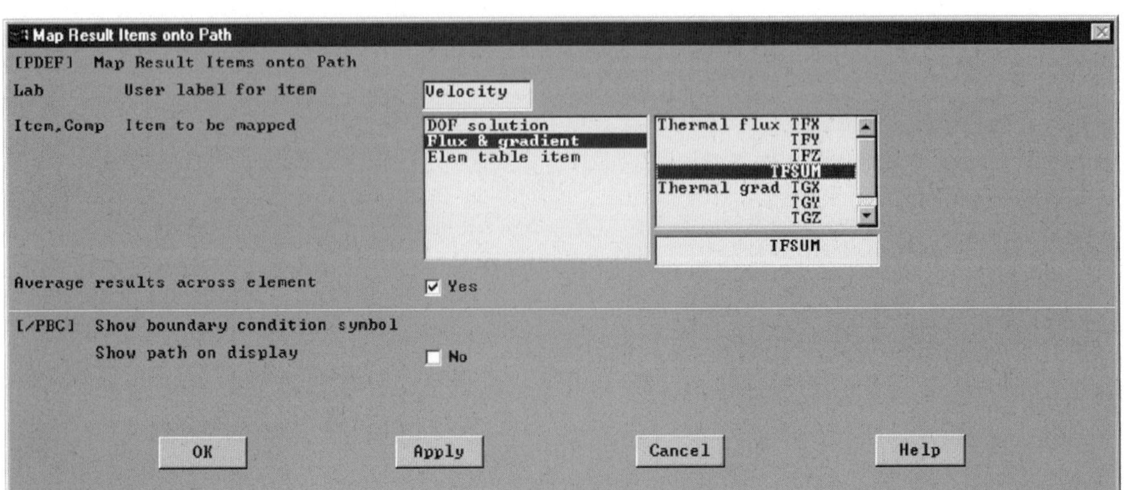

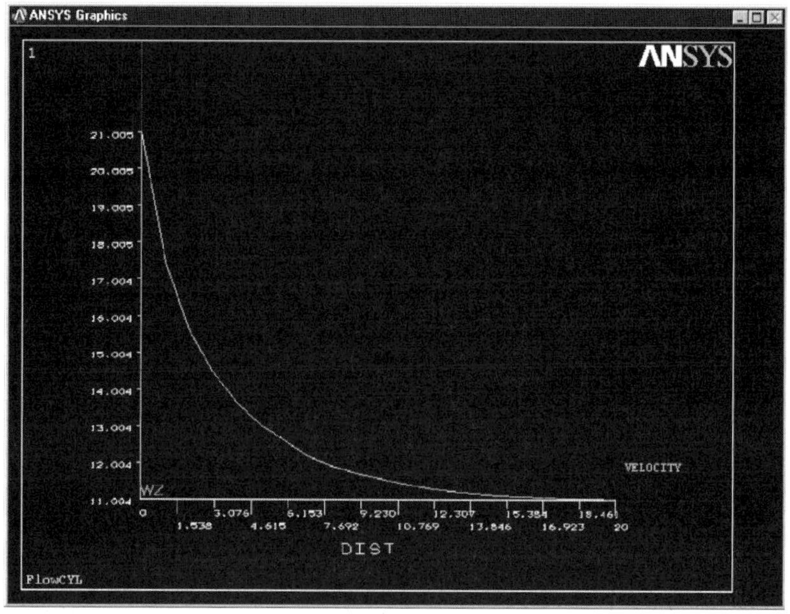

그림 12.18 경로 *A–B* 에서의 유체 속도 변화

이제 결과를 도시한다(그림 12.18 참조).

main menu: **General Postproc → Path Operations → Plot Path Items → On Graph**

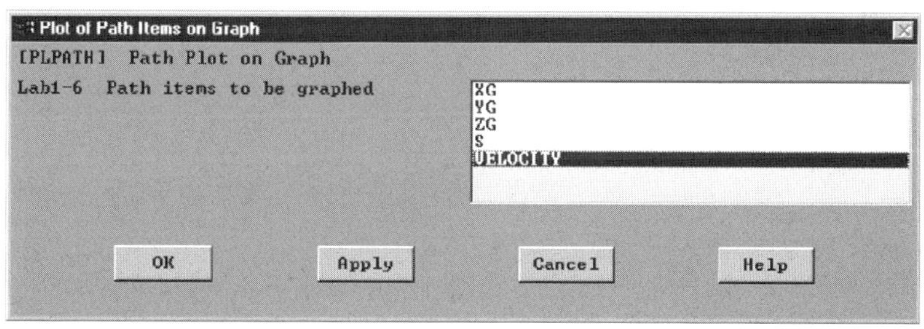

utility menu: **Plot → Areas**

main menu: **General Postproc → Path Operations → Define Path → On Working Plane**

그림 12.17과 같이 *C–D* 로 표시된 선을 따라 두 점을 선택한다.

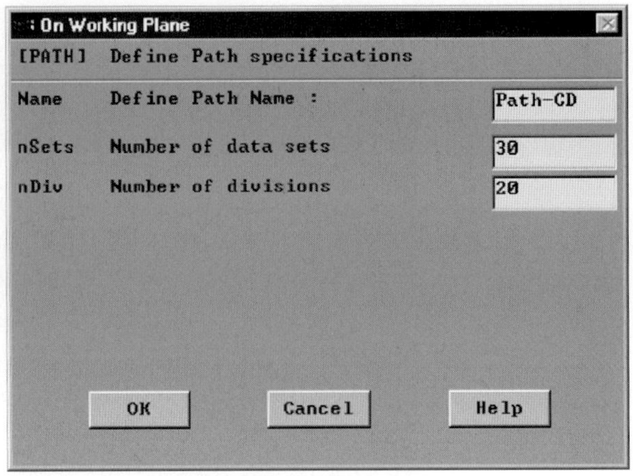

OK

main menu: **General Postproc → Path Operations → Map onto Path**

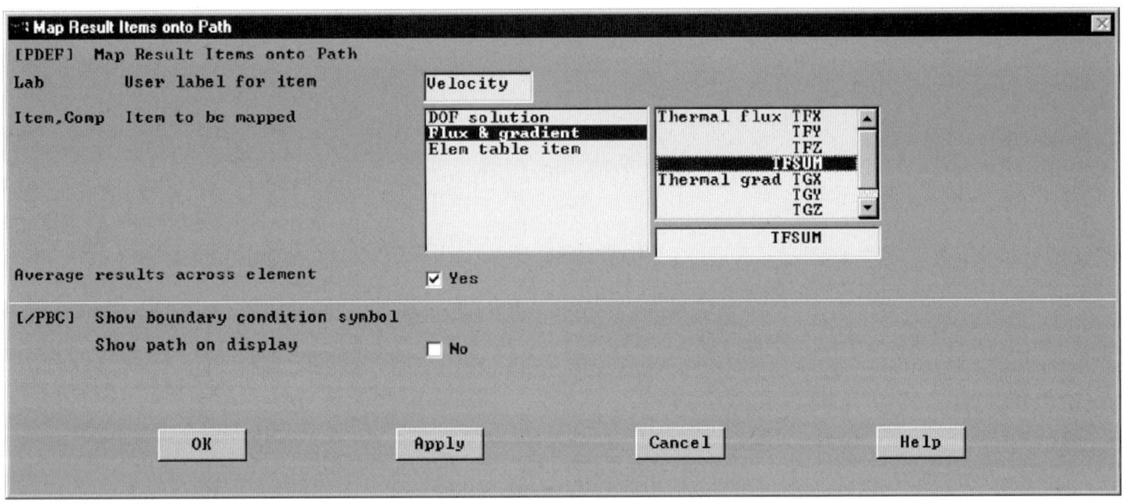

이제 결과를 도시한다(그림 12.19 참조).

main menu: **General Postproc → Path Operations → Plot Path Items → On Graph**

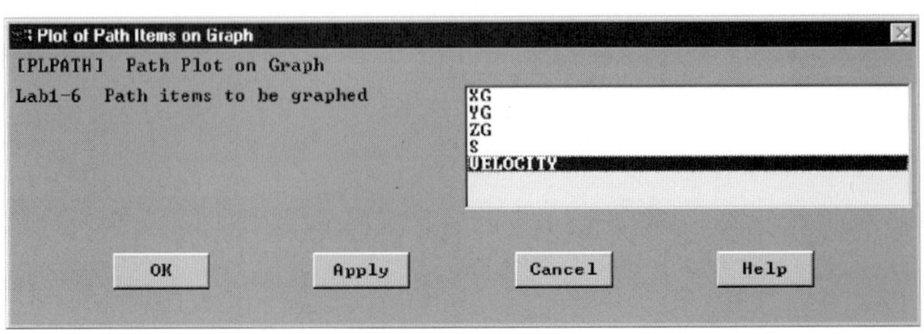

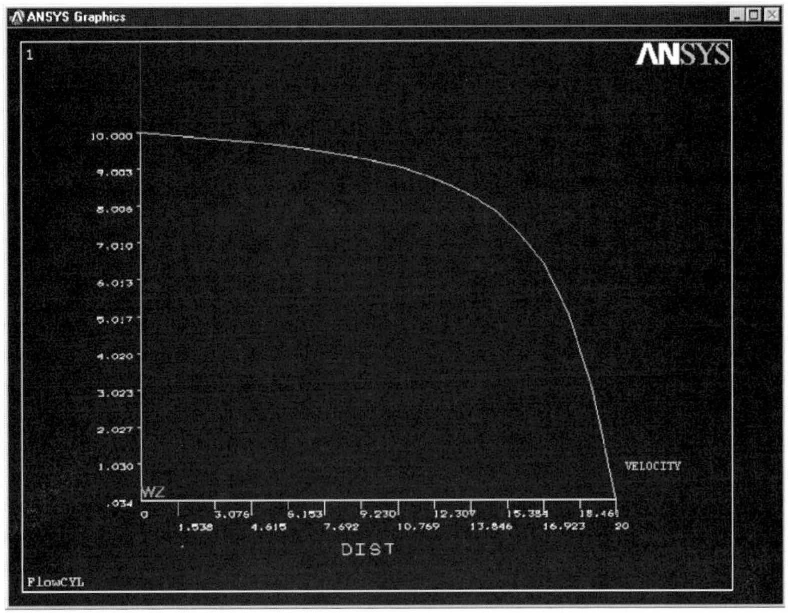

그림 12.19 경로 *C–D*에서의 유체 속도 변화

모든 것을 저장하고 ANSYS를 종료한다.

ANSYS Toolbar: **QUIT**

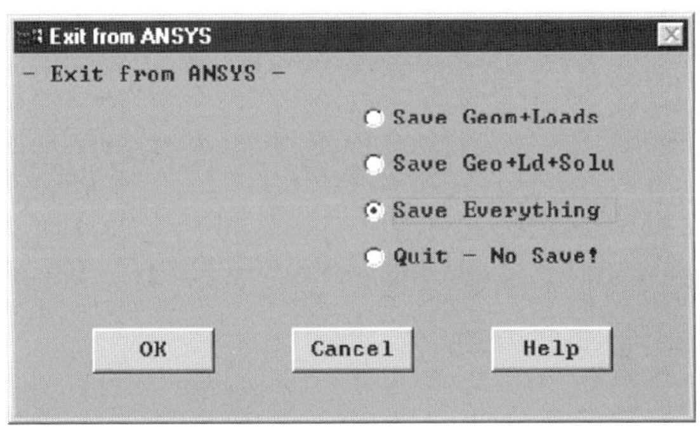

예제 12.4

그림 12.20과 같이 콘크리트댐 아래로 물이 침투하는 침투유동을 생각하자. 댐 아래의 투과성 토양의 침투율은 근사적으로 약 $k = 15$ m/day이라고 한다. 이 투과성 토양의 물 침투 속도 분포를 구하라.

시작메뉴를 사용하여 **ANSYS** 프로그램을 실행시킨다. 대화상자의 **Jobname** 입력란에 **DAM**(또는 원하는 파일명)을 입력한다. GUI를 실행하기 위해 **Run**을 선택한다.

다음 명령으로 문제에 대한 제목을 입력한다. 이 제목은 ANSYS 표시창의 좌하단에 나타

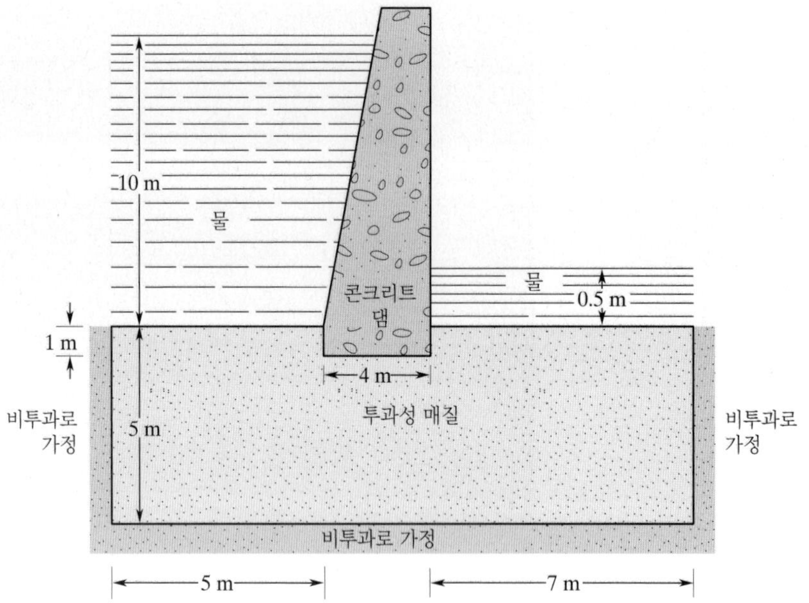

그림 12.20 콘크리트댐 아래의 투과성 매질로의 물 침투유동

나며 프로그램 창을 구별하는 데 사용된다. 이제 다음의 명령절차를 따라서 입력한다.

utility menu: **File → Change Title** . . .

main menu: **Preprocessor → Element Type → Add/Edit/Delete**

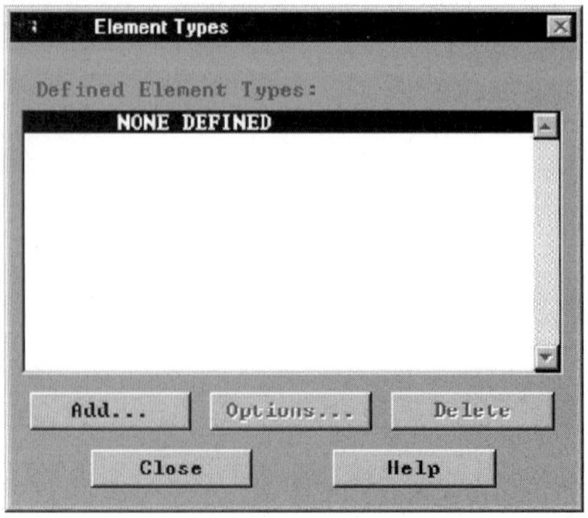

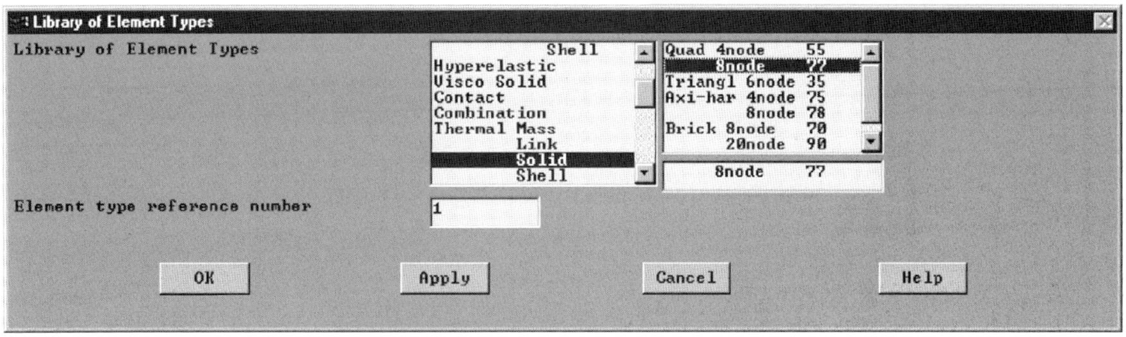

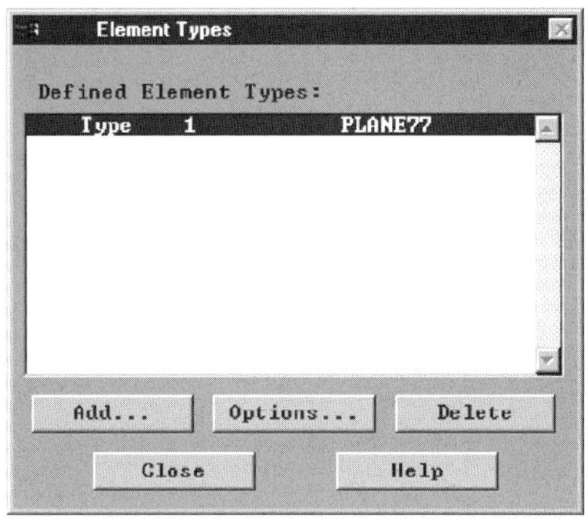

다음 명령으로 토양의 투과계수를 입력한다.

main menu: **Preprocessor** → **Material Props** → **Material Models** → → **Thermal** → **Conductivity** → **Isotropic**

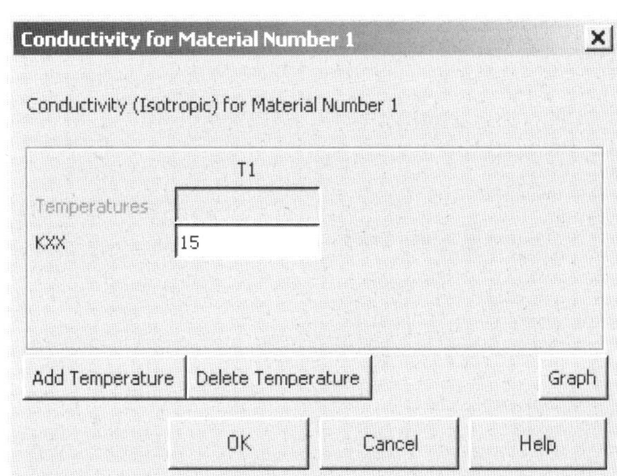

ANSYS Toolbar : **SAVE_DB**

작업평면 설정, 줌 등을 사용하여 문제에 맞도록 그래픽 영역을 설정한다.

utility menu: **Workplane** → **WP Settings** . . .

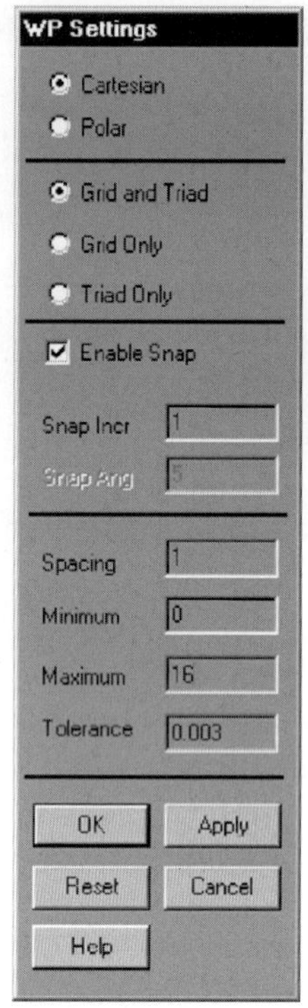

다음 명령으로 작업평면을 나타낸다.

utility menu: **Workplane → Display Working Plane**

다음 명령으로 나타나는 이동-줌-회전 대화상자의 메뉴인 small circle과 arrows로 작업평면을 창에 적절히 위치시킨다.

utility menu: **PlotCtrls → Pan, Zoom, Rotate** . . .

다음 명령으로 기하학적 형상을 작성한다.

main menu: **Preprocessor → Modeling → Create → Areas → Rectangle → By 2 Corners**

[WP = 0,0]

[러버밴드를 위로 5, 우측으로 16만큼 확장하고 좌측 버튼을 클릭한다]

[WP = 5,4]

[러버밴드를 위로 1, 우측으로 4만큼 확장하고 좌측 버튼을 클릭한다]

OK

main menu: **Preprocessor → Modeling → Operate → Booleans → Subtract → Areas**

A1(큰 사각형)을 선택하고 Apply를 클릭한 후, A2(작은 사각형)를 선택하고 Apply를 클릭한다.

OK

이제 각 면적들에 요소와 절점을 만드는 요소생성작업을 할 차례이다. 우선 요소의 크기를 정해야 하므로 다음 명령을 실행한다.

main menu: **Preprocessor → Meshing → Size Cntrls→ Manual Size → Global → Size**

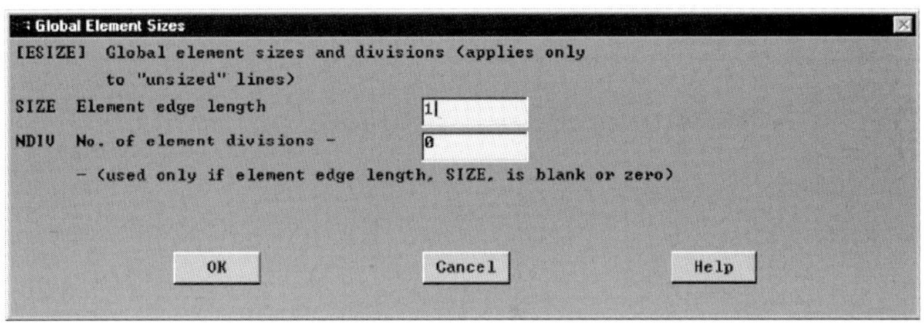

main menu: **Preprocessor → Meshing → Mesh → Areas → Free**

Pick All

다음 명령으로 경계조건을 부과한다.

main menu: **Solution → Define Loads → Apply → Thermal → Temperature → On Nodes**

박스 선택 모드를 사용하여 사각형의 좌상단 변에 있는 절점들을 모두 선택한다. 선택하는 동안에는 마우스의 좌측 버튼을 누르고 있는다.

OK

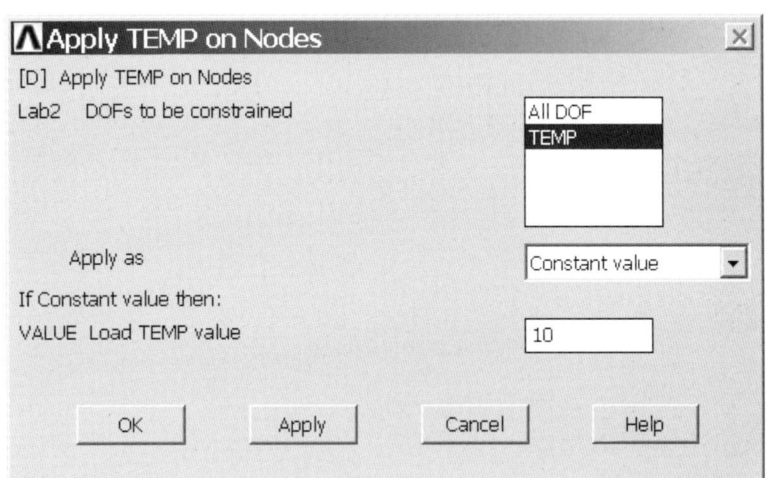

main menu: **Solution → Define Loads → Apply → Thermal → Temperature → On Nodes**

박스 선택 모드를 사용하여 사각형의 우상단 변에 있는 절점들을 모두 선택한다.

OK

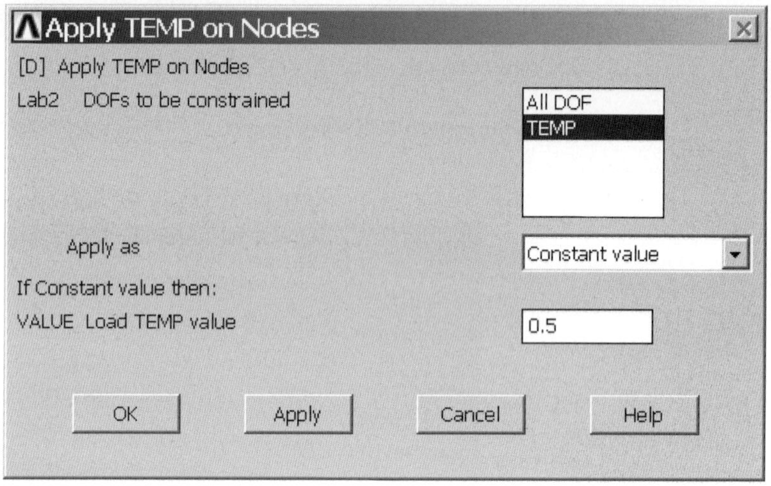

ANSYS Toolbar: **SAVE_DB**

문제의 해를 구한다.

main menu: **Solution → Solve → Current LS**

OK

(the solution is done!) 창을 **Close**

(the /STAT Command) 창을 **Close**

후처리 단계에서는 속도와 같은 정보를 얻는다(그림 12.21 참조).

main menu: **General Postproc → Plot Results → Vector Plot → Predefined**

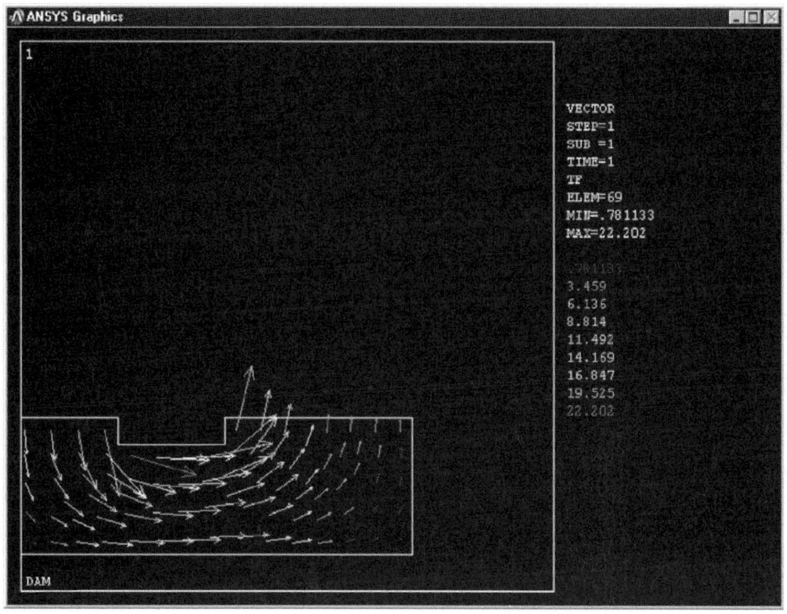

그림 12.21 토양 내부에서의 물 침투속도 분포

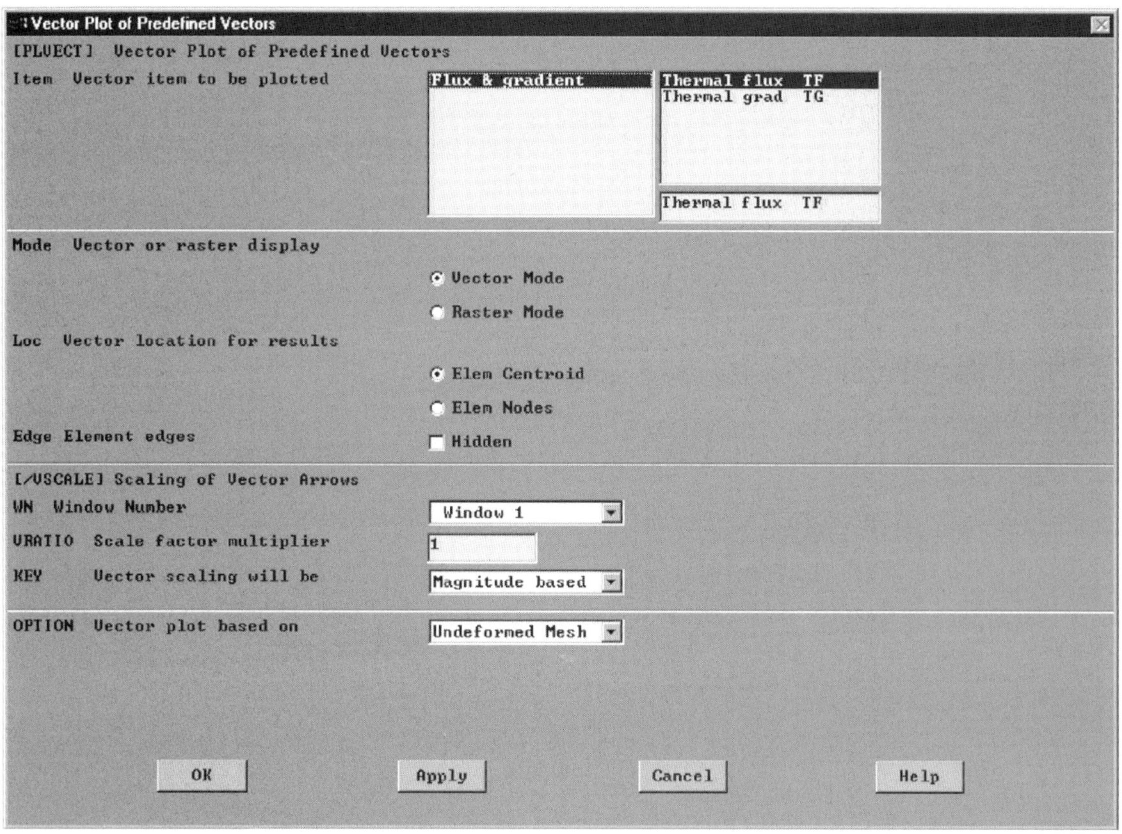

utility menu: **Plot → Areas**

main menu: **General Postproc → Path Operations → Define Path → On Working Plane**

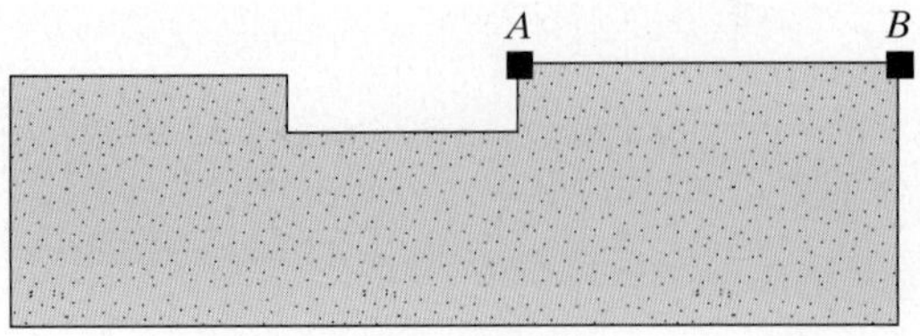

그림 12.22 경로작업을 위한 경로의 정의

그림 12.22와 같이 *A*–*B*로 표시된 선을 따라 두 점을 선택한다.

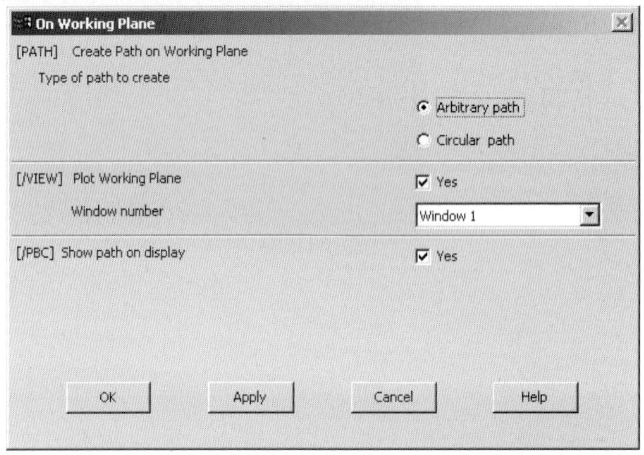

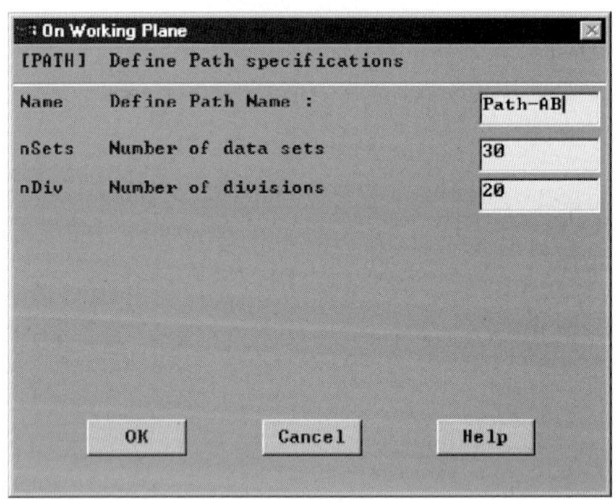

OK

main menu: **General Postproc → Path Operations → Map onto Path**

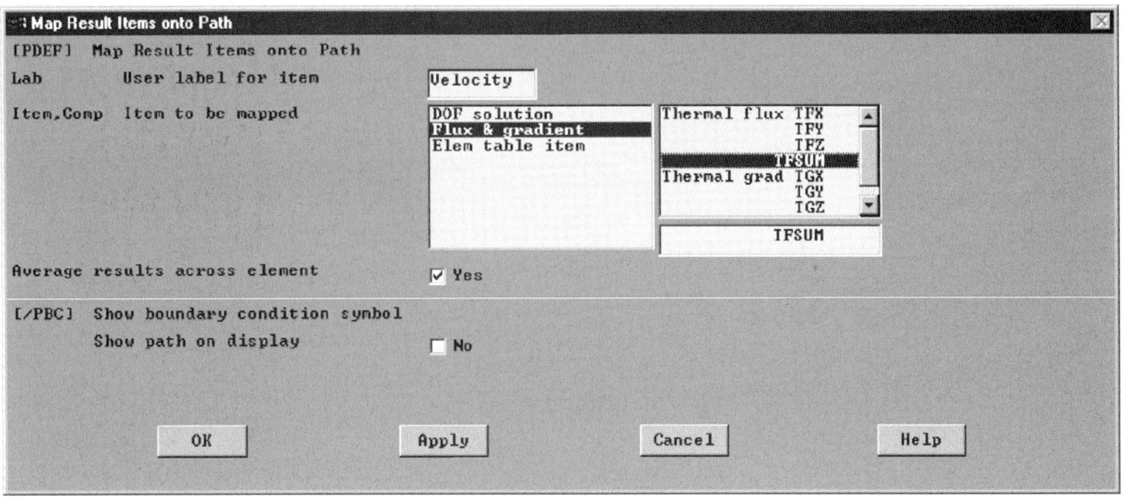

이제 결과를 도시한다(그림 12.23 참조).

main menu: **General Postproc → Path Operations → Plot Path Item → On Graph**

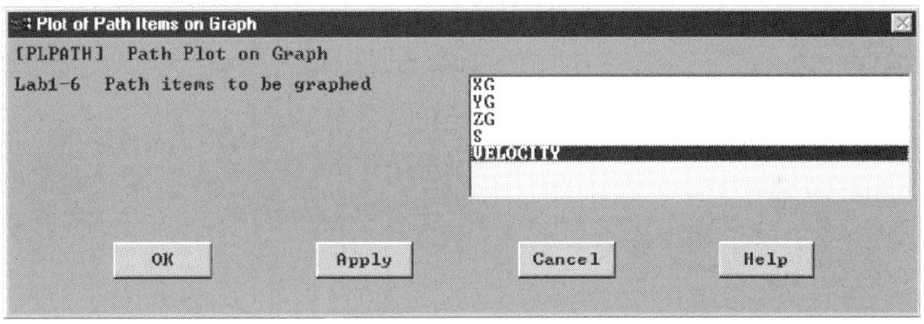

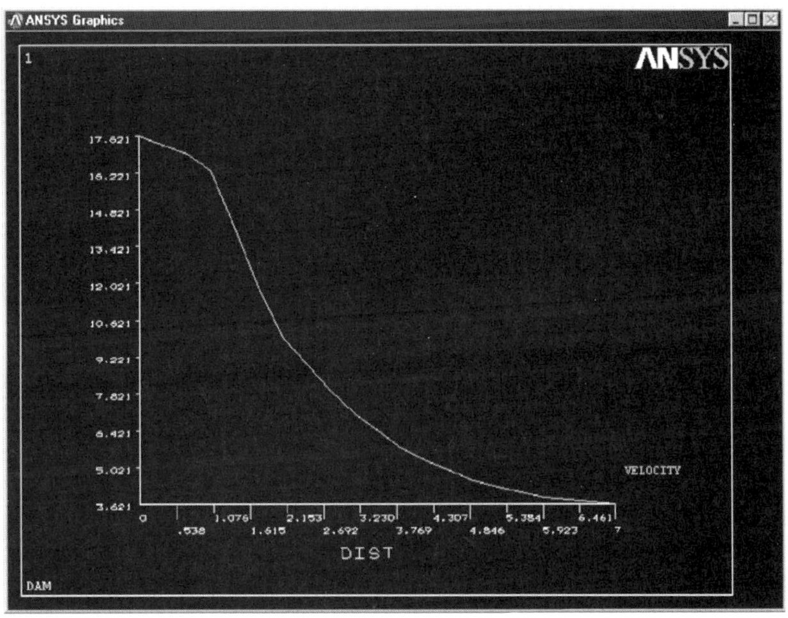

그림 12.23 경로 A–B 에서의 침투속도 변화

모든 것을 저장하고 ANSYS를 종료한다.

ANSYS Toolbar: **QUIT**

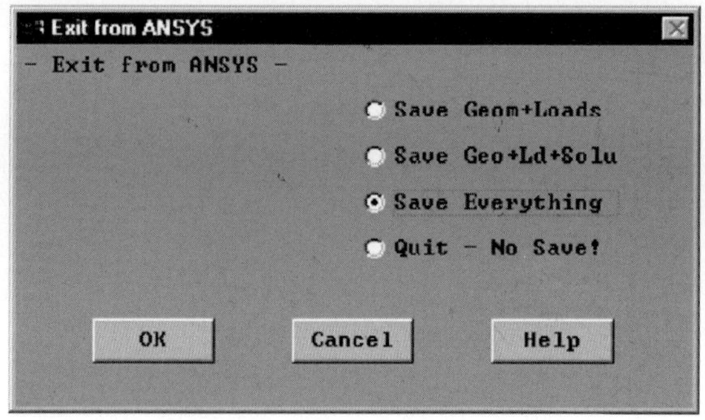

12.5 결과 검증

계산한 결과를 검증하는 방법에는 여러 가지가 있다. 표 12.1에 있는 예제 12.1의 유동률 계산 결과를 살펴보자.

그림 12.6을 보면 요소 (2)와 (4)는 직렬로 연결되어 있다. 따라서 각 요소를 지나는 유동률은 같아야 한다. 표 12.1의 $Q^{(2)}$와 $Q^{(4)}$를 비교해 보면 이러한 사실을 확인할 수 있다. 마찬가지로 요소 (3)과 (5)는 직렬로 연결되어 있고, 이 요소에서 계산된 유동률은 동일하다. 요소 (2)와 (3)의 유동률을 합하면 요소 (1)의 유동률과 같아야 하는데, 이 조건도 역시 만족된다.

이제 예제 12.3을 살펴보자. 이 예제에서의 유한요소해석 결과를 검증하기 위한 한 방법으로 그림 12.18에 도시된 경로 *A*–*B*를 따른 공기 속도의 변화를 검토해 보자. 유체 속도는 점 *A*에서 속도가 최고이고, 경로 *A*–*B*를 따라서 감소하다가 자유류의 속도에 도달한다. 또 하나의 검증방법으로 그림 12.19에 도시된 경로 *C*–*D*를 따른 유체 속도의 변화를 살펴보자. 공기 속도는 자유류의 속도에서 실린더의 전방 정체점(stagnation point)에서 0이 된다. 이러한 결과는 분명히 오일러 방정식(Euler's equation)을 이용한 실린더 주위의 비점성 공기 유동해석 결과와 일치한다.

예제 12.4의 결과도 유사한 방법으로 시각적으로 검증할 수 있다. 경로 *A*–*B*를 따른 침투속도의 변화를 도시한 그림 12.23을 살펴보자. 점 *B*에서보다는 점 *A*에서 침투속도가 빠르

표 12.1 예제 12.1의 유동률 계산 결과

요소 번호	유동률(m^3/s)
1	5.0×10^{-4}
2	2.79×10^{-4}
3	2.21×10^{-4}
4	2.79×10^{-4}
5	2.21×10^{-4}
6	5.0×10^{-4}

다. 이러한 차이는 점 A가 유동저항이 가장 작은 경로 위에 놓여 있기 때문이고, 결과적으로 점 B 근처보다는 점 A 근처에서 더 많은 유체 유동이 발생한다. 이 결과의 또 다른 검증방법으로서 댐의 상향류(upstream)로의 침투유동률과 하향류(downstream)로의 침투유동률을 비교해 보자. 두 유동률은 같아야 한다.

요약

1. 파이프망 문제풀이법을 알아야 한다. 또한 층류 파이프 유동의 저항계수행렬이 다음과 같이 주어짐을 알아야 한다.

$$[\mathbf{R}]^{(e)} = \begin{bmatrix} \dfrac{\pi D^4}{128L\mu} & -\dfrac{\pi D^4}{128L\mu} \\ -\dfrac{\pi D^4}{128L\mu} & \dfrac{\pi D^4}{128L\mu} \end{bmatrix}$$

2. 유선(stream line)과 유동함수(stream function)의 정의와 물리적인 의미를 알아야 한다.

3. 비회전 유동이 무엇인지를 알아야 한다.

4. 사각형 요소의 비점성 유동행렬이 다음과 같음을 알아야 한다.

$$[\mathbf{K}]^{(e)} = \frac{w}{6\ell}\begin{bmatrix} 2 & -2 & -1 & 1 \\ -2 & 2 & 1 & -1 \\ -1 & 1 & 2 & -2 \\ 1 & -1 & -2 & 2 \end{bmatrix} + \frac{\ell}{6w}\begin{bmatrix} 2 & 1 & -1 & -2 \\ 1 & 2 & -2 & -1 \\ -1 & -2 & 2 & 1 \\ -2 & -1 & 1 & 2 \end{bmatrix}$$

삼각형 요소의 비점성 유동행렬이 다음과 같음을 알아야 한다.

$$[\mathbf{K}]^{(e)} = \frac{1}{4A}\begin{bmatrix} \beta_i^2 & \beta_i\beta_j & \beta_i\beta_k \\ \beta_i\beta_j & \beta_j^2 & \beta_j\beta_k \\ \beta_i\beta_k & \beta_j\beta_k & \beta_k^2 \end{bmatrix} + \frac{1}{4A}\begin{bmatrix} \delta_i^2 & \delta_i\delta_j & \delta_i\delta_k \\ \delta_i\delta_j & \delta_j^2 & \delta_j\delta_k \\ \delta_i\delta_k & \delta_j\delta_k & \delta_k^2 \end{bmatrix}$$

5. 투과유동문제의 투과계수행렬이 2차원 열전도 문제의 열전도행렬과 유사함을 알아야 한다. 사각형 요소의 투과계수행렬은 다음과 같고,

$$[\mathbf{K}]^{(e)} = \frac{k_x w}{6\ell}\begin{bmatrix} 2 & -2 & -1 & 1 \\ -2 & 2 & 1 & -1 \\ -1 & 1 & 2 & -2 \\ 1 & -1 & -2 & 2 \end{bmatrix} + \frac{k_y \ell}{6w}\begin{bmatrix} 2 & 1 & -1 & -2 \\ 1 & 2 & -2 & -1 \\ -1 & -2 & 2 & 1 \\ -2 & -1 & 1 & 2 \end{bmatrix}$$

삼각형 요소의 투과계수행렬은 다음과 같다.

$$[\mathbf{K}]^{(e)} = \frac{k_x}{4A}\begin{bmatrix} \beta_i^2 & \beta_i\beta_j & \beta_i\beta_k \\ \beta_i\beta_j & \beta_j^2 & \beta_j\beta_k \\ \beta_j\beta_k & \beta_j\beta_k & \beta_k^2 \end{bmatrix} + \frac{k_y}{4A}\begin{bmatrix} \delta_i^2 & \delta_i\delta_j & \delta_i\delta_k \\ \delta_i\delta_j & \delta_j^2 & \delta_j\delta_k \\ \delta_i\delta_k & \delta_j\delta_k & \delta_k^2 \end{bmatrix}$$

참고문헌

Abbot, I. H., and Von Doenhoff, A. E., *Theory of Wing Sections*, New York, Dover Publications, 1959.

ANSYS User's Manual: Elements, Vol. III, Swanson Analysis System, Inc.

Bathe, K., *Finite Element Procedures*, Englewood Cliffs, NJ, Prentice Hall, 1996.

Fox, R. W., and McDonald, A. T., *Introduction to Fluid Mechanics*, 4th ed., New York, John Wiley and Sons, 1992.

Segrlind, L., *Applied Finite Element Analysis*, 2nd ed., New York, John Wiley and Sons, 1984.

연습문제

1. 동적 점성 $\mu = 0.3\ \mathrm{N \cdot s/m^2}$이고 밀도 $\rho = 900\ \mathrm{kg/m^3}$인 기름이 다음의 그림과 같은 파이프망을 흐르고 있다. 절점 1에서의 유동률이 $20 \times 10^{-4}\ \mathrm{m^3/s}$일 때에 이 시스템의 압력 분포를 구하라. 주어진 조건에서 이 시스템의 유동은 층류이다. 각 가지에서 유동이 어떻게 분산되는가?

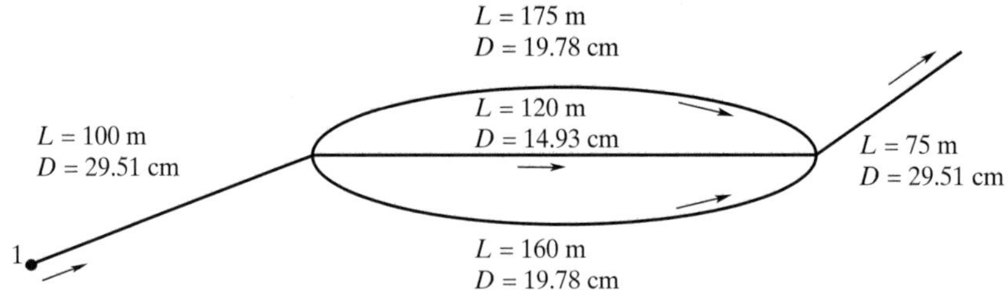

2. 다음 그림에서와 같은 디퓨저를 통한 공기 유동을 생각하자. 디퓨저의 입구와 출구에서 공기의 점성을 무시하고 균일 속도 분포를 가정한다. 이 때 ANSYS를 이용하여 디퓨저 내부에서의 속도 분포를 계산하고 도시하라.

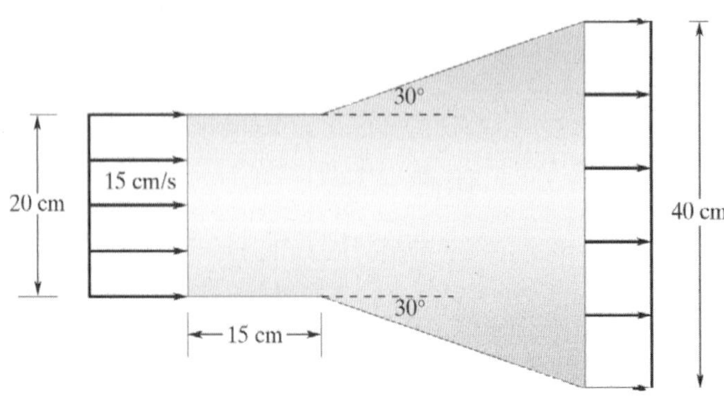

3. 90° 엘보(elbow)에서의 공기 유동을 생각하자. 공기를 이상유체로 가정하고, 입구와 출

구에서 균일 속도 분포를 가정하자. 이 때 ANSYS를 이용하여 엘보 내부의 속도 분포를 계산하고 도시하라. 엘보의 내부 폭은 균일하다고 가정한다. 연속 방정식을 이용하여 출구에서의 속도를 구하라.

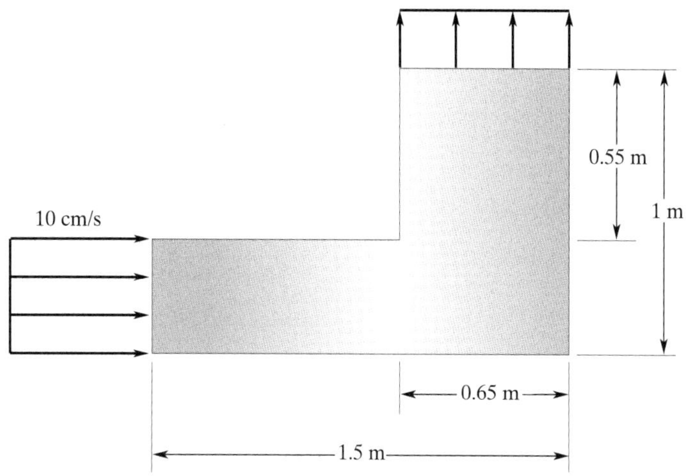

4. 그림과 같은 엘보의 공기 유동을 생각하자. 엘보의 모서리는 그림과 같이 곡면 처리가 되어 있다. 공기를 이상유체로 가정하고 입구와 출구에서 균일 속도 분포를 가정하라. 이 때 ANSYS를 이용하여 엘보 내부의 속도 분포를 계산하고 도시하라. 연속 방정식을 이용하여 출구에서의 속도를 구하라.

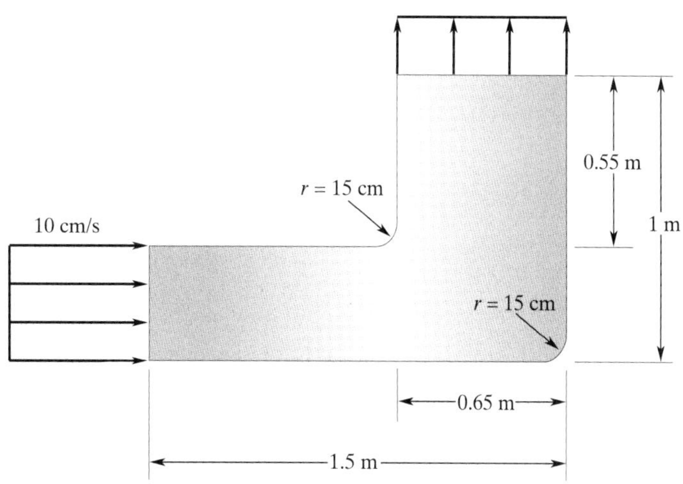

5. ANSYS를 이용하여 다음 그림과 같은 덕트 연결부(transition-duct fitting)에서의 속도 분포를 도시하라. 아래 도표에 주어진 면적비와 연결각도 조합에 대한 결과를 도시하라.

A_2/A_1		θ	
0.1	10	20	45
0.25	10	45	60
0.5	20	45	60

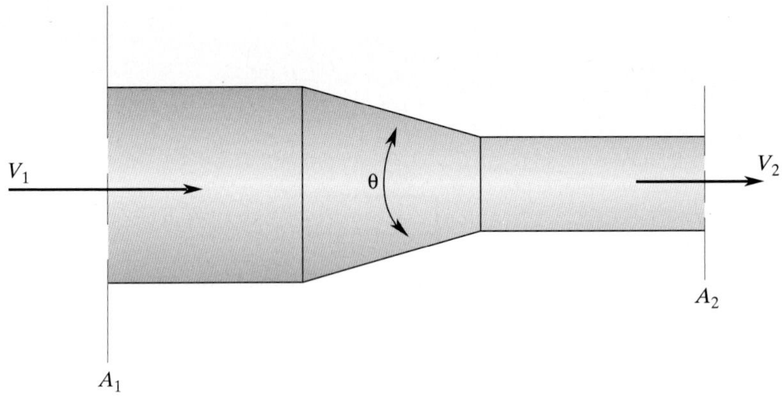

6. 다음 그림과 같은 모서리가 곡면 처리된 정삼각형 단면을 가진 막대를 지나는 비점성 공기 유동을 생각하자. 유입 상향류(upstream)의 속도와 $r/L(=0, 0.1, 0.25)$을 변화시키면서, 각각의 경우에 삼각형 단면 주위의 공기 속도를 구하기 위한 수치 해석을 행하라. 얻은 결과에 대하여 검토하라.

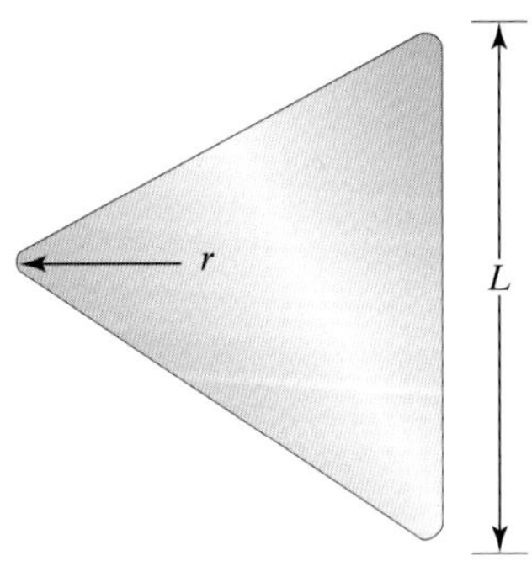

7. 다음 그림과 같은 모서리가 곡면 처리된 정사각형 단면을 가진 막대를 지나는 비점성 공기 유동을 생각하자. 유입 상향류(upstream)의 속도와 $r/L(=0, 0.1, 0.25)$을 변화시키면서, 각각의 경우에 사각형 단면 주위의 공기 속도를 구하기 위한 수치 해석을 행하라. 얻은 결과에 대하여 검토하라.

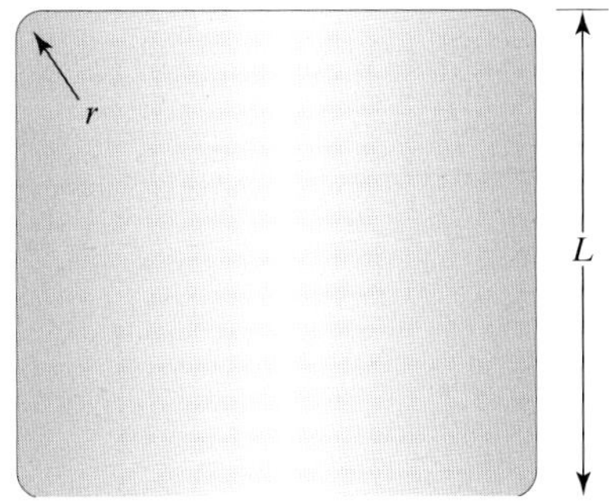

8. NACA 대칭 익형을 지나는 비점성 공기 유동을 생각하자. 참고문헌 *Abbot and Von Doenhoff*(1959)에서 NACA 대칭 익형의 기하학적 형상을 포함한 다양한 형태의 대칭 익형에 대한 상세한 데이터를 얻을 수 있다. 이 기하학적 형상 데이터를 이용하여 그림에서 도시한 NACA0012 익형 날개 주위의 공기 속도 분포를 구하라. 받음각을 변화시키면서, 각각의 경우에 익형 주위의 공기 속도를 구하기 위한 수치 해석을 행하라. 얻은 결과에 대하여 검토하라.

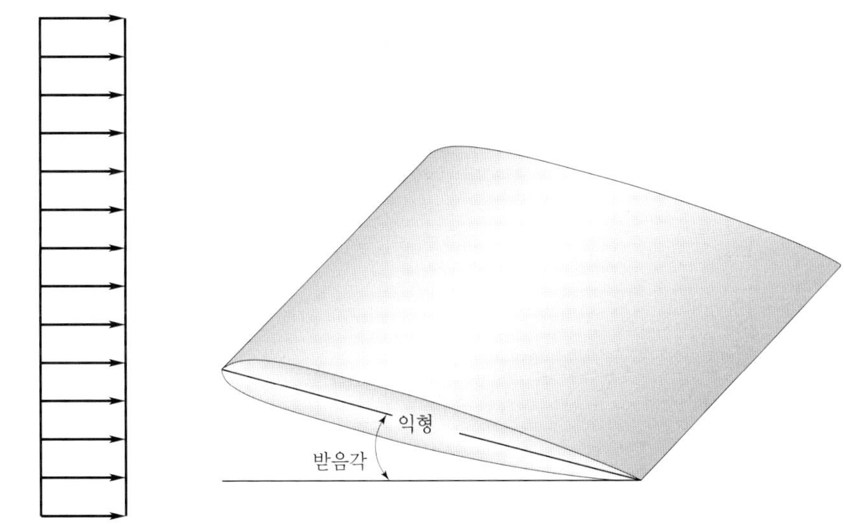

9. 그림과 같이 콘크리트댐 아래로 물이 침투하는 경우를 생각하자. 댐 아래에 있는 토양의 침투계수는 $k = 45$ ft/day로 근사하자. 이 때 투과성 토양에서의 침투속도를 결정하라.

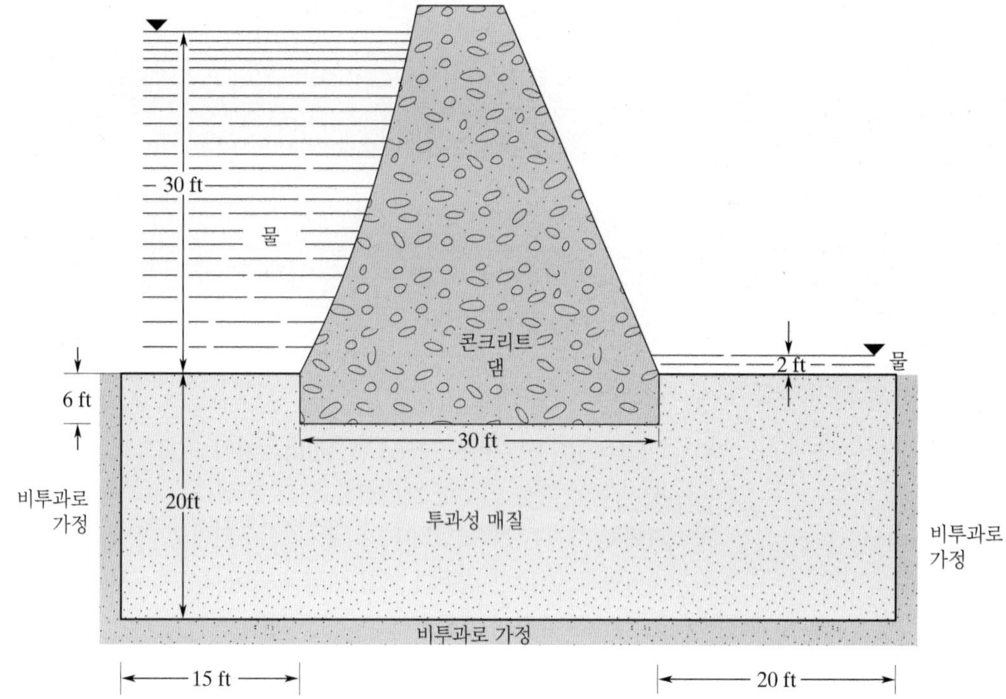

10. 다음 그림과 같이 콘크리트댐 아래로 물이 침투하는 경우를 생각하자. 댐 아래에 있는 토양의 침투계수는 $k = 15$ m/day로 근사하자. 이 때 투과성 토양에서의 침투속도를 결정하라.

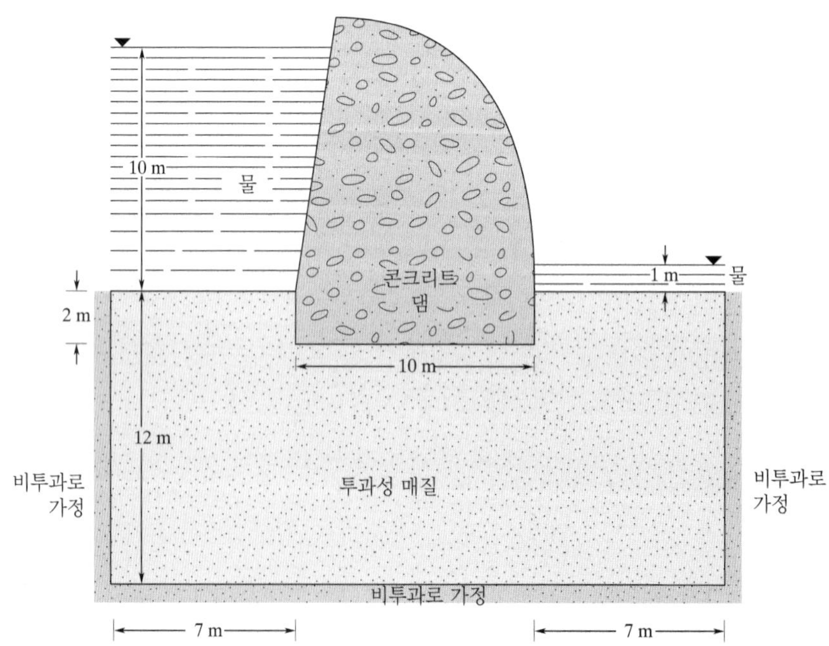

Chapter

13

3차원 요소

이 장의 주된 목적은 3차원 유한요소(three-dimensional finite element)를 소개하는 것이다. 우선 4절점 사면체 요소와 이 요소에서 사용되는 형상함수에 대해서 논의한 후, 이 사면체 요소의 강성행렬 정식화 및 이 요소를 이용한 구조해석 문제를 다루기로 한다. 그 다음에는 8절점 육면체 요소(eight-node brick element)와 고차 사면체 요소 및 육면체 요소에 대해 살펴보고, ANSYS를 이용한 구조해석 및 열해석 요소에 대해 설명한다. 또한 이 장에서는 3차원 입체모형 생성방법에 있어서 하향식(top-down) 방식과 상향식(bottom-up) 방식에 대한 기본 개념을 제시하며, 마지막으로는 주어진 고체 모델의 격자생성(mesh)작업을 하는 방법을 설명한다. 이 장에서 다루는 주요 내용은 다음과 같다.

13.1 4절점 사면체 요소
13.2 4절점 사면체 요소를 이용한 3차원 고체문제의 해석
13.3 8절점 육면체 요소
13.4 10절점 사면체 요소
13.5 20절점 육면체 요소
13.6 ANSYS에서의 3차원 요소
13.7 기본적인 입체모형 생성방법
13.8 ANSYS를 이용한 열해석 예제
13.9 ANSYS를 이용한 구조해석 예제

13.1 4절점 사면체 요소

4절점 사면체(four-node tetrahedral) 요소는 고체역학 문제의 해석에 사용되는 3차원 요소 중에서 가장 간단한 요소이다. 이 요소는 4개의 절점을 가지며, 각 절점에서는 X, Y, Z 방향의 3개 직선변위(translation)를 갖는다. 그림 13.1에 전형적인 4절점 요소를 도시하였다.

4절점 사면체 요소의 형상함수는 2차원 문제를 위한 삼각형 요소의 형상함수를 구하였던 7장의 방법과 유사한 방법을 사용하여 얻을 수 있다. 우선 변위장을 다음의 방정식으로 표현한다.

$$
\begin{aligned}
u &= C_{11} + C_{12}X + C_{13}Y + C_{14}Z \\
v &= C_{21} + C_{22}X + C_{23}Y + C_{24}Z \\
w &= C_{31} + C_{32}X + C_{33}Y + C_{34}Z
\end{aligned}
\tag{13.1}
$$

절점변위 u는 다음의 조건을 만족해야 한다.

$$
\begin{aligned}
&X = X_I \quad Y = Y_I \quad \text{그리고} \quad Z = Z_I \text{ 에서} \quad u = u_I \\
&X = X_J \quad Y = Y_J \quad \text{그리고} \quad Z = Z_J \text{ 에서} \quad u = u_J \\
&X = X_K \quad Y = Y_K \quad \text{그리고} \quad Z = Z_K \text{ 에서} \quad u = u_K \\
&X = X_L \quad Y = Y_L \quad \text{그리고} \quad Z = Z_L \text{ 에서} \quad u = u_L
\end{aligned}
$$

동일한 방법을 적용하여 절점변위 v와 w도 다음의 조건을 만족해야 한다.

$$
\begin{aligned}
&X = X_I \quad Y = Y_I \quad \text{그리고} \quad Z = Z_I \text{ 에서} \quad v = v_I \\
&\;\vdots \qquad\quad \vdots \qquad\quad \vdots \qquad\quad \vdots \qquad \vdots \qquad \vdots \\
&X = X_I \quad Y = Y_I \quad \text{그리고} \quad Z = Z_I \text{ 에서} \quad w = w_L
\end{aligned}
$$

각 절점값들을 식 (13.1)에 대입하면 다음과 같이 12개의 미지수를 갖는 12개의 방정식을 얻는다.

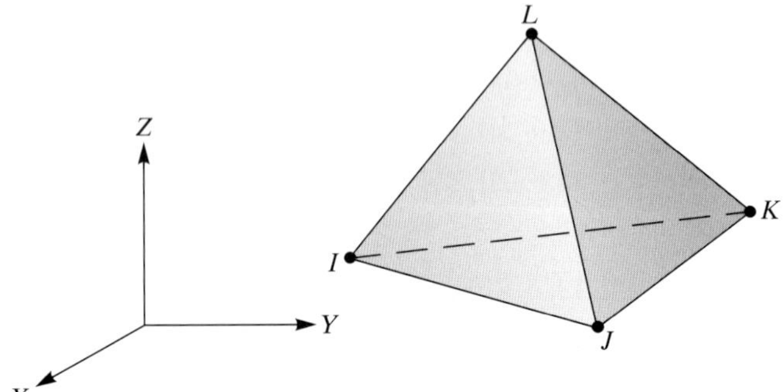

그림 13.1 4절점 사면체 요소

$$
\begin{aligned}
u_I &= C_{11} + C_{12}X_I + C_{13}Y_I + C_{14}Z_I \\
u_J &= C_{11} + C_{12}X_J + C_{13}Y_J + C_{14}Z_J \\
&\vdots \\
w_L &= C_{31} + C_{32}X_L + C_{33}Y_L + C_{34}Z_L
\end{aligned}
\tag{13.2}
$$

C 계수들에 대해 이 방정식을 풀고, 식 (13.1)에 대입한 후 정리하면 다음 식을 얻을 수 있다.

$$
\begin{aligned}
u &= S_1u_I + S_2u_J + S_3u_K + S_4u_L \\
v &= S_1v_I + S_2v_J + S_3v_K + S_4v_L \\
w &= S_1w_I + S_2w_J + S_3w_K + S_4w_L
\end{aligned}
\tag{13.3}
$$

위의 식에서 형상함수는 다음과 같이 주어진다.

$$
\begin{aligned}
S_1 &= \frac{1}{6V}(a_I + b_IX + c_IY + d_IZ) \\
S_2 &= \frac{1}{6V}(a_J + b_JX + c_JY + d_JZ) \\
S_3 &= \frac{1}{6V}(a_K + b_KX + c_KY + d_KZ) \\
S_4 &= \frac{1}{6V}(a_L + b_LX + c_LY + d_LZ)
\end{aligned}
\tag{13.4}
$$

여기서 V는 사면체 요소의 체적이고 다음과 같이 계산된다.

$$
6V = \det\begin{vmatrix} 1 & X_I & Y_I & Z_I \\ 1 & X_J & Y_J & Z_J \\ 1 & X_K & Y_K & Z_K \\ 1 & X_L & Y_L & Z_L \end{vmatrix}
\tag{13.5}
$$

식 (13.4)에서 계수 a_I, b_I, c_I, d_I는 다음의 행렬식으로 계산된다.

$$
\begin{aligned}
a_I &= \det\begin{vmatrix} X_J & Y_J & Z_J \\ X_K & Y_K & Z_K \\ X_L & Y_L & Z_L \end{vmatrix} \qquad
b_I = -\det\begin{vmatrix} 1 & Y_J & Z_J \\ 1 & Y_K & Z_K \\ 1 & Y_L & Z_L \end{vmatrix} \\
c_I &= \det\begin{vmatrix} X_J & 1 & Z_J \\ X_K & 1 & Z_K \\ X_L & 1 & Z_L \end{vmatrix} \qquad
d_I = -\det\begin{vmatrix} X_J & Y_J & 1 \\ X_K & Y_K & 1 \\ X_L & Y_L & 1 \end{vmatrix}
\end{aligned}
\tag{13.6}
$$

나머지 다른 계수 a_I, b_I, c_I, d_I, . . . , d_L은 하첨자 I, J, K 및 L을 오른손 법칙에 따라 바꾸어 행렬식을 계산하면 된다. 예를 들면, a_J는 다음과 같이 계산된다.

$$
a_J = \det\begin{vmatrix} X_K & Y_K & Z_K \\ X_L & Y_L & Z_L \\ X_I & Y_I & Z_I \end{vmatrix}
$$

4절점 사면체 요소를 열해석 문제에 적용할 때는 각 절점에서 온도만이 자유도로 필요하기 때문에 절점당 한 개의 자유도를 갖는다. 따라서 4절점 사면체 요소 내부에서의 온도는 다음 식으로 근사화할 수 있다.

$$T = T_I S_1 + T_J S_2 + T_K S_3 + T_L S_4 \tag{13.7}$$

13.2 4절점 사면체 요소를 이용한 3차원 고체문제의 해석

물체의 한 점에서 일반적인 응력 상태를 결정하기 위해서는 6개의 응력이 필요하다는 것을 10장에서 배웠다. 이 응력 성분은 다음과 같다.

$$[\boldsymbol{\sigma}]^T = \begin{bmatrix} \sigma_{xx} & \sigma_{yy} & \sigma_{zz} & \tau_{xy} & \tau_{yz} & \tau_{xz} \end{bmatrix} \tag{13.8}$$

여기서 σ_{xx}, σ_{yy}, σ_{zz}는 수직응력(normal stress)이고, τ_{xy}, τ_{yz}, τ_{xz}는 전단응력(shear stress) 성분이다. 물체가 하중을 받을 때 그 물체 내의 한 점에서 발생하는 위치 변화의 척도인 변위벡터에 대해서도 논의하였다. 변위벡터 $\vec{\delta}$는 직교 좌표계로 다음과 같이 표현할 수 있다는 점을 기억할 것이다.

$$\vec{\delta} = u(x, y, z)\vec{i} + v(x, y, z)\vec{j} + w(x, y, z)\vec{k} \tag{13.9}$$

한 점에서의 변형률 상태에 대해서도 논의를 했었는데, 일반적으로 변형률은 다음과 같은 6개의 성분으로 결정된다.

$$[\boldsymbol{\varepsilon}]^T = \begin{bmatrix} \varepsilon_{xx} & \varepsilon_{yy} & \varepsilon_{zz} & \gamma_{xy} & \gamma_{yz} & \gamma_{xz} \end{bmatrix} \tag{13.10}$$

여기서 ε_{xx}, ε_{yy}, ε_{zz}는 수직변형률(normal strain)이고, γ_{xy}, γ_{yz}, γ_{xz}는 전단변형률(shear strain) 성분이다. 이전에 논의했던 바와 같이, 변형률과 변위 사이에는 다음의 관계가 성립한다.

$$\varepsilon_{xx} = \frac{\partial u}{\partial x} \quad \varepsilon_{yy} = \frac{\partial v}{\partial y} \quad \varepsilon_{zz} = \frac{\partial w}{\partial z} \tag{13.11}$$

$$\gamma_{xy} = \frac{\partial u}{\partial y} + \frac{\partial v}{\partial x} \quad \gamma_{yz} = \frac{\partial v}{\partial z} + \frac{\partial w}{\partial y} \quad \gamma_{xz} = \frac{\partial u}{\partial z} + \frac{\partial w}{\partial x}$$

식 (13.11)은 다음과 같이 행렬 형태로 표현할 수 있다.

$$\{\boldsymbol{\varepsilon}\} = LU \tag{13.12}$$

여기서

$$\{\boldsymbol{\varepsilon}\} = \begin{Bmatrix} \varepsilon_{xx} \\ \varepsilon_{yy} \\ \varepsilon_{zz} \\ \gamma_{xy} \\ \gamma_{yz} \\ \gamma_{xz} \end{Bmatrix}$$

그리고

$$LU = \begin{Bmatrix} \frac{\partial u}{\partial x} \\ \frac{\partial v}{\partial y} \\ \frac{\partial w}{\partial z} \\ \frac{\partial u}{\partial y} + \frac{\partial v}{\partial x} \\ \frac{\partial v}{\partial z} + \frac{\partial w}{\partial y} \\ \frac{\partial w}{\partial x} + \frac{\partial u}{\partial z} \end{Bmatrix}$$

L은 선형 미분 연산자(linear-differential operator)로 불린다.

10장에서도 언급하였듯이 재료가 탄성영역 내에 있을 때는 일반화된 후크 법칙이라고 불리는 응력과 변형률 관계가 존재한다. 이 관계는 다음의 방정식으로 주어진다.

$$\varepsilon_{xx} = \frac{1}{E}[\sigma_{xx} - \nu(\sigma_{yy} + \sigma_{zz})] \tag{13.13}$$

$$\varepsilon_{yy} = \frac{1}{E}[\sigma_{yy} - \nu(\sigma_{xx} + \sigma_{zz})]$$

$$\varepsilon_{zz} = \frac{1}{E}[\sigma_{zz} - \nu(\sigma_{xx} + \sigma_{yy})]$$

$$\gamma_{xy} = \frac{1}{G}\tau_{xy} \quad \gamma_{yz} = \frac{1}{G}\tau_{yz} \quad \gamma_{zx} = \frac{1}{G}\tau_{zx}$$

응력과 변형률 관계는 다음과 같이 행렬 형태로 간략히 표현할 수 있다.

$$\{\boldsymbol{\sigma}\} = [\boldsymbol{\nu}]\{\boldsymbol{\varepsilon}\} \tag{13.14}$$

여기서 각 행렬은 다음과 같다.

$$\{\boldsymbol{\sigma}\} = \begin{Bmatrix} \sigma_{xx} \\ \sigma_{yy} \\ \sigma_{zz} \\ \tau_{xy} \\ \tau_{yz} \\ \tau_{xz} \end{Bmatrix}$$

$$[\boldsymbol{\nu}] = \frac{E}{1+\nu}\begin{bmatrix} \frac{1-\nu}{1-2\nu} & \frac{\nu}{1-2\nu} & \frac{\nu}{1-2\nu} & 0 & 0 & 0 \\ \frac{\nu}{1-2\nu} & \frac{1-\nu}{1-2\nu} & \frac{\nu}{1-2\nu} & 0 & 0 & 0 \\ \frac{\nu}{1-2\nu} & \frac{\nu}{1-2\nu} & \frac{1-\nu}{1-2\nu} & 0 & 0 & 0 \\ 0 & 0 & 0 & \frac{1}{2} & 0 & 0 \\ 0 & 0 & 0 & 0 & \frac{1}{2} & 0 \\ 0 & 0 & 0 & 0 & 0 & \frac{1}{2} \end{bmatrix}$$

$$\{\boldsymbol{\varepsilon}\} = \begin{Bmatrix} \varepsilon_{xx} \\ \varepsilon_{yy} \\ \varepsilon_{zz} \\ \gamma_{xy} \\ \gamma_{yz} \\ \gamma_{xz} \end{Bmatrix}$$

어떤 고체 물체가 세 축의 방향으로 하중을 받을 때에 변형률 에너지 Λ는

$$\Lambda^{(e)} = \frac{1}{2}\int_V (\sigma_{xx}\varepsilon_{xx} + \sigma_{yy}\varepsilon_{yy} + \sigma_{zz}\varepsilon_{zz} + \tau_{xy}\gamma_{xy} + \tau_{xz}\gamma_{xz} + \tau_{yz}\gamma_{yz})\, dV \tag{13.15}$$

로 표현되며, 간단한 행렬 형태로는 다음과 같이 표현된다.

$$\Lambda^{(e)} = \frac{1}{2}\int_V [\boldsymbol{\sigma}]^T\{\boldsymbol{\varepsilon}\}\, dV \tag{13.16}$$

후크 법칙을 이용하여 위의 식에서 응력을 변형률로 표현하면, 식 (13.15)는 다음과 같이 표현된다.

$$\Lambda^{(e)} = \frac{1}{2}\int_V \{\boldsymbol{\varepsilon}\}^T[\boldsymbol{\nu}]\{\boldsymbol{\varepsilon}\}\, dV \tag{13.17}$$

이제 4절점 사면체 요소의 강성행렬(stiffness matrix)을 정식화할 것이다. 이 요소는 4개

의 절점을 가지고 있으며, 각 절점에서 x, y, z축 방향으로의 3개 직선(translation)변위 자유도를 가진다는 점을 기억하기 바란다. 변위 u, v, w를 절점변위와 형상함수로 표현하면 다음과 같다.

$$\{\mathbf{u}\} = [\mathbf{S}]\{\mathbf{U}\} \tag{13.18}$$

여기서 각 행렬은 다음과 같다.

$$\{\mathbf{u}\} = \begin{Bmatrix} u \\ v \\ w \end{Bmatrix}$$

$$[\mathbf{S}] = \begin{bmatrix} S_1 & 0 & 0 & S_2 & 0 & 0 & S_3 & 0 & 0 & S_4 & 0 & 0 \\ 0 & S_1 & 0 & 0 & S_2 & 0 & 0 & S_3 & 0 & 0 & S_4 & 0 \\ 0 & 0 & S_1 & 0 & 0 & S_2 & 0 & 0 & S_3 & 0 & 0 & S_4 \end{bmatrix}$$

$$\{\mathbf{U}\} = \begin{Bmatrix} u_I \\ v_I \\ w_I \\ u_J \\ v_J \\ w_J \\ u_K \\ v_K \\ w_K \\ u_L \\ v_L \\ w_L \end{Bmatrix}$$

그 다음의 과정들은 더 많은 항이 들어간다는 점 이외에는 10장에서의 2차원 평면문제에 대한 강성행렬을 유도하는 방식과 유사하다. 우선 변형률과 변위를 연관시키고 나서 형상함수를 이용하여 절점변위와 연관시킨다. 이를 위하여 식 (13.12)로 주어진 변형률-변위 관계식에 따라서 변위 성분을 x, y, z에 대하여 미분해야 한다. 이 연산 결과 다음의 관계식을 얻을 수 있다.

$$\begin{Bmatrix} \varepsilon_{xx} \\ \varepsilon_{yy} \\ \varepsilon_{zz} \\ \gamma_{xy} \\ \gamma_{yz} \\ \gamma_{xz} \end{Bmatrix} = \begin{bmatrix} \frac{\partial S_1}{\partial x} & 0 & 0 & \frac{\partial S_2}{\partial x} & 0 & 0 & \frac{\partial S_3}{\partial x} & 0 & 0 & \frac{\partial S_4}{\partial x} & 0 & 0 \\ 0 & \frac{\partial S_1}{\partial y} & 0 & 0 & \frac{\partial S_2}{\partial y} & 0 & 0 & \frac{\partial S_3}{\partial y} & 0 & 0 & \frac{\partial S_4}{\partial y} & 0 \\ 0 & 0 & \frac{\partial S_1}{\partial z} & 0 & 0 & \frac{\partial S_2}{\partial z} & 0 & 0 & \frac{\partial S_3}{\partial z} & 0 & 0 & \frac{\partial S_3}{\partial z} \\ \frac{\partial S_1}{\partial y} & \frac{\partial S_1}{\partial x} & 0 & \frac{\partial S_2}{\partial y} & \frac{\partial S_2}{\partial x} & 0 & \frac{\partial S_3}{\partial y} & \frac{\partial S_3}{\partial x} & 0 & \frac{\partial S_4}{\partial y} & \frac{\partial S_4}{\partial x} & 0 \\ 0 & \frac{\partial S_1}{\partial z} & \frac{\partial S_1}{\partial y} & 0 & \frac{\partial S_2}{\partial z} & \frac{\partial S_1}{\partial y} & 0 & \frac{\partial S_3}{\partial z} & \frac{\partial S_3}{\partial y} & 0 & \frac{\partial S_4}{\partial z} & \frac{\partial S_4}{\partial y} \\ \frac{\partial S_1}{\partial z} & 0 & \frac{\partial S_1}{\partial x} & \frac{\partial S_2}{\partial z} & 0 & \frac{\partial S_2}{\partial x} & \frac{\partial S_3}{\partial z} & 0 & \frac{\partial S_3}{\partial x} & \frac{\partial S_4}{\partial z} & 0 & \frac{\partial S_4}{\partial x} \end{bmatrix} \begin{Bmatrix} u_I \\ v_I \\ w_I \\ u_J \\ v_J \\ w_J \\ u_K \\ v_K \\ w_K \\ u_L \\ v_L \\ w_L \end{Bmatrix} \tag{13.19}$$

식 (13.4)의 관계를 이용하여 형상함수를 대입하고 미분을 하면 다음의 관계식을 얻는다.

$$\{\boldsymbol{\varepsilon}\} = [\mathbf{B}]\{\mathbf{U}\} \tag{13.20}$$

여기서

$$[\mathbf{B}] = \frac{1}{6V}\begin{bmatrix} b_I & 0 & 0 & b_J & 0 & 0 & b_K & 0 & 0 & b_L & 0 & 0 \\ 0 & c_I & 0 & 0 & c_J & 0 & 0 & c_K & 0 & 0 & c_L & 0 \\ 0 & 0 & d_I & 0 & 0 & d_J & 0 & 0 & d_K & 0 & 0 & d_L \\ c_I & b_I & 0 & c_J & b_J & 0 & c_K & b_K & 0 & c_L & b_L & 0 \\ 0 & d_I & c_I & 0 & d_J & c_J & 0 & d_K & c_K & 0 & d_L & c_L \\ d_I & 0 & b_I & d_J & 0 & b_J & d_K & 0 & b_K & d_L & 0 & b_L \end{bmatrix}$$

그리고 체적 V와 b, c, d항들은 식 (13.5)와 (13.6)에 주어져 있다. 변위로 표현된 변형률 성분을 변형률 에너지 수식에 대입하면 다음의 관계식이 얻어진다.

$$\Lambda^{(e)} = \frac{1}{2}\int_V \{\boldsymbol{\varepsilon}\}^T[\boldsymbol{\nu}]\{\boldsymbol{\varepsilon}\}\,dV = \frac{1}{2}\int_V [\mathbf{U}]^T[\mathbf{B}]^T[\boldsymbol{\nu}][\mathbf{B}][\mathbf{U}]\,dV \tag{13.21}$$

절점변위에 대하여 미분하면 다음의 관계식을 얻을 수 있다.

$$\frac{\partial\Lambda^{(e)}}{\partial U_k} = \frac{\partial}{\partial U_k}\left(\frac{1}{2}\int_V [\mathbf{U}]^T[\mathbf{B}]^T[\boldsymbol{\nu}][\mathbf{B}][\mathbf{U}]\,dV\right) \qquad k = 1, 2, \ldots, 12 \tag{13.22}$$

식 (13.22)에서 강성행렬 $[\mathbf{K}]^{(e)}$를 다음과 같이 얻을 수 있다.

$$[\mathbf{K}]^{(e)} = \int_V [\mathbf{B}]^T[\boldsymbol{\nu}][\mathbf{B}]\,dV = V[\mathbf{B}]^T[\boldsymbol{\nu}][\mathbf{B}] \tag{13.23}$$

여기서 V는 요소의 체적이다. 이 강성행렬의 차원은 12×12이다.

하중행렬

3차원 문제의 하중행렬은 10.2절에서 설명한 방법과 유사한 방법으로 얻을 수 있다. 사면체 요소의 하중행렬은 12×1 행렬이다. 집중하중의 경우에는 하중이 가해진 절점에서 하중크기와 하중방향을 고려하여 하중행렬을 구성할 수 있다. 분포하중의 경우에는 하중행렬을 다음 방정식으로부터 얻을 수 있다.

$$\{\mathbf{F}\}^{(e)} = \int_A [\mathbf{S}]^T\{\mathbf{p}\}\,dA \tag{13.24}$$

여기서

$$\{\mathbf{p}\} = \begin{Bmatrix} p_x \\ p_y \\ p_z \end{Bmatrix}$$

A는 분포하중이 가해진 면의 면적이다. 4절점 사면체 요소의 면의 형상은 삼각형이다. 분포하중이 I–J–K 면에 작용하는 경우에 하중행렬은 다음과 같다.

$$\{\mathbf{F}\}^{(e)} = \frac{A_{I-J-K}}{3}\begin{Bmatrix} p_x \\ p_y \\ p_z \\ p_x \\ p_y \\ p_z \\ p_x \\ p_y \\ p_z \\ 0 \\ 0 \\ 0 \end{Bmatrix} \tag{13.25}$$

사면체 요소의 다른 면에 작용하는 분포하중에 의한 하중행렬을 이와 유사한 방법으로 구할 수 있다.

13.3 8절점 육면체 요소

8절점 육면체 요소는 고체역학 문제의 해석에 사용하는 요소 중에서 4절점 사면체 요소 다음으로 간단한 요소이다. 이 요소는 8개의 절점을 가지며, 각 절점에서는 x, y, z 방향의 3개 직선변위를 자유도로 가진다. 그림 13.2에 전형적인 8절점 육면체 요소를 도시하였다.

이 요소의 변위장을 절점변위와 형상함수로 표현하면 다음과 같다.

$$\begin{aligned} u &= \frac{1}{8}(u_I(1-s)(1-t)(1-r) + u_J(1+s)(1-t)(1-r)) \\ &+ \frac{1}{8}(u_K(1+s)(1+t)(1-r) + u_L(1-s)(1+t)(1-r)) \\ &+ \frac{1}{8}(u_M(1-s)(1-t)(1+r) + u_N(1+s)(1-t)(1+r)) \end{aligned} \tag{13.26}$$

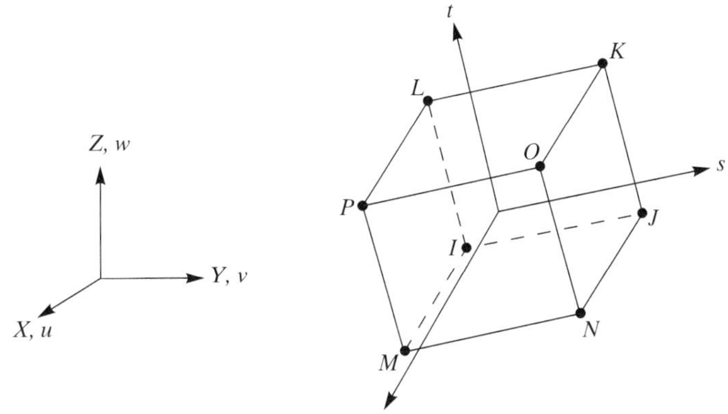

그림 13.2 8절점 육면체 요소

$$+\frac{1}{8}(u_O(1+s)(1+t)(1+r)+u_P(1-s)(1+t)(1+r))$$

$$v=\frac{1}{8}(v_I(1-s)(1-t)(1-r)+v_J(1+s)(1-t)(1-r)) \quad (13.27)$$
$$+\frac{1}{8}(v_K(1+s)(1+t)(1-r)+v_L(1-s)(1+t)(1-r))$$
$$+\frac{1}{8}(v_M(1-s)(1-t)(1+r)+v_N(1+s)(1-t)(1+r))$$
$$+\frac{1}{8}(v_O(1+s)(1+t)(1+r)+v_P(1-s)(1+t)(1+r))$$

$$w=\frac{1}{8}(w_I(1-s)(1-t)(1-r)+w_J(1+s)(1-t)(1-r)) \quad (13.28)$$
$$+\frac{1}{8}(w_K(1+s)(1+t)(1-r)+w_L(1-s)(1+t)(1-r))$$
$$+\frac{1}{8}(w_M(1-s)(1-t)(1+r)+w_N(1+s)(1-t)(1+r))$$
$$+\frac{1}{8}(w_O(1+s)(1+t)(1+r)+w_P(1-s)(1+t)(1+r))$$

열해석 문제에서도 이와 동일한 방법으로 요소 내부의 온도를 다음과 같이 표현할 수 있다.

$$T=\frac{1}{8}(T_I(1-s)(1-t)(1-r)+T_J(1+s)(1-t)(1-r)) \quad (13.29)$$
$$+\frac{1}{8}(T_K(1+s)(1+t)(1-r)+T_L(1-s)(1+t)(1-r))$$
$$+\frac{1}{8}(T_M(1-s)(1-t)(1+r)+T_N(1+s)(1-t)(1+r))$$
$$+\frac{1}{8}(T_O(1+s)(1+t)(1+r)+T_P(1-s)(1+t)(1+r))$$

13.4 10절점 사면체 요소

그림 13.3에 도시한 10절점 사면체(ten-node tetrahedral) 요소는 3차원 선형 4절점 사면체 요소를 고차화한 요소이다. 4절점 사면체 요소와 비교하면 10절점 사면체 요소는 곡면 경계를 가지는 문제를 더 적절하게 모델링할 수 있고, 더 정확하게 해석할 수 있다.

고체역학 문제에서 변위장은 다음과 같이 표현된다.

$$u=u_I(2S_1-1)S_1+u_J(2S_2-1)S_2+u_K(2S_3-1)S_3+u_L(2S_4-1)S_4 \quad (13.30)$$
$$+4(u_MS_1S_2+u_NS_2S_3+u_OS_1S_3+u_PS_1S_4+u_QS_2S_4+u_RS_3S_4)$$
$$v=v_I(2S_1-1)S_1+v_J(2S_2-1)S_2+v_K(2S_3-1)S_3+v_L(2S_4-1)S_4 \quad (13.31)$$
$$+4(v_MS_1S_2+v_NS_2S_3+v_OS_1S_3+v_PS_1S_4+v_QS_2S_4+v_RS_3S_4)$$

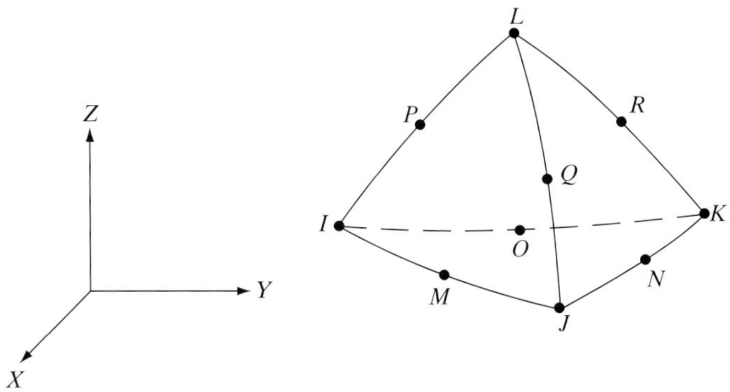

그림 13.3 10절점 사면체 요소

$$w = w_I(2S_1 - 1)S_1 + w_J(2S_2 - 1)S_2 + w_K(2S_3 - 1)S_3 + w_L(2S_4 - 1)S_4 \quad (13.32)$$
$$+ 4(w_M S_1 S_2 + w_N S_2 S_3 + w_O S_1 S_3 + w_P S_1 S_4 + w_Q S_2 S_4 + w_R S_3 S_4)$$

열해석 문제에서는 이와 동일한 방법으로 요소 내부의 온도를 다음과 같이 근사화한다.

$$T = T_I(2S_1 - 1)S_1 + T_J(2S_2 - 1)S_2 + T_K(2S_3 - 1)S_3 + T_L(2S_4 - 1)S_4 \quad (13.33)$$
$$+ 4(T_M S_1 S_2 + T_N S_2 S_3 + T_O S_1 S_3 + T_P S_1 S_4 + T_Q S_2 S_4 + T_R S_3 S_4)$$

13.5 20절점 육면체 요소

그림 13.4에 도시한 20절점 육면체(twenty-node brick) 요소는 3차원 8절점 육면체 요소를 고차화한 요소이다. 8절점 육면체 요소와 비교하면 20절점 육면체 요소는 곡면경계를 가지는 문제를 더 적절하게 모델링할 수 있고, 더 정확하게 해석할 수 있다.

고체역학 문제에서 변위장은 다음과 같이 표현된다.

$$u = \frac{1}{8}(u_I(1-s)(1-t)(1-r)(-s-t-r-2) + u_J(1+s)(1-t)(1-r)(s-t-r-2))$$

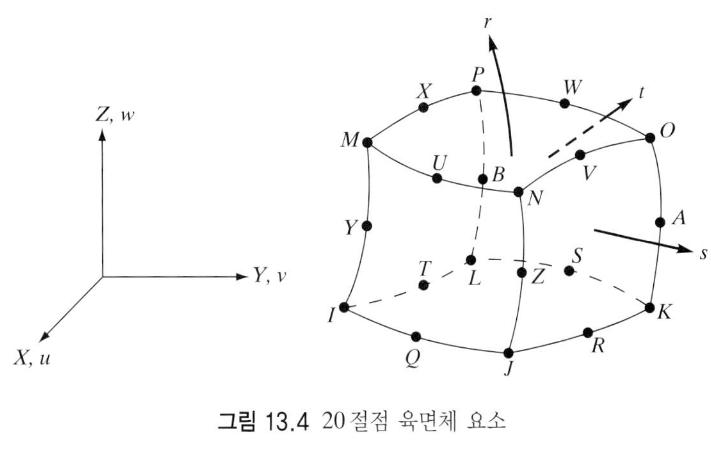

그림 13.4 20절점 육면체 요소

$$+\frac{1}{8}(u_K(1+s)(1+t)(1-r)(s+t-r-2)+u_L(1-s)(1+t)(1-r)(-s+t-r-2))$$

$$+\frac{1}{8}(u_M(1-s)(1-t)(1+r)(-s-t+r-2)+u_N(1+s)(1-t)(1+r)(s-t+r-2)$$

$$+\frac{1}{8}(u_O(1+s)(1+t)(1+r)(s+t+r-2)+u_P(1-s)(1+t)(1+r)(-s+t+r-2))$$

$$+\frac{1}{4}(u_Q(1-s^2)(1-t)(1-r)+u_R(1+s)(1-t^2)(1-r))$$

$$+\frac{1}{4}(u_S(1-s^2)(1+t)(1-r)+u_T(1-s)(1-t^2)(1-r))$$

$$+\frac{1}{4}(u_U(1-s^2)(1-t)(1+r)+u_V(1+s)(1-t^2)(1+r))$$

$$+\frac{1}{4}(u_W(1-s^2)(1+t)(1+r)+u_X(1-s)(1-t^2)(1+r))$$

$$+\frac{1}{4}(u_Y(1-s)(1-t)(1-r^2)+u_Z(1+s)(1-t)(1-r^2))$$

$$+\frac{1}{4}(u_A(1+s)(1+t)(1-r^2)+u_B(1-s)(1+t)(1-r^2)) \qquad (13.34)$$

변위의 v, w 성분도 u 성분과 마찬가지로 다음과 같이 표현된다.

$$v=\frac{1}{8}(v_I(1-s)(1-t)(1-r)(-s-t-r-2)+v_J(1+s)(1-t)(1-r)(s-t-r-2))$$

$$+\frac{1}{8}(v_K(1+s)(1+t)(1-r)(s+t-r-2)+\ldots)$$

$$\ldots$$

$$w=\frac{1}{8}(w_I(1-s)(1-t)(1-r)(-s-t-r-2)+w_J(1+s)(1-t)(1-r)(s-t-r-2))$$

$$+\frac{1}{8}(w_K(1+s)(1+t)(1-r)(s+t-r-2)+\ldots) \qquad (13.35)$$

$$\ldots$$

열전달 문제에서는 이와 동일한 방법으로 요소 내부의 온도를 다음과 같이 근사화한다.

$$T=\frac{1}{8}(T_I(1-s)(1-t)(1-r)(-s-t-r-2)+T_J(1+s)(1-t)(1-r)(s-t-r-2))$$

$$+\frac{1}{8}(T_K(1+s)(1+t)(1-r)(s+t-r-2)+\ldots) \qquad (13.36)$$

$$\ldots$$

13.6 ANSYS에서의 3차원 요소

ANSYS는 3차원 문제를 해석하기 위한 다양한 요소를 제공하고 있다. 이 절에서는 ANSYS의 3차원 요소를 소개하기로 한다.

열-솔리드 요소

SOLID70 열전도 문제를 모델링하는 데 사용하는 3차원 요소이다. 이 요소는 그림 13.5와 같이 8개의 절점을 가지며, 각 절점에서의 온도를 자유도(절점당 1개 자유도)로 갖는다. 이 요소의 각 면은 원 안의 숫자로 표기하였다.
대류(convection) 및 열유속(heat flux)이 요소의 표면에 가해질 수 있다. 또한 열발생률(heat generation rate)도 각 절점에 가할 수 있다. 이 요소는 정상(steady state) 또는 과도(transient) 문제의 해석에 사용할 수 있다.
이 요소의 결과 데이터로는 절점온도와 평균 표면온도, 온도 구배 성분, 요소 중심의 벡터합 및 열유속 성분 등이 있다.

SOLID90 정상 또는 과도 열전도 열전달 문제를 모델링하는 데 사용하는 3차원 20절점 육면체 요소이다. 이 요소는 SOLID70 요소보다 더 정확하지만 해석시간은 더 소요된다. 그림 13.6에 도시한 바와 같이 각 절점에서는 온도를 자유도(절점당 1개 자유도)로 갖는다. 이 요소는 곡면경계를 가진 문제의 모델링에 적합하다. 필요한 입력 데이터나 해석 결과 데이터는 SOLID70 요소의 경우와 유사하다.

구조-솔리드 요소

SOLID45 등방성 고체역학 문제를 모델링하는 데 사용하는 3차원 육면체 요소이다. 그림 13.7에 도시한 바와 같이 이 요소는 8개의 절점을 가지며, 각 절점에서는 x, y, z 방향의 3개 직선변위 자유도를 가진다. 요소의 각 면은 원 안의 번호로 표기하였다. 분포하중(압력)을 요소의 표면에 가할 수 있다. 이 요소는 대변형, 대변형률, 소성, 크리프(creep) 문제를 해석할 수 있다.
결과 데이터로는 절점변위 외에 x, y, z 각 방향의 수직응력, 전단응력, 주응력(principal

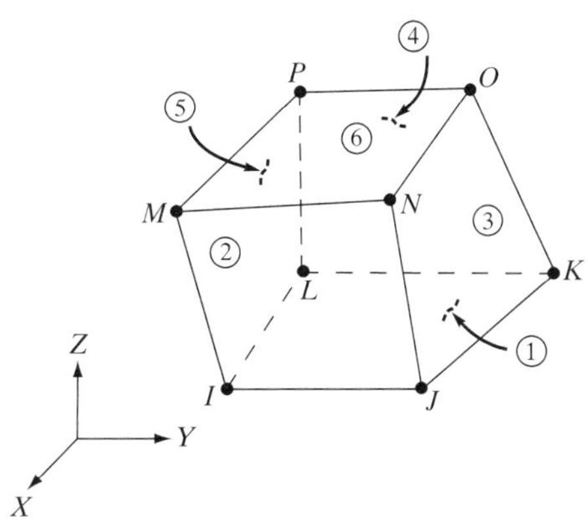

그림 13.5 ANSYS의 SOLID70 요소

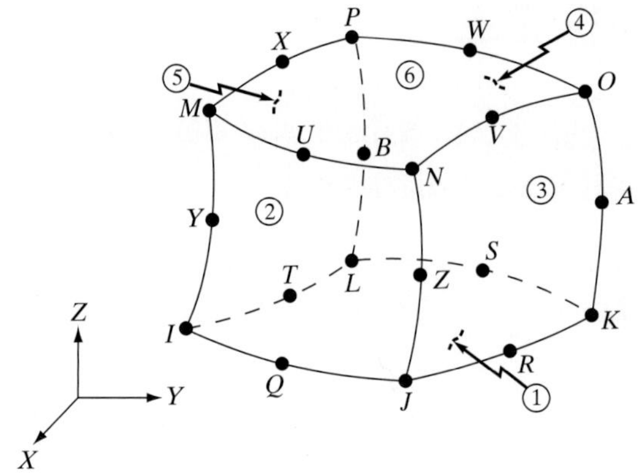

그림 13.6 ANSYS의 SOLID90 요소

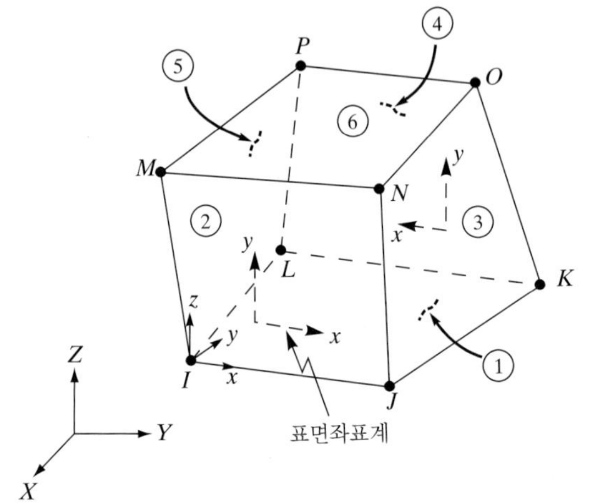

그림 13.7 ANSYS의 SOLID45 요소

stress)이 있다. 요소의 응력방향은 요소 좌표계와 나란한 방향이다.

SOLID65 강화 콘크리트(reinforced concrete)나 유리섬유와 같은 강화 복합재료(reinforced composite) 문제를 모델링하는 데 사용한다. 이 요소는 SOLID45 요소와 유사하고, 그림 13.8과 같이 8개의 절점을 가지며, 각 절점에서는 x, y, z 방향의 3개의 직선변위 자유도를 가진다. 이 요소는 인장으로 인한 균열이나 압축으로 인한 압착(crush)문제를 해석할 수 있다. 이 요소는 보강보(reinforced bar, 줄여서 rebar라고 한다)를 가지는 문제에도 사용할 수 있다. 세 종류의 보강보(rebar)를 정의할 수 있으며, 이 보강보는 소성변형 및 크리프 변형할 수 있다. 이 요소는 한 종류의 고체 재료와 3개의 보강보 재료를 가진다. 보강보를 정의하는 데이터로는 재료 번호, 체적비(요소 전체 체적 대 보강보의 체적), 방향각(orientation angle)이 있다. 보강보의 방향각은 요소 좌표계에 대해 계측된 2개의 각도로 정의된다. 보강보를 사용하지 않는 경우에는 보강보의 재료 번호에 0을 입력하면 된다.

결과 데이터로는 절점변위 외에 x, y, z 각 방향의 수직응력, 전단응력, 주응력(principal stress)이 있다. 요소의 응력방향은 요소 좌표계와 나란한 방향이다.

SOLID72 그림 13.9에 도시한 바와 같이, 4절점 사면체 요소로서 요소의 각 절점에서는 x, y, z 방향의 3개의 직선변위 자유도와 x, y, z 축에 대한 회전 자유도를 갖는다. 앞의

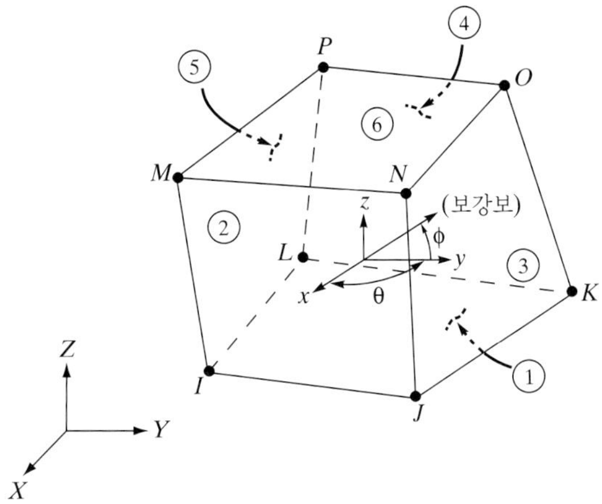

그림 13.8 ANSYS의 SOLID65 요소

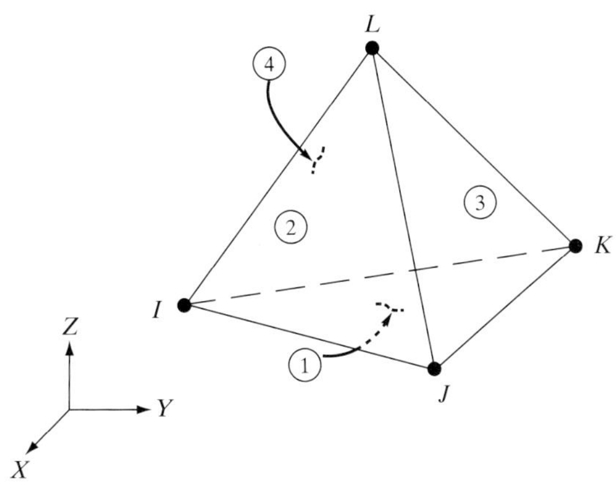

그림 13.9 ANSYS의 SOLID72 요소

경우처럼 요소의 각 면은 원 안의 번호로 표기하였다. 분포하중(압력)을 요소의 각 면에 가할 수 있다. 결과 데이터는 이전에 설명한 다른 구조-솔리드 요소의 경우와 유사하다.

SOLID73 그림 13.10에 도시한 바와 같이, 8절점 육면체 요소로서 요소의 각 절점에서는 x, y, z 방향의 3개의 직선변위 자유도와 x, y, z 축에 대한 회전 자유도를 갖는다. 입력 데이터와 해석 결과 데이터는 이전에 설명한 다른 구조-솔리드 요소의 경우와 유사하다.

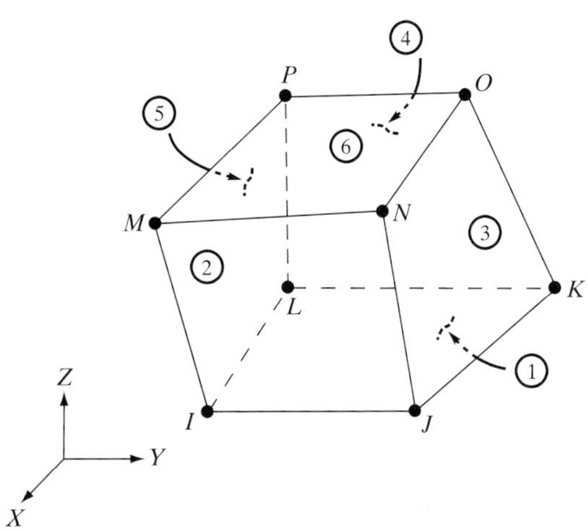

그림 13.10 ANSYS의 SOLID73 요소

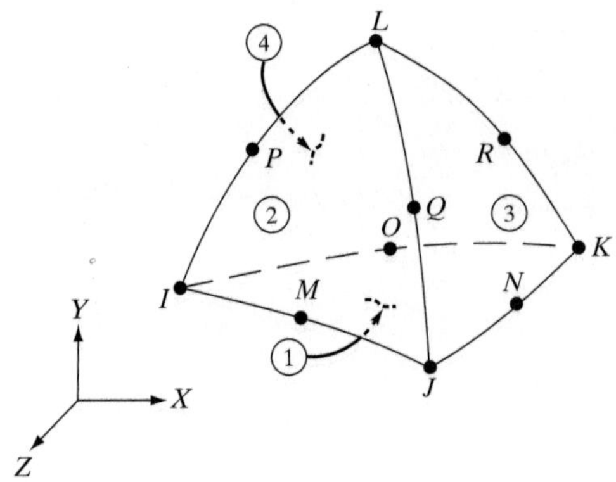

그림 13.11 ANSYS의 SOLID92 요소

SOLID92 그림 13.11에 도시한 바와 같이, 10절점 사면체 요소로서 SOLID72 요소보다 정확하지만, 해석시간이 더 많이 소요된다. 요소의 각 절점에서는 x, y, z 방향의 3개 직선변위 자유도를 갖는다. 이 요소는 대변형, 대변형률, 소성, 크리프 문제의 해석에 사용할 수 있다.

13.7 기본적인 입체모형 생성방법

해석하고자 하는 물체의 입체모형 모델을 만드는 방법에는 **상향식 모델링**(bottom-up modeling)과 **하향식 모델링**(top-down modeling)의 두 가지 방법이 있다. 상향식 모델링에서는 우선 주요점(keypoints)을 먼저 정의하고, 이 정의된 점을 이용하여 선, 면, 체적 순으로 정의한다. 주요점은 작업평면에서 한 점을 클릭하는 방법이나, 사용하는 좌표계에 따른 주요점의 좌표를 입력하는 방식으로 정의할 수 있다. 그림 13.12에 주요점을 정의하는 데 사용하는 Keypoints 메뉴를 도시하였고, 주요점을 만들기 위한 명령은 다음과 같다.

main menu: **Preprocessor → Modeling → Create → Keypoints**

상향식 모델링 방식에서 그 다음 순서는 선을 이용하여 물체의 모서리를 표시하는 것이다. ANSYS는 그림 13.13의 Lines 메뉴에서와 같이 선을 작성하는 방법으로 4가지 방식을 선택할 수 있도록 하고 있다. 스플라인(splines)을 선택하면, 여러 개의 주요점을 지나는 스플

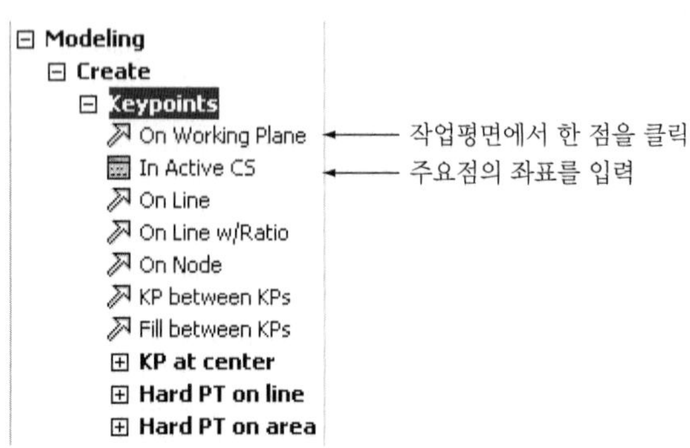

그림 13.12 주요점을 정의하기 위한 메뉴(Keypoints menu)

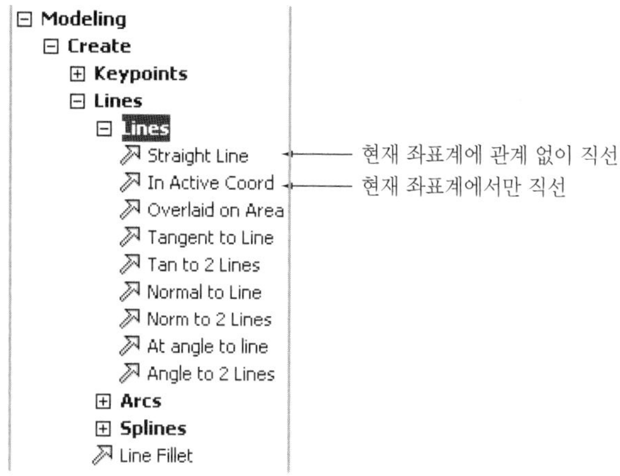

그림 13.13 선을 정의하기 위한 메뉴(Lines menu)

라인을 이용하여 임의 형태의 곡선을 만들 수 있다. 그리고 작성된 여러 개의 선을 이용하여 임의 형상을 갖는 곡면을 만들 수 있다. 선을 만들기 위한 명령은 다음과 같다.

main menu: **Preprocessor → Modeling → Create → Lines**

상향식 모델링 방법에서는 다음의 그림 13.14에서와 같은 Area-Arbitrary라는 하위메뉴(submenu)를 이용하여 면을 정의할 수 있다. 면을 정의하기 위한 명령은 다음과 같다.

main menu: **Preprocessor → Modeling → Create → Areas → Arbitrary**

이 외에도 면을 정의할 수 있는 5가지 방법이 있다: 즉 (1) 한 개의 선을 특정 방향으로 끌기(dragging), (2) 한 개의 선을 특정 축에 대해 회전하기(rotating), (3) 두 면의 연결면(area-fillet) 만들기, (4) 여러 선에 곡면 입히기(skinning), (5) 한 면을 확대 또는 축소하기(offsetting)의 방법이다. (1)의 방법은 특정한 선을 따라서 한 개의 선을 끌어서(drag, sweep) 면을 생성하는 것이고, (2)의 방법은 한 개의 선을 특정 회전축에 대해 회전시킴으로써 곡면을 만드는 것이다. (3)의 방법은 일정한 곡률 반경을 가지면서 서로 다른 두 면에 접하는 다른 면을 생성하는 것이다. (4)의 방법은 정의된 여러 개의 선을 포함하는 곡면을 만

그림 13.14 면을 정의하기 위한 하위메뉴(Area-Arbitrary submenu)

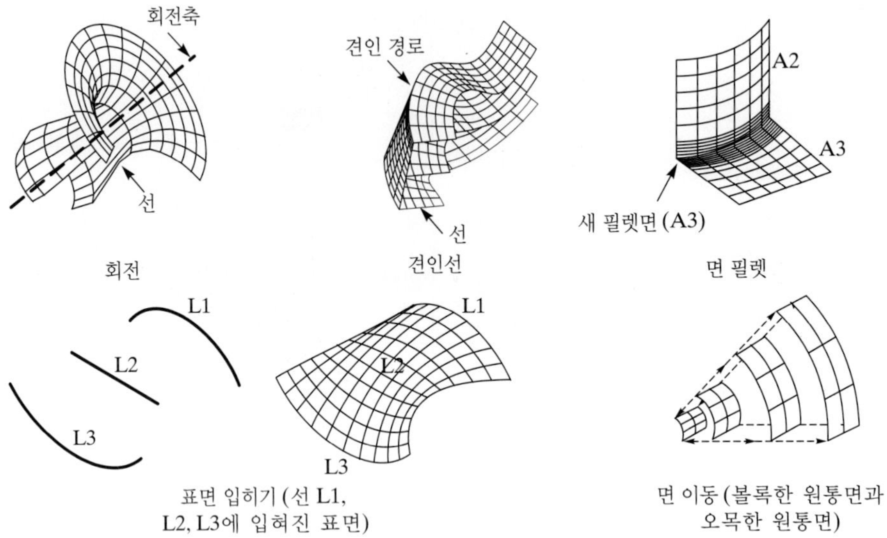

그림 13.15 면을 생성하는 방법

드는 것이고, (5)의 방법은 정의된 한 면을 확대하거나 축소하여 새로운 면을 생성하는 것을 말한다. 이러한 작업을 그림 13.15에 도시하였다.

하향식 모델링 방법에서는 그림 13.16에 도시한 Volume 하위메뉴를 선택하여 체적을 정의할 수 있다. 체적을 정의하는 명령은 다음과 같다.

main menu: **Preprocessor → Modeling → Create → Volumes → Arbitrary**

면의 생성에서와 마찬가지로, 면을 특정한 선(궤적)을 따라서 끌거나, 특정 회전축을 중심으로 회전시켜서 체적을 생성할 수 있다.

하향식 모델링에서는 입방체 기본 형상(primitives)을 이용하여 3차원 입체모형을 생성할 수 있다. ANSYS는 그림 13.17과 같이 육면체, 프리즘, 실린더, 원뿔, 구, 토러스 등의 3차원 기본 형상을 제공하고 있다.

기본 형상을 이용하여 입체모형을 생성하면, ANSYS는 그 입체모형의 체적을 구성하는 면, 선 및 주요점의 번호를 자동적으로 할당한다는 점을 명심해야 한다.

그리고 어떤 방법으로 면 또는 체적을 생성하든지, 더하기 및 빼기 등의 불리언 연산(Boolean operation)을 통하여 새로운 입체모형 모델을 생성할 수 있다.

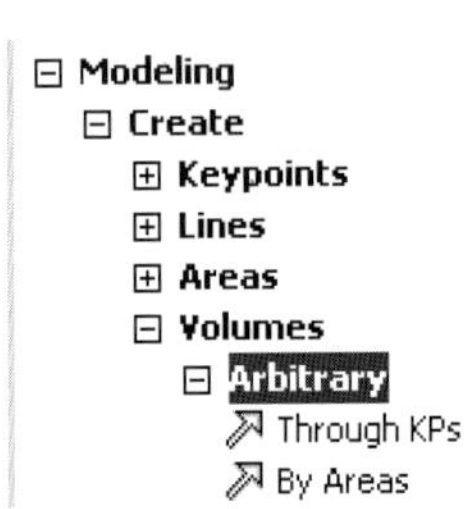

그림 13.16 체적을 정의하기 위한 하위메뉴(Volume submenu)

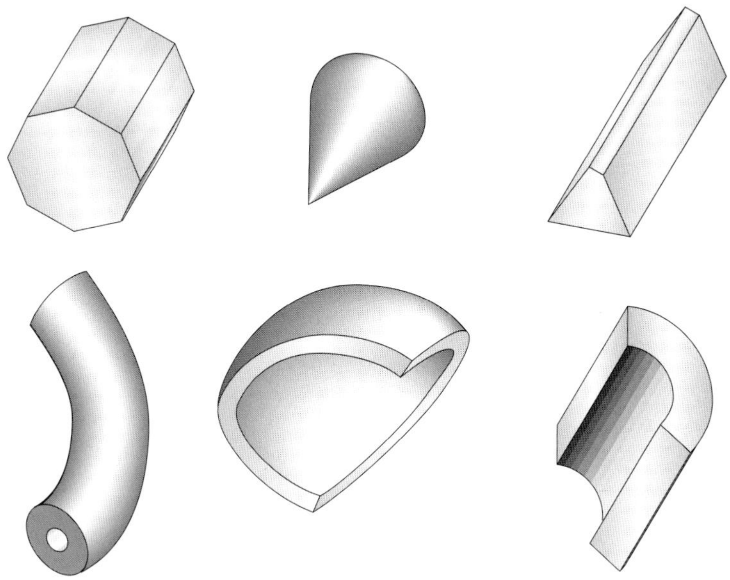

그림 13.17 3차원 기본 형상의 예

격자생성 조절

지금까지 해석 모델에서 요소의 크기를 조절하기 위하여 전체 요소 크기를 사용하였다. 즉, 전체요소크기 설정(GLOBAL-ELEMENT-SIZE) 대화상자로 한 요소의 변 길이를 설정할 수 있다. 이제 요소의 크기뿐만 아니라 요소의 형상도 조정할 수 있는 방법을 생각해 보자. 한 요소가 다른 두 형상의 요소가 될 수 있는 경우에는 요소생성작업을 하기 이전에 요소의 형상을 선택하는 것이 매우 중요하다. 예를 들어, PLANE82 요소는 삼각형 또는 사변형 형상을 가질 수 있다. 격자생성법의 선택을 위하여 그림 13.18과 같이 대화상자를 열 때는 다음과 같은 명령을 사용한다.

main menu: **Preprocessor → Meshing → Mesher Opts**

자유 격자생성법과 규격 격자생성법

자유 격자생성법(free meshing)은 삼각형과 사변형이 혼합된 평면 요소 또는 삼각형 요소를 사용하거나 사면체 체적 요소를 사용한다. 그런데 구조해석에서는 가능하면 저차 삼각형 요소나 사면체 요소를 사용하지 않는 것이 바람직하다. 반면에 **규격 격자생성법**(mapped meshing)은 모두 사각형 면적 요소와 육면체 요소를 사용한다. 그림 13.19는 이러한 두 가지 격자생성법의 차이점을 도시하였다.

그렇지만 규격 격자생성법을 적용하기 위해서는 몇 가지 만족해야만 하는 조건이 있다. 어떤 면에 대하여 규격 격자생성법을 적용하기 위해서는 그 면에 3개 또는 4개의 변이 있어야 하고, 한 변의 요소 수와 그 반대 변의 요소 수가 같아야 하며, 3개의 변이 있는 면은 짝수개의 요소가 있어야 한다. 만일 면에 4개 이상의 변이 있는 경우에는 **합치기**(concatenate) 명령을 사용하여 변의 개수를 4개로 줄여야 한다. 한 체적에 대하여 규격 격자생성법을 적용하기 위해서 입방체는 4개, 5개, 또는 6개의 면을 가져야 하고 마주보는 면에 같은 개수의 요

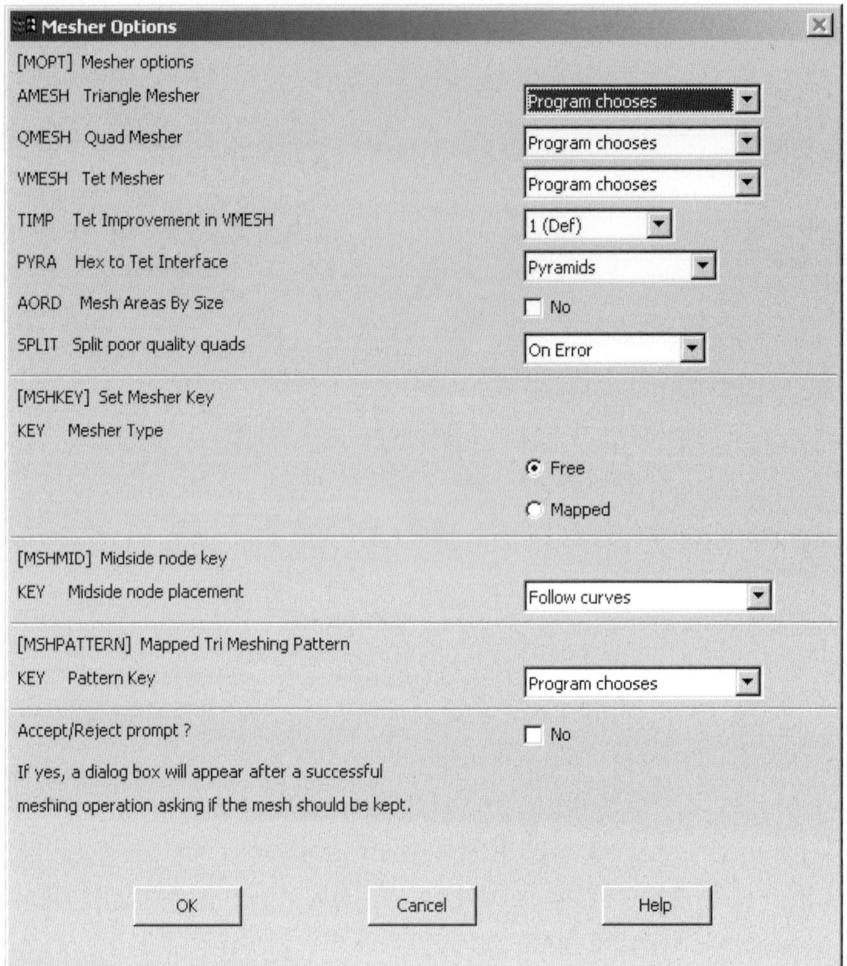

그림 13.18 요소형상을 선택하기 위한 대화상자

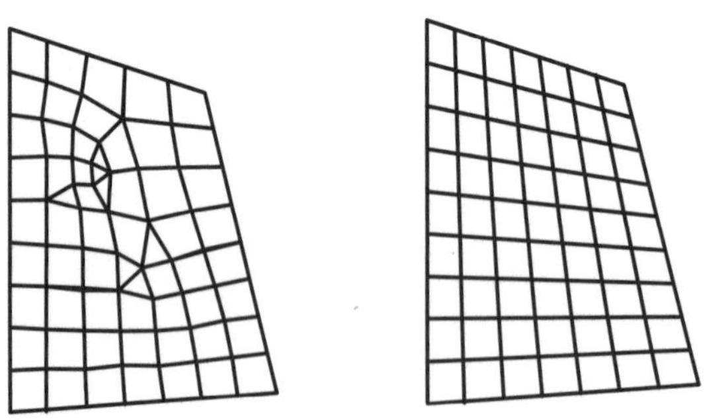

그림 13.19 자유 격자생성법과 규격 격자생성법

소를 가져야 하며, 오면체 프리즘(사각뿔)의 경우에는 요소 수가 짝수개이어야 한다. 입방체인 경우에는 합치기(concatenate) 명령을 이용하여 물체를 둘러싼 면의 개수를 줄일 수 있다. 합치기는 격자생성작업의 마지막 단계에서 해야 하며, 합치기 명령을 실행한 고체 모델에 대해서는 어떠한 입체모형 생성연산도 되지 않는다. 다음의 명령으로서 합치기를 실행한다

그림 13.20 합치기(concatenate) 대화상자

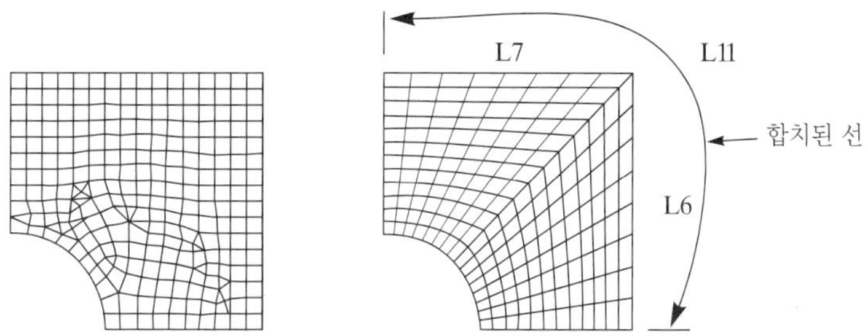

5개의 면 4개의 면

그림 13.21 동일한 면에 대한 자유 격자생성과 규격 격자생성

(그림 13.20 참조).

main menu: **Preprocessing → Meshing → Concatenate**

그림 13.21은 특정 면적에 대한 자유 격자생성법과 규격 격자생성법을 도시하고 있다. 일반적인 유한요소 모델링의 규칙으로서, 많이 찌그러진 형상으로 요소를 생성하는 것과 갑작스러운 요소 크기 변화를 피하는 것이 바람직하다. 이러한 상황에 대한 예를 그림 13.22에 도시하였다.

격자생성 결과가 만족스럽지 못한 경우에는 지움(clear) 명령을 사용하여 고체 모델에서 해당 절점과 요소를 삭제하면 된다. 다음의 순서로 지움 명령을 실행할 수 있다.

main menu: **Preprocessor → Meshing → Clear**

예를 들어, 면 생성(create) 명령과 사출(extrude) 명령을 이용하여 히트 싱크(放熱板, heat sink)의 고체 모델을 생성하는 방법을 살펴보기로 하자.

예제 13.1

전자장비로부터 발생하는 열을 발산시키기 위하여 흔히 히트 싱크가 사용된다. 개인용 컴퓨터의 마이크로프로세서 칩(microprocessor chip)을 냉각시키기 위한 히트 싱크를 예로 생각해 보자. 히트 싱크를 정면에서 본 모습(정면도)을 그림 13.23에 도시하였다. ANSYS를 이용하여 히트 싱크의 입체모형 모델을 생성하라. 대칭성으로 인해, 깊이가 41 mm인 히트 싱크의 정면도의 절반을 깊이방향(지면에 수직방향)으로 20.5 mm만 사출(extrude)함으로써 1/4만 모델하면 된다.

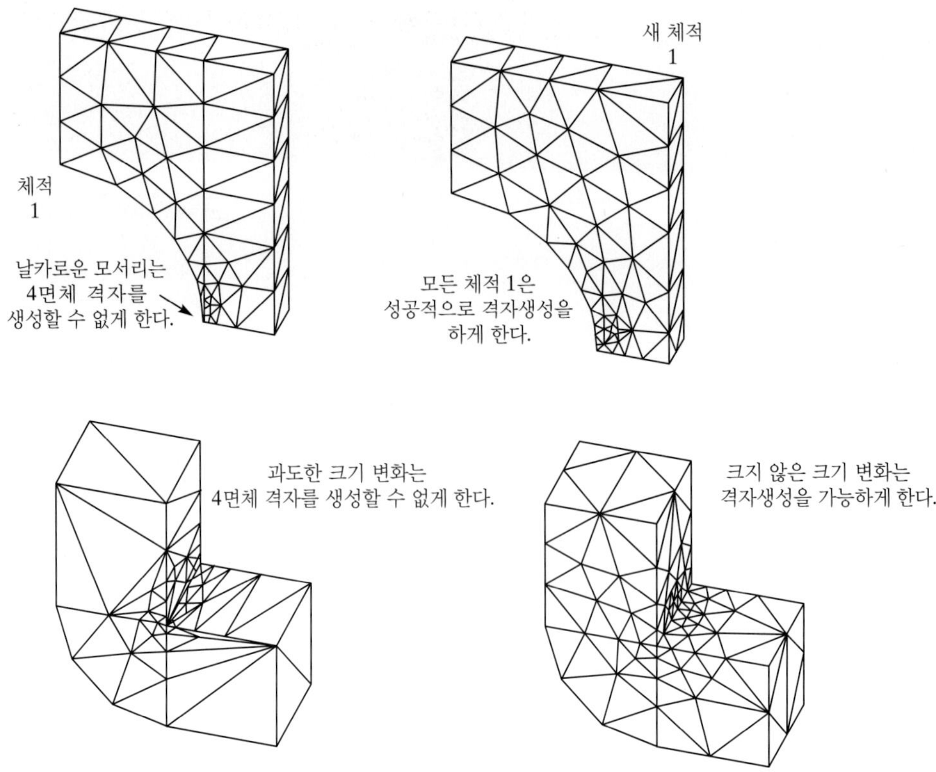

그림 13.22 바람직하지 못한 요소 분할

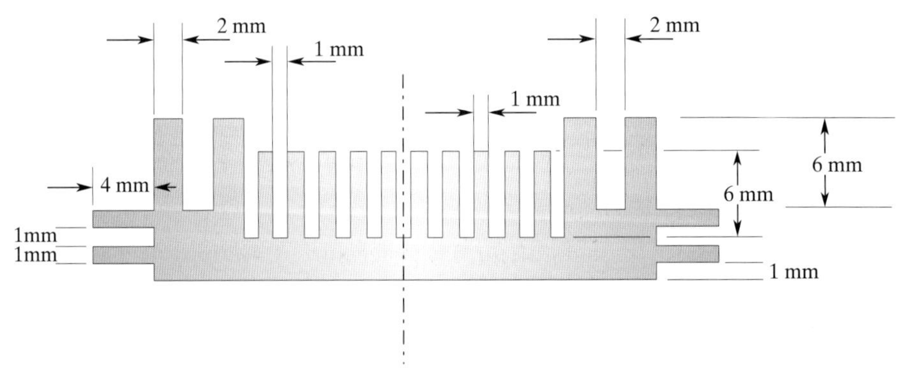

그림 13.23 예제 13.1에서 히트 싱크의 정면도

시작메뉴를 사용하여 **ANSYS** 프로그램을 실행시킨다. 대화상자의 **Jobname** 입력란에 **Fin**(또는 원하는 파일명)을 입력한다. GUI를 실행하기 위해 **Run**을 선택한다.

다음 명령으로 문제에 대한 제목을 입력한다. ANSYS 표시창에 나타나며 프로그램 창을 구별하는 데 사용된다. 이제 다음의 명령절차를 따라서 입력한다.

utility menu: **File → Change Title** . . .

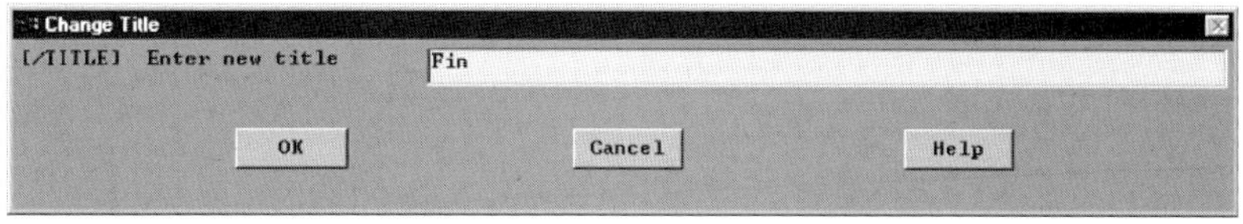

작업평면 설정, 줌 등을 사용하여 문제에 맞도록 그래픽 영역을 설정한다.

utility menu: **Workplane → WP Settings** . . .

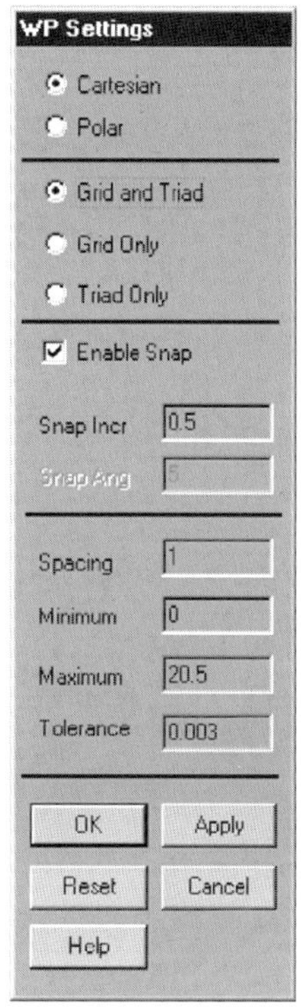

다음 명령으로 작업평면을 나타낸다.

utility menu: **Workplane → Display Working Plane**

다음 명령으로 나타나는 이동-줌-회전 대화상자의 메뉴인 small circle과 arrows로 작업평면을 창에 적절히 위치시킨다.

utility menu: **PlotCtrls → Pan, Zoom, Rotate** . . .

다음 명령으로 기하학적 형상을 작성한다.

main menu: **Preprocessor → Modeling → Create → Areas → Rectangle → By 2 Corners**

작업평면에서 위치를 선택하거나 **WP X, WP Y, Width, Height**에 수치를 입력하라.

[WP = 4, 0]

[러버밴드를 위로 2.5, 우측으로 16.5 만큼 확장하고 좌측 버튼을 클릭한다]

[WP = 0, 1]

[러버밴드를 위로 1.0, 우측으로 4.0 만큼 확장하고 좌측 버튼을 클릭한다]

[WP = 0, 3]

[러버밴드를 위로 1.0, 우측으로 4.0 만큼 확장하고 좌측 버튼을 클릭한다]

[WP = 4, 2.5]

[러버밴드를 위로 1.5, 우측으로 6.0 만큼 확장하고 좌측 버튼을 클릭한다]

[WP = 4, 4]

[러버밴드를 위로 6.0, 우측으로 2.0 만큼 확장하고 좌측 버튼을 클릭한다]

[WP = 8, 4]

[러버밴드를 위로 6.0, 우측으로 2.0 만큼 확장하고 좌측 버튼을 클릭한다]

[WP = 11, 2.5]

[러버밴드를 위로 6.0, 우측으로 1.0 만큼 확장하고 좌측 버튼을 클릭한다]

[WP = 13, 2.5]

[러버밴드를 위로 6.0, 우측으로 1.0 만큼 확장하고 좌측 버튼을 클릭한다]

[WP = 15, 2.5]

[러버밴드를 위로 6.0, 우측으로 1.0 만큼 확장하고 좌측 버튼을 클릭한다]

[WP = 17, 2.5]

[러버밴드를 위로 6.0, 우측으로 1.0 만큼 확장하고 좌측 버튼을 클릭한다]

[WP = 19, 2.5]

[러버밴드를 위로 6.0, 우측으로 1.0 만큼 확장하고 좌측 버튼을 클릭한다]

OK

main menu: **Preprocessor → Modeling → Operate → Booleans → Add → Areas**

Pick All

main menu: **Preprocessor → Modeling → Operate → Extrude/Sweep → Areas → Along Normal**

사출할 면을 선택하고 입력한 다음 **Apply**를 클릭한다.

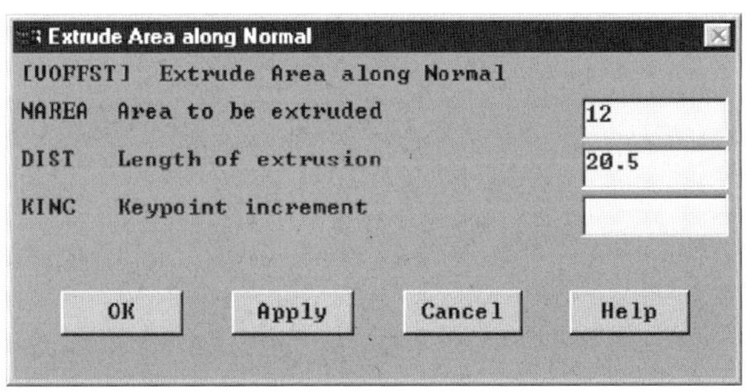

utility menu: **PlotCtrols → Pan, Zoom, Rotate** . . .

Iso 버튼을 클릭하면(등각투상도 선택), 그림 13.24의 형상을 볼 수 있을 것이다.

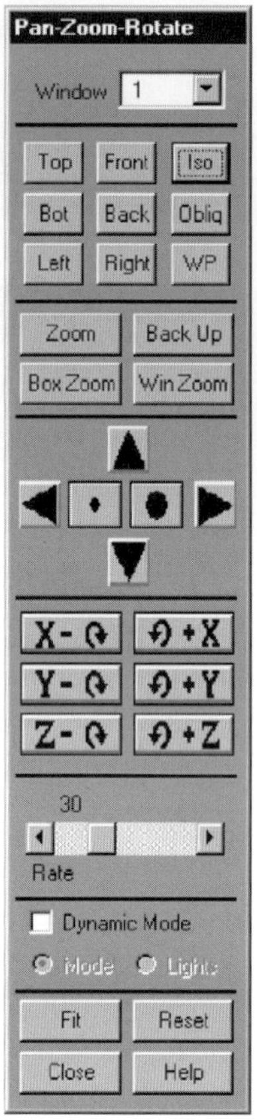

모든 것을 저장하고 ANSYS를 종료한다.

ANSYS Toolbar: **QUIT**

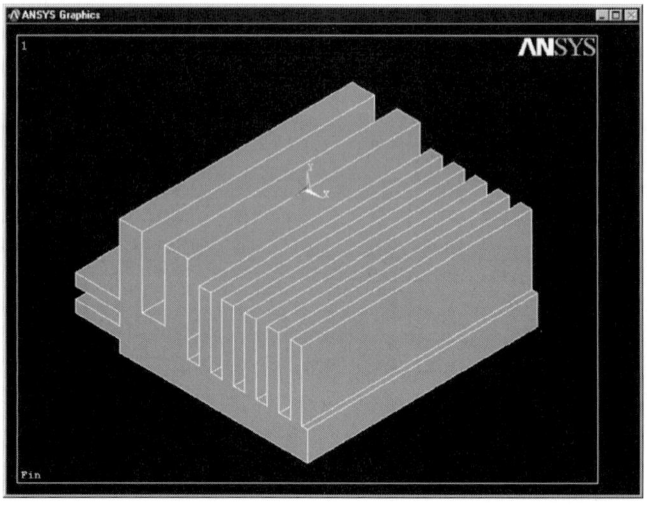

그림 13.24 히트 싱크의 등각투상도

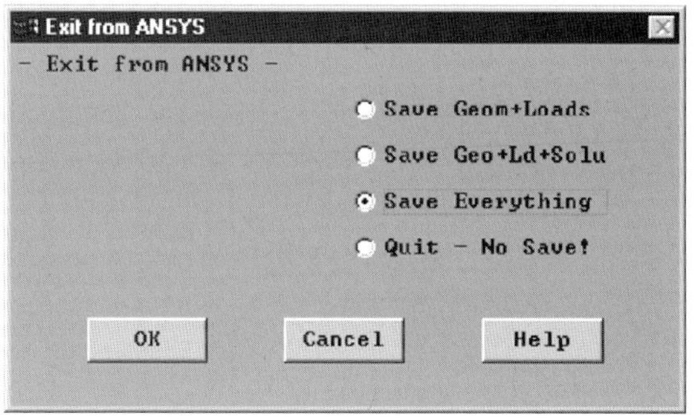

이 예제에서는 특정 면을 그 면에 수직한 방향으로 사출하여 입체모형을 만들어내는 방법을 설명하였다.

13.8 ANSYS를 이용한 열해석 예제

예제 13.2

그림 13.25와 같이 어항의 한쪽 벽면에 안을 들여다볼 수 있는 관찰용 창이 있다. 이 벽면은 콘크리트와 평균 열전도계수 $k = 0.81$ Btu/hr·ft·°F인 단열재로 만들어졌다. 이 벽면에는 열전도계수 $k = 0.195$ Btu/hr·ft·°F인 6 in 두께의 투명 플라스틱으로 만들어진 관찰용 창이 있다. 실내 공기는 열전달계수 $h = 1.46$ Btu/hr·ft^2·°F로 온도 70°F를 유지하고 있다. 물탱크의 온도는 열전달계수 $h = 10.5$ Btu/hr·ft^2·°F로 온도 50°F를 유지하고 있다고 가정하고, ANSYS를 이용하여 이 단면의 온도 분포를 도시하라. 이 예제의 주목적은 ANSYS의 다양한 선택능력을 보여주고, 3차원 모델을 작성할 때에 작업창의 이동방법을 보여주기 위한 것임에 유의하라. 벽을 통한 열손실을 방정식 $q = U_{\text{overall}}(T_{\text{inside}} - T_{\text{water}})$과 벽의 U계수를 계산함으로써 근사하게 얻을 수 있음을 기억하라.

시작메뉴를 사용하여 **ANSYS** 프로그램을 실행시킨다. 대화상자의 **Jobname** 입력란에 **Wall**(또는 원하는 파일명)이라고 입력한다. GUI를 실행하기 위해 **Run**을 선택한다.

문제에 대한 제목을 입력하기 위해서 다음 명령들을 따른다.

utility menu: **File → Change Title** . . .

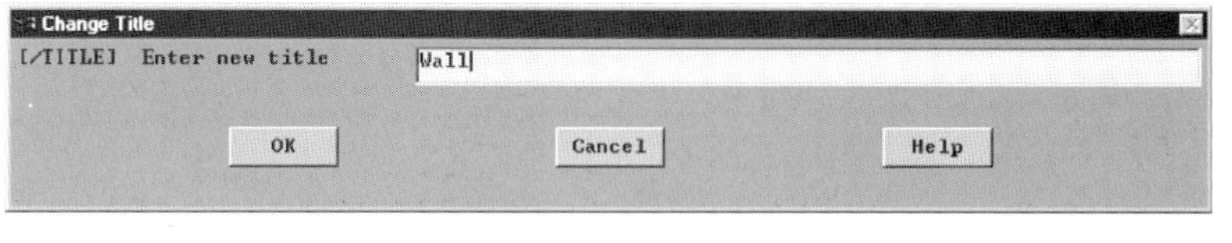

다음 명령으로 요소의 종류를 선택한다.

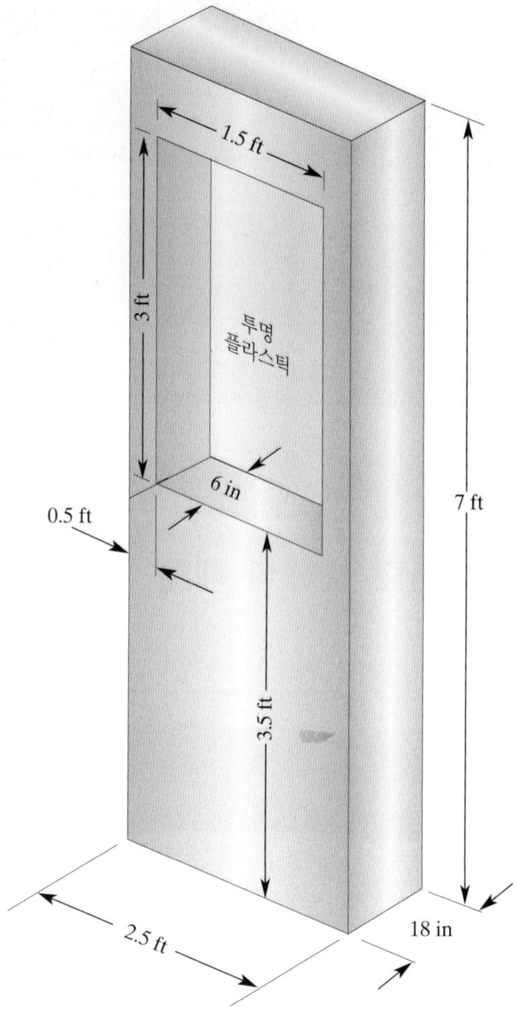

그림 13.25 예제 13.2에서의 벽과 투명 플라스틱 관찰용 창의 치수

main menu: **Preprocessor → Element Types → Add/Edit/Delete**

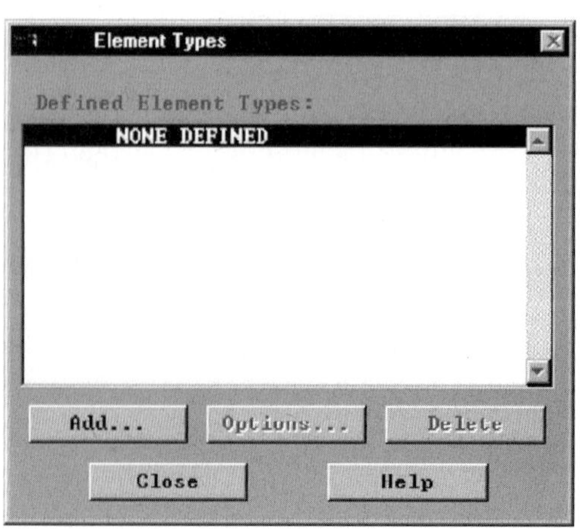

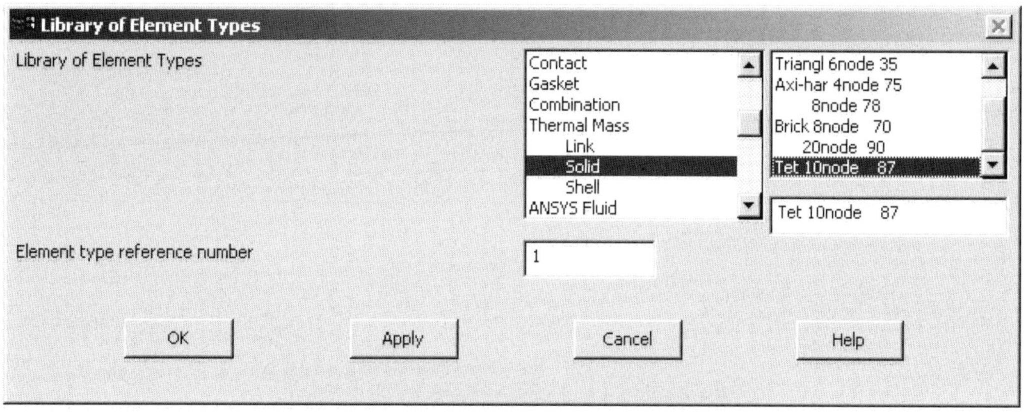

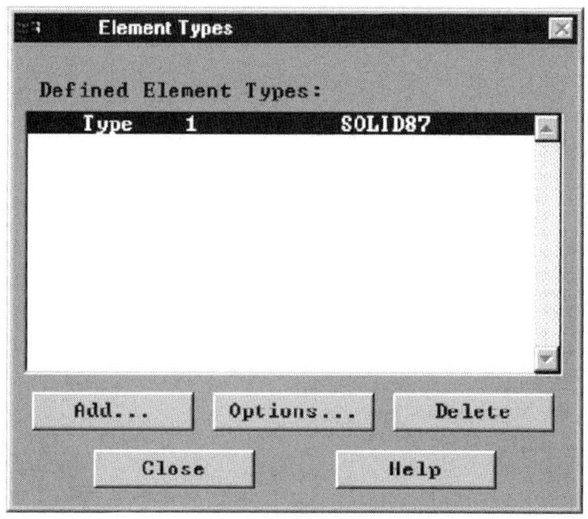

다음 명령으로 콘크리트와 플라스틱의 열전도도를 입력한다.

main menu: **Preprocessor** → **Material Props** → **Material Models** → **Thermal** → **Conductivity** → **Isotropic**

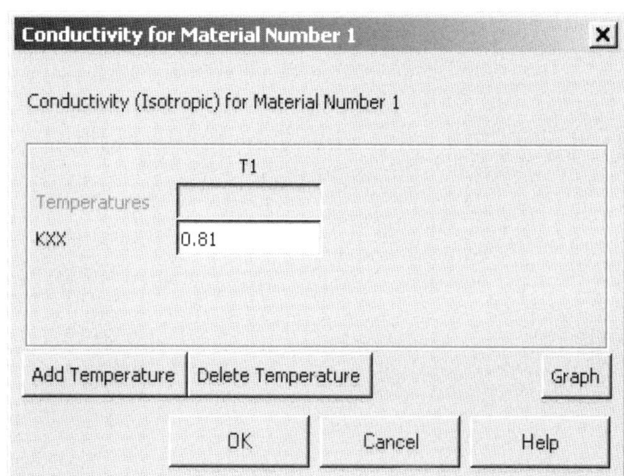

Define Material Model Behavior 창에서:

Material → **New Model** . . .

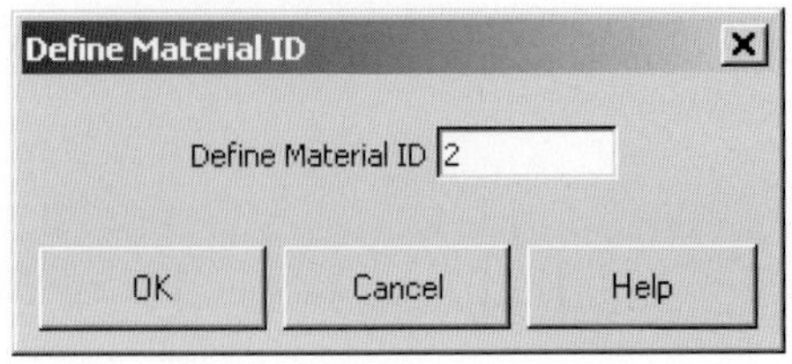

Isotropic 키를 더블클릭하고 플라스틱의 열전도도를 입력한다.

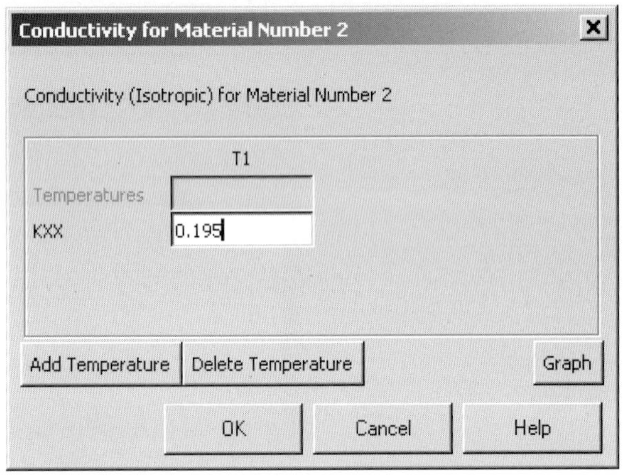

ANSYS Toolbar: **SAVE_DB**

작업평면 설정, 줌 등을 사용하여 문제에 맞도록 그래픽 영역을 설정한다.

utility menu: **Workplane → WP Settings** . . .

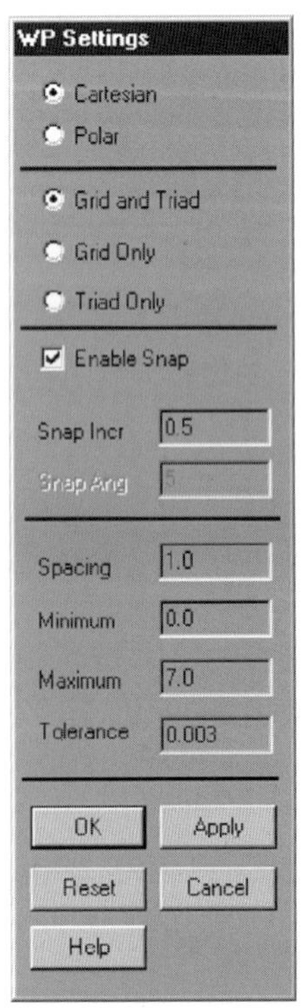

다음 명령으로 작업평면을 나타낸다.

utility menu: **Workplane → Display Working Plane**

다음 명령으로 나타나는 이동-줌-회전 대화상자의 메뉴인 small circle과 arrows로 작업평면을 창에 적절히 위치시킨다.

utility menu: **PlotCtrls → Pan, Zoom, Rotate** . . .

Iso 버튼을 클릭한다(등각투상도). 그리고 다음 명령으로 기하학적 형상을 작성한다.

main menu: **Preprocessor → Modeling → Create → Volume → Block → By 2 Corners & Z**

[WP = 0, 0]

[러버밴드를 위로 7.0, 우측으로 2.5만큼 확장하고 좌측 버튼을 클릭한다]

[러버밴드를 −Z 방향으로 −1.5만큼 확장한다]

플라스틱 창의 작성을 위하여 나중에 삭제할 입방체를 생성한다.

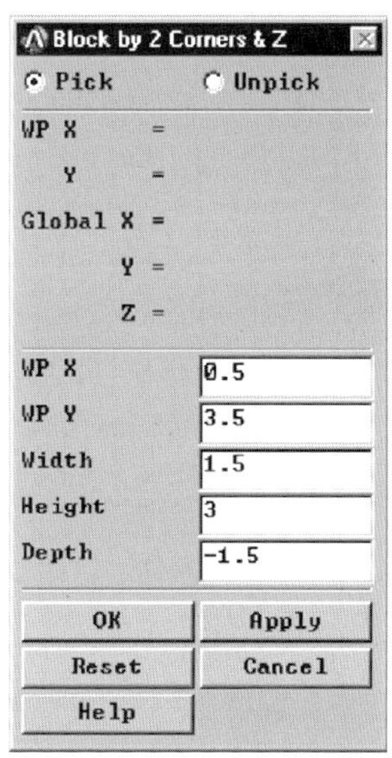

OK

main menu: **Preprocessor → Modeling → Operate → Booleans → Subtract → Volumes**

체적 1을 선택하고 **Apply**를 클릭한 후, 체적 2를 선택하고 **Apply**를 클릭한다.

OK

utility menu: **Plot → Volumes**

다음 명령으로 플라스틱 체적을 작성한다.

utility menu: **WorkPlane → Offset WP by Increments** . . .

X, Y, Z Offset 입력란에 **[0, 0, −0.5]**를 입력한다.

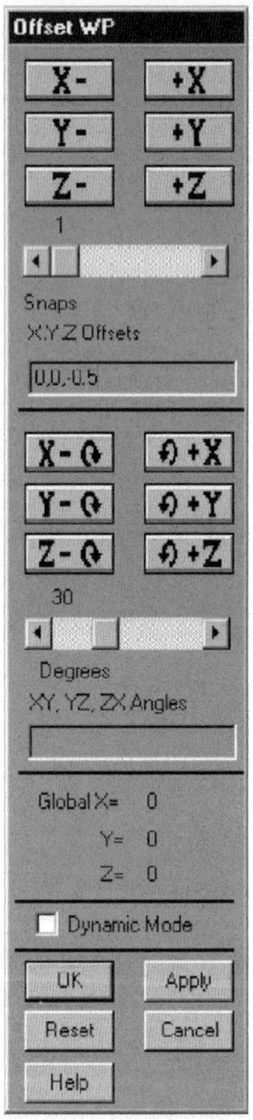

OK

이제 다음 명령을 실행한다.

main menu: **Preprocessor → Modeling → Create → Volumes → Block → By 2 Corners & Z**

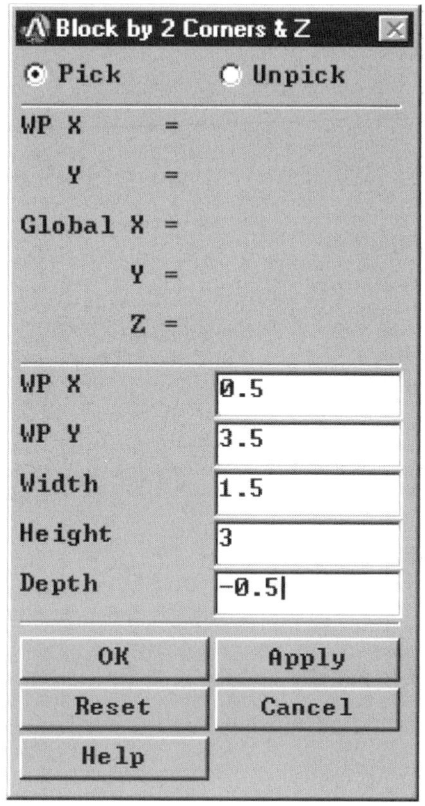

OK

main menu: **Preprocessor** → **Modeling** → **Operate** → **Booleans** → **Glue** → **Volumes**

Pick All

이제 요소와 절점을 생성하기 위하여 작성된 체적을 요소로 분할할 차례이다. 우선 요소 크기를 설정해야 하므로 다음의 명령을 실행한다.

main menu: **Preprocessor** → **Meshing** → **Size Cntrls** → **Manual Size** → **Global** → **Size**

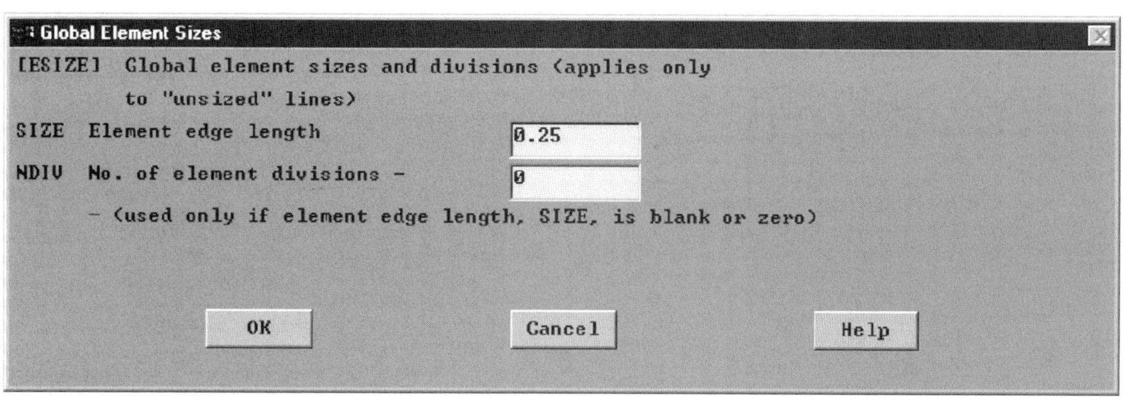

격자생성작업을 하기 이전에 재료 특성을 설정해 주어야 하므로 다음의 명령을 실행한다.

main menu: **Preprocessor** → **Meshing** → **Mesh Attributes** → **Picked Volumes**

[벽면 체적의 콘크리트 부분을 선택한다]

[ANSYS 그래픽 창의 임의 위치에 마우스를 두고 가운데 버튼을 클릭한다]

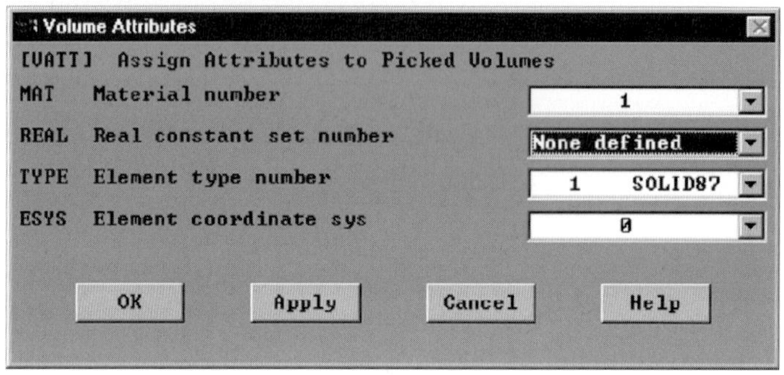

main menu: **Preprocessor** → **Meshing** → **Mesh Attributes** → **Picked Volumes**

[벽면 체적의 플라스틱 부분을 선택한다]

[ANSYS 그래픽 창의 임의 위치에 마우스를 두고 가운데 버튼을 클릭한다]

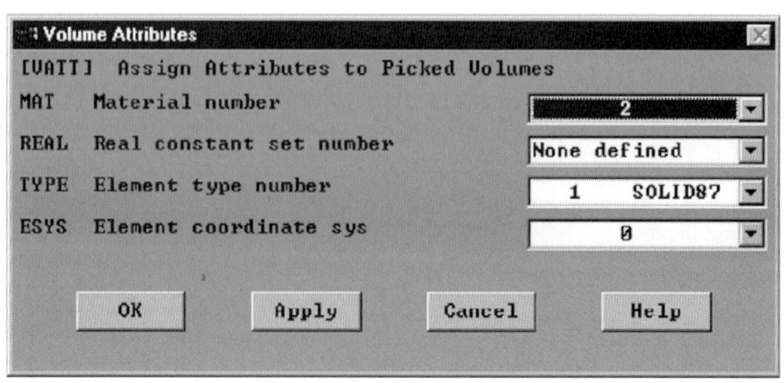

ANSYS Toolbar: **SAVE_DB**

이제 다음 명령으로 격자생성작업을 할 수 있다.

main menu: **Preprocessor → Meshing → Mesh → Volumes → Free**

Pick All

교육용 ANSYS가 제한하고 있는 최대 요소 개수를 초과한 경우에는 다음을 시도해 볼 수 있다.

main menu: **Preprocessor → Meshing → Size Cntrls → Smart Size → Basic**

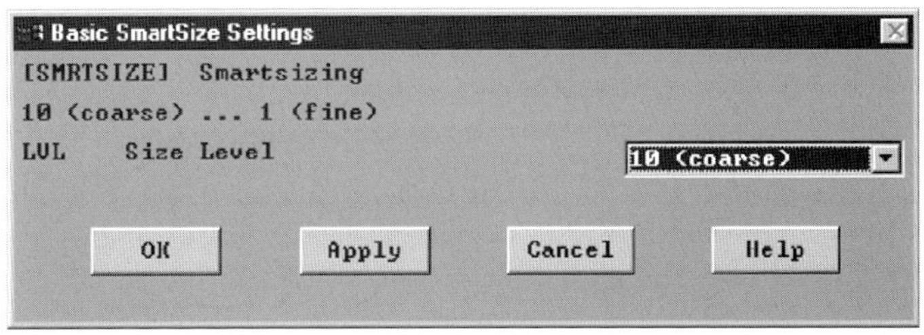

다시 각 체적에 격자생성작업을 수행한다. 경계조건을 부과하려면 우선 투명 플라스틱을 포함한 벽면의 외부 표면을 선택해야 한다.

utility menu: **Select → Entities** . . .

Min, Max 입력란에 **[0, −0.5]**를 입력한다.

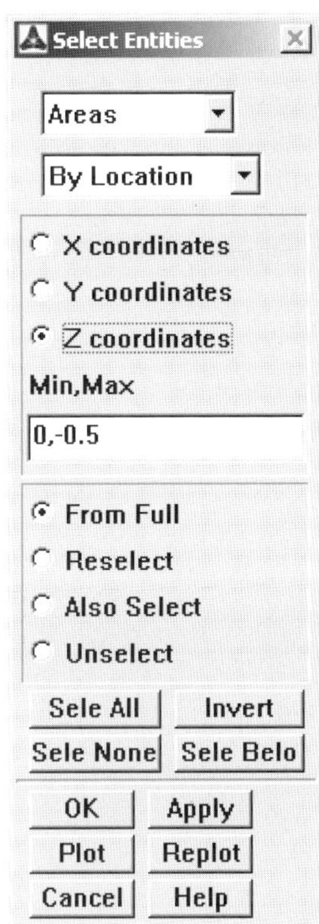

OK

utility menu: **Plot → Areas**

main menu: **Solution → Define Loads → Apply → Thermal → Convection → On Areas**

Pick All

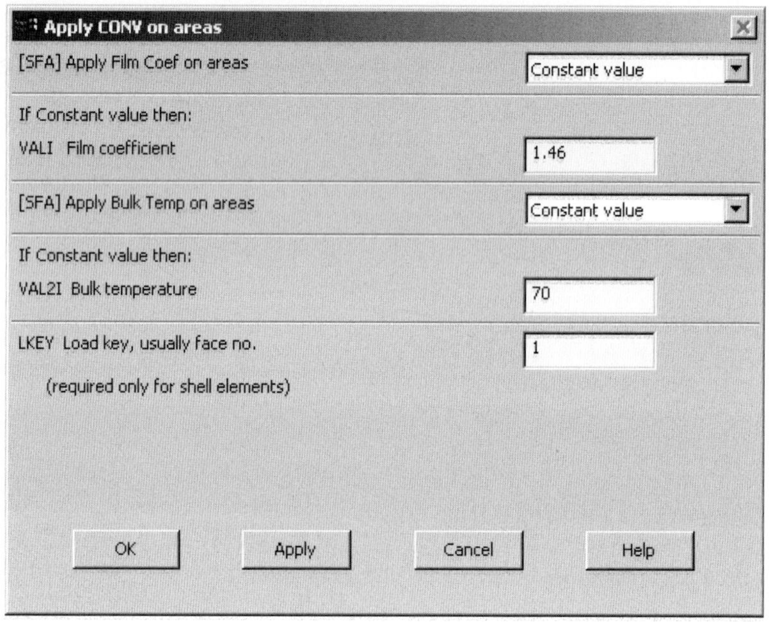

utility menu: **Select → Everything** . . .

utility menu: **Select → Entities** . . .

Min, Max 입력란에 **[−1.0, −1.5]**를 입력한다.

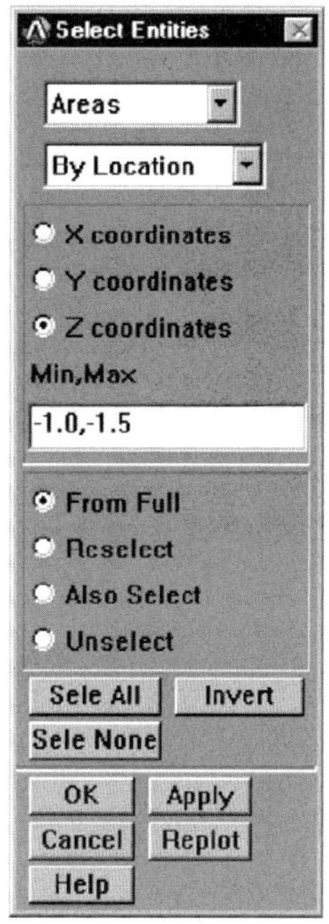

OK

utility menu: **Plot → Areas**

main menu: **Solution → Define Loads → Apply → Thermal → Convection → On Areas**

대류 열전달계수 및 온도를 설정하기 위하여 **Pick All** 버튼을 클릭한다.

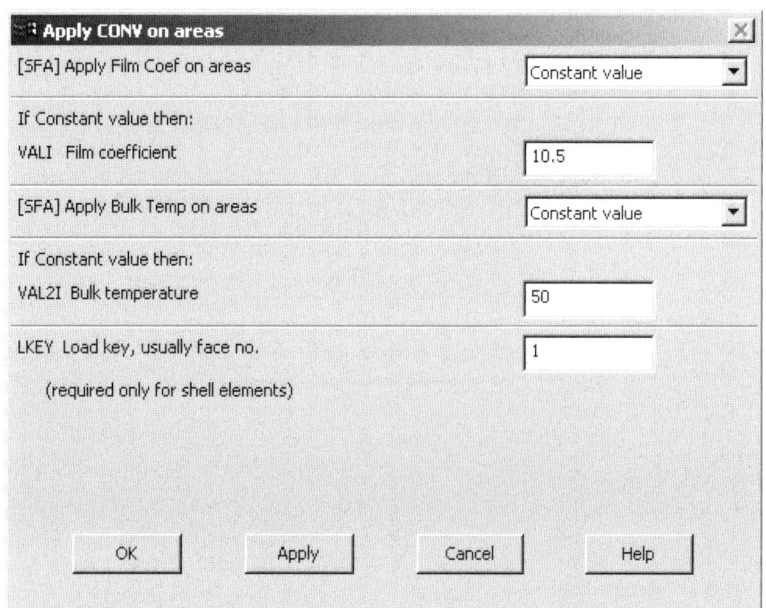

가해진 경계조건을 확인하려면 다음 명령을 실행한다.

utility menu: **PlotContrls** → **Symbols** . . .

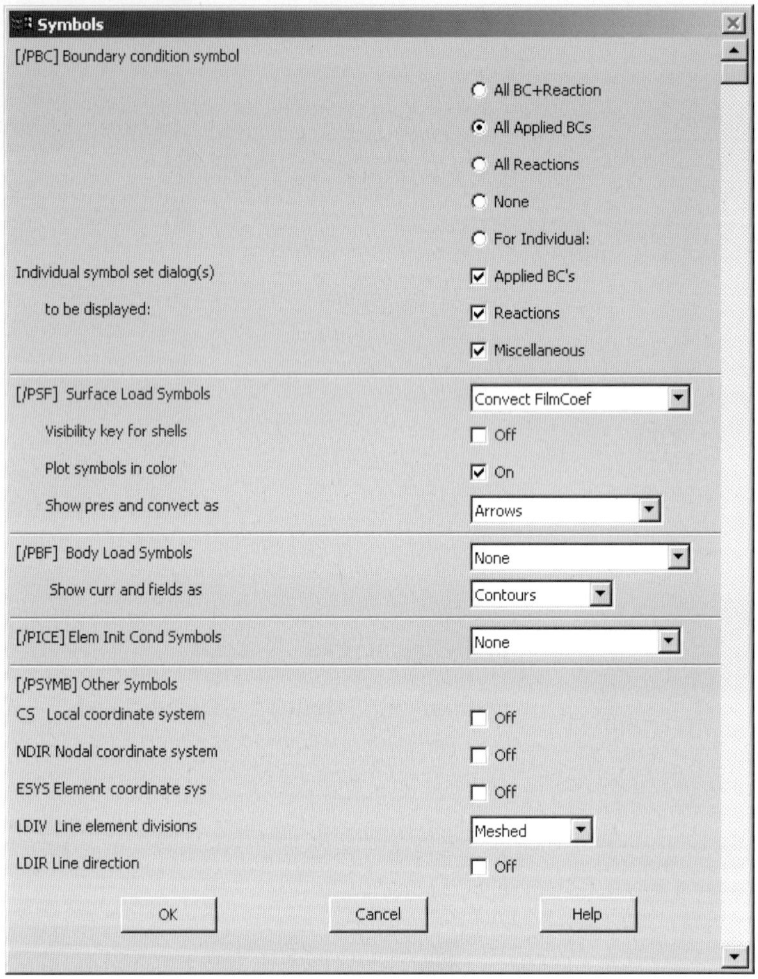

utility menu: **Select** → **Everything** . . .

utility menu: **Plot** → **Areas**

ANSYS Toolbar: **SAVE_DB**

문제의 해를 구한다.

main menu: **Solution** → **Solve** → **Current LS**

OK

(the solution is done!) 창을 **Close**

(the /STAT Command) 창을 **Close**

후처리 단계에서 절점온도와 열유속(heat flux)과 같은 정보를 얻는다(그림 13.26과 13.27 참조).

main menu: **General Postproc → Plot Results → Contour Plot → Nodal Solu**

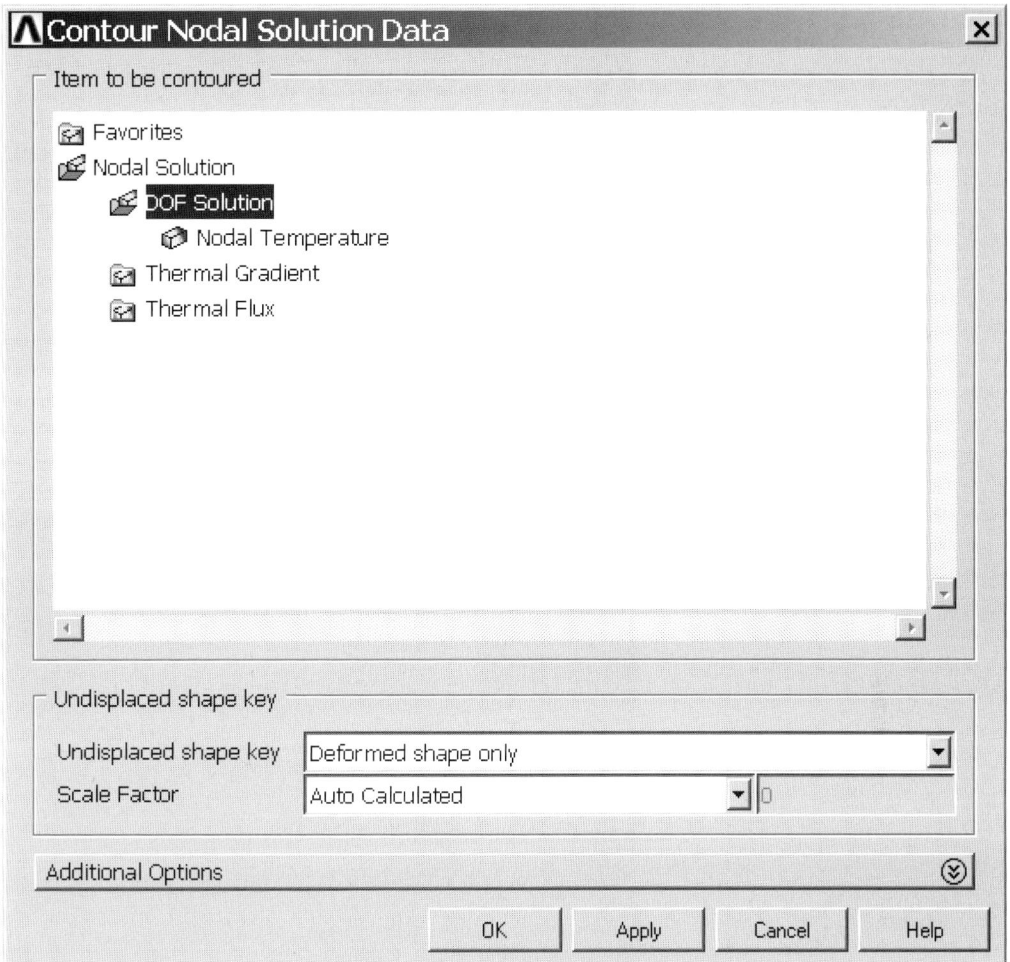

main menu: **General Postproc → Plot Results → Vector Plot → Predefined**

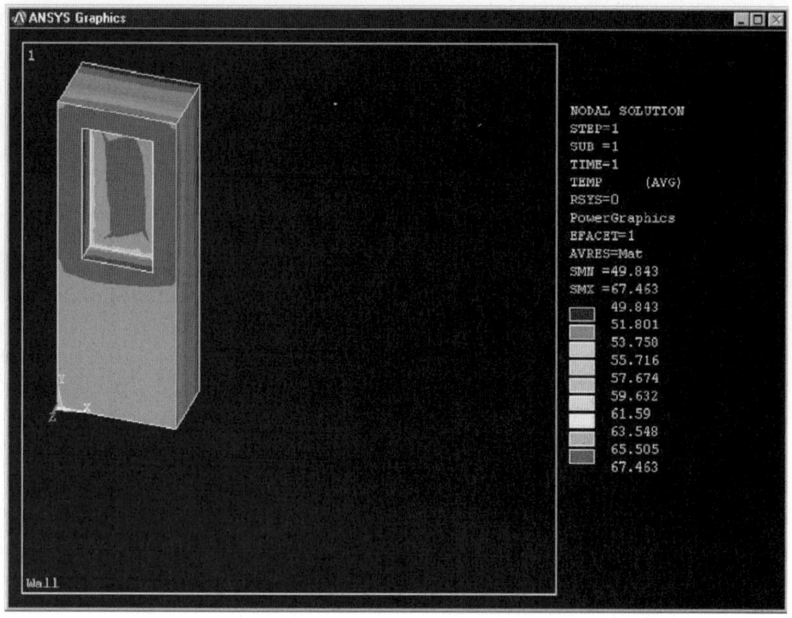

그림 13.26 온도 분포

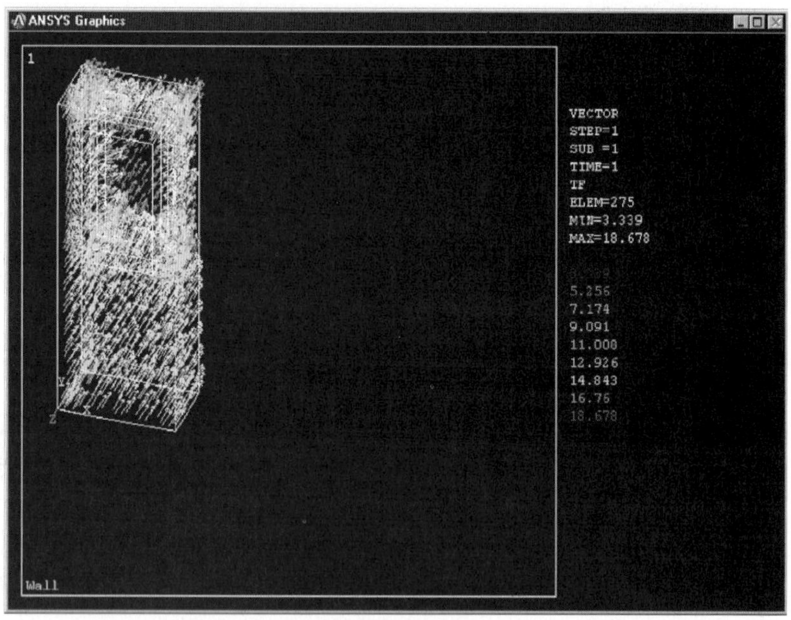

그림 13.27 열유동 벡터

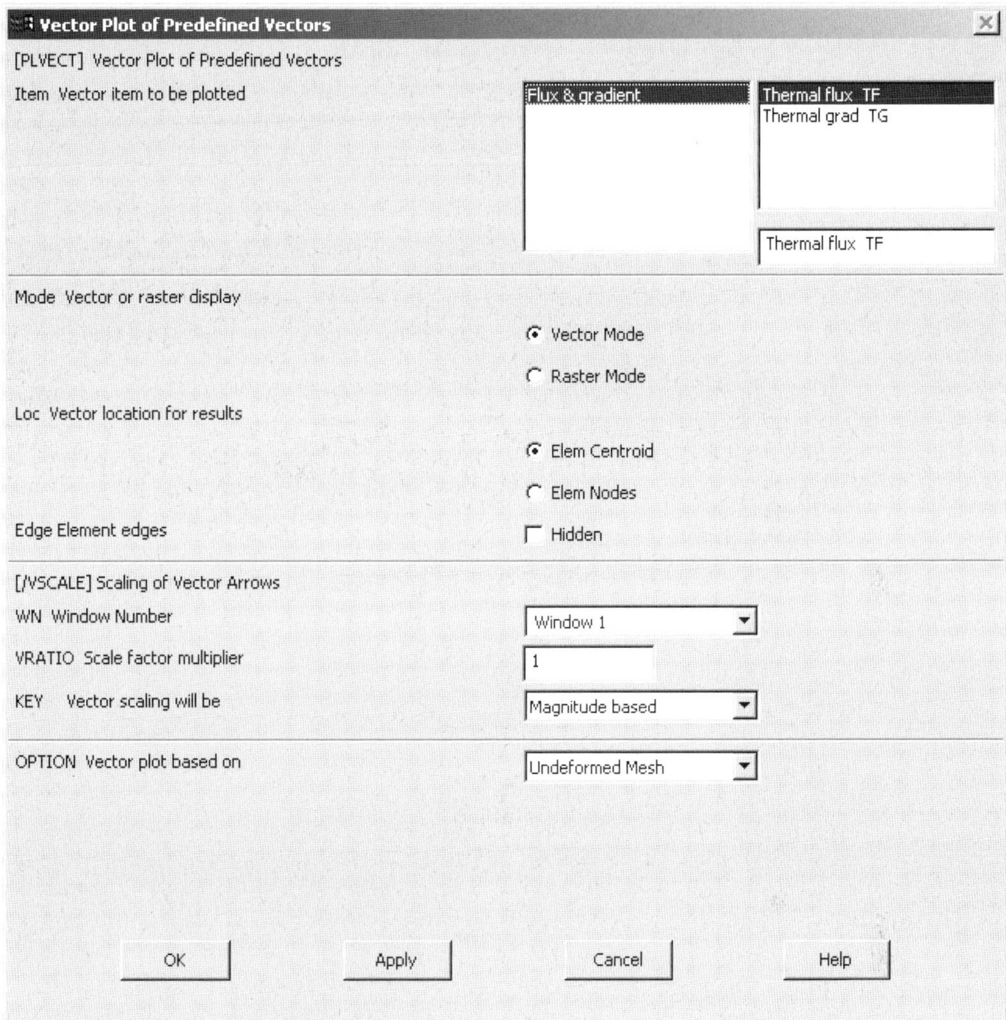

모든 것을 저장하고 ANSYS를 종료한다.

ANSYS Toolbar: **QUIT**

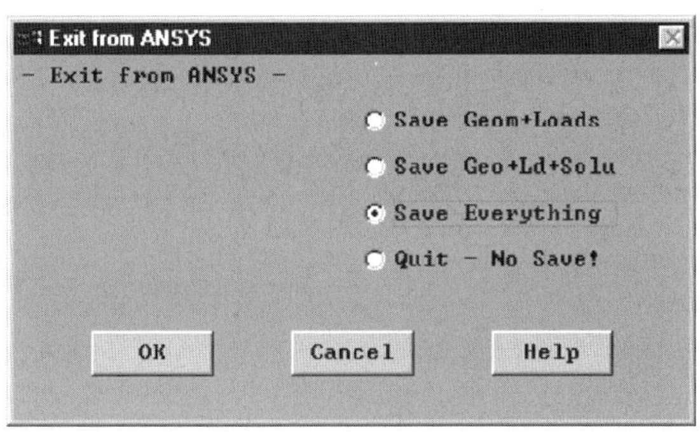

13.9 ANSYS를 이용한 구조해석 예제

예제 13.3

그림 13.28과 같은 브래킷이 윗면에 50 lb/in^{2}의 분포하중을 받고 있다. 브래킷의 구멍 면은 고정되어 있고 탄성계수가 29 × 10^6 lb/in^{2}이고 푸아송비는 $\nu = 0.3$인 강철로 만들어져 있다. 변형 형상과 폰 미제스(von Mises) 응력 분포를 도시하라.

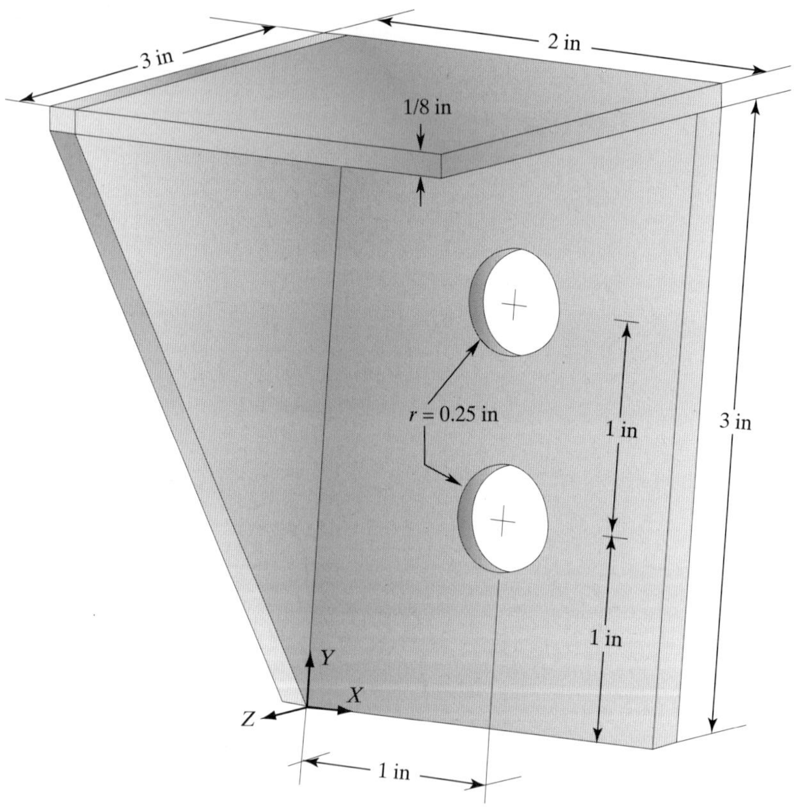

그림 13.28 예제 13.3의 브래킷 제원

다음 각 단계는 이 문제를 풀기 위한 기하학적 모델링 방법, 적절한 요소를 선택하는 방법, 경계조건을 가하는 방법 및 결과를 얻는 방법을 설명하고 있다.

시작메뉴를 사용하여 **ANSYS** 프로그램을 실행시킨다. 대화상자의 **Jobname** 입력란에 **Brack3D**(또는 원하는 파일명)라고 입력한다. GUI를 실행하기 위해 **Run**을 선택한다.

문제에 대한 제목을 입력하기 위해서 다음 명령들을 따른다.

utility menu: **File → Change Title** . . .

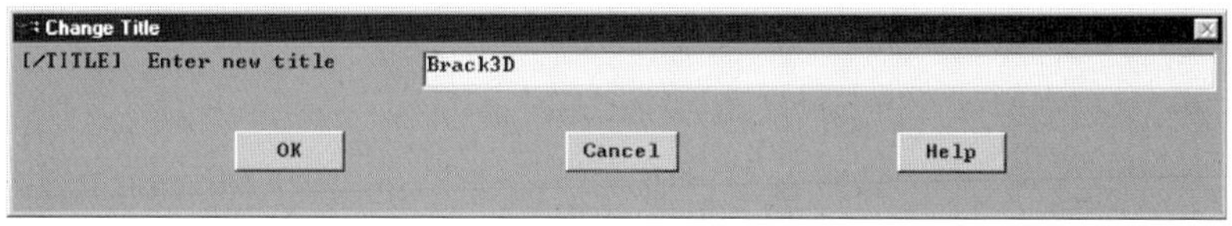

main menu: **Preprocessor → Element Types → Add/Edit/Delete**

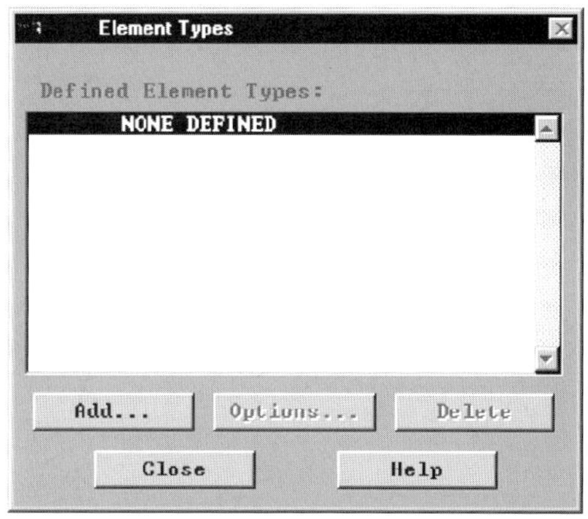

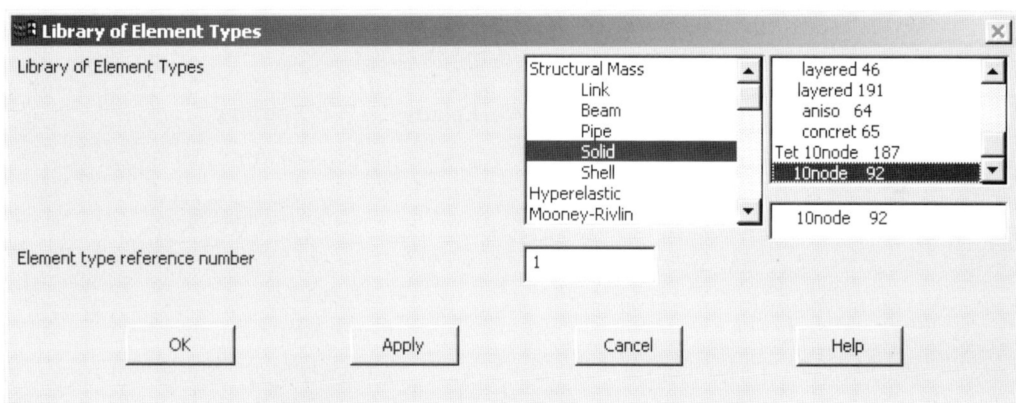

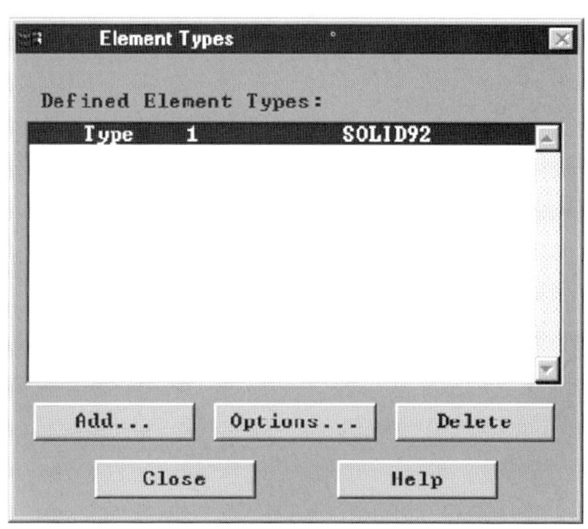

탄성계수와 푸아송비를 다음 명령을 통하여 입력한다.

main menu: **Preprocessor → Material Props → Material Models → Structural → Linear → Elastic → Isotropic**

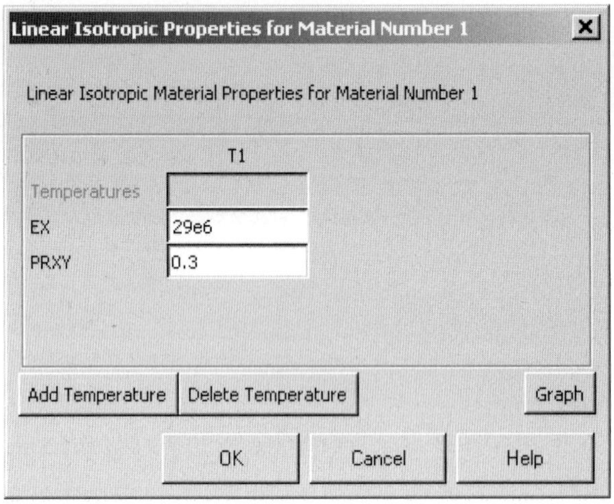

ANSYS Toolbar: **SAVE_DB**

작업평면 설정, 줌 등을 사용하여 문제에 맞도록 그래픽 영역을 설정한다.

utility menu: **Workplane → WP Settings** . . .

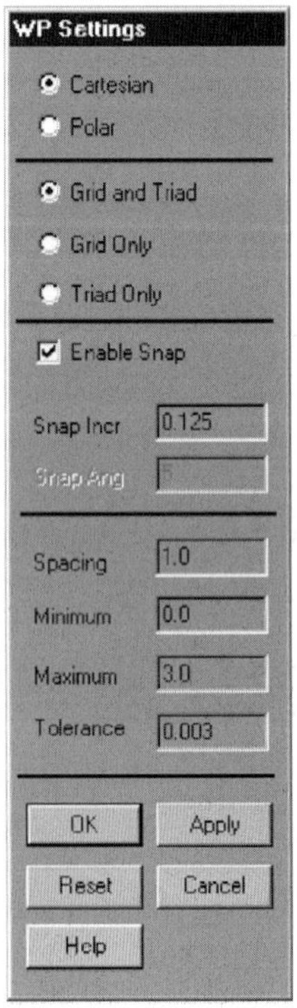

다음 명령으로 작업평면을 나타낸다.

utility menu: **Workplane → Display Working Plane**

다음 명령으로 나타나는 이동-줌-회전 대화상자의 메뉴인 small circle과 arrows로 작업평면을 창에 적절히 위치시킨다.

utility menu: **PlotCtrls → Pan, Zoom, Rotate** . . .

Iso 버튼을 클릭한다(등각투상도 선택). 그리고 다음 명령으로 수직 평판의 기하학적 형상을 작성한다.

main menu: **Preprocessor → Modeling → Create → Volumes → Block → By 2 Corners & Z**

[WP = 0, 0]

[러버밴드를 위로 3.0, 우측으로 2.0만큼 확장하고 좌측 버튼을 클릭한다]

[러버밴드를 −Z 방향으로 0.125만큼 확장한다]

OK

구멍을 만들기 위해 다음 명령으로 우선 2개의 원통을 만들어야 한다.

main menu: **Preprocessor → Modeling → Create → Volumes → Cylinder → Solid Cylinder**

작업평면에서 **WP X**, **WP Y**, **Radius**, **Depth** 입력란에서 다음의 위치 또는 값을 선택한다.

[WP = 1, 1]

[원을 반경 0.25까지 확장한다]

[실리더 길이를 −Z 방향으로 0.125 늘린다]

[WP = 1, 2]

[원을 반경 0.25까지 확장한다]

[실리더 길이를 −Z 방향으로 0.125 늘린다]

OK

이제 다음 명령으로 수직 평판에서 실린더 체적을 빼서 구멍을 만든다.

main menu: **Preprocessor → Modeling → Operate → Booleans → Subtract → Volumes**

체적 1(수직 평판)을 선택하고 **Apply**를 클릭한 후에, 체적 2와 체적 3(실린더)을 선택하고 **Apply**를 클릭한다.

OK

utility menu: **Plot → Volumes**

ANSYS Toolbar: **SAVE_DB**

작업평면을 이동시키고 회전시킨 후, 다음 명령으로 위쪽 판을 작성한다.

utility menu: **Workplane → Offset WP by Increments . . .**

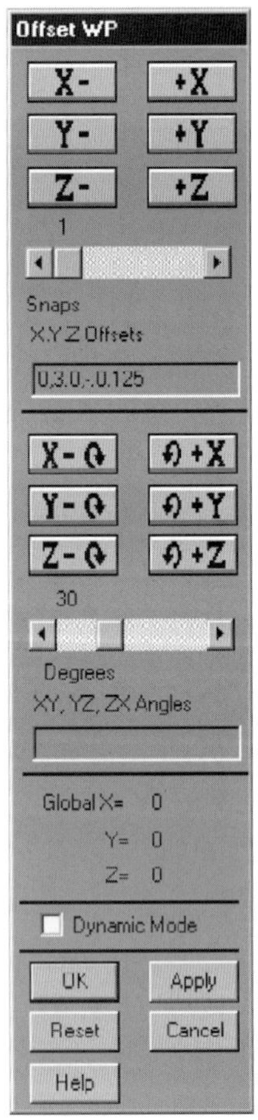

X, Y, Z Offset 입력란에 **[0, 3.0, −0.125]**를 입력한 후, **Apply**를 클릭한다. 각도설정 슬라이더(degrees slider)를 **90°**로 옮기고 나서 **+X rotation** 버튼을 클릭하여 작업평면을 회전시킨다.

OK

utility menu: **PlotCtrls → Pan, Zoom, Rotate** . . .

이제 **BOT** 버튼을 클릭하고 다음 명령을 실행한다.

main menu: **Preprocessor → Modeling → Create → Volumes → Block → By 2 Corners & Z**

[WP = 0, 0]

[작업평면에서 러버밴드를 3.0, 2.0으로 확장한다]

[러버밴드를 −Z 방향으로 0.125만큼 확장한다]

OK

utility menu: **WorKPlane → Align WP With → Global Cartesian**

utility menu: **Plot → Volumes**

utility menu: **WorKPlane → Offset WP by Increments** . . .

X, Y, Z Offset 입력란에 **[0, 0.0, −0.125]**를 입력한 후, **Apply**를 클릭한다. 각도설정 슬라이더를 **90°**로 옮기고 나서 **−Y rotation** 버튼을 클릭하여 작업평면을 Y축에 대해 회전시킨다.

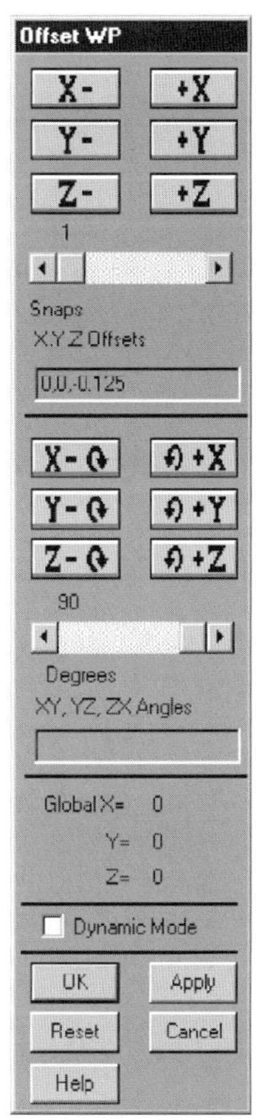

OK

utility menu: **PlotCtrls → Pan, Zoom, Rotate** . . .

Left 버튼을 클릭하여(좌측면도 선택) 보는 면을 바꾸고, 다음 명령을 실행한다.

main menu: **Preprocessor → Modeling → Create → Volumes → Prism → By Vertices**

[WP = 0, 0]

[WP = 0, 3.125]

[WP = 3, 3.125]

[WP = 3.0, 3.0]

[WP = 0.125, 0]

[WP = 0, 0]

Iso 버튼을 클릭하여 보는 면을 바꾸고, 다음 명령을 실행한다.

[러버밴드를 Z 방향으로 0.125 만큼 확장한다]

OK

utility menu: **Plot → Volumes**

utility menu: **PlotCtrls → Pan, Zoom, Rotate** . . .

동적 모드(dynamic mode)를 켜고, 마우스의 우측 버튼을 클릭한 채로 움직여서 물체를 원하는 대로 회전시킨다. 그리고 나서 다음 명령을 실행한다.

main menu: **Preprocessor → Modeling → Operate → Booleans → Add → Volumes**

Pick All

이제 요소와 절점을 생성하기 위하여 작성된 입방체를 요소로 분할할 차례이다. 그러나 우선 요소 크기를 설정해야 하므로 다음 명령을 먼저 실행한다.

main menu: **Preprocessor → Meshing → Size Cntrls→ Smart Size → Basic**

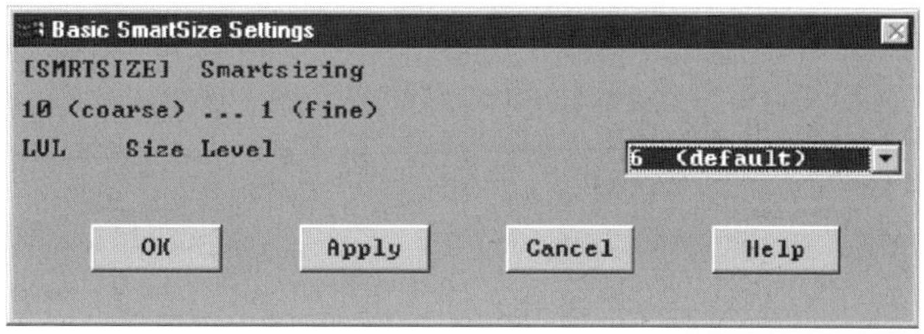

ANSYS Toolbar: **SAVE_DB**

main menu: **Preprocessor** → **Meshing** → **Mesh** → **Volumes** → **Free**

Pick All

Close

ANSYS Toolbar: **SAVE_DB**

이제 경계조건을 부과하자. 우선 다음 명령으로 구멍의 원주를 따라 고정해야 한다.

utility menu: **PlotCtrls** → **Pan, Zoom, Rotate** . . .

Front를 선택하여 정면도로 바꾸고, 다음 명령을 실행한다.

main menu: **Solution** → **Define Loads** → **Apply** → **Structural** → **Displacement** → **On Keypoints**

.**Circle** 옆의 ○(동그라미)를 클릭하여 선택 모드(picking mode)를 'circle'로 바꾼다. 이제 구멍의 중심으로부터 러버밴드를 구멍의 바깥쪽까지 늘인 후, Apply를 클릭한다.

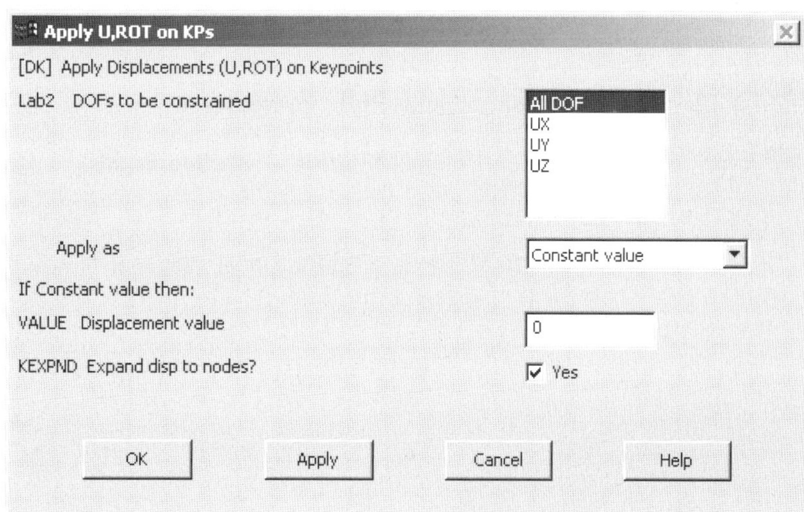

Iso 버튼을 클릭하여 등각투상도(isometric view)로 바꾸고 다음 명령을 실행한다.

utility menu: **Select → Entities** . . .

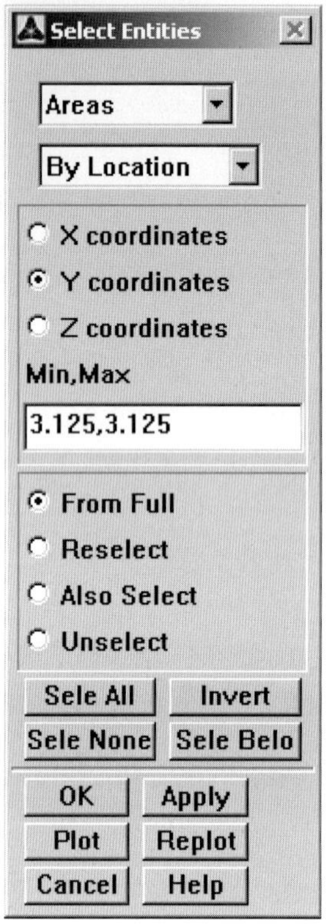

Min, Max 입력란에 **[3.125, 3.125]**를 입력한다.

OK

utility menu: **Plot → Areas**

main menu: **Solution → Define Loads → Apply → Structural → Pressure → On Areas**

분포하중(압력)을 설정하기 위하여 **Pick All** 버튼을 클릭한다.

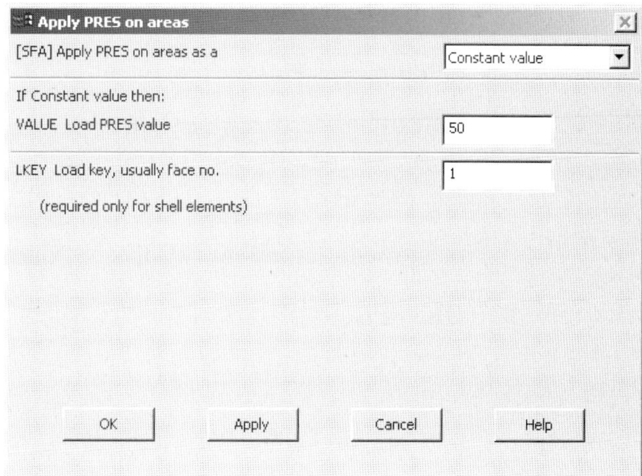

부과된 경계조건을 확인하려면 다음 명령을 실행한다.

utility menu: **PlotCtrls → Symbols** . . .

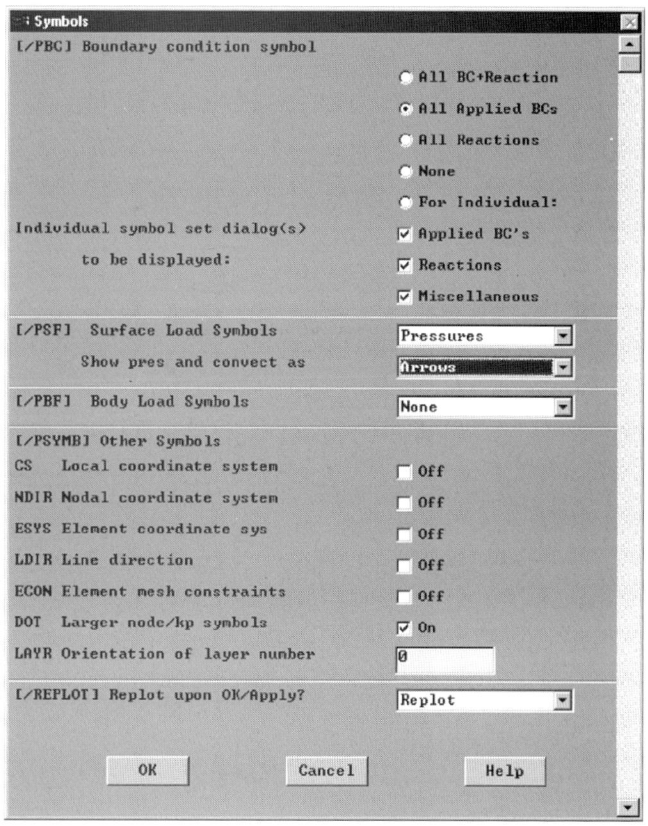

utility menu: **Select → Everything . . .**

utility menu: **Plot → Areas**

ANSYS Toolbar: **SAVE_DB**

문제의 해를 구한다.

main menu: **Solution → Solve → Current LS**

OK

(the solution is done!) 창을 **Close**

(the /STAT Command) 창을 **Close**

후처리 단계로서 다음 명령을 따라 먼저 변형된 형상을 도시한다(그림 13.29 참조).

main menu: **General Postproc → Plot Results → Deformed Shape**

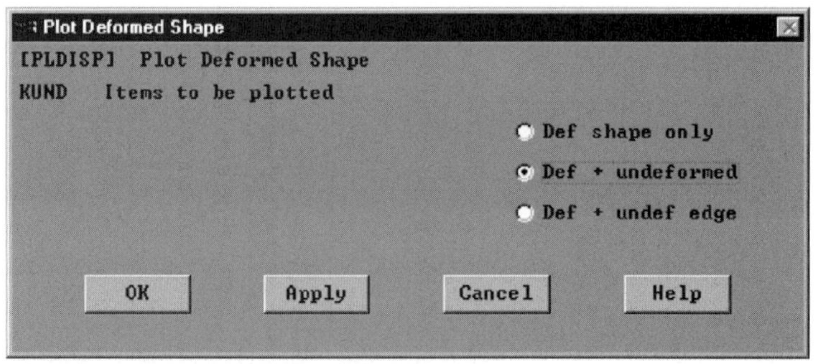

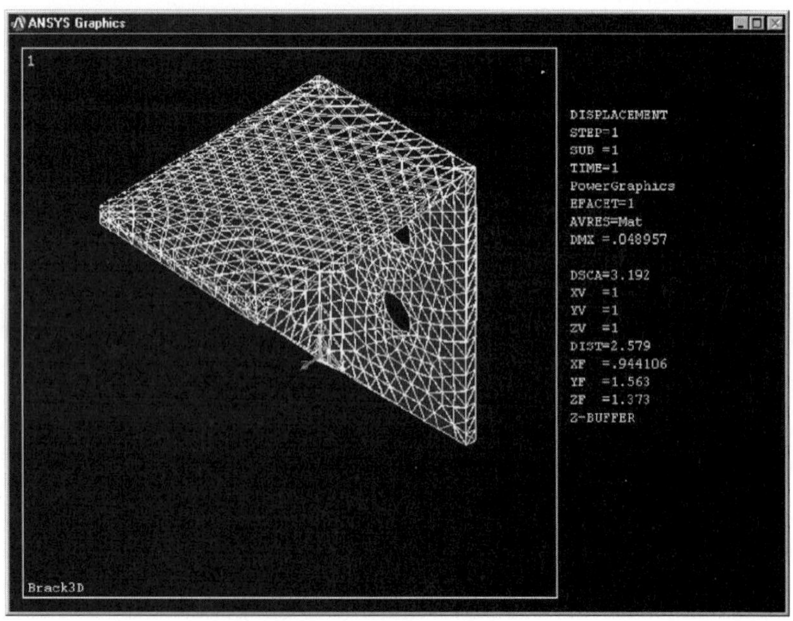

그림 13.29 브래킷의 변형된 모습

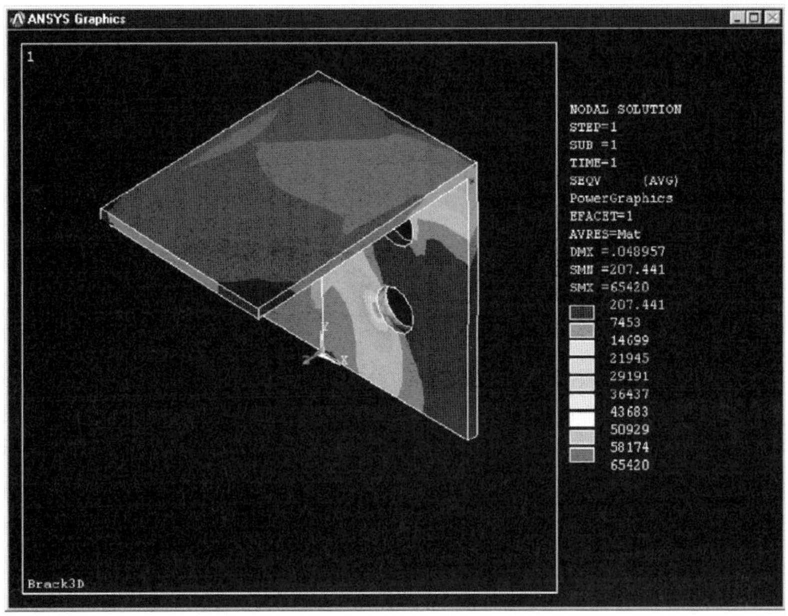

그림 13.30 브래킷의 폰 미제스 응력 분포

다음 명령으로 폰 미제스(von Mises) 응력을 그린다(그림 13.30 참조).

main menu: **General Postproc → Plot Results**

→ ContourPlot → Nodal Solu

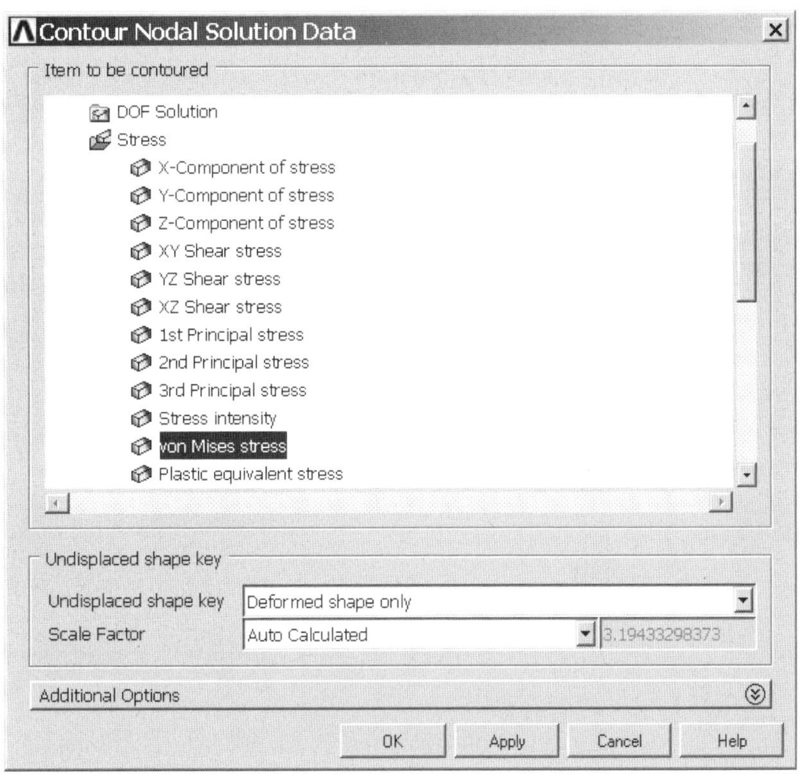

모든 것을 저장하고 ANSYS를 종료한다.

ANSYS Toolbar: **QUIT**

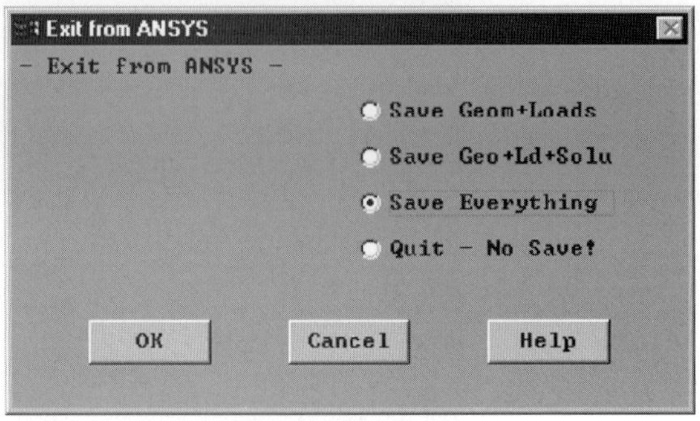

요약

1. 사면체 요소의 형상함수를 구하는 방법을 알아야 한다.
2. 사면체 요소의 강성행렬과 하중벡터를 유도하는 방법을 알아야 한다.
3. 8절점 육면체 요소와 이 요소의 고차 요소인 20절점 육면체 요소에 익숙해져야 한다.
4. ANSYS에서 사용 가능한 구조-솔리드 해석 및 열해석 요소에 익숙해져야 한다.
5. 상향식 모델링과 하향식 모델링의 차이를 알아야 한다.
6. 유한요소해석 결과를 검증할 수 있는 방법을 찾을 수 있어야 한다.

참고문헌

ANSYS User's Manual: Procedures, Vol. I, Swanson Analysis Systems, Inc.

ANSYS User's Manual: Commands, Vol. II, Swanson Analysis Systems, Inc.

ANSYS User's Manual: Elements, Vol. III, Swanson Analysis Systems, Inc.

Chandrupatla, T. and Belegundu, A. *Introduction to Finite Elements in Engineering*, Englewood Cliffs, NJ, Prentice Hall, 1991.

Zienkiewicz, O. C., *The Finite Element Method*, 3rd ed., New York, McGraw-Hill, 1977.

연습문제

1. 사면체 요소에 대하여 절점변위로써 응력 성분을 표현하는 수식을 유도하라. 이렇게 계산된 응력 성분으로부터 3개의 주응력은 어떻게 계산하는가?
2. ANSYS를 이용하여, 다음에 도시한 그림과 같은 물체의 입체모형 모델을 생성하라. 여러 방향에서 물체를 투시할 수 있는 동적 모드(dynamic mode)를 선택하라. 생성된 입

체모형 모델을 등각투상도로 도시하라.

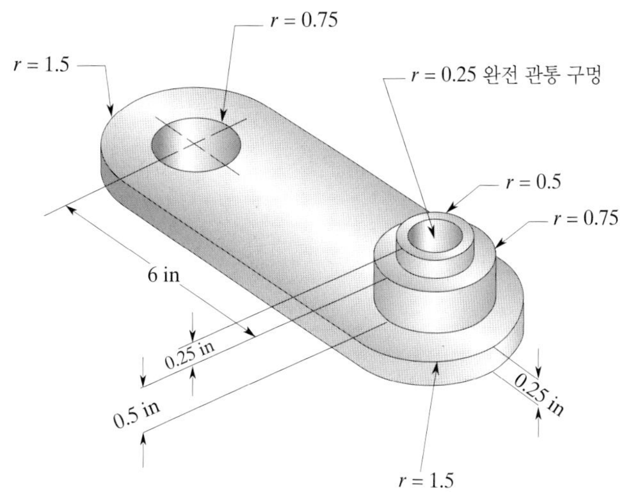

3. ANSYS를 이용하여, 다음 그림에 도시한 바와 같이 1 ft 길이의 가로방향 내부 핀(fin)이 있는 파이프에 대한 입체모형 모델을 생성하라. 여러 방향에서 물체를 투시할 수 있는 동적 모드를 선택하라. 생성된 입체모형 모델을 등각투상도로 도시하라.

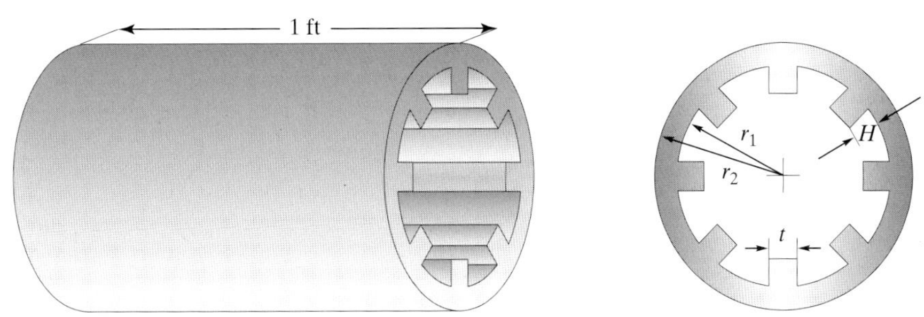

$$r_1 = 2 \text{ in}$$
$$r_2 = 2\tfrac{1}{4} \text{ in}$$
$$t = \tfrac{3}{4} \text{ in}$$
$$H = \tfrac{3}{4} \text{ in}$$

4. ANSYS를 이용하여, 다음 그림에 도시한 바와 같이 벽에 부착하는 파이프를 지지해 주는 브래킷의 고체 모델을 생성하라. 여러 방향에서 물체를 투시할 수 있는 동적 모드를 선택하라. 생성된 입체모형 모델을 등각투상도로 도시하라.

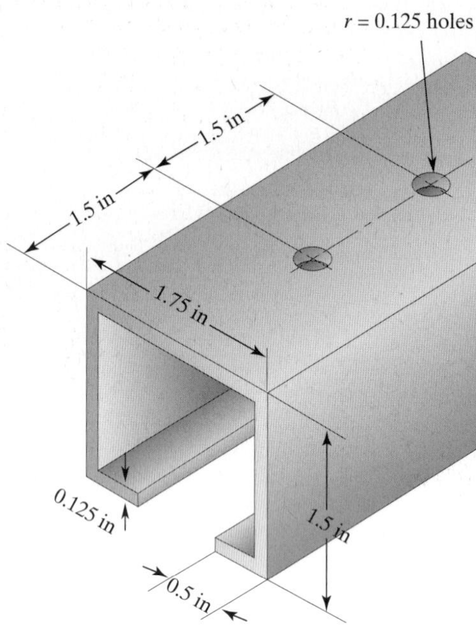

5. ANSYS를 이용하여, 아래에 도시한 그림과 같은 열교환기(heat exchanger)의 입체모형 모델을 생성하라. 여러 방향에서 물체를 투시할 수 있는 동적 모드를 선택하라. 생성된 입체모형 모델을 등각투상도로 도시하라.

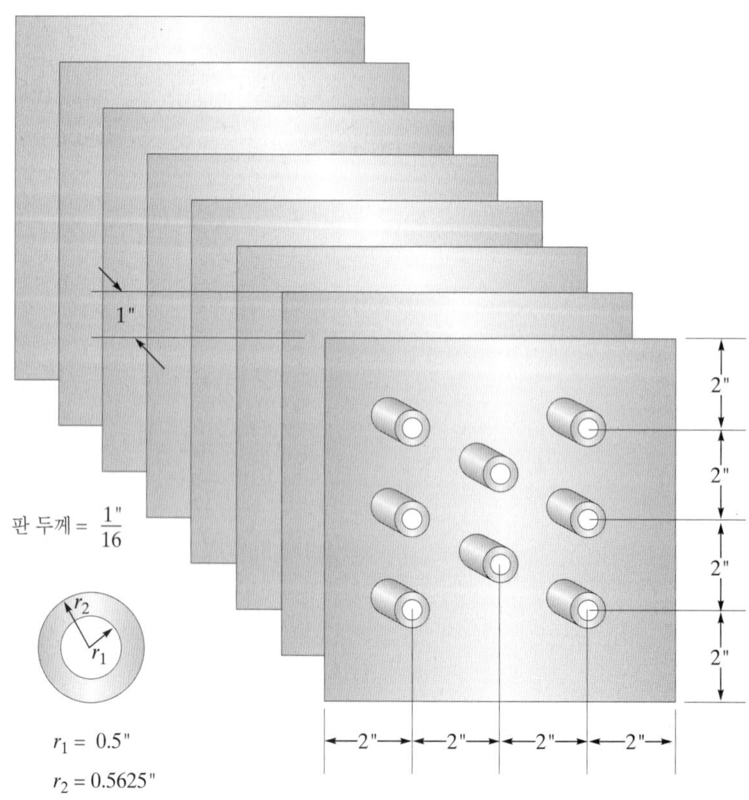

6. ANSYS를 이용하여, 아래에 도시한 그림과 같은 바퀴의 입체모형 모델을 생성하라. 여러 방향에서 물체를 투시할 수 있는 동적 모드를 선택하라. 생성된 입체모형 모델을 등각투상도로 도시하라.

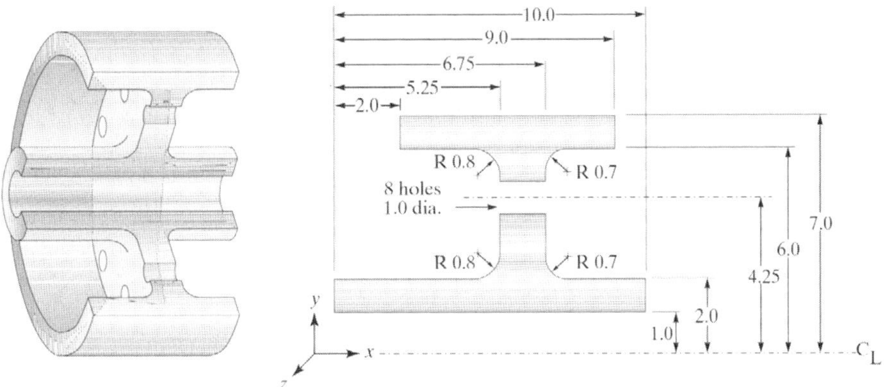

치수 단위는 인치(in)이다.

7. ANSYS를 이용하여, 다음 그림에 도시한 바와 같이 100 mm 길이의 가로방향 내부 핀이 있는 파이프에 대한 입체모형 모델을 생성하라. 여러 방향에서 물체를 투시할 수 있는 동적 모드를 선택하라. 생성된 입체모형 모델을 등각투상도로 도시하라.

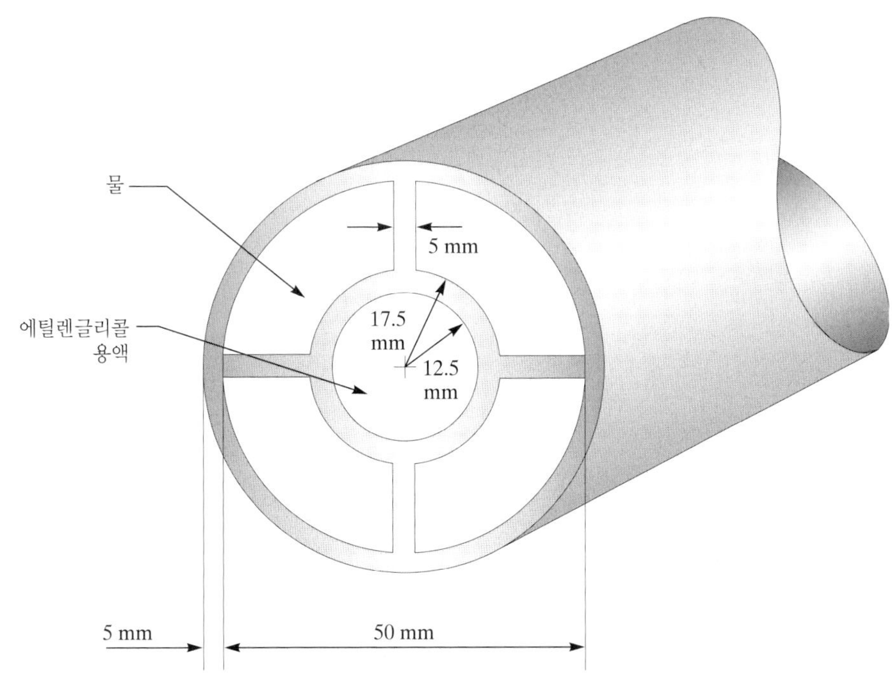

8. ANSYS를 이용하여, 다음에 도시한 그림과 같은 지지 구조물의 주응력 분포를 계산하여 도시하라. 브래킷은 강철로 만들어졌으며, 구멍 주위는 고정되어 있다.

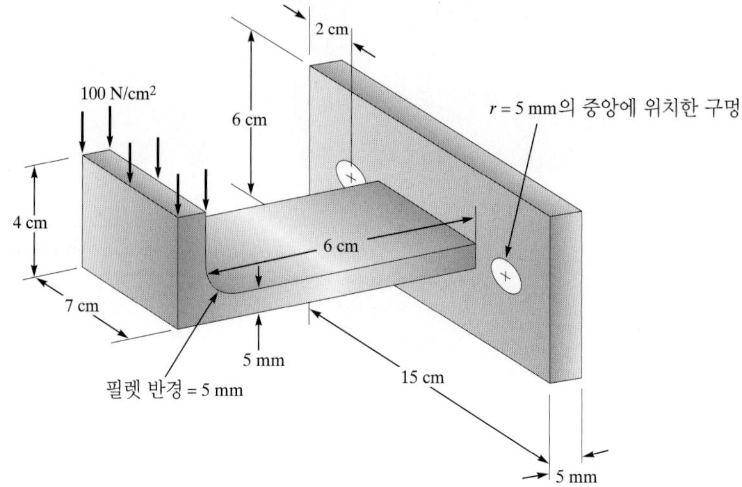

9. ANSYS를 이용하여, 아래에 도시한 교통표지판의 폰 미제스(von Mises) 응력 분포를 구하고 도시하라. 기둥은 강철로 만들어졌으며 표지판은 시속 60마일의 돌풍을 받는다. 바람에 의한 힘을 계산할 때는, 공기저항 공식인 $F_D = C_D A \frac{1}{2} \rho U^2$을 사용하라. 여기서 F_D는 하중이고, $C_D = 1.18$, ρ는 공기 밀도, U는 바람 속도, A는 표지판의 면적(frontal area)이다. 기둥에 가해지는 하중은 무시하라. 이 문제를 복잡한 유한요소 모델이 아닌, 간단한 외팔보 문제로 모델링할 수 있는지 설명하라.

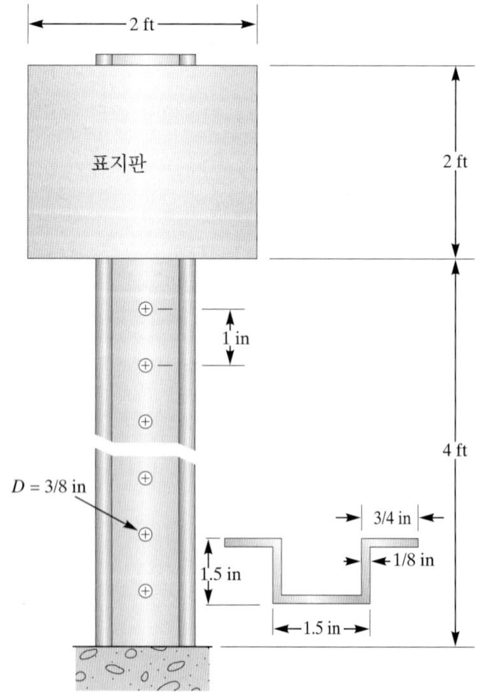

10. 주위 공기 온도가 25°C이고 열전달계수 $h = 20\ \text{W/m}^2 \cdot \text{K}$일 때에, 예제 13.1의 알루미늄 히트 싱크의 내부 온도 분포를 결정하라. 히트 싱크는 약 2000 W/m^{2}를 방출하는 칩

위에 놓여 있다. 다음 그림에 도시된 전 면적의 절반을 20.5 mm 사출하여 히트 싱크의 1/4 모델을 작성하라.

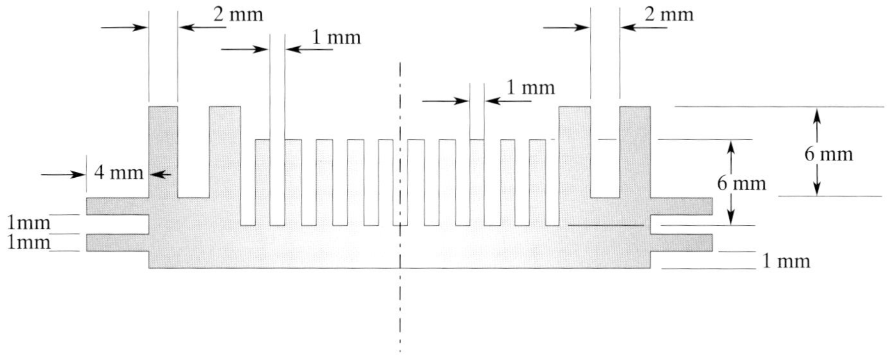

히트 싱크의 전면도

11. 실수로 비어 있는 유리 커피포트를 가열판에 올려두었다고 생각해 보자. 가열판이 커피포트의 바닥에 약 20 W를 가한다고 가정하고, 주위 공기 온도가 25°C이고 열전달계수 $h = 15\ \mathrm{W/m^2 \cdot K}$일 때에 유리 내부의 온도 분포를 구하라. 커피포트는 원통형이고 직경이 14 cm, 높이는 14 cm, 두께가 3 mm이다.

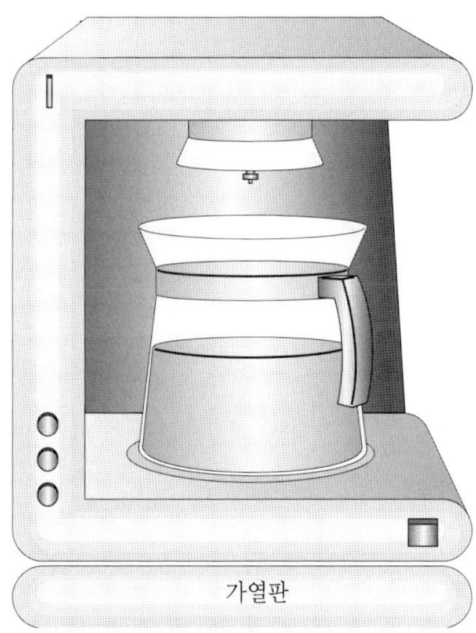

12. ANSYS를 이용하여, 소켓 렌치의 3차원 고체 모델을 생성하라. 치수는 실제 소켓으로부터 측정하라. 고체 실린더, 육각 프리즘, 기본 형상을 이용하여 모델을 작성하라. 하중과 경계조건에 대하여 적절한 가정을 하고 응력 계산을 시행하라. 폰 미제스 응력을 도시하라. 파괴를 초래할 수 있는 하중의 형태와 크기를 논하라.

13. 겨울기간에는 내부 방의 온도를 70°F로 유지한다. 그러나 난방 통풍구가 창문 아래에 있기 때문에 창문 바닥을 따라 더운 공기의 온도 분포가 균일하지 못하다. 열전달계수 $h = 1.46\ \mathrm{Btu/hr \cdot ft^2 \cdot °F}$에 대하여, 온도 변화를 1 ft당 80°F에서 90°F의 선형 변화

로 가정하고, 외부 공기 온도를 10°F로, 열전달계수를 $h = 6$ Btu/hr · ft^2 · °F로 가정하라. ANSYS를 이용하여, 다음 그림과 같은 창문의 온도 분포를 결정하라. 창문을 통한 전체 열손실은 얼마나 되는가?

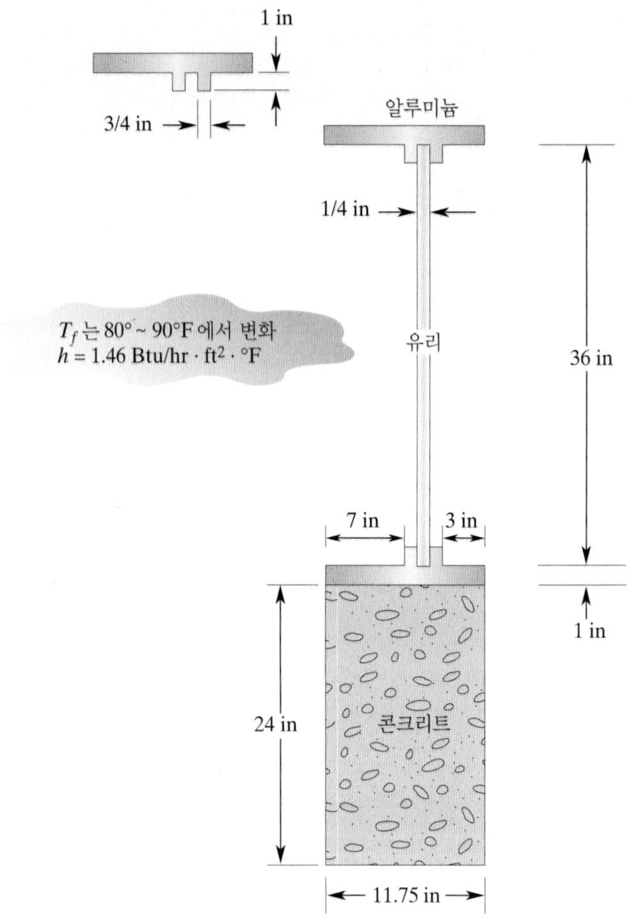

14. ANSYS를 이용하여, 다음 그림과 같은 연결부품(link) 내부의 주응력을 계산하여 도시하라. 이 부품은 강철로 만들어져 있다.

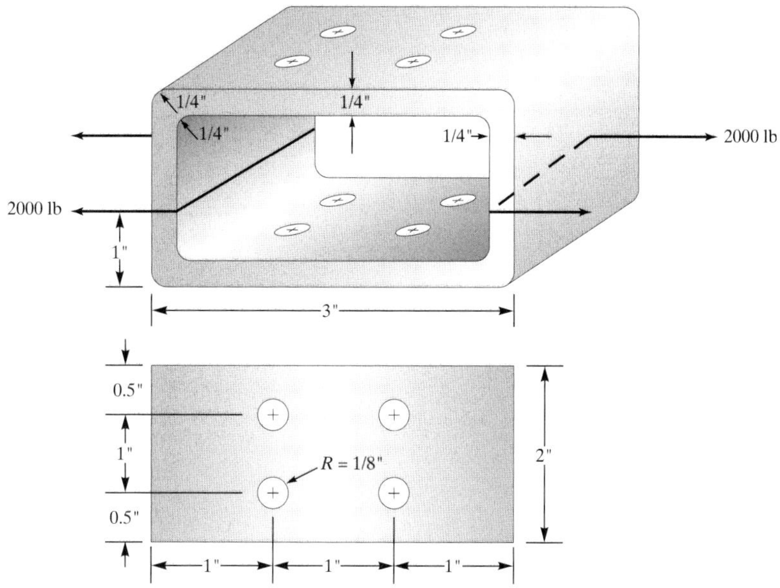

15. 설계과제 10장의 설계과제(문제 22)를 참고로 하고, 문제 22에서 주어진 규정과 규칙에 따라 각 학생은 $\frac{3''}{8} \times 6'' \times 6''$의 플라스틱 유리로 구조 모델을 설계하고 제작하라. 이 구조 모델의 단면형상은 어떠한 모양이 되어도 관계가 없다. 흔히 사용되는 단면형상을 다음 그림에 도시하였다.

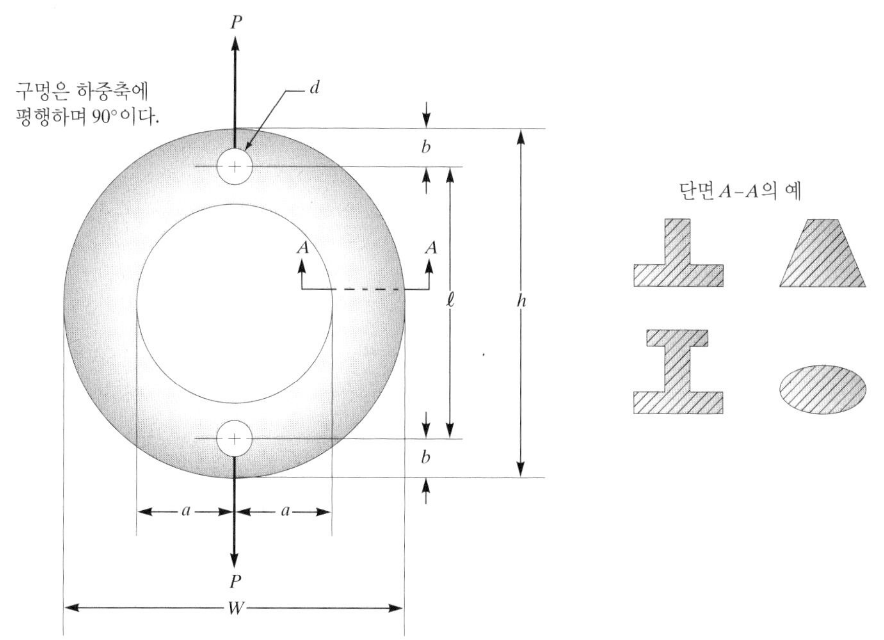

16. 설계과제 ANSYS의 3차원 보 요소를 이용하여 다음 그림에 도시한 프레임의 단면 크기를 결정하라. 속이 빈 튜브를 이용하라. 프레임은 신호등의 무게를 지탱하고, 시속 80마일의 돌풍을 견뎌야 한다. 각자의 최종설계에 대한 보고서를 작성하라.

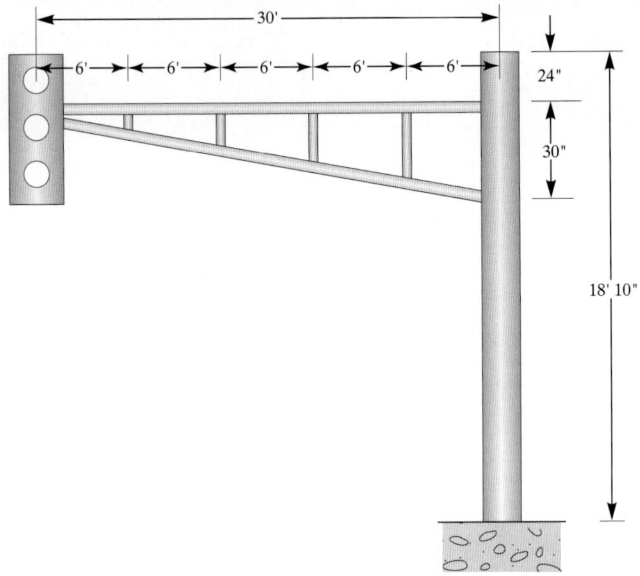

Chapter 14

설계와 재료의 선택*

엔지니어는 문제를 해결하는 사람이다. 이 장에서는 공학적 설계절차에 대해 소개하고자 한다. 엔지니어는 수학과 함께 물리 및 화학적 법칙과 원리를 수학적으로 적용하여 자동차와 컴퓨터, 항공기, 의류, 장난감, 가정용 설비, 수술용 의료기구, 냉난방 장치, 건강관리기구, 여러 제품을 만드는 연장과 기계 등과 같이 우리가 일상생활에서 사용하는 많은 제품과 서비스를 설계한다. 최근 들어, 설계도구로서 유한요소해석의 사용이 급격히 증가하고 있다. 앞으로도 유한요소해석은 많은 종류의 공학 문제를 해결하기 위한 방법으로 사용될 수 있다.

이 장에서는 설계란 무엇인지, 엔지니어가 제품을 어떻게 설계하는지에 대하여 살펴보겠다. 시스템이나 부품의 설계시 대부분의 엔지니어가 준수하는 기본적인 절차에 대하여 논의하도록 한다.

설계 엔지니어로서, 기계부품, 장난감, 자동차의 프레임이나 구조물 등 무엇을 설계하든지 간에, 재료의 선택은 매우 중요한 설계 결정사항이다. 특정 응용을 위해 재료를 선택할 때, 엔지니어는 많은 요인들을 고려해야 한다. 예를 들어, 밀도나 극한강도, 유연성, 기계가공성, 내구성과 열팽창, 열전도성, 전기전도성, 부식저항성 등과 같은 재료의 물성을 고려해야 한다. 또한 재료의 원가와 수리의 용이성도 고려되어져야 한다. 엔지니어는 다른 적용을 위해서 보다 가볍고 강한 강도의 제품을 만들고자 첨단소재를 사용할 방법을 찾는다.

이 장에서는 공학적으로 다양하게 사용되는 재료들에 대해서 조금 더 자세히 알아보도록 한다. 또한 설계에 있어서 고려되어져야 할 재료의 몇 가지 물리적 특성에 대해서도 논의한다. 금속이나 금속합금, 플라스틱, 유리, 나무, 그리고 시간의 경과에 따라 경화되는 콘크리트

---

* Moaveni 의 *Engineering Fundamentals* 의 승인하에 게재하였다.

와 같은 고체 재료들에 대하여 고찰한다. 또한 삶을 영위하는 데 필요할 뿐만 아니라 공학에서도 중요한 역할을 하는 공기나 물과 같은 기본 유체에 대해서도 상세히 알아보도록 한다. 음식의 조리과정과 동력장치의 구동, 그리고 편안한 승차감을 주는 타이어에서의 공기 역할의 중요성을 생각해 본 적이 있는가? 물 역시 공업 재료로 생각해 보지 않았겠지만 물은 생존을 위해서 뿐만 아니라 증기와 수력 발전을 통해 전기를 발생시키며 톱과 같은 기능으로 재료를 절단하는 데 사용된다. 이 장에서 다루는 주요 내용은 다음과 같다.

14.1 공학적 설계절차

14.2 재료의 선택

14.3 재료의 전기적, 기계적, 열적 특성

14.4 일반적인 고체 재료
(경금속, 구리와 구리합금, 철과 강, 콘크리트, 목재, 플라스틱, 규소, 유리, 복합재료)

14.5 일반적인 유체 재료(공기, 물)

14.1 공학적 설계절차

앞서 언급한 엔지니어의 역할에 대해 다시 한번 강조하면 엔지니어는 우리가 일상생활에서 사용하는 다양한의 제품과 서비스를 설계하기 위해 물리 및 화학적 법칙과 원리, 수학 등을 적용한다. 이러한 제품에는 자동차, 컴퓨터, 항공기, 의류, 장난감, 가정용 설비, 수술용 의료기구, 냉난방 장치, 건강관리기구, 여러 제품을 만드는 연장과 기계 등이 포함된다. 제품 설계시 엔지니어는 비용, 효율성, 신뢰성, 안정성 등과 같은 중요한 요소들을 함께 고려해야 한다. 엔지니어는 설계된 제품이 다양한 하중과 조건에서 견디는 것을 확인하기 위해 시험을 수행한다. 또한 엔지니어는 기존 제품을 향상시킬 방법을 계속해서 찾아야 한다. 그리고 고강도, 경량화된 제품을 만들기 위해 새로운 첨단재료를 계속해서 개발해야 한다. 이제 설계절차는 무엇으로 구성되는지 더 자세히 알아보도록 하자. 다음은 배경지식에 관계 없이 엔지니어들이 문제 해결을 위해 따라야 할 기본적인 절차가 있다. 그 절차는 다음과 같은 사항을 포함한다.

1. 설계할 제품과 서비스의 요구사항을 알아본다.
2. 문제를 완전히 이해하고 명확히 한다.
3. 사전조사와 준비를 한다.
4. 실현 가능한 해결책에 대한 아이디어를 개념화한다.
5. 조사 결과를 종합한다.
6. 좋은 아이디어를 평가한다.
7. 해결책을 최적화한다.
8. 최종안을 보고한다.

곧 논의하게 될 절차들은 각각의 단계가 독립적이지 않지만 꼭 앞서 설명한 순서를 따를 필요는 없다. 사실상 엔지니어는 종종 고객이 설계변수를 변경함에 따라 첫 번째 단계와 두 번째 단계로 돌아갈 필요가 생기기도 한다. 엔지니어는 정기적으로 진행보고서를 작성하거나 구두설명을 요구받기도 한다. 그러므로 8단계로 최종안을 제시하도록 나열했지만 이는 다양한 많은 설계과정의 필수사항을 합한 것임을 인지해야 한다. 지금부터 각 설계단계에 대해서 보다 자세히 알아보도록 하며, 제품이나 서비스 설계를 위한 필요사항부터 시작한다.

1단계 설계할 제품과 서비스의 요구사항을 알아본다. 우리 주변을 둘러보면 우리가 매일 사용하는 엔지니어에 의해 설계된 많은 제품과 서비스들을 찾아볼 수 있다. 그런데 우리는 몇몇 이유로 인해 이러한 제품과 서비스의 제공이 중단되는 경우를 흔히 보게 된다. 몇몇의 기존 제품들은 신기술을 사용하기 위하여 계속해서 수정된다. 예를 들어, 자동차나 가정용품들은 새로운 기술들의 통합으로 인하여 계속해서 재설계되고 있다. 게다가 이미 쓰이고 있는 제품이나 서비스 이외에도, 보다 편안하고 만족스러우며 덜 수고스러운 생활을 위해 새로운 제품들이 계속해서 개발되고 있다. 그런 가운데 언제나 누군가는 상황이나 일에 대해 불만을 호소하며 제품에 대해 비판을 하게 되는데, 바로 그러한 부분에서 제품이나 서비스 개선의 기회를 찾을 수 있다. 알다시피, 제품이나 서비스에 대한 고객의 요구는 늘 존재하며, 해야 할 일은 그것들을 식별해 내는 것이다. 요구사항은 당신이나 당신이 일하고 있는 회사, 그리고 쉽고 보다 효율적인 신제품이나 문제에 대한 해결책을 필요로 하는 제3자 고객에 의해 식별되기도 한다.

2단계 문제를 이해하고 정의한다. 설계 엔지니어로서 해야 할 첫 번째 일은 문제를 완벽하게 이해하는 것이다. **이는 어떤 설계과정에서도 가장 중요한 단계이다.** 만약 문제나 고객의 요구사항을 잘 이해하고 있지 못한다면 고객의 요구사항에 대한 적절한 해결책을 제안할 수 없다. 문제를 완전히 이해하는 가장 좋은 방법은 많은 질문을 던져보는 것이다. 아래와 같은 질문들을 해보자.

- 이번 프로젝트에 사용할 수 있는 예산은 얼마인가?
- 사용할 수 있는 재료의 종류나 크기의 제한은 없는가?
- 제품이나 서비스는 언제 필요한가?
- 필요로 하는 제품의 수량은 얼마인가?

질문들은 종종 문제를 더 정확하게 정의하기 위한 보다 많은 질문들을 끌어내기도 한다. 게다가 엔지니어는 일반적으로 복잡한 문제를 해결하기 위해 서로 협력하는 팀 환경에서 일하게 됨을 명심하라. 업무는 세분화되어 처리하기 쉬워진다. 따라서 생산적인 엔지니어는 훌륭한 팀원이어야 한다. 지금은 세계화 시장이기 때문에 원만한 인간관계와 의사소통능력이 갈수록 중요해지고 있다. 맡은 문제를 이해하고 다른 문제들과 어떻게 조화시킬 것인지에 대한 명확한 인식이 필요하다. 예를 들어, 제품의 여러 부분들이 다른 나라나 도시에 위치한 타사에서 생산되기도 한다. 따라서 부품들을 조립하여 원활하게 작동하도록 하기 위해서는 협동 작업과 조정이 필수적이며, 이는 원활한 팀워크와 의사소통능력을 필요로 한다. 문제를 이해하고 다음 단계로 넘어가기 전에 문제를 명확히 해야 한다. **이 점은 아무리 강조해도 지나치지 않다.** 문제 해결에 관한 유능함은 문제에 대한 완벽한 이해에서부터 출발한다.

3단계 사전조사와 준비를 한다. 문제에 대해 완전히 이해했다면, 그 다음 단계로 문제 해결에 유용한 정보를 수집해야 한다. 일반적으로 우선 고객이 원하는 제품이 이미 존재하고 있는지를 확인해야 한다. 만약 일하고 있는 회사에서 이미 개발된 제품이나 부품이 있다면 고객의 요구에 맞추어 그것을 수정할 수도 있다. 시간과 노력을 낭비하고 싶지 않다면, 앞서 거론한 바와 같이 프로젝트의 범위에 따라 타사와 협력할 필요가 있으므로, 그를 통해 무엇을 얻을 수 있는지도 찾아보아야 한다. 또한 가능한 한 많은 정보를 얻기 위해 노력해야 한다. 이를 위해서는 고객뿐만 아니라 다른 엔지니어나 기술자와의 빈번한 교류가 필요하다. 요즘에는 인터넷 검색엔진이 정보 수집을 위한 중요한 수단이 되고 있다. 적당한 정보를 수집했다면 반드시 그것들을 적절한 방법으로 점검하고 체계화해야 한다.

4단계 실현 가능한 해결책에 대한 아이디어를 개념화한다. 이번 설계단계에서는 문제에 대한 적당한 해결책을 제시하는 아이디어나 개념을 도출해야 한다. 다시 말해, 상세한 분석은 배제하고, 문제 해결을 위한 몇 가지 방법을 제안한다. 창조적으로 생각하며 가능하다면 몇 가지 대안들을 준비하는 것이 좋다. 이번 설계단계에서는 제안된 어떠한 설계 개념도 배제할 이유가 없다. 만약 문제가 복잡한 시스템들로 구성되어 있다면 시스템의 구성요소들을 식별해야 한다. 아직까지는 각각의 방법들을 자세히 검토하지는 않지만, 제안된 방법이 가진 이점에 대해 적절히 분석해야 한다. 요약해서, 다음과 같은 질문들을 스스로 해볼 필요가 있다. '제안한 방법은 계속해서 실행될 것인가?' 또한 전체적인 설계과정에 걸쳐 적절히 시간을 조절해야 한다. 유능한 엔지니어는 생산적이며 효율적인 작업을 위해 시간을 관리할 능력을 필요로 한다. 그리고 프로젝트를 완수하기 위한 상세한 시간계획표를 작성해야 한다. 특정 시한과 그 시한 동안에 수행해야 할 업무를 나타내어야 한다.

5단계 조사 결과를 종합한다. 유능한 엔지니어는 다양한 문제들을 해결하기 위해 기본적인 공학 이론을 이해하고 있어야 한다. 또한 분석적이고 꼼꼼하며 창조적이어야 한다. 이번 설계단계에서는 세부사항을 고려하기 시작한다. 즉, 계산하고 컴퓨터 시뮬레이션을 수행하며, 사용할 재료를 요약하고 시스템의 구성요소의 크기를 측정하며, 제품의 제작방법에 대한 방안도 마련해야 한다. 적절한 규약과 표준을 고려하여 그에 맞추어 설계해야 한다.

6단계 좋은 아이디어를 평가한다. 문제를 좀더 구체적으로 분석한다. 중요한 설계변수를 식별하고 최종설계에 미치는 영향을 고려해야 한다. 이번 단계에서는 설계에 관련된 모든 계산들을 정확하게 수행해야 한다. 만약 해석에 불분명한 부분이 있다면, 반드시 시험 조사를 해야 한다. 가능하다면 시제품을 만들어 테스트해 보아야 한다. 이번 설계절차에서는 제안된 해결책들 중에서 최적의 해결책을 식별해야 한다. 제품의 조립방법에 관한 상세사항도 잘 마련되어야 한다.

7단계 해결책을 최적화한다. 최적화는 최소화 또는 최대화를 의미한다. 설계에는 크게 두 가지 종류가 있다. 기능적 설계와 최적 설계가 그것이다. 기능적 설계란 미리 설정된 설계 요구사항을 모두 만족시키지만 설계의 일부 영역은 개선의 여지가 있는 설계이다. 설계 최적화에 대해서는 15장에서 다루도록 한다.

8단계 최종안을 보고한다. 최종안이 결정되었으면 그것을 상사와 회사 내의 다른 팀이나 외부 의뢰인과 같은 고객에게 보고해야 한다. 구술 경과보고뿐만 아니라 서면 경과보고서도 준비해야 한다. 만약 위의 8가지 설계단계대로 보고목록을 만들었다 하더라도, 종종 엔지니어는 여러 그룹을 대상으로 정기적으로 구술 및 서면 경과보고를 해야 함을 명심하라. 따라서 프레젠테이션은 많은 다른 설계과정에 있어서도 필수적인 부분이다.

14.2 재료의 선택

설계 엔지니어들은 제품에 사용될 재료를 선택할 때 종종 아래와 같은 질문들을 한다.

- 예상하중에 재료는 얼마의 강도를 가지는가?
- 파괴되거나 그렇지 않으려면, 재료가 어느 정도의 하중을 안정적으로 전달해야 하는가?
- 온도가 변화하면 재료는 어떻게 되는가?
- 온도가 상승하면 재료는 정상상태와 같이 강도를 유지할 수 있을까?
- 온도가 상승하면 재료는 얼마나 팽창할 것인가?
- 재료는 얼마나 무겁고 유연성을 가지는가?
- 에너지 흡수성은 어떤가?
- 재료는 부식할 것인가?
- 몇몇 화학물질에 어떤 반응을 하는가?
- 재료는 얼마나 비싼가?
- 재료는 열을 효과적으로 발산하는가?
- 전기적으로 도체인가 부도체인가?

이러한 일반적인 질문들을 인지하는 것은 매우 중요한 일이다. 특정 상황을 고려한 추가적인 질문들도 할 수 있다. 예를 들면, 생명공학 측면에서 임플란트의 재료를 선택할 때 아래와 같은 다양한 추가사항을 고려해야 한다.

- 재료는 인체에 유해한가?
- 재료를 살균할 수 있는가?
- 사람의 체액과 접촉하면 부식되거나, 재질의 특성이 악화되지는 않는가?
- 사람의 신체는 동적 시스템이기 때문에, 재료는 기계적인 충격이나 피로에 어떻게 반응하는가?
- 임플란트와 턱뼈의 접촉 상태에서 임플란트와 뼈 재료의 기계적 물성이 서로 양립할 수 있는가?

이들은 특정 상태에 적합한 재료를 선택하기 위한 추가적인 질문의 예들이다.

재료의 물성이나 비용문제는 설계에 있어서 중요한 요소임에 분명하다. 일반적으로 기계적, 열적 성질은 재료의 상(相)에 따라 달라진다. 예를 들면, 일상의 경험을 통해서 이미 알고 있듯이, 얼음의 밀도는 액체 상태일 때와 다른 값을 가지고(얼음은 물위에 떠오른다), 액체 상태의 물의 밀도는 증기 상태일 때와 다른 값을 가진다. 더구나 단상일 때 재료의 물성은 재료의 온도와 주위의 압력에 따라 달라진다. 예를 들면, 표준 대기압 상태하에 4 ~ 100°C의 구간에서 물의 밀도는 온도가 증가함에 따라 감소한다. 즉, 재료의 물성은 재료의 상(相)뿐만 아니라 재료의 온도나 압력에 따라 바뀐다. 이러한 사항들은 재료 선택시 명심해야 할 또 하나의 중요한 요소이다.

14.3 재료의 전기적, 기계적, 열적 특성

지금까지 설명했듯이, 엔지니어로서 재료를 선택할 때 많은 물성들을 고려해야 한다. 일반적으로, 재료의 물성은 크게 전기적, 기계적, 열적 세 가지로 구분할 수 있다. 전기 및 전자의 응용에서 재료의 저항성은 중요한 요소이다. 재료는 전류에 얼마의 저항을 가지는가? 많은 기계공학, 토목공학, 우주공학적 응용에서 재료의 물성은 중요하다. 이러한 물성들은 탄성계수, 강성계수, 인장강도, 압축강도, 강도 대 중량비, 탄력계수, 인성계수를 포함한다. 유체(액체와 기체)에 있어서는 열전도도, 열용량, 점성, 증기압, 압축용적률 등과 같은 열 특성이 매우 중요하다. 재료의 열팽창은 고체나 유체 모두에서 중요한 설계 요소이다. 부식저항성 또한 재료 선택시 고려되어져야 할 중요한 요소이다.

재료의 물성은 재료의 공정방법, 수명(age), 화학적 구성, 비균질성이나 결점 등과 같은 여러 요소에 의해 결정된다. 또한 재료의 물성들은 재료의 온도나 시간에 따라 변화한다. 대부분의 회사들은 재료를 판매할 때 생산한 재료의 물성에 대한 정보들을 제공한다. 엔지니어로서 설계함에 있어서 제조회사에서 제공한 재료의 물성을 이용함을 명심하라. 재료의 물성치는 대부분의 교재에서 표준값을 이용하여 제공하고 있다.

전기적 저항 전기적 저항(electrical resistivity)은 전기 흐름에 대한 재료의 저항성을 측정한 값이다. 예를 들면, 플라스틱이나 세라믹은 높은 저항을 가지고 있는 반면 금속은 아주 낮은 전기적 저항을 가지는데 그 중에서도 은과 구리가 최고의 도체라 할 수 있다.

밀도 밀도(density)는 단위체적당 질량으로 정의된다. 이는 주어진 체적에 대해 얼마나 조밀한 재료인지를 나타낸다. 예를 들면, 알루미늄 합금의 평균 밀도는 2700 kg/m^3로 철의 밀도 7850 kg/m^3과 비교하였을 때 철의 약 1/3 정도이다.

탄성계수 탄성계수(Young's modulus)는 인장력에 대하여 얼마나 늘어나며, 압축력에 대하여 얼마나 줄어드는가를 나타낸다. 탄성계수가 클수록 재료를 인장하거나 압축하는데 더 큰 힘을 필요로 한다. 예를 들면, 알루미늄 합금의 탄성계수는 70 ~ 79 GPa인 반면에 철의 탄성계수는 190 ~ 210 GPa이다. 즉, 철이 알루미늄 합금에 비해서 약 3배 정도 강하다.

강성계수 강성계수(modulus of rigidity)는 전단이나 비틀림에 대한 강도를 나타낸다. 또한 강성계수는 전단계수(shear modulus)라고도 불리며, 주어진 재료의 전단변형에 대한 저항력을 나타낸다. 엔지니어는 비틀림 모멘트를 받는 막대(rod)나 샤프트(shaft)의 재료를 선택할 때 전단계수를 고려한다. 예를 들면, 알루미늄 합금의 전단계수는 26 ~ 36

GPa인 반면에 철의 전단계수는 75 ~ 80 GPa이다. 따라서 철이 알루미늄 합금보다 전단력에 대해서 3배 정도 강하다.

인장강도 인장강도(tensile strength)는 사각형이나 원통형 시편이 파괴 없이 견딜 수 있는 최대 인장하중을 측정하여 결정된다. 재료의 인장강도나 극한강도는 단위면적당 최대 인장력으로 표현된다. 시편의 강도를 시험할 때, 인장하중을 천천히 증가시킨다. 시험의 초기에는 재료가 탄성적으로 변한다. 즉, 가해진 힘이 제거되면 시편은 영구 변형 없이 원래의 모양을 회복한다. 재료가 탄성 거동을 나타내는 정점을 항복점이라고 한다. 항복강도는 재료가 영구적인 변형을 일으키지 않으며 전달할 수 있는 최대 하중을 나타낸다. 특히 취성 재료와 연관된 공학 설계에서는 항복강도를 인장강도로 사용한다.

압축강도 콘크리트와 같은 일부 재료들은 인장보다 압축에 더 강한 특성을 보인다. 압축강도(compression strength)는 실린더나 직사각형 시편이 파단 없이 견딜 수 있는 최대 압축하중을 측정함으로써 결정된다. 극한압축강도는 시편의 단위면적당 가해지는 최대 압축하중으로 표현하며 콘크리트는 10 ~ 70 MPa 정도의 압축강도를 가진다.

탄력계수 탄력계수(modulus of resilience)는 영구적인 변형을 일으키지 않고 기계적인 에너지를 탄성범위 내에서 얼마나 효율적으로 흡수하는지를 나타내는 기계적인 물성이다.

인성계수 인성계수(modulus of toughness)는 재료가 파괴되기 전까지 얼마나 과도한 하중을 견딜 수 있는지를 나타내는 물성이다.

강도 대 중량비 용어에서 알 수 있듯이 재료의 비중량 대 강도를 의미한다. 응용분야에서 엔지니어는 강도 대 중량비(strength-to-weight ratio)에서 결정되는 항복강도 또는 극한강도를 선택해서 사용해야 한다.

열팽창 선형 열팽창계수는 재료의 온도 변화에 따른 재료의 길이 변화로 결정된다. 열팽창(thermal expansion)은 제품의 사용기간 동안 상대적으로 큰 온도 변화가 예상되는 제품이나 구조물의 설계에 있어서 중요한 요소로 고려된다.

열전도도 열전도도(thermal conductivity)는 고온영역에서 저온영역으로 얼마나 열을 잘 전달하는지를 나타내는 재료의 물성이다.

열용량 열에너지 저장에 있어서 뛰어난 몇 가지 재료들이 있다. 열용량(heat capacity)은 1 Kg의 재료의 온도를 1°C 올리는 데 필요한 열량으로 나타낸다. 미상용 단위에서는 1 lb의 재료의 온도를 1°C 올리는 데 요구되는 열량으로 나타낼 수 있다. 큰 열용량을 가진 재료는 열에너지를 저장하기에 좋다.

엔지니어는 설계를 할 때 점성, 증기압, 압축용적률과 같은 유체의 특성도 고려해야 한다.

점성 유체의 점도는 유체의 유동이 얼마나 원활한지를 측정하여 나타낸다. 점도(viscosity)가 높을수록 유체 유동의 저항이 크다. 예를 들면, 파이프를 통해 물을 이동시키는 것이 글리세린이나 자동차 오일을 이동시키는 것보다 소량의 에너지를 필요로 한다.

증기압 증기압(vapor pressure)의 경우에는, 동일한 조건하에서 낮은 증기압을 갖는 유체가 높은 증기압을 갖는 유체만큼 빨리 증발하지 못한다. 예를 들면, 같은 방 안에 동일용량의 물과 글리세린을 나란히 놓고 일정 시간 동안 관찰하면 글리세린이 변화를 나타내기도 전에 물은 증발한다.

압축용적률 유체의 압축용적률(bulk modulus of compressibility)은 유체의 압축성 정도를 나타낸다. 유압이 증가할 때 유체의 체적을 얼마나 쉽게 줄일 수 있는가? 예를 들어, 1 m^3의 체적을 가진 물에 2.24×10^7 N/m^2의 압력이 작용하면 체적의 1%를 줄일 수 있다. 다시 말해, 물의 최종 체적은 0.99 m^3가 된다.

이 절에서 재료의 물성의 의미와 중요성이 설명되었다. 재료의 기계적, 열적 물성치가 부록 A와 B에 주어졌다. 다음 절에서는 일반적인 재료의 화학적 조성에 대해 살펴본다.

14.4 일반적인 고체 재료

이 장에서는 몇몇 고체 재료의 화학적 조성과 일반적 응용에 대하여 개략적으로 설명하도록 한다. 경금속, 구리와 구리합금, 철과 강, 콘크리트, 목재, 플라스틱, 규소, 유리, 그리고 복합재료에 대해서 논하도록 한다. 대부분은 이미 재료과학 수업을 수강했을 것이고 다양한 재료의 원자구조에 대하여 알고 있을 것이다. 여기서는 재료와 재료의 응용에 대해서 간단히 설명하겠다.

경금속

알루미늄이나 티타늄, 마그네슘은 강에 비해 적은 밀도를 가지기 때문에 일반적으로 경금속이라 불린다. 경금속(lightweight metal)은 상대적으로 큰 강도 대 중량비로 인해 많은 구조 및 우주공학적 적용에 사용된다.

알루미늄(aluminum)과 알루미늄 합금은 강의 1/3의 밀도를 가진다. 순수 알루미늄은 매우 연성이다. 따라서 일반적으로 전기적 응용과 반사판이나 박판의 제작에 사용된다. 순수 알루미늄은 연성이며 상대적으로 작은 인장강도를 가지고 있다. 그로 인해 다른 금속과의 합금화를 통해 보다 강도를 증가시키고 용접의 용이성을 도모하며 부식환경에 대한 저항성을 증가시킨다. 알루미늄은 일반적으로 구리(Cu), 아연(Zn), 마그네슘(Mg), 망간(Mn), 규소(Si), 리튬(Li)과 함께 합금으로 사용한다. 일반적으로, 알루미늄이나 알루미늄 합금은 반부식성이 강하다. 또한 자르고 깎거나 녹이고 결합하기 쉽다. 알루미늄 부품들은 접착성을 이용하여 합치기가 쉽다. 또한 알루미늄은 열적, 전기적으로 좋은 전도체 역할을 한다. 즉, 상대적으로 높은 열전도성과 낮은 전기저항성을 가지고 있다. ANSI는 특정한 알루미늄 합금에 지정번호를 할당한다.

알루미늄은 종이나, 판, 호일 등으로 제조되고 창문틀이나 자동차 부품을 압출성형하는 데 사용된다. 알루미늄 제품들은 맥주캔이나, 가정용 알루미늄 호일, 건축 단열재 등과 같이 일상생활용품 등에 다양하게 사용되고 있다.

티타늄(titanium)은 매우 훌륭한 강도 대 중량비를 가진다. 티타늄은 400 ~ 600°C의 고온에서의 사용이 예상되는 응용분야에서 사용된다. 티타늄 합금은 상업용이나 군용 비행기의 가스터빈, 팬 블레이드나 컴프레서 블레이드에 사용된다. 티타늄 합금 없이는 상업용 비행기의 엔진 제작이 불가능하다. 티타늄은 알루미늄처럼 금속의 물성 향상을 위해 합금으로 사용하며, 부식에 강한 저항성을 보인다. 하지만 티타늄은 알루미늄에 비해 고가이다. 티타늄의 밀도는 강의 1/2로 알루미늄에 비해 무겁다. 티타늄은 상대적으로 높은 강도 대 중량비로 인해, 상업용이나 군용 비행기의 기체(동체와 날개)와 랜딩 기어의 구성요소로 사용되어진다. 티타늄 합금은 골프 클럽, 자전거 프레임, 테니스 라켓, 안경테 등 갈수록 그 사용처가 늘어나고 있다. 또한 티타늄 합금은 우수한 부식저항성으로 인해 해수담수화 장치의 배관에 사용된다. 현재 티타늄이 사용되고 있는 다른 예로는 티타늄 인공고관절과 조인트를 들 수 있다.

마그네슘(magnesium)은 알루미늄처럼 보이나 그와는 다른 경금속이다. 마그네슘은 알루미늄 은회색의 빛을 내지만, 알루미늄에 비해 더욱 가벼우며 마그네슘의 밀도는 1700 kg/m^3 정도이다. 순수 마그네슘은 구조적 적용에 있어서 높은 강도를 가지지 못하기 때문에 알루미늄, 망간, 아연과 합금하여 기계적 물성을 개선한다. 마그네슘과 마그네슘 합금은 원자력, 건전지, 우주항공 분야에서 사용되며 다른 금속의 부식을 막기 위한 전기방식용 양극으로서 자동차 분야에서 사용되고 있다.

구리와 구리합금

구리(copper)는 전기적으로 좋은 전도체 역할을 하기 때문에 일반적으로 가정용 배선 등과 같은 전기적인 적용에 다양하게 사용된다. 또한 구리와 구리합금은 열전도에도 우수한 특성을 나타내어 냉장 및 공기정화 시스템의 열교환기에 사용되고 있으며 튜브, 파이프, 배관이나 난방 등에도 사용된다. 구리는 아연, 알루미늄, 니켈 등과 같은 다른 요소들과 합금하여 기계적 특성을 조정한다. 구리가 아연과 합금된 것을 일반적으로 **황동**(brass)이라 하며, 황동의 기계적 물성은 구리와 아연의 조성비로 결정된다. 또한 구리가 주석과 합금된 것을 **청동**(bronze)이라 하며, 알루미늄과 합금한 것을 **알루미늄 청동**(aluminum bronze)이라고 한다. 구리와 구리합금은 수관이나 열교환기, 유압 브레이크, 펌프, 나사 등에서 사용된다.

철과 강

철(iron)은 일반적으로 건축물의 프레임이나 교량, 냉각장치, 오븐, 식기세척기, 세탁기, 건조기, 조리기구 등의 본체에 널리 사용되고 있다. 강은 탄소가 2% 미만으로 섞인 철의 합금이다. 순수 철(pure iron)은 연질이어서 구조적 적용에 용이하지 않지만 소량의 탄소를 섞게 되면 단단해질 뿐만 아니라 강도가 증가하는 등, 기존의 단점을 보완한 기계적 물성을 나타내게 된다. 강의 물성은 크롬(chromium), 니켈(nickel), 망간(manganese), 규소(silicon), 텅스텐(tungsten)과 같은 다른 성분을 섞음으로써 조정할 수 있다. 그 예로 크롬을 강과 합금하면 부식에 관한 철의 저항성이 증가한다. 강(steel)은 일반적으로 다음과 같은 세 가지로 나눌 수 있다: (1) 0.015%에서 2%의 탄소를 함유한 탄소강, (2) 최대 8%의 합금 요소가 섞인 저합금강, (3) 합금 요소가 8% 이상인 고합금강이 바로 그것이다. 탄소강은 세계 강소비량의 대부분을 차지하고 있으며 여러 기계의 본체나 자동차의 동체에서 일반적으로 찾을 수 있다. 저합금강은 좋은 강도를 가지며 흔히 기계부품이나 구조물의 구성에 사용된다. 스테인리스강과 같은 고합금강은 10～30%의 크롬을 함유하며 최고 35%의 니켈을 포함하고 있다. 18% 의 크롬과 8% 의 니켈을 포함하고 있는 18/8 스테인리스강은 일반적으로 식기류나 주방기구에 사용된다. 마지막으로, 주철(cast iron)은 강에 2～4% 의 탄소가 함유된 합금이다. 탄소의 추가적인 함유가 강의 물성을 완전히 변화시킨다. 실제로, 탄소를 2% 미만으로 함유한 철합금이 연성인 데 비해 주철은 깨지기 쉬운 재료이다.

콘크리트

오늘날 **콘크리트**(concrete)는 교량, 도로, 빌딩, 터널, 댐의 건설에 있어서 일반적으로 사용되고 있다. 콘크리트는 일반적으로 골재, 시멘트, 물의 세 가지 주성분으로 구성되어 있다. 골재는 자갈과 모래를 나타내며, 골재와 함께 재료를 부착하는 역할을 하는 성분을 시멘트라 한다. 골재의 종류와 크기는 주로 어떤 용도의 시멘트를 만드느냐에 따라 달라진다. 물의 양은 콘크리트를 만드는 데 있어서 강도에 영향을 미친다. 물론, 콘크리트를 붓고 시멘트 반죽이 모든 골재 주변을 완전히 둘러싸도록 하기 위해서는 충분한 양의 물이 필요하다. 콘크리트를 구성하는 골재와 시멘트의 비율 또한 콘크리트의 강도와 내구성에 영향을 미친다. 그 외에는 콘크리트가 사용될 당시의 주변 온도도 재료의 강도에 영향을 미친다. 추운 기후에서는 콘크리트를 부을 때 염화칼슘을 첨가한다. 염화칼슘의 첨가는 콘크리트의 양생과정에서 주변의 저온으로 인한 영향을 감소시킨다. 또한 도로나 인도에 콘크리트를 부어놓고 일정 시간 후에 그 위에 물을 뿌려 콘크리트의 수축 정도를 조절한다.

콘크리트는 인장하중보다 압축하중에 강한 취성 재료이다. 이런 이유로, 특히 인장하중이 발생할 것으로 예상되는 부분의 지지력을 증가시키기 위해 얇은 금속막대로 구성된 철망이나 봉을 사용하여 콘크리트를 강화시킨다. 철근 콘크리트는 기초공사, 바닥이나 기둥, 벽을 세우는 데 사용된다. 이 외에도 콘크리트는 **PC**(precast concrete)로 사용된다. 미리 만들어진 PC 석판이나 벽돌 등은 건설현장에 소요되는 시간과 비용을 줄여준다. 이런 PC 건축재료들은 건축현장으로 옮겨져서 조립되어 시간과 비용을 절약할 수 있다. 앞서 설명한 대로, 콘크리트는 인장강도에 비해 압축강도가 더 강하기 때문에, 다음에 설명하는 대로 콘크리트 속에 철근구조를 넣어 압축응력이 작용하도록 만든다. 먼저 콘크리트를 거푸집에 붓기 전에 철선이나 철봉을 틀에 깔아놓는다. 그 후에 콘크리트를 붓고 일정 시간이 경과하면 안에 심어둔 철근 등에 인장이 발생된다. 이런 과정을 거쳐 콘크리트에서 압축력이 작용하게 되는 것이다. 이 때 철근 콘크리트(prestress concrete)는 압축된 스프링의 역할을 하게 된다. 그러므로 철근구조 콘크리트는 콘크리트의 압축이 완전히 소거되기 전에는 인장응력의 영향을 받지 않는다. 콘크리트는 인장하에서 취하라는 사실을 유념하자.

목재

역사적으로 **목재**(wood)는 도처에 풍부하게 존재하여, 여러 곳에 다양하게 사용되어 왔다. 목재는 재생 가능한 자원으로서 가공의 용이함과 강도로 인하여 많은 제품의 재료로 사용되어 왔다. 오늘날 목재는 전신주에서부터 이쑤시개에 이르기까지 다양하게 사용되고 있다. 경질 바닥재, 지붕 트러스, 문, 창틀, 벽 지지대, 야구방망이, 압설자, 볼링핀, 장식품, 와인통 등을 나무를 사용하여 제작된 상품의 가장 일반적인 예로 들 수 있다. 목재는 또한 다양한 종이 제품의 주성분이다. 강구조물들은 녹이 발생하는 반면, 목재는 불에 약하고 썩기 쉽다는 단점을 가진다. 목재는 물성이 재료의 방향에 따라 영향을 받는 이방성 재료이다. 예를 들어, 축하중 상태에서 목재는 나뭇결과 수직한 방향보다는 평행한 방향에서 더 강한 강도를 가진다. 그러나 굽은 상태에서는 수직한 방향에서 더 강한 특징을 나타낸다. 목재의 물성은 수분 함량의 영향을 받는다. 수분 함량이 낮은 상태에서 더 강하다. 목재의 밀도는 일반적으로 그 목재가 얼마나 강한지를 나타내는 지표라고 할 수 있다. 경험적으로, 고밀도의 목재일수록 강한 강도를 나타내었다. 더욱이 목재마디와 같은 결함도 목재의 강도에 영향을 미친다. 물론 마디의 위치나 결함의 넓이 또한 강도에 직접적인 영향을 미친다.

건축용으로 가공한 목재는 일반적으로 **연한 목재**(softwood)와 **경한 목재**(hardwood)로 구분한다. 연한 목재는 소나무나 전나무와 같은 침엽수 목재로부터 만들어지며, 경한 목재는 단풍나무나 떡갈나무와 같이 넓은 입이나 꽃을 가진 활엽수 목재로부터 만들어진다. 일부 경한 목재(경재)의 경우는 침엽수보다 더 부드러우므로 목재를 위와 같이 구분지을 때는 이에 주의해야 한다.

플라스틱

20세기 후반에 들어서며 **플라스틱**(plastics)의 사용이 점차 증가하였다. 플라스틱은 매우 가벼울 뿐만 아니라 강하고 저렴하며 그와 동시에 성형이 쉽다. 전 세계적으로 한 해에 10억 metric ton의 플라스틱이 생산되고 있다. 물론 저렴하고 내구성이 있으며 사용이 용이한 재료에 대한 수요가 증가함에 따라 앞으로 플라스틱의 생산량도 증가할 것이다. 흔히 접할 수 있는 플라스틱 제품으로는 쓰레기봉투나 패트병, 세제용기, **PVC**(polyvinyl chloride) 배관, 밸브 등을 들 수 있다. 스티로폼(styrofoam)™ 판재와 컵, 플라스틱 포크, 샌드위치 백과 같은 플라스틱 제품들도 매일 소비하는 일상용품들이다.

고분자(polymer)는 플라스틱이라고 부르는 물질의 기초로서 거대분자 구조의 화합물이다. 플라스틱은 크게 **열가소성**(thermoplastics)과 **열경화성**(thermosetting) 두 가지로 구분된다. 열가소성 수지는 가열하면 연화하여 성형할 수 있다. 예를 들어, 스티로폼 접시를 재활용하고자 할 때, 열을 가해 컵이나 접시 등의 다른 형태로 성형할 수 있다. 반면에, 열경화성 수지는 가열을 통해 연화할 수 없다. 열경화성 수지의 가열은 재료를 연화시키는 것이 아니라 쉽게 파괴되도록 한다. 위와는 달리 플라스틱을 화학적 구성이나 분자구조, 분자배열, 밀도 등을 기준으로 분류하기도 한다. 예를 들면, 화학적 구성에 따라서는 폴리에틸렌(polyethylene), 폴리프로필렌(polypropylene), 폴리염화비닐(polyvinyl chloride), 폴리스티렌(polystyrene)으로 분류된다. 고밀도폴리에틸렌(HDPE)을 사용하여 만든 가장 대표적인 상품으로는 식료품 봉투(grocery bag)가 있다. 그러나 넓게 보면, 예를 들어 폴리에틸렌과 폴리스티렌은 열가소성 수지이다. 일반적으로 플라스틱의 분자배열은 열적, 기계적 특성에 영향을 미친다. 플라스틱은 다른 재료에 비해 상대적으로 작은 열적, 전기적 전도성을 가지지만, 스티로폼 컵과 같은 일부 플라스틱 재료들은 열전도를 더욱 줄이기 위해서 에어트랩(air trap) 등을 설치한다. 플라스틱은 다양한 금속산화(metal oxide)를 이용하여 착색하기가 용이하다. 예를 들어, 산화아연이나 산화티타늄을 이용하면 플라스틱 판에 흰색을 착색할 수 있고, 쓰레기봉투와 같은 검은색은 탄소를 이용하여 착색한다. 응용분야에 따라 강성, 유연성, 수명 연장과 같은 플라스틱의 기계적 특성이나 외양에 변화를 가져오는 특성을 가진 물질을 고분자에 첨가한다. 다른 재료들과 마찬가지로, 플라스틱의 강도와 내구성을 높이며 분해과정, 수분 및 가스 확산의 제어 등에 대한 연구가 계속되고 있다. 수분 및 가스 확산의 제어에 대한 연구는 플라스틱 용기를 이용한 음식의 보관수명 연장에 있어서 특히 중요하다.

규소

규소(silicon)는 비금속 화학원소로서, 컴퓨터 칩, 트랜지스터(transistor), 여러 가지 다양한 전자제품의 제조에 있어서 광범위하게 사용되고 있다. 순수 규소는 자연 상태에서 발견되지 않고 모래나 자갈 등에서 **이산화규소**(silicon dioxide)의 형태로 나타나거나 알루미늄, 칼슘, 마그네슘, 나트륨 등과 같은 다른 원소와 섞여 **규산염**(silicates)의 형태로 산출된다. 규소는 분자구조로 인해 훌륭한 **반도체**(semiconductor) 역할을 한다. 반도체는 도체나 부도체로 변하는 전기적 전도 특성을 가진 재료이다. 규소 역시 철이나 구리와 같은 다른 요소와 합금하여 강이나 황동에 요구되는 물성을 제공한다. **규소**(silicon)를 규소와 산소, 탄소, 수소가 결합되어 합성하여 만든 실리콘(silicones)과 혼동하지 않도록 유의해야 한다. 실리콘은 방수용품, 광택제, 윤활제에 사용된다.

유리

유리(glass)는 창문이나, 백열전구, 유리컵과 같은 가정용품, 음료나 맥주병 등에서 흔히 사용되는 재료이다. 유리의 구성은 사용처에 따라 달라진다. 가장 흔히 사용되는 유리의 형태는 **소다-석회-실리카**(soda-lime-silica) 유리로서 모래(이산화규소), 석회암(탄산칼슘), 공업용 탄산소다(탄산나트륨)를 포함하고 있다. 특정 물성을 창출하기 위해서 유리에 다른 재료들을 섞기도 한다. 예를 들어, 유리병은 2% 가량의 산화알루미늄을 포함하고 있고 유리판은 4% 정도의 산화마그네슘을 포함하고 있다. 또 다양한 색채를 표현하기 위해서 금속산화물을 첨가하기도 한다. 예를 들어, 유리를 황색으로 착색하기 위해서는 산화은을, 푸른빛을 내기 위해서는 산화구리를 사용하는 것을 들 수 있다. 광학유리는 매우 특수한 화학조성을 가지고 있으며 고가이다. 광학유리의 구성은 유리의 굴절률과 광분산 특성에 영향을 미친다. 이산화규소로 만들어진 유리는 섬유광학과 같은 많은 산업 분야에서 수요가 있지만 모래를 1700°C 이상의 온도에서 열처리를 해야 하는 등의 이유로 꽤 고가라는 단점을 갖는다. 실리카 유리(silica glass)는 높은 전기저항률과 자외선에 대한 고투명성, 낮은 열팽창률을 가진다. 실리카 유리의 낮은 열팽창률로 인해서 고온의 적용에 주로 사용되고 있다.

일반적인 유리는 상대적으로 큰 열팽창률을 가지고 있으므로 온도가 갑자기 변하게 되면 상승한 온도의 영향으로 발생한 열응력으로 인해서 쉽게 부서지게 된다. 주방용품용 유리에는 산화알루미늄과 산화붕소를 첨가하여 열팽창률을 낮춘다.

섬유유리 실리카 유리섬유(silica glass fiber)는 일반적으로 섬유광학에서 사용된다. 정보나 음성, 이미지 등을 전달하기 위해서 유리섬유나 플라스틱 광섬유를 이용한다. 현재는 통신을 위한 수단으로 사용되던 구리선들이 유리섬유로 대체되고 있다. 유리섬유는 일반적으로 0.01 mm(10 micron)의 심을 포함하여 0.125 mm(12 micron)의 외경을 가진다. 발광 다이오드나 반도체 레이저에 의해 생성된 파장은 유리섬유의 내심을 통해서 전달된다. 이렇게 발생한 광학신호는 증폭 없이 100 km까지 전송이 가능하다. 폴리메틸 메타크릴레이트(polymethylmethacrylate), 폴리스티렌(polystyrene), 폴리카보네이트(polycarbonate)로 만들어진 플라스틱 광섬유 또한 섬유광학에 사용된다. 플라스틱 섬유는 유리섬유보다 더 유연하며 다루기 쉽다. 그러나 플라스틱 섬유는 유리섬유에 비해 광학 손실이 커서 큰 증폭이 요구된다. 플라스틱 섬유는 일반적으로 건물 내의 컴퓨터 네트워킹에 사용된다.

복합재료

복합재료는 경량이면서 강한 강도를 가지기 때문에 항공우주 분야에서의 사용빈도가 점점 증가하고 있다. 오늘날 군용 비행기나 헬리콥터, 위성, 상업용 비행기, 자동차 동체의 수리, 많은 스포츠용품 등에 사용되고 있다. 복합재료는 금속과 같은 일반적인 재료들에 비해 경량인 동시에 강한 강도를 가진다. 이러한 이유로, 복합재료는 항공우주산업에서 광범위하게 사용되고 있다. **복합재료**(composite materials)는 2개 이상의 고체 재료들을 혼합하여 개개의 물질들이 가진 특성보다 진보된 새로운 물질을 만드는 것으로 **기지**(matrix)와 **섬유**(fiber)의 두 가지 주성분으로 구성된다. 섬유는 알루미늄이나 기타 금속, 세라믹과 같은 기지 재료 속에 묻혀 있다. 복합재료의 섬유 재료로는 유리(glass), 흑연(graphite), 탄화규소 섬유(silicon carbide fiber) 등이 있다. 기지에 둘러싸여 있을 때 섬유의 강도는 증가하며 이는 고강도 경량의 복합재료를 만드는 기초가 된다. 더욱이 단일 재료는 초기 하중이나 재료의 결함으로 인해서 파단의 시초가 되는 크랙(crack)이 발생되는 데 반해 복합재료는 하나 혹은 일부 섬유의 파단이 다른 섬유의 파단이나 전체 재료의 파단으로 이어지지 않는다. 더 나아가서 복합재료는 예상되는 하중의 방향에 따라 섬유의 방향을 다변화함으로써 강도를 높일 수 있다. 그러므로 복합재료는 특정 하중적용 상태에 따라 제조된다. 예를 들면, 일축 하중 상태에서, 모든 섬유는 예상되는 하중의 방향으로 배열된다. 만약 다축 하중의 적용이 예상된다면, 재료가 다양한 방향에 대해 강도를 가지도록 섬유를 여러 방향으로 배열한다.

주기지(host matrix)의 종류에 따라 복합재료는 다음과 같은 세 가지로 구분된다: (1) 고분자 복합재료(polymer matrix composite), (2) 금속 복합재료(metal matrix composite), (3) 세라믹 복합재료(ceramic matrix composite)가 바로 그것이다. 기지 재료의 특성에 관해서는 앞선 금속과 플라스틱에서 이미 논하였다.

14.5 일반적인 유체 재료

유체는 액체와 기체를 모두 포함한다. 물과 공기는 지구상에 존재하는 풍부한 유체 재료이다. 이것들은 삶을 유지하며 에너지 자원을 만들어내는 데 매우 중요한 역할을 한다. 지금부터 물과 공기에 대해서 간략하게 알아보도록 하자.

공기

삶을 영위하는 데 물과 공기는 필수적이다. 공기는 우리의 삶을 가능하게 해주며, 건물의 온도 제어와 같은 공학적인 목적으로도 사용된다. 공기의 거동과 물성에 대한 이해는 양력과 항력 등을 포함한 공학적 적용에 있어서 매우 중요하다. 공기 거동에 대한 깊은 이해는 좀더

표 14.1 건조 공기(dry air)의 성분 요소

기체	체적 백분율
질소(N_2)	78.084
산소(O_2)	20.946
아르곤(Ar)	0.934
공기중의 소량 기체	
네온(Ne)	0.0018
헬리움(He)	0.000527
메탄(CH_4)	0.0002
크립톤(Kr)	0.000114
수소(H_2)	0.00005
산화질소(N_2O)	0.00005
크세논(Xe)	0.0000087

진보된 비행기와 자동차의 개발로 이어진다. 지구 대기는 78%의 질소와 21%의 산소, 1% 미만의 아르곤이 포함되어 있다. 이 외에 대기에 포함된 소량의 기체들을 표 14.1에 나타내었다.

표 14.1에는 이산화탄소, 이산화유황, 이산화질소가 포함되어 있다. 또한 대기는 일정한 수증기도 포함하고 있다. 이와 같이 대기를 구성하는 기체들의 구성비는 고도나 지리학적 위치에 따라 달라진다. 10 ~ 50 km의 높은 고도에서는 대기에 오존이 포함된다. 대기를 구성하고 있는 기체의 양이 소량일지라도, 그것들은 우리가 생활할 수 있는 열적 환경을 유지하는 데 꼭 필요하다.

습도 공기에 포함된 수증기는 일반적으로 **절대습도**와 **상대습도** 두 가지로 구분된다. **절대습도**(absolute humidity)는 다음 식과 같이 단위 건조공기당 포함된 수증기량의 비로 나타낸다.

$$\text{절대습도} = \frac{\text{수증기량 (kg)}}{\text{건조공기량 (kg)}} \tag{14.1}$$

상대습도(relative humidity)는 다음 식과 같이 주어진 온도의 포화 수증기량에 대한 실제 수증기량의 비로 나타내며, 우리 생활에 영향을 끼치는 환경의 척도는 상대습도를 사용하여 표현한다.

$$\text{상대습도} = \frac{\text{실제 수증기량 (kg)}}{\text{포화 수증기량 (kg)}} \tag{14.2}$$

상대습도가 30 ~ 50%일 때 사람들은 대부분 쾌적함을 느낀다. 고온의 공기일수록 더 많은 수증기를 포함하게 된다. 이런 원리를 이용하여 스파게티나 시리얼, 건조 과일과 같은 식품의 건조과정에 사용되어진다. 즉, 뜨거운 공기는 음식물로부터 수증기를 흡수함으로써 음식물을 건조시킨다.

특정 압력과 온도에서의 공기의 거동에 대한 이해는 공기저항력이 강한 자동차나 고층 건물이 풍력을 견딜 수 있도록 하는 설계를 위해서도 중요하다.

물

이미 알고 있겠지만, 물은 삶을 유지하는 데 필수적인 요소이다. 식수로서뿐만 아니라 세탁하고 요리하며 화재를 방지하는 등의 일에도 물이 필요하다. 지구 표면의 2/3는 물로 덮여 있지만 대부분의 물은 소금 등의 다른 물질들을 함유하고 있기 때문에 바로 소비할 수 없다. 태양의 복사열은 물을 증발시키고, 수증기는 구름을 형성하며 결국 수증기는 물이나 눈으로 바뀌어 땅으로 되돌아온다. 땅에서는 강수량에 따라 일부는 땅에 스며들며, 스며든 물의 일부는 식물에 의해 흡수되고 일부는 개울이나 강으로 흘러 자연적 저수지인 호수로 모인다. 저수지나 호수, 강이나 개울에 있는 물들을 지표수라고 한다. 반면에 지하수는 땅으로 흡수된 물을 뜻한다. 지표수와 지하수가 끝으로 바다로 되돌아가면 물 순환이 끝난다. 앞서 언급한 대로, 물은 삶을 영위하기 위한 필수적인 요소라는 사실에 이견을 달 사람은 없지만 물을 공학적인 재료라고 생각하는 사람은 흔하지 않다. 물은 모든 증기 발전소에서 전기를 생산하기 위해서 사용하고 있다. 동력장치에서는 보일러에 의해 연료를 연소시켜서 그 열을 물에 전달하여 증기를 발생시키고, 이렇게 발생한 증기는 터빈 블레이드를 통과하여 블레이드를 회전시켜서 전기를 생산한다. 응축장치 속에서 저압력 증기는 액화되고 이것은 다시 보일러를 통하여 앞서 언급한 과정을 순환하게 된다.

물은 또한 절단도구로도 사용된다. 고압력 물은 연마입자(abrasive particle)를 함유하고 있어서 대리석이나 금속을 절단할 때 사용된다. 물은 일반적으로 산업적 응용에 있어서 냉각제와 세정제로서 사용되어 왔다. 즉, 물은 가정에서의 사용뿐만 아니라 다양한 공학적 적용에 사용되어진다. 따라서 물의 특성과 유동과정, 열에너지 발생의 원리에 대한 이해는 기계공학, 토목공학, 산업공학, 건축공학 등 공학 전반에 걸쳐 매우 중요하다.

요약

1. 제품이나 서비스의 설계시, 그것들의 배경지식에 상관 없이 엔지니어가 따라야 하는 기본적인 설계절차는 다음과 같다: (1) 설계할 제품과 서비스의 요구사항을 알아본다; (2) 문제를 완전히 이해하고 명확히 한다; (3) 사전조사와 준비를 한다; (4) 실현 가능한 해결방법에 대한 아이디어를 개념화한다; (5) 조사 결과를 종합한다; (6) 좋은 아이디어를 평가한다; (7) 해결책을 최적화한다; 그리고 (8) 최종안을 보고한다.

2. 공학적 설계에서는 경제적인 문제도 중요한 사안으로 고려되어져야 함을 명심한다.

3. 엔지니어는 강도, 밀도, 부식저항성, 내구성 등과 같은 물성에 기초하여 용도에 맞는 재료를 선택함을 이해하고, 비용 또한 재료 선택에 있어서 고려됨을 인지한다.

4. 경금속과 금속합금, 복합재료와 콘크리트나 목재 등과 같은 기본적인 재료의 일반적인 용도에 대해서 이해한다.

5. 물이나 공기와 같은 유체의 적용과 공기의 조성비나 습도의 의미가 무엇인지에 대해서 이해해야 한다.

참고문헌

Moaveni, Saeed, *Engineering Fundamentals, an Introduction to Engineering*, Pacific Grove, CA, Brooks-Cole, 2002.

연습문제

1. 자전거 프레임을 구성하는 재료들에 대해서 조사하라. 이를 적용하여 자전거 프레임의 유한요소 모델을 생성하라. 작용할 경계조건과 하중을 가정하여 다양한 재료에 관한 자전거 프레임의 응력 해석을 수행하라. 그리고 그 결과에 대해서 논하라.
2. 테니스 라켓에 사용되는 재료들을 조사하여 문제 1의 과정을 수행하라.
3. 인공고관절(hip implant)의 재료 특성 등을 포함한 구조에 대해서 조사하라. 유한요소 모델을 생성하고 응력 해석을 수행하라. 그리고 그 결과에 대해서 논하라.
4. 목재 지붕과 바닥 트러스의 구조에 대해서 조사하라. 유한요소 모델을 생성하고 트러스에 대한 하중과 경계조건을 부여한 후 응력 해석을 수행하라. 그리고 그 결과에 대해서 논하라.
5. 전자제품의 열방출에 사용되는 알루미늄 핀(aluminum fin)의 구조에 대해서 알아보라. PC 마이크로프로세서의 쿨링에 사용되는 히트 싱크(heat sink)를 포함하여 유한요소 모델을 생성하라. 히트 싱크의 열적 거동에 대해서 논하라.
6. 단열효과가 있는 창틀과 없는 창틀의 구조에 대해서 조사하라. 그런 후, 그에 대한 유한요소 모델을 생성하고 경계조건과 열하중을 가정하여 응력 해석을 수행하라. 그리고 그 결과에 대해서 논하라.
7. 선반 받침대의 구조에 대해서 조사하라. 유한요소 모델을 생성하고 경계조건과 하중을 부여한 후 응력 해석을 수행하라. 그리고 그 결과에 대해서 논하라.
8. 스키 리프트의 구조에 대해서 조사하라. 경계조건과 하중을 부여한 후 스키 리프트에 사용되는 프레임의 유한요소 모델을 생성하고 응력 해석을 수행하라. 그리고 그 결과에 대해서 논하라.
9. 렌치와 같은 공구의 실제 치수를 측정하라. 경계조건과 하중을 부여한 후 유한요소 모델을 생성하고 응력 해석을 수행하라. 그리고 그 결과에 대해서 논하라.
10. 웨이트 트레이닝 기계와 같은 운동기구의 구조에 대해서 조사하라. 프레임이나 구성요소의 유한요소 모델을 생성하라. 경계조건과 하중을 부여한 후 응력 해석을 수행하라. 그리고 그 결과에 대해서 논하라.

Chapter 15

최적화 설계

이 장의 목적은 최적화 설계의 기본 개념과 ANSYS의 매개변수를 이용한 설계언어를 소개하는 것이다. 이 장에서 다루는 주요 내용은 다음과 같다.

15.1 최적화 설계의 소개

최적화는 최소화 또는 최대화를 의미한다. 설계에는 크게 두 가지 종류가 있다. '기능적 설계'와 '최적화된 설계'가 그것이다. 기능적 설계는 미리 설정된 설계 요구사항들을 모두 만족시키지만 설계의 일부 영역에서 개선의 여지가 있는 설계이다. 기능적 설계의 개념을 좀 더 잘 이해하기 위해 예제 하나를 고려해 보자. 무게가 300 lb인 사람을 지지하기 위한 10 feet 길이의 사다리를 안전계수를 고려하여 설계하고자 한다. 모든 계단이 300 lb의 하중을 안전하게 지지할 수 있는 10 feet 길이의 철로 된 사다리를 설계하였다고 하자. 이 사다리는 상당히 비쌀 것이다. 이 설계는 강도와 크기 조건을 포함하는 모든 요구사항을 만족시키고 있기는 하지만 개선의 여지가 있는 기능적 설계이다. 설계를 개선하기 전에 최적화 설계를

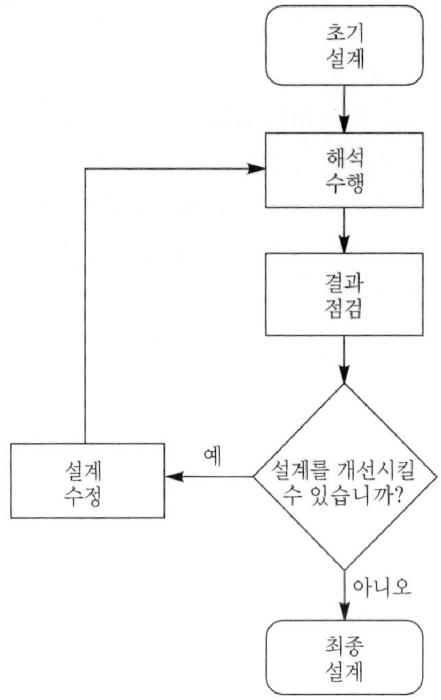

그림 15.1 최적화 절차

위하여 사용해야 할 기준을 정할 필요가 있다. 최적화 설계는 항상 비용, 강도, 크기, 무게, 신뢰도, 소음, 또는 성능 등과 같은 기준을 가지고서 이루어진다. 무게를 최적화하는 기준으로 정한다면, 사다리의 무게를 최소화시키는 일이 문제가 되는 것이다. 예를 들어, 사다리를 알루미늄으로 만들 수 있다. 또한, 하중과 안전계수 조건을 어기지 않으면서 사다리의 일부분의 두께를 줄일 수 있는지 알아보기 위해 응력 해석을 수행할 수도 있다.

기억해야 할 또 다른 중요한 점은, 여러 가지 구성요소로 이루어진 공학 시스템의 각각의 개별적인 구성요소를 최적화시키는 것이 반드시 전체 시스템의 최적화로 이어지지 않는다는 것이다. 예를 들어, 냉장고와 같은 열-유체 시스템을 생각해 보자. 압축기, 증발기, 또는 응축기와 같은 개별적인 구성요소들을 어떤 기준에 대해 독립적으로 최적화시키는 것이 전체 시스템의 최적화를 의미하지는 않는다.

이 장에서는 시스템을 이루는 구성요소의 최적화 설계에 대한 기본적인 개념을 제시한다. 최적화를 수행하는 데 있어서 단지 무게에만 초점을 맞출 것이다. 일반적으로 설계를 개선하기 위해서는 초기설계에서 시작하여 해석 수행, 결과 점검, 그리고 초기설계를 개선시킬 수 있을지를 결정하는 과정을 거친다. 이 과정이 그림 15.1에 그려져 있다.

지난 몇십 년 동안, 최적화 이론은 계속 발전하여 선형 프로그래밍 기법에서부터 비선형 프로그래밍 기법까지 다루게 되었다. 다른 분야와 마찬가지로 최적화 설계에도 독자적인 전문 용어가 있다. 다음 두 예제를 통해 최적화의 기본 개념들과 그 용어들을 소개할 것이다.

예제 15.1

회사에서 사용할 저장탱크를 구입하는 데에 1680달러의 자금을 보유하고 있다고 해보자. 여러 가지를 조사해 본 결과, 요구사항을 만족시키는 두 명의 탱크 제조업자를 찾았다. 제조업자 A로부터는, 16 ft^3 용량의 탱크를 한 개당 120달러로 살 수 있다. 이 탱크는 설치공간으로 7.5 ft^2를 필요로 한다. 제조업자 B는 24 ft^3 용량의 탱크를 한 개당 240달러에 제공할 수 있다. 이 탱크는 설치공간으로 10 ft^2를 필요로 한다. 탱크를 설치할 실험실에는 90 ft^2의 공간이 있다. 자금과 설치공간의 요구조건을 만족시키는 최대 용량의 탱크를 구입해야 한다면 구입해야 할 각 탱크의 개수는 어떻게 되는가?

우선 목적함수(최소화 또는 최대화를 시킬 함수)를 정의해야 한다. 이 예제에서는 저장용량을 최대화시키기를 원한다. 이 조건을 수학적으로 표현하면 다음과 같다.

$$\text{최대화 } Z = 16x_1 + 24x_2 \tag{15.1}$$

구속조건은 다음과 같다.

$$120x_1 + 240x_2 \le 1680 \tag{15.2}$$

$$7.5x_1 + 10x_2 \le 90 \tag{15.3}$$

$$x_1 \ge 0 \tag{15.4}$$

$$x_2 \ge 0 \tag{15.5}$$

식 (15.1)에서, Z가 목적함수이며 x_1, x_2는 설계변수라고 한다. 식 (15.2)에서 식 (15.5) 사이의 부등식으로 주어진 제한들을 구속조건이라고 한다. 선형 프로그래밍 문제(목적함수와 구속조건들이 선형인 문제)를 다루는 특별한 기법들이 있기는 하지만, 여기서는 또 다른 개념들을 설명하기 위해 그래프를 이용하여 풀 것이다. 식 (15.2)에서 식 (15.5)에 주어진 부등식들을 그림 15.2에 도시하였다.

그림 15.2에서 어두운 부분을 **가능한 해 영역**(feasible solution region)이라고 한다. 이 영역 안의 모든 점은 구속조건들을 만족시킨다. 그러나 식 (15.1)로 주어진 목적함수를 최대화시키는 것이 목적이므로, 가능한 영역 위로 목적함수를 이동시키면서 어디서 최대가 되는

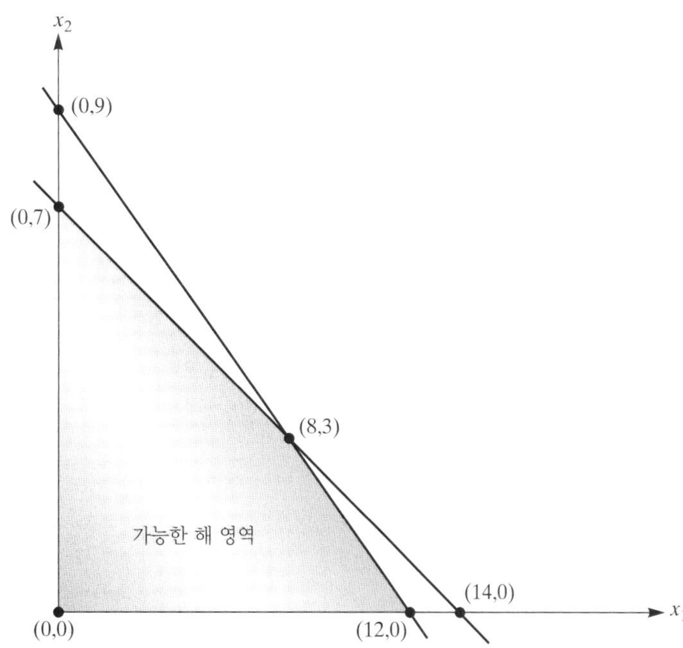

그림 15.2 예제 15.1의 가능한 해 영역

표 15.1 가능한 영역의 꼭지점들에서 구한 목적함수값

꼭지점들 (x_1, x_2)	목적함수 $Z = 16x_1 + 24x_2$ 의 값
0,0	0
0,7	168
12,0	192
8,3	200(최대)

지를 결정해야 한다. 목적함수의 최대값은 가능한 영역의 꼭지점들 중 하나에서 나타날 것이다. 가능한 영역의 꼭지점들에서 목적함수값을 조사해 보면, $x_1 = 8$, $x_2 = 3$에서 최대값이 나온다는 것을 알 수 있다. 이 과정이 표 15.1에 나와 있다.

따라서, 주어진 구속조건 안에서 저장용량을 최대화시키기 위해서는 제조업자 A로부터 16 ft^3의 탱크를 8개, 제조업자 B로부터 24 ft^3의 탱크를 3개 구입해야 한다.

다른 용어들을 설명하기 위해 비선형 예제를 고려해 보자.

예제 15.2

그림 15.3에서 보여주듯이 집중하중을 받는 나무로 된 사각 단면의 외팔보를 생각해 보자. 안전조건을 만족시키기 위해, 보의 평균 응력은 30 MPa을 넘어서는 안 되며, 최대 처짐은 1 cm 이하에서 유지되어야 한다. 그 외의 기하학적인 조건들은 5 cm $\le x_1 \le$ 15 cm, 20 m $\le x_2 \le$ 40 cm이어야 한다. 보의 무게를 최소화하기 위해 단면의 크기를 어떻게 정해야 하는가를 결정하고자 한다.

이 문제는 다음의 목적함수로 모델링할 수 있다.

$$\text{최소화 } W = \rho g x_1 x_2 L \tag{15.6}$$

재료의 밀도가 일정하다고 가정하면, 문제는 체적을 최소화시키는 것이 된다.

$$\text{최소화 } V = x_1 x_2 L \tag{15.7}$$

구속조건은 다음과 같다.

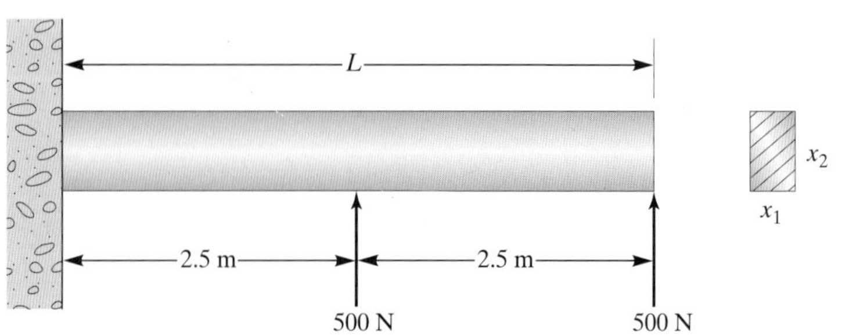

그림 15.3 예제 15.2의 외팔보의 구성도

$$\sigma_{max} \leq 30\ \text{MPa} \tag{15.8}$$
$$\delta_{max} \leq 1\ \text{cm} \tag{15.9}$$
$$5\ \text{cm} \leq x_1 \leq 15\ \text{cm} \tag{15.10}$$
$$20\ \text{cm} \leq x_2 \leq 40\ \text{cm} \tag{15.11}$$

변수 x_1과 x_2를 **설계변수**(design variables)라고 하며, 응력을 나타내는 변수 σ와 처짐을 나타내는 변수 δ는 **상태변수**(state variables)라고 한다. 이 문제를 ANSYS를 이용해서 풀 것이다. 그러나 우선 매개변수를 이용한 설계언어와 ANSYS의 최적화 루틴을 살펴보자.

15.2 ANSYS의 매개변수를 이용한 설계언어*

사용자가 직접 변수를 정의할 수도 있고 ANSYS가 제공하는 매개변수 중에서 하나를 선택할 수도 있다. 그러나 사용자가 명명하는 매개변수는 다음의 규칙을 따라야 한다: (1) 사용자에 의해 정의되는 매개변수는 반드시 1개에서 8개의 문자(character)로 구성되어야 하며, 문자(letter)로 시작되어야 한다; (2) 매개변수에는 수치값이나 문자값이 할당될 수 있으며 또한 현재 ANSYS에 그 매개변수의 값을 알고 있는 한, 다른 매개변수가 할당될 수도 있다; (3) 매개변수들은 스칼라 형태일 수도 있고 또는 값들의 배열을 표현할 수도 있다. 스칼라 매개변수는 다음의 명령을 사용하여 정의된다.

utility menu: **Parameters → Scalar Parameters**

매개변수를 이용하기 위해 필요한 매개변수의 이름을 입력하라. 예를 들어, 철로 만든 기계부재에 탄성계수값 $29 \times 10^6\ \text{lb/in}^2$를 할당하기 위해, STEEL이라는 매개변수를 정의할 수 있고 29e6이라는 값을 그 매개변수에 할당할 수 있다.

ANSYS에서는 사용자가 매개변수를 400개까지 정의할 수 있게 되어 있다. 문자 매개변수는 한 쌍의 작은따옴표 안에 그 문자들을 입력해 넣음으로써 만들 수 있다. 예를 들어, Element라고 하는 매개변수를 정의하고 그 매개변수에 PLANE42라고 하는 문자를 할당하고 싶다면 **Element = 'PLANE42'**라고 입력하면 된다. 다음의 명령으로 미리 정의된 매개변수를 얻을 수 있다.

utility menu: **Parameters → Get Scalar Data → Parameters**

매개변수로 ANSYS가 제공하는 수천 개의 값들을 사용할 수 있다. 예를 들어, 절점좌표, 절점번호, 절점변위, 절점응력, 요소의 체적 등을 가져와서 매개변수에 할당할 수 있다. 다음의 명령을 입력하면 ANSYS가 제공하는 매개변수에 접근할 수 있다.

utility menu: **Parameters → Get Scalar Data**

또는 다음의 명령을 입력하면 된다.

utility menu: **Parameters → Get Vector Data**

* 자료들은 ANSYS 문서로부터 승인을 받고 채택되었다.

다음의 명령을 사용하여 이미 정의된 매개변수들을 정리할 수 있다.

utility menu: **List → Status → Parameters → Named Parameters**

식을 구성하기 위해 이미 정의된 매개변수들을 사용할 수 있다(예를 들어, Area = Length * Width). 매개변수를 이용한 식을 사용할 때는 둥근 괄호를 사용하여 원하는 순서대로 계산이 되도록 하라. 또한 ANSYS는 수학적 연산을 수행하여 하나의 값을 돌려주는 함수를 갖추고 있다(예를 들면, SIN, COS, LOG, EXP, SQRT, ABS). 이 함수들을 사용하기 위해 다음의 명령을 사용하라.

utility menu: **Parameters → Array Operations → Vector Functions**

일단 설계 매개변수를 이용해서 모델을 정의하고 나면, GUI를 이용하거나 배치 파일을 이용하여 ANSYS의 최적화 설계 루틴을 실행시킬 수 있다. 일반적으로 배치 모드는 해석을 훨씬 더 빨리 수행할 수 있는 방법을 제공하기 때문에 바람직하다. 지금까지는 GUI를 이용하여 ANSYS를 실행시켜 왔다. 텍스트 편집기를 이용하여, 모델을 만드는 데에 필요한 명령들을 포함하는 ANSYS 배치 파일을 만들 수도 있다. 그 배치 파일을 ANSYS에 입력하여 실행시키면 배치작업이 이루어지게 된다. 보통의 최적화 설계과정은 다음의 8가지 주요한 단계를 거치게 된다.

1. **루프에 사용될 해석파일을 만든다.** 설계변수들을 초기화시키고, 모델을 매개변수로 나타내며 초기해를 계산한다. 그리고 나서 상태변수와 목적함수에 해당하는 매개변수에 값을 할당한다.
2. **OPT에 들어가서 해석파일을 지정한다.** 이 단계에서 OPT 처리기에 들어가서 최적화를 시작한다.
3. **최적화 변수들을 선언한다.** 여기서 목적함수를 정의하고 설계변수와 상태변수를 지정한다. 목적함수는 하나만 정의할 수 있다. 설계변수는 60개까지, 상태변수는 100개까지 사용할 수 있다.
4. **최적화 처리기를 하나 선택한다.** ANSYS 프로그램에는 몇 가지 처리기의 최적화 절차가 있다. 그 처리기들은 **기법**(methods)과 **툴**(tools)로 분류된다. ANSYS의 최적화 기법은 하나의 목적함수를 최소화시킨다. 반면에, 최적화 툴은 문제의 설계공간을 측정하여 이해하는 방법이다. ANSYS에서 사용할 수 있는 모든 처리기들을 그것과 관련되는 기본 이론과 함께 알아보고자 한다면, ANSYS 온라인 도움말들을 보면 된다. 또한 최적화 과정에 사용하기 위해 사용자가 외부에서 직접 만든 절차를 ANSYS에 추가할 수도 있다.
5. **최적화 루프 제어를 지정한다.** 여기서 최적화 처리기에 사용될 반복과정의 최대 횟수를 지정한다.
6. **최적화 해석을 초기화한다.**
7. **결과적으로 나온 설계사양들과 후처리 결과들을 검토한다.**

14장까지 ANSYS를 상호적으로 사용하는 방법을 설명해 왔다. 이 장에서는 배치 파일을 만드는 단계들을 소개할 것이다. 그리고 나서 예제 15.2에 대한 배치 파일을 만들어 최적화 단계들을 설명할 것이다.

배치 파일

8장에서 처음으로 ANSYS에서 시작하면 시작 단계로 들어간다는 것을 배웠다. 시작 단계에서, ANSYS 처리기 중 하나에 들어갈 수 있다. 선택한 처리기에 들어가기 위한 명령은 항상 사선(/)으로 시작한다. 예를 들어, 명령 **/PREP7**으로 전처리기에 들어가고, 명령 '**/POST1**'을 이용하여 일반적인 후처리기에 들어간다. 다른 처리기로 이동하기 위해서는 우선 현재 사용하고 있는 처리기에서 나와 시작 단계로 돌아가야 한다. 그 후에야 다른 처리기에 접근할 수 있다. 하나의 처리기를 나와서 시작 단계로 돌아가기 위해서는 명령 **FINISH**를 입력해야 한다.

자료를 입력하고 ANSYS 프로그램을 제어하는 데에 사용되는 기초적인 툴은 **명령**(command)이다. 일부 명령은 배치 파일의 특정 처리기에서만 사용해야 하고, 일부는 다른 처리기에서도 사용될 수 있다. 예를 들어, 모델을 생성하는 명령 '**/PREP7**'은 다른 처리기에서는 사용할 수 없다. 명령형식은 쉼표(,)로 구별되는 하나 이상의 영역으로 구성된다. 첫 번째 영역은 항상 그 명령의 이름을 포함한다. 명령문은 쉼표 사이에 어떠한 값도 지정하지 않을 수도 있다. 그런 경우, ANSYS는 그 명령문에 디폴트값을 부여한다.

프로그램이 길어질 경우 배치 파일의 흐름을 설명하기 위해서는 그 파일 안에 설명문을 첨가할 수 있다. 설명문은 느낌표(!)로 시작한다. 느낌표 뒤의 정보는 ANSYS가 설명문으로 인식하게 된다.

15.3 배치 파일 예제

텍스트 편집기를 이용하여 배치 파일을 생성한다. ANSYS의 명령창이 둔감한 경우임을 주의한다. 배치 파일을 만든 후에, ANSYS의 **Batch** 선택사항을 이용하여 교차할 수 있다. 만약 **Interactive** 선택사항의 경우 다음의 명령을 따른다.

utility menu: **File → Read Input From** . . .

이 때 ANSYS 명령창을 포함하는 텍스트 파일을 선택한다. 배치 파일을 수행한 후 결과를 위한 **.out** 파일명을 살펴본다. 명령어에 대한 정보가 더 필요하면 ANSYS의 Help 메뉴를 이용한다.

Chapter 3, Example 3.1

```
/Title, Chapter 3, Example 3.1
/Prep7                  !To begin preprocessing (define the model)
Et, 1, link1            !Element type, 2-d truss element
R, 1, 8                 !Real constant, the value of area for this problem
Mp, ex, 1, 1.9e6        !Material property, Modulus of Elasticity
Mp, nuxy, 1, .3         !Material property, Poisson's ratio
N, 1, 0, 0              !Node 1 at 0, 0
N, 2, 36, 0             !Node 2 at 36, 0
N, 3, 0, 36             !Node 3 at 0, 36
N, 4, 36, 36            !Node 4 at 36, 36
N, 5, 72, 36            !Node 5 at 72, 36
/Pnum, node, 1          !Show numbers of the nodes for displays
Nplot                   !Plot the nodes
E, 1, 2                 !Element 1 defined by nodes 1 and 2
E, 2, 3                 !Element 2 defined by nodes 2 and 3
E, 3, 4                 !Element 3 defined by nodes 3 and 4
E, 2, 4                 !Element 4 defined by nodes 2 and 4
E, 2, 5                 !Element 5 defined by nodes 2 and 5
E, 4, 5                 !Element 6 defined by nodes 4 and 5
/Pnum, elem, 1          !Show numbers of the elements for displays
Eplot                   !Plot the elements
Finish                  !Exit Prep7 processor
/Solu                   !To begin the solution phase
D,1, all, 0             !Displacement of node 1 in all directions is zero
D, 3, all, 0            !Displacement of node 3 in all directions is zero
F, 4, fy, -500          !A force of 500 lb at node 4 in the negative y-dir.
F, 5, fy, -500          !A force of 500 lb at node 5 in the negative y-dir.
/Pbc, all, 1            !Show boundary conditions for displays
Eplot                   !Plot the elements (model) with the boundary conditions
Solve                   !Solve
Finish                  !Exit the Solution processor
```

```
/Post1                        !To begin postprocessing
Etable, axforce, smisc, 1     !Make an element table containing axial forces
Etable, axstress, ls, 1       !Make an element table containing axial stresses
/Pbc, all, 1
pldisp, 1                     !Plot the deformed shape
Pletab, axstress              !Plot the axial stresses
Prnsol, u, comp               !Print nodal displacements
Prrsol                        !Print reaction forces (solution)
Pretab                        !Print element table results
Finish                        !Exit the general postprocessor
/EOF                          !End of File
```

결과를 편집하여 다음에 나타내었다.

```
***** POST1 NODAL DEGREE OF FREEDOM LISTING *****

LOAD STEP= 1 SUBSTEP= 1
TIME= 1.0000 LOAD CASE= 0

THE FOLLOWING DEGREE OF FREEDOM RESULTS ARE IN GLOBAL COORDINATES

NODE    UX              UY              UZ
  1     0.0000          0.0000          0.0000
  2     -0.35526E-02    -0.10252E-01    0.0000
  3     0.0000          0.0000          0.0000
  4      0.11842E-02    -0.11436E-01    0.0000
  5      0.23684E-02    -0.19522E-01    0.0000

MAXIMUM ABSOLUTE VALUES
NODE       2          5       0       5
VALUE -0.35526E-02-0.19522E-01 0.0000  0.19665E-01

***** POST1 TOTAL REACTION SOLUTION LISTING *****

LOAD STEP=   1 SUBSTEP= 1
TIME= 1.0000    LOAD CASE= 0
```

```
THE FOLLOWING X,Y,Z SOLUTIONS ARE IN GLOBAL COORDINATES

NODE    FX        FY
  1     1500.0    0.0000
  3     1500.0    1000.0

TOTAL VALUES
VALUE 0.22737E-12 1000.0

***** POST1 ELEMENT TABLE LISTING *****

STAT    CURRENT     CURRENT
ELEM    AXFORCE     AXSTRESS
  1     -1500.0     -187.50
  2      1414.2      176.78
  3     500.00       62.500
  4     -500.00     -62.500
  5     -707.11     -88.388
  6     500.00       62.500

MINIMUM VALUES
ELEM        1          1
VALUE   -1500.0    -187.50

MAXIMUM VALUES
ELEM        2          2
VALUE    1414.2     176.78
```

□

Chapter 4, Example 4.5

```
/Title, Chapter 4, Example 4.5
/Prep7
Et, 1, 3
R, 1, 7.65, 204, 12.22          !Real constant, area, area moment of inertia, beam height
Mp, ex, 1, 30e6
MP, Nuxy, 1, .3
N, 1, 0, 108
N, 2, 120, 108
N, 3, 120, 0
/pnum, node, 1
Nplot
E, 1, 2
```

```
E, 2, 3
/Pnum, elem, 1
Eplot
Finish
/Solu
D, 1, all, 0
D, 3, all, 0
P, 1, 2, 66.67,,                    !Distributed load of 66.67 lb/in
/Pbc, all, 1
Solve
Finish
/Post1
Etable, maxstress,nmisc, 1,3  !Make an element table containing maximum stresses
Nlist
Elist
Rlist
Mplist
Prnsol, u, comp
Prrsol
Pretab
/Pbc, all, 1
Pldisp, 1
Finish
/EOF
```

결과를 편집하여 다음에 나타내었다.

```
***** POST1 NODAL DEGREE OF FREEDOM LISTING *****

LOAD STEP= 1    SUBSTEP= 1
TIME= 1.0000    LOAD CASE= 0

THE FOLLOWING DEGREE OF FREEDOM RESULTS ARE IN GLOBAL
COORDINATES

NODE              UX              UY        UZ
1 0.0000          0.0000          0.0000    0.0000
2 -0.28459E-03    -0.16359E-02    0.0000    0.16605E-02
3 0.0000          0.0000          0.0000    0.0000

***** POST1 TOTAL REACTION SOLUTION LISTING*****
```

```
LOAD STEP= 1   SUBSTEP= 1
TIME= 1.0000     LOAD CASE= 0

THE FOLLOWING X, Y, Z SOLUTIONS ARE IN GLOBAL COORDINATES

NODE      FX         FY         MZ
1         544.29     4524.0     0.10235E+06
3         -544.29    3476.4     19296.

TOTAL VALUES
VALUE     0.0000     8000.4     0.12164E+06

***** POST1 ELEMENT TABLE LISTING *****

STAT      CURRENT
ELEM      MAXSTRES
  1       2994.3
  2       728.26
```

□

Chapter 6, Example 6.4

```
/TITLE, Chapter 6, Example 6.4
/Prep7
ET, 1, 32              !1-D conduction element
ET, 2, 34              !1-D convection element
R, 1, 1                !Real constant, Unit area
R, 2, 1
MP, KXX, 1, 0.08       !Material Property, the value of thermal conductivity in the
                        first layer
MP, KXX, 2, 0.074      !Material Property, the value of thermal conductivity in the
                        second layer
MP, KXX, 3, 0.72       !Material Property, the value of thermal conductivity in the
                        third layer
MP, HF, 1, 40          !The value of heat transfer coefficient
N, 1,0,0
N, 2,0.05,0
N, 3,0.2,0
N, 4,0.3,0
N, 5,0.3,0
/pnum, node, 1
nplot
```

```
Type,1                  !You need to define the element type before defining elements
Mat,1                   !Material type 1
Real,1
E, 1, 2
Mat,2
E,2,3
Type,1
Mat,3
E,3,4
Type,2
Real,2
Mat,1
E,4,5
/pnum, elem, 1
Eplot
Finish
/solu
antype,0,new
solcontrol,0
NT, 1, TEMP, 200        !Temperature at node 1 is set at 200 C
NT, 5, TEMP, 30         !Convective temperature at node 5 is set at 30 C
/Pbc, all
Eplot
solve
Finish
/POST1
Nlist
Elist
Mplist
Prnsol
FINISH
/Eof
```

결과를 편집하여 다음에 나타내었다.

```
NODE      X              Y          Z
  1       0.0000         0.0000     0.0000
  2       0.50000E-01    0.0000     0.0000
  3       0.20000        0.0000     0.0000
  4       0.30000        0.0000     0.0000
  5       0.30000        0.0000     0.0000

LIST ALL SELECTED ELEMENTS. (LIST NODES)

ELEM      MAT      TYP      REL      NODES

  1        1        1        1        1    2
  2        2        1        1        2    3
  3        3        1        1        3    4
  4        1        2        2        4    5

***** POST1 NODAL DEGREE OF FREEDOM LISTING *****

LOAD STEP= 1 SUBSTEP= 1
TIME= 1.0000 LOAD CASE= 0

NODE      TEMP
1         200.00
2         162.27
3         39.894
4         31.509
5         30.000
```

□

Chapter 9, Problem 10

```
/PREP7
/TITLE, Chapter 9, Problem 10
ET, 1, plane55          !Element Type, PLANE 55
MP, KXX, 1, 168         !Material Property, Thermal Conductivity
k, 1, 0, 0
k, 2, 0, 0.05
k, 3, 0.1,0.05
k, 4, 0.1, 0
```

```
L, 1, 2                 !Defining lines by connecting keypoints
L, 2, 3
L, 3, 4
L, 4, 1
AL, 1, 2, 3, 4          !Defining an area by connecting lines 1, 2, 3, 4, 5
ESIZE,,10               !This command defines the number of element divisions
AMESH, ALL              !This command generates nodes and area elements
FINISH
/solu
NSEL,S,LOC, X,0.1       !Selects a subset of nodes at X=0.1
D, All,Temp,80
ALLSEL                  !Selects everything before applying the other boundary
                        !condition and solving
SFL,2,Conv,50,,20       !This command applies the convective boundary condition on
                         line 2
solve
FINISH
/POST1
SET, 1
plnsol, temp            !Plot nodal solution
prnsol, temp            !Prints nodal solution
FINISH
/eof
```

결과(부분해)를 편집하여 다음에 나타내었다.

```
***** POST1 NODAL DEGREE OF FREEDOM LISTING *****

LOAD STEP= 1   SUBSTEP= 1
TIME= 1.0000   LOAD CASE= 0

NODE        TEMP
1           78.410
2           77.979
3           78.406
4           78.393
5           78.371
6           78.341
7           78.302
8           78.255
9           78.199
```

10	78.134
11	78.061
12	80.000
13	77.996
14	78.048
15	78.135
16	78.257
17	78.416
18	78.612
19	78.849
20	79.135
21	79.478
22	80.000
23	80.000
24	80.000
25	80.000
26	80.000
27	80.000
28	80.000
29	80.000
30	80.000
31	80.000
32	79.732
33	79.474
34	79.234
35	79.021
36	78.836
37	78.684
38	78.564
39	78.479

□

Chapter 10, Problem 1

```
/Title, Chapter 10, Problem 1
length=6.              !defining variable length
height=6.              !defining variable height
radius=.5              !defining variable radius
load=-1000.            !load in psi
/PREP7
ET, 1, plane82         !2-D plane element
MP, EX, 1, 30E6
MP, NUXY, 1, 0.3
```

```
K, 1, length, 0                 !defining keypoints
k, 2, length, height
K, 3, 0, height
K, 4, 0, radius
K, 5, radius, 0
K, 6, 0, 0
L, 1, 2                         !defining the lines connecting the keypoints
L, 2, 3
L, 3, 4
LARC, 4, 5, 6, radius           !defining a circular arc
        !Larc, P1, P2, Pc, Rad
        !P1: Keypoint at one end of circular arc line
        !P2: Keypoint at other end of circular arc line
        !Pc: Keypoint defining plane of arc and center of curvature side
        !Rad: Radius of curvature of the arc
L, 5, 1
AL, 1, 2, 3, 4, 5               !defining an area by connecting lines 1, 2, 3, 4, 5
ESIZE,,6                        !This command defines the number of element divisions
AMESH, ALL                      !This command meshes the area and generates nodes and
                                 area elements
FINISH
/solu
dl, 3, 1, symm                  !This command specifies symmetry surfaces on a line seg-
                                 ment
          !dl, line, area, lab
          !line: line number
          !area: area (number) containing the line
          !lab: symmetry label
dl, 5, 1, symm
nsel, x, length, length         !This command selects subset of nodes
sf, all, pres, load             !This command is used to define a pressure load
nall
solve
FINISH
/POST1
SET, 1
```

```
/pnum, kpoi, 1
/pnum, line, 1
/pnum, element, 1
/WIND, 1, LTOP              !Window 1 at left top corner
kplot
/NOERASE                    !Overlays displays
/WIND, 1, OFF               !TURN WINDOW 1 OFF
/wind, 2, rtop              !Window 2 at right top corner
lplot
/wind, 2, off
/WIND, 3, lbot              !Window 3 at left bottom
eplot
/wind, 3, off
/wind, 4, rbot
/pnum, element, 0
plnsol, s, x                !Plots the nodal solution
nsel, x, 0, 0
Prnsol, s, comp             !Prints the nodal solution result
FINISH
/Eof
```

□

Chapter 11, Example 11.7

```
/Prep7
/Title, Chapter 11, Example 11.7
ET,1,3
Mp, Ex, 1, 30e6
Mp, Prxy, 1, 0.3
Mp, Dens, 1, 0.000732    !Density=weight/(area*length*g)=26/(12)(32.2)(7.65)(12)
R, 1, 7.65, 204, 12.22
R, 2, 7.68, 301, 15.69
N, 1, 0, 0
N, 2, 0, 180
N, 3, 240, 180
N, 4, 240, 0
E, 1,2
```

```
Real, 2
E, 2, 3
Real, 1
E, 3, 4
Finish
/Solu
antype,modal,new   !Analysis type, modal
Modopt, lanb,6     !Modal (solution) options, Block Lanczos method, Number of
                    modes to extract
D, 1, all, 0       !Node 1 is fixed (zero displacement)
D, 3, all, 0       !Node 3 is fixed
Solve
Finish
/Post1
Set,list           !Defines the data set to be read and list from the results file
finish
/eof
```

□

Chapter 13, Problem 6 (partial solution, without the eight holes)

```
/Prep7
/Title, Chapter 13, Problem 6
K,1,0,1                  !Keypoint 1 at x=0 and y=1
K,2,10,1                 !Keypoint 2 at x=10 and y=1
Kgen, 2, all,,,0,1,0     !The Kgen command generates additional keypoints from
                          !an existing pattern
    !kgen, Itime, Np1, Np2, Ninc, DX, DY, DZ,Kinc, Noelem, Imove
    !Itime: number of sets to be generated including the original set
    !Np1, Np2, Ninc: set of keypoints defining pattern to be copied
    !If Np1=all, Np2 and Ninc are ignored and the pattern is all selected keypoints
    !DX, DY, DZ: geometric increments in active coordinate system between sets
    !Kinc: keypoint increment between generated sets.
    !Noelem: specifies if elements and nodes are also to be generated;
    !0=generate them; 1=do not generate
    !Imove: specifies whether keypoints will be moved or newly defined.
K,,5.25,2                !When keypoint number is left blank, the lowest avail-
                          able number is used
```

```
K,, 6.75, 2
Kgen, 2, -2,,,0, 4, 0
K,, 2, 6
K,, 9, 6
Kgen, 2, -2,,, 0, 1, 0
/Pnum, kpoi, 1
kplot                      !Plot keypoints
L, 1, 2                    !Defines a line between two keypoints
L, 2, 4
L, 4, 6
L, 6, 8
L, 8, 10
L, 10, 12
L, 12, 11
L, 11, 9
L, 9, 7
L, 7, 5
L, 5, 3
L, 3, 1
/pnum, line, 1
Lplot                      !Plot lines
Lfillt, 9, 10, .8          !Generates a fillet line between two intersecting lines

        !Lfillt,Nl1,Nl2,Rad,Pcent
        !Nl1: number of the first intersecting line
        !Nl2: number of the second intersecting line
        !Rad: radius of the fillet
        !Pcent: number to be assigned to generated keypoint at fillet arc center
Lfillt, 11, 10, .8
Lfillt, 3, 4, .7
Lfillt, 5, 4, .7
Lplot
kgen, 2, 1, 2,, 0, -1, 0
kplot
```

arotat, 1, 2, 3, 15, 4, 16, 22, 21, 360 !Arotat generates areas by rotating a line pattern about an axis

> !Arotat,Nl1,Nl2,Nl3,Nl4,Nl5,Nl6,Pax1,Pax2,Arc
> !Nl1,Nl2,...,Nl6: list of lines (maximum of 6 lines) to be rotated
> !Pax1,Pax2: keypoints defining the axis about which the line pattern is to be rotated
> !Arc: Arc length in degrees

arotat, 5, 6, 7, 8, 9, 13, 22, 21, 360
arotat, 10, 14, 11, 12,,, 22, 21, 360
nummrg, kpoi !Merges keypoints
/view, 1, 5, 2, 5 !Defines the viewing direction

!View,Wn,Xv,Yv,Zv
!Wn: Window number
!Xv,Yv,Zv: The object is viewed along the line from point Xv,Yv,Zv in the global coords to global origin

aplot
finish
/eof □

15.4 최적화 배치 파일 예제

이제 ANSYS를 이용하여 예제 15.2를 풀 것이다. 배치 파일은 다음과 같다.

```
/PREP7             ! Gain access to the preprocessor
!
!    Initialize design variable parameters:
!
X1=2.0             ! Initialize variable X1, the width of the cross section
X2=3.0             ! Initialize variable X2, the height of the cross section
!
```

```
!      Define element type, area, area moment of inertia:
!
ET,1,BEAM3         ! Define element type; two-dimensional beam element selected
                   ! (ET=Element Type, element reference number=1)
AREA=X1*X2         ! Define the beam's cross-sectional area
IZZ=(X1*(X2**3))/12       ! Second moment of the area about the Z-axis
!
!      Assign real constants, modulus of elasticity:
!
R,1,AREA,IZZ,X2           ! Assign area, area moment of inertia, cross-
                            sectional height
                          ! (R=Real Constant—designating geometry properties
                            such as area, area moment of inertia, real constant
                            reference number=1)
MP,EX,1,30E6              ! Assign value of the modulus of elasticity
                          ! (MP=Material Property, EX=modulus of elasticity,
                            material reference number=1, value of modulus of
                            elasticity)
!
!      Create the geometry of the problem:
!
N,1,0,0                 ! Define node 1 at location X=0, Y=0
N,2,2.5,0               ! Define node 2 at location X=2.5, Y=0
N,3,5.0,0               ! Define node 3 at location X=5.0, Y=0
E,1,2            ! Define element 1 as having node 1 and node 2
E,2,3            ! Define element 2 as having node 2 and node 3
FINISH           ! Return to the Begin Level to access other processors
!
!      Apply boundary conditions, apply loading, and obtain solution:
!
/SOLU            ! Enter the Solver processor


ANTYPE,STATIC    ! Analysis type is static
D,1,ALL,0        ! Apply boundary conditions; all displacements at node 1
                   are zero
F,2,FY,500       ! Apply 500 lb at node 2 in the positive Y-direction
F,3,FY,500       ! Apply 500 lb at node 3 in the positive Y-direction
SOLVE            ! Solve the problem
FINISH           ! Return to the Begin Level to access other processors
!
!      Retrieve results parametrically:
!
/POST1                          ! Enter postprocessing
NSORT,U,Y                       ! Sort nodes based on UY deflection
*GET,DELTAMAX,SORT,,MAX         ! Assign DELTAMAX = maximum deflection
ETABLE,VOLU,VOLU                ! VOLU = volume of each element
ETABLE,SMAX_I,NMISC,1       ! SMAX_I = maximum stress at end I of each
                                     element
ETABLE,SMAX_J,NMISC,3       ! SMAX_J = maximum stress at end J of each
                                     element
SSUM
*GET,VOLUME,SSUM,ITEM,VOLU ! Parameter VOLUME = total volume
```

```
ESORT,ETAB,SMAX_I,,1          ! Sorts elements based on absolute value of
                                SMAX_I
*GET,SMAXI,SORT,,MAX          ! Parameter SMAX_I = maximum value of SMAX_I
ESORT,ETAB,SMAX_J,,1          ! Sorts elements based on absolute value of
                                SMAX_J
*GET,SMAXJ,SORT,,MAX          ! Parameter SMAX_J = maximum value of SMAX_J
SMAX=SMAXI>SMAXJ              ! Parameter SMAX = the greater of SMAXI and
                                SMAXJ
FINISH
!
!     Establish parameters for optimization:
!
/OPT
OPVAR,X1,DV,0.05,0.15              ! Parameter X1 is a design variable
                                   ! (See Eq. (15.10))
OPVAR,X2,DV,0.2,0.4                ! Parameter X2 is a design variable
                                   ! (See Eq. (15.11))
OPVAR,DELTAMAX,SV,0,0.01           ! Parameter DELTAMAX is a state variable
                                   ! (See Eq. (15.9))
OPVAR,SMAX,SV,0,30000000           ! Parameter SMAX is a state variable
                                   ! (See Eq. (15.8))
OPVAR,VOLUME,OBJ                   ! VOLUME is the objective function
OPTYPE,SUBP                        ! Use subproblem approximation method
OPSUBP,100                         ! Maximum number of iterations
OPEXE                              ! Initiate optimization
OPTYPE,SWEEP                       ! Sweep evaluation tool
OPSWEEP,BEST,5                     ! 5 evaluations per DV at best design set
OPEXE                              ! Initiate optimization looping
FINISH
```

방금 푼 문제의 최적화 절차는 진보된 0차 방법(advanced zero-order method)인 부프로그램 근사법과 설계변수의 균일한 증분을 이용하여 전 영역에 걸쳐 한 번에 하나의 설계변수를 변화시키는 광범위 생성법(sweep-generation technique)을 포함한다.

결과를 편집하여 다음에 나타내었다.

```
***** ANSYS ANALYSIS DEFINITION (PREP7) *****

     PARAMETER X1 = 0.1000000

     PARAMETER X2 = 0.3000000

     ELEMENT TYPE 1 IS BEAM3 2-D ELASTIC BEAM
         KEYOPT(1-12) = 0 0 0 0 0 0 0 0 0 0 0 0

     CURRENT NODAL DOF SET IS UX UY ROTZ
     TWO-DIMENSIONAL MODEL

     PARAMETER AREA = 0.3000000E-01

     PARAMETER IZZ = 0.2250000E-03

     REAL CONSTANT SET 1 ITEMS 1 TO 6
0.30000E-01 0.22500E-03 0.30000 0. 0. 0.

     MATERIAL 1 EX = 0.1300000E+11

     NODE 1 KCS = 0 X,Y,Z= 0. 0. 0.

     NODE 2 KCS = 0 X,Y,Z= 2.5000 0. 0.

     NODE 3 KCS = 0 X,Y,Z= 5.0000 0. 0.

     ELEMENT 1 1 2

     ELEMENT 2 2 3

***** ROUTINE COMPLETED ***** CP = 0.551
```

```
***** ANSYS SOLUTION ROUTINE *****

 PERFORM A STATIC ANALYSIS
 THIS WILL BE A NEW ANALYSIS

 SPECIFIED CONSTRAINT UX FOR SELECTED NODES 1 TO 1
 BY 1
 REAL= 0. IMAG= 0.
 ADDITIONAL DOFS= UY ROTZ

 SPECIFIED NODAL LOAD FY FOR SELECTED NODES 2 TO 2
 BY 1

 REAL= 500.000000 IMAG= 0.

 SPECIFIED NODAL LOAD FY FOR SELECTED NODES 3 TO 3
 BY 1

 REAL= 500.000000 IMAG= 0.

****** ANSYS SOLVE COMMAND *****

      S O L U T I O N O P T I O N S

 PROBLEM DIMENSIONALITY.........2-D
 DEGREES OF FREEDOM.... UX UY ROTZ
 ANALYSIS TYPE..............STATIC (STEADY-STATE)

    L O A D S T E P O P T I O N S

 LOAD STEP NUMBER.............. 1
 TIME AT END OF THE LOAD STEP..... 1.0000
 NUMBER OF SUBSTEPS............ 1
 STEP CHANGE BOUNDARY CONDITIONS....... NO
  PRINT OUTPUT CONTROLS..........NO PRINTOUT
 DATABASE OUTPUT CONTROLS..........ALL DATA WRITTEN
                  FOR THE LAST SUBSTEP
```

```
***** ANSYS RESULTS INTERPRETATION (POST1) *****

 SORT ON ITEM=U COMPONENT=Y ORDER= 0 KABS= 0 NMAX= 3

 SORT COMPLETED FOR 3 VALUES.

 *GET DELTAMAX FROM SORT ITEM=MAX  VALUE= 0.934829060E-02

 STORE VOLU FROM ITEM=VOLU FOR ALL SELECTED ELEMENTS

 STORE SMAX_I FROM ITEM=NMIS COMP= 1 FOR ALL SELECTED ELEMENTS

 STORE SMAX_J FROM ITEM=NMIS COMP= 3 FOR ALL SELECTED ELEMENTS

 SUM ALL THE ACTIVE ENTRIES IN THE ELEMENT TABLE

 TABLE LABEL TOTAL
 VOLU 0.150000
 SMAX_I 0.333333E+07
 SMAX_J 833333.

 *GET VOLUME FROM SSUM ITEM=ITEM VOLU         VALUE= 0.150000000

 SORT ON ITEM=ETAB COMPONENT=SMAX ORDER= 0 KABS= 1 NMAX= 2

 SORT COMPLETED FOR 2 VALUES.

 *GET SMAXI FROM SORT ITEM=MAX      VALUE= 2500000.00

 SORT ON ITEM=ETAB COMPONENT=SMAX ORDER= 0 KABS= 1 NMAX= 2

 SORT COMPLETED FOR 2 VALUES.

 *GET SMAXJ FROM SORT ITEM=MAX      VALUE= 833333.333

 PARAMETER SMAX = 2500000.

 EXIT THE ANSYS POST1 DATABASE PROCESSOR
```

```
***** ANSYS OPTIMIZATION ANALYSIS (OPT) *****

9 Parameters exist and design set No. 1 is established.

DV NAME= X1       MIN= 0.50000E-01  MAX= 0.15000      TOLER= 0.10000E-02

DV NAME= X2       MIN= 0.20000    MAX= 0.40000      TOLER= 0.20000E-02

SV NAME= DELTAMAX MIN=      0. MAX= 0.10000E-01       TOLER= 0.10000E-03

SV NAME= SMAX MIN= 0.        MAX= 0.30000E+08 TOLER= 0.30000E+06

Default OBJ tolerance set to 0.01*(CURRENT PARAMETER VALUE) = 1.5E-03.

OBJ NAME= VOLUME    TOLER= 0.15000E-02

ACTIVE OPTIMIZATION IS THE SUBPROBLEM APPROXIMATION METHOD

SUBPROBLEM APPROXIMATION OPTIMIZATION WILL PERFORM A MAXIMUM OF
100 ITERATIONS
UPON EXECUTION WITH A MAXIMUM OF 7 SEQUENTIAL INFEASIBLE SOLUTIONS

RUN OPTIMIZATION (SUBPROBLEM APPROXIMATION) WITH A MAXIMUM OF 100
ITERATIONS
AND 7 ALLOWED SEQUENTIAL INFEASIBLE SOLUTIONS.

>> BEGIN SUBPROBLEM APPROXIMATION ITERATION 1 OF 100 (MAX) <<<

>>>>>> SOLUTION HAS CONVERGED TO POSSIBLE OPTIMUM <<<<<<
 (BASED ON OBJ TOLERANCE BETWEEN FINAL TWO DESIGNS)

FINAL VARIABLES ARE

        SET 6
       (FEASIBLE)
DELTAMAX(SV) 0.93351E-02
SMAX (SV) 0.29249E+07
X1 (DV) 0.62267E-01
X2 (DV) 0.35148
VOLUME (OBJ) 0.10943
```

```
***** DESIGN SENSITIVITY SUMMARY TABLE ******

    VOLUME DELTAMAX SMAX
X1  1.690  -0.1304  -0.4032E+08
X2 0.4513 -0.7969E-01  -0.1533E+08

ACTIVE OPTIMIZATION TOOL IS SWEEP EVALUATION

SWEEP OPTIMIZATION TOOL WILL PERFORM 5 ITERATIONS PER DESIGN
VARIABLE UPON
EXECUTION ABOUT BEST DESIGN SET BASED ON 2 CURRENT DESIGN VARIABLES

RUN OPTIMIZATION (SWEEP DESIGNS) WITH A MAXIMUM OF 10 ITERATIONS
ABOUT DESIGN SET 6.

>>BEGIN SWEEP ITERATION 1 OF 10 <<<

>>>SWEEP SELECTION OPTIMIZATION COMPLETED AFTER 10 ITERATIONS<<<<<<
```

```
BEST VARIABLES ARE:

       SET 15
         (FEASIBLE)

DELTAMAX(SV)      0.94544E-02
SMAX  (SV)        0.29498E+07
X1   (DV)         0.62267E-01
X2   (DV)         0.35000
VOLUME (OBJ)      0.10897
```

```
*** EXIT FROM ANSYS DESIGN OPTIMIZATION (/OPT) ***

***** ROUTINE COMPLETED ***** CP = 4.035

***** END OF INPUT ENCOUNTERED *****

NUMBER OF WARNING MESSAGES ENCOUNTERED= 0
NUMBER OF ERROR MESSAGES ENCOUNTERED= 0
```

위의 ANSYS 결과는 프로그램이 최적해를 찾아나가는 단계들을 이해하는 데 도움을 줄 것이다.

요약

1. 최적화 설계를 하는 데 필요한 기본적인 개념들, 즉 목적함수, 구속조건, 상태변수, 설계변수 등과 같은 정의를 잘 이해하고 있어야 한다.
2. 사용자에 의해 정의되는 매개변수들과 ANSYS 자체의 매개변수들을 어떻게 정의하고 사용하는지 잘 알고 있어야 한다.
3. ANSYS의 최적화 과정에 포함된 기본 절차를 잘 이해하고 있어야 한다.
4. 배치 파일을 생성해 내는 데 익숙해야 한다.

참고문헌

ANSYS User's Manual: Introduction to ANSYS, Vol. I, Swanson Analysis Systems, Inc.

ANSYS User's Manual: Procedures, Vol. I, Swanson Analysis Systems, Inc.

ANSYS User's Manual: Commands, Vol. II, Swanson Analysis Systems, Inc.

ANSYS User's Manual: Elements, Vol. III, Swanson Analysis Systems, Inc.

Hillier, F. S., and Lieberman, G. J., *Introduction to Operations Research*, 6th ed., New York, McGraw-Hill, 1995.

Rekaitis, G. V., Ravindran, A., and Ragsdell, K. M., *Engineering Optimization — Methods and Applications*, New York, John Wiley and Sons, 1983.

연습문제

1. 배치 파일을 사용하여 3장의 연습문제 9의 해를 구하라.
2. 배치 파일을 사용하여 3장의 연습문제 15의 해를 구하라.
3. 배치 파일을 사용하여 4장의 연습문제 7의 해를 구하라.
4. 배치 파일을 사용하여 4장의 연습문제 15의 해를 구하라.
5. 배치 파일을 사용하여 4장의 연습문제 22의 해를 구하라.
6. 배치 파일을 사용하여 6장의 연습문제 7의 해를 구하라.
7. 배치 파일을 사용하여 9장의 연습문제 12의 해를 구하라.
8. 배치 파일을 사용하여 9장의 연습문제 17의 해를 구하라.
9. 배치 파일을 사용하여 10장의 연습문제 5의 해를 구하라.
10. 배치 파일을 사용하여 11장의 연습문제 17의 해를 구하라.
11. 배치 파일을 사용하여 11장의 연습문제 18의 해를 구하라.
12. 배치 파일을 사용하여 13장의 연습문제 4의 해를 구하라.

Appendix

A

재료의 기계적 물성

공학 재료의 기계적 평균 물성[a] (SI 단위)

재료	밀도 ρ (Mg/m^3)	탄성계수 E (GPa)	전단계수 G (GPa)	항복응력(MPa) σ_Y 인장	항복응력 압축[b]	항복응력 전단	극한응력(MPa) σ_u 인장	극한응력 압축[b]	극한응력 전단	50 mm 표본의 % 신장량	푸아송비 ν	열팽창계수 α (10^6)/°C
금속												
알루미늄 단조 합금 2014-T6	2.79	73.1	27	414	414	172	469	469	290	10	0.35	23
알루미늄 단조 합금 6061-T6	2.71	68.9	26	255	255	131	290	290	186	12	0.35	24
주철 합금 회 ASTM 20	7.19	67.0	27	—	—	—	179	669	—	0.6	0.28	12
주철 합금 가단 ASTM A-197	7.28	172	68	—	—	—	276	572	—	5	0.28	12
구리 합금 적동 C83400	8.74	101	37	70.0	70.0	—	241	241	—	35	0.35	18
구리 합금 황동 C86100	8.83	103	38	345	345	—	655	655	—	20	0.34	17
마그네슘 합금 [Am 1004-T61]	1.83	44.7	18	152	152	—	276	276	152	1	0.30	26
강철 합금 구조 A36	7.85	200	75	250	250	—	400	400	—	30	0.32	12
강철 합금 스테인리스 304	7.86	193	75	207	207	—	517	517	—	40	0.27	17
강철 합금 공구 L2	8.16	200	78	703	703	—	800	800	—	22	0.32	12
티타늄 합금 [Ti-6Al-4V]	4.43	120	44	924	924	—	1,000	1,000	—	16	0.36	9.4
비금속												
콘크리트 저강도	2.38	22.1	—	—	—	12	—	—	—	—	0.15	11
콘크리트 고강도	2.38	29.0	—	—	—	38	—	—	—	—	0.15	11
강화 플라스틱 케브라 49	1.45	131	—	—	—	—	717	483	20.3	2.8	0.34	—
강화 플라스틱 30% 유리	1.45	72.4	—	—	—	—	90	131	—	—	0.34	—
목재 선택 구조 등급 미송나무	0.47	13.1	—	—	—	—	2.1[c]	26[d]	6.2[d]	—	0.29[e]	—
목재 선택 구조 등급 흰 전나무	3.60	9.65	—	—	—	—	2.5[c]	36[d]	6.7[d]		0.31[e]	—

[a] 특정 재료의 물성치는 합금, 광물조합, 시편의 기계가공, 열처리 등에 의하여 차이가 난다. 좀더 정확한 값을 위해서는 재료에 관한 도서를 참고해야 한다.

[b] 연성 재료에서 인장과 압축에 대한 항복강도와 극한강도는 동일하다고 가정한다.

[c] 결에 수직하게 측정한다.

[d] 결에 평행하게 측정한다.

[e] 하중이 결을 따라 작용할 때 결에 수직하게 변형을 측정한다.

출처: *Mechanics of Materials*, 2nd ed., R. C. Hibbler, Macmillan, New York.

공학 재료의 기계적 평균 물성[a] (U.S. 사용단위)

재료	밀도 γ (lb/in³)	탄성계수 E (10³) ksi	전단계수 G (10³) ksi	항복응력(10³) ksi σ_Y 인장	압축[b]	전단	극한응력(10³) ksi σ_u 인장	압축[b]	전단	50 mm 표본의 % 신장량	푸아송비 ν	열팽창계수 α (10⁶)/°F
금속												
알루미늄 단조 합금 2014-T6	0.101	10.6	3.9	60	60	25	68	68	42	10	0.35	12.8
알루미늄 단조 합금 6061-T6	0.098	10.0	3.7	37	37	19	42	42	27	12	0.35	13.1
주철 합금 회 ASTM 20	0.260	10.0	3.9	—	—	—	26	97	—	0.6	0.28	6.70
주철 합금 가단 ASTM A-197	0.263	25.0	9.8	—	—	—	40	83	—	5	0.28	6.60
구리 합금 적동 C83400	0.316	14.6	5.4	11.4	11.4	—	35	35	—	35	0.35	9.80
구리 합금 황동 C86100	0.319	15.0	5.6	50	50	—	95	95	—	20	0.34	9.60
마그네슘 합금 [Am 1004-T61]	0.066	6.48	2.5	22	22	—	40	40	22	1	0.30	14.3
강철 합금 구조 A36	0.284	29.0	11.0	36	36	—	58	58	—	30	0.32	6.60
강철 합금 스테인리스 304	0.284	28.0	11.0	30	30	—	75	75	—	40	0.27	9.60
강철 합금 공구 L2	0.295	29.0	11.0	102	102	—	116	116	—	22	0.32	6.50
티타늄 합금 [Ti-6Al-4V]	0.160	17.4	6.4	134	134	—	145	145	—	16	0.36	5.20
비금속												
콘크리트 저강도	0.086	3.20	—	—	—	1.8	—	—	—	—	0.15	6.0
콘크리트 고강도	0.086	4.20	—	—	—	5.5	—	—	—	—	0.15	6.0
강화 플라스틱 케브라 49	0.0524	19.0	—	—	—	—	104	70	10.2	2.8	0.34	—
강화 플라스틱 30% 유리	0.0524	10.5	—	—	—	—	13	19	0.34	—	0.34	—
목재 선택 구조 등급 미송나무	0.017	1.90	—	—	—	—	0.30[c]	3.78[d]	0.90[d]	—	0.29[e]	—
목재 선택 구조 등급 흰 전나무	0.130	1.40	—	—	—	—	0.36[c]	5.18[d]	0.97[d]	—	0.31[e]	—

[a] 특정 재료의 물성치는 합금, 광물조합, 시편의 기계가공, 열처리 등에 의하여 차이가 난다. 좀더 정확한 값을 위해서는 재료에 관한 도서를 참고해야 한다.

[b] 연성 재료에서 인장과 압축에 대한 항복강도와 극한강도는 동일하다고 가정한다.

[c] 결에 수직하게 측정한다.

[d] 결에 평행하게 측정한다.

[e] 하중이 결을 따라 작용할 때 결에 수직하게 변형을 측정한다.

Appendix B 재료의 열적 물성치

재료의 열적 물성치(상온 또는 주어진 온도) (SI 단위)

재료	밀도 (kg/m^3)	비열 (J/kg·K)	열전도도 (W/m·K)
Aluminum (alloy 1100)	2740	896	221
Asphalt	2110	920	0.74
Cement	1920	670	0.029
Clay	1000	920	
Concrete (stone)	2300	653	1.0
Fireclay Brick	1790 @ 373 K	829	1.0 @ 473 K
Glass (soda lime)	2470	750	1.0 @ 366 K
Glass (lead)	4280	490	1.4
Glass (pyrex)	2230	840	1.0 @ 366 K
Iron (cast)	7210	500	47.7 @ 327 K
Iron (wrought)	7700 @ 373 K		60.4
Paper	930	1300	0.13
Soil†	2050	1840	0.5
Steel (mild)	7830	500	45.3
Wood (ash)	690		0.172 @ 323 K
Wood (mahogany)	550		0.13
Wood (oak)	750	2390	0.176
Wood (pine)	430		0.11

† 출처: Incropera, F., and Dewitt D., *Fundamentals of Heat and Mass Transfer,* 4th ed., New York, John Wiley and Sons, 1996.
출처: *ASHRAE Handbook: Fundamental Volume*, American Society of Heating, Refrigerating, and Air-Conditioning Engineers, Atlanta, 1993.

Appendix C 선과 면적의 성질

표 C.1 선분의 도심

호 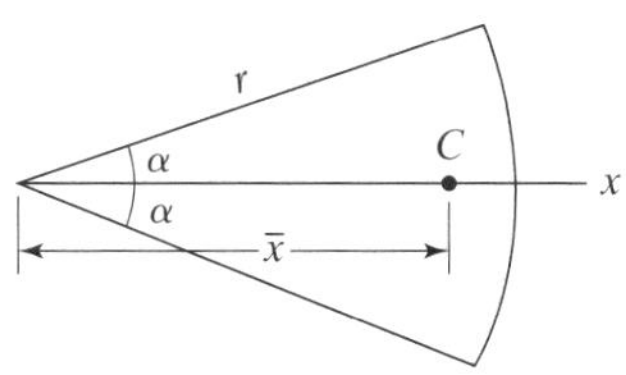	$\bar{x} = \dfrac{r\sin\alpha}{\alpha}$
사분원과 반원 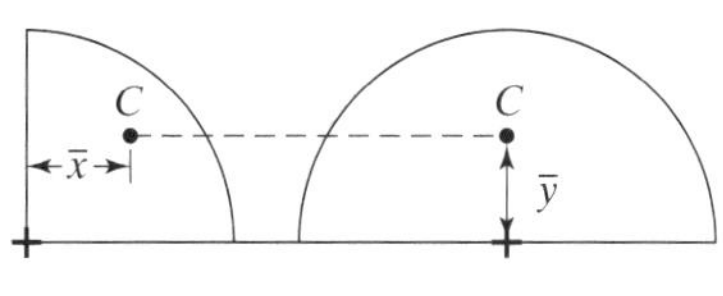	$\bar{x} = \dfrac{2r}{\pi}$ $\bar{y} = \dfrac{2r}{\pi}$

표 C.2 면적의 도심과 2차 모멘트

형상	도심	관성 면적 모멘트
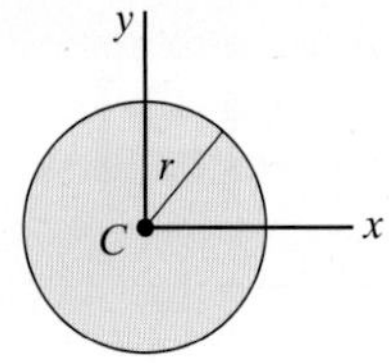	----	$I_x = I_y = \frac{\pi r^4}{4}$ $J_c = \frac{\pi r^4}{2}$
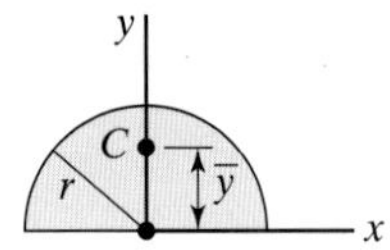	$\bar{y} = \frac{4r}{3\pi}$	$I_x = I_y = \frac{\pi r^4}{8}$ $J_c = \frac{\pi r^4}{4}$
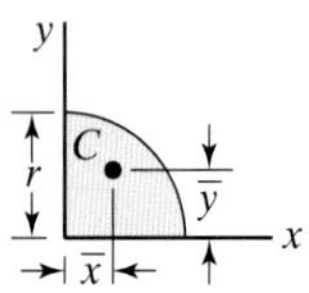	$\bar{x} = \bar{y} = \frac{4r}{3\pi}$	$I_x = I_y = \frac{\pi r^4}{16}$ $J_c = \frac{\pi r^4}{8}$
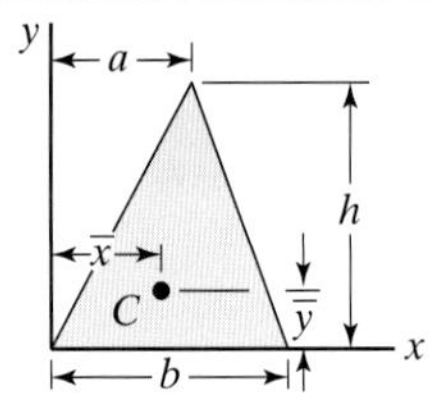	$\bar{x} = \frac{a+b}{3}$ $\bar{y} = \frac{h}{3}$	$I_x = \frac{bh^3}{12}$ $I_{\bar{x}} = \frac{bh^3}{36}$
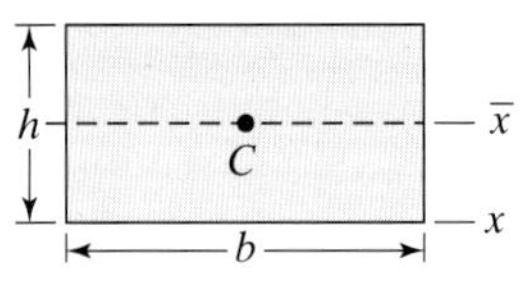	----	$I_x = \frac{bh^3}{3}$ $I_{\bar{x}} = \frac{bh^3}{12}$ $J_c = \frac{bh}{12}(b^2 + h^2)$

표 C.3 관성 질량 모멘트

형상	관성 모멘트
가는 막대 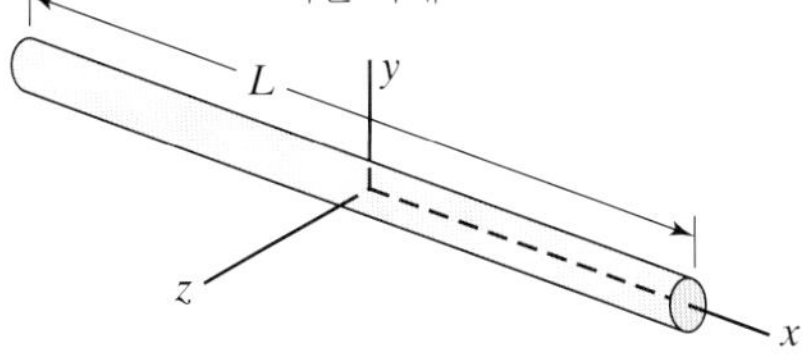	$I_y = I_z = \frac{1}{12} mL^2$
얇은 원형판 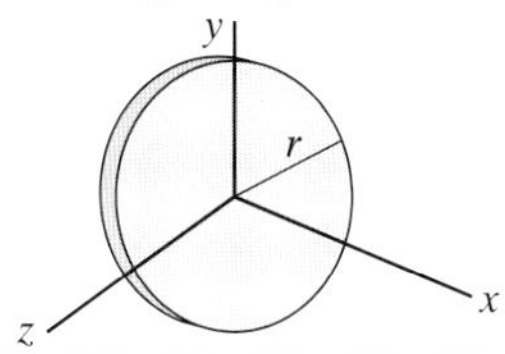	$I_x = \frac{1}{2} mr^2$ $I_y = I_z = \frac{1}{4} mr^2$
원통 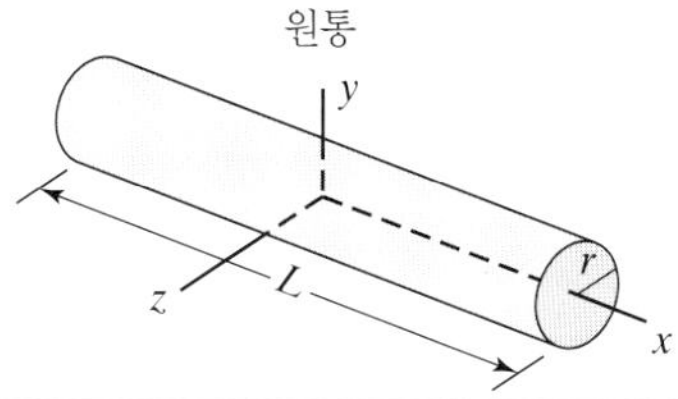	$I_x = \frac{1}{2} mr^2$ $I_y = I_z = \frac{1}{12} m(3r^2 + L^2)$
얇은 판 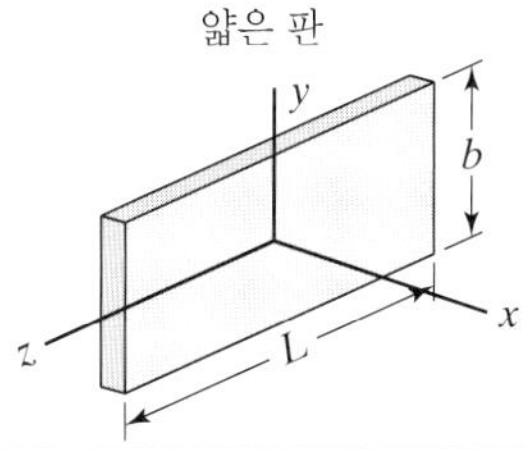	$I_x = \frac{1}{12} m(b^2 + L^2)$ $I_y = \frac{1}{12} mL^2$ $I_z = \frac{1}{12} mb^2$
사각형 막대 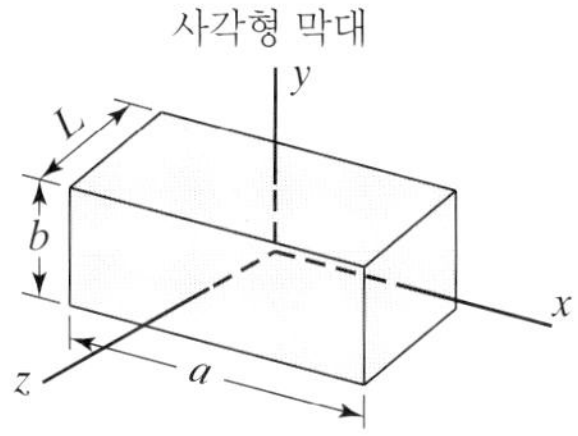	$I_x = \frac{1}{12} m(b^2 + L^2)$ $I_y = \frac{1}{12} m(L^2 + a^2)$ $I_z = \frac{1}{12} m(a^2 + b^2)$
구 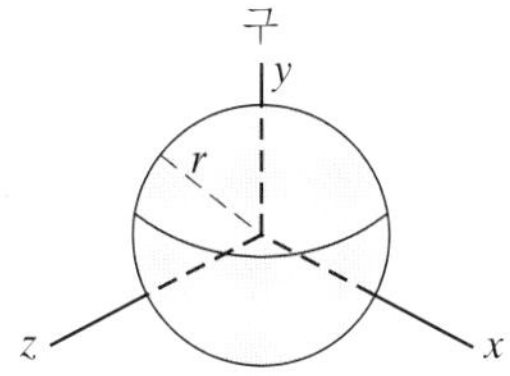	$I_x = I_y = I_z = \frac{2}{5} mr^2$

Appendix

D 구조강의 기하학적 물성

넓은 플랜지 단면 또는 W 형상

명칭*	면적 A	깊이 d	웹 두께 t_w	플랜지 넓이 b	플랜지 두께 t_f	x–x 축 I	x–x 축 S	x–x 축 r	y–y 축 I	y–y 축 S	y–y 축 r
	in^2	in	in	in	in	in^4	in^3	in	in^4	in^3	in
W24 × 104	30.6	24.06	0.500	12.750	0.750	3100	258	10.1	259	40.7	2.91
W24 × 94	27.7	24.31	0.515	9.065	0.875	2700	222	9.87	109	24.0	1.98
W24 × 84	24.7	24.10	0.470	9.020	0.770	2370	196	9.79	94.4	20.9	1.95
W24 × 76	22.4	23.92	0.440	8.990	0.680	2100	176	9.69	82.5	18.4	1.92
W24 × 68	20.1	23.73	0.415	8.965	0.585	1830	154	9.55	70.4	15.7	1.87
W24 × 62	18.2	23.74	0.430	7.040	0.590	1550	131	9.23	34.5	9.80	1.38
W24 × 55	16.2	23.57	0.395	7.005	0.505	1350	114	9.11	29.1	8.30	1.34
W18 × 65	19.1	18.35	0.450	7.590	0.750	1070	117	7.49	54.8	14.4	1.69
W18 × 60	17.6	18.24	0.415	7.555	0.695	984	108	7.47	50.1	13.3	1.69
W18 × 65	16.2	18.11	0.390	7.530	0.630	890	98.3	7.41	44.9	11.9	1.67
W18 × 50	14.7	17.99	0.355	7.495	0.570	800	88.9	7.38	40.1	10.7	1.65
W18 × 46	13.5	18.06	0.360	6.060	0.605	712	78.8	7.25	22.5	7.43	1.29
W18 × 40	11.8	17.90	0.315	6.015	0.525	612	68.4	7.21	19.1	6.35	1.27
W18 × 35	10.3	17.70	0.300	6.000	0.425	510	57.6	7.04	15.3	5.12	1.22
W16 × 57	16.8	16.43	0.430	7.120	0.715	758	92.2	6.72	43.1	12.1	1.60
W16 × 50	14.7	16.26	0.380	7.070	0.630	659	81.0	6.68	37.2	10.5	1.59
W16 × 45	13.3	16.13	0.345	7.035	0.565	586	72.7	6.65	32.8	9.34	1.57
W16 × 36	10.6	15.86	0.295	6.985	0.430	448	56.5	6.51	24.5	7.00	1.52
W16 × 31	9.12	15.88	0.275	5.525	0.440	375	47.2	6.41	12.4	4.49	1.17
W16 × 26	7.68	15.69	0.250	5.500	0.345	301	38.4	6.26	9.59	3.49	1.12
W14 × 53	15.6	13.92	0.370	8.060	0.660	541	77.8	5.89	57.7	14.3	1.92
W14 × 43	12.6	13.66	0.305	7.995	0.530	428	62.7	5.82	45.2	11.3	1.89
W14 × 38	11.2	14.10	0.310	6.770	0.515	385	54.6	5.87	26.7	7.88	1.55
W14 × 34	10.0	13.98	0.285	6.745	0.455	340	48.6	5.83	23.3	6.91	1.53
W14 × 30	8.85	13.84	0.270	6.730	0.385	291	42.0	5.73	19.6	5.82	1.49
W14 × 26	7.69	13.91	0.255	5.025	0.420	245	35.3	5.65	8.91	3.54	1.08
W14 × 22	6.49	13.74	0.230	5.000	0.335	199	29.0	5.54	7.00	2.80	1.04

* W, 공칭 깊이(in.), 1 ft당 무게

출처: *Mechanics of Materials*, 2nd ed., R. C. Hibbler, Macmillan, New York.

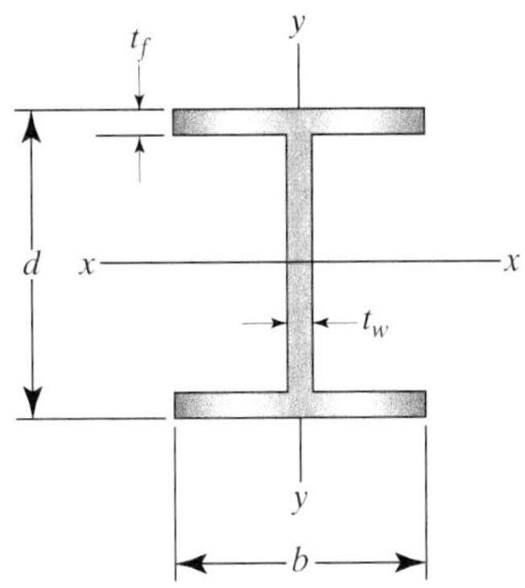

넓은 플랜지 단면 또는 W 형상

명칭*	면적 A	깊이 d	웹 두께 t_w	플랜지		x–x 축			y–y 축		
				넓이 b	두께 t_f	I	S	r	I	S	r
	in^2	in	in	in	in	in^4	in^3	in	in^4	in^3	in
W12 × 87	25.6	12.53	0.515	12.125	0.810	740	118	5.38	241	39.7	3.07
W12 × 50	14.7	12.19	0.370	8.080	0.640	394	64.7	5.18	56.3	13.9	1.96
W12 × 45	13.2	12.06	0.335	8.045	0.575	350	58.1	5.15	50.0	12.4	1.94
W12 × 26	7.65	12.22	0.230	6.490	0.380	204	33.4	5.17	17.3	5.34	1.51
W12 × 22	6.48	12.31	0.260	4.030	0.425	156	25.4	4.91	4.66	2.31	0.847
W12 × 16	4.71	11.99	0.220	3.990	0.265	103	17.1	4.67	2.82	1.41	0.773
W12 × 14	4.16	11.91	0.200	3.970	0.225	88.6	14.9	4.62	2.36	1.19	0.753
W10 × 100	29.4	11.10	0.680	10.340	1.120	623	112	4.60	207	40.0	2.65
W10 × 54	15.8	10.09	0.370	10.030	0.615	303	60.0	4.37	103	20.6	2.56
W10 × 45	13.3	10.10	0.350	8.020	0.620	248	49.1	4.32	53.4	13.3	2.01
W10 × 30	8.84	10.47	0.300	5.810	0.510	170	32.4	4.38	16.7	5.75	1.37
W10 × 39	11.5	9.92	0.315	7.985	0.530	209	42.1	4.27	45.0	11.3	1.98
W10 × 19	5.62	10.24	0.250	4.020	0.395	96.3	18.8	4.14	4.29	2.14	0.874
W10 × 15	4.41	9.99	0.230	4.000	0.270	68.9	13.8	3.95	2.89	1.45	0.810
W10 × 12	3.54	9.87	0.190	3.960	0.210	53.8	10.9	3.90	2.18	1.10	0.785
W8 × 67	19.7	9.00	0.570	8.280	0.935	272	60.4	3.72	88.6	21.4	2.12
W8 × 58	17.1	8.75	0.510	8.220	0.810	228	52.0	3.65	75.1	18.3	2.10
W8 × 48	14.1	8.50	0.400	8.110	0.685	184	43.3	3.61	60.9	15.0	2.08
W8 × 40	11.7	8.25	0.360	8.070	0.560	146	35.5	3.53	49.1	12.2	2.04
W8 × 31	9.13	8.00	0.285	7.995	0.435	110	27.5	3.47	37.1	9.27	2.02
W8 × 24	7.08	7.93	0.245	6.495	0.400	82.8	20.9	3.42	18.3	5.63	1.61
W8 × 15	4.44	8.11	0.245	4.015	0.315	48.0	11.8	3.29	3.41	1.70	0.876
W6 × 25	7.34	6.38	0.320	6.080	0.455	53.4	16.7	2.70	17.1	5.61	1.52
W6 × 20	5.87	6.20	0.260	6.020	0.365	41.4	13.4	2.66	13.3	4.41	1.50
W6 × 15	4.43	5.99	0.230	5.990	0.260	29.1	9.72	2.56	9.32	3.11	1.46
W6 × 16	4.74	6.28	0.260	4.030	0.405	32.1	10.2	2.60	4.43	2.20	0.966
W6 × 12	3.55	6.03	0.230	4.000	0.280	22.1	7.31	2.49	2.99	1.50	0.918
W6 × 9	2.68	5.90	0.170	3.940	0.215	16.4	5.56	2.47	2.19	1.11	0.905

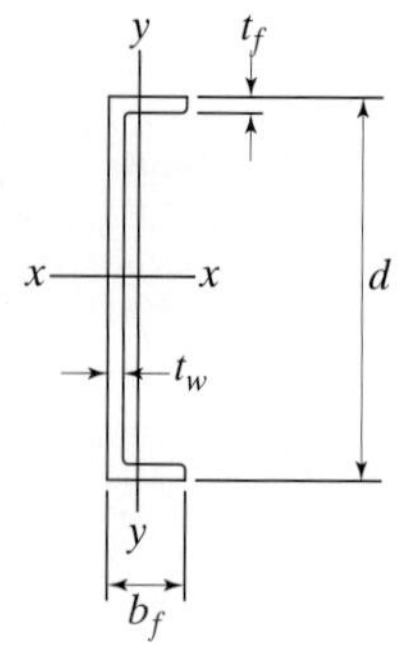

미국 표준 채널 혹은 C 형상

명칭*	면적 A	깊이 d	웹 두께 t_w		플랜지 넓이 b_f		플랜지 두께 t_f		x–x 축 I	x–x 축 S	x–x 축 r	y–y 축 I	y–y 축 S	y–y 축 r
	in^2	in	in		in		in		in^4	in^3	in	in^4	in^3	in
C15 × 50	14.7	15.00	0.716	11/16	3.716	3¾	0.650	⅝	404	53.8	5.24	11.0	3.78	0.867
C15 × 40	11.8	15.00	0.520	½	3.520	3½	0.650	⅝	349	46.5	5.44	9.23	3.37	0.886
C15 × 33.9	9.96	15.00	0.400	⅜	3.400	3⅜	0.650	⅝	315	42.0	5.62	8.13	3.11	0.904
C12 × 30	8.82	12.00	0.510	½	3.170	3⅛	0.501	½	162	27.0	4.29	5.14	2.06	0.763
C12 × 25	7.35	12.00	0.387	⅜	3.047	3	0.501	½	144	24.1	4.43	4.47	1.88	0.780
C12 × 20.7	6.09	12.00	0.282	5/16	2.942	3	0.501	½	129	21.5	4.61	3.88	1.73	0.799
C10 × 30	8.82	10.00	0.673	11/16	3.033	3	0.436	7/16	103	20.7	3.42	3.94	1.65	0.669
C10 × 25	7.35	10.00	0.526	½	2.886	2⅞	0.436	7/16	91.2	18.2	3.52	3.36	1.48	0.676
C10 × 20	5.88	10.00	0.379	⅜	2.739	2¾	0.436	7/16	78.9	15.8	3.66	2.81	1.32	0.692
C10 × 15.3	4.49	10.00	0.240	¼	2.600	2⅝	0.436	7/16	67.4	13.5	3.87	2.28	1.16	0.713
C9 × 20	5.88	9.00	0.448	7/16	2.648	2⅝	0.413	7/16	60.9	13.5	3.22	2.42	1.17	0.642
C9 × 15	4.41	9.00	0.285	5/16	2.485	2½	0.413	7/16	51.0	11.3	3.40	1.93	1.01	0.661
C9 × 13.4	3.94	9.00	0.233	¼	2.433	2⅜	0.413	7/16	47.9	10.6	3.48	1.76	0.962	0.669
C8 × 18.75	5.51	8.00	0.487	½	2.527	2½	0.390	⅜	44.0	11.0	2.82	1.98	1.01	0.599
C8 × 13.75	4.04	8.00	0.303	5/16	2.343	2⅜	0.390	⅜	36.1	9.03	2.99	1.53	0.854	0.615
C8 × 11.5	3.38	8.00	0.220	¼	2.260	2¼	0.390	⅜	32.6	8.14	3.11	1.32	0.781	0.625
C7 × 14.75	4.33	7.00	0.419	7/16	2.299	2¼	0.366	⅜	27.2	7.78	2.51	1.38	0.779	0.564
C7 × 12.25	3.60	7.00	0.314	5/16	2.194	2¼	0.366	⅜	24.2	6.93	2.60	1.17	0.703	0.571
C7 × 9.8	2.87	7.00	0.210	3/16	2.090	2⅛	0.366	⅜	21.3	6.08	2.72	0.968	0.625	0.581
C6 × 13	3.83	6.00	0.437	7/16	2.157	2⅛	0.343	5/16	17.4	5.80	2.13	1.05	0.642	0.525
C6 × 10.5	3.09	6.00	0.314	5/16	2.034	2	0.343	5/16	15.2	5.06	2.22	0.866	0.564	0.529
C6 × 8.2	2.40	6.00	0.200	3/16	1.920	1⅞	0.343	5/16	13.1	4.38	2.34	0.693	0.492	0.537
C5 × 9	2.64	5.00	0.325	5/16	1.885	1⅞	0.320	5/16	8.90	3.56	1.83	0.632	0.450	0.489
C5 × 6.7	1.97	5.00	0.190	3/16	1.750	1¾	0.320	5/16	7.49	3.00	1.95	0.479	0.378	0.493
C4 × 7.25	2.13	4.00	0.321	5/16	1.721	1¾	0.296	5/16	4.59	2.29	1.47	0.433	0.343	0.450
C4 × 5.4	1.59	4.00	0.184	3/16	1.584	1⅝	0.296	3/16	3.85	1.93	1.56	0.319	0.283	0.449
C3 × 6	1.76	3.00	0.356	⅜	1.596	1⅝	0.273	¼	2.07	1.38	1.08	0.305	0.268	0.416
C3 × 5	1.47	3.00	0.258	¼	1.498	1½	0.273	¼	1.85	1.24	1.12	0.247	0.233	0.410
C3 × 4.1	1.21	3.00	0.170	3/16	1.410	1⅜	0.273	¼	1.66	1.10	1.17	0.197	0.202	0.404

* C, 공칭 깊이(in.), 1 ft당 무게

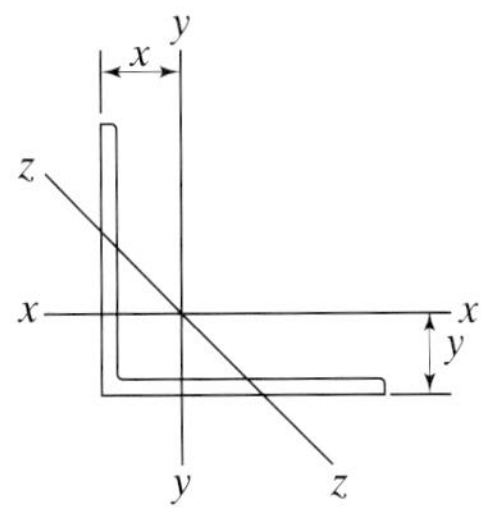

동일한 빗변을 가지는 각

크기 및 두께	단위 길이당 무게	면적 A	x–x 축				y–y 축				z–z 축
			I	S	r	y	I	S	r	x	r
in	lb	in^2	in^4	in^3	in	in	in^4	in^3	in	in	in
∟ $8 \times 8 \times 1$	51.0	15.0	89.0	15.8	2.44	2.37	89.0	15.8	2.44	2.37	1.56
∟ $8 \times 8 \times \frac{3}{4}$	38.9	11.4	69.7	12.2	2.47	2.28	69.7	12.2	2.47	2.28	1.58
∟ $8 \times 8 \times \frac{1}{2}$	26.4	7.75	48.6	8.36	2.50	2.19	48.6	8.36	2.50	2.19	1.59
∟ $6 \times 6 \times 1$	37.4	11.0	35.5	8.57	1.80	1.86	35.5	8.57	1.80	1.86	1.17
∟ $6 \times 6 \times \frac{3}{4}$	28.7	8.44	28.2	6.66	1.83	1.78	28.2	6.66	1.83	1.78	1.17
∟ $6 \times 6 \times \frac{1}{2}$	19.6	5.75	19.9	4.61	1.86	1.68	19.9	4.61	1.86	1.68	1.18
∟ $6 \times 6 \times \frac{3}{8}$	14.9	4.36	15.4	3.53	1.88	1.64	15.4	3.53	1.88	1.64	1.19
∟ $5 \times 5 \times \frac{3}{4}$	23.6	6.94	15.7	4.53	1.51	1.52	15.7	4.53	1.51	1.52	0.975
∟ $5 \times 5 \times \frac{1}{2}$	16.2	4.75	11.3	3.16	1.54	1.43	11.3	3.16	1.54	1.43	0.983
∟ $5 \times 5 \times \frac{3}{8}$	12.3	3.61	8.74	2.42	1.56	1.39	8.74	2.42	1.56	1.39	0.990
∟ $4 \times 4 \times \frac{3}{4}$	18.5	5.44	7.67	2.81	1.19	1.27	7.67	2.81	1.19	1.27	0.778
∟ $4 \times 4 \times \frac{1}{2}$	12.8	3.75	5.56	1.97	1.22	1.18	5.56	1.97	1.22	1.18	0.782
∟ $4 \times 4 \times \frac{3}{8}$	9.8	2.86	4.36	1.52	1.23	1.14	4.36	1.52	1.23	1.14	0.788
∟ $4 \times 4 \times \frac{1}{4}$	6.6	1.94	3.04	1.05	1.25	1.09	3.04	1.05	1.25	1.09	0.795
∟ $3\frac{1}{2} \times 3\frac{1}{2} \times \frac{1}{2}$	11.1	3.25	3.64	1.49	1.06	1.06	3.64	1.49	1.06	1.06	0.683
∟ $3\frac{1}{2} \times 3\frac{1}{2} \times \frac{3}{8}$	8.5	2.48	2.87	1.15	1.07	1.01	2.87	1.15	1.07	1.01	0.687
∟ $3\frac{1}{2} \times 3\frac{1}{2} \times \frac{1}{4}$	5.8	1.69	2.01	0.794	1.09	0.968	2.01	0.794	1.09	0.968	0.694
∟ $3 \times 3 \times \frac{1}{2}$	9.4	2.75	2.22	1.07	0.898	0.932	2.22	1.07	0.898	0.932	0.584
∟ $3 \times 3 \times \frac{3}{8}$	7.2	2.11	1.76	0.833	0.913	0.888	1.76	0.833	0.913	0.888	0.587
∟ $3 \times 3 \times \frac{1}{4}$	4.9	1.44	1.24	0.577	0.930	0.842	1.24	0.577	0.930	0.842	0.592
∟ $2\frac{1}{2} \times 2\frac{1}{2} \times \frac{1}{2}$	7.7	2.25	1.23	0.724	0.739	0.806	1.23	0.724	0.739	0.806	0.487
∟ $2\frac{1}{2} \times 2\frac{1}{2} \times \frac{3}{8}$	5.9	1.73	0.984	0.566	0.753	0.762	0.984	0.566	0.753	0.762	0.487
∟ $2\frac{1}{2} \times 2\frac{1}{2} \times \frac{1}{4}$	4.1	1.19	0.703	0.394	0.769	0.717	0.703	0.394	0.769	0.717	0.491
∟ $2 \times 2 \times \frac{3}{8}$	4.7	1.36	0.479	0.351	0.594	0.636	0.479	0.351	0.594	0.636	0.389
∟ $2 \times 2 \times \frac{1}{4}$	3.19	0.938	0.348	0.247	0.609	0.592	0.348	0.247	0.609	0.592	0.391
∟ $2 \times 2 \times \frac{1}{8}$	1.65	0.484	0.190	0.131	0.626	0.546	0.190	0.131	0.626	0.546	0.398

Appendix

E

단위환산

단위환산

양	SI → US 상용	US 상용 → SI
길이	1 mm = 0.03937 in 1 mm = 0.00328 ft 1 cm = 0.39370 in 1 cm = 0.0328 ft 1 m = 39.3700 in 1 m = 3.28 ft	1 in = 25.4 mm 1 ft = 304.8 mm 1 in = 2.54 cm 1 ft = 30.48 cm 1 in = 0.0254 m 1 ft = 0.3048 m
면적	1 mm^2 = 1.55E–3 in^2 1 mm^2 = 1.0764E–5 ft^2 1 cm^2 = 0.155 in^2 1 cm^2 = 1.07E–3 ft^2 1 m^2 = 1550 in^2 1 m^2 = 10.76 ft^2	1 in^2 = 645.16 mm^2 1 ft^2 = 92903 mm^2 1 in^2 = 6.4516 cm^2 1 ft^2 = 929.03 cm^2 1 in^2 = 6.4516E–4 m^2 1 ft^2 = 0.0929 m^2
체적	1 mm^3 = 6.1024E–5 in^3 1 mm^3 = 3.5315E–8 ft^3 1 cm^3 = 0.061024 in^3 1 cm^3 = 3.5315E–5 ft^3 1 m^3 = 61024 in^3 1 m^3 = 35.315 ft^3	1 in^3 = 16387 mm^3 1 ft^3 = 28.317E6 mm^3 1 in^3 = 16.387 cm^3 1 ft^3 = 28317 cm^3 1 in^3 = 1.6387E–5 m^3 1 ft^3 = 0.028317 m^3
면적 2차 모멘트(길이)^4	1 mm^4 = 2.402E–6 in^4 1 mm^4 = 115.861E–12 ft^4 1 cm^4 = 24.025E–3 in^4 1 cm^4 = 1.1586E–6 ft^4 1 m^4 = 2.40251E6 in^4 1 m^4 = 115.86 ft^4	1 in^4 = 416.231E3 mm^4 1 ft^4 = 8.63097E9 mm^4 1 in^4 = 41.623 cm^4 1 ft^4 = 863110 cm^4 1 in^4 = 416.231E–9 m^4 1 ft^4 = 8.631E–3 m^4

단위환산(계속)

양	SI → US 상용	US 상용 → SI
질량	1 kg = 68.521E−3 slug 1 kg = 2.2046 lbm	1 slug = 14.593 kg 1 lbm = 0.4536 kg
밀도	1 kg/m^3 = 0.001938 slug/ft^3 1 kg/m^3 = 0.06248 lbm/ft^3	1 slug/ft^3 = 515.7 kg/m^3 1 lbm/ft^3 = 16.018 kg/m^3
힘	1 N = 224.809E−3 lbf	1 lbf = 4.448 N
모멘트	1 N·m = 8.851 in·lb 1 N·m = 0.7376 ft·lb	1 in·lb = 0.113 N·m 1 ft·lb = 1.356 N·m
압력, 응력, 탄성계수, 전단계수	1 Pa = 145.0377E–6 lb/in^2 1 Pa = 20.885E–3 lb/ft^2 1 KPa = 145.0377E–6 Ksi	1 lb/in^2 = 6.8947E3 Pa 1 lb/ft^2 = 47.880 Pa 1 Ksi = 6.8947E3 KPa
일, 에너지	1 J = 0.7375 ft·lb 1 KW·hr = 3.41214E3 Btu	1 ft·lb = 1.3558 J 1 Btu = 293.071E–6
일률	1 W = 0.7375 ft·lb/sec 1 KW = 3.41214E3 Btu/hr 1 KW = 1.341 hp	1 ft·lb/sec = 1.3558 W 1 Btu/hr = 293.07E–6 KW 1 hp = 0.7457 KW
온도	$°C = \frac{5}{9}(°F - 32)$	$°F = \frac{9}{5}°C + 32$

Appendix F

MATLAB의 소개

이 부록에서는 전 세계적으로 널리 사용되고 있는 수학 프로그램인 MATLAB에 대하여 알아보겠다. MATLAB은 아주 강력한 프로그램으로 특히 행렬의 계산에 유용하다(실제 MATLAB은 이를 목적으로 개발되었다). 많은 교재들이 다양한 문제를 해결할 수 있는 MATLAB의 기능에 대해 설명하였을 것이다. 이 장의 목적은 MATLAB의 구성을 간단히 소개하고, 이를 바탕으로 프로그램의 사용법을 익히는 것이다. 스프레드시트(spreadsheet)나 MATLAB 같은 계산 프로그램이 도입되기 전 엔지니어들은 공학 문제를 해결하기 위해 자신만의 프로그램을 작성하여 사용하였다. 아직까지 많은 엔지니어들은 복잡한 문제를 풀기 위해 프로그램을 만들지만, 그 중 많은 부분을 MATLAB과 같은 계산 프로그램에서 지원하는 내부함수들을 이용하고 있다. MATLAB은 사용자 자신만의 프로그램을 작성할 시에도 사용할 수 있을 만큼 유용하다.

이제 MATLAB의 기본 구성에 대하여 알아보겠다. 그리고 MATLAB에서 데이터나 수식을 어떻게 입력하는지와 몇 가지 전형적인 공학적 계산의 실행에 대하여 설명하겠다. 또한 MATLAB의 수치, 확률, 논리 함수에 대해서도 설명하겠다. 다음으로 MATLAB의 조건문, 반복문, 그리고 계산된 결과의 도시화(plotting)에 대하여 알아보겠다. 마지막으로 MATLAB의 곡선접합(curve fitting)과 문자계산능력에 대하여 간단히 설명하겠다.

기본 개념

그림 F.1 MATLAB의 작업공간 배치 MATLAB의 기본적인 개념에 대하여 설명하겠다. 이 개념을 한번만 잘 이해하면 MTLAB을 이용하여 공학문제를 풀 수 있을 것이다. 모든 프로그램이 그러하듯 MATLAB 또한 그 고유의 문법과 전문용어가 있다. MATLAB을 실행시켰을 때 일반적인 창은 그림 F.1과 같다. 기본 설정시의 MALAB 창의 주요 구성요소는 그림 F.1에 보이는 바와 같이 구분된다.

1. **Menu bar:** 작업공간(Workspace)을 저장하거나 보기설정(View setting)을 바꾸는 것과 같이 특정 목적의 명령어들이 포함되어 있다.
2. **Current Directory:** 현재 활성화된 디렉터리(directory)를 확인할 수 있다. 또한 디렉터리를 바꿀 수도 있다.
3. **Current Directory Windows:** 현재 디렉터리에 있는 모든 파일과 그 종류, 크기 및 설명 등을 보여준다.
4. **Moving window outside the desktop:** 이 아이콘을 클릭함으로써 그림의 3번 창을 독립된 창으로 볼 수 있다.
5. **Command Windows:** 여기에 변수를 입력하거나 MATLAB에 명령을 입력한다. 또한 계산의 결과를 보여준다.
6. **Command History:** 전 MATLAB의 작업시간 동안 명령어가 사용된 시간과 날짜를 보여준다. 또한 현재 사용된 명령어의 이력을 보여준다.

그림 F.1과 같이 기본 설정시에 MATLAB의 화면은 Current Directory, Command Window, Command History 3개의 창으로 나누어진다. 명령창(Command Window)에는 사용자가 변수를 지정하거나 또는 도시화하는 것같이 원하는 명령을 키보드로 입력할 수 있다. 명령이력창(Command History Window)에는 MATLAB의 전 작업시간 동안 사

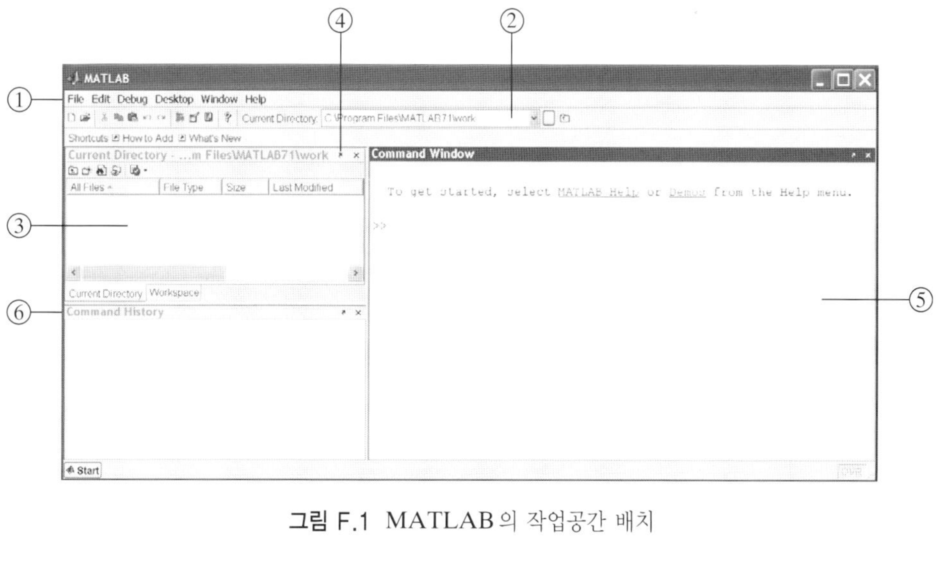

그림 F.1 MATLAB의 작업공간 배치

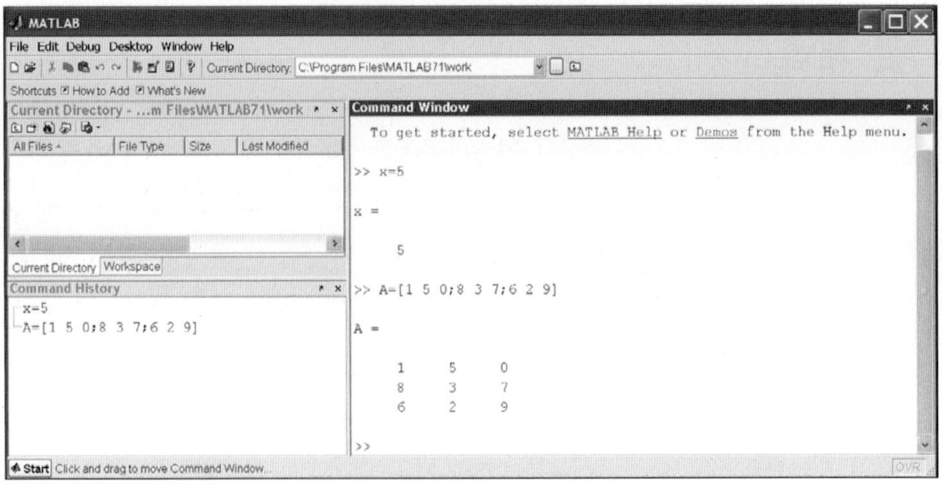

그림 F.2 MATLAB상의 변수 또는 행렬 요소 지정의 예제

용한 명령어의 사용날짜와 사용시간이 나타나 있다. 또한 이곳에는 현재 작업시간에서 사용한 명령의 이력도 나타난다. 과거에 사용한 명령을 명령이력창에서 명령창으로 이동시킴으로써 다시 사용할 수 있다. 과거에 사용된 명령을 다시 사용하려면 명령이력창에서 원하는 명령어를 클릭한 상태로 드래그해서 명령창에 놓으면 된다. 다른 방법으로, 상향키(up-arrow key, ↑)를 누르면 과거에 사용한 명령어들이 하나씩 나타날 것이다. 또한 현재 명령창 내의 명령어를 복사, 붙여넣기를 하고 이를 편집하여 다시 사용할 수도 있다. 명령창을 깨끗이 지우고 싶을 경우에는 화면에 **clc** 명령을 입력한다.

이제 MATLAB 환경에서 변수의 값과 행렬의 요소를 정의해 보자. 예로, 그림 F.2와 같이 명령창에서 프롬프트(>>) 모양 뒤에 $\boldsymbol{x} = \mathbf{5}$를 키보드로 입력함으로써 변수 x의 값으로 5를 지정하였다. MATLAB에서 사용하는 간단한 스칼라(산술) 연산은 아래 표 F.1과 같다.

표 F.1 MATLAB의 스칼라(산술) 연산

연산	기호	예: $x = 5$와 $y = 3$	결과
덧셈	+	$x+y$	8
뺄셈	−	$x-y$	3
곱셈	*	$x*y$	15
나눗셈	/	$(x+y)/2$	4
지수	^	x^2	25

행렬 $[A]$를 $[A] = \begin{bmatrix} 1 & 5 & 0 \\ 8 & 3 & 7 \\ 6 & 2 & 9 \end{bmatrix}$로 정의하기 위해서는 화면에 다음과 같이 입력한다.

A = [1 5 0;8 3 7;6 2 9]

MATLAB에서는 행렬을 **[ ]**로 구분하고, 한 행 안의 요소들은 빈 칸(blank spaces)으로 분리하며, 각 행들은 세미콜론(semicolon, ;)으로 구분한다.

format, disp, fprinf 명령

MATLAB에서는 계산된 결과를 화면에 나타내기 위한 몇 가지 명령을 제공하고 있다. MATLAB의 **format** 명령을 이용하면 결과를 특정 형태로 나타낼 수 있다. 이 예로, 만약 $x = 2/3$로 정의한다면 MATLAB은 $x = 0.6667$로 화면에 나타낼 것이다. 기본 설정에 의하여 MATLAB은 소수점 이하 4자리만을 표시한다. 더 많은 소수점을 표시하고 싶다면 **format long** 명령을 입력한다. 명령을 실행한 후 다시 x를 치면 소수점 이하 14자리 수인 $x = 0.66666666666667$이 나타날 것이다. 표 F.2에서의 명령들을 이용하여 x값을 여러 형태로 제어할 수 있다. format 명령어는 MATLAB 내부의 계산과정에는 관여하지 않고 단지 화면에 보여주는 값에만 영향을 준다.

표 F.2 format 명령의 설정

MATLAB 명령어	$x = 2/3$의 표시방법	설명
format short	0.6667	4자리 소수 표시—기본 형식
format long	0.66666666666667	14자리 소수 표시
format rat	2/3	분수 표시
format bank	0.67	2자리 소수 표시
format short e	6.6667e−001	4자리 소수와 과학적 표시
format long e	6.6666666666666e−001	14자리 소수와 과학적 표시
format hex	3fe5555555555555	16진수 표시
format +	+	양수, 음수, 0에 따라 +, −, 빈 칸으로 표시
format compact		결과에서 빈 줄을 삭제

disp 명령은 문자나 변수값을 화면에 나타낼 때 사용한다. 예를 들어, **x = [1 2 3 4 5]**로 지정되어 있을 경우, **disp(x)**을 입력하면 화면에 1 2 3 4 5가 나타날 것이다. 또한 disp('Result = ')를 입력하면 Result = 가 나타날 것이다. 문장을 화면에 나타내고 싶을 경우에 문장은 작은따옴표(')로 둘러싸여져야 한다.

fprintf 명령은 다양한 형태로 사용이 가능하다. 이 명령을 이용하여 문자 혹은 원하는 소수점을 가진 값을 나타낼 수 있다. 또한 특수문자 형식인 **\n**과 **\t**를 이용하여 원하는 곳에서 한 줄이나 탭을 삽입할 수도 있다. fprintf 명령의 설명을 위하여 예제 F.1을 보자.

예제 F.1

MATLAB 명령창에 다음과 같은 명령을 입력하라.

```
x = 10
fprintf('The value of x is %g \n', x)
```

MATLAB 창에는 다음과 같이 나타날 것이다.

The value of x is 10

예제 F.1의 실제 결과 화면은 다음 그림과 같이 나타날 것이다.

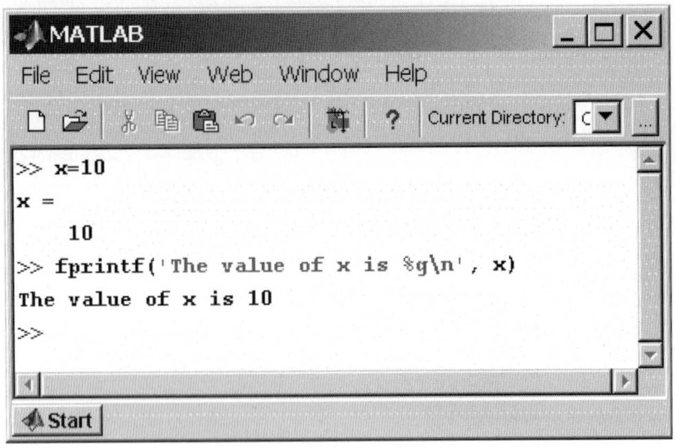

이 때 문장이나 형식코드는 작은따옴표로 둘러싸여져야 한다. 또한 %g는 숫자의 형태를 지정한 것으로 x값인 10으로 대체된다. MATLAB은 \n을 만나기 전까지 아무런 값도 출력하지 않는다. disp와 fprintf에 관한 또 다른 내용은 다른 예제에서 다루기로 하겠다.

작업공간의 저장

save your_filename 명령을 이용함으로써 작업공간을 저장할 수 있다. your_filename은 작업공간의 이름으로 저장하고 싶은 문장을 입력한다. **load your_filename** 명령을 이용하여 특정 파일을 저장장치에서 메모리로 불러들일 수 있다. MATLAB을 오래 사용하다 보면 많은 파일들이 생성되게 된다. 이 때 **dir** 명령을 이용하면 현재 디렉터리에 저장된 요소들의 목록을 확인할 수 있다. 변수 지정이나 간단한 MATLAB 명령은 명령창을 이용하여 해결할 수 있다. 하지만 장문의 프로그램을 작성할 시에는 M-file을 이용하는 것이 편리하다. 이 부록의 후반부에서 M-file의 생성, 편집, 실행, 디버그에 대하여 설명하겠다.

변수의 범위 생성

데이터를 생성, 해석, 도시화할 때는 데이터의 범위를 설정하는 것이 편리하다. 데이터의 범위(range)나 행렬의 행(row)을 설정할 때는 시작값, 증분, 끝값만이 필요하다. 예를 들어, 0에서 100까지 25의 증분으로 x값(0 25 50 75 100)을 생성하려면 명령창에 다음과 같이 입력한다.

x = 0:25:100

MATLAB 언어에서 데이터의 범위는 시작값 : 증분 : 끝값의 형태로 정의된다. 또 다른 예로 다음과 같이 입력하면,

Countdown = 5:-1:0

Countdown 열은 5 4 3 2 1 0으로 구성될 것이다.

MATLAB의 수식 생성

MATLAB을 이용하여 공학 공식을 입력하고 결과값을 계산할 수 있다. 수식을 쓸 때는 연산의 구역을 구분하기 위하여 괄호를 이용한다. 예로, MATLAB의 명령창에 **count = 100 + 5*2**라 입력하면 곱하기를 먼저 수행하여 10이 나온 후 다음으로 100을 더하여 전체 결과값으로 110을 내놓을 것이다. 그러나 만약 100과 5 옆에 **count = (100 + 5)*2**와 같이 괄호를 쓴다면 결과는 210으로 계산될 것이다. MATLAB의 간단한 산술 연산은 표 F.3에 나와 있다.

표 F.3 MATLAB의 산술 연산

연산	기호	예: $x = 10$과 $y = 2$	z, 예의 공식 결과
덧셈	+	$z=x+y+20$	32
뺄셈	−	$z=x-y$	8
곱셈	*	$z=(x*y)+9$	29
나눗셈	/	$z=(x/2.5)+y$	6
지수	^	$z=(x\wedge y)\wedge 0.5$	10

요소 대 요소 연산

MATLAB은 간단한 스칼라(산술) 연산 이외에, 추가적으로 요소 대 요소 연산과 행렬 연산이 가능하다. 요소 대 요소 연산의 기호는 다음 표 F.4에 나타나 있다. 더 쉬운 이해를 위하여 직선 주로를 달리는 5명 주자의 몸무게(**m = [60 55 70 68 72]**)와 속도(**s = [4 4.5 3.8 3.6 3.1]**)를 측정한다고 하자. **m** 배열과 **s** 배열은 각각 5개의 요소를 가지고 있다. 이제 각 주자의 운동량(momentum)을 구하고자 한다. MATLAB의 요소 대 요소 곱하기를 이용하여 각 주자의 운동량은 다음과 같이 **momentum = m.*s** 명령으로 계산할 수 있다. 이 결과 **momentum = [240 247.5 266 244.8 223.2]**이다. 여기서 기호 (**.***)은 요소 대 요소 연산자이다.

표 F.4 MATLAB의 요소 대 요소 연산

연산	산술 연산	연산시 요소 대 요소 등가 기호
덧셈	+	+
뺄셈	−	−
곱셈	*	.*
나눗셈	/	./
지수	^	.^

요소 대 요소에 대한 좀더 나은 이해를 위하여, MATLAB의 명령창에 **a = [7 4 3 −1]** 과 **b = [1, 3, 5, 7]**을 입력하고 다음 연산을 수행해 보자.

```
>> a+b
ans = 8 7 8 6
>> a−b
ans = 6 1 −2 −8
>> 3*a
ans = 21 12 9 −3
>> 3.*a
ans = 21 12 9 −3
>> a.*b
ans = 7 12 15 −7
>> b.*a
ans = 7 12 15 −7
>> 3.^a
ans = 1.0e+003 *
2.1870 0.0810 0.0270 0.0003
>> a.^b
ans = 7 64 243 −1
>> b.^a
ans = 1.0000 81.0000 125.0000 0.1429
```

예제 F.2를 스스로 풀어보자.

예제 F.2

이번 예제는 온도의 변화에 따라 공기의 밀도가 어떻게 변하는지를 나타낸다. MATLAB의 요소 대 요소 연산을 사용하라. 공기의 밀도는 이상기체의 법칙에 의해서 다음과 같이 주어진다.

$$\rho = \frac{P}{RT}$$

여기서

P = 표준 대기압(101.3 kpa)

R = 공기의 기체상수$\left(286.9\left(\frac{\mathrm{J}}{\mathrm{kg \cdot K}}\right)\right)$

T = 공기의 캘빈 온도

온도와 공기 밀도의 관계가 위와 같이 MATLAB을 이용하여 온도가 0°C(273.15 K)에서 50°C(323.15 K)까지 5°C씩 증가하면서 변할 때 밀도의 변화를 표로 나타내어라.

MATLAB의 명령창에 다음과 같이 입력한다.

```
>> Temperature = 0:5:50;
>> Density = 101300./((286.9)*(Temperature+273));
>> fprintf('\n\n');disp('Temperature(C)  Density(kg/m^3)');
   disp([Temperature', Density'])
```

위의 명령에서 각 줄 마지막의 세미콜론(;)은 그의 결과값을 화면에 나타내지 않도록 하는 기능을 한다. 만약 다음과 같이 세미콜론이 없이 **Temperature = 0:5:50** 이라고 한다면 MATLAB은 다음과 같이 온도를 한 행으로 화면에 나타낼 것이다.

Temperature = 0 5 10 15 20 25 30 35 40 45 50

(./)는 MATLAB의 요소 대 요소 연산자로 각 온도값에 대하여 나눗셈을 수행한다.

disp 명령에서 **Temperature'**과 **Density'** 위의 (')은 한 행으로 저장되어 있는 결과값을 화면에 나타내기 전에 한 열로 바꾸는 기능을 한다. 2장에서 설명했듯이 행렬의 행과 열을 바꾸는 작업을 행렬의 전치(Transpose)라 한다. 예제 F.2의 최종 결과값은 아래 그림 F.3과 같다. Temperature와 Density가 한 열로 나타나 있는 것을 확인하라. 또한 **fprintf**와 **disp** 명령의 사용법도 다시 숙지하라.

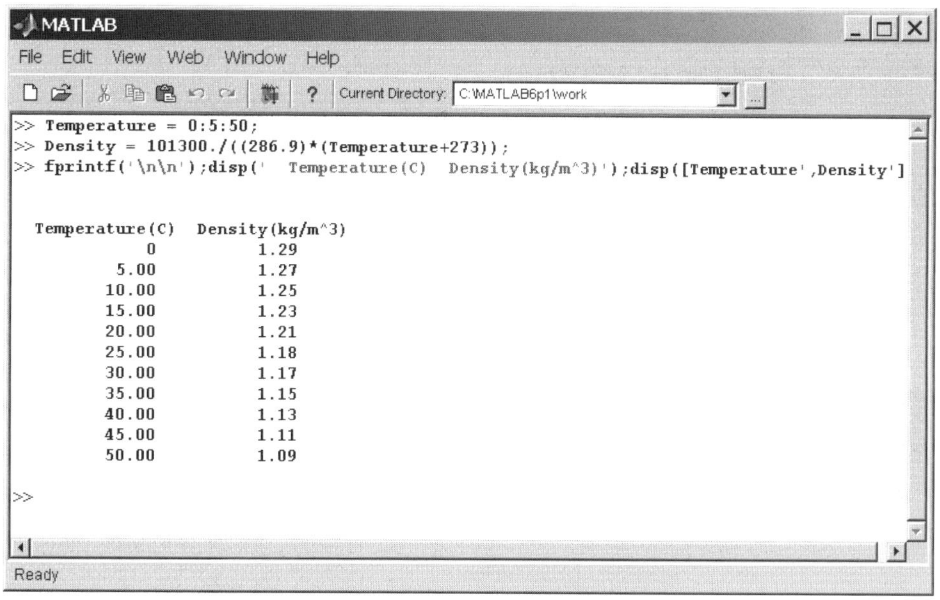

그림 F.3 예제 F.2의 결과

위의 예제에서 요소 대 요소 나눗셈 연산을 사용하였다. MATLAB의 또 다른 요소 대 요소의 연산의 기호는 표 F.4에 주어져 있다.

행렬 연산

MATLAB은 행렬을 계산하고 조작하기 위한 많은 도구를 제공한다. 표 F.5는 이러한 기능의 예를 보여주고 있다. 이 부록의 끝 부분과 예제 F.9와 F.10에서 MATLAB의 행렬 연산에 대하여 알아보겠다.

표 F.5 MATLAB 행렬 연산의 예

연산	기호 또는 명령어	예:
덧셈	+	A+B
뺄셈	−	A−B
곱셈	*	A*B
전치	행렬명'	A'
역(Inverse)	inv(행렬명)	inv(A)
행렬식	det(행렬명)	det(A)
특이치	eig(행렬명)	eig(A)
행렬과 나눗셈 (선형 방정식의 해를 구하기 위한 가우스 소거법 사용)	\	예제 F.6 참조

예제 F.3

MATLAB을 이용하여 다음 표 F.6과 같이 예금과 이자에 관한 표를 만들어라.

표 F.6 예금과 이자의 관계

달러금액	이율			
	0.06	**0.07**	**0.075**	**0.08**
1000	60	70	75	80
1250	75	87.5	93.75	100
1500	90	105	112.5	120
1750	105	122.5	131.25	140
2000	120	140	150	160
2250	135	157.5	168.75	180
2500	150	175	187.5	200
2750	165	192.5	206.25	220
3000	180	210	225	240

표 F.6과 같은 표를 만들기 위해서 다음과 같은 명령을 입력한다.

```
>> format bank
>> Amount = 1000:250:3000;
>> Interest_Rate = 0.06:0.01:0.08;
>> Interest_Earned = (Amount')*(Interest_Rate);
>> fprintf('\n\n\t\t\t\t\t\t\t Interest Rate');fprintf('\n\t Amount\t\t');...
fprintf(' \t\t %g ',Interest_Rate);fprintf('\n');disp([Amount',Interest_Earned])
```

마지막 명령에서 3개의 마침표(줄임표, ...)는 명령어가 다음 줄에 계속된다는 표시이다. **fprintf**와 **disp** 명령의 사용에 유의하라. 예제 F.3의 최종 결과는 다음 그림 F.4와 같다.

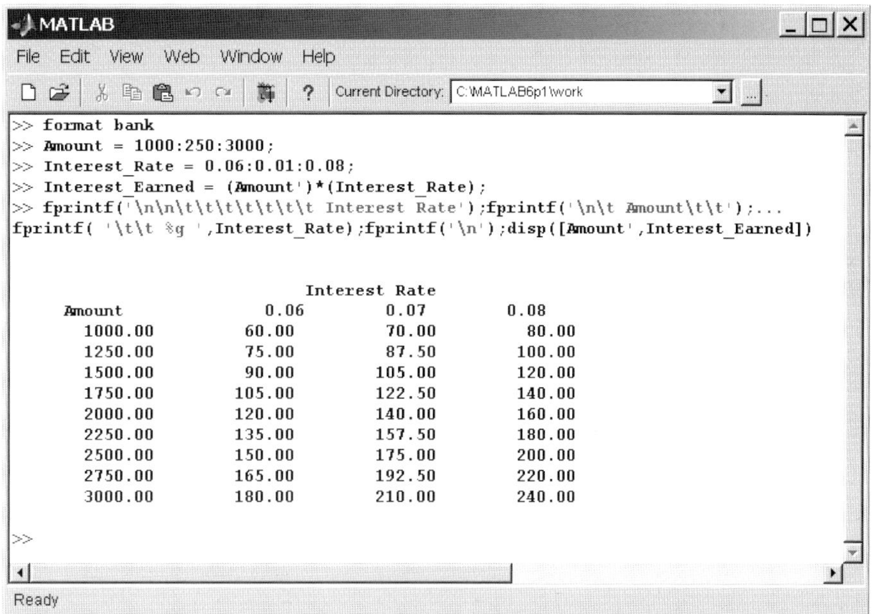

그림 F.4 예제 F.3의 명령코드와 결과

MATLAB 내부함수 사용법

MATLAB에서는 자료를 분석할 수 있는 광범위한 내부함수를 제공한다. MATLAB 내부함수는 수치, 삼각함수, 확률, 논리함수 등의 카테고리로 분류된다. 이 부록에서는 가장 일반적으로 쓰이고 있는 함수에 대하여 알아보겠다. **help** 명령 뒤에 함수의 이름을 입력함으로써 그 함수의 사용법을 알 수 있다.

표 F.7에는 자주 사용되는 MATLAB의 내부함수에 대한 사용목적과 개략적인 설명이 있다. 표 F.7의 내용에 대하여 공부할 때 예제 F.4를 이용하라.

예제 F.4

다음의 변수들은 MATLAB의 내부함수의 소개를 위하여 사용될 것이다.

Mass = [102 115 99 106 103 95 97 102 98 96]

표 F.7에서 각 함수의 결과는 "result of the example" 항에 나타나 있다.

표 F.7 공학 해석에 사용되는 MATLAB 내부함수

함수	함수 설명	예	결과
sum	주어진 배열값의 합	sum(Mass)	1013
mean	주어진 배열의 평균값	mean(Mass)	101.3
max	주어진 배열의 최대값	max(Mass)	115
min	주어진 배열의 최소값	min(Mass)	95
std	주어진 배열의 표준편차	std(Mass)	5.93
sort	주어진 배열의 오름차순 분류	sort(Mass)	95 96 97 98 99 102 102 103 106 115
pi	π의 값 3.14151926535897. . .	pi	3.14151926535897...
tan	아규먼트의 탄젠트값, 아규먼트는 레디안임	tan(pi/4)	1
cos	아규먼트의 코사인값, 아규먼트는 레디안임	cos(pi/2)	0
sin	아규먼트의 사인값, 아규먼트는 레디안임	sin(pi/2)	1

MATLAB 내부함수의 다른 예는 표 F.8에 나타나 있다.

표 F.8 MATLAB 내부함수의 다른 예

sqrt(x)	x의 제곱근
factorial(x)	x의 계승. 예를 들면, 5의 계승은 (5)(4)(3)(2)(1) = 120임
삼각함수	
acos(x)	x의 역코사인 함수. 코사인값이 알려져 있을 때 각도를 구하는 데 사용
asin(x)	x의 역사인 함수. 사인값이 알려져 있을 때 각도를 구하는 데 사용
atan(x)	x의 역탄젠트 함수. 탄젠트값이 알려져 있을 때 각도를 구하는 데 사용
지수와 대수 함수	
exp(x)	e^x의 값
log(x)	x의 자연대수. 반드시 $x > 0$이어야 함
log10(x)	x의 상용대수(밑수가 10)
log2(x)	x의 대수(밑수가 2)

예제 F.5

MATLAB을 이용하여 주어진 데이터 표 F.9의 산술평균(average, arithmetic mean)과 표준편차(standard deviation)를 계산하라.

표 F.9 예제 F.5의 데이터

그룹 A의 데이터 ρ(kg/m³)	그룹 B의 데이터 ρ(kg/m³)
1020	950
1015	940
990	890
1060	1080
1030	1120
950	900
975	1040
1020	1150
980	910
960	1020

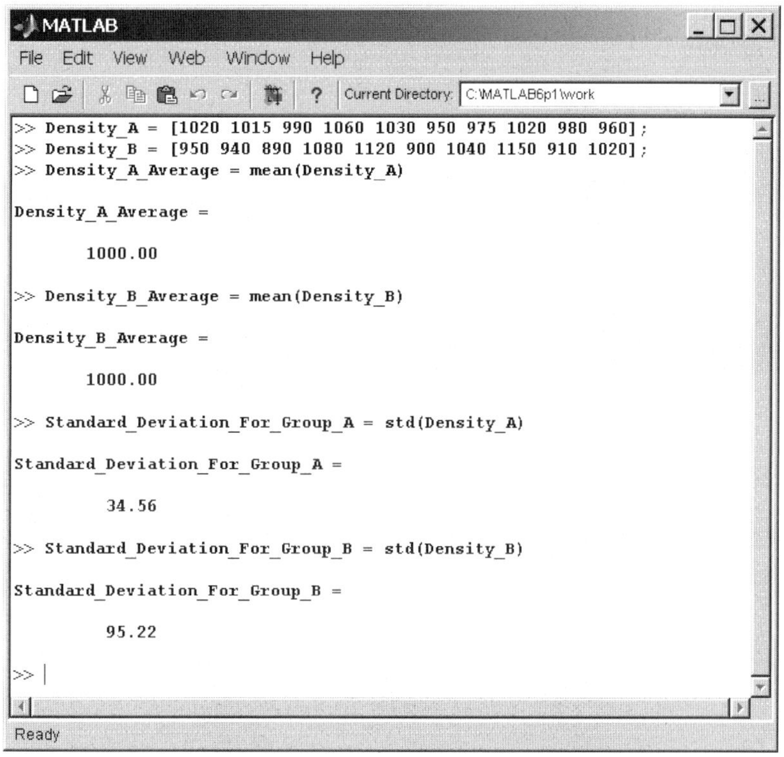

그림 F.5 예제 F.5의 MATLAB 명령창

예제 F.5의 최종 결과는 그림 F.5와 같다.

아래의 MATLAB 명령은 다음과 같은 결과를 얻을 수 있다.

```
>> Density_A = [1020 1015 990 1060 1030 950 975 1020 980 960];
>> Density_B = [950 940 890 1080 1120 900 1040 1150 910 1020];
>> Density_A_Average = mean(Density_A)

Density_A_Average =
    1000.00
>> Density_B_Average = mean(Density_B)
```

```
Density_B_Average =
    1000.00
>> Standard_Deviation_For_Group_A = std(Density_A)
Standard_Deviation_For_Group_A =
    34.56
>> Standard_Deviation_For_Group_B = std(Density_B)
Standard_Deviation_For_Group_B =
    95.22
>>
```

반복문 제어

*for*문과 *while*문

컴퓨터 프로그램을 작성하다 보면 그 중 한 줄이나 한 블록을 여러 번 반복해야 하는 경우가 있다. MATLAB은 이런 경우를 위하여 ***for***와 ***while*** 명령을 지원한다.

*for*문

*for*문을 이용하면 특정 줄이나 블록을 원하는 횟수만큼 반복할 수 있다. *for*문의 형식은 아래와 같다.

```
for index = start-value : increment : end-value
    a line or a block of your computer code
end
```

예를 들어, $x = 22.00, 22.50, 23.00, 23.50, 24.00$에서 $y = x^2 + 10$값을 계산하고자 한다. 이 계산의 결과값은 $y = 494.00, 516.25, 539.00, 562.25, 586$일 것이다. 이의 계산을 위한 MATLAB 프로그램 코드는 아래와 같다.

```
x = 22.0;
for i = 1:1:5
    y=x^2+10;
    disp([x',y'])
    x = x + 0.5;
end
```

선행한 예제에서는 인덱스는 *i*로, 시작값은 1, 증분은 1, 끝값은 5이다.

*while*문

*while*문을 이용하면 원하는 줄이나 블록을 특정 조건과 만날 때까지 반복할 수 있다. *while*문의 형식은 아래와 같다.

```
while controlling-expression
    a line or a block of your computer code
end
```

*while*문에서 특정 줄이나 블록은 제어문이 참인 경우에 반복된다. 아래의 예에서 *while*은

다음과 같이 사용된다.

```
x = 22.0;
while x <= 24.00
      y=x^2+10;
      disp([x',y'])
      x = x + 0.5;
end
```

위의 예에서 <= 표시는 작거나 같음을 의미한다. 이는 관계연산자 혹은 비교연산자라고도 한다. 다음으로 MATLAB의 논리와 관계연산자에 대하여 설명하겠다.

MATLAB의 관계연산자와 조건문

이 절에서는 MATLAB의 관계연산자와 조건문의 사용에 대하여 알아보겠다. 관계연산자 또는 비교연산자는 변수의 크기를 비교한다. 관계연산자는 표 F.10에 있다. MATLAB의 조건문과 관계연산자를 알아보기 위해 예제 F.6을 풀어보겠다.

표 F.10 MATLAB의 관계연산자

관계연산자	의미
<	보다 작음
<=	보다 작거나 같음
= =	같음
>	보다 큼
>=	보다 크거나 같음
~=	같지 않음

조건문–*if, else*

컴퓨터 프로그램을 작성하다 보면 한 줄이나 한 블록이 특정 조건(true)과 만날 경우 실행되어야 하는 경우가 있다. MATLAB은 이런 경우를 위하여 *if*와 *else* 명령을 제공한다.

if문

*if*문은 조건 제어의 가장 간단한 형태이다. *if*문을 사용하면 *if*를 따르는 문장이 참인 경우, 특정 줄이나 블록을 그 문장 길이만큼 반복할 수 있다. *if*문의 구조는 다음과 같다.

if expression
　　a line or a block of your computer code
end

예로, 10명의 시험성적(score = [85 92 50 77 80 59 65 97 72 40])을 가지고 있다고 하자. 이 중 성적이 60점 이하인 경우 FAILING이라고 지시하는 프로그램을 만들고자 한다. 위의 예에 대한 MATLAB 프로그램 코드는 아래와 같다.

```
scores=[85 92 50 77 80 59 65 97 72 40];
for i=1:1:10
  if scores (i) <60
     fprintf('\t %g \t\t\t\t\t FAILING\n', scores (i))
  end
end
```

*if, else*문

else문은 특정 줄이나 블록을 **if**문이 참이 아닌 경우에 실행하게 한다. 예를 들어, 성적 중 FAILING뿐 아니라 PASSING된 성적도 알고 싶다고 가정하자. 이 경우에 대하여 다음과 같이 코딩할 수 있다.

```
scores=[85 92 50 77 80 59 65 97 72 40];
for i=1:1:10
    if scores (i) >=60
      fprintf('\t %g \t\t\t\t\t PASSING\n', scores (i));
    else
      fprintf('\t %g \t\t\t\t\t FAILING\n', scores (i))
    end
end
```

MATLAB의 명령창에 위와 같은 내용을 스스로 실습해 보아라.

또한 MATLAB은 **if**, **else** 명령과 함께 사용할 수 있는 **elseif**문을 제공한다. **elseif**문에 대한 자세한 사항은 **help elseif**를 이용하여 공부해 보자.

예제 F.6

그림 F.6의 파이프라인(pipeline)은 압력이 20 psi를 넘어서면 열리는 제어(또는 체크)밸브와 연결되어 있다. 시간과 기록에 따라 여러 가지 값이 읽혀질 것이다. MATLAB의 관계 연산자와 조건문을 이용하여 밸브의 개폐 위치를 나타내는 목록을 작성하는 프로그램을 만들어라.

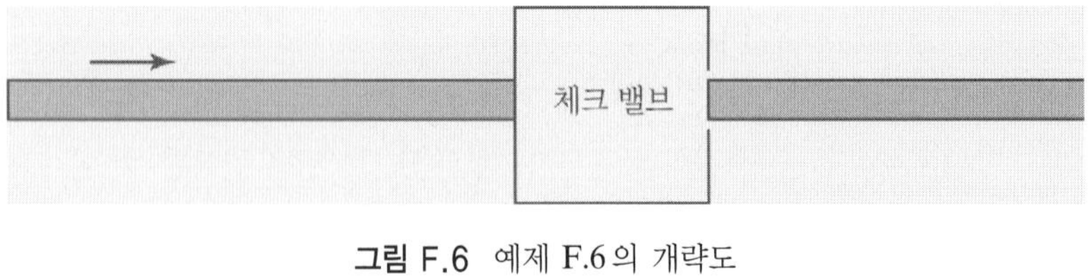

그림 F.6 예제 F.6의 개략도

예제 F.6의 결과는 그림 F.7과 같다. 다음 명령들을 이용하여 해를 구할 수 있다.

```
>> pressure=[20 18 22 26 19 19 21 12];
>> fprintf('\t Line Pressure (psi) \t Valve Position\n\n');for i=1:8
if pressure(i)>=20
```

```
fprintf('\t %g \t\t\t\t\t OPEN\n',pressure(i))
else
fprintf('\t %g \t\t\t\t\t CLOSED\n',pressure(i))
end
end
```

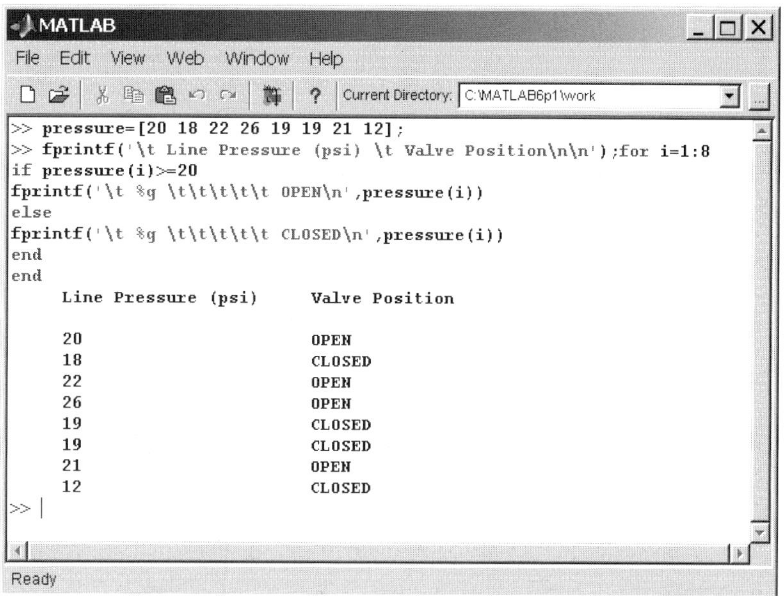

그림 F.7 예제 F.6의 해

M-FILE

앞에서 설명했듯이 변수 입력이나 간단한 명령은 MATLAB의 명령창을 이용하여 수행할 수 있다. 그러나 프로그램의 크기가 늘어난다면 M-file을 이용하는 것이 편리하다. 이 파일은 확장자가 *.m*이기에 M-file이라 불린다. M-file은 문서편집기나 MATLAB의 Editor/Debugger를 이용하여 만들 수 있다. M-file을 작성하기 위해서는 M-file Editor와 MATLAB을 실행시키고, 새로운 프로그램을 위한 창을 하나 열어야 한다. 프로그램을 작성하면서 좌측의 숫자를 통해서 그 줄의 번호를 알 수 있다. 줄 번호는 프로그램을 디버깅(debugging)할 때 유용하게 사용된다. 파일을 저장할 때는 간단히 **FILE → Save**를 클릭하고 원하는 이름을 적으면 된다. 파일명은 반드시 문자로 시작해야 하며, 숫자와 밑선(_)을 포함할 수 있다. 이 때 파일명은 MATLAB의 명령어와 중복되지 않도록 주의해야 한다. 파일명이 MATLAB의 명령어로 쓰이고 있는지를 확인하려면 명령창에 **exist('file-name')**을 입력한다. 작성된 프로그램을 실행하기 위해서는 **Debug → Run**(혹은 **F5**키를 누른다)을 클릭한다. 첫 번째 실행에서 프로그램의 실수를 찾았다고 실망하지는 마라. 이는 아주 일반적인 현상이다. 실수를 찾기 위해서 디버거(Debugger)를 이용할 수 있다. 디버깅에 대하여 더 알고 싶다면 MATLAB의 명령창에서 *help debug*를 사용하라.

예제 F.7

파스칼(Pascal)은 7살 때 1, 2, 3, . . . , n까지의 합을 구하기 위해 식 $\frac{n(n+1)}{2}$ 을 만들었다고 한다. 이야기에 따르면 파스칼은 1부터 100까지 합을 구하라는 선생님의 질문을 받았을 때, 수분 안에 위의 식을 도출했다고 한다. 파스칼은 아래와 같은 방법으로 문제를 해결한 것으로 보인다.

첫 번째, 그는 다음과 같이 한 줄에 1부터 100까지의 수를 썼다.

1 2 3 4 . . . . 99 100

그런 다음, 다음 줄에 숫자를 역순으로 썼다.

100 99 98 97 . . . . 2 1

그 후 각 숫자를 더했으며, 그 결과는 모두 101이었다.

101 101 101 101 . . . . 101 101

파스칼은 그가 1부터 100까지의 숫자를 두 번 사용하였으므로, 문제의 해는 결과를 2로 나누어야 한다는 것을 깨달았으며 결국 $\frac{100(101)}{2} = 5050$임을 구하였다. 이후 그는 그의 접근과정을 일반화하여 식 $\frac{n(n+1)}{2}$ 을 만들었다.

이제 M-file을 이용하여 사용자가 숫자 n을 입력하면 1부터 n까지의 합을 구하는 프로그램을 작성해 볼 것이다. 프로그램의 흥미를 위하여 여기서 파스칼의 식을 사용하지 않고 *for* 문을 사용한다. 아래 그림 F.8처럼 MATLAB의 Editor를 이용하여, 이름이 **For_Loop_Example.m**인 프로그램을 만든다. 프로그램에서 % 표시는 주석을 나타낸다. MATLAB은 % 이후의 모든 것을 주석으로 취급한다. 또한, 화면상의 커서(cursor)를 움직임으로써 프로그램 내에서의 위치인 줄(Line, Ln)과 열(Column, Col)을 찾을 수 있다.

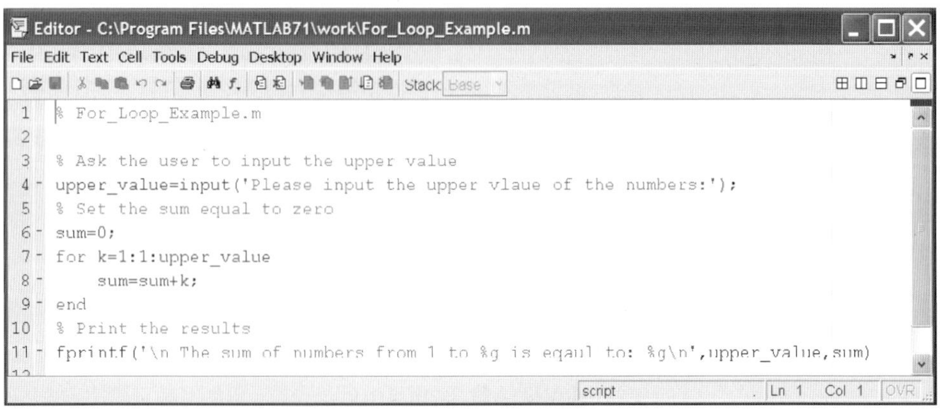

그림 F.8 예제 F.7의 M-file

줄과 열 번호는 편집기 우측하단 모서리에서 찾을 수 있다. 줄과 열 번호는 프로그램을 디버깅할 때 유용하게 사용된다. **Debug → Run**을 클릭함으로써 프로그램을 실행하고, 그 결과는 아래 그림 F.9에 있다.

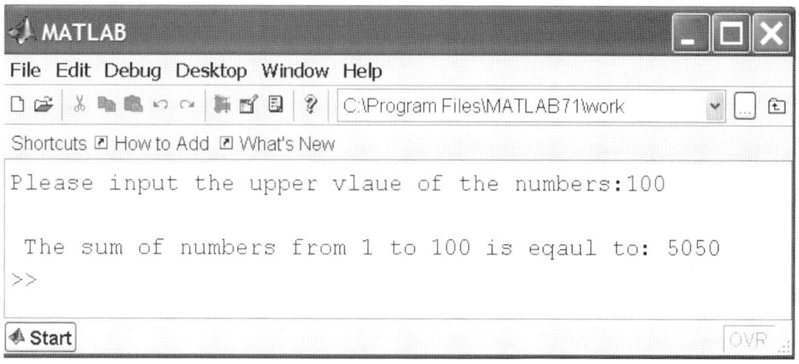

그림 F.9 예제 F.7의 결과

MATLAB의 도시화 기능

MATLAB은 차트를 그리기 위한 다양한 기능을 제공한다. 예를 들면, 일반적인 *x-y* 차트, 세로 그래프(column chart, histograms), 등고선(contour), 평면도면(surface plot)이 있다. 그러나 공학 분야에서는 *x-y* 형태의 차트를 많이 사용하고 있으므로 여기서는 *x-y* 차트에 대하여 자세히 다루기로 하겠다.

예제 F.8

가로, 세로가 모두 10 cm인 종이의 양쪽을 x cm씩 접어서 상자를 만들 때, 만들 수 있는 상자의 최대 체적은 얼마인가? 이 문제는 간단한 해석해를 가진다. 하지만 MATLAB의 도시화 기능을 설명하기 위하여 MATLAB을 사용하여 풀어보기로 한다.

체적은 종이의 양쪽을 x cm씩 접어서 만들어지며, 이는 다음 식 volume $= (10 - 2x)(10 - 2x)x$로 나타낼 수 있다. 또한 체적은 $x = 0$과 $x = 5$에서 0이 될 것이다. 그러므로 x의 범위를 0에서 5까지로 한정하고 증분을 0.1로 한다. 체적이 최대로 되는 점을 찾기 위해 volume 대 x의 그래프를 그린다. 해를 찾기 위한 MATLAB의 명령은 다음와 같다.

```
>> x = 0:0.1:5;
>> volume = (10−2*x).*(10−2*x).*x;
>> plot (x,volume)
>> title ('Volume as a function of x')
>> xlabel ('x (cm)')
>> ylabel ('Volume (cm^3)')
>> grid minor
>>
```

예제 F.8의 MATLAB 명령창은 그림 F.10과 같다. volume 대 x의 그래프는 그림 F.11에서 볼 수 있다.

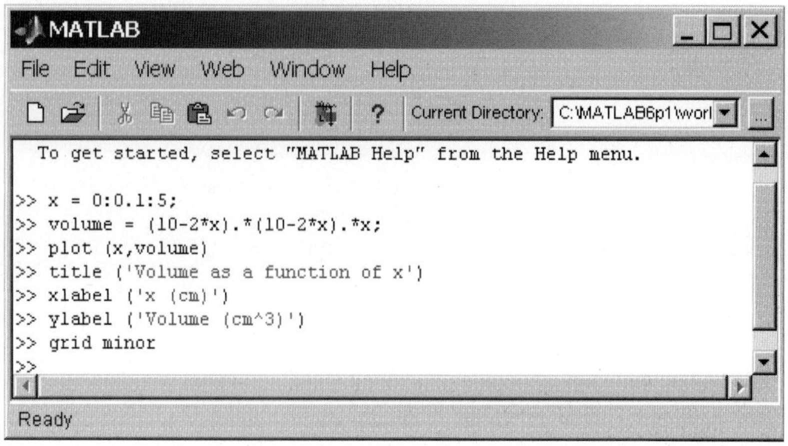

그림 F.10 예제 F.8의 MATLAB 명령창

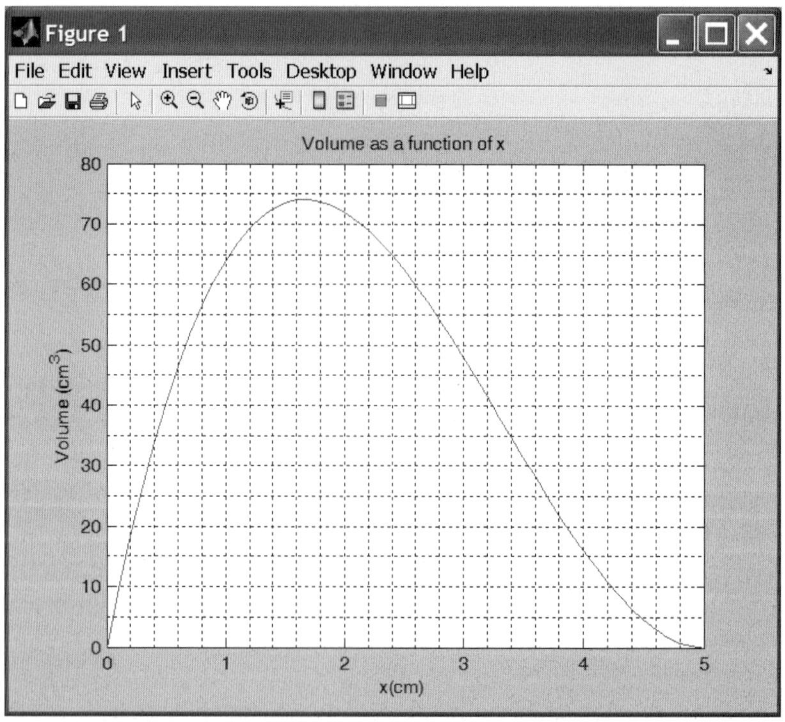

그림 F.11 예제 F.8의 volume 대 x 그래프

이제 데이터를 그래프로 그리기 위한 MATLAB의 명령에 대하여 알아보자. **plot(x,y)** 명령은 y 대 x의 그래프를 그리는 명령어이다. 그래프의 선 종류, 도식기호, 색 등을 다양하게 하기 위해서 **plot(x,y,s)** 명령을 사용할 수 있다. 여기서 s는 선의 종류, 도식기호, 색 등의 특성을 나타내는 문자이다. s는 다음 표 F.11 중 하나의 값을 취할 수 있다.

표 F.11 MATLAB의 선과 기호 속성

기호	색상	기호	데이터 기호	기호	선형식
b	blue	.	point	-	solid
g	green	O	circle	:	dotted
r	red	x	x-mark	-.	dash-dot
c	cyan	+	plus	--	dashed
m	magenta	*	star		
y	yellow	s	square		
k	black	d	diamond		
		v	triangle (down)		
		^	triangle (up)		
		<	triangle (left)		
		>	Triangle (right)		

예를 들어, **plot(x,y,'k*-')**의 명령을 하면 MATLAB은 각 데이터 점에 *표를 가진 검은색 실선으로 그래프를 그릴 것이다. 만약 그래프의 색을 지정하지 않는다면 MATLAB은 임의로 그래프의 색을 지정할 것이다.

그래프 상단에 문장을 추가하고 싶을 때는, **title('text')** 명령을 이용한다. **xlabel('text')** 명령은 X축의 이름을 생성한다. 작은따옴표 안의 문장이 X축 아래에 보여질 것이다. 이와 비슷하게 Y축의 이름은 **ylabel('text')** 명령을 이용하여 만들 수 있다. 그래프 내에 격자를 표시하기 위해서는 **grid on**(또는 **grid**) 명령을 한다. **grid off** 명령은 그래프에서 격자를 제거한다. 그림 F.11처럼 보조격자선을 만들기 위해서는 **grid minor** 명령을 사용한다.

일반적으로, 그래프 속성 편집기(graph property editor)를 사용하는 것이 용이하다. 예를 들어, 선을 두껍게 하고, 색을 바꾸고, 데이터 점에 표식을 추가하기 위해서는 원하는 선 위에 마우스 포인트를 올리고 더블클릭한다. 이를 위해서는 선택모드에 있는지를 먼저 확인해야 할 필요가 있다. 선택모드를 활성화시키기 위해서는 프린트 아이콘 옆의 화살표를 클릭한다. 그림 F.12에서처럼 선의 두께를 0.5에서 2로, 색을 검정으로, 데이터 표식을 다이아몬드 모양으로 설정한다. 이 새로운 설정은 그림 F.13에 반영되어 있다.

다음으로 **Insert** 항목하에 **Text Arrow**를 선택함으로써 체적이 최대인 점을 가리키는 화살표를 추가하고, 문장 "Maximum volume occurs at $x = 1.7$ cm"을 추가한다. 이는 그림 F.14에 반영되어 있다.

또한, **Edit → Current Object Properties** ...를 선택하여 그림 F.15의 속성 편집기(property editor)를 이용하여 선택된 객체의 속성을 변경하여, 글자의 크기와 스타일을 바꾸고 제목을 만들거나, 축의 이름을 두껍게 할 수도 있다. 이를 예제 F.8에 적용한 결과는 그림 F.16에 있다.

MATLAB에서는 등고선과 평면도면을 포함한 다른 형태의 도표를 그릴 수도 있다. 또한 x, y축의 단위(scale)를 조절할 수도 있다. 예를 들어, MATLAB의 **loglog(x,y)** 명령은 x, y축에 대하여 로그 10의 단위를 사용한다. 여기서 x, y는 그리고자 하는 변수이다. **loglog(x,y)** 명령은 로그 단위를 사용하는 것 이외에 형식은 **plot(x,y)** 명령과 동일하다. **semilogx(x,y)** 혹은 **semilogy(x,y)** 명령은 x축 혹은 y축이 로그 10인 도표를 그린다. 마지막으로 동일한 그래프에 또 다른 데이터 집합을 추가하고자 할 때는 **hold** 명령을 사용한다는 것을 참고하라.

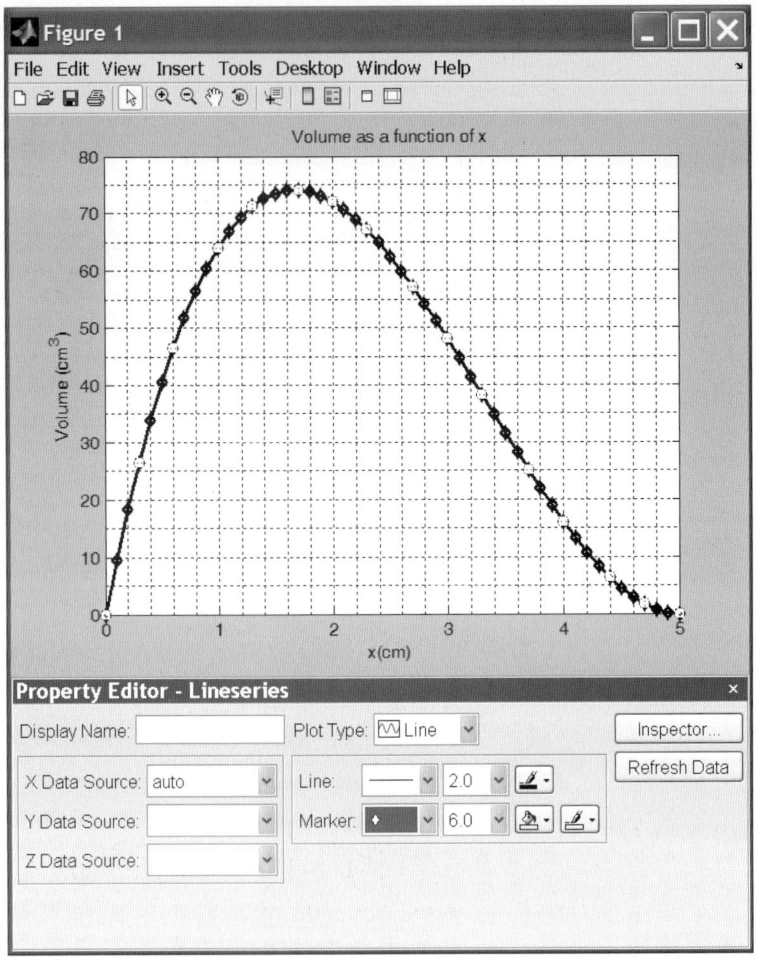

그림 F.12 속성이 변경된 예제 F.8의 그래프

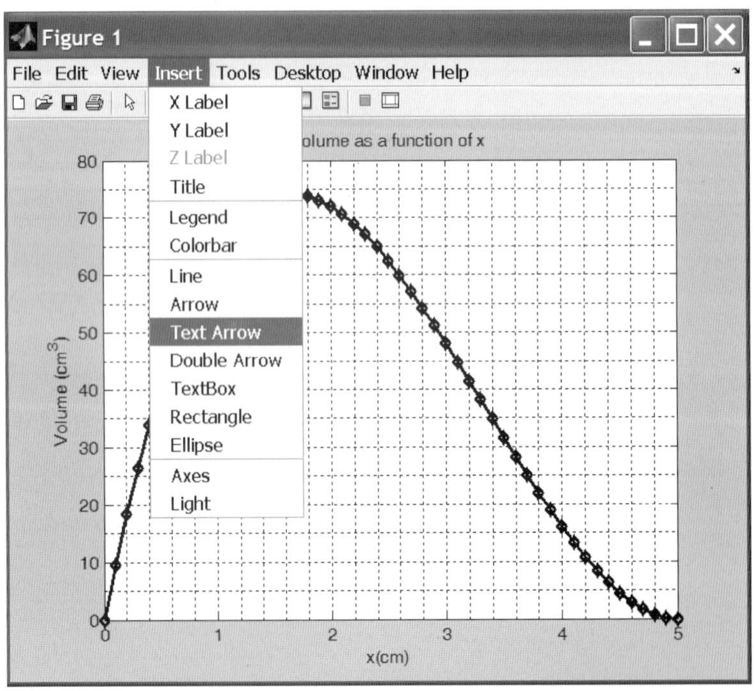

그림 F.13 Insert Text Arrow 혹은 Insert Text options를 이용한 화살표와 문장의 추가

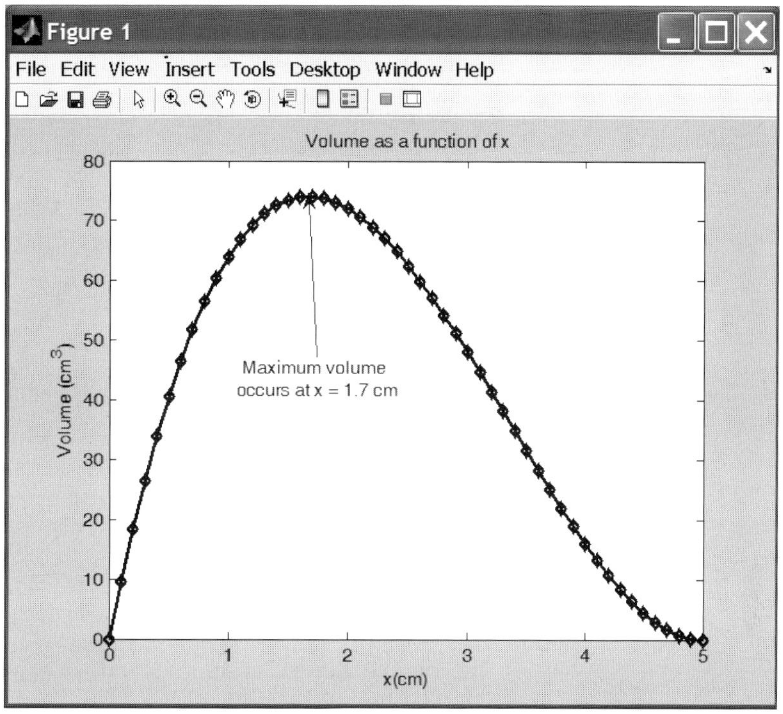

그림 F.14 예제 F.8의 해

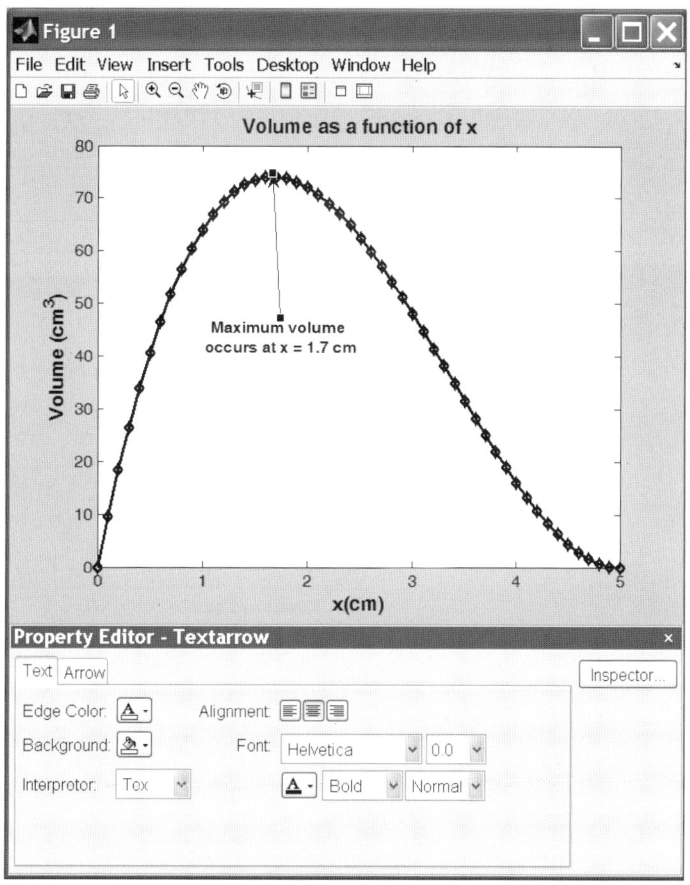

그림 F.15 MATLAB의 속성 편집기

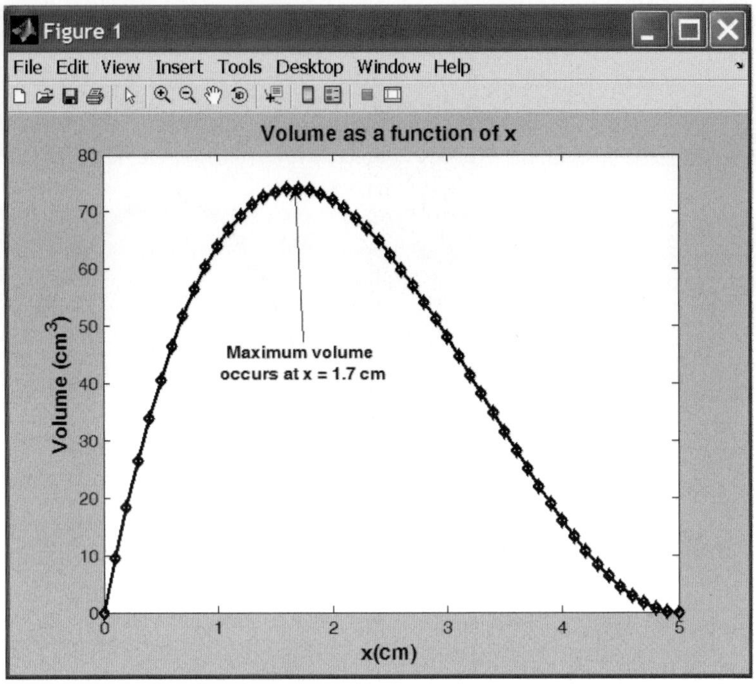

그림 F.16 예제 F.8의 결과

MATLAB, Excel, 혹은 다른 프로그램을 사용하거나 손으로 직접 도표를 그릴 때에도 공학용 도표에는 반드시 각축의 단위와 속성이 포함되어야 한다. 또한 도표에는 그림의 번호와 그것이 무엇인지를 나타내는 제목이 포함되어 있어야 한다. 만약 한 도표에 한 개 이상의 데이터 집합들이 그려져 있다면 도표에는 반드시 데이터들을 구별하기 위한 표식이 있는 범례 혹은 목록이 포함되어 있어야 한다.

예제 F.2 재론

예제 F.2의 결과를 이용하여 온도의 함수인 밀도의 값을 보여주는 그래프를 만들어라.
MATLAB의 명령창에 아래 그림과 같이 입력하고, 밀도의 그래프를 그린다.

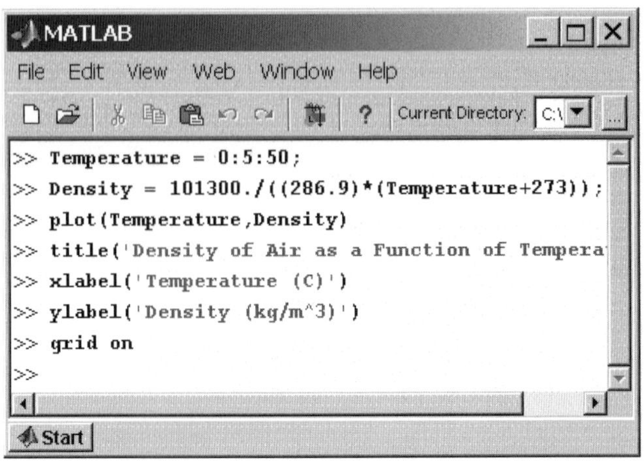

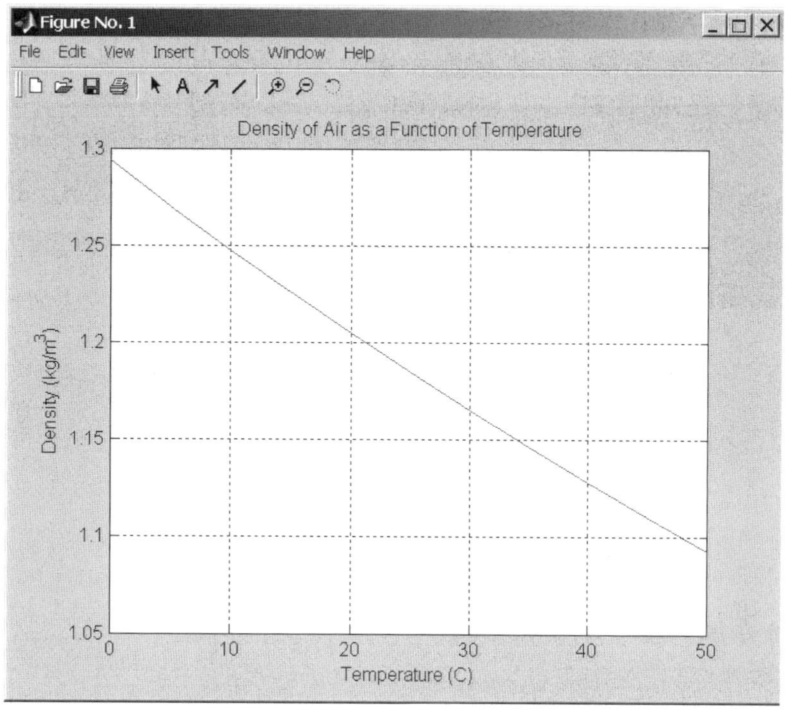

Excel과 다른 데이터 파일을 MATLAB으로 읽어들이기

때때로 Excel과 같은 프로그램을 사용하여 만들어진 파일들을 MATLAB으로 불러들여 추가적인 해석을 수행하는 것이 편리할 때가 있다. 데이터를 MATLAB으로 불러들이는 방법을 설명하기 위해서 아래 그림 F.17의 Excel 파일을 고려한다. 이 Excel 파일은 예제 F.8에서 만들어진 것으로 x값과 그에 해당하는 체적값이 나타나 있다. MATLAB으로 파일을 불러들이기 위해 **File → Import Data**... 에서 원하는 파일을 선택하고 연다. 다음으로 그림 F.18처럼 불러들이기 마법사(Import Wizard) 창이 나타날 것이다. "Create vectors from each column using column names"를 선택하면 마법사는 데이터를 불러들여 $\boldsymbol{x}$값과 **volume**값을 저장할 것이다.

이제 volume을 x의 함수인 그래프로 나타내고자 한다. 그래프를 그리기 위해서 다음 그림 F.19와 같이 몇 줄의 수식만 입력하면 된다. 그 결과는 그림 F.20에서 볼 수 있다.

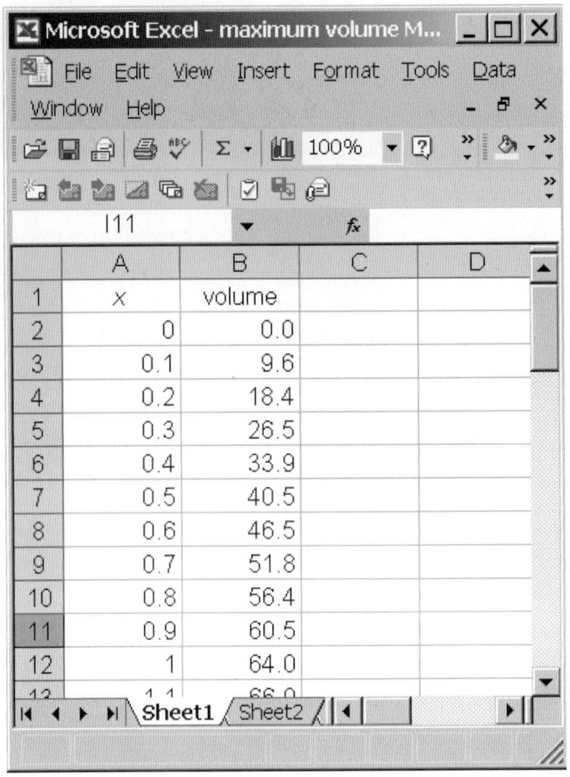

그림 F.17 예제에서 사용된 Excel 파일

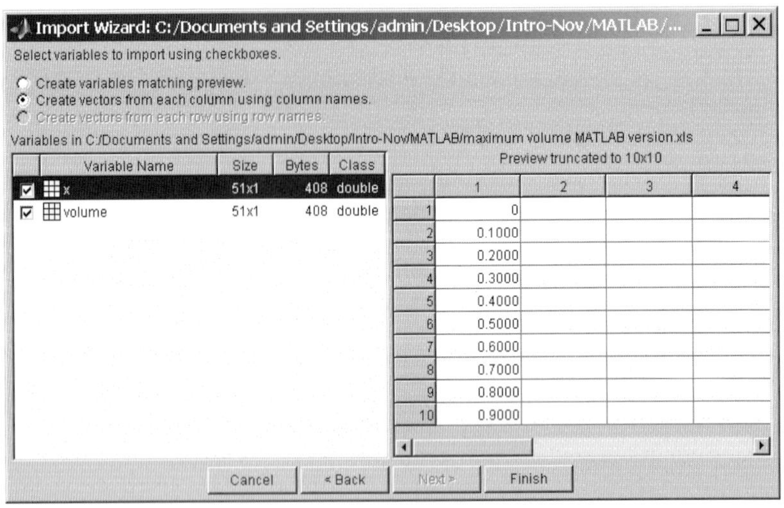

그림 F.18 MATLAB의 불러들이기 마법사(Import Wizard)

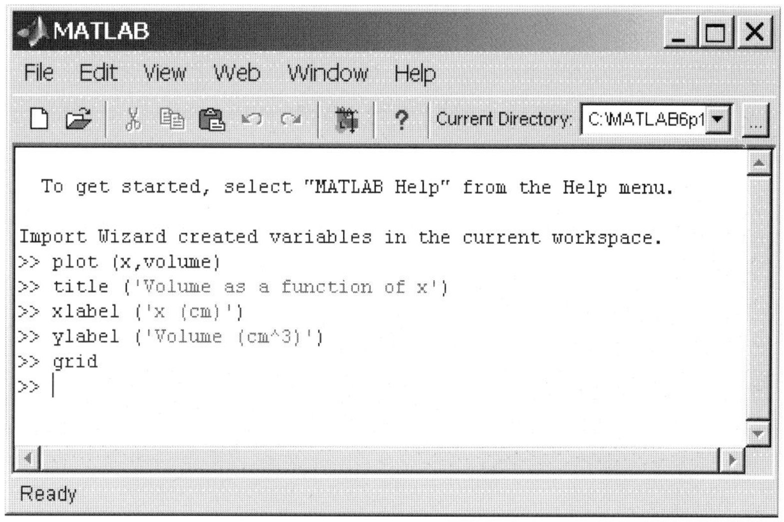

그림 F.19 F.20의 그래프를 얻기 위한 명령

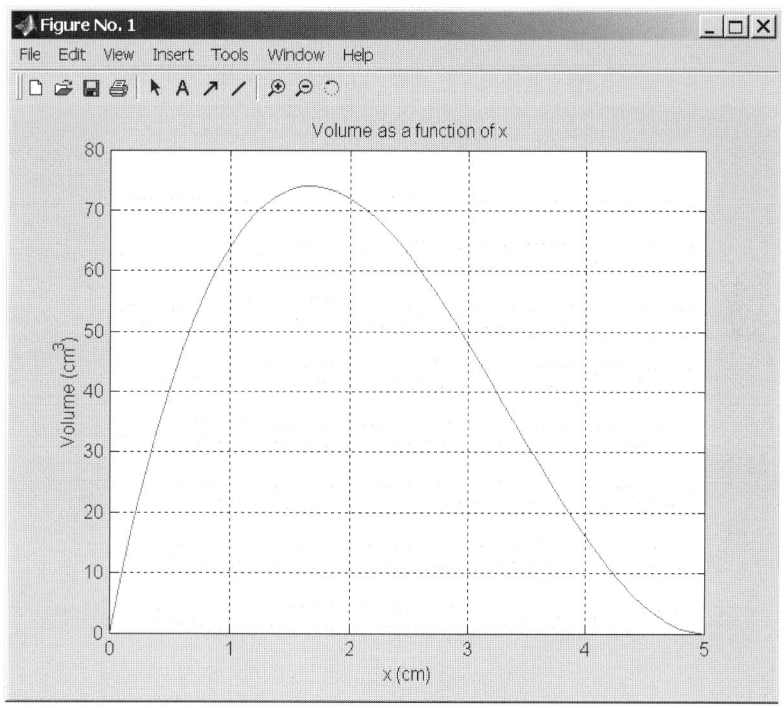

그림 F.20 Excel 파일을 불러들여 그린 volume 대 x 그래프

MATLAB의 행렬의 계산

앞에서 설명했듯이 MATLAB은 행렬을 계산하고 조작하기 위한 많은 기능들을 제공한다. 표 F.6은 이러한 기능들을 보여준다. 예제 F.9를 통해서 몇 가지 MATLAB의 행렬 명령에 대하여 알아보겠다.

예제 F.9

다음과 같이 3개의 행렬이 있다.

$$[A] = \begin{bmatrix} 0 & 5 & 0 \\ 8 & 3 & 7 \\ 9 & -2 & 9 \end{bmatrix}, \quad [B] = \begin{bmatrix} 4 & 6 & -2 \\ 7 & 2 & 3 \\ 1 & 3 & -4 \end{bmatrix}, \quad \{C\} = \begin{Bmatrix} -1 \\ 2 \\ 5 \end{Bmatrix}$$

MATLAB을 이용하여, 다음의 계산을 수행하라.

a. $[A] + [B] = ?$, **b.** $[A] - [B] = ?$, **c.** $3[A] = ?$, **d.** $[A][B] = ?$, **e.** $[A]\{C\} = ?$, **f.** determinate of $[A]$.

이 문제의 해는 아래와 같다. 이 문제들을 공부할 때, MATLAB에서 얻은 해들은 일반서체(regular typeface)임을 유의하라. **볼드체**(boldface)는 이용자가 입력해야 하는 부분이다.

```
To get started, select "MATLAB Help" from the Help menu.
>> A=[0 5 0;8 3 7;9 -2 9]
A =

     0     5     0
     8     3     7
     9    -2     9

>> B=[4 6 -2;7 2 3;1 3 -4]
B =

     4     6    -2
     7     2     3
     1     3    -4

>> C=[-1;2;5]
C =

    -1
     2
     5

>> A+B
ans =
```

```
    4    11    -2
   15     5    10
   10     1     5
>> A-B
ans =
   -4    -1     2
    1     1     4
    8    -5    13
>> 3*A
ans =
    0    15     0
   24     9    21
   27    -6    27
>> A*B
ans =
   35    10    15
   60    75   -35
   31    77   -60
>> A*C
ans =
   10
   33
   32
>> det(A)
ans =
  -45
>>
```

예제 F.10

아래의 연립 방정식을 가우스 소거법(Gauss elimination)을 이용한 방법과 [**A**]의 역행렬을 구하여 {**b**}(식의 우측 값들)에 곱하는 방법으로 풀어라.

$$\begin{aligned} 2\boldsymbol{x}_1 + \boldsymbol{x}_2 + \boldsymbol{x}_3 &= 13 \\ 3\boldsymbol{x}_1 + 2\boldsymbol{x}_2 + 4\boldsymbol{x}_3 &= 32 \\ 5\boldsymbol{x}_1 - \boldsymbol{x}_2 + 3\boldsymbol{x}_3 &= 17 \end{aligned}$$

위의 문제에서, 계수행렬 [**A**]와 우측 항 {**b**}는 다음과 같다.

$$[\boldsymbol{A}] = \begin{bmatrix} 2 & 1 & 1 \\ 3 & 2 & 4 \\ 5 & -1 & 3 \end{bmatrix} \quad \text{그리고} \quad \{\boldsymbol{b}\} = \begin{Bmatrix} 13 \\ 32 \\ 17 \end{Bmatrix}$$

먼저 이 문제를 MATLAB의 좌측 나누기(left division) 연산자 \를 이용하여 푼다. \ 연산자는 가우스 소거법을 이용하여 문제를 푼다. 다음으로 문제를 **inv** 명령을 이용하여 푼다.

```
To get started, select "MATLAB Help" from the Help menu.
>> A=[2 1 1;3 2 4;5 −1 3]
A =

     2     1     1
     3     2     4
     5    −1     3

>> b=[13;32;17]
b =

    13
    32
    17

>> x=A\b
x =

    2.0000
    5.0000
    4.0000

>> x=inv(A)*b
x =

    2.0000
    5.0000
    4.0000
```

각 식에 해($x_1 = 2$, $x_2 = 5$, $x_3 = 4$)를 대입하면 $2(2) + 5 + 4 = 13$, $3(2) + 2(5) + 4(4) = 32$, $5(2) - 5 + 3(4) = 17$을 만족할 것이다.

MATLAB의 곡선접합

MATLAB은 다양한 곡선접합을 제공한다. 예제 F.11을 통해서 MATLAB을 이용하여 데이터 점들에 근접한 식을 얻는 방법을 알아보겠다. 예제 F.11에서는 아래 식과 같이 데이터 점들에 가장 잘 맞는 n차 다항식의 계수를 결정하기 위하여 **polyfit(x, y, n)** 명령을 이용할 것이다.

$$y = c_0x^n + c_1x^{n-1} + c_2x^{n-2} + c_3x^{n-3} + \cdots + c_n$$

예제 F.11

아래 데이터들에 가장 잘 맞는 식을 찾아라.

x	y
0.00	2.00
0.50	0.75
1.00	0.00
1.50	−0.25
2.00	0.00
2.50	0.75
3.00	2.00

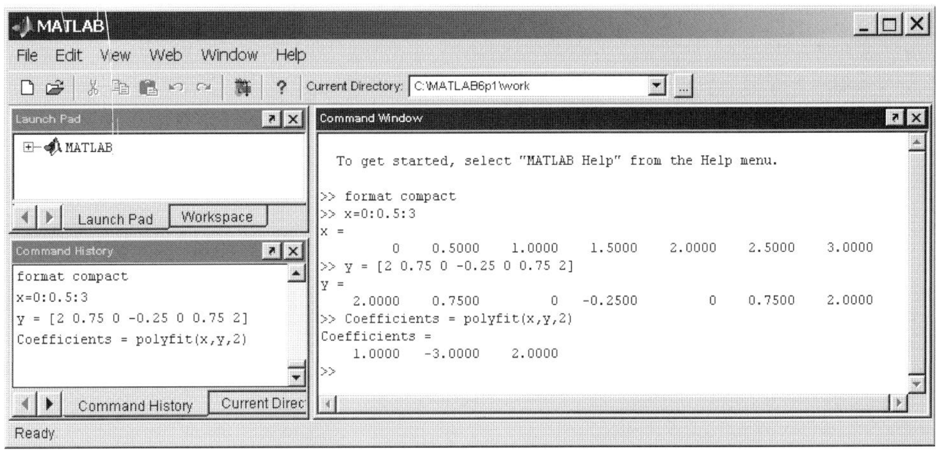

그림 F.21 예제 F.11의 명령창

데이터들을 도시화하면 y와 x 사이의 관계는 2차(2차 다항식)라는 것을 알 수 있다. 데이터들에 가장 잘 맞는 2차 다항식의 계수를 구하기 위하여, 다음과 같이 명령을 입력한다. 예제 F.11을 위한 MATLAB의 명령창은 위 그림 F.21과 같다.

```
>>format compact
>> x=0:0.5:3
>> y = [2 0.75 0 −0.25 0 0.75 2]
>> Coefficients = polyfit(x,y,2)
```

위의 명령을 실행하면 MATLAB은 계수($c_0 = 1$, $c_1 = -3$, $c_2 = 2$)들을 구할 것이다. 그러므로 데이터들에 가장 잘 맞는 식은 $y = x^2 - 3x + 2$이다.

MATLAB의 문자계산

앞의 절들에서는 MATLAB을 이용하여 수치적 공학 문제를 푸는 방법에 대하여 공부하였다. 이 절에서는 MATLAB의 문자(symbolic)기능에 대하여 간단히 알아보겠다. 이름에서 알 수 있듯이 문자계산(SYMBOLIC MATHEMATICS)은 문제와 답이 숫자 대신에 x와 같은 문자로 나타난다. 다음의 예제 F.12를 이용하여 MATLAB의 문자기능에 대하여 설명하겠다.

예제 F.12

아래 표 F.12에 있는 MATLAB의 문자계산을 알아보기 위해 다음 함수들을 이용하겠다.

$$f_1(x) = x^2 - 5x + 6$$
$$f_2(x) = x - 3$$
$$f_3(x) = (x + 5)^2$$
$$f_4(x) = 5x - y + 2x - y$$

표 F.12 MATLAB 기호 연산의 예

함수	함수 설명	예	결과
sym	문자 함수 생성	F1x = sym('x^2−5*x+6') F2x = sym('x−3') F3x = sym('(x+5)^2') F4x = sym('5*x−y+2*x−y')	F1x = x^2−5*x+6 F2x = x−3 F3x = (x+5)^2 F4x = 5*x−y+2*x−y
factor	가능하다면 함수를 간단한 항으로 계승화	factor(Fx1)	(x−2)*(x−3)
simplify	함수를 단순화	simplify(F1x/F2x)	x−2
expand	함수를 전개함	expand(F3x)	x^2+10*x+25
collect	계수를 집계하여 문자 표현을 단순화	collect(F4x)	7*x−2*y
solve	문자 표현의 값을 구함	solve(F1x)	x = 2 and x = 3
ezplot(f, min, max)	최소, 최대 사이의 함수 f의 도시화	ezplot(F1x,0,2)	그림 F.22 참조

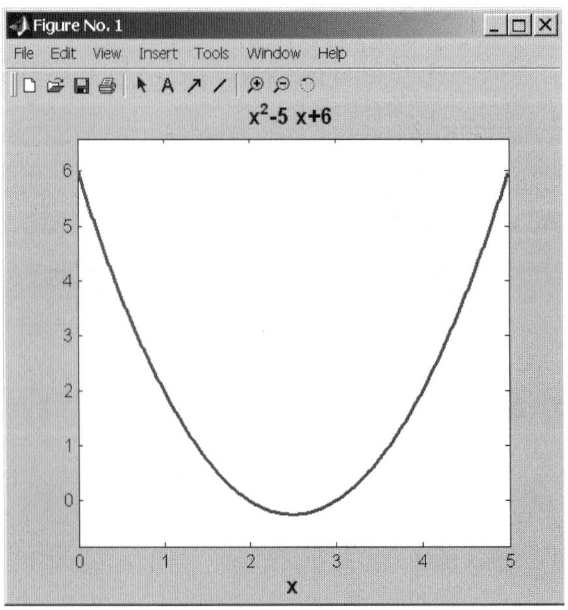

그림 F.22 예제 F.12의 ezplot(표 F.12의 마지막 줄)

선형 연립 방정식의 해

이 절에서는 연립 선형 방정식의 해를 구하기 위해서 MATLAB의 문자계산을 어떻게 사용할 수 있는지 알아보겠다. 아래에서와 같이 미지수가 x, y, z인 3개의 선형 방정식을 고려하자.

$$
\begin{aligned}
2x + y + z &= 13 \\
3x + 2y + 4z &= 32 \\
5x - y + 3z &= 17
\end{aligned}
$$

MATLAB에서 solve 명령은 기호 대수 방정식의 해를 포함한다. **solve** 명령의 기본 형태는 **solve('eqn1','eqn2', ... ,'eqn3')**이다. 해를 구하기 위해서는 아래와 같이 먼저 각 식들을 정의한 후, **solve** 명령을 수행한다.

```
>> equation_1 = '2*x+y+z=13';
>> equation_2 = '3*x+2*y+4*z=32';
>> equation_3 = '5*x-y+3*z=17';
>> [x,y,z]=solve(equation_1,equation_2,equation_3)
```

식의 해는 $x = 2$, $y = 5$, $z = 4$로 주어진다. 이 예를 위한 MATLAB의 명령창은 그림 F.23과 같다.

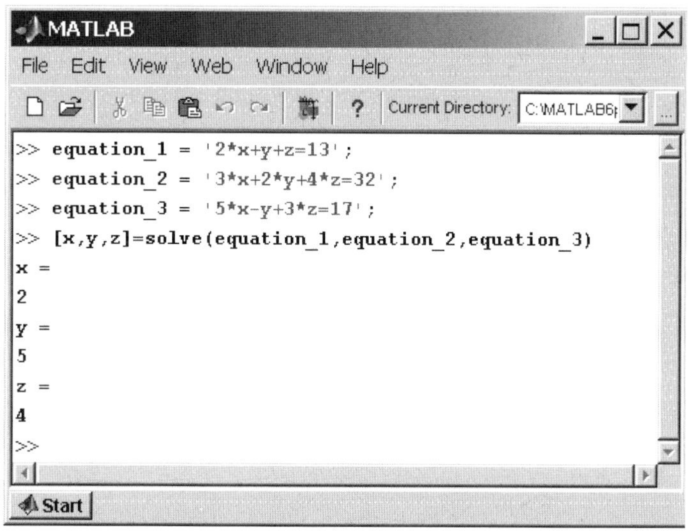

그림 F.23 위 예의 연립 방정식의 해

부록의 도입부에서 말했듯이 MATLAB의 기능에 대하여 자세히 설명한 교재들이 많다. 이 부록의 목적은 MATLAB을 사용하는 데 기본적인 사항들의 소개와 간단한 유한요소 모델의 해석을 위한 프로그램을 작성하는 데 있다. MATLAB에 대한 자세한 내용은 여러 교재를 참고하라.

찾아보기

[기타]

옮긴이 소개

박정선 jungsun@kau.ac.kr
항공대학교 항공우주및기계공학부 교수

ANSYS를 이용한 유한요소해석(제3판)

초판 1쇄 발행 : 2008년 3월 7일

지은이 Saeed Moaveni
옮긴이 박정선
발행인 최규학

마케팅 최복락
교정 · 교열 홍희정
본문디자인 늘푸른나무
표지디자인 Arowa & Arowana

발행처 도서출판 ITC
등록번호 제8-399호
등록일자 2003년 4월 15일

주소 서울시 은평구 역촌동 85-8 보원빌딩 3층
전화 02-352-9511(대표)
팩스 02-352-9520
이메일 itc@itcpub.co.kr

인쇄 성신프린팅 용지 태경지업사 제본 성신프린팅

ISBN-10 : 89-90758-94-7
ISBN-13 : 978-89-90758-94-1

값 32,000원